江西齐云山自然保护区位置图

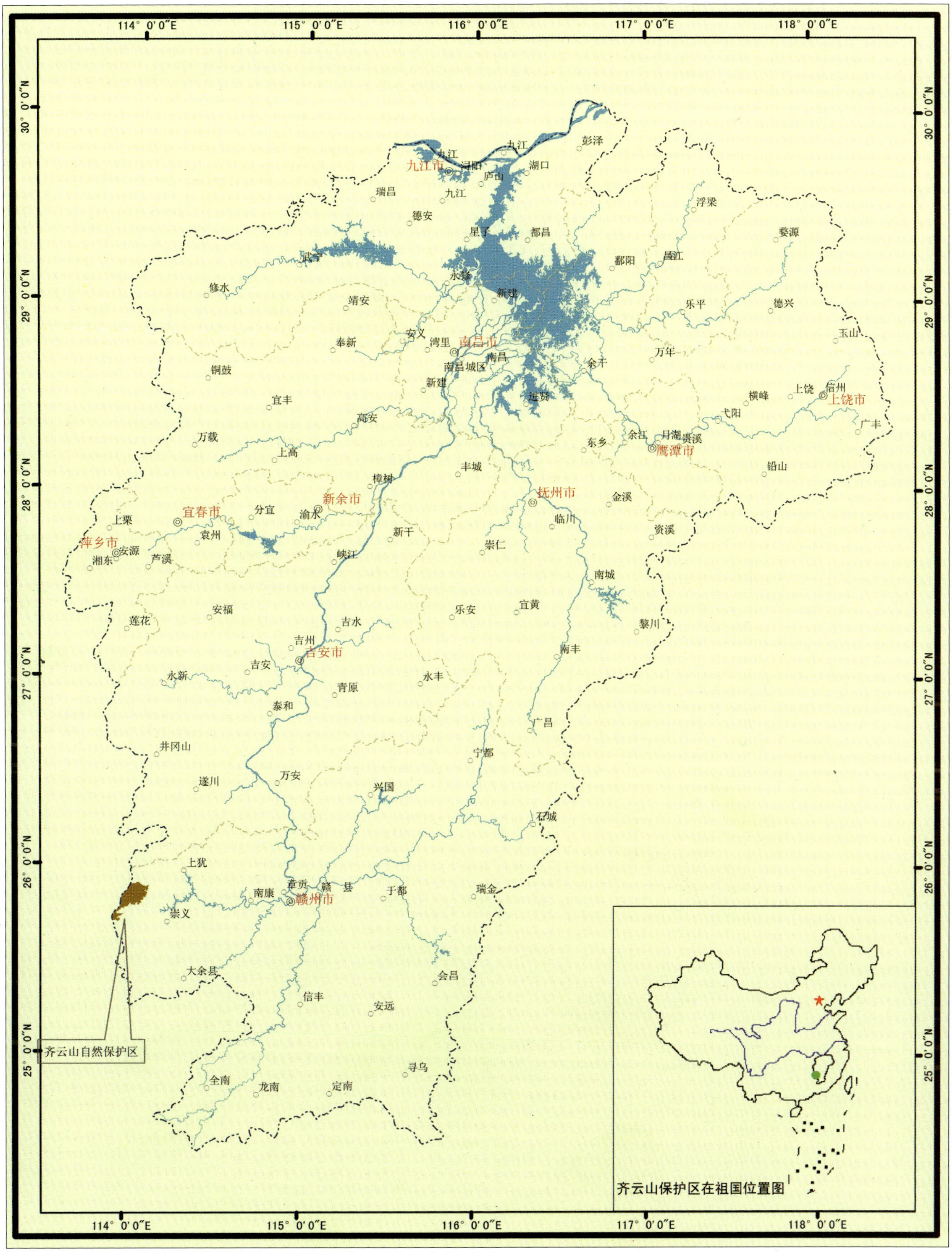

齐云山自然保护区位置图-DEM

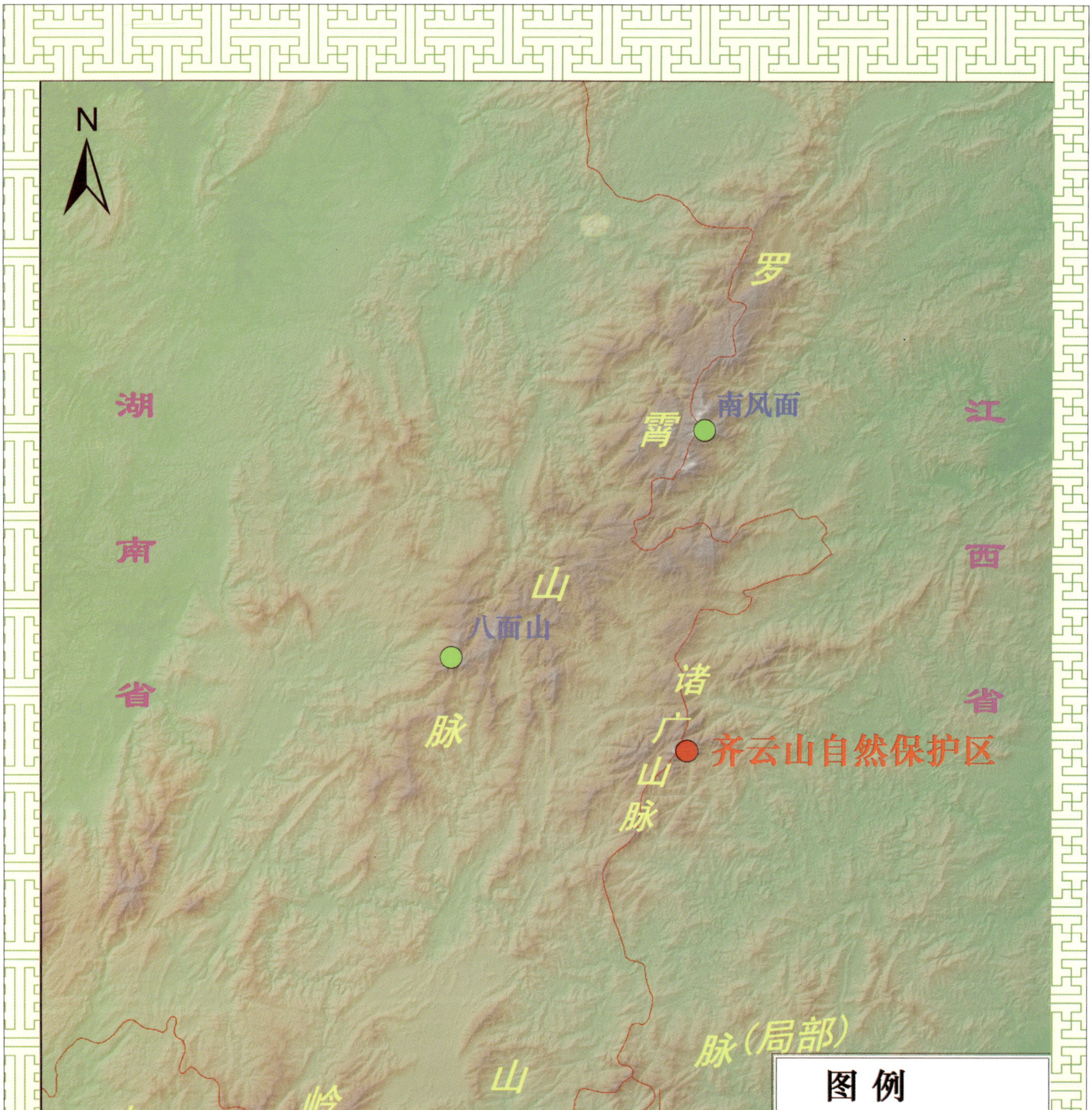

江西齐云山自然保护区遥感卫星图

候鸟迁徙通道示意图-DEM

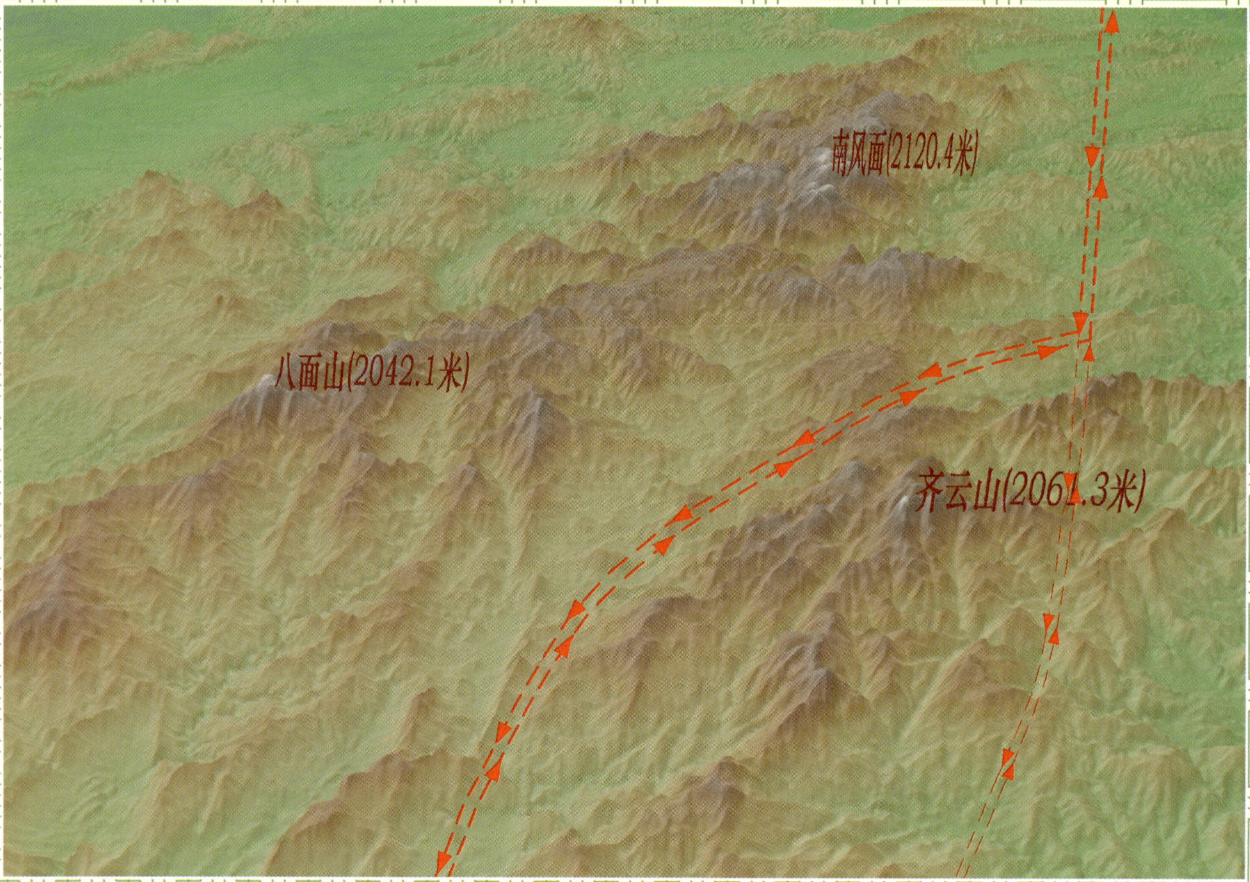

常绿落叶阔叶混交林

南方铁杉林

原生性矮曲林

云山青冈林

杜鹃

大果马蹄荷林

国家一级重点保护植物：南方红豆杉
Taxus mairei (lemee et L é vl.) S. Y. Hu

国家二级重点保护植物：小黑 桫椤
Alsophila mertteniana Hance

独蒜兰
Pleione bulbocodioides (Franch.) Rolfe

国家一级重点保护植物：银杏
Ginkgo biloba L.

粤紫萁
Osmunda mildei C.Chr

国家二级重点保护植物：福建柏
Fokienia hodginsii (Dunn) Henry et Thomas

国家一级重点保护植物：伯乐树
Bretschneidera sinensis Hemsl

国家二级重点保护植物：观光木
Tsoongiodendron odorum Chun

长苞铁杉
T longibracteata Cheng

国家一级重点保护动物：黄腹角雉
Tragopan caboti

黑水鸡
Gallinala chloropus

国家二级重点保护动物：硕步甲
Carabus (Apotomopterus) davidis
Deyrolle et Fairmaire

国家二级重点保护动物：蛇雕
Spilornis cheela

国家二级重点保护动物：斑林狸
Prionodon pardicolor

国家二级重点保护动物：小雅鹃
Centropus bengalensis

金裳凤蝶
Troides aeacus (Felder et Felder)

国家二级重点保护动物：斑头鸺鹠
Glaucidium cuculoides

翠青蛇
Cyclophiops major

国家林业局副局长张建龙在省林业厅厅长刘礼祖陪同下到崇义县视察自然保护区工作

原江西省委副书记彭宏松在省林业厅厅长刘礼祖陪同下到崇义县视察自然保护区工作

江西省林业厅副厅长龙远飞在齐云山保护区指导工作

江西省环保局何纪力总工在齐云山考察

赣州市委常委廖明耕考察齐云山自然保护区

县四套领导班子莅临齐云山保护区听取工作汇报并研究指导申报工作

江西齐云山自然保护区综合科学考察集

刘小明　郭英荣　刘仁林　主　编
吴明平　卢和军　陈辉敏　杨道德　副主编

中 国 林 业 出 版 社

《江西齐云山自然保护区综合科学考察集》
编辑委员会

序

江西齐云山自然保护区地处罗霄山脉南端、南岭山地北坡、江西省崇义县西北部，由于长期以来的严格保护，区内至今保存着大面积原生性强的中亚热带常绿阔叶林，生物多样性极为丰富。2004年 4 月江西省人民政府批准齐云山为省级自然保护区。

崇义县自古以来就有崇山爱林的淳朴民风，山青水秀，生态良好。全县森林蓄积1170万立方米、森林覆盖率86%，分别列全省第一、第二位，是我国南方集体林区重点林业县、全省林权改革先行县，为全省林业保护和建设提供了宝贵经验，成为我省林业建设的一面旗帜。目前全县已建成2个省级、1个县级自然保护区和1个国家森林公园，这在江西也是不多见的。

2006年9月以来，崇义县委、县政府拨出200余万元专款，邀请南昌大学、江西农业大学、中南林业科技大学等省内外16所高校、科研院所的60余位专家，对齐云山保护区进行了为期两年的综合科学考察，基本查清了区内自然地理背景和生物资源本底，提升了保护区的保护意义和科学研究价值。编辑出版《江西齐云山自然保护区综合科学考察集》，是全体科考专家和科技人员劳动和智慧的结晶。借此机会，我谨代表江西省林业厅，向长期以来为林业自然资源保护作出默默奉献的齐云山自然保护区广大干部职工表示诚挚慰问，向为齐云山自然保护区科学考察付出辛勤劳动的专家、教授和科技工作者表示崇高敬意，向长期以来关心支持齐云山自然保护区建设和发展的赣州市、崇义县各级党政领导和社会各界表示衷心感谢！

江西省委、省政府提出推进鄱阳湖生态经济区建设，给江西林业发展和生态保护带来了难得的历史机遇。衷心希望崇义县把齐云山自然保护区建成赣南最具特色的绿色明珠，继续谱写林业生态保护的新篇章，为建设绿色生态江西、推动江西科学发展作出不懈努力。

江西省林业厅厅长　刘礼祖

2008年8月　于南昌

前言

江西齐云山自然保护区位于崇义县西北部，处于南岭山脉和罗霄山脉交汇的诸广山脉腹地，属于鄱阳湖水系赣江源区和洞庭湖水系滁水源区的连接部，是华东和华南生物种群过渡和交汇的区域，保存有典型南岭山地特征的原生性常绿阔叶林森林生态系统和大面积的特色植物群落，植物和植被具有过渡带的典型性，生物多样性极为丰富。

1997年崇义县人民政府建立了齐云山县级自然保护区，2004年江西省人民政府将其批准为省级自然保护区。2006年秋，崇义县政府邀请了复旦大学、国家林业局调查规划设计院、南昌大学、江西农业大学、江西师范大学、中南林业科技大学、湖南科技大学、赣南师范学院、江西省林科院动植物保护研究所、江西省地质调查研究院、江西省气象台等单位的专家学者到保护区开展了系统的综合科学考察。科学考察表明，江西齐云山自然保护区生物种类繁多，保存了较完好的自然生态系统，孕育了独特的生物群落，成为野生动植物理想的生长繁衍场所。保护区内已查明高等植物2843种，其中属国家Ⅰ级重点保护植物3种，Ⅱ级重点保护植物14种， 兰科植物74种；国家珍贵树种一级4种，二级10种；列入《濒危野生动植物种国际贸易公约》（CITES）附录名单36种。特别是这些稀有植物分布广，天然种群数量多。如长苞铁杉分布面积608.5 hm^2， 27.67万株，最大胸径达82cm，且自然更新良好；伯乐树8000株；福建柏75.25万株。裸蒴苔*Haplomitrium blumii*、厚角鞭苔*Bazzania fauriana*、小叶鞭苔*Bazzania ovistipula*等25种苔类和大曲柄藓*Campylopus hemitrichius*、粗叶青毛藓*Dicranodontium asperulum*、长叶青毛藓*Dicranodontium didymodon*等19种藓类为江西新记录种，而且锦叶藓属*Dicranoloma*、疣胞藓属*Clastobryum*和腐木藓属*Heterophyllum*为江西新记录属，蕨类1新种，假木荷属1新种。其中蕨类植物中的缩羽毛蕨*Cyclosorus abbreviatus*、崇义肋毛蕨*Ctenitis chungyiensis*的模式标本就是产自该地区。已查明的脊椎动物34目101科394种，其中属国家重点保护野生动物有50种，属国家Ⅰ级重点保护的有4种，如豹、云豹、黄腹角雉、白颈长尾雉等；属国家Ⅱ级重点保护有46种。已查明保护区内鱼类有20种；鸟类257种；昆虫1168种；陆生贝类37种；蜘蛛171种，有9种蜘蛛是世界新种；大型真菌182种。齐云山保护区地理环境独特，最高峰齐云山（海拔2061.3m）与正北面江西遂川南风面（2120m）和正西面湖南八面山（2040m）三座高山之间有一条46km宽的凹形通道经过齐云山自然保护区，是我国中部候鸟迁徙的重要通道之一。

复旦大学生态学家陈家宽教授，2006年11月专程到齐云山自然保护区考察，对区内分布的珍稀濒危植物及其原生性生境给予了极高的评价，并对保护区的科研、保护管理以及今后的发展方向提出了指导意见。

为了更好地保护齐云山自然保护区的植被，维护河流源头生态系统的稳定，保护珍稀濒危物种等生物多样性，进一步提升自然保护区管理机构科研监测、保护管理等各项工作的质量和水平，江西省自然保护区评审委员会组织专家进行了论证，认为其已经基本具备国家级自然保护区的条件，建议按程序申报。《江西齐云山自然保护区综合科学考察集》是申报晋升的重要基础支撑材料。

《江西齐云山自然保护区综合科学考察集》系江西齐云山自然保护区历年来科学考察的综合集成。全书分18章，每章（节）的作者或撰稿人及其所在单位均在章（节）始页以脚注标出；每章（节）中的插图一般由该章（节）作者绘制；野生动植物名录及参考文献分别列为附录。安徽师范大学博士生黄志强工程师、江西农业大学博士生鲁顺保讲师协助郭英荣高级工程师和刘仁林教授对全书进行了编排统稿，广州暨南大学吴志辉硕士翻译了序、前言，并修改了有关章节的英文摘要。

本书在编写过程中，得到了江西省林业厅、赣州市和崇义县党政领导和有关单位的大力关心支持。省林业厅党组书记刘礼祖厅长特为本书作序。许多专家更是给予了无私的帮助，省野生动植物保护管理局教授级高级工程师刘信中审读了全书的初稿，提出了许多中肯意见；南昌大学叶居新教授年过七旬，审改了植被和植物部分章节；省科学院戴年华研究员审改了动物部分章节。在此，向一贯关心、支持齐云山自然保护区工作的领导、专家、教授和参加过科学考察及研究的全体同志表示衷心的感谢！

由于编者水平有限，本书难免有疏漏及误讹之处，敬请批评指正。

编　者

2008年10月15日

Foreword

Jiangxi Qiyunshan Nature Reserve, in the Northwest of Chongyi County, lies in the hinterland of Zhuguang Range, where Nanling Range and Luoxiao Range meet together. It connects both origin regions of Ganjiang River and Chushui River, which belong to Poyang Lake water system and Dongting Lake water system respectively. The Nature Reserve acts as a key transition region for mid-subtropical and south-subtropical species and preserves the original evergreen broad-leaved forest ecosystem with typical Nanling mountain character and a wide range of distinctive plant communities. The plant and vegetation here bears typical transitional feature. Thus, the Reserve houses extremely high biodiversity.

The People' s Government of Chongyi County established Qiyunshan Nature Reserve on a county level in 1997, and it was later designated as a Nature Reserve of provincial level in 2004. By the autumn of 2006, the People' s Government of Chongyi County has initiated a significant scientific exploration in all-round ways to the Nature Reserve by inviting a group of experts concerned from Fudan University, the Academy of Forest Inventory, Planning and Design of SFA, Nanchang University, Jiangxi Normal University, Jiangxi Agriculture University, Central South University of Forestry and Technology, Hunan University of Science and Technology, Gannan Teacher' s college, Jiangxi Forestry Science Institution, Jiangxi Geological Survey Institution, and Jiangxi Meteorological Station.

The Scientific Exploration reveals that Qiyunshan Nature Reserve not only preserves intact natural ecosystem, but also nurtures the distinctive biological community, both of which make it as an ideal habitat for plant and wildlife.

2843 high plants species were identified in the Nature Reserve, of which, 3 species are under I Grade National Key Protection, 14 species are under II Grade National Key Protection, and 74 species belong to Orchidaceae family. Of special note, 4 species fall into I Grade National Rare Species, 10 species fall into II Grade National Rare Species, 36 species were listed into the Appendixes of CITES. Most of the rare species distributes a wide range with abundant original communities, for example, the Tsuga longibracteata W. C. Cheng covers 608.5 ha., with 276.7 thousands individuals, in which, the DBH of the biggest reaches 82cm. Furthermore, the natural regeneration of this species is in good condition. What of equal significance is that Bretschneidara sinensis Hemsi preserved here with more than 8000 individuals, Fokienia hodginsii Henry et Thomas with 752.5 thousands individuals. There are 25 species of Hepaticae, including *Haplomitrium blumii*, *Bazzania fauriana* and *Bazzania ovistipula*, 19 species of mosses, including *Campylopus hemitrichius*, *Dicranodontium asperulum* and *Dicranodontium didymodon*, and genera of *Dicranoloma*, *Clastobryum* and *Heterophyllum* are new records to Jiangxi Province. A new species belonging to Pteridophyte and Craibiodendron were identified here respectively. Type specimens of Cyclosorus abbreviatus, Ctenitis chungyiensis originated in here also. Of the known Vertebrata, there are 394 species belonging to 101 families and 34 orders. 50 species of which are under Wildlife National Key Protection, among which, 4 species fall into I Grade National Key Protection, e.g., Panthera pardus, Neofelis nebulosa, Tragopan caboti, Syrmaticus reevesii, 46 species fall into II Grade National Key Protection. Furthermore, 20 species of Pisces, 257 species of Anves, 1168 species of insect, 37 species of terrestrial Molluscs, and 171 species of Macrofungi were found. Of special note, among 182 species of spider, 9 species are new record to the world. In addition, Qiyunshan Natural Reserve boasts a unique geographical environment, by which a 46km wide concave passage winds, surrounded by three mountains, Qiyunshan Peak (2061.3m), Nanfengmian Mountain of Suichuan, Jiangxi Province, in the due north and Bamian Mountain of Hunan Province in the due west. The passage is an important part of Western Pacific passage, one of the three passages for bird immigration in China.

In Nov. 2006, Professor Chen Jiakuan of Fudan University made a special trip to Qiyunshan Natural Reserve. He highly evaluated the rare and endangered species and primitive environment, also advised the Nature Reserve on the research, conservation and management work in the future.

As having been appraised by the experts from Jiangxi Natural Reserve Evaluation Commission (NREC), the result shows that Qiyunshan Naturae Reserve is amply qualified to upgrade to be a National Natural Reserve. The NREC thus recommended the Reserve to apply for a National one by due procedure for better preservation of vegetation, rare and endangered species, maintaining ecosystem of river origin regions, as well as promoting monitoring and management work. The Collection of Scientific Exploration of Jiangxi Qiyunshan Nature Reserve will provide an important technique support to the application.

It is a collection of scientific exploration achievements spanning over years. The book consists of 11 chapters, the contributor of each chapter noted in the fist page of the part; illustrations in each chapter drawn by the author of corresponding part; the list of plant and animal and the references attached as appendixes. Dr. Huang Zhiqiang of Anhui Normal University and Dr. Lu Shunbao of Jiangxi Agricultural University have assisted Senior Engineer Guo Yingrong and Professor Liu Renlin in compiling and arranging the chapters. Master Wu Zhihui of Jinan University (Guangzhou) has translated the prefaces and revised the summaries in some chapters.

During compilation of this collection, we have benefited from the great support of Jiangxi Forestry Department, Ganzhou Municipality and Chongyi County, as well as the officials concerned. Mr. Liu Lizhu, the Director of Jiangxi Forestry Department, have written prefaces for the book. Moreover, many experts have made selfless contribution to the book. Professor Liu Xinzhong has brought up many advice and comments while finishing reading through all the manuscript, which are of great use to the compilation. Professor Ye Juxin of Nanchang University has examined the chapters in relation to vegetation and plants. Researcher Dai Nianhua of Academy of Jiangxi Science has examined the chapters on animal. Here, we would like to take this opportunity to extend great appreciation to the experts, officials who have engaged in the work and all the members having dedicated to the scientific exploration.

Of the deficiencies of our work we are not less fully aware than any critic of it, even the severest is likely to be, due to lack of time and experience. We shall be grateful for any corrections or suggestions which may aid in making it more efficient.

Author

目录

目录

第1章 基本概况

1 自然条件

1.1 地质地貌

齐云山自然保护区位于赣州市崇义县西北部，地处南岭山脉与罗霄山脉交汇的诸广山脉腹地，东、南地跨崇义县思顺、上堡2个乡镇，西与湖南省桂东县接壤，北与赣州市上犹县交界，为2省3县交界地区；总面积17105hm^2，核心区面积5680hm^2，缓冲区面积2750hm^2，实验区面积8675hm^2，东西宽25km，南北长24km；地理位置，北纬25°41′47″～25°54′21″，东经113°54′37″～114°07′34″。

齐云山自然保护区海拔最低为300m，最高为2061.3m，即齐云山顶峰，为赣南最高峰，江西第四高峰，相对高差达1761.3m。区内群山叠起，溪河纵横，超过海拔1200m的山峰有35座，其中1500m以上有18座。地貌形态类型以山岳型中山－亚高山地貌为主体，次为中低山地貌；地貌成因类型以花岗岩山岳地貌为主，主体属于构造切割侵蚀＋流水浸蚀＋风化剥蚀地貌，少量堆积地貌。

齐云山自然保护区地处华夏板块、南岭纬向构造带与罗霄经向构造带的结合地段，区域构造型式呈“⊥”型特点。区内地层出露有新元古代震旦系至早古生代寒武系、奥陶系海相沉积变质岩系（浅变质）和晚古生代的泥盆系，少量第四纪松散堆积物沿冲沟水系或底洼（凹）地零星分布。齐云山自然保护区内岩浆岩以中生代燕山期花岗岩为主，次为早古生代末的加里东期花岗岩。岩石类型多样，有花岗闪长岩、二长花岗岩、钾长花岗岩等；还有比较发育的脉岩，如伟晶岩、细晶岩、辉绿岩等。广泛出露、复杂多样的内部岩浆岩，组成了罗霄山脉中段诸广山复式岩基的一部分，该岩基分别有加里东期的中酸性岩石，燕山中晚期的酸性、酸碱性岩浆岩，碱长花岗岩。区内岩浆活动划分为加里东和燕山两个旋迴。

区内重要古生物化石有寒武纪的海绵骨针、三叶虫、腕足动物化石，奥陶纪的笔石动物化石，泥盆纪的腕足、时代最老的鱼类及植物化石等。崇义地区奥陶纪笔石动物群十分丰富，笔石序列完整，与大洋洲和北美洲同期笔石动物群关系密切，而与欧洲同期笔石动物群迥异，属于典型的太平洋笔石动物群。

1.2 水文、气象

齐云山自然保护区溪河纵横，河流密布，2km以上的河（溪）流有13条，累计长度70.4km。各河流名称及长度分别为：新地河12.5km，桶江河8.5km，十八垒河7km，冬瓜坪河6km，均源河5.2km，横河、杨柳洞河、诸广山河各5km，大水坑河4.5km，雪竹窝河4.2km，茶坑河3km，石盘山河2.5km，正井河2km，上述河流均汇入上犹江后入章江、赣江。这些河流的年总径流量约4.3亿m^3，平均流速2.11m/s，平均水面宽8.03m，平均水深1.0m。由于区内人类干扰较少，水质均为Ⅰ类。

作者：郭英荣（江西省野生动植物保护管理局），刘小明（崇义县林业局），刘仁林（赣南师范学院）

齐云山自然保护区属中亚热带山地湿润季风气候，四季分明、冬长夏短、春迟秋早，春夏冬3季湿润，秋季干燥，光照适宜。山地立体气候明显，从山麓至山顶相当于横跨亚热带和温带两个气候带，加之独特的地形地貌及保存完好的森林植被，使得保护区在温度、降水和光照等气象要素随海拔的升高呈现出明显的垂直变化规律。

齐云山自然保护区年平均气温为9.5～17.8℃，随海拔高度的增加而降低。一年中各月平均气温7月最高，1月最低；海拔500m以上山区，7～8月平均气温低于25℃，相当于山麓崇义县城5月、9月的平均气温；以平均气温≥22℃为夏季的标准，则自然保护区海拔1000m以上无夏季，海拔800m～1000m地区有夏季但无高温。

齐云山自然保护区无霜期根据海拔高度的不同变幅比较大，海拔300m以下，平均为268天；海拔2000m以上，平均为183天，山顶和山麓相差近80余天。

齐云山自然保护区年平均降水量1568.7mm。全年最大降水量以海拔415m的关田为最大，海拔610m的鸡公坝年降水量最少。

1.3 土壤条件

齐云山自然保护区土壤可划分为铁铝土、淋溶土、半水成土3个土纲，湿热铁铝土、湿暖铁铝土、湿暖淋溶土、淡半水成土4个亚纲，红壤、黄壤、黄棕壤和山地草甸土4个土类，黄红壤、黄壤、暗黄棕壤、山地草甸土、山地灌丛草甸土5个亚土类。土壤垂直分布带谱可分为：海拔500m以下的山麓为典型红壤，500～800m为黄红壤，800～1200m为黄壤，1200～1800m为暗黄棕壤，1800～2061.3m为山地草甸土。其中红壤由酸性结晶岩类（花岗岩、花岗斑岩、英安岩、流纹岩、花岗片麻岩、英安质凝灰岩等）风化物发育而成。黄红壤的母质类型主要有3类，即酸性结晶岩类、石英岩类和泥质岩类风化物，大部分为残积或坡积物。麻砂泥黄壤，大部分由花岗岩、流纹岩、花岗斑岩、花岗片麻岩等酸性结晶岩风化后的残、坡积物等发育而成。黄棕壤，大部分由花岗岩、花岗斑岩、花岗片麻岩、流纹岩等酸性结晶岩类风化物发育而成。山地草甸土则由花岗岩、花岗斑岩、片麻岩、片麻花岗岩等酸性结晶岩风化物发育而成。

齐云山自然保护区红壤、黄红壤、黄壤、暗黄棕壤、山地草甸土的适宜性评价总指数分别为3.8、3.1、3.1、2.7、1.9，其中红壤为多宜性土壤，适宜度评价为一级，是农业土壤主要后备资源，宜农垦和发展经济林、果林、草场和放牧；黄红壤、黄壤、暗黄棕壤为双宜性土壤，适宜度属于一级，土层较厚，宜保护好现有的林木；山地草甸土为不宜性土壤，地势高，土层薄，高寒潮湿，风大，难长树木，灌木少，草本茂盛，不宜利用，应保护现有植被护土。

2 生物资源

2.1 植物与植被

已查明，齐云山自然保护区高等植物2843种，隶属于270科1031属，其中种子植物178科847属2422种（裸子植物9科17属20种，被子植物169科830属2402种）；蕨类植物40科85属229种；苔藓植物52科99属192种。在种子植物中，人工栽培52科97属139种，天然分布168科784属2256种（裸子植物7科7属10种，被子植物161科777属2246种）。鉴定出大型真菌40科87属182种。

齐云山自然保护区天然分布的植物中：国家重点保护野生植物（第一批，1999年）有17种，其中一级3种，二级14种。这些种类隶属于17科17属，其中蕨类植物2科2属2种，裸子植物3科3属3种，被子植物12科12属12种；列入《中国植物红皮书》（第一批）的种类有20种，其中濒危1种，渐危9种，稀有10种；列入《濒危野生动植物种国际贸易公约（CITES）附录》（2007）的有3科72种，其中兰科最多，计74种；列入《IUCN物种红色名录(2007)》的有20种，其中濒危5种，易危8种，低危7种；列入《中国物种红色名录》（2007）的有88种，其中濒危13种，易危37种，近危38种。江西省级重点保护植物

(2005 年)有 140 种,其中一级保护植物 53 种,隶属于紫金牛科、兰科、芸香科 3 科,以兰科植物最多,达 51 种;二级保护 23 种,隶属于松科、冬青科等 15 科,以杜英科(6 种)、松科(2 种)、千屈菜科(2 种)、木兰科(2 种)四科较多,其余科均只含 1 种;三级保护 65 种,隶属于观音坐莲科、三尖杉科、杜鹃花科、壳斗科、百合科等 34 科,以樟科(8 种)、木兰科(8 种)、壳斗科(5 种)、山茶科(4 种)、蝶形花科(4 种)、金缕梅科(3 种)等 6 科,这些科所含种类超过所有三级保护种类的一半。

按中国植被分类系统及分类原则(中国植被编辑委员会,1980),齐云山自然保护区的植被类型归纳为 4 个植被型组(vegetation type group),11 个植被型(vegetation type),70 个群系(formation)。按中国植被区划(江西森林编委会,1986),齐云山自然保护区所处的位置是:Ⅳ亚热带常绿阔叶林区域,ⅣA 东部(湿润)常绿阔叶林亚区域→ⅣAii 中亚热带常绿阔叶林地带→ⅣAiib 中亚热带常绿阔叶林南部亚地带→I - ⅣAiib - 2 南岭山地丘陵栲、楠、阿丁枫(蕈树)林、松杉林区→ⅣAiia - 2(14)桃江中游、贡水上游丘陵栲、楠、松杉林亚区(桃江、贡水丘陵森林亚区)。

齐云山自然保护区植被水平分布和垂直分布各有特征。①在水平分布上,地带性植被中亚热带东部湿润性常绿阔叶林分布最广、面积最大,主要分布于保护区杨柳洞、桶江、横河、冬瓜坪和上、下十八垒,针叶林则主要分布在陡峭的山脊、梁顶,林下灌木和草本层植物的分布也表现出水平方向上的差异。②垂直分布规律不甚明显,但仍可划成几个垂直带,依次是毛竹林(400 ~ 1100m)——常绿阔叶林(400 ~ 1200m)——常绿 - 落叶阔叶混交林(1000 ~ 1500m)——针阔混交林(1300 ~ 1600m)——山顶矮林(1600 ~ 1800m)——山地草甸(1800m 以上)。齐云山自然保护区森林覆盖率 97.6%,其中核心区 97.8%,缓冲区 98.1%,实验区 96.7%。

2.2 动物资源

根据多次考察和文献记载,齐云山自然保护区动物资源丰富,有脊椎动物 34 目 101 科 394 种,其中哺乳类 8 目 20 科 45 种,鸟类 17 目 54 科 257 种,爬行类 3 目 11 科 48 种,两栖类 2 目 7 科 24 种,鱼类 4 目 9 科 20 种。有国家Ⅰ级重点保护动物 4 种,国家Ⅱ级重点保护动物 46 种,珍稀濒危动物 57 种。已记录陆生贝类 37 种,隶属于 10 科 18 属;蜘蛛 28 科 73 属 171 种;昆虫 18 目 162 科 824 属 1168 种。

3 保护区特色

3.1 具有华东、华南两个区系的过渡特征

华东和华南植物区系是中国 - 日本植物区系的核心部分。地理空间上齐云山正处这两个区系的交界处,由于齐云山特殊的气候条件和多样化的生境以及植物历史的综合影响,使得这里具有华东、华南两个植物区系的过渡性特点,槭属是温带分布的种类,在这里槭树种类不丰富,但华南成分有所增加如罗浮槭、红果罗浮槭、岭南槭、三峡槭、长尾三峡槭等,同时华东成分如中华槭、青榨槭等仍有分布;鹅耳枥属、椴树属等分布与此相似。此外,有许多华东成分如浙闽新木姜子、庐山小檗、闽赣葡萄、湖北毛椴、中华槭、三峡槭等以这里为分布的南界;华南成分如小黑桫椤、粤紫萁、桃金娘、华南蒲桃、五列木、南岭紫荆、蔓龙胆、华南青皮木、厚叶琼楠、硬叶桂、华南山胡椒、丰满凤仙花、大萼连蕊茶、金花猕猴桃、线萼金花树、华南桂樱、秀柱花、白花酸果藤等都以齐云山为分布北界。因此,齐云山植物区系的过渡性质,对研究华东和华南植物区系、甚至中国 - 日本植物区系的起源、发展及与环境的关系、引种驯化等具有重要意义。

3.2 是南岭植物区系的重要组成部分

南岭是我国生物多样性的关键地区之一,也是物种分化中心之一,齐云山自然保护区位于南岭北坡,属南岭向北延伸的诸广山,是南岭植物区系的重要组成部分,是构建完整的南岭自然保

护区网不可或缺的部分。这种地缘优势使得齐云山的种子植物区系与南岭种子植物区系联系紧密，许多南岭成分如小黑桫椤、粤紫萁、长苞铁杉、五列木、南岭紫荆、蔓龙胆属、大绿竹属、四轮香属、象鼻兰属、四棱草属、无距花属、小叶买麻藤、华南青皮木、厚叶琼楠、硬叶桂、华南山胡椒、蜂窝木姜子、香果新木姜子、丰满凤仙花、大萼连蕊茶、金花猕猴桃、线萼金花树、华南桂樱、短柱八角、秀柱花、白花酸果藤等在齐云山北面未见其踪迹，而在齐云山分布普遍。齐云山与南岭山地同属华南古陆，而且都是在大约 1.95 亿年因受印支运动的作用而成为陆地，齐云山与南岭植物区系具有相似的的发育、发展历史。这种连续的区系发育历史，是研究我国植物区系、甚至东亚区系起源、发展和演化理想的场所之一。

3.3 具有丰富的物种多样性

齐云山自然保护区具有较高的物种多样性，种子植物 2422 种，蕨类植物 229 种，苔藓 192 种，高于南岭地区的八面山、井冈山、车八岭、九连山等国家级自然保护区（表 1－1），极大地丰富了南岭山地生物多样性，对南岭区系的改写具有十分重要的意义。

表 1－1 齐云山与邻近的自然保护区物种数比较

比较项目	种子植物	蕨类植物	苔藓植物	维管束植物	热带分布类型属所占比例%
齐云山	2422	229	192	2651	50.5
八面山	2031	228	—	2259	38.2
井冈山	2300	235	—	2535	45.9
九连山	2321	188	287	2509	46.9
车八岭	1345	178	124	1523	—

3.4 古老性成分丰富

齐云山种子植物特有属达 33 属，高于井冈山、九连山、八面山（湖南）等区系。在这些特有属中有许多在系统发育上比较孤立的单型科、属，如伯乐树科、大血藤科、青钱柳属等，同时还有比较古老的裸子植物类群如铁杉属、榧属、红豆杉属等，说明齐云山区系在系统发育上具有一定的古老性。齐云山发现了许多古老的、罕见的蕨类植物，如小黑桫椤、粤紫萁等；此外，齐云山还保存了许多第三纪古老的成分和孓遗植物。

4 保护价值

4.1 保存了较大面积的亚热带山地重要的松、柏类森林群落

（1）长苞铁杉林：松科植物主要分布在北半球温带和亚热带高山，少数深入到热带高山或平原。在中、低纬度地区，松科植物多沿山区分布。长苞铁杉是铁杉属现存的类群中最古老的类群，是我国特有种，主要沿南岭山地分布，南岭保护区和齐云山保护区正是长苞铁杉分布区的中心地带；齐云山北面的八面山（罗霄山脉）和南面的九连山保护区、车八岭保护区（南岭山地）却没有长苞铁杉分布。根据群落调查，齐云山保护区的长苞铁杉群落与其他地方比较，具有如下特殊性：分布面积大，株数多，群落总面积 608.50hm^2，共计 27.67 万株；年龄结构合理，更新好，保持着良好的种群扩大趋势，其中Ⅴ级老树 7537 株，Ⅳ级壮树 1.7816 万株，Ⅲ级幼树 6.8525 万株，Ⅱ幼树 5.4135 万株，Ⅰ级幼苗（H＜1.3＝12.2661 万株。说明齐云山保护区的生态系统保存比较完整，有利于一些古老性类群的生存与发展。

（2）保存了具有优良遗传基因的原生性马尾松群落：马尾松虽然是很普通的树种，但原生性的天然马尾松林极少见。齐云山保护区由于长期以来交通不便，自然条件优越，因此保存了较大面积

的原生性天然马尾松群落。根据研究，齐云山的单株纸浆产量大于对照的 134.94% ~ 124.62%，纸张抗张强度大于对照 19.7%，为我国马尾松造纸材最优种源区内的最佳产地。齐云山的原生性马尾松群落，树干通直，冠形优美，广泛分布于海拔 400 ~ 1300m 的阳坡和半阳坡，群落物种多样性较高，保存较完整，种群密度较大，达 620 株/hm^2，平均胸径在 20 ~ 25 之间，最大胸径 45.5cm。

（3）我国特有的福建柏群落：福建柏为第三纪孑遗的单种属植物，属国家Ⅱ级保护稀有种。在齐云山分布较广，尤其在海拔 700 ~ 1600m 地段随处可见。齐云山保护区的福建柏林主要分布在上十八垒石陂头等一带，分布总面积为 1485hm^2，表现出如下特点：①齐云山保护区福建柏林分布面积较大，种群数量较多，是福建柏分布相对集中的区域之一。②保护区内福建柏种群结构稳定，更新良好，种群扩展能力较强；③齐云山是福建柏的一个适生区域。

4.2 重要的五列木群落

五列木科 1 属 1 种，五列木主要分布于马来西亚、印度尼西亚、中南半岛和我国南部，我国主要分布于华南，在江西是首次采得标本，其它地区很少见到成片的群落，而在齐云山有面积较大的森林群落分布，十分珍贵，主要分布于 500 ~ 1400m 地段，常伴有舟柄茶、甜槠等树种。五列木是联系山茶科和石楠科的重要类群，对研究齐云山森林植被的发展、演替以及物种进化与生态的关系等具有重要意义。

4.3 丰富的兰科植物

考察发现保护区内有兰科植物 38 属 74 种，其中属分别占全国、全省的 22.4% 和 79.2%；种分别占全国和全省的 7.4%、88.1%。极危种 3 种，濒危种 17 种，易危种 9 种，其余多为近危。在潮湿的岩石上，成片分布着独蒜兰、台湾独蒜兰、吻兰、台湾吻兰、镰翅羊耳蒜等 10 余种兰科植物。在干燥的岩石上，成片分布着多花兰、石豆兰、石仙桃等，这里的独蒜兰、多花兰分布之广、密度之大、数量之多在全国也绝无仅有！长轴白点兰在整个保护区的范围内都有分布，主要附生在甜槠、乌饭树、黄樟等树上。与邻近的其他地区比较，齐云山是兰科植物较丰富的地区之一，如齐云山北面的井冈山保护区兰科植物为 41 种，湖南八面山为 39 种；南面的九连山为 60 种。兰科植物需要森林的庇护，在一定程度上兰科植物种类的丰富与否，反映了森林生态系统的原生性程度，丰富多样的兰科植物说明森林生态系统的原生性较好，生境多样，生态过程比较完整，具有较高自然保护价值。

4.4 保存了完整、连续的奥陶纪笔石化石群

（1）根据中国科学院南京地质古生物研究所的研究成果（李积金等，2000），齐云山保护区白石坳等地保存了完整、连续的奥陶纪笔石化石群，发现笔石 45 属、7 亚属、168 种（包括亚种），其中有 3 个新种。

（2）主要价值：齐云山保护区等地的笔石化石群是奥陶纪太平洋地区各地中最丰富的地方，为环太平洋各地同期笔石之冠；演化系列较完整，是奥陶纪太平洋笔石动物群的重要发源地；笔石带齐全，可为国内外提供同期笔石带精确对比的标准；为奥陶纪的分统建阶提供古生物依据。

4.5 是我国南方候鸟迁徙的重要通道

齐云山自然保护区位于罗霄山脉南端的诸广山脉腹地，最高峰齐云山海拔 2061.3m，其正北面有南风面（2120m），正西为八面山（2040m）。这三座高山之间有一条 46km 宽的凹形通道，是我国三大候鸟迁徙通道之一，为我国中部候鸟迁徙的必经之路。据调查，途经齐云山自然保护区的候鸟有 137 种，隶属于 13 目 34 科，其中水鸟 32 种，猛禽 12 种，雀形目 78 种。

可见，齐云山自然保护区是我国南方候鸟迁徙的重要通道、中继站、停歇地，是候鸟迁徙极好生境的典型代表，也为我国中部候鸟保护与监测研究提供了良好的科研基地。

第2章 江西齐云山自然保护区地质、水文考察分析

齐云山自然保护区，大约位于东经113°54′37″~114°07′34″、北纬25°41′47″~25°54′21″，平面直角坐标为$_{197}92_{-198}00$~$_{202}00_{-202}13$、$_{28}46_{-28}70$。地处罗霄山脉与南岭交接地段。

齐云山地区，因其地处东西构造带与南北向构造带交接地段的独特大地构造环境，又因其周围地下金属矿产资源丰富，长期以来受到地学界的关注。德人李稀霍芬早在1868年、日人野田势次郎1914年、国人徐克勤等人1917年，就已在齐云山的西部、南部及东部地区作过地质调查和寻找地下矿产资源。著名地质学家李四光在1937年带队测制了1:20万南岭地质图，1942年李四光著有《南岭何在》而成为研究南岭构造之开端，1959年李四光在《东西复杂构造带和南北构造带》一文中，再次强调南岭东西复杂构造带（北纬23°30′~25°30′左右）的存在和它对区域金属矿产控制作用，同时提出了很多有色金属矿床都不同程度地受到南北向褶皱带及和它有成生关系的断裂带控制，进一步揭示了区域东西构造与南北构造带的存在及关系问题。新中国建国以来，先后有202普查队、钨矿普查勘探大队、湖南309队、江西908队、江西区域地质调查大队、湖南区域地质调查大队、地球物理勘探大队、冶金勘探公司、南京大学地质系、成都地质学院湖南区测队、江西地质矿产调查研究大队等单位和有关专家在区内进行过不同目的、不同程度的地质调查工作，取得了一些文献和图件资料。除此，1964年江西区域地质调查大队魏秀喆等人对区域前泥盆系（原称“龙山群”）进行了专题研究，1965~1969年江西区域地质调查大队和湖南区域地质调查大队进行了1:20万区域地质矿产调查，对区域地层、岩浆岩、构造及矿产分布进行了较为系统的研究与总结；赣州地质学校肖承协、夏天亮、陈洪冶等在1978年以来对区内的奥陶系进行了地层古生物研究，取得了丰富的笔石动物化石资料。前人在区内调查研究工作，积累了不少成果资料，但这些资料分散于赣、湘两省及有关院校和地质研究单位，又由于齐云山地区位处罗霄山脉与南岭交接地段，山高坡陡、交通不便，地质调查工作困难，齐云山地区地质调查研究程度一直不高、地质成果资料也不系统等，自然保护区缺少地质资料。

本文是在崇义县林业局、齐云山自然保护区管理局支持协作下通过集体努力完成的，也是在收集赣、湘两省区域地质调查资料及有关文献著作基础上，结合实地路线考察资料形成的。文中引用了江西省区域地质调查大队、江西省地质矿产调查研究大队、湖南省区域地质调查大队等单位在齐云山地区进行区域地质调查工作时取得的一些区域性成果资料如1/20万郴州幅和赣州幅、1/5万鹅形幅和鳞潭幅的部分成果资料，特此予以说明，并予致谢！

作者：尹国胜[1]，衷存堤[1]，冯昌和[1]，贺宗郁[1]，刘祥中[1]，郭英荣[2]，廖新生[3]，卢和军[3]，陈辉敏[4]

1. 江西省地质调查研究院；2. 江西省野生动植物保护管理局；3. 崇义县林业局；4. 齐云山自然保护区管理局

第一节 区域地质

1 大地构造背景

齐云山自然保护区位处华夏板块、南岭纬向构造带与罗霄经向构造带的结合地段，区域构造型式呈“⊥”型特点(图 2－1－1)。区内地层出露有新元古代震旦系至早古生代寒武系、奥陶系海相沉积变质岩系(浅变质)和晚古生代的泥盆系，少量第四纪松散堆积物沿冲沟水系或底洼(凹)地零星分布。区内岩浆岩以中生代燕山期花岗岩为主，次为早古生代末的加里东期花岗岩；岩石类型多样，有花岗闪长岩(主要分布于保护区南部)、二长花岗岩、钾长花岗岩等，还有比较发育的脉岩如伟晶岩、细晶岩、辉绿岩等。区内构造复杂，具有多方向特点；褶皱构造主要见于寒武系－泥盆系地层中，表现为复式与多期叠加褶皱，早期褶皱轴向为北西向、晚期褶皱轴向为北东向；断裂构造非常发育，以北东向断裂构造为主要，次为北西向、东西向、南北向，具有多向性特点(图 2－1－2)。

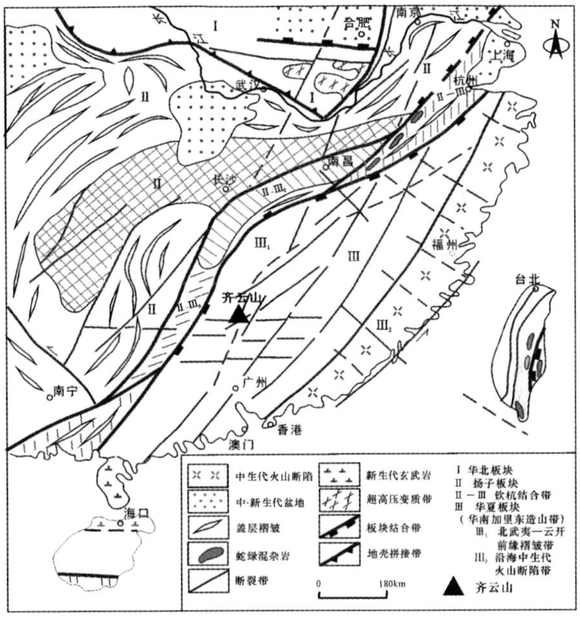

图 2－1－1 齐云山自然保护区的大地构造位置

区内新元古代以来，经历过澄江－加里东旋迴、华力西－印支旋迴、燕山－喜马拉雅旋迴。分别属于三个大地构造发展阶段：即新元古代至早古生代海洋(华南洋)发展阶段，晚古生代至中三叠世陆表海(浅海)发展阶段、中生代至新生代大陆边缘活动发展阶段。

早古生代华南洋的演化发展是在元古代地槽的基础上进行发展演化而形成的。寒武纪沉积了厚 3418m 的砂质、泥砂质、泥质、炭质及少量硅质、钙质的复理石建造。条纹状、条带状构造及交错层理发育，说明当时沉积环境的不稳定性，为多触发浊流沉积岩相，偏次深海域静水沉积环境。奥陶系以板岩、粉砂质板岩、含硅炭质板岩、含黄铁矿结核的炭质板岩、长石石英杂砂岩组合的笔石页岩建造。厚 1190m。沉积环境为浊流沉积岩相或海相，浅－深水带、封闭－半封闭沉积环境。浮游动物笔石繁殖，属种类群丰富，化石保存完好，可建立系统的笔石化石带。晚奥陶世末或志留纪初加里东运动，使华南地槽褶皱迴返形成近南北向展布的紧密线状复式褶皱，并伴有南北向逆断层及东西向张性断层生成和花岗闪长岩体的侵入。

由于早古生代末加里东造山运动的影响，区内及华南地区，经历了一个较长期的剥蚀夷平后，至中泥盆世早期受海侵的影响而沦为海洋，沉积了厚约 403m 的滨－浅海型含砾砂岩、石英砂砾岩、花岗碎屑岩、长石石英砂岩及砂质页岩。保存有少量植物化石碎片，具有大型槽状层理或板状层理。表现出当时物质来源丰富，流速较快的冲积扇沉积特征。中泥盆世晚期沉积了厚 500m 的紫灰、黄绿色泥质砂岩夹薄层状钙质砂岩，保存少量植物化石碎片，属潮坪亚相为主的沉积。晚泥盆世早期，区内沉积了 248m 的砂质页岩、生物碎屑灰岩。从砂质到钙质均有存在。保存了丰富的腕足类、珊瑚类化石。从生物化石的保存和岩石特征，说明当时的沉积环境属泻湖潮坪相，海水较动荡。晚泥盆世中期，区内沉积形成了 165m 的长石石英杂砂岩、钙质砂岩、生物碎屑灰岩，从砂质到钙质均有存在。有利于底栖动物腕足类的繁殖,原地埋藏着比较完整的腕足类化石。到晚泥盆世晚期,区内海水退成滨岸河流冲积相边滩沉积环境,沉积了厚187m的砂岩、砂质页岩、炭质页岩,有利于鱼类的繁殖及植物生长。石炭纪至中三叠纪地层被剥蚀。

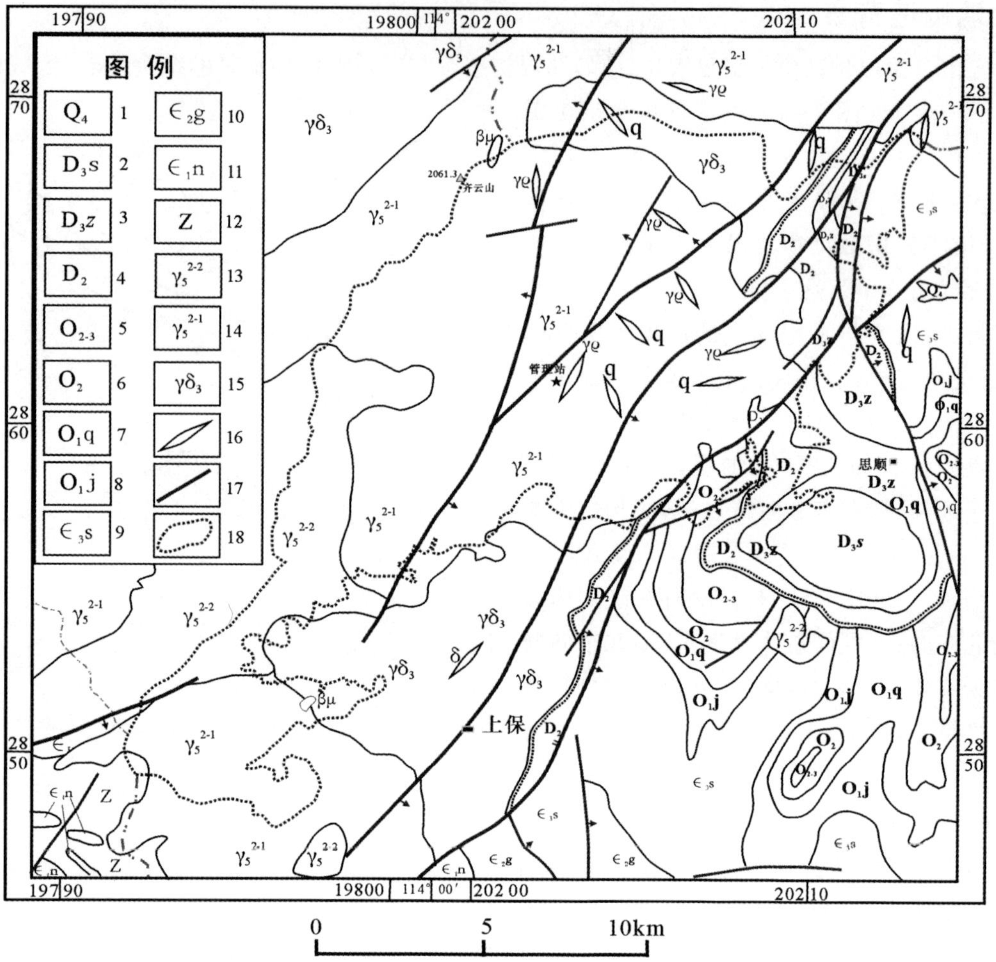

图2-1-2 齐云山自然保护区区域地质构造略图

1-第四系;2-上泥盆统三门滩组;3-上泥盆统中棚组;4-中泥盆统陡水组与罗段组未分;5-奥陶系中上统未分;6-中奥陶统未分;7-下奥陶统七溪岭组;8-下奥陶统爵山沟组;9-上寒武统水石组;10-中寒武统高滩组;11-下寒武统牛角河组;12-震旦系未分;13-燕山早期第二阶段第一次侵入花岗岩;14-燕山早期第二阶段第二次侵入花岗岩;15-加里东期侵入花岗闪长岩;16-脉岩:花岗细晶岩、伟晶岩、石英脉、辉绿岩、闪长玢岩等;17-断层;18-齐云山自然保护区范围

到中生代,受燕山陆内造山运动的强烈影响,地壳发生大规模的断块升降活动,使区内晚三叠纪至白垩纪地层无沉积,并伴随大量的岩浆上侵和断裂作用,形成一系列的构造岩浆带和盆岭景观。

喜马拉雅运动,在区内表现为以隆起上升为主、并发生断块的差异升降,遭受剥蚀,未见第三纪地层。第四纪的沉积,仅在一些山间盆地和河谷近岸地带接受了第四纪全新世的砾、砂、黏土、亚砂土堆积。

2 地层

地层,是揭示自然演化和古地理环境变迁历史的重要物质记录。齐云山虽然是以花岗岩岩基为主组成的山体,但在其山麓边缘地带-即诸广山的山麓地带保存了不同时代的沉积及沉积变质地层,主要有新元古代的震旦系,早古生代的寒武系、奥陶系和晚古生代的泥盆系,在河谷沿岸地带还堆积有新生代的第四系，在诸广山的西麓还分布有侏罗－白垩纪地层。根据岩石组合特征，沉积旋廻、古生物群的组合特征，划分如表 2－1－1，由老而新分述如下。

表 2－1－1　地层简表

界	系	统	组	段	地层代号	厚度(m)	接触关系及标志层
新生界	第四系	全新统			Q^4	2－11	
上古生界	泥盆系	上统	三门滩组	上段	D_3s^2	186.5	
				下段	D_3s^1	165.4	灰岩
		中统	中棚组		D_3z	>227.1	
			罗段组		D_2l	500.1	灰岩，钙质砂岩
			陡水组	上段	D_2d^2	278.3	
				下段	D_2d^1	126.5	石英砂砾岩，底不整合
下古生界	奥陶系	上统	蒲龙组		O_3p	>42.5	
			石口组		O_3s	>147.4	
		中统	韩江组		O_2h	>81.0	
			陇溪组		O_2l	61.9	
		下统	七溪岭组		O_1q	372.6	
			爵山沟组		O_1j	475.3	
	寒武系	上统	水石组	上段	$\in_3s^3$	645.4	灰岩透镜体
				中段	$\in_3s^2$	700.3	条带状板岩
				下段	$\in_3s^1$	319.9	石英杂砂岩
		中统	高滩组	上段	$\in_2g^2$	404.1	
				下段	$\in_2g^1$	294.8	
		下统	牛角河组	上段	$\in_1n^2$	306.1	
				下段	$\in_1n^1$	561.1	石煤
新元古界	震旦系				Z	>800	浅色硅质岩

2.1　震旦系

震旦系仅见于自然保护区的南西角，但在赣南地区广泛出露，在崇义县的柯树岭、阳岭、聂都等地广泛发育。

震旦系下部地层厚大于 286m，由青灰、灰绿、黄绿色巨厚层千枚状砂质板岩与千枚状粉砂岩互层，局部夹薄层状变余砂岩。砂质板岩及粉砂岩中常发育有砂质条带构造。

震旦系上部地层厚 3201m。岩性上为灰绿、黄绿、浅灰色中厚－厚层状变余长石石英细砂岩与中薄层状板岩、粉砂质板岩互层；中夹白色、黄白色或翠绿、紫红色薄层状硅质岩和紫红色板岩数层，顶部为厚数米至数十米灰白、黄白、灰色厚层状硅质岩，厚 249m。中部为灰绿、青灰、深灰色中厚—巨厚层状变余长石石英中细粒砂岩、硬砂岩与薄—中层状板岩、粉砂质板岩成互层，并夹凝灰质砂岩，1～10 层，厚 2476m。下部为青灰、灰绿、深灰色巨厚层状砂质千枚岩夹薄—厚层状变余细粒硬砂岩及灰黑色层凝灰岩，厚 273m。底部为青灰、深灰色巨厚层状变余砂岩、砂质板岩、千枚状板岩约五个韵律组成。其砾岩的砾石成份为砂质板岩、变质砂岩、硅质岩、脉石英、大理岩等，砾石大小不等，分选性差，多呈扁园状、滚园程度为次棱角及次园状，胶结物为泥砂质，厚 203m。

震旦系上与寒武系成整合接触，产于含海绵骨针的寒武系下统之下，属震旦系无疑。

2.2 寒武系

寒武系是组成区域前泥盆纪基底岩系的一部分。这套基底岩系在五十年代中期前,统称为前泥盆系或龙山群。1957年徐克勤等人作赣南地质调查时,在崇义地区发现了石煤层和硅质岩,时代划属震旦-寒武纪。1961~1962年南京大学地质系师生,在崇(义)—(大)余地区浅变质岩系中采得笔石、三叶虫、海绵骨针等化石,其时代分别隶属震旦、寒武和奥陶纪。1964年魏秀喆等人对赣西南"龙山群"进行了专题研究,依化石群组合及岩石组合特征,将浅变质岩系划属震旦系、寒武系及奥陶系,其中寒武系建立了三个统三个群,即下统牛角河群、中统高滩群、上统水石群。同时确定下与震旦系、上与奥陶系皆为整合接触关系。从而奠定了赣西南地区寒武系划分的基础。

本系主要分布于南部和东部,呈紧密复式褶皱展布于过埠、高坌、麟潭圩一带,总厚度3417.7m。根据岩石组合特征、生物群组合、沉积岩相特征,可将区内寒武系进一步划分为三统三组和若干个岩性段,沿用魏秀喆等人创建的地方性名称。

2.2.1 寒武系下统:牛角河组($\in 1n$)

分布于肖家洞、若坑口和上棚以南一带,呈北西向展布,构成若坑口等倾伏背斜的核部。根据岩石组合可划分为上、下两个岩性段,其中下段出露不全。但出露的地层、岩性厚度比较稳定。

(1)下段($\in_1 n^1$):561.1m。下部为深灰—灰黑色厚层状不等粒岩屑石英杂砂岩,不等粒凝灰质长石石英砂岩与灰黑色薄层状硅质岩、硅质板岩、炭质板岩互层。底部为石煤层(在关田纤福出露),呈透镜状产出,走向相变呈高炭质板岩,但层位稳定,为本系与震旦系划分的标志层,二者为整合接触。硅炭质板岩中产海绵骨针:*Protospongia* sp.。

上部为灰—灰黑色厚-巨厚层状不等粒岩属石英杂砂岩、长石石英杂砂岩夹中薄层状粉砂质板岩、硅质板岩和含炭绢云母板岩。产腕足类:*Acrotheie* sp. 及海绵骨针:*Protospongia* sp.。

(2)上段($\in_1 n^2$):396.1m。下部为灰—灰黑色薄层状泥质绢云母板岩、硅质板岩、炭质板岩、含菱铁矿粉砂岩与变余不等粒长石石英杂砂岩呈互层或夹层。硅炭质板岩中产腕足类:*Obolus* sp.,*Acrothele* sp. 及海绵骨针:*protospongia* sp.。

上部为灰绿-灰黑色厚层状变余细粒或不等粒岩屑石英杂砂岩夹粉砂岩、粉砂质板岩、绢云母板岩和薄层状含炭板岩、硅质板岩。产海绵骨针:*Protospongia* sp.。

2.2.2 寒武系中统:高滩组($\in 2g$)

分布于李坑、小余坑、新坪、上棚、裘坑口一带,呈北西向延伸,构成过埠复式背斜的南段若坑口背斜的核部,向北倾伏。岩性、厚度比较稳定。

(1)下段($\in_2 g^1$) 294.8m。下部为灰-灰绿色变余不等粒岩屑杂砂岩、细粒石英砂岩、长石石英砂岩夹绢云母板岩、粉砂质板岩、黑白相间条纹状板岩和薄层状含炭硅质坂岩。产腕足类:*Lingulella* sp.,*Botsfordia*? Sp.,*Micromitra*? Sp.,*Oboius* sp.,*Acrothele* sp. 及海绵骨针:*protospongia* sp.。

上部为灰绿色厚层状变余细粒岩屑杂砂岩、细砂岩与中薄层状粉砂质板岩、黑白相间条纹次板岩和含炭硅质板岩互层。板岩中水平层理发育。产腕足类:*Obolccs* sp.,*Lingulella* sp.,*L. liui Sun*?,*Acrothele*? sp.,*Botsfordia* sp.,*Palaeobolus discus* Wang 及海绵骨针:*Protospongia* sp.。

(2)上段($\in_2 g^2$) 404.1 m。下部为灰-灰绿色厚层状不等粒岩屑长石石英杂砂岩、细粒长石石英砂岩与粉沙质板岩、砂质绢云母板岩和黑白相间条纹状板岩、薄层状含炭硅质板岩、炭质板岩互层或夹层。产腕足类:*Acrotliele* sp.,*A. rara* Walcott,*Lingulella* sp.,*Paterina*? sp. 及海绵骨针:*Protospongia* sp.。

上部为灰-灰绿色中厚层状粉砂质板岩、板岩、黑白相间条纹状板岩夹含炭硅质板岩和不等粒岩屑石英杂砂岩。产腕足类:*Lingulella* sp,*Paterina*? sp,*Obolus Inanhsiensis* Grabau,*Acrotaele* sp.,*A. Pentagonensis* Bell,*Botsfordia* sp. 及海绵骨针:*Protospongia* sp。

2.2.3 寒武系上统：水石组(∈3s)

出露较广，主要展布于上麻坑、员墩、过埠(水石)、高垄、麟潭圩和樟木坑一带。

(1)下段($\in_3s^1$) 319.9 m。下部为灰绿色厚－巨厚层状岩屑石英杂砂岩夹粉砂质板岩和黑白相间条带状板岩及少量含炭硅质板岩。产腕足类：*Westonia dimor pha* Sun, *Obolus* sp., *Linguledla* sp., *Aerothele* sp., *A. fecunda* Resser et Endo, *Paterina* sp.˙, *Paterina lahardorica* Var. *orientalis* (Waicott)及海绵骨针：*Protospongia* sp.。底部为灰绿色巨厚层状中粒岩屑石英杂砂岩，上棚 80～100m 厚，向西、向北变薄为 30～50 m，层位稳定，为与中统高滩群划分的标志层。

上部为灰－灰绿色变余不等粒岩屑杂砂岩、细粒长石石英砂岩夹粉砂岩、粉砂质板岩、黑白相间条带状板岩和少量含炭硅质板岩。产腕足类：*Obolus* sp., *Lingulella* sp., *Acrothele*? sp., *A. chincasis* Resser et Endo, *A. chinchicncnsis* Resser et Eudo, *Homotrrta shantungensis* (Walcott), *H. pacifica* (Walcott), *H. orientalis* Resser et Endo, *H. lisani* walcott，海绵骨针：*Protospongia* sp. 及古瓣鳃类。

(2)中段($\in_3s^2$) 796.3 m。下部为深灰色、灰绿色厚层状变余细位长石石英砂岩、岩屑杂砂岩与黑白相间的宽条带状板岩互层，夹砂质板岩、板岩和少量含炭硅质板岩。产腕足类：*Obohts*? Sp., *Lingulella* sp., *L . machuriearis* Walcott, *L. liati* Sun, *L. cf. putilla* R. et E., *Homotreta*? sp., *Acrothele*? sp. 及古瓣鳃类。条带状板岩在过埠附近明显，虽向西、向南热蚀变作用欠明显，但层位稳定，可作标志层。

上部为深灰色厚层状变余细粒长石石英细砂岩、岩屑杂砂岩夹黑白相间的宽条带状板岩、粉砂质板岩和少量含炭硅质板岩。产腕足类：*Obolus* cf. *taianeazsis* Sun, *Lingulella* sP., *Acrotlzele* sp., *A. recta* R. et E., *Homotreta* sp., *H. pileata* (R. et E.), *H. lisari* Walcott, *H. orientalis* R. et E., *BotsfordiA*? sp. 及海绵骨针：*Protospongia* sp. 与古瓣鳃类。

(3)上段($\in_3s^3$) 645.4 m。下部深灰色中－细粒长石石英砂岩、杂砂岩与粉砂岩、粉砂质板岩、板岩和少量条带状版岩，含炭硅质板岩互层。产腕足类：*Lingnlella* sp，, *L. liui* Sun, *Acrotlzele* sp., *Homotretcs*? sp. 及古瓣鳃类。

上部为深灰色、灰黑色粉砂质板岩，砂质泥岩夹变余细粒长石石英砂岩和少量黑白相间条带状板岩，含炭硅质板岩。产腕足类：*Lingnlella* liu Sun, *L. ananclanrieazsis* Walcott, *Acrothele* sp., *Homotrets* sp.，海绵骨针：*Protospongia* sp. 及古瓣鳃类。近顶部夹透镜状结晶灰岩，为本系与奥陶系划分标志，二者为整合接触。

2.2.4 寒武纪沉积环境特征分

区内的寒武系为含炭陆源沉积的复理石建造。根据沉积结构特征，主要应属浊流沉积，次为次深海静水环境沉积。

(1)寒武系下统牛角河组。下段：下部以黑色含炭硅质岩、炭质板岩、含炭硅质板岩、黑色隧石岩为主，呈薄层状，水平层理发育，底部具石煤层，含菱铁矿和黄铁矿结核。泥炭质层中盛产海绵骨针，并富集铀、钒、锆、镍、钼等元素。上述沉积特征是气候湿热次深海静水还原环境的沉积。

上部为灰黑色厚－巨厚层状不等粒岩屑杂砂岩、长石石英杂砂岩夹炭质板岩、粉砂质板岩和含炭硅质板岩。沉积韵律发育，岩屑砂岩，不显细层，岩屑大部分为撕裂状。与下伏含岩块的砂砾层不显界线，呈块状，正粒序，粒级递变明显，板岩水平层理发育，并具由水下滑动或拖曳作用而成的单面纹理和反复挠曲构造。粉砂岩中，由于波纹迁移，形成了板状单斜纹理。有的具水下冲蚀印痕，上述沉积特征属次深水浊流沉积。

上段：下部为灰黑色薄层状泥质绢云母板岩、含炭硅质板岩、炭质板岩、含菱铁矿粉砂岩与变余不等粒长石石英杂砂岩互层。硅炭质板岩中水平纹理发育，产腕足类：*Obolus* sp. *Acrothele* sp. 及海绵骨针：*Protospongia* sp.。应是次深海静水还原环境沉积。

上部是一套泥砂质复理石建造,粒序层及层面因侵蚀印模、单向斜层理发育而清晰,应是次深海低能静水环境浊流沉积。

(2)寒武系中统高滩组。下段:灰绿 - 深灰色厚层状岩屑石英杂砂岩、长石石英砂岩夹粉砂岩、黑白相间条纹状板岩和薄层状炭质板岩、含炭硅质板岩。产腕足类和海绵骨针化石,浊积序列发育,属多触发浊流沉积岩相,为距陆较远的次深海域沉积环境。

上段:灰绿 - 深灰色厚层状岩屑石英杂砂岩、长石石英砂岩与粉砂质板岩、黑白相间条纹状板岩、炭质板岩、含炭硅质板岩互层。产腕足类和海绵骨针化石。沉积韵律发育,显正序粒层,砂岩底界与板岩界线清楚,呈波状。在砂岩、粉砂岩和粉砂质板岩中发育有较完整的层理系列,即由下向上依次为:灰绿色岩屑砂岩→(过渡)水平层理发育的粉砂质板岩→含单斜层理粉砂质板岩→含水平层理板岩。在份砂质板岩、板岩中斜层理及层面沟造波痕、冲蚀坑槽和重荷模均发育。条纹状板岩、硅炭质板岩中水平层理发育,水平纹理尤其发育。产腕足类和海绵骨针化石。应属多触发浊流沉积岩相,为距陆较远的次深海域沉积环境。

(3)寒武系上统水石组。下段:灰 - 灰绿色厚 - 巨厚层状变余不等粒岩屑石英杂砂岩,细粒长石石英砂岩夹中薄层状粉砂质板岩、黑白相间细条带状板岩和少量含炭睑质板岩。硅炭质板岩中产海绵骨针和腕足类化石。沉积韵律发育,现以底部其中一个韵律为例,由下而上叙述如下:

1)灰 - 暗灰色细粒岩屑石英杂砂岩,块状,不显细层,由下而上杂基增高,板岩岩屑呈棱角状,白云母无方向性,与下层面呈切割关系。厚 80 ~ 100cm。

2)灰色条带状细砂岩,粒度分异较明显。深灰色条带为细粒石英砂组成;浅灰 - 灰白色条带以细粒石英砂为主,杂基含量相对减少,两者相间出现为水平层理。厚 5 ~ 10cm。

3)条带状细砂岩,细层明显而弯曲,在不同的断面上具单向斜层理假象和一些原生褶皱,底面具一定方向的重荷模。厚 20cm。

4)暗灰色细粒石英杂砂岩,由若干细层组成。单层厚 1 ~ 4cm,粒序不明显,有的顶部具隐约水平层理。厚 50 ~ 80cm。

5)灰色细粒石英杂砂岩,由几个细层组成,其细层具原生褶皱和包卷层理。厚 10cm。

6)灰色板岩,下部具水平层理,向上不清楚,与下、上岩层分界明显。厚 2. 2cm。

7)下部为灰 - 暗灰色粉砂质板岩,具清晰的水平层理,细层厚 0. 1cm,由灰白色粉砂层和暗色粉沙 - 泥质层组成,其分界明显。厚 2. 2cm。

上部为灰白色细砂岩,由若干细层组成,各细层分界清楚,具原生褶皱和缓倾斜单向斜层理。

8)灰色粉砂质板岩,具不明显的细层。厚 40cm。上述沉积特征,说明是多触发浊流沉积岩相,继承中统高滩组的古地理环境连续沉积,属距陆较远的次深海域沉积环境。

中段:灰 - 灰绿色变余细拉长石石英砂岩、岩屑杂砂岩与黑白相间宽条带状板岩、粉砂质板岩和少量含炭硅质板岩互层。板岩中产腕足类和海绵骨针化石。沉积特征,续承下组的沉积环境和连续沉积特点,仍为浊积岩相。本组板岩、条带状板岩的层厚明显增大,水平层理发育,说明海流作用明显。

上段:深灰 - 灰黑色粉砂质板岩、含粉砂炭质板岩、砂质泥岩夹灰色变余细粒长石石英砂岩和少量黑白相间条带状板岩、含炭硅质板岩及透镜状灰岩。板岩中产腕足类和古瓣鳃类化石。沉积韵律发育,以其中一个韵律为例,由下而上叙述如下:

1)灰绿色变余杂砂岩夹同色变余粉砂岩,砂岩为块状层理,粉砂岩显水平细层。厚 28m。

2)岩性及层理特征同上,向上杂砂岩减少,粉砂岩增高,由 3:1 ~ 2:1。厚 3. 5 m。

3)灰色变余含砂粉砂岩,杂基组分含量明显增高,并具大型水下滑动构造。厚 7. 5 m。

4)灰色变余石英杂砂岩与变余粉砂岩互层,杂砂岩为块状层理,显不清晰正位序,粉砂岩中显清晰水平层理和微角单向斜层理。厚 12 m。

5)灰色变余石英杂砂岩和变余粉砂岩互层,其中由下而上为块状层理→(过渡)水平层理→微角度向斜层理。厚 15 m。

本组砂岩由下而上减少,板岩增多。说明其沉积作用渐变为低密度流沉积,属浅海宁静沉积环境,顶部板岩甚为发育,并出现不稳定透镜状灰岩层位,小型无铰纲腕足动物繁盛及开始出现小型古瓣鳃类化石,说明古地理生物环境起了变化。

2.2.5 寒武纪地层划分及时代分析

区内的寒武系,上与产笔石 *Siaurograptus - Anisograptus* 带化石的奥陶系下统爵山沟组连续过渡;下整合于震旦系上部之上(在西南部出露),时代隶属于寒武纪无疑。在区域上可与湘南、粤北及桂东的寒武系进行对比。

寒武系下统牛角河组,直接整合于震旦系顶部厚层状硅质岩之上,其底部的石煤层,含磷结核及富含钒、铀等元素,与我国早寒武世早期沉积的区域性相标志一致。本组盛产海绵骨针化石和少量 *Obolus* sp. ,*Acrotliele* sp. 等小型无铰纲腕足类化石,海绵骨针虽出现于震旦纪,但在早寒武世最盛。小型无铰纲腕足类在我国最早出现于早寒武世。故将本组归属早寒武世是无可置疑的。

寒武系中统高滩组,为灰绿色厚 - 巨厚层状岩屑石英杂砂岩、粉砂质板岩、条带状板岩和含炭硅质板岩组成韵律,发育有较完整的浊积层序特延。在多发浊积作用的间歇中夹有以海流作用为主的泥、炭、硅质层,产丰富的小型无铰纲腕足类和海绵骨针化石。其中 *Acrothele rara Homolreta lisani*, *A. pentaonensis*, *Obolus lucnhsiensis* 等,都是我国中寒武世常见分子。尤以 *Acrothele* 和 *Homolreta* 两属最盛为特色,与下伏牛角河组不同,其时代隶属中寒武世为宜。

寒武系上统水石组,主要由泥砂质组成复理石建造,由下向上板岩增多,顶部夹不稳定透镜状灰岩,板岩中水平层理、水平纹理和黑白相间的条带状构造发育。产丰富的小型无铰纲腕足类、小型古瓣鳃及海绵骨针化石,其中产 *Lingulella* 和 *Obolus* 二两属居优势,与高滩群有别。底部产:*Westonia dimorpha*,是晚寒武世的重要分子。上覆地层:产笔石 *Siaurograptus - Anisograptus*, *Triograptus*, *Adelograptus sinicus - Claonngraptus* 带化石的早奥陶世地层,因此其时代归属晚寒武世是确切的。

2.3 奥陶系

区内奥陶系发育齐全,层序清楚,化石丰富,是华南笔石地层标准地区之一。1961 ~ 1962 年期间。南京大学地质系师生在崇一余地区进行地质矿产调查时,在此岩系中采获笔石、三叶虫等化石,确定了奥陶系的存在。1964 年江西区调大队魏秀喆等人在赣西南龙山群专题研究工作中,对崇义、大余地区的奥陶纪地层做了系统的工作,划分为三个统五个组,建立了六个笔石带和五个亚带,并相应的建立了地方性地层名称(表 1)。1969 年江西区调大队一分队,在赣州幅1:20 万区域地质矿产调查工作中,将区内奥陶系又进一步分为三个统六个组。1974 年肖承协等人对崇义地区早奥陶世笔石地层做了深入研究工作。在相当于七溪玲组的地层中采获了极其丰富的笔石化石,创名“牛皮湾组”,建立了 9 个笔石带。1978 年赣州地校肖承协、夏天亮等人对区内茅坪 - 对耳石的奥陶系再次进行了详细的地层古生物研究,分为三个统、六个组(表 3),建立了 20 个笔石带,为区内奥陶系的划分和区域对比提供了可靠的资料,测有茅坪 - 对耳石奥陶系剖面。区内奥陶系的岩石组合和生物群特征,可与井冈山 - 永新一带的奥陶系对比,故引用其地层名称。

奥陶系主要分布于测区的中部,呈短轴向斜展布在对耳石,黄背、蕉龙西山界一带,出露面积约 110km^2,总厚大于 1180. 7m。不整合覆于篆武系上统水石群上组之上。上统蒲龙组,在区内发育不全。根据生物群及岩石组合特征,奥陶系划分为三个统六个组。各组均为整合接触关系。

2.3.1 奥陶系下统(O1)

主要分布于梅坑、鹅公坑、枫子窝、茅坪、果木、牛皮湾、高屋、叶家洞、长岭下、牛屎坪一带。组成向斜的翼部,呈南北向延伸。出露宽度不一,总的趋势从东向西出露宽度变大。岩性稳定,产化石极其丰富。

(1)爵山沟组(O_1j) 475.3 m。灰绿、黄绿色块状粉砂质绢云母板岩夹含炭绢云母板岩和少量硅质板岩。产笔石:*Staurograptus dichotomous* Emmons,*Anisograptus matanensts* Ruedemann,*Triograptus* sp.,*Adelograptus sinicus* Mu,*A. asiaticus* Mu,*Clonograptus* cf. *tenellus* Var. *Calauuei* E. et W. 及 *Bryograptus* cf. *kirki* Ruedemann。

(2)七溪岭组(O_1q) 372.6 m。下部灰至灰绿色中厚层状含粉砂质绢云母板岩与黑色含炭绢云母板岩互层。产笔石:*Tetragraptus* (Etagraptus) *approximatus* (Nicholson),*T. fruticosus* Hall,*T. immaturus* Hsii,*T. bigsbyi* Hall,*T. amii* Lapw,*T. toruquisti* Monsen,*Didymograptus* "*protobifidus*" Elles,*D. abnormis* Hsu,*D. holmi* Tornquist,*D. octoprachiatus* Hall,*D. nitidus* Hall,*D. extensus* Hall,*D. nanus* Lapw,*Isograptus gibberulus* Nicholson,*I. divergens* Harris,*Pseudobryograptus parallelus* Mu,*Bryograptus rjerulfi* Lapw,*Phyllograptus anna* Ha11 等。

上部深灰至灰黑色中薄层状含绢云母板岩,含炭粉砂质板岩,含炭硅质板岩互层。产笔石:*Pterograptus elegans* Holm,*Amplexograptus confertus* Lapw,*Nicholsonograptus fasciculatus* (Nicholson),*N. fasciculatus* var. *praelingans* Hsu,*N. sinicus* (Hsu,),*Didymograptus ellesae* Ruedemann,*Glyptograptus austrodentatus* Harris et Keble,*G. sinodemtatus* var. *minor* Mu,*Cardiograptus amplus* Hsu,*C. angustus* Jin,*C. gignteus* Hsu,*Oncograptus magnus*,*Trigonograptus ensiformis* Hali 等。

2.3.2 奥陶系中统(O_2)

主要分布在大王洞、对耳石、白石凹、黄背、西山界一带,组成同抖的核部,呈近南北向延伸,出露稳定。

(1)陇溪组(O_{2l}) 61.9 m。灰黑色薄层状含炭硅质板岩(含生物碎屑)与含炭绢云母板岩互层。产笔石:*Dicranograptus sinensis* Geh,*D. furatus* (Hall),*D. nicholsoni* Var. *diapason* Gurley,*Nemagrraptus gracilis* Hall,*N. enilis* (Lapw),*N. linearis* Ruedemann,*N. explanatus* Var. *Pertenuis* (Lapw),*Amphigraptus divsrgens* Hall,*A. asicus*,*Pseudoisograptus asturatus* Ni.,*P.* sp.,*Glossograptus hincksii* Hopkinson,*G. ciliatus* Emnaons,*G. horridus* Ruedemann,*G. hystrix* Ruedcmann,*G. acanthus* E. et W. 等。

(2)韩江组(O_2h) >81. m。灰至灰黑色薄至中厚层状炭质硅质板岩夹含炭板岩、粉砂岩。岩石中含黄铁矿泥砂质结核,层位稳定,可作标志层。产笔石:*Dicranograptus clingani* Carr.,*D. cf. cliugani* Carr.,*D. kansuensis* Sun,*D. nicholsoni* Hopkinson,*Climacograptus spiniferus* E. et W.,*C. bicornis* (Hali),*C. biconis* Var. *tridentatus* Lapw,*C. diplacanthus* Subsp nov.,*C. modestus* Ruedmann,*Pseudazygograptus chongyiensis*,*Climacograptus wilsoni* Var. *Tubularis* E.,et w.,*C. cf. wilsoni* Lapw,*Didymograptus sagitticaulis* Gurley,*Dicellograptus caduceus* Lapw 等。

2.3.3 奥陶系上统(O_3)

上统石口组主要分布在流西洞、对耳石、黄背、蕉龙、西山界一带,蒲龙组发育不全,仅出露在对耳石至洋有龙一带,组成向斜的核部,近南北向延伸,岩性、厚度稳定。

(1)石口组(O_3s) 147.4 m。灰至灰绿色厚层状细粒长石石英砂岩,岩屑石英杂砂岩夹绢云母板岩、粉砂质板岩。产笔石:*Dicellograptus johnstrupi* Hadding,*D. affinis* T. S. Hall,*D. complanatus* Lapw,*D. f orchgmneri* Geinitz,*Orihograptus* cf. *quadrimucronatus* (Hall),*O. maxinus* Mu,*O. trunctus* Lapw,*Climacograptus normalis* Lapw 等。

(2)"蒲龙组"(O_3p) >42.5m。灰至灰绿色厚层状细拉岩屑石英杂砂岩与板岩、粉砂质板岩互层。产笔石:*Dicellograptus* E. et W.,*D. complanatus* Lapw. 等,未见顶。

2.3.4 奥陶纪沉积古地理环境特征分析

奥陶系沉积岩相特征,一可笼统恢复为笔石页岩相或泥硅质复理石相和砂质复理石相 的转化和发展类型。各地层单位有继承或转化发展特征。按地县匡序由下而上分别简述如下:

(1)爵山沟组(O_1j)。下部岩石为变余细粒长石石英杂砂岩一变余厚层状细或粉砂岩一粉砂质板岩一板岩组合。细或粉砂岩单层厚30~50cm,不显细层,块状层理,底面与板岩清楚,以细石英为主,含中粒板岩、硅质板岩和长石物碎屑;杂基组分较高,常过渡为粉砂质板岩至板岩。粉砂质板岩及板岩具清晰水平层理。个别板岩中产笔石化石,一般保存不好。

上部岩石为粉砂质板岩和硅炭质板岩的简单组合,两者约为3:1-5:10粉砂质层中含细-中粒粉砂级石英及硅质板岩、板岩岩屑和菱铁矿碎屑,向板岩过渡间常见砂纹层理(单向斜层理),层系厚一般小于1cm。板岩中微层理清晰,并普遍含笔石化石。

上述沉积特征具浊流沉积岩相特点,下部属低密度流-半封闭浅海(近海)沉积环境;上部属浅海弱底流沉积环境。

(2)七溪岭组(O_1q)。七溪岭组岩石为粉砂质板岩和泥硅质板岩互层的简单组合。陆源碎屑物为细砂-粉砂级石英,含少量岩屑。由下至上粉砂含量由多而少,泥质、硅质、炭质由少增多。层厚由下至上变为薄层状,均为单一的水平层理。中上部板岩中含硅质,常见含硅质透镜体板岩向炭质板岩过渡。岩石中具自生菱铁矿、黄铁矿和少量胶磷矿。几乎每层板岩中均产丰富的笔石化石。

上述沉积特点为浅海相沉积特点,属由水流通畅-半封闭静水沉积环境。

(3)陇溪组(O_2l)。陇溪组岩石为薄层状硅质板岩、硅炭质板岩、硅质岩简单组合;80%以上为硅炭质板岩和硅质岩。岩石中普遍含黄铁矿,陆源碎屑物极少,无碎屑岩夹层,由下至上均具清晰的水平层理;几乎每层硅炭质板岩中均产丰富的笔石化石。

上述沉积特征属距陆较远的浅海封闭深水沉积环境。

(4)韩江组(O_2h)。下部为薄层状硅炭质板岩,无陆源碎屑岩夹层,含少量砂质及岩屑,上部为石英细砂岩粉砂岩夹硅炭质板岩组合;顶部具厚度不大的砂岩-板岩韵律层,韵律层的底界面较清楚,而切割下伏板岩。板岩中水平层理发育,具自生菱铁矿、黄铁矿、方解石。砂岩中含岩屑,其砂粒呈正粒序变化,粒序层一般不超过10cm,砂岩中含不规则的板岩透镜体。中上部产大量的同生硅质-钙质-黄铁矿泥砂质结核体。板岩中产丰富的笔石、圆尾科三叶虫及瓣鳃化石。

上述沉积特征属浅海(近海)深-浅水带,封闭-半封闭静水环境低密度流沉积。

(5)石口组(O_3s)。石口组为厚-巨厚层状细粒岩屑石英杂砂岩和板岩互层,砂岩略多于板岩组合。由砂岩-板岩组成的韵律层,砂岩中岩屑、岩块的含量大于15%,杂基含量10~20%,碎屑物由细粒石英砂、细粒-巨砾硅质板岩、长石碎屑及砾块组成,其层理组合有三种。

1)角砾岩→粉砂质板岩→块状板岩段组合层理。角砾岩,其角砾为撕裂状板岩、硅质板岩等,多呈薄片状,不显细层,常切割下部板岩,单层厚大于50cm;砂岩中示正粒序;粉砂质板岩中细层清晰,多已发育为弯曲和包卷层理;块状板岩,一般不含砂质,偶见粉砂质水平层理。

2)青灰色砂岩→含砂质板岩→板岩段组合层理。砂岩中含板岩岩屑及烟雾状板岩碎块,不显细层,厚度大于1m;粉砂质板岩与上述砂岩界面不清楚,水平层理发育,向上常见包卷细层和弥散状粉砂质体,层厚60~90cm;板岩以泥质为主,偶见粉砂质细层。

3)石英杂砂岩→粉砂质板岩→板岩段组合层理。细粒石英杂砂岩,不显粒序及细层理,单层厚小于20cm,对下伏板岩有切蚀现象。粉砂质板岩中含包卷细层和烟雾状粉砂质体,层面上多见重荷模。板岩不显细层,具水平层理的板岩中产笔石化石,上部板岩中产三叶虫化石。

上述沉积特征为多触发期浊流沉积岩系,属浅海、水流通畅的沉积环境。

(6)"蒲龙组"(O_3p)。"蒲龙组"岩石为石英杂砂岩与板岩呈等厚互层组合。砂岩中含板岩岩屑和长石碎屑,呈层性好,不显细层和粒序,顶底界线清楚,底面切割板岩,单层厚大于50cm。板岩中水平层理发育,偶见包卷不完整的细层,个别板岩中含少量笔石化石,保存不好。

上述沉积特征属海盆浊流沉积,相当沃克所划浊积相的C层,但发育不全,似乎标志着奥陶纪末期沉积环境发生了较明显的变化。

2.3.5 奥陶纪地层划分及时代确定

区内的奥陶系,上被泥盆系陡水组不整合覆盖;下整合伏于寒武系上统水石群上组之上,夏天亮、肖承协等(1978 年)对区内奥陶系进行了详细的生物地层研究,将区内奥陶系分为三个统、六个组并建立了 20 个笔石带(表 2 - 1 - 2),可与国内及国际对比,故划分和时代是无疑的。

2.4 泥盆系

区内的泥盆系,1969 年江西区调大队在区内进行 1 :20 万区域地质矿产调查时分为中、上两统,四个组(表 6)。1982 年江西区调大队周殿超等人对区内的泥盆系进行了岩相古地理研究。在 1 :5 万区调工作中通过剖面研究,认为属海陆交替相沉积,可与崇义稍坑、上犹陡水、于都峡山地区泥盆系对比,故根据实际情况分别引用其地层名称。

泥盆系在区内主要分布于思顺盆地,构成近南北向的椭圆形向斜;在上堡天子光、白水洞一带因断层破坏,呈北东向带状单斜,其出露面积约 $38km^2$。总厚大于 1483.9m,不整合在寒武系、奥陶系、加里东期花岗闪长岩体之上;上被第四系不整合覆盖。根据岩石组合及古生物特征,分为中、上两个统,四个组。

2.4.1 泥盆系中统(D_2)

中统分布于思顺向斜盆地周围,形成向斜的翼部,在上堡天子光、白水洞一带,呈北东向带状展布。岩性、厚度不稳定,由西向东变薄。罗段组因浮土掩盖,出露零星。现将地层单位综合简述如下:

表 2 - 1 - 2 前人在区内奥陶系所建的 20 个笔石带

组	笔石带
蒲龙组:	*Dicellogrcplus ornatus* 带
石口组:	*Dicellogrcplus iohuslrupi* 带
	Orthograptus cf. *quadrimucronatus* 带
韩江组:	*Dicranograptus clingani—Climacograptus spiniferus* 带
	Pseudazygograptus chongyiensis—Climacograptus cf. *wllsoni* 带
陇溪组:	*Dicranograptus sinensis* 带
	Nemagraptus gracilis 带
	Amphigraptus divergens—pserdoisograptrs asturatus 亚带
	Nemagraptus sarcularis 亚带
	Glossograptus hincksii 带
七溪岭组:	*Pterograptus clcgans* 带
	Amplexograptus confertus 带
	Nicholsonograptus fasciculotus 亚带
	Didymograptus edllesae 亚带
	Glyptograptus austrodentatus 带
	Cardiograptus amptus 带
	Oncograptus magnus 带
	Didymograptus abnormis—Isograptus gibberulus 带
	Didymograptus "*protubifidus*" 带
	Tetrugraptus frnticosus 带
	Tetragraptus(*Etagraptus*) *approximatus* 带
爵山沟组:	*Adelograptus—Clonograptus* 带
	Triograptus 带
	Stauregraptus—Anisograptus 带

(1)陡水组(D_2d) 126.5m。下段(D_2d^1):灰白、紫红色石英砾岩、石英细砾岩、含砾粗粒岩屑砂岩夹长石石英砂岩、岩屑杂砂岩、页岩。产:*Lepidodendropsis* sp.。在上堡天子光一带,石英砾岩之下,有一套灰-浅灰色厚层状花岗碎屑岩,含砾石英杂砂岩夹粉砂质页岩和铁锰质砂岩。厚34.6m,该层在区内不稳定,向东在思顺盆地尖灭缺失。

上段(D_2d^2) 278.3m:上部为灰紫、暗紫红色中厚层状细粒岩屑石英杂砂岩与粉砂岩或粉砂质板岩互层,顶部含钙质结核,产植物化石碎片;下部为紫红、浅紫灰色中厚层状细粒长石石英砂岩、粉砂岩夹粉砂质板岩、细粒石英砂岩。产值物化石:*Lepidodendropsis* sp.。

(2)罗段组(D_2l) 500.1m。本组在区内浮土掩盖,出露极为零星,其岩性下部为灰绿-浅紫红色岩屑长石石英细砂岩夹粉砂岩;底部为钙质砂岩,邻区稍坑剖面中产 *Emanueila* sp., *Bothriolepis* sp., *Antiarchi*(鲖甲鱼类)及植物:*Piatyphyllum* sp.;上部为灰绿色长石石英细砂岩、黄绿色粉砂岩、粉砂质泥岩;顶部夹钙质砂岩、钙质泥岩。

2.4.2 泥盆系上统(D_3)

本统分布于思顺向斜核部的思顺、沿潭、远坑一带。岩性厚度不甚稳定,由西向东变薄。现分地层单位综合简述如下:

(1)中棚组(D_3z) 227.1m。中棚组在区内因浮土掩盖,出露极为零星,其岩性为灰绿-黄绿色长石石英细砂岩或含岩屑长石石英细砂岩、粉砂岩与含钙长石石英细砂岩、粉砂岩、粉砂质页岩互层。产珊瑚:*Phillipsastraea* sp.,腕足:*Cyrtospirifer* cf. *sinensis* (Gra.), *Cyrtospirifer* sp., *Cyrtospirifer* cf. *anossofioidgs* Gra., *Tenlicospirifer* sp.。

(2)三门滩组(D_3s)。下段(D_3s^1) 165.4m:下部为灰色厚层状含陆源泥晶灰岩夹钙质粉砂岩;底部为黄白色中厚层状长石石英砂岩;上部为黄绿色钙质砂岩。产腕足化石:*Yunnanellnia abrupta*, *Yunnanellina* sp.,(cf. *Y. triplitcata* Gra), *Cyrtospirifer subextensus*, *Cyrtospirifer cf. sinensis* (Gra.), *Cyrtospirifer* sp., *Camarotoechia* aff, *lunanensis* Tien, *Camcarotoechia* sp., *Tenticospirifer supersilis*, *Athyris* sp.。

上段(D_3s^2) 186.5m:深灰色中厚层状石英细砂岩,凝灰质细砂岩夹粉砂质页岩、炭质页岩。顶部出露不全。产瓣鳃化石:*Sanguinolites* sp.;植物:*Hamatophyton* sp., *Leptophloectna rhombicum*, *Sublepidodendron wusihense*。

2.4.3 泥盆纪沉积环境特征

(1)陡水组。中下部为厚—巨厚层状石英砾岩、含砾石英砂岩、石英砂岩、岩屑石英杂砂岩夹灰绿色粉砂岩及透镜状粉砂质泥岩组合。在上堡天子光一带石英砾岩之下,为灰色花岗碎屑岩、含砾石英杂砂岩夹粉砂质页岩和铁锰质砂岩组合。以板状层理、粒序层理和水平层理为主,沉积层序由数个旋迴组成,每个旋迴的底面清晰,呈波状,下旋迴为砾岩、砂砾岩或含砾砂岩;旋迴由细砂岩或粉砂岩组成。产植物化石。上部为紫红色中厚层状细粒岩屑石英杂砂岩、长石石英砂岩与粉砂岩或粉砂质板岩互层;顶部含钙质结核岩石组合。以水平层理为主,正粒序,砂岩底界清楚,呈波状。

上述沉积特征应属冲积相沉积,底部为冲积扇亚相,中、上部为边滩-河漫滩的沉积。

(2)罗段组织。罗段组为灰绿色岩屑长石石英细砂岩、黄绿色粉砂岩、粉砂质黏土岩夹钙质砂岩和钙质黏土岩组合。岩石水平层理和粒序层理发育,局部透镜状层理。产腕足和瓣鳃类化石碎片。

上述沉积特征应属潮坪亚相为主的沉积环境。

(3)中棚组。中棚组为灰绿-黄绿色长石石英细砂岩或含岩屑长石石英砂岩、粉砂岩、粉砂质页岩互层,夹钙质砂岩组合。岩石多呈厚层块状,以块状层理和水平层理为主,砂岩中具正粒序,底界清楚,呈波状。产底栖的腕足、珊瑚化石。

上述沉积特征应属海湾地区的正常浅海环境的含钙泥砂质沉积。

(4)三门滩组。下段灰-黄白色中厚层状长石石英砂岩、钙质砂岩、粉砂岩夹含陆源泥晶灰岩和钙质页岩组合。透镜状层理、脉状层理和水平层理发育，陆源泥晶灰岩中见收缩纹等。产腕足化石。沉积环境为泻湖潮坪。

上段为深灰色中厚层状石英细砂岩、凝灰质细砂岩夹粉砂质页岩、炭质页岩岩石组合。平行层理、水平层理和水平纹理发育，层面见泥裂，粉砂质页岩中含同生泥铁质结核。砂岩底界清楚，呈波状。产植物和瓣鳃类化石。

上述沉积特征属冲积相边滩沉积。

2.4.4 泥盆纪地层时代确定

陡水组下部为花岗质碎屑岩、石英细砾岩、石英砾岩、含砾粗粒岩屑砂岩、长石石英砂岩、页岩。产植物化石：*Lepidodendropsis* sp.。上部为灰紫、暗紫色细粒岩屑石英杂砂岩、粉砂岩、粉砂质板岩互层，含钙质结核。产值物：*Lepidodendropsis* sp.。区内陡水组所获生物虽说缺乏断代意义，但岩石组合特征可与崇义稍坑、陡水地区对比，故时代定为中泥盆世晚期初时是可以的。

罗段组为岩屑长石石英细砂岩、粉砂恺钙质砂岩、钙质泥岩，未获化石。本组整合覆于陡水组之上，整合伏于产：*Phillipsastraea* sp. 的晚泥盆世早期地层之下，岩石组合特征基本可与崇义稍坑剖面罗缎组对比，故时代确定为中泥盆世晚期。

中棚组为长石石英细砂岩、含岩屑长石石英细砂岩、粉砂质页岩互层。产：*Phillipsastraea* sp.，*Cyrtospirifer* cf. *sinensis*（Gra.），*Cyrtospirifer* sp.，*Cyrtospirifer* cf. *anossofioidgs* Gra.，*Tenlicospirifer* sp.。等。其中 *Phillipsastraea* sp，是晚泥盆世早期的标准分子，其他为晚泥盆世重要分子，其时代隶属晚泥盆世早期是确切的。

三门滩组下段为含陆源泥晶灰岩、钙质砂岩、钙质粉砂岩，底部为长石石英砂岩。产腕足类：*Yunnanellnia abrupta*，*Yunnanellina* sp.，（*cf. Y. triplitcata* Gra），*Cyrtospirifer subextensus*，*C. cf. sinensis*（Gra.），*Cyrtospirifer* sp.，*Camarotoechia* aff，*lunanensis* Tien，*Camcarotoechia* sp.，*Tenticospirifer supersilis*，*Athyris* sp.，以准云南贝（*Yunnanellnia*）为代表的生物群是我国锡矿山阶代表性的种群，因之，其时代属晚泥盆世晚期是无疑的。

上段为石英细砂岩、凝灰质细砂岩夹粉砂质页岩、炭质页岩。产植物：*Leptophloectna rhombicum*，*Sublepidodendron wusihense*，*Hamatophyton* sp. 及瓣鳃类：*Sanguinolites* sp. 等。其中 *Lep. rhombicum* 二是晚泥盆世标准化石，有 *Sublepidodendron* 与之共生，是我国晚泥盆世晚期 *Lep. Rhombicum* – *Sub. rnirabile* 植物组合的特征。故其时代属于晚世晚期无疑。

2.5 第四系

区内第四系分布于思顺、上峙、铁木里、上堡、果木、高坌等地，厚2～11m，发育不全，仅有全新统地层，按成因类型可分冲积层和残坡积层，其岩性综合简述如下：

冲积层（Q_4al）：由砂、砾、亚砂土、亚黏土组成。高出河床2～10m，厚2～5m。

残坡积层（Q_4el-dl）：由亚砂土、亚黏土、岩石碎屑和碎块等组成。残积层厚为基岩风化碎屑物未经搬运停积于原地，成分多为砂、碎块和黏土，厚1～5m。坡积层见于山麓地带，岩性成分复杂，一般为黄、微红等色，主要由砂土、黏土、岩石碎屑和碎块组成，结构松散，厚2～5m。

3 岩浆岩

岩浆活动是区域地质构造运动的重要标志，往往伴随区域性造山运动或者地壳拉张－裂陷作用而发生岩浆活动。岩浆岩是研究地壳结构构造、揭示大地构造环境以及地壳深部物质特征的重要窗口。

区内部岩浆岩，以其广泛的出露、复杂多样的岩石类型，组成了罗霄山脉中段诸广山复式岩基的一部分（图2－1－3）。从岩石类型看，既有加里东期的中酸性岩石，又有燕山中晚期的酸性、酸碱性岩浆岩的大面积分布和碱长花岗岩的出现。根据各岩体地质特征，接触关系及岩性、化学成分、微量元素、副矿物、磁性和放射性等特征，结合前人区域资料，可将区内岩浆活动划分为加里东和燕山两个旋迴，可划分为上堡（赤水）花岗岩株和诸广山、桶江潭、新地等复式花岗岩岩基。

3.1 上堡（赤水）花岗闪长岩株与上古石石英二长岩

上堡花岗闪长岩体和上古石石英角闪二长岩，都属于加里东晚期侵入岩体、都被泥盆纪地层沉积不整合覆盖。但二者有所不同，主要表现为出露成分不同和所处的岩相带及矿物组合特征有所差异，上古石花岗岩相当于上堡花岗闪长岩体的边缘相带及过渡相带。现以上堡花岗闪长岩体为例说明其特征。

3.1.1 岩体地质特征

上堡花岗闪长岩体，位于湘、赣交界的诸广山复式花岗岩体之东侧、上堡一带中山地区。岩体在区内出露面积约 35 km^2，总体形态为菱角状，呈岩株产出。北东、南西被燕山早期第一阶段第二次桶江潭花岗岩体侵入，沿接触线附近，本岩体遭受程度不同的硅化、绢云母化和弱的绿泥石化。

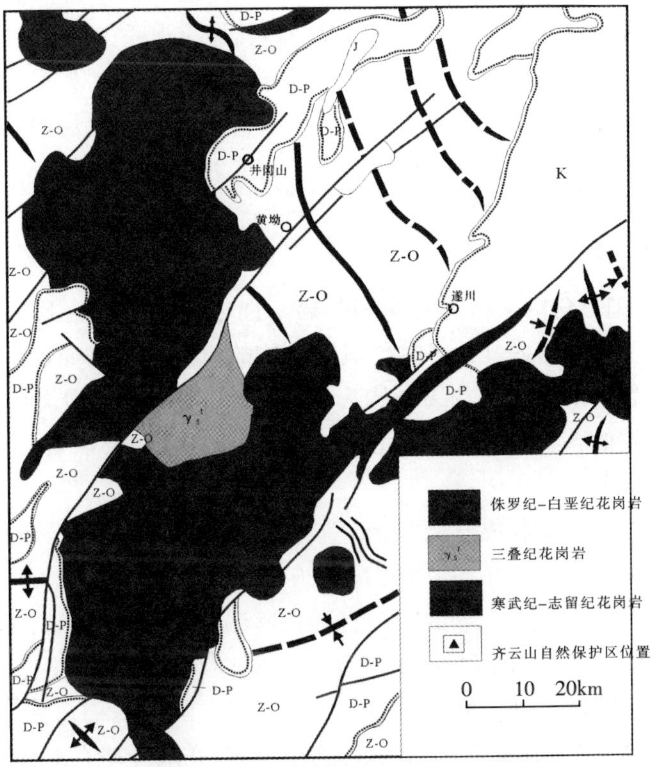

图 2－1－3 区域花岗岩地质构造略图

岩体西部邻区见燕山期花岗岩岩体超覆侵入，并见岩枝插入其中；东部上堡小车附近被中泥盆统陡水组沉积不整合覆盖（图 2－1－4）。未被覆盖地段，则岩体与寒武系呈断层接触。

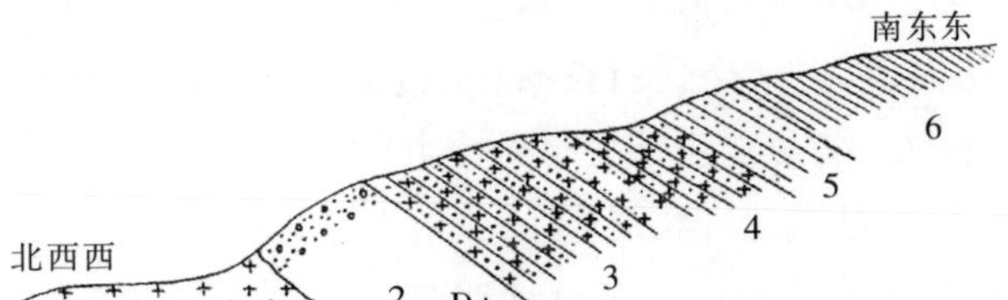

图 2－1－4 上堡龙潭附近泥盆纪（D_2）地层与上堡花岗闪长岩体的沉积不整合接触关系

1. 岗闪长岩，2. 坡积层，3. 紫褐色灰紫色花岗质碎屑岩，4. 细粒花岗质碎屑岩，5. 紫色石英砂岩，6. 紫色厚层粉砂质页岩岩体含大量包体,包体以闪长质的析离体为主,次为寒武系围岩不同成分的捕虏体、残留体。岩体中脉岩不甚发育。所见到的脉岩以中、基性为主,酸性次之。岩石结构较均一。

根据造岩矿物成分特征,并结合包体分布情况,上堡花岗闪长岩体可划分为贫石英-钾长石相带;富石英-钾长石相带;富钾长石相带。前者分布在岩体中部,出露宽2.5~3km不等,在岩体南面暖水附近封闭。后者分布在前者两侧,延至区外,出露宽1~3.5km不等。再后者,分布在岩体东侧,由于被泥盆系陡水组下段沉积不整合覆盖,至使相带出露宽度极不一致。

岩体原生构造不发育,据野外观察,富石英钾长石相带,局部地段包体呈定同排列,与岩体中的角闪石等柱状矿物排列方向大体一致,梦方向在290°~310°间。岩体中四组节理和裂隙较为发育:(Ⅰ)走向北东,倾向北西或南东,倾角70°~75°,这组最为发育,裂面平直,延伸远;(Ⅱ)走向北西西,倾向北北东或南南西,倾角变化较大,26°~75°;(Ⅲ)走向近南北,倾向西,倾角80°~85°;(Ⅳ)走向北西,倾向北东或南西,倾角55°~70°。

岩体定位深度为中深度。据岩体中含相当数量的围岩捕虏体和残留体,说明剥蚀深度不大,本岩体联系北邻鹅形幅中的铁山、上古石等同时代岩体来看,原应为联在一起的岩基,只是后期被燕山早期桶江潭花岗岩体割裂成现有状态。

岩体时代问题,前述已经谈到,泥盆系陡水组沉积不整合覆盖其上,说明其为加里东期产出当无疑问,同时又据湖南区测队在上堡南东附近,所获铷-锶等时线年龄值为388×106年,故上堡岩体时代属于早古生代加里东晚期较为适宜。

3.1.2 岩石学特征

岩体主要岩性为中细粒角闪黑云母花岗闪长岩。向东逐渐过渡为角闪黑云母二长花岗岩。岩石颜色灰-浅灰黑色,较图区内其他各时代酸性岩体的岩石颜色均要深。岩石结构,东西有所差异,西及中间地段的岩石以中细粒花岗结构为主,间或出现中细粒似斑状花岗结构;而东部则恰好相反,变为以中细粒似斑状花岗结钩为主,中细粒花岗结构次要。岩石具块状构造。镜下常见蠕英和净边结构。

岩体中三个相带主要造岩矿物成分及含量有一定差异,其中以斜长石、钾长石、石英三者尤为明显,而斜长石则又显得更为突出,它在各带中递减量约5%左右。

(1)贫石英钾长石相带。斜长石:半自形-自形板状晶,聚片双晶发育,卡钠复合双晶常见,有时可见肖钠双晶,常被石英、钾长石熔蚀交代,产生净边、蠕英结构。以中长石为主,次为更长石。中长石斑晶具环带构造,内环 δ=0.8, An32~39, 2VNP=95°,属中长石;外环 δ=0.8, An23~27, 2VNP=81°,为更长石,说明矿物结晶时的温度、压力较稳定,在成分略有差异的环境下形成了内外有序度一致的环带构造。斜长石中的包体有黑云母、磷灰石、锆石、磁铁矿等。常见的次生蚀变有组云母化、泥化及绿帘石化。

钾长石:主要为微斜长石,次为正长石、条纹长石。微斜长石格子状双晶发育,部分还见卡氏双晶。(一)2V=°,δT=0.95,△=0.9属低微斜长石。条纹长石条纹结构发育。钾长石斑晶内包含的斜长石捕虏晶常具净边结构,它还常交代斜长石,使边部形成规则的蠕英结构。说明岩浆结晶的中-晚期阶段,钾质交代较强。常见次生蚀变有高岭土化。

石英:为他形粒状,具强波状或镶嵌状消光。

黑云母:片状六边形,自形程度极好。多色性明显,Ng-棕褐色,Nm-褐色,Np-浅黄、褐色。含副矿物较多,计有磷灰石、锆石、独居石、榍石、绿帘石等。部分被绿泥石交代,析出金红石。

角闪石:为普通角闪石,暗绿色,长柱状,闪石式节理发育,其不仅在主体岩性中出现,更多的是发育在暗色包体中,多色性为Ng-绿色,Np-浅黄色。局部被绿泥石、透闪石、绿帘石及黑云母交代,如出现这种情况则多色性减弱。含锆石、磷灰石、磁铁矿等包体。有的晶体较大的角闪石,其中嵌生着自形斜长石,形成嵌晶含长结构。

(2)富石英钾长石相带。斜长石:多为他形一半自形板状品,双晶类型及发育情况大体同贫石英钾一民石相带。以更长石为主、次为更中长石,一般 An20 ~ 35 左右,斑晶比贫石英钾长石相带发育,环带构造明显,内环 δ = 0.5, An42, 2VNP = 98°,属中长石;外环 δ = 0.8, An24, 2VNP = 80°,属更长石。内环与外环成分变化较大,有序度相差也较大,说明矿物结晶过程中熔浆的物化条件均有较大变化。常见次生蚀变有绢云母化、绿泥石化及绿帘石化。

钾长石:以正长石和条纹长石为主,微斜长石次之。双晶类型及发育情况大体同贫石英钾长石相带。微斜长石(—)2V = 62°,δT = 0.5,△ = 0.4,属中微斜长石。个别条纹长石具环带构造。钾长石交代先期形成的斜长石所产物的结构及其次生蚀变矿物同贫石英钾长石相带。

石英:多为他形粒状。存在两个世代。一是呈细粒花岗变晶状集合体,可能是再生岩浆的变质残余成分;二是他形粒状(主要),属岩浆结晶产物。常分布在斜长石边缘,交代斜长石,构成蠕英结构。

本相带黑云母、角闪石特征大体同贫石英钾长石相带,不赘,所不同者,长柱状角闪石晶形稍微偏小。

(3)富钾长石相带。此相带斜长石以更长石为主,次为更中长石,带之东缘局部地段甚至出现钠长石。钾长石以条纹长石为主,次为正长石。在条纹长石晶体中,仅偶见斜长石捕晶。石英除他形粒状、具波状消光外,尚见细小圆粒状石英,其特点是表面清洁,消光位窄,均匀,无波状消光。这种石英呈包粒状包裹在长石中,可能为未"消化"完的围岩残余成分。说明岩石有较明显的同化混染特点。

该相带岩石结晶不均,构成中细粒斑状花岗结构,大的斑晶可达 1cm 左右,斑晶与基质界线不太明显。

三个岩相带斜长石成分,一个明显特点是:从贫石英钾长石相带至富钾长石相带,依次出现为中长石→中更长石→更中长石→更长石的变化,富钾长石相带东缘甚至出现少量钠长石。说明岩体岩石自中心→边缘,有由中偏基性向偏酸性、碱性的变化趋势。

(4)各相带包体恃征如下:岩体含较多暗色包体,但缺乏系统研究,仅根据已收集的星散资料及前人的某些研究成果,集合起来,力求觅寻一些规律,现综述如下:

贫石英钾长石相带:含包体数量相对较少,最多每平方米 5 ~ 6 个,一般 2 ~ 3 个。大小一般为 3 × 5cm,个别达 5 × 10cm。包体呈不规则团块状,与花岗闪长岩界线不明显,常为过渡关系,有时可见花岗闪长岩呈脉状插入包体中,个别还见角闪辉长辉绿岩包体包裹着残留的黑云母二长变粒岩包体。包体成分以"闪长质"为主,次为"辉长辉绿质"。前者矿物成分为:中性斜长石、角闪石、黑云母,钾长石 < 2%。矿物多呈半自形粒柱状,粒径一般 1mm 左右,局部斜长石变斑晶,大小为 2 ~ 3mm;后者矿物成分为:斜长石 40%(An:67 为拉长石),普通角闪石(次闪石化)36 ~ 38%,普通辉石 16%,副矿物以磁铁矿为主,次为黄铁矿、钛铁矿及微量磷灰石、锆石,计约 6 ~ 8%。暗色矿物粒径一般 0.5 ~ 1.5mm,自形程度较好。

富石英钾长石相带:含包体数量相对较多,一般每平方米 7 ~ 10 个,个别地段含量多于 10 个。包体一般大小为 8 × 15cm,最大约 60 × 120cm,小者为 1 × 2cm,呈团块状、透镜状、圆柱状、不规则脉状。与花岗闪长岩的界线分明,岩石风化后包体与花岗闪长岩分离,其面较光滑。在有的地段包体呈定向排列,与岩体中的角闪石等柱状矿物排列方向一致,约 290° ~ 310°间。包体深灰 - 灰黑色,成分为蚀变的变余长石石英砂岩。结晶一般较差,粒径细小,约 0.1 ~ 0.3mm。有些包体可见长石变斑晶,小者 1 × 2mm,最大者 1 × 2cm。长石变斑晶为半自形板状晶,含量约 1%。

富钾长石相带:由于露头较差,收集的实际资料少。很难概全其貌。但在可见的露头上,常见变余砂岩和板岩的捕虏体。其主要蚀变为角岩化,基本上保留了原岩的特点。此外,局部可见柱状矿物呈定向排列构成的流动构造。

据上所述岩性特征反映，推测上堡花岗闪长岩体的形成，可能系来自地慢的基性岩浆与地壳重熔岩浆的混合物。

3.2 诸广山复式花岗岩基

呈大型岩基产出。分布于诸广山脉及两侧，总面积在2000 km^2 以上。内部组成复杂，由燕山期多阶段、多次岩浆侵入活动形成的复式杂岩基。

第一次（主期）侵入体区域出露面积约1156 km^2，以岩石结构上的差别可分为边缘带及内部带（“过渡带”与“内部带”分异不明显，现统称内部带）。第二次（补充期）侵人体在区域出露面积约231 km^2，除个别岩体外，一般相带都分异不明显。为了方便，将本岩体分成北、南、西三部分分别叙述之。

3.2.1 地质特征

岩体北部的西侧近30km皆侵入于中泥盆统跳马涧组砂砾岩中，接触界线弯曲。在岩体南侧侵人于砂页岩中，使围岩遭受硅化接触面产状皆向围岩倾斜，倾角一般较陡(45°～75°)。

岩体南部绝大部份与震旦系、寒武系浅变质岩接触，接触面产状皆倾向围岩，倾角较陡，一般为40°～60°，接触界线平直。在热水好以西至汝城钨矿一带倾角平缓。

岩体西部大多侵人震旦系－寒武系岩层中。接触面产状皆倾向围岩，倾角一般30°～50°，接触界线较平直。

3.2.2 岩性特征

（1）第一次（主体侵入期）侵入体（以下按相带概述如下）：

①边缘带。分布于岩体边缘，北部出露较宽，约500～700m，南部及西部较窄，约100～200m。岩性为浅灰白色黑云母花岗岩、黑云母二长花岗岩。结构为细粒、中细粒结构。边缘带岩性一般较为稳定，部份有所变化，北部为黑云母花岗岩，往南渐变为黑云母花岗岩、黑云母二长花岗岩，再往西渐变为以黑云母花岗岩为主，局部见黑云母二长花岗岩。②内部带。北部可分为两个亚带：岩体西侧由角闪石黑云母花岗岩、角闪石黑云母二长花岗岩组成；岩体东侧由黑云母花岗岩、黑云母二长花岗岩组成。岩体南部则未见有含角闪石的花岗岩，其岩性多为黑云母花岗岩，黑云母二长花岗岩次之。西部则渐变为以黑云母二长花岗岩为主，黑云母花岗岩次之，局部见角闪石黑云母花岗岩。

（2）第二次（补充期）侵入体：

北部多为灰白色细粒或中细粒二云母或白云母花岗岩、黑云母花岗岩组成；至南部则渐变为浅肉红色、灰白色细粒或中细粒黑云母花岗岩；西部常见细粒二长花岗岩。

3.2.3 岩脉

诸广山花岗岩岩体内的岩脉很多，以细粒花岗岩脉及石英脉较为发育，还有花岗斑、花岗细晶岩脉、花岗伟晶岩脉、煌斑岩脉（闪斜煌斑岩脉、云斜煌斑岩脉）、辉绿岩脉、闪长岩脉，偶见长斑岩脉、辉石黑云母正长岩脉、石英闪长岩脉等。

细粒花岗岩脉脉宽不一，以0.5～1m及5～20m居多，走向一般为10°～45°，而以20°～30°为常见。岩性与主体大致相同。

石英脉除零星分布于岩体内部外，还分布于内外接触带。内外接触带石英脉往往赋含钨、锡，构成一定规模矿床。而岩体内部石英脉一般不含矿。充填于断层中的石英脉，常规模巨大，脉宽达数米至20余米，延长5km以上，走向40°～50°，脉侧尚有规模较小的石英脉，宽几米或数十厘米，均沿次一级裂隙充填，在小石英脉中，常含一定量放射性矿物，局部富集可成矿床。如岩体南部的北端。

中基性岩脉脉宽一般为1.5～8m，走向以75°～120°为多。

3.2.4 岩体内部构造

岩体内流动构造不发育。捕虏体亦少见，仅在内接触带附近见到一些砂页岩、灰岩捕虏体，面积很小,仅数十平方米,大的亦不过0.2 km^2。局部灰岩捕虏体蚀变为矽卡岩,构成规模不大的矽卡岩矿床。

岩体内节理较为发育,上述细粒花岗岩脉、石英脉、花岗斑岩脉及中基性岩脉多为沿节理充填,或沿节理发育的裂隙(包括断层)充填。

3.2.5 岩体内、外蚀变现象

岩体内蚀变作用皆不强烈,仅有轻微的绢云母化和绿泥石化,局部可见帘石化、钠长石化。

外蚀变作用比较明显,其蚀变类型主要受围岩岩性所控制,而蚀变强烈程度则受各种因素影响。蚀变带宽度:北部约50~100m;南部约300~500m,最宽的有1000~2000m;西部约200~500m。蚀变类型一般较为简单,以角岩化、硅化、大理岩化为常见,局部可见矽卡岩化。与砂页岩接触多数蚀变为角岩,诸如:云母角岩、矽灰石次闪石角岩、矽灰石阳起石角岩、石英绿泥石云母角岩、帘石云母角岩、黑云母石英角岩、角岩化云母长石石英砂岩等与灰岩接触者则一般蚀变为大理岩,局部为矽卡岩,岩石种类有透灰石堇青石石榴石矽卡岩、绿帘石透闪石石榴石矽卡岩等,此见于岩体西部;与砂砾岩接触者围岩多数受硅化,如岩体北部泥盆系砂砾岩则是。

综合诸广山复式花岗岩不同阶段侵入岩体,其特征变化规律如下:

(1)岩性:综上所述可以看出第一次与第二次岩体以及同次岩体各部位岩性都大致相似,只略不同。现将不同点概述如下:

①含角闪石的花岗岩只出现于第一次侵入体中。此含角闪石的花岗岩中斜长石牌号较高,钾长石与斜长石含量相近。②第一次侵入体自南向北岩石酸度逐渐降低,石英含量依次减少(由30~35%减至25~30%)。③第二次侵入体中南部主要为肉红色花岗岩,其它部位则为灰白色花岗岩。肉红色花岗岩中钾长石含量较其他岩石高。

(2)微量元素:第一次与第二次岩体以及同次岩体的各部位微量元素含量都大致相近,只略不同。

(3)岩石化学:据岩体内岩石化学成分特点,可以看出第二次侵人体较第一次侵人体岩石中SiO_2、K_2O升高,$FeO+Fe_2O_3$、CaO降低。这与第二次侵入体较第一次侵人体岩石中钾长石、石英含量较高,暗色矿物略低是吻合的。

(4)重矿物:根据岩体内所取的33个人工重砂样品鉴定结果,第一次及第二次侵人体以及同次岩体不同部位重矿物组合及含量都大致相同,所不同者:含铁的矿物(磁铁矿、钦铁矿等)第一次侵入体较第二次侵入体岩石中含量高,分布也较普遍。

3.3 桶江潭花岗岩基

3.3.1 岩体地质特征

桶江潭位于诸广山复式岩体之东侧,受北东向构造控制明显,见于桶江潭地区,岩体形态,呈北东展布的长条形,为大岩基产出。岩体东面呈港湾状侵入于寒武、奥陶及泥盆系中,接触面较为陡峻,外倾侵入,侵入角50°左右。岩体边缘见有明显的围岩捕虏体和岩体呈岩枝插入围岩中。岩体南面侵入于加里东期上堡岩体中,接触面陡峻,侵入角60°~70°间,以外倾侵入为主,局部内倾超覆侵入。同时多处见呈岩枝侵入上堡岩体中。

岩体热蚀变晕圈明显,与寒武系、奥陶系及泥盆系岩层接触地段,宽300~700m不等,与加里东期上堡岩体接触地段,因系花岗质岩石,故热蚀变晕圈极窄或不明显,仅在按触边界十余厘米至数米间,使花岗闪长岩遭受不同程度的硅化、绢云母化和绿泥石化。岩体和寒武、奥陶、泥盆系接触地段,据同时期的物化和温压条件,其所产生的热变圈,可进一步划分两个接触变质相。

该地段围岩由于遭受桶江潭岩体侵入,围岩自近岩体至远离岩体,可明显划分为两个接触变质相:

(1)角闪角岩相(中级)带:主要岩石类型有含堇青石黑云母角岩、变余中-细粒石英杂砂岩、堇青石斑点板岩、堇青绢云斑点板岩。具斑状花岗鳞片变晶结构、变余中-细粒砂状结构、斑状鳞片变晶结构。此相出露宽约142m。此相向北东、南西尖灭;

（2）钠长石－绿帘石角岩相（低级）带：主要岩石类型有绿泥斑点绢云母板岩、变余微粒石英杂砂岩及绢云母板岩。结构以鳞片变晶结构为主，次为变余砂状结构。此相出露宽约195m。此相向北东、南西出现黑云母石英角岩，故由内向外又可分为黑云母带及绿泥石带。

而岩体内部按矿物粒度可分两个相带，即边缘相和过渡相。大营子边缘相不发育，仅数十厘米至十余米，余皆为过渡相。桶江潭岩体边缘相发育十余米至近千米不等，它不仅表现在岩体周边与围岩接触处的水平分带上，而且垂直方向亦极为明显。岩体中的敖天湖、鸭婆际（1402高地）等海拔千米以上的地段常有其踪迹或大面积分布。

岩体中流线、流面不发育。桶江潭岩体边缘相附近数处测得流线在210°～220°间。个别流面产状倾向290°，倾角70°。原生裂隙主要反映岩浆结晶晚期残余组分冷凝上，这便是岩休中常见的伟晶岩脉、花岗伟晶岩和花岗细晶岩脉。其展布方向有四组——近东西、北东、北西及近南北向。

岩体定位深度中等，岩体垂直方向边缘相发育，说明该岩体剥蚀较浅。

岩体侵入时代，根据岩体与围岩的接触关系，岩性、化学成分及矿化等特征，同时在桶江潭岩体北延部分，进入鹅形幅的上犹县象形乡北约4km的地方，经江西区调队采集同位素年龄样，其铷－锶等时线年龄值为：157×10^{6}年，故岩体时代可定为中生代燕山早期第一阶段第二次侵入岩。

3.3.2 岩石学特征

岩体主要岩性为细－中细粒斑状二云母花岗岩，颜色浅、呈灰白。可分相带的桶江潭岩体边缘相常见岩性有细粒二云母花岗岩、细粒含班二云母花岗岩和含黄玉细粒斑状二云母花岗岩；过渡相带常见岩性有含黄玉细－中细粒斑状二云母花岗岩、中细粒斑状二云母花岗岩。细粒花岗结构、细粒含班花岗结构和中细粒花岗结构，岩石具块状构造。岩体边缘相中常发生较强的白云母化、钠长石化及云英岩化，因此钨锡矿化明显。钠长石化在过渡相亦时有见及，故铌钽铁矿在两相带岩石中常与其相伴生出现。岩体含黄玉普通，少量－10%左右，个别地段高达3%。大营子岩体未发现此特征。

岩体主要造岩矿物成分及特征如下：

钾长石：主要为微斜长石、微斜条纹长石及条纹长石，少见正长石。常具格子状及卡氏双晶，条纹构造、隐条纹构造普遍。晶形多呈半自形板柱状、他形粒状或不规则状。岩石中的斑晶成分主要由其组成，基质大小一般0.8～2mm。晶体中较常见斜长石、石英等裹物，而且微斜长石常交代白云母，反映出本次岩体成岩时Na^{+}、K^{+}的交代作用是反复进行的，对岩体的铌、钽和锂等稀有元素的富集带来了有利条件。正长石为中三斜正长石，$2V=74$，$\perp(010)\wedge Ng=12$，$\perp(010)\wedge Nm=87$，$\perp(010)\wedge=78$；$\perp(001)\wedge Ng=86$，$\perp(001)\wedge Nm=9$，$\perp(010)\wedge Np=81$；$\delta=0.8$，三斜度0.60，常见次生蚀变有高岭土化。

斜长石：以钠长石、更长石为主，个别或少数为中长石。普遍具钠长石双晶、卡－钠复合双晶及聚片双晶，隐环带构造发育。晶形多呈半自形－自形板柱状。它是构成岩石斑晶的主要成分之一，基质大小一般0.5～2.2mm。其含量从相带明显的桶江潭岩体可以看出，边缘相高（32%），过渡相低（27%），且其酸度亦是边缘相高，过渡相低，前者An5～14，后者8～22，个别达An30。如果出现环带或隐环带构造，则不管是当基质还是斑晶其牌号均系内基外酸，该矿物有时被钾长石交代构成蠕英和净边结构。普遍含磷灰石、磁铁矿和黑云母包体。常见次生蚀变有绢云母化和绿泥石化。

石英：无色透明，他形粒状，常呈聚晶嵌于岩石中。石英颗粒之间常呈齿状或缝合线状接触。它亦是岩石中斑晶主要成分之一，基质大小0.8～2.5mm不等。有时石英中见有气液包裹体，不规则分布，呈聚晶状多为团块状，部分石英呈浑圆状残留体被包裹在其他矿物之中。岩体边缘相岩石中常见较多的细粒状次生石英与绢云母相伴生，交代其它矿物，形成云英岩化。

白云母:形成有两个世代,由岩体早期自变质作用析出形成的白云母,晶体大小不等,1~4mm,微显黄色之多色性,具不规则的形伏,常被后期蚀变作用形成的钠长石、白云母等穿切,岩体边缘相当一部分白云母矿物均为后期蚀变交代作用所形成,主要为白云母化(过渡相亦时有见及),矿物颗粒较小,晶形特征较完整,呈片状,常包含于其它矿物之中。此外,与白云母化相伴生的矿物有粒状黄玉。

黑云母:呈鳞片状或厚板状,常含有锆石、磷灰石、独居石及磁铁矿等包体,部分黑云母呈他形分布于石英颗粒之间。具较强的多色性,Ng = 深褐,Nm = 褐色,Np = 淡黄色,风化后多色性不明显,它常被白云母交代呈残余状,并析出铁质或金红石、榍石、白钛矿等,形成各种之退色晕圈。另外,次生蚀变常见的有绿泥石化。

3.4 新地花岗岩基

新地花岗岩岩基,是一个由多次岩浆涌动侵入形成的复式花岗岩杂岩基,主要由乌地、中新地、三江口、茶坑4个侵入体组成。因广泛出露于新地地区而命名。

新地花岗岩基,整体形态为不规则的椭圆形,构造上处万安-热水断裂南西侧。岩体内的流动组构,以北北东和南北向为主,少数呈东西走向。新地花岗岩基由多个侵入花岗岩岩体组成,各侵入体规模由小到大再到小。从岩体的形态、岩石的组构表现与发育情况分析,新地花岗岩基的侵入定位机制,是在一个张性的构造环境中侵入就位的,即区内北东-南西向的主干断裂发生强烈左旋剪切或称左行走滑,东西向是拉张方向,岩浆顺其断裂带两侧近东西的张性裂隙而侵位,形成了新地花岗岩基中较早的乌地侵入花岗岩体,由于区域强烈的构造活动,稍早的被动岩浆侵位让位于中新地花岗岩体的强力侵位,形成大型近东西向的侵入体。与此同时,产生的与岩体定位有关的断裂,又为三江口和茶坑花岗岩侵入体提供侵入通道。

3.4.1 岩体地质特征

(1)乌地花岗岩体。主要分布于新地花岗岩岩基的边部,形态为不规则长条状。与寒武系和泥盆系呈明显侵入接触关系,并使围岩产生热接触变质,形成环绕岩体的面型接触变质带,据变质矿物组合及标型矿物特征,属(红柱石型)钠长-角闪石角岩相,自外向内可划分为两个渐进变质带。

在乌地附近外带为绿泥石带,出露不甚完全,宽100~250m,岩性为斑点角岩,特征矿物组合为石英、白云母和绿泥石。内带为黑云母带,围绕岩体接触面分布,宽150~650m。岩性组合为含红柱石白云母角岩、长英质角岩和砂质斑点板岩。特征矿物组合为石英、黑云母和绿泥石。

在信地附近外带为黑云母带,带宽350~2000m,岩性组合为轻微片理化斑点状变余沉凝灰岩,斑点绢云千枚岩和弱角岩化砂岩,特征矿物组合为黑云母和石英。内带为荃青石带,宽400~700m,岩性为二云母荃青石角岩,特征矿物组合为石英、堇青石、黑云母和白云母。

另见乌地单元呈岩枝状超动型侵车脑岩体,内接触带2~5cm宽的细粒边图。

(2)中新地花岗岩体。为新地花岗岩岩基中主体期的侵入体,出露于十八垒、中新地、乳姑嶂等地,形态呈不规则的椭圆状,总面积58.2km^2。中新地花岗岩体与乌地、三江口花岗岩体均呈涌动型接触关系,侵入于寒武纪地层中,外接触变质带为钠长一角闪石角岩相,在上罗洞南面自外向内可明显划分为3个矿物变质带。

① 绿泥石带,宽20~600m,岩性为斑点板岩,特征矿物组合为绿泥石和黑云母。② 黑云母带,宽200~1000m,岩性为斑点绢云板岩,特征矿物组合为黑云母和石英。③ 荃青石带,宽500~1200m,岩性组合为绿帘绢云板岩和角岩化变余中细粒长石石英杂砂岩,特征矿物组合为石英、长石和黑云母。而围岩为灰岩时,则形成矽卡岩化铅锌矿化灰岩和含金红石大理岩。

岩体中常见暗灰色闪长质析离体,呈次圆状,大小一般为2×3cm,无定向性。自形板状,长石斑晶也常见定向排列，代表了岩浆原始的流动构造。

岩石中绢云母化和钠长石化现象普遍。

(3)三江口花岗岩体。三江口花岗岩体分布于三江口，形态为较规整的椭圆形、长条形、次圆状，总面积23.6km^2。与中新地花岗岩体为涌动型接触关系，偶见呈脉动式侵入接触，与上信地岩体呈超动型侵入接触。

岩体内岩石蚀变以白云母交代黑云母、长石最普遍。绿泥石化、绢云母化常见。局部见弱云英岩化。

(4)茶坑花岗岩体。茶坑花岗岩体由16个侵入体组成，总面积1.8km^2。侵入体呈岩滴状，分布于茶坑、仙人脚迹等地，以脉动式侵入于早期花岗岩体中。

3.4.2 岩石学特征

(1)结构构造。新地花岗岩基，从早到晚岩体岩石的结构变化特点是，粒度从中细粒→中粗→细粒→微细粒结构，由岩石似斑状连续不等粒花岗结构向近等粒微花岗结构演化。斑晶含量由少斑~斑状~少斑~含斑变化，表明了岩石矿物成分集散度的不同变化。

(2)矿物成分。花岗岩岩基中各岩体造岩矿物含量基本相同，但晶形有一定的差异。乌地与中新地花岗岩体中钾长石斑晶主要为自形板状或宽板状，长宽比1~2，而三江口花岗岩体中的钾长石斑晶则呈长条状，长宽比一般大于2。基质中斜长石在乌地和三江口花岗岩中呈半自形板状，而在中新地花岗岩则呈自形板状、厚板状，茶坑花岗岩中斜长石呈半自形板状、板柱状。

新地花岗岩基中各侵入花岗岩岩体的主要造岩矿物特征，具有如下特点和演化规律：

①钾长石含量有减少，斜长石和石英含量有增加的趋势。②斜长石牌号An总体递减，由更长石→更中长石→更钠长石→钠长石。③从乌地到三江口花岗岩的钾长石由微斜微纹长石到条纹长石，向钠质增高方向演化，卡氏和格状双晶发育。出溶条纹见于茶坑单元。④斜长石双晶类型有A、C双晶，相对应的聚片和卡钠双晶常见。在三江口花岗岩中未见C双晶，中新地花岗岩中出现环带构造，一般为1~2圈，属正环带。⑤各地花岗岩中的石英波状消光明显，中新地花岗岩中石英还具带状消光。茶坑花岗岩中石英见亚颗粒现象。

(3)副矿物特征。新地花岗岩基的副矿物以稀有稀土元素矿物和钛铁矿物为主，自然银、锡石、方铅矿含量甚微。副矿物组合类型简单，在中新地与三江口花岗岩体中出现特有矿物磷钇矿和褐铌钇矿。从早到晚各侵入花岗岩中的副矿物特点和变化规律如下：

①组合类型由锆石型→锆石→独居石型→锆石型。②副矿物总量从乌地到三江口花岗岩由少渐增，茶坑花岗岩中副矿物总量则不足6g/t。③副矿物种类少。④锆石以{100}→{110}→{100)→{110}→{110}柱面发育，{111}锥面不发育为特点。锆石颜色由浅棕、浅黄色→棕色→深棕色→浅棕、浅黄色，透明度普遍较好。

3.4.3 岩石地球化学特征

(1)岩石化学成分特点。乌地、中新地、三江口花岗岩岩石化学成分与南岭地区同类花岗岩对比，表现一致。SiO_2、$K_2O + Na_2O$偏高，CaO、MgO偏低，较富硅、碱，贫镁、钙。茶坑花岗岩岩石化学成分与南岭地区同类花岗岩对比，SiO_2、$K_2O + Na_2O$、CaO、MgO含量均偏低，而以富含黄玉为特征。

(2)岩石化学成分演化特征。新地花岗岩基各花岗岩体，由早到晚各岩体岩石化学成分演化规律：

①SiO_2、K_2O增加，FeO、MgO减少。②分异指数(DI)减小，岩浆分异程度降低。③氧化系数(h)减小，成岩环境由强到弱。

(3)微量元素特征。乌地和三江口岩体微量元素含量相近，而茶坑岩体大部分偏低。从早到晚花岗岩的亲铜元素由少渐增，亲铁元素Ni、Cr增加，Co、V减少。Nb、Ta、Be、Sc和Cr、W、U、Th、Rb分别高出维氏值1～2倍和2～4倍。

(4)稀土元素特征。新地花岗岩基稀土总量平均值为246m（ΣREE）/ 10^{-6}，低于维氏花岗岩中稀土平均含量。稀土元素标准化模式，乌地、中新地、三江口岩体稀土标准化模式为左高右低向右倾斜曲线，δEu 值为0.14～0.12，Eu 有大负异常；茶坑岩体则为锯齿状向右倾曲线，(La/Yb)值3.39，δEu 值0.19，Eu 大负异常，各元素差异常明显。

3.5 脉岩

区内各时代之脉岩颇为发育，其中以燕山期各侵入岩体相关的脉岩较多。根据区内不同时代脉岩的岩石性质，归纳起来可分如下四大类：

①酸性岩脉：有花岗岩脉、花岗细晶岩脉、花岗伟晶岩脉、长石班岩脉及二长斑岩脉；②中性岩脉：有正长岩脉、闪长玢岩脉、石英闪长岩脉及石英正长斑岩脉；③基性岩脉：有辉长辉绿玢岩脉和辉绿玢岩脉；④碱性岩脉：有云煌岩脉。

各岩类脉岩时代：其中酸性岩类中的花岗岩脉、花岗细晶岩脉及花岩伟晶岩脉，与燕山早期各阶段侵入岩体及同阶段潜伏花岗岩体时空关系密切，是其相伴生的晚期残余岩浆结晶和交代的产物。而长石斑岩脉和二长斑岩脉，空间上与燕山晚期岩浆活动关系密切，可能为其稍后产物；中、基性类中的闪长玢岩脉、石英闪长岩脉、辉长辉绿玢岩脉及辉绿岩脉，时空与加里东晚期上保岩体关系密切，可以认为是其相伴生的产物。它们的大量存在，正好说明岩体的侵入深度大，物质成分已涉及到上地慢。现将主要岩类综述如下：

花岗细晶岩：广泛见于中生代燕山期各花岗岩体中，大小不等，脉宽1～2.5m不等，为岩浆冷凝岩体收缩所产生的原生裂隙填充物，岩体接触面陡峭，倾角60°～70°。岩石颜色浅灰白，细晶结构，块状构造。矿物成分含量及特征：石英27%～30%，半自形粒状、波状消光不明显；钾长石约31%，半自形板状，大小0.3～0.5mm，以正长石为主，泥化明显；斜长石33%～35%，半自形饭状，大小0.3～0.6mm，聚片双晶发育，An：更钠长石；白云母约4%，由黑云母蚀变而来，中心常有黑云母残余；黑云母微－少量。副矿物及次生矿物有：锆石、磷灰石、金红石、黄玉、电气石。

闪长玢岩：主要见于加里东晚期上堡岩体中，燕山期花岗岩中偶尔可见。颜色灰绿，细粒半自形粒柱状结构，块状构造。矿物成分含量及特征：中长石约55%，半自形阪条状，少部分为自形，具卡钠复合双晶，粒度1×0.3－1.8×0.6mm；普通角闪石为28%～30%，半自形粒柱状，局部有黝帘石化，粒度0.5～1mm；阳起石10%～12%，单体为纤维状，纤状集合体，是角闪石蚀变产物，具淡绿色之多色性。副矿物及次生矿物有：磁铁矿、磷灰石、金红石和黝帘石。

辉绿岩：主要见于加里东晚期上堡岩体中，诸广山岩体中也有分布。除脉状产出外，尚见有岩滴状，具一定面积。颜色灰绿，辉绿结构，块状构造。矿物成分含量及特征：拉长石约47%，呈半自形－自形板条状，大小0.07×0.2～0.2×1.5mm，卡钠复合双晶、聚片双晶及肖钠双晶常见，局部具不甚清楚的环带构造，An：67；普通辉石约25%，多为半自形－他形粒状，常有双晶被纤闪石沿边部及解理交代，粒度0.2～0.5mm；普通角闪石约25%，呈半自形一他形，有时在边部形成反应边和阳起石交代结构；黑云母少量，呈片状。副矿物及次生矿物有：绿帘石、黄铁矿、磁铁矿、假象纤闪石及绢云母。

3.6 不同时代侵入花岗岩岩石地球化学特征

3.6.1 岩石化学特征

区内各期次花岗岩体岩石均采有硅酸盐样品，经分析其主要化学成分百分含量见表2－1－3，从表中数据可知：古生代加里东期花岗岩与中生代燕山期花岗岩化学成分有巨大差异。分析区内各时欺侵入岩岩石化学成分特征如下：

表2-1-3　各岩体岩石化学成分含量

时代	岩体	岩石名称	主要化学成分（%）										同位素年龄Ma
			SiO_2	Al_2O_3	CaO	MgO	K_2O	Na_2O	Fe_2O_3	FeO	TiO_2	MnO	
志留纪加里东期	上堡岩株	贫石英钾长石相带：中细粒角闪黑云花岗闪长岩	66.62	14.84	2.58	1.59	4.25	3.07	1.49	3.69	0.65	0.08	388
			66.70	14.40	3.31	1.45	4.05	3.40	0.23	3.94	0.69	0.08	
		富石英钾长石相带：中细粒黑云母花岗闪长岩	66.34	14.46	3.31	1.55	3.90	2.90	0.40	4.33	0.73	0.07	
			67.20	14.89	3.00	1.35	3.90	2.90	0.42	3.65	0.68	0.07	
		富钾长石相带：中细粒黑云二长花岗岩	68.94	15.24	2.00	1.15	4.35	3.30	1.29	2.99	0.61	0.07	
			68.44	14.47	1.30	1.63	4.29	2.40	1.73	2.88	0.55	0.08	
中生代燕山期	诸广山复式花岗岩基 北部	中粒斑状角闪二云二长花岗岩	71.71	13.56	1.76	0.88	5.00	2.28	0.8[illegible]	2.24	0.05	0.06	
		细-中粒二云二长花岗岩	70.91	13.71	2.50	1.33	4.06	2.68	0.82	2.71	0.40	0.06	
		钠化细粒二长花岗岩	68.00	14.67	2.94	1.61	4.04	3.01	1.21	3.55	0.54	0.06	
		细粒二云母花岗岩	73.06	15.17	0.79	0.21	3.60	5.08	0.38	0.66	0.01	0.14	
		花岗斑岩	73.78	13.71	0.91	0.35	5.62	3.11	1.02	1.13	0.18	0.04	
		花岗细晶岩	73.18	13.66	1.06	0.48	5.66	2.95	0.41	2.00	0.04	0.05	
	诸广山复式花岗岩基 南部	中粒斑状角闪二长岩	74.83	13.66	0.67	0.17	6.08	3.76	0.44	0.38	0.06	0.01	
		中粒斑状黑云母花岗岩	69.31	14.76	0.25	1.94	0.49	1.39	1.57	3.22	6.35	0.09	
		中细粒斑状黑云母花岗岩	72.59	13.62	0.42	1.68	0.59	0.50	2.34	4.42	3.08	0.05	
		细粒角闪黑云母花岗岩	70.79	14.12	0.50	1.33	0.66	2.51	1.92	5.11	3.02	0.07	
		细粒角闪黑云母花岗岩	70.32	13.42	0.37	2.20	0.85	0.92	2.72	5.00	2.53	0.07	
		细粒黑云母花岗岩	75.08	13.21	0.10	1.19	0.29	0.67	1.36	5.38	2.98	0.06	
		含绿帘石细粒花岗岩	74.99	13.17	0.03	0.79	0.10	0.74	1.17	5.12	3.54	0.03	
		中粒斑状二云母花岗岩	73.18	13.56	0.22	0.89	0.28	0.33	1.63	5.63	2.96	0.03	
	桶江潭花岗岩基	边缘相：细粒二云母花岗岩	74.82	12.65	0.18	0.10	4.90	3.10	0.64	1.00	0.05	0.01	157
			76.40	13.43	0.48	0.03	4.75	3.90	0.33	1.24	0.08	0.05	
		过度相：中细粒斑状二云母花岗岩	74.64	12.66	0.57	0.45	5.00	3.40	0.46	1.62	0.14	0.04	
			75.18	12.76	0.49	0.10	4.83	3.65	0.57	1.16	0.08	0.04	
	新地花岗岩基 茶坑三江口中新地	碱长（二长）花岗岩	71.22	18.16	0.07	0.45	2.38	0.08	0.57	1.17	0.05	0.05	146
		二云二长花岗岩	72.88	13.27	1.06	0.55	4.98	2.88	0.41	2.11	0.16	0.08	151
		黑云母二长花岗岩	75.26	12.38	0.70	0.29	5.06	2.88	0.37	1.50	0.11	0.06	153
			74.44	12.92	0.83	0.45	4.96	2.68	0.70	1.83	0.13	0.04	

（1）SiO_2、K_2O+Na_2O 含量总的趋势是随着时代变新而递增，其中 SiO_2 表现在阶段、层次上特别明显。但中性岩类除外。

（2）Al_2O_3、Fe_2O_3、FeO、MgO、MnO 及 TiO_2 等含量随时代变新而递降，它们的变化并非是直线式的增减，而是呈折线式的增减，这表明岩浆在同一期中也有变化。

（3）随化学成分含量的变化而引起查氏参数特征的相对变化趋向是：时代由老到新则 s、a、c 值增加。

（4）向量点大部分集中在右上角，一般是时代老的靠近下部，时代新的靠近上部，并有交叉混合呈过渡型，反映岩浆不断演化的规律。酸碱度是随时代愈新而愈强，而同化混染则是随时代愈新而愈弱以至无。

（5）查氏火成岩变异曲线图显示，区内所有花岗岩体的岩石均属钙碱系列化学成分。这与重熔岩浆来自富含钙铝的沉积岩是密切相关的。

3.6.2 岩石微量元素特征

通过对区内各期次侵入岩、脉岩及喷出岩进行岩石光谱分析的结果，它们的微量元素分别可以看出如下特征：

(1)各期花岗岩体微量元素特征

①铁族元素：Ni、Cr、Co、V、Ti 元素含量在加里东晚期上堡岩体中较高，岩体中各相带均高出维氏酸性岩平均值，是区内各期花岗岩体铁族元素最高的一个岩体。V 的含量从贫石英钾长石相带—富钾长石相带依次递减明显。Ti 在 3000ppm 以上，是由于含钛黑云母、榍石及其它含钛独立矿物之故引起，这与岩石化学成分、副矿物及薄片鉴定情况是相符合的。燕山旋回各期次花岗岩体，铁族元素虽普遍存在，但表现贫乏，除铁木里岩体因富含碱质岩浆来源深 Cr 稍富外(41ppm)，余皆低于维氏酸性岩值，以 Ti 的含量低显得尤为突出，其中最晚次细屋子岩体竟与维氏酸性岩值相差 23 倍。综观铁族元素在区内花岗岩体中的总体演化规律是：时代愈新含量愈少，但铁木里岩体 Cr、Ti 含量有些例外。

②Zr 的含量也有自老到新依次减少的趋势，仅铁木里岩体例外，含量达 356ppm。这可能与岩浆源深，岩石中富含碱质组分有关。在老的上堡岩体中，Zr 的含量各相带均在 200ppm 以上，除铁木里岩体外，高出其他岩体许多，这是该岩体南东面不远处围岩中出现锆、钍砂矿异常的真正原由。

③有色金属元素：W、Sn、Mo、Bi、Cu、Pb、Zn、Ag、Be、Li 等这些元素，在加里东晚期上堡岩体中出现均匀稳定，没有特高现象。而燕山旋回诸期次的岩体，则与加里东旋回的上堡岩体迥然不同，它们不是均匀稳定地出现上述造矿元素，而是不同岩体常出现某些元素含量异常，故相应岩体出现与其相关的矿产，如：桶江潭岩体 W、Sn 高于维氏值的 26 ~ 10 倍，这与岩体中分布有众多的 W、Sn 矿点、矿化点是相扣合的。该岩体边缘相 W、Sn 含量高于过渡相，相关的矿种亦主要是分布在边缘相及其外接触带；又如：铁木里岩体 Mo、Bi 表现明显，特别 Mo 的平均含量为 6ppm 是维氏值的 6 倍，最高达 25 ~ 30ppm，故岩休 Mo 矿化明显；再如：细屋子花岗斑岩体 Sn 的含量特高，为区内各期花岗岩体之冠，它的平均值为 296ppm，最高达 600 ~ 700ppm，因此岩体附近明显出现 Sn 的异常。Li 在该岩体中平均含量为 3777ppm，最高达 8000 ~ 10000ppm，这与岩体本身即 Li 矿有直接关系。

Be 有随岩体时代愈新，而含量总体增高的趋势。Cu、Pb、Zn 含量与维氏值相比，或高或低，表现平平，仅桶江潭岩休中出现一个 Cu 的高含量 400ppm。Ag 在大营子、细屋子岩体中，虽只个别样品有微迹反映(含量 $<$ 1ppm)，但说明区内上棚地区 Ag 多金属矿点的存在，既受东西断裂控制(主要因素之一)，那么作为其西延部分的这些地区有无寻找 Ag 的可能，应引起今后注意。

④稀散元素 Nb、Yb、Sr。其中 Nb 在燕山期桶江潭岩体边缘相中含量为 52ppm，在铁木里岩休中含量为 72ppm，在细屋子岩体中含量为 40ppm(最高 100ppm)，均高出维氏值的 2 ~ 3 倍，故这些岩体往往伴生有 Nb 的异常，特别是细屋子岩体本身局部就达到 Nb 的工业品位要求。Yb 的含量略高略低于维氏值。Sr 的含量均低于维氏值，岩体自老而新变化规律不明显。

(2)各类脉岩微量元素特征

与各期侵入岩相伴生的脉岩微量元素含量，除花岗岩脉缺样品外，其余均有。各类脉岩微量元素特征综述如下：

①中、基性脉岩，铁族元素 Ni、Cr、Co、V 含量普遍较高，Ti 亦相对较高。②酸性脉岩的 W、Sn、Mo、Bi、Li、Nb 普遍偏高，其中 W 尤为突出，与桶江潭岩体相伴生的伟晶脉岩含量竟达 400ppm，这与该岩体普遍富含 W、Sn、Nb、Li、Be 等元素相吻合。

3.6.3 侵入岩体的成因及形成温度、压力的探讨

(1)各期花岗侵入岩体成因的探讨

将各期花岗岩体化学成分中的 Na_2O,K_2O,CaO 的重量百分数换算成 Na、K、Ca 的原子重量数,求其原子重量百分比,投影于拉居(R. D. Raju)Ca－Na－K 三角图解中。从该图可以看出,区内各期花岗岩体投影点基本上集中地落入岩浆岩区圈内及其附近,说明诸岩体成分范围窄,在熔体中有较好的结晶平衡,具低共熔性质。由此反映区内各期花岗侵入体均属岩浆成因。铁木里岩体大部分投影点落入岩浆花岗岩区圈边缘,这是因为碱质组分高。此外,最晚次细屋子花岗斑岩四个投影点中有两个偏离岩浆花岗岩区较远,可能系该岩体形成深度浅,结晶平衡差之故(反映在岩石结构上为霏细结构)。同时反映拉居三角图解,实际运用起来有其局限性。

(2)区域各期侵入岩体形成温度和压力的对比分析

用 C、I、P、W 方法计算各岩体的标准矿物,并作 Q、Ab、Or 投影图(据 Bewen,Tuttle 1958)和标准矿物与结晶时的 P－T 关系图,据此图分析,区内各期岩体形成温度和压力存在两个系列－钙碱性系列和过渡区－碱性系列。

①钙碱性系列的花岗岩体:加里东晚期上堡岩体温度最低,700℃以下,压力最高,3000～5000bar 左右,投影点落在低温槽内及其附近,说明该岩体为深熔岩浆花岗岩。这与岩体岩石为中酸性,结构均一,斜长石牌号较高,深色矿物黑云母含量高,角闪石常见以及暗色包体普遍等这些岩性和地质特征是相吻合的。燕山早期桶江潭、大营子岩体相对温度较高(700～750℃),压力降低(3000～1000bar 左右),有半数点落在低温槽区,故仍不失深熔岩浆花岗岩的特征,但形成深度较之上堡岩体,显然要浅些。李坑岩体明显温度高(接近 800 ℃),压力低(低于 500bar),因此,其形成深度也浅。细屋子花岗斑岩体温度最高(800℃以上),压力最低(明显低于 500bar),故形成深度最浅。

上述诸花岗岩体成岩温度和压力归结为:岩体从老到新温度渐次高,而压力逐渐降低,成岩深度是愈来愈浅。

②过渡区－碱性系列的岩体:燕山晚期黄茅玄、湖洋坳岩体的成岩温度在 750～800℃间,压力在 5000bar 以上,说明岩浆源形成深度深,推测是上地慢物质在高等选择性熔融条件下形成的。这与贫 Fe^{3+}、富 Fe^{2+} 的化学成分是相吻合的。铁木里花岗岩体绝大部分投影点反映其成岩温度在 700～750℃间,压力在 5000bar 以上。温度低,压力大,岩石富含碱质组分($K_2O + Na_2O$ 含量为 9.56 %),尤其富钾,它已向碱性系列化学成分过渡。虽岩体规模小,形成时间晚,但仍属深熔岩浆花岗岩。

3.7 各时代侵入花岗岩的副矿物特征

3.7.1 古生代加里东期上堡岩体副矿物特征

加里东晚期上堡岩体与燕山期各期次岩体副矿物相比,主要有如下四点不同:

(1)暗色矿物角闪石、钛铁矿、电气石前者高,后者低。结合造岩矿物黑云母来看,也是如此。这是造成两时期花岗类岩体颜色深浅的根本原因。

(2)副矿物种类,前者少而简单,后者多而复杂。

(3)磷灰石含量前者大大高于后者。颜色前者深,以棕褐黄色、肉红色为主;后者浅,以浅黄、黄绿色为主。

(4)和矿产相关的副矿物种属,前者除锆石含量高外,其余均未见;而后者含此类副矿物种属较多。

加里东晚期上堡岩体内部各相带副矿物的变化是:

(1)锆石含量从贫石英钾长石相带－富钾长石相带,依次递减明显。

(2)独居石从贫石英钾长石相带－富钾长石相带,渐少至无。

(3)黄铁矿、电气石、角闪石、榍石、毒砂、褐帘石,以石英钾长石相带为最高,分别是其他两相带的数倍、数十倍甚至数百倍。这些副矿物一般又是贫石英钾长石相带高于富钾长石相带。

(4)钛铁矿几乎仅存于富钾长石相带中,且含量高,其它两相带无到微。

(5)金红石、钍石主要在贫石英钾长石相带中出现,其它两相带微到无。

(6)石榴石、黄铜矿仅在富石英钾长石相带中出现。磁铁矿仅在富钾长石相带中有微量反映。

3.7.2 中生代燕山期花岗岩副矿物特征

(1)岩体形成阶段不同,所含副矿物种类也不相同。同阶段次别不同所含副矿物种类大体相同,但具体含量有所变化。

(2)副矿物与成矿地质作用关系极为密切:如燕山早期的桶江潭岩体,钨、锡、铌钽副矿物广泛存在,往往形成区内钨锡矿区点及铌钽晕区点,主要集中在该岩体内部及其外接触带是相吻合的,高坌-长流坑一带的钨、锡矿点及晕区存在,也是与桶江潭同次的潜伏岩体有关。又如燕山晚期的铁木里岩体含白钨、辉钼矿及磁铁矿高,相关的晕区及矿点也出现在该岩体中是相吻合的。再如大营子、李坑岩体锡的含量较高,具该区锡的异常及其矿化点的存在是相联系的。这些例子说明,副矿物对寻找相关矿产起着一定的指示作用。

(3)其它副矿物的变化是:钛铁矿含量从早到晚有略显减少的趋势,其余规律性不明显。锆石、独居石、萤石、磁铁矿及菱铁矿是铁木里岩体最高,以磁铁矿尤为突出。

3.7.3 不同时期侵入花岗岩体中的锆石物理特征也有差别

(1)加里东晚期上堡岩体与燕山期诸岩体锆石晶形的差别是:前者晶形较简单,主要为[110]、[110]、[100]单形所组成的晶形,其次为[110]、[110]、[100]、[111]及[311]单形所组成的晶形。而后者晶形较复杂,除[110]、[111]单形组成的晶形占主要地位外,[110]、[111]晶形,[110]、[100]、[111]晶形和[110]、[111]、[311]晶形也有大量存在。

(2)加里东晚期上堡岩体与燕山期诸岩体锆石颜色差异:前者相对较深,为棕-棕褐色,而后者相对较浅,浅棕、浅黄、棕红、浅玫瑰色,甚至到无色。

(3)加里东晚期上堡岩体与燕山期诸岩体锆石形态差异:前者简单,以柱锥体为主,后者复杂,除柱锥状外,尚有柱状、正方柱状及正方双锥体等。

(4)上堡岩体各相带的锆石异同:晶体大体相同,都是以[100]、[110]、[111]晶形为主,[100]、[110]、[111]及[311]晶形为次。但富钾长石相带出现经磨蚀呈椭球形的特殊晶形,这与该相带富含围岩残留包体,消化不良的地质特征是相吻合的。晶体长、宽比值,从中心贫石英钾长石相带-富石英钾长石相带-边缘富钾长石相带,有渐趋偏小的现象。晶体颜色大体相同,浅棕-深棕色。

(5)燕山早、晚期锆石的差别:早期晶形较复杂,晚期相对简单。长宽比值早期大、晚期小。

(6)同阶段同岩浆源,但次别不同,锆石晶形大体相同,如燕山期花岗岩岩体。

(7)桶江潭岩体有特殊锆石晶形、并出现极好的环带构造,且晶面常具熔蚀蠕虫状花纹、麻点状粗糙面和熔蚀坑等。前者现象说明岩体成岩时,岩浆温度变化大,结晶速度快慢不一,地质环境是不稳定的。后者说明锆石硬度较低,可能属含水变种锆石,这与岩体普遍具有钠长石化及白云母化有关系。另一种椭球状锆石晶形出现在边缘相,是与岩体靠近围岩,有围岩混入物有关。

3.8 各时代侵入花岗岩体磁性与放射性特征

(1)各期岩体磁性特征。区内各时代岩体磁性测量仅在室内就各岩体陈列标本进行了系统测量,磁性特征归纳起来有如下两点:

①岩体有无磁性与岩性直接有关。酸性岩类的花岗岩几乎无,而中性岩类的粗安玢岩及正长斑岩有,并且具一定强度,这与前人所圈定的磁异常区是相吻合的。②同是花岗岩类岩石,上堡偏基性的花岗岩标本有微磁反映,而其他花岗岩全无。

(2)各期岩体放射性特征。区内各时代岩体放射性测量工作,1∶20万区调做过扫面。在1∶5万区域地质调查时,又随岩体地质剖而测制加时补充了剖面放射性测量工作。通过对各期岩体七条剖面,计长284115m的放射性测量。

①不同时代岩体,具有不同的放射性,在岩石类型相同的情况下,一般是时代越新,其放射性强

度越大。②如果岩体具对称型结构,分相明显的话,则放射性由边缘向中心有规律地增强。以加里东晚期上堡岩体即为代表。③同属花岗类岩体,如果含暗色矿物黑云母、角闪石多的岩体,则放射性含量低,反之则高。上堡深色花岗岩体与桶江潭等浅色花岗岩体适成鲜明对照。④同属花岗岩类岩体,如果岩石化学成分酸度大,碱质高,则放射性含量也高,反之则低。如铁木里岩体酸度、碱度都高,所以它的放射性含量也高。这与该区出现放射性异常亦是吻合的。⑤岩体热液和次生蚀变带较强的地段,则放射性含量也相对增强,如桶江潭岩体边缘相一般岩浆期后石英脉广布,白云母化、钠化也强,故其放射性也相对增强,甚至局部出现异常。这是因为矿物之间发生交代,导致放射性元素富集的结果。⑥伽马强度曲线形态:以燕山早期桶江潭、李坑岩体跳动最大,呈锯齿尖峰状,峰形陡峻。其他时代岩体与之相比则显逊色。

4　地质构造

齐云山自然保护区及其邻区,位于华南褶皱系赣中南隆褶带的中西部或湘赣南地块的东南部、诸广山南北向构造带与南岭东西向构造带之交汇复合地段。本区经历了多期造山运动影响,不同时期的构造运动所产生的结果有着明显的不同。本区大致以信地－分水坳这条斜贯区域的北东向大断裂带为界,北西部以大规模的岩浆活动为其特色,侵人有志留、侏罗纪和白恶纪的花岗岩体;南西域则以沉积变形变质作用为主,形成了一系列轴向南北的紧密线型褶皱,走向断层以及轴向北东的倒转向斜等。断裂发育,主要有南北向、东西向、北东向、北北东向及北西向等多组断层,且以逆断层为主,正断层、平移断层次之,相互有规律地切错,形成了复杂而有序的构造图案。

4.1　褶皱构造

区内褶皱构造总的可分为两大类,一类为基底褶皱;另一类为盖层褶皱。基底褶皱主要形成于加里东运动,盖层褶皱主要形成于印支运动,燕山运动起到加强作用,形成一些后期的叠加褶皱。

4.1.1　基底褶皱构造

区内基底褶皱构造总体为一轴向近南北的复式向斜构造,分别以寒武系、奥陶系构成次级褶皱的轴部及槽部。主要分布于马脑丘、过埠、茅坪一带,将主要的次级褶皱构造由西向东分述如下:

(1)金鸡岭复式向斜:位于图幅西南端,由浅变质的寒武系上统水石组上段组成向斜核部,轴线北北东,轴长8km,东翼倾角60°~70°,西翼倾角60°~80°,南端扬起,北端撒开,形成紧密的线状褶皱。

该复式向斜的东翼形成一系列次级褶皱构造;包括有中洞子背斜,盆形向斜,褶皱轴线北北西向,褶皱幅宽1~2km。

(2)过路滩复式背斜:位于图幅的西南端,由寒武系中统高滩组、上统水石组组成核部。褶皱轴近南北向延展,轴线长10km,东翼倾45°~80°,西翼45°~73°左右,是一个向北指状撒开紧密线状褶皱。

由象湾埂子向斜,合掌石背斜,湖洋坝背斜组成褶皱轴,均呈南北向展布。褶皱幅宽2km左右,倾角50°~80°左右。

(3)西山界向斜:位于图幅的中部,由寒武系及奥陶系组成。奥陶系上统"蒲龙组"组成向斜的核部。轴线近南北向展布。褶皱轴线14km,是一个向南扬起、向北撒开的向斜。东翼倾角40°~70°,西翼倾角45°~75°,核部见有爆发火山角砾岩岩筒,在爆发火山角砾岩中见有星点状黄铁矿化。

(4)铁木里背斜:位于图幅的中部,由寒武系及奥陶系组成,寒武系上统水石群上段组成背斜的核部,轴线呈北北东向展布,轴长6km,南东东翼倾角60°~70°,北西西翼倾角45°~80°。背斜核部有铁木里燕山期细粒黑云母花岗岩岩株、南风埂爆发火山角砾岩岩筒、黄茅玄粗安扮岩岩滴的侵位,并有钨、铁、钼等矿产的生成。

(5)麟潭向斜:位于图幅的中部,由寒武系及奥陶系组成。奥陶系上统石口组组成向斜的核都。轴线呈北北东—南南西向展布，轴长4km，南东翼倾角35°~50°，北西翼60°~70°为一封闭的向斜构造。

(6)禾稿坪复式背斜：位于保护区的大学东南部，由寒武系及奥陶系组成。由寒武系中统、上统、奥陶系下统组成背斜的核部，轴线近南北向展布，轴长11km。东翼倾角45°~80°，西翼倾角45°~60°。为一向北倾伏的复式背斜，泥盆系不整合在倾伏端之上。

该复式背斜的西翼发育着次一级栏棚下向斜；东翼发育着次一级谢家地向斜、谢家地背斜、坳子向斜，褶皱幅宽2km左右。西翼轴向北西向；东翼褶曲轴向北东向，分别形成一向南扬起的向斜和向北东倾伏的背斜。

(7)对耳石复式背斜：位于图幅的中部，贯穿于整个图幅。由寒武系和奥陶系组成。奥陶系上统石口组组成向斜的核部，轴线南段呈北北东向展布；北段呈北北西向延伸。东翼倾角60°~80°，西翼倾角30°~50°，形成不对称的复式向斜。轴长大于20km，延致图外。由于受岩浆作用和断裂作用的影响，在褶皱南段，寒武系和奥陶系蚀变强烈，形成斑点板岩、石英云母角岩。推测深部有隐伏岩体存在，有丰富的内生金属(钨、锡)矿产生成。

该复式向斜西翼的北段形成次一级褶皱，有三仙下棋向斜、流西洞背斜。南段有坳子向斜、鹅公坑背斜。东翼的次一级褶皱有大洞向斜、洋子坑背斜、水龙坑向斜。轴线与对耳石复式向斜轴线斜交，轴长1~3km左右(图2-1-5)。

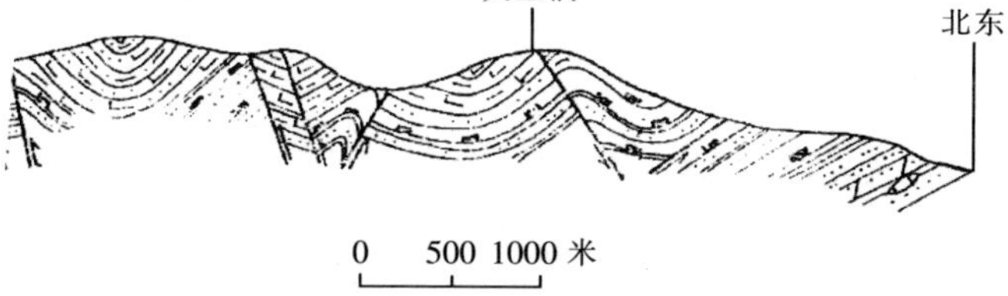

图2-1-5 对耳石复式向斜地质构造示意剖面图

(8)过埠复式背斜：位于图幅的东部，贯穿整个图幅，延至图外，呈近南北向展布，由寒武系和奥陶系组成。寒武系组成复式背斜核部。轴线长度20km，东翼倾角60°~70°，西翼倾角50°~80°左右，形成向北倾伏的复式背斜。由于岩浆作用和断裂作用，在复式背斜南段，角岩化较强。

该复式背斜西翼次一级褶皱，有上棚背斜、中棚向斜；东翼次一级褶皱，有龟子背向斜、碧坑背斜、劳田坑向斜、左溪背斜。轴线呈近南北向，轴长2~4km。

(9)上南坪向斜：位于图幅的东部，由寒武系及奥陶系组成。奥陶系下统组成向斜的核部，轴线呈北北西向，轴长12km，东翼倾角40°~60°，西翼倾角40°~70°。两翼对称，向北西扬起的向斜褶皱。

(10)禾坌复式背斜：位于图幅的北东端，由寒武系及奥陶系组成。寒武系上统水石组上段组成背斜核部。轴线近南北向，轴长8km，延至图外。西翼倾角40°~75°，东翼倾角40°~70°。由于受断裂作用的影响，使禾坌背斜呈反S形弯曲。

该复式背斜的东翼次一级褶皱，有源坑向斜、迟禾盆背斜、中洞背斜。褶皱轴向与 背斜一致，轴线延南北向，轴长2km。

基底褶皱形成于加里东期，后又经历了多期的构造运动叠加，在基底褶皱上有叠加褶皱形成。更为明显的是后期断裂构造破坏了基底褶皱的完整性。

4.1.2 盖层褶皱构造

区内盖层，由泥盆系组成。主要分布在思顺一带。盖层褶皱构造继承基底褶皱构造，在复向斜的槽部上叠近南北向思顺向斜构造。由于后期构造运动作用,又有次级东西轴向褶皱构造的叠加。

思顺向斜:位于图幅的北部。由泥盆系组成。不整合覆盖在寒武系及奥陶系上,轴线近南北向,轴长3km。东翼倾角10°~45°左右,西翼倾角10°~35°。西部有燕山早期细粒二云母花岗岩侵入,南部有燕山晚期细粒黑云母花岗岩侵入。岩层强烈蚀变。东部受北北西向断裂破坏。向斜保存不完整。向斜核部赋存石灰岩矿产。

该向斜中叠加次级褶皱构造有:横石向斜、石门楼背斜、田螺坑向斜,轴线东西长2~7km(图2-1-6)。

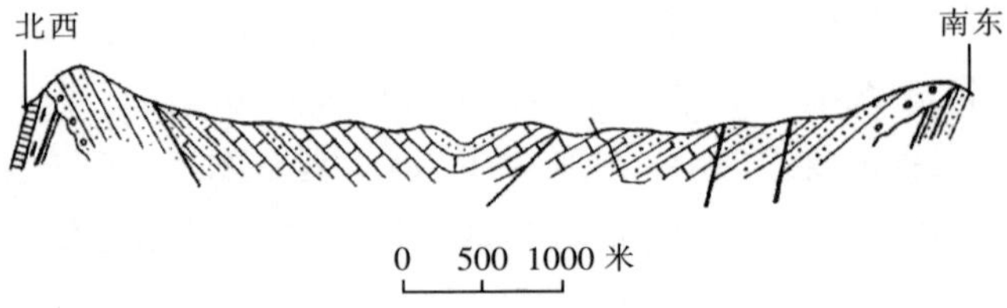

图2-1-6 思顺复式向斜

4.2 断裂构造

图区断裂构造甚为发育,根据展布方向,逆性断层可分为南北向、东西向、北东(北北东)向及北西向四个方向的断裂系统。现将各断裂系统的特点分述如下:

4.2.1 南北向断裂构造

该断裂分布在图幅的中部、高垒、白袍岭、庙背坑一带。在寒武系及奥陶系出露区中呈南北向展布。主要有白袍岭(庙背坑)南北向断层群、高垒南北向断层群。

(1)白袍岭(庙背坑)南北向断层群:出露在图幅的中部。在寒武系上统水石组中呈南北向展布,由大小9条断层组成,出露宽3km,单条断层长0.5~5km,宽0.5~2m。倾向西或东,倾角30°~60°,形成南北向的挤压破碎带。破碎角砾岩发育,硅化强烈。具有石英脉充填,脉壁平直光滑,擦痕、片理化发育,断层面呈舒缓波状,显示逆断层特点。断层有明显的构造岩分带现象。

在镜下均可见到片理化及碎裂现象,碎屑物成分主要有石英,含量大于50%,还有少量白云母及长石(主要微斜石),基质主要为微晶石英、绢云母及黏土矿物,含量约30%,可见少量磁铁矿、绿帘石等副矿物。显微构造,表现为重结晶、碎裂强烈,并有定向现象。

构造岩经岩组分析,在岩组图上有三个极密及小环带,显示除S面为主应力受力面外,又有后期南北向及北东-南西向扭应力的叠加。

(2)高垒南北向断层群:位于高垒一带,由10条南北向断层组成。分布在寒武系、奥陶系中,出露宽5km。单条断层长1~6km,宽0.3~15m。倾向西或东,倾角60°~80°。呈挤压破碎带形式产出,在挤压破碎带中发育构造透镜体、片理及硅化、擦痕显见。轴向切错基底褶皱。

南北向断裂系统的断层经构造岩的岩组分析,在岩组图上(图43)有三个极密和小环带。说明(澄江-加里东构造运动)由于东西 向应力作用形成了南北向断层。石英光轴图上S-面为主受力面,显挤压特征,为逆断层性质。后受(海西-印支构造运动晚期)南 北向应力叠加,应力矿物石英沿柱面滑动,形成S_1-面,后(燕山构造运动早期)再次受北东一南西向扭应力叠加,应力矿物石英沿棱面滑动,形成S_2一面,显压扭特征。这种应力矿物受力面的变更,揭示了区域应力场随着不同时期构造运动的递进而有规律的转变。另外,这种断裂系统的多期活动,也使As、W、Sn、Cu、Pb、Zn元素递趋富集。为成矿创造了有利条件。

4.2.2 东西向断裂构造

该断裂系统分布在图幅的中部和南部的菌蘑山、上棚、思顺一带。在寒武系、奥陶系及泥盆系出露区中，呈东西向展布。规模较大的有菌蘑山东西向断层群、上棚东西向断层群，特点如下：

A. 菌蘑山东西向断层群：分布在图幅中部的寒武纪及奥陶纪地层出露区，为东西向展布的逆断层。由三条较大的东西向断层组成，每条间距约1.5km，单条断层长2～9km，宽10～20m，倾向北，倾角65°～80°，以挤压破碎带的形式产出。带中岩石碎裂呈次棱角状角砾，砾径0.5～1cm者多，挤压透镜体、片理发育，透镜体大者30cm×60cm，小者5cm×8cm。断层两侧岩层强烈硅化并碎裂，断层面呈舒缓波状，断裂横切基底褶皱构造。

B. 上棚东西向断层群：分布在图幅南部的寒武系出露区中，呈近东西向展布，单条断层长大于3km，延至图外，宽300～450m，倾向北，倾角50°～80°。为一复合型破碎带。早期为硅化破碎带，由宽30～50m的破碎角砾岩及其硅化碎裂硅炭质板岩、变质砂岩构成了断层早期的主体。后期被南北向应力叠加形成碎粒－片理化带，产于硅化破碎带中的北部，其出露宽15～46m，倾向北，倾角42°，主要由碎粒岩、碎斑岩及片理化岩组成。银多金属矿体赋于该构造岩带中。

该断层群横向切割了寒武系下统牛角河组及中统高滩组组成的向北倾伏的南北向背斜。断层的多期活动，驱使成矿元素Ag、Cu、Pb、Zn、As、Sn等的运移富集，形成上棚银多金属矿床。

该断裂群为加里东期受东西向主应力作用，形成东西向正断层。印支晚期受南北向主应力作用，在正断层的基础上发展成东西向的复合逆断层。燕山早期受北东－南西向扭应力改造，并驱动成矿元素Ag、Cu、Pb、Zn、As、Sn运移富集形成工业矿床。可看出断层的生成是多期构造运动的产物，而银多金属矿床的形成又与断层多期活动密切相关。

4.2.3 北东（北北东）向断裂构造

北东向断裂系统最为发育，成群出现，整个图隔均有出露。由西向东可划分为杨柳洞北东向断层群、丰坪北东向断层群、板岭下北东向断层群、西山界北东向断层群、铁木里北东向断层群、黄背－对耳石北东向断层群。现分述如下：

（1）杨柳洞北东向断层群：位于图幅的北西角，由一条北北东向及一条北东向逆断层组成。单条断层长大于5km，宽3m，倾向南东或北西，倾角60°～85°，以北东向（或北北东向）挤压破碎带形式产出。在挤压破碎带中见有构造透镜体，透镜体定向排列，与断层方向一致。碎粒岩化、片理化明显，硅化强烈，断层面舒缓波状，为逆断层特征。该断层群在燕山早期中细粒黑云母花岗岩体中呈北东（或北北东向）向展布，有钨、锡矿化显示。

（2）丰坪北东向断层群：分布在图幅的西部，由13条大小不等的北东向（北北东向）逆断层组成。单条断层长0.5～12km，宽0.5～10m。倾向北西或南东，倾角45°～80°。在上堡加里东期花岗闪长岩及桶江潭燕山期中细粒二云母花岗岩中呈北东向或北北东向展布。以挤压破碎带形式产出。在带中构造透镜体及片理发育，长石斑晶被压扁拉长或碎粒化现象常见，绿泥石化、硅化强烈。断层面呈舒缓波状。断层带钨、锡矿化显示。

（3）板岭下北东向断层群：分布在图幅的北部，由20条大小不等的北东向或北北东向断层组成。单条断层长0.5～20km，宽0.5～15m。倾向北西或南东，倾角45°～80°。切割了寒武系、奥陶系、泥盆系岩层和上堡加里东期花岗闪长岩、桶江潭燕山期中细粒二云母花岗岩等岩体。以北东向或北北东向挤压破碎带形式产出。构造角砾岩、构造透镜体及小褶皱发育，片理化及千枚岩化普遍，并定向分布。长石、石英碎粒化强烈，带中常有石英脉充填。断层面呈舒缓波状，为逆断层特征。

该断层群发育在加里东期花岗闪长岩体和燕山期二云母花岗岩体与寒武、奥陶、泥盆系岩层接触地带，断层的多期活动和燕山期二云母花岗岩的侵入是良好的成矿条件。断层构造岩中普遍含W、Cu、Pb等元素，在有的断层中就有含钨石英脉充填，特别是断层与燕山期二云母花岗岩体接触的北西盘剪切裂隙带中，裂隙多被含钨石英脉充填，形成工业矿体。在板岭下地区钨矿成群出现，构成一北东向的钨矿带。

（4）西山界北东向断层群：分布在图幅的中部西山界一带，为北东向逆断层，斜切寒武系、奥陶系、泥盆系基底和盖层褶皱。在断裂旁侧见有爆发火山角砾岩成筒状产出，单条断层长 2～10km，宽 0.5～7.5m，倾向南东或北西，倾角 95°～85°，以北东向挤压破碎带形式产出。在挤压破碎带中有透镜状石英脉充填，构造透镜体发育并成雁行排列。碎粒岩化、硅化强烈。断层面呈舒缓波状，并见断层擦痕和阶步，示上盘上冲，呈逆断层特征。

（5）铁木里北东向断层群：分布在图幅的中部铁木里一带。以北东向、北北东向逆断层为主，次为北西向正断层。主要以北东向挤压破碎带形式产出，在破碎带中见有网脉状石英脉充填，构造角砾岩透镜体、片理发育。角砾岩呈次棱角状－次圆状。透镜体长轴方向与断层走向一致。带中被网状石英脉充填，有的地段牵引褶皱发育。断层中见有断层泥，单条断层长 0.5～10km，宽 0.5～15m。倾向北西或南东，倾角 55°～75°，由于断裂的活动，伴随有铁木里燕山期细粒黑云母花岗岩、南风埂爆发火山角砾岩、黄茅玄粗安扮岩的上侵或隐爆，从而使寒武系、奥陶系、泥盆系岩层强烈蚀变，形成堇青石、黑云母角岩，大理岩、硅线石硅卡岩。黄铁矿化普遍，并有钼、钨、铁矿产生成。

（6）分水凹北东向断裂带：断裂分布于寒武系、奥陶系及泥盆系中，并控制了中生代花岗岩体的侵位。断裂出露宽度不一，北东段窄 1.5～5m，南西段变化在 10～95m 之间，主断裂旁侧常发育有走向一致的小断裂。在同一条断裂不同部位倾向不一，倾向多为北西 300°～325°，少数倾向南东 100°～135°，倾角变化于 40°～70°之间。总体走向北东，沿走向和倾向均呈明显的舒缓波状。断裂内挤压透镜体，挤压片理和形状各异的构造角砾岩十分发育，并具明显的分带现象（图 2－1－7）。各构造岩带特征如下：

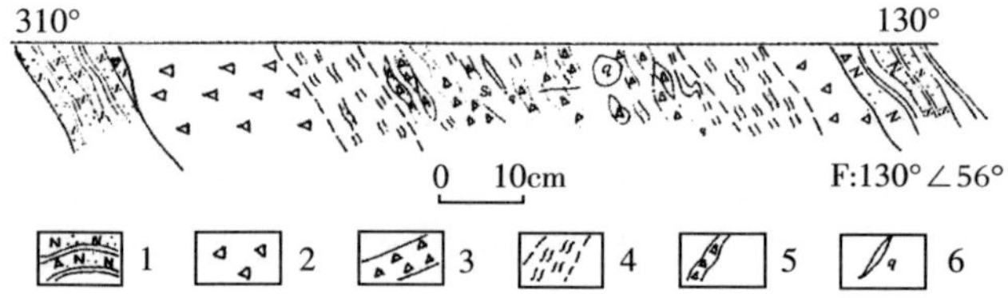

图 2－1－7　分水坳北东向断裂构造剖面图

1. 弱碎裂角岩化变余长石石英砂岩夹板岩；2. 碎裂岩带；3. 构造角砾岩；4. 片理化带；5. 挤压透镜体带；6. 石英脉及石英团块

碎裂岩带：宽 10～20m 不等，多由大小 0.4～4cm 的碎裂板岩，并伴有硅化、绿泥石化等蚀变现象。微观分析：岩石早期碎裂较弱，沿碎裂处充填有脉宽 0.1 mm、长 10cm 的石英细脉与绢云母板岩中绢云母呈夹角 40°展布，更晚一次则破碎明显，碎裂处除同成分的大小碎块外，偶见石英充填，常见晚期氧化铁质充填，岩石受热力改造，形成黑云母变晶，多呈雏晶集合体状，不定向分布常与绿泥石伴生。

挤压透镜体带：宽 50m，带内大小悬殊的挤压透镜体，构造角砾岩极为发育，大者 0.5m×2m，小者 5cm×10cm，呈左型侧列式展布，透镜体表面光滑，局部具镜面擦痕，最大扁平面彼此平行片理走向，大透镜体包容了早期小透镜体；构造角砾岩（角砾成分为硅吡、角岩化板岩、长石石英杂砂岩等），含量约 30%，砾径 0.3cm× 0.15cm～0.45cm×1cm，呈眼球状、次棱角和次圆状。微观分析：角砾之间为硅质胶结，小透镜体原岩为板岩和脉石英并被片里所包绕。该带石英脉及节理发育，常见脉幅宽 0.2～0.4cm 的石英脉呈北东方向贯入，部分具“S”型扭曲现象；另见整个带中擦痕和阶步亦发育且成组成带出现。

挤压片理化带：原角会岩、斑点板岩受挤压后形成厚 0.02～0.5cm 鳞片状片理，非强干组分有滑动现象，部分片理形成宽 15cm 的小褶皱。

此断裂带在宏观和微观均反映出为一形成时期早，是具三次以上的多期活动大断裂。

发育于花岗岩区的北东向断裂，多呈波状，以硅化、砰裂、绿帘石化和绿泥石化为特征，硅化强烈地段呈硅化石英岩产出。

该方向断裂产状多倾向北西，少数倾向南东，倾角较陡，多在 70°以上，沿带常见细粒花岗岩脉充填。断裂性质多为压剪性逆冲断层，少数为张性正断层。

（7）下十八垄北北东向（近南北向）断裂：该断裂规模较大，以硅化碎裂为主，岩石致密坚硬，原岩的钾长石呈碎裂状，斜长石常弯曲，裂隙发育，石英多数破碎和细晶化或重结晶，具波状消光和消光带，局部地段具挤压片褶。沿带有细粒花岗岩脉侵人，少数石英呈左旋错移。

断裂在航片上反映清晰，呈明显负地形，为一北北东向的狭长沟谷，断层崖，断层三角面亦明显。根据石英脉的错移方向，为一左旋逆断层，其形成时期为燕山晚期。

4.2.4 北西向断裂构造

（1）杨梅塘北西向断层群：分布在图幅的东部，为北西向逆断层，斜切寒武系、奥陶系基底褶皱。单条断层 0.5 ~5km，宽 0.5 ~5m。北西向断层倾向北东或南西，倾角 70° ~80°左右。以挤压破碎带形式产出，破碎角砾岩、构造透镜体、片理、节理、断层泥发育。角砾岩呈次棱角状，与构造透镜与有定向性，其长轴与断层走向一致。断层面呈舒缓波状，擦痕清晰，显逆断层特征。

（2）圆墩北西向断层群：分布在北东角，为北西向逆断层。轴向切割寒武纪、奥陶纪地层组成的基底褶皱。单条断层长 3 ~5km，宽 2 ~15m。北西向断层倾向北东或南西，倾角 60° ~80°。以挤压破碎带形式产出，带中构造角砾岩、构造透镜体、片理发育，并定向与断层走向一致。断层擦痕、阶步略向南东偏移。断层两侧牵引褶皱可见，并有网状石英脉沿节理充填，在地貌上常为负地形。

北西向断裂系统是经历了长期构造活动发生发展而形成的。从构造岩的岩组分析成果可以说明。岩组分析的石英光轴方位显示逆断层特征、有两个极密、两个次密及两个相交环带，说明受二次构造运动叠加。图中的次密及斜交环带是受近于南北向的主应力作用，石英沿棱面滑动的结果，S - 面显斜冲性质，产生顺扭。图中的极密及水平环带可能是受北东 - 南西向剪切应力作用，石英沿棱面产生滑动结果，S - 面再次显斜冲性质，并产生顺扭，这些微观的应变特征与宏观观察完全一致。北西向断裂系统的构造岩中的 W、Sn、Cu、Pb、Zn、Ag 等元素含量高，并有 Cu、Pb、Zn 矿化现象，与燕山期的成矿有相关性，又被北东向断裂系统切错，故之活动期可能为燕山早期。

4.2.5 节理、劈理、片理等小构造

区内构造复杂，褶皱和断裂构造发育，与其伴生的节理、劈理、片理也甚为发育。由于搜集的实际资料甚少，现分别将基底构造、盖层构造及各期岩体中的裂隙构造综下叙述如下：

（1）基底岩层中的小构造。

①节理构造。剪节理：主要发育在褶皱轴部或倾伏端。有两组，一组走向 10° ~30°。倾向南东，倾角 50° ~60°，或倾向北西，倾角 34° ~80°；另一组走向 320° ~340°，倾向北东，倾角 43° ~74°，或倾向南西，倾角 56° ~70°。节理平直延伸较远，方向稳定，两组构成共扼的 X 型节理。节理面光滑，半紧闭（图 2 -1 -8）。为基底褶皱伴生的产物。

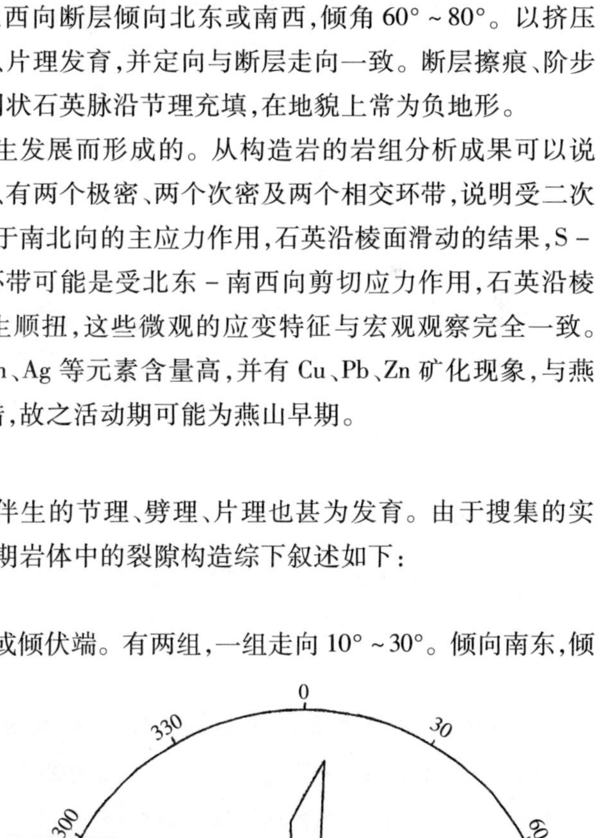

图 2 -1 -8 寒武系节理走向玫瑰图

张节理：发育在褶皱轴部，近于垂直褶皱轴。有两组，一组走向 270° ~290°，倾向西，倾角 65°；另一组走向 70° ~80°，倾向北北西，倾角 50°。节理面粗糙不平，延伸不

稳定，彼此相连将岩层切割成不规则岩块，常有石英脉呈不规则状充填。

②劈理构造。破劈理：多见的是轴劈理，发育在基底褶皱背斜轴部，在板岩中密集，微劈片厚度0.5～1cm，在变余砂岩中较稀疏、甚至不发育。劈理走向与褶皱轴向近乎一致，其产状：走向150°～180°，倾向北东或东，倾角50°～70°；或倾向西，倾角20°。为褶皱伴生产物。滑劈理：在寒武系板岩中见密集的滑劈理，由于沿滑劈理面滑动结果，早期板理同时形成一系列的揉皱，形态极为美观。

③片理构造。在基底的板岩中时见片理化带，一般出露宽2～10余米，多见呈南北展布，片理化岩石中的粒状矿物压扁、拉长、重结晶作用清楚可见，并有多量的绢云母生成，并定向排列。片理可剥离呈纸片状。这种南北向的片理化带应是受东西向主应力作用、岩石组分塑性形变的产物。

（2）盖层中的节理构造

在盖层褶皱的轴部常见一组较发育的剪切节理，走向110°～140°，倾向北东，倾角65°～70°，或倾向南西，倾角50°～55°。节理平直延伸，面光滑，走向与褶皱轴向斜交。

（3）各期岩体中的节理构造

各期岩体中的裂隙构造资料收集甚少，仅在断裂构造调查中收集了部分旁侧的节理资料。

①加里东期上堡花岗闪长岩体中的节理。在上堡花岗闪长岩体中展布的北东向断层旁侧常发育四组节理，较发育者有三组，即走向北东、倾向北西或南东、倾角70°～75°；走向北北西、倾向北东东－南西西，倾角26°～75°；走向近南北、倾向西、倾角80°～85°；另一组次之，走向北西，倾向北东或南西，倾角55°～70°。其中走向北东组和北西组为剪节理，常构成共扼的X型节理，走向近南北组和北北西组为张节理。这四组节理应是北东向断层的伴生物。

②燕山期花岗岩体的节理。在燕山期花岗岩体中的节理构造发育，在北北东向断层旁侧常见发育两组节理，一组走向40°～60°，倾向北西，倾角50°～80°；另一组走向140°～160°，倾向南西或北东，倾角75°～85°。此两组节理应为北北东向断层伴生的剪节理。

在桶江潭花岗岩体中，剪节理极为发育，构成了剪切节理带。节理产状，一组走向335°～350°，倾向65°～80°，倾角30°～40°；另一组走向60°～80°，倾向350°或140°～150°，倾角40°～65°。以后者更为发育。整个剪切节理带不同程度的被含钨石英脉充填，构成工业矿体。

在诸广山花岗岩体中有两组垂直节理构造特别发育：一为近南北走向，另一为近东西走向，二者往往独立成带状展布，把花岗岩体切割成板、片状；但也常常表现为相互交织成网格状，而把花岗岩体切割成网格状、柱状。

5 地质演化简史

自新元古代以来，区内以沉积作用、岩浆活动、构造形变等特征，反映出区内地质演化历史大致经历了三个大的发展阶段：澄江－加里东、华力西－印支期、燕山－喜马拉雅构造发展阶段，如表2－1－4。

5.1 从华南洋到华南古大陆形成演化发展阶段

在新元古代早期，由于罗迪尼亚超大陆的裂解，华南地区从大陆裂谷逐步发展成为华南洋，此后，海洋环境一直持续到早古生代末的奥陶－志留纪。齐云山地区，曾经处于古华南洋的“中心”地带，从震旦纪至奥陶纪沉积形成了巨厚的海洋复理石建造。

震旦纪时期，海洋环境趋于稳定，气候转暖，发生广泛的海侵。形成了一套海相泥硅质建造。

像世界上许多其他地区一样，齐云山地区在早寒武世经历了缺氧环境，沉积了黑色层纹状页岩，其底部夹有似层状和透镜状石煤，推测因缺氧事件中生物大批死亡而形成。页岩富含钒、铀、硫和磷。缺氧事件之后，在早至晚寒武世时期又发生大规模海侵，沉积了数千米厚的泥砂质沉积物，此时发生了生物大爆发（世界范围寒武纪生物大爆发的一部分），腕足类，三叶虫，球结子等大量出现。

表 2-1-4 齐云山地区地质演化简史

地质年代		年龄值(Ma)	主要构造运动	地质构造发展阶段		主要地质事件	生物演化发展阶段			
							动物		植物	
新生代	第四纪	0.6	喜马拉雅运动	喜马拉雅	陆内造山与地质演化时期	强烈块断作用山体不断隆升	人类出现		现代植物时代	
	新近纪	23.3					哺乳动物时代	恐龙灭绝	被子植物时代	
	古近纪	65								被子植物繁盛
中生代	白垩纪	137	燕山造山运动				爬行动物时代		裸子植物时代	被子植物出现
	侏罗纪	205		燕山		陆内造山大规模岩浆侵入				大规模森林 裸子植物繁盛
	三叠纪	250	印支造山运动	印支—华力西	从特提斯被动陆缘到欧亚大陆形成时期	印支造山运动地壳褶皱成陆欧亚板块形成	两栖动物时代		孢子植物时代	裸子植物出现
晚古生代	二叠纪	295	华力西运动			陆块扩张与特提斯洋海侵				
	石炭纪	354								大规模森林出现
	泥盆纪	410					鱼类时代	鱼类繁盛		小型森林出现 陆生维管束植物
早古生代	志留纪	438	加里东运动	加里东—澄江	从华南洋到华南古大陆形成时期	加里东造山运动岩浆侵入活动华南古大陆形成地壳褶皱	海生无脊椎动物时代	笔石动物繁盛		
	奥陶纪	490								
	寒武纪	543						缺氧事件后生物大爆发		
新元古代	震旦纪	680				古华南洋沉积			高级藻类生物	
	南华纪	800	澄江运动							

早中奥陶世海相环境稳定，这正是世界范围"奥陶纪生物多样化事件"发生时，稳定的海洋环境有利于笔石、腕足类等生物的繁衍和演化，形成了具有世界对比意义的笔石页岩。奥陶纪末，加里东运动拉开了序幕，区域总体处于抬升状态，随之发生大规模的地壳褶皱和造山运动，并伴随着较大规模的岩浆侵入活动。加里东运动使地壳整体抬升为陆——形成了地球历史中著名的华南古大陆（也是古亚洲大陆的组成部分），并开始遭受长时期的剥蚀夷平，因而当地地层层序中缺失志留纪－早中泥盆纪地层。

5.2 从古特提斯陆缘到欧亚大陆形成演化发展阶段

加里东运动，使扬子古板块与华夏古板块拼合成统一的华南古大陆，结束了古华南洋的历史。直到中晚泥盆世时，古特提斯海水侵进整个华南大陆。齐云山地区在中泥盆世至早三叠世沉积了滨海－浅海的粉砂岩、碳酸盐岩、海陆交替相的含煤碎屑岩。中三叠世末强烈的印支造山运动，造成了中、上三叠统地层之间的区域角度不整合。这个时期，华南古大陆成了欧亚大陆板块的一部分。

5.3　欧亚板块东南大陆边缘活动带演化发展阶段

2 亿年前，区内长期海洋历史结束，开始了大陆发展的新阶段。中生代充满了生机，裸子植物繁盛，恐龙横行地球。这也是区内形成花岗岩山体的重要阶段，并奠定了今天齐云山花岗岩地质、地貌和生态的基础。中生代和新生代的地质事件是很难恢复的，但其重要的证据就保存在地层、岩石、地貌和生物的基因中。

中新生代时期，区内处于太平洋西岸的大陆边缘活动带，区域地质作用的特点转变为目前盆岭型景观阶段。侏罗纪时，由于欧亚板块和古太平洋板块的相互作用，产生了燕山期强烈的陆内造山运动，成为地质演化和地理格局转变的关键，并发生了大规模的岩浆侵入活动，导致齐云山复式花岗杂岩体的侵位，并使齐云山脉开始隆起。

进入晚白垩世，地壳发生了强烈的拉张和大规模板块运动，造山后伸展和大规模的断块运动，加强了盆岭格局，齐云山脉继续上升并遭受强烈剥蚀。估计上覆岩石剥蚀厚度有 4～5km，花岗岩出露地表，山脉两侧呈不对称断陷。

在古近纪－新近纪（第三纪）的中新世时，中国大陆的中东部形成的主夷平面海拔高度约 800～900m。进入第四纪早中期，齐云山地区地壳又一次较快上升。齐云山是一个受南岭东西构造带和罗宵南北构造带控制的断块山，在区域整体抬升背景下，由于差异构造体制作用，造就了齐云山这一江西第三高峰（2061.3m），也使齐云山成为见证地形地貌演化过程的一个突出典型山体。

5.4　生物演换

齐云山地区在晚三叠纪印支构造运动后变为陆地而结束海洋历史。晚白垩世恐龙横行于齐云山脚下的山间盆地。陆生植物占领该区，物种主要为裸子植物，以苏铁、银杏和松柏为主。古新世和始新世哺乳动物大量繁殖而被子植物发展也极快。今天的齐云山，仍可见到中生代、特别是古近纪－新近纪（第三纪）时期的孑遗植物种群。

第二节　地貌

齐云山自然保护区位于崇义县西北边缘地带，属罗霄山脉南端的诸广山区，坐落在崇义县思顺、上堡两乡境内，地势为西高东低，范围为南北长 24km，东西宽 25km 的狭长地带。西面依诸广山与湖南省桂东交界，北与上犹县五指峰乡接壤，东南面分别与崇义县的思顺、上堡乡相连。地理位置为东径 113°54′37″～114°07′34″，北纬 25°41′47″～25°54′21″，总面积为 17105hm^2。区内海拔最低为 300m±，最高为 2061.3m，即齐云山顶峰，为赣南最高峰，江西第四高峰。区内群山叠起，溪河纵横，超过海拔 1000m 的山峰有 72 座，其中 1500m 以上有 18 座、1200m 以上有 35 座。山间峡谷与溪流发育，有新地、田寮、茶坑、十八垒、横河、东瓜坪、杨柳洞、赤水、正井、均源、良和等 13 条河流汇入赣江章水源头－上犹江中。水资源不仅丰富，而且洁净如镜。

6　地貌类型

齐云山自然保护区，总体属于花岗岩为主的山地地貌区。按成因和形态综合特征，齐云山自然保护区地貌类型有侵蚀构造中山地形、侵蚀构造中低山地形、侵蚀剥蚀构造低山地形、剥蚀构造高丘陵地形和侵蚀堆积地形。

（1）侵蚀构造中山地形

分布于西北部的上堡—三江口以及西南部的乐洞—五子云等地，主要由燕山期花岗岩及寒武、奥陶、泥盆系组成，海拔标高 1100～1477m，切割深度 600～900m，走向近南北，山顶多呈锯齿状，山坡陡峻，坡角 35～45°，局部 50°以上，沟谷侵蚀下切作用强烈，呈 V 型，落差大，一般 15～20m。植被茂盛，有松竹杉等乔木。

(2)侵蚀构造中低山地形

分布于思顺—杰坝、柯树岭—崇义—稍坑、义安—新溪等地，以寒武、奥陶、泥盆系为主，次为燕山期花岗岩。海拔标高 800～1000m，个别高达 1200m，切割深度 500～700m，山脊走向北东或北北东，山顶多呈锯齿状，山坡陡峻，坡角 30～40°，沟谷侵蚀下切作用强烈，呈 V 型，多为峡谷。植被发育，有松竹杉等乔木。

(3)侵蚀剥蚀构造低山地形

分布于茶滩—水口—麟潭等地，主要由震旦、寒武、泥盆系组成，海拔标高 500～800m，切割深度 300～500m，山脊呈垅状、鳍状，山顶多呈圆缓，山坡坡角 20～35°，沟谷较开阔，呈 U 型。震旦系硅质岩出露地段的山坡较陡，局部为陡崖。植被发育，有松竹杉等乔木。

(4)剥蚀构造高丘陵地形

分布在东部的杨眉、龙沟等地，主要由震旦、寒武系组成，海拔标高 300～500m，相对高差 120～300m，山脊呈垅状，山顶多为馒头状，山坡较缓，坡角一般 10～15°，局部达 20°以上，沟谷较开阔，呈 U 型，植被较发育。

(5)侵蚀堆积地形

零星分布于思顺、上堡、赤水、新地等山间河谷或山间小盆地，海拔标高 240～400m，由第四系全新统组成的一级阶地阶面平坦，微向河床倾，宽 100～500m，高出正常河水位 1～2m，有时被洪水淹没。

7 地貌分区及主要微地貌单元

保护区属于山地地貌，多数山峰海拔高度在 1000m 以上，齐云山为最高峰(也是江西第四高峰)海拔 2061.3m，相对高差达 1761.3m；地貌形态类型以山岳型中山 - 高山地貌为主体，次为中低山地貌；地貌成因类型以花岗岩山岳地貌为主，主体属于构造切割侵蚀 + 流水浸蚀 + 风化剥蚀地貌，少量堆积地貌；地貌特点表现为微地貌单元具有多样性和多向性，微地貌组合类型有次圆 - 次锥状山峰 + 陡坡 + 深切割峡谷地貌、圆顶山峰 + 次陡坡地貌 + 峡谷地貌、山岭 + 峡谷组合地貌等；区内地貌形态和微地貌单元主要受断裂构造控制，由于断裂构造的多向性而形成了地貌特点的多向性和微地貌单元的多样性，如以主要山脊或峡谷为标志，可划分若干微地貌单元如图 2 - 2 - 1。

7.1 十八垒地貌区(编号①)

区内以东西向和南北向山岭 + 深切割峡谷 + 陡坡为特征，山高、坡陡、谷深，地貌形态规整有序，局部遗存有小面积斜坡型花岗岩峰林地貌。这是保护区内一个独特的微地貌单元区，也属于高山地貌区，最高山海拔 2061.3m，周边峰岭海拔都在千米以上。该区北以正龙坳近东西向山脊为界，东以齐云山主峰近南北向主山脊(分水岭)为界，西到仙人脚迹近南北向山脉，南达冬瓜坪南侧分水岭。是一个相对封闭、只有三江口一个出口、生态环境相对独立的地貌单元。

区内地貌的特点：一是山高、坡陡、谷深，是保护区内海拔最高的地貌单元，峰、岭海拔都在千米以上，坡地陡峭如刀削，峡谷幽深 - 许多峡谷无法进入。二是主要地貌要素如山脊线、峡谷水系的具有双向特点——即东西向和南北向，与东西、南北两个方向的断裂构造方向一致，明显受构造切割控制。三是山体的物质组成使由诸广山中生代复式花岗岩基。四是区内微地貌形态丰富多样、景观奇秀，局部发育小面积斜坡型花岗岩峰林——这些是珍贵的地貌遗迹，山峰多成锥状，花岗岩峰墙、石林、石柱、造型石丰富。五是冬瓜坪一带，为一个相对独立的东西线状地貌小区，主要受东西向断裂切割控制，形成的深切割线型峡谷地貌小区。

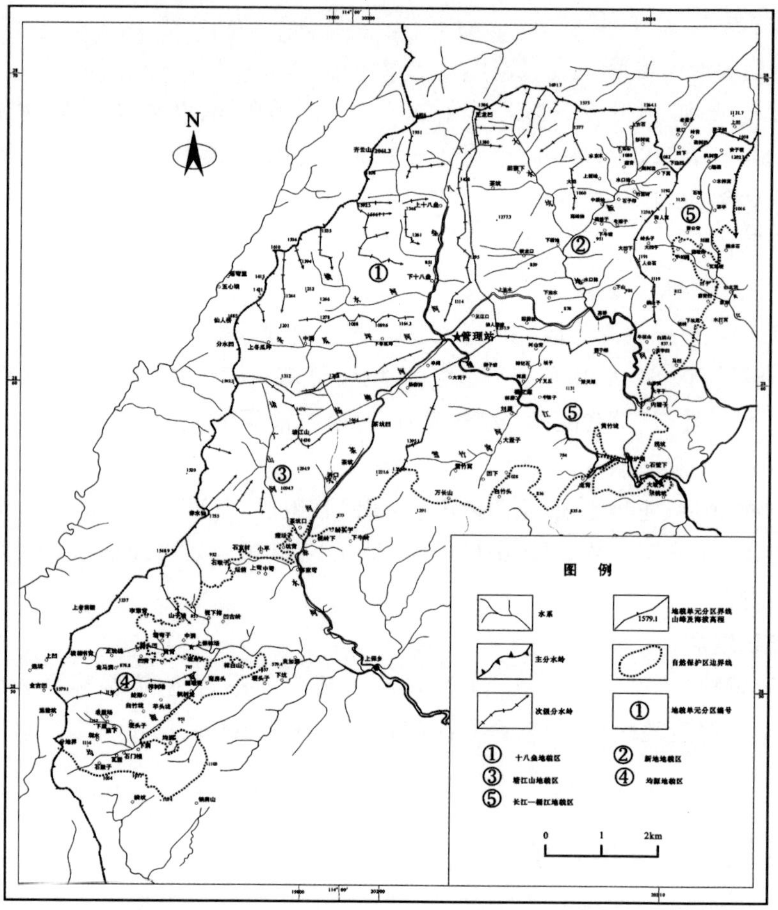

图2－2－1　江西齐云山自然保护区地貌分区及水系图

7.2　新地地貌区(编号②)

区内地形比较破碎、零乱，山脊与沟谷走向多样、方向不一。根据地貌要素特点，可进一步划分为了大水坑和中新地两个地貌小区。

大水坑地区，总体地貌形态呈向心式放射状地貌，主要山脊都围绕大水坑河轴，呈放射状向心式放射状倾向大水坑河，区内水系网络总体呈排骨状。山体主要由燕山期花岗岩组成。

中新地地貌区，山体主要由加里东期花岗闪长岩或黑云角闪二长岩组成，山系方向无规则，水系呈典型树枝型。

7.3　塘江山地貌区(编号③)

塘江山地貌区，位处诸广山脉中段的东南坡地区，诸广山河、杨柳河、茶坑河、赤水等水系在内的区域，大致以塘江山为中心，区内的山形地貌与水域为三分，山体主要由燕山期花岗岩和加里东期岗闪长岩组成。其中的诸广山河流域区，微地貌形态独特，呈漏斗状地貌，山脊以水系为中心呈放射型向心式展布。

7.4　均源地貌区(编号④)

均源地貌区，位处诸广山脉南段的东坡地区，包括上堡河流域上游的两条支流汇水区域。以中低山地为主，山体主要由燕山期花岗岩组成，东部有加里东期岗闪长岩出露。区内的山形地貌与水系具有单向梳状特点，以诸广山脉为依托，向东倾斜，水系全部汇入上堡河。

7.5 长江－桶江潭地貌区（编号⑤）

长江－桶江潭地貌区，位于保护区的东及东南部、古生代思顺向斜盆地的西缘地段，也是花岗岩与古生代沉积地层接触带，区内不同方向断裂构造发育，地形破碎、零乱，断崖和峡谷发育。该地貌区与其它四个地貌区明显不同，微地貌形态有较大差异，主体属于中低山体区；地貌发育的地质背景也有较大区别，生态环境与前四个地貌区有所不同。

8 自然遗迹与自然景观

齐云山自然保护区，地处南岭山系与罗霄山脉交接带的诸广山。已知有 6 亿多年的自然演化历史和 2 亿多年的连续陆地生态演化更替历史。独特的大地构造位置、漫长的地质演化与古地理环境变迁历史，为齐云山地区形成特殊自然历史遗迹和特色自然景观，创造了有利的地质构造环境和地理环境条件。

根据前人调查研究资料、结合本次实地考察综合分析，区域内有重要价值的自然遗迹主要有：古生物化石、岩浆地质作用遗迹、加里东造山运动遗迹、地壳构造形变遗迹等以及比较丰富的孑遗植物，这些都是揭示地球历史重要阶段过程、环境变迁以及生物演化的证据；具有重要价值的自然景观主要有：花岗岩山岳景观、峡谷景观、瀑布景观以及地带性植被景观等。以下分类简述。

8.1 重要地层剖面与古生物化石

崇义地区，古生代地层保存和出露较好，是江西省南部的古生代地层典型代表地区，古生物化石丰富。

8.1.1 重要层型剖面（地区性标准剖面）

区内重要层型剖面有牛角河剖面（牛角河组命名剖面，寒武系下统）、高滩剖面（高滩组命名剖面，寒武系中统）、水石剖面（水石组命名剖面，寒武系上统）、茅坪－樟木曲－对耳石剖面（世界奥陶系笔石地层典型剖面）等。这些层型剖面都分布于保护区的东部及东南部，由于其典型性和代表性，而具有重要保护研究价值。

8.1.2 重要古生物化石

崇义地区的古生代时期的生物化石丰富，有寒武纪的海绵骨针、三叶虫、腕足动物化石，奥陶纪的笔石动物化石，泥盆纪的腕足、鱼类（江西发现的时代最老的鱼类）及植物化石（江西发现的最古老的大型木本植物）等。这些珍贵的古生物化石，在崇义地区以及保护区的东部有关地层中都可见到，它们不仅为地层时代确定及对比研究提供了物证、是自然演化历史的重要遗迹，同时蕴涵着生命演化阶段历史的奥秘。特别是奥陶纪的笔石动物化石，是太平洋地区笔石地层发育最完整、最连续、笔石动物种类数量最多的地区，简述如下：

根据我国古生物学家、特别是笔石动物专家如穆恩之、许杰、黄枝高、汪啸风、李积金、肖承协、夏天亮、陈洪冶等的研究认为：穆恩之（1974）根据中国笔石丰富、类型齐全、一些在演化上关键的笔石属种在中国出现较早的事实，提出“中国是笔石的老家”。许杰、黄枝高、汪啸风（1983）认为：“我国东南和澳大利亚一带可能是太平洋笔石群的发育中心”这一初步见解。黄枝高等（1988）、李积金、肖承协、陈洪冶（1993，2000）根据崇义－永新地区奥陶纪笔石的统计，本区整个奥陶纪共有约 500 种笔石，而澳大拉西亚（包括澳大利亚和新西兰）整个奥陶纪只有 313 种笔石（VandenBerg and Cooper，1992）。就崇义－永新地区如此丰富的笔石，以及奥陶纪早世宁国期等称笔石（*Isograptus*）及其相关属演化系列的完整性来看，本地区可能是奥陶纪太平洋笔石动物群的重要发源地。

崇义地区奥陶纪笔石动物群与大洋洲和北美洲同期笔石动物群关系密切，而与欧洲同期笔石动物群迥异，属于典型的太平洋笔石动物群。但崇义地区早奥陶世宁国期笔石属种之丰富，为环太平洋地区之冠,可作为太平洋笔石动物群的典型代表。本区早奥陶世宁国期完整的笔石序列,不但可作为我国早奥陶世宁国期笔石序列对比的标准,而且为世界各大洲间早奥陶世地层的对比,提供了重要依据。

崇义地区笔石群十分丰富,笔石序列完整,为生物地层学研究,笔石的演化、分类和生物地理分区研究等,提供了典型地。中国奥陶纪笔石动物群可分为两大动物区,即太平洋动物区和大西洋动物区,以太平洋动物区的笔石占优势。崇义地区早奥陶世的笔石是太平洋动物区最为典型的代表,崇义地区保存有早奥陶世最为典型的笔石相,笔石属种十分丰富,为环太平洋区各地同期笔石之冠,笔石带齐全,可作为中国宁国期笔石带的对比标准,可与国内外同期笔石带进行精确的对比,具有重要的科学研究价值和国际对比意义。

8.2 岩浆地质作用遗迹

齐云山位处诸广山脉,诸广山花岗杂岩,是我国华南地区花岗岩类典型区之一,也是国内外花岗岩研究对比典型地之一。保护区主要由花岗岩类组成,古生代至中生代,一直是岩浆活动强烈的地区之一。花岗岩类型多样,出露有多时代(古生代与中生代)、多阶段、多期次侵入花岗岩,保存有丰富的岩浆地质作用遗迹,包括侵入接触关系、沉积接触关系、岩石类型多样性、岩体结构构造多样性、矿物组合及特征等等。这些,都是揭示地球历史和造山运动的重要地质现象。如区内加里东花岗岩被泥盆系地层沉积不整合覆盖(图2-2-2)、被中生代花岗岩侵入,充分说明书花岗岩形成于早古生代,其特征反映了古生代末加里东造山运动的存在,说明了区内在奥陶纪至早泥盆纪时期是陆地环境,曾经历了长期的剥蚀,使加里东期侵入花岗岩出露地表、并被中泥盆世地层沉积不整合覆盖。这些现象,也是科学研究和科普教育的重要素材。

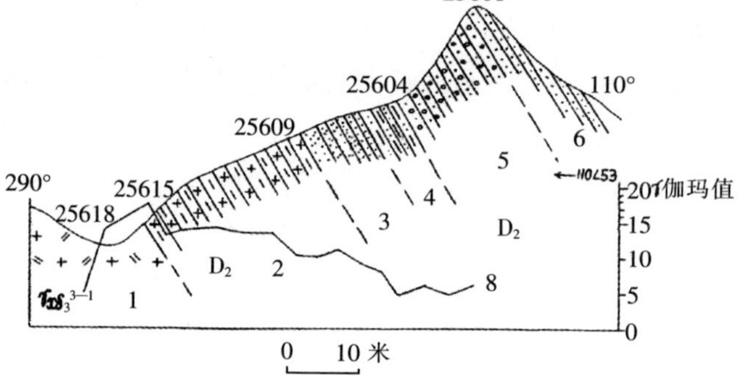

图2-2-2 上古石中泥盆系沉积不整合于花岗闪长岩(石英二长岩)之上

1-中细粒石英二长岩;2-花岗质碎屑岩;3-中细粒长石石英砂岩;4-细粒长石石英砂岩;5-石英砾岩;6-石英粗砂岩;7-25601-伽玛测点编号;8-伽玛强度曲线

8.3 造山运动—地壳构造形变遗迹

根据地质构造特征,区内自然历史长河中,曾经历过两次海洋、三次造山等沧海桑田之巨变,才形成了今天的花岗岩山地环境。这些自然巨变的历史,就保存在区内的地层、岩石、构造形迹、地貌形态、古生物化石及现代生物的信息里。区内的两次海洋事件,包括元古代-早古生代奥陶纪的海洋时期(古华南洋的一部分)、晚古生代大陆边缘海时期(古特提斯海侵时期)。三次造山事件,一是早古生代末的加里东造山运动,使区内海洋沉积地层发生强烈褶皱上升为了陆,并发生大规模岩浆岩侵入活动;二是三叠纪早期的印支造山运动,使区内结束海洋历史、海相沉积地层褶皱(如思顺向斜盆地)和上升为陆地;三是侏罗-白垩纪时期的燕山运动,发生过强烈的陆内造山,出现过大规模断裂作用、岩浆作用,留下了丰富的地质遗迹。

8.4 孑遗植物

齐云山两亿多年来的连续陆地演化历史，形成了中高山地生态环境，孕育了独特的花岗岩山地型森林生态系统，保存了完整的常绿阔叶林，有11个森林植被类型，已知有高等植物有270科1031属2843种，脊椎动物有34目101科394种，是一个重要的生物多样性丰富区域，也是一个中生代以来孑遗植物生息繁衍及自然演替的典型区域。已发现有南方红豆杉、伯乐树、银杏、小黑桫椤、福建柏、南岭紫荆、长苞铁杉、半枫荷等珍稀孑遗物种和典型群落。这些，为研究和揭示南岭与罗霄山脉结合带中生代以来的自然演化历史、环境变化、生物演替等提供了重要实物资料，具有重要保护研究价值。

8.5 自然景观

齐云山座踞在湘赣边境的诸广山脉中，区内山高峰多，植被繁盛，气候宜人，四季鸟语花香，最高气温仅30℃，自然风景优美，自然景观类型较多样，是一个很好的旅游、科普、科研园地。

8.5.1 花岗岩地质地貌景观

齐云山自然保护区是由花岗岩体为主组成的，也是华南地区花岗岩研究的典型地。区内花岗岩类型多样、岩石成分复杂，有古生代花岗岩、也有中生代花岗岩，特别是中生代燕山期花岗岩基——一个由多阶段、多期次岩浆侵入形成的花岗杂岩基。独特的大地构造位置、特殊的地质背景、悠久的自然演化历史，形成了齐云山独特的花岗岩景观。

（1）花岗岩山岳景观。齐云山系江西省第四高山，海拔2061.3m。山势总体呈近南北（北东）走向，东陡洗缓，地形陡峻险要，峭壁千丈，形如刀切，蔚为壮观。当地民谣：“赣南齐云山，离天三尺三，人过要低头，马过要卸鞍”，就是对齐云山峻险地貌的真实写照。

齐云山山脊地形开阔，似波浪状绵延数百米。站在山脊眺望，四周绿色林海郁郁葱葱。举挑远方，若在晴好天气里，借助于望远镜还可看到130km赣州城和章江、贡江水域。回眸脚下，四季草木葱郁，山花争艳，夏日里凉风袭人，空气格外清新，令人心旷神怡。

区内山峰较多，除了齐云山主峰外，超过海拔1000m的山峰有72座，其中1500m以上有18座。这些诸多山峰中，有许多山峰还有动人的传说如仙人桥、仙人脚迹、独角仙、华峰仙、赤水仙、傲天湖、白旗山等等。

（2）花岗岩峰林景观。区内典型花岗岩峰林景观，主要分布于齐云山东坡，属于斜坡型峰林，主要由两组垂直断裂、节理构造切割控制下，又经雨水雕刻大师及风化剥蚀等综合地质作用形成。主要景观类型有峰丛、峰墙、石柱、石林和丰富多样的造型石景。

（3）花岗岩峡谷及流水侵蚀地貌景观。齐云山地区，山高、林密、峡谷深。这里的峡谷很有特色，因为由花岗岩为基底，由断裂切割控制下形成的，往往是急流、瀑布、水潭相连，而构成峡谷景观带。峡谷中往往还有水礁石和大量形态多样的花岗岩石景。特别是赤水河中的流水侵蚀形成的壶状、穴状景观群（带），非常奇特，实为罕见。

8.5.2 亚热带植被森林景观

齐云山，地处中亚热带，山地型常绿阔叶林保存较好，构成四季常青的植被森林景观，尤其在春、夏时节，山花烂漫、遍地葱绿、风光无限，构成了特有花岗岩生态景观。既有中底海拔的原生性森林景观，也有高海拔的高山草甸景观。

8.5.3 高山气象景观

齐云山保护区，山峰众多，且多在千米以上，特别是齐云山主峰，一揽无余，蔚为壮观，是观赏天象、日出、晚霞、云雾及群峰竞秀的好地方。

8.5.4 生态田园景观

山里人家、田园风光，是齐云山自然保护区部分地段的一种原生态景观，这种景观零星分布于山间小盆地或坡地中。特别是上堡梯田景观,已成为我国四大梯田景观之一,犹如一幅美丽无限、人与自然高度和谐的画卷。

第三节　水文地质

齐云山自然保护区位于崇义县西北边缘地带,属罗霄山脉南端的诸广山区,坐落于崇义县思顺、上堡两乡境内,地势为西高东低,西依诸广山与湖南省桂东交界,北与上犹县五指峰乡接壤,东南分别与思顺、上堡乡相连。区内群山起伏,海拔最高为 2061.3m 即齐云山顶峰,海拔超过 1000m 山峰 72 座,其中 1200m 以上山峰有 35 座、1500m 上有 18 座。山间溪河纵横,有新地、田寮、茶坑、十八垒、横河、东瓜坪、杨柳洞、赤水仙、正井、均源、良和等 13 条河流汇入赣江章水源头 - 上犹江中,地表水资源丰富、而且水质洁净。

保护区属中亚热带湿润季风气候,受季风及山地地形影响,具有四季分明、冬长夏短、春迟秋早、春夏多雨、雨量丰沛、秋冬干旱、光照适宜的特点,年平均气温为 17.8℃,最高气温 33℃,最低气温 -1℃,年均降水量为 1568.7mm,平均有效积温 4092℃,无霜期 268 天。

区内降水量不但具有上述时间分布的不均匀性,且具有空间分布的不均匀性,表现为从西往东,由大变小的特征明显(如图 2-3-1)。

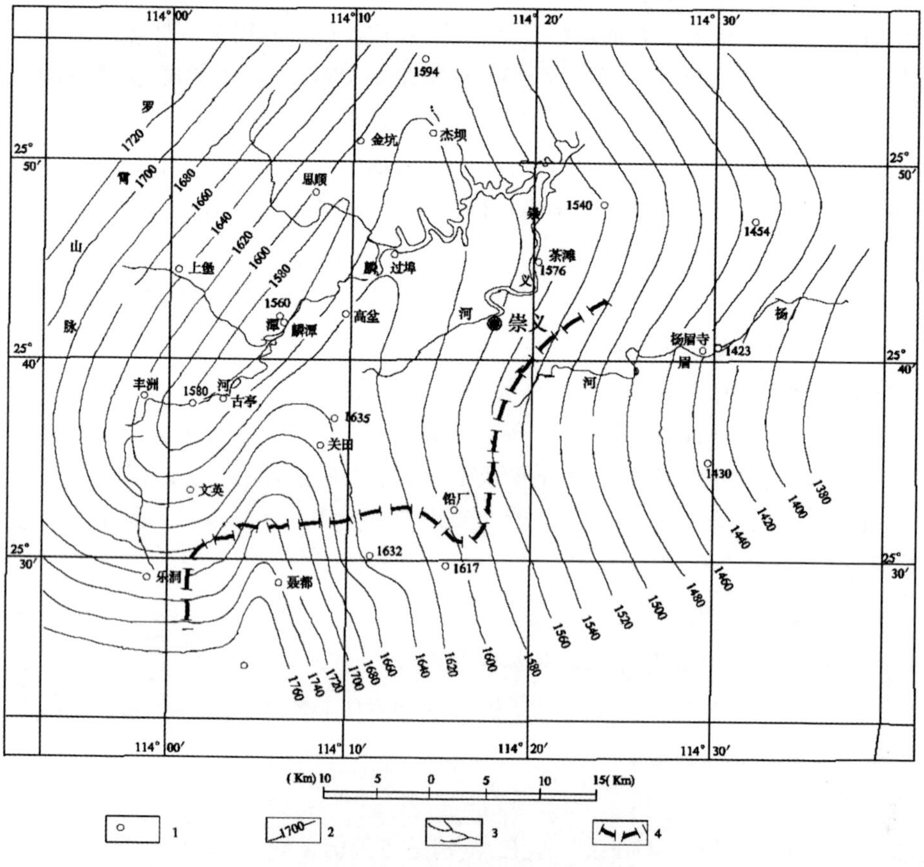

图 2-3-1　降水量等值线图

1 - 雨量站(数据为多年平均降水量:mm);2 - 降水量等值线(数值为降水量:mm)

9 地表水系

保护区是长江一级支流——赣江的主要源头地区，区内地表水系发育，主要径流有十八垒河、横河、冬瓜坪河、桶江河、正井河、茶坑河、新地河等15条河流（表2－3－1），这些河流的年总径流量约4.3亿m^2，平均流速2.11m/s，平均水面宽8.03m，平均水深1.0m。由于区内人类干扰较少，水质均为I类。

齐云山保护区内属亚热带季风气候区，气候温和、雨量充沛。但是在年际和年内分配不均，据邻近流域麻仔坝水文站1995～1986年的资料统计，多年平均降水量为1606.8mm，年最大降水量2345.1mm（1961年），年最小降水量1042mm（1971年），年变率2.22倍；暴雨类型主要为峰面雨和台风雨。峰面雨一般出现在4～6月，降水量大，范围广，历时长，强度小；台风雨一般出于在7～9月，降水范围小，历时短，强度大。一次暴雨持续时间多在3日以内，以1日为多。麻子坝水文站实测最大1日降水量为148mm（1961年6月11日），年最大3日降水量为280.3 mm（1961年6月10～12日）。

径流的来源主要是降水，年径流地区分布与降雨分布相一致，径流在年际之间及年内分配极不平衡，丰水年年平均流量为多年平均流量的1.93倍，枯水年年平均流量为多年平均流量的0.84倍；丰水期4～9月份占年水量的74.4%，降雨集中的4～6月份占年水量的43.4%，10月至翌年3月水量仅占年水量的25.7%；以6月为量大，12月量小。

洪水主要由暴雨形成，洪水出现时间多在每年4～8月。区内河床坡降陡，暴雨强度大，汇流时间短，洪水来势猛，涨落急剧。洪水过程以单峰为主，一次洪水的洪量主要集中在一天之内。保护区内多年平均径流深为1115 mm，多年平均蒸发量为810 mm。

表2－3－1 齐云山自然保护区地表主要径流水系情况（数据为多年平均值）

水系名称	径流长（m）	汇流面积（km^2）	平均坡降（i）	洪水期流量（10年一遇）m^3/s	多年平均流量 m^3/s	枯水期流量 m^3/s	河床宽（m）	平均水深（m）	河床底质	测点	备注
十八垒河	8218	17.93	0.0564	156.6	0.63	0.18	9.3	0.5	砂卵石、基岩	汇合处	桶江河支流
横河	5087	9.33	0.0723	81.5	0.33	0.09	7.5	0.5	砂卵石、基岩		十八垒河支流
冬瓜坪河	5959	13.24	0.0721	115.6	0.47	0.13	9.6	0.6	砂卵石、基岩		十八垒河支流
杨柳洞河	4299	10.6	0.0542	92.5	0.38	0.11	8.2	0.4	砂卵石、基岩		桶江河支流
雪竹窝河	4383	10.25	0.0987	89.5	0.36	0.1	9.3	0.5	砂卵石、基岩		桶江河支流
桶江河	7888	82.6	0.0475	433.5	2.92	0.83	22	0.9	砂卵石、基岩		思顺河支流
大水坑河	5293	14.11	0.0702	123.2	0.5	0.14	10.1	0.6	砂卵石、基岩		高桥河支流
新地河	5063	11.16	0.0478	97.4	0.39	0.11	11.4	0.6	砂卵石、基岩		高桥河支流
高桥河	10006	51.6	0.0464	316.8	1.81	0.52	16	0.8	砂卵石、基岩		思顺河支流
长江河	6155	16.14	0.1072	140.9	0.57	0.16	6.8	0.5	砂卵石、基岩		思顺河支流
诸广山河	4720	13.24	0.1535	115.6	0.47	0.13	7.2	0.4	砂卵石、基岩		赤水河支流
茶坑河	3674	8.24	0.0618	71.9	0.29	0.08	6.7	0.4	砂卵石、基岩		赤水河支流
赤水河	1386	30.89	0.0123	225	1.09	0.31	14	0.6	砂卵石、基岩		上堡河支流
正井河	7366	19.41	0.0724	169.5	0.69	0.19	7.9	0.5	砂卵石、基岩		上堡河支流
均源河	6806	11.51	0.0574	100.4	0.41	0.12	7.3	0.5	砂卵石、基岩		上堡河支流

10 水文地质条件

区内水文地质调查研究工作薄弱，以往成果资料少、且分散于各有关单位。本次地质考察工作只是展开路线考察，难以满足水文地质要求。现根据本次路线考察了解情况，对保护区内的水文地质情况简述如下：

10.1 地下水类型及富水性

区内地下水类型主要有松散岩类孔隙水、基岩裂隙水，局部如寒武系及泥盆系地层中的碳酸盐岩分布地段存在小范围岩溶水。

基岩裂隙水分布广泛，赋存于岩石的构造裂隙和风化裂隙中，尤其在张性断裂带，其水量丰富—中等，地下水径流模数为3.0～6.9l/(s·km^2)，而其它地方一般为水量贫乏，地下水径流模数2.31/(s·km^2)，水力性质多为承压水。

基岩裂隙水，根据地质条件，又可进一步划分为花岗岩裂隙水、变质岩裂隙水(震旦－奥陶系沉积浅变质岩系)和泥砂质沉积碎屑岩裂隙－孔隙水。

松散岩类孔隙水零星分布在山麓洪坡积层、河谷两岸的冲积层中，赋存于颗粒间的孔隙中，水量贫乏，单井涌水量36m^3/d，常见泉流量为0.027～0.078l/s，水力性质为潜水。

10.2 地下水补给、径流、排泄条件

(1)松散岩类孔隙水。主要为大气降水垂直入渗补给，同时也接受基岩裂隙水的侧向补给，地下水埋藏浅，动态变化受大气降水控制，水位变幅1～2.5m。地下水循环交替作用强烈，途径短，方向基本直交河溪，并以泉的形式排泄于地表。平水期和枯水期地下水多以泉或面渗方式补给河水，丰水期河水位抬升，可反补地下水。

(2)基岩裂隙水。由于变质岩、花岗岩、碎屑岩的构造裂隙和风化裂隙发育，故易接受大气降水补给；在有地表水体(溪流、渠道等)的地段也可接受地表水的入渗补给。在中－低山区，因坡降大，地下水径流途径短，水循环交替作用强烈；在丘陵区，坡降相对变小，地下水径流相对缓慢。地下水在山坡坡脚或其它洼地处以下降泉形式排泄于地表。水位、水量的动态变化受大气降水的控制，并滞后于降水5～15天递增。

(3)碳酸盐岩类岩溶水。区内碳酸盐岩类分布局限，往往在寒武系和泥盆系岩层中呈透镜状分布。碳酸盐岩类岩溶水补给，以大气降水入渗补给为主，还可接受基岩裂隙水的侧向补给。地下水的运移途径为溶蚀裂隙、溶洞及构造裂隙。地下水水位动态变化受大气降水控制，一般随降水量的增减而同步或滞后一个月升降，水位变幅一般为1～6m，大者可达8～10m。

10.3 岩土体类型及主要特征

区内岩土体类型以花岗岩类为主，还有松散岩类、一般碎屑岩类、变质岩类及少量碳酸盐岩类。

(1)花岗岩类。分布广泛，见于上堡－桶江潭一线之北西的广大区域，由燕山期岩浆岩为主组成，次为加里东期岩浆岩。岩性主要有中－细粒斑状黑云母花岗岩、细粒二云母花岗岩、花岗闪长岩、中粒斑状石英二长岩等。岩石坚硬，抗压强度1105～1931kg/cm^2，中－细粒结构，块状构造，局部岩石破碎，风化强烈，具球状风化特性，风化层厚度大。

(2)松散岩类。分布面广泛，但厚度一般比较小。由第四系组成，松散堆积，在山坡坡麓地带有残坡积、洪坡积相覆盖在基岩之上，厚度一般为1～6m，大者可达8～10m，一般不含水、具弱透水，黏性、塑性较好，低－中等压缩。冲积相的砂砾石粒径由上游往下游为从粗渐渐变细，具可压缩性。在暴雨期间容易发生形变和位变，也是山地型崩塌、滑坡、泥石流等灾害体的主体。

(3)一般碎屑岩类。该岩类主要分布于思顺地区，由泥盆系沉积岩系组成，主要岩性为石英砂岩、砂砾岩、粉砂岩夹页岩、泥岩、硅质岩。岩石抗压强度60～990kg/cm^2，坚硬程度不一，坚硬至软弱均有，风化程度中等。页岩、泥岩等为软弱夹层。

(4)变质岩类。该岩类主要分布于保护区南东侧地带，由震旦、寒武系及奥陶系组成，岩性主要为变余砂岩、千枚岩、千枚状板岩、板岩。岩石一般为较坚硬－软弱，风化较强烈，较坚硬岩石裂隙较为发育，千枚岩、千枚状板岩易成为软弱夹层。

第3章 气候

齐云山位于江西省南端、罗霄山脉与南岭山脉的结合部，是赣、湘两省分界的一条山脉；地势西南高、东北低。齐云山保护区内，山峰海拔高度多为1000m以上，其主峰齐云山海拔2061.3m，为江西省第四高峰；由于山体相对高差大、群峦起伏，形成了多种多样的、明显的山区气候；为动植物的生长发育和繁衍提供了得天独厚的气候资源。

现利用崇义气象站观测资料，南岭山脉、齐云山气候考察资料对齐云山气候进行分析；其中气象要素的历年平均值，如月平均气温、月降水量等，按世界气象组织的要求，以1971～2000年江西省气候整编资料为准；气候要素的极值，如日最高气温、日最大降水量等从气象站建站开始至2006年；各气象要素随海拔高度的变化，根据齐云山气候考察及南岭山脉、罗霄山脉历年气候考察资料进行推算。

1 气候特点及成因

1.1 气候特点

齐云山保护区属亚热带山地气候，受季风及地形影响，四季分明、冬长夏短、春迟秋早、春夏冬季湿润、秋季干燥、光照适宜；并具有以下特点。

1.1.1 大陆性气候向海洋性气候过渡

根据我国大陆性和海洋性气候的区划方法和标准，采用通用的焦金斯基大陆度指标计算公式：

$$K = 1.7A/\mathrm{Sin}\varphi - 20.4 \qquad (3-1)$$

式中：K为大陆度，A为气温年较差，φ为地理纬度。以$K = 50$作为分界线标准，$K < 50$为海洋性气候，$K > 50$为大陆性气候。

齐云山保护区从海拔354m～2061m；气温年较差为7.2～19.2℃，由此计算出保护区K值为54.6～7.7，海拔500m以下$K > 50$；因此随海拔的增加，齐云山保护区气候从大陆性气候逐步转变为海洋性气候。

1.1.2 春夏冬季湿润，秋季干燥

采用湿润度或干燥度衡量齐云山春、夏、秋、冬季气候湿润或干燥的程度，其计算式为：

$$\text{湿润度} \quad N = r/B0 \qquad (3-2)$$

$$\text{干燥度} \quad D = B0/r = 1/N \qquad (3-3)$$

作者：王保生[1]，刘文英[1]，谢远玉[2]，陈明亮[3]（1. 江西省气象台；2. 赣州市气象局；3. 齐云山保护区）

式中：r 为该地的年降水量，$B0$ 为该地的蒸发力（即最大可能蒸发量），当某地降水量大于蒸发力时，$N>1$，$D<1$，表示该地降水量满足蒸发之外还有余，气候湿润；反之则为气候干燥。

以崇义县气象局近30年（1971～2000年）观测资料进行计算，结果见表3－1。

表3－1 崇义县历年、各季干、湿度（1971～2000年）

项目	降水量（mm）	蒸发量（mm）	湿润度	干燥度
春季（3～5月）	607.9	256.0	2.37	0.42
夏季（6～8月）	531.1	470.4	1.13	0.89
秋季（9～11月）	251.1	304.2	0.83	1.21
冬季（12～2月）	212.6	150.2	1.42	0.71
全年（1～12月）	1602.9	1180.7	1.36	0.74

表3－1显示，齐云山保护区冬、春、夏季湿润度均大于1，这表明该季降水量满足蒸发之外还有余，气候湿润；秋季干燥度大于1，表明秋季蒸发量大于降水量，气候干燥。

1.1.3 山地立体气候明显

保护区相对高差1761.3m，从下至上相当于横跨亚热带和温带两个气候带，加上齐云山独特的地形地貌及较好的森林植被，使得保护区在温度、降水和光照等气象要素随海拔的升高呈现出明显的垂直变化规律。受气候要素垂直变化的影响，保护区境内植被、土壤呈现明显的垂直带谱。海拔300～500m为红壤，现状植被为阔叶林、竹林及农田植被；500～800m为山地黄红壤，现状植被为阔叶林、竹林、针阔叶混交林；800～1200m为山地黄壤，现状植被为针阔叶混交林，针叶林与草甸混和；海拔1200～1500m为山地黄棕壤，主要植被为针阔叶林与草甸；海拔1500m以上为山地草甸土，主要植被为芒草、野古草草甸群系。

1.2 气候成因

太阳辐射、大气环流、下垫面及人类活动是气候形成及其变化的主要原因。

1.2.1 太阳辐射对气候的影响

在气候形成的许多因子中，作为能量源泉的太阳辐射所起的作用是带有根本性的，地球温度的高低在某种程度上取决于太阳辐射的强弱。受高度、坡向、植被的影响，保护区内太阳辐射分布存在差异且随时间变化，从而导致气温随海拔高度的增加而降低，并具有冬季冷、夏天凉的特点。

1.2.2 大气环流对气候的影响

保护区地处东亚季风区内，其所处的诸广山呈东北至西南走向；但南面有南岭山脉其海拔高度1000～1400 m，能阻挡冬季冷空气南下和夏季东南风北上，从而形成了华中和华南气候的天然屏障；使得保护区冬季受西伯利亚和蒙古冷高压入侵影响，区内盛行干燥寒冷的偏北风；夏季受太平洋副热带高压控制，盛行偏南风；春夏之交冷暖气流交汇，阴雨连绵，偏南风频率高于偏北风；夏秋之季副高南撤，北方冷高压重新建立，势力较强，受其影响，以偏北风为主，但风力较弱，天气晴朗，降水少，出现“秋高气爽”天气。

1.2.3 下垫面对气候的影响

保护区总的地势西南部高、东北部低，对西北方向吹来的冷空气有阻挡作用，因而一般来说东南坡向的气温高于西北坡，降水量西北坡向多于其它坡向。同时在大型天气系统影响较弱及晴天的情况下，由于山坡、山谷等不同的地形受热不均产生的局地热力环流，对保护区降水的日变化有一定影响。一般山坡、山顶，因午后热对流旺盛，降水多发生在下午和傍晚；在深谷和山麓，因冷空气下沉和暖空气抬升则多在夜间降雨。

1.2.4 人类活动对气候的影响

人类燃烧矿物燃料以及毁林开荒引起大气中温室气体浓度的增加、硫化物气溶胶浓度的变化、陆面覆盖和土地利用的变化等对全球及我国的气候已产生明显影响;受大气候的影响,保护区气候也有变暖的趋势;据调查,保护区内近年来冬季降雪、结冰现象减少。

2 气候资源

2.1 光能资源

一个地区光能资源的分布规律,可用太阳辐射和日照时数的多少进行评价。

2.1.1 太阳辐射

太阳辐射是地球上生命活动的能量源泉。受太阳高度角、云量等因素的影响,太阳辐射量在地域分布上存在明显差异。因齐云山未开展太阳辐射的观测,现利用崇义气象站历年日照百分率资料,采用亚热带东部山区太阳辐射的数学模式计算得出。亚热带东部山区太阳辐射的数学模式为:

$$Q = Q_0(b_0 + b_1S + b_2h) \quad (3-4)$$

式中:Q 为月总辐射量(MJ/m^2),Q_0 为各纬度相应月份的天文总辐射量(MJ/m^2),S 为相应月的日照百分率,h 为海拔高度(h/100m),b_0、b_1、b_2 为回归系数。

由此计算出保护区各海拔高度各月、年及喜温作物生长季、越冬期的太阳辐射量分布情况,见表3-2。

表3-2 齐云山保护区太阳辐射值 MJ/m^2

海拔高度(m)	1月	2月	3月	4月	5月	6月	7月	8月	9月	10月	11月	12月	1~12月	4~10月	11~3月
300	187	177	209	274	345	387	505	437	357	336	265	243	3857	2685	1095
500	194	184	215	277	346	389	511	441	359	344	273	250	3913	2710	1136
800	205	195	224	283	348	394	520	448	363	357	286	261	3997	2747	1196
1000	212	202	230	287	349	397	526	453	366	365	294	268	4052	2772	1236
1500	230	219	244	296	351	405	541	464	372	386	315	286	4192	2834	1336
2000	247	237	258	306	353	413	556	476	379	407	335	304	4331	2896	1437

表3-2表明,保护区内太阳辐射量随海拔高度增加而增加;但在同一海拔高度,一年中以7月太阳辐射量为最多,2月太阳辐射量为最少。

2.1.2 日照时数

齐云山山区日照时数受地形、坡向、植被和云雾现象的影响,不同海拔高度上年际之间、一年内各月日照时数的分布不同。根据山麓的崇义县气象站历年日照观测资料,结合中国亚热带山区农业气候、江西省气象局及湖南省气象局对山区日照时数推算的研究成果,计算出山区日照变率,见表3-3;计算齐云山不同海拔高度历年平均日照时数,结果见图3-1。

表3-3 齐云山山区日照随海拔高度的变化 h/100m

时段	1月	2月	3月	4月	5月	6月	7月	8月	9月	10月	11月	12月	全年
变率(h)	2.4	0.9	0.9	0.4	-0.7	-1.2	-2.0	-3.7	-1.9	-0.2	1.9	2.4	-1.6

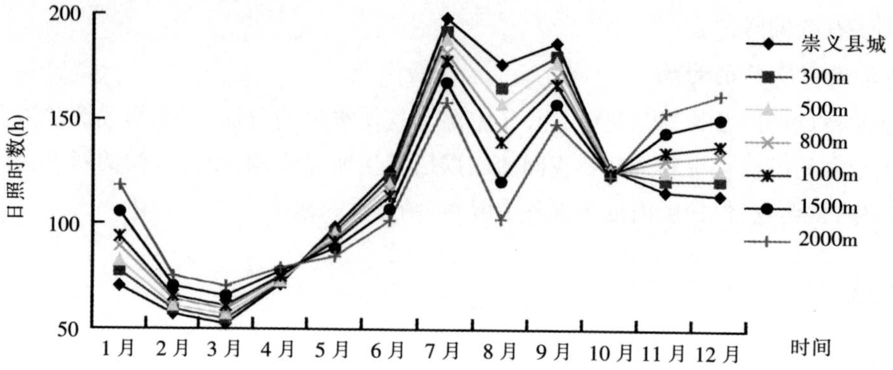

图 3-1　齐云山保护区日照分布

由图 3-1 可知，保护区内年日照时数为 1310.4～1342.4h，一年内冬、春季（11～翌年 4 月）干旱少雨，月日照时数随海拔高度的增加而增加；夏、秋季（5～10 月）山区多云雾天气，因而月日照时数随海拔高度的增加而减少；但年日照时数随海拔高度的增加而减少。

2.1.3　光合生产潜力

齐云山保护区内，绿色植物是重要的资源之一；绿色植物产量的高低，由当地太阳辐射的多少决定，即光合生产潜力。光合生产潜力的计算公式为：

$$Y = C \cdot Qp \cdot E/H \qquad (3-5)$$

式中：Y 为生物产量（包括根、茎、叶及籽实），C 为单位换算系数，Qp 为光合有效辐射，E 为光合有效辐射利用率；H 为燃烧 1g 干物质释放的能量。

关于 3-5 式中的光合有效辐射 Qp，目前我国多采用前苏联气候学家叶菲莫娃提出的 $Qp = 0.43Qa + 0.57Qb$ 公式计算。经研究其计算出的光合有效辐射相当于总辐射量的 0.49 倍。即：

$$Qp = 0.49Q \qquad (3-6)$$

式中：Qp 为光合有效辐射，Q 为总辐射。

国内外研究表明，目前世界绿色植物高产地块的光能利用率为 5%～6%（光合有效辐射利用率为 10%～12%），我国目前高产地块光能利用率约为 2.5%（光合有效辐射利用率约为 5%）。江西省近年来因种植制度的变革、良种的推广、先进技术的采用，农作物光能利用率呈现上升趋势。以赣州市近 5 年来粮食产量为依据，计算出赣州市光能利用率为 1.94%（光合有效辐射利用率为 3.88%）；以赣州市光合有效辐射利用率推算保护区不同海拔高度年、喜温作物、越冬作物光合生产潜力。结果如图 3-2 所示。

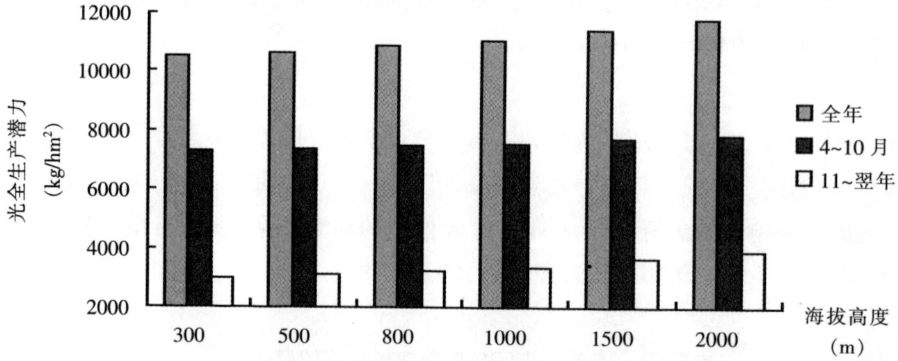

图 3-2　齐云山保护区光合生产潜力

图 3-2 表明，齐云山保护区内作物光合产量，年、喜温作物、越冬作物生长季均随海拔高度的升高而略有增加，即山峰多于山麓。

2.2 热量资源

热量资源的分布，一般由气温、积温、无霜期、逆温等要素的分布来表示。现利用九连山、井冈山、崇义县历年气象资料及短时考察资料进行分析。

2.2.1 气温

气温的分布以平均气温、最高气温、最低气温的分布表示，齐云山保护区气温随海拔高度的增加而降低。利用相关气象资料进行分析，齐云山保护区各月及年平均气温、最高气温、最低气温随海拔高度的递减率见表3－4。

表3－4 齐云山保护区月、年平均气温递减率 ℃/100m

时间	1月	2月	3月	4月	5月	6月	7月	8月	9月	10月	11月	12月	全年
平均气温	0.09	0.16	0.33	0.49	0.66	0.73	0.80	0.78	0.68	0.52	0.33	0.16	0.49
平均最高气温	0.16	0.19	0.28	0.40	0.47	0.52	0.59	0.56	0.52	0.42	0.33	0.21	0.40
平均最低气温	0.26	0.28	0.38	0.45	0.52	0.56	0.59	0.59	0.54	0.45	0.38	0.28	0.28

以崇义县气象局历年及各月气温为基础，参照表3－4的递减率，计算出齐云山保护区不同海拔高度历年各月平均气温、平均最高气温、平均最低气温分布情况如图3－3～3－5所示。

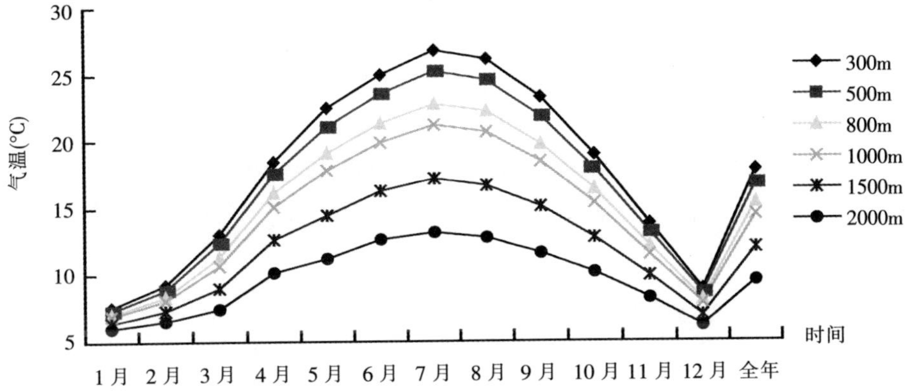

图3－3 齐云山保护区各月及年平均气温

图3－3表明，齐云山保护区从海拔300～2061.3m，年平均气温为9.5～17.8℃，随海拔高度的增加而降低；一年中各月平均气温7月最高，1月最低；海拔500m以上山区，7～8月平均气温已低于25℃，相当于山麓崇义县城5月、9月的平均气温；以候平均气温≥22℃为夏季的标准，则保护区海拔1000m以上无夏季；因而夏季保护区气候凉爽，是避暑的好地方。

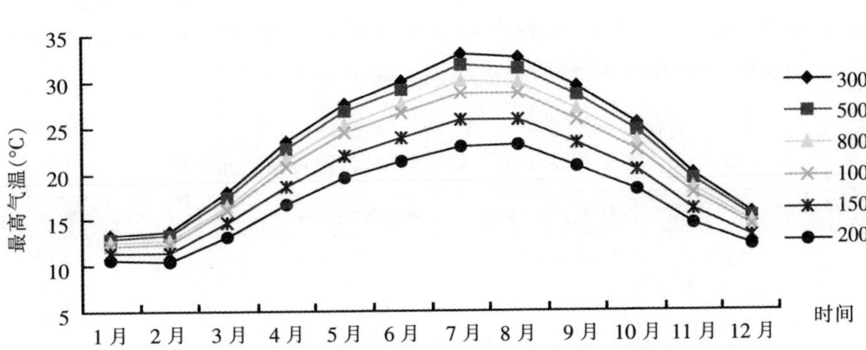

图3－4 齐云山保护区各月平均最高气温

图 3－4 表明，保护区内 12～2 月，从海拔 300～2000m，最高气温随海拔高度的变化较小，月平均最高气温的差异只有 5.1℃；但最热月 7 月的平均最高气温随海拔高度的增加变化明显，从山麓至山顶月平均最高气温相差 10.1℃；保护区内海拔 800m 以上地区夏季无高温，最热月平均最高气温低于 30℃。

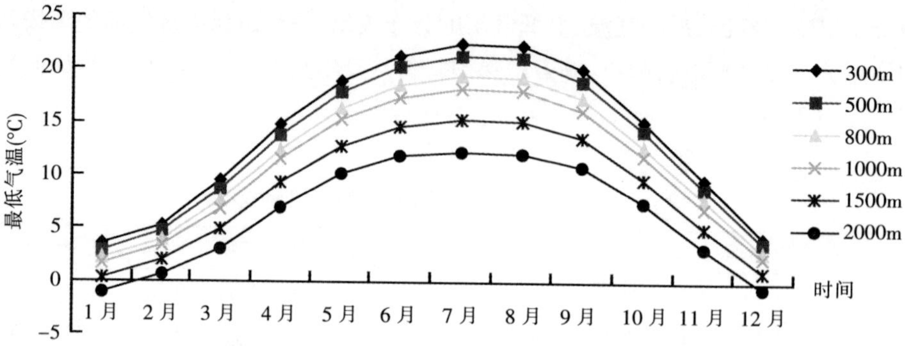

图 3－5　齐云山保护区各月平均最低气温

图 3－5 表明，保护区内不同海拔高度的地区，一年中最冷月均出现在 12 月。

2.2.2　积温

积温是农业生产中作为评定热量资源多少的依据，喜温作物常采用≥10℃积温作为热量资源的指标。利用崇义县历年气象资料，采用界限温度变换方法，求算出齐云山保护区历年稳定通过 10℃、保证率 50% 的初日、终日、持续天数及≥10℃积温随海拔高度的变化（表 3－5）。

表 3－5　齐云山保护区≥10℃初日、终日、持续天数及积温

项目	初日（日/月）	终日（日/月）	持续天数（d）	积温（℃）s
300m	15/3	21/11	251	5479
500m	18/3	16/11	243	5092
800m	23/3	9/11	231	4511
1000m	25/3	4/11	224	4124
1500m	2/4	23/10	204	3156
2000m	10/4	11/10	184	2188
递减率	1.6d/100m	2.4d/100m	3.9d/100m	193.6℃/100m

表 3－5 表明，齐云山保护区热量资源丰富，海拔 1000m 以下可种植双季水稻，但在海拔 800～1000m 区间，早、晚稻品种以早熟性为宜。

2.2.3　无霜期

一年中终霜日至初霜日之间的持续天数为无霜期，无霜期的长短是农作物生长发育的又一重要热量指标。齐云山山区历年平均初、终霜期及无霜期天数见表 3－6。

表 3－6　齐云山保护区历年平均初、终霜日期及无霜期

项目	初霜日（日/月）	终霜日（日/月）	无霜期（d）
300m	29/11	5/3	268
500m	25/11	11/3	258
800m	19/11	19/3	244
1000m	15/11	25/3	234
1500m	4/11	8/4	209
2000m	23/10	22/4	183

2.3 降水资源

降水是作物生长所需的基本因子，直接供给作物生育和产量形成。齐云山保护区降水受环境因子的影响很大，山体走向、海拔高度、植被状况等导致降水分布规律十分复杂。

2.3.1 降水量随海拔高度的分布情况

齐云山山区雨量充沛，山麓的崇义县历年降水观测资料表明，其年平均降水量 1568.7mm，但年际变化大；降水量最多的 1961 年雨量 2437.9mm，降水量最少的 1971 年雨量只有 1042.0mm，两者相差 1395.9mm。根据崇义县气象局历年降水观测资料、关田农业气候区划资料、齐云山鸡公坝 2005 ~ 2006 年降水观测资料，利用比值法换算成 1971 ~ 2000 年，其年平均降水量分别为 1602.9mm、1706.1mm、1554.5mm，各月平均降水量分布如图 3 - 6 所示。

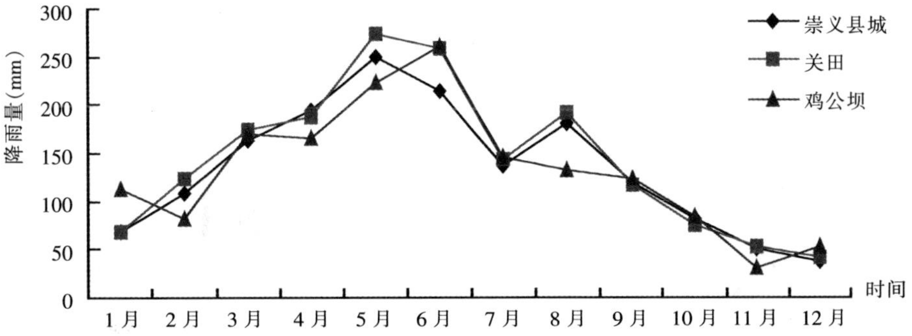

图 3 - 6 齐云山保护区历年各月降水量

图 3 - 6 表明，齐云山保护区全年及各月平均降水量分布具有以下特点：

2.3.2 全年最大降水量的海拔高度低于 610m

亚热带东部山区农业气候资源研究表明，大多数山系年降水量高度在海拔 500m 以上，随海拔高度的增加而增加；最大降水量高度大多数分布在 800 ~ 1200m 左右，南岭中段南坡最低为 700 ~ 800m 上下。实测资料表明，齐云山年降水量以海拔 415m 的关田为最大，海拔 610m 的鸡公坝年降水量最少；这一实测结果表明，齐云山年最大降雨量的海拔高度低于 610m。

2.3.3 历年 8 月平均降水量山区少于山麓

山区受地形、植被及太阳辐射影响，一般来说夏、秋季降水多于山麓。如井冈山山区夏秋季降雨分布为"7、8、9 天天有，上午没有下午有"；历年 7 ~ 9 月降水量为泰和、遂川、永新的 1.6 ~ 2.0 倍。齐云山山区海拔 610m 的鸡公坝降水量 7 月、9 月比山麓略偏多，而 8 月明显少于山麓，历年同期降水量只有山麓的 0.73 倍。

2.3.4 无观测资料地区降水量的推算

由于齐云山海拔 610m 以上山区无降水实测资料，现利用相邻的九连山降水量推算模式计算齐云山海拔 610m 以上年降水量的分布，即：

$$R = 1325.0 + 213.8 \mathrm{Ln} h \qquad (3-7)$$

式中：R 为年降水量，单位 mm；h 为海拔高度，其值 >610m，单位为 100m。

由于同一山区，作物生长季（4 ~ 10 月）、作物越冬期（11 ~ 3 月）降水量占年降水量的比例随海拔高度的变化小，经计算齐云山区分别为 0.73、0.27。

根据公式 3 - 7 及不同生长季降水量占年降水量的比例推算出齐云山海拔 610 m 以上山区降水量历年分布情况见表 3 - 7。

2.3.5 降雨日数

降雨日数一般以日降水量≥0.1mm的日数计算。有关研究表明，海拔低于1000m的山区，降雨日数随海拔高度的增加而增加，一般年雨日每100m增加1～3天。2004年5月至2006年12月，崇义县城、鸡公坝两地气象观测资料表明，年降雨日数随海拔高度的变化与其它山区不同，年降雨日数随海拔高度的增加呈减少趋势；两地海拔高度相差365m，年平均降雨日数分别为163.9d、133.2d，海拔610m的鸡公坝比海拔245m的崇义县城少30.7d；两地各月平均降雨日数如图3－7所示。

表3－7 齐云山海拔610m以上山区降水量历年分布

海拔高度（m）	降水量（mm）		
	全年（1～12月）	生长季（4～10月）	越冬期（11～翌年3月）
700	1741.0	1270.9	470.1
800	1769.6	1291.8	477.8
1000	1817.3	1326.6	490.7
1500	1904.0	1389.9	514.1
2000	1965.5	1434.8	530.7

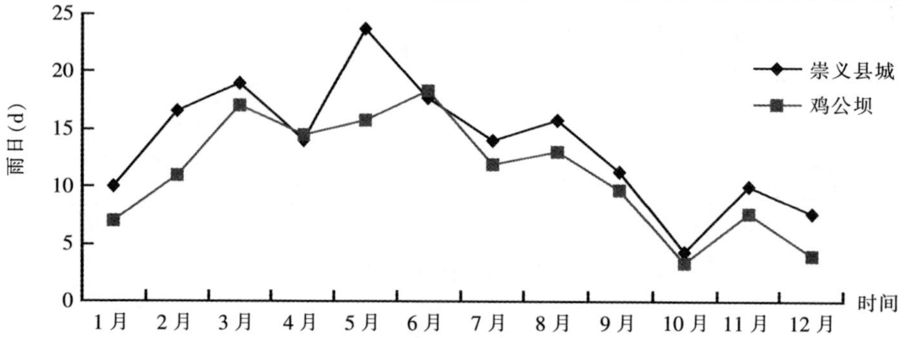

图3－7 齐云山保护区月平均降雨日数

从图3－7可知，崇义县城除4月、6月平均雨日略少于鸡公坝外，其余各月降雨日数均多于鸡公坝。

2.3.6 日最大降水量

利用2004年5月至2006年12月崇义县城、鸡公坝两地气象观测资料，选取各月最大日降水量，见图3－8。图3－8表明齐云山一年12个月中，有8个月日最大降水量崇义县城大于鸡公坝，其中2、4、7、9、11月尤其明显；其间最大日降水量崇义县城、鸡公坝两地分别为112.0mm、75.6mm，分别出现在2006年7月26日、2005年5月12日；而崇义县城历年各月日最大降水量均大于2004年5月～2006年12月期间崇义县城及鸡公坝各月的日最大降水量；崇义县城历年日最大降水量为182.5mm，出现在1975年的10月6日。

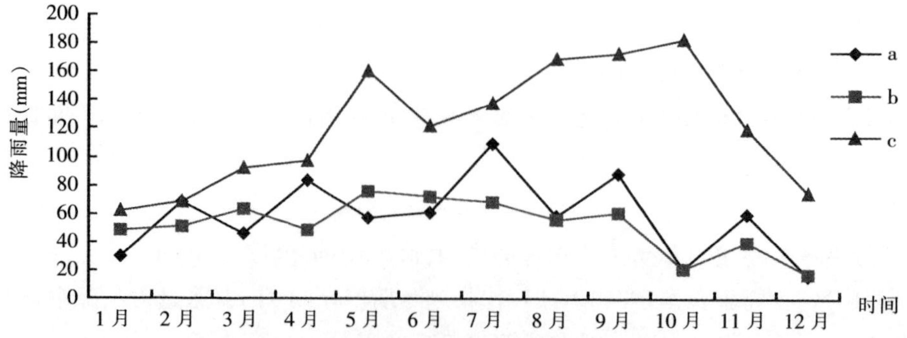

图3－8 齐云山保护区各月最大日降水量

注：a：崇义县城2004年5月至2006年各月日最大降水量；b：鸡公坝2004年5月至2006年各月日最大降水量；c：崇义县城历年（1959～2006年）各月日最大降水量。

3 主要气象灾害

3.1 洪涝

水灾和涝灾总称为洪涝。据调查,自1971年以来,齐云山保护区内明显的洪涝灾害发生了四次,出现的时间多为7~8月,主要是暴雨成灾。当24h降水量$\geq$50mm时为暴雨,齐云山山麓的崇义气象站历年平均暴雨日数4.0天;其中2004年5月至2006年12月总暴雨日数13天,同期鸡公坝暴雨日数14天。当日降水量$\geq$50mm,或持续3~5天总降水量$\geq$100mm时,齐云山极易发生洪涝灾害。经统计,2004年5月~2006年期间,鸡公坝站有14天日雨量$\geq$50mm,其中持续5日总降雨量$\geq$100mm的时段有8次,见表3-8、表3-9。

表3-8 鸡公坝暴雨情况(2004年5月至2006年12月)

年	2004	2004	2004	2005	2005	2005	2005	2005	2005	2005	2005	2006	2006	2006
月	5	6	8	2	3	5	5	6	6	6	6	7	7	9
日	7	17	6	15	27	12	24	2	13	15	22	26	27	6
总降水量(mm)	56.3	64.6	56.5	51.2	62.9	75.6	53.4	65.6	72.6	59.4	51.8	68.0	52.0	60.5

表3-9 鸡公坝易出现洪涝灾害的时段(2004年5月至2006年12月)

年份	2004	2005	2005	2005	2005	2006	2006	2006
出现时段(月/日)	7/5~7/9	2/15~2/18	3/26~3/30	6/12~6/16	6/20~6/24	2/24~2/28	7/26~7/30	11/18~11/22
总降水量(mm)	141.9	102.4	148.7	184.9	117.5	108.4	194.5	139.8

2006年7月下旬受台风"格美"减弱成的热带低压环流影响,齐云山保护区持续降雨,其中26日、27日连续两天暴雨,鸡公坝降水量分别为68mm、52mm;7月28日海拔640m的齐云山保护区管理站被淹;且由于大风和强降水使桐子嵊附近山坡直径20cm左右的松树30余根被连根拔起。齐云山保护区洪涝灾害虽发生频率较小,但危害明显;为此必须加大保护齐云山山区生态环境的力度,防止乱采滥挖、乱砍滥伐等人为活动加剧山地灾害的危害程度。

3.2 干旱

齐云山山区降水量丰沛,干旱灾害较少;但少数年份伏秋期仍有干旱灾害出现。一般来说,雨季结束后至10月10日期间,若持续20天总雨量$<$20mm,期间日雨量$<$10mm,从气候角度认为有伏秋干旱灾害。1969年6月24日至7月27日,崇义县气象观测资料表明此期间总降水量12.1mm,日最大降水量4.0mm,伏旱严重;经调查同期齐云山保护区内部分农田缺水,下十八堡等地少部分稻田旱死,这一现象为山区少见。

3.3 雷电

雷电包括雷击和雷电火灾,是“联合国国际减灾十年”公布的最严重的自然灾害之一。经研究,每个闪电的强度可以高达10亿V,一个中等尺度的雷暴功率有10万Kw。江西是雷电多发区,一年中以3~9月雷电灾害发生最多;雷电灾害发生时,常伴随大风或冰雹灾害,因而加剧了危害程度。据调查,1971年以来,齐云山保护区内共发生过5次雷击事件,其中1971年、1976年、1985年三次雷击事件出现在8月,另外两次雷击事件出现在1985年、1996年的6月;其中1996年的雷击事件造成稻田被烧十余亩。雷电的发生与雷暴密切相关,经研究江西省雷暴日数南部多于北部;全省以会昌年平均雷暴日数82.9天为最多,齐云山保护区年平均雷暴日数为77天左右。崇义县2002~2006

年闪电定位观测资料见表3-10。

表3-10 崇义县闪电次数(2002~2006年)

时间	负闪			正闪		
	总次数	>-100安培安的次数	≤-100安培的次数	总次数	<100安培的次数	≥100安培的次数
1月	5	4	1	3	3	0
2月	7	7	0	8	8	0
3月	53	53	0	62	60	2
4月	2533	2527	6	161	153	8
5月	2632	2628	4	138	138	0
6月	6572	6532	40	80	79	1
7月	2801	2783	18	37	37	0
8月	4162	4143	19	91	87	4
9月	1569	1558	11	20	20	0
10月	414	405	9	8	7	1
11月	2	2	0	11	9	2
12月	1	1	0	6	4	2
全年	20752	20644	108	625	605	20

表3-10表明,崇义县负电闪多于正电闪,一年中各月闪电次数差异明显;其中2002~2006年,负闪电5年中总次数6月达6572次为最多、12月1次为最少;正闪电5年中总次数4月161次为最多,1月3次为最少;一年四季中春夏季多于秋冬季。由于雷电灾害对人员及财产均可造成巨大损失,因而科学认知雷电,加强对雷电的防御十分重要。

3.4 大雪

崇义县历年降雪较少;其山麓的崇义县气象观测资料表明,历年平均降雪日数3.5天,积雪日数0.9天。调查结果显示,齐云山区降雪多于山麓;少数年份的冬季也可出现大雪纷飞的北国风光。1967年底,冻雨加大雪持续20余天,渔塘结冰约3cm,积雪深度达30~40cm,屋前的冻凌长达70cm左右;1996年1月下旬,保护区内雨夹雪后下大雪,持续时间长达1.5天,地上积雪达30cm左右。近年来受全球气候变暖的影响,保护区内降雪日数与山麓相似,呈现减少趋势,且未出现明显的降雪现象。

4 小结

4.1 气候资源丰富多样

保护区热量资源丰富,年平均气温9.5~17.8℃;降水充沛,年平均降水量多于1550mm;日光充足,年日照时数1310.4~1342.4h;且雨热同季,有利动植物的繁衍和生长。

4.2 山地立体气候明显

保护区相对高差1761.3m,从下至上相当于横跨亚热带和温带两个气候带,加上齐云山独特的地形地貌及森林植被状况好,使得保护区在温度、降水和光照等气象要素随海拔的升高呈现出明显的垂直变化规律,从而也引起了保护区土壤、森林植被在垂直方向上有规律的变化,因此,保护区气候的垂直分层明显且差异大,具有明显的山地立体气候特征。

4.3 齐云山最大降水高度低于其它山区

相关研究表明,山区最大降水高度与空气湿度有关,空气湿度大,最大降水高度低一些;反之高一些。齐云山与其它山区最大降水高度分布情况见表3-11。

表 3－11　齐云山与其它山区最大降水高度

山区名	齐云山	井冈山	九连山	雪峰山	武夷山	猫儿山
所属省	江西	江西	江西	湖南	江西	广西
坡向	E	E	E	E	N	S
基带站名称	崇义	泰和	龙南	新化	甘溪（原武夷山垦殖场部）	九牛塘（猫儿山保护区内）
基带站纬度	25°42′	26°48′	24°55′	27°44′	28°05′	25°53′
基带站海拔高度（m）	245	71	206	58	210	1200
基带站年降水量（mm）	1602.9	1405.9	1557.9	1185	1539	2418
最大降水高度（m）	<610	1020	800	1050	1510	1281

表 3－11 表明齐云山最大降水高度低于其它山区，这说明齐云山保护区内植被条件、水系等方面优于其它山区。

第4章 土壤

齐云山位于赣西的崇义县境内，属罗霄山脉南段的诸广山脉，南连着南岭山脉，是江西和湖南的界山，为赣江与湘江的分水岭，地势西南高、东北低。山势高峻，海拔2061.3m。随着海拔高度的不同，土壤母质、温度和降水的分配不同。山顶为残积物母质类型，气温低、湿度高、风大、云雾多，山麓的母质为坡积物或洪积物类型，光、热、水资源丰富。在中亚热带湿润季风气候区的温暖、湿润气候条件下，植被类型繁多，资源丰富。从分布特征看，有地带性植被和非地带性植被，随着海拔高度的不同，相应地出现了植被分布的垂直带谱。这些土壤形成因素决定了土壤也具有明显的垂直分布规律，依次有红壤、黄红壤、黄壤、暗黄棕壤和山地草甸土等。研究齐云山的森林土壤发生类型和肥力性状，对于了解我国整个亚热带的土壤形成规律和土壤发生分类有重要意义，也是建设自然保护区和开发利用山区资源不可缺少的依据。

1 土壤形成因素

土壤是在气候、地形、母质、生物等自然成土因素和人类生产活动综合作用下形成的历史自然体，它具有自身发生和发展的规律，但它的发生和发展都与成土因素有关。因此，土壤的研究必须和成土因素的研究紧密结合起来，才能深入地认识土壤，这也是土壤调查工作者应具有的基本指导思想。

1.1 成土母质

母质是风化过程的产物，是形成土壤的物质基础，也是影响土壤性质的根源。在岩石风化过程中，各种母岩被破碎成大小不一的颗粒，并形成了大量的次生黏土矿物，组成了占土体90%以上重量的土壤固体骨架。因而母质中，残留了许多母岩的特性，这些特性在成土过程中又残留给土壤，影响着土壤的一系列外部形态特征及内在性质的差异，是土壤形成的重要因素之一。

成土母岩的出露，与区域地质条件密切相关。江西省在历次地质构造过程中，形成了各种地层，有的地层在地质动力作用下出露地表，成为成土母岩的基础。

江西地层的出露比较齐全，各个地质历史时期的地层都有，但因区域地质条件不一，各地层的发育和保留并不一致。齐云山的成土母岩中，主要是火成岩，为侵入岩类的花岗岩。

齐云山的成土母质属于酸性结晶岩类风化物，即花岗岩、花岗斑岩、片麻岩、流纹岩以及英安质凝灰岩等风化物。从矿物成分看，风化物中的二氧化硅含量最高，达60%以上，颗粒组成中粗砂粒较多，但在较长的风化成土过程中，次生黏土矿物也大量形成，黏粒含量增加，质地甚至可达黏壤土。

作者：郑诗樟，王景明，卢志红，肖青亮（江西农业大学国土学院）；李人伟，李祥兰（齐云山保护区）

矿质养分含量低，特别是速效磷含量很少，呈酸性，黏土矿物以高岭石为主，也有一定量的水云母和少量蛭石，极少三水铝石。我们习惯上把这种土壤叫做“麻砂泥”。

母质类型对土壤形成、发育和分布上的影响，大体上具有以下特点：

(1) 母质风化的深刻性，决定着土壤形成和发育的高度富铝化。江西省的成土母质，由于地史期强烈风化与强度淋溶，使多数母质的风化度很深，脱硅富铝化作用明显，使全省的大多数土壤都成为脱硅富铝化土壤。

(2) 母质特性决定着土壤性质。母质特性在土壤演化中继承或残留了下来。土壤颜色除腐殖质层外，其余各层与母质色泽基本接近，花岗岩的母质颜色决定着麻砂土颜色；作为富铝化红色风化壳形成的红壤，其土体颜色也基本是继承母质颜色的。母质的质地直接决定土壤质地，花岗岩母质决定了花岗岩性土壤的质地较轻。母质的风化强度不同，对矿质营养元素的释放程度也有不同。以长石、云母组成的花岗岩风化后一般含钾丰富，磷素含量不高。母质的矿物组成直接决定土壤黏土矿物的组成。亚热带湿润季风气候条件下，温度高，湿度大，矿物的风化作用较为强烈，风化产物中的黏土矿物和养分释放较多，但由于降水和质地较轻等原因，养分往往容易流失，因而土壤贫瘠。母质的矿物组成还决定土壤的酸碱性。酸性结晶岩类矿物经风化形成的土壤呈酸性，而碳酸盐类矿物或钙质矿物等经风化后土壤有石灰反应，呈中性至微碱性。

1.2 气候

土壤和大气之间进行着水、气和热量的交换。气候直接影响着土壤的水热状况，气候条件和植被类型有着直接的联系，因而气候也通过植被间接地影响土壤形成。就齐云山而言，其气候资源的资料较少，因此，本文主要借助赣南山区的气候资源（吴崇浩，管让湖等）和王宝生（本次气候资源科考负责人）等的科考资料作一简述。

赣南山区群山起伏，地形复杂，海拔200m以上的丘陵山地占83%。南部南岭山脉、东部武夷山脉、西部罗霄山脉、北部云山山脉，构成一个南高北低、封闭较好的盆地。从历年气候资料分析，该区属于典型的中亚热带湿润气候。其农业气候资源（1959～1980年资料）的特点主要是：

(1)热量丰富，但有寒害和冻害。赣南山区气温与国内同纬度地区（除东南沿海外）比较，明显偏高，是一个热量高值区，这是赣南山区的气候优势之一。气温高，生长季长，积温多，有利于作物生长。崇义的月均最高温度为27℃，月均最低温度为7.2℃，年均温度为17.9℃。生长季长，适宜于一年三熟。气温稳定在10℃以上的喜温作物生长季，平均有257～276天。≥10℃年均积温为5598℃，为全区最少。气温日较差大，冬季较温暖。崇义各月平均气温日较差为10℃，为全区最大。赣南山区，冬季温暖，有利于发展亚热带经济林和用材林。如柑桔、油茶、茶叶和杉木等。但有寒害和冻害，主要为降温型和阴雨低温型两种类型寒害。

(2)雨量充沛，但有干旱和洪涝。雨量充沛又是一个重要的气候优势。年平均降水量为1554.5～1602.9mm，最多的年份可达2000mm以上，崇义为年均1568.7mm。崇义1959～1980年伏秋旱发生情况是：干旱年数为15年，伏旱次数为12次，秋旱次数为8次，最长干旱天数为63天。齐云山山区降水量丰沛，干旱灾害较少；但少数年份伏秋期仍有干旱灾害出现。一般来说，雨季结束后至10月10日期间，若持续20天日降水量<10mm，过程雨量<20mm，从气候角度认为有伏秋干旱灾害。1969年6月24日～7月27日，崇义县气象观测资料表明此期间总降水量12.1mm，日最大降水量4.0mm，伏旱严重；经调查同期齐云山保护区内部分农田缺水，下十八堡等地少部分稻田旱死，这一现象为山区少见。

水灾和涝灾总称为洪涝。据王宝生等资料，自1971年以来，齐云山保护区内明显的洪涝灾害发生了四次，出现的时间多为7～8月，主要是暴雨成灾。当24小时降水量≥50mm时为暴雨，齐云山山麓的崇义气象站历年平均暴雨日数4.0天；其中2004年5月至2006年12月总暴雨日数13天，同期鸡公坝暴雨日数14天。当日降水量≥50mm，或持续3～5天总降水量≥100mm时，齐云山极易发生洪涝灾害。经统计，2004年5月至2006年期间，鸡公坝站有14天日雨量≥50mm，其中持续5日总降水量≥100mm的时段有8次。2006年7月下旬受台风“格美”减弱成的热带低压环流影响，齐云山保护区持续降雨，其中26日、27日连续两天暴雨，鸡公坝降水量分别为68mm、52mm；7月28日海拔640m的齐云山保护区管理站被淹；且由于大风和强降水使桐子嵊附近山坡直径20cm左右的松树30余根被连根拔起。齐云山保护区洪涝灾害虽发生频率较小，但危害明显。

(3)太阳总辐射量较小，但光能利用潜力很大。太阳辐射受地理位置、气候条件和地形的影响。赣南山区雨日多，日照百分率低，全区多年平均日照时数为1499.5～1977.8h，日照百分率33%～44%。2～4月最低，只有20%～30%；7～9月最高，达50%～60%；其余各月为30%～50%。太阳辐射总量为99.2～113.9kcal/cm^2。崇义为最少。年太阳辐射总量与全国多数地区相比，水平较低。但因该区生长季节长，年太阳辐射总量也很可观。因此，太阳能利用潜力大。

(4)气候垂直差异明显，地形小气候多种多样。赣南山区地形复杂，气候垂直差异十分明显。境内山峦起伏，相对高差大，因此，有着“同山不同季，十里不同天”的山区气候特点。齐云山地势西南高、东北低。山体相对高差大、群峦起伏，形成了多种多样的、明显的山区气候；为动植物的生长发育和繁衍提供了得天独厚的气候资源。

① 气候的垂直变化。齐云山保护区属亚热带山地气候，受季风及地形影响，具有四季分明，冬长夏短、春迟秋早，春夏多雨、雨量丰沛，秋冬干旱、光照适宜的特点。其光、温资源随海拔高度的增加呈现减少的趋势。气温的分布以平均气温、最高气温、最低气温的分布表示，齐云山保护区气温随海拔高度的增加而降低。② 降水的垂直变化。降水是作物生长所需的基本因子，直接供给作物生育和产量形成。齐云山保护区降水受环境因子的影响很大，山体走向、海拔高度、植被状况等导致降水分布规律十分复杂。降水资源随海拔高度的增加呈现倒“V”形变化，即最大降水高度以上为减少趋势，最大降水高度以下呈增加的趋势；且不同坡向、不同季节各气象要素随海拔高度的变化情况差异明显。降水量随海拔高度的分布情况。齐云山山区雨量充沛，山麓的崇义县历年降水观测资料表明，其年平均降水量1568.7mm，但年际变化大；降水量最多的1961年雨量2437.9mm，降水量最少的1971年雨量只有1042.0mm，两者相差1395.9mm。根据崇义县气象局历年降水观测资料、关田农业气候区划资料、齐云山鸡公坝2005～2006年降水观测资料，利用比值法换算成1971～2000年，其各月平均降水量分布见图4－1。图4－1表明，齐云山年及各月平均降水量分布具有以下特点：年最大降水量的海拔高度低于610m。亚热带东部山区农业气候资源研究表明，大多数山系年降水量高度在海拔500m以上，随海拔高度的增加而增加；最大降水量高度大多数分布在800～1200m，南岭中段南坡最低为700～800m。齐云山年降水量以海拔415m的关田为最大，海拔610m的鸡公坝年降水量最少；这一实测结果表明，齐云山年最大降水量的海拔高度低于610m。历年8月平均降水量山区少于山麓。山区受地形、植被及太阳辐射影响，一般来说夏、秋季降水多于山麓。齐云山山区海拔610m的鸡公坝降水

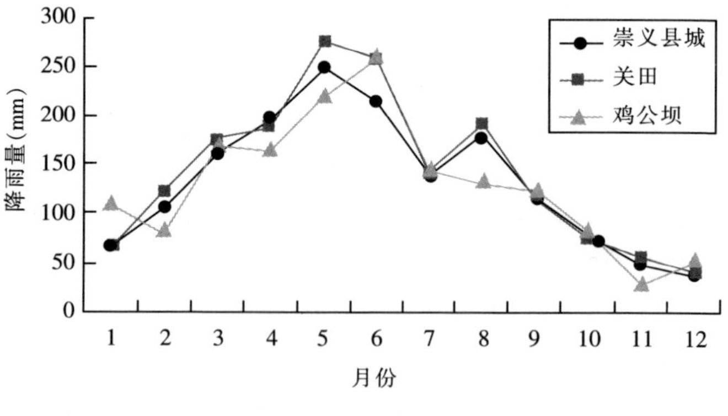

图4－1　崇义历年各月降水量(王宝生等)

量7月、9月比山麓略偏多，而8月明显少于山麓，历年同期降水量只有山麓的73%。③ 日照的垂直变化。齐云山山区日照时数受地形、坡向、植被和云雾现象的影响，不同海拔高度上年际之间、一年内各月日照时数的分布不同。保护区内年日照时数为1310.4～1342.4h，一年内冬、春季(11至翌年4月)干旱少雨，月日照时数随海拔高度的增加而增加；夏、秋季(5～10月)山区多云雾天气，因而月日照时数随海拔高度的增加而减少；但年日照时数随海拔高度的增加而减少。

齐云山气候的多变性和复杂性，使得不同海拔高度或位置的母质风化的速度和程度不同，形成的土壤不同，植被类型也不同，植被类型也可间接影响土壤的形成。

1.3 地形

据地质专家尹国胜(地质资源科考负责人)等资料表明：齐云山自然保护区，总体属于花岗岩为主的山地地貌区。按成因和形态综合特征，齐云山自然保护区地貌类型有侵蚀构造中山地形、侵蚀构造中低山地形、侵蚀剥蚀构造低山地形、剥蚀构造高丘陵地形和侵蚀堆积地形。

保护区属于山地地貌，多数山峰海拔高度在1000m以上，齐云山为最高峰(也是江西第四高峰)海拔2061.3m，相对高差达1761.3m；地貌形态类型以山岳型中山－高山地貌为主体，次为中低山地貌；地貌成因类型以花岗岩山岳地貌为主，主体属于构造切割侵蚀＋流水浸蚀＋风化剥蚀地貌，少量堆积地貌；地貌特点表现为微地貌单元具有多样性和多向性，微地貌组合类型有次圆－次锥状山峰＋陡坡＋深切割峡谷地貌、圆顶山峰＋次陡坡地貌＋峡谷地貌、山岭＋峡谷组合地貌等；区内地貌形态和微地貌单元主要受断裂构造控制，由于断裂构造的多向性而形成了地貌特点的多向性和微地貌单元的多样性。这种地形地貌，使得母质、温度和降水得以重新分配，因而不同海拔高度或同一高度的不同位置，其植被和土壤各异，也具有多样性和复杂性。

1.4 植被

覆盖在齐云山自然保护区境内的各种各样的植被类型，是齐云山特定自然地理环境及自然历史长期发展的产物。他们受气候、土壤、地形以及历史等因素影响，有规律地分布于齐云山的山地、丘陵和沟谷中。齐云山水热条件优越，与这种气候相适应的气候顶极群落—常绿阔叶林在这里发育良好，生长茂密。齐云山的植物群落主要特点有：

齐云山的植被，以森林植被为主。森林是陆地生态系统的主体，物质和能量转换的核心。齐云山地带性森林是常绿阔叶林，组成乔木层的建群种主要是壳斗科、樟科、山茶科的常绿树种，其次为木兰科、金缕梅科、杜英科、安息香科、冬青科等的树种。齐云山是我国中亚热带东部森林植被类型保存比较完整的地域，常绿阔叶林生长尤为繁茂。据刘仁林(植被科考成员)等调查，从香炉坝(海拔400m)到石陂头沟谷(海拔1600m)地段都有常绿阔叶林分布，是江西常绿阔叶林分布幅度较宽的山区。组成乔木层的建群种以壳斗科、樟科、山茶科等常绿树种的林分为主。其中壳斗科种类组成的林分最多，分布最广，在齐云山所有林分中占绝对优势。

齐云山植被起源古老性。齐云山形成于喜马拉雅造山运动，稳定于早第四纪，一直未受到第四纪冰川的侵袭，是许多古老成分的避难所，如长苞铁杉、南方铁杉、小叶买麻藤等在此生存下来，而且长苞铁杉还形成较大面积的群落，这在江西乃至全国都十分罕见。

齐云山植物群落组成成分多样。齐云山自然保护区内有种子植物178科847属2422种(含种下等级)，占江西种子植物总科数(《江西省志—动植物志》，1994)的83%，总属数的62%，总种数的55.6%。在齐云山自然保护区的种子植物中，有人工栽培的植物52科97属139种，天然分布168科784属2261种。木兰科、金缕梅科、山茶科、樟科、壳斗科是组成群落的优势树种，也是顶极群落的建群种；蕨类植物区系共含40科，85属，229种；苔藓植物，共52科99属192种(包括2亚种和3变种)，其中苔类植物22科27属47种，藓类植物30科72属145种。植被类型的多样性，使得土壤中有机成分的来源和成分不同，因而土壤有机质的含量和质量不同。

母质风化形成土壤,需要气候条件和生物等因素的作用;地形影响母质、气候和植被的重新分配;气候决定了母质风化的速度和程度,也影响着植被的分布和生长发育;植被影响着气候的变化和土壤的形成;土壤影响植被的生长状况,随着地质大循环也影响岩石矿物的组成等。上述各种成土因素对土壤的影响不是孤立的。这是因为各因素间有着发生上的联系。对任何一个因素来说,其他所有因素都为它创造或规定了起作用的条件,各个因素间是相互联系、相互制约、相互作用的。

2 土壤分类

我国现行的即国家在土壤调查中使用的土壤分类系统属于地理发生学土壤分类系统。1978年,中国土壤学会土壤分类委员会提出了《中国土壤分类暂行草案》,后经几次修改,于1992年确定了《中国土壤分类系统》。

《中国土壤分类系统》分类单元从上至下采用土纲、亚纲、土类、亚类、土属、土种和变种七级分类单元。其中土纲、亚纲、土类、亚类属高级分类单元,土属为中级分类单元,土种为基层分类的基本单元,以土类和土种最为重要,齐云山土壤在中国土壤分类系统中的归属见表4-1。现将各级分类单元的划分依据分述如下:

表4-1 齐云山土壤在中国土壤分类系统表中的归属

土纲	亚纲	土类	亚类
铁铝土	湿热铁铝土	红壤	红壤 黄红壤
淋溶土	湿暖铁铝土	黄壤	黄 壤
	湿暖淋溶土	黄棕壤	暗黄棕壤
半水成土	淡半水成土	山地草甸土	山地草甸土 山地灌丛草甸土

土纲:为最高级土壤分类级别,是土壤重大属性的差异和土类属性共性的归纳和概况,反映了土壤不同发育阶段中,土壤物质移动积累所引起的重大属性的差异。如铁铝土纲,是在湿热条件下,在脱硅富铝化过程中产生的黏土矿物以1:1型高岭石和二氧化物为主的一类土壤。齐云山的红壤和黄壤就属于铁铝土土纲。

亚纲:是在同一土纲中,根据土壤形成的水热条件和岩性及盐碱的重大差异来划分。如红壤属于湿热铁铝亚纲;黄壤属于湿暖铁铝亚纲。

土类:是高级分类的基本单元。不同土类具有质上的差异,它们是在特定的成土条件下,经过独特的成土过程,产生了各自特有的剖面构型、形态特征和理化性质等的土壤群体。如红壤、黄壤是在亚热带湿润气候条件,强烈的风化淋溶,黏土矿物被破坏,脱硅富铝化明显,但又是生物积累作用很旺盛的土壤。齐云山土壤有红壤、黄壤、黄棕壤和山地草甸土四个土类。

亚类:亚类是在土类范围内,或向另一个土类发育演变,或停留在一定的发育阶段,或因某些附加成土过程而使土壤属性发生很大变化,但成土过程的总趋势仍是一致的土壤类型。如红壤中黄红壤,就是红壤向黄壤发育的过渡性土壤,是红壤土类中的一个亚类。

土属:土属是承上启下的分类单元,是在区域性成土因素,主要是成土母质和水文地质条件及土壤利用方式等影响下,土壤属性发生变化的土壤。划分土属主要根据成土母质不同和农业利用上的差异,成土母质相同的自然土壤和耕作土壤分属不同的土属。如麻沙泥红壤和麻沙泥土就属于不同的土属,前者是自然土壤,后者是耕作土壤。

土种:是基层分类的基本单元。它是在相同的土属内,具有相似发育程度和剖面构型的土壤个体。划分土种的依据有三个方面：一是有效土层的厚度；二是耕层的肥力状况和表层的有机质含量多少；三是土体内有无异质土层和异质土层出现的部位和厚度等。山地土壤可根据土层厚度、砾石含量来划分土种。

当然，从1984年起，我国就进行了土壤系统分类的研究，通过不断地修改和补充，于2001年出版了《中国土壤系统分类检索(第三版)》。这个分类方案在国内外产生了重要影响。中国土壤系统分类分为六级：土纲、亚纲、土类、亚类、土族、土系。前四级为高级分类级别，后两级为基层分类级别。按照该分类系统，齐云山土壤的归属与在中国土壤分类系统的归属地对应关系见表4－2。

表4－2 齐云山土壤在两个分类系统中主要分类单元的对应关系[242]

中国土壤地理发生分类(1988)	中国土壤系统分类(2001)
红壤	富铝湿润铁铝土、黏化湿润铁铝土、铝质湿润淋溶土、铝质湿润雏形土
黄壤	铝质常湿淋溶土、铝质常湿雏形土、富铝常湿富铁土
黄棕壤	铁质湿润淋溶土、铁质湿润雏形土、铝质常湿雏形土
草甸土	暗色潮湿雏形土、潮湿寒冻雏形土

3 齐云山土壤类型及其理化性质

齐云山土壤的垂直分布带谱中，依次有红壤、红黄壤、黄壤、暗黄棕壤和山地草甸土等类型。

3.1 红壤

红壤是我国亚热带地区地带性土壤的代表类型。江西省的地理位置和自然条件，为红壤的形成和发育提供了适宜的环境条件。江西省境内，从海拔20m左右的鄱阳湖滨，直至海拔800m的丘陵、低山地带，均有红壤分布，而以丘陵区分布最广。分布在山地的红壤，通过黄红壤亚类与黄壤相接，南部山地分布上限较高，北部稍低。齐云山的黄红壤上限出现在800m左右。

红壤形成过程有脱硅富铁、铝化作用强烈，淋溶淀积作用明显，铁的游离度高，硅、铝游离度低，腐殖质组成中的胡富比小等特点。

麻砂泥红壤是由酸性结晶岩类(花岗岩、花岗斑岩、英安岩、流纹岩、花岗片麻岩、英安质凝灰岩等)风化物发育的红壤。一般植被生长比较繁茂，土壤生物循环旺盛，降水量大水热条件优越，自然肥力较高。土壤淋溶淀积作用较明显。土层厚度一般都在1m以上。剖面完整，A—B—C层段分化明显，土体颜色以红为主，下部略带浅黄，BC层有斑块状网纹。

剖面位于齐云山香炉坝的山坡中下段，海拔424m，是典型的山地红壤，成土母质为花岗岩风化坡积物，坡度约为20°，坡向为南偏东方向，地面植被为散生油茶林和灌草，灌木以映山红为主，草本以铁芒萁为主，生长比较繁茂。

全剖面质地虽然较粘，但手触之有砂触感，故通透性较好。由于石英砂粒含量高，土壤较疏松，结持力差，一旦植被遭破坏，则容易发生土壤侵蚀。麻砂泥红壤的理化性状见表4－3。

表4－3 麻砂泥红壤的理化性状

样品名称	水分(%)	有机质(g/kg)	速效氮(mg/kg)	速效磷(mg/kg)	速效钾(mg/kg)	全氮(g/kg)	全磷(g/kg)	全钾(g/kg)	盐基(mmol/kg)	黏粒含量(<0.001mm%)	质地	pH H₂O	pH KCl
A	2.34	15.061	76.592	16.272	53.174	0.752	0.433	28.663	18.116	51.168	重壤土	4.83	4.05
B	1.84	6.369	38.109	12.794	22.378	0.579	0.278	8.193	12.019	65.175	轻黏土	4.98	4.28

从表4－3中可以看出，A层的理化性状均优于B层，黏粒淋溶淀积现象也较明显。

麻砂泥红壤，由于所处的环境多为山区和丘陵坡地，目前以营林为主，植被生长较好，今后仍应以林为主，合理搭配针阔叶树种，并要特别加强对土壤资源的保护。首先是提倡针、阔叶树混交，并保护森林凋落物，促进林木的自肥作用，特别是阔叶树的凋落物，有很好的营养作用。其次，在利用中，要特别强调水土保持，防止土壤侵蚀。

3.2 黄红壤

黄红壤是指山地垂直带谱上一种由红壤向黄壤发育的过渡性土壤，它既具有红壤的基本特性，又有某些黄壤的特征。黄红壤集中分布在各地山区，位于基带土壤红壤或棕红壤之上，黄壤土类之下，构成江西省山地土壤分布垂直带谱中的基本带谱之一。海拔高度大致在400～800m。低山、中山地形都有分布，面积1819.3万亩，占红壤土类面积的11.51%。以赣州地区面积最大，占46.8%。

黄红壤区热量比红壤区略低，降水有所增加，云雾天气多，空气和土壤湿度都较大。植被以常绿阔叶林为主，一般生长良好，郁闭度大，为江西省重要的用材林基地。每年森林凋落物甚多，为土壤的腐殖化创造了良好的条件，一般土层表面都有厚度不等的森林凋落物层。黄红壤的母质类型主要有3类，即酸性结晶岩类、石英岩类和泥质岩类风化物，大部分为残积或坡积物。

黄红壤由于处在山地相对温凉湿润的气候条件下，土壤和空气湿度增加，土壤受水化作用的影响比较明显，即土体内的氧化铁结晶水增加，使红色的氧化铁逐渐变为黄色。但由于山地高度不大，温度和湿度条件都不如黄壤区那样冷凉和湿润，而且受干湿季节气候影响，故黄化作用进行不彻底，土色不及黄壤那么鲜艳明亮，主要是橙色为主，且黄化土层较浅，心土层以下仍为红色土层，这是形态上与黄壤的不同之处。

由于所处生物气候条件的影响，黄红壤具有与红壤亚类不同的发生特性，黄红壤亚类是红壤土类中发育程度较低的类型。表4－4的数据显示了黄红壤的过渡性特征，其各项指标基本处于中间状态。

表4－4　黄红壤与红壤及黄壤的性状指标比较*

项目	红壤			黄红壤			黄壤		
	A	B	C	A	B	C	A	B	C
pH(水浸)	4.9	4.9	5.1	4.9	5.0	5.1	5.0	5.2	5.4
盐基饱和度(CEC,%)	12.5	7.7	7.9	8.8	4.9	5.4	9.5	7.6	12.8
铁游离度(%)	67.1	77.3	70.7	56.0	55.6	54.2	52.0	56.1	49.9
铁水合系数	1.18	1.04	1.08	1.98	1.51	1.45	4.09	3.94	4.16
铝水合系数	1.25	1.09	1.08	3.06	2.03	2.12	5.28	4.22	4.35
水合系数	2.43	2.13	2.16	5.04	3.54	3.57	9.37	8.16	8.51
富铁度(%)	4.05	4.81	4.90	2.01	2.55	2.65	1.99	2.48	2.70
铁化系数	0.036	0.020	0.049	0.032	0.038	0.039	0.023	0.029	0.025
铝化系数	0.17	0.19	0.20	0.27	0.23	0.24	0.13	0.15	0.16
水化系数	27.9	22.6	23.7	50.3	38.2	36.3	22.4	21.7	14.3
淋溶系数	63.4	55.4	57.9	68.1	64.4	63.2	58.1	52.4	45.1
分解系数	2.30	2.32	2.83	2.14	2.42	2.46	1.36	1.54	1.19
黏粒交换量(mg/kg土)	218	204	239	387	259	306	395	224	219
黏粒硅铝率	2.48	2.37	2.37	2.15	2.12	2.08	2.31	2.19	2.13

*：引自《江西土壤》，1985。

麻砂泥黄红壤土属，是指发育于花岗岩和酸性凝灰岩等风化残坡积物上的黄红壤。是黄红壤亚类中面积最大，分布最广的土属。全省共有 87.7 万亩，占黄红壤亚类面积的 48.2%。以赣州地区面积最大，占 43%。

该土属共分 5 个土种，即厚层乌麻砂泥黄红壤、厚层灰麻砂泥黄红壤、厚层麻砂泥黄红壤、薄层乌麻砂泥黄红壤、薄层灰麻砂泥黄红壤。以厚层乌麻砂泥黄红壤和薄层乌麻砂泥黄红壤两土种面积最大，分布最广，齐云山也分布有这两种土壤种类。

3.3 黄壤

黄壤、黄棕壤和山地草甸土是江西省山地土壤垂直带谱中的基本土类。这些土壤虽然性质不同、形态各异，但它们在形成条件和形成特点上有某些相似之处，如地形的决定性影响，脱硅富铝化作用相对较弱，铁、铝活性及水化作用增强，生物富集作用明显等特点。而且在分布上显示出了明显的层状规律。

黄壤是位于黄红壤之上，暗黄棕壤之下的土壤，分布在中低山区，一般处于海拔 800 ~ 1000m。黄壤形成于江西省亚热带山地条件下，气候温凉湿润，一般年均温 14 ~ 16℃，年降水量 1200 ~ 1800mm，大气相对湿度 80% 左右。日照少、云雾多、湿度大。黄壤的自然植被以茂密的亚热带常绿阔叶林为主，伴有落叶阔叶混交林，郁闭高度。黄壤的母质类型以酸性结晶岩类（如花岗岩等）风化物为主，其次是石英岩类和泥质岩类风化物。黄壤在这种生物气候条件下，具有弱富铝化、黄化和生物富集等土壤形成过程。

麻砂泥黄壤，指由花岗岩、流纹岩、花岗岩斑、花岗片麻岩等酸性结晶岩风化残、坡积物上发育的土壤。一般土层发育完全，具有 A－B－C 层次结构。A 层土壤浅灰色，富含粗有机质，B 层在水分作用下呈亮黄色或浅黄棕色，C 层为淡黄棕色风化层。在考察过程中，我们选取了如表 4－5 中的位置为剖面挖掘点，其植被为毛竹林和常绿阔叶林混交林地、国家一级保护树种南方红豆杉、国家二级保护树种福建柏、马尾松纯林和纯竹林等，是典型的山地黄壤。其土壤的理化性状见表 4－5。

表 4－5　麻砂泥黄壤的理化性状

样品名称	水分 %	有机质 g/kg	速效氮 mg/kg	速效磷 mg/kg	速效钾 mg/kg	全氮 g/kg	全磷 g/kg	全钾 g/kg	盐基离子 mmol/kg	黏粒含量 (<0.01mm)%	质地	pH H_2O	pH KCl
狮子岩 A1	2.37	17.02	46.82	15.45	60.09	0.75	0.31	34.63	22.15	32.76	中壤土	5.46	4.34
狮子岩 A	2.44	37.63	80.93	13.24	132.97	1.93	0.40	25.58	26.19	32.78	中壤土	5.23	4.24
狮子岩 B	3.00	11.03	42.83	21.94	39.18	0.76	0.26	30.86	32.42	41.20	中壤土	5.53	4.27
茶坑埛 A	2.89	58.29	74.87	33.09	206.90	2.44	0.41	11.23	16.19	24.69	轻壤土	4.79	4.20
茶坑埛 B	1.79	22.32	44.44	21.50	78.39	1.21	0.36	17.48	8.01	20.36	轻壤土	5.09	4.55
上十八垒 A	4.55	86.04	67.38	13.49	310.35	2.34	0.25	25.56	24.68	25.09	轻壤土	4.94	4.18
上十八垒 B	2.84	6.33	17.11	9.15	22.46	0.64	0.21	20.02	26.30	49.37	重壤土	5.31	4.36
牛马垅 A	5.09	100.21	91.77	15.05	363.33	2.84	0.32	24.96	37.21	27.32	轻壤土	5.00	4.19
牛马垅 B	4.08	12.05	25.97	9.76	43.25	0.81	0.18	18.10	30.71	22.90	轻壤土	5.09	4.22
下新地 A	3.82	41.33	43.17	15.27	148.02	1.64	0.22	34.37	22.46	37.38	中壤土	5.02	4.38
下新地 B	3.49	8.86	21.52	8.53	31.62	0.74	0.20	16.54	26.46	51.74	重壤土	5.09	4.30
冬瓜坪湾 A	4.04	56.63	67.06	15.27	203.29	2.06	0.29	40.65	22.51	20.81	轻壤土	4.97	4.31
冬瓜坪湾 B	2.99	14.36	44.97	12.31	51.01	0.79	0.20	25.57	26.34	28.84	轻壤土	5.17	4.44

从表 4－5 可以看出，茶坑埛、上十八垒、牛马垅、冬瓜坪大湾等林地土壤淋溶层 A 的养分含量较高，其中牛马垅针叶林地的有机质、全氮、速效氮和速效钾含量均最高，盐基离子含量也最高，与其腐殖质含量和质量较高有关。而上十八垒的福建柏林地养分含量较高，与地上的粗腐殖

质层次较厚有关。茶坑垇的红豆杉林地有烧山灰的积累，但土层较薄，养分含量相对不高，酸性较强。冬瓜坪大湾银钟花和常绿阔叶林地的养分与红豆杉林地近似。从养分含量的角度看，其含量的高低与林相的组成和覆盖度、人为的扰动因素等有密切关系。从磷钾含量来看，花岗岩母质发育的土壤的速效磷含量较低，而速效钾的含量则较高。从黏粒含量看，基本能反映出黏粒淋溶淀积的规律。

同处于黄壤带，不同植被下土壤的性状各有不同，反映了地形、植被和人为因素综合作用的结果。植被覆盖度高，林相组成复杂，地形平缓，人为因素扰动少，有利于肥力的提高和大气－植被－土壤生态系统的平衡。相反，若是地形偏陡，植被覆盖度低，或是人为因素扰动强烈，则生态系统脆弱。保护生态系统的平衡，人为因素是关键，除了要保护好现有的森林和土壤资源，更重要的是要发挥人的主观能动性，在政策法规和科技力量的共同支持下，做到科学规划和管理。

3.4 黄棕壤

黄棕壤是山地垂直带谱上部的土壤，一般位于黄壤之上，山地草甸土之下。分布在中山山腰或上端，一般处于海拔1100～1800m地段。黄棕壤形成的气候条件比黄壤更为温凉湿润，年均温11.5～12.1℃，年降水量1918～2840mm。植被主要为常绿阔叶与落叶阔叶混交林或针阔叶混交林，林被茂密，每年有大量凋落物返回地面。母质主要为酸性结晶岩类风化物，其次为石英岩及泥质岩类风化物。在这种生物气候条件影响下，黄棕壤具有黏粒淀积较明显、有机质含量丰富和富铝化过程较弱的发生特征。

麻砂泥暗黄棕壤，是指由花岗岩、花岗斑岩、花岗片麻岩、流纹岩等酸性结晶岩类风化物发育的暗黄棕壤，分布在各地中山上段。土壤剖面发育完全，具有A—B—C层段，土体呈现黄棕色、棕色，风化淋溶作用较强，黏粒淀积明显。选取的样地如表4－6所示，植被为针阔混交林和长苞铁杉林，其理化性状见表4－6。

表4－6 麻砂泥暗黄棕壤的理化性状

样品名称	水分 %	有机质 g/kg	速效氮 mg/kg	速效磷 mg/kg	速效钾 mg/kg	全氮 g/kg	全磷 g/kg	全钾 g/kg	盐基离子 mmol/kg	黏粒含量 (＜0.01mm)%	质地	pH	
												H_2O	KCl
太平坑A	4.22	85.73	184.17	14.45	308.26	3.59	0.18	42.90	36.90	20.84	轻壤土	5.31	4.52
太平坑B	3.73	74.58	69.01	14.47	266.90	2.44	0.32	23.95	26.53	18.67	砂壤土	5.26	4.55
十八垒横山A	5.52	119.03	43.87	15.92	433.30	3.20	0.43	16.24	16.60	27.43	轻壤土	4.83	4.29
十八垒横山B	3.53	16.04	43.05	14.13	57.28	0.81	0.29	18.10	42.77	43.48	中壤土	5.29	4.57

由表4－6的养分含量数据可知，长袍铁杉林地A层的有机质、速效磷、速效钾的含量较高，pH值较低。而太平坑的针阔混交林地A层的速效氮、全氮和全钾的含量较高。说明长袍铁杉林下的有机质的分解较慢，速效氮较低。速效钾的含量较高，盐基离子含量也较高，可能与腐殖质粗、酸度高，湿度大，有利于母质的风化有关。

麻砂泥暗黄棕壤是林业土壤的重要资源。所处海拔高，人烟稀少，现有植被较好，没有水土流失或流失较轻。今后的任务是保护好现有植被，发展针阔叶混交林，以涵养水源，避免水土流失。

3.5 山地草甸土

山地草甸土是山地垂直带谱上最高部位的山地土壤，一般出现在黄壤或黄棕壤之上。出现高度因山地而不同。

山地草甸土由于地处山顶，气温低、湿度高、风大、云雾多，一般无高大乔木生长，植被以山地草甸为主，间有小灌木，如苔草、五节芒、高山杜鹃，箭竹等，植被覆盖度高。母质以花岗岩类风化物为主，其次为石英岩和泥质岩类风化物。在这种生物气候条件影响下，山地草甸土的矿物风化作用很弱，主要进行表土的粗有机质化过程。由于大量草根及凋落物在地表累积，分解甚为缓慢，故粗有机质含量很高，高的甚至可达30%。又由于其植被以草本植物为主，所以，所形成的腐殖质中胡敏酸占优势，土壤有机酸含量较高。此外，由于空气和土壤湿度都很大，土壤淋溶过程旺盛，黏粒淋淀较明显。

麻砂泥山地灌丛草甸土，是指由花岗岩、花岗斑岩、片麻岩、片麻花岗岩等酸性结晶岩风化物发育的山地灌丛草甸土，分布在各地山顶。所处位置不同，土层厚薄不一，岩石碎屑较多，植物主要是灌丛和草类，有白茅、野菊花、杜鹃、莎草、淡竹叶、铁线草、拔节草、黄山松等，生长茂密，有机质积累丰富。具有较高的自然肥力。土体A—B—C结构较明显。其理化性状见表4－7。

表4－7　麻砂泥山地灌丛草甸土的理化性状

样品名称	水分 %	有机质 g/kg	速效氮 mg/kg	速效磷 mg/kg	速效钾 mg/kg	全氮 g/kg	全磷 g/kg	全钾 g/kg	盐基离子 mmol/kg	黏粒含量 (＜0.01mm)%	质地	pH	
												H_2O	KCl
横旗脚下A	5.71	96.19	167.02	8.55	350.79	3.74	0.25	12.15	37.43	23.26	轻壤土	5.10	4.41
横旗脚下B	5.26	37.05	98.48	16.43	134.53	1.88	0.54	1.27	60.05	16.84	砂壤土	5.29	4.49

从表4－7的情况看，A层的养分明显高于B层。土壤的淋溶过程旺盛，B层的盐基离子含量要高得多。黏粒淋淀不是很明显。

4　土壤分布规律和典型土壤剖面描述

4.1　齐云山土壤垂直分布

山地垂直带谱土壤，因山地地形高耸，生物气候条件发生了变化，由基带土壤开始，随着山体升高而依次出现的一系列与较高纬度带相对应的土壤类型。江西省山地垂直带谱的结构类型由低到高基本为红壤（棕红壤）—黄红壤—黄壤—暗黄棕壤—山地草甸土。

齐云山位于赣西的崇义县境内，属罗霄山脉南段的诸广山脉，海拔2061.8m，是赣南的最高山峰。按照文献中对齐云山土壤垂直分布带谱的划分为：海拔500m以下的山麓为典型红壤，500～800m为黄红壤；800～1200m为黄壤；1200～1800m为暗黄棕壤；1800～2061.8m为山地草甸土。

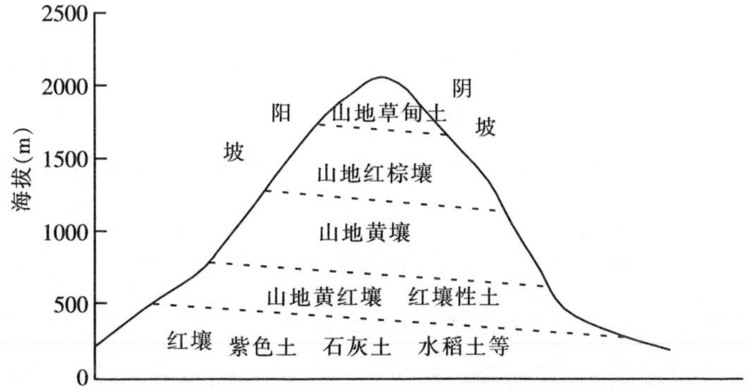

图4－2　赣州地区主要土壤垂直分布示意图

海拔在500～800m之间，虽然有黄红壤分布，由于黄红壤是红壤的一个亚类，分布带没有红壤和黄壤的明显。在狮子岩、下新地、冬瓜坪大弯和牛马垅的样点中，基本是黄壤的情况。海拔1600m

以上，就有山地草甸土分布。从图4-2可知，划分垂直带谱是相对的，由于阴坡和阳坡的不同，其划分带谱的海拔高度有所不同。

4.2 齐云山典型土壤剖面描述

（1）香炉坝的油茶林、灌木混交林及灌草地，有映山红、铁芒萁等，生长较好。麻砂泥红壤的土层较深厚，腐殖质层薄。海拔414m，经度114°05′18″E，纬度25°47′55″N，坡度13°，坡向南偏东。其土体构型：

淋溶层（A）	0～44cm	土色为红色，略带灰，质地为重壤土，团粒和屑粒结构，松软，容重为1.35g/cm³，植物根系多量。
淀积层（B）	44～80cm	土色为红色，质地为轻黏土，块状结构，紧实，容重为1.43g/cm³，植物根系少。
过渡层（BC）	80～105cm	土色为黄红色，质地为轻黏土，块状结构，紧实，植物根系甚少。
母质层（C）	≥105cm	土色红中稍带黄色，砂质黏土，大块状风化体，紧实，植物根系甚少，零星分布粗树根。

（2）狮子岩的毛竹林和常绿阔叶混交林地，林下主要有芒萁、菝葜、里白、镰羽瘤足蕨、狗脊、络石、寒莓、淡竹叶、荩草、柏拉木、草珊瑚、薜荔、莎草。处于黄红壤分布带，是典型的山地黄壤，海拔高度为596m，经度114°02′47.3″E，纬度25°49′19.8″N，坡度25°，坡向东北方向。其土体构型：

腐殖质层（A1）	0～11cm	褐色，中壤土，屑粒结构，有未分解的枯枝落叶覆盖。
腐殖质层（A）	11～46cm	灰褐色，中壤土，团粒和屑粒结构，松软，容重为1.28g/cm³，植物根系多量。
淀积层（B）	46～119cm	黄色，中壤土，粒状或块状结构，稍紧实，容重为1.36g/cm³，植物根系较少。
母质层（C）	≥119cm	浅黄色，可见花岗岩风化物，松散。

（3）茶坑坰的国家一级保护植物南方红豆杉林地，有狗脊、贯众、里白、淡竹叶、莎草、荩草、山姜、常春藤、金银花、寒莓、南五味子、鸡矢藤等。土体有轻度侵蚀，土层较薄。海拔高度为865m，经度114°00′41.4″E，纬度25°48′28.2″N，坡度15°，坡向向北，其土体构型：

腐殖质层（A）	0～16cm	有黑色烧山灰，轻壤土，粒状结构，松软，容重1.31g/cm³，植物根系多量。
淀积层（B）	16～48cm	灰黑色，轻壤土，较紧实，容重为1.39g/cm³，少量植物大根系。
母质层（C）	≥48cm	黄色，花岗岩风化物，较紧实。

（4）上十八垒的国家二级保护植物福建柏林地，乔木层有鹿角杜鹃、马银花、福建柏、丁香杜鹃、红楠、甜槠、米饭花、大果马蹄荷、单耳柃等。林下有里白、芒萁、狗脊、兰花、山姜等植物及枯枝落叶，无水土流失。海拔高度为854m，经度114°01′51.5″E，纬度25°52′07.5″N，坡度12°，坡向向南。其土体构型：

枯枝落叶层（A0）	0～2cm	黑褐色，松软。
腐殖质表层（A1）	2～4cm	褐色，粒状结构，松软，植物根系多量。

腐殖质层(A)	4～18cm	灰色,轻壤土,粒状结构,松软,容重为1.23g/cm^3,植物根系多量。
淀积层(B)	≥48cm	黄色,重壤土,较紧实,粒状结构,植物根系少,容重为1.31g/cm^3,粗根系。

(5)牛马垅的针叶林马尾松林地,林下有芒萁、五节芒、羽叶蛇葡萄、狗脊、中国蕨、菝葜等植物,枯枝落叶较多,有轻度的土壤侵蚀。海拔高度为798m,经度114°03′03.3″E,纬度25°51′04.3″N,坡度25°,坡向东南方向。其土体构型:

腐殖质表层(A1)	0～3cm	褐色,粒状结构,松软。
腐殖质层(A)	3～14cm	灰褐色,轻壤土,粒状结构,松软,容重为1.25g/cm^3,植物根系多量。
淀积层(B)	14～76cm	灰黄色,轻壤土,粒状结构,稍紧实,容重为1.36g/cm^3,植物根系少量,粗根系。
母质层(C)	≥76cm	黄白色,粒状结构,松散。

(6)下新地纯毛竹林地,林下有刺毛杜鹃、岭南槭、香冬青、绒楠、柃木、深山含笑、甜槠、山矾、红楠、虎皮楠、黄丹木姜子、单耳柃等阔叶树及少量杉木、三尖杉等针叶树,枯枝落叶较多。海拔高度为688m,经度114°04′05.3″E,纬度25°51′04.2″N,坡度10°,坡向向北。其土体构型:

枯枝落叶层(A0)	0～2cm	灰黑色,松软。
腐殖质层(A)	2～45cm	褐棕色,中壤土,粒状结构,松软,容重为1.28g/cm^3,植物根系多量,粗根多。
淀积层(B)	≥45cm	黄色,重壤土,块状结构,较紧实,容重为1.37g/cm^3,植物根系少量。

(7)冬瓜坪大湾的银钟花和常绿阔叶林,林下有中华里白、镰羽瘤足蕨、阔片复叶耳蕨、戟叶圣蕨等少数草本植物,受到干扰的地方中华里白、菝葜明显较多。覆盖度较高。海拔高度为776m,经度114°01′16.8″E,纬度25°49′47.5″N,坡度30°,坡向向北。其土体构型:

腐殖质表层(A1)	0～5cm	褐色,粒状结构,松软,植物根系多量。
腐殖质层(A)	5～30cm	棕色,轻壤土,粒状结构,松软,容重为1.25g/cm^3,植物根系多量。
淀积层(B)	≥30cm	黄色,轻壤土,粒状结构,稍紧实,容重为1.33g/cm^3,植物根系较少,粗根系。

(8)太平坑的针阔混交林地,植被生长较好,以常绿和落叶阔叶林为主。乔木有木荷、杨梅、枫杨,灌木有黄栀子、映山红、山苍子、芒萁、淡竹叶、白茅等。海拔1370m,经度114°02′02.6″E,纬度25°53′41.1″N,坡度32°,坡向东南方向。其土体构型:

腐殖质表层(A1)	0～2cm	褐色,粒状结构,松软。
腐殖质层(A)	2～42cm	灰褐色,轻壤土,核状结构,松软,容重为1.28g/cm^3,植物根系多量。
淀积层(B)	42～70cm	黄色,砂质壤土,核粒状结构,较紧实,容重为1.36g/cm^3,植物根系较多。

母质层(C)	≥70cm	黄白色,为花岗岩风化物,松散。

(9) 上十八垒横山的长苞铁杉林地,间有少量常绿阔叶林,林下有狗脊、里白和苔草,沟谷地段主要是狗脊、镰羽瘤足蕨、芒萁及箭竹等。层间藤本植物主要是菝葜、土茯苓。其土壤上层有错综复杂的盆根层。海拔1310m,经度114°01′26.7″E,纬度25°52′50.0″N,坡度30°,坡向东北方向。其剖面构型:

枯枝落叶层(A0)	0~2cm	褐色,松软。
腐殖质表层(A1)	2~14cm	褐色,砂质壤土,松软,核状结构。
腐殖质层(A)	14~23cm	暗棕红色,轻壤土,核状结构,松软,容重为1.29g/cm³,植物根系极多。
淀积层(B)	≥23cm	黄色,中壤土,核粒状结构,较紧实,容重为1.34g/cm³,植物根系较多。

(10) 横旗脚下的草甸土剖面,植被以山地草甸为主,间有小灌木。海拔1610m,经度114°01′57.9″E,纬度25°53′51.2″N,坡度32°,坡向东偏北方向。其土体构型:

草皮层(As)	0~7cm	黑褐色,团粒状结构,松软。
腐殖质层(A)	7~25cm	褐色,轻壤土,团粒结构,松软,容重为1.05g/cm³,植物根系多。
淀积层(B)	≥25cm	黄色,砂壤土,块状结构,较紧实,容重为1.22g/cm³,植物根系较多。

5 主要成土特点

5.1 红壤的主要成土特点

红壤是我国亚热带地区地带性土壤的代表类型。江西省的地理位置和自然条件,为红壤的形成和发育提供了适宜的环境条件。从海拔20m左右的鄱阳湖滨,直至海拔800m的丘陵、低山地带,均有红壤分布,而以丘陵区分布最广。分布在山地的红壤,通过黄红壤亚类与黄壤相接,南部山地分布上限较高,北部稍低。如南部的九连山,黄红壤上限出现在800m左右。

江西省红壤处于中亚热带温暖湿润的季风气候区,光、热、水资源丰富。太阳总辐射量每年为96.9~114.5kcal/cm²,年平均日照在2000h以上,日照百分率为34%~47%,全省年平均气温16.3~19.7℃,无霜期240~307天,≥10℃的积温为5034~6343℃,年均降水量为1341~1934mm,年平均相对湿度为75%~83%,年平均蒸发量1171~1956mm。这种温暖、湿润的气候,有利于有机物的积累与分解,为红壤的形成发育创造了良好条件。

红壤的自然植被,基本上代表了江西省的植被状况。以森林植被为例,它分布在中亚热带常绿阔叶林地带。北部邻近北亚热带的南缘,南部靠南亚热带的北缘。森林植被显示了植被由北亚热带常绿与落叶阔叶混交林到中亚热带常绿阔叶林,并逐渐过渡到南亚热带季雨常绿阔叶林的特征。向北热量渐减,温带植物区系增多。在高海拔800m以上处,常形成常绿落叶阔叶混交林的北亚热带林型。

在这种气候和植被条件下,原生矿物风化作用和生物的分解和积累作用强烈。使得红壤形成过程具有这一区域的特点:

(1) 脱硅富铁、铝化作用强烈。脱硅富铁、铝化过程是红壤的主要成土过程,也是一种地球化学过程。由于受湿热的气候条件影响,母质和土壤中的原生矿物风化作用十分强烈,大量的硅酸盐矿物分解,生成次生黏土矿物和各种游离的氧化物,黏土矿物中以高岭石为主,伴有少量蛭石,石英、伊利石、三水铝石等。另一方面风化过程中释放出大量盐基物质,在多雨湿润的气候条件下,会不断发生淋洗作用。这些被释放的盐基物质和氧化物进入土壤溶液中后,被大量淋洗出土体,硅也遭受强烈淋溶,只有活性较小的铁、铝、钛等的氧化物常以凝胶态而在土体中相对积累,即铁、铝等的氧化物相对富集。这就是脱硅富铁铝化过程。酸性结晶岩类风化物发育的红壤硅铝率一般为最小。

土壤类型不同,土壤黏粒的硅铝率也有差异,其大致规律是:黄红壤亚类最小,红壤其次,棕红壤最大。

从地理位置看,南部土壤的硅铝率较北部略小。例如崇义县关田乡花岗岩风化物发育的红壤 B 层硅铝率为 1.95,而南昌市湾里区花岗岩风化物母质上的红壤 B 层硅铝率为 2.26[187]。但这种差异常因受母岩的矿物组成影响而不十分明显,甚至出现相反的现象。

(2) 淋溶淀积作用明显。随着脱硅富铁铝化作用的进行,在铁、铝、钛相对积聚的同时,土壤中的碱金属和碱土金属元素大量淋失,这是红壤形成中物质迁移的另一特点。由表 4-8 所示,从母质到土壤钙损失 98.1%,镁损失 14.3%,钾损失 69.3%,磷损失 72.8%。由于物质的大量淋失,土壤中的盐基离子含量不高,其盐基交换量,红壤亚类平均为 15.0mg/kg 土,黄红壤亚类为 17.9mg/kg 土。

表 4-8 红壤的矿物全量组成(%)与成土富集系数(土壤/岩石)[187]

母质	样地	项目	SiO_2	Fe_2O_3	Al_2O_3	CaO	MgO	TiO_2	MnO	K_2O	Na_2O	P_2O_5
酸性结晶岩	崇义	母质	73.29	2.20	13.15	0.77	0.28	0.26	0.049	4.32	3.17	0.092
		土壤	46.87	13.79	26.15	0.015	0.24	0.70	0.017	1.33	0.053	0.025
		富集	Fe_2O_3 >	TiO_2 >	Al_2O_3 >	MgO >	SiO_2 >	MnO >	K_2O >	P_2O_5 >	CaO >	Na_2O
		系数	6.27	2.69	1.99	0.86	0.64	0.35	0.31	0.27	0.019	0.016

红壤的强烈淋溶现象,不仅表现在硅和盐基物质的淋失上,而且表现在黏粒的淋移淀积上。由于强烈的风化,红壤黏粒含量高,即使是砂岩类母质发育的土壤,其土体中黏粒含量也近 30%。黏粒随同下渗水机械淋移,在剖面上出现了明显的淀积现象。

(3) 铁的游离度高,硅、铝游离度低。在风化成土过程中,母质中的铁从各种矿物中分解游离出来,成为无定形的氧化铁。在干湿交替明显的气候条件下,这些无定形氧化铁在土体中淋溶淀积,形成铁、锰淀积层,有的甚至出现铁锰质硬盘层。这些游离铁绝大部分是结晶铁,主要是赤铁矿,也有些针铁矿和褐铁矿。游离铁脱水后成为 Fe_2O_3,致使土体呈现红色,这是红壤形成过程中的又一特征。

(4) 腐殖质组成中的胡富比小。由于高温、高湿和酸性条件下,有利于富里酸的形成。所以,红壤腐殖酸中的富里酸含量远比胡敏酸含量多,胡敏酸和富里酸的平均比值为 0.45。麻砂泥红壤腐殖质组成的胡富比值平均为 0.36~0.39。土壤有机质含量与腐殖酸含量之间虽无明显相关,但当有机质含量超过 35g/kg 以后,腐殖酸含量明显增加。如有机质含量在 35g/kg 以下的,胡、富酸总量均在 10g/kg 以下;有机质含量从 35~45g/kg 时,胡、富酸含量增加到 13g/kg 以上;而有机质含量达 45g/kg 以上后,胡、富酸总量则增加到 15~19.9g/kg。但腐殖质组成没有相应的变化规律。

5.2 黄壤、黄棕壤和山地草甸土的主要成土特点

山地垂直带谱土壤,因山地地形高耸,生物、气候条件发生了变化,由基带土壤开始,随着山体升高而依次出现的一系列与较高纬度带相对应的土壤类型。齐云山山地垂直带谱的结构类型由低到高为红壤—黄红壤—黄壤—暗黄棕壤—山地草甸土。其成土特点与红壤的成土特点有所不同。

(1) 地形因素的影响。随着海拔高度的上升,山区气候中的热量条件和降水量呈现出规律性的

变化。山地的温度随海拔升高而降低。降水量则是呈倒“V”字型分布。随着海拔的升高,雾日和大风天数也随之增加。

由地形而引起的气候垂直变化规律,也导致自然植被类型的规律性更替,即随着山地海拔高度上升,植被类型也逐渐向高纬度植被类型过渡。而植被类型的差异,也直接影响着山地土壤的垂直带谱。

山地的特殊生物气候条件,为山地土壤的形成创造了一个温凉、多湿、植物残落物丰富的成土环境,使土壤形成与发育进行着与其环境条件相一致的成土作用过程,并具有与低海拔土壤不同的独特的性质和特征,而且随海拔的变化而呈现出有规律的变化。其总的趋势是随着海拔上升,土壤风化作用减弱,淋溶作用增强,生物富集过程也增强。

(2) 脱硅富铝化作用相对较弱。脱硅富铝化是亚热带山地土壤的主要成土过程,比起暖温带及温带来要明显得多,但是在山地温暖湿润的生物气候条件下,矿物的风化速度和强度比丘陵红壤相对较低。山地土壤的脱硅富铝化程度不如红壤强烈。但是其脱硅富铝化作用依然是比较明显的,突出地表现在黏土矿物中三水铝石含量大大高于红壤,从而导致黏粒的硅铝率明显比红壤低。此外,山地土壤的湿润环境,使其淋溶作用比红壤强烈,钙、镁、钾、钠等盐基性物质的迁移量比红壤大。

(3) 铁、铝活性及水化作用增强。由于山地土壤空气湿度大,且地面有茂密的常绿阔叶林覆盖,林内还常有苔藓等喜湿植物生长,使土壤经常处于湿润状态,为土体内铁、铝的活化创造了较好的条件。山地土壤中的铝、铁在湿润条件下活性显著增强,在水分丰富的条件下,铁、铝的水化作用明显比红壤增高,这是黄壤黄化的重要条件。山地土壤在风化成土过程中铁的富集作用比红壤弱,但铝的富集作用比较明显。

(4) 生物富集作用明显。山地土壤在茂密的常绿阔叶林覆盖下,地表常有大量的枯枝落叶及其半腐解状的残落物聚积成层,一般厚达 1 ~ 3cm。这些丰富的有机物在微生物的作用下分解成各种矿物质和土壤腐殖质,参与土壤的养分物质循环,成为山地土壤的重要形成特点之一。特别是表层的有机质和养分储积量明显高于丘陵和平原区的土壤。由于有机质含量多,土壤的交换量也随之增加。但由于淋溶作用增强,土壤的交换性酸含量也随之增加,土壤的盐基饱和度则出现相反趋势,即随山地海拔升高而降低。

6 齐云山土壤评价

6.1 土壤资源评价的原则和依据

6.1.1 评价的原则

土壤资源评价是以土壤属性为主的,结合农业生产实际和自然环境条件,进行综合评价。既考虑土壤的适宜性、限制性,也兼顾土壤的生产潜力,同时提出发挥土壤潜力的措施,以及提高土壤生产力的途径和方向。

(1) 土壤生产力是土壤资源评价的基础。通过土壤评价,评出不同土壤类型的生产力,划分等级,为合理开发利用和保护土壤资源提供依据。

(2) 综合分析是土壤评价的关键。影响土壤利用的因素有地形、生物、气候条件等环境因素,也有土壤水分、土层厚度、土壤质地为主要内容的环境因素,和土壤有机质、氮、磷、钾含量等土壤肥力因素,还有地下水埋藏深度、矿物组成等土壤水文地质因素以及反映土壤生产力水平的各种作物产量的土壤生物因素。在土壤资源评价中,根据这些因素对土壤生产力影响的程度,进行综合分析,确定其在土壤资源评价中的主次地位。

(3) 用地与养地相结合是土壤资源评价的出发点。土壤资源等级的划分,适宜利用方式的确定,应以当前的主要利用方式作为评价的重点,同时因地制宜,考虑土壤资源潜力发展与利用的可能，可用地与养地结合起来，做到合理利用和保护土壤资源，不断提高土壤的生产潜力。

6.1.2 土壤资源评价的依据

土壤适宜性。就是土壤对不同利用方式（农、林、牧）的适宜程度，是土壤的自然和社会经济条件以及土壤肥力的综合表现。在不同的利用方式下，土壤所表现的生产力是不一样的，在适宜的利用方式下，不仅可以调动、发挥土壤潜在肥力，获得较高的经济效益，有利于土壤肥力的提高和保护土壤资源，而且有利于生态平衡；否则适得其反。

土壤的限制性。由于土壤的某种因素过多或过少，不利于或限制了土壤的某些用途，或影响了某些用途的适宜程度叫做限制性。

土壤的生产潜力。土壤生产潜力的大小，依一定条件为转移，在某些限制因素改变后，土壤生产潜力可以大大提高。对生产潜力的发挥，既要考虑到劳动生产率和生产费用，也要考虑土壤改良利用，对当地与邻近地区生态环境的影响，要把利用土壤与保护土壤结合起来。

6.2 土壤资源评价项目和评价指标

评价项目的选择。根据科考的资料，按照文献[187]中的评价方法，选择的项目：海拔高度、地面坡面、植被覆盖率和土壤侵蚀为主要内容的土壤生态环境因素；以土层厚度为主要内容的土壤物理因素；土壤有机质、全氮、全磷、全钾、速效氮、磷、钾等养分储量因素和养分有效因素等。

确定项目分级指标。评价指标是各种土壤特性数量变化程度的大小。在评分法（数值法）的评价程序中，须挑选评价项目，确定各项目的评价指标，再按各项目分别评定的结果，求得各项指数，见表4－9。

表4－9 齐云山土壤资源评价项目及指标

项目 指标 / 级分	海拔 m	坡度 度	覆盖度 %	侵蚀度	有效土层 (cm)	腐殖质层 (cm)	土壤 质地
4	<500	<10	>70	无或轻	>60	>15	中－重壤
3	500～1000	10～15	50～70	片蚀	50～60	10～15	砂或轻壤
2	1000～1500	15～25	30～50	沟蚀	40～50	5～10	轻－重黏
1	>1500	>25	<30	崩岗	<40	<5	砂砾质
项目 指标 / 级分	有机质 g/kg	全氮 g/kg	全磷 g/kg	全钾 g/kg	速氮 mg/kg	速磷 mg/kg	速钾 mg/kg
4	>20	>1.2	>1	>30	>120	>10	>100
3	15～20	0.8～1.2	0.6～1	20～30	90～120	5～10	70～100
2	10～15	0.5～0.8	0.2～0.6	10～20	60～90	2.5～5	50～70
1	<10	<0.5	<0.2	<10	<60	<2.5	<50

6.3 土壤适宜性和适宜度指标的确定

合理地、客观地确定各种土壤适宜性的评价指标，是土壤适宜性评价的关键。根据文献中的方法，各适宜评价总指数如下：

多宜性土壤适宜性评价总指数大于3.1，即可农垦，发展农业，又可植树、植草，发展林业和牧业的土壤。其海拔高度低于500m，且绝大多数在200m以下，甚至更低，且坡度小于15°，有效土层大于60cm以上。

双宜性土壤适宜评价总指数为2.6～3.1。不宜发展农业，宜植树、种草等，发展林业和牧业的土壤，其海拔大于500m，或坡度大于15°。

单宜性土壤评价总指数为2.0～2.6。是指不宜发展农业和牧业，只能发展林业或季节性放牧的土壤。

不宜性土壤评价总指数为2.0以下。是指在近期内不宜发展农业、林业和牧业的土壤。

6.4 齐云山土壤资源评价

自然土壤的评价，分土壤对不同利用方式的适宜性（或适宜类）评价和不同适宜度评价，前者反映最有利于生产力提高的利用方式，后者是在最宜利用方式下反映土壤质量的差异，即土壤对这种利用方式的适宜程度。

根据文献[187]中的评价方法和权重，对齐云山的土壤进行适宜性和适宜度的评价。

6.4.1 齐云山土壤资源适宜性评价

应用表4－9的评价项目和指标，综合分析土壤特性及其环境条件的总体特点，按农、林、牧各自对土壤的要求，本着宜农则农，宜林则林，宜牧则牧的原则进行适宜性评价，见表4－10。

表4－10 齐云山土壤资源适宜性评价项目及指标

项目 / 权重 / 土壤类型	海拔高度		地面坡度		有效土层厚		植被覆盖率		土壤侵蚀度		总指数
	0.2		0.2		0.3		0.15		0.15		
	级分	指数	级分	指数	级分	指数	级分	指数	级分	指数	
红壤	4	0.8	3	0.6	4	1.2	4	0.6	4	0.6	3.8
黄红壤	3	0.6	2	0.4	3	0.9	4	0.6	4	0.6	3.1
黄壤	3	0.6	2	0.4	3	0.9	4	0.6	4	0.6	3.1
暗黄棕壤	2	0.4	1	0.2	3	0.9	4	0.6	4	0.6	2.7
山地草甸土	1	0.2	1	0.2	2	0.6	2	0.30	4	0.6	1.9

根据表4－10的分析结果和上面适宜性的指标，表中的红壤为多宜性土壤；黄红壤、黄壤、暗黄棕壤为双宜性土壤；山地草甸土为不宜性土壤。

6.4.2 齐云山土壤资源适宜度评价

在已评定的适宜型类型中，按各类的适宜程度评价总指数的高低，再评出各适宜类型的适宜程度，是适宜利用方式的续分和补充，适宜度评价的项目和指标见表4－11。

表4－11 齐云山土壤资源适宜度评价项目及指标

项目 / 权重 / 土壤类型	有效土层/cm		腐殖质层/cm		质地		有机质 g/kg		全氮 g/kg		全磷 g/kg		全钾 g/kg		碱解氮 mg/kg		速效磷 mg/kg		速效钾 mg/kg		总指数
	0.3		0.1		0.2		0.1		0.05		0.05		0.05		0.05		0.05		0.05		
	级分	指数	级分	指数	级分	指数	级分	指数	级分	指数	级分	指数	级分	指数	级分	指数	级分	指数	级分	指数	
红壤	4	1.2	4	0.4	4	0.8	3	0.3	2	0.1	2	0.1	3	0.15	2	0.10	4	0.20	2	0.10	3.45
黄壤**	4	1.2	4	0.4	4	0.8	4	0.4	4	0.2	2	0.1	3	0.15	2	0.10	4	0.20	4	0.20	3.75
黄壤	2	0.6	4	0.4	3	0.6	4	0.4	4	0.2	2	0.1	2	0.10	2	0.10	4	0.20	4	0.20	2.90
黄壤	4	1.2	4	0.4	3	0.6	4	0.4	4	0.2	2	0.1	3	0.15	2	0.10	4	0.20	4	0.20	3.55
黄壤	4	1.2	3	0.3	3	0.6	4	0.4	4	0.2	2	0.1	3	0.15	3	0.15	4	0.20	4	0.20	3.50
黄壤	4	1.2	4	0.4	4	0.8	4	0.4	4	0.2	2	0.1	4	0.20	1	0.05	4	0.20	4	0.20	3.75
黄壤	4	1.2	4	0.4	3	0.6	4	0.4	4	0.2	2	0.1	4	0.20	2	0.10	4	0.20	4	0.20	3.60
暗黄棕壤	4	1.2	4	0.4	3	0.6	4	0.4	4	0.2	1	0.05	4	0.20	4	0.20	4	0.20	4	0.20	3.65
暗黄棕壤	4	1.2	4	0.4	3	0.6	4	0.4	4	0.2	2	0.1	2	0.10	1	0.05	4	0.20	4	0.20	3.45
山地草甸	2	0.6	4	0.4	3	0.6	4	0.4	4	0.2	2	0.1	2	0.10	4	0.20	3	0.15	4	0.20	2.95

**表中的黄壤依次是：狮子岩、茶坑凹、上十八垒、牛马垅、下新地、冬瓜坪湾的黄壤；暗黄棕壤依次是：太平坑、十八垒横山的暗黄棕

适宜度以“级”表示。多宜性土壤的适宜度分为三级，各级的评价总指数分别为：>3.1、2.7～3.1 和<2.7；双宜性土壤的适宜度分为四级，各级的适宜度评价总指数分别为：>3.0、2.7～3.0、2.6～2.7、<2.6；单宜性土壤的适宜度分为四级，各级的适宜度评价总指数分别为：>2.7、1.8～2.7、1.6～1.8 和<1.6；不宜性土壤根据海拔高度、土壤特性的不同分为二级，其评价总指数分别为：>2.5 和<2.5。

根据上述的适宜性评价和适宜度的分级，齐云山土壤的适宜度评价结果如下：

多宜性土壤——红壤。其适宜度评价为一级，该级的海拔低，坡度小，地形相对平缓，土层深厚，有效土层 60cm 以上，水热条件优越，土壤的生产潜力大，开发利用条件好，是农业土壤主要后备资源，宜农垦和发展经济林、果林、种草和放牧，应留草和建梯田防止水土流失。

双宜性土壤——黄红壤、黄壤和暗黄棕壤。从表 4－11 中的评价指数可知，只有茶坑凹的红豆杉林地的适宜度属于二级，该级分布海拔较高，坡度较大，土层薄，质地轻，土壤受到侵蚀，粗砂多，红豆杉林下的植被覆盖度低。因而，更显得土壤资源保护的重要性和迫切性。其余的黄壤和黄棕壤的适宜度属于一级。该级土层较厚，应保护好现有的林木。

不宜性土壤——山地草甸土。总评价指数 2.95，可划分一级。该级分布海拔在 1600m 以上，地势高，土层薄，高寒潮湿，风大，树木很难生长，灌木少，草本茂盛，不宜利用，应保护现有植被护土。

第5章 种子植物区系

第一节 齐云山植物区系的历史背景

齐云山的植物区系起源、发展离不开全球植物区系的历史背景以及海陆演化、气候变迁等历史背景，通过这些历史背景的分析可以帮助我们了解齐云山自然保护区植物区系的历史地位和保护价值。

1 地球的演化

现代板块理论和岩石构造组合、古地磁、古气候以及古生物等方面的证据已使人们对显生宙以来的大陆漂移的历史有了基本的认识，综合起来，地球的大陆漂移经过了由分而合和由合而分的演化历程（图5－1），并体现了如下特点（夏正楷，1997）：

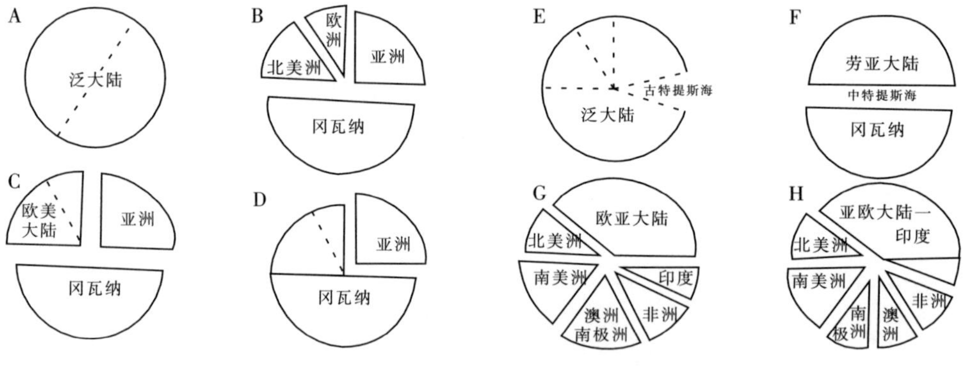

图5－1 显生宙大陆演化历程

A. 晚前寒武纪 B. 寒武纪 C. 泥盆纪 D. 晚石炭纪 E. 晚二叠纪 F. 三叠纪 G. 晚白垩纪 H. 新生代

（1）漂移的趋势表现为古生代与中、新生代不同：古生代大陆漂移的趋势是由分而合，各分散大陆聚合成统一的联合古陆（图5－1 A）；到了中生代、新生代，大陆由合而分（图5－1 F－H）。

（2）大陆漂移在南北半球的过程相反：南半球在古生代为统一的冈瓦纳古陆，而到中、新生代逐渐分离；相反，北半球在古生代为分散的小板块，中、新生代聚合成统一的劳亚古陆。由此可见，古生代有一个统一的南方大陆和分离的北方大陆；在古生代末到中生代初期，地球表现为一个大洋、一个

作者：刘仁林[1]，裘利洪[2]，季春峰[2]，揭正平[2]，卢和军[3]，谭庭华[4]，黄声亮[4]，陈辉敏[4]
（1. 赣南师范学院生物系；2. 江西农业大学；3. 江西省崇义县林业局；4. 齐云山保护区）

大陆(泛大陆),如图 5 - 1 E 所示。中生代、新生代与古生代相反,有一个统一的北方大陆和分离的南方大陆(夏正楷,1997)。

2 主要地质历史事件

(1)第三纪早期,澳大利亚脱离南极洲;

(2)志留纪—泥盆纪,北美与欧洲想撞,造成加里东运动;

(3)晚石炭纪,欧美大陆与冈瓦纳的非洲部分汇合,造成海西运动;

(4)二叠纪,西伯利亚与欧洲相撞,造成乌拉尔造山运动;中国与西伯利亚缝合,造成中亚和蒙古褶皱山系崛起;

(5)中生代,印度之那、拉萨等小板块与亚洲大陆相撞,造成印度之那—燕山造山运动;

(6)第三纪,印度、阿拉伯等小板块与亚洲大陆撞击,造成喜马拉雅造山运动。

3 大陆分离的大约时间

根据现在的研究资料,全球植物起源是统一起源,各自发展。表 5 - 1 列出了主要板块相互脱离的最终时间(夏正楷,1997),这些信息为研究全球植物区系相互联系、发展和变化提供了参考。

表 5 - 1 各大板块相互完成分离的时间

板块	欧亚大陆	非洲	南美洲	北美洲	东南亚诸岛	印度	南极洲
大洋洲	晚侏罗纪	晚侏罗纪	晚侏罗纪		晚侏罗纪	晚侏罗纪	始新世
非洲	三叠纪		晚白垩纪	三叠纪		晚侏罗纪	白垩纪末
南美洲	三叠纪	晚白垩纪		三叠纪	三叠纪		
北美洲	白垩纪末	白垩纪末	三叠纪				
东南亚诸岛	第三纪初						
日本	中新世末						
菲律宾	渐新世						
印度	(撞击)上新世						

4 全球气候历史

伴随着地球海陆演化的进行以及生物在地球表面的覆盖程度、分布式样、生态系统结构等因子的影响,全球气候也相应地发生了变化。根据古气候的研究资料,人们已经知道地球气候至少有两次大规模的变化,即南半球在石炭纪的全面冰川和北半球第四纪大规模的冰川。这两次冰期对地球生物地理区系的影响较深刻。除了这两次冰期之外,还有许多气候的变迁,具体见表 5 - 2(王荷生,1992)。

对于齐云山而言,根据古新世孢粉研究,晚白垩纪炎热、干旱;古新世早期气温下降,但仍然干旱;古新世中期温度进一步下降,干旱继续发展;古新世末期,气温上升,湿度增加(孙湘君等,1980)。

5 齐云山自然保护区植物区系发展的历史背景

齐云山自然保护区植物区系的起源、发展、演化等过程离不开全球板块运动、海陆演化和气候变迁的大空间、时间背景。根据古地理研究,齐云山自然保护区在 2.3 亿年前(古生代末期)基本是陆表海(图 5 - 2),保护区发现大量的笔石动物群化石使之得到印证,笔石动物是奥陶纪 - 志留纪生活在海洋中的生物(中国自然地理—古地理,1986)。由于受华力西运动的影响,保护区内主峰等主要山头已经在古生代末期露出海面;约 1.95 亿年(三叠纪早期)因受印支运动的作用而成为陆地(图 5 - 3)。显然,成陆后更有优越的自然条件,并与其它地区一起经历裸子植物繁盛期、被子植物发展等历程。齐云山自然保护区的植物区系就是在这个背景上发展而来的。

表 5－2　全球气候历史

板块/时代	北极	北美洲	欧洲	亚洲	澳大利亚	非洲	南美洲	南极
第四纪	冰川	冰川广布	冰川广布	冰川较多	南部冰川	多雨	冰川	冰川
第三纪	温暖	温暖，部分地区干旱	温暖，部分地区干旱	温暖，部分地区干旱	温暖	温暖，部分地区干旱	温暖，部分地区干旱	有时温暖
中生代	温暖	温暖，部分地区干旱	温暖，部分地区干旱	温暖，部分地区干旱	温暖	温暖，部分地区干旱	温暖，部分地区干旱	有时温暖
石炭纪—二叠纪（晚古生代）	温暖	温暖，部分地区润湿，部分干旱	温暖，部分地区润湿，部分干旱	印度冰川，其它湿润	冰川	冰川	冰川	冰川
早古生代	温暖	温暖	温暖	部分地区温暖	部分地区温暖	南部寒冷北部温暖	部分地区寒冷	？
前寒武纪	冰川	东部冰川	北部冰川	东部冰川	冰川	南部冰川	冰川	？

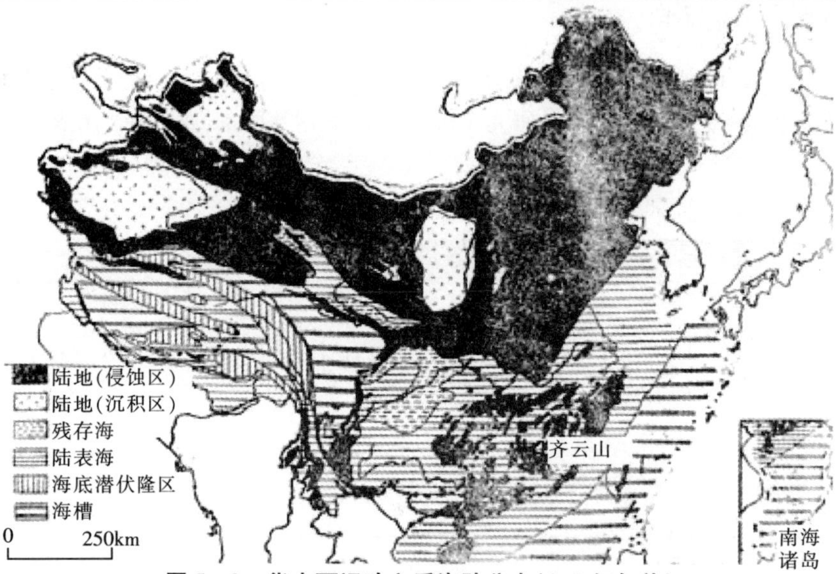

图 5－2　华力西运动之后海陆分布(2.3 亿年前)

(引自中国自然地理—古地理,1986)

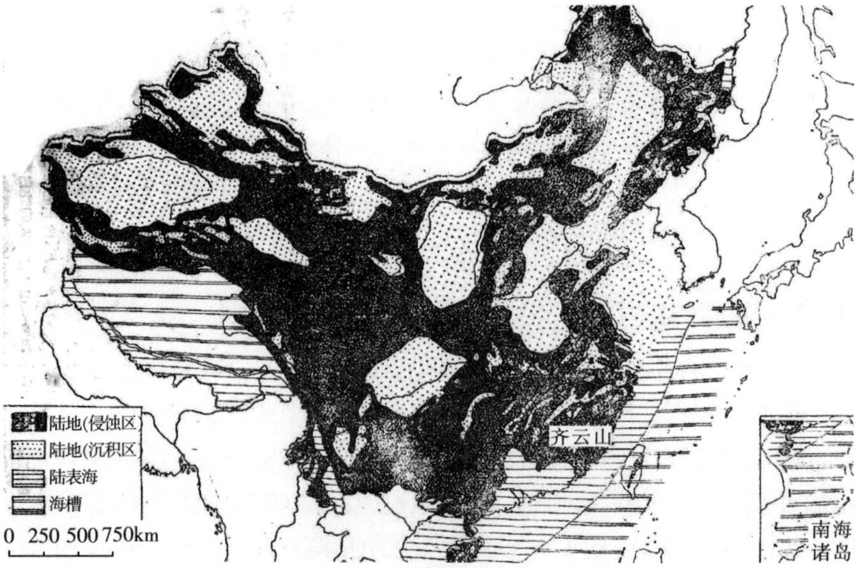

图 5－3　印支运动之后海陆分布(1.95 亿年前)

(引自中国自然地理—古地理,1986)

第二节 种子植物区系分析

齐云山自然保护区位于崇义县西北部，罗霄山脉南端，南岭山地的北坡，地理位置为：东经113°54′37″～114°07′34″，北纬25°41′47″～25°54′21″，属中亚热带东部湿润季风气候区，区内森林生态系统保存完整，森林覆盖率97.6%，生长发育着具有中亚热带南部特色的常绿阔叶林。齐云山保护区属于泛北极植物区，中国－日本森林植物亚区，华东植物地区（吴征镒，1985），主要自然特征是：

（1）地质、地貌特征：保护区位于崇义县西北部中山地区，地质层大部分为加里东期（4亿多年）和燕山期（9千万年至1亿多年）花岗岩、二长花岗岩、伟晶岩、细晶岩、辉绿岩，地质层较为古老，区内海拔较高，相对高差达1761.3m，以花岗岩山岳型中山地貌为主体，其次为低山地貌，以构造切割侵蚀＋流水浸蚀＋风化剥蚀地貌为主体，少量堆积地貌，微地貌景观资源丰富多彩。

（2）土壤：保护区地质构造复杂，成土母质多样，随着海拔高度的不同，土壤类型自低向高依次有红壤、黄壤、暗黄棕壤和山地草甸土，具体为海拔500m以下的山麓为典型红壤；500～800m为黄红壤；800～1200m为黄壤；1200～1800m为暗黄棕壤；1800～2061.3m为山地草甸土。

（3）气候：保护区属中亚热带湿润季风气候，受季风及地形影响，具有四季分明、冬长夏短、春迟秋早、春夏多雨、雨量丰沛、秋冬干旱、光照适宜的特点，年平均气温为17.8℃，最高气温33℃，最低气温－1℃，年均降水量为1568.7mm，平均有效积温4092℃，无霜期268天。

6 科的区系分析

根据调查，齐云山自然保护区内有种子植物178科847属2422种（含种下等级，下同），占江西种子植物总科数（《江西省志—动植物志》，1994）的83%，总属数的62%，总种数的53%。其中裸子植物9科17属20种，被子植物169科830属2402种，是种子植物较为丰富地区。在齐云山自然保护区的种子植物中，有人工栽培的植物52科97属139种，天然分布168科784属2254种。

6.1 较大科的分析

齐云山自然保护区内种子植物中，含10种以上的科有42科，含50种以上的大科有8个（表5－3）：禾本科 Gramineae（146种）、菊科 Compositae（129种）、莎草科 Cyperaceae（64种）、蝶形花科 Fabaceae（80种）、蔷薇科 Rosaceae（101种）、唇形科 Labiatae（75种）、兰科 Orchidaceae（74种）和樟科 Lauraceae（82种）。樟科是全热带成分的科，起源于古南大陆，现广泛分布于亚洲、大洋洲、非洲和美洲热带地区，在齐云山自然保护区种子植物区系中，是植物群落组成中乔木层片的主要树种之一，也是我国热带和亚热带植物区系和植被的特征科。菊科和蔷薇科是典型的温带性科，禾本科与蝶形花科是世界分布型科。但是，菊科和禾本科在本区系中主要为林下植被的组成成分。蝶形花科在本地区出现的属主要是热带的属，如 *Dallbergia*、*Millettia*、*Indigofera*、*Ormosia* 等。

从这些大科的分析可以看到齐云山植物区系的一些特点：①齐云山自然保护区既有热带性成分的大科，也有温带性成分的大科，反映了区系成分的复杂性特征；②在这些大科中，既有构成森林群落的优势树种，如樟树 *Cinnamomum camphora*、黄樟 *Cinnamomum porrectum*、香叶树 *Lindera communis*、南岭栲 *Castanopsis fordii*、栲树 *C. fargesii* 等，同时也有一些构成林下植被的科组成，如菊科、唇形科、兰科、茜草科、葡萄科、报春花科、茄科、堇菜科等，反映了齐云山自然保护区森林结构的复杂性和多样性。③表5－3所列的较大的科为61科，占总科数的33.7%，而且这些科所含的属数较多，多样化程度较高。

表 5－3 科的大小顺序排列(含 10 种以上的科)

科名	属数	种数	科名	属数	种数
1. 禾本科 Gramineae	75	146	32. 菝葜科 Smilacaceae	1	21
2. 菊科 Compositae	55	129	33. 堇菜科 Violaceae	1	20
3. 蔷薇科 Rosaceae	17	101	34. 猕猴桃科 Actinidiaceae	1	20
4. 樟科 Lauraceae	10	82	35. 金缕梅科 Hamamelidaceae	9	20
5. 蝶形花科 Fabaceae	31	80	36. 木犀科 Oleaceae	5	20
6. 唇形科 Labiatae	32	75	37. 报春花科 Primulaceae	3	20
7. 莎草科 Cyperaceae	14	64	38. 茄科 Solanaceae	8	20
8. 山茶科 Theaceae	9	57	39. 鼠李科 Rhamnaceae	7	19
9. 兰科 Magnoliaceae	31	55	40. 十字花科 Cruciferae	6	18
10. 壳斗科 Fagaceae	6	53	41. 安息香科 Styracaceae	7	17
11. 茜草科 Rubiaceae	19	50	42. 木兰科 Magnoliaceae	6	16
12. 马鞭草科 Verbenaceae	6	43	43. 防己科 Menispermaceae	6	15
13. 葡萄科 Vitaceae	6	40	44. 清风藤科 Sabiaceae	2	15
14. 蓼科 Polygonaceae	5	37	45. 爵床科 Acanthaceae	13	15
15. 冬青科 Aquifoliaceae	1	37	46. 绣球花科 Hydrangeaceae	4	14
16. 杜鹃花科 Ericaceae	6	36	47. 苏木科 Caesalpiniaceae	6	14
17. 百合科 Liliaceae	21	35	48. 萝藦科 Asclepiadaceae	7	14
18. 毛茛科 Ranunculaceae	8	34	49 小檗科 Berberidaceae	5	13
19. 玄参科 Scrophulariaceae	17	33	50. 远志科 Polygalaceae	2	13
20. 山矾科 Symplocaceae	1	32	51. 椴树科 Tiliaceae	2	13
21. 桑科 Moraceae	6	31	52. 紫草科 Boraginaceae	7	13
22. 忍冬科 Caprifoliaceae	5	31	53. 天南星科 Araceae	6	13
23. 卫矛科 Celastraceae	3	29	54. 榆科 Ulmaceae	6	12
24. 伞形科 Umbelliferae	18	29	55. 夹竹桃科 Apocynaceae	5	12
25. 紫金牛科 Myrsinaceae	5	28	56. 马兜铃科 Aristolochiaceae	2	11
26. 芸香科 Rutaceae	9	27	57. 槭树科 Aceraceae	1	11
27. 葫芦科 Cucurbitaceae	14	24	58. 苦苣苔科 Gesneriaceae	6	11
28. 大戟科 Euphorbiaceae	16	24	59. 苋科 Amaranthaceae	1	10
29. 荨麻科 Urticaceae	8	24	60. 凤仙花科 Balsaminaceae	1	10
30. 五加科 Araliaceae	10	24	61. 越橘科 Vacciniaceae	1	10
31. 野牡丹科 Melastomaceae	10	23			

6.2 科的地理成分分析

从前面的分析可知,齐云山自然保护区在古地理上是中特提斯海的北岸,劳亚古陆的南缘,约在 1.95 亿年(三叠纪早期)因受印支运动的作用而成为陆地(图 5－3)。显然,这里具备了经历裸子植物繁盛期、被子植物发展期等重要的生物历史阶段的陆地环境条件,因此齐云山植物区系具有一定的邃古性特点,同时由于局部环境的多样性,又使齐云山植物区系成分表现出一定的特殊性,这些推论可以从以下的区系分析得到印证。

根据中国种子植物科属词典(侯宽昭,1982)、中国种子植物科属地理(路安民,1999),齐云山种子植物的地理成分可分为 18 种类型(表 5－4)。

表 5－4 齐云山种子植物科的地理分布

分布类型	世界分布	北温带	欧洲大陆	东亚—北美	东亚分布	北半球温带—亚热带	温带—热带	全球热带—亚热带	全球热带	泛热带	热带亚洲—热带美洲	热带美洲	大洋洲分布	热带美洲—大洋洲	热带亚洲—热带非洲	热带亚洲	热带大洋洲—热带非洲	中国特有
科数	26	23	2	7	9	8	26	35	19	3	3	2	3	1	1	3	1	3
备注	不包括栽培的科																	

科是较高等级的分类单位,往往通过科的区系地理成分的分析来了解某个特定的区系与其它大陆的联系,并从中探索该区系在全球植物区系中的地位、起源和发展等问题。从表5-4可知,齐云山自然保护区种子植物科的成分反映了齐云山自然保护区植物区系的起源、发展、演化等过程,这个过程离不开全球板块运动、海陆演化和气候变迁的较大空间、时间背景,概括起来,齐云山种子植物科的区系性质具有如下特点:

(1)与全球各大陆有密切联系,但差异较大。崇义位于中国大陆的南部地区,在古地理上是劳亚古陆的南缘,中特提斯海的北岸,表5-1说明了各大陆与欧亚大陆(劳亚古陆的主体)的脱离时间,依次是:三叠纪非洲、南美洲与欧亚大陆分离;晚侏罗纪大洋洲脱离欧亚大陆;白垩纪末北美洲脱离欧亚大陆;第三纪初东南亚诸岛脱离欧亚大陆。这种先后次序反映到科的联系方面,如热带大洋洲-热带非洲分布、热带亚洲—热带非洲分布、热带美洲—大洋洲分布分别仅有1科,即分别为八角枫科 Alangiaceae、芭蕉科 Musaceae、鼠李科 Rhamnaceae;热带亚洲(东南亚诸岛)分布3科,壳斗科 Fagaceae、金缕梅科 Hamamelidaceae、五列木科 Pentaphylacaceae;而东亚分布、东亚-北美分布约16科。

(2)跨气候带分布的成分较多,如北半球温带-亚热带分布、温带-热带分布、全球热带-亚热带分布等共有69科,说明齐云山自然保护区不仅有古老的植物历史背景,而且具有良好的、适合不同物种生存的生态环境条件。北半球温带—亚热带分布的科有松科 Pinaceae、柳杉属 Cryptomeria、绣球花科 Hydrangeaceae、胡颓子科 Elaeagnaceae、胡桃科 Juglandaceae、伞形科 Umbelliferae 等;温带—热带分布的科有榆科 Ulmaceae、荨麻科 Urticaceae、睡莲科 Nymphaeaceae、马兜铃科 Aristolochiaceae、苋科 Amaranthaceae、卫矛科 Celastraceae、檀香科 Santalaceae、葡萄科 Vitaceae、五加科 Araliaceae、清风藤科 Sabiaceae、芸香科 Rutaceae、菝葜科 Smilacaceae、紫草科 Boraginaceae、瑞香科 Thymelaeaceae 等;全球热带-亚热带分布的科最多,达35科,如苏铁科 Cycadaceae、蔷薇科 Rosaceae、金粟兰科 Chloranthaceae、苦木科 Simarubaceae、楝科 Meliaceae、无患子科 Sapindaceae、苏木科 Caesalpiniaceae、山茶科 Theaceae、山矾科 Symplocaceae、野牡丹科 Melastomaceae、桑科 Moraceae、夹竹桃科 Apocynaceae、防己科 Menispermaceae、杜英科 Eleocarpaceae、山龙眼科 Proteaceae、茜草科 Rubiaceae、胡椒科 Piperaceae、苦苣苔科 Gesneriaceae 等。

(3)热带性成分具有明显优势。由表5-4可知,热带性成分为104科,占总科数的58%;北半球温带—亚热带分布、温带—热带分布、全球热带-亚热带分布是齐云山热带成分的主要成分,但没有纯热带成分的科。这些信息在一定程度上反映了齐云山种子植物区系的地质历史、植物历史背景以及与南岭植物区系的联系。

(4)东亚分布的科较多,主要有银杏科 Ginkgoaceae、三尖杉科 Cephalotaxaceae、木通科 Lardizabalaceae、猕猴桃科 Actinidiaceae、金缕梅科 Hamamelidaceae、旌节花科 Stachyuraceae、壳斗科 Fagaceae 等,而且成分较古老,有许多木兰目、番荔枝目、毛茛目、金缕梅目及柔荑花序类的代表,说明齐云山保护区自1.95亿年前成陆以来,自然环境比较稳定,经历了侏罗纪裸子植物繁盛时期、白垩纪被子植物发展时期,留下了许多古老的类群,对研究中国以及世界植物区系的起源、发展和演化具有重要价值。

7 属的区系分析

7.1 属的分布型

齐云山自然保护区是江西植物区系比较丰富的地区之一,约有种子植物2422种,隶属于178科847属(表5-5)。

表 5-5 齐云山自然保护区种子植物统计

类群	科	属	种
总 计	178	847	2422
裸子植物	9	17	20
被子植物	169	830	2402
其中			
野生植物	168	784	2283
裸子植物	6	7	10
被子植物	162	777	2273
栽培植物	52	97	139

根据吴征镒对中国种子植物属的分布区类型的划分方法(吴征镒,1991),本区系全部种子植物属划归15个分布类型(见表5-6)。

表5-6 齐云山保护区属的分布区类型统计分析

序号	分布区类型及其变型	中国属数	齐云山属数	齐云山各类型占中国各类型的比重	齐云山不同类型占总属数比重
一	世界分布	104	64	61.5%	7.6%
二	泛热带分布及其变型				
	2. 泛热带分布	316	147	46.5%	17.4%
	2-1 热带亚洲、大洋洲和南美洲(墨西哥)间断分布	17	5	29.4%	0.6%
	2-2 热带亚洲、非洲和南美洲间断分布	29	5	17.2%	0.6%
三	3. 热带亚洲和热带美洲间断分布	62	32	51.6%	3.8%
四	旧世界热带分布及其变型				
	4. 旧世界热带分布	147	46	31.3%	5.4%
	4.1 热带亚洲、非洲和大洋洲间断分布	30	20	66.7%	2.4%
五	热带亚洲至热带大洋洲分布及其变型				
	5. 热带亚洲至热带大洋洲分布	147	36	24.5%	4.2%
	5-1 中国(西南)亚热带和新西兰间断分布	1	0	0	0
六	热带亚洲至热带非洲分布及其变型				
	6. 热带亚洲至热带非洲分布	149	29	19.5%	3.4%
	6-1 华南、西南到印度和热带非洲分布	6	1	16.7%	0.1%
	6-2 热带亚洲和东非间断分布	9	3	33.3%	0.36%
七	热带亚洲分布及其变型				
	7. 热带亚洲(印度-马来西亚)分布	442	68	15.4%	8.01%
	7-1 爪哇、喜马拉雅和华南、西南星散分布	30	17	56.7%	2%
	7-2 热带印度至华南分布	43	5	11.6%	0.6%
	7-3 缅甸、泰国至华西南分布	29	2	5.1%	0.2%
	7-4 越南(或中南半岛)至华南(或西南)分布	67	13	19.4%	1.5%
八	北温带分布及其变型				
	8. 北温带分布	213	99	46.5%	11.7%
	8-1 环极	10	0	0	0
	8-2 北极—高山	14	0	0	0
	8-3 北极—阿尔泰和北美间断分布	2	0	0	0
	8-4 北温带和南温带(全温带)间断分布	57	21	36.8%	2.5%
	8-5 欧亚和南美洲温带间断分布	5	2	40%	0.2%
	8-6 地中海、东亚、新西兰和墨西哥到智利间断分布	1	0	0	0

（续表）

序号	分布区类型及其变型	中国属数	齐云山属数	齐云山各类型占中国各类型的比重	齐云山不同类型占总属数比重
九	东亚和北美洲间断分布及其变型				
	9. 东亚和北美洲间断分布	123	60	48.8%	7.15%
	9－1 东亚和墨西哥间断分布	1	1	100%	0.1%
十	旧世界温带分布及其变型				
	10. 旧世界温带分布.	114	24	21.1%	2.8%
	10－1 地中海区、西亚和东亚间断分布	25	7	28%	0.8%
	10－2 地中海区和喜马拉雅间断分布	8	1	12.5%	0.1%
	10－3 欧亚和南非洲（有时也在大洋洲）间断分布	17	3	17.6%	0.36%
十一	11. 温带亚洲分布	55	5	9.1%	0.6%
十二	地中海区、西亚至中亚分布及其变型				
	12. 地中海区、西亚至中亚分布	152	4	2.6%	0.47%
	12－1 地中海区至中亚和南非洲、大洋州间断分布	4	0	0	0
	12－2 地中海区至中亚和墨西哥间断分布	2	0	0	0
	12－3 地中海区至温带、热带亚洲、大洋洲和南美洲间断分布	5	1	20%	0.1%
	12－4 地中海区至至热带非洲和喜马拉雅间断分布	4	0	0	0
	12－5 地中海区—北非洲，中亚，北美西南部，智利和大洋州（泛地中海）间断分布	4	0	0	0
十三	中亚分布及其变型		0		0
	13. 中亚	69			
	13－1 中亚东部（亚洲中部中）	12	0	0	0
	13－2 中亚至喜马拉雅	26	0	0	0
	13－3 西亚至喜马拉雅和西藏	4	0	0	0
	13－4 中亚至喜马拉雅阿尔泰和太平洋北美洲间断	5	0	0	0
十四	东亚分布及其变型				
	14. 东亚（东喜马拉雅－日本）.	73	45	61.6%	5.3%
	14－1 中国－喜马拉雅（SH）	141	9	6.4%	1.1%
	14－2 中国－日本（SJ）	85	38	44.7%	4.5%
十五	15. 中国特有	257	34	13.2%	4.0%
	合计	3116	847	27.1%	100.00

讨论齐云山自然保护区的种子植物属的区系成分之特点，首先必须了解齐云山植物区系发展、演化的历史背景。从图5－1和表5－1可知，三叠纪已经由晚二叠纪的联合古陆分裂形成两块古大陆，中间隔着中特提斯海，北面的古大陆是劳亚古陆（古北大陆），南面的是冈瓦纳大陆（古南大陆，主要包括南美洲、非洲、澳大利亚和南极洲）。晚第三纪印度板块向亚洲板块俯冲，隆起了巨大的喜马拉雅山脉，从而奠定了现代地貌和气候的格局。图5－2和图5－3说明了齐云山自然保护区的成陆时间，把它与全球地质演化的过程联系起来考虑，发现齐云山种子植物区系的发展轮廓就是：中生代白垩纪，北半球大陆（劳亚古陆）的植物区系存在两条明显的植物带，一为北部的白垩纪温带植物区系，一为南部的白垩纪热带、亚热带区系。根据孢子、花粉的化石资料，北部的白垩纪温带植物区系分布于劳亚古陆的北部，即相当于北美的北部经北欧到西伯利亚一带，主要成分以落叶树种为主，如 *Acer*、*Betula*、*Corylus*、*Fagus*、*Magnolia*、*Cocculus*、*Lindera*、*Quercus*、*Sassafras*、*Viburnum*、*Zizyphus*、*Tilia* 等，这些属大部分在齐云山保护区海拔较高的山地有分布；南部的白垩纪热带、亚热带植物区系分布于中特提斯海的北岸地区，相当于北美洲的南部经中欧、中亚到我国中南部（包括华南），主要成分为常绿阔叶的热带性类群，如樟科 Lauraceae、壳斗科 Fagaceae、棕榈科 Palmaceae、桃金娘科 Myrtaceae、冬青科 Aquifoliaceae 等，这些类群在齐云山自然保护区有较多的分布，在比例上温带白垩纪成分低于热带白垩纪成分。从晚二叠纪的泛古大陆到现在的地球海陆格局与种子植物属的分布类型相

互印证，这充分说明了世界各大陆的植物起源的一元性，但由于局部地壳的演化、气候的变化和环境的差异，又导致各大陆植物区系的分异和相对独立的演化，但无论如何，总可以寻找到不同大陆的共同成分，以反映相互之间的联系。

世界分布的属：这种分布类型的属有64属，占总属数的7.6%，隶属于32科，如苔草属 *Carex*、铁线莲属 *Clematis*、龙胆属 *Gentiana*、老鹳草属 *Geranium*、金丝桃属 *Hypericum*、半边莲属 *Lobelia*、排草属 *Lysimachia*、酸浆属 *Physalis*、远志属 *Polygala*、蓼属 *Polygonum*、鼠李属 *Rhamnus*、悬钩子属 *Rubus*、鼠尾草属 *Salvia*、黄芩属 *Scutellaria*、千里光属 *Senecio*、堇菜属 *Viola* 等。其中大多数为林下草本层常见的种类，如千里光属、悬钩子属、龙胆属、变菜豆属 *Sanicula*、堇菜属、鼠尾草属、拉拉藤属 *Galium* 等。一部分为路旁常见种类，如鬼针草属 *Bidens*、悬钩子属、蓼属、老鹳草属、苋属 *Amaranthus*、飞蓬属 *Erigeron*、苍耳属 *Xanthium* 等。一部分为荒山或森林破坏后空地上首先侵入的种类，如鼠麴草属 *Gnaphalium*、飞蓬属、毛茛属 *Ranunculus*、银莲花属 *Anemone*、悬钩子属等，这些种类多为喜光植物。在世界性分布属中，有4个属是水生植物，如金鱼藻属 *Ceratophyllum*、狸藻属 *Utricularia*、眼子菜属 *Potamogeton* 和浮萍属 *Lemna*。

泛热带分布的属：这种分布类型的属有157属，占总属数847属的18.6%。泛热带主要包括南北两半球的热带地区，泛热带分布的属虽然集中分布在两半球的热带地区，但其中一些属的成员向南或向北延伸到亚热带甚至温带地区。分析表明，齐云山自然保护区内的泛热带成分多数是延伸进来的属，缺乏纯热带性科、属，如冬青属 *Ilex*、凤仙花属 *Impatiens*、醉鱼草属 *Buddleja*、榕属 *Ficus*、狗肝菜属 *Dicliptera*、树参属 *Dendropanax* 等。古柯属 *Erythroxylum* 是一个从热带延伸到亚热带的例子，该属250种，产热带、亚热带地区，主产美洲及马达加斯加，我国2种，产西南至东南直至印度和缅甸。有些属延伸到温带，秦岭为其分布北界，如冷水花属 *Pilea* 和榕属等。糙叶树属 *Aphananthe*、铜锤玉带草属 *Pratia* 是泛热带分布的一个变型，呈现出热带亚洲－大洋洲－南美洲间断分布；另一类变型是热带亚洲－非洲－南美洲间断，本区系中有粗叶木属 *Lasianthus*、土人参属 *Talinum*、莿竹属 *Bambusa* 等3属。从这里可以看到本植物区系与大洋洲、非洲、南美洲的区系联系。

热带亚洲和热带美洲的分布型属：这种分布主要包括分布于美洲、亚洲亚热带（部分延伸至温带地区）的热带性属，但没有纯热带分布的属。本区系这种分布类型的属有32个，占齐云山总属数的3.8%，比例相对较小。这些属主要有山柳属 *Clethra*、猴欢喜属 *Sloanea* 等（表5－7）。根据表5－7的分析，这个属分布区类型，虽然在齐云山自然保护区中属数较少，但有如下特点：① 不少属延伸到温带地区，如泡花树属 *Meliosma*、雀梅藤属 *Sageretia*、无患子属 *Sapindus*，因此不能仅仅依靠属的分布区类型来评价一个地区的区系起源与特征。② 这个分布区类型的属在本区系中以木本植物起主导作用，有些是参与森林群落组成的乔木树种，对森林群落外貌特征有一定的影响，如 *Phoebe bournei*、*Phoebe chekiangensis*、*Litsea rotundifolia* var. *oblongifolia*、*Litsea elongata*、*Litsea coreana* var. *sinensis*、*Sloanea sinensis*、*Meliosma myriartha* 等。

此外，这一分布类型反映了齐云山区系与热带美洲（主要指南美洲）的联系，但与之共有的属不多，原因是热带美洲在冈瓦纳古陆上位于其西部，即中特提斯海的南岸之西端（图5－1），再加上与古北大陆（劳亚古陆）分离较早，三叠纪脱离古北大陆，晚白垩纪脱离非洲，所以与中国大陆共有的属较少。然而这表明了第三纪以前它们的植物区系有共同的渊源。

旧世界热带分布的属：旧世界热带是指亚洲、非洲和大洋州热带地区及其邻近岛屿（也称古热带）。这个分布类型有66属，占总属数的7.8%，如八角枫属 *Alangium*、娃儿藤属 *Tylophora*、艾纳香属 *Blumea*、厚壳树属 *Ehretia*、五月茶属 *Antidesma*、野桐属 *Mallotus*、香茶菜属 *Rabdosia*、玉叶金花属 *Mussaenda*、金锦香属 *Osbeckia*、楝属 *Melia*、千金藤属 *Stephania*、酸藤子属 *Embelia*、杜茎山属 *Maesa*、蒲桃属 *Syzygium*、海桐属 *Pittosporum*、扁担杆属 *Grawia*、合欢属 *Albizia*、天门冬属 *Asparagus*、乌蔹莓属 *Cayratia*、苦梓属 *Gmelina* 等。该分布类型在齐云山自然保护区表现出如下特点：① 在本区系中，这种分布类型的有些属向北分布到温带地区，如八角枫属、楝属等，楝属约15种，我国2种，主要分布在西南、华南、华中和华东，其中1种北达秦岭北坡；但该属的分布中心仍位于旧大陆热带及亚热带地区。② 多数为草本或藤本植物，仅八角枫属、厚壳树属、野桐属、楝属的一些种类是乔木，并参与齐云山自然保护区森林群落的乔木层的组成。③ 在该分布型的66属中，约20属的种类常见于路边和林缘，表现出该分布类型的中性或阳性特点。④缺少纯热带性分布的科、属。

表5-7　齐云山保护区主要热带亚洲-热带美洲分布属的分析

属名		世界种数	中国种数	齐云山种数	分布范围
*落花生属	*Arachis*	19	1	1	主产巴西，我国1种，广种于温带、亚热带地区
青篱竹属	*Arundinaria*	20	16	3	东亚-北美，我国主要产于长江流域
山柳属	*Clethra*	100	16	3	热带-亚热带，我国产西南至东南
*凤眼莲属	*Eichhornia*	7	1	1	产南美热带，我国为逸生，生长在长江以南
柃属	*Eurya*	130	80	12	亚洲热带-亚热带-太平洋诸岛，我国产秦岭以南地区
百珠树属	*Gaultheria*	210	26	1	亚洲、美洲、大洋州，我国西南、华南、东南
山芝麻属	*Helicteres*	60	9	1	亚洲南部热带、亚热带，我国产长江以南地区
木姜子属	*Litsea*	400	64	8	亚洲热带、亚热带-美洲热带，我国产河南以南地区
泡花树属	*Meliosma*	100	40	8	温带亚洲-美洲，我国产我国产秦岭以南地区
假卫矛属	*Microtropsis*	70	30	1	亚洲东南，少数到美洲，我国北纬30°以南
*豆薯属	*Pachyrhizus*	6	1	1	产热带美洲，我国1种，栽培于湖北以南地区
楠木属	*Phoebe*	70	34/7	5	热带亚洲-美洲，我国产长江以南亚热带、热带地区
苦木属	*Picrasma*	6	2	2	亚热带至美洲的热带、亚热带，我国产秦岭以南地区
牛蹋豆属	*Pithecellobium*	200	1	1	热带亚洲-美洲，产华南、海南
雀梅藤属	*Sageretia*	35	16	4	东亚-中亚-北美，我国产秦岭北部以南地区
无患子属	*Sapindus*	13	4	1	产热带，我国分布于秦岭以南地区
猴欢喜属	*Sloanea*	120	14	1	热带亚洲-热带美洲，我国产长江以南地区
山香圆属	*Turpinia*	40	10	3	热带亚洲-热带美洲，我国产湖北以南地区

注：注有“*”的属为栽培属或逸生属

在齐云山区系的旧世界热带分布类型中，最值得注意的是八角枫属的分布，它含有17种，马来西亚为其分布中心，西起非洲东南部，东至澳大利亚东部及斐济等南太平洋岛屿，北至东亚温带，即我国辽宁、俄罗斯远东地区和日本，个别种 *Alangium alpinum* 出现在西藏东部海拔3900m；此外，在西欧、东欧及北美洲东部北纬30°~40°发现了八角枫属的化石记录。这些信息反映了旧世界植物区系与东亚或北温带植物区系的联系，在某种程度上值得我们去推敲温带成分的起源问题；此外，反映了齐云山种子植物区系的联系广泛与复杂性。

热带亚洲-热带大洋洲分布的属：热带亚洲-热带大样洲主要指我国广州以南至大洋洲、西从西藏印度东南部至非洲东部的马达加斯加，但不到非洲大陆和美洲大陆，东到斐济，是旧世界热带分布的东翼，东南亚地区与旧世界热带分布重叠。该分布类型在本区系中有36属，占总属数的4.1%，比例较小。这些属主要是念珠藤属 *Alyxia*、括楼属 *Trichosanthes*、樟属 *Cinnamomum*、香椿属 *Toona*、臭椿属 *Ailanthus*、柘属 *Cudrania*、山龙眼属 *Helicia* 等。这些属中分布到温带的属达14属，占该分布型属数35属的40%，如樟属、括楼属、旋蒴苦苣苔属 Boea、香椿属、臭椿属、山龙眼属、荛花属 Wikstroemia、兰属 Cymbidium、蛇菰属 Balanophora、通泉草属 Mazus、梁王茶属 Nothopanax、羊耳蒜属 Liparis 等，分布到亚热带的属仅8属，占该分布型属数35属22.9%，如念珠藤属、紫薇属 *Lagerstroemia*、柘属、爬崖藤属 *Tetrastigma*、小二仙草属 *Haloragis*、广防风属 *Epimeredi*、淡竹叶属 *Lophaterum* 等。由此说明，仅用属的分布类型来评价一个地区的区系性质过于粗泛。在齐云山自然保护区中，淡竹叶属和小二仙草属两个属的种系是东亚分布,柘属是中国-日本-大洋洲分布。此外,樟属、臭椿属的一些种类是本区系森林群落组成的重要成分。从这种分布类型可以看出齐云山自然保护区植物区系与大洋州的联系。

热带亚洲-热带非洲分布的属:热带亚洲至热带非洲是指旧世界分布区类型的西翼,即从热带非洲至印度-马来西亚,但不见于澳大利亚。该分布类型的属有33属,占本区总属数的3.9%。这些属主要是赤瓟属 *Thladiantha*、蓖麻属 *Ricinus*、大豆属 *Glycine*、钝果寄生属 *Tzxillus*、铁仔属 *Myrsine*、水团花属 *Adina*、狗骨柴属 *Tricalysia*、豆腐柴属 *Premna*、常春藤属 *Hedera*、鱼眼草属 *Dichrocephala*、扶郎花属 *Gerbera*、三七草属 *Gynura*、魔芋属 *Amorphophallus*、荩草属 *Arthraxon*、黄瑞木属 *Adinandra* 等。其中约14属分布到热带、亚热带,占总属数33属的42.4%,如黄瑞木属、铁仔属、水团花属、狗骨柴属、豆腐柴属、鱼眼草属、三七草属等;约8属分布到温带,占总属数33属的24.2%,如赤瓟属、大豆属、钝果寄生属、常春藤属、荩草属等。此外,这种分布类型的属,在齐云山自然保护区多为灌木或林下草本植物,对森林群落的组织过程影响较大,但对群落的外貌和结构作用不大,原因是这些属的种类依赖森林的存在而存在,少见于荒山或路旁。

热带亚洲分布的属:该分布类型是旧世界热带的中心部分,它的分布区范围包括印度、斯里兰卡、缅甸、泰国、中南半岛、印度尼西亚、加里曼丹、菲律宾及新几内亚等,东面可达斐济等太平洋岛屿,但不到大洋洲大陆。分布区的北缘达我国西南、华南、华东及台湾。在齐云山自然保护区的种子植物区系中,这种分布类型的属都是从热带延伸到亚热带的属,缺乏纯热带属;少数属甚至分布到温带地区。该分布类型的属中本区系有105属,占总属数的12.31%,所占比例较大;占全国该分布类型属数611属的17.2%,表明齐云山种子植物区系有较强的热带亚洲成分。主要的属有:福建柏属 *Fokienia*、拟赤杨属 *Alniphyllum*、蕈树属 *Altingia*、臭节草属 *Boenninghausenia*、构属 *Broussonetia*、山茶属 *Camellia*、金钱豹属 *Campanumoea*、盾子木属 *Coptosapelta*、青冈属 *Cyclobalanopsis*、虎皮楠属 *Daphniphyllum*、常山属 *Dichroa*、秤钩枫属 *Diploclisia*、竹根七属 *Disporopsis*、蚊母树属 *Distylium*、黄杞属 *Engelhardtia*、异药花属 *Fordiophyton*、金桔属 *Fortunella*、绞股蓝属 *Gynostemma*、南五味子属 *Kadsura*、山胡椒属 *Lindera*、润楠属 *Machilus*、木莲属 *Manglietia*、凉粉草属 *Mesona*、含笑属 *Michelia*、新木姜属 *Neolitsea*、蛇根草属 *Ophiorrhiza*、紫麻属 *Oreocnide*、鸡矢藤属 *Paederia*、假糙苏属 *Paraphlomis*、细圆藤属 *Pericampylus*、锦香草属 *Phyllagathis*、独蒜兰属 *Pleione*、帘子藤属 *Pottsia*、雾水葛属 *Pouzolzia*、葛属 *Pueraria*、梭椤树属 *Reevesia*、清风藤属 *Sabia*、草珊瑚属 *Sarcandra*、木荷属 *Schima*、毛药藤属 *Sindechites*、翅荚木属 *Zenia* 等。这些属在齐云山自然保护区内具有如下区系特点:① 绝大多数属是从热带延伸到亚热带,只有极少数属如 *Cyclobalanopsis* 等分布到温带,这与齐云山的气候条件是一致的。② 这些属是齐云山自然保护区森林群落乔木层的的主要树种,并成为群落的优势树种,一般分布在海拔1000m以下的地段,如闽楠 *Phoebe bournei*、浙江楠 *P. chekiangensis*、刨花楠 *Machilus pauhoi*、宜昌润楠 *M. ichangensis*、华东润楠 *M. leptophylla*、红润楠 *M. thunbergii*、豹皮樟 *Litsea rotundifolia var. oblongifolia*、福建柏 *Fokienia hodginsii*、交让木 *Daphniphyllum macropodum*、蕈树 *Altingia chinensis*、木荷 *Schima superba*、乳源木莲 *Manglietia ruyuanensis*、木莲 *M. fordiana* 等。③有许多是第三纪古热带植物区系的后裔或残遗,如 *Machilus*、*Manglietia*、*Michelia* 等。此外,柔荑花序类群的 *Altingia*、*Cyclobalanopsis*、*Engelhardtia* 等都被认为是比较原始的类群。④ 多数与森林群落相依相存,森林遭到严重破坏时,它们将随之消失。因此,它们大多数的树种表现出耐荫性的特点。⑤ 虽然属数不是很多,但各属包含的种类较多,而且是森林群落的主要优势树种和建群种。⑥ 本保护区自然条件较好,因此该分布类型的属适宜在这里生长和繁衍。随着森林的发育,空间生态位分化越来越强烈,使得成分常常发生较强烈的演化,这是物种分化的条件之一,同时也是齐云山地理成分多样的主要原因之一。

北温带分布的属:北温带分布主要是指分布于欧洲、亚洲和北美洲温带地区的属,有些属可能沿山脉向南延伸到热带山区,甚至到南半球温带,但其原始类群或分布中心仍在北温带。该分布类型的属在齐云山自然保护区内有122属，占总属数14.4%，比例较大。这些属主要是：松属 *Pinus*、红豆杉属 *Taxus*、槭属 *Acer*、桦木属 *Betula*、鹅耳枥属 *Carpinus*、栗属 *Castanea*、升麻属 *Cimicifuga*、山楂属 *Crataegus*、胡颓子属 *Elaeagnus*、水青冈属 *Fagus*、白蜡树属 *Fraxinus*、忍冬属 *Lonicera*、苹果属 *Malus*、桑属 *Morus*、杨梅属 *Myrica*、山梅花属 *Philadelphus*、杨属 *Populus*、夏枯草属 *Prunella*、李属 *Prunus*、栎属 *Quercus*、杜鹃花属 *Rhododendron*、盐肤木属 *Rhus*、蔷薇属 *Rosa*、柳属 *Salix*、花楸属 *Sorbus*、唐松草属 *Thalictrum*、越橘属 *Vaccinium*、荚蒾属 *Viburnum* 等。在齐云山自然保护区内，这些属的区系特点是：①是组成森林群落的重要成分，如松属、红豆杉属、槭属、鹅耳枥属、水青冈属等。有些是群落的优势树种和建群种，如 *Pinus taiwanensis*、*Taxus mairei*、*Fagus longipetiolata*、*Quercus serrta* var. *brevipetiolata* 等。②分布海拔较高，如台湾松林分布于海拔900m以上的山顶；也有部分形成乔木层为单优势树种的群落如水青冈林，分布在海拔600～900m，乔木层主要是水青冈。③ 该分布类型的属大多数为落叶树种，它们与热带亚洲分布的地理成分汇合在一起，组成常绿—落叶阔叶混交林，或形成单优势树种的落叶阔叶林。

东亚－北美间断分布的属：东亚—北美间断分布是指间断分布于东亚和北美洲温带、亚热带地区。该分布类型的属61属，占总属数的7.25%；占我国该分布类型124属的49.2%，反映了齐云山区系在世界植物区系中的重要性。这些属主要是：铁杉属 *Tsuga*、榧树属 *Torreya*、楤木属 *Aralia*、勾儿茶属 *Berchemia*、山核桃属 *Carya*、栲属 *Castanopsis*、香槐属 *Cladrastis*、山蚂蝗属 *Desmodium*、肥皂荚属 *Gymnocladus*、银钟花属 *Halesia*、绣球属 *Hydrangea*、八角属 *Illicium*、鼠刺属 *Itea*、胡枝子属 *Lespedeza*、枫香属 *Liquidambar*、鹅掌楸属 *Liriodendron*、石栎属 *Lithocarpus*、南烛属 *Lyonia*、木兰属 *Magnolia*、十大功劳属 *Mahonia*、蓝果树属 *Nyssa*、木犀属 *Osmanthus*、板凳果属 *Pachysandra*、石楠属 *Photinia*、马醉木属 *Pieris*、檀梨属 *Pyrularia*、檫木属 *Sassafras*、五味子属 *Schisandra*、紫茎属 *Stewartia*、漆树属 *Toxicodendron*、络石属 *Trachelospermum*、腹水草属 *Veronicastrum* 等。该分布类型的属在本区系中的特点是：① 乔木型属较多，约18属，占该分布型总属数61属的30%；而草本型属24属，占40%，但这些草本类群多分布在林缘或路边。②是构成齐云山自然保护区森林群落的主要优势树种，有些是形成乔木层为单优势树种群落的树种，如米槠林 *Castanopsis carlesii*、甜槠林 *C. eyrei*、罗浮栲林 *C. fabri*、钩栲林 *C. tibetana*、美叶石栎林 *Lithocarpus calophyllus*、华南石栎林 *L. fenestratus*、枫香林 *Liquidambar formosana*、天目紫茎林 *Stewartia gemmata* 等。从分布上看，在本地区1200m以下各地段都有分布。③具有古老性和原始性特征，如 *Illicium*、*Liriodendron*、*Magnolia*、*Nyssa* 等都是比较原始的被子植物，起源于古南大陆。华檀梨 *Pyrularia edulis* A. DC.、银钟花 *Halesia macgregorii* 和天目紫茎 *Stewartia gemmata* 是稀有植物，它们对生存环境的要求很严格，华檀梨仅与毛竹 *Phyllostachys edulis* 混生，其它生境很少见到华檀梨的分布，在武功山、井冈山等地都是如此。天目紫茎要求生长在海拔750m以上的背风山坡；银钟花要求生长在森林未遭到破坏，海拔400m以上的阳坡中、下部。这种对生存环境的严格要求，可能是成分比较古老，随着地史时间的推移和气候的变迁，难以找到生存的生境，导致种群数量减少和分布区缩小。④ 与北美的联系比较明显，鹅掌楸属是一个最典型的例子。此外，东亚—北美特有的科如：木兰科、八角科、五味子科、蓝果树科、鼠刺科等，都是比较原始的类群，齐云山自然保护区都有这些类群分布，由此可以看出齐云山区系的古老性以及与东亚区系的联系。

旧世界温带分布的属：旧世界温带分布是指欧洲、亚洲中－高纬度的温带和寒带，少数属可能延伸北非及亚洲－非洲热带山地。我国这一类型约157属。该分布类型是指广泛分布于欧洲、亚洲中－高纬度的温带和寒温带、或个别延伸到亚洲－非洲的热带高山的属。在齐云山自然保护区内该分布类型的属有35属，占总属数的4.1%，比例相对较低；占全国该类型属数的22.2%，比例较高，表明齐云山区系成分的复杂性。这个分布类型属在本区系中的特点是：① 草本型属占主要地位，木本属仅3属，如女贞属 *Ligustrum*、梨属 *Pyrus*、榉属 *Zelkova*，它们在本区系中不起主要作用。但是，它们是重要的历史成分，对研究区系的发生、发展具有重要意义。② 该分布类型的属有两个变型，一是地中海区－西伯利亚－东亚分布类型，4属，如女贞属、榉属、牛至属 *Origanum*、窃衣属 *Torilis*。二是欧亚－南非分布变型，2属，如莴苣属 *Lactuca*、前胡属 *Peucedanum*。由此可以看出，本区系与地中海、西伯利亚、欧洲及非洲千丝万缕的联系。

温带亚洲分布类型：这个分布类型的属在本区系较少，仅5属，如杭子梢属 *Campylotropis*、马兰属 *Kalimeris*、附地菜属 *Trigonotis* 等，反映了本区系与地中亚区系的联系较微弱。

地中海－西亚－中亚分布类型的属：该分布类型的属在本区系中较少，仅5属，如牻牛儿苗属 *Erodium*、黄连木属 *Pistacia* 等。由此可知，本区系与地中海、西亚、中亚的联系较微弱，这与世界植物区的古热带起源(吴征镒,1991)有关联。

东亚分布的属：该分布类型的范围是指从东喜马拉雅一直分布到日本的属。其分布区向东北不超过原苏联境内的阿穆尔州，并从日本北部到萨哈林，向西南不超过越南北部和喜马拉雅东部，向南达菲律宾，向西以我国森林边界为界，即基本上以我国和日本国土为主体。该分布类型在齐云山自然保护区有92属，占天然分布总数的10.9%，比例较大。该分布类型的两个变型，在本区系均有分布。一是中国—喜马拉雅变型，约15属，如油杉属 *Keteleeria*、侧柏属 *Platycladus*、射干属 *Belamcanda*、南酸枣属 *Choerospondias*、八角莲属 *Dysosma*、梧桐属 *Firmiana*、雪胆属 *Hemsleya*、鹰爪枫属 *Holboellia*、冠盖藤属 *Pileostegia*、双蝴蝶属 *Tripterospermum* 等，这类成分的分布向东不到日本。二是中国—日本变型，约28属，如柳杉属 *Cryptomeria*、木通属 *Akebia*、枳椇属 *Hovenia*、山桐子属 *Idesia*、南天竹属 *Nandina*、化香树属 *Platycarya*、梅花甜茶属 *Platycrater*、钻地风属 *Schizophragma*、野珠兰属 *Stephanandra* 等，这类成分的分布一般不向西越过金沙江河谷，主要在华中、华东、华南和日本。广义的东亚分布属(不含上述两个变型)有47属，如三尖杉属 *Cephalotaxus*、五加属 *Acanthopanax*、猕猴桃属 *Actinidia*、兔耳风属 *Ainsliaea*、桃叶珊瑚属 *Aucuba*、党参属 *Codonopsis*、蜡瓣花属 *Corylopsis*、四照花属 *Dendrobenthamia*、檵木属 *Loropetalum*、刚竹属 *Phyllostachys*、棕榈属 *Trachycarpus*、油桐属 *Vernicia* 等。该分布类型的属在本区系的特点是：① 本区系与日本的联系较明显。最典型的中国－日本分布是梅花甜茶属和柳杉属。梅花甜茶属仅1种蛛网萼 *Platycrater argnta* 分布于中国和日本；柳杉属两种，一种柳杉 *Cryptomeria fortunei* 分布在中国，本地区有分布；另一种日本柳杉 *C. japonica* 分布在日本。南天竹 *Nandina domestina* 为中国与日本共有。②本区系东亚分布的属中，乔木型的属较多，约15属，对本地区的森林植被起着较为重要的作用。如毛竹在这里形成了大片的纯林，其它树种如三尖杉 *Cephalotaxus fortunei*、铁坚油杉 *Keteleeria davidiana*、化香 *Platycarya strobilacea* 等都参与本地区森林群落的组成。但是，在成为群落优势树种的比例上，与热带亚洲和北温带分布及东亚—北美间断分布的类型比较相对较低。东亚分布类型的属在齐云山区系中占有较大的比例，占中国东亚分布类型属数的30.8%，反映了齐云山区系，仍至中国区系对东亚区系的影响及其重要地位，换句话说，东亚植物区系是在中国区系的基础上发展而来的，齐云山区系脱离不了这个背景。

中国特有属：该分布类型的属在本区系内有34属，占总属数的34.0%(表5－8)；占中国特有属257属的12.8%，由此可以看出齐云山区系具有明显的古老性和多样性。表5－8的分析反映以下两个特点：① 含一个种的单型属22个，占特有属总数的64.7%。这些单型属在系统发育上是比较原始、古老的成分，说明本区系成分的古老性特点。这一点可以从特有属中木本型属数占多数得到说明。②34个特有属的分布可以分为四个类型：第一类(类型Ⅰ)是全亚热带分布，其范围北达秦岭南坡，南至广西，西到云南，东达福建。这种分布类型的范围最大，共4个属，即蜡梅属、杉木属、山拐枣属、青檀属。第二类(类型Ⅱ)是南亚热带—中亚热带分布，其分布范围是长江以南的亚热带地区(包括云南、四川、贵州)至华南南亚热带地区，共21属，即喜树属、钟萼木属、血水草属、伞花木属、福建柏属、独花兰属、大血藤属、银鹊树属、半枫荷属和石笔木属等。第三类(类型Ⅲ)是中亚热带—温带分布,其分布范围是南岭以北至西北(陕西、甘肃南部),4 属,即杜仲属、银杏属、地构叶属、通脱木属。第四类(类型Ⅳ)是局限分布,有 7 属,即蔓龙胆属、大绿竹属、华桔竹属、四轮香属、象鼻兰属、四棱草属、无距花属,主要分布于南岭、华南地区。表 5 - 8 清楚表明:①本地区中国特有属的成分以类型Ⅱ为主,共21 属,占特有属总数的60.6%,表明齐云山自然保护区种子植物区系与南岭、华南区系联系紧密。②第四类(类型Ⅳ)主要分布于南岭、华南地区,充分反映了齐云山区系是南岭区系不可分割的组成部分。③含一个种的单型属22 个,占特有属总数的64.7%,这些单型属大多数在系统发育上比较古老,反映了齐云山区系的古老性特征。

表 5 - 8　齐云山自然保护区种子植物特有属分析

序号	属名		中国种数[9]	本区系种数	习性	分布范围
1	毛药花属	*Bostrychanthera*	1	1	草本植物	华南地区
2	钟萼木属	*Bretschneidera*	1	1	落叶乔木	西南、华南、湖南、江西,长江以南
3	喜树属	*Camptotheca*	1	1	落叶乔木	西南、中南,长江以南地区
4	扁蒴苣苔属	*Caulokaempferia*	1	1	草本植物	西南、华中、华东
5	独花兰属	*Changnienia*	1	1	草本植物	西南、华中、华东
6	蜡梅属	*Chimonanthus*	6	1	常绿灌木	亚热带,秦岭以南地区
7	假吻兰属	*Collabium*	1	1	草本	台湾、华南
8	杉木属	*Cunninghamia*	2	1	常绿乔木	秦岭以南地区
9	蔓龙胆属	*Crawfurdia*	14	1	草本植物	南岭、华南
10	青钱柳属	*Cyclocarya*	1	1	落叶乔木	西南、华南、华中、华东,湖北为北界
11	香果树属	*Emmenopterys*	1	1	落叶乔木	西南、华南、华中、华东
12	血水草属	*Eomecon*	1	1	草本植物	西南、华南、华中、华东
13	杜仲属	*Eucommia*	1	1	落叶乔木	西部、西北部至东部
14	伞花木属	*Eurycorymbus*	1	1	落叶乔木	西南、华南、华东
15	大绿竹属	*Dendrocalamopsis*	1	1	常绿乔木	南岭、华南
16	华桔竹属	*Fargesia*	1	1	常绿乔木	南岭、华南
17	银杏属	*Ginkgo*	1	1	落叶乔木	西南、华南、华中、华东、东北、华北
18	水松属	*Glyptostrobus*	1	1	落叶乔木	西南、华南、华东
19	福建柏属	*Fokienia*	1	1	常绿乔木	西南、华南、华东
20	四轮香属	*Hanceola*	6	1	草本植物	南岭、华南
21	水杉属	*Metasequoia*	1	1	落叶乔木	西南、华中
22	象鼻兰属	*Nothodoritis*	1	1	草本植物	南岭、华南
23	拟单性木兰属	*Parakmeria*	4	1	常绿乔木	西南、华南、华中、华东
24	山拐枣属	*Poliothyrsis*	1	1	落叶乔木	秦岭以南地区
25	青檀属	*Pteroceltis*	1	1	落叶乔木	秦岭以南地区
26	半枫荷属	*Semiliquidambar*	3	1	落叶乔木	西南、华南、华东
27	大血藤属	*Sargentodoxa*	1	1	藤本植物	华南、华中、华东
28	四棱草属	*Schnabelia*	2	1	草本植物	南岭、华南
29	地构叶属	*Speranskia*	3	1	草本植物	甘肃、陕西、
30	无距花属	*Stapfiophyton*	3	1	草本植物	南岭、华南
31	银鹊树属	*Tapiscia*	2	1	落叶乔木	西南、华中、华东
32	通脱木属	*Tetrapanax*	1	1	落叶乔木	陕西、秦岭以南地区
33	盾果草属	*Thyrocarpus*	3	1	草本植物	西南、华南、华东
34	石笔木属	*Tutcheria*	20	1	常绿乔木	西南、华南、华东和湖南,长江以南地区

7.2　与其它区系的比较

为了分析齐云山自然保护区在中国植物区系中的意义和特殊性,选用具有代表性和与本区系相邻的区系进行比较分析,比较的性状取各区系属的分布区类型占总属数(除世界分布属数外)的百分比,即表 5 - 6 中 2 ~ 15 的 14 个类型。另加热带性分布(2 ~ 7)和温带性分布(8 ~ 15)

两个性状，共计 16 个性状，分别用 a_1、a_2、a_3，…a_{16} 表示（表 5－9 和表 5－10），具体表示如下：

表 5－9　齐云山种子植物区系性状

a_1	—	泛热带分布	a_2	—	热带亚洲和热带美洲间断分布
a_3	—	旧世界热带分布	a_4	—	热带亚洲至热带大洋洲分布
a_5	—	热带亚洲至热带非洲分布	a_6	—	热带亚洲分布
a_7	—	北温带分布	a_8	—	东亚和北美洲间断分布
a_9	—	旧世界温带分布	a_{10}	—	温带亚洲分布
a_{11}	—	地中海区、西亚至中亚分布	a_{12}	—	中亚分布
a_{13}	—	东亚分布	a_{14}	—	中国特有
a_{15}	—	热带性分布	a_{16}	—	温带性分布

把表 5－10 的数据写成矩阵 A，然后按公式 $Y_{ij} = \dfrac{X_{ij} - \frac{1}{m}\sum_{i=1}^{m} X_{ij}}{\sqrt{\frac{1}{m-1}\sum_{i=1}^{m}\left[X_{ij} - \frac{1}{m}\sum_{i=1}^{m} X_{ij}\right]^2}}$ 将 A 标准化，得矩阵 Y，由矩阵 Y 求出转置矩阵 YT，并计算内积矩阵 $R = YTY$；求出相应特征根 λ_i 的特征向量 U（表 5－11）、特征根 λ_i（表 5－12）及各主成分对性状空间的信息贡献率（表 5－12）。由表 5－12 可以看出，第 1、2 两维主成分就可以保留原性状空间信息的 84.9%，即贡献率最大。由此，计算排序矩阵 W: $W = YU$，得到排序矩镇阵 W，根据排序矩阵，以第 1 主成分为 X 轴，第 2 主成分为 Y 轴作图 5－4。

表 5－10　齐云山与各区系的比较分析

地名	a_1	a_2	a_3	a_4	a_5	a_6	a_7	a_8	a_9	a_{10}	a_{11}	a_{12}	a_{13}	a_{14}	a_{15}	a_{16}
马头山	22.2	2.5	7.6	3.6	3.6	11.0	17.3	9.6	4.4	0.5	0.3	0	14.8	2.5	50.5	49.5
八大公山(湖南)[7]	17.4	1.8	5.0	4.4	2.9	10.0	19.1	9.4	6.2	1.1	0.3	0	16.4	5.8	41.5	58.5
秦岭[8]	12.9	1.2	3.2	2.1	2.7	4.7	27.9	8.0	11.1	2.9	2.8	1.3	14.5	4.7	26.8	73.2
神农架[7]	17.0	1.7	3.9	3.0	2.7	5.6	22.9	9.0	7.3	2.6	0.7	0	17.0	6.6	33.9	66.1
西天目山[9]	15.9	2.6	5.0	3.2	2.8	8.4	23.1	7.8	6.5	2.5	0.5	1.1	16.9	3.2	37.9	62.1
天堂寨(安徽)[9]	14.0	2.2	4.7	2.9	2.2	7.1	27.5	9.0	8.5	2.9	1.9	0	14.9	2.2	33.1	66.9
五指山(海南)[9]	28.9	3.0	11.7	11.0	7.4	26.2	3.8	2.3	0.9	0.1	0.1	0	3.9	0.8	88.2	11.8
井冈山[10]	26.5	3.2	6.5	3.8	2.3	10.0	19.4	10.3	4.3	0.3	0.1	0	11.5	1.8	52.3	47.7
乐昌[11]	22.3	2.8	7.0	5.0	4.5	13.6	15.3	6.5	4.5	0.6	0.5	0	13.9	3.6	55.2	44.8
齐云山	20.1	4.1	8.5	4.5	4.2	13.4	15.6	7.8	4.5	0.6	0.6	0	11.8	4.2	54.8	44.0
南岭国家保护区	21.8	2.7	8.6	5.4	5.0	14.5	14.5	6.3	3.9	0.7	0.4	0	11.8	4.4	58.0	42.0

注：表中百分比是相应类型的属数除以不含世界分布属的总属数

表 5－11　特征根向量

性状	主成分 1	主成分 2	主成分 3	主成分 4	主成分 5	主成分 6	主成分 7	主成分 8
X1	－0.26	－0.17	－0.12	－0.09	－0.33	0.30	0.33	－0.56
X2	－0.196	－0.260	－0.364	0.456	0.647	－.092	0.219	0.005
X3	－0.285	0.015	－0.050	0.048	0.194	0.018	－0.325	－0.002
X4	－0.269	0.207	0.150	－0.135	－0.111	－0.178	0.240	0.474
X5	－0.260	0.261	0.228	0.061	0.122	0.020	－0.314	－0.285
X6	－0.284	0.144	0.058	－0.0169	0.010	－0.102	－0.102	0.340
X7	0.285	－0.003	－0.195	－0.080	0.048	－0.072	0.102	－0.081
X8	0.209	－0.466	－0.183	－0.118	－0.107	0.230	－0.043	0.391
X9	0.278	0.189	－0.035	－0.112	0.114	0.179	0.038	0.132
X10	0.248	0.283	0.008	－0.062	0.083	0.581	0.395	－0.205
X11	0.197	0.427	－0.190	－0.313	0.390	0.387	－0.190	－0.086
X12	0.151	0.430	－0.210	0.722	－0.366	0.228	0.024	0.114
X13	0.254	－0.235	0.191	0.221	－0.102	－0.332	－0.526	－0.165
X14	0.162	－0.102	0.762	0.229	0.269	0.335	0.293	0.016
X15	－0.291	0.043	0.003	－0.017	－0.040	0.029	0.028	－0.006
X16	0.291	－0.040	－0.001	0.006	0.014	－0.035	－0.033	－0.014

表5-11 特征根向量

性状	主成分9	主成分10	主成分11	主成分12	主成分13	主成分14	主成分15	主成分16
X1	-0.086	0.191	-0.124	0.135	0.112	0.211	-0.105	0.343
X2	-0.198	0.148	-0.025	0.063	0.017	-0.020	0.062	0.078
X3	0.632	-0.208	-0.052	0.053	0.263	-0.049	-0.379	0.321
X4	-0.176	0.136	-0.108	0.134	-0.055	-0.370	0.034	0.543
X5	0.145	0.254	-0.095	0.121	0.063	-0.056	0.703	0.000
X6	-0.148	0-.038	-0.083	0.095	0.023	0.847	0.000	0.000
X7	0.015	-0.578	0.125	-0.183	0.030	0.153	0.449	0.488
X8	0.403	0.441	0.049	-0.011	-0.111	0.126	0.258	0.124
X9	-0.171	0.207	0.059	-0.047	0.854	0.000	0.000	0.000
X10	0.390	0.333	0.050	-0.034	-0.034	0.185	-0.086	0.017
X11	-0.126	0.195	0.032	-0.017	-0.396	0.056	-0.193	0.208
X12	0.11	0.042	0.016	-0.012	-0.067	0.020	-0.009	0.076
X13	-0.31	0.255	0.094	-0.099	0.003	0.058	-0.169	0.394
X14	0.100	-0.054	0.052	-0.048	-0.064	0.117	-0.058	0.133
X15	-0.004	0.062	0.951	0.000	0.000	0.000	0.000	0.000
X16	-0.003	-0.130	0.102	0.939	0.00	0.000	0.000	0.000

表5-12 特征根值及主成分贡献

	特征根值 λ_i	差异量	贡献率%	贡献率累积%
主成分1	11.6853	9.78753	0.730331	0.73033
主成分2	1.8978	0.91484	0.118610	0.84894
主成分3	0.9829	0.47791	0.061433	0.91037
主成分4	0.5050	0.08361	0.031564	0.94194
主成分5	0.4214	0.14790	0.026338	0.96828
主成分6	0.2735	0.14676	0.017094	0.98537
主成分7	0.1267	0.06638	0.007922	0.99329
主成分8	0.0604	0.02077	0.003772	0.99706
主成分9	0.0396	0.03221	0.002474	0.99954
主成分10	0.0074	0.00738	0.000461	1.00000
主成分11	0.0000	0.00000	0.000000	1.00000
主成分12	0.0000	0.00000	0.000000	1.00000
主成分13	0.0000	0.00000	0.000000	1.00000
主成分14	0.0000	0.00000	0.000000	1.00000
主成分15	0.0000	0.00000	0.000000	1.00000

依据表5-12,第1、2两维的主成分保留了84.9%的信息空间,足以反映各区系的特征。分析图5-4可知:① 齐云山区系与南岭国家自然保护区联系很紧密,其中乐昌是南岭保护区的一部分,它与齐云山聚合在一起,由此可见齐云山与南岭区系是一个完整的南岭区系。②井冈山在罗霄山脉中段,即齐云山的北面,区系成分,齐云山与井冈山区系成分的联系主要通过一些温带性成分表现,如红豆杉属 *Taxus*、槭属 *Acer*、桦木属 *Betula*、鹅耳枥属 *Carpinus*、栗属 *Castanea*、升麻属 *Cimicifuga*、山楂属 *Crataegus*、胡颓子属 *Elaeagnus*、水青冈属 *Fagus*、白蜡树属 *Fraxinus*、忍冬属 *Lonicera*、苹果属 *Malus*、桑属 *Morus*、杨梅属 *Myrica*、山梅花属 *Philadelphus*、杨属 *Populus*、夏枯草属 *Prunella*、李属 *Prunus*、栎属 *Quercus*、杜鹃花属 *Rhododendron*、盐肤木属 *Rhus*、蔷薇属 *Rosa*、柳属 *Salix*、花楸属 *Sorbus*、唐松草属 *Thalictrum* 等;而与南岭区系的联系主要通过热带性成分和南岭特征成分表现,如毛药花属 *Bostrychanthera*、买麻藤属 *Gnetum*、伞花木属 *Eurycorymbus* 等,以及南岭特征成分(表5-8)。③在图5-4的 *X* 轴方向,从海南五指峰→秦岭,反映了我国纬度与气候的相关规律,这种规律控制着较大空间植物区系的发展、变化;经度规律不明显,原因是图上各区系都属于我国东部温暖湿润地区。由

此可见，不同区系的性质既与植物地理历史有关，也与大范围的气候条件有关和局部地区生境的多样性有关。

7.3 小结

通过对齐云山种子植物区系属的分布类型分析，得到如下结论：

（1）图5－4中表现为与乐昌、南岭国家自然保护区排序在一起，表明齐云山植物区系与南岭区系有着密切的联系，是完整的南岭区系的一个重要组成部分。

（2）中国特有成分较多，达34属，高于井冈山、九连山、八面山（湖南）等区系。在这些特有属中有许多在系统发育上比较孤立的单型科、属，如伯乐树科、大血藤科、青钱柳属等，同时也有比较古老的裸子植物类群，如铁杉属、榧属、红豆杉属等，说明齐云山区系在发育上具有一定的古老性。这得益于齐云山成陆较早，环境条件较稳定，因而保存并繁衍了大量的古老性植物。这不仅仅表现在种子植物的方面，而且发现了许多古老的、罕见的蕨类植物，如小黑桫椤 *Alsophila mertteniana*、粤紫萁 *Osmunda mildei* 等。

（3）有许多南岭特征的成分，如南岭紫荆 *Cercis chuniana*、蔓龙胆属 *Crawfurdia*、大绿竹属 *Dendrocalamopsis*、四轮香属 *Hanceola*、象鼻兰属 *Nothodoritis*、四棱草属 *Schnabelia*、无距花属 *Stapfiophyton*、长苞铁杉等，反映了齐云山区系与南岭区系的密切联系。

（4）齐云山种子植物区系中热带性成分占主要地位。表5－9中列出了齐云山区系热带性成分占总属数（除世界分布属）的54.8%；其中泛热带分布类型的属最多，达157属，占总属数的18.6%，泛热带分布是南北两半球的热带地区，在齐云山自然保护区的区系成分中占有如此大的比例，充分反映了齐云山区系成分的复杂性，这对探讨有花植物的起源具有重要意义；其次是热带亚洲分布较多，共计105属，占总属数的12.4%，占全国该分布类型属数611属的17.2%，热带亚洲分布是指分布区范围包括印度、斯里兰卡、缅甸、泰国、中南半岛、印度尼西亚、加里曼丹、菲律宾及新几内亚等，东面可达斐济等太平洋岛屿，但不到大洋洲，分布区的北缘达我国西南、华南、华东及台湾，这个区域在古地理上属于劳亚古陆的南部，即中特提斯海的北岸（图5－1），齐云山正处于这一区域之中，无疑，这一分布类型反映了有花植物"华夏区系"起源的一些线索。

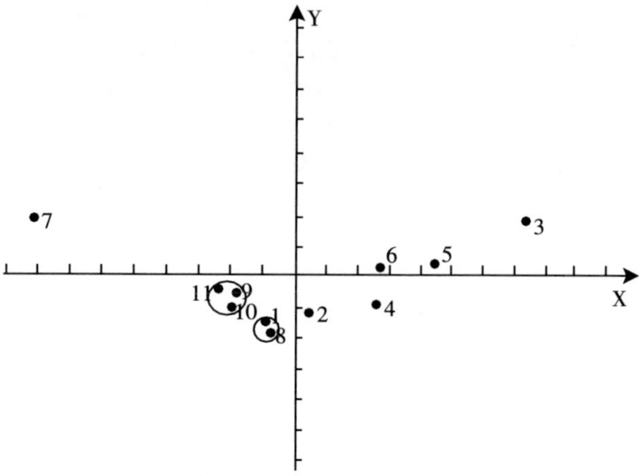

图5-4 齐云山种子植物区系与其它区系联系的比较

1.马头山 2.八大公山（湖南） 3.秦岭 4.神农架 5.西天目山 6.天堂寨（安徽） 7.五指峰（海南） 8.井冈山 9.乐昌 10.齐云山 11.南岭国家保护区

8 种的区系分析

8.1 种系成分分析

在对齐云山自然保护区种子植物种的区系分析时，首先牵涉到对分布区的划分，本文主要参照吴征镒（1985）中国植物区系分区进行种的分布分析，但在有些区域作了适当的修改，结果是划分为12个区进行统计分析：

（1）华南：广东、广西；（2）华东：江西、福建、浙江、安徽；（3）华中：湖南、湖北、河南；（4）西南：云南、贵州、四川（黔、滇、桂）；（5）西藏：西藏（含一些种主体在云贵高原、横断山脉、东喜马拉雅）；（6）

华北：山东、陕西、山西、内蒙古；(7)全国分布；(8)长江以南：华南、华东、西南、湖南；(9)长江以北：除长江以南以外的其它省份；(10)古热带区：海南，台湾(古热带区包括马来西亚)；(11)西北：天山地区(新疆，甘肃、宁夏，青海)；(12)东北：东北三省。

根据齐云山保护区考察所采集的标本鉴定分析，按种的地理分布类型进行统计，得到表 5 - 13，这些分布类型实际上就是齐云山自然保护区与它们的共有种的种数。

表 5 - 13　齐云山自然保护区种的分布类型

分布型	华南	华东	华中	西南	西藏	华北	全国分布	长江以南	长江以北	古热带区	西北	东北
种数	793	677	529	327	4	332	271	1505	646	251	102	78

从表 5 - 13 可以看出，齐云山自然保护区与华南共有的种数最多，其中 95% 是与南岭山地的共有种，如小叶买麻藤 *Gnetum parvifolium*、瓜馥木 *Fissistigma oldhamii*、华南青皮木 *Schoepfia chinensis*、厚叶琼楠 *Beilschmiedia percoriacea*、华南桂 *Cinnamomum austrosinense*、硬叶桂 *Cinnamomum rigidissimum*、华南山胡椒 *Lindera nacusua*、蜂窝木姜子 *Litsea foveolata*、香果新木姜子 *Neolitsea ellipsoidea*、丰满凤仙花 *Impatiens obesa*、大萼连蕊茶 *Camellia macrosepala*、金花猕猴桃 *Actinidia chrysantha*、线萼金花树 *Blastus apricus*、华南桂樱 *Prunus fordiana*、短柱八角 *Illicium henryi*、乳源木莲 *Manglietia yuyuanensis*、光果金樱子 *Rosa laevigata var. leiocarpa*、秀柱花 *Eustigma oblongifolium* 等，充分表明了齐云山区系具有中亚热带向南亚热带过渡的性质。此外，有许多种在这里交汇，如分布于南亚热带的小黑桫椤、粤紫萁、桃金娘 *Rhodomyrtus tomentosa*、华南蒲桃 *Syzygium austrosinense*、红皮紫陵、南岭紫荆、蔓龙胆、华南青皮木、厚叶琼楠、硬叶桂、华南山胡椒、丰满凤仙花、大萼连蕊茶、金花猕猴桃、线萼金花树、华南桂樱、秀柱花、白花酸果藤等都以齐云山为分布北界；浙闽新木姜子 *Neolitsea aurata var. undulatul*、庐山小蘖 *Berberis virgetorum*、闽赣葡萄 *Vitis chungii*、湖北毛椴 *Tilia hupehensis*、中华槭 *A. sinense*、三峡槭 *A. wilsonii* 等以这里为分布的南界，这对研究中国植物区系地理具有重要价值。

与华东共有的种数仅次于华南，主要通过浙江新木姜子 *Neolitsea aurata var. chekiangensis*、浙闽新木姜子 *Neolitsea aurata var. undulatula*、绒毛润楠 *Machilus velutina*、短萼黄连 *Coptis chinensis var. brevisepala*、大叶唐松草 *Thalictrum faberi*、华东唐松草 *Thalictrum fortunei*、庐山小蘖 *Berberis virgetorum*、南天竹 *Nandina domestica*、少花海桐 *Pittosporum pauciflorum*、软枣猕猴桃 *Actinidia arguta*、野梧桐 *Mallotus japonicus*、柳叶绣球 *Hydrangea stenophylla*、江西悬钩子 *Rubus gressittii*、滑皮柯 *Lithocarpus skanianus*、闽赣葡萄 *Vitis chungii* 等反映齐云山的联系。但是，由于地理历史、地缘气候、区系发育等多因素影响，齐云山区系的种与华东的联系比与华南的联系要少些，这也反映了齐云山区系与南岭区系渊源关系。

齐云山区系与华中的联系主要通过紫花含笑 *Michelia crassipes*、观光木 *Tsoongiodendron odorum*、假地枫皮 *Illicium jiadifengpi*、猴樟 *Cinnamomum bodinieri*、阴香 *Cinnamomum burmannii*、香叶树 *Lindera communis*、红皮木姜子 *Litsea pedunculata*、钝齿铁线莲 *Clematis obtusidentata*、六角莲 *Dysosma pleiantha*、樟叶木防已 *Cocculus laurifolius*、祁阳细辛 *Asarum magnificum*、柳叶牛膝 *Achyranthes longifolia*、水金凤 *Impatiens noli - tangere*、掌裂叶秋海棠 *Begonia pedatifida*、贵州连蕊茶 *Camellia costei*、湖北毛椴 *Tilia hupehensis*、紫刺卫矛 *Euonymus angustatus*、鄂西清风藤 *Sabia ritchieae* 等反映出来，而且从表 5 - 13 比较可知，与华中的共有种数少于华南、华东。

齐云山区系与西南的共有种仅 327 种，如宜昌润楠 *Machilus ichangensis*、润楠 *Machilus pingii*、南亚新木姜 *Neolitsea zeylanica*、钝齿铁线莲 *Clematis obtusidentata*、密花远志 *Polygala tricornis*、小山飘风 *Sedum filipes*、金线草 *Antenoron filiforme*、千屈菜 *Lythrum salicaria*、硬齿猕猴桃 *Actinidia callosa*、粉背南

蛇藤 *Celastrus hypoleucus*、卵叶水芹 *Oenanthe rosthornii*、长蕊杜鹃 *Rhododendron stamineum*、云南兔儿风 *Ainsliaea yunnanensis*、小叶菝葜 *Smilax microphylla*、虾脊兰 *Calanthe discolor* 等。西南在地理上与齐云山相距较远，气候差异较大，但两个区系的共有种不少，原因是我国西南是古北大陆南缘，是有花植物的重要起源地之一，显然与齐云山区系的联系也反映了植物区系统一起源，各自发展的背景。

与西藏的联系很少，只有 4 种，如米饭花 *Vaccinium sprengelii*、针齿铁 *Myrsine semiserrata*、密毛紫菀 *Aster vestitus*、雷公鹅耳枥 *Carpinus viminea* 。此外，与华北、西北、东北的共有种不多，这与气候、植物历史等因素有关。就全国来说，长江以南与齐云山的共有种较多，达 1505 种，明显高于与长江以北的共有种数。

8.2 种的分析之小结

通过齐云山种的分布类型分析，可以了解到齐云山种子植物种的区系具有如下特点：①与华南联系紧密，特别是与南岭山地联系密切，充分表明了齐云山区系具有中亚热带向南亚热带过渡的性质。②其次，由于地理历史、地缘气候、区系发育等多因素影响，齐云山区系的种与华东的联系比与华南的联系要少些，这也间接说明了齐云山区系与南岭区系渊源关系。③与华中的共有种数少于华南、华东；与华北、西北、东北的共有种也不多，这与气候、植物历史等因素有关。就全国来说，长江以南与齐云山的共有种较多，达 1505 种，明显高于与长江以北的共有种数。

9 种子植物区系分析之结论

通过对齐云山自然保护区种子植物科、属、种的区系分析以及与其它区系的比较分析，得到如下结论：

（1）物种丰富：种子植物 2422 种，隶属于 178 科 847 属；蕨类 40 科，85 属，229 种。高等植物 2843 种；其中：苔藓植物 52 科 99 属 192 种。

（2）具有中亚热带向南亚热带过渡的区系特征。齐云山自然保护区与华南共有的种数最多，如小叶买麻藤 *Gnetum parvifolium*、华南青皮木 *Schoepfia chinensis*、厚叶琼楠 *Beilschmiedia percoriacea*、华南桂 *Cinnamomum austrosinense*、硬叶桂 *Cinnamomum rigidissimum*、华南山胡椒 *Lindera nacusua* 大萼连蕊茶 *Camellia macrosepala*、金花猕猴桃 *Actinidia chrysantha*、秀柱花 *Eustigma oblongifolium* 等，充分表明了齐云山区系具有中亚热带向南亚热带过度的性质。

（3）具有许多古老的成分：齐云山发现了许多古老的、罕见的蕨类植物，如小黑桫椤 *Alsophila mertteniana*、粤紫萁 *Osmunda mildei* 等；此外，齐云山还保存了许多第三纪古老的成分和孑遗植物，如铁杉属、福建柏、红豆杉属、穗花杉、小叶买麻藤、壳斗科、木兰科、山茶科、金缕梅科、半枫荷属 *Semiliquidambar*、伯乐树科、大血藤科、青檀属、青钱柳属等，具有重要的科学研究价值。

（4）与南岭植物区系有密切的联系：依据前面分析，齐云山是南岭区系的组成部分，一是与南岭区系共有的种最多；二是齐云山有许多南岭区系特征成分，如南岭紫荆、蔓龙胆属、大绿竹属、华桔竹属、四轮香属、象鼻兰属、四棱草属、无距花属、长苞铁杉、小叶买麻藤、华南青皮木、厚叶琼楠、华南桂、硬叶桂、华南山胡椒、蜂窝木姜子、香果新木姜子、丰满凤仙花、大萼连蕊茶、金花猕猴桃、线萼金花树、华南桂樱、短柱八角、乳源木莲、光果金樱子、秀柱花、白花酸果藤等。

（5）有许多中国特有成分：齐云山种子植物中中国特有成分达 34 属，高于井冈山、九连山、八面山（湖南）等区系。在这些特有属中有许多在系统发育上比较孤立的单型科、属，如伯乐树科、大血藤科、青钱柳属等，同时也有比较古老的裸子植物类群，如铁杉属、榧属、红豆杉属等，说明齐云山区系在发育上具有一定的古老性。

（6）科的区系成分复杂：温带—亚热带分布、温带—热带分布的科共有 69 科，说明齐云山自然保护区不仅有古老的历史背景，而且具有良好的、适合不同物种生存的生态环境。热带亚洲、泛热带

-亚热带分布的科是齐云山的主要成分,但没有纯热带成分的科。这些信息在一定程度上反映了齐云山种子植物区系的地质历史、植物历史背景以及与南岭植物区系的联系。其次,东亚-北美间断分布和东亚分布的科较多,而且成分较古老,有许多木兰目、番荔枝目、毛茛目、金缕梅目及柔荑花序类的代表,说明齐云山保护区自1.95亿年前成陆以来,自然环境比较稳定,经历了侏罗纪裸子植物繁盛时期、白垩纪被子植物发展时期,留下了许多古老的类群,对研究中国以及世界植物区系的起源、发展和演化具有重要价值。

(7)属的热带性成占优势:齐云山种子植物区系中热带性成分占主要地位,占总属数(除世界分布属)的54.8%;在古地理上属于劳亚古陆的南部,即中特提斯海的北岸,齐云山处于这一区域之中,无疑,这一分布类型为"有花植物热带-亚热带起源"提供了线索,同时也反映了齐云山自然保护区的特殊性。

(8)具有交汇性特点:浙闽新木姜子、庐山小蘖、闽赣葡萄、湖北毛椴、中华槭、三峡槭等以这里为分布的南界;小黑桫椤、粤紫萁、桃金娘 *Rhodomyrtus tomentosa*、华南蒲桃 *Syzygium austrosinense*、红皮紫陵、南岭紫荆、蔓龙胆、华南青皮木、厚叶琼楠、硬叶桂、华南山胡椒、丰满凤仙花、大萼连蕊茶、金花猕猴桃、线萼金花树、华南桂樱、秀柱花、白花酸果藤等都以齐云山为分布北界。

(9)具有华东、华南两个区系的过渡特征:华东和华南植物区系是中国-日本植物区系的核心部分。地理空间上齐云山正处这两个区系的交界处,由于齐云山特殊的气候条件和多样化的生境以及植物历史的综合影响,使得这里具有华东、华南两个植物区系的过渡性特点,槭属是温带分布的种类,在这里槭树种类不丰富,但华南成分有所增加如罗浮槭、红果罗浮槭、岭南槭 *Acer tutcheri*、三峡槭 *A. wilsonii*、长尾三峡槭 *A. wilsonii var. longicaudatum* 等,同时华东成分如中华槭、青榨槭等仍有分布;鹅耳枥属、椴树属等分布与此相似。此外,有许多华东成分如浙闽新木姜子、庐山小蘖、闽赣葡萄 *Vitis chungii*、湖北毛椴、中华槭、三峡槭等以这里为分布的南界;华南成分如小黑桫椤、粤紫萁、桃金娘、华南蒲桃 *Syzygium austrosinense*、五列木 *Pentaphylax euryoides*、南岭紫荆、蔓龙胆、华南青皮木、厚叶琼楠、硬叶桂、华南山胡椒、丰满凤仙花、大萼连蕊茶 *Camellia macrosepala*、金花猕猴桃、线萼金花树、华南桂樱 *laurocerasus fordiana*、秀柱花、白花酸果藤等都以齐云山为分布北界。因此,齐云山植物区系的过渡性质,对研究华东和华南植物区系、甚至中国-日本植物区系的起源、发展及与环境的关系、引种驯化等具有重要意义。

第三节 齐云山区系与南岭植物区系的关系

我国南岭山地不仅仅是一条气候分界线,而且是很重要的植物区系。这里的植物多样性十分丰富,中国的30000种种子植物中,南岭山地约有9000种,仅次于川、滇;其次,这里保存了许多古老的,而且可能是地球植物区系中一些古老种系的发源地,也是世界植物区系最复杂的地区之一。在我国亚热带植物区系中,南岭区系与西南、华中、华东区系形成了我国亚热带区系的主体,而且南岭区系是其中关键的地区之一,显然,南岭山地及其北坡的齐云山在自然生物保护工作中具有十分重要的地位。这里主要讨论三个问题:一是南岭植物区系的发育历史;二是南岭植物区系的重要意义;三是齐云山区系在南岭区系中的地位及其重要性。

10 南岭植物区系的发育历史

南岭区系的范围是东起福建的龙岩、永定,西达湘桂黔边上的三江和龙胜,东西长约900km,南北宽约150km(张宏达,1980)。南岭山地(包括齐云山)均在约1.95亿年(三叠纪早期)因受印支运动的作用而成为陆地(图5-3)。南岭山地属于华南古陆(华夏古陆和江南古陆),在植物区系的演化过程中经历了如下几个阶段：

（1）泥盆纪：在南岭山地的江化、道县、乳原、平远等地的泥盆纪地层中找到了拟鳞木 *Lepidendropsisi*、古鳞木 *Protolepidendron*、菱形鳞木 *Letophlocus* 等古蕨化石。

（2）石炭纪：在兴宁、韶关的下石炭纪地层中找到了种子蕨的湘乡针羊齿 *Rhodea hsianghsinggensis* 和契羊齿 *Sphenoptersis* 等化石。

（3）二叠纪：在南岭山地的湖南永兴二叠纪地层中发现大量的烟叶大羽羊齿 *Gigantopteris nicotianacfolia*；在福建永定二叠纪地层中也发现了大量的心叶大羽羊齿 *Gigantopteris coedata* 等化石。大羽羊齿是“华夏植物群”的代表，是东亚石炭纪、二叠纪植物群的专有名词（沈光隆等，1996），也有学者认为大羽羊齿是前被子植物（张宏达，1980）。

（4）三叠纪：南岭山地盛长着苏铁类森林，主要类群有本内苏铁类的侧羽叶 *Pterophyllam*、网羽叶 *Dictyozamites*、耳羽叶 *Otozamites* 等，苏铁目的大网叶 *Anthrophyopsis*、蓖羽叶 *Ctenis* 等，银杏类的拜拉银杏 *Bairera*、拟银杏 *Ginkgoites*，松柏类的短叶杉 *Brachyphyllum* 等。这在一定程度上反映了三叠纪可能是前被子植物与裸子植物平行发展、演化。前被子植物如某些大羽羊齿发展、演化为原始被子植物，如 *Sanimqulia* 等，进而演化出被子植物。

（5）侏罗纪：原始被子植物可能在三叠纪已经出现，经过3000 万年的改造，到侏罗纪获得较快发展，水青树、昆栏树、木兰科、金缕梅科、樟科、杜仲科等较原始类群已出现，南岭山地的胞粉化石已证实这种推论（张宏达，1980）。

（6）白垩纪：被子植物获得全面发展，现代科属基本形成。

（7）第三纪古新世：南岭山地池江（江西大余）古新世地层发现小苏铁花粉 *Cycadopites*、云杉粉 *Piceaepollenites*、雪松粉 *Cedripites*、百岁兰粉属 *Welwitschiapites* 等与现代裸子植物接近的类群；被子植物花粉有：杨梅粉属 *Myricipites*、山核桃粉属 *Caryapollenites*、枫杨粉属 *Pterocaryapollenites*、山毛榉粉属 *Faguspollentes*、百合粉属 *Liliacidites* 等现代被子植物组合（孙湘君等，1980）。

综合上述，南岭区系的发展有两个特点：一是从东（如福建永定）到西（如湘西南永兴等）都是在同一块古陆上经历了一个连续的发展过程；二是具有基本相同的历史成分和地理成分，表现出完整的南岭区系特征。

11　南岭山地现代植被的特点

11.1　植被类型的多样性特点

（1）具有较完整的低海拔常绿阔叶林类型，通常在海拔 700m 以下，主要建群种是红钩栲 *Castanopsis lamontii*，红栲 *C . hystrix*，米槠 *C . carlesi*、大果马蹄荷 *Exbucklandia tonkinensis*、阿丁枫 *Altingia chinensis*、华南桂 *Cinnamomum austro - sinica* 等；沟谷常常具有板根、大型藤本等热带森林特征。

（2）具有典型的山地常绿阔叶林，出现在海拔 700 ~ 1500m 的山地。主要建群种有壳斗科、木兰科、山茶科、金缕梅科等树种，这些成分比较原始，反映了南岭区系的古老性。裸子植物除了华南五针松 *Pinus kwangtungensis* 以外，还有油杉属 *Keteleeria*、铁杉属 *Tsuga*、福建柏 *Fokienia hodginsii*、穗花杉 *Amentotaxus argotaenia*、小叶买麻藤等南岭区系的特征成分。

（3）具有南方典型的山顶矮林，这种植被类型主要出现于海拔 1700 ~ 2100m，土层浅薄，湿度大，风大，树高 2 ~ 5m。以杜鹃花科、山柳科、金缕梅科的蜡瓣花 *Corylopsis sinensis* 等为主。

（4）局部地区具有石灰岩植被类型，主要树种有黄连木、化香、朴树、圆叶乌桕等，反映了齐云山生境的多样性。

11.2　种子植物区系的复杂性特点

（1）物种多样性程度高。南岭山地裸子植物约 8 科 20 属 32 种，被子植物中双子叶植物约 161

科 787 属 2728 种,单子叶植物 31 科 238 属 595 种,南岭山地的面积分别是占毗邻的湖南、贵州、广西、广东、江西、福建的 1/3,而南岭区系的科、属、种数目都超过毗邻各省区的植物科数、属数、种数。

(2)不同系统发育阶段的类群都有。南岭区系保存了许多古老的类群,如蕨类植物小黑桫椤、粤紫萁等;裸子植物银杉、铁杉属、福建柏、榧属、红豆杉属、穗花杉、小叶买麻藤等;被子植物壳斗科、木兰科、山茶科、金缕梅科、伯乐树科、大血藤科、青檀属、青钱柳属等。此外,也有许多较进化的类群,如兰科植物约 40 属 100 余种等,这充分说明南岭植物区系的发育、发展历史较为连续,没有受到第四纪冰川较大的侵袭影响。

12 南岭山地在全国植物区系的重要意义

(1)是我国亚热带区系的重要地区。在中国的 30000 种种子植物中,南岭山地约有 9000 种,仅次于川、滇,可以说在整个亚热带植物区系中,南岭区系与西南、华中、华东形成了我国亚热带区系的主体,而南岭区系是其中重要的地区,如果缺少南岭区系的植物多样性,将使我国的生物多样性保护黯然失色。

(2)保存了许多第三纪古老的成分和孑遗植物。许多第三纪的孑遗植物如双花木属 *Disanthus*、樱井草属 *Petrosavia*、青钱柳属、伯乐树等在南岭山地得以保存下来。此外,南岭还保存了许多古老的类群,如银杉、铁杉属、福建柏、榧属、红豆杉属、穗花杉、小叶买麻藤、壳斗科、木兰科、山茶科、金缕梅科、伯乐树科、大血藤科、青檀属、青钱柳属等。

(3)南岭山地是某些类群的分化中心。南岭山地是某些类群的分化中心,如半枫荷属 *Semiliquidambar*、山茶属的光果红山茶组 *Lucidissima*、安息香科、猕猴桃科、伯乐数科等都在这里分化产生许多物种,猕猴桃科在南岭山地有 30 余种,比云南、广西多,并在南岭山地分化出 11 个特有种。

(4)是许多物种的分布界限。南岭山地的裸子植物很有特色,这里是松科(除松属 *Pinus* 外)的分布南界,如冷杉 *Abies*、铁杉 *Tsuga*、油杉 *Keteeria*、银杉 *Cathya*、白豆杉 *pseudotsuga* 等;同时又是买麻藤属 *Gnetum* 的分布北界。这对研究中国植物区系的起源、发展和保护具有重要价值。

(5)分布着许多南岭植物区系的特征成分。由于南岭区系的完整性,分化出许多南岭特征成分,如南岭紫荆、蔓龙胆属、大绿竹属、四轮香属、象鼻兰属、四棱草属、无距花属、长苞铁杉、小叶买麻藤、华南青皮木、厚叶琼楠、华南桂、硬叶桂、华南山胡椒、蜂窝木姜子、香果新木姜子、丰满凤仙花、大萼连蕊茶、金花猕猴桃、线萼金花树、华南桂樱、短柱八角、乳源木莲、光果金樱子、秀柱花、白花酸果藤等。

(6)南岭种子区系具有明显的热带成份。南岭植物区系中属的热带性成占优势,约占总属数(除世界分布属)的 57.9%;在古地理上南岭山地属于劳亚古陆的南部,即中特提斯海的北岸,因此,南岭植物区系的历史成分具有浓厚的古热带特点,这些信息为"有花植物热带 - 亚热带起源"提供了重要的线索。

13 齐云山植物区系在南岭区系中的地位及其意义

13.1 齐云山是南岭区系的组成部分

(1)齐云山具有较丰富南亚热带成分:齐云山自然保护区位于南岭山脉向北延伸的诸广山(图 5-5)。这种地缘优势使得齐云山的种子植物区系与南岭种子植物区系联系紧密,是南岭山地的重要组成部分。井冈山位于齐云山的北面,井冈山种子植物区系与齐云山种子植物区系有明显的差异,如井冈山种子植物区系热带性属占 49.3%(刘仁林等,1995),而齐云山种子植物区系热带性属占 54.8%;其次,小黑桫椤、粤紫萁、长苞铁杉、红皮紫陵、南岭紫荆、蔓龙胆属、大绿竹属、四轮香属、象鼻兰属、四棱草属、无距花属、小叶买麻藤、华南青皮木、厚叶琼楠、硬叶桂、华南山胡椒、蜂窝木姜子、香果新木姜子、丰满凤仙花、大萼连蕊茶、金花猕猴桃、线萼金花树、华南桂樱、短柱八角、光果金樱子、秀柱花、白花酸果藤等亚热带区系成分在齐云山北面未见踪迹，而在齐云山均有分布。

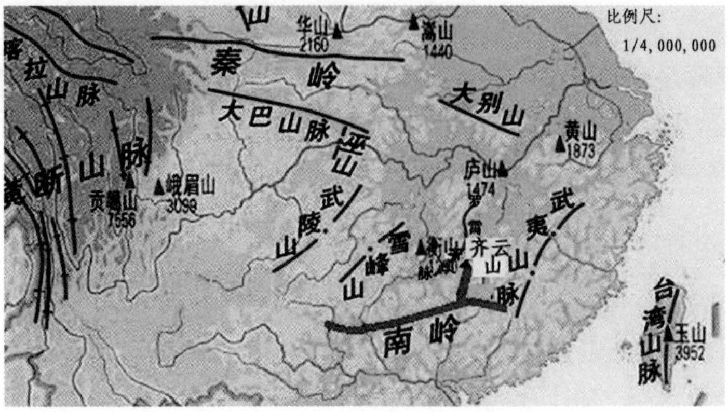

图 5－5　齐云山在南岭山地上的位置(示意)

(2)具有连续的区系发育历史：齐云山与南岭山地同属华南古陆（华夏古陆和江南古陆），而且都是在大约 1.95 亿年（三叠纪早期）因受印支运动的作用而成为陆地（图 5－3），齐云山与南岭植物区系具有相似的发育、发展历史。这种连续的区系发育历史，是研究我国植物区系起源、发展和演化理想的场所之一。

(3)齐云山具有许多南岭特征的成分：如南岭紫荆、蔓龙胆属、四轮香属、象鼻兰属、四棱草属、无距花属、长苞铁杉等南岭特征的成分在齐云山繁衍生息，反映了齐云山区系与南岭区系的密切联系。

13.2　齐云山种子植物区系在南岭区系的意义

(1)齐云山自然保护区物种多样性较高。齐云山自然保护区具有较高的物种多样性，种子植物 2422 种，蕨类植物 229 种，苔藓 192 种，高于八面山自然保护区、井冈山自然保护区、车八岭自然保护区、九连山自然保护区（表 5－14）。

表 5－14　齐云山与邻近的自然保护区物种数比较

比较项目	种子植物	蕨类植物	苔藓植物	维管束植物	热带分布类型属所占比例(%)
齐云山	2422	229	192	2651	50.5
八面山	2031	228	—	2259	38.2
井冈山	2300	235	—	2535	45.9
九连山	2321	188	287	2509	46.9
车八岭	1345	178	124	1523	—

(2)具有许多古老成分。齐云山保存了许多古老的成分和孑遗植物，如小黑桫椤、粤紫萁、长苞铁杉、福建柏、榧属、南方红豆杉、穗花杉、小叶买麻藤、壳斗科、木兰科、山茶科、金缕梅科、半枫荷属 *Semiliquidambar*、伯乐树、大血藤、青檀、青钱柳等。

(3)具有许多南岭特征成分。由于齐云山植物区系与南岭区系联系紧密，因此齐云山具有许多南岭区系的特征成分，如南岭紫荆、蔓龙胆属、大绿竹属、华桔竹属、四轮香属、象鼻兰属、四棱草属、无距花属、长苞铁杉、小叶买麻藤、华南青皮木、厚叶琼楠、华南桂、硬叶桂、华南山胡椒、蜂窝木姜子、香果新木姜子、丰满凤仙花、大萼连蕊茶、金花猕猴桃、线萼金花树、华南桂樱、短柱八角、乳源木莲、光果金樱子、秀柱花、白花酸果藤等。这些成分对研究亚热带植物区系的起源、发展和演化具有重要意义。

(4)是中亚热带植物向南亚热带过度的过渡地带。齐云山自然保护区与华南共有的种数最多,如小叶买麻藤 *Gnetum parvifolium*、华南青皮木 *Schoepfia chinensis*、厚叶琼楠 *Beilschmiedia percoriacea*、华南桂 *Cinnamomum austrosinense*、硬叶桂 *Cinnamomum rigidissimum*、华南山胡椒 *Lindera nacusua* 大萼连蕊茶 *Camellia macrosepala*、金花猕猴桃 *Actinidia chrysantha*、秀柱花 *Eustigma oblongifolium* 等,充分表明了齐云山区系具有中亚热带向南亚热带过渡的性质。

(5)保存了许多南方山地重要的植物群落。齐云山自然保护区发现有许多南岭山地重要的植物群落,如长苞铁杉起源于南岭山地,在齐云山长苞铁杉分布面积最大、株数最多、自然更新最好的地区,总面积 608. 50hm^2,共计 27. 67 万株,其中,Ⅴ级老树 7705 株,Ⅳ级壮树 1. 8213 万株,Ⅲ级幼树 7. 005 万株,Ⅱ幼树 5. 534 万株,Ⅰ级幼苗(H < 1. 3 = 12. 5392 万株,说明长苞铁杉在齐云山自然保护区不但分布广,数量多,而且更新良好。此外,铁杉林、福建柏林、紫茎林 *Stewartia sinensis*、舟柄茶林 *Hartia sinensis* 在齐云山也分布较多,更新较好。这些群落是南岭山地重要的植物群落。

马尾松 *Pinus massoniana* Larmb. 是我国亚热带重要的工业用材树种,也是重要的制浆造纸原料,适合抄造新闻纸、牛皮纸等纸张。秦国峰等(1995)选择了 30 个优良产地马尾松木材进行制浆造纸试验,研究表明对不同产地木材纸浆产量、质量和每吨干浆成本的综合分析,确认江西崇义齐云山是马尾松造纸材的最佳产地。研究发现江西崇义齐云山的单株纸浆产量大于福建优良种源(邵武种源)作为对照的 134. 94% ~124. 62%;江西崇义齐云山的纸张抗张强度大于对照 19. 7%,据此将江西崇义确定为马尾松造纸材最优种源区内的最佳产地,如引进外省种源,当推江西崇义为上。齐云山保存了较大面积的天然、原生性马尾松群落,在齐云山分布也较为广泛,海拔 400 ~ 1300m 的阳坡和半阳坡都见成片分布。根据样地调查,齐云山的马尾松群落物种多样性较高,保存较完整,群落的 Simpson 指数达到 13. 706,均匀度指数为 0. 785,说明该群落物种多样性指数、均匀度比较高,其中乔木层、下木层的 Simpson 指数分别为 2. 963、11. 775。马尾松也是群落的建群种,重要值为 168. 656,种群密度较大,达 620 株/hm^2,其胸径集中在 20 ~ 25 之间,最大株有 30cm。

此外,五列木在江西其它地区少见,而在齐云山形成面积较大的群落分布,主要分布于 500 ~ 1400m 地段,常伴有舟柄茶、甜槠等树种。五列木是联系山茶科和石楠科的重要类群,这些信息对研究森林植被的发展、演替以及物种进化与生态的关系等具有重要意义。

总之,齐云山是完整的南岭植物区系重要组成部分,对研究中国植物区系起源、发展、演化、自然保护区网的构建等具有重要价值。

第四节 齐云山自然保护区保护价值分析

14 保存了重要的植物群落

14. 1 保存了较大面积的南方山地重要的松、柏类森林群落

(1)长苞铁杉林:松科植物主要分布在北半球温带和亚热带高山,少数深入到热带高山或平原。在中、低纬度地区,松科植物多沿山区分布。长苞铁杉是铁杉属现存的类群中最古老的类群,是我国特有种,主要沿南岭山地分布(图 5 - 6),南岭保护区和齐云山保护区正是长苞铁杉分布区的中心地带;齐云山北面的八面山(罗霄山脉)和南面的九连山保护区、车八岭保护区(南岭山地)却没有长苞铁杉分布。长苞铁杉是中国南岭山地特产珍贵树种,是大果铁杉组(Sect. Hesperopeuce)分布于中国的唯一代表种类,它在研究东亚 - 北美植物区系和铁杉属系统分类等方面有重要科学价值。长苞铁杉现存数量较少,《中国物种红色名录》列为易危种,《中国植物红皮书》列为渐危种。根据群落调查,齐云山保护区的长苞铁杉群落与其他地方比较,具有如下特殊性:分布面积大,株数多,

群落总面积608.50hm^2,共计27.67万株;年龄结构合理,更新好,保持着良好的种群扩大趋势,其中Ⅴ级老树7537株,Ⅳ级壮树1.7816万株,Ⅲ级幼树6.8525万株,Ⅱ幼树5.4135万株,Ⅰ级幼苗(H<1.3=12.2661万株。说明齐云山保护区的生态系统保存比较完整,有利于一些古老性类群的生存与发展。

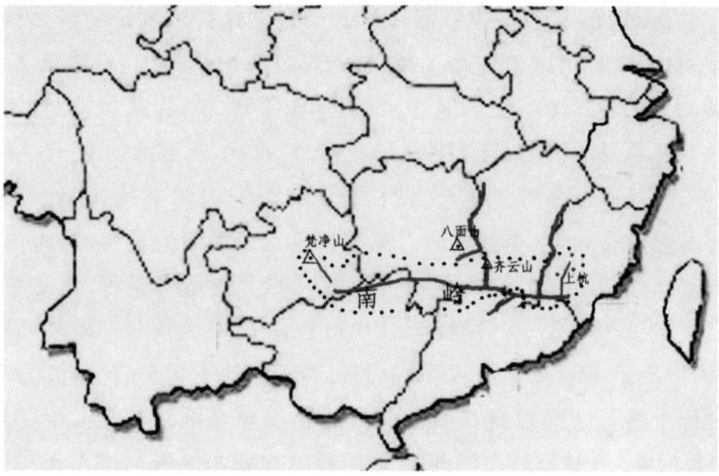

图5-6　长苞铁杉的地理分布

长苞铁杉分布区 …………

(2)具有优良遗传基因的原生性马尾松林:马尾松 *Pinus massoniana Larmb.* 虽然是很普通的树种,但原生性的天然马尾松林极少见,具有很高的保护价值。齐云山保护区由于长期以来交通不便,自然条件优越,因此保存了较大面积的原生性天然马尾松群落。

根据研究,马尾松是我国亚热带重要的工业用材树种,也是重要的制浆造纸原料,适合抄造新闻纸、牛皮纸等纸张。秦国峰等(1995)选择了30个优良产地马尾松木材进行制浆造纸试验,研究表明对不同产地木材纸浆产量、质量和每吨干浆成本的综合分析,确认江西崇义齐云山是马尾松造纸材的最佳产地。研究发现江西崇义齐云山的单株纸浆产量大于福建优良种源(邵武种源)作为对照的134.94%~124.62%;江西崇义齐云山的纸张抗张强度大于对照19.7%,据此将江西崇义确定为马尾松造纸材最优种源区内的最佳产地。

齐云山的原生性马尾松群落,树干通直,冠形优美,广泛分布于海拔400~1300m的阳坡和半阳坡。根据样地调查,齐云山的马尾松群落物种多样性较高,保存较完整,群落的Simpson指数达到13.706,均匀度指数为0.785,说明该群落物种多样性指数、均匀度比较高,其中乔木层、下木层的Simpson指数分别为2.963、11.775。马尾松也是群落的建群种,重要值为168.656,种群密度较大,达620株/hm^2,其胸径集中在20~25之间,最大株有30cm。

(3)我国特有的福建柏林:福建柏为第三纪孑遗的单种属植物,属国家Ⅱ级保护稀有种。在齐云山分布较广,尤其在海拔700~1600m地段随处可见。齐云山保护区的福建柏林主要分布在上十八垒石陂头等一带,分布总面积为1485hm^2,表现出如下特点:①齐云山保护区福建柏林分布面积较大,种群数量较多,是福建柏分布相对集中的区域之一。②保护区内福建柏种群结构稳定,更新良好,种群扩展能力较强;③齐云山是福建柏的一个适生区域。

14.2　有较多的五列木群落

五列木科1属1种,五列木主要分布于马来西亚、印度尼西亚、中南半岛和我国南部,我国主要分布于华南,在江西是首次采得标本,其它地区很少见到成片的群落,而在齐云山有面积较大的森林群落分布，十分珍贵，主要分布于 500 ~ 1400m 地段，常伴有舟柄茶、甜槠等树种。五列木是联系山茶科和石楠科的重要类群，对研究齐云山森林植被的发展、演替以及物种进化与生态的关系等具有重要意义。

14.3 有重要的山茶科群落

山茶科有 36 属 700 余种，主要分布于热带和亚热带地区，但以亚洲种类最多。我国山茶科 15 属 480 种，都属于较原始的山茶亚科和厚皮香亚科。紫茎属的天目紫茎和舟柄茶属的舟柄茶是稀有树种，在齐云山保护区形成了较大面积的天然群落，极为罕见。此外，山茶属种类较丰富，达 17 种之多，是油茶遗传资源丰富的地区之一。

14.4 分布有较多的伯乐树群落

伯乐树是国家一级保护树种，单型科、属，在系统发育线上比较孤立，对研究区系发育、发展和地质环境变迁具有重要意义。齐云山保存了较大种群数量的伯乐树，约 79hm^2、约 8000 株，而且天然更新良好，说明齐云山是伯乐树最适宜生长的地区之一，保护好这些稀有群落，是开展遗传多样性和保育技术等研究的基础。

14.5 有丰富的兰科植物

考察发现保护区内有兰科植物 38 属 74 种，其中属分别占全国、全省的 22.4% 和 79.2%；种分别占全国和全省的 7.4%、88.1%。极危种 3 种，濒危种 17 种，易危种 9 种，其余多为近危。在潮湿的岩石上，成片分布着独蒜兰、台湾独蒜兰、吻兰、台湾吻兰、镰翅羊耳蒜等 10 余种兰科植物。在干燥的岩石上，成片分布着多花兰、石豆兰、石仙桃等，这里的独蒜兰、多花兰分布之广、密度之大、数量之多在全国也绝无仅有！长轴白点兰在整个保护区的范围内都有分布，主要附生在甜槠、乌饭树、黄樟等树上。与邻近的和江西省其他地区比较，齐云山是兰科植物较丰富的地区之一，如齐云山北面的井冈山保护区兰科植物为 41 种，湖南八面山为 39 种；南面的九连山为 60 种。兰科植物需要森林的庇护，在一定程度上兰科植物种类的丰富与否，反映了森林生态系统的原生性程度，丰富多样的兰科植物说明森林生态系统的原生性较好，生境多样，生态过程比较完整，具有较高自然保护价值。

15 植物区系特色

15.1 具有华东、华南两个区系过渡的典型性

华东和华南植物区系是中国 - 日本植物区系的核心部分。地理空间上齐云山正处这两个区系的交界处，由于齐云山特殊的气候条件和多样化的生境以及植物历史的综合影响，使得这里具有华东、华南两个植物区系的过度性特点，槭属是温带分布的种类，在这里槭树种类不丰富，但华南成分有所增加如罗浮槭、红果罗浮槭、岭南槭、三峡槭、长尾三峡槭等，同时华东成分如中华槭、青榨槭等仍有分布；鹅耳枥属、椴树属等分布与此相似。此外，有许多华东成分如浙闽新木姜子、庐山小蘗、闽赣葡萄、湖北毛椴、中华槭、三峡槭等以这里为分布的南界；华南成分如小黑桫椤、粤紫萁、桃金娘、华南蒲桃、五列木、南岭紫荆、蔓龙胆、华南青皮木、厚叶琼楠、硬叶桂、华南山胡椒、丰满凤仙花、大萼连蕊茶、金花猕猴桃、线萼金花树、华南桂樱、秀柱花、白花酸果藤等都以齐云山为分布北界。因此，齐云山植物区系的过渡性质，对研究华东和华南植物区系、甚至中国 - 日本植物区系的起源、发展及与环境的关系、引种驯化等具有重要意义。

15.2 是南岭植物区系的重要组成部分

南岭是我国生物多样性的关键地区之一，也是物种分化中心之一，齐云山自然保护区位于南岭北坡，属南岭向北延伸的诸广山，是南岭植物区系的重要组成部分，是构建完整的南岭自然保护区网不可或缺的部分。这种地缘优势使得齐云山的种子植物区系与南岭种子植物区系联系紧

密，许多南岭成分如小黑桫椤、粤紫萁、长苞铁杉、五列木、南岭紫荆、蔓龙胆属、大绿竹属、四轮香属、象鼻兰属、四棱草属、无距花属、小叶买麻藤、华南青皮木、厚叶琼楠、硬叶桂、华南山胡椒、蜂窝木姜子、香果新木姜子、丰满凤仙花、大萼连蕊茶、金花猕猴桃、线萼金花树、华南桂樱、短柱八角、秀柱花、白花酸果藤等在齐云山北面未见其踪迹，而在齐云山分布普遍。齐云山与南岭山地同属华南古陆，而且都是在大约 1.95 亿年因受印支运动的作用而成为陆地，齐云山与南岭植物区系具有相似的的发育、发展历史。这种连续的区系发育历史，是研究我国植物区系、甚至东亚区系起源、发展和演化理想的场所之一。

15.3 区域特征明显

由于齐云山特殊的地理位置和气候条件以及多样化的生境、地质历史和植物历史的综合影响，使齐云山的植物区系表现出明显的区域特征：

（1）新记录种（属）或模式标本产地：裸蒴苔、厚角鞭苔、小叶鞭苔、等 25 种苔类和大曲柄藓、粗叶青毛藓、长叶青毛藓等 19 种藓类为江西新记录种，而且锦叶藓属、疣胞藓属和腐木藓属为江西新记录属，蕨类 1 新种，其中蕨类植物中的缩羽毛蕨 *Cyclosorus abbreviatus*、崇义肋毛蕨 *Ctenitis chungyiensis* 的模式标本就是产自该地区。单位面积昆虫新种密集度较高。有 9 种蜘蛛是世界新种；江西新分布记录动物种有：无脊椎动物 97 种，爬行类 1 种，鸟类 5 种。

（2）生物地理分布的标示物种：有仅见于深圳和香港的已知的唯一活体——粤紫萁，是粤紫萁分布的最北界。有大面积典型的南亚热带成份，如五列木、大果马蹄荷、厚叶栲等。海南棱蜥和海南闪鳞蛇是这 2 个物种目前已查明的分布纬度最北的分布点。

（3）种群数量较少的种类较多：福建观音座莲、华南舌蕨、毛枝蕨、羽裂双盖蕨、毛轴线盖蕨、鞭叶蕨、崇澍蕨、东京鳞毛蕨、二回黔蕨、三相蕨、雨蕨、小黑桫椤和粤紫萁等。这些种群数量都很稀少的种在齐云山分布较多，对研究这里的气候、地质历史、植物系统发育等具有较高的价值。

（4）中国特有成分较多：种子植物特有属达 33 属，高于井冈山、九连山、八面山（湖南）等区系。在这些特有属中有许多在系统发育上比较孤立的单型科、属，如伯乐树科、大血藤科、青钱柳属等，同时还有比较古老的裸子植物类群如铁杉属、榧属、红豆杉属等，说明齐云山区系在系统发育上具有一定的古老性。这得益于齐云山成陆较早，环境条件较稳定，因而保存并繁衍了大量的古老性植物。

（5）保存了完整、连续的奥陶纪笔石化石群。根据中国科学院南京地质古生物研究所的研究成果（李积金等，2000），齐云山保护区白石坳等地保存了完整、连续的奥陶纪笔石化石群，发现笔石 45 属、7 亚属、168 种（包括亚种），其中有 3 个新种：思顺笔石 *Glossograptus sishunensis*、狭窄影笔石 *Skiagraptus angustus*、半孤立尖顶笔石 *Acrograptus hemisolatus*。其主要价值是：

A. 齐云山保护区等地的笔石化石群是奥陶纪太平洋地区各地中最丰富的地方，为环太平洋各地同期笔石之冠；

B. 演化系列较完整，可能是奥陶纪太平洋笔石动物群的重要发源地。

C. 笔石带齐全，可为国内外提供同期笔石带精确对比的标准。

D. 为奥陶纪的分统建阶提供古生物依据。

第6章 蕨类与苔藓植物区系分析

第一节 蕨类植物区系分析

1 自然地理概况

江西崇义齐云山自然保护区位于湖南省桂东县普乐乡和江西省崇义县思顺乡、上犹县五指峰乡交界处，113°54′37″～114°07′34″E，25°41′47″～25°54′21″N。保护区总面积17105hm^2，齐云山处于罗霄山脉南端，南岭山地及武夷山脉北缘，山势巍峨，终日云腾雾绕。最高峰齐云峰，海拔2061.3m。齐云山属于中亚热带季风湿润气候区，冬夏两季盛行季风，全年雨量充沛，热量丰富，四季分明，雾日多，日照偏少，空气湿度大，无霜期长，适宜各种动植物的繁衍。主要保护对象为中亚热带绿阔叶林生态系统及珍稀植物、夏候鸟迁徙通道。土壤类型为中亚热带生物气候条件下形成的典型地带性土壤——红壤，一般土层深厚，除表层颜色较灰暗外，心土层和底土层均为红色的紧实土层，全剖面酸性。

该区蕨类植物资源丰富，有不少中国珍稀植物[82]，如金毛狗（*Cibotium barometz*）、小黑桫椤（*Alsophila metteniana*）、粤紫萁（*Osmunda mildei*）、福建观音座莲（*Angiopteris fokiensis*）等。

2 齐云山蕨类植物区系组成

2.1 科的分析

2.1.1 科的组成分析

据调查，江西齐云山自然保护区共有蕨类植物229种（含种下等级），据秦仁昌系统[206]隶属于40科85属，分别占江西省蕨类植物科[220]的81.6%、属的75.6%、种的52.9%（表6-1）。含3属以上的科有8个，它们分别是：金星蕨科 Thelypteridaceae（含10属）、蹄盖蕨科 Athyriacea（含9属）、水龙骨科 Polypodiaceae（含9属）、鳞毛蕨科 Dryopteridaceae（含7属）、膜蕨科 Hymenophyllaceae（含4属）、石松科 Lycopodiaceae（含3属）、乌毛蕨科 Blechnaceae（含3属）、中国蕨科 Sinopteridaceae（含3

作者：严岳鸿[1]，何祖霞[1]，周兰平[1]，陈辉敏[2]，卢和军[3]

1）湖南科技大学生命科学学院，湖南 湘潭 411201；2）江西省崇义县齐云山自然保护区管理局，江西 崇义 341315；

3）崇义县野生动植物保护站

属）。这些科共含48属123种，分别占本区蕨类植物总属、种数的56.5%和54.2%。而其余31科多为仅有1或2个属的科。

齐云山自然保护区蕨类植物种数最多的是鳞毛蕨科（33/7），其次是金星蕨科（26/10）和蹄盖蕨科（24/9），水龙骨科（19/9）排在第四位（表6-2）。这种情况与中国蕨类植物优势科基本一致，不同的是中国蕨类植物第二大科蹄盖蕨科在这里降为第三位，取而代之的是热带性大科金星蕨科，这反映了该区蕨类植物的热带性质。该区蕨类植物含7种以上的科有9个，包括了44属，154种，占该区蕨类植物总属数的51.8%，总种数的68.4%（表6-2）。这9科均为世界性广布的大科，其中水龙骨科、凤尾蕨科 Pteridaceae 同金星蕨科一样，指示出该区蕨类植物区系具有一定的热带色彩，其中鳞毛蕨科、金星蕨科、蹄盖蕨科、水龙骨科、凤尾蕨科等各科种数均在15种以上，占总种数的52.4%，并且很多都是常见的种类，如金星蕨科的金星蕨 *Parathelypteris glanduliyera*、普通针毛蕨 *Macrothely torressiana*、渐尖毛蕨 *Cyclosorus acuminatus*、华南毛蕨 *C. parasiticus*，水龙骨科的骨牌蕨 *Lepidogrammitis rostrata*、攀缘星蕨 *Microsorium buergerianum*、线蕨 *Colysis elliptica*，鳞毛蕨科的阔鳞鳞毛蕨 *Dryopteris championii*、灰绿耳蕨 *Polystichum eximium*、镰羽贯众 *Cyrtomium balansae*，凤尾蕨科的蜈蚣草 *Pteris ittata*，蹄盖蕨科的假蹄盖蕨 *Athyriopsis japonica*、毛柄短肠蕨 *Allantodia crinipes* 等。另外，在该保护区分布的40科蕨类植物中，有在系统位置上被认为是原始的科，如石松科、石杉科 Huperziaceae、卷柏科、木贼科 Equisetaceae 等；也有被认为是较为进化的科，如水龙骨科、蕨科 Pteridiaceae 等；还有一些是处于两者之间的科，如鳞始蕨科 Lindsacaceae、凤尾蕨科、中国蕨科等。这表明该区的蕨类植物在系统发育上或进化关系上存在较为连贯的关系。

表6-1　齐云山蕨类植物基本情况

	科数	属数	种数
齐云山	40	85	229
江西省（程景福，1993）	49	114	433

表6-2　齐云山蕨类植物的优势科

序号	科名	属数/种数	占总种/属数的百分比
1	鳞毛蕨科 Dryopteridaceae	7/33	8.2%/14.7%
2	金星蕨科 Thelypteridaceae	10/26	11.8%/11.6%
3	蹄盖蕨科 Athyriacea	9/24	10.6%/10.7%
4	水龙骨科 Polypodiaceae	9/19	10.6%/8.4%
5	凤尾蕨科 Pteridaceae	1/16	1.2%/7.1%
6	卷柏科 Selaginellaceae	1/11	1.2%/4.9%
7	膜蕨科 Hymenophyllaceae	4/9	4.7%/4.0%
8	铁角蕨科 Aspleniaceae	1/9	1.2%/4.0%
9	碗蕨科 Dennstaedtiaceae	2/7	2.4%/3.1%
	合计	44/154	51.8%/68.4%

2.1.2　科的分布区系类型

（1）以热带、亚热带性质的科为主。共有30科，占该区总科数的75%，是江西蕨类植物总科数的59%。其中较多的是分布于热带至亚热带，如：瘤足蕨科 Plagiogyriaceae、海金沙科 Lygodiaceae、碗蕨科 Dennstaedtiaceae、鳞始蕨科、凤尾蕨科、裸子蕨科 Hemionitidaceae、金星蕨科等；里白科 Gleicheniaceae、乌毛蕨科、实蕨科 Bolbitidaceae 等以热带性质为主；槲蕨科 Drynariaceae 以亚洲热带性质为主；舌蕨科 Elaphoglossaceae 以热带美洲为主；观音座莲科 Angiopteridaceae 与骨碎补科 Davalliaceae 以亚洲热带与亚热带为主。

(2)非热带性质分布的有 10 科,占该区总科数的 25%,是江西蕨类植物总科数的 20%。其中石松科、石杉科、卷柏科、木贼科、紫萁科 Osmundaceae 等为世界性分布的科,阴地蕨科 Botrychiaceae 和球子蕨科 Onocleaceae 为温带性分布的科;鳞毛蕨科多分布在世界温带及亚热带高山地区。

2.2 属的分析

2.2.1 属的组成分析

在齐云山 40 科 85 属 229 种蕨类植物中,含 6 种以上的属有 9 属(表 6-3)。所含种类较多属为鳞毛蕨属 *Dryopteris*(19,8.4%:19 种,占该区总种数的 8.4%。下同)、凤尾蕨属 *Pteris*(16,7.1%)、卷柏属 *Selaginella*(11,4.9%)、铁角蕨属 *Asplenium*(10,4.4%)、短肠蕨属 *Allantodia*(7,3.1%)、复叶耳蕨属 *Arachniodes*(7,3.1%)、鳞盖蕨属 *Microlepia*(6,2.7%)、凤丫蕨属 *Coniogramma*(6,2.7%)、毛蕨属 *Cyclosorus*(6,2.7%)。

表 6-3 齐云山自然保护区蕨类植物属(6 种以上)大小排列

属名	种数/在中国的总种数	占该区总种数的百分比
鳞毛蕨属 *Dryopteris*	19/127	8.4%
凤尾蕨属 *Pteris*	16/66	7.1%
卷柏属 *Selaginella*	11/50	4.9%
铁角蕨属 *Asplenium*	10/110	4.4%
短肠蕨属 *Allantodia*	7/73	3.1%
复叶耳蕨属 *Arachniodes*	7/103	3.1%
鳞盖蕨属 *Microlepia*	6/59	2.7%
凤丫蕨属 *Coniogramma*	6/39	2.7%
毛蕨属 *Cyclosorus*	6/127	2.7%

2.2.2 属的分布类型分析

依据《中国蕨类植物的区系成分》的观点[135],本文将齐云山的蕨类植物属划为 11 个分布区类型,再归为世界、热带—亚热带、温带和中国特有四类(表 6-4)。

表 6-4 齐云山蕨类植物分布区属的类型

分布区类型	属数	占总属数的百分比
1. 世界分布	17	20%
2. 热带、亚热带		
2.1 泛热带分布	25	29.4%
2.2 旧大陆热带分布	7	8.2%
2.3 热带亚洲—热带美洲	2	2.4%
2.4 热带亚洲—热带大洋州	3	3.5%
2.5 热带亚洲—热带非洲	7	8.2%
2.6 热带亚洲	7	8.2%
3. 温带		
3.1 北温带	4	4.7%
3.2 温带亚洲	1	1.2%
3.3 东亚		
(1)东亚(喜马拉雅—日本)	6	7.1%
(2)中国至喜马拉雅	3	3.5%
(3)中国至日本	2	2.4%
4. 中国特有	1	1.2%

2.2.3 世界广布属

本保护区内世界广布属共有17个,占总属数的20%,其中较大的属有鳞毛蕨属(19种,占总种数的8.5%。下同)、卷柏属(11,4.9%)、铁角蕨属(10,4.5%)等,共计40种,占齐云山总种数的17.9%。虽然世界分布属在该区占有比较重要的比例,但其中许多属的分布中心却多在热带、亚热带地区,如铁角蕨属和卷柏属。鳞毛蕨属全世界共有约400种,主产温带和亚热带山地,我国约有300种,分布于全国各地[253],齐云山保护区有19种,如阔鳞鳞毛蕨、羽裂鳞毛蕨 *Dryopteris integriloba*、黑足鳞毛蕨 *D. fuscipes*、太平鳞毛蕨 *D. pacific* 等。

2.2.4 热带、亚热带分布属

齐云山保护区共有85个属,属于热带、亚热带性质的属占有较大的比例(60%),共有51属,如碗蕨属 *Dennstaedtia*、车前蕨属 *Antrophyum*、瓦韦属 *Lepisorus*、贯众属 *Cyrtomium*。在52个属,较大的属有凤尾蕨属16种,泛热带(表示该属的分布类型,下同);短肠蕨属7种,泛热带;复叶耳蕨属7种,泛热带;鳞盖蕨属6种,旧大陆热带;凤丫蕨属6种,泛热带;毛蕨属6种,泛热带;这5个属,占总属数的5.9%。

本类型含种数最多的是凤尾蕨属,为泛热带分布性质的,全世界共有300种,该属主要分布于世界热带和亚热带地区,南达新西兰、澳大利亚及南非洲,北达日本及北美洲。我国有68种,主要分布于华南及华西,少数向北达岭南南坡[136]。

其中有些以亚热带成分为主的属如假蹄盖蕨属 *Athyriopsis*、介蕨属 *Dryoathyrium*、双盖蕨属 *Diplazium*、星蕨属 *Microsorium* 等在该地区有分布。一些专性热带性[238]的属如阴石蕨属 *Humata*、禾叶蕨属 *Grammitis* 等在齐云山有分布。因此可以说该保护区在较老的区系成分上有较强的热带、亚热带分布性质[37]。

2.2.5 温带分布属

温带性属共有16属,占总属数的18.8%,且以东亚分布和北温带分布为主,两者分别为11属和4属,占温带性总属数的68.8%和25%,前者如假瘤蕨属 *Phymatopsis*、水龙骨属 *Polypodiodes*、亮毛蕨属 *Acystopteris* 等,后者如紫萁属 *Osmunda*、荚果蕨属 *Matteuccia* 和卵果蕨属 *Phegopteris* 等。东亚和北温带成分大都起源于第三纪古热带,前者向南可分布到日本,后者有的属可沿山脉南延至热带山区。在本区植物区系中出现较大的温带性成分,可认为本区是温带性分布的南缘。

2.2.6 中国特有属

中国有8个特有属[171],产西南到海南,桂南十万大山及湘西南,齐云山亦有黔蕨属 *Phanerophlebiopsis* 一属。

2.3 种的分析

在齐云山自然保护区229种蕨类植物中,棕毛粉背蕨 *Aleuritopteris rufa*、光脚短肠蕨 *Allantodia doederleinii*、阔片短肠蕨 *A. matthewii*、毛柄短肠蕨 *A. dilatata*、粤紫萁、食蕨 *Pteridium esculentum*、广东团扇蕨 *Gonocormus matthewii*、雨蕨 *Gymnogrammitis dareiformis*、顶果膜蕨 *Hymenophyllum khasyanum*、线羽凤尾蕨 *Pteris linearis*、舌蕨 *Elaphoglossum conforme* 等为江西省首次发现。

齐云山分布的蕨类植物,依据吴征镒(1991)的观点[129],进行种的分布区类型划分8个分布区类型3个亚型,再归为世界、热带与亚热带、温带、中国特有4类(表6-5)。

2.3.1 世界分布种

世界分布的种类仅有4种:蛇足石杉 *Huperzia serrata*、节节草 *Equisetum ramosissimum*、蕨 *Pteridium aquilinum* 和苹 *Marsilea quadrifolia* 等,占齐云山保护区所有种的1.8%。这与属级的分析所显示出的结果也大为不同。在属的分级分析中,世界分布属有17个,占总属数的20%。而在该保护区总种类中有61种来自于世界分布属,占总种数的27.1%。如何解释这种属种区系分析显示出的巨大反差现象呢?若根据种的中国特有成分的现象来推测,也只能说明本地区的蕨类植物区系是在旧的植物区系的基础上发展起来的,并在各种条件的变化发展过程中发展成一个衍生的植物区系,因此,在科属水平上,与世界植物区系有着广泛联系,而在种的水平上,则特有程度很高[37]。

表6-5 齐云山蕨类植物种的分布区类型

分布区类型	种数	占总种数的百分比
1. 世界分布	4	1.8%
2. 热带、亚热带		
2.1 泛热带分布	4	1.8%
2.2 旧大陆热带分布	2	0.9%
2.3 热带亚洲—热带大洋州	10	4.4%
2.4 热带亚洲—热带非洲	3	1.3%
2.5 热带亚洲	54	24.0%
3. 温带		
3.1 东亚		
(1)喜马拉雅—日本	57	24.9%
(2)中国—喜马拉雅	5	2.2%
(3)中国—日本	49	21.8%
4. 中国特有	37	16.4%

2.3.2 热带、亚热带分布种

该分布类型共有73种,占总数的32.4%。其中属于热带亚洲性质类型的有54种(占总种数的24.0%,下同),如石松(*Lycopodium japonicum Thunb.*)、薄叶卷柏(*Selaginella delicatula*)、疏叶卷柏(*S. remotifolia*)、凤尾蕨(*Pteris cretica*)、金毛狗、毛轴蕨(*Pteridium revolutum*)、半边旗(*Pteris semipinnata*)、乌毛蕨(*Blechnum orientale*)等。属于热带亚洲—大洋洲分布类型的有10种(4.4%),如海金沙(*Lygodium japonicum*)、剑叶凤尾蕨(*Pteris ensiformis*)、毛柄短肠蕨(*Allantodia dilatata*)、毛轴假蹄盖蕨(*Athyriopsis petersenii*)等。属于泛热带分布类型的有4种(1.8%),如垂穗石松(*Palhinhaea cernua*)、姬蕨(*Hypolepis punctata*)、齿牙毛蕨(*Cyclosorus dentatus*)和普通针毛蕨(*Macrothelypteris torresiana*)。属于旧世界热带分布和热带亚洲和非洲分布类型的有5种(2.2%),如肿足蕨(*Hypodematium crenatum*)、乌蕨(*Sphenomeris chinensis*)、线羽凤尾蕨(*Pteris linearis*)、蜈蚣草(*P. vittata*)和阴石蕨(*Humata repens*)等。

2.3.3 温带分布种

由表6-5可以看出,温带成分在齐云山自然保护区的蕨类植物中占有很大的比例,共有111种,占总种数的49.3%,这与前面属的分析结果大相径庭,对此可理解为种代表着现代蕨类植物的分布格局,区系分析所显示的特征代表或反映着其现代的区系分析性质和特点;而属作为发生在较为古老的分类等级,其区系分析所显示的特征更多的是反映着古老或者说是历史上的区系性质和特点[236]。由此不难解释对种的区系分析结果与属的区系分析所显示的结果不一致的现象。

根据表6-5分布类型的统计资料显示,温带分布种只在东亚分布区存在,这些种除了少数属于温带分布属之外,绝大部分来自世界广布型的属和热带分布属,如属于东亚分布类型的卷柏(*Selaginella tamariscina*)、江南短肠蕨(*Allantodia metteniana*);属于中国—喜玛拉雅分布类型的多鳞粉背蕨(*Aleuritopteris anceps*)、舌蕨(*Elaphoglossum conforme*);属于中国—日本分布类型的针毛蕨(*Macrothelypteris oligophlebia*)、华中介蕨(*Dryoathyrium okuboanum*)等。

2.3.4 中国特有种

该区的特有成分有37种，所占比例较高，为16.4%，是我国重要的蕨类植物物种保存中心。中国特有分布以华南、华中和西南为主，常见的种类有福建观音座莲、庐山蕗蕨（*Mecodium lushanense*）、广东团扇蕨（*Gonocormus matthewii*）、华南凤尾蕨（*Pteris austro - sinica*）等，有些种类向北达华北、华东一带，如翠云草（*Selaginella uncinata*）可分布到山东一带。

该区蕨类植物区系中，一些在系统发育上较进化的科占据了蕨类区系的主体，如鳞毛蕨科、金星蕨科、水龙骨科、凤尾蕨科等，而且很多是中生代或更古老的种类，如古生代的石松、卷柏、观音座莲等，中生代前期的紫萁、芒萁、里白等，侏罗纪的海金沙、金毛狗、乌毛蕨、小黑桫椤等。因此齐云山自然保护区蕨类植物区系起源古老。显示出该区蕨类植物是在旧的植物区系的基础上发展起来的，有着晚出性和兼容性[160]的特点，是我国蕨类植物多样性的重要分化中心和保存中心。

齐云山蕨类植物属虽然以热带、亚热带成分为主，但种却是以东亚成分和中国特有成分为主，占总数的65.8%，显然是东亚植物区系。虽然热带亚洲成分也较多，但其中多数种类并非典型的热带成分，它们分布延伸到亚热带甚至温带地区。在东亚成份中，中国—日本成分达49种，占总数的21.8%，比喜玛拉雅—中国成分（5种，2.2%）要多，说明齐云山与日本的联系比其与喜玛拉雅地区的联系更紧密，可把齐云山自然保护区同日本作为一个植物区系，即东亚植物区系中的中国—日本森林植物亚区。

3 与有关地区的比较

为了探讨该保护区与邻近山地蕨类植物区系的关系，本文选择了三清山[241]、武夷山[125]、庐山[143]、南岭[235]、龙栖山[115]、大瑶山[5]和象头山[126]等7个山地的蕨类植物区系与之进行了比较，并用相似性系数[263]进行分析。统计资料见表6－6。

表6－6　齐云山的属、种与各地的比较

地区	地理位置	属数/种数	共有属数/相似性系数	共有种数/相似性系数
三清山	28°54′N 118°03′E	71/179	58/75.0	104/52.2
武夷山	27°48′11″～28°00′35″N 117°39′30″～117°55′47″E	93/248	69/77.7	137/58.1
庐山	29°26′～29°41′N 115°05′～116°08′E	75/203	55/69.0	91/42.6
南岭	24°37′～24°57′N 112°30′～113°04′E	94/192	64/71.7	110/53.1
龙栖山	26°23′～26°43′N 117°11′～117°21′E	77/157	63/78.0	109/58.9
大瑶山	23°40′～24°24′N 109°50′～110°27′E	86/250	53/62.0	86/36.3
象头山	23°13′05″～23°19′43″N 114°19′21″～117°27′66″E	63/113	40/55.3	61/40.5

相似性计算公式为：Krober系数＝50C(A＋B)/AB，其中：C为两地共有属数或种数，A、B为两地各含有的属数或种数。

由表6－6可以看出，在几个地区中，齐云山与龙栖山共有属为63属，相似性系数为78.0%，相似性最高；其次是武夷山，相似性系数为77.7%；与象头山共有属为40属，相似性系数为55.3%，相似性最低。在种的相似性上，与龙栖山的相似性最高，与大瑶山的相似性系数最低。无论在属的水平或在种的水平相似性上比较，齐云山的蕨类植物区系都与武夷山和龙栖山的更亲近些，尤其是在属的水平上。因此，齐云山的蕨类植物区系与其东部地区的的武夷山、龙栖山的相似性更大，三者均超过58%，而且相差无几，可以划为同一个植物区系，即东亚区系。

4 珍稀濒危蕨类植物及其保护

根据《国家重点保护野生植物名录（第一批）》，齐云山有 2 种，即金毛狗和小黑桫椤；拟第二批公布的国家二级重点保护野生植物 1 种，即蛇足石杉。

此外，齐云山的珍稀濒危的植物还有福建观音座莲、粤紫萁、华南舌蕨、毛枝蕨（*Leptorumohra miqueliana*）、羽裂双盖蕨（*Diplazium tomitaroanum*）、毛轴线盖蕨（*Monomelangium pulingeri*）、鞭叶蕨、崇澍蕨（*Chieniopteris harlandii*）、东京鳞毛蕨（*Dryopteris tokyoensis*）、二回黔蕨、三相蕨（*Ctenitis sinii*）和雨蕨（*Gymnogrammitis dareiformis*）等。这些植物在齐云山及我国其他各地的数量都很稀少，在野外很难见到它们的踪影，我们应加以保护。

齐云山自然保护区处于罗霄山脉南端，南岭山地及武夷山脉北缘，与南岭山区、武夷山脉等中国重要的植物区系地理之间具有明显的亲缘关系，是这些地区植物区系之间的交汇地，对中国植物区系的保护具有重要的意义。特别是当前随着中国森林的片断化，齐云山自然保护区的保护对于这些中国重要的生物地理区系之间的联结具有独特的保护意义。同时，该地区也是重要的植物模式标本产地，其中蕨类植物中的缩羽毛蕨（*Cyclosorus abbreviatus*）、崇义肋毛蕨（*Ctenitis chungyiensis*）的模式标本就是产自该地区。

5 结论

通过对齐云山自然保护区蕨类植物科、属的分布区类型统计分析，以及本地区与其它地区的对比分析，可以得出以下结论：

（1）该区共有蕨类植物 229 种（含变种和变型）隶属于 85 属，40 科。

（2）该区蕨类植物中优势科、属十分明显，其中优势科为：鳞毛蕨科、金星蕨科、蹄盖蕨科、水龙骨科、凤尾蕨科等，这些优势科均为热带、亚热带分布型的科；优势属为：鳞毛蕨属（19 种，占 8.4%）、凤尾蕨属（16，7.1%）、卷柏属（11，4.9%）、铁角蕨属（10，4.4%）、短肠蕨属（7，3.1%）、复叶耳蕨属（7，3.1%）等。

（3）从蕨类植物科、属分布区类型所占的比例来看，该区区系性质以热带、亚热带成分占优势。其中以热带、亚热带性质为主的科有 29 科，占该区总科数的 74%，是江西总科数的 59%。在属的组成上，世界广布属共有 17 个，占总属数的 20%；热带、亚热带分布属有 51 个，占总属数的 60%；温带分布属有 16 个，占 18.8%。温带分布属的比例比广东石门台的要高[116]，比井冈山的要低[88]。属的这种分布格局，显示出该区蕨类植物区系从热带成分向亚热带成分的渗透和过渡。

（4）齐云山蕨类植物区系中种的分布区类型可以划分为 8 类，种类最多的为温带性分布种（只含东亚分布类型）（111 种，占 49.3%），其次为热带、亚热带性质分布类型的共有 73 种，占 32.4%（其中热带亚洲分布类型 54 种，占 24.0%），这表明齐云山蕨类植物区系是东亚蕨类植物区系和热带亚洲蕨类区系的一个组成部分，并且温带成分在该区占了很大的优势。从上述分析可以看出，种的分布性质的分析与属的分布性质的分析相差很大，这是因为种代表着现代蕨类植物的分布格局，而属作为发生上较为古老的分类等级，其所反映的是古老的、历史上的区系性质和特点[8]。而且温带分布种与热带、亚热带分布种都占有较大的比例，出现区系互相渗透的现象，显示出该区蕨类植物区系处于较强的分化阶段。

（5）在与其他地区的蕨类植物区系比较中，属的相似性与种的相似性，该地区与武夷山、龙栖山的相似性高，这样可以把齐云山与武夷山、龙栖山归为同一个植物区系，即东亚植物区系中的中国—日本森林植物亚区。但无论是属的相似性比较，还是种的相似性比较，齐云山与这对比的 7 个地区的相似性，相对来说，都比较高，因而显示出齐云山蕨类植物区系独立性不强，与其他地区的关系紧密。

第二节 苔藓植物区系分析

作者于2007年5月1~6日对江西齐云山自然保护区的三江口、龙背、龙潭瀑布、诸广山、石陂头、横河、田尾头等地进行了苔藓植物的标本采集，同年7月21~27日，作者又对保护区的大水坑、十八垒、诸广山、上堡、香炉坝、香炉坝石灰岩等地的苔藓植物进行了第二次标本采集，两次调查共采得苔藓标本534号，经鉴定，江西齐云山自然保护区有苔藓植物52科99属192种（包括2亚种和3变种），其中苔类植物22科27属47种，藓类植物30科72属145种。其中的大曲柄藓、粗叶青毛藓、长叶青毛藓等16种藓类和裸蒴苔、厚角鞭苔、小叶鞭苔等24种苔类为江西新记录种。

6 江西齐云山自然保护区苔藓植物的基本特点

6.1 种类丰富

江西齐云山自然保护区苔藓植物种类丰富，区系成分复杂。根据对已采集标本的鉴定、整理和分析，共有苔藓植物52科99属192种（包括2亚种和3变种），其中苔类植物22科27属47种，藓类植物30科72属145种。

6.2 江西新记录属和新记录种

在齐云山自然保护区藓类植物中，发现江西新记录属三个：锦叶藓属（*Dicranoloma*）、疣胞藓属（*Clastobryum*）和腐木藓属（*Heterophyllum*）。还发现了16个藓类江西新记录种：大曲柄藓、粗叶青毛藓、长叶青毛藓、大锦叶藓（*Dicranoloma assimile*）、锦叶藓（*Dicranoloma dicarpum*）、爪哇凤尾藓（*Fissidens javanicus*）、曲肋凤尾藓（*Fissidens oblongifolius*）、巴西网藓鞘齿变种（*Syrrhopodon prolifer*）、红蒴真藓（*Bryum atrovirens*）、拟大叶真藓（*Bryum salakense*）、阔叶桧藓（*Pyrrhobryum latifolium*）、狭叶蓑藓（*Macromitrium angustifolium*）、厚角黄藓宽边变种（*Distichophyllum collenchymatosum*）、台湾多枝藓（*Haplohymenium formosanum*）、圆枝青藓（*Brachythecium garovaglioides*）、三列疣胞藓（*Clastobryum glabresscens*）、腐木藓（*Heterophyllium affine*）、细枝刺枝藓（*Wijkia surcularis*）、明叶藓（*Vesicularia montagnei*）。

在齐云山苔类区系中裸蒴苔科（Haplomitriaceae）、南溪苔科（Nlakinoaceae）和带叶苔科（Pallaviciniaceae）为江西新记录科，裸萼苔属（Haplomitrivlm）等5个属为江西新记录属。包括裸蒴苔、厚角鞭苔、小叶鞭苔、南亚细指苔（*Kurzia gonyotricha*）、中华细指苔（*K. sinensis*）、护蒴苔（*Calypogeia fissa*）、南亚大萼苔（*Cephalozia gollanii*）、透明叶苔（*Jungermannia hyalina*）、狭叶叶苔（*J. subulata*）、合叶苔（*Scapania nemorea*）、东亚合叶苔（*S. orientalis*）、尖叶裂萼苔（*Chiloscyphus cuspidatus*）、双齿异萼苔（*Heteroscyphus coalitus*）、叉齿异萼苔（*H. lophocoleoides*）、树形羽苔（*Plagiochila arbuscula*）、裂叶羽苔（*P. furcifolia*）、蠕形羽苔（*P. griffithiana*）、南溪苔（*Makinoa crispata*）、多形带叶苔（*Pallavicinia ambigua*）、中华片叶苔（*Riccardia chinensis*）、宽片叶苔（*R. latifrons*）、羽枝片叶苔（*R. multifida*）、粗裂地钱（*Marchantia paleacea*）、黄角苔（*Phaeoceros laevis*）24种为江西苔类植物首次记录。

6.3 优势科、属

据调查，江西齐云山自然保护区苔藓区系中，曲尾藓科种数最多，有15种，占总种数的7.81%，其次为蔓藓科，有2种，占6.25%，第三位是锦藓科和灰藓科，均有11种，占5.73%。该区苔藓植物含6种以上的科有11个（表6-7），包括了46属，101种，占总属数的46.46%，总种数的52.64%。

作者：何祖霞[1]，严岳鸿[1]，卢和军[2]，陈辉敏[3]

1. 湖南科技大学生命科学学院，湖南 湘潭 411201；2. 江西省崇义县野生动植物保护站；3. 崇义县齐云山自然保护区管理局，江西 崇义 341315

它们可以被视为本地苔藓植物区系的优势科。

表 6-7　齐云山自然保护区苔藓植物的优势科

科名	属数/种数	占总属/种数的百分比
曲尾藓科 Dicranaceae	7/15	7.07%/7.81%
蔓藓科 Meteoriaceae	9/12	9.09%/6.25%
锦藓科 Sematophyllaceae	7/11	7.07%/5.73%
灰藓科 Hypnaceae	5/11	5.05%/5.73%
真藓科 Bryaceae	3/9	3.03%/4.69%
丛藓科 Pottiaceae	5/8	5.05%/4.17%
金发藓科 Polytrichaceae	3/8	3.03%/4.17%
凤尾藓科 Fissidentaceae	1/8	10.1%/4.17%
指叶苔科 Lepidoziaceae	3/7	3.03%/3.65%
提灯藓科 Mniaceae	2/6	2.02%/3.13%
白发藓科 Leucobryaceae	1/6	1.01%/3.13%
总计	46/101	46.46%/52.64%

99 属中，种数最多的是凤尾藓属（*Fissidens*），有 8 种，占总种数的 4.17%，其次是真藓属（*Bryum*），有 7 种，占总种数的 3.65%，第三位是白发藓属（*Leucobryum*），包括 6 种，占总种数的 3.13%。该区苔藓植物含 4 种以上的属有 13 个，包括 66 个种，占总种数的 34.38%。它们可以被视为本地苔藓植物的优势属（表 6-8）。

表 6-8　齐云山苔藓植物的优势属

属名	种数	占总种数的百分比
凤尾藓属 *Fissidens*	8	4.17%
真藓属 *Bryum*	7	3.65%
白发藓属 *Leucobryum*	6	3.13%
泥炭藓属 *Sphagnum*	5	2.60%
曲柄藓属 *Campylopus*	5	2.60%
匐灯藓属 *Plagiomnium*	5	2.60%
小金发藓属 *Pogonatum*	5	2.60%
灰藓属 *Hypnum*	5	2.60%
青毛藓属 *Dicranodontium*	4	2.08%
棉藓属 *Plagiothecium*	4	2.08%
鞭苔属 *Bazzania*	4	2.08%
叶苔属 *Jungermannia*	4	2.08%
合叶苔属 *Scapania*	4	2.08%
合计 Total	66	34.38%

7　齐云山自然保护区苔藓植物区系特点及其与邻近自然保护区的关系

7.1　齐云山自然保护区的苔藓植物区系地理成分

按照 Wijk R Van der(1959～1969)[264]的苔藓植物区系划分观点，将江西齐云山自然保护区苔藓的区系地理成分划分为13类(表6-9)。所有种在世界的分布范围主要来自于《中国苔藓志》(中文版、英文版)[130.131.161.198.199.239.240.254.255.258.265.266]、并参考《云南植物志》[17.18]、《中国苔藓植物图鉴》[200]等相关文献,力求全面,准确。并以此为依据,尽量将每一种苔藓分别划归到相应的类别当中。文中的地区缩写按 Wijk et al. (1959~1969)[264]的缩写形式。As2 包括中国、蒙古、日本和朝鲜;As3 包括印度、巴基斯坦、斯里兰卡、缅甸、泰国和中南半岛;As4 包括印度尼西亚、马来西亚、菲律宾和新几内亚。现就各区系地理成分分别举例如下:

(1)世界分布 Cosmopolitan (18 种)

广泛分布于世界各地。如:拟尖叶泥炭藓(*Sphagnum acutifolioides*)、泥炭藓(*Sphagnum palustre*)、长蒴藓(*Trematodon longicollis*)、桧叶白发藓(*Leucobryum juniperoideum*)、真藓(*Bryum argenteum*)等。

(2)泛热带分布 Pantropical(4 种,占 2.30%)

广泛分布于东西半球的热带地区,偶尔可达亚热带地区。包括曲肋凤尾藓、网孔凤尾藓(*Fissidens polypodioides*)、具喙匐灯藓(*Plagiomnium rhynchophorum*)、刺叶桧藓(*Pyrrhobryum spiniforme*)四种。

(3)古热带分布 Palaeotropical (2 种,占 1.15%)

广泛分布于亚洲、非洲、大洋州的热带地区,但不到达热带美洲。有齿边花叶藓(*Calymperes serratum*)、南亚火藓(*Schlothemia grevilleana*)两种。

(4)热带亚洲分布 Tropical Asian (20 种,占 11.49%)

主要分布在 As3 区和 As4 区,即亚洲热带地区,从斯里兰卡,印度,到马来西亚,印度尼西亚,新几内亚,但不到达澳大利亚或大洋洲岛屿。偶尔可到达中国亚热带地区或日本南部,如大曲柄藓、疣叶白发藓(*Leucobryum scabrum*)、大桧藓(*Pyrrhobryum dozyanum*)、阔叶桧藓等。

(5)热带亚洲 - 热带大洋洲 - 大洋州 Tropical Asian - Tropical Australian - Oceanian (5 种,占 2.87%)

广泛分布于斯里兰卡、印度、中南半岛、马来西亚和印度尼西亚等地,以及大洋洲热带和(或)大洋州岛屿,但分布的北界一般不超过华南沿海各省,如南亚小曲尾藓 (*Dicranella coarctata*)、狭叶白发藓(*Leucobryum bowringii*)、绿色白发藓(*L. hlorophyllasum*)等5 种。

(6)亚洲 - 澳大利亚 - 大洋洲分布 Asian - Australian - Oceanian (6 种,占 3.45 %)

主要分布在 As2、As3、As4 区、大洋洲和大洋州,即除中亚和西亚以外的亚洲热带和温带地区,澳大利亚和(或)大洋州岛屿。有扭叶藓(*Trachypus bicolor*)、反叶粗蔓藓 (*Meteoriopsis reclinata*)、明叶藓等6 种。

(7) 东亚 - 印度马来西亚分布 Eastern Asian - Indomalesian (13 种,占 7.47%)

主要分布在 As2、As3、As4 区,即斯里兰卡、印度、中南半岛、印度尼西亚、新几内亚和东亚,不到达澳大利亚或大洋洲岛屿,如暖地泥炭藓(*Sphagnum junghuhnianum*)、大凤尾藓(*Fissidens nobilis*)、狭叶拟合睫藓(*Pseudosymblepharis angustata*)等。

(8)东亚和南亚分布 Eastern - South Asian (21 种,占 12.07%)

主要分布于 As2 和 As3 区,即从东亚至斯里兰卡、印度、中南半岛等地,如尖叶泥炭藓(*Sphagnum capillifolium*)、南亚毛扭藓(*Aerobryidium levieri*)大灰气藓(*Aerobryopsis subdivergens*)、南亚瓦鳞苔(*Trocholejeunea sandvicensis*)等。

(9)东亚分布 Eastern Asian (49 种,占 28.16%)

主要分布于 As2 区,即从东喜马拉雅地区到日本,北可达到俄罗斯西伯利亚或远东地区,向南偶可延伸至菲律宾和中南半岛等地。如日本对齿藓(*Didymodon japonicus*)、粗枝蔓藓 (*Meteorium subpolytrichum*)、东亚小锦藓(*Brotherella fauriei*)、南方小锦藓(*Brotherella henonii*)、东亚合叶苔等。

(10)跨太平洋分布 Transpacific(3 种,占 1.72%)

主要间断分布于东亚和美洲,但偶尔可达澳大利亚或大洋州岛屿,包括多疣新蔓藓(*Neodicladiella pendula*)、锦叶藓、柔叶同叶藓(*Isopterygium tenerum*)三种。

(11)温带分布 temperate(40 种,占 22.99 %)

分布于南、北半球的温带地区。如细叶小羽藓(*Haplocladium microphyllum*)、长柄娟藓(*Entodon macropodus*)、护蒴苔(*Calypogeia fissa*)、绒苔(*Trichocolea tomentella*)等。

(12)中国特有 Chinese Endemic(9 种,占 5.17%)

只分布在中国。如台湾多枝藓、中华片叶苔(*Riccardia chinensis*)等 9 种。

(13)不确定种 Uncertain(2 种,占 1.15%)

根据现在所知的分布中心,暂不能归入以上 12 类型的种,包括腐木藓、尖叶油藓(*Hookeria acutifolia*)两种。

表 6-9 齐云山苔藓植物种的分布区类型

区系分布区类型	种数	百分率
1. 世界分布	18	不计入内
2. 泛热带分布	4	2.30%
3. 古热带分布	2	1.15%
4. 热带亚洲	20	11.49%
5. 热带亚洲-热带大洋洲-大洋州	5	2.87%
6. 亚洲-大洋洲-大洋州	6	3.45%
7. 东亚-印度马来西亚分布	13	7.47%
8. 东亚-南亚分布	21	12.07%
9. 东亚分布	49	28.16%
10. 跨太平洋分布	3	1.72%
11. 温带分布	40	22.99%
12. 中国特有	9	5.17%
13. 不确定	2	1.15%
总计	192	100%

由上及表 6-9 可以看出,在齐云山自然保护区苔藓植物区系中,温带成分(22.99 %)和东亚成分(28.16 %)两种区系成分超过20%,它们是本地最主要的区系地理成分。这基本上说明了江西齐云山自然保护区苔藓区系的非热带性质。而江西省的地理位置和气候条件属于中亚热带性质,可见苔藓的区系性质与之中亚热带的气候特点是相一致的。

7.2 齐云山自然保护区的苔藓植物区系与邻近自然保护区的关系

为了解齐云山自然保护区与邻近地区藓类植物区系的关系,本文选择了藓类区系数据相对完整,在江西齐云山不同方位,远近有别的 6 个不同地区进行比较分析,它们是江西井冈山[213]、江西庐山[214]、广东南岭[56]、湖南衡山[43]、浙江西天目山[162]、湖北神农架[65]。

在进行植物地理的分析时,很多的相似性系数公式可以用于比较不同地区的植物地理相似性[262]。本文采用 Krober 相似性系数公式,此公式的主要优点在于能将两个比较地区的面积大小带来的影响减至最小。

Krober 相似性系数公式为:Krober 相似性系数 $=50c(a+b)/a*b$

式中 a 为地区 A 的属数或种数,b 为地区 B 的属数或种数,c 为地区 A 和 B 中共有属数或种数。统计结果见表 6-10。

表6-10 齐云山自然保护区与其他地区藓类植物区系的比较和相似性

比较的地区及地理位置	面积*	属数/种数	与齐云山共有属数（相似性系数）	与齐云山共有种数（相似性系数）
井冈山 26°27′~26°29′N 113°39′~114°23′E	17217	71/131	47 (65.74)	40 (29.06)
庐山 29°25′~29°40′N 115°52′~116°04′E	30500	104/193	43 (50.53)	34 (20.53)
南岭 24°39′~28°08′N 112°41′~113°15′E	58924	74/128	45 (61.66)	50 (36.77)
衡山 27°10′~27°20′N 112°34′~112°44′E	8270	81/126	40 (52.47)	32 (23.73)
西天目山 30°22′N~119°27′E	4284	110/240	52 (59.75)	36 (19.91)
神农架 30°22′N~119°27′E	70467	93/181	32 (39.43)	17 (10.56)
齐云山 25°24′~25°55′N 113°55′~114°38′E	17105	72/145	—	—

* 保护区面积大小见《全国自然保护区名录》[78]

表6-10的结果表明，与齐云山自然保护区藓类植物属的相似性系数最大的是江西井冈山，(65.74%)，其次为广东南岭自然保护区(61.66%)，在种的相似性上最大的是广东南岭自然保护区(36.77%)，其次是江西井冈山(29.06%)，而湖北神农架在属和种的相似性系数上都是最小的地区(属的相似性系数是39.43%，种的相似性系数是10.56%)。从种的相似性上看，它们的相似性系数大小依次是南岭(36.77%)，井冈山(29.06%)，衡山(23.73%)，庐山(20.53%)，西天目山(19.91%)，神农架(10.56%)。从各地区的地理位置可知，6个与之相比较的地区中，南岭相隔最近，其次分别是井冈山，衡山，庐山，西天目山和神农架。可见，相似性分析结果基本上与它们和齐云山的地理位置距离的远近相一致。在属和种的相似性上，与南岭地区都是很接近的，尤其是在种的水平上。通过表3的分布区类型分析数据上也可以看出，齐云山苔藓植物应属于东亚区系。

第7章　珍稀植物

珍稀濒危植物是指那些在其分布区域的重要部分，处于绝灭危险中的分类单位。这些植物往往居群不多，数量稀少，地理分布有很大的局限性，尤其是人类对于自然界掠夺式的开发利用，导致这些植物分布区日益萎缩，种类锐减。作为自然界植物资源中最脆弱的一环，这些珍稀濒危植物的保护理应引起我们足够的关注。据估计，我国约30000种高等植物中至少有3000多种处于受威胁或濒临绝灭的境地。

齐云山自然保护区环境条件优越，植物种类丰富，根据我们的调查结果，共有维管束植物2651种，珍稀濒危植物种类及分布数量相对较多，是许多植物的避难所和重要的基因库。

第一节　珍稀植物区系分析

1　珍稀濒危植物现状

1.1　国家重点保护珍稀濒危植物种类

通过对调查采集的标本资料研究，齐云山自然保护区天然分布的国家级重点保护野生植物（第Ⅰ批）有17种，其中一级保护植物有南方红豆杉、伯乐树、银杏3种，二级保护植物有金毛狗、小黑桫椤、福建柏、伞花木等14种（见表7－1）。隶属于14科14属，其中蕨类植物2科2属2种，裸子植物3科3属3种，被子植物12科12属12种。属于《中国植物红皮书》（第一批）的种类有20种，其中濒危1种，渐危9种，稀有10种（表7－2）。列入《濒危野生动植物国际贸易公约（CITES）附录》（2007）的有3科76种，其中兰科最多，计74种表（7－3）。列入《IUCN物种红色名录（2007）》的有20种，其中濒危5种，易危8种，低危7种（表7－4）。列入《中国物种红色名录》（2007）的有88种，其中濒危13种，易危37种，近危38种表（7－5）。

1.2　省级保护珍稀濒危植物种类

据调查统计，齐云山自然保护区天然分布的江西省级保护植物（2005年）有140种（表7－6），其中一级保护植物有虎舌红、金线兰、竹叶兰、山橘等53种，隶属于紫金牛科、兰科、芸香科3科，以兰科植物最多，计51种；二级保护有长苞铁杉、短萼黄连、八角莲、白桂木、银钟花等22种，隶属于松科、冬青科等14科，以杜英科（6种）、松科（2种）、千屈菜科（2种）、木兰科（2种）四科较多，其余科

作者：季春峰[1]，裘利洪[1]，刘仁林[2]，揭正平[1]，卢和军[3]，陈辉敏[4]，谭庭华[4]，黄声亮[4]

（1. 江西农业大学；2. 赣南师范学院生物系；3. 江西省崇义县林业局；4. 齐云山保护区）

均只含一种;三级保护有福建观音座莲、三尖杉、小叶买麻藤、木莲、乳源木莲、紫花含笑、长蕊杜鹃、七叶一枝花等65种,隶属于观音坐莲科、三尖杉科、杜鹃花科、壳斗科、百合科等34科,以樟科(8种)、木兰科(8种)、壳斗科(5种)、山茶科(4种)、蝶形花科(4种)、金缕梅科(3种)等6科较多,所含种类占全部三级种类的一半以上。

表7-1 齐云山自然保护区国家重点保护野生植物(第Ⅰ批)统计表

中名	学名	科名	保护级别
金毛狗	*Cibotium barometze*	蚌壳蕨科	2
小黑桫椤	*Alsophila mertteniana*	桫椤科	2
福建柏	*Fokienia hodginsii*	柏科	2
南方红豆杉	*Taxus mairei*	红豆杉科	1
卵叶桂	*Cinnamomum rigidissimum*	樟科	2
华南栲	*Castanopsis concinna*	壳斗科	2
金荞麦	*Fagopyrum dibotrys*	蓼科	2
银杏	*Ginkgo biloba* L	银杏科	1
樟树	*Cinnamomun camphora*	樟科	2
凹叶厚朴	*Magnolia officinalis* subsp. *biloba*	木兰科	2
毛红椿	*Toona ciliata* var. *pubescens*	楝科	2
喜树	*Camptotheca acuminata Decne*	蓝果树科	2
野大豆	*Glycine soja.*	蝶形花科	2
半枫荷	*Semiliquidambar cathayensis*	金缕梅科	2
秃叶黄檗	*Phellodendron chinense* var. *glabriusculum*	芸香科	2
伞花木	*Eurycorymbus cavaleriei*	无患子科	2
伯乐树	*Bretschneidera sinensis*	伯乐树科	1

表7-2 齐云山列入《中国植物红皮书》种类

中名	学名	科名	级别
福建柏	*Fokienia hodginsii*	柏科	渐危
南方铁杉	*Tsuga chinensis* var. *tchekiangensis*	松科	渐危
长苞铁杉	*Tsuga longibracteata*	松科	渐危
乐东拟单性木兰	*Parakmeria lotungensis*	木兰科	渐危
观光木	*Tsoongiodendron odorum*	木兰科	稀有
沉水樟	*Cinnamomum micranthum*	樟科	渐危
短萼黄连	*Coptis chinensis* var. *brevisepala*	毛茛科	渐危
八角莲	*Dysosma versipellis*	小檗科	渐危
野大豆	*Glycine soja*	蝶形花科	渐危
半枫荷	*Semiliquidambar cathayensis*	金缕梅科	稀有
华南栲	*Castanopsis concinna*	壳斗科	濒危
青钩栲	*Castanopsis kawakamii*	壳斗科	稀有
白桂木	*Artocarpus hypargyreus*	桑科	稀有
秃叶黄檗	*Phellodendron chinense* var. *glabriusculum*	芸香科	渐危
伞花木	*Eurycorymbus cavaleriei*	无患子科	稀有
伯乐树	*Bretschneidera sinensis*	伯乐树科	稀有
银鹊树	*Tapiscia sinensis*	省沽油科	稀有
银钟花	*Halesia macgregorii*	安息香科	稀有
独花兰	*Changnienia amoena*	兰科	稀有
青檀	*Pteroceltis tatarinowii*	榆科	稀有

表 7－3 列入《濒危野生动植物国际贸易公约(CITES)附录Ⅱ(2007)》种类

中名	学名	科名
金毛狗	*Cibotium barometze*	蚌壳蕨科
南方红豆杉	*Taxus mairei*	红豆杉科
兰科所有种	*Orchidaceae* spp.	兰科

表 7－4 齐云山列入《IUCN 红色名录(2007)》种类

中名	学名	科名	保护级别
杉木	*Cunninghamia lanceolata*	杉科	低危 LR
福建柏	*Fokienia hodginsii*	柏科	低危 LR
三尖杉	*Cephalotaxus fortunei*	三尖杉科	低危 LR
沉水樟	*Cinnamomum micranthum*	樟科	低危 LR
八角莲	*Dysosma versipellis*	小檗科	易危 VU
丰满凤仙花	*Impatiens obesa*	凤仙花科	濒危 EN
金花猕猴桃	*Actinidia chrysantha*	猕猴桃科	易危 VU
星毛猕猴桃	*Actinidia stellato－pilosa*	猕猴桃科	濒危 EN
半枫荷	*Semiliquidambar cathayensis*	金缕梅科	低危 LR
华南栲	*Castanopsis concinna*	壳斗科	易危 VU
青钩栲	*Castanopsis kawakamii*	壳斗科	低危 LR
长柄水青冈	*Fagus longipetiolata*	壳斗科	易危 VU
白桂木	*Artocarpus hypargyreus*	桑科	易危 VU
铁仔冬青	*Ilex chuniana*	冬青科	濒危 EN
伞花木	*Eurycorymbus cavaleriei*	无患子科	低危 LR
伯乐树	*Bretschneidera sinensis*	伯乐树科	濒危 EN
银鹊树	*Tapiscia sinensis*	省沽油科	易危 VU
银钟花	*Halesia macgregorii*	野茉莉科	易危 VU
独花兰	*Changnienia amoena*	兰科	濒危 EN
线瓣玉凤花	*VHabenaria fordii*	兰科	易危 VU

表 7－5 齐云山列入《中国物种红色名录(2007)》种类

中名	学名	科名	保护级别
黄山松	*Pin6us taiwanensis*	松科	近危 NT
长苞铁杉	*Tsuga longibracteata*	松科	易危 VU
三尖杉	*Cephalotaxus fortunei*	三尖杉科	近危 NT
粗榧	*Cephalotaxus sinensis*	三尖杉科	近危 NT
福建柏	*Fokienia hodginsii*	柏科	易危 VU
南方红豆杉	*Taxus mairei*	红豆杉科	易危 VU
小叶买麻藤	*Gnetum parvifolium*	买麻藤科	近危 NT
华南锥	*Castanopsis concinna*	壳斗科	濒危 EN
吊皮锥	*Castanopsis kawakamii*	壳斗科	易危 VU
短萼黄连	*Coptis. chinensis* var. *brevisepala*	毛茛科	易危 VU
八角莲	*Dysosma versipellis*	小檗科	易危 VU
乐东拟单性木兰	*Parakmeria lotungensis*	木兰科	易危 VU
观光木	*Tsoongiodendron odorum*	木兰科	易危 VU
沉水樟	*Cinnamomum micranthum*	樟科	易危 VU
蜂窝木姜子	*Litsea foveolata*	樟科	濒危 EN

（续表）

中名	学名	科名	保护级别
湖南木姜子	*Litsea hunanensis*	樟科	濒危 EN
香果新木姜子	*Neolitsea ellipsoidea*	樟科	易危 VU
新宁新木姜子	*Neolitsea shingningensis*	樟科	濒危 EN
伯乐树	*Bretschneidera sinensis*	伯乐树科	易危 VU
半枫荷	*Semiliquidambar cathayensis*	金缕梅科	易危 VU
铁仔冬青	*Ilex chuniana*	冬青科	濒危 EN
福建冬青	*Ilex fukienensis*	冬青科	易危 VU
银鹊树	*Tapiscia sinensis*	省沽油科	近危 NT
紫果槭	*Acer cordatum*	槭树科	近危 NT
岭南槭	*Acer tutcheri*	槭树科	易危 VU
三峡槭	*Acer wilsonii*	槭树科	近危 NT
伞花木	*Eurycorymbus cavaleriei*	无患子科	易危 VU
密花梭罗	*Reevesia pycnantha*	梧桐科	濒危 EN
南亚柏拉木	*Blastus cogniauxii*	野牡丹科	濒危 EN
美丽马醉木	*Pieris formosa*	杜鹃花科	易危 VU
马醉木	*Pieris japonica*	杜鹃花科	易危 VU
华丽杜鹃	*Rhododendron eudoxum*	杜鹃花科	易危 VU
乳源杜鹃	*Rhododendron rhuvuenense*	杜鹃花科	易危 VU
涧上杜鹃	*Rhododendron subflumineum*	杜鹃花科	易危 VU
银钟花	*Halesia macgregorii*	野茉莉科	易危 VU
大果安息香	*Styrax macrocarpus*	野茉莉科	濒危 EN
秃叶黄檗	*Phellodendron chinense* var. *glabriusculum*	芸香科	易危 VU
金线兰	*Anoectochilus roxburghii*	兰科	近危 NT
竹叶兰	*Arundina graminifolia*	兰科	近危 NT
白及	*Bletilla striata*	兰科	易危 VU
广东石豆兰	*Bulbophyllum kwangtungense*	兰科	近危 NT
密花虾脊兰	*Calanthe densiflora*	兰科	近危 NT
虾脊兰	*Calanthe discolor*	兰科	易危 VU
钩距虾脊兰	*Calanthe graciliflora*	兰科	易危 VU
无距虾脊兰	*Calanthe tsoongiana*	兰科	易危 VU
银兰	*Cephalanthera erecta*	兰科	近危 NT
金兰	*Cephalanthera falcata*	兰科	近危 NT
独花兰	*Changnienia amoena*	兰科	濒危 EN
流苏贝母兰	*Coelogyne fimbriata.*	兰科	近危 NT
建兰	*Cymbidium ensifolium*	兰科	易危 VU
蕙兰	*Cymbidium fabari*	兰科	易危 VU
多花兰	*Cymbidium floribundum*	兰科	易危 VU
春兰	*Cymbidium goeringii*	兰科	易危 VU
寒兰	*Cymbidium kanran*	兰科	易危 VU
细茎石斛	*Dendrobium moniliforme*	兰科	濒危 EN
石斛	*Dendrobium nobile*	兰科	濒危 EN
单叶厚唇兰	*Epigeneium fargesii*	兰科	近危 NT
尖叶火烧兰	*Epipactis thunbergii*	兰科	濒危 EN
山珊瑚	*Galeola faberi*	兰科	近危 NT
大花斑叶兰	*Goodyera biflora*	兰科	近危 NT
多叶斑叶兰	*Goodyera foliosa*	兰科	近危 NT
光萼斑叶兰	*Goodyera henryi*	兰科	近危 NT
小斑叶兰	*Goodyera repens*	兰科	近危 NT
毛葶玉凤花	*Habenaria ciliolaris*	兰科	近危 NT

（续表）

中名	学名	科名	保护级别
鹅毛玉凤花	*Habenaria dentata*	兰科	近危 NT
线瓣玉凤花	*Habenaria fordii*	兰科	近危 NT
粤琼玉凤花	*Habenaria hystris*	兰科	易危 VU
裂瓣玉凤花	*Habenaria petelotii*	兰科	近危 NT
橙黄玉凤花	*Habenaria rhodocheila*	兰科	近危 NT
长苞羊耳蒜	*Liparis inaperta*	兰科	近危 NT
见血青	*Liparis nervosa*	兰科	近危 NT
香花羊耳蒜	*Liparis odorata*	兰科	近危 NT
长唇羊耳蒜	*Liparis pauliana*	兰科	易危 VU
柄叶羊耳蒜	*Liparis petiolata*	兰科	近危 NT
葱叶兰	*Microtis unifolia*	兰科	近危 NT
象鼻兰	*Nothodoritis zhejiangensis*	兰科	濒危 EN
小叶鸢尾兰	*Oberonia japonica*	兰科	近危 NT
阔蕊兰	*Peristylus goodyeroides*	兰科	近危 NT
黄花鹤顶兰	*Phaius flavus*	兰科	近危 NT
鹤顶兰	*Phaius tankervilleae*	兰科	易危 VU
石仙桃	*Pholidota chinensis*	兰科	近危 NT
小舌唇兰	*Platanthera minor*	兰科	近危 NT
筒距舌唇兰	*Platanthera tipuloides*	兰科	近危 NT
独蒜兰	*Pleione bulbocodioides*	兰科	易危 VU
苞舌兰	*Spathoglottis pubescens*	兰科	易危 VU
带唇兰	*Tainia dunnii*	兰科	近危 NT
小花蜻蜓兰	*Tulotis ussuriensis*	兰科	近危 NT
二尾兰	*Vrydagzynea nuda*	兰科	易危 VU

表 7-6　齐云山自然保护区省级保护植物一览

中名	学名	科名	级别
虎舌红	*Ardisia mamillata*	紫金牛科	1
金线兰	*Anoectochilus roxburghii*	兰科	1
竹叶兰	*Arundina graminifolia*	兰科	1
白及	*Bletilla striata*	兰科	1
广东石豆兰	*Bulbophyllum kwangtungense*	兰科	1
密花虾脊兰	*Calanthe densiflora*	兰科	1
虾脊兰	*Calanthe discolor*	兰科	1
钩距虾脊兰	*Calanthe graciliflora*	兰科	1
无距虾脊兰	*Calanthe tsoongiana*	兰科	1
银兰	*Cephalanthera erecta*	兰科	1
金兰	*Cephalanthera falcata*	兰科	1
独花兰	*Changnienia amoena*	兰科	1
流苏贝母兰	*Coelogyne fimbriata.*	兰科	1
建兰	*Cymbidium ensifolium*	兰科	1
蕙兰	*C. fabari*	兰科	1
多花兰	*Cymbidium floribundum*	兰科	1
春兰	*C. goeringii*	兰科	1
寒兰	*Cymbidium kanran*	兰科	1
细茎石斛	*Dendrobium moniliforme*	兰科	1
石斛	*D. nobile*	兰科	1

（续表）

中名	学名	科名	级别
单叶厚唇兰	*Epigeneium fargesii*	兰科	1
尖叶火烧兰	*Epipactis thunbergii*	兰科	1
山珊瑚	*Galeola faberi*	兰科	1
大花斑叶兰	*Goodyera biflora*	兰科	1
多叶斑叶兰	*Goodyera foliosa*	兰科	1
光萼斑叶兰	*Goodyera henryi*	兰科	1
小斑叶兰	*Goodyera repens*	兰科	1
毛葶玉凤花	*Habenaria ciliolaris*	兰科	1
鹅毛玉凤花	*Habenaria dentata*	兰科	1
线瓣玉凤花	*Habenaria fordii*	兰科	1
粤琼玉凤花	*Habenaria hystris*	兰科	1
裂瓣玉凤花	*Habenaria petelotii*	兰科	1
橙黄玉凤花	*Habenaria rhodocheila*	兰科	1
长苞羊耳蒜	*Liparis inaperta*	兰科	1
见血青	*Liparis nervosa*	兰科	1
香花羊耳蒜	*Liparis odorata*	兰科	1
长唇羊耳蒜	*Liparis pauliana*	兰科	1
柄叶羊耳蒜	*Liparis petiolata*	兰科	1
葱叶兰	*Microtis unifolia*	兰科	1
象鼻兰	*Nothodoritis zhejiangensis*	兰科	1
小叶鸢尾兰	*Oberonia japonica*	兰科	1
阔蕊兰	*Peristylus goodyeroides*	兰科	1
黄花鹤顶兰	*Phaius flavus*	兰科	1
鹤顶兰	*Phaius tankervilleae*	兰科	1
石仙桃	*Pholidota chinensis*	兰科	1
小舌唇兰	*Platanthera minor*	兰科	1
筒距舌唇兰	*Platanthera tipuloides*	兰科	1
独蒜兰	*Pleione bulbocodioides*	兰科	1
苞舌兰	*Spathoglottis pubescens*	兰科	1
带唇兰	*Tainia dunnii*	兰科	1
小花蜻蜓兰	*Tulotis ussuriensis*	兰科	1
二尾兰	*Vrydagzynea nuda*	兰科	1
山橘	*Fortunella hindsii*	芸香科	1
南方铁杉	*Tsuga chinensis* var. *tchekiangensis*	松科	2
长苞铁杉	*T. longibracteata*	松科	2
大叶冬青	*Ilex latifolia*	冬青科	2
刺楸	*Kalopanax septemlobus*	五加科	2
八角莲	*Dysosma versipellis*	小檗科	2
华杜英	*Elaeocarpus chinensis*	杜英科	2
秃瓣杜英	*E. glabripetalus*	杜英科	2
薯豆	*E. japonicus*	杜英科	2
山杜英	*E. sylvestris*	杜英科	2
杜英	*E. decipiens*	杜英科	2
冬桃	*E. duclouxii*	杜英科	2
青钩栲	*C. kawakamii*	壳斗科	2
沉水樟	*C. micranthum*	樟科	2
紫薇	*Lagerstroemia indica.*	千屈菜科	2
南紫薇	*L. subcostata*	千屈菜科	2
玉兰	*Magnolia denudata*	木兰科	2
观光木	*Tsoongiodendron odorum*	木兰科	2
白桂木	*Artocarpus hypargyreus*	桑科	2

（续表）

中名	学名	科名	级别
血党	*Ardisia brevicaulis*	紫金牛科	2
桂花	*Osmanthus fragrans*	木犀科	2
短萼黄连	*Coptis chinensis* var. *brevisepala*	毛茛科	2
银钟花	*Halesia macgregorii*	野茉莉科	2
福建观音座莲	*Angiopteris fokiensis.*	观音座莲科	3
华南紫萁	*Osmunda vachellii*	紫萁科	3
三尖杉	*Cephalotaxus fortunei*	三尖杉科	3
粗榧	*C. sinensis*	三尖杉科	3
小叶买麻藤	*Gnetum parvifolium*	买麻藤科	3
五裂槭	*Acer oliverianum*	槭树科	3
黄连木	*Pistacia chinensis*	漆树科	3
枸骨	*Ilex cornuta*	冬青科	3
铁冬青	*I. rotunda*	冬青科	3
光皮桦	*Betula luminifera*	桦木科	3
黄杨	*Buxus sinica*	黄杨科	3
草珊瑚	*Sarcandra glabra*	金粟兰科	3
多花山竹子	*Garcinia multiflora*	藤黄科	3
猴欢喜	*Sloanea sinensis*	杜英科	3
云锦杜鹃	*Rhododendron fortunei*	杜鹃花科	3
长蕊杜鹃	*Rh. stamineum*	杜鹃花科	3
东方古柯	*Erythroxylum sinensis*	古柯科	3
重阳木	*Bischofia polycarpa*	大戟科	3
红锥	*Castanopsis hystrix*	壳斗科	3
饭甑青冈	*Cyclobalanopsis fleuryi*	壳斗科	3
赤皮青冈	*C. gilva*	壳斗科	3
大叶青冈	*C. jenseniana*	壳斗科	/3
多穗石栎	*Lithocarpus polystachyus*	壳斗科	3
青檀	*Pteroceltis tatarinowii*	榆科	3
青皮木	*Schoepfia jasminodora*	铁青树科	3
条叶龙胆	*Gentiana manshurica*	龙胆科	3
蕈树	*Altingia chinensis*	金缕梅科	3
大果马蹄荷	*Exbucklandia tonkinensis*	金缕梅科	3
水丝梨	*Sycopsis sinensis*	金缕梅科	3
青钱柳	*Cyclocarya paliurus*	胡桃科	3
野核桃	*Juglans cathayensis*	胡桃科	3
华南桂	*Cinnamomum austrosinense*	樟科	3
阴香	*C. burmannii*	樟科	3
香桂	*C. subavenium*	樟科	3
黑壳楠	*Lindera megaphylla*	樟科	3
豹皮樟	*Litsea coreana* var. *sinensis*	樟科	3
薄叶润楠	*Machilus leptophylla*	樟科	3
红楠	*M. thunbergii*	樟科	3
湘楠	*Phoebe hunanensis*	樟科	3
黄檀	*Dalbergia hupeana*	蝶形花科	3
软荚红豆	*Ormosia semicastrata*	蝶形花科	3
木荚红豆	*O. xylocarpa*	蝶形花科	3
紫藤	*Wisteria sinensis*	蝶形花科	3
木莲	*Manlietia fordiana*	木兰科	3
乳源木莲	*M. yuyuanensis*	木兰科	3
紫花含笑	*Michelia crassipes*	木兰科	3
含笑	*M. figo*	木兰科	3

（续表）

中名	学名	科名	级别
金叶含笑	*M. foveolata*	木兰科	3
亮叶含笑	*M. fulgens*	木兰科	3
深山含笑	*M. maudiae*	木兰科	3
乐东拟单性木兰	*Parakmeria lotungensis*	木兰科	3
轮叶蒲桃	*Syzygium grijsii*	桃金娘科	3
蓝果树	*Nyssa sinensis*	蓝果树科	3
台湾林檎	*Malus doumeri*	蔷薇科	3
天料木	*Homalium cochinchinense*	天料木科	3
无患子	*Sapindus mukorossi*	无患子科	3
银鹊树	*Tapiscia sinensis*	省沽油科	3
密花梭罗	*Reevesia pycnantha*	梧桐科	3
红淡比	*Cleyera japonica*	山茶科	3
天目紫茎	*Stewartia gemmata*	山茶科	3
厚皮香	*Ternstroemia gymnanthera*	山茶科	3
小果石笔木	*Tutcheria microcarpa*	山茶科	3
前胡	*Peucedanum praeruptorum*	伞形科	3
天门冬	*Asparagus cochinchinensis*	百合科	3
华重楼	*Paris polyphylla var. chinensis*	百合科	3

2 齐云山自然保护区珍稀濒危植物区系特征

了解一个地区植物区系的特点，最好的途径是分析其分布区类型。植物分布区类型总是与其分布历史有着密切联系，可以获得有关区系发生和起源的线索，这对保护生物多样性研究，尤其是对揭示珍稀濒危植物致濒原因和确定对其的保护对策具有重要意义。下面主要对齐云山自然保护区内分布的国家重点保护的珍稀濒危植物区系特征进行分析。

2.1 区系成分较为复杂，热带性质明显，特有成分丰富

根据吴征镒(1991)中国种子植物属的分布区类型划分，齐云山自然保护区国家级保护珍稀濒危植物包括9种分布区类型和2种变型（表7－7），区系成分较为复杂。在属的分布类型中，热带成分的属有5属，占总属数的41.7%；温带成分的属有4属，占总属数的33.3%；中国特有分布有3属，占总属数的25%。由此可见，其区系热带成分明显。

从种的地理分布看（表7－8），特有成分占优势，中国特有种有6种，占全部种数的50%。因此，齐云山自然保护区珍稀濒危植物区系成分较为复杂，热带性质明显，特有成分丰富，这与该保护区整体植物区系性质一致。

表7－7 国家重点保护珍稀濒危植物属的分布区类型统计

属名	分布区类型	世界种数	中国种数	齐云山种数
金毛狗属 *Cibotium*	泛热带分布	20	1	1
桫椤属 *Alsophila*	泛热带分布	500	15	1
福建柏属 *Fokienia*	越南至华南	1	1	1
红豆杉属 *Taxus*	北温带分布	11	4	1
樟属 *Cinnamomum*	热带亚洲至热带大洋州分布	250	46	12
栲属 *Castanopsis*	东亚和北美洲间断分布	122	60	14
荞麦属 *Fagopyrum*	旧世界温带	15	8	1
大豆属 *Glycine*	热带亚洲至热带非洲	10	7	1
半枫荷属 *Semiliquidambar*	中国特有	3	3	1
黄檗属 *Phellodendron*	中国—日本分布	10		1
伞花木属 *Eurycorymbus*	中国特有	1	1	1
伯乐树属 *Bretschneidera*	中国特有	1	1	1

表7-8 国家重点保护珍稀濒危植物的地理分布统计

植物名称	分布区类型	国内外分布	省内分布
金毛狗	热带亚洲	长江以南各省区;印度、中南半岛、马来西亚、印度尼西亚	井冈山、寻乌、安远、全南、大余、遂川
小黑桫椤	中国—日本	台、闽、黔、川、滇、赣;日本	井冈山
福建柏	越南至华南	赣、浙、闽、粤、湘、桂、黔、川、滇;越南北部	资溪、三清山、遂川、井冈山、上犹、大余
南方红豆杉	中国特有	赣、浙、闽、粤、湘、鄂、皖、桂、黔、川、滇、甘、台	全省各地
硬叶桂	中国特有	赣、粤、桂、台	九连山
华南栲	中国特有	粤、桂、港、赣	崇义
金荞麦	旧世界温带	赣、浙、苏、陕	全省各地
野大豆	热带亚洲至热带非洲	赣、黑、吉、辽、内蒙古、冀、鲁、豫、晋、陕、甘、青、苏、皖、浙、台、闽、湘、粤、桂、鄂、川	全省各地
半枫荷	中国特有	赣、闽、湘、粤、桂、黔、琼	石城、瑞金、龙南、全南、寻乌、安远
秃叶黄檗	中国—日本分布	陕、赣、甘、鄂、湘、苏、浙、台、粤、桂、黔、川、滇;日本	井冈山
伞花木	中国特有	鄂、湘、赣、闽、台、粤、桂、滇、黔	安远、宜春、安福、泰和
伯乐树	中国特有	赣、浙、台、闽、湘、鄂、粤、桂、滇、川	资溪、井冈山、安福、泰和、永丰、龙南、安远、会昌、全南、宁都、黎川、宜黄、铅山、武宁、修水、贵溪、铜鼓、上高、宜春

2.2 珍稀濒危植物中单型属、寡种属丰富

齐云山自然保护区国家级保护珍稀濒危植物中,福建柏、伞花木、伯乐树三属为单型属,占全部属数的25%。此外,省级保护的珍稀濒危植物中,青钱柳属、观光木属、独花兰属亦为单型属。其中,福建柏、伯乐树、青钱柳、观光木四属是比较古老的单型属。省级保护的珍稀濒危植物中有较多寡种属,如八角莲、草珊瑚、半枫荷、银鹊树、银钟花等,上述种类对于研究被子植物的系统发育及古地理均有较高科学价值。

3 珍稀濒危植物保护价值

齐云山自然保护区的珍稀濒危植物大多具有较高的科研价值或经济价值,现列举典型几种说明如下:

3.1 金毛狗 *Cibotium barometze*

本种为蚌壳蕨科大型蕨类植物,全属20余种,分布于东南亚热带地区、夏威夷以及中美洲。我国仅此一种。齐云山自然保护区主要分布于桶江一带,数量不多。作为该属在中国的唯一代表,具有较高的科研价值。同时,该种类可作为亚热带和热带气候区酸性土壤的指示植物;根状茎药用,补肝肾、强腰膝、驱风湿、利尿通淋;根状茎及叶柄基部的金黄色长茸毛,可供外伤止血及编织地毯。由于其密生金黄色长茸毛的根状茎形如金色狗头,具有较高的观赏价值,常盆栽供观赏。

3.2 福建柏 *Fokienia hodginsii*

本种为柏科单种属植物,除越南北部有少量分布外,为我国特有。齐云山自然保护区分布数量多,面积大。本种为我国特有单种属植物,在研究柏科系统发育上具有重要科研价值。木材材质轻软,有弹性,纹理直,结构细,耐腐力强,可作建筑、家具、仪器、细木工优良用材,也可选作亚热带低山至中山的造林树种。树形高大通直,鳞叶背面背白粉,也可用作优良的园林绿化树种。

3.3 长苞铁杉 *Tsuga longibracteata*

本种为我国特有的珍贵树种，是松科铁杉属大果铁杉组（Sect. Hesperopeuce）分布于中国的唯一代表种类，形态非常特殊，跟国内铁杉属其他种类均有不同。在研究东亚、北美植物区系以及铁杉属系统分类方面均具有较高科研价值。长苞铁杉起源于南岭山地，在齐云山长苞铁杉分布面积最大、株数最多、自然更新最好的地区，总面积608.50hm^2，共计27.67万株，其中，Ⅴ级老树7705株，Ⅳ级壮树1.8213万株，Ⅲ级幼树7.005万株，Ⅱ级幼树5.534万株，Ⅰ级幼苗12.5392万株，说明长苞铁杉在齐云山自然保护区不但分布广，数量多，而且更新良好。本种材质优良，用途广，价值高，可选作长江流域以南中亚热带中山以上的造林树种。

3.4 华南栲 *Castanopsis concinna*

本种是壳斗科常绿大乔木，为典型的南亚热带种类，主要分布于广西防城各族自治县、广东阳江、阳春县以及香港、九龙等地，齐云山为其分布最北界。本种果实富含淀粉和少量糖分，可作粮食；木材心材红褐色，边材淡棕色，材质坚重，纹理直，有弹性，且耐水湿，是家具、器械、建筑的优良用材。

3.5 半枫荷 *Semiliquidambar cathayensis*

本种隶属于金缕梅科，是1962年新发现的新属半枫荷属 *Semiliquidambar* 的模式种。该属种类较少，均分布于我国。具有同科枫香属 *Liquidambar* 与蕈树 *Altingia* 两属间的综合性状，对研究金缕梅科系统发育具有学术价值。木材材质优良，旋刨性能良好，可作旋刨制品。根药用，祛风止痛、除湿、通络。

3.6 野大豆 *Glycine soja*

本种是豆科重要经济作物大豆 *Glycine max* 的野生近缘种，在国内分布较广，北自东北乌苏里江沿岸和沿海岛屿至西北（除新疆、宁夏外）、西南（除西藏外）直达华南、华东均有分布，一般分布较为零散。国外朝鲜、日本、前苏联均有分布。本种具耐盐碱、抗寒、抗病等许多优良性状，与大豆又是近缘种，在育种上有重要利用价值。此外，其营养价值较高，是牛、马、羊等各种牲畜喜食的饲料。

3.7 伯乐树 *Bretschneidera sinensis i*

又名钟萼木，是特产于我国的单种科植物，起源古老。在我国江南各地零散分布。对于研究被子植物的系统发育和古地理等方面均有科学价值。木材硬度适中，不翘裂，色彩美观，可作优良家具和工艺用材。树形通直，花淡红色，组成大型圆锥花序，盛花期蔚为壮观。果实成熟时棕色，量多，亦有观赏价值。在园林中可用作行道树，亦可孤植或群植。

3.8 独花兰 *Changnienia amoena*

本种是我国特有的单种属植物，在兰科植物系统发育研究上有一定的学术意义。株型小巧，花紫红色，美丽，可作优良的野生花卉。同时，其假鳞茎可以治疗疮毒和蛇毒。

4 珍稀濒危植物致濒原因

经过调查研究发现，齐云山自然保护区珍稀濒危植物致濒的主要原因如下：

4.1 人为因素

该因素是造成齐云山部分珍稀濒危植物致濒的直接原因。

4.1.1 珍贵用材

对于一些原本分布较广、种群数量较大的的珍贵用材树种，如长柄水青冈、长苞铁杉、沉水樟、青钩栲、红豆树等，由于以前过度采伐，致使上述树种数量急剧减少，现残存大树已很少，多散生于常绿阔叶林中，而成为濒危物种。由于对珍贵用材树种南方红豆杉保护力度较大，保护意识较高，现保护区内种群数量相对较多。

4.1.2 珍贵药用

一些经济价值较高的珍贵药用植物,人为滥采滥挖是造成这些物种濒危甚至绝灭的主要原因,如短萼黄连、八角莲、前胡、草珊瑚、七叶一枝花等种类遭到长期采挖,甚至是毁灭性的采挖,致使野生资源遭到严重破坏。

4.1.3 珍贵观赏

保护区内观赏价值较高的植物种类,以兰科植物最为典型,保护区内共分布有74种兰科植物,其中独花兰、象鼻兰2种濒危,白芨、虾脊兰、二尾兰等12种易危,其余多为近危。该科植物多具有较高观赏价值,因此经常遭到采挖,致使种群受到严重破坏。

4.2 自然因素

某些植物受自身生物学特性和生态学特性限制,导致在天然状态下种群数量稀少。

4.2.1 繁殖力低

有些植物繁殖能力低,天然更新差是其致濒的主要原因,如青钱柳、大果安息香等的果皮坚硬,不易吸水,难发芽,所以其分布点幼树与幼苗均为少见。

4.2.2 分布边缘

本保护区是南岭山区的重要组成部分,为东西、南北植物区系成分过渡交流的关键地段,植物在向本区迁移过程中常出现间断,与这些植物的分布中心相比显得孤立、稀少。如华南栲、硬叶桂等是华南成分向北分布的边缘,象鼻兰是华东成分向西分布的边缘,短萼黄连是北温带成分向南分布的极限,因此,上述植物均在此出于濒危状态。

4.2.3 生境片断化的影响

某些植物如福建柏、伯乐树、银鹊树等的生长需特殊的生态条件,从分布区看,均成狭长带状或岛屿状,这显然是因各地生境片断化造成的,因此这些物种数量稀少而出于濒危状态。

5 珍稀濒危植物保护对策

伴随着齐云山自然保护区的建立,珍稀濒危植物保护倍受重视,保护区内植被得到了较好保护。当然,现有工作中仍存在一些不足之处以及需要完善的地方。在此,提出如下建议:

5.1 确定优先保护名单,加强科学研究

在齐云山自然保护区的珍稀濒危植物中,有许多古老孑遗种属、单种属和寡种属植物,特有植物丰富,它们都是研究植物系统发育和植物地理的宝贵材料,同时多数植物在药用、观赏等方面均具有重要的研究价值和开发利用价值。因此,在资源有限的情况下,确定优先保护名单(表7-9)。在集中精力就地保护的同时,积极开展迁地保护、人工繁殖和种质保存等方面的科学研究。

5.2 深入调查,定期监测

本调查仅对珍稀濒危植物的种类与分布进行了调查,初步掌握部分物种的资源量,建议在"全国重点保护植物调查"和本次调查基础上,对优先保护物种的分布和资源量进行进一步的深入调查,建立详细的资源管理档案,定期监测,对野生植物资源消长进行动态监控。

5.3 加强有关法律法规的宣传教育

加强对野生植物保护法律法规和保护珍稀濒危植物资源的意义的宣传力度,提高民众对野生植物资源保护的意识。

表7-9 齐云山自然保护区珍稀濒危植物优先保护种类

植物名称	列为优先保护的理由
金毛狗	本属在中国唯一种类,较高药用与观赏价值
福建柏	我国特产单种属,对研究柏科系统发育具有较高价值
南方红豆杉	国家一级保护植物,具有重要经济价值,种群数量急剧减少
伯乐树	国家一级保护植物,我国特有单种科植物,古老孑遗种,较高科研价值
硬叶桂	中国特产植物,经济价值高,种群数量稀少
华南栲	中国特产植物,本区为分布北缘,材质优良
青钩栲	本种形态特殊,在壳斗科植物区系、地理以及分类研究方面均有较高价值
短萼黄连	北区为其分布南界,重要药用植物
铁仔冬青	中国特产种类,主要分布于华南,数量稀少
伞花木	中国特产单种属植物,对研究无患子科系统发育颇有价值
独花兰	中国特产单种属植物,具有较高观赏与药用价值,数量稀少
象鼻兰	中国特产单种属植物,具有较高观赏与药用价值,数量稀少

第二节 兰科植物专述

兰科(Orchidaceae)是被子植物的最大科之一,约有735属、20000多种,广泛分布于世界各地,尤其是在热带地区有着极高的物种多样性。我国已知有171属1247种。江西省有48属105个种;而齐云山有38属74个种,属分别占全国、全省的20.5%和72.9%;种分别占全国和全省的5.9%、70.5%。兰科植物形态、习性变异多样,花部结构高度特化,是被子植物中进化程度最高的类群之一,不仅对研究植物多样性演化和区系地理具有重要的科学价值,而且富有极高的观赏价值和药用价值。

6 兰科植物多样性特点

6.1 物种多样性丰富

通过采用样带调查、线路调查、样方调查、标本采集、照片拍摄等相结合的方法,对保护区范围内进行了比较全面的兰科植物资源调查,共采集、鉴定植物标本110余号,拍摄生境照片230多张。调查鉴定结果,该保护区共有野生兰科植物74种(含1变种),隶属于35属(表7-10)。

在保护区植被原生性较强的山沟,各种兰科植物呈片状分布,密集覆盖于岩石及树干上。调查发现,在潮湿的岩石上,成片分布着独蒜兰、台湾独蒜兰、吻兰、台湾吻兰、镰翅羊耳蒜等10余种兰科植物。在干燥的岩石上,成片分布着多花兰、石豆兰、流梳贝母兰、石仙桃等,这里的独蒜兰、多花兰分布之广、密度之大、数量之多在全国也绝无仅有!长轴白点兰在整个保护区的范围内都有分布,主要附生在甜槠(*Castanopsis eyrei*)、乌饭树(*Vaccinium bracteatum*)、黄樟(*Cinnamomum parthenoxylon*)等树上。

此外,齐云山的野生兰科植物种类和数量在江西的各个保护区中,也是最丰富的地区之一(表7-11)。

还有齐云山的野生兰科植物与相邻广东的南岭国家自然保护区和湖南省桃源洞自然保护区所分布的兰科植物相比,也是最丰富的(表7-12)。

作者:杨柏云,李波,彭德镇,孔令杰(南昌大学)

表 7－10 齐云山自然保护区兰科植物及其特性

物种		生活型	濒危等级	生境	海拔段
细葶无柱兰	*Amitostigma gracile*	地生	EN(Nt)	潮湿石壁	600～1200
金线兰	*Anoectochilus roxburghii*	地生	NT	林下	400～1000
竹叶兰	*Arundina graminifolia*	地生	NT	干燥石壁	400～800
白芨	*Bletilla striata*	地生	CR(EN)	林缘	600～800
麦斛	*Bulvbophyllum inconspicuum*	附生	CR(EN)	树干	500～1000
广东石豆兰	*B. kwangtungense*	附生	NT	干燥石壁	600～1200
斑唇卷瓣兰	*B. pectenveneris*	附生	NT	树干	600～1000
密花虾脊兰	*Calanthe densiflossa*	地生	EN	林下	600～1000
虾脊兰	*C. discolor*	地生	EN(VU)	林下	600～1000
钩距虾脊兰	*C. graciliflora*	地生	VU	林下	600～1000
长茎虾脊兰	*C. gracilis*	地生	EN	林下	600～1000
长距虾脊兰	*C. sylvatica*	地生	EN(NT)	林下	600～1000
泽泻叶虾脊兰	*C. alismaefolia*	地生	VU	林下	600～1000
无距虾脊兰	*C. tsoongiana*	地生	EN	林下	600～1000
银兰	*Cephalanthera erecta*	地生	EN(NT)	林缘	500～1200
金兰	*C. falcata*	地生	EN	林缘	600～1000
独花兰	*Changnienia amoena*	附生	NT	林下	400～1200
大序隔距兰	*Cleisostoma paniculatum*	附生	NT	树干	300～800
流苏贝母兰	*Coelogyne fimbriata*	附生	EN	石壁	500～1000
吻兰	*Collabium chinensis*	附生	NT	潮湿石壁	500～1000
台湾吻兰	*C. formosanum*	附生	NT	潮湿石壁	500～1000
建兰	*Cymbidium ensifolium*	地生	NT	林下	300～1400
蕙兰	*C. faberi*	地生	VU	林下	300～1200
多花兰	*C. floribundum*	半附生	LC(VU)	石壁、树干	300～1600
台兰	*C. fioribundum var. pumilum*	半附生	VU	石壁、树干	300～1600
春兰	*C. goeringii*	地生	VU	林下	300～1600
寒兰	*C. kanran*	地生	VU	林下	300～1200
兔耳兰	*C. lancifolium*	地生	EN(VU)	林下	300～1200
罗河石斛	*Dendrobium lohohense*	附生	VU	树干	500～1200
细茎石斛	*D. moniliforme*	附生	VU	树干	600～1300
广东石斛	*D. wilsonii*	附生	EN	树干	600～1200
单叶厚唇兰	*Epigeneium fargesii*	附生	NT	干燥石壁	700～1800
尖叶火烧兰	*Epipactis thunbergii*	附生	CR	林下	400～800
美冠兰	*Eulophia campestris*	地生	EN	林下	600～1000
山珊瑚	*Galeola septentrionalis*	腐生	EN	林下	400～900
大花斑叶兰	*Goodyera biflora*	地生	NT	林下	500～1200
多叶斑叶兰	*G. foliosa*	地生	VU	林下	300～1200
光萼斑叶兰	*G. henryi*	地生	NT	林下	400～1200
小斑叶兰	*G. repens*	地生	NT	林下	400～1200
斑叶兰	*G. schlechtendaliana*	地生	LC	林下	500～1600
毛葶玉凤花	*Habenaria ciliolaris*	地生	EN	林下	500～1200
鹅毛玉凤花	*H. dentata*	地生	EN(NT)	林下	400～700
线瓣玉凤花	*H. linearifolia*	地生	NT	林下	400～900
粤琼玉凤花	*H. hystrix*	地生	NT	林下	400～1000
裂瓣玉凤花	*H. petelotii*	地生	NT	林下	400～1000
叉唇角盘兰	*Herminium lanceum*	地生	LC	林缘	600～1600
镰翅羊耳蒜	*Liparis bootanensis*	附生	NT	潮湿石壁	600～1400
长苞羊耳蒜	*L. inaperta*	附生	NT	潮湿石壁	400～1200
见血清	*L. snervosa*	地生	NT	林下	300～1200
香花羊耳蒜	*L. odorata*	附生	NT	潮湿石壁	400～1200
长唇羊耳蒜	*L. pauliana*	附生	NT	潮湿石壁	400～1200
柄叶羊耳蒜	*L. petiolata*	附生	NT	潮湿石壁	400～1200
小沼兰	*Malaxis microtatantha*	地生	EN(VU)	林下	500～900
葱叶兰	*Microtis parviflora*	地生	NT	林下	300～800

（续表）

物种		生活型	濒危等级	生境	海拔段
象鼻兰	*Nothodoritis zhejiangensis*	附生	NT	树干	300～700
鸢尾兰	*Oberonia iridifolia*	附生	NT	树干	500～1200
小叶鸢尾兰	*O. japonica*	附生	EN(NT)	树干	500～1200
阔蕊兰	*Peristylus goodyeroides*	地生	NT	路边	600～1300
黄花鹤顶兰	*Phaius flavus*	地生	NT	林下	300～1000
鹤顶兰	*P. tankervilleae*	地生	NT	林下	300～1200
石仙桃	*Pholidota chinensis*	附生	NT	树干、石壁	300～1400
小舌唇兰	*Platanthera minor*	地生	NT	林下	500～1300
筒距舌唇兰	*P. tipuloides*	地生	NT	林下	500～1200
独蒜兰	*Pleione bulbocodioides*	附生	NT(VU)	潮湿石壁	500～1800
台湾独蒜兰	*P. formosana*	附生	NT	潮湿石壁	500～1600
苞舌兰	*Spathoglottis pubescens*	地生	NT(VU)	路边	500～1000
绶草	*Spiranthes sisnensis*	地生	LC	湿坡、草地	300～1800
带唇兰	*Tainia dunnii*	地生	NT	林下	400～1600
长轴白点兰	*Thrixspermum saruwatarii*	附生	NT	树干	500～1200
小花蜻蜓兰	*Tulotis ussuriensis*	地生	NT	路边	500～1000

注：CR：极危(Critically Endangered)；EN：濒危(Endangered)；VU：易危(Vulnerable)；NT：近危(Near Threatened)；LC：无危(Least Concern.)

表 7－11　齐云山自然保护区与其它保护区兰科植物丰富度比较

保护区名称	面积(hm^2)	属数	种数	种/属	所属气候带
九岭山自然保护区	14942	23	32	1.4:1	中亚热带与北亚热带
井冈山自然保护区	15873	26	48	1.8:1	中亚热带
官山自然保护区	11500.5	21	40	1.9:1	中亚热带
马头山自然保护区	19650	29	59	2.0:1	中亚热带
武夷山自然保护区	16007	40	81	2.0:1	中亚热带
齐云山自然保护区	17105	35	74	2.0:1	中亚热带与南亚热带
九连山自然保护区	13411.6	29	60	2.1:1	中亚热带与南亚热带

表 7－12　齐云山自然保护区与南岭、桃源洞以及兰科植物丰富度比较

保护区名称	面积(hm^2)	属数	种数	种/属	所属气候带
齐云山自然保护区	17105	35	74	2.0:1	中亚热带与南亚热带
南岭自然保护区	58400	38	70	1.8:1	南亚热带
桃源洞自然保护区	5060	28	45	1.6:1	中亚热带

6.2　分布广泛，生境复杂多样

齐云山自然保护区野生兰科植物不仅种类多样性丰富，而且分布十分广泛。从土山到花岗岩的石山，从海拔300m的河谷至2000 m的主峰，几乎每个山头都有兰科植物分布，天然阔叶林是其主要分布环境，人工林下也常常可见。保护区特殊的地理位置和复杂的地形地貌为兰科植物提供了复杂多样的生境，不论密林下、草丛中还是岩石、绝壁和树干上，都能够寻觅到兰科植物的芳踪。齐云山保护区兰科植物分布的环境多样性丰富，表现丰富的生态类型：绝大多数种类耐荫而喜散射光，也有少数如绶草、多花兰、台兰、石仙桃、贝母兰等种类能够耐一定直射光；多数种类喜酸性土壤,绝大多数种类喜疏松肥沃、排水良好的腐殖土,但有的种类如竹叶兰等既分布于草坡,也分布在河边或沼泽草地;既有众多的地生兰属如白及属、虾脊兰属、兰属等生长于林下地上,也有一些附生兰属如石解属、隔距兰属、石豆兰属、白点兰属等附生于林中树干上或林下绝壁、岩石上。

6.3 地理成分多样,生活型齐全

齐云山自然保护区属亚热带气候,其兰科植物兼备热带、亚热带和温带成分,其中热带成分有贝母兰属、石斛属、石豆兰属、鹤顶兰属,它们多数是附生兰,但也有少数如鹤顶兰属的种为地生;亚热带成分有白及属、虾脊兰属、兰属地生种类等,它们多数是地生兰;在本区兰科植物区系的组成中,出现了许多暖温带植物区系成分,如金兰、银兰、独蒜兰、寒兰,和叉唇角盘兰等。但典型的北温带种类如杓兰属 *Cypripedium*、红门兰属 *Orchis*、对叶兰属 *Listera* 和凹舌兰属 *Coeloglossum* 等属的种类在本区却没有分布。本区附生兰较少,以地生兰为主,如细亭无柱兰、白及、密花虾脊兰、虾脊兰、钩距虾脊兰、镰粤虾脊兰、长距虾脊兰、银兰、金兰、台湾吻兰、蕙兰、寒兰、春兰、建兰、美冠兰、大叶斑叶兰、鹅毛玉凤花、葱叶兰、绶草等,而寒带成分的种类则缺乏。自然界中,兰科植物可分为地生、附生(气生)、半附生兰(地生或附生)和腐生等四大生活型,其中地生和附生是兰科植物两大生活类型。保护区兰科的生活型齐全,四大生活型均有代表种,但以地生兰种类最多,达 42 种,隶属 21 属,种数占 60.0%,如白及属、虾脊兰属、兰属、斑叶兰属、玉凤花属、鹤顶兰属等;其次是附生兰,有 25 种,隶属 13 属,种数占 35.7%,如石豆兰属、隔距兰属、贝母兰属、石斛属、鸢尾兰属、石仙桃属、白点兰属等;再次地生或附生兰(半附生兰),仅 2 种(包括变种),隶属 1 属,占 2.8%,它们是多花兰、台兰;种数最少的是腐生兰,有 1 种,隶属 1 属,种数占 1.4%,即山珊瑚。

6.4 垂直分布格局呈现一定规律性

调查结果表明,齐云山自然保护区兰科植物垂直分布格局呈现一定的规律性:多数种类主要分布于海拔 500 ~ 1200m,如石豆兰、石斛属、玉凤花属、沼兰属、莺尾兰属、石仙桃属、等属绝大多数种类,同时,也有一些种类分布海拔跨度比较大,如绶草(300 ~ 1800m)、带唇兰(400 ~ 1600m)、独蒜兰(500 ~ 1800m)、建兰(300 ~ 1400m)、多花兰(300 ~ 1600m)、斑叶兰(500 ~ 1600m)等。

6.5 区系来源多样性

参考中国种子植物属的分布区类型划分方法,对保护区兰科植物属、种的地理成分类型进行了划分。

世界分布型 3 属,即斑叶兰属、羊耳蒜属、沼兰属;热带成分包括:泛热带分布的石豆兰属、虾脊兰属;旧世界热带分布的鸢尾兰属、山珊瑚属;热带亚洲至热带大洋洲分布的兰属、石仙桃属;热带亚洲分布的石斛属、隔距兰属、厚唇兰属;温带成分包括:东亚分布的有白芨属、耳唇兰属;北温带分布有火烧兰属、杓兰属、玉凤花属;此外还有旧世界温带分布的角盘兰属,东亚和北美间断分布的筒距兰属。中国特有分布的属在保护区只有独花兰和象鼻兰。

7 保护地位和合理利用建议

7.1 切实加强保护区建设与管理工作

兰科植物所有野生种均已被列人《濒危野动植物种国际贸易公约》的附录,占该公约应保护植物种数的 90% 以上,是植物保护中的"旗舰"类群(naggroup)。在《全国野生动植物保护及自然保护区建设工程规划》(2001—2030 年)中,已把兰科植物列为 15 大重点保护野生动植物之一,成为其中 2 大类重点保护野生植物之一(另一类是苏铁科植物),因而兰科植物的保护已日趋得到国内外的高度重视。齐云山省级保护区成立以来,初步建立了一支专业保护队伍,在基本查清兰科植物种质资

源及其分布现状的基础上，根据国家有关法律、政策及标准规范，制订了保护区总体规划，明确了主要保护对象和目标，采取了比较有力的保护措施，使兰科植物得到较为有效的抢救性保护，其生境也得到相应的重建和修复。但由于保护区内兰科植物分布分散，人们对兰科植物保护的意义认识不足，或者花卉、医药等行业对兰科植物的不当炒作，导致周边居民因短期小利的驱动而到保护区周边甚至保护区内盗挖野生兰科植物出售，从而大大增加了保护与管理工作的压力及难度，加之管理机构尚需进一步健全，管理水平尚需提高，社区共管机制尚未完善，人力物力投人有限等问题，使保护与管理工作尚存在许多不尽人意之处。为此建议：

(1)应尽快将该保护区申报晋升为国家级自然保护区，以保证在机构和组织上增加保护区保护及管理的力度。

(2)严格按照国家有关森林、野生动植物保护与管理的法律法规，加大执法力度，以确保保护区乃至周边地区兰科植物多样性的安全。

7.2 积极开展兰科植物科学研究及持续利用技术的研发工作

由于野生兰科植物在自然状态下自我繁殖能力低，对生长环境的要求较苛刻，同时人类对森林的过度采伐导致其生境条件的严重破坏，以及近年来人类对野生兰科植物不合理的采挖和利用等原因，致使野生兰科植物资源破坏程度相当严重，种群数量越来越少，极大地制约了其自然持续繁衍。为有效保育齐云山自然保护区兰科植物资源，在保证野生资源持续增殖的前提下实现对资源的持续利用，对保护区野生兰科植物的系统研究迫在眉睫，近期应从以下方面进行研究开发：

加强对保护区兰科植物生态学、居群生物学的研究。研究内容包括保护区及其周边区域兰科植物种类的准确分布区、生境、繁殖特征、传粉媒介以及居群数量、大小、遗传结构等，这是兰科植物的基础研究工作，是制定具体保育措施的基础。

积极开展规模繁殖及“回归”工作。通过开展野生兰科植物的组织培养等快速繁殖以及野外栽培技术的研发工作，大规模繁殖野生兰科植物，是保护野生资源，恢复兰科植物种群数量的最有效途径。既可满足市场对野生兰科植物的需要，极大减缓保护区野生资源的需求压力，又能增加保护区收人，增强保护区活力，另外还可以利用野生种质的人工繁殖苗，开展“回归”试验工作，在试验工作中，应注意与居群遗传学研究相结合，以便于评估“回归”植物对原产地生境的适应过程以及对野生植株生态和遗传学方面的影响。

7.3 生境恢复，开展监测项目

生物多样性丧失的主要原因之一就是生境丧失，随着人口的迅速膨胀和经济活动的不断增加，大面积的森林被砍伐，生态系统正受到严重的破坏，适宜兰科植物生存的生境不断萎缩。由于兰科植物多以种群分布，其生存、繁衍与伴生树种、附生植物、腐生介质等特殊的土质要求、授粉昆虫、共生菌群等息息相关，除了利用项目区域内天然的生境条件，还应根据不同兰种的生活习性，开展生境恢复的工作，为不同的兰科植物尽量创造最适宜的条件。

开展兰科植物保护与发展的动态监测，建立兰科植物监测系统及资料库，是为有效的保护兰科植物种源、重建兰科植物种群提供科学依据。通过制度化、专业化、网络化的定期监测，及时掌握兰科植物资源的动态变化、种群数量变化趋势，结合科学研究，提出切实可行的保护措施。野生兰科植物长期以来遭受严重的人为破坏，许多种群数量都呈下降趋势，有些种已处于濒临灭绝的境地。为了确保物种不致灭绝，必须抢救性地收集适宜在基地内生长的兰科植物，通过人工模拟和改善基地条件，保存所收集的兰科植物种质资源，为基础研究奠定基础；建立兰科植物培育基地，拯救濒危物种，最终实现兰科植物资源总量的全面扩大。

7.4 引进技术力量和资金，实现资源与成果共享

齐云山有得天独厚的气候条件和地理位置，有着十分丰富的野生兰科植物资源，除兰属和石

斛属的资源被人为严重破坏之外，其它各个属的植物仍然处于原始的生长状态，是开展兰科植物各项研究的好地方。目前，齐云山自然保护区无论是在技术力量、仪器设备和资金上都不能满足开展研究工作的需要，所以一定要走出山门，与大专院校，科研院所合作，引进兰花专家和研究项目，也可与他们合作共同申报研究课题，利用自己所拥有的优势，通过项目的实施，来达到培养人才和多出成果的目的，真正实现资源与成果共享。

第三节　外来入侵植物及危害状况

1992年联合国环境与发展大会召开以来，生态安全保障和生物多样性保护受到国际社会越来越多的重视，其中对外来入侵植物的关注已成为一个热点之一。

外来入侵植物是指通过有意或无意的人类活动被引入到自然分布区外，在自然分布区外的自然、半自然生态系统或生境中建立种群，并对引入地的生物多样性造成威胁，破坏物种多样性和生态系统的植物。

入侵植物对本地生物多样性有严重威胁。它们与土著植物竞争土壤、水分及生存空间，使本地物种数量下降甚至于灭绝；严重威胁生态安全，同时还会造成如气候、土壤、水分、有机物等一系列生态学变化。因此，调查清楚保护区内的外来入侵种，掌握其危害状况，对保护区内生物多样性的保护有着重要的意义。

9　保护区内外来入侵植物种类

经过调查，参照《中国外来入侵物种编目》（徐海根、强胜，2004年）、《中国外来入侵种》（李振宇、解焱，2002年）和国家环境保护总局2002年公布的“我国主要外来入侵物种名录”，保护区内有外来入侵植物28种，隶属于13科，24属，其中菊科植物种类最多，有11种，占总入侵种的39.3%，详细情况见表7－13。

表7－13　齐云山自然保护区外来入侵植物物种概况

序号	种名	学名	科名	原产地	习性	危害程度
1	北美独行菜	*Lepidium virginicum* L.	十字花科	北美洲	一年生草本	+
2	*土人参	*Talinum paniculatum* (Jacq.) Gaertn.	马齿苋科	美洲热带	多年生草本	+
3	垂序商陆	*Phytolacca americana* L.	商陆科	北美洲	多年生草本	+
4	土荆芥	*Chenopodium ambrosioides* L.	藜科	美洲热带	一年生草本	+
5	空心莲子草	*Alternanthera philoxeroides* (Mart.) Griseb.	苋科	巴西	多年生草本	+ +
6	刺苋	*Amaranthus spinosus* L.	苋科	美洲热带	一年生草本	+
7	*苋	*Amaranthus tricolor* L.	苋科	印度	一年生草本	+
8	皱果苋	*Amaranthus viridis* L.	苋科	非洲热带	一年生草本	+
9	红花酢浆草	*Oxalis corymbosa* DC.	酢浆草科	美洲热带	多年生草本	+ +
10	*紫茉莉	*Mirabilis jalapa* L.	紫茉莉科	南美洲	一年生草本	+
11	决明	*Cassia tora* L.	苏木科	美洲热带	一年生草本	+
12	含羞草决明	*Cassia mimosoides* L.	苏木科	美洲热带	倾卧状半灌木	+
13	*芫荽	*Coriandrum sativum* L.	伞形科	地中海	一年生草本	+
14	藿香蓟	*Ageratum conyzoides* L.	菊科	中南美洲	一年生草本	+
15	大狼把草	*Bidens frondosa* L.	菊科	北美洲	一年生草本	+ +

作者：裘利洪（江西农业大学园林与艺术学院，江西 南昌，330045）

（续表）

序号	种名	学名	科名	原产地	习性	危害程度
16	* 茼蒿	*Chrysanthemum coronarium* L.	菊科	地中海	一年生草本	+
17	野塘蒿	*Conyza bonariensis* (L.) Cronq.	菊科	美洲	一年生草本	+
18	小飞蓬	*Conyza canadensis* (L.) Cronq.	菊科	北美洲	一年生草本	+ +
19	一年蓬	*Erigeron annuus* (L.) Pers.	菊科	北美洲	一年生草本	+
20	牛膝菊	*Galinsoga parviflora* Cav.	菊科	南美洲	一年生草本	+
21	* 菊芋	*Helianthus tuberosus* L.	菊科	北美洲	多年生草本	+
22	裸柱菊	*Soliva anthemifolia* (Juss.) R. Br. ex Less.	菊科	洋洲	一年生草本	+
23	金腰箭	*Synedrella nodiflora* (L.) Gaertn.	菊科	美洲热带	一年生草本	+
24	* 万寿菊	*Tagetes erecta L.*	菊科	墨西哥	一年生草本	+
25	* 牵牛	*Ipomoea nil (L.) Roth.*	旋花科	美洲热带	多年生攀援草本	+
26	* 圆叶牵牛	*Ipomoea purpurea* (L.) Roth	旋花科	美洲热带	多年生攀援草本	+
27	野甘草	*Scoparia dulcis* L.	玄参科	美洲热带	一年生草本	+
28	棕叶狗尾草	*Setaria palmifolia* (Koen.) Stapf	禾本科	非洲	多年生草本	+

注：+ 表示危害一般，+ + 表示危害比较严重，+ + + 表示危害严重，* 表示多为栽培，也有野生。

10 保护区内外来入侵植物危害状况

根据表 7 – 13 可以看出，保护区内外来入侵植物，多数属于农业生产中的杂草，如北美独行菜、土荆芥、空心莲子草、刺苋、皱果苋、藿香蓟、小飞蓬、一年蓬、大狼把草、牛膝菊等等。在这些入侵种中多数又属一般性杂草，目前危害程度不大，但必须认真对待，早除早防。而空心莲子草、小飞蓬、大狼把草和红花酢浆草 4 种入侵植物除了成为对农林业影响比较严重的杂草外，还对本地生态系统的生物多样性和环境产生了一定的影响，此外，保护区入侵种中有 5 种（土人参、苋、芫荽、茼蒿、菊芋）作为蔬菜、4 种（紫茉莉、万寿菊、牵牛、圆叶牵牛）作为花卉在房前屋后局部栽培，未呈种群扩散状态，危害程度不大。

总体而言，保护区内外来入侵植物多为一般性杂草，恶性杂草（入侵种）不多。因而，外来入侵种在保护区内的危害相对较轻，对生物多样性、生态环境、农业生产和林业生产未构成了严重的影响。

11 控制措施

11.1 谨慎引种，加强管理

在我国目前已知的外来入侵植物中，超过 50% 的种类是人为引种的。因此，要加强对引进外来物种的管理，对于作为观赏植物、药用植物、蔬菜、草坪植物引入的外来植物种类，必须经有关专家充分论证，批准后方可引入、试种，以防止引种后带来生态学灾难。

11.2 加强综合治理工作

建议加强对入侵种防治的研究。先就一两种危害较大的外来入侵植物进行研究及综合治理示范，建立成功模式，再总结经验，大力推广已有的研究成果，逐步达到控制主要外来有害植物危害、保护生物多样性的目的。

第8章 植被类型与森林资源

第一节 植被类型

江西地处中国亚热带东部湿润森林区，齐云山自然保护区又处在江西的西南部，这里蕴育着丰富的生态系统及物种多样性，因此研究其森林植被类型及物种多样性分布规律，为我国的生物多样性保护和可持续利用提供理论依据。

1 植被分类及类型(包括湿地植被)

根据中国植被区划(江西森林编委会，1986)，江西齐云山自然保护区所处的位置是：Ⅳ 亚热带常绿阔叶林区域，ⅣA 东部(湿润)常绿阔叶林亚区域→ⅣAii 中亚热带常绿阔叶林地带→ ⅣAiib 中亚热带常绿阔叶林南部亚地带→ Ⅰ - ⅣAiib - 2 南岭山地丘陵栲、楠、阿丁枫(蕈树)林、松杉林区 → ⅣAiia - 2(14)桃江中游、贡水上游丘陵栲、楠、松杉林亚区(桃江、贡水丘陵森林亚区)。齐云山保护区的基带植被属于常绿阔叶林。

1.1 野外调查与数据处理

1.1.1 野外调查方法

2008 ~ 2007 年，分 5 次对齐云山自然保护区植被整体情况进行全面的调查。在全面踏查的基础上，全线踏查，采用描述性记录与典型群落样方调查的方法，调查群落共 80 多个，其中详细调查样地 34 块(不包括副样方)，调查样地总面积 2 万多 m^2。

群落样方调查内容包括：

(1)取样大小：常绿阔叶林 400 ~ 1600m^2，针叶林或毛竹林 400 ~ 600m^2，灌丛 200m^2，草甸 100m^2。

(2)群落概况：包括行政地点、地理位置、海拔、坡向、坡度、坡位、坡形、土壤类型、地被物、群落结构、群落郁闭度等，也记录了人为干扰、动物活动情况及调查时间。

(3)群落调查：描述性记录调查植物群落时，先进行群落概况记录，然后记录其面积、垂直结构、物种组成等指标。在样方调查时，将样地分成若干 10 m × 10 m 个样方，分别对木本植物采用每木调查法记录植物种名、胸径、高度、枝下高、多度等指标；对树高度不及 1.3m 的小树则记录种名、高度；草本植物则“梅花布点法”在每个小样方的四角和中心设置 5 个 1m × 1m 的小样方，分别记录植物种

作者：杨亲培[1]，卢和军[2]，谭庭华[3]，戴小华[4]

(1. 江西农业大学；2. 江西省崇义县林业局；3. 齐云山保护区；4. 赣南师范学院生物系)

名、多度、盖度等指标。

1.1.2 室内数据处理

用 EXCEL、Visal Foxpro 等软件对野外调查数据进行整理，构建群落特征数据库，并统一分别对群落乔木层（DBH≥5cm）、下木层（DBH＜5cm）进行物种重要值和物种多样性，其计算公式为：

（1）物种重要值的计算：

（取值范围：0～300），其中：

$$某物种相对多度 = \frac{某一种植物的个体数}{同一生活型植物个体总数} \times 100\%$$

$$某物种相对频度 = \frac{某一种植物的频度}{同一生活型所有植物的频度总和} \times 100\%$$

$$某物种频度 = \frac{某一种植物出现的小样方数}{所调查的同一生活型植物小样方总数} \times 100\%$$

$$某物种相对显著度 = \frac{某一种植物的胸断面积之和}{同一生活型所有植物胸断面积总和} \times 100\%$$

（2）种群年龄结构与龄级划分：

分了反映群落更新状况，本文对部分植物种群的年龄特征进行了分析。在森林群落中通常以树木的立木级来代表年龄级，即：Ⅴ级，胸径在 22.5cm 以上；Ⅳ级，胸径在 7.5～22.5cm；Ⅲ级，胸径在 2.5～7.5cm；Ⅱ级，高度在33cm 以上，胸径（DBH）不足2.5cm；Ⅰ级，高度在33cm 以下。按年龄结构可把种群划分为增长种群、稳定种群和衰退种群。增长种群的年龄结构具有较大的幼年个体比率；稳定种群的各龄级间的比率较接近；而衰退种群则明显是幼级的个体少或无，老龄级个体比率相对较大，呈倒金字塔模式（王伯荪，1996）。

1.2 植被分类系统及类型

根据中国植被分类系统及分类原则（中国植被编辑委员会，1980），即植物群落学——生态学原则，既强调植物群落本身特征，又十分注意群落的生态环境及其关系对齐云山自然保护区自然植被进行分析和划分。将保护区的植被类型归纳为 4 个植被型组（vegetation type group），11 个植被型（vegetation type），70 个群系（formation）（表 8－1－1）。

表 8－1－1 江西齐云山自然保护区自然植被型表

一 阔叶林 Broad－leaved forest

Ⅰ 常绿阔叶林Evergreen broad－leaved forest

1. 甜槠林 *Castanopsis eyrei* Formation
2. 米槠林 *Castanopsis cuspidata* Formation
3. 罗浮栲林 *Castanopsis fabri* Formation
4. 丝栗栲林 *Castanopsis fargesii* Formation
5. 钩栲林 *Castanopsis tibetana* Formation
6. 红勾栲林 *Castanopsis lamontii* Formation
7. 南岭栲林 *Castanopsis fordii* Formation
8. 苦槠林 *Castanopsis sclerophylla* Formation
9. 饭甑青冈林 *Cyclobalanopsis fleuryi* Formation
10. 青冈林 *Cyclobalanopsis glauca* Formation
11. 细叶青冈林 *Cyclobalanopsis myrsinaefolia* Formation
12. 深山含笑林 *Michelia maudiae* Formation
13. 金叶含笑林 *Michelia foveolata* Formation
14. 红楠林 *Machilus thunbergii* Formation
15. 日本杜英林 *Elaeocarpus japonicus* Formation
16. 杜英林 *Elaeocarpus decipiens* Formation
17. 五列木林 *Pentaphylax euryoides* Formation
18. 香冬青林 *Ilex suaveorens* Formation
19. 大果马蹄荷林 *Exbucklandia tonkinensis* Formation
20. 阿丁枫林 *Altingia chinensis* Formation

（续表）

Ⅱ 常绿、落叶阔叶混交林Evergreen - deciduous broad - leaved mixed forest
21. 红楠、枫香林 *Machilus thunbergii*, *Liquidambar formosana* Formation
22. 甜槠、缺萼枫香林 *Castanopsis eyrei*, *Lipuidambar acalycina* Formation
23. 深山含笑、虎皮楠 *Michelia maudiae*, *Daphniphyllum oldhami* Formation
24. 银木荷、缺萼枫香林 *Schima argentea*, *Lipuidambar acalycina* Formation
25. 拟赤杨、罗浮栲林 *Alniphyllum fortunei*, *Castanopsis fabri* Formation
26. 枫香、大果马蹄荷林 *Liquidambar formosana*, *Exbucklandia tonkinensis* Formation
Ⅲ 落叶阔叶林Deciduous broad - leaved forest
27. 缺萼枫香 *Liquidambar acalycina* Formation
28. 水青冈林 *Fagus longipetiolata* Formation
29. 银钟花林 *Halesia macgregorii* Formation
30. 拟赤杨林 *Alniphyllum fortunei* Formation
31. 青榨槭林 *Acer davidii* Formation
32. 天目紫茎林 *Stewartia gemmata* Formation
33. 亮叶水青冈林 *Fagus lucida* Formation
34. 江南桤木林 *Alnus trabeculosa* Formation
35. 南酸枣林 *Choerospondias axillaris* Formation
Ⅳ 山顶矮林Coppice at the top of mountain
36. 云锦杜鹃矮林 *Rhododendron fortunei* Formation
37. 圆锥绣球矮林 *Hydrangea paniculata* Formation
38. 鹿角杜鹃矮林 *Rhododendron latoucheae* Formation
39. 满山红矮林 *Rhododendron mariesii* Formation
40. 交让木矮林 *Daphniphyllum macropodum* Formation
41. 马银花矮林 *Rhododendron ovatum* Formation
Ⅴ 竹林Bamboo forest
42. 毛竹林 *Phyllostachys pubescens* Formation
43. 苦竹林 *Pleioblastus amarus* Formation
44. 箬竹林 *Indocalamus latifolius* Formation
45. 箭竹林 *Sinarundinaria nitida* Formation
二 针叶林 Coniferous forest
Ⅵ 温性针叶林Temperate coniferous forest
46. 台湾松林 *Pinus taiwanensis* Formation
47. 南方铁杉林 *Tsuga chinensis* var. *tchekiangensis* Formation
48. 长苞铁杉林 *Tsuga longibracteata* Formation
49. 福建柏林 *Fokienia hodginsii* Formation
Ⅶ 暖性针叶林Warm coniferous forest
50. 马尾松林 *Pinus massoniana* Formation
51. 杉木林 *Cunninghamia lanceolata* Formation
52. 南方红豆杉林 *Taxus chinensis* var. *mairei* Formation
53. 三尖杉林 *Cephalotaxus fortunei* Formation
Ⅷ 针阔叶混交林Coniferous and broad leaved mixed forest
54. 马尾松、甜槠 *Pinus massoniana*, *Castanopsis eyrei* Formation
55. 杉木、甜槠 *Cunninghamia lanceolata*, *Castanopsis eyrei* Formation
56. 长苞铁杉、甜槠林 *Tsuga longibracteata*, *Castanopsis eyrei* Formation
57. 福建柏、甜槠林 *Fokienia hodginsii*, *Castanopsis eyrei* Formation
58. 南方铁杉、甜槠林 *Tsuga tchekiangensis*, *Castanopsis eyrei* Formation
59. 南方红豆杉、拟赤杨林 *Taxus chinensis* var. *mairei*, *Alniphyllum fortunei* Formation
三 灌丛和灌草丛 Shrubs and shrub grassland
Ⅸ 灌丛Shrubs
60. 水马桑灌丛 *Weigela japonica* Formation
61. 山胡椒灌丛 *Lindera glauca* Formation
62. 狭叶山黄麻灌丛 *Trema angustifolia* Formation
Ⅹ 山地灌草丛Shrub grassland
63. 双花草群系 *Dichanthium annulatum* Formation
64. 刺芒野古草群系 *Arundinella setosa* Formation
65. 淡绿短肠蕨群系 *Allantodia virescens* Formation
66. 福建观音座莲群系 *Angiopteris fokiensis* Formation
67. 金毛狗脊群系 *Cibotium barometz* Formation
68. 小黑桫椤群系 *Alsophila metteniana* Formation
四 湿地植被 Wetland vegetation
Ⅺ 沼泽Swamp vegetation
69. 水蓼群系 *Polygonum hydropiper* Formation
70. 三百草群系 *Saururus chinensis* Formation

＊编号说明

植被型组，用一、二、三、……，统一编号；植被型，用Ⅰ、Ⅱ、Ⅲ、……，统一编号；群系，用1、2、3、……，数字后加“.”，统一编号。

2 主要植被类型及其数量特征

分别将齐云山自然保护区植被类型的树种组成、垂直结构及部分数量特征描述如下：

2.1 阔叶林

2.1.1 常绿阔叶林

（1）甜槠林 *Castanopsis eyrei Formation*（表8－1－2）

表 8-1-2 甜槠群落中主要木本植物重要值统计表

群落层片/物种	密度	相对频度	相对多度	相对显著度	重要值	排序
乔木层(49 种)						
甜槠 *Castanopsis eyrei*	188	9.924	13.953	21.608	45.485	1
银木荷 *Schima argentea*	119	8.397	8.837	18.615	35.850	2
红楠 *Machilus thunbergii*	113	6.870	8.372	11.203	26.446	3
马银花 *Rhododendron ovatum*	200	9.160	14.884	1.777	25.821	4
深山含笑 *Michelia maudiae*	25	3.053	1.860	12.383	17.297	5
鹿角杜鹃 *Rhododendron latoucheae*	106	4.580	7.907	0.810	13.297	6
细叶青冈 *Cyclobalanopsis gracilis*	56	3.817	4.186	4.323	12.326	7
水青冈 *Fagus longipetiolata*	44	3.053	3.256	5.291	11.600	8
米饭花 *Vaccinium mandarinorum*	56	4.580	4.186	0.542	9.308	9
缺萼枫香 *Liquidambar acalycina*	38	3.817	2.791	1.842	8.449	10
其他	400	42.748	29.766	21.605	94.120	
合计	1344	100	100	100	300	
下木层(81 种)						
马银花 *Rhododendron ovatum*	688	6.173	20.913	23.101	50.187	1
深山含笑 *Michelia maudiae*	338	5.350	10.266	9.388	25.004	2
鹿角杜鹃 *Rhododendron latoucheae*	156	3.704	4.753	10.206	18.662	3
红楠 *Machilus thunbergii*	131	4.115	3.992	4.193	12.301	4
米饭花 *Vaccinium mandarinorum*	138	2.881	4.183	4.219	11.283	5
甜槠 *Castanopsis eyrei*	125	2.881	3.802	4.351	11.034	6
岭南槭 *Acer tutcheri*	131	2.881	3.992	1.450	8.323	7
细叶香桂 *Cinnamomum subavenium*	94	3.292	2.852	2.136	8.280	8
台湾冬青 *Ilex formosana*	69	2.881	2.091	2.242	7.213	9
杨桐 *Cleyera japonica*	56	3.292	1.711	1.767	6.770	10
其他	1356	62.552	41.445	36.947	140.943	
合计	3281	100	100	100	300	

注:①密度单位为,株/hm^2,下同。②地点:石陂头 N 25°52′49.1″E114°01′20.3″ 海拔:1280m 面积:1600m^2。

该群系是保护区最常见的一种森林类型,在海拔600~1300m的山坡、山脊或避风的谷地随处可见,群落外貌深绿色,稍有闪烁光泽,林冠呈浑圆波状起伏。一部分还可以和中山地针叶树组成为山地针阔叶树混交林,有时也能与低山、丘陵的常绿阔叶林相交错主要集中分布在。

样地设在上十八垒中坡地段,海拔1280m,坡度20°,坡向东南,样地周围全为阔叶林,物种组成丰富,1600m^2 样地内木本植物94种,而且群落垂直结构复杂。乔木层分为三个亚层,第一亚层立木高度超过20m,最高可达30m,甜槠占绝对优势,除此以外,还有银木荷、细叶青冈、小叶青冈等,针叶成分有马尾松,但数量极少(仅有1株),第二亚层高15m左右,主要有红楠、深山含笑、缺萼枫香等,第三亚层5m左右,主要是第一、二亚层的小树,以及米饭花、乌饭树、马银花、鹿角杜鹃冬青属、山矾属、四照花属 *Dendrobenthamia* 、柃木属等种类。

下木层种类较多,但主要是乔木层树种的幼树,主要以杜鹃花科的马银花、鹿角杜鹃占优势,其重要值分别为50.187、18.662,次为木兰科的深山含笑,樟科的红楠、细叶香桂、甜槠、米饭花、岭南槭等。此外,还有亚热带山地针叶树种,如杉木、长苞铁杉、福建柏、台湾松等渗入林中;落叶阔叶树种类,如岭南槭、水青冈、白皮鹅耳枥、五裂槭、蓝果树、拟赤杨等侵入林窗中。

草本层极不发达,种类较少,总盖度不及5%,仅有少量里白 *Hicriopteris glauca*、狗脊 *Woodwardia japonica*、镰羽瘤足蕨 *Plagiogyria falcata* 和苔草 *Crex spp.* 等少数种类。

（2）米槠林 *Castanopsis cuspidata* Formation

该群系主要分布在齐云山低海拔地区，在海拔800m以下地段，基本上属于砍伐过后自然更新形成中龄林，它常与南岭栲、丝栗栲、及红勾栲林相互交错，很少形成大面积纯林，其生境条件好，土层深厚，林木生长旺盛，主林层郁闭度在0.8以上。

群落建群种为米槠，占绝对优势，主林层高度在20m左右，其伴生树种主要有丝栗栲、红勾栲、大果马蹄荷等，还有少量落叶树种，如拟赤杨，光皮桦等。第二亚层高10m左右，除多数为主林层树种外，还有虎皮楠、交让木、华东木犀、刨花楠、猴欢喜、香冬青、杨桐等。

下木层较为发达，乔木树种的幼树和灌木树种混生在一起，种类较多，高度在5m以下，物种组成除上层乔木的一些树种外，还有青榨槭、阴香、川桂、四川山矾、老鼠矢、矩圆叶鼠刺、狗骨柴、柃木属、杜茎山等其他乔灌树种。

草本层比较稀疏，盖度在8%左右，主要有镰羽瘤足蕨、狗脊、凤尾蕨等蕨类植物和淡竹叶、少量苔草等常见草本，局部地方还有珍稀蕨类——金毛狗脊。层外藤本植物主要是密花崖豆藤、复羽叶蛇葡萄和木通等。

（3）罗浮栲 *Castanopsis fabri* Formation（表8-1-3）

表8-1-3　罗浮栲群落中主要木本植物重要值统计表

群落层片/物种	密度	相对频度	相对多度	相对显著度	重要值	排序
乔木层(16种)						
罗浮栲 *Castanopsis fabri*	983	18.181	59.000	62.741	139.923	1
拟赤杨 *Alniphyllum fortunei*	117	12.122	7.000	7.837	26.958	2
红勾栲 *Castanopsis lamontii*	83	9.091	5.000	4.942	19.033	3
杉木 *Cunninghamia lanceolata*	67	6.060	4.000	7.019	17.079	4
尾叶樱 *Prunus dielsiana*	83	9.091	5.000	1.017	15.108	5
南酸枣 *Choerospondias axillaris*	50	6.060	3.000	4.382	13.442	6
红楠 *Machilus thunbergii*	50	6.060	3.000	3.160	12.220	7
毛竹 *Phyllostachys Pubescens*	67	6.060	4.000	2.020	12.080	8
白皮鹅耳枥 *Carpinus poilanei*	33	6.060	2.000	1.188	9.248	9
檫木 *Sassafras tzumu*	17	3.031	1.000	2.300	6.331	10
其他	117	18.186	7.000	3.393	28.578	
合计	1667	100	100	100	300	
下木层(55种)						
罗浮栲 *Castanopsis fabri*	2150	4.878	28.414	43.060	76.352	1
刺毛杜鹃 *Rhododendron simsii*	717	3.252	9.471	7.527	20.250	2
苦竹 *Pleioblastus amarus*	617	4.065	8.150	6.500	18.715	3
绒楠 *Machilus velutina*	567	3.252	7.489	3.812	14.553	4
白皮鹅耳枥 *Carpinus poilanei*	383	4.065	5.066	4.888	14.018	5
红楠 *Machilus thunbergii*	367	4.878	4.846	3.030	12.754	6
乳源木莲 *Manglietia yuyuanensis*	167	4.065	2.203	1.760	8.027	7
杉木 *Cunninghamia lanceolata*	133	2.439	1.762	3.519	7.720	8
黄樟 *Cinnamomum porrectum*	117	3.252	1.542	1.222	6.016	9
野漆 *Toxicodendron succedaneum*	67	3.252	0.881	1.711	5.844	10
其他	717	62.602	30.176	22.973	115.751	
合计	6617	100	100	100	300	

注：地点：横河廖屋场，N 25°50′42.9″，E114°01′12.8″　海拔：820m　面积：600m^2。

该群系主要分布在齐云山海拔300～1000m的沟谷避风地区，几乎没有原始林，多属更新林，常与钩栲林、南岭栲林、栲树林、红勾栲林相交错，而以海拔800m左右以下较为典型。群落外貌深绿色，林冠浑圆，呈波浪状起伏。

样地设在横河河谷边坡，海拔820m，坡度28°，坡向西南，为自然更新群落，林龄为30年左右，周边有毛竹林、马尾松阔叶混交林。罗浮栲是群落优势种，其重要值为139.923。虽更新时间不长，但乔木层可分明显为二个亚层。第一亚层高在18～23m，以罗浮栲、拟赤杨、杉木、红勾栲等为主；第二亚层高10～15m，主要有罗浮栲、红楠、白皮鹅耳枥、尾叶樱、南酸枣等，另有毛竹4株。

下木层有55种，罗浮栲仍是优势种，重要值达76.352，其他还有刺毛杜鹃、苦竹、绒楠、红楠、乳源木莲等，它们的数量占该总株数的75.06%。

林下草本层极不发达，总盖度在3%左右，只有少量常见种类，如淡竹叶、狗脊、镰羽瘤足蕨、鳞毛蕨、草珊瑚等。藤本植物也较少，主要有常春藤、三叶崖爬藤、菝葜、络石、薜荔等。

样地中罗浮栲共有364株（约合6100株/hm^2），其中V级立木3株，IV级立木45株，III级立木67株、II级幼树73株，I级幼苗176株，可见罗浮栲属发展种群。

（4）丝栗栲林 *Castanopsis fargesii* Formation（表8－1－4）

表8－1－4　丝栗栲群落中主要木本植物重要值统计表

群落层片/物种	密度	相对频度	相对多度	相对显著度	重要值	排序
乔木层(27种)						
丝栗栲 *Castanopsis fargesii*	617	8.511	29.60	52.565	90.676	1
罗浮栲 *Castanopsis fabri*	217	6.383	10.40	9.484	26.266	2
虎皮楠 *Daphniphyllum oldhami*	83	8.511	4.0	12.136	24.647	3
拟赤杨 *Alniphyllum fortunei*	133	6.383	6.40	5.997	18.780	4
红楠 *Machilus thunbergii*	100	8.511	4.80	1.498	14.809	5
小叶青冈 *Cyclobalanopsis myrsinaefolia*	83	6.383	4.0	2.365	12.747	6
杉木 *Cunninghamia lanceolata*	83	4.255	4.0	1.944	10.198	7
南岭栲 *Castanopsis fordii*	100	2.128	4.80	1.705	8.633	8
光叶石楠 *Photinia serrulata*	83	2.128	4.00	2.349	8.477	9
杜英 *Elaeocarpus decipiens*	33	4.255	1.60	1.660	7.515	10
其他	550	42.557	26.40	8.297	77.252	
合计	2083	100.0	100.0	100.0	300.0	
下木层36						
小叶青冈 *Cyclobalanopsis myrsinaefolia*	650	6.944	20.635	19.789	47.368	1
黄牛奶树 *Symplocos laurina*	433	5.556	13.757	13.525	32.837	2
红楠 *Machilus thunbergii*	217	5.556	6.878	8.489	20.923	3
柃木 *Eurya japonica*	167	6.944	5.291	5.152	17.387	4
密花树 *Rapanea neriifolia*	167	5.556	5.291	5.386	16.233	5
苦竹 *Pleioblastus amarus*	167	5.556	5.291	1.639	12.486	6
丝栗栲 *Castanopsis fargesii*	133	2.777	4.233	5.094	12.104	7
鼠刺 *Itea chinensis*	133	4.166	4.233	3.571	11.971	8
长叶木姜子 *Litsea elongata*	83	5.556	2.646	2.049	10.250	9
云和新木姜 *Neolitsea aurata*	100	2.777	3.175	4.215	10.167	10
罗浮栲 *Castanopsis fabri Hance*	100	4.166	3.175	2.693	10.034	11
冬青 *Ilex purpurea*	67	4.166	2.116	3.162	9.444	12
毛杜鹃 *Rhododendron simsii*	67	2.777	2.116	2.518	7.411	13
香港四照花 *Dendrobenthamia hongkongensis*	50	1.389	1.587	3.864	6.841	14
笔罗子 *Meliosma rigida*	50	2.777	1.587	2.049	6.414	15
其他	567	33.336	17.989	16.803	68.129	
合计	3150	100	100	100	300	

注：地点：桶江，N 25°49′25.8″，E114°00′32.8″　海拔：600m　面积：600m^2。

丝栗栲具适应广、萌芽更新容易、生长快等特点，主要分布在亚洲热带、亚热带地区，混生于海拔1000 m以下的常绿林中，有时成小片纯林或与米槠、木荷、甜储、杜英、马尾松等混生，它是中亚热带常绿阔叶林中十分重要的群系。

齐云山丝栗栲群落分布零散，常与其它常绿阔叶林交错分布，纯林多见于沟谷坡地。样地位于桶江河谷，海拔600m，坡向为东坡，坡度22°，为更新林，主林层郁闭度0.85。群落组成复杂，600m^2样地内共有植物49种。乔木层优势树种明显，丝栗栲重要值为90.676，占绝对优势，亚优势种是罗浮栲，重要值为26.266、拟赤杨18.780，还有少量的虎皮楠、红楠、小叶青冈等。立木密度为2080株/hm^2。最大植株为虎皮楠，胸径36.5cm，最高植株丝栗栲树高21.5m。

下木层种类较多，达36种，但各物种多度分配差异较大，小叶青冈不但数量最多，而且分布频度最大，故其重要值最大，达47.368，亚优势物种依次是黄牛奶树、红楠、柃木、密花树，另外还有苦竹，丝栗栲、鼠刺、长叶木姜子及灌木树种杜茎山等，

草本(藤本)植物种类较少，藤本主要以络石、菝葜、网脉酸藤果、鸡血藤等为主，林下草本主要是芒萁 *Dicranopteris dichotoma*，莎草 *Cyperus* spp. 等。

(5) 钩栲林 *Castanopsis tibetana Formation*

钩栲俗称钩栗、大叶锥，为常绿高大乔木，是我国亚热带东部湿润地区常绿阔叶林的重要组成树种之一，木材淡红褐色，材质较优，称为红锥材。在齐云山由于长期砍伐利用，资源遭到严重破坏，大面积钩栲林已保存不多，只在低海拔深谷陡坡有小块状钩栲占优势的林分，都属砍伐过后自然更新形成中龄林。但这里生境条件好，土层深厚，林木生长旺盛，分枝平展，枝叶浓密，外貌浓绿浑圆，波状起伏，主林层郁闭度在0.8以上。

群落建群种为钩栲，占绝对优势，主林层高度在20m左右，其伴生树种主要有丝栗栲、饭甑青冈、红勾栲等。第二亚层10m左右，除大多数是主林层树种外，还有交让木、木荷、幌伞枫、虎皮楠、刨花楠、猴欢喜、冬青、杨桐、樗叶花椒、华润楠等。

下木层较为发达，物种丰富，既有乔木树种的幼树，也有灌木树种，除一些乔木层树种外，还有华南桂、青榨槭、川桂、四川山矾、矩圆叶鼠刺、狗骨柴、松木属、杜茎山等其他乔灌树种。

林下草本层比较发达，盖度在30%，主要有狗脊、淡竹叶、镰羽瘤足蕨、莎草、凤尾蕨、金毛狗脊和少量苔草，河沟地段还有福建莲座蕨。层外藤本植物主要是密花崖豆藤、复羽叶蛇葡萄和三叶崖爬藤、粉背清风藤等。

(6) 红勾栲林 *Castanopsis lamontii Formation*

红勾栲又称鹿角栲，为我国南方特产的优良硬木树种。该群系主要分布保护区的低海拔地区的避风山坡或沟谷地带，但纯林极少，多与华润楠、硬斗石栎、厚叶冬青混生。

齐云山因人为因素的影响，该群系现基本上为自然更新形成中龄林，一般林分生境条件好，土层深厚，林木生长旺盛，林冠外貌深绿、稠密、浑圆，呈波浪状起伏，间以棕黄色块，主林层郁闭度在0.8左右。

群落建群种为红勾栲，主林层立木高18~20m，其伴生树种主要有硬斗石栎、丝栗栲、华润楠、甜槠、华杜英、虎皮楠等，还有少量落叶树种，如拟赤杨，光皮桦等。第二亚层10m左右，除主林层树种的小树外，还有交让木、罗浮柿、红皮树、青冈、刨花楠、猴欢喜等。

下木层较为发达，种类较多，混生有乔木树种的幼树和一些灌木树种，主要有蜡瓣花、蚊母树、华润楠、山桐子、水马桑、青榨槭、紫花泡桐、绒楠、江南桤木、小果石笔木、杜茎山、大青、构棘等。

草本层比较稀疏，总盖度5%~10%，主要有紫萁、鳞毛蕨、镰羽贯众、裂叶秋海棠、狗脊、等蕨类植物以及山姜、淡竹叶、苔草等。藤本植物主要是粉花羊蹄甲、石岩枫、粉背清风藤、络石、珍珠莲等。

(7) 南岭栲林 *Castanopsis fordii Formation*（表8-1-5）

表 8－1－5　南岭栲群落中主要木本植物重要值统计表

群落层片/物种	密度	相对频度	相对多度	相对显著度	重要值	排序
乔木层(22 种)						
南岭栲 *Castanopsis fordii*	188	25.581	43.478	67.687	136.746	1
甜槠 *Castanopsis eyrei*	56	16.279	13.043	19.057	48.380	2
紫花含笑 *Michelia crassipes*	38	4.651	8.696	0.317	13.664	3
野漆 *Toxicodendron succedaneum*	19	6.977	4.348	0.270	11.595	4
红勾栲 *Castanopsis lamontii*	13	4.651	2.899	3.453	11.002	5
罗浮柿 *Diospyros morrisiana*	13	4.651	2.899	0.075	7.625	6
水青冈 *Cyclobalanopsis glauca*	6	2.326	1.449	1.975	5.750	7
拟赤杨 *Alniphyllum fortunei*	6	2.326	1.449	1.877	5.652	8
山乌桕 *Sapium discolor*	13	2.326	2.899	0.180	5.404	9
枫香 *Liquidambar formosana*	6	2.326	1.449	1.344	5.119	10
其他	75	27.909	17.390	3.764	49.063	
合计	431	100	100	100	300	
下木层(73 种)						
苦竹 *Pleioblastus amarus*	463	4.435	12.606	15.783	32.824	1
南岭栲 *Castanopsis fordii*	300	4.435	8.177	14.860	27.473	2
杨桐 *Cleyera japonica*	331	4.032	9.029	9.555	22.616	3
油茶 *Camellia sinensis*	269	6.048	7.325	4.646	18.020	4
野漆 *Toxicodendron succedaneum*	219	4.032	5.963	6.689	16.683	5
海桐山矾 *Symplocos heishanensis*	194	3.629	5.281	4.580	13.490	6
绒楠 *Machilus velutina*	138	4.839	3.748	1.812	10.399	7
山乌桕 *Sapium discolor*	100	2.823	2.726	3.328	8.876	8
三叶赤楠 *Syzygium grijsii*	125	3.226	3.407	2.208	8.841	9
单耳柃 *Eurya weissiae*	113	4.435	3.066	0.593	8.095	10
其他	1419	58.063	38.672	35.946	132.682	
合计	3669	100	100	100	300	

注:地点:杨柳洞,N 25°49′43.9″,E114°01′43.1″　海拔:750m　面积:1600m^2。

该群系主要分布齐云山的低海拔地区,以海拔 700m 的沟谷避风地带分布较为普遍,常与罗浮栲林及红勾栲林相交错,群落外貌深绿色,并杂有淡黄白色斑块,林冠稠密整齐。

样地设在杨柳洞沟谷边坡,海拔 750m,坡度 10°,坡向朝西,郁闭度 0.60。样地离村寨较近,周边有农田和毛竹林,人为活动较频繁,群落层次简单,组成物种较少,1600m^2 样内乔木层仅有 22 种。南岭栲为建群种,树高达 30m,其重要值为 136.746。乔木层分为二个亚层,第一层树高 25m 以上,主要以壳斗科的南岭栲、红勾栲、甜槠为主,混有少量的落叶树种,如枫香、拟赤杨等。第二亚层 15m 左右,以南岭栲、甜槠、黄樟、紫花含笑、野漆为主,还有少量的香港四照花、罗浮柿、青榨槭和君迁子等。

下木层种类较多,有 73 种,以苦竹、南岭栲、杨桐、油茶、野漆、海桐山矾、绒楠、山乌桕、三叶赤楠、单耳柃、罗浮柿、紫花含笑、香冬青、青灰叶下珠、红果钓樟等 15 种最多。

林下草本较发达,总盖度达 50%,主要以禾本科的淡竹叶为主,局部地方还有成片的蕨类植物,如芒萁、里白、淡绿短肠蕨 *Allantodia virescens*,另有少量的细辛 *Asarum sieboldii*、一把伞天南星 *Arisaema erubescens*、梵天花 *Urena procumbens* 等散生其中。藤本植物有野葛 *Pueraria lobata*、玉叶金花、蛇葡萄、络石、薜荔、三叶崖爬藤 *Tetrastigma hemsleyanum*、崖豆藤 *Millettia spp*、薯蓣 *Dioscorea spp.*、常春藤 *Hedera nepalensis var. sinensis*、鸡矢藤 *Paederia scandens* 等。

样地中南岭栲共有 78 株(约合 480 株/hm^2),其中 V 级立木 19 株,IV 级立木 1 株,III 级立木 44 株、II 级幼树 17 株,I 级幼苗没有,所以,南岭栲属初衰型种群。

（8）苦槠林 *Castanopsis sclerophylla* Formation

该群系主要分布保护区 400～800m 的低海拔地区，但纯林极少，多伴有丝栗栲、罗浮栲、华润楠、黄樟、钩栲等树种。因多数林分受过择伐的影响，现基本上没有成熟林，只是自然更新林中保留有少数几株老头树，但因其生境条件好，土层深厚，更新林木生长旺盛，林冠外貌深绿，主林层郁闭度在 0.6 左右。

群落建群种为苦槠栲。主林层高 15～20m，其伴生树种主要有丝栗栲、甜槠、米槠、木荷、虎皮楠、华润楠等，还有少量落叶树种，如拟赤杨、白花树。第二亚层 10m 左右，除主林层树种外，还有树参、幌伞枫、罗浮柿、红皮树、刨花楠、猴欢喜等。

下木层较为发达，种类较多，混生有乔木树种和一些灌木树种，主要有密花树、罗浮柿、罗浮栲、丝栗栲、广东冬青、绒楠、朱砂根、红枝柴、杜茎山、大青、构棘等。

草本层比较稀疏，盖度在 5%，主要有狗脊、金毛狗脊、耳蕨等蕨类植物以及少量山姜、淡竹叶、苔草等。藤本植物主要是菝葜、粉花羊蹄甲、石岩枫、多花勾儿茶、络石、珍珠莲等。

（9）饭甑青冈 *Cyclobalanopsis fleuryi* Formation

该群系在保护区主要分布海拔 700m 以下的山谷中，但纯林不多，多与其他栲类等形成混交林，且不同程度地受到过干扰，主林层郁闭度通常在 0.6 左右。

饭甑青冈为群落建群种，或与罗浮栲、钩栲形成共建种群落。乔木层立木高度 20m 左右，可分 2 个亚层。第一亚层除饭甑青冈外，常有青冈、罗浮栲、枫香、丝栗栲、钩栲、拟赤杨等。第二亚层有虎皮楠、交让木、黄瑞木、红枝柴、甜槠、米槠、香港四照花等，个别开阔地段有油桐或泡桐。

下木层主要有狗骨柴、红楠、深山含笑、日本杜英、大果马蹄荷、柃木、山矾、刺叶桂樱、山黄皮、刺毛杜鹃、毛八角枫、润楠、鸭公树等。

林下草本植物发达，总盖度 50%，主要有淡绿短肠蕨、金毛狗脊、狗脊、无盖鳞毛蕨、四齿复叶耳蕨、金粟兰、淡竹叶等，藤本植物主要是白花酸藤子、瓜馥木、鸡血藤等。

（10）青冈林 *Cyclobalanopsis glauca* Formation

该群系在自然保护区分布范围较广，但主要集中在低海拔地区的沟谷边坡，纯林极少，多伴有钩栲、丝栗栲、黄樟、木荷等树种。受早期择伐的影响，现基本上没有成熟林，只是在更新林中保留有少数大树，但因其生境条件好，土层深厚，更新林木生长旺盛，主林层郁闭度在 0.8 左右。

群落建群种为青冈。主林层高 15～20m，其伴生树种主要有钩栲、丝栗栲、甜槠、米槠、木荷、红楠等，还有少量落叶树种，如枫香、拟赤杨、南酸枣。第二亚层 10m 左右，除主林层树种的小树外，还有虎皮楠、交让木、树参、罗浮栲、罗浮柿、红皮树、猴欢喜、大果马蹄荷、樗叶花椒等。

下木层较为发达，种类较多，乔木树种和灌木树种混生在一起，主要有红皮树、绒楠、密花树、广东冬青、冬青、红枝柴、三尖杉、矩圆叶鼠刺、朱砂根、杜茎山、大青、豆腐柴、变叶榕等。

草本层比较稀疏，盖度在 5%，主要有鳞毛蕨、狗脊、溪边凤尾蕨 *Pteris excelsa* 等蕨类植物以及少量山姜、淡竹叶、苔草等。藤本植物主要是京梨猕猴桃 *Actinidia callosa*、多花猕猴桃 *Actinidia latifolia*、菝葜、石岩枫 *Mallotus repandus*、络石、薜荔等。

（11）细叶青冈林 *Cyclobalanoposis myrsinaefolia* Formation

该群系在自然区主要分布在海拔 400～800m 的沟谷或河谷边坡，呈小片分布。因受早期择伐的影响，现基本上没有成熟林，但因其生境条件好，土层深厚，更新林木生长旺盛，主林层郁闭度在 0.7左右。

群落建群种为青栲。乔木层可分为二个亚层，主林层高 15～20m，其伴生树种主要有钩栲、青冈、丝栗栲、甜槠等，还有少量落叶树种，如黄檀、拟赤杨、枫香、南酸枣。第二亚层 10m 左右，除主林层树种的小树外，还有虎皮楠、木荷、交让木、树参、罗浮柿、猴欢喜、大果马蹄荷、红楠等。

下木层较为发达，种类较多，乔木树种的幼树和一些灌木树种混生在一起，主要有红皮树、绒楠、黄瑞木、四川红淡、少叶黄杞、广东冬青、密花树、红枝柴、矩圆叶鼠刺、朱砂根、杜茎山、大青、豆腐柴、变叶榕等。草本层比较稀少，盖度在10%，主要有狗脊、阔叶麦冬 *Liriope palatyphylla*、溪边凤尾蕨、半边旗 *Pteris semipinnata*、翠云草等蕨类植物以及淡竹叶、山姜、苔草 *Crex spp* 等。藤本植物主要是中华猕猴桃、菝葜、薯蓣、大血藤 *Caulis sargentodoxae*、薜荔等。

（12）深山含笑林 *Michelia maudiae* Formation（表8－1－6）

表8－1－6 深山含笑群落中主要木本植物重要值统计表

群落层片/物种	密度	相对频度	相对多度	相对显著度	重要值	排序
乔木层(27种)						
深山含笑 *Michelia maudiae*	567	12.244	29.310	31.182	72.737	1
大果马蹄荷 *Exbucklandia tonkinensis*	433	8.163	22.414	17.499	48.076	2
红楠 *Machilus thunbergii*	100	6.122	5.172	10.262	21.556	3
野漆 *Toxicodendron succedaneum*	67	6.122	3.448	4.033	13.604	4
海桐山矾 *Symplocos heishanensis*	100	6.122	5.172	1.899	13.194	5
马尾松 *Pinus massoniana*	33	2.041	1.724	8.400	12.165	6
长苞铁杉 *Tsuga longibracteata*	17	2.041	0.862	9.093	11.996	7
刺毛杜鹃 *Rhododendron simsii*	67	6.122	3.448	0.574	10.145	8
刨花楠 *Machilus pauhoi*	50	4.081	2.586	2.662	9.329	9
交让木 *Daphniphyllum macropodum*	33	4.081	1.724	2.830	8.635	10
其他	467	42.859	24.137	11.565	78.564	
合计	1933	100	100	100	300	
下木层(36种)						
深山含笑 *Michelia maudiae*	133	8.771	9.639	14.763	33.173	1
刺毛杜鹃 *Rhododendron simsii*	183	3.508	13.253	12.654	29.415	2
马银花 *Rhododendron ovatum*	133	7.018	9.639	8.084	24.741	3
五列木 *Pentaphylax euryoides*	83	5.263	6.024	5.975	17.262	4
岭南槭 *Acer tutcheri*	50	3.508	3.614	5.272	12.395	5
大果马蹄荷 *Exbucklandia tonkinensis*	50	3.508	3.614	4.218	11.341	6
鹿角杜鹃 *Rhododendron latoucheae*	33	3.508	2.410	5.097	11.015	7
矩圆叶鼠刺 *Itea chinensis var. oblonga*	50	3.508	3.614	3.691	10.813	8
红楠 *Machilus thunbergii*	33	3.508	2.410	3.515	9.433	9
秀柱花 *Eustigma oblongifolium*	33	1.755	2.410	4.394	8.558	10
其他	2950	62.702	40.500	36.201	139.403	
合计	3733	100	100	100	00	

注：地点：石陂头，N 25°52′44.8″，E114°01′28.2″ 海拔：1060m 面积：600m²。

该群系是亚热带地区较为常见的常绿阔叶林，在齐云山自然保护区1200m以下随处可见。样地位于海拔1060m，河谷边坡，坡向东北，坡度25°，大小为600m²，这里地势陡峭、人为干扰较小。

群落建群种为深山含笑，重要值为72.737。乔木层可分为二个亚层，主林层高15～20m，其伴生树种主要有大果马蹄荷、红楠、金叶含笑、野漆，还有少量针叶树种，如马尾松、长苞铁杉。第二亚层10m左右，除主林层树种外，还有海桐山矾、刨花楠、刺毛杜鹃、交让木、日本杜英等。

下木层较为发达，种类较多，达36种，有乔木树种，也有灌木树种，主要有深山含笑、岭南槭、马银花、五列木、大果马蹄荷、刺毛杜鹃、矩圆叶鼠刺、大叶冬青、日本杜英、柳叶卫矛等。

草本层比较稀少，盖度在20%，主要有镰羽瘤足蕨、淡竹叶、淫羊藿 *Epimedium brevicornum*、熊巴掌 *Phyllagathis cavaleriei*、黑莎草、缺萼黄连 *Coptis chinensis* var. *brevisepala*、苔草 *Crex* spp. 等。藤本植物只有山蒟 *Piper hancei*、络石等。

（13）金叶含笑林 *Michelia foveolata* Formation

该群系在齐云山分布较广，800～1400m地段随处可见，但基本没有成片纯林，常伴有深山含笑、甜槠、交让木等其他阔叶树种。群落外貌浑圆起伏、泛棕褐色，在林中甚是引人注目。

群落建群种为金叶含笑，但高度不高，群落层次不明显。乔木层高10～15m，常见树种主要有甜槠、深山含笑、长苞铁杉、交让木、大果马蹄荷、冬青等，还有少量落叶树种，如银钟花、山乌桕等。

下木层较为发达，种类较多，主要是乔木树种的幼树和少量灌木树种，如深山含笑、石灰花楸、马银花、乐东拟单性木兰、大果马蹄荷、日本杜英、冬桃等。

林下草本层比较稀少，盖度在10%，主要有镰羽瘤足蕨、阔片复叶耳蕨、淡竹叶、淫羊藿、熊巴掌、黑莎草、苔草等。藤本植物只有菝葜、山蒟、络石等少数种类。

（14）红楠林 *Machilus thunbergii* Formation（表8－1－7）

表8－1－7 红楠群落中主要木本植物重要值统计表

群落层片/物种	株数	相对频度	相对多度	相对显著度	重要值	排序
乔木层(31种)						
红楠 *Machilus thunbergii*	283	9.836	17.172	36.284	63.291	1
猴欢喜 *Sloanea sinensis*	150	6.557	9.091	8.152	23.800	2
青榨槭 *Acer davidii*	100	4.918	6.061	11.565	22.544	3
黄檀 *Dalbergia hupeana*	67	4.918	4.040	9.032	17.990	4
刺毛杜鹃 *Rhododendron simsii*	117	6.557	7.071	2.505	16.133	5
拟赤杨 *Alniphyllum fortunei*	50	1.640	3.030	10.499	15.169	6
云山青冈 *Cyclobalanopsis sessilifolia*	83	6.557	5.051	2.292	13.900	7
香港四照花 Dendrobenthamia hongkongensis	100	4.918	6.061	2.429	13.407	8
榕叶冬青 *Ilex ficoidea*	100	4.918	6.061	0.664	11.642	9
日本杜英 *Elaeocarpus japonicus*	67	4.918	4.040	1.136	10.094	10
其他	533	44.262	32.322	15.442	92.029	
合计	1650	100	100	100	300	
下木层(47种)						
刺毛杜鹃 *Rhododendron simsii*	200	6.097	8.000	20.599	34.696	1
榕叶冬青 *Ilex ficoidea*	300	7.316	12.000	12.609	31.926	2
单耳柃 *Eurya weissiae*	250	4.878	10.000	8.365	23.242	3
尖萼毛柃 *Eurya acutisepala*	233	4.878	9.333	8.739	22.950	4
云山青冈 *Cyclobalanopsis sessilifolia*	183	4.878	7.333	4.869	17.080	5
日本杜英 *Elaeocarpus japonicus*	117	4.878	4.667	5.243	14.788	6
厚叶冬青 *Ilex elmerrilliana*	83	3.658	3.333	4.619	11.611	7
大叶冬青 *Ilex latifolia*	100	3.658	4.000	3.496	11.154	8
尾叶樱 *Prunus dielsiana*	83	4.878	3.333	0.999	9.210	9
卫矛 *Evonymus spp.*	67	4.878	2.667	1.248	8.793	10
其他	883	50.005	35.333	29.214	114.550	
合计	2500	100	100	100	300	

注：地点：石陂头，N25°52′42.3″，E114°01′28.1″　海拔：1000m　面积：600m²。

本群系在保护区分布于海拔800～1200m地段，在生境条件湿润之地，多分布在悬崖陡坡，避风的沟谷和溪边地段。群落外貌呈深绿或浅绿色相间的色调，林冠浑圆波状起伏，立木高15～20m，最高可达28m。样地位于海拔1000m，河谷边坡，坡向东北，坡度5°，大小为600m²，林内多岩石露头，林龄约50年，主林层郁闭度0.85。

乔木层组成树种31种，建群种为红楠。乔木层可区分二个亚层。第一亚层除红楠以外，还有青冈、云山青冈、猴欢喜、青榨槭、拟赤杨等。第二亚层除有第一亚层少数种类之外，主要有黄檀、榕叶冬青、刺毛杜鹃、深山含笑、香港四照花等。

下木层组成复杂，物种达47种，以刺毛杜鹃、单耳柃、尖萼毛柃、云山青冈等为主，次为日本杜英、大叶冬青、厚叶冬青、尾叶樱、野桐、崖花海桐等。

草本层由蕨类和有花植物共同组成，盖度10%左右，主要种类有狗脊、鳞毛蕨、紫轴蕨、楼梯草、苔草、山姜、熊巴掌、荩草及玉竹等。藤本植物有常春藤、珍珠莲、薜荔、清风藤、扶芳藤、络石等。此外，还有附生的攀援星蕨和一些附生苔藓。

（15）日本杜英林 *Elaeocarpus japoniaca* Formation

该群系在齐云山主要分布于海拔500～1000m的山谷或溪边，但数量不多，面积不大，土壤为山地黄红壤，多裸露石块。

乔木层以日本杜英为优势种，高10～15m，常伴有青冈、蚊母树、冬青、紫果槭、厚皮香、千年桐等。下木层主要有大叶冬青、木荷、红果钓樟、喜马拉雅旌节花、水杨梅等。草本植物有狗脊、紫萁和一些苔草，水边还有些蓼科植物。

（16）杜英林 *Elaeocarpus sylvestris* Formation

该群系主要分布在海拔500～1000m的山谷或溪边，但数量不多，面积不大，土壤为山地黄红壤，多裸露石块。

乔木层以杜英为优势种，立木高15m左右，常伴有甜槠、青冈、树参、香冬青、杨梅、枫香等。下木层主要有杜英、大叶冬青、红楠、绒楠、红果钓樟、喜马拉雅旌节花、水杨梅等。

林下草本植物有凤尾蕨、狗脊、紫萁和一些苔草。藤本植物有乌蔹莓、鸡矢藤、香花崖豆藤等。

（17）五列木林 *Pentaphylax euryoides* Formation（表8－1－8）

表8－1－8　五列木群落中主要木本植物重要值统计表

群落层片/物种	密度	相对频度	相对多度	相对显著度	重要值	排序
乔木层(21种)						
五列木 *Pentaphylax euryoides*	1033	13.208	38.272	22.834	74.313	1
甜槠 *Castanopsis eyrei*	183	9.434	6.790	36.349	52.573	2
舟柄茶 *Hartia sinensis*	450	9.434	16.667	8.659	34.759	3
鹿角杜鹃 *Rhododendron latoucheae*	200	9.434	7.407	1.779	18.620	4
细叶青冈 *Cyclobalanopsis gracilis*	117	9.434	4.321	3.782	17.536	5
银木荷 *Schima argentea*	100	3.773	3.704	9.085	16.562	6
日本杜英 *Elaeocarpus japonicus*	150	5.660	5.556	1.892	13.108	7
厚皮香 *Ternstroemia gymnanthera*	100	5.660	3.704	3.026	12.390	8
福建柏 *Fokienia hodginsii*	83	5.660	3.086	2.222	10.969	9
台湾松 *Pinus taiwanensis*	33	3.773	1.235	4.754	9.761	10
其他	250	24.530	9.260	5.620	39.409	
合计	2700	100	100	100	300	
下木层(47种)						
五列木 *Pentaphylax euryoides*	1517	4.687	23.155	30.356	58.199	1
日本杜英 *Elaeocarpus japonicus*	550	4.687	8.397	8.678	21.763	2
深山含笑 *Michelia maudiae*	517	4.687	7.888	4.249	16.825	3
细叶青冈 *Cyclobalanopsis gracilis*	400	4.687	6.107	5.834	16.628	4
鹿角杜鹃 *Rhododendron latoucheae*	183	3.906	2.799	7.130	13.835	5
柃木 *Eurya japonica*	317	4.687	4.835	1.981	11.503	6
杜鹃 *Rhododendron simsii*	383	3.125	5.852	2.233	11.210	7
齿缘吊钟花 *Enkianthus serrulatus*	167	3.906	2.545	4.609	11.060	8
白楠 *Phoebe neurantha*	250	3.906	3.817	3.061	10.784	9
马银花 *Rhododendron ovatum*	150	3.906	2.290	3.709	9.905	10
其他	2117	57.814	32.316	28.161	118.288	
合计	6550	100	100	100	300	

注：地点：石陂头，N 25°52′48.0″，E114°01′22.8″　海拔：1210m　面积：600m²。

该群系在保护区主要分布于500～1400m地段的阳坡，常伴有舟柄茶、甜槠、马尾松等树种形成混交林。样地位于海拔1210m，中坡，坡向朝东，坡度15°，样地大小为600m²，这里地势陡峭、人类干扰较小。

群落建群种主要是五列木、甜槠和舟柄茶，高度15～20m，乔木层组成植物21种，五列木数量多，分布频度高，其重要值最大，为74.313，甜槠次之，舟柄茶第三。另外还有鹿角杜鹃、细叶青冈、银木荷、日本杜英、厚皮香、等，另外群落中还有少数马尾松、福建柏等针叶树。

下木层种类相对较多，达47种，但各物种多度分布不平均，优势种五列木数量最多，重要值为58.199，其次是日本杜英、深山含笑、细叶青冈，他们四种占该层植株总数的45.54%。还有杜鹃花科的杜鹃、鹿角杜鹃、马银花、齿缘吊钟花，樟科白楠、山茶科的柃木等。

草本层较发达，总盖度为30%，但种类较少，主要是箭竹 *Sinarundinaria nitida*、里白 *Hicriopteris glauca*、镰羽瘤足蕨 *Plagiogyria falcata* 和少量苔草 *Crex spp*。

（18）香冬青林 *Ilex suaveorens* Formation

该群系在保护区主要分布于海拔1000m以下的沟谷和溪边坡地，但纯林不多，多与其他阔叶树等形成混交林，主林层郁闭度通常在0.7左右。

香冬青为群落优势种，乔木层高度10～15m，混生种主要有交让木、大果马蹄荷、深山含笑、甜槠、拟赤杨、白皮鹅耳枥等。下木层主要有深山含笑、日本杜英、乐东拟单性木兰、大果马蹄荷、柃木、狗骨柴、山矾、广东冬青等。

林下草本不发达，总盖度在5%左右，主要种类有狗脊、复叶耳蕨、山姜和一些苔草；藤本植物主要是菝葜、粉背清风藤、南蛇藤等。

（19）大果马蹄荷林 *Exbucklandia tonkinensis* Formation（表8－1－9）

表8－1－9 大果马蹄荷群落中主要木本植物重要值统计表

群落层片/物种	密度	相对频度	相对多度	相对显著度	重要值	排序
乔木层(26种)						
大果马蹄荷 *Exbucklandia tonkinensis*	400	11.538	25.000	83.322	119.860	1
苦竹 *Pleioblastus amarus*	167	7.692	10.417	0.830	18.939	2
香港四照花 *Dendrobenthamia hongkongensis*	150	3.846	9.375	1.855	15.076	3
日本杜英 *Elaeocarpus japonicus*	100	7.692	6.250	0.982	14.925	4
山黄皮 *Randia cochinchinensis*	83	5.769	5.208	0.754	11.731	5
钩栲 *Castanopsis tibetana*	67	5.769	4.167	1.338	11.273	6
甜槠 *Castanopsis eyrei*	67	3.846	4.167	3.244	11.256	7
黄丹木姜子 *Litsea elongata*	67	5.769	4.167	1.033	10.969	8
粗叶木 *Prunus spinulosa*	67	5.769	4.167	0.409	10.344	9
柃 *Eurya spp*	67	5.769	4.167	0.343	10.278	10
其他	367	36.541	22.916	5.891	65.349	
合计	1600	100	100	100	300	
下木层(44种)						
苦竹 *Pleioblastus amarus*	800	3.922	15.434	15.690	35.046	1
柃 *Eurya* spp	683	5.882	13.183	13.903	32.968	2
粗叶木 *Prunus spinulosa*	600	3.922	11.576	12.214	27.712	3
香港四照花 *Dendrobenthamia hongkongensis*	417	4.902	8.039	11.271	24.211	4
山黄皮 *Randia cochinchinensis*	400	3.922	7.717	8.242	19.881	5
日本杜英 *Elaeocarpus japonicus*	367	4.902	7.074	7.746	19.721	6
甜槠 *Castanopsis eyrei*	167	3.922	3.215	1.787	8.925	7
深山含笑 *Michelia maudiae*	133	3.922	2.572	2.383	8.877	8
黄丹木姜子 *Litsea elongata*	133	3.922	2.572	2.284	8.778	9
川桂 *Cinnamomum wilsonii*	117	4.902	2.251	1.192	8.344	10
其他	1367	55.884	26.365	23.287	105.537	
合计	5183	100	100	100	300	

注：地点：桶江老溜口，N 25°49′44.7″，E114°03′53.3″ 海拔：710m 面积：600m²。

大果马蹄荷起源于第三纪的金缕梅科植物，具有生长较快的特点，是优良的绿化和用材树种。该群系在自然保护区分布500～1200m的沟谷溪边，形成小片纯林，也可形成多种混交林。

样地位于海拔710m，河谷边坡，坡向朝北，坡度35°，大小为600m^2，样地左边200m外有毛竹林，上边有引水渠，地势陡峭、样地内还出现小面积滑坡。

群落建群种为大果马蹄荷，重要值达119.860。乔木层可分为二个亚层，主林层高15～22m，其伴生树种主要有钩栲、甜槠、南岭栲。第二亚层10m左右，除主林层树种的小树外，还有香港四照花、日本杜英、黄丹木姜子、山黄皮、多花山竹子、华南桂、绿樟等。另外，林中渗入有大量苦竹。

下木层较为发达，种类较多，达44种，主要种类有苦竹、柃木、粗叶木 *Prunus spinulosa*、香港四照花、山黄皮、日本杜英，其次是甜槠、深山含笑、黄丹木姜子、川桂、乳源木莲、多花山竹子、海桐山矾等。

草本层比较稀少，盖度在20%，主要有镰羽瘤足蕨、狗脊、阔片复叶耳蕨、戟叶圣蕨等蕨类植物，还有淡竹叶、黑莎草、苔草等常见草本。藤本植物只有山蒟、络石等。

（20）阿丁枫（蕈树）林 *Altingia chinensis* Formation

该群系主要分布在海拔600～1000m的山谷或溪边，但数量不多，面积不大，土壤为山地黄红壤，多裸露石块。

乔木层以阿丁枫为优势种，高20m左右，常伴有甜槠、红楠、青冈、丝栗栲、杨梅等，另外还有少量马尾松、毛竹。下木层主要有阿丁枫、冬桃、红楠、绒楠、美叶石栎、绿樟、交让木等。

草本植物有狗脊、镰羽瘤足蕨、芒萁、紫萁和一些苔草。层外藤本植物有香花崖豆藤、鸡矢藤、清风藤、络石、薜荔等。

2.1.2 常绿、落叶阔叶混交林

（21）红楠、缺萼枫香林 *Machilus thunbergii*, *Liquidambar formosana* Formation

该群系在保护区主要分布于海拔1000～1300m的谷地和山坡。样地位于海拔1260m，下坡接近河谷，坡向朝东，坡度5°，大小为900m^2，周边都为常绿落叶阔叶混交林（表8－1－10）。

红楠和缺萼枫香林组成共优群落，其重要值分别为65.498、61.678。乔木层可分为二个亚层，主林层高15～25m，要高。除缺萼枫香、红楠外，还伴生有深山含笑、香港四照花、银木荷、交让木等常绿、落叶树种。第二亚层10m左右，除主林层树种外，还有红枝柴、舟柄茶、蜡瓣花、日本杜英、冬青、野漆、秀柱花等。

下木层种类较多，达33种，主要有深山含笑、红楠、香港四照花、鹿角杜鹃、二列叶柃，其次是多脉青冈、日本乌桕、米饭花、大萼杨桐、马银花、细枝柃、云和新木姜等。

林下草本层种类较少，平均盖度15%～20%，以箭竹为主，其次常见的有狗脊、苔草、镰羽瘤足蕨、楼梯草、赤车。藤本植物仅见有山蒟、络石、薜荔等。

（22）甜槠、缺萼枫香林 *Castanopsis eyrei*, *Lipuidambar acalycina* Formation

该群系在保护区主要分布于海拔1000～1400m的山谷或山坡上，是保护区分布面积最大一种常绿、落叶阔叶混交林，一般土层肥沃湿润，立地条件较好的地段，人类干扰少，其原生性较强，主林层郁闭度0.8～0.9。

群落建群种主要是甜槠和缺萼枫香，主林层立木高15～25m，树种组成复杂，约40种，除甜槠外，乔木层中还有青冈、银木荷、深山含笑、金叶含笑、红楠等常绿树种，除缺萼枫香外，也还有交让木、野漆、蓝果树等落叶树种，同时林中还有长苞铁杉、福建柏、三尖杉等珍贵针叶树种。

下木层种类更加丰富，约有80种。除乔木层幼树外，还主要有米饭、毛枝越桔、岭南槭、柃木、翅柃、毛冬青、细叶香桂、马银花、矩圆叶鼠刺、杨桐、广东冬青、吴茱萸五加等。

林下草本层不发达，总盖度3%～5%，种类较少，仅10种左右，主要有狗脊、里白、惠兰及一些苔草。

表 8-1-10 红楠、缺萼枫香群落中主要木本植物重要值统计表

群落层片/物种	密度	相对频度	相对多度	相对显著度	重要值	排序
乔木层(27 种)						
红楠 *Machilus thunbergii*	750	14.286	26.627	24.584	65.498	1
缺萼枫香 *Liquidambar acalycina*	267	10.001	9.467	42.210	61.678	2
深山含笑 *Michelia maudiae*	450	10.001	15.976	11.922	37.899	3
交让木 *Daphniphyllum macropodum*	317	8.572	11.243	5.502	25.316	4
香港四照花 *Dendrobenthamia hongkongensis*	200	8.572	7.101	2.304	17.976	5
银木荷 *Schima argentea*	83	5.714	2.959	3.863	12.535	6
红枝柴 *Meliosma oldhamii*	117	5.714	4.142	1.750	11.606	7
柃木 *Eurya spp.*	133	2.857	4.734	2.709	10.300	8
舟柄茶 *Hartia sinensis*	50	4.285	1.775	0.483	6.544	9
蜡瓣花 *Corylopsis sinensis*	83	1.428	2.959	0.544	4.931	10
其他	367	28.569	13.017	4.130	45.717	
合计	2817	100	100	100	300	
下木层(33 种)						
深山含笑 *Michelia maudiae*	650	11.393	22.807	21.344	55.544	1
红楠 *Machilus thunbergii*	350	8.861	12.281	14.269	35.411	2
香港四照花 *Dendrobenthamia hongkongensis*	233	7.596	8.187	7.606	23.389	3
柃木 *Eurya spp.*	233	5.063	8.187	8.137	21.387	4
鹿角杜鹃 *Rhododendron latoucheae*	167	5.063	5.848	7.783	18.694	5
二列叶柃 *Eurya distichophylla*	183	5.063	6.433	5.071	16.567	6
多脉青冈 *Cyclobalanopsis multinervis*	100	7.596	3.509	2.064	13.168	7
日本乌桕 *Sapium japonicum*	83	5.063	2.924	3.243	11.230	8
米饭花 *Vaccinium mandarinorum*	100	3.797	3.509	3.125	10.431	9
大萼杨桐 *Cleyera japonica*	83	1.266	2.924	3.715	7.904	10
其他	667	39.240	23.390	23.644	86.274	
合计	2850	100	100	100	300	

注:地点:石陂头,N 25°52′14.5″,E114°01′21.1″ 海拔:1260m 面积:900m^2。

(23) 深山含笑、交让木 *Michelia maudiae*, *Daphniphyllum oldhami* Formation

该群系在保护区主要分布于海拔 800 ~ 1200m 的沟谷或山坡凹地上,一般土层不深,但肥沃湿润,人类干扰少,其原生性较强,主林层郁闭度 0.8 左右。

群落乔木层物种组成较丰富,约 20 种,主要有深山含笑和交让木,还伴生有金叶含笑、大果马蹄荷、香冬青等常绿树种,以及枫香、虎皮楠、野漆、拟赤杨等落叶树种,同时林中还有长苞铁杉、福建柏、三尖杉等针叶树种。

下木层种类比乔木层复杂,约有 40 种。除某些乔木层树种外,还主要有刺毛杜鹃、马银花、米饭、蚊母树、厚叶冬青、海桐山矾、崖花海桐、白瑞香、细叶香桂、矩圆叶鼠刺、柳叶卫矛等。

草本层较发达,总盖度 30% ~40%,但种类不多,约 10 种,主要有镰羽瘤足蕨、淡竹叶、镰羽贯众、缺萼黄连、狗脊、淫羊霍、熊巴掌及一些苔草。

(24) 银木荷、缺萼枫香林 *Schima argentea*, *Lipuidambar acalycina* Formation

该群系主要分布在保护区海拔 1000 ~ 1200m 的山谷或山坡凹地上,一般土层深厚肥沃湿润,排水良好,因受人类干扰较重,现多为天然更新林,林龄多在 20 年左右,林木生长良好,主林层郁闭度 0.9左右。

群落乔木层,立木高 10 ~ 20m,分层不明显,物种较少,约 10 种,主要有银木荷和缺萼枫香,还伴生少量红楠、黄樟、甜槠等阔叶树,以及虎皮楠、拟赤杨、交让木、青榨槭等落叶树种,同时林中还有马尾松、杉木等针叶树种。

下木层种类较为丰富,约有60种之多。除某些乔木层树种外,还主要有米饭、罗浮柿、野漆、云山青冈、乌冈栎、野桐、大青、圆锥绣球等。

草本层较不发达,总盖度5%~10%,种类也不多,约12种,主要有淡竹叶、狗脊、里白、芒萁、紫轴蕨、虾脊兰、百合及苔草。藤本植物主要有五叶木通、南五味子、黄梗猕猴桃等。

(25)拟赤杨林、罗浮栲林 *Alniphyllum fortunei*, *Castanopsis fabri* Formation

该群系在保护区主要分布于海拔1000m以下的沟谷或溪边下坡,一般土层深厚肥沃湿润,排水良好。主要是由栲类阔叶林遭到人为破坏后,拟赤杨先锋入侵形成的小片林分,林龄大多在20年以上,林木生长良好,主林层郁闭度0.8左右。

群落乔木层,立木高度15~20m,层次不甚明显,物种较少,约10种左右,主要有拟赤杨林和罗浮栲等栲类树种,因地段不同,栲树不同,但主要是罗浮栲、红勾栲、丝栗栲、甜槠栲等,除此之外,还伴生红楠、黄樟、乳源木莲等阔叶树,以及南酸枣、水青冈、鹅耳枥、交让木、青榨槭等落叶树种。同时,林中还有杉木等针叶树种。

下木层种类较为丰富,约有50种之多。除某些乔木层树种外,还主要有刺毛杜鹃、绒楠、野漆、深山含笑、罗浮柿、厚皮香、柃木等,个别地段还有成片的阔叶箬竹。

草本层较不发达,总盖度5%~8%,种类不多,约10种左右,主要有淡竹叶、狗脊、里白、镰羽瘤足蕨、草珊瑚及黑莎草。藤本植物主要有常春藤、三叶崖爬藤、菝葜、南五味子、络石、薜荔、寒莓等。

(26)枫香、大果马蹄荷林(表8-1-11) *Liquidambar formosana*, *Exbucklandia tonkinensis* Formation

表8-1-11 枫香、大果马蹄荷群落中主要木本植物重要值统计表

群落层片/物种	密度	相对频度	相对多度	相对显著度	重要值	排序
乔木层(35种)						
枫香 *Liquidambar formosana*	200	8.975	14.286	15.959	39.220	1
大果马蹄荷 *Exbucklandia tonkinensis*	111	6.411	7.937	17.371	31.718	2
红楠 *Machilus thunbergii*	100	6.411	7.143	8.143	21.697	3
甜槠 *Castanopsis eyrei*	89	5.128	6.349	7.493	18.971	4
刺毛杜鹃 *Rhododendron simsii*	122	6.411	8.730	2.332	17.473	5
细叶青冈 *Cyclobalanopsis gracilis*	22	2.564	1.587	11.948	16.100	6
秀柱花 *Eustigma oblongifolium*	67	5.128	4.762	4.284	14.174	7
米饭花 *Vaccinium mandarinorum*	44	3.846	3.175	3.835	10.855	8
黄檀 *Dalbergia hupeana*	56	3.846	3.968	2.354	10.168	9
香冬青 *Ilex suaveorens*	67	2.564	4.762	2.701	10.027	10
其他	522	48.716	37.302	23.581	109.597	
合计	1400	100	100	100	300	
下木层(61种)						
深山含笑 *Michelia maudiae*	689	5.263	16.104	12.225	33.593	1
未知名一种	467	5.263	10.909	16.732	32.905	2
黄丹木姜子 *Litsea elongata*	433	5.263	10.130	13.408	28.802	3
红皮树 *Styrax suberifolia*	322	4.679	7.532	8.507	20.718	4
粗叶木 *Prunus spinulosa*	200	3.509	4.675	4.958	13.142	5
榕叶冬青 *Ilex ficoidea*	133	4.679	3.117	4.620	12.415	6
日本杜英 *Elaeocarpus japonicus*	122	3.509	2.857	2.648	9.014	7
苦竹 *Pleioblastus amarus*	178	2.339	4.156	2.085	8.579	8
大果马蹄荷 *Exbucklandia tonkinensis*	78	2.339	1.818	4.000	8.157	9
绒楠 *Machilus velutina*	144	2.924	3.377	1.746	8.047	10
其他	1511	60.231	35.325	29.070	124.626	
合计	4278	100	100	100	300	

注:地点:下十八垒,N 25°51′11.5″,E114°01′31.1″ 海拔:820m 面积:900m^2。

该群系在保护区主要分布于海拔600～1000m的沟谷或溪边下坡，土层肥沃湿润，立地条件较好。样地海拔820m，坡向为东南坡，坡度20°，面积900m²，人类干扰较少，主林层郁闭度0.8～0.9。

群落组成复杂，物种丰富，乔木层组成物种35种，以枫香、大果马蹄荷形成共建群落，其重要值分别为39.220、31.718。乔木层可区分为二个亚层。第一亚层高20～25m，除枫香、大果马蹄荷外，还有红楠、甜槠、细叶青冈、黄檀、红勾栲等。第二亚层高10～18m，除主林层树种外，主要有秀柱花、香冬青、刺毛杜鹃、米饭、红皮树、黄丹木姜子、马银花等。

下木层种类更为丰富，共计61种，除乔木幼树外，还主要有深山含笑、粗叶木、榕叶冬青、日本杜英、绒楠、厚皮香八角、凤凰润楠、柃木等。

草本层总盖度10%～20%，种类也不多，主要有淡竹叶、狗脊、芒萁、半边旗、吉祥草、苔草、山姜等。藤本植物有流苏子、络石、薯蓣五叶木通等少数种类。

2.1.3 落叶阔叶林

(27) 缺萼枫香林 *Liquidambar acalycina* Formation（表8－1－12）

表8－1－12 缺萼枫香群落中主要木本植物重要值统计表

群落层片/物种	密度	相对频度	相对多度	相对显著度	重要值	排序
乔木层(9种)						
缺萼枫香 *Liquidambar acalycina*	1133	26.086	68.0	73.640	167.726	1
青榨槭 *Acer davidii*	217	21.737	13.0	8.411	43.148	2
圆锥绣球 *Hydrangea paniculata*	167	17.391	10.0	4.214	31.605	3
红楠 *Machilus thunbergii*	50	13.043	3.0	0.944	16.987	4
拟赤杨 *Alniphyllum fortunei*	17	4.349	1.0	7.353	12.701	5
银木荷 *Schima argentea*	17	4.349	1.0	2.527	7.875	6
香椿 *Toona sinensis*	33	4.349	2.0	0.778	7.127	7
槭 *Acer spp*	17	4.349	1.0	1.259	6.607	8
蓝果树 *Nyssa sinensis*	17	4.349	1.0	0.874	6.223	9
合计	1667	100	100	100	300	
下木层(33种)						
缺萼枫香 *Liquidambar acalycina*	1867	8.108	44.269	46.421	98.797	1
圆锥绣球 *Hydrangea paniculata*	417	8.108	9.881	13.449	31.438	2
青榨槭 *Acer davidii*	367	8.108	8.696	12.798	29.602	3
红楠 *Machilus thunbergii*	200	6.756	4.743	4.772	16.271	4
柃木 *Eurya japonica*	217	5.405	5.138	2.820	13.364	5
翅柃 *Eurya alata*	233	4.054	5.534	2.169	11.757	6
交让木 *Daphniphyllum macropodum*	83	5.405	1.976	2.928	10.310	7
阔叶十大功劳 *Mahonia bealei*	133	5.405	3.162	1.030	9.598	8
黄牛奶树 *Symplocos laurina*	83	5.405	1.976	1.573	8.954	9
香港四照花 *Dendrobenthamia hongkongensis*	50	4.054	1.186	1.952	7.192	10
其他	567	39.190	13.440	10.087	62.717	
合计	4217	100	100	100	300	

注：地点：上十八垒，N 25°53′01.9″，E114°01′09.5″　海拔：1100m　面积：600m²。

该群系在保护区主要分布于海拔1000～1400m的山谷或山坡上，土层肥沃深厚湿润，立地条件较好。样地设在上十八垒石陂头中坡，海拔1110m，坡度10°，坡向东南，为自然更新群落，林龄为20年左右，周边有毛竹林，马尾松阔叶混交林。

群落组成简单，分层也不明显，600m²样地内只有乔木9种，缺萼枫香为优势种，其重要值为167.726。乔木层还伴有青榨槭、拟赤杨 *Alniphyllum fortunei*、香椿、蓝果树、圆锥绣球等落叶树种，同时有少量常绿树种，如红楠、银木荷等。

下木层以种类相对丰富，共有乔木幼树和灌木树种33种。主要有缺萼枫香、圆锥绣球、青榨槭、

红楠、柃木、翅柃等,还有少量的交让木、阔叶十大功劳、黄牛奶树和三尖杉等

草本植物有狗脊、玉竹、金星蕨、紫萁、荩草、堇菜和一些苔草。藤本植物只有薯蓣、菝葜等少数种类。

(28) 水青冈林 *Fagus longipetiolata Formation* (表8-1-13)

表8-1-13 水青冈群落中主要木本植物重要值统计表

群落层片/物种	密度	相对频度	相对多度	相对显著度	重要值	排序
乔木层(15种)						
水青冈 *Fagus longipetiotala*	200	19.354	24.000	66.854	110.208	1
硬叶柯 *Lithocarpus crassifolius*	117	12.904	14.000	11.057	37.961	2
甜槠 *Castanopsis eyrei*	83	9.677	10.000	6.386	26.063	3
石笔木 *Tutcheria spectabilis*	100	9.677	12.000	0.467	22.144	4
毛竹 *Phyllostachys Pubescens*	83	6.451	10.000	0.724	17.174	5
白皮鹅耳枥 *Carpinus poilanei*	50	6.451	6.000	4.012	16.463	6
蓝果树 *Nyssa sinensis*	33	6.451	4.000	4.309	14.759	7
青皮木 *Schoepfia jasminodora*	33	6.451	4.000	1.429	11.879	8
黄檀 *Dalbergia hupeana*	33	3.226	4.000	1.303	8.530	9
红楠 *Machilus thunbergii*	17	3.226	2.000	1.520	6.747	10
其他	83	16.130	10.000	1.940	28.072	
合计	833	100	100	100	300	
下木层(38种)						
石笔木 *Tutcheria spectabilis*	483	5.952	13.426	14.370	33.747	1
油茶 *Camellia oleifera*	417	7.143	11.574	10.557	29.274	2
苦竹 *Pleioblastus amarus*	317	3.571	8.796	8.211	20.579	3
青榨槭 *Acer davidii*	150	5.952	4.167	10.264	20.383	4
野漆 *Toxicodendron succedaneum*	200	3.571	5.556	6.354	15.481	5
甜槠 *Castanopsis eyrei*	150	5.952	4.167	4.985	15.104	6
野柿 *Diospyros kaki*	183	4.762	5.093	5.083	14.938	7
红果钓樟 *Lindera erythrocarpa*	267	4.762	7.407	2.737	14.906	8
三叶赤楠 *Syzygium grijsii*	167	4.762	4.630	2.737	12.129	9
马银花 *Rhododendron ovatum*	133	3.571	3.704	4.594	11.869	10
其他	1133	50.002	31.482	30.109	111.590	
合计	3600	100	100	100	300	

注:地点:冬瓜坪,N 25°49′21.5″,E113°58′27.1″ 海拔:890m 面积:600m^2。

该群系主要分布在海拔800~1300m的山谷或山坡上,土层深厚肥沃湿润,立地条件较好。样地设在杨柳洞溪边,海拔890m,坡度10°,坡向西南,为自然更新群落,林龄为150年左右,离村寨较近,周边有农田、毛竹林,马尾松阔叶混交林,人类干扰严重,主林层郁闭度0.7。

群落组成简单,600m^{2}样地内只有乔木15种,水青冈为优势种,其重要值为110.208。群落层次分明,乔木层可分为二层,第一亚层高20~25m,主要是水青冈、白皮鹅耳枥、野漆等落叶成分,第二亚层平均高10~15m,除少量主林层树种外,主要是硬叶柯、青皮木、黄檀、红楠、日本杜英等,毛竹开始侵入该林分。

下木层以种类相对丰富,共有乔木幼树和灌木树种38种。主要有石笔木、油茶、青榨槭、野漆、甜槠、野柿、三叶赤楠、日本乌桕、青灰叶下珠等,另外还有不少的苦竹。

林下草本层极不发达,总盖度不及5%,主要有狗脊、里白、星蕨、鳞毛蕨等蕨类植物以及少量淡竹叶。藤本植物只有三叶崖爬藤、络石等少数种类。

(29) 银钟花林 *Halesia macgregorii* Formation (表8-1-14)

表 8-1-14 银钟花群落中主要木本植物重要值统计表

群落层片/物种	密度	相对频度	相对多度	相对显著度	重要值	排序
乔木层(17 种)						
银钟花 *Halesia macgregorii*	375	7.407	22.727	25.003	55.138	1
大果马蹄荷 *Exbucklandia tonkinensis*	175	11.111	10.606	21.128	42.845	2
苦竹 *Pleioblastus amarus*	175	7.407	10.606	2.961	20.974	3
日本杜英 *Elaeocarpus japonicus*	125	11.111	7.576	2.059	20.746	4
红勾栲 *Castanopsis lamontii Hance*	100	7.407	6.061	6.129	19.597	5
南岭栲 *Castanopsis fordii*	100	7.407	6.061	3.278	16.746	6
香冬青 *Ilex suaveorens*	75	3.704	4.545	7.957	16.206	7
岭南槭 *Acer tutcheri*	25	3.704	1.515	10.247	15.466	8
四川杨桐 *Cleyera japonica*	75	3.704	4.545	5.897	14.147	9
丝栗栲 *Castanopsis fargesii*	125	3.704	7.576	2.766	14.045	10
其他	300	33.333	18.180	12.575	64.090	
合计	1650	100	100	100	300	
下木层(71 种)						
苦竹 *Pleioblastus amarus*	2000	2.759	13.029	16.604	32.392	1
凤凰润楠 *Machilus phoenicis*	1700	2.759	11.075	8.193	22.027	2
日本杜英 *Elaeocarpus japonicus*	1025	2.759	6.678	5.763	15.199	3
银钟花 *Halesia macgregorii*	675	2.069	4.397	6.573	13.040	4
山乌桕 *Sapium discolor*	725	2.069	4.723	6.137	12.929	5
黄丹木姜子 *Litsea elongata*	900	2.759	5.863	4.019	12.641	6
红勾栲 *Castanopsis lamontii*	350	2.759	2.280	5.140	10.179	7
丝栗栲 *Castanopsis fargesii*	450	2.759	2.932	3.894	9.584	8
绿樟 *Meliosma squimulata*	625	2.759	4.072	1.963	8.793	9
少叶黄杞 *Engelhardtia fenzelii*	425	2.759	2.769	2.430	7.957	10
其他	6475	73.794	42.182	39.283	155.259	
合计	15350	100	100	100	300	

注:地点:冬瓜坪口,N 25°49′53.3″,E114°01′39.8″ 海拔:750m 面积:400m^2。

银钟花为我国特有种,在保护区主要分布于海拔500~1000m的山谷和山坡,常也其他阔叶树混生在一起,很少有成片纯林分布。由于过度砍伐,修筑山区公路,使林分森林遭到严重破坏。样地设在冬瓜坪口,海拔750m,坡度30°,坡向西北,面积600m^2 为自然更新群落,林龄为20年左右,周边有马尾松阔叶混交林。

乔木层有植物17种,其中银钟花为优势种,数量最多,达17株,重要值也最大,达55.138。而且还混有其它阔叶树种,如大果马蹄荷、日本杜英、丝栗栲、红勾栲、南岭栲、香冬青等,另外,还有大量的苦竹。

下木层种类丰富,达71种,但各种多度分布差异较大,其中苦竹、凤凰润楠、日本杜英、银钟花,山乌桕、黄丹木姜子、绿樟数量较多,它们占该层总株数的50.0%,另外,还有红勾栲、丝栗栲、少叶黄杞、罗浮柿、甜槠、深山含笑、南岭栲等64种植物。

草本(藤本)层极不发达,总盖度不足2%。只有中华里白、镰羽瘤足蕨、阔片复叶耳蕨 *Arachniodes cavalerii*、戟叶圣蕨 *Dictyocline sagittifolia* 等少数草本植物,但受到干扰地方中华里白、菝葜明显增多。

(30) 拟赤杨林 *Alniphyllum fortunei* Formation (表8-1-15)

本群落为我国亚热带地区特有的山地丘陵阳性落叶阔叶林类型,主要是常绿阔叶林遭到人为破坏之后所形成的小片林分。在保护区主要分布在海拔400~1000m的阴坡或半阴坡,或在溪沟两旁林缘,则呈走廊式的带状分布,有时也呈零星小片分布于常绿阔叶林的林窗间,立地条件较好,一般无岩石裸露。

表 8-1-15　拟赤杨群落中主要木本植物重要值统计表

群落层片/物种	密度	相对频度	相对多度	相对显著度	重要值	排序
乔木层(38 种)						
拟赤杨 *Alniphyllum fortunei*	1167	10.257	39.548	62.771	112.576	1
交让木 *Daphniphyllum macropodum*	183	5.128	6.215	6.590	17.933	2
蜡瓣花 *Corylopsis sinensis*	167	6.411	5.650	0.983	13.044	3
杉木 *Cunninghamia lanceolata*	150	2.564	5.085	4.539	12.188	4
罗浮柿 *Diospyros morrisiana*	100	2.564	3.390	4.085	10.039	5
华东润楠 *Machilus pingii*	83	5.128	2.825	1.968	9.921	6
尾叶樱 *Prunus dielsiana*	67	5.128	2.260	0.861	8.249	7
红枝柴 *Meliosma oldhamii*	67	5.128	2.260	0.758	8.146	8
香港四照花 *Dendrobenthamia hongkongensis*	83	2.564	2.825	2.696	8.085	9
黄牛奶树 *Symplocos laurina*	100	3.846	3.390	0.639	7.875	10
其他	783	51.281	26.554	14.110	91.945	
合计	2950	100	100	100	300	
下木层(70 种)						
蜡瓣花 *Corylopsis sinensis*	483	4.896	8.555	12.615	26.066	1
黄牛奶树 *Symplocos laurina*	567	4.196	10.029	9.773	23.998	2
马银花 *Rhododendron ovatum*	283	2.098	5.015	6.254	13.367	3
拟赤杨 *Alniphyllum fortunei*	200	3.497	3.540	5.544	12.581	4
香港四照花 *Dendrobenthamia hongkongensis*	183	2.797	3.245	3.767	9.809	5
红枝柴 *Meliosma oldhamii*	167	4.196	2.950	2.203	9.349	6
红果钓樟 *Lindera erythrocarpa*	250	3.497	4.425	1.244	9.166	7
红楠 *Machilus thunbergii*	200	2.098	3.540	2.985	8.623	8
青榨槭 *Acer davidii*	200	2.098	3.540	2.807	8.445	9
天仙果 *Ficus erecta*	167	1.399	2.950	3.305	7.653	10
其他	2950	69.229	52.213	49.503	170.943	
合计	5650	100	100	100	300	

注:地点:杨柳洞大坑,N 25°49′37.2″,E114°01′6.7″　海拔:820m　面积:600m^2。

样地设在杨柳洞河谷边坡,海拔820m,坡度5°,坡向东南,为自然更新群落,林龄为30年左右,主林层郁闭度0.85。

拟赤杨为群落建群种,其重要值为112.576。乔木层可分为二个亚层。第一亚层高20~25m,除拟赤杨外,还有少量杉木。第二亚层高10~15m,主要有交让木、华东润楠、尾叶樱、红枝柴、蜡瓣花、香港四照花等。

下木层物种较丰富,乔木幼树及灌木物种共有70种,蜡瓣花占优势,重要值达26.066,其他还有黄牛奶树、马银花、拟赤杨、香港四照花、红枝柴、红果钓樟、红楠、青榨槭等,另外有大量的箬竹。

林下草本层不发达,总盖度在5%左右,只有少量常见种类,如狗脊、楼梯草、光里白、中华里白、黑莎草、苔草等。藤本植物也较少,主要有常春藤、五叶木通、络石、薜荔等。

(31) 青榨槭林 *Acer davidii* Formation

该群系主要分布在海拔800~1200m的山谷或山坡,土层肥沃深厚湿润,立地条件较好的地段,主要是常绿阔叶林遭到人为破坏之后所形成的小片林分,有时也呈零星小片分布于常绿阔叶林的林窗间。

群落乔木层组成简单,青榨槭为优势种,伴生种有缺萼枫香、拟赤杨、蓝果树、交让木等落叶树种,同时有少量常绿树种,如红楠、银木荷、华润楠等。

下木层种类相对丰富,除乔木幼树外,还主要有圆锥绣球、柃木、翅柃、毛冬青、山桐子、虎皮楠、矩圆叶鼠刺、绿樟、三尖杉等。

草本植物有狗脊、芒萁、箬竹、山姜、日本金星蕨、紫萁、荩草、蔓茎堇菜和一些苔草。藤本植物只有薯蓣、菝葜、中华猕猴桃等少数种类。

（32）天目紫茎林 *Stewartia gemmata Formation*（表 8－1－16）

表 8－1－16 天目紫茎群落中主要木本植物重要值统计表

层片/物种	密度	相对频度	相对多度	相对显著度	重要值	排序
乔木层(13 种)						
天目紫茎 *Stewartia gemmata*	183	21.428	19.643	41.113	82.184	1
油茶 *Camellia oleifera*	317	14.286	33.929	16.886	65.101	2
青冈 *Cyclobalanopsis glauca*	167	14.286	17.857	29.704	61.847	3
海南杨桐 *Adinandra hainanensis*	33	7.142	3.571	5.059	15.772	4
厚皮香八角 *Illicium ternstroemioides*	33	7.142	3.571	1.745	12.458	5
山矾 *Symplocos spp*	33	7.142	3.571	0.702	11.415	6
木姜子 *Litsea spp*	33	7.142	3.571	0.645	11.359	7
蔓胡颓子 *Elaeagnus glabra*	33	3.572	3.571	0.547	7.691	8
柃木 *Eurya japonica*	33	3.572	3.571	0.516	7.660	9
日本乌桕 *Sapium japonicum*	17	3.572	1.786	1.012	6.370	10
香冬青 *Ilex championii*	17	3.572	1.786	1.012	6.370	11
鸡爪槭 *Acer palmatum*	17	3.572	1.786	0.872	6.230	12
尖萼毛柃 *Eurya acutisepala*	17	3.572	1.786	0.186	5.544	13
合计	933	100	100	100	300	
下木层(22 种)						
油茶 *Camellia oleifera*	483	10.638	26.126	32.969	69.733	1
尖萼毛柃 *Eurya acutisepala*	267	12.766	14.414	14.531	41.712	2
杨桐 *Cleyera japonica*	233	10.638	12.613	13.906	37.157	3
厚皮香八角 *Illicium ternstroemioides*	167	10.638	9.009	3.750	23.397	4
青冈 *Cyclobalanopsis glauca*	133	6.383	7.207	7.188	20.778	5
天目紫茎 *Stewartia gemmata*	67	4.255	3.604	7.969	15.828	6
细叶香桂 *Cinnamomum subavenium*	83	4.255	4.505	2.969	11.729	7
山矾 *Symplocos spp*	67	6.383	3.604	1.563	11.549	8
柃 *Eurya spp*	83	4.255	4.505	1.719	10.479	9
山矾 *Symplocos spp*	50	4.255	2.703	1.875	8.833	10
其他	217	25.534	11.712	11.563	48.807	
合计	1850	100	100	100	300	

注：地点：石陂头，N 25°53′13.8″，E114°01′02.7″ 海拔：1560m 面积：600m^2。

天目紫茎树皮黄棕色平滑，人称“赤膊树”，在齐云山自然保护区主要分布在 1300～1600m 沟谷地段，极少有纯林。样地设在上十八垒石陂头，海拔 1560m，坡度 30°，坡向朝南，林龄为 60 年左右，主林层郁闭度 0.6，土壤条件极差，山洪冲积石块居多。

群落物种组成简单，乔木层共有 10 种，立木密度低，仅为 900 株/hm^2，天目紫茎为建群种，重要值为 63.633，立木高 12～18m，伴生树种有青冈 *Cyclobalanopsis glauca*。第二亚层有主要是青冈、油茶 *Camellia oleifera*、天目紫茎、海南杨桐、厚皮香八角等。

下木层种类相对较多，达 22 种，但各个种多度分布也不平均，其中较多的是油茶，尖萼毛柃，杨桐、厚皮香八角，四者占该层总株数的 81.81％。还有少量青冈、细叶香桂 *Cinnamomum subavenium*、冬桃、交让木、云锦杜鹃、舟柄茶等 25 种，但其数量不多，只占该层总株数的 19.19％。

天目紫茎在下木层中数量不多，只有 5 株（另有 1 棵幼苗）。这也说明天目紫茎种群更新困难，应采取积极的保护措施。

草本层极不发达，种类较少，仅有少量楼梯草 *Elatostema involucratt*、芒萁 *Dicranopteris dichotoma*、

莎草 *Cyperus* spp. 和虾脊兰 *Calanthe discolor* 等少数种类。

(33)亮叶水青冈林 *Fagus lucida* Formation

该群系主要分布在海拔 1000 ~ 1400m 的沟谷或山坡,地势陡峭,因受早年的人类干扰,原生性不强,郁闭度 0.7。

乔木层以水青冈为优势种,立木高度 15 ~ 20m,伴生树种有缺萼枫香、青榨槭、多脉青冈等,第二亚层平均高 18 ~ 15m,除少量主林层树种外,主要是交让木、银木荷、马尾松、日本乌桕等。

下木层以种类相对丰富,乔木幼树和灌木树种混生在一起。主要有鹿角杜鹃、马银花、单耳柃、日本乌桕、甜槠、青榨槭等,另外还有大量的箭竹。

草本层极不发达,总盖度不及 5%,主要有狗脊、里白、鳞毛蕨等蕨类植物以及少量淡竹叶、楼梯草。藤本植物只有菝葜、络石等少数种类。

(34) 江南桤木林 *Alnus trabeculosa* Formation

该群系主要分布在保护区海拔 600 ~ 1100m 的范围,一般生于山间沼泽地及山地黄壤湿润沟谷两岸,立地条件较好,现多属天然更新林,林相参差不齐,生长良好,主林层郁闭度在 0.8 左右。

江南桤木为群落建群种,占绝对优势,立木高度 10 ~ 15m,伴生种主要有拟赤杨、枫香、交让木等。下木层主要有蚊母树、石笔木、阿丁枫、山苍子等。

草本植物主要是狗脊、鳞毛蕨、水蓼、萱草和一些苔草,藤本植物有铁丝莲、络石、鸡血藤、菝葜等。

(35)南酸枣林 *Choerospondias axillaries* Formation

该群系主要分布在保护区海拔 1000m 以下的凹形坡地,分布面积较小,常以小片林分伴生于常绿阔叶林中,立地条件中等,有大量岩石裸露。林相整齐,立木分布均匀,生长良好,主林层郁闭度在 0.7 左右。

南酸枣为群落建群种,占绝对优势,立木高度 15 ~ 20m,伴生种主要有拟赤杨、华润楠、紫花泡桐、枫香等。

下木层主要有蚊母树、铁冬青、石笔木、野鸦椿、朱砂根等。

草本植物主要是狗脊、鳞毛蕨和一些苔草,藤本植物只有络石、鸡血藤、菝葜等。

2.1.4 山顶矮林

(36) 云锦杜鹃矮林 *Rhododendron fortunei* Formation (表 8 - 1 - 17)

该群系主要分布在保护区海拔 1400m 以上中山地带,为地带性群落之一。样地设在上十八垒石陂头,海拔 1600m,坡度 10°,坡向朝东,面积 200m^2,原生性较强。

群落结构完整,共有木本植物 24 种,其中乔木层 5 种,高 5 ~ 6m。优势树种是云锦杜鹃,重要值为 90.932,伴生种有台湾松,灯笼花、江南山柳等。

下木层种类相对较多,达 23 种,但各个种多度分布也不平均,其中较多的是云锦杜鹃、马银花、灯笼花株、满山红、齿缘吊钟花、鹿角杜鹃株,这五种植物占该层总株数的 84.38%。其他数量不多,只占该层总株数的 15.62%。

草本层极不发达,总盖度为 5%,种类较少,主要是白芨 *Bletilla striata*、惠兰 *Cymbidium faberi*、多花黄精 *Polygonatum cyrtonema*、还有菊科 Compositae 3 种。

(37)圆锥绣球矮林 *Hydrangea paniculata* Formation

该群系主要分布在海拔 1100m 以上的山脊或山顶的阳坡地段,土壤为山地黄壤,干旱贫瘠且多石砾,乔木生长不良,主林层郁闭度通常在 0.8 左右。

圆锥绣球为群落建群种,占绝对优势,立木高度 3m 左右,伴生种主要有鹿角杜鹃、交让木、银木荷、日本乌桕等。下木层主要有杜鹃、满山红、滇白珠、碎米花、山胡椒、微毛柃、红果钓樟等,草本植物主要是一些苔草和少量蕨类。

表 8-1-17 云锦杜鹃群落中主要木本植物重要值统计表

群落层片/物种	密度	相对频度	相对多度	相对显著度	重要值	排序
乔木层(5 种)						
云锦杜鹃 *Rhododendron fortunei*	300	16.667	40.000	34.266	90.932	1
台湾松 *Pinus taiwanensis*	100	33.333	13.333	27.448	74.114	2
灯笼花 *Agapetes lacei*	200	16.667	26.667	21.329	64.662	3
江南山柳 *Clethra cavaleriei*	100	16.667	13.333	10.664	40.664	4
舟柄茶 *Hartia sinensis*	50	16.667	6.667	6.294	29.627	5
合计	750	100	100	100	300	
下木层(23 种)						
云锦杜鹃 *Rhododendron fortunei*	4950	5.882	24.937	18.173	48.993	1
马银花 *Rhododendron ovatum*	3900	5.882	19.647	22.573	48.103	2
灯笼花 *Agapetes lacei*	2300	5.882	11.587	15.304	32.773	3
满山红 *Rhododendron mariesii*	2600	5.882	13.098	12.912	31.893	4
齿缘吊钟花 *Enkianthus serrulatus*	2400	5.882	12.091	11.334	29.307	5
鹿角杜鹃 *Rhododendron latoucheae*	600	5.882	3.023	5.022	13.927	6
台湾松 *Pinus taiwanensis*	400	5.882	2.015	2.726	10.623	7
大果花楸 *Sorbus megalocarpa*	250	5.882	1.259	1.196	8.337	8
交让木 *Daphniphyllum macropodum*	150	5.882	0.756	1.578	8.216	9
陷脉石楠 *Photinia impressivena*	200	5.882	1.008	1.004	7.894	10
其他	2100	41.175	10.580	8.177	59.933	
合计	19850	100	100	100	300	

注:地点:石陂头,N 25°53′19.8″,E114°01′02.7″ 海拔:1600m 面积:200m^2。

(38) 鹿角杜鹃矮林 *Rhododendron latoucheae* Formation

该群系主要分布在海拔1100m以上的山脊或山顶的阳坡地段,土壤为山地黄壤,干旱贫瘠且多石砾,乔木生长不良,主林层郁闭度通常在0.8左右。

鹿角杜鹃为群落建群种,占绝对优势,立木高度3m左右,伴生种主要有银木荷、交让木、日本乌桕等。下木层主要有杜鹃、满山红、乌饭、滇白珠、微毛柃、红果钓樟等,草本植物主要是一些苔草和少量蕨类,藤本植物主要是菝葜。

(39) 满山红矮林 *Rhododendron mariesii* Formation

该群系主要分布在海拔1400m以上的山脊或山顶的阳坡地段,土壤为山地黄壤,干旱贫瘠且多石砾,乔木生长不良,主林层郁闭度通常在0.7左右。

满山红为群落建群种,占绝对优势,立木高度3m左右,伴生种主要有台湾松、银木荷、交让木、云锦杜鹃等。下木层主要有杜鹃、满山红、齿缘吊钟花、江南山柳、滇白珠、微毛柃、红果钓樟等,草本植物主要是一些苔草和少量蕨类,藤本植物主要是菝葜。

(40) 交让木矮林 *Daphniphyllum macropodum* Formation

该群系主要分布在海拔1100m以上的山脊或山顶坡地上,土壤为山地黄壤,多石砾,且由于常年多雾、气温较低、风大,乔木生长不良,具有矮林的群落外貌和结构,主林层郁闭度通常在0.8左右。

交让木为群落建群种,占绝对优势,立木高度2~4m,伴生种主要有鹿角杜鹃、日本乌桕、台湾松等。下木层主要有杜鹃、碎米花、山胡椒、微毛柃等,草本植物主要是一些苔草和少量蕨类。

(41) 马银花矮林 *Rhododendron ovatum* Formation

该群系主要分布在海拔1300m以上的山脊或山顶的阳坡地段,土壤为山地黄壤,干旱贫瘠且多石砾,乔木生长不良,主林层郁闭度通常在0.8左右。

马银花为群落建群种,占绝对优势,多分枝,立木高度3m左右,伴生种主要有台湾松、青麸杨、石灰花楸、交让木、云锦杜鹃、美丽马醉木等。下木层主要有杜鹃、满山红、齿缘吊钟花、江南山柳、滇白珠等。

草本植物主要有野古草、苔草和少量蕨类,藤本植物主要是菝葜。

2.1.5 竹林

(42) 毛竹林 *Phyllostachys pubescens* Formation(表 8-1-18)

表 8-1-18 齐云山自然保护区竹阔混交林与毛竹纯林数量特征比较

		竹阔混交林	毛竹纯林
地点		新地下浊水	新地下浊水
海拔(m)		650	780
面积(m^2)		600	600
坡度(°)		22	10
坡向		东坡	东北坡
最大竹胸径(m)		11.1	11.7
平均竹胸径(m)		7.70	7.73
立竹密度(no/hm^2)		1400	3000
林分胸断面积(m^2/hm^2)		99.45	14.49
林分立木密度(no/hm^2)		7866	3000
乔木层	种数	32	1.0
	rgalef 指数	6.03	0.00
	Simpson 指数	5.10	1.00
	Shannon - Wiener 指数	2.38	0.00
	Pielou 均匀度指数	0.69	-
	生态优势度	0.20	1.00
下木层	种数	68	1
	rgalef 指数	11.75	0.00
	Simpson 指数	28.14	1.00
	Shannon - Wiener 指数	3.66	0.00
	Pielou 均匀度指数	0.87	-
	生态优势度	0.04	1.00
草本层	种数	22	34
	rgalef 指数	5.11	5.57
	Simpson 指数	13.56	9.32
	Shannon - Wiener 指数	2.76	2.67
	Pielou 均匀度指数	0.89	0.76
	生态优势度	0.09	0.11

注:地点:新地下浊水,N 25°50′59.2″,E114°03′20.2″ 海拔:1600m 面积:200m^2。

该群系在自然保护区分布面积广阔,海拔 400~1300m 立地条件好、土层较深厚、排水良好的地段均见其踪影。因片面追求经济效益,天然竹阔混交林往往被改造成毛竹纯林,林分结构发生很大变化,随之,乔、灌、草三层植物物种多样性也发生改变。

样地设在新地下浊水,竹阔混交林乔木层组成树种 32 种,以毛竹为优势种,重要值为 76.046,混有大量的阔叶树种,如香冬青、红勾栲、刺毛杜鹃、红楠、甜槠等,也有少量的杉木、马尾松等针叶树。

下木层种类相对较多,达 68 种,而且各种多度分布也较均匀,但较多的是刺毛杜鹃、岭南槭、香冬青、绒楠,柃木、深山含笑、甜槠、山矾、红楠、虎皮楠、黄丹木姜子、单耳柃等阔叶树及少量杉木、三尖杉等针叶树。

而经过劈山抚育形成的毛竹纯林,不论是乔木层还是下木层,就只有毛竹一种或只夹杂少数其他树种。

竹阔混交林草本(藤本)种类,主要以芒萁、菝葜、里白、镰羽瘤足蕨、狗脊、络石、寒莓、淡竹叶、荩草、柏拉木、草珊瑚,薜荔、莎草 *Cyperus* spp. 等,而毛竹纯林草本主要以败酱、柏拉木、淡竹叶、地念、寒莓、金星蕨、梵天花、糯米团、星宿菜为主。

虽然,劈山抚育使立竹数有所增加,由于1400株/hm^2 增加至3000株/hm^2,增加了1倍多,但群落整体的立木密度却下降了近2倍,群落物种多样性大大降低。所以,如何实现生态效益与经济效益的有效结合,对保护区的毛竹林经营问题有待进一步研究。

(43) 苦竹林 *Pleioblastus amarus* Formation

该群系主要分布在海拔1100m以下的坡地和山谷中,但纯林不多,多与交让木、红楠、山乌桕、甜槠、杉木等形成混交林,且不同程度地受到过干扰,主林层郁闭度通常在0.8左右。

苦竹为群落优势种,占绝对优势,立竹高度10m左右,混生种主要有交让木、大果马蹄荷、深山含笑、香冬青、红楠、山乌桕、甜槠、杉木、马尾松等,因地段不同,混生物种有所差异。

下木层主要有红楠、深山含笑、日本杜英、乐东拟单性木兰、大果马蹄荷、青麸杨、柃木、山矾等。

林下草本植物不发达,总盖度10%左右,主要有狗脊、阔片复叶耳蕨等蕨类植物和一些苔草,藤本植物主要是菝葜,粉背清风藤等。

(44)箬竹林 *Indocalamus latifolius* Formation

该群系主要分布在海拔1300m以下山谷和溪边林缘,但纯林不多,其上层其他树种荫蔽,主林层郁闭度通常在0.6左右。

苦竹为下木层优势种,其数量占绝对优势,立竹高度1~3m,上层树种主要有拟赤杨、交让木、枫香、山乌桕、银木荷、杉木、马尾松等先锋树种,当然因地段不同,上层树种有所差异。因林分较密,林下草本甚少,偶有狗脊、镰羽瘤足蕨等蕨类植物,以及光里白、苔草等常见草本,藤本植物主要是菝葜,藤葡蟠等。

(45)箭竹群系 *Sinarundinaria nitida* Formation

该群落以箭竹为优势,为天然生纯林,主要分布在保护区海拔1300m以上的沟谷、悬崖、峭壁和山顶避风地段,呈带状或块状,土壤潮湿,多为山地草甸土,群落低矮整齐,箭竹株高1~3m,植株密集,达60~70株/m^2,群落总盖度为90%,伴生种有少量杜鹃、冬青、柃、芒等,群落除成片纯林分布外,在稀疏地段常有长苞铁杉、福建柏等乔木树种混生,形成稀疏的乔木层,或与山地草丛相间分布。

2.2 针叶林

2.2.1 温性针叶林

(46) 台湾松 *Pinus taiwanensis* Formation

该群系分布于保护区海拔1200m以上的开阔山脊或土壤较瘠薄的阳坡,常形成纯林或与一些阔叶树等形成混交林。

群落结构简单,一般具乔、灌、草三层。随海拔升高,群落就越简单,立木高度也越低,海拔稍低,台湾松多与石灰花楸、水青冈、鹅耳枥等形成混交林。

下木层种类较多,常见的有马银花、云锦杜鹃、鹿角杜鹃、满山红、齿缘吊钟花、越桔等。

林下草本层较稀疏,总盖度2%~5%,常见种类有野古草、野菊和一些苔草,藤本植物常见的有菝葜等。

(47) 南方铁杉林 *Tsuga chinensis* var. *tchekiangensis* Formation(表8-1-19)

南方铁杉属中国特有第三纪孑遗种,以它为主所组成的针阔叶混交林主要见于南岭山地。齐云山南方铁杉群落分布在海拔1400~1600m的中山较陡峻的山坡和山脊,其下部多针阔叶混交林,上部多为山地矮林。样地设在保护区的核心区上十八垒石陂头,海拔1550m,坡向朝东,面积600m²,土壤为山地黄棕壤。因远离村寨,人类干扰较少,群落原生性较强,主林层郁闭度0.7左右。

表8-1-19 南方铁杉群落中主要木本植物重要值统计表

群落层片/物种	密度	相对频度	相对多度	相对显著度	重要值	排序
乔木层(25种)						
南方铁杉 *Tsuga chinensis var. tchekiangensis*	500	11.538	22.059	30.243	63.840	1
台湾松 *Pinus taiwanensis*	350	11.538	15.441	28.061	55.040	2
多脉青冈 *Cyclobalanopsis multinervis*	183	11.538	8.088	7.939	27.565	3
马银花 *Rhododendron ovatum*	217	7.692	9.559	2.432	19.683	4
鹿角杜鹃 *Rhododendron simsii*	217	7.692	9.559	2.297	19.548	5
甜槠 *Castanopsis eyrei*	50	3.846	2.206	12.273	18.324	6
青麸杨 *Rhus potaninii*	133	3.847	5.882	2.477	12.206	7
银木荷 *Schima argentea*	100	3.846	4.412	3.265	11.523	8
红楠 *Machilus thunbergii*	83	3.846	3.676	1.443	8.965	9
乌冈栎 *Quercus phillyraeoides*	83	1.923	3.676	1.458	7.058	10
其他	483	32.051	16.384	9.961	58.396	
合计	2267	100	100	100	300	
下木层(61种)						
马银花 *Rhododendron ovatum*	1583	4.615	18.061	19.573	42.249	1
鹿角杜鹃 *Rhododendron simsii*	1550	4.615	17.681	18.410	40.706	2
满山红 *Rhododendron mariesii*	867	4.615	9.886	9.406	23.907	3
南方铁杉 *Tsuga chinensis var. tchekiangensis*	350	3.846	3.992	3.847	11.685	4
柃 *Eurya spp*	367	3.077	4.183	3.974	11.233	5
多脉青冈 *Cyclobalanopsis multinervis*	250	4.615	2.852	3.530	10.997	6
江南山柳 *Clethra cavaleriei*	333	3.077	3.802	3.614	10.494	7
银木荷 *Schima argentea*	217	3.077	2.471	3.297	8.846	8
红楠 *Machilus thunbergii*	183	2.308	2.091	2.579	6.978	9台
湾松 *Pinus taiwanensis*	133	2.308	1.521	2.959	6.788	10
其他	2933	63.848	33.460	28.810	126.116	
合计	8767	100	100	100	300	

注:地点:石陂头,N 25°53′11.8″,E114°01′05.8″ 海拔:1550m 面积:600m²。

群落中南方铁杉占优势,成为群落的主要建群种,重要值为63.840。群落物种较复杂,样地内有乔木树种25种,除南方铁杉外,常见的有台湾松、多脉青冈、红楠、甜槠、青麸杨、银木荷、福建柏等。乔木层可分二个亚层,第一亚层高15~20m,基本上被长苞铁杉与台湾松占据,其他树种与部分南方铁杉几乎都处于第二亚层,高度8~15m。

下木层种类丰富,约61种,主要有马银花、鹿角杜鹃、满山红,其次是南方铁杉、柃、多脉青冈、江南山柳、银木荷、红楠、米饭花、老鼠矢等等。

林下草本很不发达,总盖度3%~5%,而且种类较少,主要是狗脊、紫萁、惠兰、苔草。藤本植物主要是菝葜、络石、崖豆藤等。

另外,根据实地踏查和7个主副样方调查推算,齐云山自然保护区南方铁杉集中分布的群落总面积20.0hm²,共计1285株,其中,Ⅴ级立木40株,Ⅳ级立木204株,Ⅲ级立木346株,Ⅱ幼树428株,Ⅰ级幼苗265株,说明这里南方铁杉不但具有一定的数量,而且更新良好,属发展型种群。

南方铁杉林属于稀有类型,资源很少,在科研上有较大的价值,因此,必须严格保护并采取相应的措施,促进这些珍稀树种的更新和生长,不致被淘汰,并扩大森林面积,以供利用。

(48)长苞铁杉林 *Tsuga longibracteata* Formation(表8-1-20)

表8-1-20 长苞铁杉群落群落中主要木本植物重要值统计表

群落层片/物种	密度	相对频度	相对多度	相对显著度	重要值	排序
乔木层22种						
长苞铁杉 *Tsuga longibracteata*	400	12.121	26.230	34.881	73.231	1
甜槠 *Castanopsis eyrei*	150	6.061	9.836	32.923	48.819	2
青冈 *Cyclobalanopsis glauca*	75	3.030	4.918	12.433	20.381	3
红楠 *Machilus thunbergii*	125	9.091	8.197	1.000	18.287	4
深山含笑 *Michelia maudiae*	75	9.091	4.918	3.837	17.846	5
大果马蹄荷 *Exbucklandia tonkinensis*	100	6.061	6.557	1.243	13.861	6
福建柏 *Fokienia hodginsii*	50	3.030	3.279	6.084	12.393	7
柃木 *Eurya japonica*	100	3.030	6.557	0.910	10.497	8
桃叶石楠 *Photinia prunifolia*	50	6.061	3.279	0.333	9.672	9
马银花 *Rhododendron ovatum*	50	6.061	3.279	0.277	9.616	10
其他	350	36.362	22.950	6.079	65.393	
合计	1525	100	100.	100	300	
下木层(19种)						
马银花 *Rhododendron ovatum*	525	7.692	33.871	39.775	81.338	1
红楠 *Machilus thunbergii*	175	7.692	11.290	10.789	29.772	2
深山含笑 *Michelia maudiae*	150	7.692	9.677	5.475	22.845	3
香桂 *Cinnamomum subavenium*	100	7.692	6.452	8.696	22.840	4
铁山矾 *Symplocos pseudobarberina*	75	7.692	4.839	5.475	18.006	5
柃木 *Eurya japonica*	75	3.846	4.839	5.797	14.482	6
长苞铁杉 *Tsuga longibracteata*	50	7.692	3.226	3.221	14.139	7
青冈 *Cyclobalanopsis glauca*	50	7.692	3.226	1.288	12.206	8
柃 *Eurya spp*	50	3.846	3.226	4.026	11.098	9
福建柏 *Fokienia hodginsii*	50	3.846	3.226	3.221	10.293	10
其他	250	34.615	16.130	12.238	62.983	
合计	1550	100	100	100	300	

注:地点:上十八垒横山,N 25°52′54.8″,E114°02′09.8″ 海拔:1320m 面积:400m²。

长苞铁杉是中国南岭山地特产珍贵树种,现保存面积较小。齐云山长苞铁杉群落分布范围较广,海拔1000~1400m的中山较陡峻的山坡和山脊随处可见,其下部多常绿阔叶林,上部多为山地矮林。本次调查共设计主副样方15个,其中典型群落样地设在核心区上十八垒石陂头,海拔1320m,坡向东南,面积400m²,土壤是由板岩和砂岩发育的黄棕壤,土层厚度约60cm,土壤较肥沃湿润,因远离村寨,人类干扰较少,群落原生性较强,主林层郁闭度0.8左右。

群落中长苞铁杉占优势,成为群落的主要建群种,重要值为73.231。群落物种较复杂,样地内有乔木树种22种,除长苞铁杉外,常见的有甜槠、青冈、红楠、深山含笑、大果马蹄荷、天目紫茎、福建柏等。乔木层可分二个亚层,第一亚层高20m以上,少数单株可达30m,基本上被长苞铁杉占据,其他树种与部分长苞铁杉几乎都处于第二亚层,高度8~15m,乔木层个体数量不多,立木密度为1525株/hm²。

下木层种类较少,只有19种,且各个种多度分布较平均,其中较多的是马银花、红楠、深山含笑、香桂、铁山矾等。

林下草本层发达,总盖度40% ~50%,但种类较少,主要是箭竹、狗脊、中华里白、苔草。藤本植物主要是菝葜、络石、薜荔等。

(49) 福建柏林 *Fokienia hodginsii* Formation (表8-1-21)

表8-1-21 福建柏群落中主要木本植物重要值统计表

群落层片/物种	密度	相对频度	相对多度	相对显著度	重要值	排序
乔木层(24种)						
甜槠 *Castanopsis eyrei*	300	12.765	16.216	30.067	59.048	1
福建柏 *Fokienia hodginsii*	217	10.637	11.712	19.656	42.004	2
鹿角杜鹃 *Rhododendron latoucheae*	417	10.637	22.523	2.624	35.783	3
水青冈 *Fagus longipetiolata*	167	6.383	9.009	18.824	34.216	4
银木荷 *Schima argentea*	67	6.383	3.604	12.300	22.286	5
马银花 *Rhododendron ovatum*	217	8.511	11.712	1.669	21.892	6
大果马蹄荷 *Exbucklandia tonkinensis*	67	6.383	3.604	3.598	13.584	7
米饭花 *Vaccinium mandarinorum*	67	4.255	3.604	0.951	8.809	8
台湾松 *Pinus taiwanensis*	33	2.128	1.802	2.331	6.261	9
杜鹃 *Rhododendron* spp	33	2.128	1.802	1.949	5.878	10
其他	1650	42.691	22.691	14.264	79.646	
合计	2900	100	100	100	300	
下木层(39种)						
鹿角杜鹃 *Rhododendron latoucheae*	3067	6.977	46.000	56.064	109.041	1
马银花 *Rhododendron ovatum*	933	6.977	14.000	13.599	34.576	2
福建柏 *Fokienia hodginsii*	567	5.814	8.500	5.994	20.307	3
丁香杜鹃 *Rhododendron farrerae*	433	3.488	6.500	5.174	15.162	4
红楠 *Machilus thunbergii*	200	6.977	3.000	3.280	13.256	5
甜槠 *Castanopsis eyrei*	117	4.651	1.750	2.007	8.409	6
米饭花 *Vaccinium mandarinorum*	183	3.488	2.750	2.007	8.246	7
大果马蹄荷 *Exbucklandia tonkinensis*	117	3.488	1.750	1.894	7.133	8
君迁子 *Diospyros lotus*	50	3.488	0.750	0.933	5.171	9
杜鹃 *Rhododendron* spp	83	3.488	1.250	0.396	5.134	10
其他	917	51.162	13.750	8.652	73.564	
合计	6667	100	100	100	300	

注:地点:上十八垒,N 25°52′17.4″,E114°01′01.4″ 海拔:1280m 面积:600m^2。

福建柏为第三纪孑遗的单种属植物,属国家Ⅱ级保护稀有种,也是亚热带地区残留的暖性针叶树种之一,多散生于中亚热带至南亚热带的针阔混交林、常绿阔叶林中。在齐云山分布较广,尤其在海拔700~1600m地段随处可见,但以之为优势种的群落不多,散生或与其他树种混生较为普遍。

典型群落样方设在核心区上十八垒吃水龙,海拔1220m,坡度30°,坡向朝南,面积600m^2,土壤为砂岩山地黄壤,土层湿润疏松。因人为干扰较少,群落原生性较强,主林层郁闭度0.7。

乔木层组成树种24种,群落结构分明,以福建柏为建群种,重要值为42.004,乔木层可分二个亚层,第一亚层高15~20m,基本上为福建柏所占据。第二亚层高8~15m,除部分福建柏外,主要还有甜槠、水青冈、银木荷、大果马蹄荷、美叶石栎、舟柄茶等,其次为鹿角杜鹃、马银花、米饭花、日本乌桕等。

下木层组成树种39种,鹿角杜鹃、马银花占绝对优势。其次还有福建柏、丁香杜鹃、红楠、甜槠、米饭花、大果马蹄荷、单耳柃等等。

草本层不发达,总盖度为10% ~15%,组成物种约10种,主要里白、芒萁、真蕨、兰花、狗脊、柏拉木、山姜等，还有不少箭竹。藤本植物有香花崖豆藤、菝葜等。

2.2.2 暖性针叶林

(50)马尾松林 *Pinus massoniana* Formation（表 8－1－22）

表 8－1－22 马尾松林群落中主要木本植物重要值统计表

群落层片/物种	密度	相对频度	相对多度	相对显著度	重要值	排序
乔木层(14 种)						
马尾松 *Pinus massoniana*	617	21.428	56.923	90.305	168.656	1
拟赤杨 *Alniphyllum fortunei*	100	14.286	9.231	3.869	27.386	2
丝栗栲 *Castanopsis fargesii*	100	7.142	9.231	1.512	17.885	3
红楠 *Machilus thunbergii*	50	10.714	4.615	0.786	16.115	4
微毛山矾 *Symplocos wikstroemiifolia*	33	7.142	3.077	0.571	10.790	5
罗浮柿 *Diospyros morrisiana*	33	7.142	3.077	0.434	10.653	6
岭南槭 *Acer tutcheri*	33	7.142	3.077	0.244	10.463	7
山乌桕 *Sapium discolor*	17	3.572	1.538	0.956	6.067	8
罗浮栲 *Castanopsis fabri*	17	3.572	1.538	0.488	5.598	9
蓝果树 *Nyssa sinensis*	17	3.572	1.538	0.239	5.350	10
其他	67	14.288	6.152	0.596	21.036	
合计	1083	100	100	100	300	
下木层(51 种)						
罗浮柿 *Diospyros morrisiana*	.1550	5.310	23.134	20.674	49.117	1
野漆 *Toxicodendron succedaneum*	633	5.310	9.453	9.275	24.037	2
红果钓樟 *Lindera erythrocarpa*	667	4.424	9.950	3.316	17.691	3
红楠 *Machilus thunbergii*	450	4.424	6.716	5.959	17.099	4
柃木 *Eurya japonica*	367	2.655	5.473	6.321	14.449	5
四川山矾 *Symplocos setchuensis*	217	5.310	3.234	1.969	10.512	6
黄丹木姜子 *Litsea elongata*	150	4.424	2.239	3.834	10.497	7
岭南槭 *Acer tutcheri*	167	2.655	2.488	4.197	9.339	8
黄瑞木 *Adinandra millettii*	150	2.655	2.239	4.352	9.246	9
虎皮楠 *Daphniphyllum oldhami*	183	2.655	2.736	2.694	8.085	10
其他	2167	60.180	32.339	37.409	129.925	
合计	6700	100	100	100	300	

注：地点：新地下浊水，N 25°51′14.6″，E114°03′50.7″ 海拔：70m 面积：600m²。

该群系是我国东部湿润亚热带分布最广、资源最丰富的森林植被类型，以长江以南至南岭山地的中亚热带地区生长为最好，也是亚热带丘陵低山的强阳性先锋群落。它在齐云山分布也较为广泛，海拔 400～1300m 的阳坡和半阳坡都可见成片群落。样地设在新地下浊水，海拔 700m，下坡位，坡向东南，坡度 25°，是原阔叶林经火烧干扰后更新形成，林龄在 30 年左右。

群落优势种为马尾松，也是群落的建群种，重要值为 168.656。乔木层可分为 2 个亚层，第一层高 20m 以上，为马尾松所占据。第二亚层高 10～15m，除马尾松外，还有拟赤杨，丝栗栲、红楠、罗浮柿、罗浮栲、蓝果树、枫香等阔叶树。马毛松种群密度较大，达 620 株/hm²，其胸径集中在 20～25 之间，最大株有 30cm。

下木层组成丰富复杂，达 51 种，且各物种数量差异较大，主要有罗浮柿，野漆、红果钓樟、红楠，柃木，这五种植物数量比重大，占该层总株数的 54.73%。其次是四川山矾、黄丹木姜子、岭南槭、黄瑞木、虎皮楠、白皮鹅耳枥、青榨槭等 46 种，但其数量不多，只占该层总株数的 45.27%。另有马尾松幼苗 23 棵。说明在齐云山自然保护区更新良好。

草本层比较发达，总盖度为 50% 左右，但种类不多，主要是芒萁、五节芒 *Miscanthus floridulus*、羽

叶蛇葡萄 *Ampelopsis chaffanjonii*、狗脊、中国蕨 *Sinopteris grevilleoides*、菝葜。

目前,江西崇义(包括齐云山自然保护区)的马尾松种源被认为是全国最好的种源。马尾松林是齐云山分布面积最为广阔的典型群系,也是人为频繁破坏而引起更新林分集中分布的地区。它对保持水土,改善生态环境具有重要的意义,而且也由于木材坚硬,富油脂,耐腐朽,而用作建筑、矿柱、枕木等用途,脱脂后可造纸用材和松脂资源。种子榨油可供食用,可制油毛毡、油漆。松针可综合利用,提取松针油。马尾松林下的灌木、草本以及层外植物中可供药用的资源很多,如金银花、栀子、乌药、百两金、阴行草、鸡血藤、土茯苓等。还有一些常见的木本油料植物,如油茶、尾叶山茶、华山矾等,因而,应加以大力保护。

(51) 杉木林 *Cunninghamia lanceolata* Formation

该群系广泛分布于保护区,海拔 400 ~ 1400m 都能见其踪影,杉木通常作为伴生树种分布于阔叶林内,处于主林冠层的中下部,或与马尾松、毛竹及多种阔叶树形成针阔混交林,局部沟谷地带能见到小片杉木纯林。

杉木纯林群落树冠整齐,颜色深绿,层次分明,乔木层几乎全为杉木,生长良好,立木高度 15 ~ 20m,郁闭度 0.8 左右。除杉木外,尚有木荷、交让木、山乌桕、野漆等,但数量稀少,更新不良。

下木层种类相对丰富,组成种类有米饭、红楠、绒楠、柃、黄瑞木、日本五月茶、天仙果、狗骨柴、朱砂根、鼠刺、红果钓樟等。

林下草本平均盖度 20% ~30%,主要以狗脊为主,其次为淡竹叶,林缘处有芒萁或里白较多。藤本植物以香花崖豆藤最多,还有羊角藤、土茯苓、蛇葡萄、常春藤等。

(52) 三尖杉林 *Cephalotaxus fortunei* Formation

三尖杉广泛分布于保护区,常散生在海拔 400 ~ 1300m 的沟谷阔叶林下,处于主林冠层的中下部,或与深山含笑、大果马蹄荷、丝栗栲等阔叶树形成针阔混交林,局部沟谷地带能见到小片纯林,主林层郁闭度 0.7 左右。

该群落树冠整齐,颜色深绿,乔木层高 10 ~ 15m,除三尖杉外,常伴有深山含笑、交让木、甜槠、大果马蹄荷、枫香、红楠等阔叶树。

下木层种类丰富,除上层乔木树种外,还有绒楠、华东林犀、毛瑞香、崖花海桐、日本五月茶、天仙果、狗骨柴、朱砂根、鼠刺、黄杨等。

林下草本平均盖度 20% ~30%,主要以狗脊、镰羽瘤足蕨、淡竹叶、草珊瑚及一些苔草。藤本植物以崖豆藤,山蒟、复羽叶蛇葡萄、常春藤等。

(53)南方红豆杉林 *Taxus chinensis* var. *mairei* Formation (表 8 - 1 - 23)

南方红豆杉为白垩纪残遗种,属国家一级保护植物,齐云山分布较广,尤其在海拔 700 ~ 1000m 地段,但以之为优势种的群落不多,散生或与其他树种混生较为普遍。该种群调查设置了 3 个主样方,12 个副样方,其中典型群落样方设在杨柳洞,海拔 860m,坡度 10°,坡向西北,面积 600m^2,土壤为山地黄壤,土层深厚,湿润疏松。样方群落由废弃茶园更新而成,主林层郁闭度 0.8。

群落结构相对简单,乔木层高 10 ~ 15m,组成树种 29 种,以南方红豆杉为优势种,重要值为 87.080,除此之外,还有拟赤杨、青榨槭、虎皮楠、凤凰润楠、马尾松、野柿等。

下木层组成树种 42 种,主要是拟赤杨、虎皮楠、小叶女贞、茶,其次是尖萼毛柃、罗浮柿、凤凰润楠、山胡椒、野漆、香港四照花、黄牛奶树、东方古柯、乌饭等。

草本层不发达,总盖度为 10% ~15%,组成物种约 15 种,主要是狗脊、贯众、里白、淡竹叶、莎草、荩草、真蕨、山姜等。藤本植物有乌蔹莓、常春藤、金银花、寒莓、南五味子等。

另外,根据实地踏查和主副样方调查资料推算,齐云山自然保护区南方红豆杉分布区 40.36hm^2,但集中分布的群落总面积不大只有 12.6 hm^2,共计 778 株,其中,除杨柳洞有 1 株风景大树(DBH =

62.4cm,H=20m,海拔780m,N:25°49.029′;E114°01.125′)外,齐云山暂未发现南方红豆杉老树,IV级立木336株,III级立木210树,II级幼树231株,没有发现有I级幼苗,须进一步调查与合理保护。

表8-1-23 南方红豆杉群落中主要木本植物重要值统计表

群落层片/物种	密度	相对频度	相对多度	相对显著度	重要值	排序
乔木层(29种)						
南方红豆杉 *Taxus chinensis var. mairei*	233	11.538	10.853	64.689	87.080	1
拟赤杨 *Alniphyllum fortunei*	733	7.692	34.109	13.751	55.551	2
青榨槭 *Acer davidii*	167	7.692	7.752	4.729	20.174	3
虎皮楠 *Daphniphyllum oldhami*	183	7.692	8.527	1.877	18.096	4
野山楂 *Crataegus cuneata*	133	1.923	6.202	1.858	9.983	5
凤凰润楠 *Machilus pingii*	83	3.846	3.876	0.785	8.507	6
红楠 *Machilus thunbergii*	50	5.769	2.326	0.363	8.457	7
马尾松 *Pinus massoniana*	33	3.846	1.550	3.021	8.417	8
君迁子 *Diospyros lotus*	50	3.846	2.326	0.770	6.941	9
云和新木姜 *Neolitsea aurata*	50	3.846	2.326	0.460	6.631	10
其他	433	42.311	20.154	7.697	70.163	
合计	2150	100	100	100	300	
下木层(42种)						
拟赤杨 *Alniphyllum fortunei*	417	4.545	13.021	12.614	30.181	1
虎皮楠 *Daphniphyllum oldhami*	267	5.682	8.333	9.826	23.841	2
小叶女贞 *Ligustrum quihoui*	200	4.545	6.250	4.936	15.731	3
茶 *Camellia sinensis*	200	6.818	6.250	2.514	15.582	4
尖萼毛柃 *Eurya acutisepala*	150	4.545	4.688	4.113	13.346	5
罗浮柿 *Diospyros morrisiana*	117	4.545	3.646	3.473	11.665	6
凤凰润楠 *Machilus phoenicis*	117	2.273	3.646	4.982	10.900	7
山胡椒 *Lindera glauca*	133	2.273	4.167	3.793	10.233	8
野漆 *Toxicodendron succedaneum*	100	3.409	3.125	3.473	10.008	9
香港四照花 *Dendrobenthamia hongkongensis*	100	2.273	3.125	4.570	9.968	10
其他	1400	59.090	43.749	45.704	148.545	
合计	3200	100	100	100	300	

注:地点:杨柳洞茶坑,*N* 25°48′28.0″ *E*114°00′40.5″ 海拔860*m* 面积600m^2。

2.2.3 针阔叶混交林

(54)马尾松、甜槠林 *Pinus massoniana*, *Castanopsis eyrei* Formation

该群系是保护区最常见的一种森林类型之一,在海拔600~1300m左右的山坡和山脊随处可见,但交通便利之处大径级马尾松已被择伐,群落正向阔叶林方向演替。

群落物种组成丰富,垂直结构明显。乔木层分为2~3个亚层,第一亚层立木高度超过20m,最高可达30m,马尾松与甜槠占优势,也是群落建群种。除此以外,还有银木荷、青冈等。第二亚层高15m左右,主要有红楠、深山含笑、枫香等。第三亚层,主要是第一、二亚层的小树,以及米饭花、乌饭树、马银花、鹿角杜鹃、冬青属、山矾属、四照花属 *Dendrobenthamia*、柃木属等种类。

下木层种类较多,除乔木小(幼)树外,主要是马银花、鹿角杜鹃、深山含笑、红楠、细叶香桂、米饭花、岭南槭、长苞铁杉、福建柏、蓝果树、水青冈等。

林下草本层极不发达,总盖度5%~10%,种类较少,仅有少量里白、狗脊、镰羽瘤足蕨、芒萁和苔草等少数种类。

(55)杉木、甜槠 *Cunninghamia lanceolata*, *Castanopsis eyrei* Formation

该群系主要分布在保护区海拔1000~1300m左右的山坡和或避风的谷地,但村寨附近及交通便利处大径级杉木已被择伐,多数群落正被毛竹入侵。

群落物种组成丰富,垂直结构明显。乔木层分为2~3个亚层,第一亚层立木高度20m以上,杉木与甜槠占绝对优势。除此以外,还有马尾松、银木荷、青冈等,沟谷地段阔叶树种主要是拟赤杨。第二亚层高15m左右,主要有红楠、深山含笑、枫香、交让木、毛竹等。第三亚层,除第一、二亚层树种外,主要是鹿角杜鹃、马银花、米饭花、乌饭树、冬青属、山矾属、柃木属等种类。

下木层种类较多,除乔木小(幼)树外,还有马银花、鹿角杜鹃、细叶香桂、米饭花、深山含笑、长苞铁杉、福建柏等。

林下草本层极不发达,总盖度10%~15%,种类较少,山坡地段仅有少量里白、狗脊、镰羽瘤足蕨、芒萁和苔草等少数种类。沟谷地段主要是狗脊、镰羽瘤足蕨、日本金星蕨、苦苣苔、蔓茎堇菜等。层间藤本植物主要是菝葜、山蒟、土茯苓、鸡矢藤等。

(56)长苞铁杉、甜槠林 *Tsuga longibracteata*, *Castanopsis eyrei* Formation

该群系主要分布在保护区海拔1300~1500m左右的山坡或避风的谷地。群落物种组成丰富。乔木层立木20m左右,长苞铁杉和甜槠占优势。除此以外,还有马尾松、山杜英、青冈、红楠、深山含笑、沟谷地段还有天目紫茎等。

下木层种类较多,除乔木树种的小(幼)树外,还有马银花、鹿角杜鹃、细叶香桂、米饭花、乌冈栎、冬青属、山矾属、柃木属等。

林下草本层不发达,总盖度10%~15%,种类较少,山坡地段仅有少量狗脊、里白和苔草等少数种类,沟谷地段主要是狗脊、镰羽瘤足蕨、芒萁及箭竹等。层间藤本植物主要是菝葜、土茯苓等。

(57)福建柏、甜槠林 *Fokienia hodginsii*, *Castanopsis eyrei* Formation

该群系在齐云山分布较广,尤其在海拔1000~1500m地段更为常见。土壤为砂岩山地黄壤,土层湿润疏松。因人为干扰较少,群落原生性较强,主林层郁闭度0.7。

乔木层组成树种较多,群落结构分明,第一亚层以福建柏和甜槠占优势种,立木高15~20m,主要是福建柏、甜槠、水青冈等,第二亚层高10m左右,除福建柏与甜槠林外还有银木荷、大果马蹄荷、舟柄茶等。

下木层主要是鹿角杜鹃、马银花、福建柏、丁香杜鹃、红楠、甜槠、米饭花、大果马蹄荷、单耳柃等。

林下草本不发达,总盖度为10%~15%,主要有里白、芒萁、真蕨、狗脊、兰花、山姜等,局部地方有不少箭竹。藤本植物有香花崖豆藤、菝葜、络石等。

(58)南方铁杉、甜槠林 *Tsuga tchekiangensis*, *Castanopsis eyrei* Formation

该群系在保护区主要分布在海拔1400~1600m的中山较陡峻的山坡和山脊,群落中长苞铁杉与甜槠形成共优种。

群落物种组成较复杂,乔木层除长苞铁杉与甜槠外,常见的还有银木荷、福建柏、台湾松、红楠、青麸杨等。

下木层除乔木层树种外,还有马银花、鹿角杜鹃、满山红、柃、江南山柳、米饭花、老鼠矢等。

林下草本很不发达,总盖度3%~5%,而且种类较少,主要是狗脊、紫萁与苔草等。藤本植物主要是菝葜、络石、崖豆藤等。

(59)南方红豆杉、拟赤杨林 *Taxus chinensis* var. *mairei*, *Alniphyllum fortunei* Formation

该群系在齐云山分布范围不大,集中分布在杨柳洞及周边地区多由废弃茶园及破坏阔叶林自然更新形成,主林层郁闭度0.8左右。

乔木层高10~15m,组成树种,主要组成树种有南方红豆杉、拟赤杨、马尾松、青榨槭、虎皮楠、凤凰润楠、野柿等。

下木层组成树种相对较多,主要是拟赤杨、虎皮楠、小叶女贞、尖萼毛柃、罗浮柿、凤凰润楠、山胡椒、野漆、香港四照花、黄牛奶树、东方古柯、乌饭等。

林下草本层不发达,总盖度为20%左右,主要是狗脊、贯众、里白、淡竹叶、莎草、荩草、山姜等。藤本植物有常春藤、金银花、寒莓、南五味子、鸡矢藤等。

2.3 灌丛和灌草丛

2.3.1 灌丛

(60)水马桑灌丛 *Weigela japonica* Formation

该群系以水马桑为优势,在保护区主要分布于海拔800m以下的山坡林下和沟边,群落外貌整齐,面积不大。群落盖度0.7~0.8。由于长期受人为干扰,群落高度在3m左右。群落组成除水马桑外,还有蚊母树、山乌桕、小果石笔木等,林下草本主要有日本金星蕨、水蓼和苔草等。

(61)山胡椒灌丛 *Lindera glauca* Formation

该群系以山胡椒为优势,主要分布在保护区海拔1000m以下山坡和路旁,群落外貌参差不齐,面积不大,呈带状分布在路旁者居多。群落盖度在0.9。由于受人为干扰放牧,群落高度在3m左右。群落组成除山胡椒外,还有山苍子、黄牛奶树、柃、三叶赤楠等,林下草本主要有狗脊、淡竹叶等,还有少量藤本植物,如菝葜、毛鸡矢藤等。

(62) 狭叶山黄麻灌丛 *Trema angustifolia* Formation

该群系以狭叶山黄麻为优势,主要分布在保护区海拔800m以下的下山坡和溪边路旁,上壤潮湿、大小石块成堆。外貌整齐,高度在3m左右,呈带状分布在道路两边、河谷两旁和下坡林缘,群落盖度在0.5~0.7。群落组成除狭叶山黄麻外,还有少量楤木、山苍子等,林下草本有鸭舌草 *Monochoria vaginalis*、荩草、狗脊等,藤本植物主要是多花猕猴桃 *Actinidia latifolia*、翼梗五味子 *Schisandra henryi var. henryi* 和菝葜等。

2.3.2 山地灌草丛

(63) 双花草群系 *Dichanthium annulatum* Formation

该群落属次生性的,由人类放火烧山、长期放牧而形成。它以双花草为优势,主要分布在保护区海拔1600m以上中山,土壤潮湿、空气相对湿度大,群落外貌整齐,面积较大。群落盖度大于80%,群落高度在0.3m左右。群落组成除双花草外,伴生种主要有獐牙菜 *Swertia bimaculata*、短葶飞蓬 *Erigeron breviscapus*、长萼鸡眼草 *Kummerowia stipulacea*、马兰 *Kalimeris indica*、华南龙胆 *Gentiana loureirii*、雀舌草 *Stellaria uliginosa*、秋鼠麴草 *Gnaphalium hypoleucum*、大画眉草 *Eragrostis cilianensis*、苔草等草本植物,灌木种类不多,有茵芋 *Skimmia reevesiana*、南岭小檗 *Berberis impedita* 等。

(64) 刺芒野古草群系 *Arundinella setosa* Formation

该群落以刺芒野古草为优势,主要分布在保护区海拔1600m以上中山草甸草地,土壤潮湿、空气相对湿度大,群落外貌整齐,面积较大。群落盖度在80%以上。由于长期放牧,群落高度在0.4m左右。群落组成除刺芒野古草外,还有马兰 *Kalimeris indica*、短序飞亭、大叶唐松草 *Thalictrum faberi*、大画眉草 *Eragrostis cilianensis*、苔草等草本植物。

(65)淡绿短肠蕨群系 *Allantodia virescens* Formation

该群落以淡绿短肠蕨为优势,在保护区主要分布在海拔800m以下的沟谷阔叶林林窗处,群落外貌整齐,面积不大,呈块状分布,总盖度0.8左右。群落组成除淡绿短肠蕨外,还有深绿卷柏、镰羽贯众、水蓼、周毛悬钩子 *Rubus amphidasys* 等草(藤)本植物,另外还有少量变叶榕、千年桐等木本植物。

(66) 福建观音座莲群系 *Angiopteris fokiensis* Formation

该群落以福建观音座莲为优势,主要分布在保护区海拔600m以下的沟谷阔叶林林窗处,群落外貌不整齐,面积不大。总盖度大0.8左右。福建观音座莲平均高度在1.2m左右。群落组成除福建观音座莲外,还有淡绿短肠蕨、翠云草、镰羽贯众、水蓼、寒莓等草(藤)本植物,另外还有少量木莓、变叶榕、千年桐等木本植物。

(67) 金毛狗脊群系 *Cibotium barometz* Formation

金毛狗脊为国家二级保护植物,蚌壳蕨科多年生草本,以之为优势种的群落,在保护区主要分布于海拔600m以下的沟谷阔叶林下、林缘或林窗，群落外貌整齐。总盖度0.9左右。金毛狗脊高度1.5~3m。

群落组成除金毛狗脊外，还有黑足鳞毛蕨 *Dryopteris fuscipes*、扇叶铁线蕨 *Adiantum flabellulatum*、狗脊、翠云草、华南紫萁 *Osmunda vachellii*、江南短肠蕨 *Allantodia metteniana* 等。金毛狗脊是良好的止血药，中药名为狗脊，伤口流血处，粘上茸毛，立刻就能止住流血。根状茎还有补肝肾、利尿等功效。所以目前常受到人们过分采掘，应注意加以保护。

（68）小黑桫椤群落 *Alsophila metteniana* Formation

小黑桫椤与其它桫椤科植物同属于国家二级保护植物，以之为优势的群落在齐云山分布也不多见，主要分布在海拔600m以下的沟谷阔叶林下或林缘，土壤潮湿、空气相对湿度大，群落外貌不整齐，总盖度0.5左右。小黑桫椤高度在0.3~1.5m。群落组成除小黑桫椤外，还有深绿卷柏、淡竹叶、西域鳞毛蕨 *Dryopteris blanfordii*、盾蕨 *Neolepisorus ovatus*、迷人鳞毛蕨 *Dryopteris decipiens*、金毛狗脊等草本植物。桫椤科植物是一个较古老的类群，中生代曾在地球上广泛分布。现存种类分布区缩小，且具较多的地方特有种，它是研究物种的形成和植物地理分布关系的理想对象，应该加以科学保护。

2.4 湿地植被—沼泽

（69）水蓼群系 *Polygonum hydropiper* Formation

该群落主要分布在保护区桶江等河滩边，优势种为水蓼。土壤水分饱和，群落盖度95%。群落组成除水蓼外，还有石菖蒲 *Acorus tatarinowii*、水芹 *Oenanthe javanica*、车前 *Plantago asiatica* var. *asiatica*、华凤仙 *Impatiens chinensis* 及少数禾草植物。

（70）三百草群系 *Saururus chinensis* Formation

该群落主要分布在保护区冬瓜坪、杨柳洞等农田边、沟渠旁和湿润地段，三百草为群落优势种。土壤水分饱和，群落盖度100%。群落组成除三百草外，还有水蓼、水芹、灯心草 *Juncus effusus* 等植物。

第二节　森林资源

1　调查方法

1.1　调查依据

本次森林资源调查是依据国家林业局《森林资源规划设计调查主要技术规定》和江西省森林资源监测中心2004年制定的《江西省县级森林资源二类调查实施细则》实施的。

1.2　技术要点

从崇义县2004年森林资源二类调查数据中，截取齐云山自然保护区对应小、细班，并对2004年以来已产生变化的小细班作实地调查并进行修正，共区划591个小班。

（1）面积调查

先将各类界线（省界、县界、保护区界、核心区界、缓冲区界）勾绘到1∶1万地形图上作为地理底图，再将小班、细班勾绘到地理底图上，计算小班和细班面积，同时查阅当地水利和农业等有关部门的统计资料，计算保护区非林地面积。

（2）蓄积量调查

先计算细班蓄积量，即以调查点每公顷平均蓄积乘以细班面积，为细班活立木蓄积；将细班蓄积汇总即为小班蓄积。

作者：卢和军[1]，李应刚[1]，钟山[1]，黄声亮[2]

1. 江西省崇义县林业局，崇义 341300；2. 江西齐云山省级自然保护区管理局，崇义 341300

(3)精度要求

① 面积精度。以1∶1万地形图图幅理论面积为标准控制保护区面积不超过1/1000,保护区面积控制林班面积不超过1/500,小班面积允许误差为15%。② 蓄积量精度。保护区活立木蓄积量允许误差为10%,小班蓄积量允许误差为15%。③ 小班区划图上最小面积为5.5mm^2,即实地0.3hm^2。

1.3 技术标准

(1)有林地:连续面积大于0.067hm^2、郁闭度0.20以上、附着有森林植被的林地,包括乔木林和竹林。

① 乔木林:由乔木(含因人工栽培而矮化的)树种组成的片林或林带。因人工栽培而矮化的乔木树种主要有经济林类树种,如板栗、梨桃类、柿树、矮樟等应归入乔木林。乔木林分为纯林和混交林:A. 纯林:一个树种(组)蓄积量(未达起测径级时按株数计算)占总蓄积量(株数)的65%以上的乔木林地。B. 混交林:任何一个树种(组)蓄积量(未达起测径级时按株数计算)占总蓄积量(株数)不到65%的乔木林地。② 竹林:附着有胸径≥2cm的竹类植物组成的林地。当毛竹为纯林时,每公顷株数不低于225株(新造毛竹188株)即可划为毛竹林。当林木郁闭度不低于0.2,毛竹与林木混交,且毛竹株数每公顷不低于625株时,划为毛竹林;低于625株划为乔木林分。当林木郁闭度为0.10~0.19,毛竹与林木混交时,毛竹株数每公顷不低于225株划为毛竹林。

(2)灌木林地:附着有灌木树种或因生境恶劣矮化成灌木型的乔木树种以及胸径小于2cm的小杂竹丛,以经营灌木林为目的或起防护作用,连续面积大于0.067hm^2、覆盖度在30%以上的林地。

灌木树种包含作为经济林经营的灌木和藤本种,如油茶、茶叶、柑橘、柚、橙、弥猴桃等。当油茶为纯林时,每公顷500株(新造林800株)以上划为灌木林地。当油茶与乔木树种混交时,油茶株数每公顷500株以上划为灌木林地;油茶每公顷不超过500株,且乔木郁闭度不低于0.2时划为有林地;油茶每公顷株数312~500株,乔木郁闭度0.10~0.19时划为灌木林地;油茶每公顷低于312株,乔木郁闭度0.10~0.19时划为疏林地。

① 国家特别规定灌木林包括:乔木分布上限:赣西湘赣边界罗霄山脉海拔1800m以上的灌木林;以获取经济效益为目的进行经营的灌木经济林。② 其它灌木林:不属于国家特别规定的灌木林地。

(3)优势树种

在乔木林中,按蓄积量组成比重确定。蓄积量占总蓄积量比重最大的树种(组)为小班的优势树种(组)。

未达到起测胸径的幼龄林、未成林造林地小班,按株数组成比例确定。株数占总株数最多的树种(组)为小班优势树种(组)。

经济林、灌木林按株数或丛数比例确定,株数或丛数占总株数或丛数最多的树种(组)为小班优势树种(组)。

(4)非林地

指林地以外的农地、水域及其它用地,包括:

① 农地:各种农、牧业用地。② 水域:内陆自然水域和水利设施的常年正常水面,包括河流水面、湖泊水面、水库水面、坑塘水面及其他用途的水面。林区内林分郁闭覆盖下的小溪划归所属林地,不列为水域。③ 其他土地:包括交通、城镇、乡村居民点、工矿用地,以及其他未列入上述各种地类的土地。

2 调查结果

2.1 土地资源

齐云山自然保护区土地总面积为17105 hm^2。在土地总面积中,林业用地16884.2hm^2,占总面积的98.7%，其中森林（有林地）面积15313hm²，占总面积的89.5%，占林业用地面积的90.7%；灌木林地面积1570.9hm²，占总面积的9.2%，占林业用地面积的9.3%。在有林地中，针叶林5886.9hm²，占林业用地的34.9%，占有林地的38.4%；阔叶林6566hm²，占林业用地的38.9%，占有林地的42.9%；竹林2860.1hm²，占林业用地的16.9%，占有林地的18.7%。非林业用地面积220.8hm²，占总面积的1.3%。按功能区分，核心区5680hm²，占总面积的33.2%；缓冲区2750hm²，占总面积的16.1%；实验区8675hm²，占总面积的50.7%。

保护区天然林面积11613.1hm²，占森林总面积的75.8%，其中阔叶林6563.6hm²，占森林总面积的42.9%，针叶林5049.5hm²，占森林总面积的33%；人工林839.9hm²，占森林总面积的5.5%。

保护区国有土地面积9886.9hm²，占总面积的57.8%；集体土地面积7218.1hm²，占总面积的42.2%。

保护区森林覆盖率97.6%。其中，核心区森林覆盖率97.8%；缓冲区森林覆盖率98.1%；实验区森林覆盖率96.7%。

保护区非林业用地面积220.8hm²，其中，河流水域面积38.8hm²，占非林业用地面积的17.6%；农业用地面积170.6hm²，占非林业用地面积的77.3%；其他土地面积11.4hm²，占非林业用地面积的5.1%。详见表8－2－1。

表8－2－1　保护区土地利用状况一览表

统计单元		统计单位	总计	林业用地						竹林		非林业用地	森林覆盖率(%)
				合计	针叶林	果木经济林	混交林	其他灌木林	特别灌木林	根/hm²	散生蓄积		
总计		hm²	17105	16884.2	5886.9	0.3	6566	193.3	1377.6	2860.1		220.8	97.6
		m³		1216581	452679		719292	23	45	5495814	44542		
		m³/hm²			76.9		109.5			1922			
按保护站	三江口站	hm²	5801	5675.4	2344.9		2019.7	0.1	783.8	526.9		125.6	97.8
		m³		424451	164871		258909		3	948420	668		
		m³/hm²			70.3		128.2		0.5	1800.0			
	新地站	hm²	4487.3	4429.6	1814.7		1640.3	12.6	331	631		57.7	98.4
		m³		315933	130923		182590		12	1230450	2408		
		m³/hm²			72.1		111.3		0.3	1950.0			
	香炉坝站	hm²	2963.3	2936.4	905.8	0.3	1186.4		31.9	812		26.9	99.1
		m³		207188	93563		106457		3	1607760	7165		
		m³/hm²			103.3		89.7		0.1	1980			
	正井站	hm²	3853.4	3842.8	821.5		1719.6	180.6	230.9	890.2		10.6	95
		m³		269009	63322		171336	23	27	1709184	34301		
		m³/hm²			77.1		99.6	0.1	0.3	1920.0			
按功能区划	核心区	hm²	5680	5555.4	2347.6		1778.1	0.1	941.6	488		124.6	97.8
		m³		362110	151446		209993		3	885720	668		
		m³/hm²			64.5		118.1		0.6	1815.0			
	缓冲区	hm²	2750	2736.7	812		1455.1	38.7	173.2	257.7		13.3	98.1
		m³		296877	87463		208169	23	18	740742	1204		
		m³/hm²			107.7		143.1	0.1	0.5	2874			
	实验区	hm²	8675	8592.1	2727.3	0.3	3332.8	154.5	262.8	2114.4		82.9	97.3
		m³		557594	213770		301130		24	3869352	42670		
		m³/hm²			78.4		90.4		0.2	1830.0			
按权属	国有	hm²	9886.9	9707.7	4208.2		3276.2		1251.7	971.6		179.2	98.2
		m³		671631	303797		359968		5	1866444	7861		
		m³/hm²			72.2		109.9		0.2	1921.0			
	集体	hm²	7218.1	7176.5	1678.7	0.3	3289.8	193.3	125.9	1888.5		41.6	96.7
		m³		544950	148882		359324	23	40	3629370	36681		
		m³/hm²			88.7		109.2	0.1	0.3	1921.8			

2.2 森林资源

2.2.1 总蓄积量

保护区活立木总蓄积量1216581m²,其中林分蓄积量1171971m²,占总蓄积量的96.3%;散生木蓄积量44610m²,占总蓄积量的3.7%。按功能区分:核心区蓄积量362110m²,占总蓄积量的29.8%;缓冲区蓄积量296877m²,占总蓄积量的24.4%;实验区蓄积量557594m²,占总蓄积量的45.8%。保护区活立竹5495814株。

保护区森林面积、蓄积量按龄组统计:幼龄林面积3391.5hm²,蓄积166177m²,分别占森林面积、蓄积的22.1%和13.7%;中龄林面积8973.6hm²,蓄积996989m²,分别占森林面积、蓄积的58.6%和82%;近熟林面积59.4hm²,蓄积7088m²,分别占森林面积、蓄积的0.4%和0.6%;成熟林面积15.6hm²,蓄积957m²,分别占森林面积、蓄积的0.1%和0.08%;过熟林面积12.9hm²,蓄积760m²,分别占森林面积、蓄积的0.08%和0.06%。

保护区森林蓄积量按起源分,天然林阔叶林蓄积719292m²,占森林总蓄积的59.1%,针叶林蓄积409247m²,占森林总蓄积33.6%;人工林蓄积43432m²,占森林总蓄积3.6%。详见表8-2-2。

表8-2-2 保护区森林面积、蓄积分起源、分龄组一览表

龄组	单位	合计	人工林			天然林		
			合计	纯林	混交林	合计	纯林	混交林
总计	hm^2	12453	839.9	837.4	2.5	11613.1	5049.5	6563.6
	m^3	1171971	43432	43432		1128539	409247	719292
	m^3/hm^2	94.1	51.7	51.9		97.2	81.0	109.6
幼龄林	hm^2	3391.5	510.1	507.6	2.5	2881.4	1292.2	1589.2
	权重	0.27	0.61	0.61		0.25	0.26	0.24
	m^3	166177	17566	17566		148611	57229	91382
	权重	0.14	0.4	0.4		0.13	0.14	0.13
	m^3/hm^2	49.0	34.4	34.6		51.6	44.3	57.5
中龄林	hm^2	8973.6	293	293		8680.6	3746	4934.6
	权重	0.72	0.35	0.35		0.75	0.74	0.75
	m^3	996989	23226	23226		973763	351071	622692
	权重	0.85	0.53	0.53		0.86	0.86	0.87
	m^3/hm^2	111.1	79.3	79.3		112.2	93.7	126.2
近熟林	hm^2	59.4	8.3	8.3		51.1	11.3	39.8
	权重	0.005	0.009	0.009		0.004	0.002	0.005
	m^3	7088	923	923		6165	947	5218
	权重	0.006	0.02	0.02		0.005	0.002	0.007
	m^3/hm^2	119.3	111.2	111.2		120.6	83.8	131.1
成熟林	hm^2	15.6	15.6	15.6				
	权重	0.001	0.018	0.018				
	m^3	957	957	957				
	权重	0.0008	0.022	0.022				
	m^3/hm^2	61.3	61.3	61.3				
过熟林	hm^2	12.9	12.9	12.9				
	权重	0.001	0.015	0.015				
	m^3	760	760	760				
	权重	0.0006	0.017	0.017				
	m^3/hm^2	58.9	58.9	58.9				

2.2.2 森林资源权属结构

保护区共区划591个小班,国有阔叶林面积3276.2hm²、蓄积359968m²,分别占保护区森林面积、蓄积的21.4%、29.6%;国有针叶林面积4208.2hm²、蓄积303797m²,分别占保护区森林面

积、蓄积的27.5%、25%；集体阔叶林面积3289.8hm²、蓄积359324m²，分别占保护区森林面积、蓄积的21.5%、29.5%；集体针叶林面积1678.7hm²、蓄积148882m²，分别占保护区森林面积、蓄积的11%、12.2%。

保护区国有毛竹林面积971.6hm²、1866444株，分别占毛竹林总面积、林分总株数的34%、34%；集体毛竹林面积1888.5hm²、3629370株，分别占66%、66%。

2.2.3 森林资源分功能区和龄组结构

核心区、缓冲区、实验区阔叶林面积比为27:22:51，蓄积比为29:29:42；针叶林面积比为40:14:46，蓄积比为34:19:47。

保护区近、成、过熟林不多，以中龄林和幼林龄为主，中龄林占7成，幼龄林占近3成，近、成、过熟林不足1成。核心区阔叶林中龄林占9成多，幼龄林不足1成，无近、成、过熟林；纯林中龄林占8成，幼龄林占近2成，也无近、成、过熟林。缓冲区阔叶林占9成，剩余为幼龄林和近熟林；纯林中龄林占8成，幼龄林占近2成，少量近熟林。实验区阔叶林中龄林占近6成，幼龄林占4成，无近、成、过熟林；纯林中龄林占5成，幼龄林占4成，剩余不足1成为近、成、过熟林。详见表8－2－3。

表8－2－3 保护区森林资源分功能区、分龄组一览表

功能分区	有林地类型	统计单位	合计	幼龄林		中龄林		近熟林		成熟林		过熟林	
				数量	比例	数量	比例	数量	比例	数量	比例	数量	比例
	纯林	面积	5886.9	1800	0.306	4039	0.686	20	0.003	16	0.003	13	0.002
		蓄积	452679	74795	0.165	374297	0.827	1870	0.004	957	0.002	760	0.002
合计	混交林	面积	6566.1	1592	0.242	4935	0.752	40	0.006				
		蓄积	719292	91382	0.127	622692	0.866	5218	0.007				
	竹林	面积	2860.1			1272	0.445	1566	0.547	22	0.008		
		株数	5495814			2338395	0.425	3153219	0.574	4200	0.001		
	纯林	面积	2347.6	435	0.185	1913	0.815						
		蓄积	151446	14937	0.099	136509	0.901						
核心区	混交林	面积	1778.1	115	0.064	1664	0.936						
		蓄积	209993	8032	0.038	201961	0.962						
	竹林	面积	488			188	0.384	278	0.570	22	0.046		
		株数	872928			343308	0.393	525420	0.602	4200	0.005		
	纯林	面积	812	150	0.184	660	0.813	2	0.003				
		蓄积	87463	8103	0.093	79152	0.905	208	0.002				
缓冲区	混交林	面积	1455.1	98	0.067	1317	0.905	40	0.027				
		蓄积	208169	8895	0.043	194056	0.932	5218	0.025				
	竹林	竹林	面积	257.7			114	0.443	144	0.557			
		株数	492630			219072	0.445	273558	0.555				
	纯林	面积	2727.3	1216	0.446	1466	0.537	17	0.006	16	0.006	13	0.005
		蓄积	213770	51755	0.242	158636	0.742	1662	0.008	957	0.004	760	0.004
实验区	混交林	面积	3332.9	1379	0.414	1954	0.586						
		蓄积	301130	74455	0.247	226675	0.753						
	竹林	面积	2114.4			971	0.459	1144	0.541				
		株数	4130256			1776015	0.430	2354241	0.570				

注：面积：hm²；蓄积：m²；株数：根。

保护区珍贵植物柏乐树、南方红豆杉、福建柏、长苞铁杉、大果马蹄荷、南岭紫荆、天目紫茎等为代表的植物种群面积达2312.5hm²，对应的林分蓄积249056m²，分别占保护区面积、蓄积13.5%、20.5%。

2.2.4 单位面积森林蓄积（m³/hm²）

（1）按起源分：人工纯林51.9，天然阔叶林109.6，天然针叶林81。

（2）按保护站分：三江口站纯林70.3，新地站纯林72.1，香炉坝站纯林103.3，正井站纯林77.1；三江口站混交林128.2，新地站混交林111.3，香炉坝站混交林89.7，正井站混交林99.6。

（3）按功能区分：核心区纯林64.5，缓冲区纯林107.7，实验区纯林78.4；核心区混交林118.1，缓冲区混交林143.1，实验区混交林90.4。

（4）按优势树种分：杉木74，松木72.4，槠类90，其他硬阔123。见表8－2－4。

（5）按龄组分：幼龄纯林41.6，中龄纯林92.7，近熟纯林93.5，成熟纯林59.8，过熟纯林58.5；幼龄混交林57.4，中龄混交林126.2，近熟混交林130.5。

表8－2－4 保护区森林资源分优势树种一览表

统计单元		合计	杉	松	槠类	其他硬阔	灌木林	针阔混	其他食用原料树种	果木经济林	毛竹
合计	hm²	16884.3	775.2	5941.3	333.8	5566.7	1235.5	16.6	154.8	0.3	2860.1
	m³（株数）		57378	430183	30038	684433			45		5495814
	m³、株数/hm²		74.0	72.4	90.0	123.0			0.3		1921.5

2.2.5 单位面积毛竹株数（株/hm²）

（1）按保护站分：三江口站1800，新地站1950，香炉坝站1980，正井站1920。

（2）按功能区分：核心区1815，缓冲区2874，实验区1830。

（3）按龄组分：Ⅱ度竹1838，Ⅲ度竹2014，Ⅳ度竹191。

3 森林资源特点及评价

3.1 土地利用结构合理

保护区林业用地面积占总面积的98.7%，其中森林（有林地）面积15313hm²，占总面积的89.5%，占林业用地面积的90.7%，农业用地面积170.6hm²，占总面积的1%，由此可看出，保护区农事活动范围小，土地利用结构以森林资源为主，使用效率高，有利于自然保护区建设和自然资源的保护。

3.2 原生性森林植被面积比重大

保护区原生性森林植被面积16044hm²，占总面积的93.8%，区内森林植被盖度大，森林覆盖率高达97.6%，并且乔木树种海拔分布高，在核心区内海拔1700m以上的地段还分布有大面积的木兰科植物，充分说明了保护区森林植被是以天然林为主，具有实现生物多样性保护的物质基础。通过申报建立国家级自然保护区，加强资源保护，采取天然植被恢复手段，可使原生性森林植被扩大并向顶极方向演替，进一步使保护区内众多的野生动植物种群得以稳定和繁衍。

3.3 功能区划比较科学

虽然核心区针叶林面积达2347.6hm²，较阔叶林面积1778.1hm²多569.5hm²，但是，保护区珍贵植物长苞铁杉、柏乐树、南方红豆杉、福建柏、南岭紫荆、天目紫茎等为代表的植物种群面积

$1400.5hm^2$ 基本上在该区,这部分面积在森林资源二类调查时被区划为针叶林,而该区马尾松、黄山松等针叶林面积实际上仅有 $947.1hm^2$,是三区中针叶林占比例最小的区。因此,从保护区森林资源结构和物种多样性来看,保护区功能区划还是比较科学,而且,核心区 7 成以上为中龄林,森林植被极易恢复到顶极群落。

3.4 土地林木权属明确、界址清楚,有利于对自然资源的保护

保护区国有土地面积 $9886.9hm^2$,占总面积的 57.8%;集体土地面积 $7218.1hm^2$,占总面积的 42.2%。土地林木权属明确、界址清楚,没有权属争议,且国有和集体的山林与保护区管理机构均签订了长期委托管理协议。对自然资源的管护,保护区均已划分区域将责任落实到了具体单位和责任人,强化了对资源的保护和监管。

3.5 各龄组森林资源质量有差异

保护区内的森林资源从林龄结构来看,混交林和纯林单位面积蓄积均以中龄林占绝对优势,幼龄林为辅,说明了保护区森林资源自然更新良好,生命力旺盛,森林植被正在恢复中。同时,近、成、过熟林不足 1 成,也反映了保护区过去采伐量大,"拔大毛"现象严重,导至林分质量下降,森林植被林龄结构不合理、不稳定,比较脆弱,建议保护区加强资源保护力度,促进资源快速生长。

第三节 重要植物群落的数量特征

齐云山自然保护区珍稀濒危植物:国家级重点保护野生植物(第Ⅰ批)有 17 种;属于《中国植物红皮书》(第一批)的种类有 20 种列入《濒危野生动植物国际贸易公约(CITES)附录》(2007)的有 3 科 76 种,其中兰科最多,计 74 种;列入《IUCN 物种红色名录(2007)》的有 20 种;列入《中国物种红色名录》(2007)的有 88 种。为更详细地搞清齐云山自然保护区内长苞铁杉的资源和分布特点,在 2004 年调查的基础上,调查组又于 2006 ~ 2007 年开展了野外补充调查,重点对长苞铁杉、福建柏、伯乐树、大果马蹄荷、银钟花等开展了专项调查,并对其群落特征和群种数量进行了研究与统计。

1 长苞铁杉种群数量及群落学特征调查与研究

长苞铁杉是我国特有珍贵树种,也是第四纪冰川期遗留下来的古老树种,属松科 *Pinaceae* 铁杉属 *Tsuga*。是大果铁杉组分布于中国的唯一代表种,在研究东亚、北美植物区系和铁杉属系统分类等方面有一定的科学意义,又由于长苞铁杉起源古老、形态奇特、木质优良,因而在裸子植物系统发育、古生态和古气候的研究、群落生物多样性的研究、林业生产实践等方面均有重要的意义。

1.1 形态与分布

1.1.1 形态特征

常绿乔木,高达 30m,胸径达 1m,具平展常稍下垂的枝条;树皮暗褐色,纵裂;小枝具隆起的叶枕,淡褐黄色至红褐色,无毛,侧枝生长缓慢;冬芽卵圆形,无树脂,芽鳞宿存。叶辐射伸展,线形,直,长 1 ~ 2.5cm,宽 1 ~ 2.5mm,先端尖或微钝。基部渐窄成短柄,上面平或近基部微凹,具 7 ~ 12 条气孔线,微具白粉,下面沿中脉两侧有灰白色气孔带。雄球花单生叶腋;雌球花单生侧枝顶端,直立,苞鳞大于珠鳞。球果圆柱形,直立,长 2 ~ 5.8cm,直径 1.2 ~ 2.5cm;成熟时红褐色,种鳞革质,近斜方

杨清培(江西农业大学)

形，长 0.9～2.2cm，宽 1.2～2.5cm，先端宽圆，中部收缩。下部两侧突出，基部两侧耳状；苞鳞近匙形，先端尖，稍外露；种子三角状扁卵圆形，长 4.8mm，种翅较种子为长，上部宽，先端圆。

1.1.2 地理分布

长苞铁杉是我国温性针叶树种之一，主要分布于江西西南部，广西东北部、湖南南部及福建西部海拔 300～2000m 的山地也有分布。具体分布于福建西南部上抗、连城、清流与中部德化，江西南部崇义、大余，广东北部乳源、连州，广西东北部至中部资源、兴安、灌阳、全州、龙胜、融水、临桂、全秀、大明山，湖南南部宜章、道县、江永、新宁、城步、绥宁、洞口，贵州东北部婺川、印江与东部剑河等地。多生于海拔 1000～1900m 地带的林中，常呈斑块状分布，而较集中于南岭山区，向东可达福建戴云山，向西北至贵州梵净山。

1.2 调查方法

本次长苞铁杉调查参照国家林业局所规定的"全国重点保护野生植物资源调查技术规程"（林业部 79 号文）进行。

1.2.1 样方设置

在 2004 年以来调查的基础上，再次对长苞铁杉分布点进行详细踏查，确定出分布范围、找出各珍稀植物的分布密度、生境及群落类型，并在 1∶50000 地形图上勾绘出分布范围，然后选取高、中、低密度的代表性地段上设置主样方，样方面积为 20m×20m，在主样方 4 个对角线方向上间隔 20 处设置 4 个副样方，其形状和大小相同。

1.2.2 调查内容

首先对长苞铁杉群落或所在群落的各种生境因子主样方调查内容同前（群落调查方法），但副样方只调查长苞铁杉多度、高度和胸径。

1.2.3 数据处理

长苞铁杉数量（W）：$W = F \times D \times S$

其中：F 为长苞铁杉出现频度，$F = P/(P_1 + P_2)$

D 为分布密度，$D = N/S_P$

P 为长苞铁杉出现的主、副样方数；P_1、P_2 分别为主副样方总数量，N 为主副样主内珍稀植物数量，S_P 为主副样方总面积，S 为实际分布总面积。

1.3 结果与分析

1.3.1 种群数量与种群结构

通过 2004 年对齐云山的综合科学考察和此次专项珍稀物种的补充调查，设置了 8 个主样方，32 个副样方。经过内业数据整理，得出长苞铁杉在齐云山自然保护区内分布的群落总面积为 608.50hm^2，总数约 27.07 万株，其中Ⅴ级立木 0.75 万株，Ⅳ级立木 1.78 万株，Ⅲ级立木 6.85 万株（其中胸径≥5cm 的长苞铁杉 15.24 万株），Ⅱ级幼树 5.41 万株，Ⅰ级幼苗 12.47 万株。其中，最大植株胸径 55.6cm，树高 36m，位于保护区核心区石陂头，N：25°52′17.3″，E：114°01′1.45″，海拔 1250m。

长苞铁杉在保护区主要集中分布在上十八垒石陂头至横山等一带，呈块状分布。在群落林窗、溪边等地，长苞铁杉幼树、幼苗较多，在人为干扰较大的向阳空旷地上和火烧迹地上分布更多，如石陂头上坡，其幼苗密度可多达 8～5 株/m^2。说明长苞铁杉在这里更新良好。

1.3.2 群落特征

（1）生境概况

通过调查发现,长苞铁杉在保护区的生境条件较差,多生于坡度30°以上的山脊或山坡向阳处,能适应岩石裸露、土层较浅的岩隙地,但在土层深厚肥沃之地生长更好。土壤为酸性黄壤和黄棕壤。因此,一旦受到破坏,极难以恢复和更新,有沦为渐危状态的危险。

(2)所处群落类型

长苞铁杉所处群落大多为生长较好的针阔混交林中或阔叶林内,在土壤条件较好的火烧迹地上能较快形成更新群落。现将长苞铁杉所处的几种主要群落类型及结构具体如下:

①长苞铁杉林型。该类型的典型样地位于横山,海拔1320m,位于山体中上部的沟谷斜坡,林地土层深厚,坡度在20°~35°。该群落物种丰富,结构复杂,主林层郁闭度0.8左右。

该群落乔木层可分两个亚层。第一乔木亚层,高在20m以上,主要是长苞铁杉、甜槠、罗浮栲、深山含笑、福建柏等;第二乔木亚层,高在15m左右,主要是长苞铁杉、甜槠、青冈、天目紫茎、深山含笑、福建柏等;下木层物种丰富,高在2~5m,主要有深山含笑、马银花、狭叶香桂、红楠、大果马蹄荷、乳源木莲、银色山矾、变叶树参、箭竹等。草本层极不发达,覆盖度在5%左右,只有狗脊、中华里白、苔草等少数种类,层间藤本植物主要有短梗南蛇藤、牛尾菜、三叶木通等。

样地内共有长苞铁杉31株,其中幼树幼苗13棵,样地外的林窗更多,说明长苞铁杉在这里的针阔混交林中更新良好。

②长苞铁杉更新林型。该类型的典型样地位于石陂头,海拔1320m,位于山体中部斜坡,林地土层深厚,坡度在20°~25°。该群落是在火烧迹地上更新形成,物种较少,结构简单,主林层郁闭度0.9左右。

该群落总体高度不足10m(除零星留下个别马尾松外),主要优势种是长苞铁杉(最大单株高7.5m,胸径7.7cm)、马尾松、杉木、银木荷、水渝花楸等;灌木物种主要有鹿角杜鹃、马银花、短柱柃、微毛柃。草本层极不发达,覆盖度在0~5%,只有芒萁、野古草、虾脊兰、等少数种类。

本样地内长苞铁杉有110株,照此计算,其密度可达20~30株/100m^2,个别地段竟可达200~300株/100m^2,说明长苞铁杉在火烧迹地上更新良好。

③ 甜槠林型。该类型的典型样地位于上十八垒,海拔1280m,位于山体中部斜坡,林地土层深厚,坡度在15°左右。该群落物种丰富,结构复杂,主林层郁闭度0.8左右。

该群落乔木层可分两个亚层。第一乔木亚层,高在20~30m,主要是甜槠、银木荷、马尾松、红楠、蓝果树等;第二乔木亚层,高在15m左右,主要是甜槠、青冈、银木荷、缺萼枫香、日本杜英、红楠、杉木、福建柏等;下木层物种丰富,高在2~8m,主要有鹿角杜鹃、深山含笑、马银花、长苞铁杉、香港四照花、变叶树参、舟柄茶、云和新木姜等。草本层不发达,覆盖度在5%~10%左右,只有狗脊、里白、镰叶瘤足蕨和苔草等少数种类。

本样地共有长苞铁杉9株,其中幼树幼苗7株,虽不算多,但却说明长苞铁杉在这类阔叶林中也能进行良好更新。

④马尾松、甜槠林型。该类型的典型样地位于上十八垒石陂头,海拔1200m,位于山体中部斜坡,林地土层深厚,坡度在25°左右。该群落物种丰富,结构复杂,主林层郁闭度0.6左右。

该群落乔木层可分两个亚层。第一乔木亚层,高在20m以上,主要是马尾松、甜槠等;第二乔木亚层,高在15m左右,主要是甜槠、银木荷、五列木、舟柄茶、长苞铁杉(最大单株高10m,胸径7.9cm)、深山含笑、福建柏等;下木层物种丰富,高在2~7m,主要有鹿角杜鹃、马银花、长苞铁杉、深山含笑、舟柄茶、变叶树参、青冈、日本杜英、五列木、福建柏等。草本层不发达,覆盖度10%~20%,有里白、狗脊、镰叶瘤足蕨和苔草等少数种类。

本样地共有长苞铁杉16株,其中幼树幼苗12棵,折合密度为3株/100m^2,也充分说明长苞铁杉在这里的针阔混交林中能进行良好更新。

1.4 结论与建议

（1）齐云山自然保护区长苞铁杉分布面积大，种群数量较多，是长苞铁杉分布相对集中的区域之一。其分布面积达 608.50hm^2，共计大小植株达 27,07 万多株，其中胸径大于 5cm 长苞铁杉 15.24 万株，不仅是江西省其他保护区无法相比的，而且在全国也属罕见。说明齐云山自然保护区森林资源保护良好，建议继续努力对该物种的种质资源加强保护。

（2）保护区内长苞铁杉种群结构稳定，更新良好，种群扩展能力较强，说明本地区也是长苞铁杉的一个适生区域。

（3）虽保护区长苞铁杉数量众多，但生境条件较差，多生长于山脊地带岩石裸露的石山地区，一旦受到破坏，极难以恢复和更新，有沦为渐危状态的危险，建议加强对保护区内长苞铁杉的保护和管理。

（4）长苞铁杉为我国特有的珍贵树种，它是大果铁杉组 Sect. Hesperopeuce 分布于中国的唯一代表种类，形态极其特殊，有别于国产各种铁杉，对研究东亚、北美植物区系和铁杉属系统分类有一定科学意义。长苞铁杉是起源古老的第三纪孑遗植物，在我国分布范围狭窄，故应予认真研究与保护。

（5）本种树干高大通直，结构细致，硬度中等，耐水湿，可供建筑、造船、板料、家具等用，树皮可提取栲胶，故易砍伐。材质优良，用途广，经济价值高，可选作长江流域以南中亚热带中山以下的造林树种，在做好就地保护的同时，做好迁地保护。

2 福建柏种群数量及群落学特征调查与研究

福建柏属柏科福建柏属，是第三纪孑遗的单种属植物，对研究植物地理、植物区系有重要的科学价值。福建柏一般分布零散，植株稀少，在自然状态下，易被常绿阔叶树所取代，而且由于它树形美观，树干通直，木材轻，收缩度小，强度中等，质地略软，纹理匀直，结构细，加工容易，切面光滑，油漆性欠佳，胶黏性良好，握钉力中等，易干燥，干后材质稳定，耐久性良好，是建筑、家具、细木工、雕刻的良好用材，所以易遭严重砍伐而难以保存。现以稀有种列入《中国植物红皮书（第一册）》（1991），1999 年又被国务院批准列为国家二级重点保护树种。

为更详细地查清齐云山自然保护区内福建柏的资源和分布特点，调查组于 2006～2007 年开展了野外补充调查，重点调查福建柏在保护区的种群数量和群落特征。

2.1 形态与分布

2.1.1 形态特征

常绿乔木，高达 30m 或更高，胸径达 1m。树皮紫褐色，近平滑或不规则长条片开裂。小枝鳞叶扁平、互生，小枝上面的叶微拱凸，深绿色，下面的叶具有凹陷的白色气孔带，中间的鳞叶先端突尖，两侧的鳞叶先端钝或尖，微内弯或直。雌雄同株，球花单生小枝顶端。花期 8～翌年 2 月，球果翌年 9～10 月成熟，近球形，直径 1.7～2.5cm，成熟时褐色。

2.1.2 地理分布

福建柏是亚热带地区残留的暖性针叶树种之一，多散生于中亚热带至南亚热带的针阔混交林中，在个别地方偶有小片纯林。为浅根性阳性树种，主根不明显，侧根发达。幼年能耐一定的庇荫，在林冠下能天然更新，长成小树后，需光量逐渐增加。能耐一定的干旱。适宜土壤酸性山地黄壤、黄棕壤。福建柏分布区约在东经 102°～120°，北纬 22°～28°30′N，间断分布于中国福建、江西、浙江南部、湖南南部、广东北部、四川东南部、广西北部、贵州东南部，以及云南的中部和东南部。中心分布区为东经 110°～119°，北纬 24°03′～26°03′，垂直分布海拔 500～1800m 的山坡中下部及中山峡谷地带斜坡林中，但在 1000～1300m 的常绿阔叶林中较常见。越南北部也有分布。

2.2 调查方法

本次福建柏调查参照国家林业局所规定的“全国重点保护野生植物资源调查技术规程”(林业部79号文)进行。

2.2.1 样方设置

在2004年以来调查的基础上,再次对福建柏分布点进行详细踏查,确定出分布范围、找出各珍稀植物的分布密度、生境及群落类型,并在1∶50000地形图上勾绘出分布范围,然后选取高、中、低密度的代表性地段上设置主样方,样方面积为20m×20m,在主样方4个对角线方向上间隔20处设置4个副样方,其形状和大小相同。

2.2.2 调查内容

首先对福建柏群落或所在群落的各种生境因子主样方调查内容同前(群落调查方法),但副样方只调查福建柏多度、高度和胸径。

2.2.3 数据处理

福建柏数量(W):$W = F \times D \times S$

其中:F 为福建柏出现频度,$F = P/(P_1 + P_2)$

D 为分布密度,$D = N/S$

P 为福建柏出现的主、副样方数;P_1、P_2 分别为主副样方总数量,N 为主副样主内珍稀植物数量,S_P 为主副样方总面积,S 为实际分布总面积。

2.3 结果与分析

2.3.1 种群数量与种群结构

通过2008~2007年对齐云山的综合科学考察和此次专项珍稀物种的补充调查,设置了6个主样方,24个副样方。经过内业数据整理,得出福建柏在齐云山自然保护区内分布的群落总面积1485hm²,总数约75.25万株,其中Ⅴ级立木1.23万株,Ⅳ级立木2.21万株,Ⅲ级立木11.80万树,Ⅱ级幼树11.07万株,Ⅰ级幼苗48.94万株,其中胸径大于5cm的福建柏15.24万株,最大植株胸径44.2cm,树高22m,位于保护区核心区石陂头,N:25°52′,E:17.4″114°01′1.44″,海拔1285m。

福建柏主要集中分布在上十八垒石陂头至横山等一带,呈块状分布。在群落林窗、溪边等地,福建柏幼树、幼苗较多,在人为干扰较大的向阳空旷地上和火烧迹地上分布更多,如石陂头上坡,其幼苗密度可达3~5株/m²。

从以上调查结果来看,保护区内福建柏的种群数量较大,齐云山福建柏分布区种群密度平均为1114.8株/hm²,是省内外保护区所无法比拟的,而且其年龄结构较为合理,有较多幼树幼苗的存在,总体上说属增长型种群。由此可见,保护区内福建柏种群扩展能力强、更新良好,种群结构稳定。

2.3.2 群落特征

(1)生境概况

通过调查发现,福建柏在保护区多散生于600~1600m的中下坡或沟谷的常绿阔叶林或针阔混交林中,上坡相对较少,坡度范围在20°~50°之间,以25°~40°生长最为集中;在各个坡向都有出现,但以阳坡居多。群落土壤类型主要为山地黄壤、黄棕壤,厚度在0~80cm之间,部分在沟谷悬崖峭壁的石缝之中。

(2)所处群落类型及结构

①马尾松、福建柏林。该类型的典型样地位于上十八垒,东经114°01′1.44″,北纬25°52′17.4″,

海拔1285m,位于山体中上部的沟谷旁边,林地石头较多,坡度在30°左右。该群落物种相对较少,结构也相对简单,群落主林层郁闭度0.6左右。

该群落林冠上层(第一乔木亚层)高在20~30m,主要以马尾松为主,还有福建柏(最大单株高22m,胸径44.2cm)等。第二乔木亚层高10m左右,有福建柏、马尾松、红楠、银木荷、甜槠等。下木层高在2~5m,主要有鹿角杜鹃、马银花、日本杜英、石灰花楸、舟柄茶、米饭花、野漆、甜槠,大果马蹄荷、冬青等,还有福建柏的幼树幼苗。草本层极不发达,覆盖度在0~10%,只有芒萁、野古草和苔草等少数种类。

该群落发育良好,结构也较稳定,样地内福建柏共计10株,其中有幼树幼苗6棵,说明福建柏在这类针叶林中自我更新良好。

② 福建柏、银木荷林。该类型的典型样地位于石陂头,海拔1220m,位于山体中部的沟谷旁边,林地多为石壁,坡度在35°左右。该群落物种相对较少,结构也相对简单,群落主林层郁闭度0.5左右。

该群落乔木层,高在10~18m,主要以福建柏(最大单株高17m,胸径27.3cm)、银木荷、甜槠、水青冈为主等。下木层物种相对丰富,高在2~5m,主要有鹿角杜鹃、马银花、日本乌桕、红枝柴、舟柄茶、日本杜央、吴茱萸五加等,还有大量福建柏的幼树幼苗。草本层极不发达,覆盖度在5%左右,只有里白、芒萁、蕨和春兰等少数种类,层间植物主要有香花崖豆藤。

该群落福建柏种群数量大,更新良好。样地内共计福建柏144株,其中幼树幼苗148棵,说明该种群明显属于增长型种群。

③ 马尾松、甜槠林。该类型的典型样地位于石陂头,海拔1210m,位于山体中部的沟谷斜坡,林地土层深厚,坡度在20°左右。该群落物种相对丰富,结构复杂,群落主林层郁闭度0.7左右。

该群落乔木层可分两个亚层。第一乔木亚层,高在20m以上,主要是马尾松、甜槠等两个优势种;第二乔木亚层,高在10m左右,主要是舟柄茶、甜槠、五列木、红楠、深山含笑、厚皮香、长苞铁杉、福建柏等;下木层物种丰富,高在2~5m,主要有鹿角杜鹃、马银花、日本杜英、舟柄茶、矩叶鼠刺、齿缘吊钟花、白楠、柃木、箭竹等等,还有大量福建柏与长苞铁杉的幼树幼苗。草本层极不发达,覆盖度在5%左右,只有里白、芒萁、镰叶瘤足蕨、黑莎草等少数种类。

林下福建柏的幼树幼苗较多,密度可达1~2株/m^2,说明福建柏在这种针阔混交林中更新良好。

④ 长苞铁杉、甜槠林。该类型的典型样地位于横山,海拔1320m,位于山体中上部的沟谷斜坡,林地土层深厚,坡度在20°~35°。该群落物种丰富,结构复杂,主林层郁闭度0.8左右。

该群落乔木层可分两个亚层。第一乔木亚层,高在20m以上,主要是长苞铁杉、甜槠、罗浮栲、深山含笑、福建柏(最大单株高26m,胸径40.4cm)等;第二乔木亚层,高在15m左右,主要是长苞铁杉、甜槠、青冈、天目紫茎、深山含笑、福建柏等;下木层物种丰富,高在2~5m,主要有深山含笑、马银花、狭叶香桂、红楠、大果马蹄荷、乳源木莲、银色山矾、变叶树参、箭竹等。草本层极不发达,覆盖度在5%左右,只有狗脊、中华里白、苔草等少数种类,层间藤本植物主要有短梗南蛇藤、牛尾菜、三叶木通等。

林下福建柏的幼树幼苗较少,说明福建柏在这种针阔混交林中更新相对困难。

2.4 结论与建议

(1)福建柏在齐云山自然保护区分布面积大,种群数量较多,是福建柏分布相对集中的区域之一,其分布面积达1485.0hm^2,共计大小植株达75,25万多株,其中Ⅴ级老树(胸径≥22.5cm)1.23万株,是江西省其他保护区无法相比的,也是国内比较罕见的。说明齐云山自然保护区森林资源保护良好,建议继续努力对该物种的种质资源加强保护。

(2)保护区内福建柏分布面积广、数量多,且,更新良好、群种结构稳定说明本地区也是福建柏的一个适生区域。

(3) 虽保护区福建柏数量众多,但从全国来看,现存总量上仍处于稀有濒危状态。再者,福建柏叶片绿色有光泽,树形美观,是良好的观赏树种和庭园绿化树种,也是良好的建筑用材,易受人为的破坏,建议加强对缓冲区内福建柏的保护和管理。

(4) 福建柏是第三纪孑遗植物,对研究植物地理、植物区系有着重要的科学意义,因此有必要积极开展群落学、保护生物学及种质资源学等方面的科学研究,同时尽快进行播种、扦插及栽培试验,做好迁地保护,扩大种群数量和分布范围,努力做好就地保护与迁地保护的有机结合。

3 大果马蹄荷种群数量及群落学特征调查与研究

大果马蹄荷(*Exbucklandia tonkinensis* (Lec.) *Stennis*)又称东京白克木,属金缕梅科(*Hamamelidaceae*),马蹄荷(白克木)属(*Exbucklandia* R. W. Br),该属起源于第三纪或更早,现代分布集中在华南、西南、中南半岛、喜马拉雅南麓、向南到印度尼西亚的苏门答腊。从现有资料可以看出,马蹄荷属起源于南岭山地的黔桂接壤地区,并向其他地方扩散,其中大果马蹄荷由此经广东乳源进入江西大余、崇义(包括齐云山区)和井冈山。从现这些地区保留着的大果马蹄荷群落的分布特点可以看出明显的扩散轨迹。因此,保护和研究齐云山自然保护区大果马蹄荷群落的进一步研究,无疑对植物地理、植物区系等方面的研究将具有重要的科学意义。

通过2004年的综合科学考察和本次的重点调查,我们对齐云山自然保护区的大果马蹄荷的种质资源、种群数量、分布及其群落学特征有了进一步的了解。

3.1 形态与分布

3.1.1 生物学特征

大果马蹄荷为大乔木,高达25~30m;老枝黑褐色,无毛。叶革质,阔卵圆形或卵形,长8~13cm,宽5~9cm,先端渐尖,基部楔形,表面深绿色,有光泽,背面稍淡,干时均变红褐色,全缘,或有时掌状3浅裂,或在抽条时大而掌状3浅裂且叶基盾状着生,掌状脉3~5条,在两面均明显,网脉略为明显;叶柄长3~5cm,初时有柔毛,旋变无毛;托叶长圆形或狭长圆形,稍偏斜,长2~4cm,宽0.8~1.3cm,早落。头状花序单生或数枚聚成总状花序,每一花序有花8朵;花序柄长1~1.5cm,被锈褐色硬毛;萼筒与子房合生,藏于头状花轴内;花瓣不存在;花盘鳞片状;雄蕊约13枚,长约8mm;子房被锈褐色硬伏毛,花柱长8~5mm。头状果序宽8~2cm,有蒴果7~8枚;蒴果卵圆形;长10~15mm,宽8~10mm,表面有瘤状突起。种子6枚,下部2枚有翅,长8~10mm。花期,4~8月。

3.1.2 地理分布

大果马蹄荷自然分布范围广,分布于我国广西、广东、海南、福建西部、江西南部、湖南南部和贵州东南部。越南也有。一般生长在海拔600~1500m之间的沟谷常绿落叶阔叶混交林中。木材淡粉红色,生长迅速,为相当有用的用材树种,适于造林。在齐云山自然保护区这样相对集中的分布无论在国内还是省内均属罕见。

3.2 样地调查与数据处理方法(同其他物种,略)

3.3 结果与分析

3.3.1 种群数量与种群结构

根据大果马蹄荷分布的特点,并在1:50000地形图上勾绘出分布范围,本次调查共设置主样方5个,副样方20个,共计面积1.0hm^2,经过内业数据整理,大果马蹄荷分布区总面积共计3664.0hm^2,种群密度平均为21.8株/hm^2,总数约7.99万株,其中Ⅴ级立木0.85万株,Ⅳ级立木1.99万株,Ⅲ级立木2.36万树,Ⅱ级幼树0.70万株,Ⅰ级幼苗0.28万株,其中胸径大于5cm的植株5.30万株,最大植株胸径85cm,树高32m,位于桶江老溜口,N:25°49′48.3″,E:114°00′50.7″,海拔700。

从以上调查结果来看，保护区内大果马蹄荷的种群数量较大，而且其年龄结构较为合理，有较多幼树幼苗的存在，总体上说还是一个稳定型种群，其种群结构稳定，扩展能力强，更新良好。

3.3.2 群落结构

（1）生境概况

大果马蹄荷在保护区主要集中分布在上十八垒石陂头至桶江等一带，呈块状分布，在溪边、沟谷斜坡等地，大果马蹄荷幼树、幼苗较多。大果马蹄荷性喜温暖湿润气候，生长坡向多为东南，坡位多在中下坡，土壤湿润而又靠近沟谷水边。林地多为土层深厚的山地黄壤或多石砾，坡度陡峭，常在20～40°之间，这些因陡峭的坡度不易遭受人为破坏而为健康生存创造了有利条件。大果马蹄荷为中性树种，树干通直，树冠浓荫如盖且多为上层木，但其幼树幼苗又具有一定的耐荫性，所以大果马蹄荷能进行良好更新，群落各层均见其身形。

（2）所处群落类型及结构

大果马蹄荷在齐云山自然保护区主要分布在上十八垒、桶江、大水坑、冬瓜坪等地，群落结构为常绿阔叶林、常绿落叶阔叶混交林和竹阔混交林，海拔600～1400m，大果马蹄荷在群落中往往处于林冠上层，树高一般在10～20m，第二乔木亚层多为木兰科、壳斗科、樟科、交让木科或毛竹等常绿植物，下木层多为杜鹃花科、山茶科、紫金牛科等。现按不同群落类型分述之：

①大果马蹄荷群落型。该群落类型的典型样地位于桶江，海拔710m，位于山体下部的沟谷旁边，坡度在35°左右，土层较薄。群落主林层郁闭度在0.7左右。

该群落基本上属大果马蹄荷纯林，乔木层物种较少，但可分成两个亚层，林冠上层（第一乔木亚层）高在20m以上，除大果马蹄荷外，其他植物只有甜槠1株，基本上算是纯林。第二乔木亚层高15m左右，主要有大果马蹄荷、黄丹新木姜子、香港四照花、钩栲、红楠、深山含笑、川桂、青冈、山黄皮等。下木层高在2～5m，主要有鹿角杜鹃、深山含笑、乳源木莲、多花山竹子、马银花、变叶树参、华南花、粗叶木、苦竹等。草本层不发达，覆盖度在10%，主要种类有狗脊、阔片复叶耳蕨、镰叶瘤足蕨、淡竹叶和草珊瑚；层间藤本植物主要有柔毛菝葜、钱线莲。

该群落发育良好，结构也较稳定，但大果马蹄荷更新幼苗较少，该群落中大果马蹄荷种群属初衰型种群。

②枫香、大果马蹄荷群落型。该群落类型的典型样地位于下十八垒，海拔850m，山体下部的沟谷边坡，林地内多大石头，坡度在25°，主林层郁闭度在0.8左右。

该群落属常绿落叶阔叶混交林，其物种丰富，结构复杂，林冠上层（第一乔木亚层）高在20m以上，主要有枫香、红楠、黄樟、大果马蹄荷（最大植株胸径20.8cm，树高20m）等。第二乔木亚层高10～15m，主要有大果马蹄荷、甜槠、红楠、黄檀、青冈、鹿角栲、红枝柴、深山含笑等。下木层高在2～7m，主要有鹿角杜鹃、刺毛杜鹃、乳源木莲、红皮树、深山含笑、米饭花、马银花、变叶树参、日本杜英、油茶等。草本层较发达，覆盖度在30%～40%，主要种类有里白、狗脊、草珊瑚、半边旗、淡竹叶、深绿卷柏和苔草等。

该群落发育良好，结构也较稳定，虽整个样地才发现2棵幼树幼苗，却说明大果马蹄荷在这种阔叶林中能进行自我更新。

③长苞铁杉、马尾松群落型。该群落类型的典型样地位于石陂头，海拔1080m，山体下部的沟谷边坡，林地内多石头石壁，坡度5°～25°，主林层郁闭度在0.6左右。

该群落物种丰富，结构复杂，乔木层明显可分成三层。林冠上层（第一乔木亚层）高在30m左右，主要是长苞铁杉、马尾松。第二乔木亚层高在20m左右，优势种主要有深山含笑、红楠、大果马蹄荷（最大胸径36.1cm，株高26m）等；第三乔木亚层高12m左右，优势种有深山含笑、大果马蹄荷、红楠、交让木、树参、刨花楠，伴生有蓝果树、野漆、椤木石楠等。下木层高在2～8m，主要有刺毛杜鹃、深山含笑、大果马蹄荷、鹿角杜鹃、日本杜英、马银花、银色山矾、日本乌桕等。草本层较发达，覆盖度在 30% ~40%，主要种类有镰叶瘤足蕨、小花柏拉木、苦苣苔、莎草和苔草等。

该群落发育良好，结构也较稳定，样地内大果马蹄荷共计 20 株，但仅有 2 棵幼树幼苗，但却说明大果马蹄荷在这种针阔混交林中能进行自我更新。

④银木荷、深山含笑群落型。该群落类型的典型样地位于石陂头，海拔 1200m，山体下部的沟谷边坡，林地内多石头，坡度 5° ~20°，主林层郁闭度在 0.7 左右。

该群落属常绿阔叶林，物种丰富，结构复杂。乔木层明显可分成两层。林冠上层（第一乔木亚层）高在 20m 以上，优势种主要是银木荷、乌楣栲，偶见马尾松。第二乔木亚层高在 12 ~18m 左右，优势种主要有大果马蹄荷（最大胸径 24.0cm，株高 17m）、深山含笑、红楠、甜槠，伴生有香港四照花、秀柱花、川桂、木蜡树等；下木层高 2 ~8m 左右，优势种有鹿角杜鹃、深山含笑、大果马蹄荷、红楠、交让木、树参、刺毛杜鹃、三尖杉、华东木樨、日本乌桕等。草本层不发达，覆盖度在 20% ~30%，主要种类有狗脊、里白、镰叶瘤足蕨、楼梯草和苔草等。

该群落发育良好，结构也较稳定，样地内大果马蹄荷共计 13 株，其中幼树幼苗 6 棵，说明大果马蹄荷在这些阔叶林中自我更新良好。

3.4 结论与建议

（1）齐云山大果马蹄荷资源种群数量大，分布面积广。据调查自然保护区共有大小植株达 7.99 万多株，分布面积达 3664.0hm^2，是江西省其他保护区无法相比的。表明齐云山森林资源总体保护良好，极少受到人为破坏，建议继续努力保护好该物种的种质资源。

（2）大果马蹄荷树姿美丽，树干通直，叶大而亮，适作庭荫树或在山地营造风景林，且其木材淡粉红色，为相当有用的用材树种。生长迅速，适于造林。建议在加强保护野生资源的基础上各级开展人工播种、育苗、造林，使就地保护与迁地保护工作同时进行。

（3）大果马蹄荷作为马蹄荷属四种之一，被当作是马蹄荷属向东扩散与迁移的佐证，因此，保护和研究齐云山自然保护区大果马蹄荷群落，无疑对植物地理学、植物区系学等方面的研究将具有重要的科学意义。

4 伯乐树种群数量及群落学特征调查与研究

伯乐树又称钟萼木，属伯乐树（钟萼木）科 Bretschneideraceae，本科仅 1 属，1 种、中国特产。国家Ⅰ级重点保护野生植物（国务院 1999 年 8 月 4 日批准）。伯乐树零星分布于我国云南东部、贵州、广东、广西、四川、湖北、湖南、福建、江西等省区，垂直分布在海拔 600 ~2000m 山地森林中，是我国特有、古老的残遗种，在研究被子植物系统进化和古地理、古气候等方面具有重要的科学价值。

齐云山自然保护区的伯乐树资源通过 2004 年综合科学考察和本次的重点调查，我们对该种的种质资源、种群数量、分布及其群落学特征有了进一步的了解。

4.1 形态与分布

4.1.1 生物学特征

伯乐树为落叶乔木，树体雄伟高大，绿荫如盖，高达 30m，胸径 80cm。主干通直，出材率高，树皮灰褐色，小枝粗壮，疏生圆形皮孔；叶痕大，椭圆形，奇数羽状复叶，小叶 7 ~13，全缘，基部偏斜，叶背粉绿至灰白色，被短柔毛，脉上尤密。花大，顶生总状花序，粉红色，非常可爱；蒴果近球形，棕色。种子橙红色。5 ~6 月开花，10 ~11 月果熟。该树结实大小年明显。鲜果出种率约为 20%；种子千粒重 515 ~755g，苗圃发芽率约 85%。

4.1.2 地理分布

伯乐树自然分布范围广，我国长江以南大部分地区均有分布，如云南东部、贵州、广东、广西、四川、湖北、湖南、福建、江西等，但分布极零星，只有在极少人为活动的深山沟谷密林中才有偶尔发现。一般生长在海拔 1000 ~ 1500m 之间的沟谷常绿落叶阔叶混交林中。江西赣西北九岭、幕阜山，赣东北三清山、赣西井冈山、赣南九连山也有零星分布，但齐云山自然保护区这样相对集中的分布无论在国内省内均属罕见。

4.2 样地调查与数据处理方法（同其他物种，略）

4.3 结果与分析

4.3.1 种群数量与种群结构

根据伯乐树分布的特点，本次调查共设置主样方 6 个，副样方 20 个，共计面积 1.04hm^2，结果发现伯乐树出现的样方总数 12 个，其中出现大树样方 8 个，只出现幼树幼苗样方 4 个。调查群落内共有大小伯乐树 357 株。按在 1∶50000 地形图上勾绘出的分布范围 206.8hm^2 计算，齐云山自然保护区有伯乐树 5.10 万株，其中Ⅴ级立木 0.22 万株，Ⅳ级立木 0.64 万株，Ⅲ级立木 1.24 万树，Ⅱ级幼树 2.15 万株，Ⅰ级幼苗 0.86 万株，其中最大植株胸径 73.6cm，树高 36m，位于新地下水坑，海拔 1050m。

4.3.2 群落结构

（1）生境概况。伯乐树性喜温暖湿润气候，生长坡向多为东南，坡位多在山体中上部的中下坡，土壤湿润而又不靠近沟谷水边。林地多为土层深厚的山地黄壤且多石砾，这对种子落入石砾层中，不易被鸟兽觅食而得以生存创造了有利条件；坡度陡峭，多在 30 ~ 40°之间，这些因陡峭的坡度不易遭人及动物影响而健康生存创造了有利条件。伯乐树为极喜光树种，树干通直，树冠浓荫如盖且多为上层木，第二乔木亚层及下木层往往是受其庇荫的常绿树种，这又为常绿落叶阔叶混交林向常绿阔叶林演替创造了有利条件，但密林下往往难以更新又为伯乐树本身的繁衍制造了致命的障碍。

（2）所处群落类型及结构。伯乐树在齐云山自然保护区主要分布在冬瓜坪、诸广山、新地大水坑和上十八垒等地，群落结构为常绿阔叶林、常绿落叶阔叶混交林和竹阔混交林，海拔 900 ~ 1400m，伯乐树在群落中往往处于林冠上层，树高一般在 10 ~ 20m，第二乔木亚层多为壳斗科、木兰科、樟科、金缕梅科、交让木科或毛竹等常绿植物，下木层多为杜鹃花科、山茶科、紫金牛科等。现按不同群落类型分述之：

①银木荷、大果马蹄荷群落型。该群落类型的典型样地位于上十八垒，海拔 1170m，位于山体中部的沟谷旁边，林地多石头，坡度在 25°左右。该群落物种丰富，结构复杂，林冠上层（第一乔木亚层）高在 18 ~ 25m，有银木荷、大果马蹄荷、马尾松、红楠、伯乐树（最大胸径 20.8cm，株高 18m）等。第二乔木亚层高 10 ~ 15m，有香港四照花、红楠、大果花楸、大果马蹄荷、交让木、绣柱花等。下木层高在 2 ~ 5m，主要有深山含笑、鹿角杜鹃、马银花、三尖杉、米饭花、变叶树参、单耳柃，还有长苞铁杉、福建柏的幼树幼苗等。草本层不发达，覆盖度在 10% ~ 20%，主要种类有狗脊、里白、镰叶瘤足蕨、淫羊藿、楼梯草和苔草。该群落发育良好，结构也较稳定，但林下未见有伯乐树的更新幼苗。

②水青冈、交让木群落型。该群落类型的典型样地位于诸广山，海拔 1100m，山体上部的沟谷旁边，林地多大石头，坡度在 28°左右。该群落物种丰富，结构复杂，林冠上层（第一乔木亚层）高在 15 ~ 20m，有水青冈、蓝果树、台湾松、伯乐树（最大胸径 20.3cm，树高 16m）等。第二乔木亚层高 8 ~ 12m，有交让木、水青冈、虎皮楠、多脉青冈等。下木层高在 2 ~ 5m，主要有鹿角杜鹃、马银花、深山含笑、米饭花、变叶树参、日本乌柏、箬竹等。草本层不发达，覆盖度在 10% 左右，主要种类有狗脊、镰叶瘤足蕨、楼梯草和苔草。该群落受过人类干扰，林下未见有伯乐树的更新幼苗。

③杉木、甜槠群落型。该群落类型的典型样地位于冬瓜坪，山体上部的沟谷边坡，海拔 900m，林地土层较厚，坡度在 20°左右。该群落物种丰富，结构复杂，林冠上层（第一乔木亚层）高在 20m 左

右，有杉木、马尾松、甜槠、水青冈、伯乐树（最大胸径23.5cm树高18m）、拟赤杨、檫木等。第二乔木亚层高10～15m，有交让木、银木荷、变叶树参、水青冈、虎皮楠等。下木层高在2～5m，主要有鹿角杜鹃、东方古柯、乌药、山矾、马银花、伯乐树幼树幼苗等。草本层较发达，覆盖度在30%左右，主要种类有狗脊、芒萁、镰叶瘤足蕨、熊巴掌 *Phyllagathis* spp 和苔草等。该群落正由针叶林向阔叶林演替，林下伯乐树更新良好，幼苗达1000株/hm^2。

④伯乐树、毛竹群落型。该群落类型的典型样地位于大水坑山体上部的沟谷边坡，海拔1050m，林地土层较厚，坡度在25°左右。该群落属竹阔混交林，结构较为复杂，林冠上层（第一乔木亚层）高在20m以上，有伯乐树（最大胸径73.6cm，株高36.0m）、马尾松、甜槠、青冈、檫木等。第二乔木亚层高10～15m，有毛竹、银木荷、变叶树参、蓝果树、交让木等。下木层高在2～5m，主要有鹿角杜鹃、乌药、山矾、无患子、东方古柯、粗叶榕、台湾榕、伯乐树幼树幼苗及一些悬钩子等。草本层不发达，覆盖度在5%～10%左右，主要种类有狗脊、镰叶瘤足蕨、地菍 *Melastoma dodecandrum*、苔草和小花柏拉木等。由于人们片面追求毛竹产量，将群落内的木本植物砍除，群落由混交林向毛竹纯林转变，但林下伯乐树更新良好，幼苗达5～7株/100m^2。

4.4 伯乐树研究之结论与建议

（1）齐云山自然保护区伯乐树资源较为丰富，分布面积大，达206.8hm^2，共计大小植株达5万多株，与江西省其他保护区相比，算是比较多的。表明齐云山森林资源总体保护良好，极少受到人为破坏，建议继续努力保护好该物种的种质资源。

（2）伯乐树树姿挺拔、冠盖浓密，生长迅速、适应能力强，是理想的风景园林树种，同时其材质硬度适中，不翘不裂，色泽美观，为优良木材树种。建议在加强保护野生资源的基础上各级开展人工播种、育苗、造林，使就地保护与迁地保护工作同时进行。

（3）伯乐树为我国特有、古老的残遗种和单属单种，其种子具有双层种皮，外包蒴果且种粒大，同其近缘种无患子科及楝科、苦木科、漆树科多数种类相比，是否正是该种子的这些特性阻碍了其正常繁育？其两性花虫媒传粉的特性是否因缺乏相应的昆虫而导致自花授粉而不结实？有待进一步研究。

第四节　植被动态

1　齐云山森林植被特点及分布规律

齐云山水热条件优越，与这种气候相适应的气候顶极群落——常绿阔叶林在这里发育良好，生长茂密。覆盖在齐云山自然保护区境内的各种各样的植被类型，是齐云山特定自然地理环境及自然历史长期发展的产物。受气候、土壤、地形以及历史等因素的影响，它们有规律地分布于齐云山的山地、丘陵和沟谷中。

1.1 森林植被特点

齐云山的植物群落不仅具有亚热带植被的一般特点，而且又具有本区域植被的特殊性质。其主要特点是：

（1）齐云山的植被，以森林植被为主。齐云山是我国中亚热带东部森林植被类型保存比较完整的地域之一，常绿阔叶林是这里的地带性植被。据调查，从香炉坝（海拔400m）到石陂头沟谷（海拔1600m）地段都有常绿阔叶林分布，是江西常绿阔叶林分布幅度较宽的山区。群落建群种以壳斗科、

杨清培（江西农业大学）

樟科、山茶科等常绿树种的林分为主。其中壳斗科种类组成的林分最多,分布最广,在齐云山所有林分中占绝对优势。据统计,由壳斗科为建群种的林分(除半落叶的水青冈外)有甜槠、苦槠林、钩栲林、米槠林、南岭栲林、罗浮栲林、红钩栲林、丝栗栲林、青冈林、饭甑青冈林等 10 个林系(群系),以樟科、山茶科树种为建群种的林分有红楠林、润楠林、银木荷林、舟柄茶林、天目紫茎等 5 个林系(群系),以木兰科、金缕梅科植物为建群种的林分有深山含笑、金叶含笑、大果马蹄荷(东京白克木)林、缺萼枫香、阿丁枫林等 5 个林系(群系)。

(2)齐云山植被起源古老性。齐云山形成于喜马拉雅造山运动,稳定于早第四纪,未曾受到第四纪冰川的侵袭,是许多古老成分的避难所,如长苞铁杉、南方铁杉、小叶买麻藤等在此生存下来,而且长苞铁杉与福建柏还形成 600 多 hm^2 和 $1485hm^2$ 群落,这在江西及至全国都是十分罕见。此外,一些系统进化上比较古老的单型属或单型科在这里均有分布,如血水草、大血藤、伯乐树、南天竺、银鹊树、伞花木等,这些古老成分是第三纪植物区系的直接后裔,而且,林下大量的起源于于古生代和中生代的蕨类植物,如紫萁、华南紫萁、里白、中华里白、光里白、芒萁、镰羽瘤足蕨、石子藤石松及其它蕨类植物,较为珍贵及稀有的主要有小黑桫椤、金毛狗脊、福建观音座莲、阴地蕨、粤紫萁。研究和保护它们都具有特殊的科学价值。

(3)齐云山植被的可恢复性。在保护区成立前的林场经营时期,一方面,林场本身只简单的追求木材产量与经济效益,而忽视了森林资源的合理利用与生态环境的保护,采伐方式多采用皆伐的方式;另一方面,由于齐云山地处湘赣两省、崇义上犹两县的交界处,人员复杂,管理困难,盗砍盗伐现象严重,盗伐者专挑选高大健壮、材质优良的树木,如长苞铁杉、南方红豆杉、福建柏、杉木等,森林资源招致了大量的破坏,留下的多半是枯立木、病腐木及次要树种。

但是由于这里水热资源丰富,生物循环再生和土地更新能力旺盛,多数建群种或珍贵树种更新能力强,如罗浮栲样地中罗浮栲共有 364 株(折合 6100 株/hm^2),其中 V 级立木 3 株,IV 级立木 45 株,III 级立木 67 株,II 级幼树 73 株,I 级幼苗 176 株,年龄结构明显呈现金字塔型,而且 20 多年的皆伐恢复林,罗浮栲最大株胸径 27.3cm,树高达 15m,胸径 5cm 以上立木的平均胸径为 13.7cm,树高达 10.8m,说明罗浮栲遭受长期砍伐后,现在更新正常、生长良好。

又如长苞铁杉和福建柏二种珍稀植物,虽然曾遭到了一定程度的破坏,但在个别不可及地段仍保留有较为完整的群落,长苞铁杉最大植株胸径有 55.6cm,树高达 36m,福建柏最大植株胸径 44.2cm,树高 22m,而且它们更新能力极强。保护区长苞铁杉总数约 27.07 万株,其中Ⅴ级立木 0.75 万株,Ⅳ级立木 1.78 万株,Ⅲ级立木 6.85 万株,Ⅱ级幼树 5.41 万株,Ⅰ级幼苗 12.47,幼苗幼树共计 17.88 万株,占总数的 66.05%;福建柏总数约 75,25 万株,其中Ⅴ级立木 1.23 万株,Ⅳ级立木 2.21 万株,Ⅲ级立木 11.80 万树,Ⅱ级幼树 11.07 万株,Ⅰ级幼苗 48.94 万株,幼苗幼树合计 60.03 万株,占总数的 79.77%。珍稀植物银钟花其幼苗幼树也占总数的 58.77%,南方红豆杉幼苗幼树占种群总数的 53.93%,等等。这说明这些植物的自然更新能力强。

保护区成立以来,停止了木材采伐,实行了严格的森林资源与生态环境保护措施,植被得到较好较快的恢复,不仅森林覆盖率日益增长,而且森林质量也在逐年提高。

1.2 植被分布规律

森林植被在地表的分布,取决于水、热、光以及土壤等各生态因子及综合作用,还有植被发育的时间、空间、人为干扰等因素。在水平或垂直的植被地带尺度上,区域气侯的基本状况是决定植物种类、生活型和植被类型的主导因素。而在区域尺度以下,非地带性环境因子作用胜过地带性环境因子的作用,从而植被表现出明显的异质性。尤其在山区,由于地形控制了太阳辐射和降水的时空再分配,并影响到土壤的发育过程及其强度,进而影响到植物群落的物种构成、结构和动态,因此,山区森林植被的分布格局是一个十分复杂问题。但探讨植被的分布规律,可以更深人地认识齐云山自然保护区各种植被形成和发育的自然过程,对保护区建设与管理,以及生物多样性保护和利用、生态环境的建设与生态平衡的保护均有着重要意义。

1.2.1 植被水平分布特征

齐云山自然保护区由于经度和纬度跨度较小,因此,区内植被在水平分布上显示出不明显的地带性特征。但因区内地形复杂,地貌多样,人类干扰历史和方式不同,形成了本区极其多样的生态环境。植物对不同生态环境的适应性,形成了植被在水平分布上呈现一定的特征。

本区植被在水平分布上的分布特征,主要表现在以下几个方面:

(1) 保护区地处赣、粤、湘三省交界之地,南连南岭,北接罗霄,地带性植被为中亚热带东部湿润性常绿阔叶林,主要成分为壳斗科 Fagaceae、樟科 Lauraceae、山茶科 Theaceae、木兰科 Magnoliaceae、金缕梅科 Hamamelidaceae 等树种,由于交通不便、人烟稀少、人类干扰较小,故区内自然植被保存较好。天然阔叶林(包括常绿阔叶林、常绿、落叶阔叶混交林、落叶阔叶林)在齐云山自然保护区分布最广、面积最大,主要分布于保护区杨柳洞、桶江、横河、冬瓜坪和上、下十八垒;针叶林(主要是马尾松林、杉木林)面积相对较少;毛竹林也占据一定的面积。其中马尾松林、毛竹林多分布于新地,杉木林、油茶林多分布于上堡。

(2) 针叶树种特别是松科、柏科(主要是马尾松、台湾松、长苞铁杉、福建柏)对瘠薄而干燥的土壤有较强的适应性,其自然分布区常常是陡峭的山脊、梁顶,而平缓的梁脊、坡面、沟谷则为阔叶林占据。这主要是针叶树能够忍受恶劣环境条件,在条件较好的地段,马尾松、长苞铁杉、福建柏竞争能力不如阔叶树。因此,马尾松和台湾松、长苞铁杉、福建柏等针叶林的现实分布区的形成是被阔叶树排挤的结果。

(3) 同一垂直带上,不同植被类型呈群落交错分布,使得种类型间界线不很清晰,这与群落建群种的生态生物学特性直接相关。如在 1200m 左右,甜槠林、深山含笑林、大果马蹄荷林均有分布,但它们分别占据不同的生境,甜槠林主要分布在土层稍厚、坡度稍缓的地段,深山含笑林、大果马蹄荷林则多分在土层较薄、坡度较大的沟谷地段。

(4) 林下灌木和草本层植物的分布也表现出水平方向上的差异。如箭竹 *Fargesia* spp. 喜好肥沃的湿润的土壤条件,在其分布区内,水土条件较差的地段则为阔叶灌木如鹿角杜鹃等取代。阔叶林受较强干扰后,林下草本层中喜光蕨类(如里白、芒萁)等增加,而耐荫蕨类(狗脊、镰叶瘤足蕨、阴地蕨)等减少。

(5) 阔叶林受较强干扰后,易逆行演替为毛竹林或马尾松林等,如新地大片马尾松林即由阔叶林火烧干扰形成,全区毛竹林由于人工种植后,通过砍杂诱导正在分布面积不断扩大。

1.2.2 植被垂直分布特征

随海拔高度的升高,水、热、土等条件发生了较大的变化,一般海拔每升高 100m,气温则下降 0.6℃,森林植被也会相应地出现有规律的垂直地带性变化,齐云山山体高大、纵横交错、绵延起伏、主峰海拔 2061.3m,最低海拔 400m(香炉坝),相对高差 1661.3m,生境多样,物种丰富。另外,受人为和自然因素的干扰,某些地段已改变了原来的面貌。因此,植被的垂直分布规律不明显,但仍能划成几个垂直带。它们依次是:毛竹林(400 ~ 1100m)——常绿阔叶林(400 ~ 1200m)——常绿 ~ 落叶阔叶混交林(1000 ~ 1500m)——针阔混交林(1300 ~ 1600m)——山顶矮林(1600 ~ 1800m)——山地草甸(1800m 以上)(图 8 - 4 - 1)

齐云山森林植被比较茂密,常绿阔叶林类型较多,分布高度具有较宽的幅度,一般从 400m 的沟谷地带一直可延续到海拔 1200m 左右。主要有南岭栲林、青冈林、红勾栲(鹿角栲)林、罗浮栲林、栲树、罗浮栲林以及甜槠林等。在人为干扰比较少的情况下低海拔沟谷地带,这些立木树干耸直,分枝较高,林中伴生树种的热带性区系比较多,如琼楠属、厚壳桂属、茶梨、观光木、乐东本兰、大叶含笑、深山含笑、东京白克木、半枫荷、多花山竹子、杜英属、猴欢喜 *S1oanea sinensis*、白桂木、幌伞枫等

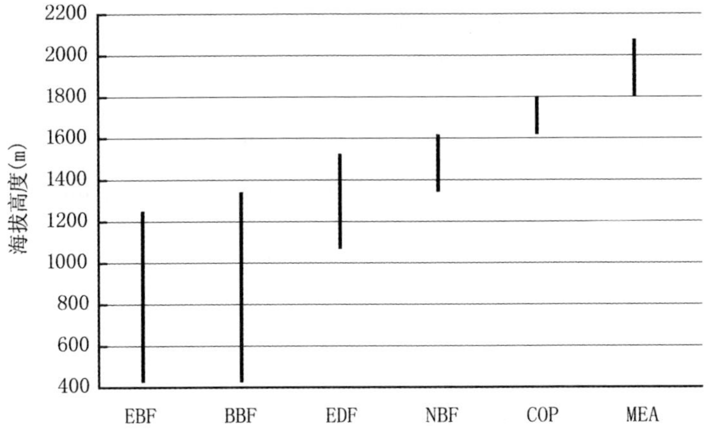

图 8-4-1 齐云山自然保护区植被分布与海拔高度关系示意图

EBF:阔叶林 BBF:毛竹林 EDF:常绿-落叶阔叶混交林 NBF:针阔混交林 COP:山顶矮林 MEA:山地草甸

等。下木层以茜草科、杜鹃花科、紫金牛科和樟科灌木为主,次为山茶科、野牡丹科。草本层一般比较稀疏,以观音座莲、金毛狗、华南紫萁为主。但不同的群系分布范围也不尽相同,在齐云山分布最广的是甜槠林,海拔 400~1200 的范围都可见其分布,丝栗林一般出现在海拔 400~800m。钩栲林一般在 800m 以下的沟谷地带及避风的山坳内,南岭栲林一般在 500~800m,罗浮栲林多分布600~900m,青冈林是分布最高的一种常绿阔叶林类型,在海拔 1100m 处仍可见到。

毛竹林在齐云山分布范围较广,从 400m 到 1000m 都可见有成片的毛竹纯林,或竹阔混交林,主要集中在 500~1100m 的范围内的阳坡上,有的局限在下坡,有的延伸至中坡,但却很少覆盖整个山头。

常绿-落叶阔叶林在齐云山相对发育,在海拔 700~1300m 的范围都可见不同的群系分布,但主要集中在海拔 800~1100m 之间。随着海拔渐高,渐为甜槠林、栲树林、红楠林、细叶青冈林所分布,而以曼青冈林及银木荷、甜槠林为分布最高的常绿阔叶林。林中的立木、下木、层外植物、草本层中的热带性区系成分也相应地逐渐减少,且甜槠多为 3~6 个主干的多主干立木。林中还有叶片侧立的针叶树——福建柏,也有扁平叶型的山尖杉以及南方红豆杉等,并且也常有一些落叶阔叶树,如湖南椴 *Tilia endochrysea*、白皮鹅耳枥 *Carpinus viminea* 等掺入甜槠林或银木荷林中。在常绿阔叶林带之上,也常出现有小块状半常绿阔叶林类型,如水青冈林和亮叶水青冈林。一些山顶阳性先锋树种如亮叶桦(光皮桦)、及拟赤杨等,也常侵入山地常绿阔叶林的林窗中或林缘。

针阔混交林分布的范围大约在 1200~1500m,主要有长苞铁杉与甜槠、福建柏与甜槠、南方铁杉与甜槠、马尾松与甜槠、马尾松与缺萼枫香、台湾松与银木荷形成的针阔混交林。注意,在齐云山自然保护区马尾松可从 400m 一直分布到 1400m,1300m 以上开始出现台湾松。但低海拔地区各种形式的马尾松林不是垂直地带性产物,而是齐云山区人为活动影响所形成的植被类型。

山顶矮林主要分布在海拔 1400~1700m 的山顶位置,特别是孤峙于云雾线以上的那些孤峰或暴露的山脊,因为山风强、气温低、日照少、气温的日夜变化大、云雾多、湿度大、岩石碎块多、土层浅薄、成土过程差等原因,有些常绿阔叶或少数落叶阔叶树生长稠密,分枝低矮且粗壮,形成的山顶矮曲林,如云锦杜鹃林、鹿角杜鹃林、圆锥绣球林等。

山地草甸在保护区分布较广,或呈斑块状,或连片分布在海拔 1700m 以上山坡或山顶。它们在齐云山主峰最为典型,分布面积较大。

1.2.3 群落结构及物种多样性垂直分布规律

采用梯度格局法研究,从最低海拔(500m)到山顶(2000m),海拔每升高大约 100m 设置一块样地,共 15 个样地(样地状况见表 8-4-1)。样地依次甜槠群落(P_1)、丝栗栲群落(P_2)、马尾松群落

(P_3)、细叶青冈群落(P_4)、水青冈群落(P_5)、红楠群落(P_6)、缺萼枫香群落(P_7)、福建柏群落(P_8)、福建柏群落(P_9)、长苞铁杉群落(P_{10})、南方铁杉群落(P_{11})、云锦杜鹃群落(P_{12})、山地草甸(P_{13})、山地草甸(P_{14})、山地草甸(P_{15})。

①群落结构垂直梯度变化。随着海拔升高,乔木层的最大树高(H_{max})表现为先上升然后显著下降的趋势,从低海拔常绿阔叶林群落的20m左右上升到海拔常绿－落叶阔叶林30m左右,然后下降到山顶矮林群落的5.5m(图8－4－2a)。最大树高显示这种变化趋势的原因一方面与水、热、风条件的组合有关,山顶热量、土壤条件不及中低海拔地段,再加上风多风大限制影响了树木的高生长,所以最大树高不及中低海拔地段,另一方面是也因为中低海拔森林经历了长期择伐(拔大毛),封育的时间不长,所以低海拔森林群落的最大树高反而不及中海拔地段。

乔木的最大胸径(DBH_{max})在12个样地之间波动比较大,规律性不甚明显(图8－4－2b)。但从低海拔到高海拔,最大胸径有先增加后降低的趋势,最大值(DBH ＝93.6 cm)出现在海拔900m的水青冈群落。低海拔的常绿阔叶林由于受人为干扰的影响,乔木的最大胸径反而不大,而在高海拔地段由于自然条件的限制,最大胸径下降的趋势非常明显。

乔木的胸高断面积(AB)在各样地间差别较大(图8－4－2C)。从低海拔到高海拔,乔木的胸高断面积也呈现有先增加后降低的趋势,最大值出现在海拔900左右m的水青冈群落。

表8－4－1 齐云山植物群落样地概况

样地	P_1	P_2	P_3	P_4	P_5	P_6	P_7	P_8	P_9	P_{10}	P_{11}	P_{12}	P_{13}	P_{14}	P_{15}
海拔(m)	500	600	700	800	890	1000	1110	1220	1285	1320	1550	1600	1700	1860	2000
面积(m^2)	400	600	600	900	600	600	600	600	600	400	600	200	100	100	100
坡度(°)	35	10	25	20	10	5	10	30	35	25	30	10	25	8	20
坡向	西南	南	东南	东南	西南	东北	东南	南	北	南	东	东	东南	西北	北
最大树高(m)	18.1	20	25.5	30	35	32.5	23	18	32	32	21	5.5	–	–	–
最大胸径(m)	47.1	36.5	29.2	55.7	90	50.3	29.4	55.5	44.2	51.8	49.5	11.1	–	–	–
胸断面积(m^2/hm^2)	26.1	32.2	26.8	34.4	62.5	44.8	14.8	39.5	26.4	52.2	22.4	2.25	–	–	–
立木密度(no/hm^2)	2175	2083	1083	1400	833	1650	1666	1850	1866	1525	2266	750	–	–	–
种数	20	27	14	35	15	31	9	24	29	22	24	5	23	20	10
rgalef 指数	11.7	8.19	9.44	11.9	7.34	11.2	5.8	7.06	6.9	5.73	9.7	3.82	2.62	2.25	0.925
Simpson 指数	23.3	18.5	13.7	21.8	19.7	26.2	3.52	4.98	8.16	10.7	13.6	6.85	2.39	1.58	1.514
Shannon－Wiene 指数	3.55	3.32	3.2	3.54	3.25	3.57	2.03	2.39	2.84	2.74	3.18	2.26	1.3	0.66	0.783
Pielou 均匀度指数	0.83	0.85	0.79	0.82	0.87	0.86	0.57	0.63	0.79	0.81	0.77	0.71	0.41	0.37	0.34
生态优势度	0.04	0.06	0.07	0.05	0.05	0.04	0.29	0.2	0.13	0.1	0.08	0.15	0.42	0.63	0.66

另外,立木密度(N)随海拔升高也有先降低后增加然后再降低的趋势(图8－4－2d)。低海拔地段森林经历强度择伐,上层高大乔木被砍除,形成宽大林窗,下层小树得以迅速生长,整个群落正处在自由竞争时期,所以立木密度较大。中海拔地段群落比较成熟,主林层郁闭度大,小树相对受压抑,加上人为干扰,所以立木密度不高,中高海拔地段人迹罕至,群落充分发育,树干又多分枝,故立木密度又再次增加,当然山顶地段因自然条件的原因,立木又很快下降。

②物种多样性的垂直梯度变化。齐云山自然保护区各群落物种数(S)和Margalef指数(DM)随着海拔梯度增加而下降的趋势(图8－4－3a)。从低海拔常绿阔叶林群落的74种下降到山顶矮林群落的24种(森林群落不计草本),再下降至山地草甸的10种,这种下降趋势非常明显。

群落物种多样性指数(Simpson指数和Shannon－Wiener指数),随着海拔梯度增加而下降的趋势(图8－4－3b)。Simpson指数和Shannon－Wiener指数分别从低海拔常绿阔叶林群落的23.3和3.55下降到山顶矮林群落的2.86与2.26,然后再继续下降至山地草甸的1.51和0.78种,这种下降趋势非常明显。

沿海拔梯度的变化，齐云山自然保护区群落均匀度也呈现下降的趋势，但群落优势度表现随海拔梯度增加而增加的趋势（见图 8－4－3c，d）

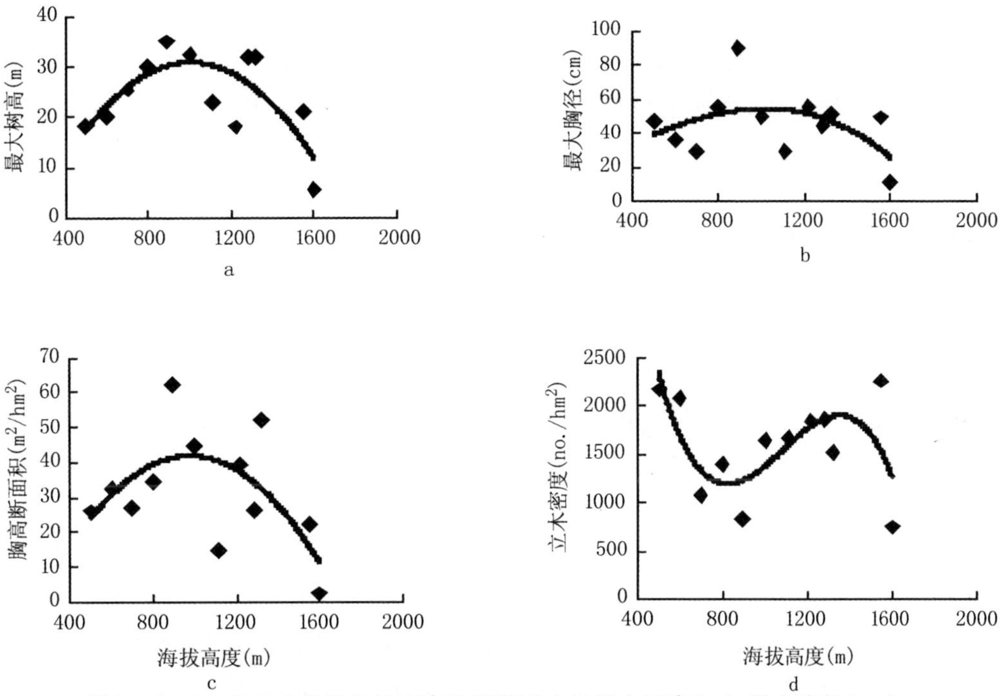

图 8－4－2　齐云山自然保护区森林群落乔木层最大树高（m）、最大胸径（cm）、胸高断面积（m^2/hm^2）、立木密度（No. /hm^2）沿海拔高度（m）的变化

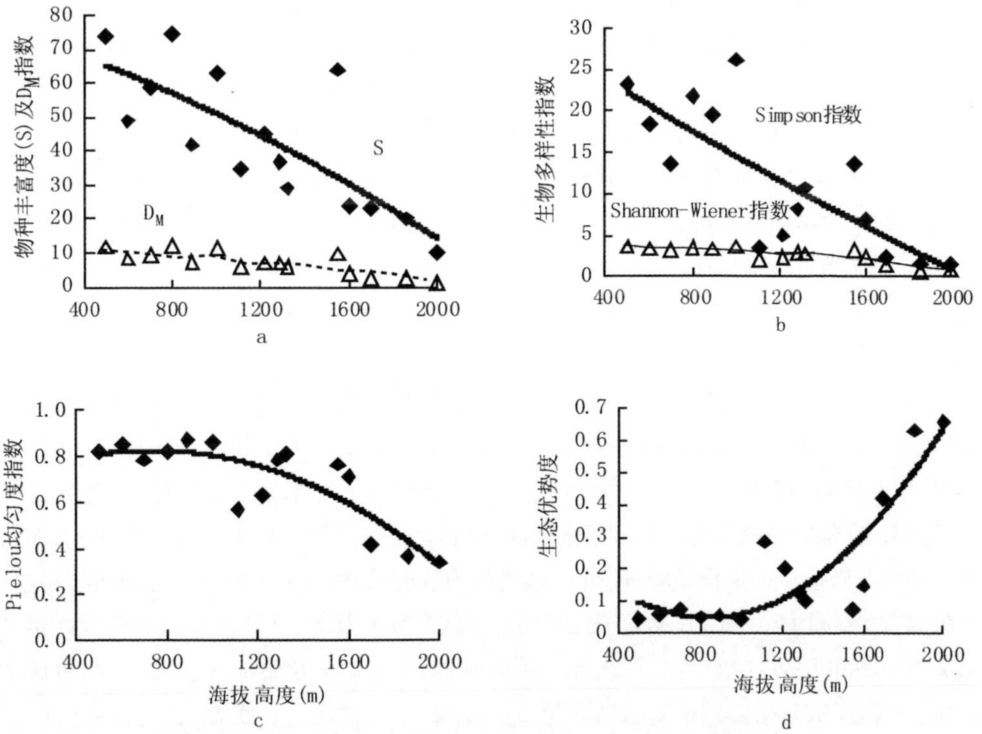

图 8－4－3　齐云山自然保护区森林群落物种丰富度（DM）、物种多样性指数（Ds、H'）Pielou 均匀度、生态优势度沿海拔高度（m）的变化

齐云山自然保护区群落生物多样性与海拔梯度的以上关系的呈显，一方面是因为自然条件的原因，另一方面是因为人为干扰的原因。低海拔地段自然条件优越，适合多数植物生长，加上人类砍伐干扰，群落正处在自由竞争的进展演替初期，所以物种数目多，而且种间多度分配也较均匀。而随海拔升高，森林群落趋于成熟、优势种业已形成，群落较为稳定，植物种类不多，至高海拔地段，因为自然条件恶劣，适应这里条件的植物不多，主要就是台湾松、山柳、杜鹃花科等少量种类，所以这里不但物种丰富度低，而且优势度明显，随着海拔进一步增加，气候、土壤条件进一步恶化，木本植物大大减少，再加上原来曾经发生过森林火灾，现在又连年放牧等人类活动的干扰，齐云山主峰几乎没有有森林群落，而代之以山地草地(草甸)。然而不同海拔高度的草甸也有差别，1700m 处土壤相对较厚、较肥、较潮湿，风也不大，所以这里的草类比更高，尤其是山峰 2000m 处要多，种间多度分配也要均匀，故山峰草地群落的物种最少，生态优势度也最大。

2　植物群落的演替

任何植物群落都不是静止不变的，而是随着时间的进程，总处在不断的变化和进展之中。这种变化，一方面，是由于组成群落的各种植物都有其生长、发育、繁殖、传播、死亡的过程，同时植物之间的相互关系又直接或间接地影响着这个过程；另一方面，外界环境条件也在不断变化，这种变化也随时影响着群落变化的方向和进程。这样，随着时间的推移，会出现一个群落为另一个群落取代，这种动态过程就是群落演替(Succession)。研究植被的动态演替规律，对我们揭示自然界物质循环和能量转移规律有着极为重要的意义。

从较长的时间发展尺度看，齐云山植物群落的自然演替过程也存在旱生演替(Xerarch succession)和水生演替(Hydrarch succession)两个演替系列。而且演替的起点都是从无生命存在的裸地和裸域开始，并沿着演替系列的必然方向，经过若干演替阶段，逐步到相对稳定的演替顶极(Climax)阶段——常绿阔叶林群落。

齐云山常绿阔叶林与其他地区常绿阔叶林一样，也是我国亚热带地区地史上新生代第三纪残遗下来的古老森林植被类型，植被类型所含植物种类丰富，群落层次复杂，尚有大量层外植物存在。在这样发育成熟的植物群落中，植物与植物之间，植物与环境因素之间，已经建立起和谐协调又相互制约的关系，既能自行调节又能自行施肥和自行更新，形成了物质和能量的良好转换的平衡，致使外来植物很难侵入到这种结构良好的群落中去的。如果大气候状况无重大改变，这种地带性的常绿阔叶林是能够保持着其相对稳定状态的。

但是，常绿阔叶林的稳定，是相对的和有条件的，它们一旦遭到外界的干扰和破坏，便会发生逆向演替。如在遭到砍伐以后，林地环境条件就会恶化，这时，强阳性的针叶树马尾松和阳性落叶阔叶树种(如拟赤杨、枫香、青榨槭等、光皮桦)便相继侵入砍伐迹地中。当它们侵入的种子、萌芽生长达到一定程度，便形成针阔叶树混交林或常绿与落叶阔叶树混交林。如果人为干扰继续发生作用时，常绿阔叶树逐渐减少，便逆行演替为马尾松针叶林或阳性的落叶阔叶林。如果人为干扰停止，随着喜光先锋林的不断生长发育，在郁闭的喜光先锋林群落中，针叶树和喜光落叶阔叶树的幼苗发育不良，而耐荫性的常绿阔叶树的幼苗则能良好生长发展，便可正向演替为针叶树或落叶阔叶树与常绿阔叶树混交林，最终还是演替为常绿阔叶林。如果外界的干扰和破坏继续存在和加重，林地的有机物质在高温多雨的气候条件下不断分解和流失，土壤保水、持水能力不断降低，便不利于植物的生长和发育，而且土壤冲刷也日趋严重，土层逐渐减薄，立地环境条件恶化，也更不利于植物的生长发育，林地便逆向演替为荒山灌木草丛，甚至于成为裸地的危险，这是一个恶性循环过程。在这种反馈作用的影响下，林地环境将发生质的变化，这时植被的逆向演替将是一个不可逆的过程，从而植被便相对稳定地停留在荒山灌木草丛阶段。换言之，常绿阔叶林在长时期的、不间断的人为反复干扰和破坏下，植被演替将偏离原来的轨道而走入危险的“歧途”，继而演替为相对稳定的，具有半地带性质的“偏途演替顶极”(Disclimax)。

毛竹林在齐云山分布也有一定的面积，也是本地植物群落演替过程中一个重要阶段。它的发展主要靠强大的地下茎自行向林缘逐渐扩展,特别是向水肥条件较好的地段发展更快。当毛竹地下茎蔓延至荒山草地和灌丛地时,可能形成毛竹纯林,尤以群山谷地和山坡下部为常见。当蔓延至杉木林、马尾松林或阔叶林时,往往形成竹杉混交林、竹松混交林、竹阔混交林或三者兼有的竹针阔混交林。但毛竹地下茎却很难侵入阴性常绿阔叶树占绝对优势的地段,即使侵入,一般也不能发展成毛竹林,只能是常绿阔叶林中的一个伴生树种。在毛竹混交林内通常有栲类阔叶树的幼苗和幼树,如果不加以人为干涉,将逐渐形成毛竹与栲类混生的竹阔混交林,并缓慢地演替成亚热带常绿阔叶林的顶极群落。如果常绿阔叶林遭到人为的砍伐或发生严重的自然灾害,破坏了原生林的结构和生态环境,毛竹就可能靠其地下茎的强大繁殖能力,迅速地蔓延发展,排除部分伴生树种的影响而演替为以毛竹为主的森林群落。目前,为了提高竹林生产力,人们往往对天然的竹杉混交林、竹松混交林、竹阔混交林和竹针阔混交林进行改造,通常把混交林的松、杉、阔叶树树种环割致死或砍伐利用,各种毛竹混交林就逐渐被改造成了毛竹纯林。这是人为干扰演替的结果。而且由于连续的强度采伐或不加限制地连年滥挖冬春笋,或毛竹开花结实后任其荒芜,有的毛竹林就会衰败,甚至为灌丛所代替。

另外,山顶矮林也是一类比较稳定的植物群落。它具有一定的垂直地带性的特点,凡是在山地云雾线地带,陡峻迎风的孤峰和山脊上都有山顶矮林出现。因此,该类型除受亚热带地区及其垂直带上的大气候条件制约外,还决定于以这种大气候条件为背景的局部气候条件。而这种局部气候条件又与地形条件有关。因此,山顶矮林便可以被认为是半地带性的地形顶极植物群落。

总之,植被的演替、变化则是非常复杂的,但与自然界的其它物质一样,都以运动为其本质,同时,又以在运动中求得相对稳定和平衡为最终归宿,它们都在沿着平衡——不平衡——平衡的螺旋形轨道不断上升和发展。由于植物群落的性质、生态条件、演替动因等方面的差异,便形成若干不同性质的顶极群落。因此,在本地区,除典型的气候顶极常绿阔叶林外,还同时存在其它演替顶极——多元演替顶极(Polyclimax),或者说齐云山植被,就是由多元顶极植物群落和多演替发展阶段镶嵌而成的总体。综上所述,常绿阔叶林的演替可归纳为(图 8－4－4)。

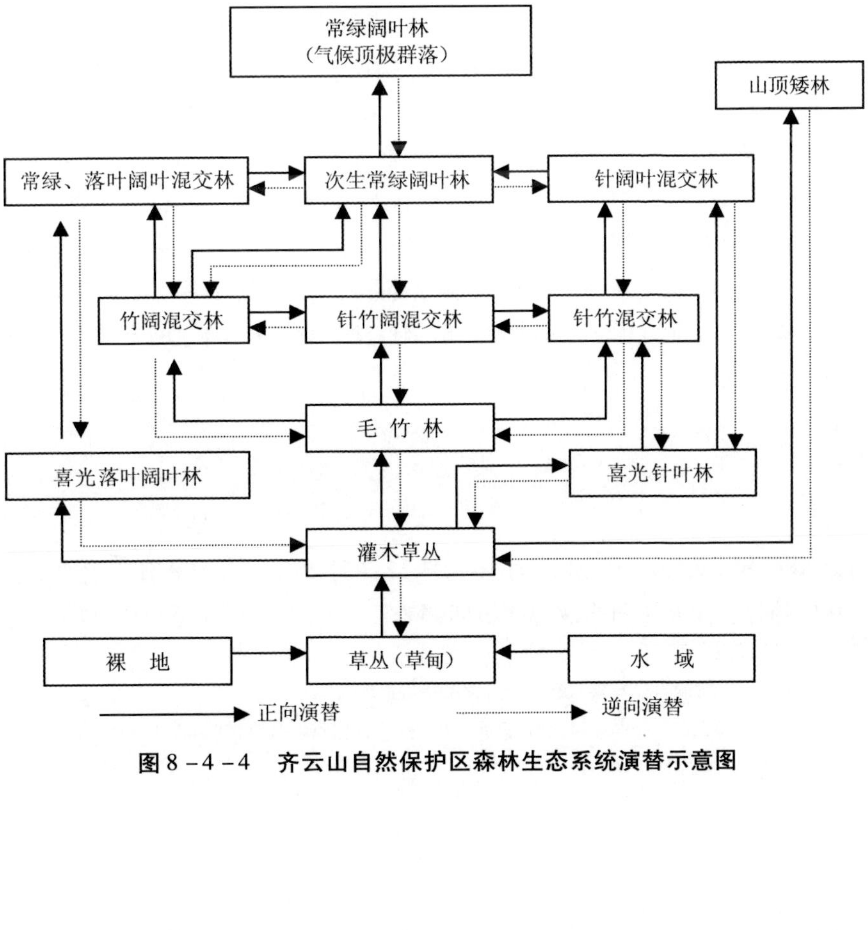

图 8－4－4 齐云山自然保护区森林生态系统演替示意图

第9章　野生兽类动物区系

江西齐云山自然保护区(以下简称为齐云山保护区)位于中国南部、罗霄山脉南端的诸广山区,始建于1997年,为江西省赣江源头附近重要的自然保护区之一。有关齐云山保护区的野生动物资源调查,仅见于2002年江西省赣州市林业科学研究所刘体应等的科学考察初步报告[67],其中记载28种兽类,隶属8目15科。为加强野生动物资源的科学保护和可持续利用,更好地掌握兽类资源现状,申报国家级自然保护区,作者于2007年1月、5月、7月~8月,对齐云山保护区兽类资源进行了3次实地考察,现将考察结果报道如下。

1　自然概况

齐云山保护区位于江西省崇义县西北边缘的思顺乡和上堡乡境内,属罗霄山脉南端的诸广山系,地理坐标为113°54′37″~114°07′34″E,25°41′47″~25°54′21″N,总面积为17105 hm^2。地势为西高东低,西依诸广山,与湖南省桂东县交界;北与江西省上犹县五指峰乡接壤;东、南面分别与崇义县思顺乡和上堡乡相连。区内群山叠起,海拔高度在1500m以上的山峰有18座,最高峰—齐云山顶峰海拔2061.3m,为江西省第四高峰、赣南最高峰。区内溪河纵横,水资源丰富,山间有13条河流汇入赣江章水源头-上犹江中。保护区气候属典型的亚热带湿润型季风气候带,常年温暖湿润,雨量充沛。年均气温17℃,年均降水量1568.7mm,年均日照时数1310.4~1342.4h。保护区地质结构主要为加里东期花岗闪长岩及燕山期花岗岩,并由此发育成山地黄红壤、黄棕壤及高山草甸土。森林植被有以马尾松为主的常绿阔叶林、常绿、落叶阔叶混交林、落叶阔叶林、针叶林、毛竹林、山顶矮林等。保护区地处省际边界,交通不便,人口稀少,加之受第四纪冰川的影响较少,保存有一批珍稀、原始的野生植物群落,其优越、幽静的自然环境为野生动物提供了良好的生存、繁衍条件[67]。

2　研究方法

2.1　调查方法

调查时间为2007年1月10~19日、5月16~23日、7月26日~8月8日。主要采用样带法和铗捕法调查,并辅以网捕法、样方法和非诱导式访问调查法。在样带调查过程中,观察、统计和记录每

杨道德[1],喻兴雷[1],李竹云[1],何振[1],卢和军[2],陈辉敏[3],谭庭华[3],黄声亮[3]

1. 中南林业科技大学野生动植物保护研究所,长沙 410004;2. 江西省崇义县林业局野生动植物保护站,崇义 341300;
3. 江西齐云山省级自然保护区管理局,崇义 341300

条样带中心线每侧 15m 内的兽类活体及足迹、粪便、叫声等活动痕迹[224]；晚上在溪沟旁、林地内等处布设鼠铗、兽铗，以采集小型兽类。同时走访当地老猎人、老护林员，查看社区居民收藏的兽类标本。

2.2 多样性指数分析

蒋志刚和纪力强(1999)提出的 G－F 指数[225]，是研究科、属水平上的物种多样性以及衡量一个地区长期的多样性变化指数。科、属水平上的 G－F 指数：$D_{G-F} = 1 - DG/DF$。规定：如果哺乳纲中所有的科都是单种科，即 $DF = 0$ 时，则规定该地区的 G－F 指数为零，$D_{G-F} = 0$。

F 指数：$D_F = \sum_{k=1}^{m}$，$D_{FK} = -\sum_{i=1}^{n} p_i \ln p_i$，G 指数：$DG = -\sum_{j=1}^{p} q_i \ln q_i$

其中：$pi = s_{ki} / Sk$，Sk = 兽类名录中 k 科中的物种数，s_{ki} = 兽类名录中 k 科 i 属中的物种数，n = 兽类名录中 k 科中的属数，m = 兽类名录中的科数。$q_j = s_j / S$，S = 兽类名录中的物种数，sj = 兽类名录中 j 属中的物种数，p = 兽类名录中的属数。

Jaecard 物种相似性系数：$I = 2c/[2ab-(a+b)-c]$，其中，a 表示 a 地物种数，b 表示 b 地物种数，c 表示 a 地与 b 地共有的物种数。

物种密度(即用该保护区的兽类物种总数除以保护区的总面积)来计算保护区物种分布密度；用 SPSS(12.0)统计软件做聚类分析。

3 调查结果

3.1 物种组成

齐云山保护区现已记录 45 种兽类，分属 8 目 20 科(表 9－1)[107.167.211]。其中：食虫目 2 科 3 种，翼手目 3 科 5 种，灵长目 1 科 1 种，鳞甲目 1 科 1 种，兔形目 1 科 1 种，啮齿目 4 科 11 种，食肉目 5 科 18 种，偶蹄目 3 科 5 种。其中以食肉目和啮齿目物种为主(占 64.44%)；其次为偶蹄目和翼手目物种。

3.2 区系特征

因保护区地处南岭山脉与罗霄山脉的过渡地带，故区内兽类区系组成在东洋界华中区占着特殊的地位[58.59]。齐云山保护区兽类区系属东洋界、华中区、东部丘陵平原亚区。齐云山保护区兽类物种组成以东洋界种类 33 种占明显优势(表 1)，占齐云山兽类总物种数的 73.33%。东方伏翼 *Pipistrellus javanicus*、小家鼠 *Mus musculus*、褐家鼠 *Rattus norvegicus*、黄鼬 *Mustela sibirica*、赤狐 *Vulpes vulpes*、野猪 *Sus scrofa* 等 10 种广布种在该保护区内广泛分布；古北界物种青鼬 *Martes flavigula* 和猪獾 *Arctonyx collaris* 亦在该保护区内有分布。齐云山保护区兽类区系表现出以东洋界物种为主、古北界物种和东洋界物种混杂的区系特征。

3.3 生态类型

根据兽类生境和生态习性，将齐云山保护区兽类分为下列 7 种生态类型[108.249]：

(1) 地下生活型：竹鼠科、鲮鲤科、鼹科共 4 种，占保护区兽类总物种数的 8.89%；(2) 半地下生活型：鼩鼱科 2 种、鼠类 5 种、鼬的小型食肉类 2 种、兔科 1 种、豪猪共 11 种，占 24.44%；(3) 地面生活型：主要是偶蹄目和食肉目中的大中型兽类，如野猪、黄麂等，共计 13 种，占 28.89%；(4) 树栖型：主要指在树上栖息的种类，包括松鼠科 2 种和鼬科的青鼬、猴科中的藏酋猴，占 8.89%；(5) 半树栖型：种类主要是灵猫科和猫科共 7 种，占 15.56%；(6) 半水栖型：仅鼬科水獭 1 种，占 2.22%；(7) 岩洞栖息型：翼手目 5 种，占 11.11%。

表 9－1　江西齐云山自然保护区兽类名录、区系、保护级别及资源量

物种名称、分类地位	动物区系			保护级别		资源量
	东洋界	古北界	广布种	国家级	CITE 附录	
Ⅰ 食虫目 INSECTIVORA						
(一)鼹科 Talpidae						
1 华南缺齿鼹 *Mogera insularis*	※			○		+ +
(二)鼩鼱科 Soricidae						
2 臭鼩 *Suncus murinus*	※					+ +
3 灰腹水麝鼩 *Chimarogale styani*	※					+ +
Ⅱ 翼手目 CHIROPTERA						
(三) 蝙蝠科 Vespertilionidae						
4 褐山蝠 *Nyctalus noctula*	※					+ +
5 普通伏翼 *Pipistrellus pipistrellus*	※					+ +
6 东方伏翼 *Pipistrellus javanicus*			※			+ +
(四) 菊头蝠科 Rhinolophidae						
7 鲁氏菊头蝠 *Rhinolophus rouxii*	※					+ +
(五) 蹄蝠科 Hipposideridae						
8 大蹄蝠 *Hipposideros armiger*	※					+ + +
Ⅲ灵长目 PRIMATES						
(六) 猴科 Cercopithecidae						
9 藏酋猴 *Macaca thibetana*	※			Ⅱ	Ⅱ	+
Ⅳ 鳞甲目 PHOLIDOTA						
(七) 鲮鲤科 Manidae						
10 穿山甲 *Manis pentadactyla*	※			Ⅱ	Ⅱ	－
Ⅴ 兔形目 LAGOMORPHA						
(八) 兔科 Leporidae						
11 华南兔 *Lepus sinensis*	※			○		+ + +
Ⅵ 啮齿目 RODENTIA						
(九) 松鼠科 Sciuridae						
12 赤腹松鼠 *Callosciurus erythraeus*	※			○		+ +
13 隐纹花松鼠 *Tamiops swinhoie*	※			○		+ +
(十) 豪猪科 Hystricidae						
14 豪猪 *Hystrix brachyura*	※			○		+ +
(十一) 鼠科 Muridae						
15 小家鼠 *Mus musculus*			※			+ +
16 白腹巨鼠 *Leopoldamys edwardsi*	※			○		+ + +
17 黄毛鼠 *Rattus losea*	※					+ + +
18 褐家鼠 *Rattus norvegicus*			※			+ +
19 社鼠 *Rattus niviventer confucianus*			※	○		+ +
20 青毛鼠 *Rattus bowersi*	※					+ +
(十二) 竹鼠科 Rhizomyidae						
21 花白竹鼠 *Rhizomys pruinosus*	※			○		+ + +
22 中华竹鼠 *Rhizomys sinensis*	※			○		+ +
Ⅶ 食肉目 CARNIVORA						
(十三) 犬科 Canidae						
23 赤狐 *Vulpes vulpes*			※	○		－
24 豺 *Cuon alpinus*	※			Ⅱ	Ⅱ	－
25 貉 *Nyctereutes procyonoides*	※			○		
(十四) 鼬科 Mustelidae						
26 青鼬 *Martes flavigula*		※		Ⅱ		+
27 黄鼬 *Mustela sibirica*			※	○		+ + +

（续表）

物种名称、分类地位	动物区系			保护级别		资源量
	东洋界	古北界	广布种	国家级	CITE 附录	
28 黄腹鼬 *Mustela kathiah*	※			○		+ +
29 鼬獾 *Melogale maschata*	※			○		+ + +
30 狗獾 *Meles meles*			※	○		+ +
31 猪獾 *Arctonyx collaris*		※		○		+ + +
32 水獭 *Lutra lutra*			※	Ⅱ	Ⅰ	+
（十五）灵猫科 Viverridae						
33 大灵猫 *Viverra zibetha*	※			Ⅱ		+
34 小灵猫 *Viverricula indica*	※			Ⅱ		+ +
35 花面狸 *Paguma larvata*	※			○		+ + +
36 斑林狸 *Prionodon pardicolor*	※			Ⅱ	Ⅰ	+ + +
（十六）獴科 Herpstidae						
37 食蟹獴 *Herpestes urva*	※			○		+
（十七）猫科 Felidae						
38 豹猫 *Felis bengalensis*	※			○	Ⅱ	+ +
39 云豹 *Neofelis nebulosa*	※			Ⅰ	Ⅰ	-
40 豹 *Panthera pardus*			※	Ⅰ	Ⅰ	-
Ⅷ 偶蹄目 ARTIODACTYLA						
（十八）猪科 Suidae						
41 野猪 *Sus scrofa*			※	○		+ + +
（十九）鹿科 Cervidae						
42 黄麂 *Muntiacus reevesi*	※			○		+ + +
43 毛冠鹿 *Elaphodus cephalophus*	※			○		+ + +
44 水鹿 *Cervus unicolor*	※			Ⅱ		+ +
（二十）牛科 Bovidae						
45 鬣羚 *Capricornis sumatraensis*	※			Ⅱ	Ⅰ	+

备注：保护级别：国家级Ⅰ、Ⅱ和○分别表示为国家一级重点保护野生动物、国家二级重点保护野生动物、“国家保护的有益的或者有重要经济、科学研究价值的陆生野生动物”。CITES 附录Ⅰ、Ⅱ分别表示为被列入《濒危野生动植物种国际贸易公约》附录Ⅰ和附录Ⅱ中的物种。资源量：“+ + +”、“+ +”、“+”、“-”分别表示优势种、常见种、稀有种、濒危种。

3.4 资源现状与垂直分布

齐云山保护区兽类数量优势种有：华南兔 *Lepus sinensis*、野猪、银星竹鼠 *Rhizomys pruinosus*、鼬獾、黄麂、华南兔、白腹巨鼠 *Leopoldamys edwardsi*、黄毛鼠 *Rattus losea*、隐纹花松鼠、大蹄蝠 *Hipposideros armiger*、毛冠鹿等。因大多兽类有食用、毛皮用或药用价值，导致银星竹鼠、野猪、鼬獾、花面狸 *Paguma larvata*、黄麂、白腹巨鼠和隐纹花松鼠等兽类经常被非法捕杀，保护区内兽类生存压力较大。

在海拔 1500m 以下生境中，有野猪、狗獾 *Meles meles*、猪獾、鼬獾、豪猪、赤腹松鼠 *Callosciurus erythraeus*、隐纹花松鼠 *Tamiops swinhoie*、水鹿 *Cervus unicolor*、花面狸、中华竹鼠 *Rhizomys sinensis*、花白竹鼠和水獭 *Lutra lutra* 等兽类活动。

在海拔 1500m 以上的常绿、落叶阔叶混交林及山地矮林中，有 9 种兽类在该类生境中出没，这些兽类包括藏酋猴 *Macaca thibetana*、斑林狸、豹猫、云豹、豹 *Panthera pardus*、野猪、毛冠鹿、鬣羚、鼬獾[227]。

3.5 珍稀保护兽类

3.5.1 保护兽类种类

齐云山保护区有 12 种兽类为国家重点保护野生动物[140]，占该保护区兽类总物种数的 26.67%。

其中豹、云豹为国家一级重点保护野生动物；藏酋猴、穿山甲、豺、青鼬、水獭、大灵猫、小灵猫、斑林狸、鬣羚、水鹿共10种为国家二级重点保护野生动物；另有22种兽类属"国家保护的有益的或者有经济、科学研究价值的陆生野生动物"[168]，占该区兽类总物种数的48.89%；有10种兽类为江西省地方重点保护野生动物。华南缺齿鼹和黄麂(*Muntiacus reevesi*)为中国特有种。

水獭、云豹、豹、斑林狸、鬣羚共5种被列入《CITES公约》附录Ⅰ；穿山甲、豺、藏酋猴、豹猫共4种被列入《CITES公约》附录Ⅱ；穿山甲、水獭、云豹、豹、豺、豹猫、大灵猫、鬣羚共8种被列入《中国濒危动物红皮书(兽类)》。

这些保护动物中，濒危的有小灵猫、豹猫、大灵猫、藏酋猴、鬣羚等；濒临绝迹的有豹、豺、赤狐、貉、云豹、穿山甲、水獭等。

3.5.2 水鹿资源

据实地考察并结合访问调查得知：齐云山保护区分布有水鹿21头左右。在上冬瓜坪大约9 km^2的山地中分布有8~9头水鹿，分为两个家群活动；在仙人足迹大约4km^2的区域有一个由3头水鹿组成的家群活动；在石盘山大约8km^2的区域上有10头水鹿活动。在10月上旬~2月上旬水鹿一般到农地里觅食，此时易被当地居民发现。随着冬季的到来，水鹿逐渐集中到上冬瓜坪、仙人足迹和石盘山觅食。在冬季结束以后，水鹿又逐渐离开这些区域，扩散到五指峰、诸广山脉等地。水鹿活动的山区，植被覆盖率较高，均在90%以上，林地郁闭度高，树种以水鹿喜好的杉树 *Cunninghamia laceolata*、马尾松 *Pinus massoniana*、木麻黄 *Casuarina equlsetifolia* 为主[133]。

3.5.3 藏酋猴资源

齐云山保护区存在一个10只左右的藏酋猴群，主要分布在上十八垒的赤壁岩大约8 km^2的阔叶林中，喜栖于落叶阔叶林、悬崖峭壁、溪流泉边，偶尔也到针阔混交林中活动。傍晚多在石崖上过夜，很少树栖。藏酋猴一般以群居生活，猴群遇到惊吓后会发出"呜、呜"的报警声，不断在树枝上跳动，恐吓来犯者。根据收集到的取食痕迹发现：藏酋猴采食植物的芽、叶、嫩枝、树皮、花、果等，有时也窜入农田盗食农作物[68.109.259]，这也与访问调查所得结果一致。

3.6 兽类资源分析比较

3.6.1 与保护区历史记载比较

在2002年为建立省级自然保护区时进行了野生动植物资源初步考察，当时记录齐云山兽类28种，隶属8目15科。本次调查兽类记录到45种，科由15科增加到20科。调查中发现了云豹袭击耕牛的痕迹，显示区内仍有云豹分布。历史上记录华南虎曾在该保护区有活动痕迹，咬伤过人、畜，但因很多年未发现、已基本绝迹，故此次调查未列入兽类名录中。

3.6.2 与周边自然保护区比较

分别对齐云山保护区邻近的江西井冈山国家级自然保护区、江西九连山国家级自然保护区、湖南八面山国家级自然保护区、湖南桃源洞国家级自然保护区、广东象头山国家级自然保护区兽类的G-F指数[69.74.91.169.190]和兽类物种相似性系数进行了统计比较和聚类分析(表9-2,图9-1)，结果表明：齐云山和九连山自然保护区在兽类种类、G指数均十分接近，但F指数和G-F指数有明显差别，九连山自然保护区要高于齐云山保护区。这可能是九连山自然保护区与齐云山保护区地理位置接近，生境组成相似。八面山自然保护区各项指数均比齐云山自然保护区高，主要是因为该保护区虽然面积较小，但是适宜兽类生存的生境多种多样，物种密度较大。齐云山保护区因面积大、物种数不多，导致物种密度不大。这可能与齐云山海拔跨度从750~2 000m之间的垂直生境带数目少，兽类物种数不很多有关[92.93]。

表 9－2　江西齐云山自然保护区与邻近的 6 个国家级自然保护区兽类物种多样性指数比较

项目	齐云山	井冈山	官山	九连山	八面山	桃源洞	象头山
总面积（km^2）	188.7	158.7	115.0	134.1	109.7	113.2	107.0
目数	8	8	8	7	8	8	7
科数	20	17	18	18	21	19	18
物种数	45	42	37	57	56	42	44
国家一级保护动物物种数	2	3	2	3	3	3	1
国家二级保护动物物种数	10	10	7	11	13	11	6
相同物种数	—	33	28	40	36	31	31
物种相似性系数	—	0.0180	0.0174	0.0160	0.0147	0.0169	0.0161
F 指数	7.7970	10.5119	6.1149	10.5119	10.3495	8.1526	5.5521
G 指数	2.5862	2.5681	2.6448	2.1173	3.4793	2.6316	2.5150
G－F 指数	0.6683	0.7557	0.5675	0.7986	0.6638	0.6772	0.5470
物种密度（种/ km^2）	0.2384	0.2647	0.3217	0.4250	0.5105	0.1766	0.4113

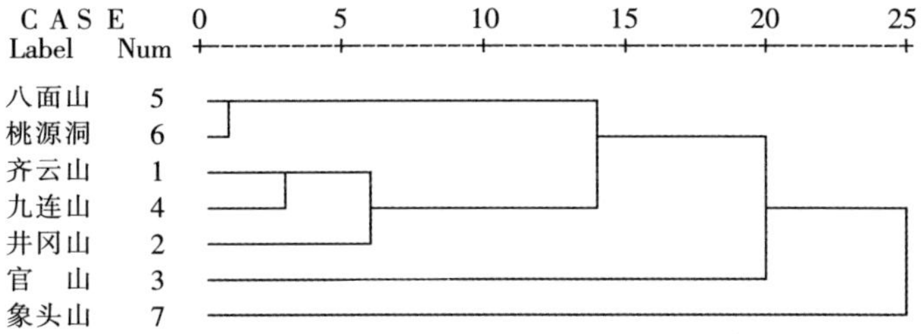

图 9－1　江西齐云山自然保护区与邻近 6 个国家级自然保护区兽类聚类分析

4 讨论与建议

G－F 指数总结了动物区系中物种组成信息，分别在科、属水平上说明了地区的生物多样性，能反映较长时间内一个地区的物种多样性，用于评价物种多样性将更为客观全面[57]。从本文 G－F 指数分析来看，保护区的兽类物种密度和物种数不仅取决于保护区面积大小，而且与生境中的植被复杂性有关系。兽类对植被的依赖性强，面积大、山多和植被多样的保护区中兽类的物种丰富度要高一些。这说明保护区面积越大，对物种多样性的保护越有利。

从物种丰富度来看，齐云山兽类物种密度高于鄱阳湖和桃源洞，与井冈山持平，稍低于官山、九连山等保护区；聚类分析结果也显示齐云山与相临较近的国家级保护区的兽类物种相似度高一些。这表明：齐云山保护区是罗霄山脉—南岭山系的重要组成部分，是罗霄山脉诸广山系生物多样性的精华所在，对整个罗霄山脉的物种多样性保护起关键作用。

齐云山保护区兽类资源丰富、珍稀濒危兽类众多，具有重要的保护价值，但随着保护区实施保护措施的力度加大和当地居民的保护意识增强，保护成效逐渐明显的同时也显现出一些问题。如保护区内人为的建筑设施（如水渠等）成为某些动物在迁移扩散时难以跨越的障碍，甚至导致死亡；生境破坏和过度捕猎等因素导致大型猫科动物减少甚至濒临灭绝，豺、赤狐在齐云山保护区已基本绝迹，豹、云豹、穿山甲、水獭等保护兽类数量稀少、濒临灭绝，亟需加强保护；因缺乏天敌的控制，野猪、水鹿等动物的数量逐渐增多，造成保护区与当地居民的冲突增多。

基于保护区兽类资源特点和保护管理现状，特提出以下建议：

（1）加强保护区的基础设施建设，积极引进专业技术人才和管理人才；

（2）积极开展自然保护宣传和执法，加强社区共管，对野生动物对居民造成的损失进行有效评估并及时赔偿；

（3）开展科学研究，加强珍稀濒危物种的种群监测和生境保护，撤除不必要的建筑设施，在动物难以跨越的障碍上增加防护措施，减少生境破碎化；

（4）提高保护区管理水平，积极申报国家级自然保护区，以便更好地发挥齐云山保护区的综合效益和保护价值。

第10章 鸟类区系分析

1 鸟类调查与多样性分析

生物多样性是人类赖以生存的物质基础,自然保护区是生物多样性保护的场所,自然保护区的建立和有效管理是生物多样性保护的战略举措。生物多样性保护的首要工作是用物种丰富度指标来判断不同生境或地区的相对重要性。鸟类是自然生态系统中的消费者,在整个生态系统中扮演着重要的角色,对生态平衡及环境保护起到"指示剂"的作用,是环境监测非常有效的指示物种(郑光美,1995;Sutherland,1996)。鸟类多样性保护是生物多样性保护的重要部分。

江西齐云山自然保护区地处罗霄山脉向南岭山脉延伸的诸广山系腹地,地形复杂,海拔相对高差达1761.3m,气候垂直分布明显。境内群山叠起,沟壑纵横,植被丰富,人为干扰少,水热条件好,且位于我国中部候鸟迁徙的重要通道上,是我国中部候鸟迁徙通道的重要组成部分。齐云山保护区特殊的地理位置和独特的气候条件,决定了该保护区鸟类区系的复杂性和鸟类资源的丰富性。齐云山保护区鸟类资源保护在全国乃至全球鸟类多样性保护中意义重大,加强齐云山保护区鸟类资源保护迫在眉睫。

为查清该保护区鸟类资源及其生境状况,江西省林业科学院野生动植物保护研究所于2006年10月到2007年10月,对江西齐云山保护区的鸟类资源进行了调查。

1.1 研究方法

1.1.1 调查方法

依据鸟类季节活动特征,于2006年11月和2007年2月、3月、4月、7月、9月,采取样线法、样点法和访问调查相结合的方法对齐云山保护区鸟类进行了较为详细的调查。

(1)样线法。根据保护区的地形地貌、植被、水文及土地利用状况,结合鸟类生态习性,选取6条样带,即①管理站—上、下十八垒,②管理站—新地,③管理站—冬瓜坪,④杨柳洞—茶坑—上堡,⑤桶江—香炉坝—高桥—浊水—管理站,⑥管理站—走马洞—老屋场。样带总长93km。样带基本覆盖整个保护区范围和保护区内的所有生境类型及海拔范围。

调查时间选择在6:00~10:00 和15:00~18:00(季节不同时间略有差异)鸟类活动高峰期,以1.5~2.0 km/h 速度步行调查,记录在调查样线两侧见到或者听到的鸟(实体、叫声或痕迹)的种

作者:黄晓凤[1],单继红[1],孙志勇[1],汪志如[1],涂业苟[1],张頲[1],刘晓华[1],承勇[2],宋玉赞[2],卢和军[3],李应刚[3],黄声亮[4],谭庭华[4]

1. 江西省林业科学院野生动植物保护研究所,江西 南昌 330032;2. 江西井冈山国家级自然保护区,江西 井冈山 343600;

3. 崇义县野生动植物保护管理站,江西 崇义;4. 江西齐云山自然保护区管理局,江西 崇义

类、数量，以及发现地点的生境状况、人类活动类型及程度。每个季节每条样线重复调查3次，以重复观察的平均值作为统计依据。

根据样带的长度和行走的难易程度，采取同一样线多组从不同地段同时调查，以达到一条样线在同一调查日完成。考察主要选用设备有科瓦8倍定焦双筒望远镜、尼康10～22倍变焦双筒望远镜、单筒望远镜(10～60倍)、佳能单反数码相机和GPS。

(2)样点法。主要用来调查鸟类迁徙情况。根据保护区技术人员多年的监测情况，在正龙坳选取3个观察点，采取网捕和直接记数法，记录鸟类的种类和数量。

(3)调查访问。共进行6次座谈调查。通过走访当地林场职工、村民，特别是曾经当过猎户的村民，提供鸟类图鉴供他们参考，获得了部分隼形目、鸮形目和鸡形目鸟类的种类及数量信息。

1.1.2 资料收集

(1)收集崇义县近年来执法收缴的野生鸟类的数量统计；

(2)县志等历史材料；

(3)江西省野生动植物保护管理局的内部资料；

(4)赣州市林科所完成的江西省齐云山自然保护区动植物资源初次调查报告；

(5)江西齐云山自然保护区管理处历年来的鸟类调查数据和标本。

1.1.3 多样性指数(马克平和刘玉明,1994;马克平等,1994;蒋志刚和纪力强,1999)

(1)Shannon - Wiener 指数(H')

$$H' = -\sum_{i=1}^{s}(p_i \ln p_i);$$

式中:S 表示物种数;表示第 i 种物种的个体数占所有个体总数的比例。

(2)Pielou 均匀度指数(J_{sw})

$$J_{sw} = H'/\ln S$$

式中:H'和 S 同上。

(3)Simpson 优势度指数(D)

$$D = 1 - \sum_{i=1}^{s} P_i^2$$

式中:S 表示物种数;P_i 表示第 i 种物种的个体数占所有个体总数的比例。

(4)Sorenson 相似性指数

$$C_s = 2j/(a+b)$$

式中:j 为两个群落共有种数;a 和 b 分别为群落 A 和群落 B 的物种数。

(5)G - F 指数:

F 指数(科的多样性):$D_F = \sum_{k=1}^{m} D_{FK}$

其中,D_{FK}为 k 科中的物种多样性,其计算公式为

$$D_{FK} = -\sum_{i=1}^{n}(P_i \ln P_i$$

P_i 为名录中 k 科 i 属中的物种数占 k 科物种总数的比值,n 为 k 科中的属数,m 为名录中的科数。

G 指数(属的多样性):

$$D_G = -\sum_{j=1}^{p}(q_i \ln q_i)$$

其中 q_i 为名录中 i 属的物种数与总的物种数之比,p 为名录中的属数。

G - F 指数:$D_{G-F} = 1 - \frac{D_G}{D_F}$

规定:如果所有的科都是单种科,即 DF = 0 时,则规定该地区的 G - F 指数为零,DG - F = 0。

1.2 结果与分析

1.2.1 种类组成

本次调查共观察到鸟类191种，加上以往考察及走访调查，齐云山自然保护区共有鸟类257种（见附录），隶属于17目54科，占江西鸟类总数420种（岳惠群，1995）的61.2%，占全国鸟类总数1332种（郑光美，2005）的19.3%。

从目级分类阶元上看（见表10-1），齐云山自然保护区的鸟类主要以雀形目为主，有30科146种，占本区鸟类总数的56.8%；其次是隼形目，2科18种，占本区鸟类总数的7.0%；其他不低于10种鸟类的目还有鹤形目（1科12种）、鸻形目（4科12种）、鹳形目（1科11种）、鹃形目（1科10种）和鴷形目（2科10种）。

表10-1 齐云山自然保护区鸟类各目的科和种组成

目名	种数（科数）	百分比（%）	目名	种数（科数）	百分比（%）
1. 䴙䴘目	1(1)	0.4	10. 鸽形目	4(1)	1.6
2. 鹳形目	11(1)	4.3	11. 鹃形目	10(1)	3.9
3. 雁形目	3(1)	1.2	12. 鸮形目	8(2)	3.1
4. 隼形目	18(2)	7.0	13. 夜鹰目	1(1)	0.4
5. 鸡形目	9(1)	3.5	14. 雨燕目	3(1)	1.2
6. 鹤形目	12(1)	4.67	15. 佛法僧目	7(3)	2.7
7. 鸻形目	12(4)	4.7	16. 鴷形目	10(2)	3.9
8. 咬鹃目	1(1)	0.4	17. 雀形目	146(30)	56.8
9. 戴胜目	1(1)	0.4	合计	17目54科257种	

表10-2 齐云山自然保护区鸟类各科种数比较

科名	种数（百分比%）	科名	种数（百分比%）	科名	种数（百分比%）
1 䴙䴘科	1(0.39%)	19 翠鸟科	5(1.95%)	37 鸦科	5(1.95%)
2 鹭科	11(4.28%)	20 蜂虎科	1(0.39%)	38 河乌科	1(0.39%)
3 鸭科	3(1.17%)	21 佛法僧科	1(0.39%)	39 鹟科	22(8.56%)
4 鹰科	12(4.67%)	22 戴胜科	1(0.39%)	40 鹟科	8(3.11%)
5 隼科	6(2.33%)	23 须鴷科	1(0.39%)	41 王鹟科	1(0.39%)
6 雉科	9(3.50%)	24 啄木鸟科	9(3.50%)	42 画眉	14(5.45%)
7 秧鸡科	12(4.67%)	25 八色鸫科	1(0.39%)	43 鸦雀	1(0.39%)
8 水雉科	1(0.39%)	26 百灵科	2(0.78%)	44 扇尾莺科	4(1.56%)
9 鸻科	3(1.17%)	27 燕科	4(1.56%)	45 莺科	25(9.73%)
10 鹬科	7(2.72%)	28 鹡鸰科	8(3.11%)	46 绣眼鸟科	2(0.78%)
11 燕鸥科	1(0.39%)	29 山椒鸟科	5(1.95%)	47 长尾山雀科	1(0.39%)
12 鸠鸽科	4(1.56%)	30 鹎科	6(2.33%)	48 山雀科	4(1.56%)
13 杜鹃科	10(3.89%)	31 叶鹎科	1(0.39%)	49 啄花鸟科	1(0.39%)
14 草鸮科	1(0.39%)	32 伯劳科	3(1.17%)	50 花蜜鸟科	1(0.39%)
15 鸱鸮科	7(2.72%)	33 盔鵙科	1(0.39%)	51 雀科	1(0.39%)
16 夜鹰科	1(0.39%)	34 黄鹂科	1(0.39%)	52 梅花雀科	2(0.78%)
17 雨燕科	3(1.17%)	35 卷尾科	2(0.78%)	53 燕雀科	4(1.56%)
18 咬鹃科	1(0.39%)	36 椋鸟科	4(1.56%)	54 鹀科	11(4.28%)

在科级分类阶元上（见表10-2），以雀形目的莺科和鹟科具有明显优势，分别为25种和22种，共计47种，占雀形目鸟类的32.2%，占保护区鸟类的18.3%。其他不低于10种鸟类的科还有雀形目的画眉科Timaliidae（14种）和鹀科Emberizidae（11种），鹳形目的鹭科Ardeidae（11种），隼形目的鹰科Accipitridae(12 种),鹤形目的秧鸡科 Rallidae(12 种)和鹃形目的杜鹃科Cuculidae(10 种)。

1.2.2 居留型

从齐云山自然保护区鸟类的居留型看(图 10－1),齐云山自然保护区有留鸟 120 种,占本区鸟类总数的 46.7%;候鸟(包括夏候鸟、冬候鸟和旅鸟)137 种,占本区鸟类总数的 53.3%,其中夏候鸟 58 种,冬候鸟和旅鸟 79 种。

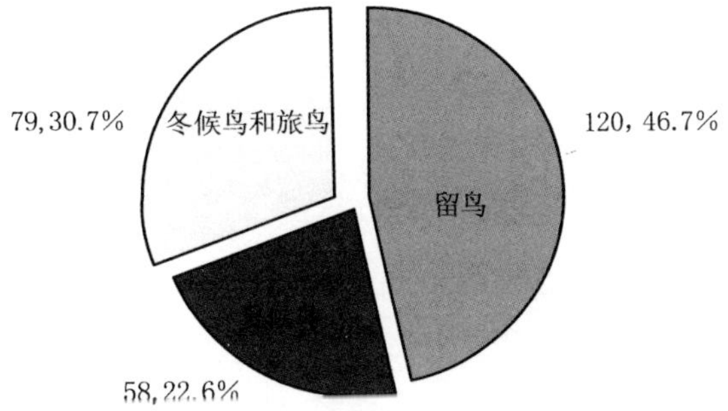

图 10－1 齐云山自然保护区鸟类季节型

1.2.3 区系地理成分

根据郑作新等(1959)的动物地理区划,齐云山自然保护区属于东洋界中印亚界华中区东部丘陵亚区。齐云山自然保护区的 257 种鸟类中,古北界种类 97 种,占本区鸟类物种总数的 37.7%;东洋界种类 141 种,占本区鸟类总数的 54.9%;广布种有 19 种,占本区鸟类总数的 7.4%(见图 10－2)。可见该地区冬季鸟类东洋界特征并不很明显,区内鸟类中古北界成份同纬度地区比较相对偏多,这与鸟类本身所具有的飞翔能力和迁徙到该地区越冬等特点有关。

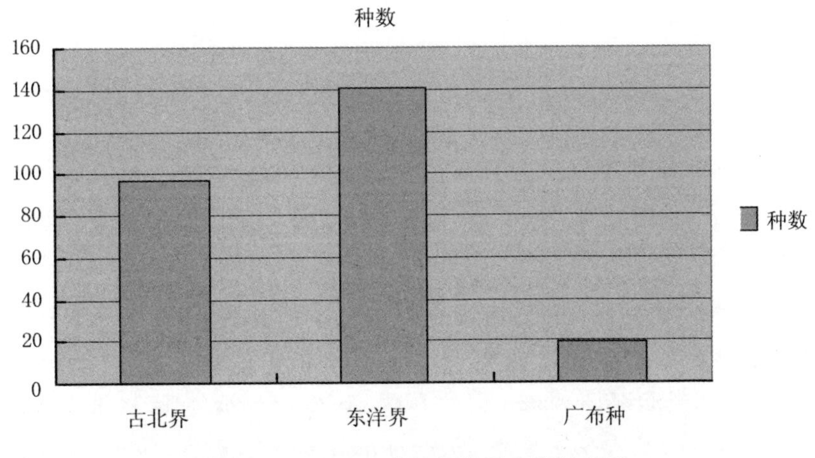

图 10－2 齐云山自然保护区鸟类地理型

从动物地理的二级区划来看,保护区内的鸟类在古北界和东洋界所属的 7 个区均有分布。

从种类繁殖区集中分布的中心来看,齐云山保护区的 257 种鸟类,分属于 9 种分布型,(张荣祖,1999)(表 10－3),其中主要在北方繁殖的北方鸟类有 93 种,占 36.2%,即全北型(C)14 种、古北型(U)37 种、东北型(M 或 K)37 种、东北－华北型(X)3 种和季风区型(E)2 种;主要在南方繁殖的南方鸟类有 138 种,占 53.7%,包括喜马拉雅－横断山型(H)4 种、南中国型(S)28 种和东洋型(W)106 种;不易归类的分布(O)26 种。可见,该区区系复杂,南北鸟类混杂明显。该区特殊的地理位置

(候鸟通道)和独特的地形地貌决定本区鸟类多样的分布型。

表 10-3　齐云山自然保护区鸟类分布型组成

序号	分布型	种数(%)
1	古北型(U)	37(14.4)
2	全北型(C)	14(5.4)
3	东北型(M,K)	37(14.4)
4	东北-华北型(X)	3(1.2)
5	东洋型(W)	106(41.2)
6	喜马拉雅-横断山脉型(H)	4(1.6)
7	南中国型(S)	28(10.9)
8	季风型(E)	2(0.8)
9	不易归类(O)	26(10.1)

1.2.4　生态类群

按其形态构造与行为特征,鸟类划分为走禽、游禽、涉禽、猛禽、陆禽、攀禽和鸣禽七大生态类群,我国分布的鸟类分属于后6种生态类群,没有走禽在我国分布。从齐云山自然保护区鸟类生态类群组成分析(表10-4)可知,我国分布的六大生态类群在齐云山保护区均有分布,其中湿地鸟类39种,占本区鸟类总数的15.2%;陆生鸟类占绝对优势,218种,占本区鸟类总数的84.8%。该保护区猛禽相当丰富,26种,占本区鸟类总数的10.1%,占本区陆生鸟类的11.9%。齐云山湿地鸟类较多,与该保护区位于候鸟通道上相关。猛禽类居于生态营养级的顶层,主要觅食小型鸟类和兽类等动物,齐云山自然保护区猛禽较多,也表明该保护区的动物多样性很高。

表 10-4　齐云山自然保护区鸟类生态类群组成

生态类群	游禽	涉禽	陆禽	攀禽	猛禽	鸣禽
种数	1	14	37	11	26	168
(%)	0.39	5.45	14.45	4.28	10.12	65.37

1.2.5　江西省新记录物种

在保护区调查发现的短尾鸦雀 *Short-tailed Parrotbill*(拍摄到照片)、白斑尾柳莺 *Phylloscopus davisoni*、煤山雀 *Parus ater* 和白眉鸫 *Turdus obscuru* 4种(亚种)鸟类,均为江西省新记录种。

1.2.6　保护鸟类

(1)国家级重点保护鸟类。该保护区有国家级保护鸟类34种,占本区鸟类种数的13.2%。其中,国家Ⅰ级重点保护物种2种,即黄腹角雉 *Tragopan caboti* 和白颈长尾雉 *Syrmaticus ellioti*;国家 *II* 级重点保护物种32种,即黑鸢 *Milvus migrans*、白尾鹞 *Circus cyaneus*、赤腹鹰 *Accipter soloensis*、黑冠鹃隼 *Aviceda leuphotes*、乌雕 *Aquila clanga*、鹊鹞 *Circus melanoleucos*、蛇雕 *Spilornis cheela*、鹰雕 *Sizaetus nipalensis*、苍鹰 *Accipiter gentilis*、雀鹰 *Accipiter nisus*、松雀鹰 *Accipiter virgatus*、普通鵟 *Buteo buteo*、灰背隼 *Falco coiumbarius*、游隼 *Falco peregrinus*、白腿小隼 *Microhierax melanoleaucos*、红隼 *Falco tinnunculus*、燕隼 *Falco subbuteo*、红脚隼 *Falco vespertinus*、草鸮 *Tyto longimembris*、领角鸮 *Otus bakkamoena*、鹰鸮 *Ninox scutulata*、领鸺鹠 *Glaucidium brodiei*、斑头鸺鹠 *G. cuculoides*、短耳鸮 *Asio flammeus*、褐林鸮 *Strix leptogrammica*、长耳鸮 *Asio otus*、白鹇 *Lophura nycthemera*、勺鸡 *Pucrasia macrolopha*、斑尾鹃鸠 *Macropygia unchall*、小鸦鹃 *Centropus bengalensis*、褐翅鸦鹃 *Centropus sinensis* 和仙八色鸫 *Pitta nympha*。

(2)江西省省级保护鸟类。齐云山自然保护区鸟类中被列入《江西省级重点保护陆生野生动物名录》的鸟类有41种,占本区鸟类总数的16.0%(见附录)。

(3)国家保护的有益的或者有重要经济、科学研究价值的鸟类。国家保护的有益的或者有重要经济、科学研究价值的鸟类,指《国家保护有益的或者有重要经济、科学研究价值的陆生野生动物名录》中所列鸟类,简称"三有"鸟类。齐云山自然保护区的"三有"鸟类有177种,占本区鸟类总数的68.9%(见附录)。

(4)国际贸易公约鸟类。国际贸易公约鸟类,指被列入《国际濒危野生动植物种国际贸易公约》(CITES)名录的鸟类,齐云山自然保护区有列入CITES公约鸟类33种(12.8%)。其中,被列入该公约附录Ⅰ的有2种,被列入该公约附录Ⅱ的有27种,被列入该公约附录Ⅲ的有4种(见附录)。

(5)中日候鸟协定鸟类。是指被列入《中华人民共和国政府和日本国政府保护候鸟及其栖息环境的协定》名录中的鸟类。齐云山自然保护区被列入中日候鸟协定的鸟类有78种,占保护区候鸟总数(137种)的56.9%(见附录)。

(6)中澳候鸟协定鸟类。是指被列入《中华人民共和国政府和澳大利亚政府保护候鸟及其栖息环境的协定》名录中的鸟类。齐云山自然保护区被列入中澳候鸟协定的鸟类有18种,占保护区候鸟总数的13.1%(见附录)。

1.2.7 多样性分析

(1)多样性指数。本次野外调查观察到齐云山自然保护区鸟类191种,共19772只。根据野外调查结果,计算整个齐云山保护区鸟类群落多样性指数,同时对该保护区6种生境中的鸟类群落多样性进行对比分析,结果见表10-5。

从表10-5中可知,齐云山保护区鸟类群落多样性较大,不同生境中群落多样性存在一定的差异。齐云山保护区鸟类群落Shannon-Wiener指数、Pielou指数和Simpson指数分别为4.535、0.864和0.983。从各生境群落多样性指数看,农田居民区中鸟类群落Shannon-Wiener指数最大,其次是灌草丛和阔叶林,溪流水域的Shannon-Wiener指数最小;Simpson优势度指数在不同生境的变化趋势与群落Shannon-Wiener指数相似;灌草丛中鸟类群落Pielou均匀度指数最高,阔叶林中的鸟类群落均匀度指数最低。

表10-5 江西齐云山保护区不同生境鸟类群落物种多样性

生境类型	科数	种数	Shannon-Wiener指数	Pielou指数	Simpson指数
阔叶林生境	32	130	4.037	0.829	0.967
针阔混交林生境	19	73	3.689	0.860	0.965
针叶林生境	23	85	3.939	0.887	0.974
灌草丛生境	27	93	4.161	0.918	0.980
溪流水域生境	7	31	3.136	0.913	0.944
农田居民区生境	32	123	4.246	0.882	0.978
保护区	45	191	4.535	0.864	0.983

为进一步了解不同生境类型群落间的差异水平,将群落间的相似性指数列于表中。从表10-6中可知,针阔混交林和针叶林的鸟类群落相似系数最大,针阔混交林和阔叶林次之,灌草丛和溪流水域的群落相似系数最小。

(2)与临近保护区鸟类多样性比较。选择与齐云山保护区临近的江西九连山保护区(刘信中,2002)、江西井冈山保护区(林英,1990)、江西武夷山保护区及其毗邻地区(刘信中,2001)、以及广东车八岭保护区(黄石林,2003)进行G-F多样性指数计算。从表10-7可知,齐云山保护区的鸟类丰富程度与九连山保护区的鸟类丰富度相当,G指数、F指数和标准化的G-F指数均比其他三个地方的高。

表 10－6 江西齐云山保护区不同生境鸟类群落相似系数距阵

生境类型	针阔混交林	针叶林	灌草丛	溪流水域	农田居民区
阔叶林	0.7192	0.7535	05381	0.1242	0.6166
针阔混交林	—	0.7722	0.4337	0.1923	0.4898
针叶林	—	—	0.5281	0.1552	0.5096
灌草丛	—	—	—	0.0645	0.6574
溪流水域	—	—	—	—	0.2208

表 10－7 5 个保护区的鸟类 G－F 指数情况

地名	目数	科数	种数	D_F	D_G	D_{G-F}
齐云山	17	54	257	31.433	4.759	0.849
九连山	16	50	226	32.197	4.797	0.851
井冈山	13	34	94	15.170	4.232	0.721
武夷山地区	18	46	223	26.288	4.734	0.820
车八岭	16	42	223	27.850	4.692	0.832

1.2.8 鸟类资源保护

从大的地理格局看，齐云山自然保护区为罗霄山脉向南岭山脉延伸的诸广山系腹地，与罗霄山脉第一高峰南风面之间形成东西相通的凹形通道，是鸟类迁徙的重要通道之一，为鸟类物种多样性关键地区（雷富民，2002），这里独特的鸟类活动状况，在鸟类的保护中占有重要的地位。但由于保护区建设工作尚在开展中，如何发挥其应有的保护功能，如何开展鸟类资源保护值得探讨。综合一年多的考察和社区调查结果，笔者认为主要从以下几方面加以考虑：

（1）加快保护区建设，完善管理机制，启动保护区物种监测项目，派专人负责管理鸟类监测与保护工作。继续进行鸟类资源本底调查，利用 3～5 年时间彻底弄清不同季节鸟类群落的变化趋势。

（2）加强保护区与社区间的合作，加强公众教育，树立法律保护意识，加强《野生动物保护法》等法律法规的宣传教育，提高公民保护鸟类自觉性，提高全民的环境保护意识，减少人类活动的干扰，使保护区能够为鸟类提供适宜的生存繁衍环境。

（3）加强科学研究，虽然保护区经过多年的努力在鸟类保护和系统恢复上做了部分工作，但还有许多工作需要去做，应有目的对一些关键种开展专项研究。

（4）申请建立鸟类环志站，进行候鸟监测和迁徙研究。

2 黄腹角雉生态习性

黄腹角雉 *Tragopan caboti*，隶属于鸡形目 Galliformes，雉科 Phasianidae，角雉属 *Tragopan*，是我国特产濒危雉类（郑作新，1978），被列为国家 I 级重点保护动物。为了解齐云山保护区黄腹角雉的生态习性，我们对该区黄腹角雉栖息地选择、食性和种群数量开展了调查。

2.1 研究方法

2.1.1 栖息地调查

于 2006 年冬季，2007 年春季、夏季、秋季三个季节，每个季节 15 天的时间进行野外调查。首先通过查阅资料、实地踏查及访问调查确定保护区内黄腹角雉的主要栖息范围。根据保护区林相图、地形图及地理情况，在黄腹角雉栖息地范围内共布设 8 条样带，两条样带间的水平距离不小于 500m。在每条样带上设置 10～22 个样方，利用样方法调查栖息地的植被特征，每两个样方间的距离不小于 100m，利用 GPS 测定各分布点地理位置。每组每天调查 1 个样带，每条样带进行两至三次调查，雨天不调查。在黄腹角雉活动地调查其生境的各种生态因子，如森林覆盖率、坡度、坡向、坡位、海拔及取食痕迹等。

2.1.2 种群数量调查

样带法：样带单侧宽 100m，样带总长度为 50.3km，利用公式 $D = N/2LW$ 计算黄腹角雉的种群密度。其中 N：样带宽度内所见到黄腹角雉数量；W：样带的单侧宽度；L：样带总长度。

痕迹法：种群数量调查的样带上同时调查黄腹角雉活动留下的痕迹，如取食痕迹、粪便、羽毛等，并在样带或样方上打上标记。在样带内调查统计黄腹角雉的痕迹数，以一个相对独立的发现痕迹代表 1 个小种群，并按 $D = rN/2LW$ 换算黄腹角雉的种群密度：D：种群相对密度；N：样线内发现相对独立痕迹数；r：每痕迹处转换为雉类个体数的换算系数；W：样带的单侧宽度；L：样带总长度。

2.2 结果分析与讨论

2.2.1 栖息地特征

通过调查表明，齐云山地区黄腹角雉主要栖息在海拔 800m 以上的常绿阔叶林和针阔混交林内，该区发现黄腹角雉活动痕迹的最高海拔为 1740m，栖息地多为林下空旷，有较厚的枯枝落叶的原始次生林内。

（1）坡度（图 10－3）所显示是调查中记录到有黄腹角雉活动在各坡度段的分布情况。由图可以看出，黄腹角雉对坡度处于 30°～40°之间的山坡具有较强的选择偏好，这与（钱法文，1993 年）无线电追踪法研究结果相似。

（2）坡位和坡向 在坡位的选择上，黄腹角雉偏向于选择中上坡位和上坡位；在坡向选择，黄腹角雉多选择处于 N－90°W 到 N－90°E 之间的山坡。

（3）海拔 在齐云山自然保护区黄腹角雉多活动在 1200～1500m 之间山谷林地，以常绿落叶阔叶混交林和针阔混交林为最适栖息地（图 10－4）。

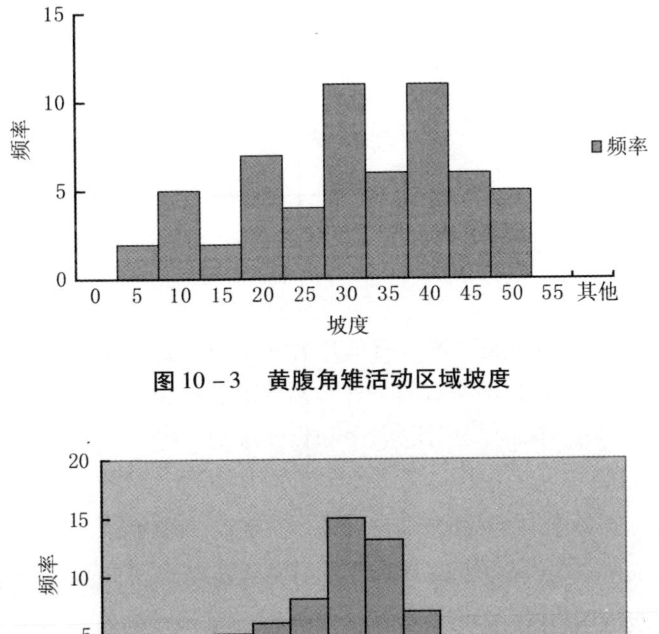

图 10－3 黄腹角雉活动区域坡度

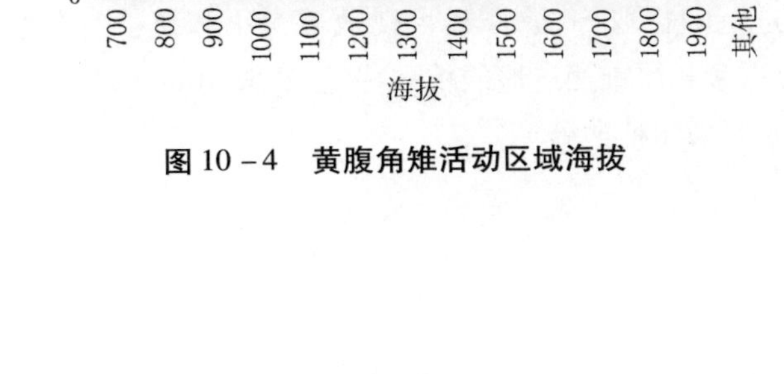

图 10－4 黄腹角雉活动区域海拔

2.2.2 食性

黄腹角雉主要为植食性鸟类,全年主要以植物的种子、果实、叶和花为食,春季处于繁殖季节时兼食少量的小型无脊椎动物。黄腹角雉通常取食的动物性食物有软体动物类、甲虫、山蜗牛等。这些动物春、夏季地表有较高的密度。郑光美1986年和张正旺1988年研究结果证明了这一点,并在研究中证实了黄腹角雉的幼雏,动物性食物占有很大的比例。春夏季主要食物是蕨类植物的茎叶,交让木以及其它一些木本和草本植物的叶,还取食多种植物的花以及悬钩子等的果实,林下遗存的多种壳斗植物的种子,也是其主要食物之一。

2.2.3 种群密度

对野生雉类的野生个体数,目前尚难作出确切的估计。在我们研究中,根据调查中发现的黄腹角雉的羽迹、粪便、食痕和遇到的活动种群,用样带法和痕迹法(高玮,1991)相结合对齐云山自然保护区内黄腹角雉分布数量进行了估算。共调查了长度为4.5~8.2km样线8条,总调查面积为10.06km^2,在黄腹角雉调查中未观测到实体,发现活动痕迹16处。黄腹角雉婚配制度为1雄多雌制,每1处相对独立痕迹至少可代表3个个体。因此,按该换算系数计算,加上实际观察到的个体数,齐云山自然保护区黄腹角雉的最小种群密度为0.05只/hm^2。

表10-8 齐云山自然保护区黄腹角雉最小种群密度

调查样线	样带长度	单侧样带宽度	遇见痕迹和个体数量		种群密度(只/km^2)
			种群数	痕迹数	
1	6.5	100	0	3	6.92
2	5.4	100	0	2	5.56
3	7.1	100	0	0	0
4	6.8	100	0	4	8.82
5	4.5	100	0	4	13.33
6	5.5	100	0	0	0
7	6.3	100	0	0	0
8	8.2	100	0	3	5.49
合计	50.3	100	48		4.77

3 白颈长尾雉生态习性

白颈长尾雉(*Syrmaticus ellioti*)是我国特有的珍稀雉类,因数量稀少,为世界濒危物种和我国国家Ⅰ级保护动物。白颈长尾雉是我国特有的一种珍稀鸡形目鸟类,主要分布于长江以南地区,包括江西、安徽南部、浙江、福建、广东北部、广西、湖南和贵州等地,为典型的东洋界华中区东部丘陵平原亚区种类。

3.1 研究方法

选择不同类型植被和乔木层盖度的栖息地,采用直接观察、访问调查和资料收集相结合的方法进行调查。通过访问保护区技术人员和猎户初步了解到白颈长尾雉在各调查点内的分布和活动等情况,在此基础上进一步对白颈长尾雉的分布地进行实地调查,确定该雉在研究地区内的确切分布点。然后在每一分布点进行随机取样,取样数目视地域大小和植被复杂程度而定,一般为5~10个,采用临时样方法研究白颈长尾雉栖息地的植被特征,选取10m×10m的样方,记录栖息地植被群落特征参数,包括林型、主要植物种类等。

3.2 结果

3.2.1 生活习性

齐云山保护区白颈长尾雉常栖息于海拔500~1100m的崎岖山地及山谷间的丛林中，多见于阔叶林和针阔混交林，也见于茂密的竹丛。喜集群，常呈3~8只的小群活动。多出入于森林茂密、地形复杂的崎岖山地和山谷间。性胆怯而机警，活动时很少鸣叫，因此难于见到。活动以早晚为主，常常边游荡边取食，中午休息，晚上栖息于树上。

主要以植物叶、茎、芽、花、果实、种子和农作物等植物性食物为食，也吃昆虫等动物性食物。常成群到取食地觅食，觅食地点较为固定，常到农田觅食，觅食活动主要在清晨和傍晚。

3.2.2 生长繁殖

白颈长尾雉俗称横纹背鸡、山鸡、红山鸡、高山雉鸡和地花鸡等。其体形大小与雉鸡相似。雄鸟全长约80cm，雌鸟约50cm。雄鸟额、头顶及枕部淡橄榄褐色，后颈灰，颈侧白而沾灰，颏、喉及前颈均黑；下背和腰黑而闪蓝，具白色横斑和羽缘。两翅亦为辉栗色，但具白斑；下背和腰黑而具白斑；腹白；尾灰而具宽阔栗斑。雌鸟体羽大都棕褐，上体满杂以黑色斑纹，背部具白色矢状斑；腹棕白；外侧尾羽大都栗色。

繁殖期4~6月。一雄多雌制，交配结束后雌雄各自分开。3月末即见雄鸟出现发情行为，雄鸟求偶炫耀为侧面型；发情时全身羽毛蓬松，并不断在雌鸟周围来回走动，身体略向雌鸟倾斜，靠近雌鸟一侧的翅下垂，尾略张开，亦向雌鸟一侧倾斜，头向前伸，目视雌鸟，同时发出“gu-gu-gu”和“ju-ju-ju”的叫声。每日或隔日产卵1枚，卵产齐后即开始孵卵，由雌鸟承担，孵化期24~25天。

3.2.3 栖息地特征

白颈长尾雉以常绿阔叶林、常绿落叶阔叶混交林、针阔混交林、针叶林、竹林和疏林灌丛等植被为栖息地。其中阔叶林、混交林为最适栖息地，针叶林为次适栖息地。构成白颈长尾雉阔叶林型栖息地的植被乔木层主要树种为壳斗科植物，灌木层植物以山茶科、禾本科和樟科等科的种类为主。在针阔混交林型栖息地，壳斗科植物仍占乔木层主要树种的相当比例，针叶树种的比例明显上升。在针叶林型栖息地中，乔木层的主要树种为马尾松、杉木、福建柏和圆柏等，并有较多的阔叶灌木树种构成灌木层。

白颈长尾雉在齐云山自然保护区主要分布于海拔500~1100m的阔叶林和针阔混交林内，其中常绿阔叶林是该保护区白颈长尾雉最典型的栖息地。

4 白鹇生态习性

白鹇，别名银雉、白雉，隶属于白鹇属，是一种大型雉类，国家Ⅱ级重点保护动物，是主产于我国的珍稀野生雉类，常栖息于丛林山地。在我国浙江、江西、福建、安徽、广东、广西、海南及西南地区等分布较为广泛（邵晨，2005），齐云山保护区分布广泛。

白鹇是以植物性食物为主的地栖性森林鸟类，要保护好白鹇的种群，关键是保护好现有的白鹇栖息地及森林资源。通过研究白鹇夜栖息地选择特征，将有助于进一步了解白鹇对生境的需求，从而有利于栖息地的保护及种群的发展。笔者于2006年冬季和2007年春、夏、秋季对齐云山保护区白鹇的栖息地进行了调查。

4.1 研究方法

4.1.1 访问调查

于2006年11月和12月，2007年3月、4月、7月、9月、10月对齐云保护区的白鹇进行了调查，通过访问林业工人、猎户和村民，访查白鹇的具体分布点、活动时间、群体大小及近期的分布变化等部分信息。

4.1.2 实地调查

确定白鹇的栖息地，选取不重叠的样线 8 条，样线单侧宽 100m，样线总长度为 50.3km。调查白鹇活动环境的多种生态因子和取食痕迹。

4.1.3 种群数量

在种群数量调查的样带上同时调查白鹇活动留下的痕迹，如取食痕迹、粪便、羽毛等，并在样带或样方上打上标记。在样带内调查统计白鹇痕迹数，以一个相对独立的发现痕迹代表 1 个小种群，并按 $D = rN/2LW$ 换算白鹇的种群密度：D：种群相对密度；N：样线内发现相对独立痕迹数；r：每痕迹处转换为雉类个体数的换算系数；W：样带的单侧宽度；L：样带总长度。

4.2 结果分析与讨论

4.2.1 栖息地特征

通过调查表明，齐云山地区白鹇分布数量较大，其生态位也明显较黄腹角雉生态位宽，受海拔、人为干扰距离、坡向、坡位等生态因子的影响均小于黄腹角雉。白鹇的栖息生境对海拔要求较低，黄腹角雉的栖息地均适于白鹇栖居，常活动于常绿与阔叶混交林、针阔混交林、高山栎林和成片的竹林中。

（1）坡度。图 10－5 所显示的是调查中记录到有白鹇活动的样地在各坡度段的分布情况。由图可以看出，白鹇对活动区域的选择受坡度影响相对较小，除发现其对坡度处于 30°～40°之间地段稍有偏好外，对其它坡度的选择利用率也较高。根据调查，白鹇对这种坡度的选择性同其取食活动有较密切的关系。

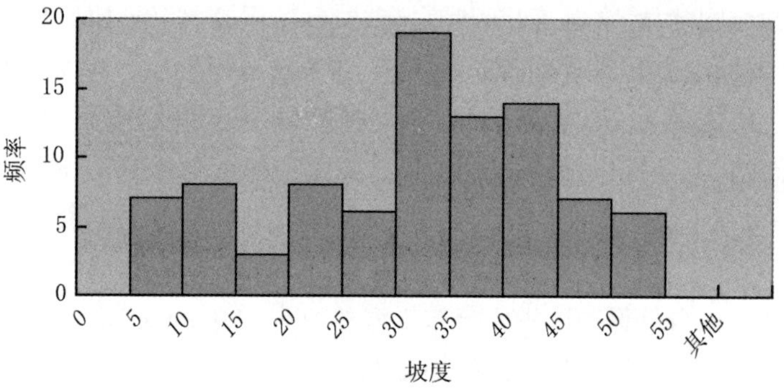

图 10－5　白鹇活动区域坡度

（2）坡位和坡向。在坡位的选择上，白鹇偏向于选择中坡位和中下坡位；对于坡向因子，白鹇多选择处于 E－90°S 到 E－90°N 之间的山坡。而黄腹角雉多选择处于 N－90°W 到 N－90°E 之间的山坡。两者在坡位和坡向选择上虽有部分重叠，但在该生态位上的分化也很明显。

（3）海拔。在齐云山自然保护区白鹇多分布于海拔 1000～1400m 之间，但在 800m 以下山地和 1600m 以上的山地仍有一定数量的分布，以常绿落叶阔叶混交林、针阔混交林和竹林为其最适栖息地（图 10－6）。

4.2.2 食性

白鹇主要取食植物和昆虫，取食食物类型主要分为果实、种子、茎叶、根、配子体和昆虫几种。取食频度最高的是壳斗科植物，包括麻栎、苦槠、青冈等，其次是蕨类植物，对昆虫取食量相对较少。白鹇虽对动物性食物取食量较少，但其取食频度很高，这可能与该动物能量积累有关。在冬季白鹇食物以果实为主，植物的根次之，而种子、茎叶和昆虫取食比例相对较低。

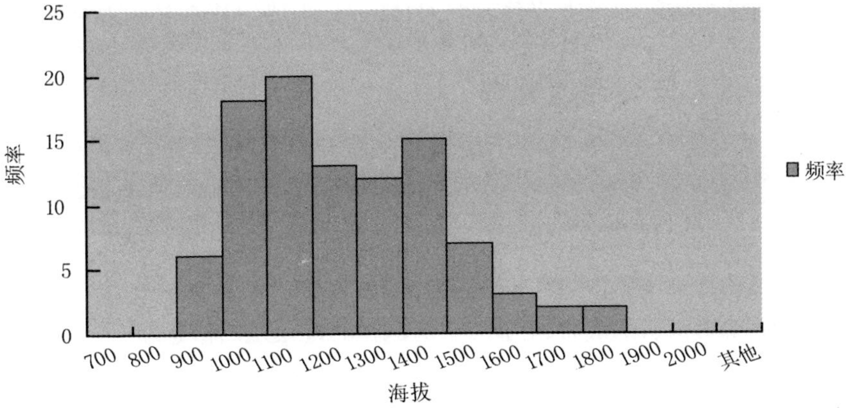

图 10－6　白鹇活动区域海拔

4.2.3　种群密度

对野生雉类的野生个体数，目前尚难做出确切的估计。在我们研究中，根据调查中发现的白鹇的羽迹、粪便、食痕和遇到的活动种群，用样带法和痕迹法（高玮，1991）相结合对齐云山自然保护区内白鹇分布数量进行了估算（表10－9）。共调查了长度为4.5～8.2km样线8条，总调查面积为10.06km^2，白鹇调查中观察到实体76只和27个相对独立的痕迹单位。白鹇婚配制度均为1雄多雌制，每1处相对独立痕迹至少可代表3个个体。因此，按该换算系数计算，加上实际观察到的个体数，齐云山自然保护区白鹇的最小种群密度为0.16只/hm^2。

表 10－9　齐云山自然保护区白鹇种群密度

调查样线	样带长度	单侧样带宽度	种群数	痕迹数	种群密度（只/km^2）
1	6.5	100	14	4	20.00
2	5.4	100	0	3	8.33
3	7.1	100	11	4	16.20
4	6.8	100	18	1	15.44
5	4.5	100	0	3	10.00
6	5.5	100	0	5	13.64
7	6.3	100	16	2	17.46
8	8.2	100	17	5	19.51
合计	50.3	100	157		15.61

4.2.4　白鹇栖息地的保护

要保护白鹇自然种群，重要的是要保护好森林植被，防止其栖息地被破坏，避免造成栖息地丧失与片断化，从而维持大栖息地斑块内较高的局部种群密度，减少局部种群的灭绝率。具体保护措施：

减少对白鹇繁殖栖息地的人为干扰。对于开展森林生态旅游的地方，应在明显地方挂牌明示，尽量做到不与白鹇直接发生冲突，同时要尽快完善森林生态旅游的管理体制，禁止拾取白鹇卵。

加强当地居民的文化教育。有组织、有计划地在保护区内开展科普宣传和科技培训，提高当地居民的就业率。如在当地小学开设野生动植物保护课程，让他们从小养成保护野生动植物的习惯；由保护区管理机构与沿海一些发达地区联系，组织居住在保护区内有劳动能力的年轻人进行劳务输出，一来减轻区内人口的压力，二来间接的给区内群众创造就业机会，同时还带来一定的经济收入。

尽量避免在林区内修建公路。目前不通公路的村庄，人口少的争取搞移民工程，人口多的也只能根据保护区管理机构指定的地方修建简单的林区便道,要保持森林的连续性。

5 齐云山保护区候鸟迁徙通道调查

江西齐云山保护区处罗霄山脉向南岭山脉延伸的诸广山系腹地,境内齐云山顶峰海拔达2061m。齐云山正北为南风面(海拔2120m),南风面与齐云山之间为南北宽46km的中低山地形成东西相通的凹形通道,是我国候鸟迁徙通道的重要组成部分。迁徙这种跨越空间的迁居现象广泛存在于各类动物之中,发生迁徙的原因很多,主要有动物逃避恶劣的气候条件,追寻适宜生存的环境,寻觅充足的食物来源,躲避敌害的威胁,寻找一个有利用交配繁殖的栖息地(张孚允,1997)等等。

齐云山地处鸟类迁徙途中的咽喉地带,仅正龙坰在迁徙高峰期日过往栖息量达几千只。有关该保护区候鸟通道研究很少,基于此,齐云山保护区管理站于2005年9月下旬开始对齐云山保护区候鸟迁徙停歇的种类和数量进行了调查监测,笔者于2007年4月和9~10月对保护区内候鸟迁徙情况再次做了补充调查,其成果将为保护区进一步的候鸟保护与监测工作提供科学依据。

5.1 2005年候鸟通道调查

齐云山保护区山高林密,植被保存完好,植被类型丰富多样,复杂的自然生态景观为候鸟栖息提供了优越条件,成为春、秋鸟类迁徙停歇的理想场所。该区对研究候鸟迁徙机制及其迁飞途径有重要意义。

于2005年保护区开始组织相关技术工作人员选择正龙坰为观测点,对保护区内鸟类迁徙情况做了初步调查,通过几年来的观察和迁徙候鸟数量调查记录对比,已经确定该区候鸟迁徙主要集中在每年的9月至10月向南迁飞。调查结果显示,2005年齐云山保护区仅在正龙坰地区记录到迁飞候鸟4037只,主要集中在9月21、25、26、27、10月8日几天(表10-10)。

表10-10 2005年齐云山保护区候鸟通道调查记录

日期	时间	网捕数量	主要迁飞日	个体数	天气状况
9月20日	19:20~20:40	未布网		152只	晴
9月21日	19:30~2:30	未布网	*	433只	晴
9月22日	未记录到	——		——	阴雨
9月23日	未记录到	——		——	下雨
9月24日	未记录到	——		——	下雨
9月25日	18:30~22:30	11只	*	900只	晴
9月26日	19:00~24:00	6只	*	670只	阴转小雨
9月27日	19:00~24:00	30只	*	750只	阴转小雨
9月28日	19:00:24:00	未捕获		157只	阴天
9月29日	19:00:24:00	1只		142只	阴天
9月30日	19:00:24:00	未捕获		70只	晴天
10月1日	19:00:24:00	未捕获		23只	晴天
10月2日	未记录到	——		——	大风天气
10月3日	未记录到	——		——	下雨,大风
10月4日	未记录到	——		——	下雨,大风
10月5日	19:00~24:00	未捕获		5只	晴天
10月6日	19:00~24:00	12		60只	阴天,大雾
10月7日	19:00~24:00	1		25只	大风,大雾
10月8日	19:00~24:00	未捕获	*	660只	天气晴好,大风
10月9日	19:00~24:00	未捕获		26只	晴

注:记录人:黄声亮

2.5.2 2006年候鸟通道调查

齐云山保护区地处候鸟迁飞种群数量和物种数量均较大,该区为丰富而宝贵的鸟类资源库,积极开发利用这一宝贵的鸟类资源地,对开展鸟类保护和研究工作具有重要意义。2006年候鸟迁徙通道调查共持续12天,从鸟类迁飞数量和日捕量分析2006年齐云山保护区候鸟主要集中在9月22日、23日、24日、25日、27日、29日、10月2日迁飞,统计数量显示鸟类夜间迁徙数量和日捕获量与天气状况有非常密切的关系(表10-11)。

表10-11 2006年齐云山保护区候鸟通道调查记录

日期	时间	网捕数量	主要迁飞日	个体数	天气状况
9月21日	20:30~24:30	未捕获		50只	晴
9月22日	20:00~23:00	4只	*	543只	晴
9月23日	19:30~24:00	10只	*	740只	阴转小雨
9月24日	19:30~24:00	7只	*	818只	阴
9月25日	19:15~24:00	20只	*	730只	阴转小雨
9月26日	19:30~24:00	12只		343只	晴
9月27日	19:20~24:00	30只	*	970只	阴转小雨
9月28日	19:20~24:00	15只		207只	阴
9月29日	21:00~2:40	10只		62只	晴,大风
9月30日	19:30~24:00	1只		24只	大风大雾
10月1日	19:30~24:00	未捕获		0	大风大雾
10月2日	19:00~24:00	未捕获	*	512	阴

注:记录人:黄声亮

5.3 2007年候鸟通道调查

由于鸟类体型大小、食物特点和迁徙距离有所不同,各种鸟类迁徙的次序不同的。根据齐云山地区迁徙鸟类调查研究表明,春秋季南北迁徙各种鸟类迁徙顺序有较明显的差别,其中秋季鸟类迁徙顺序更为明显,秋季一般小型鸟先行南迁,大型鸟最后迁往南方;迁徙路程较远的鸟类,春季开始迁飞的时间早,而秋季返回的时间却较晚。

表10-12 2007年保护区候鸟通道调查

日期	时间	网捕数量	主要迁飞日	个体数	天气状况
9月18日	19:30~24:30	34	*	969	晴,大风,大雾
9月19日	20:30~22:30	未捕获		90	晴,大风
9月20日	19:30~23:30	未捕获		156	晴,大风
9月21日	8:00~24:00	15	*	750	大风大雾
9月22日	8:30~23:30	未捕获		160	大风大雾
9月23日	8:00~23:00	未捕获		280	晴
9月24日	8:00~23:00	未捕获		254	晴
9月25日	19:30~23:30	未捕获		310	晴,大风
9月26日	19:30~24:30	12	*	900	晴,大风,大雾
9月27日	19:30~24:30	未捕获		280	晴,大风

2007年野外调查发现,齐云山保护区调查记录到迁飞涉禽鸟类中以鹭科鸟类为主,记录到的迁飞鸟类主要有池鹭 *Ardeola bacchus*、小白鹭 *Egretta garzetta*、大白鹭 *Casmerodius alba*、绿鹭 *Buordes striatus*、牛背鹭 *Bubulcus ibis*、夜鹭 *Nycticorax nycticorax*、苍鹭 *Ardea cinerea*、黑鳽*Ixobrychus flavicollis*、栗苇

鳽*Ixobrychus cinnamomeus*、紫背苇鳽*Ixobrychus eurhythmus* 等,共发现 11 种鹭科鸟类在此迁飞。鸣禽类作为我国鸟类种类数量最大的类群,此次调查记录种类最多。调查中记录到猛禽相对数量不多,但发现迁徙季节猛禽有明显日活动节律,在一天中猛禽活动有两个高峰时间,即 5:30 ~ 9:00 和 15:00 ~ 18:00。另外,猛禽迁徙数量和时间长短之间,存在着不同季节间的差异,从春秋季节观察中可以看出,猛禽秋季迁飞经过齐云山峰的数量多于春季。1997 年张孚允分析研究结果,这是因为春季向北迁飞时飞得高,而且速度快,停留时间短,特别是大型猛禽几乎不停留,所以难以观察。

5.4　鸟类迁徙的起因和研究方法

目前公认的鸟类迁徙的起因有三点:一是,冰川影响;二是,大陆漂移的影响;三是生态生理影响。随着当今科学技术的发展和科学家对鸟类生态生理机制研究水平的提高,人们更趋向于认为候鸟迁徙的起因,主要是受鸟类在长期自然历史演变中,对外界环境适应而形成的一系列生态生理因素的影响而发生的。对于鸟类迁徙起因的理论, Lack(1954)提出"食物在鸟类进化迁徙中有决定性作用"的论点,认为栖息地食物消耗超出鸟类生存繁殖所需食物生产量,将驱使鸟类迁入其它地区,久而久之形成候鸟,栖息支出小于收入时,自然选择将使鸟类留居不动形成留鸟。

近年来,随着世界科学技术的发展,许多高科技手段日益进入鸟类迁徙研究领域,使得鸟类迁徙研究逐步向快速、准确、深入的方向发展,从而发现了许多人们前所不知的规律和现象。使鸟类迁徙规律的研究无论在理论上或应用上都跃上了一个新的台阶。目前鸟类迁徙研究的方法主要有观察法和实验法两类,其中观察法又包括圆月面观察法、云高计技术法、飞鸣观察法和定点观测法;实验法包括环志法、雷达追踪法、无线电追踪法、卫星追踪法和圆型旋转实验法等。

5.5　保护管理建议

鸟类迁飞路线实际是受地面构造、景观类型、植被、食物及天气等各种条件影响的结果,鸟类迁徙大多是选择食物资源丰富的路线,可以随时补充迁飞过程中能量消耗,一般是相对稳定的,基本能够长时间严格保持既定的迁飞路线,但由于上述因素,迫使它们在个别地区有所改变。齐云山作为鸟类迁徙的通道组成部分,如何发挥其应有的鸟类保护功能,如何开展对鸟类资源保护值得探讨。综合鸟类综合考察和社区调查,我们认为应从以下几个方面考虑:

(1)科学规划,合理布局,申请晋升为国家级保护区,提升保护管理水平,建立健全保护区管护体系,对内不断加强管理队伍建设,从有利于对候鸟迁徙、停歇、觅食、栖息地保护角度去考虑,科学合理地对自然保护区进行管理。建立自然保护区是目前生物多样性保护中就地保护的根本措施,齐云山保护区内森林植被保存完好,在此建立保护区既能保护候鸟迁徙安全,同时又可以保护珍贵的鸟类栖息生境。

(2)运用经济、法律和行政的手段进行综合治理,切实有效地搞好野生鸟类资源保护的执法工作,严厉打击捕杀各种野生鸟类的违法活动,努力促进野生鸟类资源的可持续增长,积极维护齐云山地区野生鸟类物种多样性和其栖息环境的多样性。

(3)申请建立鸟类环志站,进行候鸟监测和迁徙研究,扩大鸟类迁徙路线上监测点,既适应国际合作的需要又照顾今后鸟类环志工作的发展。使当地鸟类迁徙研究工作和野生动物保护事业有机地结合起来,为我国的鸟类保护管理事业做出新贡献。

(4)加强公众对保护生物多样性的宣传和教育,开展科普教育,增强保护意识。减少对鸟类栖息与活动的干扰;对张网捕鸟、破坏鸟巢、掏鸟蛋的行为给予严惩。发布有关动物保护的法令和法规,建立科技馆,编写动物保护手册和宣传品等大力普及动物科技知识,增强保护意识。

第11章 两栖爬行动物物种多样性调查

有关江西省两栖爬行动物的研究报道,最早见于 David (1871)关于庐山几种蛇类的记载;Sauvage (1877) 报道庐山有黑脊蛇(*Achalinus spinalis*);Günter (1888) 报道九江有 24 种爬行动物;Pope (1935)出版的《中国的爬行动物》中介绍江西省爬行动物 35 种;张孟闻(1936)发表了"记秦仁昌君在庐山采集之蛇类"[252];张作干和 Boring(1936)统计江西省有 16 种两栖动物;此后,Gressitt(1941)报道寻乌两栖动物 18 种,其中 8 个为江西省新纪录。新中国成立后,彭风潭等(1962,1965)发表"江西省蛇类调查(Ⅰ)、(Ⅱ)"[176],记载宜春、永丰、铅山、赣州、新建、贵溪、南昌等地蛇类 15 种;钟昌富(1983)年发表"江西省的毒蛇",1986 年又发表"井冈山自然保护区爬行动物调查";宗愉和马积蕃(1985)发表"井冈山两栖与爬行动物调查";费梁(1990)统计过江西省两栖动物 40 种;钟昌富(1995,2004)分别统计江西省两栖动物 2 目 8 科 39 种[177]和爬行动物 3 目 15 科 80 种[178]。

江西省齐云山自然保护区(以下简称齐云山保护区)保存了较完整的原生性植被,植被垂直分布带较明显,生物多样性丰富。为申报省级自然保护区,江西省赣州市林业科学研究所刘体应等于 2002 年 3 月对齐云山保护区的野生动物资源进行了初步考察,因调查时间不理想,主要采用访问调查,共统计两栖动物 2 目 5 科 15 种和爬行动物 2 目 9 科 27 种[67]。除此之外,尚无其他专家对该保护区的两栖爬行动物资源开展过专项调查,这给齐云山保护区的管理带来了不便,并影响到保护区的建设和发展,故很有必要开展保护区两栖爬行动物资源本底调查和监测工作。为加强野生动物资源的科学保护和可持续利用,申报国家级自然保护区,作者于 2007 年 1 月、5 月、7 月 ~ 8 月,对齐云山保护区两栖爬行动物资源进行了 3 次实地考察,现将考察结果报道如下。

1 自然概况

齐云山保护区位于江西省崇义县西北边缘的思顺乡和上堡乡境内,属罗霄山脉南端的诸广山系,地理坐标为 113°54′37″ ~ 114°07′34″E,25°41′47″ ~ 25°54′21″N,总面积为 17105hm^2。地势为西高东低,西依诸广山,与湖南省桂东县交界;北与江西上犹县五指峰乡接壤;东、南面分别与本县思顺乡和上堡乡相连。区内群山叠起,有 17 座山峰的海拔超过 1200m,齐云山顶峰海拔 2061.3m,为赣南最高峰、江西省第四高峰。区内溪河纵横,水资源丰富,山间有 13 条河流汇入赣江章水源头 - 上犹江

作者:杨道德[1],刘松[1],费冬波[1],喻兴雷[1],谷颖乐[1],卢和军[2],陈辉敏[3],朱家椿[3]

1. 中南林业科技大学野生动植物保护研究所,长沙 410004;2. 江西崇义县林业局,崇义 341300;

3. 江西齐云山自然保护区管理局,崇义 341300

第一作者介绍:杨道德,男,教授;从事野生动物保护和自然保护区管理研究工作;E - mail: csfuyydd@ 126. com。

中。保护区气候属典型的中亚热带湿润型季风气候，常年温暖湿润，雨量充沛。年均气温 9.5～17.8℃，年均降水量 1568.7mm，年均日照时数 1310.4～1342.4h。保护区地质结构主要为加里东期花岗闪长岩及燕山期花岗岩石，并由此发育成山地黄红壤、黄棕壤土以及高山草甸土。森林植被有以马尾松为主的次生针叶林、常绿阔叶林、常绿、落叶阔叶混交林、大面积的人工竹林、高山草甸等。因齐云山保护区地处省际边缘地区，交通不便，人口稀少，加之未受到第四纪冰川的侵袭，故自然环境幽静，保存有一批较原始、珍稀的野生动植物群落，其优越的自然环境为野生动植物的生存、繁衍提供了良好的条件[67]。

2 调查方法

2.1 调查时间及样带设置

调查时间为：2007 年 1 月 10～19 日、5 月 16 日～24 日、7 月 26 日～8 月 8 日。每天调查时间选在 8:00～11:00，15:00～17:30 和 20:00～22:00。

在查阅相关文献资料和初步了解保护区内的自然条件的基础上，综合考虑两栖爬行动物的生境类型和生态习性，最终确定具代表性的 26 条调查样带，其中包括 17 条夜间样带（图 11－1，表 11－1）。在第二次和第三次调查时对第二次调查时的同一条样带进行重复调查。

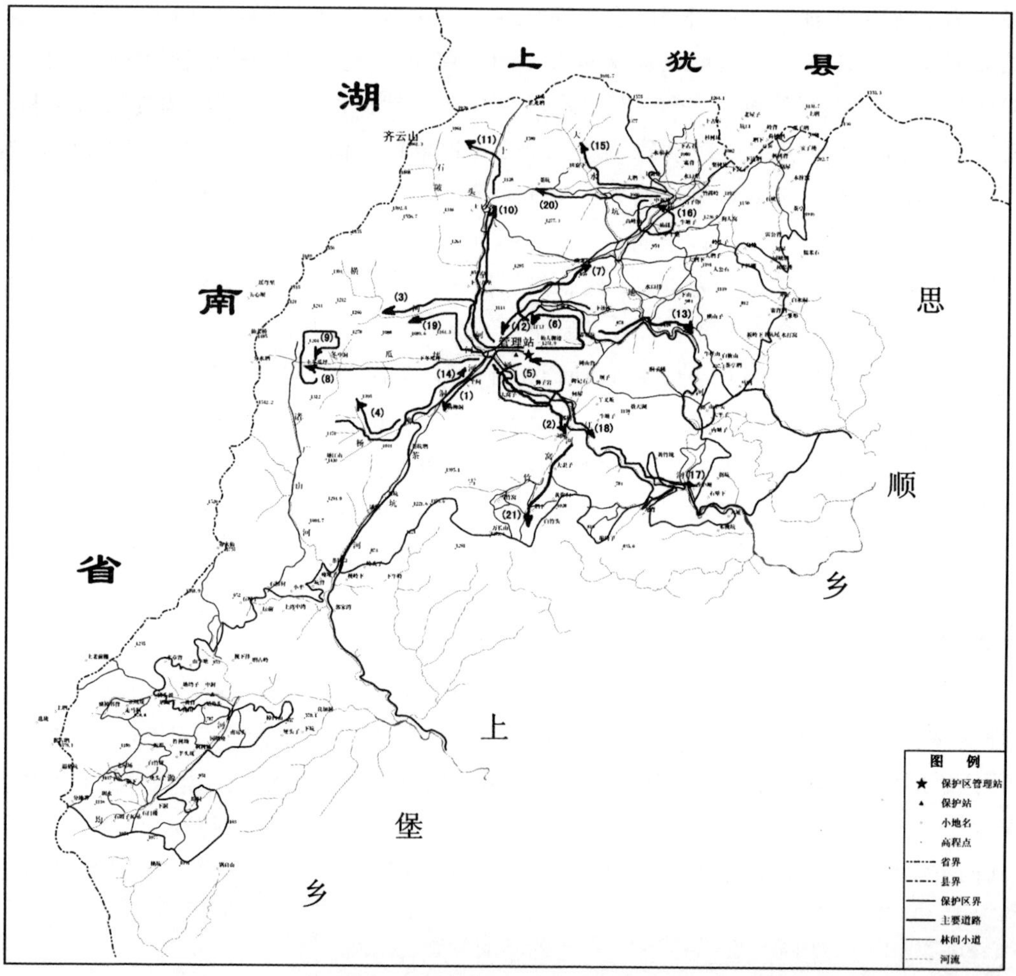

图 11－1 江西齐云山自然保护区两栖爬行动物调查样带设置图

图中蓝线表示调查样带位置，所指箭头表示样带走向，图中带括号的数字分别表示样带编号。

表 11－1 江西齐云山自然保护区两栖爬行动物调查样带设置及样带长度

调查时间			样带号	样带位置	样带长(km)
年	月	日			
2007	5月	16（晚）	1	齐云山保护区管理站—杨柳洞	3.5
		16（晚）	2	齐云山保护区管理站—长沙坝	4.0
		17（上）	3	横河—齐云山保护区管理站—横河	5.7
		17（上）	4	大坑尾	4.5
		18（晚）	5	齐云山保护区管理站附近农田	3.3
		18（下）	6	三江村口	4.6
		18（晚）	7	三江村坝	4.6
		19（上）	8	齐云山保护区管理站—上东瓜坪	5.9
		19（晚）	9	上东瓜坪附近农田和溪沟	4.3
		19（上）	10	上十八垒	5.8
		19（晚）	11	上十八垒河	4.5
		20（晚）	12	下浊水—齐云山保护区管理站	4.5
		20（下）	13	霹雷坑、新供桥	6.5
		20（晚）	14	大坑尾—齐云山保护区管理站	4.5
		21（下）	15	中新地—大水坑	5.1
		21（晚）	16	中新地附近农田	3.2
		21（上）	17	香炉坝	4.5
		21（下）	18	桶江	4.5
		21（晚）	19	横河	3.5
		22（上）	20	中新地—大水坑—茶坑	6.3
		22（上）	21	赤水	3.5
	7月	27	1	齐云山保护区管理站—横河	5.0
		27	2	齐云山保护区管理站—大坑尾	3.0
		27（晚）	3	齐云山保护区管理站—长沙坝	3.0
		28（上）	4	齐云山保护区管理站—上东瓜坪	6.0
		28（下）	5	上东瓜坪—食水垅	3.4
		28（晚）	6	食水垅（溪）	4.7
		29	7	上东瓜坪—齐云山保护区管理站	6.0
		29（晚）	8	齐云山保护区管理站—大坑尾	5.3
		30（上）	9	齐云山保护区管理站—下冬瓜坪	2.3
		30（晚）	10	上十八垒溪流	3.7
		7.31	11	上十八垒赤壁岩	4.9
		7.31（晚）	12	齐云山保护区管理站—横河	4.5
	8月	1	13	登齐云山顶峰	
		2（上）	14	霹雷坑农田	3.4
		2（下）	15	霹雷坑—下新地	3.7
		2（晚）	16	下新地 农田与溪沟	3.1
		3（上）	17	下新地—上新地	3.6
		3（下）	18	上新地农田	2.8
		3（晚）	19	上新地—中新地	3.3
		4	20	中新地—茶坑	4.9
		5（上）	21	桶江—香炉坝	3.4
		5（下）	22	香炉坝	2.7
		5（晚）	23	香炉坝—桶江	3.1
		6	24	上十八垒赤壁岩	5.6
		6（晚）	25	齐云山保护区管理站—大坑尾	4.2
		7	26	诸广山河	4.7

2.2 调查方法

第一次调查时间为 2007 年 1 月 10 ~ 19 日，此时正是两栖爬行动物的冬眠期，故以访问调查法为主，并广泛考察生境以确定今后的调查样带；后两次调查以样带法为主，辅以样方法、专项调查法。

同时对保护区管理人员、当地社区老猎人及部分居民进行访问调查，并到当地农贸市场、餐馆进行调查，然后根据形态特征和查阅工具书对观察到或访问到的物种进行分类鉴定[228]。

每次样带调查时考察人员分成两组，每组配一辆越野吉普车，接送考察人员到样带起点或终点，以提高工作效率。每组3~4人，其中2~3人沿样带中线彼此平行前进，仔细搜寻样带中线每侧5m内的两栖爬行动物，另一人负责记录考察人员所观察到的物种种类、数量、生境特征等数据。使用GPS手持定位仪(Garmin - Vista)对采集或观察到的个体进行定位，并用专业数码相机Canon - EOS20D(800万像素)对物种及生境进行拍照，供物种鉴定和内业整理时参考。

2.3 两栖动物生态类型划分

依两栖动物成体的主要栖息地，综合考虑产卵、蝌蚪及其幼体生活的水域状态，将两栖动物的生态类型归为五类：

(1)静水型Q：整个个体发育均要或完全在静水水域的种类；(2)陆栖 - 静水型TQ：非繁殖期成体多以陆生而胚胎发育及变态在静水水域中的种类；(3)流水型R：整个个体发育均要或完全在流水水域中的种类；(4)陆栖 - 流水型TR：非繁殖期成体多以陆生而胚胎发育及变态在流水水域的种类；(5)树栖型A：成体以树栖为主，胚胎发育及变态在静水水域的种类[97]。

2.4 统计方法

物种多样性系数：采用Shannon - Wiener物种多样性系数统计公式：

$H' = -\sum P_i \mathrm{In} P_i$

其中P_i为物种i个体数与所有物种的总个数之比。

均匀度指数：采用Pielou均匀度指数统计公式：

$J = H'/Hmax = H'/\mathrm{In}S$

其中H为$\mathrm{In}S$，S为物种数。

相似性系数：采用Jaecard相似性系数统计公式：

$I = 2c / [2ab - (a+b) - c]$

其中，a表示a地物种数，b表示b地物种数，c表示a与b两地共有的物种数[98]。

SPSS软件聚类分析：将各个自然保护区与各物种的这些变量作相似性聚类分析，得到树状数据分析图。以物种为变量将其转换成0~1数据阵，应用SPSS(11.5)数据分析软件，选择类平均连接及欧氏平方距离进行谱系聚类分析[79]。

G - F指数：是利用野生动物资源普查得到的野生动物名录来计算某地物种多样性的方法。首先计算属间多样性(G指数，$D_G = -\sum_{j=1}^{p} q_j \ln q_j$)和种间多样性(F指数，$D_F = \sum_{k=1}^{m} D_{FK}$，$D_{FK} = -\sum_{i=1}^{n} p_i \ln p_i$)，再将G指数和F指数的比值标准化，得出G - F指数，$D_{G-F} = 1 - D_G/D_F$，其中$p_i = s_{ki}/S_k$，S_k = 名录中k科中的物种数，s_{ki} = 名录中k科i属中的物种数，$n = k$科中的属数，m = 名录中的科数。$qj = s_j/S$，S = 名录中的物种数，s_j = 名录中j属中的物种数，p = 名录中的属数[225]。

资源量等级划分：根据作者后两次调查时采集和观察到的物种个体总数来确定物种资源量等级，分别将两栖类个体总数在5只以下、6~80只、81只以上，爬行类在2只(条)以下、3~5只(条)、6只(条)以上，确定为资源量稀少(+)、一般(++)、丰富(+++)。

生境类型划分：根据齐云山保护区地理、植被及两栖爬行动物的生态习性特点，将保护区划分为四种生境类型：农田、水域、森林、灌草丛。

3 调查结果

齐云山自然保护区现已记录72种两栖爬行动物，隶属2纲5目18科(表11 - 2)。

表 11-2 江西齐云山自然保护区两栖爬行动物物种数、动物区系及保护动物概况[110.168]

分类地位				动物区系			保护动物		
纲	目	科	种	东洋界	古北界	广布种	Ⅰ级	Ⅱ级	"三有动物"
两栖纲	2	7	24	22	/	2	/	1	23
爬行纲	3	11	48	37	/	11	/	/	48
合计	5	18	72	59	/	13	/	1	71

注:"三有动物"指"国家保护的有益的或者有重要经济、科学研究价值的陆生野生动物"。

3.1 两栖纲

3.1.1 物种组成

齐云山保护区现已记录24种两栖动物,隶属2目7科(表11-3)。有尾目1科1种,即蝾螈科的黑斑肥螈 *Pachytriton brevipes*;无尾目6科23种,其中蟾蜍科1种、雨蛙科1种、角蟾科3种、蛙科13种、树蛙科2种和姬蛙科3种,以蛙科物种数最多。寒露林蛙 *Rana hanluica* 为江西省两栖类新记录。

3.1.2 区系特征

齐云山保护区在动物地理区划上属东洋界、华中区、东部丘陵平原亚区,整个两栖动物区系反映出东洋界种类占明显优势,各区物种相互渗透的特点。24两栖动物中,东洋界种类达22种,占保护区两栖动物总物种数的91.67%;广布种2种,即:中华蟾蜍指名亚种 *Bufo g. gargarizans* 和黑斑侧褶蛙 *Pelophylax nigromaculatus*;本区无古北界物种。22种东洋界种类中,除黑斑肥螈 *Pachytriton brevipes* 为华中区物种外,其余21种均为华中区与华南区共有种,占保护区两栖动物总物种数的91.67%,分别是:黑斑肥螈 *Pachytriton brevipes*、中国雨蛙 *Hyla chinensis*、福建掌突蟾 *Leptolalax liui*、短肢角蟾 *Megophrys brachykolos*、崇安髭蟾瑶山亚种 *Vibrissaphora liui yaoshanensis*、华南湍蛙 *Amolops ricketti*、泽陆蛙 *Fejervarya multistriata*、虎纹蛙 *Hoplobatrachus rugulosus*、弹琴蛙 *Hylarana adenopleura*、沼水蛙 *H. guentheri*、阔褶水蛙 *H. latouchii*、福建大头蛙 *Limnonectes fujianensis*、大绿臭蛙 *Odorrana livida*、花臭蛙 *O. schmackeri*、竹叶蛙 *O. versabilis*、棘胸蛙 *Paa spinosa*、寒露林蛙 *Rana hanluica*、大树蛙 *Rhacophorus dennysii*、斑腿树蛙 *R. megacephalus*、粗皮姬蛙 *Microhyla butleri*、小弧斑姬蛙 *M. heymonsi*、饰纹姬蛙 *M. ornate*。

3.1.3 生态类型

齐云山保护区两栖动物的生态类型以流水型8种为多,占保护区两栖动物总物种数的33.33%;树栖型3种,占12.5%;陆栖—静水型7种,占29.17%;陆栖—流水型3种,占12.5%;静水型3种,占12.5%。齐云山保护区因地势高耸、坡度陡缓悬殊、农田旱土和静水水域的面积大等自然条件,使得适合这种生境的流水型和陆栖—静水型两栖动物占主体,其余生态类型的两栖动物分布较少。这反映了森林生态系统类型自然保护区两栖动物生态类型的特点。

3.1.4 数量优势种和生态分布

根据在齐云山保护区不同生境、不同海拔高度内统计到的两栖动物数量多寡,确定下列两栖动物为数量优势种:中华蟾蜍指名亚种、中国雨蛙、华南湍蛙、泽陆蛙、弹琴蛙、阔褶水蛙、福建大头蛙、花臭蛙、大绿臭蛙、竹叶蛙、黑斑侧褶蛙、寒露林蛙、小弧斑姬蛙。

齐云山保护区两栖动物的生态分布特点如下:

表 11－3　江西齐云山自然保护区两栖动物区系保护级别[179,180]

分类地位、物种名称	动物区系					资源量	生态类型	保护级别	收录依据
	东洋界								
	华中区	华南区	华中华南区	古北界	广布种				
Ⅰ有尾目 URODELA									
(一) 蝾螈科 Salamandridae									
1 黑斑肥螈 *Pachytriton brevipes* *		※				＋＋	R	○	C
Ⅱ无尾目 ANURA									
(二) 蟾蜍科 Bufonidae									
2 中华蟾蜍指名亚种 *Bufo g. gargarizans*					※	＋＋＋	TQ	○	C
(三) 雨蛙科 Hylidae									
3 中国雨蛙 *Hyla chinensis*			※			＋＋＋	A	○	C
(四) 角蟾科 Megophryidae									
4 福建掌突蟾 *Leptolalax liui* *			※			＋	TR	○	C
5 短肢角蟾 *Megophrys brachykolos* *			※			＋	TR	○	T
6 崇安髭蟾瑶山亚种 *Vibrissaphora liui yaoshanensis* *			※			＋＋	TR	○	C
(五) 蛙科 Ranidae									
7 华南湍蛙 *Amolops ricketti* *			※			＋＋＋	R	○	C
8 泽陆蛙 *Fejervarya multistriata*			※			＋＋＋	TQ	○	C
9 虎纹蛙 *Hoplobatrachus rugulosus*			※			＋	R	Ⅱ	C
10 弹琴蛙 *Hylarana adenopleura* *			※			＋＋＋	Q	○	C
11 沼水蛙 *Hylarana guentheri* *			※			＋＋	R	○	C
12 阔褶水蛙 *Hylarana latouchii* *			※			＋＋	Q	○	C
13 福建大头蛙 *Limnonectes fujianensis*			※			＋＋＋	TQ	○	C
14 大绿臭蛙 *Odorrana livida*			※			＋＋＋	R	○	C
15 花臭蛙 *Odorrana schmackeri* *			※			＋＋＋	R	○	C
16 竹叶蛙 *Odorrana versabilis* *			※			＋＋＋	R	○	C
17 棘胸蛙 *Paa spinosa*			※			＋＋	R	○	C
18 黑斑侧褶蛙 *Pelophylax nigromaculatus* *					※	＋＋＋	Q	○	C
19 寒露林蛙 *Rana hanluica* *	※					＋＋＋	TQ	○	C
(六) 树蛙科 Rhacophoridae									
20 大树蛙 *Rhacophorus dennysii*			※			＋＋	A	○	C
21 斑腿树蛙 *Rhacophorus megacephalus*			※			＋＋＋	A	○	C
(七) 姬蛙科 Microhylidae									
22 粗皮姬蛙 *Microhyla butleri*			※			＋＋＋	TQ	○	C
23 小弧斑姬蛙 *Microhyla heymonsi*			※			＋＋＋	TQ	○	C
24 饰纹姬蛙 *Microhyla ornata*			※			＋	TQ	○	C

注:"※"—区系从属。保护级别:Ⅱ—"国家二级重点保护野生动物";○—"国家保护的有益的或者有重要经济、科学研究价值的陆生野生动物"。资料依据:C—"采集到或观察到实体";T—"听到鸣叫声"。生态类型:R—流水型;TQ—陆栖静水型;TR—陆栖流水型;Q—静水型;A—树栖型。资源量:＋＋＋—资源量丰富,调查期间采集和观察到的物种个体总数 81 只以上;＋＋—资源量一般,采集和观察到的物种个体总数 6～80 只;＋—资源量稀少,采集和观察到的物种个体总数在 5 只以下。＊—我国特有种。

(1)低山农田区(海拔 700m 以下):此区以居民点附近农田为主要生境,齐云山保护区海拔落差较大,农田一般分布在海拔 350～700m。分布在该区的物种有中华蟾蜍指名亚种、沼水蛙、泽陆蛙、黑斑侧褶蛙、斑腿树蛙、小弧斑姬蛙、福建大头蛙、粗皮姬蛙、中国雨蛙等。中华蟾蜍指名亚种在农宅附近、菜地数量多；黑斑侧褶蛙、泽陆蛙、小弧斑姬蛙在农田里分布较多；福建大头蛙数量多，主要分布在路边静水水沟，5月份可见大量个体繁殖抱对以及产的卵群，到7~8月份仅能偶见少量个体繁殖抱对，但可见大量幼体。该区数量优势种主要有中华蟾蜍指名亚种、泽陆蛙、福建大头蛙、黑斑侧褶蛙、小弧斑姬蛙、中国雨蛙。

（2）常绿阔叶林与毛竹林区（海拔700~1300m）：该区两栖动物多以山溪流水为主要生境，以华南湍蛙、花臭蛙、大绿臭蛙、棘胸蛙为数量优势种。棘胸蛙因肉质鲜美常被人偷捕而资源量逐步下降。静水水域以黑斑侧褶蛙、中国雨蛙、斑腿树蛙、小弧斑姬蛙等数量居多。斑腿树蛙、中国雨蛙为树栖型物种，繁殖期才进入静水水域。陆地上以寒露林蛙、泽陆蛙、小弧斑姬蛙、中华蟾蜍指名亚种等居多，其中以泽陆蛙、小弧斑姬蛙、中华蟾蜍指名亚种为数量优势种。

（3）常绿、落叶阔叶混交林及其他植物群落区（海拔1300m以上）：该区两栖动物物种较少，其中以泽陆蛙、花臭蛙、大绿臭蛙为数量优势种。山溪流水水域以花臭蛙、大绿臭蛙居多。保护区内唯一的有尾两栖动物—黑斑肥螈仅在该区有分布。

3.1.5 珍稀保护动物

虎纹蛙属国家Ⅱ级重点保护野生动物，占两栖动物总物种数的4.17%；其余23种两栖动物均属“国家保护的有益的或者有重要经济、科学研究价值的陆生野生动物”。中华蟾蜍中华亚种、棘胸蛙、崇安髭蟾瑶山亚种和黑斑侧褶蛙共4种为江西省地方重点保护野生动物；虎纹蛙被列入《濒危动植物种国家贸易公约》附录Ⅱ；寒露林蛙和棘胸蛙被列入《中国濒危动物红皮书（两栖类和爬行类）》[181]。有12种两栖动物为中国特有种，分别是：黑斑肥螈、福建掌突蟾、短肢角蟾、崇安髭蟾瑶山亚种、华南湍蛙、弹琴蛙、沼水蛙、阔褶水蛙、花臭蛙、竹叶蛙、黑斑侧褶蛙、寒露林蛙。

3.1.6 物种多样性分析

3.1.6.1 多样性系数与均匀度指数

第一次考察因两栖动物处于冬眠期，主要采用访问调查，未对其多样性系数与均匀度指数进行统计；第二次考察期间共统计到两栖动物2630只，经鉴定为22种；第三次考察期间共统计到两栖动物3524只，经鉴定为24种（表11-4）。统计表明：齐云山保护区两栖动物物种多样性系数较高，不同调查期间的数量优势种却不尽相同。5月份两栖动物物种多样性系数为2.2078，高于7~8月份的多样性系数2.1566，这与两栖动物多在5月份繁殖、易发现成体有关。5月份以小弧斑姬蛙、福建大头蛙，泽陆蛙为数量优势种；而7~8月份以泽陆蛙、小弧斑姬蛙、花臭蛙，弹琴蛙为数量优势种。

根据不同海拔垂直带内的两栖动物个体数统计分析结果得出：

（1）低山农田区（海拔700m以下）：此区分布的两栖动物物种数较少，如斑腿树蛙和黑斑侧褶蛙。5月份的物种多样性指数（2.0635）高于7~8月份的物种多样性指数（1.2856）。5月份两栖动物分布明显较7~8月份均匀。这可能与此区生境单一以及不同蛙类的生活及繁殖特性有关。

（2）常绿阔叶林与毛竹林区（海拔700~1300m）：无论是5月份还是7~8月份，两栖动物的多数种类和数量都分布在此范围，多样性系数和均匀度指数也处于较高水平。5月份的物种多样性指数（2.0064）低于7~8月份的物种多样性指数（2.1755）。这与保护区此区面积很大且生境类型多样以及两栖动物赖以生存的水体大多分布在此区有关。

（3）常绿、落叶阔叶混交林及其他植物群落区（海拔1300m以上）：因海拔高、山体陡峭、水体生境较少限制了两栖动物的分布，故此区两栖动物物种较少，特别是5月份在此区调查仅采集到黑斑肥螈一种，故未进行多样性系数和均匀度分析。

表 11－4　江西齐云山自然保护区不同海拔垂直带中的两栖动物个体数、多样性系数和均匀度指数

物种名称	2007 年 5 月 16～24 日				2007 年 7 月 26 日～8 月 8 日				总计
	＜700 m	700～1300m	＞1300 m	小计	＜700 m	700～1300m	＞1300 m	小计	
1. 黑斑肥螈 *Pachytriton brevipes* *	0	0	2	2	0	0	7	7	9
2. 中华蟾蜍指名亚种 *Bufo g. gargarizans*	13	67	0	80	0	13	0	13	93
3. 中国雨蛙 *Hyla chinensis*	7	174	0	181	5	18	0	23	204
4. 福建掌突蟾 *Leptolalax liui* *	0	0	0	0	0	1	0	1	1
5. 短肢角蟾 *Megophrys brachykolos* *	0	0	0	0	0	1	0	1	1
6. 崇安髭蟾 *Vibrissaphora liui yaoshanensis* *	3	2	0	5	0	0	0	0	5
7. 华南湍蛙 *Amolops ricketti* *	6	60	0	66	2	132	33	167	233
8. 泽陆蛙 *Fejervarya multistriata*	87	418	0	505	191	740	0	931	1436
9. 虎纹蛙 *Hoplobatrachus rugulosus*	0	2	0	2	0	0	0	0	2
10. 弹琴蛙 *Hylarana adenopleura* *	4	160	0	164	157	289	12	458	622
11. 沼水蛙 *H. guentheri* *	0	4	0	4	3	0	0	3	7
12. 阔褶水蛙 *H. latouchii* *	21	199	0	220	0	42	8	50	270
13. 福建大头蛙 *Limnonectes fujianensis*	55	267	0	322	7	73	0	80	402
14. 大绿臭蛙 *Odorrana livida*	4	7	0	11	5	119	21	145	156
15. 花臭蛙 *O. schmackeri* *	19	50	0	69	24	512	48	584	653
16. 竹叶蛙 *O. versabilis* *	0	8	0	8	0	16	5	21	29
17. 棘胸蛙 *Paa spinosa*	0	18	0	18	0	33	0	33	51
18. 黑斑侧褶蛙 *Pelophylax nigromaculatus* *	13	153	0	166	0	142	0	142	308
19. 寒露林蛙 *Rana hanluica* *	7	5	0	12	1	49	0	50	62
20. 大树蛙 *Rhacophorus dennysii*	0	2	0	2	0	7	0	7	9
21. 斑腿树蛙 *R. megacephalus*	0	67	0	67	34	27	0	61	128
22. 粗皮姬蛙 *Microhyla butleri*	0	5	0	5	0	97	0	97	102
23. 小弧斑姬蛙 *M. heymonsi*	38	682	0	720	529	121	0	650	1370
24. 饰纹姬蛙 *M. ornata*	0	1	0	1	0	0	0	0	1
个体数总数	277	2351	2	2630	958	2432	134	3524	6154
物种数	13	21	1	22	11	19	7	21	24
多样性系数	2.064	2.006	0	2.208	1.286	2.176	1.665	2.157	2.302
均匀度指数	0.805	0.659	0	0.714	0.536	0.739	0.855	0.708	0.724

注：* 我国特有种。

3.1.6.2　不同生境类型中的多样性系数

5 月份和 7～8 月份，水域生境（1.9537 和 1.6885）和灌丛生境（2.2675 和 1.5887）的物种多样性系数明显高于其他生境，森林生境的物种多样性系数（1.5913 和 1.4914）均明显低于其他生境（表 11－5）。这说明水域是多数两栖动物的适宜生境，这与两栖动物生殖离不开水、裸露的皮肤辅助呼吸、未解决皮肤水分蒸发等问题有关。森林仅适合树栖性两栖动物生存，故分布于此生境的物种数相对较少，但因森林生境面积大，各物种均能在此生境中得到所需的生存空间和食物等资源，故均匀度指数较高。农田和灌丛因自然环境优越，竞争激烈从而产生了明显的优势物种。

表 11-5 江西齐云山自然保护区不同生境类型中的两栖动物个体数、多样性系数和均匀度指数

物种名称	2007 年 5 月 16 ~ 24 日				2007 年 7 月 26 日 ~ 8 月 8 日				总计
	农田	水域	森林	灌丛	农田	水域	森林	灌丛	
1. 黑斑肥螈 *Pachytriton brevipes* *	0	2	0	0	0	7	0	0	9
2. 中华蟾蜍指名亚种 *Bufo g. gargarizans*	13	0	8	59	5	0	1	7	93
3. 中国雨蛙 *Hyla chinensis*	137	0	5	39	6	0	0	17	204
4. 福建掌突蟾 *Leptolalax liui* *	0	0	0	0	0	0	0	1	1
5. 短肢角蟾 *Megophrys brachykolos* *	0	0	0	0	0	1	0	0	1
6. 崇安髭蟾瑶山亚种 *Vibrissaphora liui yaoshanensis* *	3	2	0	0	0	0	0	0	5
7. 华南湍蛙 *Amolops ricketti* *	0	57	0	9	0	154	0	13	233
8. 泽陆蛙 *Fejervarya multistriata*	215	27	45	218	387	54	47	443	1436
9. 虎纹蛙 *Hoplobatrachus rugulosus*	2	0	0	0	0	0	0	0	2
10. 弹琴蛙 *Hylarana adenopleura* *	78	83	0	3	157	289	0	12	622
11. 沼水蛙 *H. guentheri* *	4	0	0	0	0	0	0	3	7
12. 阔褶水蛙 *H. latouchii* *	31	147	26	16	19	22	6	3	270
13. 福建大头蛙 *Limnonectes fujianensis*	32	23	0	267	8	33	0	39	402
14. 大绿臭蛙 *Odorrana livida*	0	7	0	4	5	119	0	21	156
15. 花臭蛙 *O. schmackeri* *	3	55	0	11	5	562	0	17	653
16. 竹叶蛙 *O. versabilis* *	0	8	0	0	0	19	0	2	29
17. 棘胸蛙 *Paa spinosa*	0	18	0	0	0	33	0	0	51
18. 黑斑侧褶蛙 *Pelophylax nigromaculatus* *	153	9	0	4	139	2	0	1	308
19. 寒露林蛙 *Rana hanluica* *	1	0	9	2	2	0	43	5	62
20. 大树蛙 *Rhacophorus dennysii*	0	2	0	0	0	7	0	0	9
21. 斑腿树蛙 *R. megacephalus*	37	0	1	29	24	0	0	37	128
22. 粗皮姬蛙 *Microhyla butleri*	3	0	1	1	31	0	28	38	102
23. 小弧斑姬蛙 *M. heymonsi*	687	0	13	20	529	0	23	98	1370
24. 饰纹姬蛙 *M. ornata*	1	0	0	0	0	0	0	0	1
个体数总计	1400	440	108	682	1317	1302	148	757	6154
物种数	16	13	8	14	13	13	6	17	24
多样性系数	1. 654	1. 954	1. 591	2. 268	1. 568	1. 689	1. 491	1. 589	2. 302
均匀度指数	0. 596	0. 762	0. 765	0. 859	0. 612	0. 658	0. 832	0. 561	0. 724

注：* 我国特有种。

3.1.6.3 与江西省其他自然保护区两栖动物比较

分别计算齐云山保护区和庐山、八面山、九连山、武功山、武夷山等江西省其他自然保护区及相邻的湖南八面山国家级自然保护区的两栖动物物种相似性系数及 G－F 指数，并进行了比较[72.74.97.99.177]；再根据齐云山及其他 5 个江西自然保护区两栖动物相同物种数等数据进行聚类分析(表 11－6，图 11－2)。结果发现：这 6 个保护区被分为 3 个型组，其中齐云山与武夷山明显被聚为一类，同时二者的物种相似性系数也最高，表明二者具较高的物种相似性，这与它们所处的地理位置相近相一致；齐云山与桂东八面山相邻，物种数量也相近，但二者被罗霄山分开，成为迁移能力很弱的两栖类扩散的屏障，反而不如相隔较远但无高大山脉间隔的武夷山物种相似性高。

表 11－6　齐云山自然保护区同江西省其他自然保护区的两栖动物物种相似性及 G－F 指数比较

项目	齐云山	庐山	八面山	九连山	武夷山	武功山	江西省
目数	2	2	2	2	2	2	2
科数	7	8	8	7	8	7	8
物种数	24	24	27	18	25	25	41
相同物种数	—	17	18	14	20	20	24
物种相似系数	—	0.0313	0.0293	0.0347	0.0354	0.0354	0.0255
G 指数	2.7083	2.6533	2.6603	2.5532	2.7889	2.6016	2.9059
F 指数	3.1565	2.0228	3.2712	1.9723	3.4442	2.6444	3.4600
G－F 指数	0.1420	－0.3117	0.1867	－0.2946	0.1903	0.0162	0.1601

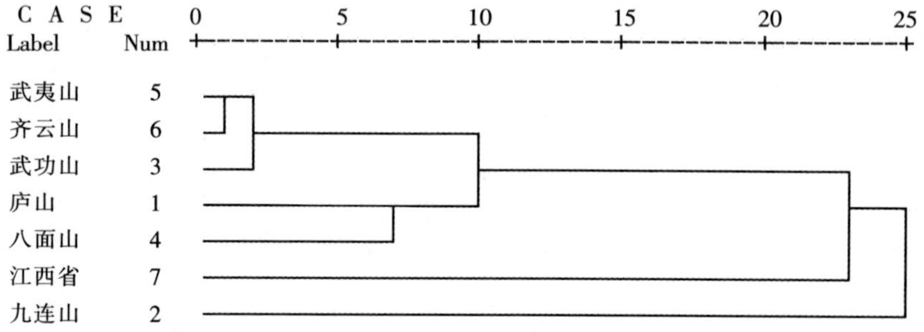

图 11－2　江西齐云山自然保护区同其周边其他自然保护区基于两栖动物物种相似性的聚类关系

3.2　爬行纲

3.2.1　物种组成

齐云山保护区现已记录 48 种爬行动物，隶属 3 目 11 科（见表 11－7）。龟鳖目 3 科 3 种，其中平胸龟科 1 种、龟科 1 种、鳖科 1 种。蜥蜴目 4 科 7 种，其中壁虎科 1 种、石龙子科 4 种、蜥蜴科 1 种、鬣蜥科 1 种。蛇目 4 科 38 种，其中闪鳞蛇科 1 种、游蛇科 29 种、眼镜蛇科 4 种、蝰科 4 种，以游蛇科种类占明显优势。

3.2.2　区系特征

齐云山保护区在动物地理区划上属东洋界、华中区、东部丘陵平原亚区，整个爬行动物区系反映出东洋界种类占明显优势，各区物种相互渗透的特点。48 种爬行动物中，东洋界种类达 37 种，均为华中区与华南区共有种，占保护区爬行动物总物种数的 77.08%，分别是：平胸龟 *Platysternon megacephalum*、石龙子 *Eumeces chinensis*、铜蜓蜥 *Sphenomorphus indicus*、丽棘蜥 *Acanthosaura lepidogaster*、海南棱蜥 *Tropidophorus hainanus*、海南闪鳞蛇 *Xenopeltis hainanensis*、锈链腹链蛇 *Amphiesma craspedogaster*、棕黑腹链蛇指名亚种 *A. s. sauteri*、草腹链蛇 *A. stolatum*、翠青蛇 *Cyclophiops major*、钝尾两头蛇 *Calamaria septentrionalis*、黄链蛇 *Dinodon flavozonatum*、紫灰锦蛇指名亚种 *Elaphe p. porphyracea*、中国水蛇 *Enhydris chinensis*、铅色水蛇 *E. plumbea*、黑背白环蛇 *Lycodon ruhstrati*、颈棱蛇指名亚种 *Macropisthodon* r. *rudis*、中国小头蛇 *Oligodon chinensis*、饰纹小头蛇 *O. ornatus*、山溪后棱蛇 *Opisthotropis latouchii*、黑头剑蛇指名亚种 *Sibynophis* c. *chinensis*、福建钝头蛇 *Pareas stanleyi*、崇安斜鳞蛇指名亚种 *Pseudoxenodon k. karlschmidti*、大眼斜鳞蛇福建亚种 *P. macrops. fukienensis*、灰鼠蛇 *Ptyas korros*、滑鼠蛇 *P. mucosus*、环纹华游蛇 *Sinonatrix aequifasciata*、赤链华游蛇 *S. annularis*、乌华游蛇指名亚种 *S. p. percarinata*、渔游蛇 *Xenochrophis piscator*、乌梢蛇 *Zaocys dhumnades*、银环蛇指名亚种 *Bungarus* m. *multicinctus*、福建华珊瑚蛇 *Sinomicrurus kelloggi*、中华珊瑚蛇指名亚种 *S.* m. *macclellandi*、舟山眼镜

蛇 *Naja atra*、尖吻蝮 *Deinagkistrodon acutus*、原矛头蝮 *Protobothrops mucrosquamatus*、福建竹叶青蛇指名亚种 *Trimeresurus* s. *stejnegeri*。广布种 11 种，占保护区爬行动物总物种数的 22.92%，即：乌龟 *Chinemys reevesii*、鳖 *Pelodiscus sinensis*、多疣壁虎 *Gekko japonicus*、蓝尾石龙子 *Eumeces elegans*、北草蜥 *Takydromus septentrionalis*、赤链蛇 *Dinodon rufozonatum*、王锦蛇 *Elaphe carinata*、玉斑锦蛇 *Elaphe mandarina*、小头蛇 *Oligodon chinensis*、虎斑颈槽蛇大陆亚种 *Rhabdophis tigria lateralis*、福建竹叶青蛇指名亚种。本区无古北界物种，因原系古北界种类的虎斑颈槽蛇、赤链蛇和北草蜥等爬行动物向东洋界渗透、扩散，而在东洋界广泛分布，使之成为广布种（表7）。由此可见，齐云山保护区爬行动物区系组成具典型性和特殊性，与齐云山保护区所属动物地理区划相一致。

表 11-7 江西齐云山自然保护区爬行动物名录、区系、资源量及保护级别[182]（据赵尔宓分类体系，2006）

分类地位、物种名称	动物区系					资源量	保护级别	资料依据
	东洋界			古北界	广布种			
	华中区	华南区	华中华南区					
I 龟鳖目 TESTUDINATA								
（一）平胸龟科 Platysternidae								
1 平胸龟 *Platysternon megacephalum*			※			+	○	C
（二）龟科 Bataguridae								
2 乌龟 *Chinemys reevesii*					※	+	○	F
（三）鳖科 Trionychidae								
3 鳖 *Pelodiscus sinensis*					※	+	○	C
Ⅱ 蜥蜴目 LACERTILIFORMES								
（四）壁虎科 Gekkonidae								
4 多疣壁虎 *Gekko japonicus*					※	+ +	○	F
（五）石龙子科 Scincidae								
5 石龙子 *Eumeces chinensis* *			※			+ +	○	C
6 蓝尾石龙子 *E. elegans* *					※	+ + +	○	C
7 铜蜓蜥 *Sphenomorphus indicus*			※			+ + +	○	C
8 海南棱蜥 *Tropidophorus hainanus* *			※			+	○	C
（六）蜥蜴科 Lacertidae								
9 北草蜥 *Takydromus septentrionalis* *					※	+ + +	○	C
（七）鬣蜥科 Agamidae								
10 丽棘蜥 *Acanthosaura lepidogaster*			※			+ +	○	C
Ⅲ 蛇目 SERPENTIFORMES								
（八）闪鳞蛇科 Xenopeltidae								
11 海南闪鳞蛇 *Xenopeltis hainanensis* *			※			+ +	○	C
（九）游蛇科 Colubridae								
12 锈链腹链蛇 *Amphiesma craspedogaster* *			※			+ +	○	C
13 棕黑腹链蛇指名亚种 *A. s. sauteri*			※			+	○	C
14 草腹链蛇 *A. stolatum*			※			+	○	F
15 钝尾两头蛇 *Calamaria septentrionalis*			※			+ +	○	C
16 翠青蛇 *Cyclophiops major*			※			+ + +	○	C
17 黄链蛇 *Dinodon flavozonatum*			※			+ + +	○	C
18 赤链蛇 *D. rufozonatum*					※	+ + +	○	C

（续表）

分类地位、物种名称	动物区系					资源量	保护级别	资料依据
	东洋界			古北界	广布种			
	华中区	华南区	华中华南区					
19 王锦蛇 *Elaphe carinata*					※	+ + +	○	C
20 玉斑锦蛇 *E. mandarina*					※	+ +	○	C
21 紫灰锦蛇指名亚种 *E. p. porphyracea*			※			+	○	Z
22 中国水蛇 *Enhydris chinensis*			※			+	○	F
23 铅色水蛇 *E. plumbea*			※			+	○	F
24 黑背白环蛇 *Lycodon ruhstrati*			※			+	○	F
25 颈棱蛇指名亚种 *Macropisthodon r. rudis* *			※			+	○	C
26 中国小头蛇 *Oligodon chinensis*			※			+ +	○	F
27 饰纹小头蛇 *O. ornatus* *			※			+	○	C
28 山溪后棱蛇 *Opisthotropis latouchii* *			※			+ + +	○	C
29 虎斑颈槽蛇大陆亚种 *Rhabdophis tigrinus lateralis*					※	+ +	○	C
30 黑头剑蛇指名亚种 *Sibynophis c. chinensis*			※			+ +	○	C
31 福建钝头蛇 *Pareas stanleyi* *			※			+	○	C
32 崇安斜鳞蛇指名亚种 *Pseudoxenodon k. karlschmidti*			※			+ +	○	C
33 大眼斜鳞蛇福建亚种 *P. macrops. fukienensis*			※			+ +	○	C
34 灰鼠蛇 *Ptyas korros*			※			+	○	C
35 滑鼠蛇 *P. mucosus*			※			+	○	C
36 环纹华游蛇 *Sinonatrix aequifasciata* *			※			+	○	C
37 赤链华游蛇 *S. annularis* *			※			+	○	C
38 乌华游蛇指名亚种 *S. p. percarinata*			※			+ + +	○	C
39 渔游蛇 *Xenochrophis piscator*			※			+	○	Z
40 乌梢蛇 *Zaocys dhumnades*					※	+ + +	○	C
（十）眼镜蛇科 Elapidae								
41 银环蛇指名亚种 *Bungarus m. multicinctus*			※			+ +	○	C
42 舟山眼镜蛇 *Naja atra*			※			+	○	C
43 福建华珊瑚蛇（福建丽纹蛇）*Sinomicrurus kelloggi* *			※			+ +	○	C
44 中华珊瑚蛇指名亚种（丽纹蛇）*S. m. macclellandi*			※			+	○	C
（十一）蝰科 Viperidae								
45 尖吻蝮 *Deinagkistrodon acutus*			※			+ +	○	C
46 短尾蝮 *Gloydius brevicaudus*					※	+	○	C
47 原矛头蝮 *Protobothrops mucrosquamatus*			※			+ +	○	C
48 福建竹叶青蛇指名亚种 *Trimeresurus s. stejnegeri*			※			+ + +	○	C

注："※"代表区系从属。保护级别：○—"国家保护的有益的或者有重要经济、科学研究价值的陆生野生动物"；* —"中国特有种"。资料依据：C—"捕捉到实体或观察到实体"；F—"访问调查得到"；Z—"查阅资料得到"。资源量：+ + +—资源量丰富，调查期间采集和观察到的物种个体总数5只（条）以上；+ +—资源量一般，采集和观察到的物种个体总数2～5只（条）；+—资源量稀少，采集和观察到的物种个体总数在2只（条）以下。

3.2.3 数量优势种和生态分布

根据在保护区不同生境、不同海拔高度内统计到的爬行动物数量多寡,确定下列爬行动物为数量优势种:铜蜓蜥、蓝尾石龙子、北草蜥、乌华游蛇、翠青蛇、山溪后棱蛇、乌梢蛇、赤链蛇、黄链蛇和福建竹叶青指名亚种。

齐云山保护区爬行动物的生态分布特点如下:

(1)低山农田区(海拔700m以下):以石龙子、铜蜓蜥、多疣壁虎、赤链蛇、翠青蛇、玉斑锦蛇、舟山眼镜蛇、虎斑颈槽蛇等为常见种。在该区域铜蜓蜥、赤链蛇和翠青蛇数量多,主要栖息于农田及居民住宅附近、水塘及附近林灌丛中。

(2)常绿阔叶林与毛竹林区(海拔700~1300m):以蓝尾石龙子、铜蜓蜥、石龙子、多疣壁虎、赤链蛇、王锦蛇、翠青蛇、崇安斜鳞蛇指名亚种、山溪后棱蛇、乌梢蛇、舟山眼镜蛇、福建竹叶青指名亚种、原矛头蝮为数量优势种。在齐云山保护区发现的大眼斜鳞蛇福建亚种为江西省爬行动物新记录(标本保存在江西齐云山保护区管理站标本室),主要栖息于农田和路边灌丛中;福建钝头蛇为江西赣南新记录,常活动于灌丛、森林底层;海南棱蜥和福建华珊瑚蛇为江西省第二个发现地,主要栖息于农田和路边灌丛中;海南闪鳞蛇为江西省第三个有记录的标本采集地(标本保存在江西齐云山保护区管理站标本室和中南林业科技大学动物标本室),主要栖息于溪沟边草丛中。

(3)常绿、落叶阔叶混交林及其他植物群落区(海拔1300m以上):该区爬行动物物种相对较少,以铜蜓蜥、蓝尾石龙子、北草蜥、王锦蛇、乌梢蛇和原矛头蝮等为常见种,特别福建竹叶青指名亚种资源丰富,为该区爬行动物区系组成的一大特点。

3.2.4 珍稀保护动物

齐云山保护区现已记录48种爬行动物,均属"国家保护的有益的或者有重要经济、科学研究价值的陆生野生动物"。有8种为江西省地方重点保护野生动物,分别是:平胸龟、王锦蛇、乌梢蛇、滑鼠蛇、灰鼠蛇、尖吻蝮、舟山眼镜蛇和银环蛇指名亚种。有15种列入《中国濒危动物红皮书(两栖类和爬行类)》,分别是:平胸龟、乌龟、鳖、海南闪鳞蛇、王锦蛇、玉斑锦蛇、紫灰锦蛇、中国水蛇、铅色水蛇、灰鼠蛇、滑鼠蛇、尖吻蝮、银环蛇指名亚种、舟山眼镜蛇和短尾蝮。有13种为中国特有种,分别是:石龙子、蓝尾石龙子、海南棱蜥、北草蜥、海南闪鳞蛇、锈链腹链蛇、饰纹小头蛇、颈棱蛇指名亚种、山溪后棱蛇、福建钝头蛇、环纹华游蛇、赤链华游蛇、福建华珊瑚蛇。平胸龟、滑鼠蛇和舟山眼镜蛇被列入《濒危动植物种国际贸易公约》附录Ⅱ。

3.2.5 物种多样性分析

3.2.5.1 物种多样性系数与均匀度指数

第一次考察时爬行动物处于冬眠期,故未进行多样性系数与均匀度指数分析;第二次考察期间共统计到爬行动物63只(条),经鉴定为24种;第三次考察期间共统计到爬行动物219只,经鉴定为18种(表11-8)。通过统计分析表明:5月份统计到的物种数较高,而5月份的爬行动物物种多样性系数和均匀度指数均明显高于7~8月份(表11-3-8)。这与齐云山保护区所处的地理位置及爬行动物的活动规律相一致。

齐云山保护区不同海拔垂直带内的爬行动物物种多样性有如下特点:

(1)低山农田区(海拔700m以下):各方面均处于中等水平,这可能与此区生境单一有关。

(2)常绿阔叶林与毛竹林区(海拔700~1300m):不论5月份还是7~8月份,物种多样性系数均最高,统计到的物种数及个体数最多。这表明保护区大多数爬行动物主要分布在此区,这与该区面积最大以及生境类型多样有关。

(3)常绿落叶、阔叶混交林及其他植物群落区(海拔1300m以上):统计到的物种数和个体数均较少,物种多样性系数也很低。这可能与此区生境不能满足大多数爬行动物生存繁衍有关。

表11-8 江西齐云山自然保护区不同海拔垂直带内爬行动物个体数、多样性系数和均匀度指数

物种名称	2007年5月16~24日				2007年7月26日~8月8日				总计
	<700m	700~1300m	>1300m	小计	<700m	700~1300m	>1300m	小计	
1. 蓝尾石龙子 *Eumeces elegans* *	3	1	0	4	4	42	1	47	51
2. 铜蜓蜥 *Sphenomorphus indicus*	5	11	1	17	19	98	7	124	141
3. 海南棱蜥 *Tropidophorus hainanus* *	0	1	0	1	0	0	0	0	1
4. 北草蜥 *Takydromus septentrionalis* *	0	2	1	3	4	11	0	15	18
5. 丽棘蜥 *Acanthosaura lepidogaster*	1	2	0	3	2	2	0	4	7
6. 锈链腹链蛇 *Amphiesma craspedogaster* *	0	1	0	1	0	0	0	0	1
7. 棕黑腹链蛇指名亚种 *A. s. sauteri*	0	0	0	0	0	1	0	1	1
8. 钝尾两头蛇 *Calamaria septentrionalis*	0	1	0	1	1	0	0	1	2
9. 翠青蛇 *Cyclophiops major*	0	2	0	2	0	0	0	0	2
10. 黄链蛇 *Dinodon flavozonatum*	0	2	0	2	0	2	0	2	4
11. 赤链蛇 *D. rufozonatum*	0	4	0	4	1	0	0	1	5
12. 王锦蛇 *Elaphe carinata*	1	0	0	1	0	0	0	0	1
13. 玉斑锦蛇 *E. mandarina*	0	3	0	3	0	0	0	0	3
14. 颈棱蛇指名亚种 *Macropisthodon r. rudis* *	1	0	0	1	0	0	0	0	1
15. 饰纹小头蛇 *Oligodon ornatus* *	0	0	0	0	1	0	0	1	1
16. 山溪后棱蛇 *Opisthotropis latouchii* *	0	4	0	4	0	7	0	7	11
17. 虎斑颈槽蛇大陆亚种 *Rhabdophis tigrinus lateralis*	0	1	0	1	0	0	0	0	1
18. 福建钝头蛇 *Pareas stanleyi* *	0	0	0	0	0	1	0	1	1
19. 崇安斜鳞蛇指名亚种 *Pseudoxenodon k. karlschmidti*	1	1	0	2	0	0	0	0	2
20. 大眼斜鳞蛇福建亚种 *P. macrops. fukienensis*	0	0	0	0	0	1	0	1	1
21. 灰鼠蛇 *Ptyas korros*	1	0	0	1	0	0	0	0	1
22. 滑鼠蛇 *Ptyas mucosus*	0	1	0	1	0	0	0	0	1
23. 环纹华游蛇 *Sinonatrix aequifasciata* *	0	0	0	0	0	1	0	1	1
24. 赤链华游蛇 *S. annularis* *	0	0	0	0	0	1	0	1	1
25. 乌华游蛇指名亚种 *S. p. percarinata*	3	1	0	4	0	7	0	7	11
26. 乌梢蛇 *Zaocys dhumnades*	1	0	0	1	0	1	0	1	2
27. 舟山眼镜蛇 *Naja atra*	1	0	0	1	0	0	0	0	1
28. 中华珊瑚蛇指名亚种 *Sinomicrurus. m. macclellandi*	0	1		1	0	0	0	0	1
29. 原矛头蝮 *Protobothrops mucrosquamatus*	0	1	0	1	0	1	0	1	2
30. 福建竹叶青指名亚种 *Trimeresurus s. stejnegeri*	1	3	1	5	0	3	0	3	8
个体数总计	19	41	3	65	32	179	8	219	284
物种数	11	19	3	24	7	15	2	18	30
多样性系数	2.174	2.685	1.100	2.829	1.328	1.467	0.377	1.479	1.911
均匀度指数	0.907	0.912	1.000	0.816	0.682	0.542	0.544	0.512	0.562

注:*我国特有种。

3.2.5.2 不同生境类型中的物种多样性系数

保护区5月份的爬行动物物种多样性系数以灌丛生境最高，7~8月份以水域生境的最高；农田生境的爬行动物物种多样性系数均最低，这表明农田生境不是大多数爬行动物生存的理想生境（表11-9），这与保护区地势高耸、地形破碎、坡度陡缓悬殊等特殊自然条件有关，这种地形有利于水生蛇类及灌丛中爬行动物的生存。

表11-9 江西齐云山自然保护区不同生境类型中的爬行动物个体数、多样性系数和均匀度指数

物种名称	2007年5月16~24日				2007年7月26日~8月8日				总计
	农田	水域	森林	灌丛	农田	水域	森林	灌丛	
1. 蓝尾石龙子 *Eumeces elegans* *	0	0	1	3	0	0	5	42	51
2. 铜蜓蜥 *Sphenomorphus indicus*	0	0	5	12	0	0	21	103	141
3. 海南棱蜥 *Tropidophorus hainanus* *	0	0	0	1	0	0	0	0	1
4. 北草蜥 *Takydromus septentrionalis* *	0	0	1	2	0	0	3	12	18
5. 丽棘蜥 *Acanthosaura lepidogaster*	0	0	1	2	0	0	1	3	7
6. 锈链腹链蛇 *Amphiesma craspedogaster* *	0	0	0	1	0	0	0	0	1
7. 棕黑腹链蛇指名亚种 *A. s. sauteri*	0	0	0	0	0	0	0	1	1
8. 钝尾两头蛇 *Calamaria septentrionalis*	0	0	0	1	0	0	0	1	2
9. 翠青蛇 *Cyclophiops major*	0	0	0	2	0	0	0	0	2
10. 黄链蛇 *Dinodon flavozonatum*	0	1	0	1	0	1	0	1	4
11. 赤链蛇. *D. rufozonatum*	1	1	0	2	0	0	0	1	5
12. 王锦蛇 *Elaphe carinata*	0	0	0	1	0	0	0	0	1
13. 玉斑锦蛇 *E. mandarina*	0	0	0	3	0	0	0	0	3
14. 颈棱蛇指名亚种 *Macropisthodon r. rudis* *	0	0	0	1	0	0	0	0	1
15. 饰纹小头蛇 *Oligodon ornatus* *	0	0	0	0	0	0	0	1	1
16. 山溪后棱蛇 *Opisthotropis latouchii* *	0	4	0	0	0	7	0	0	11
17. 虎斑颈槽蛇大陆亚种 *Rhabdophis tigrinus lateralis*	0	0	0	1	0	0	0	0	1
18. 福建钝头蛇 *Pareas stanleyi* *	0	0	0	0	0	1	0	0	1
19. 崇安斜鳞蛇指名亚种 *Pseudoxenodon k. karlschmidti*	0	0	1	1	0	0	0	0	2
20. 大眼斜鳞蛇福建亚种 *P. macrops. fukienensis*	0	0	0	0	0	0	0	1	1
21. 灰鼠蛇 *Ptyas korros*	0	0	0	1	0	0	0	0	1
22. 滑鼠蛇 *P. mucosus*	0	0	0	1	0	0	0	0	1
23. 环纹华游蛇 *Sinonatrix aequifasciata* *	0	0	0	0	0	1	0	0	1
24. 赤链华游蛇 *S. annularis* *	0	0	0	0	1	0	0	0	1
25. 乌华游蛇指名亚种 *S. p. percarinata*	0	4	0	0	0	7	0	0	11
26. 乌梢蛇 *Zaocys dhumnades*	0	0	0	1	0	1	0	0	2
27. 舟山眼镜蛇 *Naja atra*	0	0	0	1	0	0	0	0	1
28. 中华珊瑚蛇指名亚种 *Sinomicrurus. m. macclellandi*	0	0	0	1	0	0	0	0	1
29. 原矛头蝮 *Protobothrops mucrosquamatus*	1	0	0	0	0	0	0	1	2
30. 福建竹叶青指名亚种 *Trimeresurus s. stejnegeri*	1	2	1	1	1	2	0	0	8
个体总数	3	12	10	40	2	20	30	167	284
物种数	3	5	6	21	2	7	4	11	30
多样性系数	1.097	1.445	1.498	2.640	0.693	1.564	0.892	1.121	1.911
均匀度指数	1.000	0.898	0.836	0.867	1.000	0.804	0.643	0.468	0.562

注：* 我国特有种。

5月份和7～8月份农田生境的均匀度指数均为1,这与在此生境中统计到的物种数和个体数少有关,但从另一方面也能反映出此生境适合爬行动物特别是蛇类的生存需要;此外,水域生境的均匀度指数较高,这与此区爬行动物的食物(蛇类主要取食蛙类和鼠类,蜥蜴类主要取食昆虫等)丰富有关。森林和灌丛的均匀度指数较低,这可能与缺少水体有关。

3.2.5.3　与江西、湖南省其他自然保护区爬行动物比较

通过计算比较齐云山保护区与井冈山、九连山、武功山、庐山等江西省其他自然保护区及湖南八面山国家级自然保护区的爬行动物物种相似性系数、G－F指数(表11－10)[72.74.97.178.181.209]以及这6个自然保护区爬行动物实际分布情况(表11－10),进行了聚类分析(图11－3),结果表明:齐云山保护区在聚类分析中处于中间水平,与其他保护区的爬行动物物种相似性并不高,这与齐云山保护区处于赣南诸广山系,和其他保护区地理位置差别较大相一致。齐云山保护区与湖南桂东八面山相邻,尽管二者存在罗霄山对爬行类迁移形成的阻隔作用,但二者的相似性系数仍很高。

表11－10　齐云山自然保护区与江西、湖南其他保护区爬行动物物种相似性及G－F指数比较

	齐云山	井冈山	九连山	武功山	庐山	江西省	八面山
目数	3	3	3	3	3	3	3
科数	11	9	9	9	9	15	9
物种数	48	41	25	37	42	83	41
相同物种数	—	30	18	34	31	48	33
物种相似系数	—	0.0157	0.0156	0.0198	0.0159	0.0123	0.0193
G指数	3.5152	3.2806	3.0525	3.2221	3.0876	3.7504	3.0860
F指数	6.2531	5.9088	4.8643	5.2862	4.8596	7.5583	3.8107
G－F指数	0.4378	0.4448	0.3725	0.3905	0.3646	0.5038	0.1907

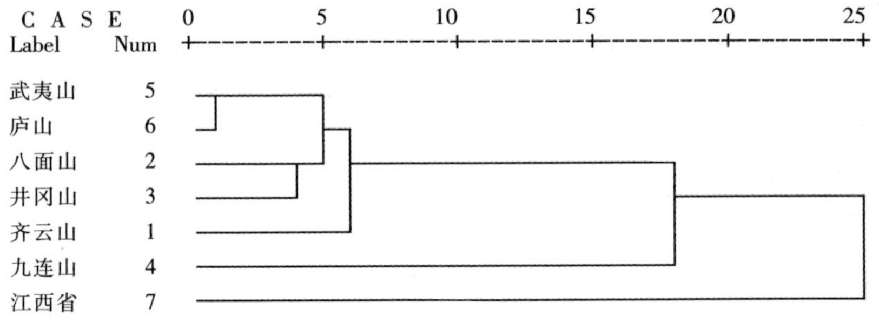

图11－3　江西齐云山自然保护区同其周边自然保护区基于爬行动物物种相似性的聚类关系

4　讨论

(1)齐云山保护区为典型中亚热带森林气候,常年温暖湿润,雨量充沛,保护区有13条河流汇入赣江章水源头－上犹江中,这为两栖爬行动物提供了充足的水环境。同时保护区仍保存了一批较为原始的动植物种群,为野生动物提供了多种多样的食物和隐蔽条件,植物的多样性和植被的独特性为野生动物区系组成的典型性和多样性奠定了基础。

通过与江西井冈山、九连山、武功山、庐山、湖南八面山等其他自然保护区的两栖爬行动物科数、物种数比较发现:齐云山保护区爬行动物物种数在江西省处于较高水平,高于江西省多个自然保护区的爬行动物总物种数。齐云山保护区与武夷山保护区和武功山保护区的两栖动物物种相似性系数最高,与八面山保护区的两栖动物相似性系数最低。齐云山保护区与武功山爬行动物物种数相似度最高,而与九连山自然保护区最低,这与齐云山依赖于水源的生境、物种较多有关。

(2) 在科多样性水平上,齐云山保护区两栖动物 F 指数小于武夷山保护区和八面山保护区的 F 指数,在江西省仅小于武夷山保护区,这说明齐云山在江西地理位置独特,物种丰富度高,生境丰富度高,不同生境孕育的物种多。齐云山的爬行动物 F 指数为 6.2331,比其他几个保护区均高,这说明齐云山植被独特、爬行动物生境多样性高,不同生境适合不同物种生存。

在属级水平上,两栖动物 G 指数与几个保护区相差不大,仅武夷山的稍高,这可能是由于不同生境中的物种组成变化较小,导致属的多样性要小;齐云山保护区的 G 指数仅低于武夷山国家级自然保护区的,高于九连山、庐山然保护区和武功山保护区,与八面山国家级自然保护区持平。这是因为武夷山面积大,同一生境分布的物种多样,导致同一科中属多样性较高;而九连山、武功山、庐山三个自然保护区的总面积要小些,物种丰富度低些;而八面山与齐云山相邻属的进化水平比较接近。爬行类属的多样性齐云山保护区最大,G 指数最高,说明齐云山保护区生境多样,适合爬行类生存,属水平上的分化程度较高。

(3) 2007 年 8 月 7 日在诸广山河附近的公路边灌丛中,捕捉到 1 条大眼斜鳞蛇福建亚种(25°46′33.9″N,113°58′37.1″E,海拔 876m),为江西省爬行动物新记录。在 5 月份的实地调查中,在思顺乡附近捕捉到 1 条福建钝头蛇(海拔 710m),主要生境为农田边草丛,齐云山保护区是福建钝头蛇在江西省的第二个分布地。在 7~8 月份的实地调查中,在长沙坝小溪边草丛捕捉到 1 只海南棱蜥(海拔 630m),同时在三江口水坝小溪边草丛共捕捉到 2 只海南棱蜥(海拔 660m),在三江口水坝处林区边缘的草丛中捕捉到 1 条福建华珊瑚蛇(海拔 650m),齐云山保护区分别是海南棱蜥、福建华珊瑚蛇在江西省的第二个分布地。在 7~8 月份的实地调查中,分别在思顺乡住宅区附近(海拔 650m)和三江口水坝溪沟边草丛(海拔 630m)处共捕捉到 4 条海南闪鳞蛇,齐云山保护区是海南闪鳞蛇在江西省的第三个有标本记录的分布地。大眼斜鳞蛇福建亚种、海南棱蜥和海南闪鳞蛇在齐云山保护区的发现,表明齐云山保护区两栖爬行动物多样性丰富,在江西省两栖爬行动物资源分布和物种多样性方面占有重要的地位。

5 建议

(1) 加强保护宣教,强化法制管理。齐云山保护区于 1997 年经崇义县人民政府批准建立以来,乱捕滥猎等行为虽得到了有效的遏制,但仍偶有发生,当地少部分群众的保护意识有待加强。建议广泛宣传野生动植物保护法规,加大打击力度,对破坏野生动物资源和野生动物生境的人和行为进行严重处理,杜绝滥捉、非法经营和食用野生动物。

(2) 开展野生动物种群和生境监测。要保护好野生动物,首先要保护好野生动物赖以生存的栖息地[251]。齐云山保护区的某些区域动物栖息地丧失和斑块化,导致野生动物种群大幅度下降。应加强科学研究和生境保护,采取有效措施减少人为干扰,并采取必要的生境恢复措施,减轻栖息地岛屿化和片段化,改善和保护野生动物生境使珍稀濒危物种的受危状况得到有效改观,资源物种得到休养生息。在人类活动较多地带,建设生物通道,减少人类对野生动物活动的影响[257]。齐云山保护区中居民数量较多,这方面尤其要重视。

(3) 加强自然保护区管理与建设,积极申报国家级自然保护区。齐云山保护区生物多样性丰富,珍稀保护物种众多,植被保护完好,具重要的保护价值。建议保护区完善保护区管理机构,加强基础设施建设和社区共管,积极引进专业技术人才和管理人才,加强保护区管理人员专业培训,提高自然保护区的管理水平,申报国家级自然保护区。

致 谢:调查工作得到江西省野生动植物保护管理局郭英荣副局长,江西崇义县林业局李应刚,江西齐云山自然保护区谭庭华、黄声亮、李人伟等的大力支持或参与,特别是保护区退休职工李显春长时间地协助采集两栖爬行动物标本,在此一并致谢!

第12章 鱼类与陆生贝类考察分析

第一节 鱼 类

1 保护区及水系特征

保护区管理站所在的思顺乡桶江河中上游的三江口,是冬瓜坪河、杨柳洞河和十八垒河三条溪流的交汇处,三河交汇后形成桶江河,它的下游有雪竹窝河和杉木坳河等支流。另一条水系——新地河位于保护区东北,由大水坑河等支流汇合而成。桶江河和新地河在香炉坝汇合后流向上寺村方向,最终流出保护区。上堡乡有诸广山河和茶坑河等河流,地形复杂,水量较小,有些河段已经干涸。保护区内溪河纵横,各河流基本成自西向东流的形式。河流上游水量丰沛,中下游一般建有许多水坝和电站,河道宽阔,但水量较小,有些河段甚至干涸。

2 调查

2.1 调查方法

依据保护区西高东低的地形特点,选择桶江河、新地河和诸广山河等河流及其支流作为主要调查水域,选取了不同海拔高度的上寺村、桶江组和赤水村等9个工作点进行重点调查。调查采样期间应用GPS定位系统测定各调查点的经纬度、海拔高度等;pH试纸测定酸碱度;温度计测定水温,早、中、晚各1次,取平均值。鱼类物种多样性研究和调查方法及物种鉴定依褚新洛等(1999)、成庆泰和郑葆珊(1987)、陈宜瑜(1998)和乐佩琦(2000)。

2.2 标本采集及处理

调查采样时间为2006年12月和2007年5月。标本由保护区工作人员和当地熟悉水情的村民协助采集,少部分标本从当地渔民手中购得。现场对标本拍照,测量体长和体重。将标本浸入10%福尔马林溶液固定,带回实验室鉴定。此外,我们还检视了2004年9月、2006年4月和8月、2007年5月本实验室分别采自官山自然保护区和庐山自然保护区的鱼类标本,以此作为江西省内3个保护区鱼类组成的比较材料。

作者:吴志强(南昌大学生命科学学院,教授,博士生导师),李晴(南昌大学生命科学学院,硕士研究生),
黄亮亮(南昌大学生命科学学院,硕士研究生)

2.3 调查和统计方法

依孙儒泳(2001)和马克平(1997)的资料:①体长与体重关系:$W=aL^b$;②Shannon 多样性指数 $H=-\sum Pi\times\log_2 Pi$;③Pielou 均匀度指数 $E=H/H\max=(-\sum Pi\times\log_2 Pi)/\log_2 S$;④Simpson 优势度指数 $\lambda=\sum P_i^2$;⑤相似度指数 $S(\%)=C(N_1+N_2)\times100\%/2N_1N_2$。式中 P_i 为第 i 个物种的个体数与总个体数的比值,S 为种类数,$H\max(\log_2 S)$ 是群落的最大多样性指数,C 为比较水系共有类元,N_1、N_2 分别为比较水系各自拥有的类元。

3 结果与分析

3.1 调查点信息

对保护区 9 个采样点主要生境因子统计见表 12-1-1。海拔最低的上寺村(340m)和最高的十八垒河(860m)高度相差 500 多 m。河流急缓相间,底质基本以砂石和泥沙为主。pH 在 5.5~5.8 之间,大部分河段为 5.5,偏酸性。冬季最低水温 9℃,最高 14℃;夏季最低水温 18℃,最高 22℃。总体而言,保护区海拔较高,地形复杂,气候温和,降雨丰沛,保持着比较原始的自然地理状况,适宜鱼类繁衍生息。

表 12-1-1 保护区内各采样点的相关生境信息

生境信息\采集点	上寺村	桶江组	赤 水	牛栏山	三江口	杨柳洞河	冬瓜坪河	下新地	十八磊河
高度(m)	340	520~580	590	600	660	660~750	680	700	860
水流	较缓	较缓	较缓	较缓	较缓	较缓	较急	较缓	较急
河流底质	泥沙	砂石	砂石	泥沙	砂石	泥沙	砂石	砂石	砂石
pH	5.5	5.8	5.8	5.5	5.5	5.6	5.5	5.5	5.5
水温(℃)(12 月)	#	11~13	#	10~11	10.5~12	9.5~11	9~11	12~14	9.5~10.5
水温(℃)(5 月)	20~22	20.5~21	19~21	20~21	19~21	18.5~20	19~20	19~20	18~20.5

冬季温度,数据缺。

郭治之和刘瑞兰(1995)记载江西鱼类共 205 种,其中鲤科占 54.59%。本课题组在官山自然保护区采集到鱼类 7 种,鲤科 6 属 6 种,占总种数的 85.71%;庐山自然保护区采集到 17 种,鲤科 10 属 10 种,占总数的 58.82%。比较历史记载和其他保护区的调查纪录,包括本保护区在内,鲤形目鲤科鱼类构成了江西省鱼类区系的主体。

3.2 鱼类种类组成

本次调查共采集到鱼类标本 828 尾,隶属 4 目 9 科 19 属 20 种(表 12-1-2)。保护区内的鱼类全部为纯淡水鱼类,未发现洄游性鱼类。共包括 4 目,鲤形目是最主要的类群,包括 3 科 13 属 14 种,占保护区鱼类总种数的 70.00%。鲤科有 6 亚科 9 属 9 种,占总种数的 45.00%;[鱼丹]亚科、鲃亚科和鲤亚科各有 2 种,各占科内总种数的 22.22%;鮈亚科、鳑鲏亚科和雅罗鱼亚科各有 1 种,各占科内总种数的 11.11%。鳅科 2 属 2 种,占总种数的 10.00%。平鳍鳅科 2 属 3 种,占总种数的 15.00%。鲇形目 3 科 3 属 3 种,占总种数的 15.00%。鲇科 1 属 1 种,胡子鲇科 1 属 1 种,鲿科 1 属 1 种,各占总种数的 5.00%。鲈形目 2 亚目 2 科 2 属 2 种,占总种数的 10.00%;其中鰕虎鱼亚目鰕虎鱼科 1 属 1 种,攀鲈亚目斗鱼科 1 属 1 种,各占总种数的 5.00%。合鳃鱼目 1 科 1 属 1 种,占总种数的 5.00%(图 12-1-1)。

表 12－1－2　保护区鱼类种类组成及分布

物种名\采集点	上寺村	桶江组	赤 水	牛栏山	三江口	杨柳洞河	冬瓜坪河	下新地	十八磊河
Ⅰ鲤形目 CYPRINIFORMES									
(一)鲤科 *Cyprinidae*									
(1)[鱼丹]亚科 *Danioninae*									
1. 马口鱼 *Opsariichthys bidens*	+								
2. 宽鳍鱲 *Zacco platypus*	+	+	+	+	+	+		+	
(2)鲃亚科 *Barbinae*									
3. 侧条光唇鱼 *Acrossocheilus parallens*	+	+	+	+	+	+	+	+	+
4. 台湾白甲鱼 *Onychostoma barbatula*		+							
(3)鮈亚科 *Gobioninae*									
5. 麦穗鱼 *Pseudorasbora parva*	+							+	
(4)鳑鲏亚科 *Acheilognathinae*									
6. 高体鳑鲏 *Rhodeus ocellatus*	+								
(5)鲤亚科 *Cyprininae*									
7. 鲫 *Carassius auratus*	+	+		+					
8. 鲤 *Cyprinus carpio*		+		+					
9. 草鱼 *Ctenopharyngodon idellus*				+					
(二)鳅科 *Cobitidae*									
(7)条鳅亚科 *Nemacheilinac*									
10. 横纹条鳅 *Noemacheilus fasciolatus*	+								
(8)花鳅亚科 *Cobitinae*									
11. 泥鳅 *Misgurnus anguillicaudatus*	+		+		+	+		+	
(三)平鳍鳅科 *Homalopteridae*									
(9)腹吸鳅亚科 *Gastromyzoninae*									
12. 原缨口鳅 *Vanmnenia sp.*	+		+		+	+	+	+	+
13. 平舟原缨口鳅 *Vanmnenia pinchowensis*									
14. 长汀品唇鳅 *Protomyzon Changtinggensis changtingensis*									
Ⅱ鲇形目 SILURIFORMES									
(四)鲇科 *Siluridae*									
15. 鲇 *Silurus asotus*	+								
(五)胡子鲇科 *Clariidac*									
16. 胡子鲇 *Clarias batrachus*	+								
(六)鲿科 *Bagridae*									
17. 拟鲿属 *Pseudobagrus sp.*	+								
Ⅲ鲈形目 PERCIFORMES									
鰕虎鱼亚目 *GOBIOIDEI*									
(七)鰕虎鱼科 *Gobiidae*									
18. 波氏吻鰕虎鱼 *Rhinogobius cliffordpopei*	+								
攀鲈亚目 *ANABANTOIDEI*									
(八)斗鱼科 *Belontiidae*									
19. 圆尾斗鱼 *Macropodus chinensis*	+								
Ⅳ合鳃鱼目 *SYNBRANCHIFORMES*									
(九)合鳃鱼科 *Synbranchidae*									
20. 黄鳝 *Monopterus albus*		+							

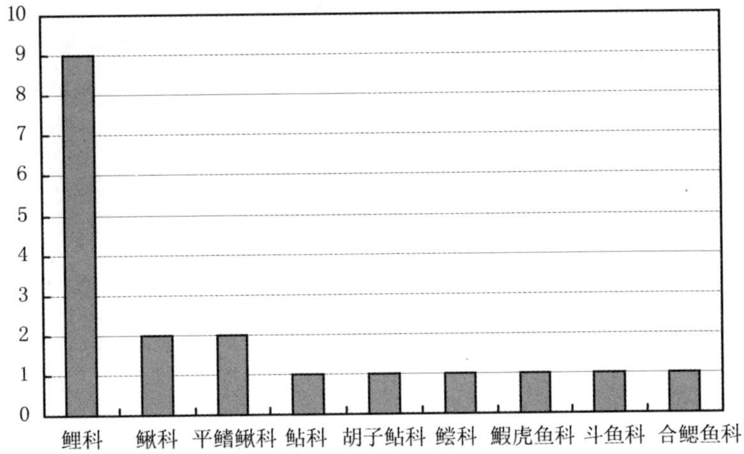

图 12－1－1　保护区鱼类各科种数分布图

在鲤科鱼类中，[鱼丹]亚科，鲃亚科，鲤亚科都是2种，各占22.22%；鮈亚科，鳑鲏亚科，雅罗鱼亚科各一种，占11.11%。调查过程中还在自然水体中采集到草鱼，为当地农民养殖的鱼类(图12－1－2)。

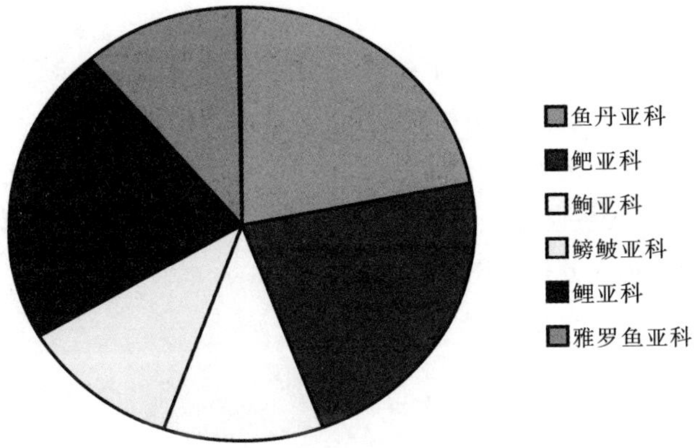

图 12－1－2　鲤科鱼类各亚科种数

3.3　统计分析

3.3.1　主要鱼类的体长与体重关系

测量了一些主要鱼类的体长和体重。对这些数据进行幂函数曲线回归处理，采用幂函数曲线方程：$W = aL^b$（W 表示体重，L 表示体长）。

从上面的两个统计表中我们可以看到，在保护区中侧条光唇鱼和宽鳍鱲的数量较多，分布较广泛，比较具有代表性。马口鱼是海拔较低的上寺村的主要鱼类，它们也都是典型的野生溪流鱼类。分析结果表明，保护区溪流中的鱼类个体都普遍比较小，它们的体长与体重的比例关系都较吻合。

3.3.2　鱼类生态型

保护区全部渔获物中，侧条光唇鱼数量最多，322条，占总数量的38.8%。该种在保护区内的分布也最广泛，各采集点均有采集纪录，为保护区常见和广布种。本次采集绝大多数鱼类都是典型的山区溪流鱼类，如侧条光唇鱼、台湾白甲鱼、马口鱼、宽鳍鱲、原缨口鳅等。

保护区的鱼类分布还表现出区域差异性，就鱼类种数而言，桶江河的种数最多，有14种；其次是东北面的新地河，有8种；西南诸广山河等河流鱼类种数最少，仅有5种（见表12－1－2）。在新地河下游的水库中，采集到鲫、鲤和草鱼，可能是人工放养和野生自然种群的混合群落。

表 12-1-3　三种主要鱼类体长和体重统计表

序号	侧条光唇鱼		马口鱼		宽鳍鱲	
	体长(cm)	体重(g)	体长(cm)	体重(g)	体长(cm)	体重(g)
1	12.0	37.7	12.0	38.5	7.1	7.1
2	10.2	25.3	6.6	6.4	6.8	5.5
3	9.8	22.1	7.1	7.9	6.7	5.4
4	9.8	21.9	6.1	6.0	8.1	7.4
5	8.3	12.5	6.4	5.9	8.7	9.3
6	10.9	27.5	4.6	2.5	7.3	5.5
7	7.6	10.0	6.1	4.9	8.3	7.5
8	8.6	13.5	5.7	4.8	7.5	6.9
9	7.6	10.4	3.9	1.8	6.5	4.7

表 12-1-4　三种主要鱼类的体长和体重的关系表

鱼类名称	a	b	r
侧条光唇鱼	0.0353	2.7814	0.9902
马口鱼	0.0375	2.7568	0.9901
宽鳍鱲	0.0236	2.8062	0.9748

3.3.3　多样性分析

对保护区同一采集点不同季节采集到的鱼类种类和数量进行比较，冬季和夏季没有十分明显的变化。这可能与保护区不同季节水温变化相对不大，水量比较稳定等因素有关。

评价一个地区的物种多样性水平，最简单直接的测定方法是计数群落或其采样地的物种数目。利用多样性指数对物种的丰富性进行综合评估后，可以进一步反映其空间变化。保护区主要水系鱼类物种多样性指数和均匀性指数分析如图 12-1-3 所示。

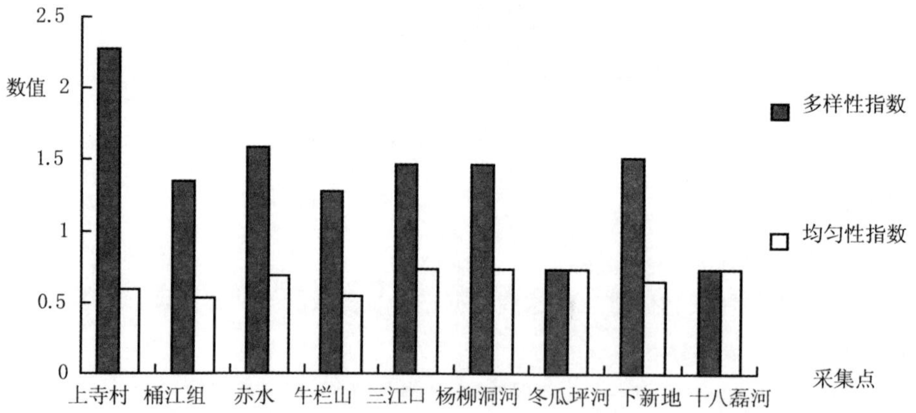

图 12-1-3　保护区鱼类物种多样性和均匀性的空间变化

从图 12-1-3 可以看出，从低海拔的上寺村(H:2.3)到高海拔的十八垒河(H:0.7)，鱼类多样性指数；下新地海拔(700m)和冬瓜坪河(680m)相近，但下新地的鱼类多样性指数(H:1.5)比冬瓜坪河的(H:0.6)高 1.5 倍。高海拔地点水环境相对单一，低海拔地点水体环境相对复杂，溪流、池塘、水库等类型的水体都有，海拔高度不同造成的水体复杂程度的差异应该是影响鱼类多样性变化的一个重要原因。对桶江河水系上游相近海拔高度的两条支流冬瓜坪河和杨柳洞河进行比较，水流较缓的杨柳洞河有 5 种鱼类分布，而较急水流的冬瓜坪河只有 3 种；与另外水系的同海拔水流较缓的下新地地区(6 种)比较，冬瓜坪河也是最少的，水流速度可能也是影响鱼类分布的重要因素。保护区鱼类均匀性指数范围为0.5～0.7，变化幅度不大，而且，随海拔和地区变化而变化的规律不明显，反映了保护区不同采集点鱼类组成相对稳定的特点。上寺村（海拔340m）自然条件比较稳定，适应多种鱼类生活，在这一地区共采集到鱼类标本15种，是所有调查点中最多的，而且，许多种类只在这里分布，例如马口鱼、圆尾斗鱼、高体鳑鲏等，物种多样性指数明显高于其他调查点，物种多样性水平最高。

3.3.4 鱼类资源比较

区系成分相似性指数是衡量不同地区区系组成相似性的指标。官山和齐云山两个保护区各有鱼类7种和20种，其中共有鱼类4种：侧条光唇鱼、马口鱼、宽鳍鱲和麦穗鱼；在种级水平上，两个保护区的平均相似度为39.09%。庐山和齐云山各有鱼类17种和20种，其中共有鱼类9种：马口鱼、宽鳍鱲、侧条光唇鱼、麦穗鱼、高体鳑鲏、鲫、泥鳅、鲇和黄鳝；两个保护区的物种平均相似度为50.15%，庐山和齐云山保护区在鱼类的相似程度上高于官山保护区。

齐云山自然保护区的面积在3个保护区里是第2位的，约为庐山的1/2，但种数为第1位，物种多样性指数最高（表12－1－5）。均匀性指数与庐山基本一致，稍低于官山。优势度指数反映的是由少数种群形成优势种群的程度，齐云山优势度指数最低。以上数据综合反映出齐云山的种类组成要比其他保护区更加均衡，本地区的优势种群并没有其他两个保护区那么明显，从一个方面说明了齐云山保护区的自然环境更适宜多种鱼类的生活。这也提示我们要保护好这里的鱼类资源。

表12－1－5 三个自然保护区鱼类物种多样性比较

保护区＼数据	面积（km^2）	地理位置	鱼类种数	多样性指数	均匀度指数	优势度指数
官山	115.00	东经E114°29′～114°45′、北纬N28°30′～28°40′	7	2.16	0.77	0.28
庐山	304.95	东经E115°52′～116°08′、北纬N29°26′～29°41′	17	2.48	0.61	0.32
齐云山	171.05	东经E113°55′～114°08′、北纬N25°44′～25°54′	20	2.52	0.59	0.24

4 鱼类区系

根据祖先发源于同一地理区域和物种随着时间的推移而不断演化的原则。齐云山自然保护区的鱼类区系组成大致由以下4个复合体组成。

4.1 中国江河平原区系复合体

中国江河平原区系复合体在第三纪上新世喜马拉雅山升高，中国平原河流的季风气候下降条件形成的，即在具有大型泛滥平原湖泊、沉水植物稀少、浮游植物丰富的河川水域下形成的。这一复合体在庐山自然保护区记录到的鱼类2种。该复合体主要代表种有青鱼、草鱼、鲢鱼、鳙鱼等，大部分种类不在植物体上产卵，而产浮性卵或半浮性卵，且性成熟较晚，怀卵量较大，产卵期多在晚春和夏季。

4.2 古代第三纪区系复合体

古代第三纪区系复合体的鱼类是起源于第三纪以前的古老鱼类，该复合体的种数不多，都是一些常见种。保护区记录到该复合体的鱼类4种。具体为：鲫鱼、泥鳅、鲇、麦穗鱼。该复合体的鱼类多数是喜草上产卵的。

4.3 中印山区区系复合体

中印山区区系复合体的鱼类起源于中印边界喜马拉雅山南麓的热带山区河流中，是在水流湍急、石砾底质、含氧量高、水清澈的环境中形成的，主要分布于海拔较低的山区，有些种类进入长江中下游某些山区河流中定居生活。在保护区记录到该复合体的鱼类有3种。为：马口鱼、侧条光唇鱼和宽鳍鱲。

4.4 南方热带区系复合体

南方热带区系复合体又称为印度平原区系复合体,该区系复合体是在第三纪始从印度平原迁移来中国的。我国原产于南岭以南各水系中,后向长江流域伸展。保护区记录到该复合体鱼类1种。南方热带区系复合体的鱼类大多不善于游泳,因水中氧气不足,故许多种类形成了辅助呼吸器官。为适应凶猛鱼类的侵袭,有些种类生有鳍棘。有些种类有特化的吸附构造,适应于南方山区急流的河流中生活。

5 保护区鱼类资源评价及威胁

5.1 鱼类资源评价

在保护区采集到的20种淡水鱼类中,鲤科鱼类最多(有9种),占总种数的45%,而在渔获物构成中,侧条光唇鱼(322条)为优势种,占渔获物条数总量的38.88%。而且,它的分布极为广泛,几乎在每条水系中都可以找到。

自然保护区的鱼类个体小,体重范围为0.33~86.7g,虽然不及其他平原区的大个体鱼类食用价值高,但在鱼类经济开发中大有潜力可挖。它们之中有些鱼类是传统的药用鱼类:例如台湾白甲鱼等,它们具有补益脾肾的功效,主治腰膝疼痛、肢体麻木、不能行动、水肿、小便不利等疾病。而且保护区的鱼类资源具有群落结构的特殊性,它们都是一些山区溪流鱼类:如侧条光唇鱼、台湾白甲鱼、马口鱼、宽鳍鱲和原缨口鳅等都具有适应山区溪流生活的特殊结构特征,是江西淡水鱼类的重要组成部分。而且,像上寺村这样的鱼类资源十分丰富的地区是地区鱼类资源的良好例子。

自然保护区的鱼类资源具有区域的差异性,就鱼类种数而言,桶江的种数最多,其次是保护区东北面水系,保护区西南水系鱼类种数最少;就鱼类数量而言,桶江也是最多的,其次是新地河,保护区西南水系无论数量还是种数都是最少的。究其原因可能是周围人类活动较频繁,经常对保护区南北面水系进行炸鱼和毒鱼等,使得鱼类种数和数量减少;另外还可能与保护区各水系所建的大坝和电站对水源的拦截有关。

5.2 小型水利工程对保护区溪流鱼类的影响

本次调查发现在自然保护区的主要溪流上修建了一些小型发电站:例如在保护区东北面(新地河上)主要水系上建有鸡公坝电站,在杨柳洞河、冬瓜坪河和十八垒河上都建有拦水堤坝和引水的水渠。在桶江和新地河交会处建有香炉坝电站。水电站的兴建,有利于区域的经济发展,但同时影响着所在区域的水生环境。

水电站的建立,阻碍了水的自然流动,使得上游水流流速减缓,水质恶化,水位上升,静水区增加,淹没了周围一些生境,喜急流生活的鱼类减少。而经发电房排出的水的流速和流量恒定,水温升高,使得下游水流流速和流量常年不变,水温偏高,破坏了下游溪流鱼类的产卵繁殖生境。而位于大坝到发电房的溪段常年干枯,没有水流,加上水土流失和滑坡,使得一些溪段被阻塞,此处的生境遭到彻底的破坏。此段溪流水生生物也遭到了灭顶之灾。溪流鱼类产卵往往需要干净的沙砾底质和含氧量高的水质,无论是在蓄水部分或是坝下,环境因素的改变会限制产卵的成功。此外,溪流鱼类潜在的危险是在未设鱼栅的水轮机中受伤或致死。

5.3 对保护区内鱼类资源保护和管理的意见和建议

(1)加强科学宣传,渔业管理者应尽可能借鉴和获得相应的教育,提高对野生鱼类资源的认识水平和管理水平。

(2)强化渔政管理,对保护区各溪流要进一步加强保护的力度,严令禁止炸鱼、电鱼、毒鱼等严重危害自然资源的行为。特别对一些鱼类资源丰富的地区(如上寺村地区)更要加强保护。

(3)对于人类活动频繁的区域,要致力于保护好水质,减少水体污染对鱼类资源和其他生物资源造成的危害。

(4)从申报国家级自然保护区的角度考虑,齐云山保护区内特别是核心区的小型电站应该拆毁,但就目前对于鱼类资源保护来说,可以采取一些补救措施:通过补偿水流和人工水流来调节流量,使得鱼类产卵繁殖时有足够的水流;根据实际情况设置或维护好一些鱼类产卵场,做到渔业可以与水电站并存;对于拦截河道、效率低下或已经废弃的小水利设施应该考虑拆除和疏通,以恢复水体的原始生态环境。

6 各种鱼类分类地位及分布特征

(1)马口鱼 *Opsariichthys bidens*

分类地位:隶属于鲤形目 CYPRINIFORMES 鲤科 Cyprinidae 鱼丹亚科 Danioninae 马口鱼属 *Opsariichthys*

形态特征:测量标本 5 尾,采自上寺村的溪流中。全长为 4.7 ~ 14.3 cm,体长为 3.9 ~ 12.0cm。

分布:在上寺村的溪流中有分布。

(2)宽鳍鱲 *Zacco platypus*

分类地位:隶属于鲤形目 CYPRINIFORMES 鲤科 Cyprinidae 鱼丹亚科 Danioninae 鱲属 *Zacco*

形态特征:测量标本 42 尾,采自齐云山保护区的溪流中。全长为 2.9 ~ 12.8cm,体长为 2.3 ~ 10.4cm。

分布:在齐云山保护区的大部分水系中都有分布。如桶江等。

(3)侧条光唇鱼(*Acrossocheilus parallens*)

分类地位:隶属于鲤形目 CYPRINIFORMES 鲤科 Cyprinidae 鲃亚科 Barbinae 光唇鱼属 *Acrossocheilus*

形态特征:测量标本 42 尾,采自齐云山保护区的山涧溪流中。全长为 5.0 ~ 14.0cm,体长为 4.0 ~ 12.0cm。

分布:在齐云山保护区的分布最广,数量也是最多的,几乎分布于任何水系,为当地的优势种群。

(4)台湾白甲鱼 *Onychostoma barbatula*

分类地位:隶属于鲤形目 CYPRINIFORMES 鲤科 Cyprinidae 鲃亚科 Barbinae 白甲鱼属 *Onychostoma*

形态特征:测量标本 42 尾,采自齐云山保护区的山涧溪流中。全长为 5.3 ~ 8.6cm,体长为 4.3 ~ 7.7cm。

分布:在齐云山保护区的杉木坳山溪中,数量很少。

(5)麦穗鱼 *Pseudorasbora parva*

分类地位:隶属于鲤形目 CYPRINIFORMES 鲤科 Cyprinidae 鮈亚科 Gobioninae 麦穗鱼属 *Pseudorasbora*

形态特征:测量标本 4 尾,采自下新地和上寺村的溪流中。全长为 4.6cm,体长为 3.7cm。

分布:在齐云山保护区内的分布很窄,只有在下新地的溪流中采集到。

(6)高体鳑鲏 *Rhodeus ocellatus*

分类地位:隶属于鲤形目 CYPRINIFORMES 鲤科 Cyprinidae 鳑鲏亚科 Achcilognathinae 鳑鲏属 *Rhodeus*

形态特征:测量标本 8 尾,采上寺村的溪流中。全长为 4.3 ~ 5.7cm,体长为 3.5 ~ 4.7cm。

分布:主要分布上寺村的溪流中。

(7)横纹条鳅 *Noemacheilinae fasciolatus*

分类地位:隶属于鲤形目 CYPRINIFORMES 鳅科 Cobitidae 条鳅亚科 Cobitinae

形态特征:测量标本3尾,采自上寺村溪流中。全长为4.3~4.7cm,体长为3.6~4.0cm。

分布:保护区上寺村溪流中。

(8)长汀品唇鳅 *Protomyzon changtinggensis changtinggensis liang*

分类地位:隶属于鲤形目 CYPRINIFORMES 平鳍鳅科 Homalopteridae 腹吸鳅亚科 Gastromyzoninae 品唇鳅亚属 *Labigastromyzon*

形态特征:测量标本12尾,采自赤水的溪流中。全长为4.7~6.2cm,体长为3.8~5.0cm。

分布:广泛分布于保护区赤水的溪流中。

(9)鲇 *Silurus asotus*

分类地位: 隶属于鲇形目 SILURIFORMES 鲇科 Siluridae 鲇属 *Silurus*

形态特征:测量标本1尾,采自上寺村的溪流中。全长为28.4cm,体长为25.3cm。

分布:主要生活在水草丛生、水流较缓的泥底层。如上寺村的平缓溪流中等。

(10)胡子鲇 *Clarias batrachus*

分类地位: 隶属于鲇形目 SILURIFORMES 胡子鲇科 Clariidac 胡子鲇属 *Clarias Scopoli*

形态特征:测量标本1尾,采自上寺村的溪流中。全长为8.4cm,体长为7.6cm。

分布:主要生活在水草丛生、水流较缓的泥底层。如上寺村的平缓溪流中等。

(11)鲿科 Bagridae sp

分类地位:隶属于鲇形目 SILURIFORMES

形态特征:测量标本1尾,采自上寺村的溪流中。全长为5.8cm,体长为4.7cm。现在还无法确定其属于哪一确切的种,还需要后续的鉴定工作。

分布:上寺村的平缓溪流中等。相对丰度为0.36%。

(12)波氏吻鰕虎鱼 *Rhinogobius cliffordpopei*

分类地位:鰕虎鱼亚目 GOBIOIDEI 吻鰕虎鱼属 *Rhinogobius*

形态特征:测量标本13尾,采自上寺村的溪流中。全长为3.6~5.8cm,体长为3.0~4.7cm。现在还无法确定其属于哪一确切的种,还需要后续的鉴定工作。

分布:上寺村的平缓溪流中等。相对丰度为7.25%。

(13)圆尾斗鱼 *M. chinensis*

分类地位: 隶属于鲈形目 PERCIFORMES 攀鲈亚目 ANABANTOIDEI 斗鱼科 Belontiidae 斗鱼属 *Macropodus*

形态特征:测量标本1尾,采自上寺村的溪流中。全长为6.9cm,体长为4.5cm。

分布:上寺村的平缓溪流中等。

第二节 陆生贝类研究

7 齐云山自然保护区自然地理条件

江西齐云山省级自然保护区位于江西省西南边陲,东南面分别与崇义县思顺、上堡两乡相连,西与湖南省桂东县毗邻,北与上犹县交界,为湘赣两省的分水岭。地处东经113°54′37″~114°07′34″,

作者:欧阳珊,黄鹤,吴小平,徐霞锋(南昌大学生命科学学院);卢和军(崇义县林业局);陈辉敏(江西省齐云山自然保护区)

北纬25°41′47″~25°54′21″,东西长约25km,南北宽约24km,总面积17105hm^2,核心区5680hm^2,主要保护对象为中亚热带常绿阔叶林生态系统及珍稀植物、夏候鸟迁徙通道。

齐云山属典型花岗岩地貌,保护区内山脉纵横交错,群峰起伏连绵,山峰尖削,悬崖壁立。西北部诸广山脉主峰齐云山海拔2061.3m,为江西省第四高峰,赣南第一高峰。地势由西南向东北方向倾斜。按地貌特征,大致可分为中山、低山、高丘陵、河谷阶地四种类型,山林由花岗岩组成。其溪流属长江流域赣江水系,上至海拔两千余米的泉眼,下至山涧水库,峡谷幽深,溪河密布,水流时而湍急,时而徐缓。水资源丰富,水质优良,是章水干流的重要支流。

齐云山自然保护区地处中低纬度,属中亚热带季风湿润区,冬夏两季盛行季风,全年热量丰富,四季分明,雾日多,日照偏少,雨量充沛,空气湿度大,无霜期长。保护区内森林覆盖率97.6%,森林茂密,地面腐殖质非常丰富,土壤肥沃,非常适合陆生贝类的生存和繁衍。

8 材料与方法

8.1 研究区域划分方法

研究区域包括核心区、试验区以及缓冲区,以保护站为核心,尽可能涉及保护区的各个区域。通过实地考察,对陆生贝类适宜的生境进行定量或定性采集,并标记为一个采集点,GPS记录采集点的地理位置、海拔高度,并根据观测记录岩石种类、土壤类型、植被等环境因子。根据实际情况,将所有采集点分别界定为植被覆盖率较高的森林、海拔较高植被较少的高山、人为因素影响较大的农田/村庄三种生境类型。

8.2 野外调查采集方法

为对齐云山地区不同地形、地貌、不同海拔高度、不同生境内陆生贝类的种类组成、区系特点、生态分布与栖息环境之间的关系进行研究,在我们的采集中采取点、面结合的方法,进行定性、定量的调查采集。

定性采集在各采集区的不同生境中采取随机的方法,优势种、常见种以记录为主,采集适量标本,稀有种和濒危种在不破坏该物种的生境前提下采集少量的成熟标本。

由于陆生贝类呈块状分布,定量标本采集要想取得较好的效果,只得取多个大面积的样方。而就齐云山山高坡陡的实际情况和调查采集者所面临的客观条件,采取多个大面积的样方法是很难行得通的。我们采取VES(Visual Encounter Surveys)方法进行定量采集。这种方法的具体步骤如下:确定每个采集点的采集时间为3h,进入采集点确定一系列随意的方向,然后沿着每个方向随意地采集(采集距离可长可短),每个采集方向两边距离1m内标本都作记录,采完3h为止。

记录的内容包括:①记录群落的外貌特征,成分组成及优势种类等;②采集点所在的地理位置、海拔高度和环境因子。将采集点内所有的陆生贝类标本收集到75%的酒精瓶中固定,带回实验室分类鉴定,并统计每一物种的个体数量。

8.3 多样性测度方法

采用多样性研究中较常用的Margalef丰富度指数(d_{MA})、Shannon-Wiener指数(H')、Pielou的均匀度指数(J_{sw})等多样性测度指数对齐云山自然保护区陆生贝类多样性进行测度。最后,选用效果较好的Shannon-Wiener指数对齐云山自然保护区陆生贝类多样性作比较分析。

本文所采用的多样性指数具体计算公式如下:

(1)不同生境的物种丰富度。以Margalef指数d_{MA}来测度,$d_{MA}=(S-1)/\ln N$,S为物种数,N为所有生境中所有物种个体数之和;

(2)物种多样性分析。采用Shannon-Wiener信息多样性指数H′,$H'=-\sum p_i\log_2 p_i$,$H'\max=$

$\log_2 S$,式中 $Pi = ni/N$,ni 为种 i 的个体数,N 为样本总个体数;

(3)均匀度分析。用 Pielou 的均匀度指数 Jsw, $Jsw = H'/H'_{max}$,即 $Jsw = (-\sum pilog_2 pi)/log_2 S = H'/\log_2 S$;

9 结果

9.1 研究区域的划分

通过实地考察确定了齐云山自然保护区内十八垒、大窝、大坑、新地、上堡、齐云山主峰及庙排子共 7 个重点采集区域;每个采集区域又包括若干随机的采样点,共计 22 个采样点(表 12-2-1)。

表 12-2-1 标本采集点环境因子特性

采集地	海拔/m	地理位置		岩石	土壤	植被	生境类型
		北纬(N)	东经(E)				
Ⅰ 十八垒							
1) 上十八垒	854	25°52.195′	114°01.913′	花岗岩	黄棕壤		农田
2) 横河口	730	25°50.445′	114°01.581′	玄武岩	红壤	常绿落叶阔叶林	森林
3) 棺材潭面	700	无卫星信号		玄武岩	红壤	常绿落叶阔叶林	森林
Ⅱ 大窝							
4) 大窝坑口	590	无卫星信号		花岗岩	红壤	常绿落叶阔叶林	森林
5) 大窝农田	761	25°49.294′	114°02.023′	花岗岩	红壤		农田
6) 大窝子	771	25°49.427′	114°02.075′	花岗岩	红壤	常绿落叶阔叶林	森林
Ⅲ 大坑							
7) 大坑	771	25°48.701′	114°00.329′	花岗岩	砖红壤	常绿落叶阔叶林	森林
8) 冬瓜坪	1153	25°49.032′	113°59.437′	花岗岩	红壤	针叶阔叶混交林	森林
9) 中洞	850	无卫星信号		花岗岩	砖红壤		村庄
Ⅳ 新地							
10) 老牛过河	584	25°49.090′	114°05.337′	花岗岩	黑壤	常绿落叶阔叶林	森林
11) 三瀑跳	555	25°48.727′	114°05.657′	花岗岩	红壤	常绿落叶阔叶林	森林
12) 内溏检查站	550	无卫星信号		花岗岩	黄壤		村庄
13) 高桥船石	640	25°50.269′	114°05.104′	花岗岩	红壤	常绿落叶阔叶林	森林
Ⅴ 上堡							
14) 赤水口	540	25°45.778′	113°59.239′	花岗岩	赤红壤		农田
15) 赤水	550	无卫星信号		花岗岩	赤红壤		农田
16) 茶坑坳	810	25°48.630′	114°00.725′	花岗岩	赤红壤	常绿落叶阔叶林	森林
Ⅵ 齐云山主峰							
17) 石碑头	1027	25°52.480′	114°01.289′	玄武岩	红壤	常绿落叶阔叶林	森林
18) 齐云山神庙	2000	25°53.243′	114°00.508′	安山岩	山地草丛土	高山草甸	高山
19) 正龙 1	1630	25°53.867′	114°01.960′	花岗岩	山地草丛土	高山草甸	高山
20) 正龙 2	1533	25°53.790′	114°01.997′	花岗岩	黑壤	高山灌木林	高山
21) 正龙 3	1341	25°53.634′	114°02.069′	花岗岩	黑壤	针叶阔叶混交林	高山
Ⅶ 庙排子							
22) 庙排子		无卫星信号					

9.2 齐云山自然保护区陆生贝类种类组成及分布

本次调查共采集陆生贝类标本 632 号。经初步分类鉴定,齐云山自然保护区陆生贝类共有 37 种,分隶于 10 科、18 属,其中有 4 个未订种(表 12-2-2)。优势种为长柱倍唇螺 *Diplommatina paxillus longipalatalis*、扁恰里螺 *Kaliella depressa* 和小丘恰里螺 *Kaliella munipurensis*。内齿螺盘螺属是陆生肺螺类较古老、较原始的一类。

在种类组成中前鳃亚纲 5 种,占总种数的 13.5%,肺螺亚纲 32 种,占总种数的 86.5%;其中拟阿勇蛞蝓科种类最多,2 属 12 种,占总种数 32.4%;巴蜗牛科次之,4 属 7 种,占总种数 18.9%;钻头螺科 2 属 6 种,占总种数 16.2%;环口螺科 3 属 5 种,占总种数 13.5%;野蛞蝓科 1 属 2 种,占总种数 5.4%;烟管螺科、内齿螺科、坚齿螺科、扭轴蜗牛科、嗜黏液蛞蝓科均为 1 属 1 种,占 2.7%;(图12-2-1)。

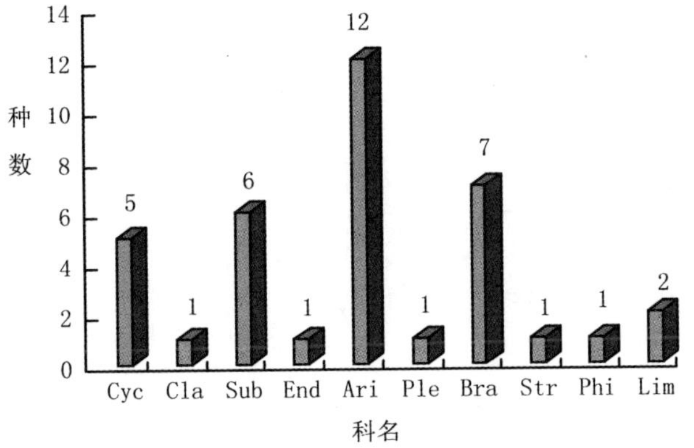

图 12-2-1 齐云山自然保护区陆生贝类各科种类所占百分比

注(note):Cyc:环口螺科 Cla:烟管螺科 Sub:钻头螺科 End:内齿螺科 Ari:拟阿勇蛞蝓科 Ple:坚齿螺科 Bra:巴蜗牛科 Str:扭轴蜗牛科 Phi:嗜粘液蛞蝓科 Lim:蛞蝓科

齐云山自然保护区陆生贝类个体大小不等,小至不足 2mm 的恰里螺,大到壳长 56mm、壳宽 29mm 的狐狸坚齿螺。标本中主要以小型(<10mm)及微小型(<2mm)螺类占多数,壳高或壳宽大于 10mm 的种类很少。贝类的形态多样性丰富,贝壳外形有短圆柱形、长塔形、陀螺形、圆锥形、扁圆盘形等。

小型和微小型陆生贝类主要包括下列属:扭轴蜗牛科弯螺属、拟阿勇蛞蝓科恰里螺属、内齿螺科盘螺属、钻头螺科钻螺属。

弯螺属系 1904 年由 Kobelt 建立,我国共有 9 种,江西仅记载 1 种,即绞扭弯螺 *Sinoennea strophiodes*。本次又采集到弯螺属 1 种,即华丽弯螺 *Sinoennea splendens splendens*。该属贝壳小型,壳高 2.31~2.5mm;壳宽 1.3~1.38mm,呈卵圆形,壳口上常具有一短粗的角板和 2~4 枚齿。生活在阴暗潮湿多腐殖质落叶中和多苔鲜、地衣的石壁上或石缝中。

钻螺属贝壳小型,壳质薄,易碎,半透明,呈塔形。壳高常小于 9mm;壳宽常小于 4mm。

生活在潮湿多腐殖质的草丛中,农田田埂边瓦砾堆中,石块或落叶下。江西仅记载 1 种,即丝钻头螺。本次共采集到钻螺属 4 种。

恰里螺属贝壳小型,壳质薄,易碎,半透明,呈圆锥形或陀螺形。壳高约 3mm;壳宽约 4mm。生活在林区潮湿的灌木丛中,石块、落叶和腐木下。以往江西没有记载,本次共采集到恰里螺属 7 种。

盘螺属贝壳小型,壳质薄,但坚实,呈扁圆盘形。壳高约 4mm;壳宽约 8mm。生活在潮湿的灌木丛、草丛,石块下或岩石缝隙中。以往江西没有记载,本次采集到盘螺属 1 种。

9.3 区系分析

从区系成分看,齐云山自然保护区已鉴定的 33 种陆生贝类有 29 种和亚种属东洋界的种类,占总种类的 87.88%;有 4 种广布种,占总种类的 12.12%;因此从动物地理区划来看,齐云山自然保护区陆生贝类属于东洋界类型,其中华中区和华南区的种类占绝对优势。在已鉴定的 33 种陆生贝类中，有 21 种分布于华中区，占总种数的 63.63%；有 16 种分布于华南区，占总种数的 48.49%；有 13 种跨 2 个或 3 个区分布（表 12－2－2）。

表 12－2－2　江西齐云山陆生贝类种类与分布

种类	个体数量	采集地点							占总物种数的百分比/%	区系分布
		庙排子	十八垒	大窝	大坑	新地	上堡	齐云山		
Ⅰ 环口螺科 Cyclophoridae										
1）长柱倍唇螺 *Diplommatina paxillus longipalatalis* Schmacker & Boettger，1890	285	+	+ + +	+	+	+ + +		+ + +	45.09	▲◆☆
2）* 倍唇螺未定种 *Diplommatina* sp.	8							+ +	1.266	
3）科氏沟螺 *Diorgx kobeltianus*（Moellendorff，1874）	1		+						0.158	▲◆☆
4）* 大扁褶口螺 *Ptychopoma expoliatum*（Heude，1882）	6			+		+			0.949	▲
5）湖南扁脊螺 *Platyrhaphe hunana*（Gredler，1881）	33				+	+ + +			5.222	◆☆
Ⅱ 烟管螺科 Clausiliidae										
6）江西丽管螺 *Formosana Kianghsiensis*（*Gredler*，1892）	67	+ + +							10.60	◆
Ⅲ 钻头螺科 *Subulinidae*										
7）柑卷轴螺 *Tortaxis mandarinus*（Pfeiffer，1855）	1	+							0.158	◆☆
8）竖卷轴螺 *Tortaxis erectus*（Benson，1842）	2						+		0.316	☆
9）* 细钻螺 *Opeas gracile*（Hutton，1834）	9	+		+		+	+	+	1.424	▲☆
10）* 棒形钻螺 *Opeas clavulinum*（Potiez et Michaud，1838）	2						+		0.316	▲
11）索形钻螺 *Opeas funiculare*（Heude，1882）	26	+	+		+	+ +	+	+	4.114	▲◆☆
12）丝钻头螺 *Opeas filare*（Heude，1882）	2				+				0.316	◆☆
Ⅳ 内齿螺科 Endodontidae										
13）* 盘螺未定种 *Discus* sp.	4	+							0.633	
Ⅴ 拟阿勇蛞蝓科 Ariophantidae										
14）中华巨楯蛞蝓 *Macrochlamys sinensis*（Heude，1882）	10		+			+		+	1.582	★
15）* 光滑巨楯蛞蝓 *Macrochlamys superlita superlita*（Morelet，1882）	1							+	0.158	▲◆
16）* 迟缓巨楯蛞蝓 *Macrochlamys segnis* Pilsbry，1934	2							+	0.316	◆☆
17）* 巨楯蛞蝓 *Macrochlamys nitidissima*（Moellendorff，1883）	1							+	0.158	◆
18）扁平巨楯蛞蝓 *Macrochlamys planula*（Heude，1882）	3		+					+	0.475	▲◆
19）扁恰里螺 *Kaliella depressa* Moellendorff，1883	72	+ +	+ +	+	+ +	+ + +			11.39	◆☆
20）* 穴恰里螺 *Kaliella spelaea*（Heude，1882）	10		+		+	+	+		1.582	◆
21）光囊恰里螺 *Kaliella lamprocystis* Moellendorff，1899	5		+	+		+		+	0.791	☆
22）* 真锥恰里螺 *Kaliella euconus* Moellendorff，1899	9		+	+	+	+	+		1.424	☆
23）* 小丘恰里螺 *Kaliella munipurensis*（Godwin－Austen，1882）	24	+		+	+	+ + +	+		3.797	◆
24）* 多旋恰里螺 *Kaliella polygyra* Moellendorff，1885	3		+		+				0.475	☆
25）* 恰里螺未定种 *Kaliella* sp.	2	+							0.316	
Ⅵ 坚齿螺科 Pleurodontidae										
26）* 狐狸坚齿螺 *Camaena vulpis*（Gredler，1887）	1					+			0.158	◆
Ⅶ 巴蜗牛科 Bradybaenidae										
27）同型巴蜗牛 *Bradybaena similaris similaris*（Ferussac，1821）	2					+			0.316	★
28）* 香港同型巴蜗牛 *Bradybaena similaris hongkongensis*（Deshayes，1873）	3					+			0.475	☆

（续表）

种类	个体数量	采集地点							占总物种数的百分比/%	区系分布
		庙排子	十八垒	大窝	大坑	新地	上堡	齐云山		
29）增大大脐蜗牛 *Aegista accrescens*（Heude，1882）	5		+	+	+				0.791	◆
30）灰尖巴蜗牛 *Bradybaena*（*Acusta*）*ravida ravida*（Benson，1842）	8		+			+		+	1.266	★
31）亚缘环肋螺 *Plectotropis subconella*（Moellendorff，1888）	1						+		0.158	◆
32）* 蛛形环肋螺 *Plectotropis araneatela*（Heude，1882）	3		+			+		+	0.475	◆☆
33）* 拟锥螺未定 *Pseudobuliminus* sp.	2							+	0.316	
Ⅷ 扭轴蜗牛科 Streptaxidae										
34）* 华丽弯螺 *Sinoennea splendens splendens*（Moellendorff，1882）	3							+	0.475	◆
Ⅸ 嗜黏液蛞蝓科 Philomycidae										
35）双线嗜粘液蛞蝓 *Philomycus bilineatus*（Benson，1842）	7	+					+		1.108	▲◆☆
Ⅹ 蛞蝓科 Limacidae										
36）野蛞蝓 Deroceras（Agriolimax）agrestis（Linnaeus，1758）	8	+	+ +						1.266	★
37）光滑野蛞蝓 *Deroceras*（*Deroceras*）*leave*（Muller，1774）	1							+	0.158	◆

注（note）：* 江西新记录种（New species record of Jiangxi Province）；▲西南区（South—Westem China district）；◆华中区（Central China district）；☆华南区（Southern China district）；★广分布种（widespread species）。“ + ”表示标本 5 个以下，“ + + ”表示标本 6 ~ 10 个；“ + + + ”表示标本 10 个以上。

9.4 江西省陆生贝类新记录种

经鉴定本次采集的标本中有江西新记录种 18 种，它们是倍唇螺未定种、大扁褶口螺、细钻螺、棒形钻螺、盘螺未定种、光滑巨楯蛞蝓、迟缓巨楯蛞蝓、巨楯蛞蝓、穴恰里螺、真锥恰里螺、小丘恰里螺、多旋恰里螺、恰里螺未定种、狐狸坚齿螺、香港同型巴蜗牛、蛛形环肋螺、拟锥螺未定种、华丽弯螺（表 12 – 2 – 2）。

9.5 齐云山自然保护区陆生贝类垂直分布

齐云山自然保护区陆生贝类种类的分布与海拔高度有关。海拔 600m 以下的低山常绿阔叶林带陆生贝类种类最丰富，在该分布带获得陆生贝类 9 科 15 属 25 种，占总种数的 40.3%；海拔 600 ~ 1000m 的落叶阔叶混交林带获得 5 科 11 属 18 种，占总种数的 29.0%；海拔 1000 ~ 1400m 的针阔混交林带获得 6 科 8 属 14 种，占总种数的 22.6%；海拔在 1400m 以上的高山草甸带获得 3 科 3 属 5 种，占总种数的 8.1%（表 12 – 2 – 3）。

银海强（2003，2004）对湖南莽山自然保护区和南岭国家森林公园进行了调查，结果显示中海拔的落叶阔叶混交林带分布的陆生贝类最为丰富。这与作者对齐云山的调查结果略有所不同。作者认为，齐云山低海拔常绿阔叶林带陆生贝类种类最丰富，究其原因是由于保护区居民少，且当地居民的环保意识较强，对环境保护得较好，人为活动少，山上多覆盖灌木丛，大多保持原始状态，地面的落叶层较厚，使其土壤有机质含量较高，自然条件很适合陆生贝类生长。中海拔地区的落叶阔叶混交林陆生贝类也比较丰富，由于该地带环境复杂，森林郁闭度大，植被类型多样，种类繁多，黑色腐殖质层较厚。而中高海拔地区的针阔混交林带，由于海拔较高，山坡陡峭，土壤有机质含量低，食物贫乏，因此较之低海拔常绿阔叶林和中低海拔的落叶阔叶混交林带，陆生贝类种类偏少。高海拔地带之所以采得陆生贝类很少，因为长年风力大，气温低，加之植被结构简单，土层浅薄，不利于陆生贝类的生长。

表 12-2-3 江西齐云山陆生贝类物种分布与海拔的关系

种类	个体数量	分布范围及平均每个采集点的个体数			
		海拔 600m 以下	海拔 600 ~ 1000m	海拔 1000 ~1400	海拔 1400m 以上
Ⅰ 环口螺科 Cyclophoridae					
1）长柱倍唇螺 *Diplommatina paxillus* longipalatalis Schmacker & Boettger, 1890	285	31.43	3.11	12.33	0.00
2）* 倍唇螺未定种 *Diplommatina sp.*	8	0.00	0.00	0.00	2.67
3）科氏沟螺 *Diorgx kobeltianus* (Moellendorff, 1874)	1	0.00	0.1	0.00	0.00
4）* 大扁褶口螺 *Ptychopoma expoliatum* (Heude, 1882)	6	0.57	0.22	0.00	0.00
5）湖南扁脊螺 *Platyrhaphe hunana* (Gredler, 1881)	33	4.14	0.44	0.00	0.00
Ⅱ 烟管螺科 Clausiliidae					
6）江西丽管螺 *Formosana Kianghsiensis* (Gredler, 1892)	67	9.57	0.00	0.00	0.00
Ⅲ 钻头螺科 Subulinidae					
7）柑卷轴螺 *Tortaxis mandarinus* (Pfeiffer, 1855)	1	0.14	0.00	0.00	0.00
8）竖卷轴螺 *Tortaxis erectus* (Benson, 1842)	2	0.29	0.00	0.00	0.00
9）* 细钻螺 *Opeas gracile* (Hutton, 1834)	9	0.86	0.00	1.00	0.00
10）* 棒形钻螺 *Opeas clavulinum* (Potiez et Michaud, 1838)	2	0.29	0.00	0.00	0.00
11）索形钻螺 *Opeas funiculare* (Heude, 1882)	26	2.29	1.00	0.33	0.00
12）丝钻头螺 *Opeas filare* (Heude, 1882)	2	0.00	0.22	0.00	0.00
Ⅳ 内齿螺科 Endodontidae					
13）* 盘螺未定种 *Discus sp.*	4	0.57	0.00	0.00	0.00
Ⅴ 拟阿勇蛞蝓科 Ariophantidae					
14）中华巨楯蛞蝓 *Macrochlamys sinensis* (Heude, 1882)	10	0.57	0.22	0.33	1.00
15）* 光滑巨楯蛞蝓 *Macrochlamys superlita* (Morelet, 1882)	1	0.00	0.00	0.00	0.33
16）* 迟缓巨楯蛞蝓 *Macrochlamys segnis* Pilsbry, 1934	2	0.00	0.00	0.00	0.67
17）* 巨楯蛞蝓 *Macrochlamys nitidissima* (Moellendorff, 1883)	1	0.00	0.00	0.33	0.00
18）扁平巨楯蛞蝓 *Macrochlamys planula* (Heude, 1882)	3	0.00	0.22	0.33	0.00
19）扁恰里螺 *Kaliella depressa* Moellendorff, 1883	72	6.86	2.33	1.00	0.00
20）* 穴恰里螺 *Kaliella spelaea* (Heude, 1882)	10	0.29	0.78	0.33	0.00
21）光囊恰里螺 *Kaliella lamprocystis* Moellendorff, 1899	5	0.14	0.33	0.33	0.00
22）* 真锥恰里螺 *Kaliella euconus* Moellendorff, 1899	9	0.29	0.67	0.33	0.00
23）* 小丘恰里螺 *Kaliella munipurensis* (Godwin - Austen, 1882)	24	1.71	1.11	0.67	0.00
24）* 多旋恰里螺 *Kaliella polygyra* Moellendorff, 1885	3	0.00	0.33	0.00	0.00
25）* 恰里螺未定种 *Kaliella sp.*	2	0.29	0.00	0.00	0.00
Ⅵ 坚齿螺科 Pleurodontidae					
26）* 狐狸坚齿螺 *Camaena vulpis* (Gredler, 1887)	1	0.14	0.00	0.00	0.00
Ⅶ 巴蜗牛科 Bradybaenidae					
27）同型巴蜗牛 *Bradybaena similaris similaris* (Ferussac, 1821)	2	0.29	0.00	0.00	0.00
28）* 香港同型巴蜗牛 *Bradybaena similaris* hongkongensis (Deshayes, 1873)	3	0.43	0.00	0.00	0.00
29）增大大脐蜗牛 *Aegista accrescens* (Heude, 1882)	5	0.00	0.56	0.00	0.00
30）灰尖巴蜗牛 *Bradybaena* (Acusta) *ravida ravida* (Benson, 1842)	8	0.29	0.11	0.00	1.67
31）亚缘环肋螺 *Plectotropis subconella* (Moellendorff, 1888)	1	0.14	0.00	0.00	0.00
32）* 蛛形环肋螺 *Plectotropis araneatela* (Heude, 1882)	3	0.00	0.22	0.33	0.00
33）* 拟锥螺未定 *Pseudobuliminus sp.*	2	0.00	0.00	0.67	0.00

（续表）

种类	个体数量	分布范围及平均每个采集点的个体数			
		海拔 600m 以下	海拔 600 ~ 1000m	海拔 1000 ~ 1400	海拔 1400m 以上
Ⅷ 扭轴蜗牛科 Streptaxidae					
34）* 华丽弯螺 *Sinoennea splendens splendens*（Moellendorff，1882）	3	0.00	0.00	1.00	0.00
Ⅸ 嗜黏液蛞蝓科 Philomycidae					
35）双线嗜黏液蛞蝓 *Philomycus bilineatus*（Benson，1842）	7	1.00	0.00	0.00	0.00
Ⅹ 蛞蝓科 Limacidae					
36）野蛞蝓 *Deroceras*（*Agriolimax*）*agrestis*（Linnaeus，1758）	8	0.14	0.78	0.00	0.00
37）光滑野蛞蝓 *Deroceras*（*Deroceras*）*leave*（Muller，1774）	1	62.71	0.00	0.00	0.00
合计种数		25	18	14	5

9.6 多样性分析及生境比较

根据野外的调查结果，齐云山自然保护区陆生贝类多样性指数如表 12－2－4 所列。由图 12－2－6 可看出，无论是用物种数（S）、Margalef 丰富度指数（d_{MA}）、Shannon－Wiener 多样性指数（H′）、还是 Pielou 的均匀度指数（Jsw）来测度该地区的陆生贝类的多样性，它们在总体上都反映出一个基本一致的趋势，即环境越复杂、种类组成越丰富、物种分布越均匀的地区，陆生贝类多样性指数就越高。

表 12－2－4　齐云山自然保护区各采集点陆生贝类多样性指数

采集点	丰富度 d_{MA}	多样性 H'	均匀度 Jsw
Ⅰ 十八垒			
23）上十八垒	1.5157	1.9212	0.8274
24）横河口	2.2646	2.5681	0.8560
25）棺材潭面	1.9494	2.3459	0.9075
Ⅱ 大窝			
26）大窝坑口	0.0000	0.0000	0.0000
27）大窝农田	0.0000	0.0000	0.0000
28）大窝子	2.3392	2.6612	0.9479
Ⅲ 大坑			
29）大坑	2.8236	2.9842	0.9414
30）冬瓜坪	1.5417	1.8424	0.9212
31）中洞	1.4427	1.0000	1.0000
Ⅳ 新地			
32）老牛过河	1.7472	1.4843	0.4291
33）三瀑跳	3.0314	3.0391	0.9587
34）内溏检查站	1.5417	1.8424	0.9212
35）高桥船石	1.4849	2.1261	0.8225
Ⅴ 上堡			
36）赤水口	1.5157	2.0060	0.8639
37）赤水	0.5581	0.9183	0.9183
38）茶坑坳	0.7213	0.8113	0.8113
Ⅵ 齐云山主峰			
39）石碑头	2.7291	2.8151	0.9384
40）齐云山神庙	1.7372	2.1219	0.9139
41）正龙 1	0.0000	0.0000	0.0000
42）正龙 2	0.4551	0.5033	0.5033
43）正龙 3	0.2749	0.1756	0.1756
Ⅶ 庙排子			
44）庙排子	2.2169	1.6347	0.4725

物种丰富度指数(d_{MA})采用单位面积或样地总个体数中所包含的物种数来衡量(图 12－2－4)。从表 12－2－4 可以看出,陆生贝类丰富度最高的采集点是大坑(2.8236)、三瀑跳(3.0314)和石碑头(2.7291)。丰富度最低的采集点是大窝坑口、大窝农田、正龙 1 采集点,在这 3 个采集点都仅采集到 1 个物种,因此他们的物种丰富度指数均为 0。其它采集点的物种丰富度指数(d^{MA})介于 0～2.7291 之间。从物种丰富度指数最高的两个采集点来看,它们之所以有较高物种丰富度,主要是因为这两个采集点植被类型多样,生境复杂,黑色腐殖质层较厚,土壤有机质含量高,生境较原始,人为干扰和破坏较少,自然条件很适宜陆生贝类生长繁殖。而物种丰富度指数为 0 的大窝坑口和大窝农田采集点,由于接近村庄和稻田,人为的干扰和破坏严重,生境简单,因此两采集点均不适宜陆生贝类生长繁殖,自然物种丰富度指数为最低。正龙 1 采集点则是由于高海拔区,长年气温低,风力较大,植被结构简单,土壤发育程度低,土层浅薄,也不利于陆生贝类生长繁殖。

各采集点物种丰富度指数同物种数的变化基本上是一致的(图 12－2－3),拥有最高物种数的三瀑跳同时也拥有最高的物种丰富度指数。物种均匀度指数(Jsw)不受物种丰富度指数(dMA)的影响,即均匀度与物种丰富度指数无关,在物种数目一定的情况下,均匀度只与个体数目或生物量在各个物种中分布的均匀度有关(图 12－2－3)。群落内组成物种越丰富,则群落多样性值越大;群落内有机体分配越均匀,即物种均匀度越大,则群落多样性值越大(图 12－2－5)。

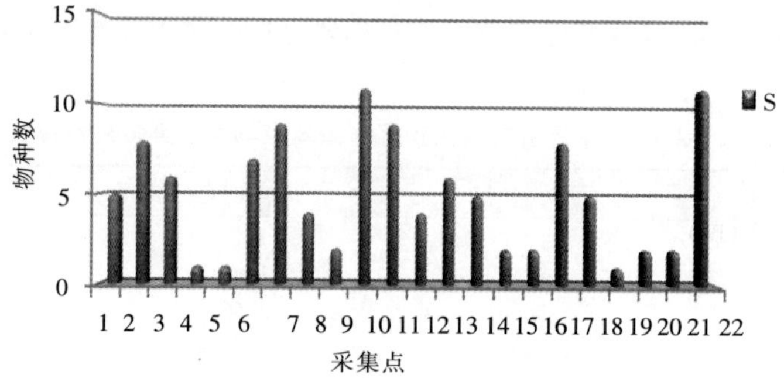

图 12－2－2　齐云山自然保护区各采集点陆生贝类物种数

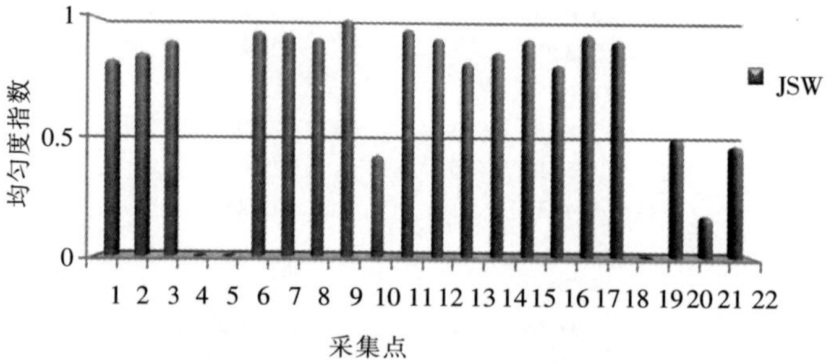

图 12－2－3　齐云山自然保护区各采集点陆生贝类 Pielou 均匀度

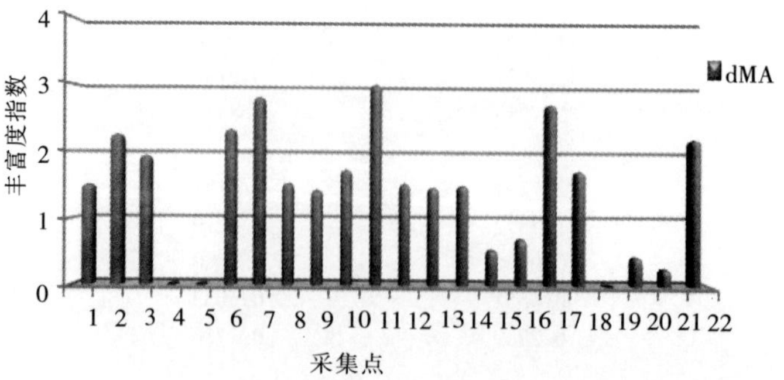

图 12－2－4　齐云山自然保护区各采集点陆生贝类物种丰富度

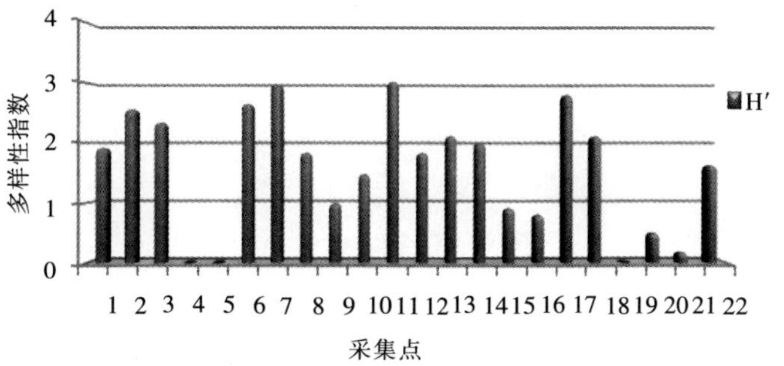

图 12-2-5　齐云山自然保护区各采集点陆生贝类多样性指数

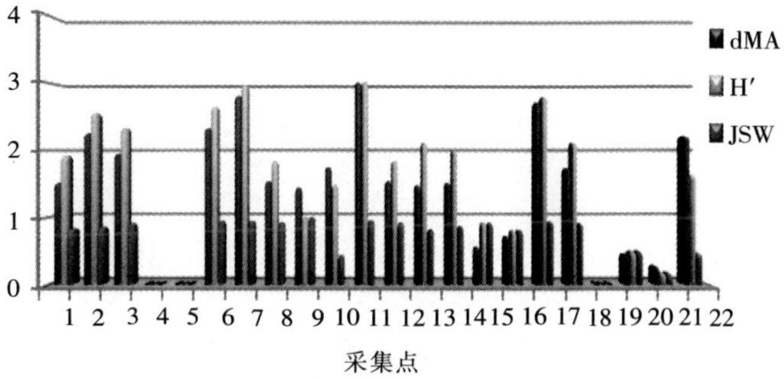

图 12-2-6　齐云山自然保护区各采集点陆生贝类丰富度、多样性、均匀度指数比较

10　小结

江西齐云山自然保护区陆生贝类共有37种，隶属于10科、18属，其区系成分以东洋界华中区成分为主。该自然保护区优势种为长柱倍唇螺、扁恰里螺及小丘恰里螺。采集到江西省新记录种18种，因此该保护区内陆生贝类比较丰富。多样性分析表明了环境越复杂、种类组成越丰富、物种分布越均匀的地区，陆生贝类多样性指数越高。

第13章 蜘蛛与昆虫区系分析

第一节 蜘蛛区系与群落结构研究

蜘蛛隶属于节肢动物门蛛形纲蜘蛛目。种类繁多，分布广泛，与人类生产生活密切相关。全世界已记录的蜘蛛有110科3542属38432种（Platnick，2003），实际存在的种类数远大于目前已有记录的种类数。我国蜘蛛资源也十分丰富，目前已记录有56科455属2400种左右。蜘蛛区系研究是齐云山自然保护区无脊椎动物研究的一个重要方面，旨在发掘该地区蜘蛛资源，查清种类分布，为齐云山蜘蛛目物种多样性研究提供较为详实的资料，为农林部门物种调查和保护利用提供决策依据。

齐云山自然保护区位于赣西南的崇义县内，与上犹县和湖南桂东县交界，在地理区划中，位于东洋界的华南区。保护区由于建立较早，受人为因素破坏少，区内生态系统保存完好，生态景观多样。因此，蜘蛛种类十分丰富。经集中对境内狮子岩、杨柳洞、桶江、十八垒、桃树窝、横旗冈、香炉坝、横河口、茶坑坳、高桥、沙地等地的人居区、暖性针叶林、温性针叶林、常绿阔叶林、常绿与落叶混交林、落叶阔叶林、竹林、草甸等8种生态类型（海拔：300m～2000m）进行调查。从土壤、地表、树表、岩表、水表等处采集蜘蛛标本。共获得蜘蛛标本1825个，将采集的标本用75%的酒精保存带回室内，经鉴定计约28科73属171种，其中52种为江西新记录种，另有新种9种。

1 齐云山自然保护区蜘蛛名录

一 栉板蛛科 Liphistiidae（1属1种）

（1）# 杭七纺蛛 *Heptathela hangzhouensis* Chen, Zhang et Zhu, 1981

二 地蛛科 Atypidae（1属1种）

（2）# 卡氏地蛛 *Atypus karschi* Doenitz, 1887

三 六疣蛛科 Hexathelidae（1属1种）

（3）触形大疣蛛 *Macrothele palpator* Pocock, 1901

四 花皮蛛科 Sicariidae（1属1种）

（4）胸斑花皮蛛 *Scytodes thoracica*（Latreille, 1802）

五 幽灵蛛科 Pholcidae（1属1种）

（5）近亲幽灵蛛 *Pholcus affinis* Schenkel, 1953

六 拟壁钱科 Urocteidae（2属2种）

（6）居室拟壁钱 *Oecobius cellariorum*（Duges, 1836）

（7）华南壁钱 *Uroctea compactilis* L. Koch, 1878

七 长纺蛛科 Hersiliidae（1属1种）

（8）# 亚洲长纺蛛 *Hersilia asiatica* Song, 1982

八 妩蛛科 Uloboridae（3属3种）

（9）中华涡蛛 *Octonoba sinensis*（Simon, 1880）

（10）变异涡蛛 *Cclonoba varians*（Boes. et Str., 1906）

（11）# 隆喜妩蛛 *Philoponella prominens*（Boes. et Str., 1906）

作者：罗育发 赣南师范学院化学与生命科学学院

九 球蛛科 Theridiidae (7 属 20 种)

(12) # 漂亮丽蛛 *Chrysso pulcherrima* (MelloL eitao,1917)
(13) # 三斑丽蛛 *Chrysso trimaculata* Zhu,Zhang et Xu,1991
(14)# 风雅丽蛛 *Chrysso venusta* (Yaginuma,1957)
(15) 温室希蛛 *Achaearanea tepidariorum* (C. L. Koch,1841)
(16) 喙突希蛛 *Achaearanea rostra* Zhu et Zhang,1992
(17) # 日本希蛛 *Achaearanea japonica* (Boes. et St r. ,1906)
(18) 亚洲希蛛 *Achaearanea asiatica* (Bosenberg et Strand, 1906)
(19) 尖斑希蛛 *Achaearanea oxymaculata* Zhu,1998
(20) 八斑鞘腹蛛 *Coleosoma octomaculatum* (Boes. et Str. , 1906)
(21) # 山坡球蛛 *Theridion clivalum* Zhu,1998
(22) # 胸斑球蛛 *Theridion sterninotatum* Boes. et Str. ,1906
(23) # 唇窝球蛛 *Theridion mystaceum* L. Koch,1870
(24) 奇异球蛛 *Theridion mirabilis* Zhu et al. ,1991
(25) Theridion sp * *
(26) 半月肥腹蛛 *Steatoda cingulata* (Thorell,1890)
(27) 四突瘤腹蛛 *Chrosiothes sudabides* (Boes,et Str. ,1906)
(28)# 尖尾金腹蛛 *Chrysso argyrodiformis* (Yaginuma,1952)
(29) 唇银斑蛛 *Argyrodes labiatus* Zhu et Song,1992
(30) 日银斑蛛 *Argyrgdes bonadea* (Karsch,1881)
(31) Argyrgdes sp * *

十 皿蛛科 Linyphiidae (5 属 13 种)

(32) 卡氏盖蛛 *Neriene cavaleriei* (Schenkel,1963)
(33)# 长肢盖蛛 *Neriene longipedella* (Boes. et Str. ,1906)
(34)# 大井盖蛛 *Neriene oidedicata* Helsdingen,1969
(35)# 花腹盖蛛 *Neriene radiata* (Walckenaer,1841)
(36)# 日本盖蛛 *Neriene japonica* (Oi,1960)
(37) 波纹盖蛛 *Neriene cathrata* (Sundevall,1829)
(38) 醒目盖蛛 *Neriene emphana* (Walckenaer,1841)
(39) Neriene sp * *
(40) 草间钻头蛛 *Hylyphantes graminicola* (Sundevall,1830)
(41) 草间小黑蛛 *Erigonidium graminicolum* (Sundevall,1928)
(42) 食虫沟瘤蛛 *Oedothoras insecticeps* (Boes. et Str. ,1906)
(43) 齿螯额角蛛 *Gn thonarium dentatum* (Wider,1834)
(44) 驼背额角蛛 *Gnathonarium gibberum* Oi,1960

十一 肖蛸科 Tetragnathidae (5 属 16 种)

(45) 柔弱锯螯蛛 *Pachygnatha tenera* Karsch,1879
(46) 四斑锯螯蛛 *Pachygnatha quadrimaculatac* Boesenberg et Strand,1906
(47)# 肩斑银鳞蛛 *Leucaug eblanda* (L. Koch,1878)
(48)# 尖尾银鳞蛛 *Leucaug decorata* (Blackwall,1864)
(49) 纵条银鳞蛛 *Leucaug magnifica* Yaginuma,1954
(50) 大银鳞蛛 *Leucauge magnifica* Yaginuma,1954
(51) 园尾肖蛸 *Tetragnatha vermiformia* Emerton,1884
(52)# 长螯肖蛸 *Tetragnatha mandibulata* Walckenaer,1842
(53) 锥腹肖蛸 *Tetragnatha maxillosa* Thorell,1895
(54) 黑色肖蛸 *Tetragnatha nigrita* Lendle,1886
(55) 华丽肖蛸 *Tetragnatha nitens* (Audouin,1826)
(56) 前齿肖蛸 *Tetragnatha praedonia* L. Koch,1878
(57) 鳞纹肖蛸 *Tetragnatha squamata* Karsch,1879
(58) 黑尾肖蛸 *Tetragnatha cliens* (Chamberlin,1924)
(59) 棒络新妇 *Nephila clavata* L. Koch,1878
(60) 条斑隆头蛛 *Tylorida striata* (*Thorell*,1877)

十二 园蛛科 *Araneidae* (13 属 45 种)

(61) 目金蛛 *Argiope ocula* Fox,1938
(62) 悦目金蛛 *Argiope am oena* L. Koch,1878
(63) 横纹金蛛 *Argiope bruennichii* (Scopoli,1772)
(64) 小悦目金蛛 *Argiope minuta* Karsch,1879
(65) # 贝氏金蛛 *Argiope boesenbergi* Levi,1983
(66) 丽金蛛 *Argiope pulchella* Tho rell,1881
(67) # 库氏棘腹蛛 *Gasteracan thakuhli* C. L. Koch,1838
(68) # 哈氏棘腹蛛 *Gasteracan thahasselti* C. L. Koch,1838
(69) # 帕氏尖蛛 *Aculepeira packardi* (Thorell,1875)
(70) 蝶斑柔蛛 *Agalenatea fuscocolora ta* (Boesenberg et Strand,1906)
(71) 黄斑园蛛 *Araneus ejusmodi* Bsenberg et St rand,1906
(72) # 墨脱园蛛 *Araneus motuoensis* Yin et a l. ,1990
(73) 尖腹园蛛 *Araneus pseudocentrodes* Boesenberg et Strand,1906
(74) 蝰红园蛛 *Araneus viperifer* Schenkel,1963
(75) 有角园蛛 *Araneus angulatus* Clerck,1757
(76) 五纹园蛛 *Araneus pentagrammicus* (Karsch,1879)
(77) 大腹园蛛 *Araneus ventricosus* (L. Koch,1878)
(78) 丰满园蛛 *Araneus lugubris* (Walckenaer,1841)
(79) # 笛氏园蛛 *Araneus dehaani* (Doleschall,1859)
(80) 飞雁壮头蛛 *Chorizopes goosus* Yin et a l. ,1990
(81) 银斑艾蛛 *Cyclosa argentata* Tan ikaw a et O no,1993
(82)# 黑尾艾蛛 *Cyclosa atrata* Boesenberg et St rand,1906
(83) 黑腹艾蛛 *Cyclosa nigra* Yin et a l. ,1990
(84)# 美丽艾蛛 *Cyclosa dives* Simon,1877
(85) Cyclosa sp * *
(86) 八瘤艾蛛 *Cyclosa octotuberculata* Karsch,1879
(87) 圆腹艾蛛 *Cyclosa vallata* (Keyserling,1886)
(88) 银背艾蛛 *Cyclosa argenteoalba* Boesenberg et Strand,1906
(89) 大明艾蛛 *Cyclosa damingensis* Xie,Yin et Kim,1995
(90) 六突艾蛛 *Cyclosa oculata* (Walckenaer,1802)
(91) 摩鹿加云斑蛛 *Cyrtop oramoluccensis* (Doleschall,1857)
(92)# 类筒云斑蛛 *Cyrtop horacylindroides* (Walckenaer,1841)
(93) *Cyrtop* sp * *
(94) # 鸟曲腹蛛 *Cyrtarachne bufo* (Boes. et Str. ,1906)
(95) 四点亮腹蛛 *Hypsosinga pygmaea* (Sundevall,1831)
(96) # 角类肥蛛 *Larinioid escornuta* (Clerk,1757)
(97) 半月新园蛛 *Neoscona semilunaris* (Karsch,1879)
(98) 灌木新园蛛 *Neoscona adianta* (Walckenaer,1802)

(99) 椭圆新园蛛 *Neoscona elliptica* Tikader et Bal,1981
(100) 嗜水新园蛛 *Neoscona nautica* (L. Koch,1875)
(101) 拟嗜水新园蛛 *Neoscona pseudonautica* Yin et a l. ,1990
(102) # 拟青新园蛛 *Neoscona pseudoscylla* (Schenkel,1953)
(103) 白缘新园蛛 *Neoscona subpullata* (Boesenberg et Strand,1906)
(104) # 绿腹新园蛛 *Neoscona mellotteei* (Simon,1895)
(105) 茶色新园蛛 *Neoscona theisi* (Walckenaer,1841)

十三 漏斗蛛科 Agelenidae (1 属 3 种)

(106) 机敏漏斗蛛 *Agelena difficilis* Fox,1936
(107) 缘漏斗蛛 *Agelena limbata* Tho rell,1879
(108) 迷宫漏斗蛛 *Agelena labyrinthica* (Clarck,1757)

十四 栅蛛科 Hahniidae (1 属 1 种)

(109) # 浙江栅蛛 *Hahnia zhejiangensis* Song et Zheng,1982

十五 狼蛛科 Lycosidae (5 属 15 种)

(110) # 小齿水狼蛛 *Pirata denticulata* L iu,1987
(111) 类水狼蛛 *Pirata piratoides* (Boesenberg et Strand,1906)
(112) 拟水狼蛛 *Pirata subpiraticus* (Boesenberg et Strand,1906)
(113) *Lycosa* sp * *
(114) *Lycosa* sp * *
(115) 黑腹狼蛛 *Lycosa coelestis* (L. Koch,1878)
(116) # 二监狼蛛 *Lycosa erjianensis* Yin et Zhao,1996
(117) # 肯氏狼蛛 *Lycosa kempi* Gravely,1924
(118) 武昌獾蛛 *Trochosa wuchangensis* (Schenkel,1963)
(119) 奇异獾蛛 *Trochosa ruricola* (DeGeer,1778)
(120) 沟渠豹蛛 *Pardosa laura* Karsch,1879
(121) 星豹蛛 *Pardosa astrigera* L. Koch,1878
(122) # 琼华豹蛛 *Pardosa qionghuai* Yin et al. ,1995
(123) 拟环纹豹蛛 *Pardosa pseudoannulata* (Boes. et Str. ,1906)
(124) 雾豹蛛 *Pardosa nebulosa* (Tho rell,1872)

十六 盗蛛科 Pisauridae (3 属 3 种)

(125) 兴起狡蛛 *Dolomed esinsurgens* Chamberlin,1924
(126) Dolomed sp * *
(127) 近亲走蛛 *Thalassius affinis* (Song et Zheng,1982)

十七 猫蛛科 Oxyopidae (1 属 4 种)

(128) 线纹猫蛛 *Oxyopes lineatipes* (L. Koch,1848)
(129) # 爪哇猫蛛 *Oxyopes javanus* Tho rell,1877
(130) 细纹猫蛛 *Oxyopes macilen tas* L. Koch,1878
(131) 斜纹猫蛛 *Oxyop esserta tus* L. Koch,1877

十八 褛网蛛科 Psechridae (1 属 1 种)

(132) 中华褛网蛛 *Psechrus sinensis* Berland,1914

十九 卷叶蛛科 Dictynidae (1 属 2 种)

(133) 猫卷叶蛛 *Dictyna felis* Boes. et. Str. ,1906
(134) # 芦苇卷叶蛛 *Dictyna arundinacea* Linnaeus,1758

二十 暗蛛科 Amaurobiidae(1 属 2 种)

(135) 丰满隙蛛 *Coelotes impletus* Peng et Wang,1997
(136) 被毛隙蛛 *Coelotes mastrucatus* Wang et al. ,1990

二十一 隐石蛛科 Titanoecidae(1 属 1 种)

(137) # 白纹隐蛛 *Nurscia albofasciata* (Strand,1907)

二十二 平腹蛛科 Gnaphosidae (3 属 4 种)

(138) 鲁氏平腹蛛 *Gnaphosa Rudolf* Schenkel,1963
(139) 中华平腹蛛 *Gnaphosa sinensis* Simon,1880
(140) 锯齿掠蛛 *Drassodes serratidens* Schenkel,1963
(141) # 淡膝狂蛛 *Zelotes pallidipatellis* (Boes. et Str. ,1906)

二十三 管巢蛛科 Clubionidae (1 属 3 种)

(142) 千岛管巢蛛 *Clubiona kurilensis* Boes. et Str. ,1906
(143) 棕管巢蛛 *Clubiona japonicola* Boes. et St r. ,1906
(144) 斑管巢蛛 *Clubiona reichlini* Schenkel,1944

二十四 遁蛛科 Heteropodidae (1 属 2 种)

(145) 白额巨蟹蛛 *Heteropoda venatoria* (Linnaeus,1758)

二十五 拟扁蛛科 Selenopidae (1 属 2 种)

(146) # 袋拟扁蛛 *Selenops bursarius* Karsch,1879
(147) 豫拟扁蛛 *Selenop shenanensis* Zhu etM ao,1983

二十六 逍遥蛛科 Philodromidae (1 属 3 种)

(148) 草地逍遥蛛 *Philodrom uscespitum* (Walckenaer,1802)
(149) 刺跗逍遥蛛 *Philodrom usspinitarsis* Simon,1895
(150) # 红棕逍遥蛛 *Philodrom usrufus* Walckenaer,1825

二十七 蟹蛛科 Thomisidae (3 属 7 种)

(151) 三突花蟹蛛 *Misumenops tricuspidatus* (Fabricius,1775)
(152) # 角红蟹蛛 *Thomisus labefactus* Karsch,1881
(153) # 白色蟹蛛 *Thomisus olbus* (Gmelin,1788)
(154) # 赫氏花蟹蛛 *Xysticus hedini* Schenkel,1936
(155) 波纹花蟹蛛 *Xysticus croceus* Fox,1937
(156) 鞍形花蟹蛛 *Xysticus ephippiatus* Simon,1880
(157) Xysticus sp * *

二十八 跳蛛科 Salticidae (10 属 14 种)

(158) 黑豹跳蛛 *Aelurillus mnigrum* Kulczynski,1891
(159) 华南菱头蛛 *Bianor angulosus* (Karsch,1879)
(160) # 锯艳蛛 *Epocilla calcarata* (Karsch,1880)
(161) # 微突斑蛛 *Euophrys rufibarbis* (Simon,1868)
(162) 白斑猎蛛 *Evarcha albaria* (C. L. Koch,1878)
(163) 纵条蝇狮 *Marpissa magister* (Karsch,1879)
(164) 花腹金蝉蛛 *Phintella bifurcilinea* (Boes. et Str. ,1906)
(165) 卡氏金蝉蛛 *Phintella cavaleriei* (Schenkel,1963)
(166) # 条纹金蝉蛛 *Phintella vittata* (C. L. Koch,1846)
(167) # 丽绯蛛 *Phlegra festiva* (C. L. Koch,1834)
(168) 黑色蝇虎 *Plexippus paykulli* (Savigny et Audouin,1825)
(169) 条纹蝇虎 *Plexippus setipes* Karsch,1879
(170) 贝氏翠蛛 *Siler bielawskii* Zabka,1985
(171) 蓝翠蛛 *Siler cupreus* Simon,1889

注:# 代表江西新记录种; * * 代表新种。

2 齐云山自然保护区蜘蛛区系性质

2.1 区系特点

齐云山自然保护区蜘蛛以东洋界种类为主,同时含有部分古北界蜘蛛种类。在对齐云山标本鉴定统计时,根据所处地理区划,划分为东洋界和古北界二个类群。

2.2 区系分布特征

齐云山自然保护区蜘蛛区系分布,与下列因素有关:1)齐云山生态景观丰富,格局多样,境内层峦叠嶂,海拔千米以上的高峰较多,大小溪流、瀑布星罗棋布,土地类型差别大,森林繁茂,小气候复杂多样;2)山峰的垂直高差对蜘蛛分布影响较大,海拔越高,气候类型呈现亚热带和暖温带、温带、寒温带等变化,植被类型也发生相应的变化,适应不同气候、植被的蜘蛛也发生变化。总体来说,随着海拔的增高,狼蛛、平腹蛛类、皿蛛类种类增多,球蛛、园蛛、肖蛸科种类等减少;蜘蛛东洋成分减少,古北成分增多;在海拔 1300m 以上,蜘蛛种类、数量剧减。

通过对齐云山自然保护区蜘蛛区系的分析,可得知其分布特征如下:

(1) 蜘蛛区系是以东洋界种类为主,兼有一部分古北界种类。

表 13-1-1　齐云山自然保护区内蜘蛛地理区划成分统计

序号	科名	种数	东洋种	古北种
1	栉板蛛科 Liphistiidae	1	1	
2	地蛛科 Atypidae	1	1	
3	六疣蛛科 Hexathelidae	1	1	
4	花皮蛛科 Sicariidae	1		1
5	幽灵蛛科 Pholcidae	1	1	
6	拟壁钱科 Urocteidae	2	1	1
7	长纺蛛科 Hersiliidae	1	1	
8	妩蛛科 Uloboridae	3	2	1
9	球蛛科 Theridiidae	20	13	7
10	皿蛛科 Linyphiidae	13	7	6
11	肖蛸科 Tetragnathidae	16	11	5
12	园蛛科 Araneidae	45	41	4
13	漏斗蛛科 Agelenidae	3	1	2
14	栅蛛科 Hahniidae	1		1
15	狼蛛科 Lycosidae	15	13	2
16	盗蛛科 Pisauridae	3	2	1
17	猫蛛科 Oxyopidae	4	4	
18	楼网蛛科 Psechridae	1	1	
19	卷叶蛛科 Dictynidae	2		2
20	暗蛛科 Amaurobiidae	2	1	1
21	隐石蛛科 Titanoecidae	1		1
22	平腹蛛科 Gnaphosidae	4	3	1
23	管巢蛛科 Clubionidae	3		3
24	遁蛛科 Heteropodidae	2	1	1
25	拟扁蛛科 Selenopidae	2	2	
26	逍遥蛛科 Philodromidae	3	1	2
27	蟹蛛科 Thomisidae	7	5	2
28	跳蛛科 Salticidae	14	11	3
	总计	171	124	47

从表 13－1－1 可知，东洋界种类为 124 种，占整个种类 171 种的 72.51%，古北界 47 种，占总种数的 27.49%。因此，齐云山自然保护区蜘蛛区系成分以东洋界种类为主，兼有一部分古北界种类。

（2）蜘蛛种类比较丰富，占全国科、属比例大，种的比例小。

齐云山自然保护区内蜘蛛共有 28 科、73 属 171 种。分别占到全国种类 56 科 455 属 2400 种的 50.00%，16.04%，7.13%。其中科占到一半，属占到六分之一强，种的比例较小。

（3）江西新记录种、新种较多

总计齐云山自然保护区内蜘蛛共有 52 个江西新记录种，9 个新种，分别占总数的 171 种的 30.41% 和 5.26%。

（4）优势科、属明显

表 13－1－2 齐云山自然保护区内蜘蛛科、属、种数量统计

序号	科名	属数		种数	
		数量（个）	占总属数%	数量（个）	占总种数%
1	球蛛科 Theridiidae	7	9.58	20	11.70
2	皿蛛科 Linyphiidae	5	6.85	13	7.60
3	肖蛸科 Tetragnathidae	5	6.85	16	9.36
4	园蛛科 Araneidae	13	17.81	45	26.32
5	漏斗蛛科 Agelenidae	1	1.37	3	1.75
6	狼蛛科 Lycosidae	5	6.85	15	8.77
7	猫蛛科 Oxyopidae	1	1.37	4	2.34
8	平腹蛛科 Gnaphosidae	3	4.11	4	2.34
9	蟹蛛科 Thomisidae	3	4.11	7	4.09
10	跳蛛科 Salticidae	10	13.70	14	8.19
总计	10 个优势科	53	72.60	141	82.46
		总属:73 属		总种数:171 种	

表 13－1－3 齐云山自然保护区内蜘蛛属的统计

序号	属名	种数（个）	占总种数比例%
1	艾蛛属	13	7.60
2	园蛛属	9	5.26
3	新园蛛属	9	5.26
4	盖蛛属	8	4.68
5	肖蛸属	8	4.68
6	金蛛属	6	3.51
7	狼蛛属	5	2.92
8	希蛛属	5	2.92
9	豹蛛属	5	2.92
10	球蛛科	5	2.92
总计	10 个优势属	73	42.69
			总种数:171 种

从表 13－1－2、表 13－1－3 可以看出，10 个优势科共有 53 属 141 种，分别占总 73 属 171 种的

72.60%和82.46%。三个主要优势科中,园蛛科13属、跳蛛科10属、球珠科7属,属的数量都大大多于其它科,种的数量园蛛科(45种)、球珠科(20种)、肖蛸科(16种)均远远超过其它科。齐云山地区交通不便,行人不多,生态环境差异大,植被保存较完好,海拔高度差异大,林木繁茂,光照强,雨水充足。因此,适应不同生境类型的游猎型跳蛛和结网类型的球蛛科、园蛛科种类居多。跳蛛科所含属较多,这与跳蛛一般只在日照时才出来,且为游猎类型,活动范围较大相对不易捕捉等特点有关;球蛛科种数较多,这于低山带灌丛密集,球蛛科个体不易逃脱有关;在中山带以下,结网类型的园蛛十分多,易于观察到和采集。

在优势属中,10个优势属共73种,占到总种数的171种42.69%。其中艾蛛属13种,占总种数的7.60%;园蛛属和新园蛛属均为9种,占总种数的5.26%。

3 齐云山自然保护区蜘蛛的垂直分布

据考察,齐云山自然保护区的植被具有群落类型多样,结构清晰,垂直分带较为明显。山地植被的垂直分布其上下限取决于地理位置、地貌和气候条件等生态因子的综合影响,每一种植被类型的存在,反映了该植被类型对所处的地理条件的一种适应;同时,适应于不同海拔、气候和植被类型的蜘蛛在各个海拔带的分布也有所不同。我们选取齐云山主峰为样点进行保护区内蜘蛛的垂直分布状况考察,根据实际情况,我们从齐云山主峰山脚700m开始采集直到山顶,把主峰分为:700~1000m,1000~1300m,1300~1600m,1600~2000m四个垂直分带,分别进行采集和纪录。

经统计2次参加采集的主峰标本,齐云山主峰蜘蛛标本共计253个,共69种;分别占到此次统计的齐云山自然保护区内蜘蛛标本(1825个)的13.86%(个体数),40.35%(种数)。从表13-1-4可以看出,海拔1000m以下采得标本32种(90个),占整个主峰标本(69种)的46.38%,常见的优势种为:温室希蛛 *Achaearanea tepidariorum*、肩斑银鳞蛛 *Leucauge blanda*、棒络新妇 *Nephilacl avata*,等。因为低海拔山路沿边主要生境与低海拔其他地相差无几,气候温和湿润,空气湿度大,灌木丛茂密,便于结网类型生存,因而常见种多。

低山带(1000~1300m)为此次获得标本最多的地带,属常绿阔叶林带,共38种(132个),占主峰总数的55.07%,主要优势种有:棕管巢蛛 *Clubiona japonicola*、醒目盖蛛 *Neriene emphana*、花腹盖蛛 *Neriene radita*、前齿肖峭 *Tetragnatha praedonia*、沟渠豹蛛 *Pardosa laura*、缘漏斗 *Agelena limbata* 等,此次采集的标本约占主峰总量一半以上,主要取决于这里良好的生境,其经济林木多,此处获得较多的管巢蛛、狼蛛、园蛛等。此带路旁灌木极为丰富,我们采取了网捕等方法,获取了本次统计的主峰上绝大部分球蛛,其中有2个新种。

中山带(1300~1600m)属落叶阔叶林带,获得标本数比低山带锐减,共12种26个,占主峰总数的17.39%,其主要优势种为:温室希蛛 *Achaearanea tepidariorum*、日本盖蛛 *Nerieneja ponica*、醒目盖蛛 *Neriene emphana* 等。本带基本为落叶阔叶林带,气候降低,生境多样性减少,灌木丛稀少,结网类型基本很少看到,狼蛛等数量多。

高山带(1600~2000m)属山地灌丛草甸带,获得的标本最少,仅4种(5个),占主峰总数的5.80%,在此带段,紫外辐射强度大,常年大雾、风大雨频、气候寒冷,岩石较多,高山草甸分布。因此,蜘蛛分布较少,尤其结网类型几乎没有,我们仅在下午在草甸丛中采到少量球蛛,蜘蛛易逃逸到草丛中。

从表13-1-4还可以看出,低山带所采得标本种类最多,标本数量也最多;山麓带次之:中山带小于山麓带,高山带种类和数量最小,从低山带至山顶,所得标本种类和数量锐减,山麓带标本种类和数量虽小于低山带但仍大于中山带,说明海拔高度对蜘蛛分布影响很大。一般来说,随着海拔增高,蜘蛛种数相应越少。山麓带标本种类和数量小于低山带,这与采集环境、采集时间和次数有关。

表 13-1-4　齐云山主峰蜘蛛的垂直分布

种　名 \ 蜘蛛主峰垂直分布	山麓带 700~1000m	低山带 1000~1300m	中山带 1300~1600m	高山带 1600~2000m
卡氏地蛛 *Atypus karschi*		4		
触形大疣蛛 *Macrothele palpator*	1			
近亲幽灵蛛 *Pholcus affinis*	2			
隆喜妩蛛 *Philoponella prominens*		1		
风雅丽蛛 *Chrysso venusta*			2	
温室希蛛 *Achaearanea tepidariorum*	12	4	4	2
喙突希蛛 *Achaearanea rostra*	2			
日本希蛛 *Achaearanea japonica*		8		
亚洲希蛛 *Achaearanea asiatica*		1		
尖斑希蛛 *Achaearanea oxymaculata*		1		
卡氏盖蛛 *Neriene cavaleriei*				2
长肢盖蛛 *Neriene longipedella*	2			
大井盖蛛 *Neriene oidedicata*				1
花腹盖蛛 *Neriene radiata*				
日本盖蛛 *Neriene japonica*		1	2	
波纹盖蛛 *Neriene cathrata*		1		
醒目盖蛛 *Neriene emphana*		15	3	
肩斑银鳞蛛 *Leucaug eblanda*	7			
尖尾银鳞蛛 *Leucaug decorata*	2			
纵条银鳞蛛 *Leucaug magnifica*		1		
大银鳞蛛 *Leucauge magnifica*	2			
园尾肖蛸 *Tetragnatha vermiformia*	1			
长螯肖蛸 *Tetragnatha mandibulata*	1			
锥腹肖蛸 *Tetragnatha maxillosa*		17	3	
黑色肖蛸 *Tetragnatha nigrita*	1			
华丽肖蛸 *Tetragnatha nitens*	2			
前齿肖蛸 *Tetragnatha praedonia*	3	9		
鳞纹肖蛸 *Tetragnatha squamata*		1		
棒络新妇 *Nephila clavata*	10	2	2	
悦目金蛛 *Argiope am oena*	1			
横纹金蛛 *Argiope bruennichii*	1			
小悦目金蛛 *Argiope minuta*		2		
贝氏金蛛 *Argiope boesenbergi*	1			
库氏棘腹蛛 *Gasteracan thakuhli*		1	2	
黄斑园蛛 *Araneus ejusmodi*	1			
大腹园蛛 *Araneus ventricosus*	4			
丰满园蛛 *Araneus lugubris*	2			
银斑艾蛛 *Cyclosa argentata*	1			
黑腹艾蛛 *Cyclosa nigra*			1	

（续表）

蜘蛛主峰垂直分布 种 名	山麓带 700～1000m	低山带 1000～1300m	中山带 1300～1600m	高山带 1600～2000m
八瘤艾蛛 *Cyclosa octotuberculata*	1			
银背艾蛛 *Cyclosa argenteoalba*		4		
六突艾蛛 *Cyclosa oculata*		2		
半月新园蛛 *Neoscona semilunaris*	1			
灌木新园蛛 *Neoscona adianta*	3	1		
椭圆新园蛛 *Neoscona elliptica*		1		
类水狼蛛 *Pirata piratoides*	1			
拟水狼蛛 *Pirata subpiraticus*	3	3	1	
Lycosa sp * *		1		
武昌獾蛛 *Trochosa wuchangensis*		3		
奇异獾蛛 *Trochosa ruricola*	1			
沟渠豹蛛 *Pardosa laura*	6	15	3	
星豹蛛 *Pardosa astrigera*	1			
拟环纹豹蛛 *Pardosa pseudoannulata*		2		
机敏漏斗蛛 *Agelena difficilis*			1	
缘漏斗蛛 *Agelena limbata*		4		
丰满隙蛛 *Coelotes impletus*		1		
棕管巢蛛 *Clubiona japonicola*	5	16		
斑管巢蛛 *Clubiona reichlini*	1			
波纹花蟹蛛 *Xysticus croceus Fox*		1		
鞍形花蟹蛛 *Xysticus ephippiatus*		1		
Xysticus sp * *		1		
猫卷叶蛛 *Dictyna felis*	7			
华南菱头蛛 *Bianor angulosus*		1		
锯艳蛛 *Epocilla calcarata*		1		
微突斑蛛 *Euophrys rufibarbis*		1		
白斑猎蛛 *Evarcha albaria*		1	2	
纵条蝇狮 *Marpissa magister*		1		
卡氏金蝉蛛 *Phintella cavaleriei*		1		
条纹金蝉蛛 *Phintella vittata*		1		
总计	69 种（253 个标本）			
齐云山主峰蜘蛛标本	32 种	38 种	12 种	4 种
	（90 个）	（132 个）	（26 个）	（5 个）
	占总种数（69）百分比			
	46.38%	55.07%	17.39%	5.80%

4 齐云山自然保护区蜘蛛生态类型及群落多样性分析

4.1 生态类型的特点

根据齐云山自然保护区蜘蛛的生活方式可将其分为两大生态类型，即结网定居型和不结网游猎型。游猎型者，到处游猎、捕食、居无定所、完全不结网、不挖洞、不造巢的蜘蛛，如狼蛛、跳蛛等。定居型者，有的结网，有的挖穴，有的筑巢，作为固定住所。如漏斗蛛、壁钱等。结网者，因网形不同，又可分为水平圆网、垂直圆网、皿网、三角网、漏斗网和不规则网等若干类型。

在调查过程中发现,结网与不结网蜘蛛从植物叶面到基部均有分布。一般说来,地(水)面上有狼蛛、盗蛛和狡蛛等游猎;茎部有球蛛、微蛛、锯螯蛛、亮腹蛛和狼蛛等活动;叶面上既有管巢蛛定居,又有跳蛛、猫蛛和蟹蛛等游猎;植株顶端之间还有园蛛、肖峭等蜘蛛张开大、中型圆网狩猎,它们各自捕食所占生态位内的害虫,为各种害虫布下了'天罗地网',使许多害虫都难摆脱蜘蛛的控制而暴发成灾。

4.2 不同类型蜘蛛群落多样性分析

通过对齐云山自然保护区各取样点蜘蛛种类数量调查和比较,发现不同景观生境内蜘蛛物种多样性存在差异。为了进一步探讨这种差异的程度及造成差异的原因,本文测定并比较分析了不同蜘蛛群落种类数(S)、*Shannon - Wiener* 多样性指数(H')、*Pielou* 均匀度(J_{SW})、Margalef 丰富度指数(d_{MA}),见表 13 - 1 - 5。

表 13 - 1 - 5 不同群落类型蜘蛛群落种类数 S、丰富度 d_{MA}、多样性指数 H' 和均匀度 J_{SW} 的比较

	种类数 S	丰富度 d_{MA}	多样性指数 H'	均匀度 J_{SW}
森林蜘蛛群落	82	9.84	5.66	0.91
农田蜘蛛群落	38	4.56	2.81	0.77
灌丛蜘蛛群落	65	5.84	5.54	0.89
草丛蜘蛛群落	23	2.29	1.96	0.62
房屋蜘蛛群落	8	2.11	1.14	0.81
洞穴蜘蛛群落	6	1.12	0.89	0.45

4.2.1 森林蜘蛛群落

该群落蜘蛛分布的特点是:

a. 蜘蛛种数最多,密度较高。经采集和鉴定,发现分布于该群落的已知种有 97 种,占本次调查总数的 36.9%,多样性指数 $H' = 5.66$,说明群落中不仅物种多,而且空间异质性大;C'值为 0.91,说明群落中优势度也高。

b. 游猎型蜘蛛种类多,结网型种类相对较少。所查的 97 种蜘蛛中,结网型者只有 33 种。游猎型的多达 64 种,占总种数的 66.4%。

c. 优势属有豹蛛属、狼蛛属、园蛛属等。

4.2.2 农田蜘蛛群落

蜘蛛分布的特点是:

a. 蜘蛛种类较多,种群数量较大。共发现蜘蛛 38 种,总蛛种的 17.1%。其中绝大多数为游猎型的狼蛛,占 42.9%;其次,为叶面活动的管巢蛛,占 21.3%。蜘蛛密度和多样性指数 H' 和均匀度 J_{SW} 值均较高;

b. 优势种有各种狼蛛、豹蛛和肖峭等。

4.2.3 灌丛蜘蛛群落

本类型群落保持着湿热优势和良好的生态环境,蜘蛛分布特点是:

a. 蜘蛛种类多,密度较高。目前已鉴定出 65 种,占总种数 29.2%。

b. 结网型蜘蛛种类多。灌丛植被繁茂,结大型圆网的园蛛和肖蛸科的种类明显多。调查结果表明:加上皿蛛、卷叶蛛、球蛛等其它结网型蜘蛛,共有 31 种。

c. 优势种有各种肖峭、豹蛛、亮腹蛛和园蛛等。

4.2.4 草丛蜘蛛群落

主要由狼蛛、肖蛸、球蛛、微蛛和跳蛛5个科构成。其中海拔600m及以下的草丛内，主要优势科是肖蛸（占调查总蛛量的45%）、球蛛（27%）和微蛛（22%）3个科；而位于海拔1500m以上的高山草甸主要是少量球蛛。

4.2.5 房屋蜘蛛群落

该群落蜘蛛分布特点是：

a. 蜘蛛种类少，仅8种，占总蛛种数的3.6%。群落多样性指数H'和均匀度J_{sw}值均小。由于本区自然条件差，群落稳定性较差。

b. 优势种有大腹园蛛 *Araneus ventricosus* 等。

4.2.6 洞穴蜘蛛群落

该类型群落蜘蛛分布特点是：

a. 蜘蛛种类单纯密度最小。

b. 近缘种少，种间生态位重叠性很小，有利于资源的分配和减少种间竞争。

c. 优势种有卡氏地蛛 *Atypus karschi* 和触形大疣蛛 *Macrothele palpator* 等。

5 结论

通过对齐云山自然保护区蜘蛛区系的研究，可得如下结论：

（1）齐云山蜘蛛区系以东洋界种类为主，同时含有部分古北界蜘蛛种类，东洋界来源的种有124种，占总种数171种的72.51%，古北界来源的种类47种，占总种数171种的27.49%。

（2）该地区蜘蛛目种类丰富、数量大，且优势科、属明显。这与齐云山地区的地史历史和复杂的生态小生境有关。此次采集的171种蜘蛛的3个主要优势科中，园蛛科13属、跳蛛科10属、球珠科7属。

（3）经初步调查与研究，齐云山自然保护区单位面积新种密集度较高，所以齐云山自然保护区科研考察价值高，是华南地区珍贵的基因库之一。

（4）海拔高度对齐云山蜘蛛的垂直分布影响大。低山带种类最多，共有标本38种，占主峰蜘蛛总数69种的55.07%。海拔1300m以上山带，蜘蛛种类和数量锐减，中山带12种，占总种数的17.39%；高山带4种，仅占总种数的5.80%。

（5）该地区蜘蛛生态类型特征明显，具有2种基本生态类型所具有的丰富物种。群落结构复杂，多样性丰富，且有明显的差异。

第二节 昆虫区系分析

江西省齐云山自然保护区位于江西省崇义县，该保护区由于自然条件优越，天然植被面积大，保存完整，森林覆盖率高，拥有区系成分复杂、种类丰富的植物资源和独特的环境资源，为昆虫的生长、繁衍创造了极为有利的条件。为了全面系统地了解保护区内的昆虫资源，摸清该区内昆虫群落的种群、种类区系组成、分布特点及经济昆虫的利用前景，为保护区的规划、设计以及资源的保护利用提供科学依据。2006～2007年，江西农业大学，赣南师范学院组成联合考察组分三次赴崇义县齐云山自然保护区进行昆虫资源调查。比较系统地对该保护区进行了昆虫区系的全面采集调查。历次累

作者：刘兴平（江西农业大学）；刘祥贵，李学武（齐云山保护区）；徐家生（赣南师范学院生物系）

积采集昆虫标本1万余号次。迄今已鉴定出昆虫有18目162科824属1168种。其中国家二级保护昆虫有3种,江西新记录种有58种。

1 保护区自然概况

齐云山自然保护区位于江西省崇义县西北边缘地带,属于罗霄山脉南端的诸广山区。总面积为17105hm²,地理位置约为东经113°54′37″~114°07′34″,北纬25°41′47″~25°54′21″。区内海拔最低为300m,最高为2061.3m,即齐云山顶峰。为江西第四高峰,赣南最高峰。并被称为"赣南屋脊"。顶峰在海拔1600m以上为高山草甸区。在保护区内超过海拔1200m的高山有17座,其中1500m以上有7座。山间有13条河流汇入赣江章水源头——上犹江中。植被以常绿阔叶林为主,有不同比例的针阔叶混交林、竹阔混交林、竹林等,植被类型比较丰富,生境较为复杂。保护区内为典型的亚热带森林气候,属湿润型季风气候带,常年温暖湿润,雨量充沛,年平匀降水量为1750mm,平均气温17℃,绝对最高气温38.8℃,最低气温-8℃,年平均日照时数1310.4~1342.4h,年有效积温为4007℃。保护区内山峦起伏,溪河纵横,地形复杂,气候多样,雨量充沛,植物种类丰富,区系成分复杂,为昆虫的生长、栖息与繁衍提供了良好的条件。

2 调查方法

昆虫资源调查主要采取线路调查为主,踏查与详查、现场采集与灯诱相结合的方法进行,对齐云山自然保护区不同纬度地区植被类型中的昆虫分别进行比较全面地采集调查。白天沿溪流、沟谷、山脊、小路或公路进行统一线路踏查,调查路线根据不同的地点及海拔高度选择在林间大道或林中小道上进行,有时也深入到行动不便的密林中进行。通常采取网捕、搜索、振落等方法采集昆虫标本;晚上则根据不同海拔、植被类型设点详查,进行灯光诱虫。在不同的地点选择林间较为空旷的区域,利用光源为250W的高压汞灯,采用小型发电机进行灯诱。

本次考察调查线路及昆虫诱集点主要以保护区管理站为中心,分别有桶江、香炉坝、茶坑坳、杨柳洞、冬瓜坪、田尾头、上浊水、中新地、大水坑、横河尾、高桥、上十八垒、石陂头、茶坑等共设线路14条,设置昆虫诱集点12个。考虑到植被类型丰富程度及海拔高度上的差异,有的线路及诱虫点按不同的调查时间重复几次。

3 昆虫种类组成

江西齐云自然保护区昆虫种类十分丰富,种类繁多,对所采集的昆虫标本进行鉴定,初步鉴定结果有18目162科824属1168种(附录12)。对已鉴定的昆虫进行统计(表13-2-1),从表中可以看出,齐云山昆虫按科数排列依次为鳞翅目>鞘翅目>半翅目>同翅目>直翅目>膜翅目>双翅目>蜻蜓目>缨翅目>等翅目、蜚蠊目、脉翅目>革翅目、螳螂目、弹尾目、缨尾目、竹节虫目、广翅目。其中,鳞翅目科数达45科,占总科数的27.80%,位居首位。鞘翅目科数占总科数的17.90%,仅次于鳞翅目昆虫,而半翅目与同翅目分别占总科数的11.70%和11.10%。在各目昆虫中,按科数统计,优势科主要有鳞翅目的螟蛾科 Pyralidae、夜蛾科 Noctuidae、尺蛾科 Geometridae、天蛾科 Sphingidace、蛱蝶科 Nymphalidae 和弄蝶科 Hesperiidae 等;鞘翅目的天牛科 Cerambycidae、叶甲科 Chrysomelidae 等;半翅目的蝽科 Pentatonidae、缘蝽科 Coreidae;同翅目的叶蝉科 Cicadellidae 等。

从属一级来考察,齐云山昆虫共采集到824属,平均每属有1.39种。其中5种以上的属有94个,占总属数的11.41%。优势属集中在鳞翅目昆虫中,主要有:绢野螟属 *Diaphania*;绿刺蛾属 *Latoia*;美苔蛾属 *Miltochrista*;剑纹夜蛾属 *Acronicta*;凤蝶属 *Papilio*;黛眼蝶属 *Lethe*;带蛱蝶属 *Athyma*;环蛱蝶属 *Neptis* 等。

表 13 - 2 - 1　江西齐云山自然保护区昆虫种类组成

目名	科数	比例(%)	属数	比例(%)	种数	比例(%)
弹尾目 COLLEMBOLA	1	0.62	1	0.12	1	0.09
缨尾目 THYSANURA	1	0.62	1	0.12	1	0.09
竹节虫目 PHASMATODEA	1	0.62	1	0.12	1	0.09
等翅目 ISOPTERA	2	1.23	5	0.61	6	0.51
蜚蠊目 BLATTARIA	2	1.23	3	0.36	4	0.34
螳螂目 MANTODEA	1	0.62	4	0.49	5	0.43
直翅目 ORTHOPTERA	13	8.02	30	3.64	35	3.00
蜻蜓目 ODONATA	5	3.08	16	1.94	24	2.05
革翅目 DERMAPTERA	1	0.62	2	0.24	2	0.17
同翅目 HOMOPTERA	18	11.11	63	7.65	75	6.42
半翅目 HEMIPTERA	19	11.73	70	8.5	87	7.45
缨翅目 THYSANOPTERA	3	1.85	6	0.73	6	0.51
广翅目 MEGALOPTERA	1	0.62	3	0.36	3	0.26
脉翅目 NEUROPTERA	2	1.23	3	0.36	3	0.26
鞘翅目 COLEOPTERA	29	17.9	126	15.3	165	14.13
鳞翅目 LEOPIDOPTERA	45	27.78	452	54.9	696	59.59
双翅目 DIPTERA	8	4.94	20	2.43	25	2.14
膜翅目 HYMENOPTERA	10	6.17	18	2.18	29	2.48
合计	162	100%	824	100%	1168	100%

若将齐云山昆虫以种数比较，仍然以鳞翅目、鞘翅目、半翅目、同翅目为优势目。其中以鳞翅目最多，为 696 种，占总种数的 59.59%。其次为鞘翅目 165 种，占总种数的 14.13%。半翅目 87 种，同翅目 75 种，分别占总种数的 7.45% 和 6.42%。其它各目均有不同程度的分布比例。

4　昆虫区系结构分析

4.1　江西齐云山自然保护区昆虫在世界动物地理区系中的地位

地球上所有大陆由于长期被大海、高山、沙漠分隔而形成了六大昆虫地理分布区(界)，根据国际通用的区划方式，全世界动物地理分为东洋区、古北区、大洋洲区、非洲区、新北区和新热带区六大区系。古北区和东洋区分界的东部在我国境内，我国西部以喜马拉雅山系及秦岭为界，东部前人认为应在北纬 30 ~ 32°附近，此线以北为古北区，以南为东洋区，因而江西被划分在东洋区内。现将已鉴定出学名的江西齐云山自然保护区 1168 种昆虫通过查阅资料，对相关资料中昆虫区系分布等描述较为齐全的 1066 种昆虫种类，将其在世界动物地理区系中的地位做区系分析，其区系情况及所占比重见表 13 - 2 - 2。从表中 13 - 2 - 2 可知，江西齐云自然保护区中昆虫区系地理成分比较复杂，共有 26 个分布类型，其昆虫区系组成在东洋界中有 512 种，占总采集种数的 48.12%。其次为古北、东洋二界共有种，为 206 种，占 19.36%。第三为古北界共有 65 种，占 7.42%。东洋、大洋洲二界共有种和古北、东洋、大洋洲三界共有种分别占 3.85% 和 3.38%。古北、东洋、大洋洲、非洲四界，6 区共有种和新北、古北、东洋三界，分别占采集种数的 2.91%，2.72% 和 2.07%。其它各种分布类型所占比例均较零散。通过表 13 - 2 - 2 可以说明江西齐云山自然保护区内的昆虫区系属典型的东洋界范畴。

表 13-2-2　江西齐云山昆虫在世界动物区系中的地位

区系地理成分						种类	比重%
新北	古北	东洋	大洋洲	非洲	新热带		
		√				512	48.12
	√	√				206	19.36
	√					79	7.42
		√	√			41	3.85
	√	√	√			36	3.38
	√	√	√	√		31	2.91
√	√	√	√	√	√	29	2.72
√	√	√				22	2.07
	√	√		√		17	1.6
		√		√		13	1.32
		√	√	√		12	1.22
√	√	√		√		12	1.13
√	√	√		√	√	10	0.94
√	√	√	√	√		9	0.85
		√		√	√	8	0.75
√	√					7	0.66
√	√	√	√			5	0.47
√		√		√	√	4	0.38
	√	√		√	√	3	0.28
√		√				2	0.19
√	√	√			√	1	0.09
√	√				√	1	0.09
	√	√			√	1	0.09
√	√			√	√	1	0.09
		√			√	1	0.09
		√	√		√	1	0.09
合计						1066	100

4.2　江西齐云山自然保护区昆虫在中国动物地理区划中的地位

我国动物地理区划按《中国自然地理》及《中国农林昆虫地理分布》的论述，可分为蒙新、青藏、东北、华北、西南、华中、华南等七大区。将江西齐云山自然保护区昆虫在七大区的归属及比重进行分析（表 13-2-3）。结果表明，江西齐云山昆虫在中国动物地理区划中的关系相当复杂，共计 28 种分布类型。其中华中、华南、西南 3 区共有种所占比例最高，共 218 种，比重为 20.45%，其次为华南、华中 2 区共有种，共 174 种，占 16.32%；华中特有种，共 134 种，占 12.57%；华北、西南、华中、华南 4 区共有种也达到 102 种，占 9.57%；七大区共有种占 7.88%；其它各种分布类型依次递减。由此说明，江西齐云山自然保护区的昆虫组成与我国东南各地及西南关系最为密切，绝大部分昆虫种类分布于我国的东半壁及西南区。

表 13-2-3 江西齐云山昆虫在中国动物地理区划中的地位

区划名称							种数	比重%
蒙新区	青藏区	东北区	华北区	西南区	华中区	华南区		
				√	√	√	218	20.45
					√	√	174	16.32
					√		134	12.57
			√	√	√	√	102	9.57
√	√	√	√	√	√	√	84	7.88
		√	√	√	√	√	72	6.75
				√	√		58	5.44
			√	√	√		47	4.41
√		√	√	√	√	√	38	3.57
			√		√	√	31	2.91
		√	√		√	√	25	2.35
			√		√		22	2.06
		√	√	√	√		15	1.41
		√	√		√		10	0.94
√	√	√	√		√		7	0.66
		√	√	√		√	5	0.47
√		√	√		√		5	0.47
	√	√	√	√	√		4	0.38
	√		√	√	√	√	2	0.19
√	√		√	√	√		2	0.19
√			√		√		2	0.19
	√			√	√	√	2	0.19
		√			√	√	2	0.19
	√	√	√		√	√	1	0.09
√		√	√	√			1	0.09
	√				√		1	0.09
√	√		√	√	√	√	1	0.09
		√			√		1	0.09
			合计				1066	100

5 齐云山自然保护区昆虫群落特征

5.1 昆虫种类丰富

齐云山植被十分丰富，群落结构复杂，为昆虫生存与繁衍创造了丰富多彩的小生境，昆虫种类相当丰富。经过实地的标本采集及室内鉴定，到目前为止已鉴定学名的昆虫种类有 18 目 162 科 824 属 1168 种，其中江西新纪录种有 58 种。

5.2 区系结构复杂

在分析齐云自然保护区昆虫的区系结构中发现其区系结构相当复杂，在世界动物地理区划中共计有 26 个分布类型，与世界六大动物区系都有不同程度的联系。对 1066 种昆虫进行区系分析表明，江西齐云山自然保护区的昆虫区系以东洋区占优势。共计 512 种，占总采集种数的 48.12%，东洋、古北区 206 种，占 19.36%。而与东洋区有关的种有 978 种，占统计总数的 91.75%。足以说明，江西齐云山自然保护区昆虫属东洋界范畴。古北种仅占 7.42%，其中多数是东洋和古北共有种，这是由于两界在我国东部缺乏地理阻限,北方种向南渗透的结果所致。

在中国动物地理区划中关系也非常复杂,共计 28 个类型。华中、华南、西南 3 区共有种所占比重最高,共计 218 种,比重达 20.45%,其次为华南、华中 2 区共有种 174 种,占 16.32%;华中特有种,共 134 种,占 12.57%;华北、西南、华中、华南 4 区共有种也达到 102 种,占 9.57%。若统计与华中、华南、西南有关的共有种有 519 种,占统计总数的 48.69%。由此可见,齐云山自然保护区昆虫与西南、华中、华南 3 区昆虫的相互关系最为密切。不同昆虫种类在这 3 个分布区的相互渗透,相互扩散。如将蒙新、青藏区有分布的昆虫种类除外,计有 916 种,占统计总数的 85.93%,说明齐云山自然保护区的昆虫组成中,绝大多数只分布在我国的东半部几个区及西南区。特别是与我国的东南部各地及西南联系最为密切。

5.3 昆虫群落稳定

本区森林生态系统经历了长期的自然选择,生物之间早已形成了互相依赖、互相制约的关系,保持着相对稳定的动态平衡。作为生物群落成员的昆虫,也保持着相对稳定的状态。虽然保护区内有不少林木大害虫存在,如马尾松毛虫 *Dendrolimus punctatus* (Walker)、黑翅土白蚁 *Odontotermes formosanus* (Shiraki)等等,但长期以来却依然保持有虫不成灾的良好状态,说明该保护区内的森林生态系统保持相对的稳定。

5.4 天敌昆虫比例高

经过考察组的几次考察,发现江西齐云山自然保护区的天敌昆虫种类较多,主要有步甲科 Carabidae、虎甲科 Cicindeldae、瓢虫科 Coccinellidae、食虫虻科 Asllidae、食蚜蝇科 Syrphidae、寄蝇科 Tachinidae、草蛉科 Chrysopidae、螳螂科 Mantidae、蚁科 Formicidae、猎蝽科 Reduviidae、姬蜂科 Ichneumonidae、茧蜂科 Braconidae、小蜂科 Chalcididae 等等。齐云山有各类天敌昆虫 205 种,占已知昆虫的 17.55% 左右。丰富的天敌昆虫对建立自然调节机制,保持齐云山生态平衡是极为重要的。进一步摸清这些天敌的作用. 为害虫综合治理提供科学依据,将是今后的一项重要任务。

6 齐云山自然保护区昆虫资源与保护

昆虫在动物类群中种类最多,约占整个动物界种类的 80% 以上,在漫长的进化过程中,昆虫已成为地球上的优势动物物种,是当今世界上有待开发的生物类群之一。我国是昆虫资源利用并使之产业化最早的国家,目前对昆虫资源的利用领域基本上划分为饲用食用昆虫、药用昆虫、传粉昆虫、观赏昆虫、工业用昆虫、天敌昆虫和功能性昆虫等七大领域。

6.1 齐云山自然保护区药用昆虫

药用昆虫资源是我国昆虫资源利用不可缺少的一个重要组成部分。随着昆虫学、生物化学、营养学、药理学、生物技术等科学领域的高度发展,我国对于动物药的研究越来越深入,药用昆虫以其广泛的药理功能和显著的药效受到重视。药用昆虫作为中药的一部分,利用昆虫虫体本身或其产物来治疗各种疾病,在我国疾病防治中历史悠久。最早记载昆虫药用价值的《神农本草经》有昆虫药 21 种。《本草纲目》中记录了 73 种昆虫药,分为"卵生"、"化生"、"湿生"3 类。《本草拾遗》中又增补昆虫药 25 种,历代本草记载的虫类药有 100 种左右。《中国药用动物志》中记述药用昆虫 13 目 51 科 143 种。目前已知有 14 目 69 科 239 种可以作为药用的昆虫。

经过对所采集的经初步鉴定的齐云山自然保护区的 1168 种昆虫进行统计分析,并查阅相关资料,初步筛选出齐云山自然保护区共有药用昆虫 80 种,分属 12 目 47 科 71 属,占本自然保护区昆虫种数的 6.85%,约占全国药用昆虫种类的 33.47%。在齐云山自然保护区内的 80 种药用昆虫中均具有不同的药用价值。有些昆虫药主要用来清热解毒、消肿、散风、止血等,如衣鱼科 Lepisnatidae、蜻科 Libellulidae、蜚蠊科 Blattidae、蟋蟀科 Gryllidae、蜡蝉科 Fulgoridae、瘿绵蚜科 Pemphigidae、刺蛾科 Limacodidae、丽蝇科 Calliphoridae、螟蛾科 Pyralidae 及各类蜂等;有些昆虫药具有镇痉、镇惊、解痉、散热、祛风、化痰等功能,如螳螂科 Mantidae、大蚕蛾科 Saturniidae、蝉科 Cicadidae、金龟科 Scarabaeidae 等;还有些昆虫药主治积聚、血积等病症,如蜚蠊科 Blattidae、土鳖虫、樗鸡、虻虫、芫菁科 Meloidae、丽金龟科 Rutelidae、鳃金龟科 Melolonthidae、花金龟科 Cetoniidae、天牛科 Cerambycidae、蜡蝉科 Fulgoridae、虻科 Tababidae 等。已经发现斑蝥、冬虫夏草、蚂蚁、蜜蜂、胡蜂、蟑螂、部分蝶类等及其产物,均有一定的抗癌活性物质。另外冬虫夏草、白蚁、五谷虫、螳螂、蜜蜂、家蚕等除了药用价值之外,还是高蛋白低脂肪的上等补品。随着对药用昆虫资源考察范围的逐步扩大和药理、药化研究的不断深入,其种类将会不断增加,它们的功效也将愈加明显,对人类医病,防病,滋补健身以及延年益寿等起到了很重要的作用。

6.2 齐云山自然保护区的食用昆虫

昆虫作为人类的食物,具有悠久的历史。我国3000年前的周代就有食蚂蚁的记载。目前世界各地食用的昆虫合起来约有5000种,我国常常食用的昆虫有40种左右,昆虫是高蛋白质食品,蛋白质含量(昆虫干重)多在50%~80%之间。同时,食用昆虫种类繁多,属于可更新资源。多数种类生长周期短,繁殖速度快,食物转变率高,一些种类自然资源极为丰富。近年来,由于人们在饮食方面对营养,风味,保健功能越来越讲究,昆虫做为一种特殊的食品已经登上各种宴席的大雅之堂。科学家们指出,昆虫食品将是21世纪的重要食品而风靡全球。

我国记载有170多种昆虫可供食用。通过查阅相关文献,对鉴定出的1168种齐云山自然保护区昆虫进行比较,初步确定齐云山自然保护区的可食用昆虫68种,隶属9目41科,占我国可食用昆虫总数的40%。其中,鳞翅目26种,主要种类有柞蚕 *Antheraea pernyi* Guerin – Meneville、樗蚕 *Philosarmia cynthia* Drury、金凤蝶 *Papilio machaon* Linnaeus、玉带凤蝶 *P. polytes* Linneaus、柑橘凤蝶 *P. xuthus* Linnaeus、二化螟 *Chilo suppressalis* Walker、稻纵卷叶野螟 *Cnaphalocrocis medinalis* Guenee、桃蛀野螟 *Dichocrocis punctiferalis* Guenee、三化螟 *Scirpophaga incertulas* Walker、马尾松毛虫 *Dendrolimus punctatus* (Walker)、丽绿刺蛾 *Latoia lepida* (Craomer)等;鞘翅目16种,主要种类有神农洁蜣螂 *Catharsius mlolssus* (Linnaeus)、深铜绿异丽金龟 *Anomala castaneoventris* Bates、铜绿异丽金龟 *Anomala corpulenta* Motschulsky、小青花金龟 *Oxycetonia jucunda* Faldermann、星天牛 *Anoplophora chinensis* Forster、一字竹象 *Otidognathus davidis* Fairicius、桑天牛 *Apriona germari* Hope 等;另外还有直翅目7种;半翅目5种;膜翅目5种;等翅目3种;同翅目3种;蜻蜓目、螳螂目各1种。

6.3 齐云山自然保护区的观赏昆虫

观赏昆虫由于其美丽的色彩、特殊的翅形、翩翩的舞姿或优美动听的鸣声而越来越被人们喜爱,它将人们引向大自然、返朴归真,陶冶情操,修身养性,由此使其价值陡增。近年来,观赏昆虫的市场交易日趋活跃,由此也带动了其养殖业的蓬勃发展。我国的观赏昆虫主要包括蝴蝶类、鸣虫类和颜色鲜艳的甲虫类。在齐云山自然保护区中种群数量较大的有麝凤蝶 *Byasa alcinous* (Klug)、青凤蝶 *Graphium sarpedon* (Linnaeus)、柑橘凤蝶 *Papilio xuthus* Linnaeus、玉带凤蝶 *P. polytes* Linneaus、巴黎翠凤蝶 *P. paris* Linneaus、箭环蝶 *Stichophthalma howqua* (Westwood)、大二尾蛱蝶 *Polyura edeudanippus* (Doubleday)、红锯蛱蝶 *Cethosia biblis* (Drury)、枯叶蛱蝶中华亚种 *Kallima inachux chinensis*、大红蛱蝶 *Vanessa indica* Linnaeus、波蚬蝶 *Zemeros flegyas* Cramer 等。在上十八垒等地的竹林中时常可以看到箭环蝶在翩翩起舞,在桐江时常可以看到大二尾蛱蝶 *Polyura edeudanippus* (Doubleday)在嬉戏,场面非常壮观。当然,偶而也能在中新地和大水坑碰到数量稀少的金裳凤蝶 *Troides aeacus* (Felder et Felder)。在宁静的夜晚还可聆听到螽蟖和蟋蟀的鸣叫。

齐云山自然保护区的昆虫资源较为丰富。为合理的保护这类资源,建议齐云山自然保护区科技工作者全面开展昆虫资源的系统调查和鉴定工作,对本地的昆虫资源进行进一步的调查与研究。除了加强昆虫种类、分布的调查外,还应进一步对昆虫的生物学、生态学、行为学等方面进行专题研究,加强生物多样性的保护和自然资源的合理开发,在保护生物多样性的基础上使昆虫这一资源得以可持续利用。

7 结语

江西省齐云山自然保护区具有十分特殊的地理位置,独特的自然景观,昆虫区系一定也是十分复杂的。由于昆虫调查受季节性影响,我们选择有代表性的,交通较好的区域进行昆虫的调查和标本采集工作,对于一些山涧陡峰等地方也尽可能调查,以便全面地进行标本采集。今后通过不断深入地考察研究,掌握更充分的资料,以使我们对齐云山昆虫种类及区系组成的了解能更全面、更深刻。

第14章 江西齐云山自然保护区大型真菌

第一节 大型真菌资源调查与区系分析

齐云山自然保护区于1997年经崇义县人民政府批准建立。位于崇义县西北边缘地带，属罗霄山脉南端的诸广山区，坐落在崇义县思顺、上堡两乡境内，地势为西高东低，范围为南北长24km，东西宽25km的狭长地带。总面积为17105hm^2。西依诸广山，与湖南省桂东交界，北与上犹县五指峰乡接壤，东南面分别与本县思顺、上堡乡相连。地理位置为东经113°54′37″～114°07′34″，北纬25°41′47″～25°54′21″。区内海拔最低为300m，最高为2061.3m，即齐云山顶峰，为赣南最高峰，江西第四高峰。区内群山叠起，溪河纵横，超过海拔1200m的高山有35座，其中1500m以上有18座。山间有13条河流汇入赣江章水源头—上犹江中。水资源十分丰富。

保护区内为典型的亚热带森林气候，属湿润型季风气候带，常年温暖湿润，雨量充沛，年平匀降水量为1568.7mm，平均气温9.5～17.8℃，绝对最高气温38.8℃，最低气温-8℃，年平均日照时数1310.4～1342.4h，年有效积温为4007℃。

地质结构主要为加里东期花岗岩及燕山期花岗岩。并由此而发育成的山地黄红壤和黄棕壤土，以及高山草甸土。区内农耕地种植单季水稻为主，少量豆类、花生等。由于这里地处省际边缘地带，交通不便，人口稀少，产业单一，人为活动干扰轻。加之山峦叠嶂、沟壑纵横、河水湍流、环境优静，区内古木参天，自然植被完好，原生性生态环境十分良好。这里气候温和，雨量充沛，植物种类繁多，土壤肥沃，具有独特的森林生态环境，适宜菌类生长和繁衍，大型真菌资源丰富。

1 大型真菌资源

调查时间：2006年11月至2007年8月，考察组分三个阶段对齐云山自然保护区进行考察。

调查对象：主要是保护区内的针叶林、阔叶林、针阔混交林、采伐迹地及木材堆集地。

调查方法：以路线调查为主，抽样调查为辅；以保护区核心区、缓冲区为主，采用“抓点带面”的方式；对大型真菌及林木病害进行采集和相关记录，全面了解该保护区菌类的分布和病害发生情况。

调查结果：共采集标本400份，拍摄照片300余张。已鉴定出182种，隶属于2个亚门，3纲11目40科87属（附录1）。

作者：张林平，李冬，史东平，李亚平（江西农大园林与艺术学院）

2 大型真菌区系分析

2.1 研究方法

2.1.1 区系组成的统计

根据齐云山自然保护区大型真菌目录进行了科、属、种的统计分析,统计它们的数目和比较科属的大小(含有的属数和种数),并按照科、属、种的数目以大小递减顺序排列。

2.1.2 与有关地区真菌区系成分的相似性比较

采用植物相似性计算公式(王荷生,1992)

$S = 2a/(b+c) \times 100\%$

式中 S 示相似性系数;a 为对比两地区的共有属数;b,c 为出现于各自地区的属数,均不包括世界广布属。

对比两地的共有属数愈多,其相似性就愈大,或者关系愈亲近;否则相反。属相似性指标不仅可以用来表示任意两地真菌区系的关系,对于真菌区系分区和研究过渡性地区真菌的地理属性具有更大意义。

用此方法将齐云山自然保护区真菌区系与莫干山、鼎护山、大青沟、九连山等地的真菌区系进行比较分析,探讨齐云山真菌区系的起源关系与可能的演化途径。

2.2 大型真菌区系分析

2.2.1 区系组成

本地区大型真菌资源比较丰富,根据近两年的调查,发现大型真菌共计 40 科 87 属 182 种。其中,子囊菌门 Ascomycota2 科 4 属 10 种,担子菌门 Basidiomycota38 科 83 属 172 种。

2.2.2 科、属分析

(1)优势科

本地区种类最多的科是多孔菌科,共有 41 种,占全部种数的 21.93% ;其次是牛肝菌科,含 18 种,占全部种数的 9.63% ;第三为红菇科,有 l4 种,占全部种数的 7.49% ;之后是口蘑科(表 14-1)。从科、属的组成上明显看出,科和属的数量较多,而所包含的种数并不多。最大的科白蘑科也仅有 41 种,含 l0 种以上的科只有 4 个,共含 83 种,占总数的 44.39%,而 3 个科仅占总科数的 7.50%。

表 14-1 齐云山自然保护区真菌优势科(≥10 种)的统计

科名	种数	占总数的比例(%)
多孔科 Polyporaceae	41	21.93
牛肝菌科 Baletaceae	18	9.63
红菇科 Russulaceae	14	7.49
口蘑科 Tricholomataceae	10	5.35

(2)优势属

齐云山自然保护区大型真菌共有 89 属。种类(包括种下单位)超过或等于 5 个种的属有 5 个(表 14-2),均为担子菌,共有种类 37 种,占齐云山自然保护区全部种数的 19.79%,而属的数目仅占全部属数的 5.62%。5 个属均为世界分布属。仅含 1 个种的属有 37 个,占了全部属数的

41.57%,其中 Cryptoporus, Auriscalpium 等为单种属。

表 14-2 齐云山自然保护区真菌优势属(≥5 种)的统计

属名	分布型	种数	占总数(%)	习性
红菇属 *Russula*	世界分布属	14	7.49	土生
毒伞属 *Amanita*	世界分布属	7	3.74	土生
革裥菌属 *Lenzites*	世界分布属	6	3.21	木生
金钱菌属 *Collybia*	世界分布属	5	2.67	土、木生
云芝属 *Polystictus*	世界分布属	5	2.67	木生

(3)区系特点

齐云山自然保护区大型真菌在区系特点上表现为:①地域特色明显。齐云山自然保护区属于典型的亚热带森林气候。因此,大型真菌除广布属外,主要以亚热带—热带分布属为主,有着明显的地域特色。②多样性丰富。保护区地处湿润型季风气候带,因此,真菌的物种多样性也显得十分丰富。其主要原因:一方面大型真菌本身在亚热带—热带的分布极其广泛,另一方面本地区为真菌的生存提供了复杂多变的生态环境,如本地区植被类型复杂,能够适应森林环境的腐生、共生菌都可以在这里见到。③特有种少。本地区属于内陆开阔地段,与周边没有形成明显的隔离带,从而真菌物种的侵入和扩散失去限制,影响了特有种的形成。

2.3 齐云山与其它地区大型真菌区系间关系的分析

区系多样性是生物多样性研究的主要内容之一,区系成分、生活型、生态型和营养型等是认识和调控生态系统的基础(马克平,1993;马克平等,1995)。无论从植物区系还是从真菌区系上看,本地区的生物区系内容丰富多彩。为探讨该地区真菌区系多样性起源与有关地区的区系亲缘关系,分别与广东鼎湖山(宋斌,2001)、浙江西天目山(苏琍英,1996)、内蒙古大青沟(图力古尔等,2000)、江西九连山(张林平,2007)的现有资料进行真菌区系相似性比较(表 14-3)。

表 14-3 齐云山自然保护区与有关地区的真菌区系比较

项目	齐云山	鼎湖山	大青沟	九连山	西天目山
经度	114°07′	113°24′	120°14′	114°28′	119°36
纬度	25°49′	23°10′	42°46′	24°35′	30°36
热带属占本区系总属数 %	16.4	15.6	8.1	15.4	10.9
温带属占本区系总属数 %	13.6	19.5	18.2	14.3	10.9
与齐云山属的相似系数	100	43.7	23.6	77.8	25.4
热带性属的相似系数	100	55.6	31.3	66.7	32.6
温带型属的相似系数	100	40.2	51.1	50.0	24.3

从表 14-3 中可看出,与齐云山属的相似系数最大的是九连山,高达 77.8%,即齐云山与九连山的联系较为紧密,原因除两者同在罗霄山脉上,相邻较近,两地纬度接近,气候条件都极为相似外,齐云山和九连山的高等植物区系研究结果较吻合,而大型真菌的生长与植被、气候条件等都有密切的关系,所以它们的区系地理成分具有很大的相似性,亲缘性较高,具有相同的区系起

源。此外,从表中可以看出,随着纬度的北移,高等真菌区系地理成分中热带成分逐渐减少,而北温带成分绝对占优势。

3 大型真菌资源评价

本研究对齐云山自然保护区的大型真菌做了调查,由于其所处的地理位置特殊,生态环境较好,大型真菌资源极为丰富,其中有许多种类有较好的食用和药用经济价值,其开发应用前景广阔。

3.1 食用菌

我国的食用菌的历史悠久,早在6000~7000年前的仰韶文化时期就采集蘑菇了。野生食用菌味道鲜美,营养价值高,是广大消费者理想的"天然食品"、"绿色食品"。

本研究调查的真菌中食用菌有67种,占35.83%,如 *Tremella cinnabarina*, *Clavicorona pyxidata*, *Craterellus aureus*, *Boletus gertrudiae* 等,以红菇科、口蘑科、牛肝菌科等为主。香菇、木耳、草菇、竹荪等已成功驯化,可见从野生种类中进一步筛选驯化优质生产菌种大有潜力。

食用兼药用的种类有12种,占总种数的6.42%,如 *Tremella aurantia*, *Schizophyllum commne* 等。这些种类不但可以用,而且还具有医疗保健作用,充分地迎合了广大消费者的需求。

3.2 药用菌

明代李时珍《本草纲目》中记述的,多种药用真菌长期医用不衰,主要是利用子实体,部分用菌丝体培养物来加工制药。国内外研究试验表明,真菌等天然中药比西药具有更多的优越性,尤其目前在治疗高血压、高血脂、糖尿病等现代文明病方面,从包括真菌在内的中药中筛选新的药物,无疑是看好前景。如灵芝 *Ganoderma lucidum*,子实体含糖类(包括还原糖和多糖)、氨基酸、微量蛋白质、三萜类、油脂类及少量无机离子、核黄素、抗坏血酸等成分,可治疗神经衰弱、慢性肝炎、高血压、慢性气管炎、胃病、十二指肠溃疡等。本地区的药用真菌有43种,占总种数的22.99%。

3.3 毒菌

中国毒菌种类多、分布广泛,已知的近500种,其中极毒致死人的约百种。广大山区农村、乡镇误食毒蘑菇中毒比较普遍,几乎每年都发生严重中毒致死事例。实际上毒菌的种类虽多,很多种可因水洗、水煮、晒干、煮熟等烹调措施以破坏毒素,成为可食用的种类。此类毒菌在本地区有14种,占总种数的7.49%,如 *Ramaria flaccida*, *Inocybe radiate*, *Amanita phalloides* 等。

3.4 木腐菌

木材腐朽菌是指能分解木材细胞壁,常引起白色和褐色腐朽的真菌。我国已知木腐菌6000种以上,但比较明确记述的约500种。木腐菌常引起树木或木材腐朽,但也被视为森林清洁工,它们能使枯枝、落叶分解归还于大自然,参与物质循环,同时促使森林树木天然的新陈代谢,维持生态平衡。木腐菌在本地区有78种,占总种数的41.71%,如 *Cryptoporus volvatus*, *Coliolus hirsutus*, *Phellinus igniarius* 等。

3.5 外生菌根菌

在该区有不少大型真菌与松、栎属植物和其它高等植物发生菌根关系,其菌物的菌丝与植物根形成菌根联合体,在森林生态系统中物质的变化和能量循环具有重要的作用。笔者根据不同季节、植被类型进行野外采集,采集菌根时距离树干基部最远不超过3m,连同土壤带回实验室,在实验室洗净根表面的土壤,然后进行显微观察和鉴定,共鉴定出齐云山菌根真菌有37种,且均为外生菌根真菌,主要是红菇属、乳菇属、鹅膏菌属、鸡油菌属等,占总种数的19.79%。外生菌根菌的研究应用，对于发展林业育苗，促进林木生长发育及绿化荒山等有重要意义。

4 珍稀真菌

(1)半翅虫草 *cordycsps nutans* Pat. 生于半翅目蝽科(Pentatomidae)的成虫上，子座1-2个从虫体胸部生出。药用，功效同冬虫夏草。

(2)蝉花 *cordycsps sobolifera* (Hill.) Berk. et Br. 可食用。性寒、味甘、无毒，有解痉、散风热，透疹、明目等药用功效。

(3)蜂头虫草 *cordycsps sphecocephala* (Kl.) Mass. 子座从黄蜂的胸部生长出，此种同许多目前未被利用的虫草，可能有药用价值。江西省首次采集到。

(4)粗皮灵芝 *Ganoderma tsunodae* (yasuda) Imaz. 江西省首次采集到。

(5)红皮美口菌 *Calostoma cinnabararium* (Desv.) Mass. 价值不明，但色彩诱人，形态特殊，可用于生物教学。江西省首次采集到。

(6)日本美口菌 *Calostoma japonicum* P. Henn. 据实验有抗癌作用，对小白鼠180肉瘤和艾氏癌的抑制率均达100%。江西省首次采集到。

(7)牛舌菌 *Fistulina hepatica* (Schaeff.) Fr. 可食用，但含水多，味道一般。已人工栽培成功。含明胶栋，木糖及阿拉伯糖等。试验有抑癌作用，对小白鼠肉癌180抑制率为80%~95%。对艾氏癌抑制率90%。

(8)茶色银耳 *Tremella foliacea* Pers. :Fr. 可食用。含16种氨基酸，其中人体必需氨基酸7种。其外形、颜色往往似木耳。药用可治妇科病。

(9)木耳 *Auricularia auricular* (L. ex Hook.) Underw 可食用。性平，味甘，补血气，止血活血，有滋润、强壮、通便之功能。对小白鼠肉瘤180的抑制率为42.5%~70%。

(10)茯苓 *Poria cocos* (Schw.) Wolf. 野生茯苓菌核主要生在松树根上。主要药用或作为保健品。茯苓含有多种有效成分，现代研究试验对小白鼠肉瘤180抑制率达96.88%。

(11)灵芝 *Ganoderma lucidum* (Leyss. :Fr.) Karst 药用，可治神经衰弱、头昏、肝炎等，还可治积年胃病和解毒菌中毒。可提取多糖，含有多种化学成分。对小白鼠肉瘤180及艾氏癌的抑制率分别为70%和80%。可利用菌丝体进行深层发酵培养，目前生产加工多种保健或药用产品。

(12)紫芝 *Ganoderma sinense* Zhao. Xuet Zhang 药用，性温，味淡，能消炎、利尿，有滋补强壮作用。子实体及菌丝体含蛋白质、氨基酸、还原性物质、糖类等。有抗缺氧和增加冠脉流量作用。

(13)裂褶菌 *Schizophyllum commne* Fr. 可食用。此菌含裂褶菌多糖，试验抗癌，对小白鼠肉瘤180及艾氏癌的抑制率均为70%。对小白鼠吉田瘤和小白鼠肉瘤37的抑制率为70%~100%。民间常把此菌同鸡蛋炖服，治白带有效。食用有滋补、强身的作用。

(14)茶薪菇 *Agrocybe chaxingu* huang. 可食用，同时茶薪菇也是药用菌。其食味独特，营养丰富，能利尿渗湿、健脾止泻、清热平肝等功效其渗利功效不亚于茯苓。闽西民间多用于小儿发冷、呕吐、腰痛、肾虚尿频、水肿气喘的防治，因而有“中华神菇”之称。

(15)鸡油菌 *Cantharellus cibarius* Fr. 可食用，味道鲜美，具浓郁的水果香味。可药用，其性寒、味甘，能清目、益肠胃，用于维生素A缺乏症，还可抗某些呼吸道及消化道感染疾病。对小白鼠肉瘤180有抑制作用。与云杉、山毛榉等形成外生菌根。

(16)隐孔菌 *Cryptoporus volvatus* (Peck) Hubb. 此菌含芳香物质。云南丽江民间曾作为小儿断奶时的口含物，或水煎服治疗气管炎和哮喘。据试验对小白鼠肉瘤180和艾氏瘤的抑制率分别为80%和90%。

(17)硫磺菌 *Laetiporus sulphureus* (Fr.) Murrill 可药用，性温，味甘，能调节肌体，增进健康、抵抗

疾病,对小白鼠肉瘤180和艾氏癌抑制率分别为80%和90%。治疗乳腺癌,前列腺癌的辅助药物,此菌产生齿孔菌酸(*eburicoic acid*)可用于合成甾体药物。

(18)空柄小牛肝菌 *Boletinus cavipes* (Opat.) Kalchbr. 该菌可药用。是中药“舒筋散”的成分之一,可治腰腿疼痛、手足麻木、筋络不适。

(19)黄裙竹荪 *Dictyophora multicolor* Bork. Et Br. 可药用,其子实体泡酒后外涂,治疗脚气病。

(20)小马勃 *Lycoperdon pusillus* Batsch : Pers. 子实体能止血、消肿、解毒、清肺、利喉作用。可治疗慢性扁桃腺炎、喉炎、声音嘶哑、感冒咳嗽及各种出血。

江西齐云山自然保护区地处罗霄山脉南端的诸广山区,西依诸广山,与湖南省桂东交界,地理位置较独特,属湿润型季风气候带,常年温暖湿润,雨量充沛,为药用真菌的生长创造了良好的条件。经鉴定及查证,其中垂头虫草、蜂头虫草是江西省大型真菌的新纪录种。

5 结论和建议

5.1 结论

(1)齐云山保护区内大型真菌资源丰富,通过调查共采集标本400份,已鉴定出182种,隶属于2个亚门,3纲11目40科87属。以多孔科、牛肝菌科、红菇科、口蘑科的种类及数量占优势。

(2)齐云山自然保护区属于典型的亚热带森林气候,大型真菌在区系特点上表现为:地域特点显著;大型真菌除广布属外,主要以亚热带—热带属为主。

(3)与齐云山属的相似系数最大的是九连山,主要是由于两地相邻较近,纬度接近,山地植被和气候条件相似。此外,随着纬度的北移,高等真菌区系地理成分中热带成分逐渐减少,而北温带成分绝对占优势。

(4)齐云山植被茂密,林下落叶层厚,土壤肥沃。大型真菌资源极为丰富有不少真菌种类与林木的根形成菌根关系;腐生真菌种类十分丰富,除具有食用、药用价值种类外,还有少数有毒种类。

5.2 建议

通过调查得知该保护区内大型真菌资源丰富,其中极少数的大型真菌能引起立木干基腐朽和心材腐朽,绝大多数的大型真菌对伐桩、倒木等起到分解纤维素和木质素的作用,使林地能做到自身施肥,促进林木生长并能改善林内卫生状况。有些大型真菌是珍贵的药用和食用真菌,有待于进一步的研讨及开发利用。建议:

(1)对药用和食用若不是导致立木干基腐朽的应加以开发利用,充分发挥其效益。杜绝在自然保护区内伐木进行培植香菇等。

(2)对少数导致立木腐朽的大型真菌应采取人工清理,但要注意不影响或破坏林相。

第二节 江西齐云山自然保护区林木病害调查

江西齐云山自然保护区在建立以前,由于林区不合理的采伐以及盗伐,林木自然整枝、淘汰及地被物年复一年的更新,林地中的伐桩、倒木、枯枝落叶比比皆是,这有利于增加林地腐殖质层,提高林地土壤肥力,促进林木生长,同时也为各种微生物的栖息和繁衍提供了良好的生境。为了摸清该保护区林木病害的种类及分布情况,我们于2006年11月至2007年8月,考察组分三个阶段对齐云山自然保护区进行考察。共采集标本400余号,初步鉴定出林木病害45种。

1 林木病害名录

1.1 银杏科

银杏叶枯病 *Alternaria alternate* (Fr.) Keissl.

银杏赤枯病 *Pestalotia ginkgo* Hori

1.2 松科

松落针病 *Lophodermium pinastri* (Schrad.) Chev.

松枯梢病 *Pestalotia funcrea* Desm.

松赤枯病 *Diplodia pinea* (Desm.) Kichx

1.3 杉科

柳杉赤枯病 *Cercospora sequciae* Ell. et Ev.

杉木炭疽病 *Glomerella cingulata* (Stomen) Schr. et Spauld.

杉木叶枯病 *Lophodermium uncinatum* Darker

1.4 槭树科

槭树黑痣病 *Ascochyta* sp.

槭树叶斑病 *Phyllosticta negundinis* Sacc.

槭漆斑病 *Rhytisma acerinum* (Pers.) Fr.

1.5 冬青科

冬青叶斑病 *Cercospora cheonis* Chupp. et Linder.

冬青黑痣病 *Phyllachora* sp.

1.6 猕猴桃科

猕猴桃曼枯病 *Phomapsis citicola* Sacc.

1.7 小蘖科

阔叶十大功劳叶斑病 *Phyllosticta berberidis* Rabenh.

1.8 杜鹃花科

杜鹃黑痣病 *Rhytisma rhododedri* Fr.

杜鹃叶肿病 *Exobasidium japonicum* Shirai

1.9 山茶科

油茶炭疽病 *Colletotrichum gloeosporioides* Penz.

油茶云纹病 *Phyllosticta theaefolia* Hara

油茶灰斑病 *Pestalotia theae* Saw.

油茶软腐病 *Agaricodochium camelliae* Liu er al

油茶半边疯 *Corticium sp.*

油茶饼病 *Exobasidium gracile* (Shriai) Syd.

木荷叶斑病 *Phyllosticta theae* Speschn

木荷煤污病 *Meliola schinicola* Yamam

1.10 蔷薇科

石楠叶斑病 *Guignardia* sp.

1.11 杨梅科

杨梅煤污病 *Asteridiella myricicola* Hansf

1.12 壳斗科

板栗叶斑病 *Phyllosticta castaneae* Ell. et Ev.

青冈栎丛枝病 *MLO*

青冈栎毛毡病 *Eriophyes* sp.

细叶青冈叶斑病 *Leplothyrium auercunum* (Lasch.) Sace.

1.13 大戟科

乌桕叶斑病 *Helminthosporium sapii* Miyake

1.14 柿树科

柿白粉病 *Phyllatinia kakicola* Saw.

柿角斑病 *Cercospora kaki* Ell. et Ev.

1.15 金缕梅科

枫香叶斑病 *Phyllosticta liquidamberricola* Saw.

檵木煤污病 *Meliola* sp.

1.16 山茱萸科

香港四照花炭疽病 *Glomerella* sp.

香港四照花藻斑病 *Gephaleuros virescens* Kunnze

1.17 木通科

木通枯斑病 *Hendersonia* sp.

1.18 樟科

樟炭疽病 *Glomerella cingulata* (Stonem.) Spauld. et Schrenk

紫楠叶斑病 Monochaetia sp.

1.19 楝科

苦楝叶斑病 *Cercospora meliae* Ell. et Ev.

苦楝枝枯病 *Melanconium meliae* Teng

1.20 木犀科

女贞细菌性叶斑病 *Pseudomonas ligustri* (doliveira) Savuleseu

1.21 玄参科

泡桐炭疽病 *Colletotrichum gloeosprioides* Penz.

1.22 菝葜科

菝葜锈病 *Puccinia smilax* Lev.

1.23 禾本科

箭竹叶斑病 *Leptosphaeria arundinaceae* (Sow.) Sacc.

1.24 漆树科

盐肤木毛毡病 *Eriophyes* sp.

2 结论和建议

(1)该保护区林木病害种类共计48种。

(2)林木病害的发生与植物种群、生态环境密切相关,调查结果表明林木病害的发生种类、分布与植物种群分布成正相关性,常绿阔叶林、针阔混交林病害种类 > 针叶林 > 山顶矮林 > 山顶灌丛草地。

齐云山保护区峰峦迭嶂,云海茫茫,风景秀丽,是很好的游览胜地,随着旅游事业的发展,人为活动逐渐频繁,建议:

(1)加强植物检疫,防止危险性病害传入势在必行。

(2)由于本次调查时间较短,所得资料不能全面反映区内的林木病害种类分布情况。还需继续进行系统考察,并建议建立森林病害发生及防治档案。

(3)做好森林病害的监测,及时发现病死林木,及早采取防治措施,以防止病害扩散蔓延。

第15章 齐云山自然保护区生态旅游策划报告

1 策划依据

(1)《中华人民共和国环境保护法》

(2)《中华人民共和国野生动物保护法》

(3)《中华人民共和国自然保护区条例》

(4)《中华人民共和国陆生野生动物保护实施条例》

(5)《中华人民共和国野生植物保护条例》

(6)《森林和野生动物类型自然保护区管理办法》

(7)《中华人民共和国风景名胜区条例》

(8)《江西省实施〈中华人民共和国野生动物保护法〉办法》

(9)《崇义县旅游发展总体规划》

2 现状评价

2.1 自然地理条件

崇义县位于江西省西南边陲,东与南康市接壤,南与大余县和广东省仁化县相交,西与湖南省汝城县、桂东县毗邻,北与上犹县交界。东西长约73km,南北宽约59km,总面积2206.27 km^2,距赣州市90km。

崇义县的江河属长江流域赣江水系,是章水干流重要的支流。崇义县属中亚热带季风湿润区,全年热量丰富,四季分明,但由于地形复杂,垂直高度差异大,地理垂直分布非常明显。

全县森林资源丰富,拥有"江西省绿色宝库"之美称。同时崇义县为全国重点林业县,因竹林密布,被国家林业部命名为中国"十大竹乡"之一。

崇义生态条件优越,全县森林覆盖率高达85.6%,为江西省之冠。境内万山林密,云雾缭绕,层峦叠翠,竹海齐云。齐云山省级自然保护区原始森林保存完好;县域内阳岭森林公园为省级风景名胜区,国家3A级旅游景点,其核心景区每立方厘米空气负离子高达19万个,被上海吉尼斯总部授予"空气负离子最高的风景区",有"天然大氧吧"之称;聂都章江源,为江西省首批生态多功能保护区,其由25个溶洞组成的洞群,堪称"地下宫殿";陡水湖区的杰坝七星湖,适合水上度假的80里湖光山

作者:江西师大田勇、苏娜、周婷

色胜似漓江山水，令人心旷神怡。

崇义县文化底蕴深厚，是江西省文化先进县。它有濒临失传的“三节龙”民间灯彩、充满神秘的道教舞蹈、古朴悠扬的树叶音乐、纯真优美的民间曲谱、迂回荡肠的民间小调、原始奇特的牛葬习俗等；有明代著名哲学家、教育家王阳明“茶寮碑”石刻、八大山人墨宝真迹等十余处人文景观；还有王尔琢烈士墓、军史上著名的“上堡整训”旧址等革命胜迹。全县建设了六个特色文化乡、二十个特色文化村，享誉江西文化界。崇义已成为集竹乡文化、客家文化、乡土文化、社区文化为一体的文化“百花园”。

齐云山位于江西省崇义县的思顺乡和上堡乡境内，地处赣湘边界，距崇义县城45km，其总面积为17105hm^2，其中核心区面积5680hm^2、缓冲区面积2750hm^2、实验区面积8675hm^2。齐云山主峰海拔2061.3m，为江西省第四高峰，赣南第一高峰，山势巍峨，兀自耸立。山上为茂密的原始森林，落叶与常绿针阔叶混交林、常绿阔叶林等垂直分布。海拔1000m以上，主要为高山矮林（灌木林），海拔越高林地越稀疏，山顶为高山草甸。在主峰上极目远眺，山乡美景尽收眼底，山上终日云腾雾绕，自然景观分外秀丽。

2.2 社会发展状况

2006年崇义县国民经济实现了较快增长，全县实现生产总值18.12亿元，比上年同期增长13.9%；实现财政总收入2.23亿元，同比增长39.0%，其中地方财政收入9860.8万元，增长24.8%；完成全社会固定资产投资4.15亿元，同比增长9.54%；规模以上工业实现工业增加值7.97亿元，同比增长23.82%，实现产品销售收入25.8亿元，增长68.52%，实现利税3.48亿元，增长64.3%；全县城镇居民人均可支配收入达到7513元，比上年增加501元，增长7.12%。全县农民人均年总收入3517元；全县职工工资总额15457万元，比上年增长20.95%；全县在岗职工年末人数14284人，比上年增长11.97%；职工年平均工资11327元，比上年增长9.66%；年末，全县人均储蓄存款5852元，比上年增加975元，增长19.99%。

思顺乡位于江西省赣州市崇义县西北边陲，辖8个行政村，101个村民小组，有2988户，12098人。2005年国内生产总值4150万元，财政总收入170万元，地方财政收入122.2万元，人均存款余额973元，工业总产值2107万元，固定资产投资262万元，农民人均纯收入1191元。

上堡乡位于江西省赣州市崇义县西部边陲赣湘两省交界处，东接麟潭乡，南连丰州乡，西靠湖南桂东东洛、普乐、沙田等乡镇，北邻思顺乡，总面积147平方千米。全乡辖10个行政村，115个村民小组，总人口11852人，总户数2983户。2006年，全乡实现国内生产总值4282万元，财政总收入102.8万元，地方财政收入81.5万元。农民人均纯收入为1236元。

崇义县坚持以开拓促创新，着力优化发展环境，通过创新机制，全县畅通了体制改革、融资增投、利用外资、安全稳定四条“绿色”通道，搭建了崇义投资兴业、休闲旅游、安居度假的最佳平台。全力建设“四个基地，一个后花园”（把崇义建设成为江西重要的竹木加工基地、重要的钨加工基地、重要的水电开发基地、最具潜力的绿色食品加工基地、最优秀的旅游休闲“后花园”。它是江西省名山秀水绿色之旅的重要景区，是休闲旅游、安居度假的理想之地。2006年，全县接待中外游客432652人次，比上年增长13.6%，实现旅游综合收入0.86亿元，生态旅游正成为该县县域经济板块中的“绩优股”。

2.3 交通、通讯

现通往齐云山自然保护区的主要道路有三条：其一为思顺乡——桶江水系一线；其二为思顺乡——高桥水系一线；其三为上堡乡——三江口保护管理站一线。路以沙石路为主，部分地段为裸露的泥土，地面起伏比较大，路况条件非常差，雨天有滑坡现象，可进入性尚不强。

齐云山自然保护区各管理站主要靠无绳电话与外界沟通，2007年6月29号于管理站附近山腰建一移动发射台，但由于地势起伏较大，通讯信号仍比较弱，信号辐射范围有限，仅从大窝子至管理站附近一带有移动信号。

2.4 旅游发展条件分析

从地理区位上看，崇义县地处赣、粤，湘三省交界的“金三角”，位于对接粤湘的前沿位置，进有商机无限，退有转移空间；从产业发展区位看，崇义县地处长、珠、闽三大经济圈扇形辐射区的焦点上，具备承接三大经济圈人流、物流、资金流、信息流的前沿优势；从交通区位上看，崇义县城地处江西“四纵三横”交通网络的西南部端口，县内交通通畅，全县公路总里程达2013km。县外交通便捷，已打通了三条出省通道：南通京九铁路，仅1小时车程；东接赣粤高速，离高速入口仅50分钟车程；距赣州海关、机场也仅1小时车程，属于赣州市“一小时城市经济圈”核心范围内。

崇义又是全国南方重点林业县、全国森林经营示范县、全国“十大竹乡”之一、全国山区综合开发示范县，具有独特的生态优势，“养生健身，休闲度假”的品牌战略正逐步实施于赣南绝顶，齐云山原始森林保存完好，万山林密，云雾缭绕，层峦叠翠，空气质量一流；同时崇义县文化底蕴深厚，集客家文化、民俗文化等于一体，尤其是上堡客家梯田更是其中的佼佼者，丰富而优质的旅游资源为齐云山生态旅游开发奠定了雄厚基础。

优势和机会存在的同时还存在着许多的不足和威胁。

齐云山交通可进入性是制约其发展的关键因素，良好的交通是客源市场的有力保障；通讯也是影响其开发和发展的重要因素；尤其是小水电站的肆意开发严重破坏了林区生态系统的平衡。此外，周边相似性质旅游景点的替代作用也是保护区在生态旅游开发中不能忽视的因素，因为替代作用导致客源分流，不利于保护区的可持续发展。

3 旅游资源分析

3.1 自然旅游资源

▲植物：齐云山属常绿阔叶林生物气候带，适宜各种植物的繁衍，共有高等植物270科，2843种，至今仍保留白垩纪末和第四纪冰期后孑遗的单科单属单种树种银杏，还发现了极度濒危植物——粤紫萁。有国家重点保护野生植物17种，其中，国家Ⅰ级有南方红豆杉、伯乐树、银杏3种，国家Ⅱ级有小黑桫椤、金毛狗、福建柏、卵叶桂、半枫荷、樟树、华南栲、凹叶厚朴、秃叶黄檗、野大豆、毛红椿、伞花木、金荞麦、喜树等14种。

齐云山境内苍山似海，生态环境优良，空气质量绝佳、负氧离子浓度高，是一个天然的“绿海大氧吧”。齐云山上原始森林密布，清风徐来，云雾飘散，松涛阵阵，翠竹摇曳，恍若仙境。

▲动物：齐云山森林茂密，气候温暖，适宜各种动物的生存和繁衍。国家重点保护野生动物有50种，其中，国家Ⅰ级有豹、云豹、黄腹角雉、白颈长尾雉4种，国家Ⅱ级有藏酋猴、水鹿、穿山甲、黑鸢、松雀鹰、白鹇、虎纹蛙、彩臂金龟等46种。而白颈长尾雉和黄腹角雉均被列为“我国野生动植物保护和自然保护区建设工程”的重要物种。

▲气候：齐云山地处中低纬度，属中亚热带季风湿润区，全年热量丰富，四季分明，雾日多，日照偏少，雨量充沛，空气湿度大，无霜期长。区内年平均气温17.8～9.5℃，其中海拔800m以上地区夏季无高温，最热月平均最高气温低于30℃；山顶（海拔2000m）最冷月（12月）平均最低气温－1℃；年均降水量为1568.7～1965.5mm，实测资料表明海拔610m左右有降水低值区。但由于地形复杂，垂直高度差异大，山上山下，向阳面和背阳面，气候差异十分明显。齐云山山势巍峨，终日云腾雾绕，云海云雾蔚为壮观，变幻无穷。宜人的气候、清新的空气、优美的环境、险峻的山势，适宜开展山地休闲度假、摄影、户外登山运动及观光等各种旅游活动。

▲水文：齐云山自然保护区内水系发达，主要有桶江，高桥两大水系。桶江水系长约10km，碧水

深潭、奇石飞瀑、高山翠竹沿途密布,是开展休闲度假、生态观光的绝佳处;此外高桥水系主要有高桥和鸡公坝水库两大景点,也是齐云山自然美景的重要组成因子之一,其中鸡公坝水库以其宽阔的水面形成了"高峡出平湖"的水体景观,是旅游观光和水上娱乐的首选地之一。齐云山的水文景观中蕴含着动与静的神韵和灵与秀的气质。潭水,清澈透明、甘醇甜美,含有多种矿物质,可饮、可浴、可戏,径流之处多为森林及树丛所掩隐,使林中清流若隐若现,更为山水增添了几份幽秘的色彩。

▲地形地貌:齐云山位于思顺乡西北部,与湖南省桂东县、上犹县交界,是诸广山脉的主峰,因山势高峻,山顶终日云雾缭绕而得名。保护区属于山地地貌,最高海拔 2061. 3m,最低海拔 300m,海拔高度在 1000m 以上的 72 座,齐云山主峰海拔 2061. 3m,相对高差达 1761. 3m;齐云山西北两面地势较平缓,东南两面山体陡峭。齐云山海拔为江西第四高峰,赣南第一高峰。山林主要由花岗岩组成,地貌形态类型以山岳型中山 - 高山地貌为主体,次为中低山地貌;地貌成因类型以花岗岩山岳地貌为主。山体挺拔险峻、峭壁耸立、雄伟高大、形态各异,有似仙翁,有似怪兽,有似飞禽,景观奇特,具较高的观赏价值。

3. 2 人文旅游资源

▲红色资源:崇义是个富有斗争精神的县,革命年代遗留了许多历史遗迹,其中富有代表性的有王尔琢烈士墓、军史上著名的"上堡整训"旧址、大王洞红军后方医院旧址、红军马列主义学校及新四军驻思顺通讯处旧址等革命胜迹。

▲历史遗迹:崇义县始建于明朝正德十二年,现今仍保留有明代著名哲学家、教育家王阳明"茶寮碑"石刻、八大山人墨宝真迹、南洲朱氏祠堂、上峙朝阳庵等历史遗迹。

▲客家民俗文化:崇义县是全省社会文化先进县,近几年竹乡文化、客家文化异彩纷呈,尤其是三省三县文艺、书法汇展,崇义大放异彩,各类根雕、盆景、竹编等民间文化突显。

▲客家梯田:上堡客家梯田,由客家先民始建于元朝,完工于清初,距今 680 多年。梯田最高海拔 1260m,最低 280m,垂直落差近千米。其规模与品位仅次于广西龙胜、云南元阳梯田,名列全国第三。近 3 万亩梯田散落在全乡 12 个村高高低低的山岭上,那层层叠叠、涌向天际的梯田有的多达数百级,令人叹为观止,被誉为"中国三大梯田奇观之'秀丽天梯'",这些梯田犹如一部厚重史诗,写满了一代代客家人的智慧和汗水,成为客家农耕文明的一道奇观。

▲温泉资源:位于距上堡集镇 5km 处的暖水村境内,共有 9 处泉眼,水体恒温 40°C,流量 0. 855L/s,有强烈的硫化氢气味,水中有白色絮状胶体,含硼、氡等微量元素,对人体有很好的保健作用。

3. 3 总体评价

近年来,齐云山倍受众多摄影家、摄影爱好者、科考者及户外登山运动和观光旅游者的青睐,这些人充当了齐云山的"初探者"和"先锋人"的角色,并通过"口碑效应"使越来越多的人知道和了解齐云山。

由于宣传力度不够、投资开发不足,旅游发展滞后等原因,齐云山自然保护区虽集万千美景于一身,但其却未集"万千宠爱"于一身,在同类景区中尚处下风,声誉和知名度明显不高,要形成一个家喻户晓的生态旅游目的地尚需时日。

(1)齐云山所在的崇义县城处在"赣州市一小时经济圈"的发展框架前沿,位于经济圈内生态区位的"黄金分割点"上,是赣州市生态"后花园",区位优势明显;地理上承载着赣州与"泛珠三角"、中部、西部区域经济协作的"中转站"作用。进入齐云山保护区有桶江、高桥、上堡三条路线,以保护站为中心,呈"双环"结构,形成了旅游区内部大循环。且齐云山保护区与上堡乡、思顺乡等周边乡镇联系紧密,易于与其形成景区互动。

(2)齐云山优良的环境系统,和谐的资源组合,基本上具备了生态旅游开发的宏观条件。碧水

深潭、绿海氧吧、客家风情是其三大景观特色:

其一,特色突出,丰密度良好,具有一定的综合性:丰富的红色资源、多姿多彩的绿色生态、多情的客家文化,分布合理,互补性强;

其二,碧水深潭,以水引人。位于实验区的桶江水系近百个深潭似一串珍珠项链环绕在齐云山间,且具有数量多、形态美、水质优、环境好、颜色翠、面积大六大特征。齐云山水清纯亮丽,晶莹剔透,不但形态柔美,而且色彩绚丽,潭潭碧水仿佛一颗颗的绿宝石镶嵌在群山绿林之中,安详而沉静。山围着水,水绕着山,山水景观品质突出,可堪称"江南九寨沟";主打"碧水深潭"以水引人,以水留人,以水胜人。

其三,绿化好。近15km^{2}的齐云山上覆盖着茂密的原始森林,落叶与常绿针阔叶混交林及常绿阔叶林密布,茫茫林海,成片草甸,极为壮观,景色迷人,生态环境质量优良,负氧离子含量高,是一个天然的"绿海氧吧",气候温和,四季宜游,是一个理想的生态休闲度假地;

其四,上堡林场相对独立,优势也相当明显,万亩梯田、保健温泉和革命文化等红、绿、特、古资源有机结合;

(3)对于旅游开发而言,交通顺则发展盛,交通衰则发展阻。齐云山保护区的交通是其发展旅游的瓶颈所在,这一点应该引起各方的重视,应加快改善入山交通。同时,山因水而活,小水电站的肆意开发业已严重破坏了林区生态系统的平衡,对齐云山生态旅游开发构成了直接的威胁。

4 指导思想与发展原则

4.1 指导思想

在可持续发展战略指导下,在国家相关法律、规范的合法范围内,在全面保护齐云山自然保护区植被、水体和生态环境的基础上,充分挖掘和开发利用保护区内实验区和外围保护地带的生态旅游资源以及客家、红色、温泉等其它特色资源。通过配套建设旅游设施,科学适度发展生态旅游业,努力将齐云山建设成为江西生态旅游的标志性景区,从而提高森林的生态效益、经济效益和社会效益,推动保护区的建设和完善,促进地方经济与社会的可持续发展。

4.2 开发原则

(1)生态为本原则

生态旅游靠的是优质环境,只有"好山、好水、好生态"才能形成强劲的市场卖点,才能带动自然保护区的生态旅游开发。目前小水电站的开发严重破坏了生态系统的平衡,因此齐云山应当在可持续发展战略指导下,遵循生态为本的原则和循环经济的思路,科学、有序、适度地进行旅游开发经营,实现保护与开发的双赢,从而实现综合效益的最大化。

(2)优势突出原则

齐云山自然保护区内有高山、有碧水、有奇石、有翠竹、有古迹、有水库等,具有"人无我有,人有我全"之独特的集群优势。因此齐云山自然保护区在生态旅游开发中,既要发挥"我之全",更要利用"我之优",做足"山水"文章,有机互补性地融入到阳岭生态旅游圈中,并成为一个新的生态旅游亮点。

(3)市场导向原则

齐云山生态旅游的开发必须坚持以资源为基础,以市场为导向的原则,适应世界旅游业的发展趋势,积极参与旅游市场的竞争与协作,将自身资源优势和客源市场需求结合起来,系列开发出生态亲水游、休闲度假游、山乡美景游、生态科考游等多类型旅游产品,并与县域内及周边县市资源科学整合,推出"阳岭—齐云山—上堡梯田—聂都溶洞生态精华游。

(4)社区参与原则

自然保护区生态环境的保护及生态旅游的开发都有赖于当地社区居民的积极参与。目前齐云山自然保护区的核心区及缓冲区内仍居住着相当一部分居民，亟待适度搬迁，这势必对当地居民生产、生活造成较大影响，因此保护区必须协调好与当地社区的利益关系，鼓励居民参与到生态旅游的开发经营中来，并使其从旅游中获得实惠，进而活化山区经济。

(5)循序渐进原则

生态旅游是一种追求质量，不求数量的高品质的旅游产品，生态旅游的开发应是适度的、合理的，不允许采用“大动干戈”的开发方式。开发过程中既要考虑生态环境的承载能力与可修复能力，还应考虑经济开发能力，根据实际，由点到线，由线到面，循序渐进地发展齐云山生态旅游业。

4.3 发展目标

依托齐云山丰富的生态旅游资源，树立生态旅游精品意识，合理规划、适度开发，突出特色，通过生态旅游的开发，不断丰富完善齐云山旅游产品体系，实现资源保护与社区经济的协调发展，把齐云山建成以生态亲水游及山地度假游为主，兼具古迹观光游、水体娱乐游、山乡美景游、生态科考游等多功能于一体具有省际市场的国家级生态旅游胜地。

5 产品开发设计

5.1 总体布局

齐云山生态旅游总体布局，在自然保护区核心区、缓冲区和实验区三大分区界定的基础上，严格限定仅在实验区内适度开展生态旅游活动，开发中既要考虑现有交通布局、当地经济、市场分布等多变因素，又要考虑当地历史文化、地理环境、资源分布，经营管理等因素，统一规划、合理布局、协调发展。据此，总体布局如下：

一个主体形象：以“齐云胜景，江南九寨沟”为主体形象；

双接待中心：以桶江潭(主)、三江口保护站(次)为两个主要游客接待服务中心；

三大功能分区：生态度假区(桶江水系)、水体游乐区(高桥水系)、客家览胜区(上堡游线)；

四大旅游产品：生态亲水游、休闲度假游、山乡美景游、生态科考游。

5.2 功能布局

依据资源特色及交通条件，齐云山自然保护区的功能布局为：

一点：为桶江潭，充分利用其山乡平地优势将其开发成自然保护区的主接待服务中心，起着承南启北的作用。

双环：以桶江水系为中轴，桶江水系、上堡游线为一环；桶江水系、高桥水系为二环，从而构成整个齐云山生态旅游的“双环结构”。两大水系主要构成碧水深潭景观且特色各异，上堡则主打梯田、客家风情和茶文化三大特色品牌，由此整个保护区共同筑建绿海氧吧景观。

三线：桶江水系、高桥水系和上堡游线，它们既为景区三大功能分区，亦为景区内三大主游览线路。

齐云山自然保护区生态旅游开发可划分为三个功能区：

(1)生态度假区(桶江水系)：充分利用桶江潭地段的平地优势及山乡美景将其开发成保护区的主接待服务中心，并依托现有三江口保护站的接待设施将其设置成次级接待服务中心。充分利用其碧水深潭、奇石飞瀑、高山翠竹等优质资源开展休闲度假、生态亲水等活动。项目设置详见重点项目开发。

(2)水体游乐区(高桥水系)：以高桥、鸡公坝水库作为资源依托进行水上项目的开发。在高桥古迹处适当位置，设一游步道延伸至水面，让游客进行亲水活动，同时置一观景平台让游客在此“观桥,摄影,听涛”。在适当保留鸡公坝水库基础上,将水库的发电主体功能转变为旅游观光功能,并加大对水库的清淤工作,把水电站的不利影响降低到最低。在鸡公坝水库上因水制宜地开展相应的轻缓型水上游乐活动,在生态优先基础上对水体进行合理利用。在水库中可建一小岛并建设一木制或石制观景亭,并利用晃桥连接岛与岸,让游客尽赏湖光山色。此外,对道路两边必要地段进行生态护坡,沿道路两边可广种毛竹或其它高大景观树种,形成绿廊景观。

(3)客家览胜区:主要突出梯田、客家风情和茶文化休闲三大特色,同时与外围温泉旅游资源及红色旅游资源有机结合,开展体验客家、梯田览胜,茶文化休闲、温泉康体等各种参与性活动。沿三江口至赤水仙道路两旁增种各种保护性名贵树种,形成一道天然的生态解说廊道,并增种各种竹类,时刻强化游客对“崇义竹乡”的印象。在赤水仙海拔较高处增设1~2处摄影基地,让游客在此采风留影,将美景尽收眼底。同时开设茶文化及农家乐休闲游,让游客吃农家饭、住农家屋、干农家活,游情趣茶园,赏梯田奇观,此外还可在夜间举办独具客家风情的山歌对唱篝火晚会,让游客体味浓浓客家情。改造温泉周边卫生环境,通过引泉入池的方式来进一步扩大其容客量,同时逐步完善其休闲娱乐设施。恢复红军上堡整训旧址,并使其与秀丽的梯田景观与纯朴的客家风情和个性化的温泉有机融为一体,从而丰富齐云山自然保护区旅游产品体系。

5.3 产品类型

根据齐云山自然保护区生态环境及其资源特点,可组合开发建设下列四种旅游产品类型:

(1)生态亲水游。齐云山自然保护区内数以百计的碧水深潭,一泻而下的彩虹飞瀑,怪石嶙峋的秀美溪流,恰似“江南九寨”,使人流连忘返,也是齐云山生态旅游开发的夺目亮点。可设计系列溯溪、碧水净身、水上娱乐等生态亲水旅游活动。

(2)休闲度假游。充分利用齐云山丰富的负氧离子、浓郁的“植物精气”、近于无菌的空气、满目翠绿的茂林、天然保健的氡温泉等生态资源,开发森林日光浴、竹林静态休闲浴场、温泉度假疗养等以保健养生为主的生态休闲度假旅游产品,是齐云山旅游开发的重要目标。

(3)山乡美景游。素有“中国客家文化聚集地”、“江南山川第一景”和“中国第三大梯田之乡”美称的上堡赤水仙拥有旖旎多姿的山乡风光,其客家梯田群气势恢宏,莽莽林海好似绿海氧吧,千亩情趣旅游茶园、南流客家民俗文化村等都传达浓浓的客家乡韵,可组织开发梯田览胜,客家体验、山乡采风、高山摄影等山乡观光活动。

(4)生态科考游。齐云山拥有典型的高品质森林生态景观,选择适当的代表性地段(地点),设计开发出森林景观、森林生态、生物多样性、森林发育等生态科普观光旅游产品,为青少年、科技人员、大专院校学生提供良好的高品位教育型旅游产品和实习场所。

5.4 游线设计

(1)区内游线

思顺乡——姐妹潭——龙潭——大窝子——桶江潭——三江口

三江口——赤水仙——上堡乡

三江口——高桥——鸡公坝水库——思顺乡

思顺乡——桶江潭——三江口——赤水仙——上堡乡

思顺乡——桶江潭——三江口——高桥——鸡公坝水库——思顺乡

(2)区外游线

阳岭——齐云山自然保护区——聂都溶洞

陡水湖——阳岭——齐云山自然保护区——大余梅岭

5.5 重点开发项目

桶江水系为齐云山自然保护区的主要水系,其资源级别较高,为齐云山自然保护区生态旅游的精华之所在，也是开发重点之所在。依据不同地段资源特色、地理环境的不同，以翡翠池和郭屋为分界点，此功能区可相应地分为三个亚区：生态亲水亚区、山地度假亚区、森林探秘亚区，各区项目设置如下：

（1）生态亲水亚区：该亚区以深潭飞瀑为主要特色，水质优良，为桶江水系画龙点睛之区。具体项目设置如下：

▲景区标志物：在景区公路入口处矗立一块高3～4m的巨石作为景区标志物，上刻“齐云山”，端庄、厚重，石料可取自桶江，以体现当地地貌特征。它不仅是整个旅游区的大门和标志，也可作为一个景点供游客拍照留影。

▲姐妹迎宾：两潭相连，一大一小有似姐妹连心，故称姐妹潭，大者可称姐潭，小者可称妹潭。姐妹潭是桶江水系精彩华章之开始，亦可称迎宾潭。姐妹潭清澈平静無波，夏季滿水，冬季則為枯水期。姐妹潭中河水清澈，微波流动，风景优美，两岸高山耸峙，鸟瞰深潭，能给游客一种“柳暗花明又一村”的惊喜，让人心旷神怡。可建一游步道下至水面，并在下部潭面上建一水上浮桥供游客拍照、嬉水。

▲拆除香炉坝电站：电站的不合理开发较严重破坏了齐云山水体生境，使得生态环境明显受损，因此应强制关闭保护区小型水电站。拆除香炉坝水电站以确保下游景点水量要求，保持水体的动感。沿此段道路一侧可栽种柳、竹等植物，构造“翠竹杨柳，香炉堤岸”景观。

▲龙潭飞瀑：是桶江水系碧水深潭景观的标志性景区。那高高挂起、奔腾下泄的龙潭瀑布，雄伟壮观，气势磅礴。飞流下泄的轰鸣声震荡着整个山谷；瀑布四周弥漫的水雾，给龙潭瀑罩上梦幻般的彩虹。龙潭瀑令人赞叹，令人陶醉。此处植被茂盛，水流清澈，飞瀑浩荡，壶穴遍布，金沙点点，是观瀑戏水的好场所。拱桥框景，天然成趣。在桥下游适当空地处修建一观景空中楼阁，供游人观瀑、赏景和拍照，并向游客提供饮料，点心等服务。同时通过廊道将楼阁与公路相连，并设置挂梯、扶梯、平衡梯等向下延伸至沙地，让游客玩沙嬉水，增强项目的参与性。沿瀑布上游依山就势建千米水上栈道，开展溯溪活动，一路观石赏水，让游客亲身感悟大自然的美妙恩赐。在现有桂树的基础上沿景点周边成片栽种月月丹桂树种，既营造出景观，又达到四季飘香的效果。此外建一生态厕所，设6～8个蹲位，风格要求隐、雅、巧。

▲翡翠池群：翡翠谷位于龙潭上游1km处，四潭相连，潭形各异，如大小珍珠撒落人间，由下及上可分别命名为“瑶池”、“梦池”、“情池”、“仙池”。流水苍翠欲滴、温润如玉，如翡翠天嵌，让人惊叹不已。池群之最美处在于它池呈异彩、或清亮如水晶，或碧绿如翡翠，或湛蓝如大海，或赫红如玛瑙，或橘黄如赤金，且一池一色，随石而异。彩色之成因，一为水之深浅不同，浅处嫩绿，深处青碧，最深处幽黑莫测；二为水质奇特，极清，能吸收较多的蓝绿光，故其主色皆如翠玉可爱；三为水池底石形状怪异，石定水色，颜色绚丽，水动石变，阳光照耀，百彩交织，霓虹游动，媚态万千。对现有深潭可作进一步的掏挖和清淤，形成天然的游泳池，挖出的沙石可堆垒于池边，建设成一座座护池观景滚水坝，在池中可置放不同的有色岩石，形成“一潭一池一色”景观，可让游客在此浴足、游泳、嬉水。在此建一生态厕所，设6～8个蹲位，风格要求隐、雅、巧。此外建一小型停车场以满足中途观景之需。

因此，此亚区形成姐妹潭—龙潭—溯溪—瑶池—梦池—情池—仙池—桶江潭的潭水飞瀑局部精品游线。

（2）山地度假亚区：该亚区地势平坦，视野开阔，古迹犹存，空气清新，适合开展各种度假活动，也是齐云山自然保护区开展综合性旅游接待的最佳地段，在整个游线中起着承南启北的作用。具体项目设置如下：

▲游客服务中心（售票处）：在桶江村入口处建设游客服务中心，采用客家建筑风格，面积约$30m^2$，主要负责旅游区售票以及接待旅游者的旅游投拆和旅游咨询等。同时在售票处旁边设一

主停车场,停车位 20。此外在停车场旁,建一公共生态厕所,其建筑为客家风格,并与乡村风光相协调。

▲欢乐水世界:桶江潭潭面开阔,水量充足,曲折迂回。潭水清澈而恬静,既有蓝的成分,更有绿的蕴涵。它与接待中心相连,是游客的一个暂居地,能给游客远离人间,远离尘嚣,远离污染的感觉。可对潭面进行清理,并扩大潭面,且为游客提供各种水枪,水盆等水中娱乐器具,让他们自己组织打水仗,泼圣水,水中对歌等活动,从而让游客在异度水上空间上忘却所有的烦恼。

▲竹乡客栈:即齐云山主要游客接待中心,为一经济型绿色饭店,向游客提供各种综合性服务。选址位于桶江潭对面的空阔地,这里依山面水,光线充足,空气流通,适宜开展休闲度假活动。建筑层数 2 ~ 3 层,控制高度 10m。建筑标准为三星级,设计总床位数为 60 个。

▲购物街:充分利用桶江潭游客服务中心的地位和各项服务设施为生态科考旅游者提供接待服务。同时将游客服务中心建设成一条小型购物街,设 6 ~ 10 家店面,可"一店一品"向游客出售生活、特产等各种物品,以满足游客多样化的需求。

▲齐云人家:可充分利用当地的花果、林木、蔬菜等营造田园乡村景观,从而形成一个四季有花、四季挂果、四季呈绿的山乡田园休闲地。可利用水田挖成池塘养鱼虾,可开展田园采摘、山村观光、休闲垂钓等项目,让游客亲自体会一种祥和的"日出而作,日落而息"山乡生活。同时可在此开展特色鲜明的农家乐旅游活动,让游客做一回"白云深处客"。

▲郭屋野营:郭屋地势平坦,且周边景点较多,因此为满足自助游者住宿要求,可在郭屋建设生态夏令营野营基地。

▲科教中心:在郭屋适当位置建一科教中心,内设标本馆和宣教中心。将现有三江口保护站的标本馆移至于此,注重动态展示与解说。同时在此对生态环境保护、生物多样性等知识进行宣教,注重游客的动态参与。

▲平寮茶碑:从郭屋建一游步道至平寮茶碑,在碑旁立一大型解说牌对当年历史作详细解说。游步道沿途可采用木碑廊将历代以来有关齐云诗词予以展示,形成一道诗词长廊,让齐云山古韵尽现。

(3)森林探秘亚区:以郭屋上游河段,怪石突兀;大窝子则地势开阔,满目翠竹,因此本亚区主要突出奇石观赏及竹文化两大特色,与下游碧水深潭有机互补。具体项目设计如下:

▲森林溯溪:让游客迎着怪石嶙峋的溪谷逆水而上,在森林幽谷中前行,让游客在自然的、环保的活动中尽现"野"性。沿途品清新空气,观蔽日苍树,赏缠绕老藤,闻四溢花香,在无穷的乐趣中探究大自然的奥秘。

▲奇石科考:此地段岩石丛生,形态各异,种类繁多,是进行地质科考的天然课堂,让游客在浅溪中"玩石、认石、品石",寄学于游。

▲竹文化园:利用大窝子的大片竹林开发竹文化园,将竹文化、竹元素融入到景观中,主要由一系列体现竹文化、解读竹文化的文化小品构成。规划以方竹为主,同时引种各种观赏竹,并深入挖掘竹文化,如竹与名人、竹林七贤、岁寒三友、竹的作用与种类、竹与生活等,立牌展示,并刻录历代文人赞竹、咏竹的名词佳诗,让游人在游玩娱乐中领悟出源远流长的中国竹文化。同时也形成一个森林日光浴场、竹林静态休闲浴场。

6 客源市场开拓

6.1 需求分析

差异产生吸引力。随着时代的进步,经济的发展,人们旅游品味的提升,早期的大众观光旅游已经远远无法满足人们日益增长的休闲度假的旅游需求。伴随着城市化进程的是现代都市人生活、工作节奏加快，心理紧张压力的不断积累，当代都市人都渴望“逃离”都市，普遍渴求慢节奏的旅游休闲娱乐活动，渴望回归山林，放松身心，在绿色环境中贴近自然，享受人生，由于齐云山能够满足客源市场的这种休闲旅游需求，由此获得了发展的机遇。

齐云山地处赣、粤，湘三省交界“金三角”，属赣州市“一小时城市经济圈”核心范围，拥有良好的地理环境条件。崇义县城又是绿色文化县城，是中国有名的竹乡，它以山青水美洞奇而著名，生态、绿色、休闲、历史、文化等资源的和谐组合，这一切无疑给追求身体愉悦与知识充电为一体的当代旅游者提供了绝妙的机会，也为齐云山的旅游发展提供了可观的潜在客源市场。

同时，赣州市政府联合崇义、上犹、大余共同推出“赣州西部古城青山秀水游”黄金旅游路线，形成赣州西部品牌旅游区，这也为齐云山生态旅游开发提供了良好的宏观旅游发展环境。

6.2 市场定位

从齐云山旅游客源市场区域分布角度分析，江西省内客源市场主要是赣州、吉安、南昌等城市；从省际客源市场来看，主要分布在湖南、广东、福建等地；从境外客源市场来看，主要是港澳台、东南亚、日本等国家和地区以及世界各地的绿色生态旅游爱好者。

（1）空间市场：

核心市场：赣州市、南昌市、吉安市及周边地区；

二级市场：江西省内其它地区及广东、福建、湖南等地区；

机会市场：国内其余地区；

国际市场：以港澳台及世界生态旅游爱好者为主。

（2）群体市场：

生态旅游者群体；科考旅游者群体；家庭旅游者群体；青少年旅游者群体；休闲养生旅游者群体。

6.3 形象策划：

以“齐云胜景、江南九寨”为主体形象；

6.4 市场开拓

（1）把旅游市场开发的重点延伸到省际内周边县市及珠三角地区，抢抓“融入泛珠三角”发展机遇，大力做好旅游宣传和促销活动；

（2）抓住近几年国家和省市大抓红色旅游发展的机遇，深挖红色优势，结合“红、古、绿”这条江西旅游特色主线，主动出击、整合资源，走联合促销之路；

（3）向社会公开征集徽标，用于旅游宣传品、纪念品等载体上作为标识；

（4）在主要宣传城市的火车站、高速公路、机场、港口、广场等重要场所树立齐云山生态旅游的主题广告与指示牌；在景区内沿途设计风格统一并与自然环境和谐的方向牌和解说牌；

（5）充分利用广播、电视、报纸、杂志、因特网等多种媒体进行宣传，并参加各类旅游交易会，此外还可邀请客源地旅行社代表和新闻媒体代表来参观；

（6）制作出版精美的齐云山风光画册、扑克牌、宣传专题片、光碟、MTV；

（7）推举热爱齐云山、了解齐云山的知名人士作为齐云山形象大使，邀请一批艺术家、画家、作家、摄影家、科学家、学者、记者等来齐云山写生、采风、创作、摄影、科考、讲学，发挥名人效应，为齐云山宣传；

（8）拍摄一部科技含量较高的齐云山生态旅游风光片，并刻录成 VCD；

（9）组织各种生态公益活动，提高当地居民素质，增强当地居民的好客度和参与度，提高齐云山软环境的亲和力；

（10）与当地的企事业单位（如齐云山食品有限公司）联合举办齐云山野趣探险游活动，如：“攀

登齐云山感受绿色风”,以提高齐云山自然保护区的知名度;

(11)在赣州、吉安、南昌等市院校中积极组织齐云山生态保护夏令营活动等。

7 环境保育

7.1 保育原则

(1)坚持可持续发展原则

可持续发展原则是长远可控的一种优化发展模式。齐云山应建立可持续发展的经济体系、社会体系、生态体系,用最小的代价获取最大的旅游资源利用价值,从而形成一种有序的科学发展模式,推动齐云山生态旅游的健康发展。

(2)和谐、公平、平等原则

善待自然就是善待我们人类自己,人类在追求经济利益最大化的同时兼顾公平、平等的原则,既是对环境的尊重,也是对子孙后代的负责,做到既吃祖宗饭,又造子孙粮,实现人与自然和谐发展。

(3)保护与开发的双赢原则

生态保护和旅游开发和谐发展是环境最优化下的利益最大化的最佳组合。任何以环境为代价的发展都是有悖可持续发展目标的,一味地强调环境保护而忽视经济效益的种种苛责也是有违现实需要的。

7.2 环境保育措施

在可持续发展理念指导下,严格按照相关规定,以保护齐云山的生态多样性与完整性为总目标,保护好齐云山保护区核心区,适度在试验区和缓冲区开展旅游活动。针对齐云山实际情况,采取科学而可行的方法,追求齐云山生态保护与旅游开发的和谐统一,优先发展生态旅游,为旅游者提供高质量的生态旅游经历,推动当地社会的健康发展。

(1)严格贯彻《环境保护法》、《中华人民共和国野生植物保护法》、《自然保护区管理条例》等相关法律,建立并完善齐云山生态旅游管理体制,加强经营管理力度。

(2)保护齐云山的古木名树。建立古木名树的确认、备案和档案制度,设置监测点,实行动态管理。实行挂牌保护和划界保护,设立古木名树的价值说明和保护标志并保护古木名树的良好生境。同时,完善保护设施,明确游客责任。

(3)保护齐云山的水景水域。实施环境监管,加强保护管理力度,保护水源地,保护培育水源的涵养林,提高林分质量,减少水土流失。同时,制止可能导致水体污染、破坏的活动和过度开发利用的行为,强化给排水水体的进化,并加强对水景水域周边环境的绿化,开展环境整治。

(4)对齐云山的生物多样性进行保护。开展野生生物资源的本底调查并制定保护规划,切实保护其物种的多样性、遗传多样性以及生态系统多样性。采取就地保护、迁地保护和离体保存相结合的方式保护珍稀、濒危物种,防止物种灭绝。尽可能地降低旅游开发经营给野生生物造成的生存威胁。

(5)除保留鸡公坝水库外,强制拆除保护区内其它破坏生态环境的小水电站,清理生活废弃物,清理水系淤泥,恢复良好水质。

(6)针对森林这一生态环境的主题进行保护,坚持生态优先,生态建设与生态保护并重,遵循自然规律;同时,加大林相改造科研投入,有计划有步骤地改造人工纯林,增加阔叶林和混交林的比重,改造林相,恢复和提高林分质量。

(7)开展环境保护宣传活动,分别对保护区的工作人员、当地的居民以及旅游观光人员展开针对性的培训和教育工作。

(8)对齐云山空气的保护,采用仪器测量的方法,每天发布空气质量报告,以警醒人们。

(9)依据环境容量测算,对游客的活动强度进行必要的强度限制。

(10)考虑将现有核心区内的上下十八垒的居民外迁,以保护生态环境。

(11)加强齐云山旅游的安全防灾工作。努力做好齐云山的防洪、防火、防地质灾害、防生物灾害的四防工作,做到有专业防治队伍、有制度、有器材、有专项资金和有防治预案。

8 齐云山旅游基础设施建设

8.1 旅游交通、通讯

(1)双环结构游线的路面亟待硬化,以提高旅游区可进入性,同时加强对道路两边的绿化与美化,将整个景区构筑成绿海氧吧景观。

(2)从龙潭至翡翠池群一段依山就势修建水上栈道,长约一公里。

(3)在姐妹潭、平寮茶碑、大窝子、高桥、鸡公坝水库及赤水仙等必要地段设置简易游步道,以满足游客开展各种旅游活动的需求。

(4)在桶江潭设一主停车场,停车位20;在翡翠潭、三江口、鸡公坝水库及赤水仙各设次停车场。

(5)在现有移动通讯站的基础上,在适当山上继续增设若干移动及联通信号站,以保证信号覆盖全区,此外在主要接待点还应增设无绳电话,以满足游客及旅游经营的需要。

8.2 接待服务

(1)在桶江潭建游客服务中心,进行游客管理,以满足游客的综合需求。

(2)在桶江潭依据地势建一中小型绿色饭店试点,总床位为60左右。在郭屋建一野营基地,以满足自助游者的要求。

(3)在桶江潭设一小型购物街,以满足游客及当地居民购物的需要。

(4)在三江口、龙潭、翡翠池群、郭屋、高桥、鸡公坝等处设置1~2个小卖部,为客人提供点心、饮料等服务。

(5)采取有效措施,搞好防火、防洪、防地质灾害和防生物灾害等工程。

9 综合保障体系构成

9.1 宣传教育

(1)自然保护区的管理人员要经常深入山区居民,向居民宣传保护区动植物资源与人类的密切关系,宣传森林法、自然保护区管理条例、森林和野生动物类型自然保护区管理办法等政策法规,使广大干部群众认识到保护的目的是为了持续的发展,使保护自然资源成为干部群众的自觉行为。

(2)社区教育。齐云山自然保护区核心区仍有一定数量的居民,对自然保护区形成了一定的冲击力。因此,农户搬迁工作的到位势必需要加强对居民的旅游经济、环境保护等教育宣传,使他们明白生态旅游的价值及给他们带来的利益。

(3)加强游客的环保教育,倡导做生态文明游客,采取赠送小纪念品,颁发环保志愿者证书,树立亲和力强的环保宣传广告,优惠减免门票等多种形式,使游客增强环保意识,自觉主动做文明游客。

9.2 经营管理

(1)坚定不移地长期坚持崇义县"生态立县"的发展战略,在政府积极主导下,理顺经营管理体制,通过招商引资的形式,坚持双向选择,招大商、招优商,组建齐云山旅游开发公司,走集团化、专业化、集约化的经营之路,由公司具体承担齐云山森林生态旅游的开发与经营工作,坚持市场化运作的发展道路。政府与旅游企业之间建立良好的协调机制,以确保森林生态旅游业能顺利发展。

(2)成立一家旅行社,承担齐云山生态旅游专业导游工作。

9.3 科技保障

(1)严格依照《中华人民共和国自然保护区条例》、《中华人民共和国环境保护法》等有关法律、法规,规范发展齐云山生态旅游,走法制化的发展道路。

(2)认真组织编制齐云山生态旅游总体规划,坚持规划先行,有序发展。

9.4 人力资源

人才是旅游业可持续发展的根本动力,事业兴旺,人才为本。旅游业不但是劳动力密集型产业,也是人才密集型产业,生态旅游尤其如此。旅游业发展的竞争最终是人才的竞争,所以,旅游从业人员的思想文化素质和专业技能素质是保证旅游产业健康发展的核心。齐云山生态旅游的开发与经营需要培养引进一批合格的饭店服务人员、生态旅游专业导游人员、一支合格的生态旅游管理人员队伍。应当未雨绸缪,早做准备,同时有计划地对各层次人员进行必要的专业培训。

第16章 保护区经济社会考察

齐云山自然保护区建于1997年9月,2004年经江西省人民政府批准晋升为省级自然保护区。保护区位于江西省西南部,罗霄山脉南段,东南面分别与本县思顺乡、上堡乡相连,西与湖南省桂东毗邻,北与江西省上犹县五指锋乡接壤。其地理位置为东经113°54′37″~114°07′34″,北纬25°41′47″~25°54′21″,属于森林生态系统类型的自然保护区。齐云山自然保护区内人迹稀少,森林覆盖率高达97.6%,环境优美,空气清新,水源洁净,夏季气候凉爽,无人为污染和潜在的环境破坏等问题。经过近4年的建设,在保护区内社会经济发展取得明显成效,保护区内社会经济状况发展良好,自然保护区管理有序,自然保护区的价值得到进一步提升,人与自然环境进一步和谐。

1 社会经济

1.1 社区人口

齐云山自然保护区坐落在崇义县思顺、上堡两乡境内,涉及五个自然村、一个林场、一个自然保护区管理局。齐云山是江西省境内海拔较高的山头,它西连湖南省桂东县,南连南岭山地,北接罗霄山脉。崇义县总人口为200081人,其中农业人口为162835人,非农业人口为37246人。自然保护区所在乡镇涉及农村人口20000余人,其中保护区核心区、缓冲区内无人迹,实验区有1569人,每平方公里9.2人,都为汉族。区域劳动力大约占总人口的50%,大约50%劳动力常年在外务工就业。根据科学考察队的随机调研,保护区内男女比例为55%:45%(图16-1)。

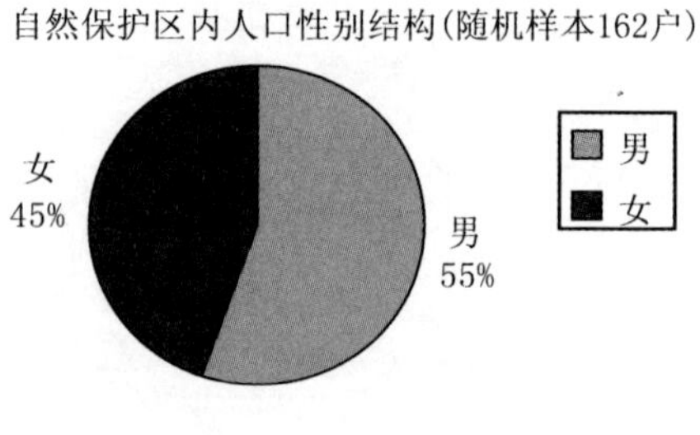

图16-1 齐云山自然保护区内人口性别结构

1.2 经济状况

齐云山自然保护区所在的崇义县,是江西省的林业大县,森林覆盖率达到85.6%。2006年,全县人均GDP为9523元,三大产业结构比例为22.6:47.3:30.1,第二产业主要以矿业为主,全县农民人均纯收入为2934元,城镇居民人均可支配收入为7513元。自然保护区内由于交通、通讯等基础设施落后,经济发展水平比较低,经济结构单一,区域内以传统农业为主,沿袭传统的农耕生产方式,

作者:朱述斌等(江西农业大学"三农问题"研究中心)

附带经营毛竹、竹笋、茶叶等。但由于自然保护区内资源丰富，农民传统农业收入人均2000元左右，高于自然保护区周边的农民人均收入，但远低于同期全省农民人均收入3266元的水平。

1.3 文化教育

近些年来，齐云山自然保护区所在崇义县及周边乡镇，文化教育有了较大发展，农村基础教育设施基本完善，各乡镇建立了高中、初中学校，自然村建立了小学新校舍，适龄儿童基本完成了九年义务教育。但由于自然保护区内居民大多数居住分散，适龄儿童上学路程远，交通不便，特别是初中教育都在乡镇，影响了九年义务教育的教育质量和普及率。自然保护区内初中学生高中入学率偏低，仅占20%左右，大学入学率更低，近千人的自然村每年上大学的学生只有1~2人。保护区内总体人口受教育程度比较低(图16-2)

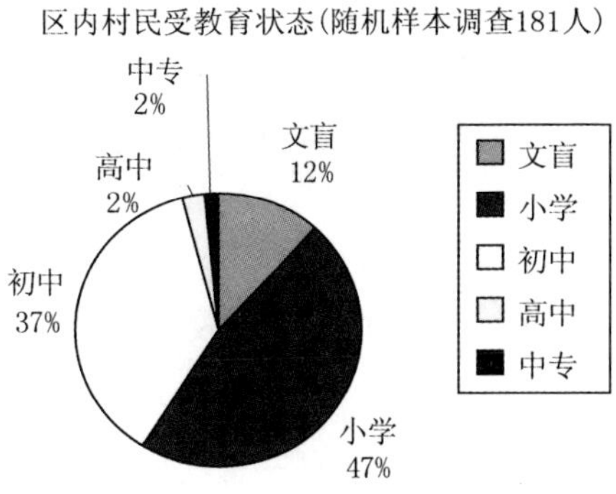

图16-2 齐云山自然保护区内农民受教育状态

2 社区及社区经济

2.1 社区社会经济概况

总体来说，齐云山自然保护区社区社会经济呈现良好势头，社会稳定，经济发展。但与全省相比，仍处于落后状况。自然保护区乡镇涉及农村人口20000余人，其中与保护区相关人口5000余人，试验区人口1569人。根据科考队抽样调查162户农户，自然保护区内的常年劳动力大约占总人口的62%，大约一半的劳动力常年在外务工(图16-3)。

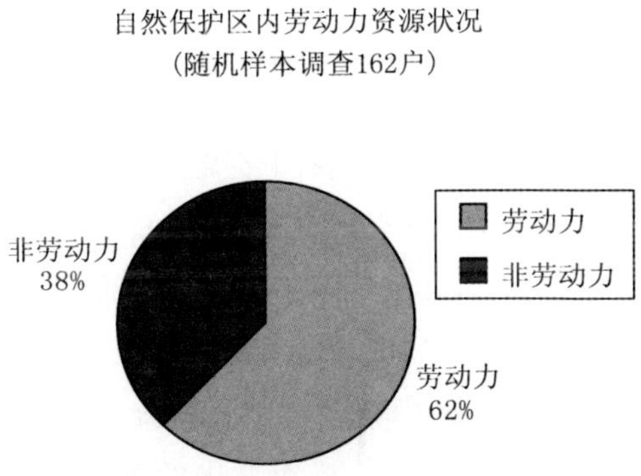

图16-3 齐云山自然保护区内劳动力结构

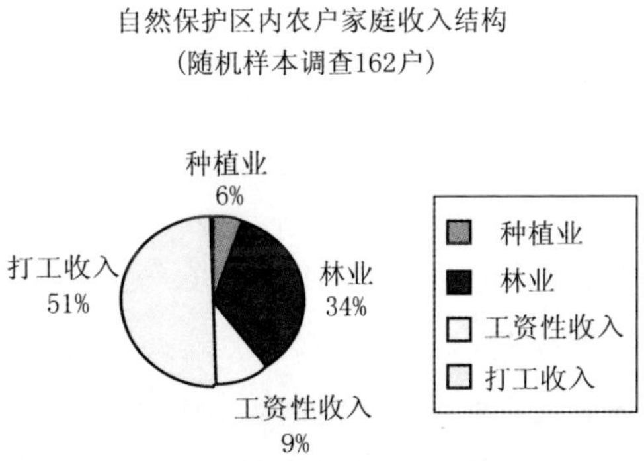

图16-4 2006年齐云山自然保护区内农民收入结构

(1)经济发展水平较低，农民外出务工和林业收入占有较大比重

齐云山自然保护区，自然资源丰富，环境优美。由于交通、通讯等基础设施落后，经济结构单一，社区经济比较落后，农户收入水平低，低于全省和全县农民收入的平均水平。传统农业比较利益低，创造的现金收入下降，人们倾向于外出务工。2006年，自然保护区农村居民纯收入为2583元，低于2006年崇义县农民人均纯收入水平2934元。也远低于同期全省农民人均收入水平3266元。保护区内农民收入主要来自外出务工和林业经营收入，其中种植业收入占总收入的6%；林业占34%；工资性收入占9%；外出务工收入占51%。从收入来源结构上看。农民的收入有将近一半来自在外务工，出外务工是农民增收的一条重要途径。林业是农民收入的第二来源，占整个收入的1/3。林业产

品仍是自然保护区农民的收入重要来源,但由于交通等基础设施的落后,林产品虽然丰富,但运输比较困难,交易成本高,从而影响保护区农民收入增长。种植业收入主要指粮食作物的收入,粮食作物收入所占整个收入的比例已经非常低,保护区人均耕地面积仅为0.84亩,每亩粮食产量为363kg,低于2005年全县粮食每亩产量379kg。人均耕地少,单产低是保护区传统农业的显著特征,粮食供应基本上是自给自足,至于工资性收入所占比例就更少了,保护区内只有少数人从事第二或第三产业的工作(图16-4)。

(2)保护区内农民生活质量有了明显提高

随着保护区内农民收入的增长,农户家庭的支出结构有了较大变化,交通、通讯、文化娱乐所占比重逐步提高,说明保护区内近年来农民生活质量有了较大提高。家庭生活消费性支出占整个家庭的总支出的38%,投资支出占整个家庭总支出的53%,其他支出则占9%。农业生产资料支出占投资支出的57%,教育支出占投资支出的42%。从上述数据来看家庭支出的主要部分在于投资部分,而投资部分绝大多数用于农业生产资料和家庭的子女教育。家庭的消费支出主要集中在食品、生活衣着、家庭设备等用品、交通通讯、娱乐和文化等支出。它们的具体消费支出结构比例为:食品占29%:生活用品与设施占25%:交通与通讯占21%:文化娱乐等占25%(见图16-5)。

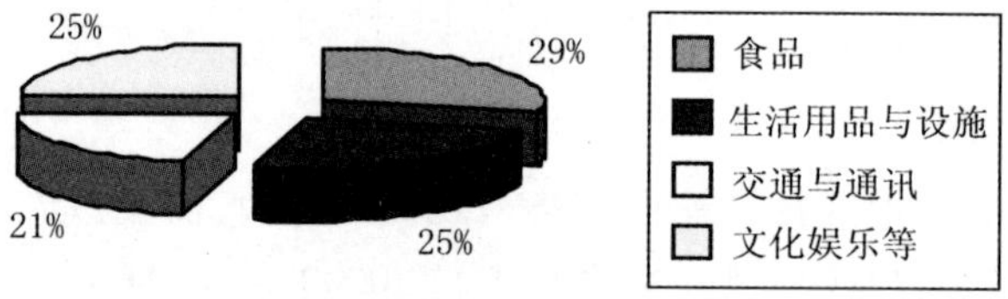

图16-5 2006年齐云山自然保护区内农民消费支出结构

自然保护区内的交通落后,导致区域内的农民与外界的沟通成本高,必要的交通工具和通讯设施在当地已经非常普遍了。据我们抽样调查162户农户的结果来看,家用的汽车或摩托车等机动车有157辆,每户拥有量达0.97辆,也就是说基本上每户都配有一辆机动车。而拥有彩电数量达159台,每户拥有量达0.98台,基本上是每户都有一台彩电。拥有电话有135台,每户拥有电话率为83%。

保护区内农户的福利水平一般,人均住房面积37.5m^2,略高于全县的平均水平30.4 m^2。保护区内基本上全部用上了自来水(山水),农户参加农村新型合作医疗人数所占总人口的比例为94.4%。

2.2 产业结构

齐云山自然保护区内产业结构单一,以传统农业为主,种植业主要以水稻生产为主,林业主要以竹木及其附属产品生产为主,有少数林产品初级加工业。农民在传统农业中的现金收入主要来自林业,其中毛竹、竹笋、茶叶为主要林业产品,种植业和畜牧业主要满足农户自我消费。在自然保护区内产业结构是典型农耕经济结构,以自我消费为中心。除村民出外务工51%现金收入外,主要来自木材、毛竹、竹笋等林产品销售收入,是初级资源利用型的经济结构。这种初级资源利用型的经济结构对自然保护区的建设具有两面性,如果自然保护区投入大、保护区内村民利益能与国家公共生态利益一致,则有利于自然保护区建设。反之,则可能导致自然保护区生态建设不可持续。自然保护区所在的崇义县,2006年三大产业结构比例为22.6:47.3:30.1,第一产业中林业是区域主导产业,第二产业主要以矿业(资源型)为主。而自然保护区所在的两个乡镇,第一产业也占70%以上(含林业生产),农业人口占全乡镇的96.5%,二、三产业不发达,林业为第一产业主导产业,第二产业主要是以矿业、小水电、简易竹林加工业为主。由于齐云山自然保护区水利资源丰富,保护区所在思顺乡有小水电站12座,是该乡第二产业的主要企业。

2.3 社区发展概况

改革开放以来，齐云山自然保护区内的社会事业虽然有了较大发展，一部分村民已较富裕，社区民主建设、基础教育、医疗条件等方面已有较大发展，但与保护区外相比以及与保护区村民要求仍然有较大差距，保护区内社会事业发展水平相对较低。科学考察队对村民的随机民意调研显示出保护区的社会事业发展仍未能满足大多数村民需求（图 16-6）。自然保护区内 50% 村民对当前生活不满意，对社区医疗、教育条件改善和负担减轻要求的村民超过 60%。但大多社区村民对社区环境和民主管理较为满意。

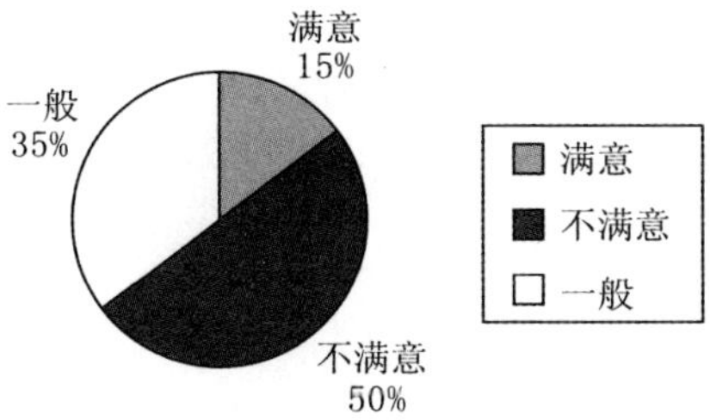

图16-6 齐云山自然保护区村民对当前的生活满意度

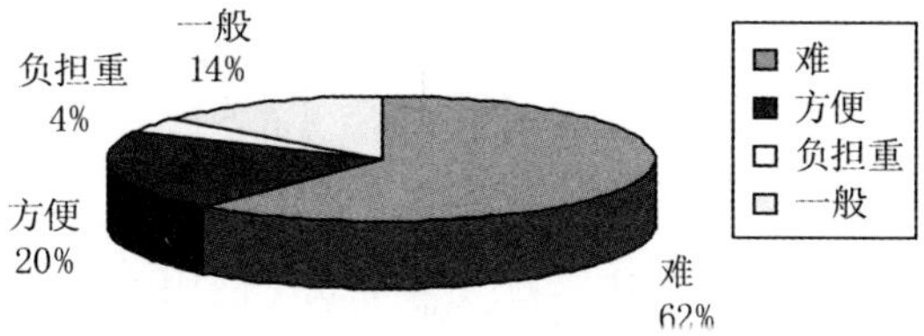

图16-7 齐云山自然保护区村民对当前的医疗条件看法

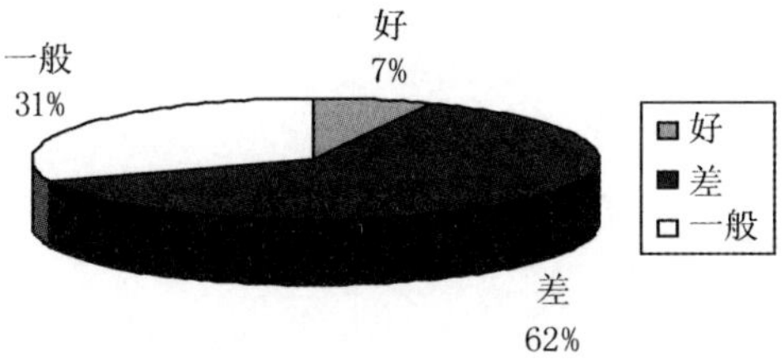

图16-8 齐云山自然保护区对社区教育条件看法

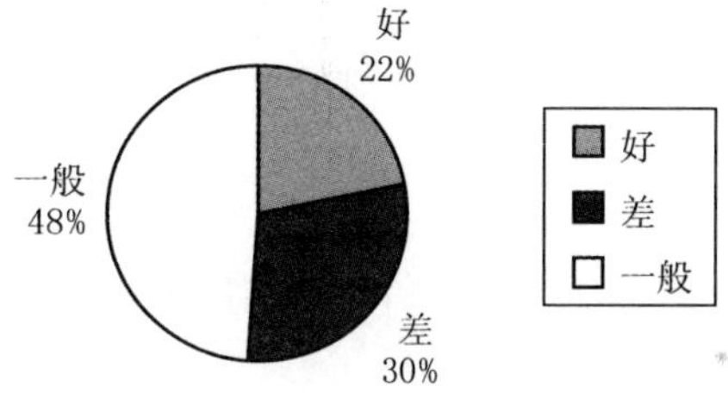

图16-9 齐云山自然保护区对社区环境满意度

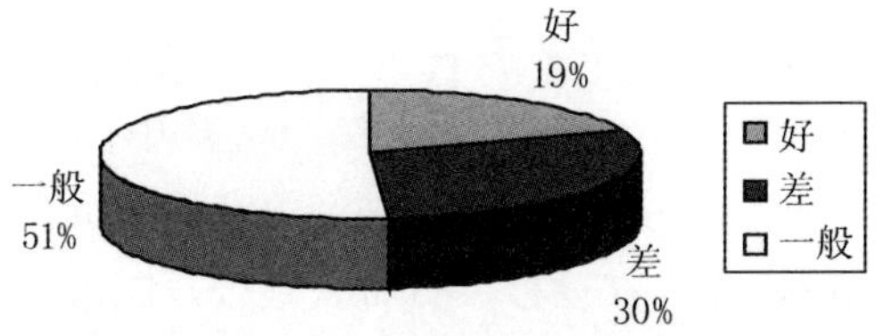

图16-10 齐云山自然保护区对社区民主管理看法

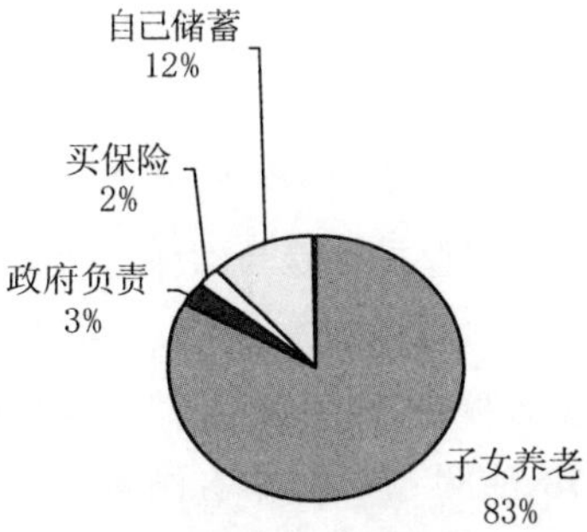

图16-11 齐云山自然保护区内村民养老方式

3 自然保护区评价

3.1 经济价值评价

3.1.1 经济价值评估的意义

对齐云山自然保护区的经济价值评估，对于认识其保护价值，促进自然保护区自然、经济、社会这一复合系统走上良性发展轨道，协调自然保护区及其周边社区的自然保护与经济发展、为维护自然保护区持久稳定性、为政府决策服务具有重要意义。同时，正确评估自然保护区的生态价值、合理利用自然资本，为生态效益补偿机制的顺利实施、发展特色经济提供依据。

3.1.2 经济价值评价方法

（1）联合国环境规划署（UNEP）计算生物多样性价值的方法：

·TEV——总经济价值；

·DUV——直接使用价值（Direct Use Value）；

·IUV——间接使用价值（Indirect Use Value）；

·OV——选择价值（Option Value，包括 BV）；

·QOV——半选择价值（Quasi Option Value）；

·BV——遗产价值（Bequest Value）；

·EV——存在价值（Existence Value）。

·其中，DUV，IUV，OV，QOV 属于使用价值；

·BV 和 EV 属于非使用价值。

（2）我国的计算方法

·我国在 1994 年国家科委组织的自然资源核算研究中

·将森林资源环境价值分为使用价值和非使用价值

·并提及到选择价值和存在价值的概念。

·1998 年 2 月由国家环保局出版的《中国生物多样性国情研究报告》中将生物多样性总经济价值分为三个方面：

·1）使用价值

·2）选择价值（即潜在价值，即为后人提供选择机会的价值）。

·3）存在价值

3.1.3 齐云山自然保护区的使用价值

使用价值：指被人类作为资源使用的价值，又分直接使用价值和间接使用价值；直接使用价值可分为：消费性价值和非消费性价值。

齐云山自然保护区消费性价值：生物为人类提供了食物、纤维、建筑和家具材料、药物及其他工业原料；生物资源的价值如薪炭、木材、鱼、动物皮、药用植物、蜂蜜、蜡、纤维、树胶、树脂、藤竹、建筑材料、野味、饲料、木耳、蘑菇、野果、染料等生物资源产品的生产利用，对国家经济发展具有重大的影响。

齐云山自然保护区是自然生态宝库，物种多样性非常丰富，活立木蓄积量巨大，绿色 GDP 可观。保护区总面积 17105hm^2，核心区 5680hm^2，缓冲区为 2750hm^2，实验区为 8675hm^2，其中国有林地 9887hm^2，集体林地 7218hm^2。活立木蓄积量超过 122 万 m^3。据初步调查，保护区内有种子植物 2422 种，隶属 178 科 847 属，其中有国家一级保护野生植物 3 种：南方红豆杉、柏乐树、银杏。国家二级保护野生植物 14 种，省级保护野生植物 140 种，有野生脊椎动物 394 种，隶属四纲 34 目 101 科，其中有国家一级保护野生动物 4 种：豹、云豹、黄腹角雉、白颈长尾雉，二级野生保护动物 46 种，省级野生保护动物 63 种。

齐云山自然保护区非消费性的价值：提供自然环境的娱乐价值、美学价值、社会文化价值、科学价值、教育价值、精神价值和历史价值等。如：齐云山自然保护区内的三大特色价值“绿色、红色、古色”充满迷人风光的绿色文化。自然保护区内的第一高峰—齐云峰海拔 2061.3m，为赣南最高峰，江西第四高峰；具有传奇色彩的红色文化，毛泽东、朱德、陈毅等领导人领导中国工农红军生活战斗的地方，如著名的“上堡整训”旧址、红军后方医院旧址、王尔琢烈士墓、上堡毛泽东旧居、军民大会旧址红色教育财富；充满地方特色风情的古色文化，“上堡客家梯田”始建于元朝，距今680多年历史，总面积近3万亩，被誉为“中国三大梯田奇观之‘秀丽天梯’，源于梯田的上堡客家“田埂文化”、“春牛文化”、“猎酒文化”同样盛名于江南。

另外，“茶寮碑刻”系明正德十二年(1517年)巡抚王守仁镇压以谢志山为首的农民起义军后所刻，历史典故耐人寻味。

间接使用价值即生态功能，指间接地支持和保护经济活动和财产的环境调节功能。表现为涵养水源、净化水质、巩固堤岸、防止土壤侵蚀、降低洪峰、改善地方气候、吸收污染物，并作为CO_2的碳汇在调节全球气候变化中的作用等等。齐云山自然保护区是赣江水系主要的水源之一，江西上犹“陡水水库”70%水源来自齐云山自然保护区。自然保护区对于区域(江西)气候具有重要的调节功能。

3.1.4 齐云山自然保护区的选择价值

选择价值也称为潜在价值，指为后人提供选择机会的价值。主要是确定资源未来的可利用性，避免它们的枯竭和无谓的灭绝损失。选择价值是对一些未确定事物风险评价的方法。今天，没有人敢确定现在还未被利用的那些物种以后也不会有利用的价值；栽培植物野生亲缘种究竟能提供多少对农林业发展有用的遗传材料也很难确定。齐云山自然保护区物种丰富，生物多样性在这里得到充分体现。

3.1.5 齐云山自然保护区的存在价值

自然保护区存在价值是指伦理或道德价值。自然界多种多样，极其繁杂的物种及其系统的存在，有利于地球生命支持系统功能的保持及其结构的稳定，使自然界的动态平衡不致遭到瓦解。齐云山自然保护区通过2年的系统科学考察，查明有高等植物270科1031属2843种，其中，苔藓植物52科99属192种，蕨类植物40科85属229种，裸子植物9科17属20种，被子植物169科830属2402种。脊椎动物有34目101科394种，其中，哺乳类8目20科45种，鸟类17目54科257种，爬行类3目11科48种，两栖类2目7科24种，鱼类4目9科19属20种。无脊椎动物有1376种，其中，陆生贝类10科18属37种，昆虫18目162科824属1168种，蜘蛛28科73属171种。其独具特色的存在价值主要体现在以下几方面：

(1)是构建国家重要而完整的南岭山地自然保护优先区域不可或缺的重要组成部分。南岭山地是我国具有全球意义的常绿阔叶林群落集中分布区，是古北界和古热带交接地带。罗霄山脉是我国西部高地向东部低山高丘过渡的重要分界线之一。齐云山自然保护区位于东西走向的南岭山脉和南北走向罗霄山脉交汇的诸广山脉腹地，又称“丁”字生物路口，发育和保留了结构非常复杂、林相非常完整的中亚热带常绿阔叶林生态系统。这种特殊的生物地理坐标上常绿阔叶林生态系统，对研究弥足珍贵的中亚热带常绿阔叶林生态系统演替、中国生物地理区划、地球生物演化与生态进化具有重要意义，是构建我国南岭山地完整的常绿阔叶林生态系统自然保护区群不可或缺的重要组成部分。

(2)是我国生物多样性保护的关键地区。已查明齐云山自然保护区高等植物有270科1031属2843种，脊椎动物有34目101科394种。与九连山、桃源洞、八面山等保护区比较，齐云山保护区生物多样性尤为丰富(九连山高等植物有2796种，脊椎动物有327种、桃源洞高等植物有2019种，脊椎动物212种、八面山高等植物有2259种，脊椎动物240种)。在齐云山丰富的生物多样性中：①国家重点保护野生动植物多。国家重点保护野生植物有17种，其中，国家Ⅰ级有南方红豆杉、伯乐树、银杏3种，国家Ⅱ级有小黑桫椤、金毛狗、福建柏、卵叶桂、半枫荷、樟树、华南栲、凹叶厚朴、秃叶黄檗、野大豆、毛红椿、伞花木、金荞麦、喜树等14种；国家重点保护野生动物有50种，其中，国家Ⅰ级有豹、云豹、黄腹角雉、白颈长尾雉4种，国家Ⅱ级有藏酋猴、水鹿、穿山甲、黑鸢、松雀鹰、白鹇、虎纹蛙、彩臂金龟等46种。②保留了大面积特色植物群落。大果马蹄荷林 912 hm^2,68.4 万株,最大胸径 76.5cm,更新良好;秀柱花林 35 hm^2、最大胸径 21 cm;天目紫茎林 157hm^2,最大胸径 75cm;厚叶栲林 115 hm^2,最大胸径 85 cm,更新良好;南岭紫荆林 8hm^2,约 2000 株,更新良好;长苞铁杉林 608.5hm^2、27.67 万株,最大胸径 82 cm;福建柏林 1485 hm^2、75.25 万株;伯乐树林 79 hm^2、8000 株等。③有众多生物地理标识物种。一是区内有仅见于深圳和香港的粤紫萁,是粤紫萁分布的最北界;二是区内有大面积主要分布于广东、广西、越南等南亚热带的五列木、大果马蹄荷、厚叶栲和光果金樱子等典型的南亚热带或热带成份;三是区内分布的海南棱蜥和海南闪鳞蛇是这 2 个物种目前已查明的分布纬度最高的分布点;四是有多个新记录或新种,有 9 种蜘蛛是世界新种,蕨类一新种,发现了 117 种江西新分布记录,其中植物 15 种,无脊椎动物 97 种,鸟类 5 种。因此,齐云山自然保护区是我国生物多样性保护的关键地区,具有典型性和代表性。

(3)是我国南方候鸟迁徙的重要通道。齐云山自然保护区位于罗霄山脉南端的诸广山脉腹地,最高峰——齐云山海拔 2061.3m,其正北面有南风面(2120m),正西为八面山(2040m)。这三座高山之间形成一条宽约 46km 的凹形通道,经我国鸟类学家初步研究,认为是我国候鸟中部迁徙路线的重要通道之一,为我国中部候鸟迁徙的必经之路。据调查,途经齐云山自然保护区的候鸟有 137 种,隶属于 13 目 34 科,其中水鸟 32 种,猛禽 12 种,雀形目 78 种。

保护好齐云山自然保护区的生态环境,能为这些候鸟提供一个良好的休息、觅食地,保障数十万候鸟完成其南迁北飞重要生活史。

(4)具有重要的生态服务功能和国土保安价值。齐云山自然保护区由于山体高大,地形复杂,植被保存完整,水系十分发育,区内有河流十三条,这些河流的年总流量约 4.3 亿 m^2,是赣江的主要源头之一。因此,保护齐云山自然保护区森林生态系统在水资源供给、气候调节、保持水土、减少自然灾害等生态安全方面具有重要意义。

(5)是贯彻落实《国家林业局关于印发〈全国林业自然保护区发展规划〉(2006~2030 年)的通知》重要举措。该规划将齐云山自然保护区列为 2005~2010 年晋升国家级自然保护区的优先名录,保护好齐云山自然保护区,对实现国家生态保护、生态安全、生态文明建设和可持续发展战略具有重要意义。

3.2 管理评价

齐云山自成为省级自然保护区以来,崇义县各级政府领导高度重视保护区的建设与管理,自然保护区管理局严格按照自然保护区条例进行管理,自然保护区内管理有序,制度完善,政令畅通。已经具备较好的保护管理基础。

3.2.1 管理机构和基础设施健全

保护区管理机构为崇义县齐云山省级自然保护区管理局,级别科级,隶属崇义县人民政府。齐云山自然保护区管理局有 23 名正式员工,12 名临时职工。下设三个检查站"内塘检查站、香炉坝检查站和赤水检查站",三个护林工区"新地护林工区、三江护林工区和桶江护林工区"。保护区管理局已经具备管理所需的办公、保护、科研、宣传教育、交通通讯、生活设施用房等基础设施。现有办公、住房 288m^2,生活用房 115.2m^2,哨卡用房 198m^2,护林点用房 430m^2。小车 2 部,摩托车 12 辆,建立了移动通讯网络,无线电话 6 部,无线对讲机电台 1 台,手持对讲机 2 部。齐云山自然保护区管理局的隶属关系及管理机构体系见(图 16-12)。

3.2.2 管理制度较完善

保护区内山林的管理统一划归自然保护区管理局,集体林地均由保护区与林权单位和权利人签订了委托代管协议书,并由保护区管理局与当地行政村成立了护林防火指挥部,协调区内护林和防火工作,制订了护林公约、明确了管护责任,在实验区组织协调开展科学研究、教学实习、驯养种植、

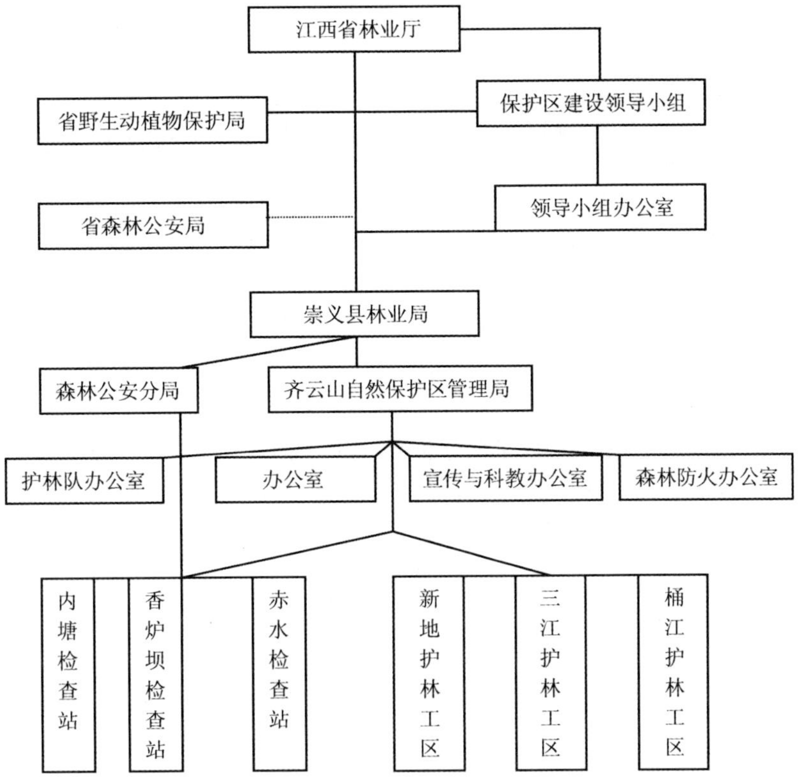

图 16－12 江西省齐云山自然保护区管理示意图

生态旅游等工作。保护区国有和集体林地权属清楚，社区关系融洽。

3.2.3 农户对保护区管理满意度较高，管理成效明显

保护区已完成了比较详细的综合科学考察，系统掌握了保护区的资源、环境本底情况，编制完成了比较详细综合考察和总体规划，收集了比较完整的各类生物样本材料。根据齐云山科学考察队的问卷调查显示，农户对建立自然保护区的意愿很高，有81%的农户同意建立自然保护区，对保护的管理评价也很高，有近90%的农户对保护区的管理水平比较满意。对未来自然保护区的建设也有比较好的预期，有66%农户认为自然保护区将会建设得更好，只有31%的农户不知道自然保护区的建设将来会怎么样（图16－13）。区内社会经济发展水平虽然较低，但林农对建立自然保护区的意愿很强烈，希望通过建立齐云山国家级自然保护区促进社区共管共建，实现生物多样性保护与社区经济持续发展，逐步提高林农经济收入，改善生活条件，提高生活水平。

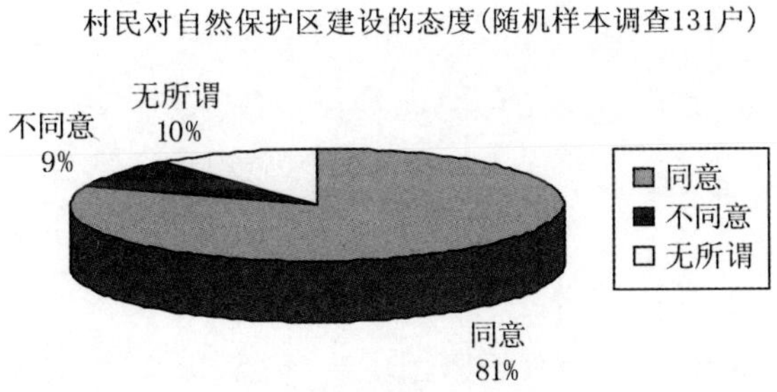

图 16－13 齐云山自然保护区内村民对保护区建设态度

齐云山自然保护区成立以来,自然保护区内森林火灾发生率为0。植被茂盛,物种多样性得到有效保存,区域内农民收入显著提高,人与自然进一步和谐。

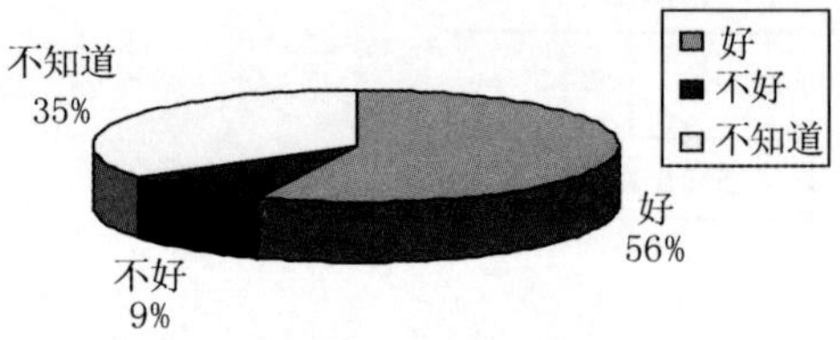

图16-14 齐云山自然保护区内村民对保护区管理水平评价

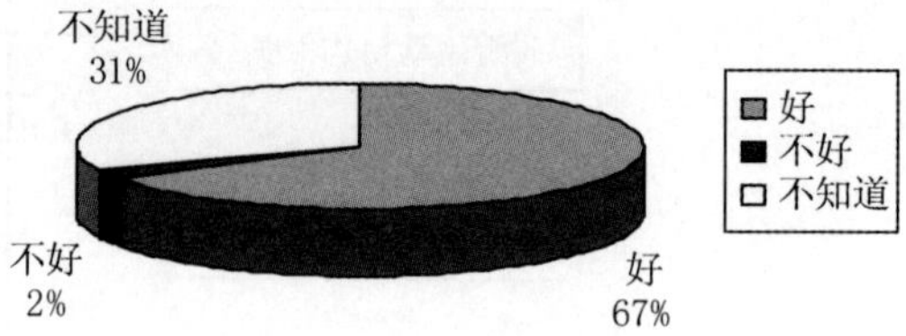

图16-15 齐云山自然保护区村民对保护区建设的利益预期

根据对江西省齐云山自然保持区的综合分析与评价,按照《中华人民共和国自然保护区条例》和中华人民共和国标准GB/T14529-93《自然保护区类型与级别划分原则》的有关规定,江西省齐云山自然保护区已具备晋升国家级森林生态系统类型自然保护区的条件。

第17章 保护管理

齐云山自然保护区地处国有思顺采育林场，坐落在崇义县思顺、上堡2个乡境内，其前身可追溯到1981年崇义县思顺新地松脂林场的建立。自1997年建立县级自然保护区以来，经过十多年建设和保护，社区关系和谐稳定，建立了一整套较为科学的管理制度和办法，取得了明显的成效，保护工作多次得到上级表扬和充分肯定。2005年，齐云山自然保护区被省林业厅授予野生动植物和湿地保护先进单位称号。

1 保护区历史沿革

1981年8月创办思顺新地松脂林场，隶属县化工厂，1984年10月并入县天台山林农垦殖场，改称新地分场。1993年12月从县天台山林农垦殖场分出，独立设立思顺采育林场。1997年建立了县级自然保护区，使齐云山的自然生态和珍稀生物资源得以保护。

2004年，江西省人民政府批准晋升为省级自然保护区（赣府字[2004]30号），定编23人，划定面积17105hm^2，其中核心区面积5680hm^2，占33.2%，缓冲区面积2750hm^2，占16.1%，实验区面积8675hm^2，占50.7%。对保护区管理范围依照《中华人民共和国自然保护区条件》和《森林和野生动物类型自然保护区管理办法》进行了有效的管理。保护区内国有林面积占57.8%，属思顺采育林场。保护区有户籍人口1569人，全部生活区在实验区范围内，大约50%劳动力常年外出务工，对山林依赖性不强。

2 保护区基础设施

自2004年齐云山晋升省级自然保护区以来，县财政累计投入事业费近100万元，通过保护区以外的多种经营，经费200多万元。主要设施如下：

（1）办公用房1栋，面积288m^2，生活住房115.2m^2。3个保护管理站及哨卡628m^2，简易防火瞭望台12m^2，辅助及其它用房86m^2。

（2）交通工具：小车2部、摩托车4辆。

（3）办公、通讯宣传设备：电话机4部，无线电对讲机电台1台，手持对讲机2部，电脑1台、笔记本电脑1台、打印机1台、DV摄像机1部、数码相机2台、GPS仪2个、显微镜1台、望远镜3台。

（4）林区公路：保护区内共有林区公路47km。

作者：吴明平 赖传平 卢和军（崇义县林业局）

3 保护区机构设置和人员状况

3.1 管理机构

齐云山自然保护区管理局直属崇义县人民政府，管理局下设办公室、资源保护股、科研股、财务股、生产经营股和新地管理站、三江管理站、桶江管理站以及内塘、香炉坝、赤水护林哨卡。保护区的旅游开发及管理和各项资源的合理利用根据县政府统一安排，由保护区依照国家法律法规组织实施。

3.2 职工队伍及文化专业素质

保护区现有人员编制23人，为财政全额拨款，其中大中专4人，中级职称2人，初级职称工程技术人员5人，另外根据需要聘用护林员15人。

4 保护管理

4.1 保护管理现状

保护区的保护管理采用双重管理体系，即业务管理为县林业局—管理局—资源保护股—保护管理站，行政管理为县人民政府—管理局—资源保护股和保护管理站。管理局对保护区的保护管理全面负责。一是资源保护股负责区内资源的管理和检查、督查工作；二是对全局人员实行百分制目标考核责任制，经费实行包干使用；三是负责实施县政府与管理局，管理局与资源保护股、保护管理站的层级间的护林防火等岗位目标责任管理；四是落实管理局内各股、室、站工作范围职责，坚持全天候护林；五是负责管理局的多种经营，弥补经费不足。管理局与县林业局组建了20人的专业森林消防队伍，配置了一整套消防设备；强化巡山护林工作力度，对进山人员实行登记检查制度，重视社区管理，对保护区内居民宣传各种森林保护法律、法规，重点防火期节假日实行领导带班制。对保护区内54 km巡护道进行维修，多方筹措资金开设人工防火道及防火林带，完善区内保护管理站设施，做好与保护区相邻省、县、乡的社区联防工作。

崇义县人民政府历来重视生态保护，为了保护好这一生态环境优美、物种资源丰富，长江流域鄱阳湖水系与赣江源区和洞庭湖水系滁水源区，保护区从成立一开始就采取封山育林措施，对已经择伐过的山场实行全封，经过10多年封山育林，全区内无一亩荒山，森林覆盖率达97.6%。为做好保护区各项管理工作，管理局初步建立了一整套适应自然保护区管理和建设的规章制度，制定并实施了《齐云山自然保护区管理规定》、《齐云山自然保护区党支部工作制度》、《齐云山自然保护区财务管理制度》、《齐云山保护区内部管理制度》等一系列管理规章和办法。

4.2 保护类型

(1)保护类型。根据《自然保护区类型与级别划分原则》(GB/T14529—93)，齐云山自然保护区属于“自然生态类森林生态系统类型”自然保护区。

(2)保护对象。齐云山自然保护区集生物多样性保护、科研监测、宣传教育、社区共管、生态旅游及多种经营于一体，属生态公益性事业。保护的主要对象为：南方红豆杉、长苞铁杉、福建柏、伯乐树、毛红椿、伞花木、花榈木、半枫荷、大果马蹄荷、假木荷、小黑桫椤等珍稀植物及其生境，中亚热带常绿阔叶林森林生态系统，珍稀、特有野生动物及其栖息地。

①重点保护植物及群落为长苞铁杉林、南方红豆杉、伯乐树林、福建柏林、大果马蹄荷林、南岭紫荆林、厚叶栲林、秀柱花林、毛红椿、伞花木等，其中2种为国家Ⅰ级重点保护植物及群落。

②重点保护野生动物有云豹、豹、黄腹角雉、白颈长尾雉、藏酋猴、水鹿、穿山甲、黑鸢、松雀鹰、白鹇、虎蚊蛙、彩臂金龟等，其中4种为国家一级保护野生动物。

③南岭山地原生性中亚热带常绿阔叶林森林生态系统。

(3)保护区功能区划。

①保护区功能区划主要遵守生物保护优先原则、生态整体性原则、综合性原则、连续性原则，根据这几个原则，齐云山自然保护区区划时做到尽可能多的保护对象在核心区、缓冲区，使保护对象最具适宜的生境和足够大的面积。利用自然地形地势使功能区更为明显(表 17－1)。

表 17－1 齐云山自然保护区各功能区面积及比例

分区	面积(hm^2)	占保护区面积比例(%)
核心区	5680	33.2
缓冲区	2750	16.1
实验区	8675	50.7
总面积	17105	100.0

②功能区界定。

A. 核心区。核心区的主要任务是使绝大部分保护对象在核心区内不受人为干扰，在自然状态下进行更新繁衍，保持其物种多样性，成为一个天然基因库。

根据此原则，齐云山自然保护区核心区内分布有 70% 以上的重点保护对象，其生境相当原始性。该区内植被主要有中亚热带常绿阔叶林、常绿落叶阔叶混交林、针叶林、针阔混交林等，生态系统保存完好。面积 5680 hm^2，占保护区面积的 33.2%。核心区采取封闭式的严格保护，除经过批准的科学研究、生态监测等活动外，严禁任何单位和个人进入。

核心区外围界是：以半间(N25°49′00″，E114°01′26″)→潘屋(N25°47′31″，E113°59′46″)→刘家坑(N25°46′07″，E113°57′41″)→赤水仙南(N25°46′27″，E113°57′24″)→上冬瓜坪(N25°49′55″，E113°58′04″)→诸广山脊→大坳(N25°52′32″，E114°04′34″)→高峰仙山脊，面积 5680hm^2。

B. 缓冲区。缓冲区位于核心区外围，是核心区保护缓冲地带，是阻隔外界干扰核心区的重要屏障，起到防止外来不良因素对核心区资源的影响和防止核心区资源外流的作用。

缓冲区依据山形地势为界，面积 2750 hm^2，占保护区面积的 16.1%。该区包括一部分原生性森林生态系统类型和由演替类型占据的次生生态系统及一部分毛竹林，缓冲区可以适当开展非破坏性的科学研究，教学实习及标本采集。

缓冲区外围界是：以大窝子(N25°48′57″，E114°02′13″)—郭屋(N25°49′53″，E113°11′37″)—刘屋(N25°47′58″，E114°02′50″)—雪竹窝(N25°47′45″，E114°02′14″)—刘家坑(N25°46′25″，E113°58′37″)—鸡婆石(N25°34′50″，E113°56′43″)—小河洞(N25°43′05″，E113°55′49″)—横樟背(N25°44′18″，E113°55′08″)—诸广山脊—正龙坳东(N25°54′15″，E114°03′24″)—水东木东(N25°53′11″，E114°05′14″)—水口里(N25°52′34″，E114°05′17″)—高峰仙(N25°51′58″，E114°04′32″)等为界，面积 2750 hm^2。

C. 实验区。实验区是保护区人为活动相对较频繁的区域，保护区内居民居住都在实验区。区内可以在国家法律、法规允许的范围内开展科学试验、教学实习、参观考察、宣传教育、生态旅游、多种经营、野生动植物驯养繁殖及其他资源的合理利用等。

实验区外围界是：以齐云山顶(N25°53′14″，E114°00′26″)—正龙坳(N25°54′01″，E114°02′26″)—海拔 1575m 山顶(N25°54′03″，E114°04′20″)—西边坳(N25°53′05″，E114°06′22″)—栗子坳(N25°53′39″，E114°07′02″)—安子埂(N25°53′29″，E114°07′44″)—糯米石(N25°51′52″，E114°07′22″)—雷公背(N25°51′54″，E114°06′58″)—雷公背南(N25°51′19″，E114°07′03″)—大坳子(N25°51′46″，E114°06′

07″)—洋洞坳西(N25°51′03″,E114°07′07″)—白旗山南(N25°49′20″,E114°06′12″)—白旗山(N25°49′42″,E114°05′48″)—山羊头西(N25°49′07″,E114°05′30″)—内塘子南(N25°48′38″,E114°05′47″)—黄竹垅(N25°48′29″,E114°04′42″)—龙潭瀑布(N25°47′50″,E114°05′08″)—龙背(N25°47′33″,E114°04′34″)—崩岗子(N25°46′59″,E114°03′50″)—崩岗子西(N25°47′18″,E114°03′27″)—白竹头上东(N25°47′40″,E114°03′40″)—白竹头上(N25°47′42″,E114°03′09″)—白竹头下(N25°46′57″,E114°02′38″)—万长山西(N25°47′03″,E114°01′38″)—海拔1402m山顶(N25°47′38″,E114°01′08″)—岭头子东(N25°46′36″,E114°00′10″)—枧岭下(N25°46′27″,E113°59′19″)—小平(N25°46′17″,E113°58′40″)—石坝子西(N25°46′02″,E113°57′41″)—水章背(N25°45′04″,E113°56′20″)—正坑垅(N25°44′30″,E113°56′05″)—南房头北(N25°44′06″,E113°57′23″)—埂头子北(N25°44′21″,E113°58′31″)—枫树垅(N25°43′39″,E113°57′04″)—下洞(N25°42′49″,E113°56′09″)—均洞北(N25°42′58″,E113°56′55″)—海拔1103m山顶(N25°42′29″,E113°57′27″)—横坑东(N25°41′47″,E113°56′40″)—马归槽南(N25°42′11″,E113°55′21″)—分地界(N25°42′39″,E113°54′37″)—诸广山山脊(湖南省界)等为界,面积8675 hm^2。

该区植被重点都是中亚热带常绿阔叶林、针叶林、中亚热带常绿落叶阔叶混交林、毛竹林、人工林等。

(4)规划建议

根据有效保护、合理持续利用的原则,结合保护区自然资源,地形地势,基地设施条件和管理水平,总体规划重点内容应包括保护管理规划、科研监测规划、社区宣传教育规划、社区共管与发展规划、生态旅游规划、多种经营规划、基础设施建设规划等。

保护管理规划是保护区总体规划的核心内容,包括保护措施和设施规划、野生动植物保护规划、防火规划、森林病虫害防治规划等。

监测规划应包括:开展生物环境和社会本底资源调查为主的综合考察,建立保护区科研资料档案和完善基础设备,开展生境、植被、野生动物的监测研究,科研项目规划等。

社区宣传教育规划应包括:社区共管规划与宣传工作规划,建立宣传教育中心,新建野生动植物陈列馆,积极开展培训教育。

基础设施规划应包括:局、站、塔规划、界碑、界桩、指示牌、宣传牌规划、道路桥梁规划、供电、通讯、办公及生活设施、交通工具规划等。

5 科学研究

保护区管理局成立以来,十分重视科研试验工作,先后与赣州市林科所、江西环境工程职业学院、复旦大学、南昌大学、江西农业大学、江西师范大学、中南林业科技大学、湖南科技大学、江西省地质调查研究院、赣南师范学院、江西省科学院动植物保护研究所、江西省气象台、庐山植物园、江西省野生动植物保护管理局等单位合作,共同对保护区内生物资源及环境、地质、水文等自然资源进行了较为全面的考察和教学实习活动。2002年,赣州市林科所、江西环境工程职业学院、崇义县林业局组织人员深入保护区进行树种资源调查。2006~2007年,崇义县人民政府邀请江西农业大学牵头对保护区开展综合科学考察,考察内容主要包括土壤、地质、地貌、水文、气候、植物、植被、动物、昆虫(蜘蛛)、大型真菌、旅游及社会经济等。基本查明了保护区内本底资源和珍稀野生动植物情况,采集了大量珍贵、稀有植物标本。2006年,复旦大学生物多样性与生态工程教育部重点实验室在齐云山自然保护区建立"江西齐云山自然保护区复旦大学实验基地",江西农业大学在齐云山自然保护区建立"江西农业大学教学科研基地"。期间,县政府又邀请上海复旦大学陈家宽博士、国家鸟类环志中心钱法文博士对保护区进行了考察指导,专家们对保护价值给予了高度评价。

6 存在问题

齐云山自然保护区在建设过程中,取得了一定成绩,有效保护了区内自然环境和自然资源,维护了生态平衡和生物多样性,但也存在一定困难和问题。

(1)基础设施落后。保护区面积大,管护任务繁重,但目前保护区仅有2部用车,一些重要设施和设备如瞭望塔、森林消防器材均没有配套,办公条件简陋、科研设备缺乏,严重影响了管护工作和科研工作的正常开展。

(2)经费短缺,资金日趋紧张。由于县财政薄弱,下拨经费严重不足,保护区管理人员条件艰苦,待遇又差,直接影响了保护区管理。

(3)保护区人员素质有待进一步提高。由于经费不足,居住工作环境偏远,职工后顾之忧难于妥善解决等原因,人才无法引进,科技人员尚未得到充分锻炼,出外培训机会少,无法满足保护区建设发展对高素质人才的需求。

(4)从外部环境看,保护与发展的矛盾比较突出。保护区周边的社区经济欠发达,特别是保护区内还有一部分林农,他们虽然大部分外出务工就业,但留下来的人如何解决其生活困难,实现保护区与社区经济的协调发展,是保护区必须解决的现实重要问题。

第18章 自然保护区评价

生态安全和环境问题已成为了21世纪社会、经济发展的主题，自然资源无价、环境无价等错误的人类资源观在森林资源的经营管理中尤为突出，导致目前全球的资源与环境问题日益严峻。建立一个正确的森林资源观，对森林资源的效益做出客观、全面的计量和评价，为所有的森林生态系统进行准确的价值定位，建立起完整的投入—产出分析体系和森林生态系统无形产品的价值补偿机制，是实现森林资源可持续发展及生态环境建设的必要基础。1998年4月29日全国人民代表大会通过的新《森林法》增加了一款“国家设立森林生态效益补偿基金，用于提供生态效益的防护林和特种用途林的森林资源、林木的营造、抚育、保护和管理。森林生态效益补偿基金必须专款专用，不得挪作它用”。这项政策的具体实施将为促进和保护森林生态系统提供了资金保障，也将刺激其外部保障体系的良性发展。特别是新世纪提出的林业可持续发展“三生态”战略以及《国务院关于加快林业发展的决定》这标志着林业的生态功能在经济上逐步得到了社会承认，标志着林业的生态服务可望通过贸易和价值补偿获取回报，因此对森林资源生态服务功能的价值计量进行研究尤显重要。森林的生态服务功能价值虽然不表现在国家的核算体系中，但它的价值可能大大超过森林的直接经济价值，而且森林的直接经济价值常常源于这种间接价值。

森林除了为人类提供食物、工业原料、药品等可以商品化的功能外，同时还支撑与维护了人类赖以生存的环境，如调节气候、涵养水源、保持水土、提高土壤肥力、营养物质循环、二氧化碳固定、防治污染等功能。森林生态系统的生态服务功能主要包括：调节气候。森林生态系统对大气候和局部气候均有调节作用，特别是对温度、降雨和气流的影响，从而缓解极端气候对人类生产生活的不利影响；涵养水源。在集水区和一个流域内，保存良好的森林植被具有水土保持、调节径流的作用，植物根系深入土壤，使土壤对雨水更具有渗透性；稳定水文。在有森林覆盖的地区，雨季可减弱洪峰流量，旱季可增加河流的流量，起到调节河流洪枯比的作用；保护土壤。由于有森林植被和枯枝落叶层的覆盖，可有效减少雨水对土壤的直接冲击，减少土壤侵蚀，保持土地生产力，保护河岸，防止湖泊、河流和水库的淤积；贮存营养元素，促进元素循环。森林从土壤、大气、降水中获得必须的营养元素构成生物体，同时生态系统内的所有生物体通过元素循环，促使生物与非生物环境之间的元素交换，维持生态过程；维持进化过程。森林生态系统的功能包括传粉、基因流、异花受精的繁殖过程，以及生物之间、生物与环境之间的相互作用，维持了自然生态系统的进化过程；防治污染。森林生态系统中的一些物种对污染物质有抗性，能吸收、分解一些污染物，另一些生物对有机废物、农药以及空气

作者：胡小康（江西农业大学林学院）

和水中的污染物有降解作用，有些生物对污染物敏感，可作为环境污染的指示植物；维护地球生命系统的稳定与平衡。人类生存的合适环境——大气组分、地球表面温度、地表沉积层的氧化还原电势、以及 pH 值等，都是被生物生长和代谢积极地控制的，目前这种适合人类生活的环境条件，在地球的早期并不存在，只是在古代以及以后地球上生物大量出现后才逐渐发展，在生物与大气地理环境的相互作用过程中逐渐形成的；提供自然环境的娱乐、美学、社会、文化科学、教育、精神和文化的价值。

根据生态服务价值理论和前人研究结果，结合水土保持措施的特点，笔者认为，水土保持生态服务价值评估是在特定尺度和区域范围内，对水土保持措施为人类和社会提供的服务和效益进行货币计量的研究，其理论依据除生态学和水土保持学 2 门基础性学科外，更重要的是生态经济学。本文主要评价内容包括保持和涵养水源价值、保持土壤价值、固碳供氧价值、净化空气价值、维持生物多样性价值等方面。

1　生态服务功能评价研究

1.1　研究区域简介

1.1.1　自然地理概况

齐云山自然保护区位于东经 113°54′37″～114°07′34″，北纬 25°41′47″～25°54′21″，地处罗霄山脉与南岭交接地段。是赣、湘两省分界的一条山脉；地势西南高、东北低。齐云山保护区内，山峰海拔高度多为 1000m 以上，其主峰齐云山海拔 2061.3m，为江西第四高峰。

1.1.2　森林资源概况

齐云山随着海拔的高度的不同，土壤母质、温度和降水的分配不同。在中亚热带湿润季风气候区的温暖、湿润的气候条件下、植被类型繁多，资源丰富。从分布特征上看，有地带性植被和非地带性植被。齐云山自然保护区土地总面积为 17105 hm^2。在土地总面积中，林业用地 16884.2hm^2，占总面积的 98.7%，其中森林（有林地）面积 15313hm^2，占总面积的 89.5%，占林业用地面积的 90.7%；灌木林地面积 1570.9hm^2，占总面积的 9.2%，占林业用地面积的 9.3%。在有林地中，针叶林 5886.9hm^2，占林业用地的 34.9%，占有林地的 38.4%；阔叶林 6566hm^2，占林业用地的 38.9%，占有林地的 42.9%；竹林 2860.1hm^2，占林业用地的 16.9%，占有林地的 18.7%。非林业用地面积 220.8hm^2，占总面积的 1.3%。按功能区分，核心区 5680hm^2，占总面积的 33.2%；缓冲区 2750hm^2，占总面积的 16.1%；实验区 8675hm^2，占总面积的 50.7%。保护区天然林面积 11613.1hm^2，占森林总面积的 75.8%，其中阔叶林 6563.6hm^2，占森林总面积的 42.9%，针叶林 5049.5hm^2，占森林总面积的 33%；人工林 839.9hm^2，占森林总面积的 5.5%。

1.2　研究方法

1.2.1　植物生产有机物价值评估

植被（绿色植物）利用太阳能将无机化合物（如：CO_2、O_2 等）合成有机质，是植被生态系统最基本的功能，这种功能将太阳能固定，为人类和其它生物提供了最初的第一性有机物和能量。生物生产力是生态系统主要的特征之一，通过对它的深入研究，可以更好地了解生态系统的生态服务功能过程。

1.2.1.1　植被生产有机物物质评估模型

净第一性生产力（简称 NPP）是指绿色植物在单位面积、单位时间内所能生产的各种有机质，包括了枝、叶和根等生物物质生产量及植物枯落部分的数量，植物的净第一性生产力反映了植物群落在自然环境条件下的生产能力。根据植被生态特点，并联系能量平衡、水量平衡，依据区域蒸散模式，国际上已经提出了许多测算模型，如迈阿密、桑斯威特和筑后模型等，这里采用一种改进型的自

然植被 NPP 评估模型,估测保护区净第一性生产力。其计算公式如下:

$$NPP = PDI\frac{rR_n(r^2 + rR_n + R_n^{\ 2})}{(R_n + r)(R_n^{\ 2} + r^2)}\exp(-\sqrt{9.87 + 6.25 \times RDI})$$

式中:NPP—植被经第一生产力(t/(hm² * a));

RDI—辐射干燥度,是辐射能量的年净收入与蒸发年降水所需能量的比值,表示气候干燥程度;

r—降水量(mm)

Rn—净辐射(kcal/hm²),它代表热量或温度因子,是植被生态过程强度的度量

其中,RDI、R_n 和 I 计算公式为

$$RDI = \frac{R_n}{L \times r}$$

$$R_n = R_a(1 - V') - I$$

$$I = (0.39T_a - 0.05\delta e_a \times 0.5)\left(0.10 + \frac{0.9n}{N}\right)\left(\frac{s\delta}{4.18}\right)$$

式中:L—水的蒸发潜热;

R_a—总辐射量;

I—长波有效辐射;

V'—地表反射率,通常取 0.2;

n/N—日照百分率;

T_a—年气温;

e_a—年平均水气压;

δ—1353.73(W/m²);

S—0.567×10^{-4}(e/(cm · s · d))。

1.2.1.2 植被生产有机物价值量评估模型

植被生产的有机物折合成能量以后可以进行相应的替代,如煤炭、石油、天然气等皆是自然界中存在的能量,具有一定的市场价格。因此,可以通过能量这个桥梁将两者联系起来,就是说植被生产有机物的价值,可以通过能源的价值加以体现。具体测评模型为

$$V = \frac{PAQ_1}{BQ_2}$$

式中:V—植被生产有机物的价值(元);

A—植被生产有机质干重;

B—煤的质量系数,标煤 $B = 1$;

P—标煤的市场价格;

Q_1—干重生物量折合热量,$Q_1 = 6.7$kJ/G;

Q_2—标煤的折合热量,$Q_2 = 10$kJ/G。

1.2.2 植被涵养水源的价值评估

植被涵养水源的价值评估是指由于森林生态系统特有的水文生态效应,而使森林具有的蓄水、调节径流、缓洪补枯和净化水质等功能,因此本研究选定 2 个指标,即调节水量指标和净化水质指标,以反映森林的涵养水源效益。

根据目前国内外的研究方法和成果,森林涵养水源的总量可以根据森林区域的水量平衡法来计算,亦可以根据森林土壤蓄水能力和森林的径流量来计算,其中,水量平衡法能够较好的反映实际情

况。本研究采用区域水量平衡法来计算江西省森林每年涵养水源的总量,最后计算出经济价值。

①年调节水量价值

由于森林调节水量与水库蓄水的本质相同,因此根据水库工程的蓄水成本(影子工程法)来确定,从而计算出森林生态系统调节水量的价值。公式为:

$$U_{调} = 10C_{库} A(P-E) \quad (1)$$

公式中,$U_{调}$ 为森林调节水量价值,单位:元/a;$C_{库}$ 为水库库容造价,单位:元/m^3;P 为降水量,单位:mm/a;E 为林分蒸散量,单位:mm/a;A 为林分面积,单位:hm^2。

②年净化水质价值

森林生态系统年净化水质价值根据净化水质工程的成本(替代工程法)计算,公式为:

$$U_{水质} = 10K_{水} A(P-E) \quad (2)$$

公式中,$U_{水质}$为森林年净化水质价值,单位:元/a;$K_{水}$ 为居民用水平均价格,单位:元/t;P 为林降水量,单位:mm/a;E 为林分蒸散量,单位:mm/a;A 为林分面积,单位:hm^2。

1.2.3 植被保持土壤价值评估

指森林植被的存在,减少了地表土壤侵蚀及肥力损失的功能。森林凭借庞大的树冠、深厚的枯枝落叶层及强壮且成网络的根系截留大气降水,减少或免遭雨滴对土壤表层的直接冲击,有效地固持土体,降低了地表径流对土壤的冲蚀,使土壤流失量大大降低。主要表现为:减少土壤侵蚀、保持土壤肥力、防风治沙、护堤、防灾减灾(如山崩、滑坡、泥石流)等。本研究主要选用森林固土和保肥作用2个指标开展评估。

①森林年固土价值

林木发达的根系形成根系网,固持住土壤,从而减少了土壤侵蚀。本研究采用森林林地土壤侵蚀模数与无林地土壤侵蚀模数的差值乘以修建水库的成本(替代工程法)计算森林固土价值。公式为:

$$U_{固土} = AC_{库}(X_2 - X_1)/P \quad (3)$$

公式中:$U_{固土}$为森林年固土价值,单位:元/a;X_1 为林地土壤侵蚀模数,单位:t/(hm^2·a);X_2 为无林地土壤侵蚀模数,单位:t/(hm^2·a);A 为林分面积,单位:hm^2;ρ 为土壤平均容重,单位:t/m^3;$C_{库}$ 为水库工程费用,单位:元/m^3。

江西省无林地水土流失土壤年侵蚀模数取值为1766t/(km^2·a)(17.66t/(hm^2·a))。

②森林年保肥价值

同有林地对照,无林地每年随土壤侵蚀不仅会带走大量表土以及表土中的大量营养物质,如N、P、K等,而且也会带走下层土壤中的部分可溶解物质,从而引起土壤肥力下降。本研究中森林保肥价值采用侵蚀土壤中的N、P、K物质折合成磷酸二铵和氯化钾的价值来体现。公式为:

$$U_{肥} = A(X_2 - X_1)(NC_1/R_1 + PC_1/R_2 + KC_2/R_3 + MC_3) \quad (4)$$

公式中,$U_{肥}$ 为森林年保肥价值,单位:元/a;X_1 为林地土壤侵蚀模数,单位:t/(hm^2·a);X_2 为无林地土壤侵蚀模数,单位:t/(hm^2·a);A 为林分面积,单位:hm^2;N 为土壤平均含N量;P 为土壤平均含P量;K 为土壤平均含K量;M 为土壤有机质平均含量;R_1 为磷酸二铵含N量;R_2 为磷酸二铵含P量;R_3 为氯化钾含K量;C_1 为磷酸二铵平均价格,单位:元/t;C_2 为氯化钾平均价格,单位:元/t;C_3 为有机质平均价格,单位:元/t。

1.2.4 植被固定CO_2和释放O_2经济价值量

植被固定CO_2和释放O_2经济价值量指森林生态系统通过生物量碳库、土壤有机碳库、枯落物碳库和动物碳库固定碳素,并通过光合作用制造氧气的功能。

森林与大气的物质交换主要是 CO_2 与 O_2 的交换，即是森林固定并减少大气中的 CO_2 和提高并增加大气中的 O_2，这对维持大气中的 CO_2 和 O_2 动态平衡、减少温室效应以及对人类提供生存的基础都有巨大和不可替代的作用。

植被的固碳供氧功能，对于人类社会和整个动物界，对于全球气候平衡，都具有重要意义。植被吸收空气中的 CO_2，通过光合作用，生成葡萄糖等碳水化合物放出 O_2。其化学反应方程式

$$6CO_2 + 6H_2O \xrightarrow{\text{光合作用}} C_6H_{12}O_6 + 6O_2$$

估测以净第一性生产力为基础，根据光合作用方程式，每生产 1.00 kg植物干物质能固定 1.63 kg CO_2，以此为基础，从各类植被的净第一性生产力物质量可以测算出保护区各种植被固定 CO_2 的物质量。再使用造林成本法可以估算出保护区各种植被固定 CO_2 的价值。采用中国造林平均成本 260.90 元/t。

再根据光合作用方程式，每生产 1.00 kg的净第一性生产力物质量释放 1.2 kg的 O_2，以此为基础，由各植被的净第一性生产力物质量可以推算出保护区各种植被类型释放 O_2 的物质量。再使用造林成本法和工业制氧法估算出保护区各种植被释放 O_2 的价值。这里采用中国造林成本 352.93 元/t 和工业制氧成本 0.4 元/kg。

1.2.5 生物多样性保育功能

生物多样性保育功能指森林生态系统为生物物种提供生存与繁衍的场所，从而对其起到保育作用的功能。

人类生存离不开其它生物，繁杂多样的生物及其组合即生物多样性与它们的物理环境共同构成了人类所依赖的生命支持系统。森林是生物多样性最丰富的区域，是生物多样性生存和发展的最佳场所，在生物多样性保护方面有着不可替代的作用。为此，本研究选用生物多样性保育指标反映其功能。

森林的生物多样性保育价值采用以下公式计算：

$$U_{生物} = S_{生} A \tag{5}$$

公式中，$U_{生物}$为森林生态系统生物多样性年保护价值，单位：元/a；S 生为单位面积森林年生物多样性价值，单位：元/(hm^2 · a)；A 为林分面积，单位：hm^2。

本研究根据 Shannon - Weiner 指数计算生物多样性价值，共划分为 6 级：

当指数≤1 时，$S_{生}$ 为 5000 元/(hm^2 · a)；

当 1≤指数 <2 时，$S_{生}$ 为 10000 元/(hm^2 · a)；

当 2≤指数 <3 时，$S_{生}$ 为 20000 元/(hm^2 · a)；

当 3≤指数 <4 时，$S_{生}$ 为 30000 元/(hm^2 · a)；

当 4≤指数 <5 时，$S_{生}$ 为 40000 元/(hm^2 · a)；

当指数≥5 时，$S_{生}$ 为 50000 元/(hm^2 · a)。

1.3 评估结果

1.3.1 植物生产有机物价值评估

根据齐云山科学考察所得出的结果，齐云山光合生产力为 10800Kg/(a · hm^2)，齐云山森林面积为 16884.2hm^2 计算得出齐云山平均年生产有机物量为 182349.4t，根据 2.1 中评估模型计算得出齐云山自然保护区生产有机物价值量为 104850882 元。

1.3.2 植被涵养水源的价值评估

1.3.2.1 植被涵养水源总价值量

根据公式(1)、(2)计算可得出齐云山自然保护区植被年调节水量价值 817250896.6 元，年净化

水质价值 143026058. 20 元，其总价值为 960276954. 8 元。

1. 3. 2. 2 不同林分类型其林下土壤涵养水源价值量研究

植被涵养水源物质量主要包含三个方面：①林冠层水源物质量；②枯枝落叶层涵养水源物质量；③植被土壤涵养水源物质量。其中土壤涵养水源物质量的测算研究占有重要的部分，降水通过林冠层、枯枝落叶层的截留后，到达植被土壤表层，开始进行第三次分配。土壤中的水分以两种形式贮存，即吸持贮存和滞留贮存。而滞留贮存可能阻止水分过快地形成地表径流流失，为水分渗透到土壤下层赢得宝贵的时间。由于其影响范围不大，在实际计算植被土壤涵养水源物质量时，往往忽略吸持贮存。从而得到土壤降水储量的计算公式：

$$Q = \sum_{i=1}^{n} S_i h_i p_i$$

式中：Q—植被土壤的降水储量；

S_i—i 种土壤的面积；

h_i—i 种土壤的深度；

p_i—i 种土壤非毛管孔隙度；

n—土壤的种类数。

植被涵养水源价值的计算方法主要有三种：替代工程法、地下茎流增长法和采伐损失法。我们应用替代工程法，即影子工程法。假设存在一个蓄水功能与植被涵养水源的质量相同的工程，那么该工程的价值则可以替代这种植被的涵养水源价值，其计算公式为

$$V = L \frac{Q_{总}}{Q_g} V_g$$

式中：V—植被涵养水源价值；

$Q_{总}$—植被涵养的总物质量；

Q_g—某种替代工程的水容量；

V_g—替代水利工程的价值；

L—发展阶段系数（就我国现阶段的发展水平而言，$L \approx 0.15$）根据我国每建设 $1m^3$ 库容的成本花费为 5. 714 元，从而上式可简化为：

$$V = 5.714 Q_{总}$$

笔者为了深入研究齐云山涵养水源价值不仅评估了总涵养水源价值而且对于不同林分类型的林地土壤涵养水源价值进行了比较研究，结果如表 18 – 1 – 1. 图 18 – 1 – 1

由表 18 – 1 – 1 图 18 – 1 – 1 可以看出不同林下植被土壤涵养水源表现出极大的差异，其中常绿阔叶林表现的价值量最大占整个森林系统的 45%，其次为针叶林、毛竹林、落叶阔叶林、以及针阔混交林。从表中可以看出森林土壤涵养水源在整个齐云山自然保护区生态系统当中占到 62. 45%。

表 18 – 1 – 1 不同植被类型林下土壤涵养水源价值量

植被类型	涵养水源价值量 V（元）	植被土壤降水储量 Q
常绿阔叶林	231375386. 2	23102100
落叶阔叶林	11501616. 46	1148400
针叶林	161312658. 6	16106558. 4
针阔混交林	290945. 627	29050
毛竹林	86221070. 54	8608901
其它（山顶矮林及茅草）	20011550. 7	1998090
总	510713228. 1	

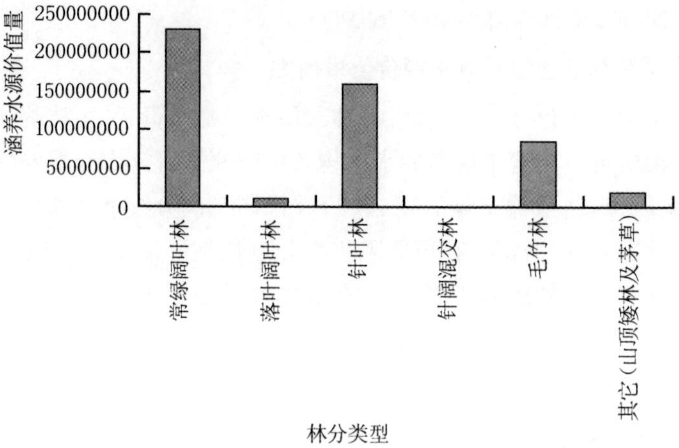

图 18－1－1　不同植被类型林下土壤涵养水源价值量

1.3.3　植被保持土壤价值评估

植被保持土壤价值评估主要从固土与保肥两个方面入手，其基本公式主要应用(3)、(4)根据公式计算得出下表 18－1－2. 从表可以看出不同植被类型土壤保肥价值远远大于固土价值，这也说明植被保育土壤价值量大部分来自保肥价值，这也是齐云山自然保护区特性所决定的。由表 18－1－2 可以得出齐云山自然保护区森林保育土壤价值量为：66423056.82 元，这其中固土价值为：689858.40 元、保肥价值为：65733198.42 元。

表 18－1－2　年保育土壤价值量研究

植被类型	保育土壤价值量(元)	固土价值(元)	保肥价值(元)
常绿阔叶林	21240011.64	272439.35	21208044.15
落叶阔叶林	2236335.13	19352.98	2234064.29
针叶林	24579392.83	243377.22	24550835.43
针阔混交林	118099.21	761.18	118009.89
毛竹林	11648963.92	133371.23	11633314.41
其它(山顶灌木林、矮林及茅草)	5991342.30	20556.43	5988930.25
总	66423056.82	689858.40	65733198.42

由表可以看出植被保育土壤价值量最大的为针叶林其次为常绿阔叶林，最小的是针阔混交林具体顺序为：针叶林 > 常绿阔叶林 > 毛竹林 > 其它 > 落叶阔叶林 > 针阔混交林。

从单个层面上看固土价值最大的是常绿阔叶林具体顺序为：常绿阔叶林 > 针叶林 > 毛竹林 > 落叶阔叶林 > 其它 > 针阔混交林。

从保肥价值上看保肥价值最大的是针叶林最小的是针阔混交林，具体顺序为：针叶林 > 常绿阔叶林 > 毛竹林 > 其它 > 落叶阔叶林 > 针阔混交林。

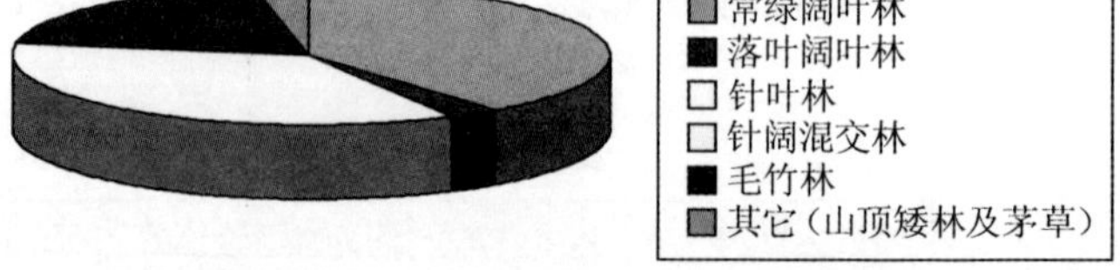

图 18－1－2　不同植被类型固土价值量

1.3.4　植被固定 CO_2 和释放 O_2 经济价值量

植被通过光合作用和呼吸作用与大气物质的交换，主要是二氧化碳(CO_2)和氧(O_2)交换，即植被固定大气中的 CO_2，同时增加大气中 O_2 对维持地球大气中的 CO_2 和 O_2 的动态平衡、减缓温室效应以及提供人类生存的最基本条件具有巨大的不可替代作用。定量评价植被固定 CO_2 和释放 O_2 功能，是植被生态服务功能研究重要内容。

根据2.4中提供的评估模型计算得出齐云山自然保护区植被固定CO_2总量为297227.70t/a，释放O_2总量为218817.94t/a，按造林成本法、工业制氧法，计算齐云山自然保护区固定CO_2总价值为77546705.99元，释放O_2价值量为77227414.15元（造林成本法）、87527174.40元（工业制氧法），工业制氧法计算价值较高。

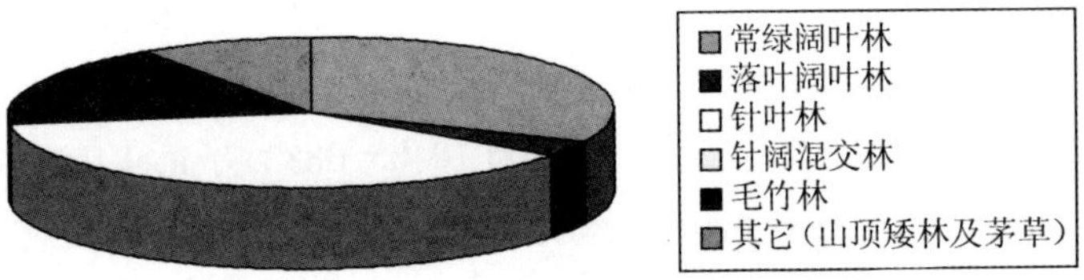

图18－1－3　不同植被类型保肥价值量

1.3.5　生物多样性保育功能

从2.3中的评估模型对齐云山自然保护区生物多样性保育功能价值进行了评估测算，为了更加精确的评测齐云山自然保护区生物多样性功能的价值量，笔者从林分类型下手不仅评估了整个齐云山自然保护区生物多样性保育功能的价值量并且还区分出不同林分类型其生物多样性保育功能的价值量，结果如下表18－1－3，由下表可以看出齐云山自然保护区森林生物多样性保育功能总价值为36810.1万元。

表18－1－3　不同植被类型生物多样性保育功能价值量

植被类型	生物多样性年保育价值量 U（万元）	Shannon－Weiner 指数	植被面积 A（hm^2）
常绿阔叶林	16501.5	3.253875	5500.5
常绿阔叶、落叶混交林	1200	3.218	400
落叶阔叶林	1331	2.9912	665.5
山顶矮林	250.4	2.259	125.2
毛竹林	5720.2	2.933	2860.1
针叶林	11773.8	2.784	5886.9
针阔混交林	33.2	1.5	16.6
总	36810.1		16884.2

由表18－1－3可以得出齐云山自然保护区常绿阔叶林在生物多样性保育上占领最大的价值量其次是针叶林、毛竹林、落叶阔叶林、常绿阔叶落叶混交林、山顶矮林、针阔混交林。其中针阔混交林的面积最小只有16.6hm^2（图18－1－4）。

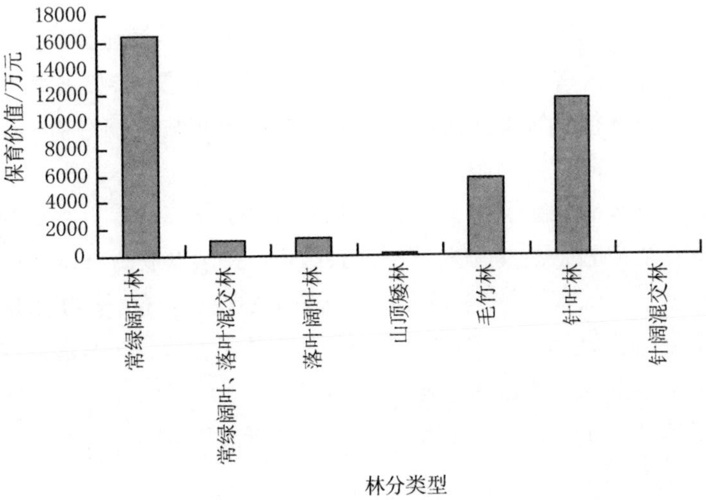

图18－1－4　不同植被类型生物多样性保育功能价值

1.3.6 结论与讨论

1.3.6.1 结论

1. 此次研究评估了齐云山自然保护区生产有机物、涵养水源、保育土壤、固碳、制氧、生物多样性保育功能的总价值量，分别为10485.0882万元、81725.0896万元、664230.5682万元、7754.6706万元、7722.7414万元(造林成本法)，8752.7174万元(工业制氧法)、36810.1万元。

2. 此次研究对不同林分类型的保育土壤功能以及生物多样性保育功能的价值进行了对比研究，研究表明固土价值方面：常绿阔叶林>针叶林>毛竹林>落叶阔叶林>其它>针阔混交林。保肥方面：针叶林>常绿阔叶林>毛竹林>其它>落叶阔叶林>针阔混交林。生物多样性保育方面：常绿阔叶林>针叶林>毛竹林>落叶阔叶林>常绿阔叶落叶混交林>山顶矮林>针阔混交林。

3. 不同植被林下土壤涵养水源价值量的研究表现出：常绿阔叶林表现的价值量最大占整个森林系统的45%，其次为针叶林、毛竹林、落叶阔叶林、以及针阔混交林。从表18-1-1中以及1.3.2.1中可以看出森林土壤涵养水源在整个齐云山自然保护区生态系统当中占到62.45%。

4. 从此次研究的五大生态服务功能指标上看，齐云山自然保护区内针叶林在整个保护区的生态服务功能当中表现出非常重要的地位，其功能不可忽视。

1.3.6.2 讨论

1. 本次数据采用加权平均的方法，在林分面积以及样地的选择上难免会有误差，对于这种大面积的森林系统对其指标的测定采用样本代表总体的方法，样本的选择代表性需要进一步的研究。

2. 对于生态服务功能的研究方面远远不仅在于此次研究的5个方面还有很多的功能需要进一步的研究比如净化空气、旅游功能等等。

3. 本研究适用于齐云山自然保护区的林业用地对于非林业用地由于没有数据支撑所以没有研究。

2 区域环境评价

2.1 区域生态环境保护工作概况

齐云山自然保护区位于崇义县西北部，地处罗霄山脉南端，南岭山地的北坡，地理位置为：东经113°54′37″~114°07′34″，北纬25°41′47″~25°54′21″。崇义县地处江西西南边陲，位于赣江支流章江水系源头，早在楚越时代就有先民在这里繁衍生息。县域面积2206km^2，人口20万，辖16个乡镇、124个行政村，3个居委会。崇义县是全国生态示范县、全国绿化模范县、中国竹子之乡、全国重点林业县、全国山区综合开发示范县、中国魅力名县、中国最受游客喜爱的旅游风景区、章江源头生态功能保护区。境内万山林密，云雾缭绕，层峦叠嶂，竹海苍茫，生态优越，名胜众多，田园如画。崇义——一个被森林和绿色环抱的城市，山的奇秀、水的灵动、林的幽静演绎着“山水画廊、绿色明珠、生态摇篮”的迷人风采！

近年来，崇义县委、县政府及全县群众全面落实科学发展观，高度重视绿色生态建设工作，在“十一五”规划中提出了“工业强县、生态大县、文化名县”可持续发展的总体思路。站在新世纪新的起点上，又提出将“殷实、和谐、宜居”三个目标作为新崇义的发展定位，全力打造“政治开明、经济开放、社会和谐、人民富足”的绿色生态新崇义。生态环境保护工作取得了显著的成绩。

(1)积极保护自然生态，增强水源涵养能力

崇义县已实施了73.71万亩的国家生态公益林保护项目和20万亩的省级生态公益林保护项

作者：刘志刚(江西省环境科学研究院)

目。其中水源涵养林面积为28.56万亩，水土保持林面积为25.65万亩，自然保护区林面积为38.72万亩，环境保护林0.78万亩。这些项目的实施，使崇义县的林业生态基础建设得到了长足的发展，增强了水源涵养的能力，优化了生态环境。

(2)开展了小江流域环境污染集中整治行动

近年崇义县政府组织地矿、工商、供电、水保、安监、公安、经贸等部门联合开展了多次江河流域环境污染集中整治行动，对废水排放严重超标的企业实行停产整顿；对环保设施不完善，废水排放部分指标不达标的企业，实行限期整改；对证照不齐或无证无照的非法排污企业实行依法取缔，拆除生产设施。集中整治使境内主要水系及流域污染状况得到有效控制，流域良好的水功能环境得以巩固。

(3)开展了饮用水源地环境保护专项执法检查

依照环境保护部制定的《饮用水源保护专项执法检查工作方案》的要求，结合崇义县实际，县政府组织环保等相关部门对县城及全县16个乡镇饮用水水源地特别是章江水系水源地环境保护情况进行了全面检查。把生活饮用水源地列为重点水源保护区，区域内禁止一切破坏水环境生态平衡活动。为保护县域内生活饮用水水源水质不受污染，确保生活饮用水安全，县政府先后下发了《崇义县水源涵养林保护范围暂行规定》、《崇义县实施生态公益林保护工程措施》、《关于长河坝水源保护的规定》、《关于进一步加强城乡居民饮水安全管理的通知》，制定了《崇义县水源保护技术标准实施办法》等十多个保护水资源的规范性文件，为全县的生活饮用水源保护和生活饮用水安全提供了可靠的政策保障。

2.2 环境现状评价

2.2.1 崇义县环境现状概述

为保护好环境，崇义县政府组织编制了县、乡集中饮用水地表水水源保护方案，关闭、取缔了饮用水源地一、二级保护区内的所有企业，以及一、二级保护区内的所有排污口，确保群众饮用水安全。突出抓新能源建设工程，目前，城镇居民液化气、电能、太阳能等清洁能源普及率达98%；农村液化气、沼气普及率达40%以上。在县城主要干道及学校、医院附近设立禁鸣区，加强了对商业经营、娱乐建筑施工等行业的燥声整治，使噪声扰民行为得到有效控制。企业固体废气物无害化处理达100%，逐步实现城市生活垃圾分类袋装回收利用，集中填埋无害化处理。加强乡镇环卫设施建设，积极推广城乡统筹垃圾处理模式，提高了农村生活垃圾收集率、清运率、处理率。积极推进绿色学校、绿色社区、绿色企业、绿色家庭等群众性创建活动。

2006年，全县森林覆盖率达85.7%，水源保护区水质为Ⅰ级，境内主要地表水环境质量为Ⅱ级以上，空气环境质量优于大气环境质量的二级标准天数达360天。全县农民人均纯收入达2934元，城镇单位GDP能耗降低至1.01t/万元，单位GDP耗水降低至175m^3/万元，人口自然增长率控制在8.11‰，村镇饮用水卫生合格率达90%，退化土地治理率达76%，受保护基本农田面积达85.33%，城镇人均公共绿地面积达8.81m^2。

2.2.2 区域环境质量现状评价

齐云山自然保护区位于崇义县西北部，据实地调查，保护区及周边区域无规模化工矿企业和“三废”排放单位，区域环境质量优良。本次科考重点对保护区范围内的地表水、环境空气及声环境等进行了监测和评价。

2.2.2.1 环境空气

2.2.2.1.1 监测点位的设置

环境空气设置了一个监测点，位于齐云山省级保护区管理站。

2.2.2.1.2 监测项目

监测项目为:二氧化硫(SO_2)、二氧化氮(NO_2)、总悬浮颗粒物(TSP)。

2.2.2.1.3 监测频率

考虑到齐云山区域的环境特征,即山高林密,据调查,规划的齐云山国家级自然保护区周边约5km范围内无工业污染源,环境受外界影响甚微等。环境空气监测一期,连续监测三天(2008.6.19～2008.6.21),其中SO_2、NO_2小时均值保证每小时至少有45分钟的采样时间,日均值保证每天至少有18小时的采样时间;TSP日均值保证每天至少有12小时的采样时间。

2.2.2.1.4 监测分析方法

监测及分析方法按《环境监测技术规范》执行。详见表18－2－1。

2.2.2.1.5 评价标准

根据本区域环境空气质量功能区的分类和标准分级,作为省级自然保护区,本区域环境空气质量功能应为一类区,环境空气质量执行《环境空气质量标准》(GB3095－1996)一级标准,具体限值详见表18－2－2。

2.2.2.1.6 监测结果

区域环境空气现状监测结果见表18－2－3。

表18－2－1 环境空气监测分析方法

项目	分析方法	最低检测限	来源
SO_2	甲醛吸收副玫瑰苯胺分光光度法	0.007 mg/Nm^3	GB/T15262－94
TSP	重量法	—	GB/T15432－1995
NO_2	Saltzman法	0.005 mg/Nm^3	GB/T15435－95

表18－2－2 环境空气中各项污染物的浓度限值 mg/m^3

污染物名称	取值时间	浓度限值(一级标准)
二氧化硫(SO_2)	日平均	0.05
	小时平均	0.15
二氧化氮(NO_2)	日平均	0.1
	小时平均	0.15
总悬浮颗粒物(TSP)	日平均	0.12

表18－2－3 环境空气监测结果 mg/m^3

监测因子 / 监测点位	SO_2日均值		NO_2日均值		TSP日均值	
	监测结果	一级标准	监测结果	一级标准	监测结果	一级标准
齐云山保护区管理站	≤0.007	0.05	0.005	0.08	0.024	0.12

2.2.2.1.7 评价结果

齐云山自然保护区及周边5 km范围区域内无工矿企业,除区内少量居民生活排放的炊烟外,没有影响区域环境空气质量的其它污染源。由表18－2－2和表18－2－3可见,环境空气监测点的各监测因子(污染物)的浓度值远远低于《环境空气质量标准》(GB3095－1996)一级标准限值。评价结果表明本区域环境空气质量优良。

2.2.2.2 地表水环境

2.2.2.2.1 崇义县地表水资源概况

崇义县地处中亚热带季风性湿润气候区，多年平均降水量1615.2mm，西部一带最多达2544.1mm，经计算，多年平均天然来水量26.04亿km^3，其中：县内河川年平均径流量20.01亿km^3，外县入境径流总量6.39亿km^3。

据调查，崇义全县有大小河流共计83条，以上犹江（大江）、崇义江（小江）、扬眉江等为主，其次有文英、上堡、思顺、金坑、聂都、义安和新溪等河流，均属长江流域赣江水系，为章江干流上的支流。

（1）上犹江（大江）发源于湖南汝城县，经县境注入上犹江水库，崇义县境内长约82.5 km，流域面积1181 km^2，占全县国土面积的53.7%，是崇义县主要过境河流。

（2）崇义江（小江）发源于崇义县的关田、聂都的大章山，经关田、横水、茶滩注入上犹江水库，主河长67 km，流域面积485 km^2，占全县国土面积的22%。

（3）扬眉江发源于本县铅厂和长龙镇，经长龙、扬眉和龙勾乡后，进入南康市境坝乡，注入章江南源，主河长57 km，控制县内流域面积281 km^2。

2.2.2.2.2 齐云山自然保护区地表水资源概况

齐云山自然保护区内主要水系为属上犹江（大江）之流的上堡河及思顺河。

（1）上堡河又称梅坑江系赣江三级支流，章江二级支流，上犹江一级支流。发源于江西、湖南两省交界的崇义县上堡乡大寮坑村。自西向东流经上堡乡，与麟潭乡曲尺坝对岸汇入上犹江。流域面积157 km^2，主河道长30.7 km，主河道纵比降12.2‰，流域平均高程735 m流域平均坡度6.63 m/km^2，流域长度25.6 km，流域多年平均降水量1840 mm，多年平均产水量1.76×108 m^3。流域内地形以中低山丘陵为主，流域内山高谷深，森林茂密，植被良好。经济以农业粮食种植为主，林产品、农产品加工业为辅。流域内水系发达，河道窄深，河道弯曲，河床多砾石，属山区性河流。

（2）思顺河系赣江三级支流，章江二级支流，上犹江一级支流。发源崇义、上犹以及湖南省桂东三县交界处。自西北向东南流经崇义县思顺乡狮子岩，过上崎街，于过埠镇泮江村泮江口汇入上犹江水库库区。流域面积231 km^2，主河道长35.9 km，主河道纵比降15.5‰，流域平均高程780 m流域平均坡度5.09 m/km^2，流域长度28.9 km，流域多年平均降水量1780 mm，多年平均产水量2.47×108 m^3。流域内地形以中低山丘陵为主，流域内山高谷深，森林茂密，植被良好。经济以农业粮食种植为主，矿产资源有钨、石灰石、水晶石、钾长石等。流域内水系发达，河道窄深，河道弯曲，河床多砾石，属山区性河流。

2.2.2.2.3 地表水环境监测及评价

（1）监测断面。根据保护区内的水文特征，赣州市环境监测站分别在思顺河香炉坝水库库尾上游保护区范围内河道布设了二个地表水环境监测断面（SW1——地河）、（SW2——江），每个断面设一个采样点。在齐云山保护区范围内的上堡河河道布设了一个地表水环境监测断面（SW3）。

（2）监测项目。监测项目为：pH、高锰酸盐指数、五日生化需氧量（BOD_5）、溶解氧（DO）、总磷（T-P）、总氮（T-N）等6项。

（3）监测频率及监测时间。监测频率为一期，每期采样一天（2008年6月20日），上午、下午各采样一次，取混合样进行分析。

（4）监测及分析方法。监测及分析方法按《环境监测技术规范》执行。水质分析方法按国家环保总局编制的《水和废水监测分析方法》第三版执行。具体测试方法与测试仪器见表18-2-4。

表 18－2－4 测试方法与测试仪器一览表

检测项目	分析方法	方法来源
pH	玻璃电极法	GB 6920－86
氨氮	纳氏试剂比色法	GB 7479－87
高锰酸盐指数	高锰酸盐指数法	GB/T 11892－89
溶解氧	碘量法	GB 7489－87
总磷	钼酸铵分光光度法	GB11893－89
总氮	碱性过硫酸钾消解紫外分光光度法	GB11894－89

(5)评价标准。根据本区域水域功能和标准分类,地表水环境评价标准执行《地表水环境质量标准》(GB3838－2002)Ⅱ类标准。具体见表 18－2－5。

表 18－2－5 地表水环境质量标准(摘录) mg/L

序号	pH	高锰酸盐指数	BOD_5	DO	氨氮	总氮	总磷(以 P 计)
1	6～9	≤4	≤3	≥6	≤0.5	≤0.5	≤0.1

(6)监测及评价结果。排上河水环境监测及评价结果见表 18－2－6。

表 18－2－6 水环境监测结果 mg/L

监测断面	pH	高锰酸盐指数	BOD_5	DO	氨氮	总氮	总磷	水质类别
SW1	7.10	1.2	<2	8.0	0.086	0.228	<0.01	Ⅰ类
SW2	7.20	1.3	<2	7.8	0.068	0.107	<0.01	Ⅰ类
SW3	7.37	1.1	<2	7.2	0.075	0.091	<0.01	Ⅰ类

由表 18－2－3 和表 18－2－4 的统计分析可知,调查的保护区内三条水系各项监测指标均能够满足《地表水环境质量标准》(GB3838－2002)中Ⅰ类标准值。表明保护区范围内地表水环境质量优良。

2.2.2.3 声环境

(1)监测点位。声环境监测点位为保护区管理站。详见附图一。

(2)监测时间。声环境监测时间为一天,昼夜各监测一次,监测方法按《城市区域环境噪声测量方法》(GB14623－93)执行。

(3)评价标准。根据区域声环境功能及标准分类,评价标准执行《城市区域环境噪声标准》(GB3095－93)中 0 类标准(适用于疗养区、高级别墅区、高级宾馆区等特别需要安静的区域)。

(4)监测及评价结果。声环境监测统计及评价结果见表 18－2－7。

表 18－2－7 区域声环境监测结果 dB

序号	监测时段	监测点位	监测结果	执行标准	
				0 类标准	1 类标准
1	昼间	保护区管理站	49.8	50	55
2	夜间	保护区管理站	45.0	40	45

调查、监测及评价结果表明,齐云山自然保护区及周边地区内无工矿企业,区内人口稀疏,且多以种植业为主,无大的噪声源(如企业噪声、建筑噪声、交通噪声等),声环境质量良好,声环境为自

然状况（主要为管理站附近的水流声）。保护区管理站声环境监测结果能够满足《城市区域环境噪声标准》（GB3096－93）中1类标准。其它区域能够满足《城市区域环境噪声标准》（GB3096－93）中0类标准。

2.3 生态环境保护措施

（1）全面实施《崇义县环境保护“十一五”规划》，落实和执行制定的生态环境保护目标（指标）和措施；

（2）根据《中华人民共和国自然保护区条例》第二十八、二十九条的规定，禁止在自然保护区的缓冲区开展旅游和生产经营活动，严禁开设与自然保护区保护方向不一致的参观、旅游项目；

（3）根据《中华人民共和国自然保护区条例》及国务院批准的《森林和野生动物类自然保护区管理办法》的规定和要求，任何涉及齐云山自然保护区的建设项目之前必须经江西齐云山省级自然保护区管理部门签署意见后，上报行政主管部门——江西省林业厅批准，方可实施；

（4）禁止在齐云山自然保护区周边区域开发水电项目、建设采石场等一切对自然保护区生态环境有影响的建设项目；

（5）结合本区域环境功能及国家相关环境质量标准分类，对齐云山区域的环境功能进行调整，使其与国家环境质量标准分类要求相适应。

附　　录

1. 大型真菌名录

子囊菌亚门

核菌纲

一、球壳目

(一)炭角菌科 Xylariaceae

1. 轮层炭角属 *Daldinia*

(1)炭球 *Daldinia concentrica*(Bolt.:Fr.)Ces. &de Not

(2)加州轮层炭球菌 *Daldinia californica* Llody

2. 炭角菌属 *Xylaria*

(3)焦孢炭角菌 *Xylaria allantoidea* Berk.

(4)多形炭角菌 *Xylaria polymorpha* (Pers.:Fr.)Grev

(5)果生炭角菌 *Xylaria carpophila* (Pers.)Fr.

(6)土黄炭角菌 *Xylaria tabacina* (Kickx..) *Berk.*

(二)麦角菌科 Clavicipitaceae

3. 麦角菌属 *Claviceps*

(7)麦角菌 *Claviceps purpurea* (Fr.)

4. 虫草属 *cordyceps*

(8)半翅虫草 *cordyceps nutans* Pat.

(9)蝉花 *cordyceps sobolifera* (*Hill.*)*Berk. et Br.*

(10)蜂头虫 *cordyceps sphecocephala* (*Kl.*)*Mass.*

担子菌亚门

层菌纲

二、木耳目

(三)木耳科 Auriculariaceae

5. 木耳属 *Auricularia*

(11)木耳 *Auricularia auricular* (L. ex Hook.)Underw

(12)皱木耳 *Auricularia delicate* (Fr.)Henn

(13)毛木耳 *Auricularia polytricha* (Mont.)Sacc

三、银耳目

(四)银耳科 Tremellaceae

6. 银耳属 *Tremella*

(14)金耳 *Tremella aurantia* Schw. Ex Fr.

(15)银耳 *Tremella fuciformis* Berk.

(16)橙耳 *Tremella cinnabarina* (Mont.)Pat.

(17)茶色银耳 *Tremella foliacea Pers.*:*Fr.*

四、隔担子菌目

(五)隔担子菌科 Septobasidiales

7. 膏药菌属 *Septobasidium*

(18)膏药菌 *Septobasidium bogoriense* Pat.

五、非褶菌目

(六)裂褶菌科 Schizophyllaceae

8. 裂褶菌属 *Schizophyllum*

(19)裂褶菌 *Schizophyllum commne* Fr.

(七)刺革菌科 Hymenochaetaceae

9. 锈革菌属 *Hymenochaete*

(20)卷边针毡 *Hymenochaete yasudai* Imaz.

(21)贝形锈革 *Hymenochaete badio-ferruginea* (Mont.)Lev.

(八)伏革菌科 Corticiaceae

10. 伏革属 *Corticium*

(22)蓝色伏革 *Corticium caeruleum* (Schrad.)Fr.

(九)韧革菌科 Stereaceae

11. 韧革菌属 *Stereum*

(23)血痕韧革菌 *Stereum Sanguinolentum* (Alb. Et Schw)Fr.

(24)轮纹硬革 *Stereum fasciatum* Schw.

(25)小斗硬革菌 *Stereum burtianum* (Peck)Reid

(26)烟色韧革菌 *Stereum gnusapatum* Fr.

12. 拟韧革菌属 *Stereopsis*

(27)浅色拟韧革菌 *Stereopsis diaphanum* (Schw.)Cke.

(十)革菌科 Thelephoraceae

13. 革菌属 *Thelephora*

(28)帚状黄革菌 *Thelephora amboinensis* Lev.

(29)莲座革菌 *Thelephora vialis* Schw.

(30)掌状革菌 *Thelephora palmate* Scop.:Fr.

(十一)锁瑚菌科 Clavulinaceae

14. 灰珊瑚菌属 *Clavulina*

(31)冠锁瑚菌 *Clavulina cristata* (Fr.)Schroet

(十二)枝珊瑚菌科 Ramariaceae

15. 枝瑚菌属 *Ramaria*

(32)小孢白枝瑚菌 *Ramaria flaccida* (Fr.)Ricken

(33)光孢黄枝瑚菌 *Ramaria obtusissima* (Peck)Corner

(十三)杯瑚菌科 Clavicoronaceae

16. 冠瑚菌属 *Clavicorona*

(34)枝瑚菌 *Clavicorona pyxidata* (Pers. ex Fr.)Doty

(十四)珊瑚菌科 Clavariaceae

17. 珊瑚菌属 *Clavaria*

(35)桔红珊瑚菌 *Clavaria aurantio-cinnabarina* Schw.

(36)豆芽菌 *Clavaria vermicularis* Fr.
18. 拟锁瑚菌属 *Clavulinopsis*
(37)大红豆芽菌 *Clavulinopsis miniata* (Berk.) Corner
(十五)耳匙菌科 Auriscalpiaceae
19. 耳匙菌属 *Auriscalpium*
(38)耳匙菌 *Auriscalpium vulgare* Gray
(十六)鸡油菌科 Cantharellaceae
20. 喇叭菌属 *Craterellus*
(39)金号角 *Craterellus aureus* Berk. et Curt.
(40)灰号角 *Craterellus cornucopioides* (l. :Fr.) Pers.
21. 鸡油菌属 *Cantharellus*
(41)鸡油菌 *Cantharellus cibarius* Fr.
(42)小鸡油菌 *Cantharellus minor* Pec
(43)喇叭菌 *Cantharellus floccosus* Schw.
(十七)齿菌科 Hydnaceae
22. 齿耳属 *Steccherinum*
(44)绒盖齿 *Steccherinum ochraceum* (Gmel. :Fr.) Gray
23. 齿菌属 *Hydnum*
(45)卷缘齿菌 *Hydnum repandum* L. :Fr.
(十八)多孔科 Polyporaceae
24. 囊孔菌属 *Hirschioporus*
(46)冷杉囊孔 *Hirschioporus abietinus* (Dicks. :Fr.) Donk
(47)褶囊孔 *Hirschioporus laricinus* (Karst.) Teramoto.
25. 层孔菌属 *Fomes*
(48)木蹄层孔菌 *Fomes fomentarius* (L. :Fr.) Kick
26. 隐孔菌属 *Cryptoporus*
(49)隐孔菌 *Cryptoporus volvatus* (Peck) Shear
27. 黑管属 *Bjerkandera*
(50)黑管菌 *Bjerkandera adusta* (wild. Ex Fr.)) Karst
28. 棱孔菌属 *Favolus*
(51)大孔菌 *Favolus alveolaris* (Dc. :Fr.) Quel
(52)漏斗大孔菌 *Favolus arcularius* (Batsch. :Fr.) Ames
29. 薄孔菌属 *Antrodia*
(53)密薄孔菌 *Antrodia farinacea* (Fr.) Teng
30. 革盖菌属 *Coliolus*
(54)毛革盖菌 *Coliolus hirsutus* (Wulf. Ex Fr.) Quel
(55)彩绒革盖 *Coliolus versicolor* (L. :Fr.) Quel
31. 拟层孔菌属 *Fomitopsis*
(56)松生拟层孔 *Fomitopsis pinicola* (Swartz. :Fr.) Karst.
(57)红肉拟层孔菌 *Fomitopsis rosea* (A. et s. :Fr.) Karst.
32. 褐褶孔属 *Gloeophyllum*
(58)褐扇 *Gloeophyllum subferrugineum* (Berk.) Bond. & Sing
(59)褐褶孔 *Gloeophyllum saepiarium* (Wulf. Ex Fr.) Karst.
33. 针孔属 *Inonotus*
(60)丝光薄针孔菌 *Inonotus tabacinus* (Mont.) Karst
34. 蜂窝菌属 *Hexagonia*
(61)大蜂巢菌 *Hexagonia pruinosa* (Lev.) Teng
35. 革裥菌属 *Lenzites*
(62)桦褶孔菌 *Lenzites betulina* (L.) Fr.
(63)褶孔 *Lenzites tricolor* (Bull.) Fr.
(64)宽褶孔 *Lenzites platyphylla* Lev
36. 钹孔菌属 *Coltricia*
(65)丝光钹孔菌 *Coltricia cinnamonea* (Jacq. :Fr.) Murr.
37. 针层孔属 *Phellinus*
(66)针层孔菌 *Phellinus igniarius* (L. ex Fr.) Quel
38. 小孔菌属 *Microporus*
(67)扇形小孔菌 *Microporus flabelliformis* (Kl. :Fr.) O. Kuntze
(68)黄柄小孔菌 *Microporus Xanthopus* (Fr.) Pat.
(69)褐红小孔菌 *Microporus affinis* Bull. ex Nees
(70)纯黄小孔菌 *Microporus Luteus* (Blum et Nees) Kuntze
(71)漆柄小孔菌 *Microporus Vernicipes* (Berk.) O. Kuntze.
39. 多孔菌属 *Polyporus*
(72)黄多孔菌 *Polyporus elegans* (Bull.) Fr.
(73)青柄多孔菌 *Polyporus picipes* Fr.
(74)多孔菌 *Polyporus varius* Pers. :Fr.
40. 云芝属 *Polystictus*
(75)毛芝 *Polystictus fibula* (Sow.) Fr.
(76)黄扇 *Polystictus luteus* (Bl. & Nees) Fr.
(77)黄盏芝 *Polystictus Xanthopus* Fr.
(78)黄毛芝 *Polystictus citreus* (Berk.) Cke
(79)毛云芝 *Polystictus hirsutus* (Fr. Ex Wulf.) Quel.
(80)鲑贝云芝 *Polystictus consors* (Berk.) Imaz.
41. 栓菌属 *Tramctes*
(81)灰栓菌 *Trametes griseo – dura* (Lloyd) Teng
(82)红栓菌 *Trametes cinnabarina* (Jacq.) Fr.
42. 密孔菌属 *Pycnoporus*
(83)朱红密孔菌 *Pycnoporus cinnabarinus* (Jacq.) Karst
(84)血红密孔菌 *Pycnoporus sanguineus* (L. ex Fr.) Murr.
43. 绚孔菌属 *Laetiporus*
(85)硫磺菌 *Laetiporus sulphureus* (Fr.) Murrill
44. 卧孔菌属 *Poria*
(86)茯苓 *Poria cocos* (Schw.) Wolf.
(十九)牛舌菌科 Fistulinaceae
45. 牛舌菌属 *Fistulina*
(87)牛舌菌 *Fistulina hepatica* (Schaeff.) Fr.
(二十)灵芝科 Ganodermataceae
46. 灵芝属 *Ganoderma*
(88)灵芝 *Ganoderma lucidum* (Leyss. :Fr.) Karst
(89)紫芝 *Ganoderma sinense* Zhao. Xuet Zhang
(90)粗皮灵芝 *Ganoderma tsunodae* (yasuda) Imaz.
47. 扁芝属 *Elfvingia*
(91)树舌 *Elfvingia applanata* (Pers. ex Gray) Karst
六、伞菌目
(二十一)锈耳科 Crepidotaceae
48. 锈(靴)耳属 *Crepidotus*
(92)毛锈耳 *Crepidotus herbarum* (pk.) Sacc
(93)硫色锈耳 *Crepidotus sulphurinus* Imai et Toki.
(二十二)粉褶菌科 Entolomataceae
49. 粉褶菌属 *Entoloma*
(94)晶盖粉褶菌 *Entoloma clypeatus* (L. :Fr.) Quel.
(二十三)牛肝菌科 Baletaceae
50. 牛肝属 *Boletus*
(95)灰褐牛肝菌 *Boletus griseus* Forst
(96)小美牛肝菌 *Boletus speciosus* Forst
(97)网柄牛肝菌 *Boletus gertrudiae* Peck
(98)栗褐色牛肝菌 *Boletus castaneo – brunneus* Bi
(99)栗色牛肝菌 *Boletus umbriniporus* Hongo
(100)黑紫牛肝菌 *Boletus nigerrimus* Heim.
51. 小牛肝菌属 *Boletinus*
(101)空柄小牛肝菌 *Boletinus cavipes* (Opat.) Kalchbr.

(102)松林小牛肝菌 *Boletinus pinetorum* (chiu) Teng
(103)虎皮假牛肝菌 *Boletinus pictus* pk.
52. 条孢牛肝菌属 *Boletellus*
(104)厚鳞小牛肝 *Boletellus chrysenteroides* Snell
53. 粉孢牛肝菌属 *Tylopilus*
(105)黑盖粉孢牛肝菌 *Tylopilus alboater* (Schw.) Murr.
(106)苦粉孢牛肝 *Tylopilus felleus* (Bull.:Fr.) Karst
(107)粉褐粉孢牛肝菌 *Tylopilus chromupes* (Frost) A. H. Smith & Thiers
54. 绒盖牛肝属 *Xerocomus*
(108)红绒盖牛肝菌 *Xerocomus chrysenteron* (Bull.:Fr.) Quel
(109)拟绒盖牛肝菌 *Xerocomus illudens* (Peck) Sing
(110)亚绒盖牛肝菌 *Xerocomus subtomentosus* (L.:Fr.) Quel.
55. 乳牛肝菌属 *Suillus*
(111)粘盖牛肝菌 *Suillus bovines* (L.:Fr.) O. Kuntze.
56. 粉末牛肝菌属 *Pulveroboletus*
(112)黄孔粉末牛肝菌 *Pulveroboletus auriporus* (Peck) Sing.
(二十四)松塔牛肝菌科 Strobilomycotaceae
57. 松塔牛肝属 *Strobilomyces*
(113)松塔牛肝菌 *Strobilomyces strobilaceus* (Scop,:Fr.) Berk
(114)红孢牛肝属 *Porphyrellus*
(115)红孢牛肝菌 *Porphyrellus pseudoscaber* (Secr.) Sing.
(二十五)蜡伞科 Hygrophoraceae
58. 蜡伞属 *Hygrophorus*
(116)蜡伞 *Hygrophorus ceraceus* (Wuif.) Fr.
(117)小红蜡伞 *Hygrophorus miniatus* (Scop.) Fr.
59. 湿伞属 *Hygrocybe*
(118)朱黄湿伞 *Hygrocybe suzukaensis* Hongo
(119)秃顶橙红湿伞 *Hygrocybe cuspidate* (Peck) Murrill
(二十六)侧耳科 Pleurotaceae
60. 香菇属 *Lentinus*
(120)香菇 *Lentinus edodes* (Berk.) Sing
(121)白斗菇 *Lentinus subnudus* Berk.
(122)斗菇 *Lentinus tigrinus* (Bull.) Fr.
(123)硬毛香菇 *Lentinus strigosus* (Schw.) Fr.
(124)漏斗形香菇 *Lentinus infundibuliformis* Berk. & Br.
61. 扇菇属 *Panellus*
(125)磷皮扇菇 *Panellus stypticus* (Bull.:Fr.) Karst
62. 侧耳属 *Pleurotus*
(126)侧耳 *Pleurotus ostreatus* (Jacq.:Fr.) Kummer
63. 革耳属 *Panus*
(127)革耳 *Panus rudis* Fr.
(128)紫革耳 *Panus torulosus* (Pers.) Fr.
(129)漏斗革耳 *Panus setiger* (Lev.) Teng
(二十七)鹅膏菌科 Amanitaceae
64. 毒伞属 *Amanita*
(130)橙盖鹅膏 *Amanita caesarea* (Scop.:Fr.) Pers. ex Schw.
(131)黄盖伞 *Amanita junquillea* Quel
(132)松果鹅膏菌 *Amanita strobillformis* (Vitt) Quel
(133)条缘鹅膏菌 *Amanita spreta* (Peck) Sacc.
(134)角鳞灰鹅膏菌 *Amanita spissacea* Imai
(135)毒鹅膏菌 *Amanita phalloides* (Vaill.:Fr.) Secr.
(二十八)光柄菇科 Pluteaceae
65. 光柄菇属 *Pluteus*
(136)灰光柄菇 *Pluteus cercinus* (Schaeff.) Fr.
66. 小包脚菇属 *Volvariella*
(137)草菇 *Volvariella volvacea* (Bull.:Fr.) Sing.
(二十九)红菇科 Russulaceae
67. 红菇属 *Russula*
(138)怡红菇 *Russula amoena* Quel.
(139)白红菇 *Russula albida* Peck
(140)点柄臭黄菇 *Russula senecis* Imai
(141)玫瑰红菇 *Russula rosacea* (Bull.) Fr.
(142)拟臭黄菇 *Russula laurocerasi* Melzer
(143)小毒红菇 *Russula fragilis* (Pers.:Fr.) Fr.
(144)红菇 *Russula lepida* Fr.
(145)黑紫红菇 *Russula atropurpurea* (Krombh.) Britz.
(146)大红菇 *Russula alutacea* (Pers.) Fr.
(147)美红菇 *Russula puellaris* Fr.
(148)白黑红菇 *Russula albonigra* (Krombh.) Fr.
68. 乳菇属 *Lactarius*
(149)黑褐乳菇 *Lactarius lignyotus* Fr.
(150)松乳菇 *Lactarius deliciosus* (L.:Fr.) Gray
(151)多汁乳菇 *Lactarius volemus* Fr.
(三十)蘑菇科 Agaricaceae
69. 黑伞属 *Agaricus*
(152)林地蘑菇 *Agaricus silvaticus* Schaeff. Ex Fr.
(153)细鳞蘑菇 *Agaricus decoratus* (Moller) Pilat
(三十一)鬼伞科 Coprinaceae
70. 鬼伞属 *Coprinus*
(154)晶粒鬼伞 *Coprinus micaceus* (Bull.) Fr.
(155)辐毛鬼伞 *Coprinus radians* (Desm.) Fr.
71. 假鬼伞属 *Psathyrella*
(156)假鬼伞 *Psathyrella crenata* (Lasch) Quel
(三十二)粪锈伞科 Bolbitiaceae
72. 田头菇属 *Agrocybe*
(157)茶薪菇 *Agrocybe chaxingu* huang
73. 粪伞属 *Bolbitius*
(158)云南粪锈伞 *Bolbitius yunnanesis* Chiu
(三十三)口蘑科 Tricholomataceae
74. 金钱菌属 *Collybia*
(159)靴状金钱菌 *Collybia peronata* (Bolt. Fr.) Kumm.
(160)长根菇 *Collybia radicata* (Relh. ex Fr.) Quel
(161)毛长根菇 *Collybia longipes* (Bull. ex Fr.) Quel
75. 小皮伞属 *Marasmius*
(162)绒柄小皮伞 *Marasmius confluens* (Pers.:Fr.) Karst.
(163)脐顶皮伞 *Marasmius chordalis* Fr.
(164)乳白黄小皮伞 *Marasmius bekolacongoli* Beel.
76. 口蘑属 *Tricholoma*
(165)鳞盖口蘑 *Tricholoma imbricatum* (Fr.:Fr.) Kummer
77. 香蘑属 *Lepista*
(166)花脸香蘑 *Lepista sordida*(Schum.:Fr.) Sing.
78. 拟口蘑属 *Tricholomopsis*
(167)宽褶拟口蘑 *Tricholomopsis platyphylla* (Pers.:Fr.) Singer

腹菌纲

七、美口菌目
(三十四)美口菌科
79. 美口菌属
(168)红皮美口菌 *Calostoma cinnabararium* (Desv.) Mass.
(169)日本美口菌 *Calostoma japonicum* P. Henn.

八、鸟巢菌目

(三十五)鸟巢菌科 Nidulariaceae

80. 黑蛋巢属 *Cyathus*

(170)粪生黑蛋巢菌 *Cyathus stercoreus* (Schw.) de Toni

(171)隆纹黑蛋巢菌 *Cyathus striatus* Wild.:Pers

81. 蛋巢菌属 *Nidula*

(172)白绒蛋巢菌 *Nidula niveotomentosa* (P. Henn.) Lloyd

九、鬼笔目

(三十六)鬼笔科 Phallaceae

82. 竹荪属 *Dictyophora*

(173)黄裙竹荪 *Dictyophora multicolor* Bork. Et Br.

(三十七)笼头菌科 Clathraceae

83. 散尾鬼笔属 *Lysurus*

(174)中华散尾鬼笔 *Lysurus mokusin f. sinensis* (Lloyd) Kobayasi

十、马勃目

(三十八)马勃科 Lycoperdaceae

84. 马勃属 *Lycoperdon*

(175)网纹马勃 *Lycoperdon perlatum* Pers.

(176)梨形马 *Lycoperdon pyriforme* Schaeff.:Pers.

(177)小马勃 *Lycoperdon pusillum* Batsch.:Pers

(178)光皮马勃 *Lycoperdon glabrescens* Berk.

(179)褐皮马勃 *Lycoperdon fuscum* Bon.

85. 秃马勃属 *Calvatia*

(180)白秃马勃 *Calvatia candida* (Rostk.) Hollos

(三十九)地星科 Geastraceae

86. 地星属 *Geastrum*

(181)硬皮地星 *Geastrum hygrometricum* (Pers.) Morgan

十一、硬皮马勃目

(四十)硬皮马勃科 Sclerodermataceae

87. 硬皮马勃属 *Scleroderma*

(182)黄硬皮马勃 *Scleroderma flavidum* Ell. & Ev.

2. 苔藓植物名录

(1)本名录的藓类科序按陈邦杰等(1963,1978)[120,121]系统排列,苔类按 Grolle(1983)[256]系统排列;科以下的属、种按拉丁字母顺序排列,并尽可能附上中文名称。

(2)种名后附采集地点,凭证标本的采集号。

(3)标本采集人为何祖霞、严岳鸿,全部凭证标本存放与湖南科技大学生命科学学院植物标本室和江西齐云山自然保护区管理站标本室。

(4)中文名前有*者为江西新记录种,有**者为江西新记录属,有***者为江西新记录科。

藓纲 MUSCI

(一)泥炭藓科 Sphagnaceae

(1)拟尖叶泥炭藓 *Sphagnum acutifolioides* Warnst.—龙背,土生,650m,752;诸广山,土生,900m,1194。分布区类型:1

(2)尖叶泥炭藓 *Sphagnum capillifolium* (Ehrh.) Hedw.—三江口至诸广山,石上薄土,980m,808。分布区类型:8

(3)暖地泥炭藓 *Sphagnum junghuhnianum* Doz. et Molk.—三江口至诸广山,石壁,1000m,830;三江口,湿沟边土生,700m,1078;大水坑至十八垒,林下土生,800m,1248,1283。分布区类型:7

(4)秃叶泥炭藓 *Sphanum obtusiusulum* Lindb. ex Warnst.—三江口,湿沟边土生,700m,1100;三江口至诸广山,石壁,1000m,816,817,石上,1000m,814,815。分布区类型:1

(5)泥炭藓 *Sphagnum palustre* L.—上堡,土生,500m,1176。分布区类型:1

曲尾藓科 Dicranaceae

(6)曲柄藓 *Campylopus flexuosus* (Hedw.) Brid.—十八垒至保护站,石上薄土,800m,1245。分布区类型:11

(7)纤枝曲柄藓 *Campylopus gracilis* (Mitt.) Jaeg.—大水坑至十八垒,路边石壁,900m,1268。分布区类型:11

(8)*大曲柄藓 *Campylopus hemitrichius* (C. Muell.) Jaeg.—石陂头,土生,1500m,941,草地土生,1840m,910,石壁,1740m,917,931;横河,石壁,1000m,1017;上堡,路边石壁,450m,1171。布区类型:4

(9)梨蒴曲柄藓 *Campylopus pyriformis* (Schultz.) Brid.—石陂头,黄柄树杆,1765m,926。分布区类型:1

(10)黄曲柄藓 *Campylopus schmidii* (C. Muell.) Jaeg.—三江口至诸广山,石壁,1100m,845;三江口,石壁,650m,1142,土生,650m,1110;石陂头,土生,900m,894;上堡,路边石壁,450m,1179。分布区类型:1

(11)南亚小曲尾藓 *Dicranella coarctata* (C. Muell.) Bosch & S. Lac—横河,土生,810m,1047。分布区类型:5

(12)*粗叶青毛藓 *Dicranodontium asperulum* (Mitt.) Broth.—三江口至诸广山,石上薄土,900m,859。分布区类型:11

(13)*长叶青毛藓 *Dicranodontium didymodon* (Griff.) Par.—三江口,石壁,650m,1093;龙潭瀑布,石壁,450m,773。分布区类型:8

(14)毛叶青毛藓 *Dicranodontium filifolium* Broth.—三江口至诸广山,土生,1100m,835;诸广山,路边土壁,900m,1200。分布区类型:12

(15)钩叶青毛藓 *Dicranodontium uncinatum* (Harv.) Jaeg.—石陂头,树杆,1190m,925,土生,1500m,914。分布区类型:11

(16)**大锦叶藓 *Dicranoloma assimile* (Hampe.) Paris—三江口,石上薄土,650m,1063;石陂头,石上,1080m,927;大水坑至十八垒,石上,1000m,1251。分布区类型:4

(17)**锦叶藓 *Dicranoloma dicarpum* (Nees.) Paris.—三江口至诸广山,石壁,1100m,868,1000m,818;石陂头,石上,1430m,952;三江口,石壁,720m,1128;诸广山,石壁,1100m,1205;大水坑至十八垒,石上,850m,1247;诸广山,路边石壁,1000m,1215。分布区类型:10

(18)日本曲尾藓 *Dicranum japonicum* Mitt.—大水坑至十八垒,石上薄土,600m,1258。分布区类型:9

(19)合睫藓 *Symblepharis vaginata* ((Hook.) Wijk & Marg.—龙背,石壁,650m,745。分布区类型:11

(20)长蒴藓 *Trematodon longicollis* michau—横河,竹山背,土生,910m,994;龙背坳,林下土生,600m,756。分布区类

型:1

白发藓科 Leucobryaceae

(21)狭叶白发藓 *Leucobryum bowringii* Mitt. —三江口,石壁,680m, 1080,1071,腐木生,700m, 1066,土生,650m,1069;龙背山,石上,680m, 796,路边土生, 785;横河,土生,980m,1002;三江口至诸广山,林下土生,1100m,840;诸广山,土壁,950m,1217;石陂头,石上,1210m,963;大水坑至十八垒,林下土生,900m,1253。分布区类型:5

(22)绿色白发藓 *Leucobryum chlorophyllasum* C. Muell. —三江口至诸广山,土生,900m, 846;横河,土生,1200m,1039;龙背,石壁,650m, 746 . 分布区类型:5

(23)白发藓 *Leucobryum glaucum* (Hedw.) Aongstr. —上堡,土生,450 –500m,1177,1172。分布区类型:11

(24)爪哇白发藓 *Leucobryum javense* (Bird.) Mitt. — 三江口至诸广山,石壁,1100m, 829,831;1000 m, 874;900m,860,866,888;石陂头,石壁,1260 m, 956,1580 m, 902;横河,土生,980 m,1080m, 1011,1038;横河,石壁,1000 m, 1013;三江口,土壁,650m, 1111,1083;诸广山,路边土壁,1000m,1216;大水坑至十八垒,林下土生,900m,1259。分布区类型:4

(25)桧叶白发藓 *Leucobryum juniperoideum* (Brid.) C Muell. 三江口,土生,650m,1069;石陂头,石上,1210m,963。分布区类型:1

(26)疣叶白发藓 *Leucobryum scabrum* Sande Lac. —三江口至诸广山,林下土生,1100m, 840;龙背,路边土生,650m,785;石陂头,石壁,1660m,898;新地,土壁,400m,1222。分布区类型:4

凤尾藓科 Fissidentaceae

(27)异形凤尾藓 *Fissidens anomalus* Mont. —三江口至诸广山,石壁,1120m,819,900m,811。分布区类型:7

(28)卷叶凤尾藓 *Fissidens dubius* P. de Beauv. —三江口至诸广山,土生,1100m,891;横河,湿石壁,1120m,1010;诸广山,路边土壁,1100m,1201;路边石壁,1100m,1207。分布区类型:1

(29)裸萼凤尾藓 *Fissidens gymnogynus* Besch. —龙背,土生,650m,801;上堡,路边土壁,450m,1187;大水坑至十八垒,石上薄土,800m,1270。分布区类型:9

(30)*爪哇凤尾藓 *Fissidens javanicus* Dozy & Molk. —龙潭瀑布,石壁,450m,766;石上薄土,450m,770。分布区类型:4

(31)大凤尾藓 *Fissidens nobilis* Griff. —横河竹山背,土生,910m,1042;龙背山,土生,650m,763。分布区类型:7

(32)*曲肋凤尾藓 *Fissidens oblongifolius* Hook. f. &Wils. —三江口,路边土生,650m,1064;龙背,石壁,650m,800,路边土生,650m,805。分布区类型:2

(33)网孔凤尾藓 *Fissidens polypodioides* Hedw. —横河,土壁,980m,1000;横河竹山背,湿石壁,900m,979;石陂头,石上,1200m,948。分布区类型:2

(34)鳞叶凤尾藓 *Fissidens taxifolius* Hedw. —横河竹山背,土生,910m,1035。分布区类型:1

花叶藓科 Calymperaceae

(35)齿边花叶藓 *Calymperes serratum* A. Braun. ex C. Muell—横河,石壁,700m,1027。分布区类型:3

(36)*巴西网藓鞘齿变种 *Syrrhopodon prolifer* Schwaeger. var. *tosaensis* (Card.) Orbán et Reese—横河,土生,900m,1036。分布区类型:8

(37)日本网藓 *Syrrhopodon japonicus* (Besch.) Broth. —香炉坝,路边石壁,400m,1158;上堡,石壁,450m,1175。分布区类型:6

丛藓科 Pottiaceae

(38)长尖对齿藓 *Didymodon ditrichoides* (Broth.) X. J. Li & S. He—上堡,土壁,500m,1173,1180。分布区类型:12

(39)日本对齿藓 *Didymodon japonicus* (Broth.) Saito. —龙潭瀑布,水泥桥上,450m,788。分布区类型:9

(40)卷叶湿地藓 *Hyophila involuta* (Hook.) Jaeg. —龙潭瀑布,石壁,450m,767,550m,782。分布区类型:1

(41)花状湿地藓 *Hyophila nymaniana* (Fleisch.) Menzel. —三江口,石壁,650m,1061;龙潭瀑布,石壁,500m,1098,水泥桥上,500m,781。分布区类型:7

(42)狭叶拟合睫藓 *Pseudosymblepharis angustata*(Mitt.)Hilp—三江口,土鼻,650m,1112。分布区类型:7

(43)毛口藓 *Trichostomum brachydontium* Bruch in F. A. Muell. —龙背,石壁,650m,795;香炉坝石灰岩,土壁,350m,1240,1241。分布区类型:11

(44)阔叶毛口藓 *Trichostomum platyphyllum*(His.)P. C. Chen. —. 龙潭瀑布,石上薄土,450m,775。分布区类型:9

(45)缺齿小石藓 *Weissia edentula* Mitt. —十八垒至保护站,石壁,700m,1271。分布区类型:6

缩叶藓科 Ptychomitriaceae

(46)中华缩叶藓 *Ptychomitrium sinense* (Mitt.) Jaeg. —龙背,650m,771。分布区类型:9

(47)威氏缩叶藓 *Ptychomitrium wilsonii* Sull. et Lesq. —大水坑至十八垒,沟边石上,1100m,1281。分布区类型:9

紫萼藓科 Grimmiaceae

(48)东亚砂藓 *Racomitrium japonicum* Dozy & Molk. —上堡,土壁,450m,1168。分布区类型:9

真藓科 Bryaceae

(49)高山真藓 *Bryum alpinum* Huds ex With. —诸广山,石上薄土,900m,1195。分布区类型:11

(50)真藓 *Bryum argenteum* Heddw. —三江口保护站,石壁,680m,1081;香炉坝石灰岩,路边土壁,350m,1234;上堡,土生,480m,1190。分布区类型:1

(51)红蒴真藓 *Bryum atrovirens* Vill. Ex Brid. —上堡,石壁,450m,1189。分布区类型:11

(52)比拉真藓 *Bryum billarderi* Schwaegr. —三江口至诸广山,土生,1100m,839;龙潭瀑布,石上薄土,450m,784;横河,石壁,950m,981;上堡,路边石壁,450m,1183。分布区类型:1

(53)丛生真藓 *Bryum caespiticium* Hedw. —三江口,路边土生,900m,1091。分布区类型:1

(54)细叶真藓 *Bryum capillare* Hedw. —十八垒至保护站,石上薄土,800m,1249。分布区类型:1

(55)拟大叶真藓 *Bryum salakense* Card. —三江口至诸广山,石壁,1150m,863。分布区类型:9

(56)卵蒴丝瓜藓 *Pohlia proligera* (Kindb.) Lindb. ex Arn. —龙背,石壁,650m,804;十八垒至保护站,石上,600m,1254。分布区类型:11

(57)暖地大叶藓 *Rhodobryum giganteum* (Schwaegr.) Par. —

横河,石上,1000m,1019;三江口至诸广山,石上薄土,1150m,833;石壁,900m,883。分布区类型:11

提灯藓科 Mniaceae

(58)尖叶匐灯藓 *Plagiomnium acutum* (Lindb.)T. Kop.—香炉坝石灰岩,路边石壁,350m,1237。分布区类型:11

(59)匐灯藓 *Plagiomnium cuspidatum* (Hedw.)T. Kop—三江口至诸广山,湿石壁,900m, 809;龙潭瀑布,石壁,450m,776,1126;龙背,石上,650m, 758。分布区类型:11

(60)侧枝匐灯藓 *Plagiomnium maximoviczii* (Lindb.)T. Kop—三江口至诸广山,石壁,1000m, 890;横河,石上,1000m, 1026。分布区类型:9

(61)具喙匐灯藓 *Plagiomnium rhynchophorum* (Hook.)T. Kop.—龙背,土生,650m, 779;三江口至诸广山,石壁,900m, 885;横河,竹山背,石壁,910m, 1023。分布区类型:2

(62)大叶匐灯藓 *Plagiomnium succulentum* (Mitt.)T. Kop—石陂头,土生,1500m, 919;香炉坝,路边石壁,400m,1166;三江口,湿石壁,650m, 1056,1065。分布区类型:8

(63)疣灯藓 *Trachycystis microphylla* (Dozy et Molk.)Lindb.—三江口,石壁,900m;680m, 1107,1109。分布区类型:9

桧藓科 Rhizogoniaceae

(64)大桧藓 *Pyrrhobryum dozyanum* (S. Lac.)Mitt.—石陂头,石上,1080m, 946; 土生,1500m, 900。分布区类型:4

(65)＊阔叶桧藓 *Pyrrhobryum latifolium* (Bosch. et S. Lac.) Mitt.—三江口至诸广山,石壁,1100m, 826;横河,石上,1080m, 1028;三江口,石上,700m, 1097。分布区类型:4

(66)刺叶桧藓 *Pyrrhobryum spiniforme* (Hedw)Mitt.—三江口,沟边石上,650m, 1072;诸广山,路边石壁,1000m,1198;三江口至诸广山,石壁,1000m, 828;石陂头,石上,1100m, 901. 分布区类型:2

株藓科 Bartramiaceae

(67)细叶泽藓 *Philonotis thwaitesii* Mitt—龙背,石壁,650m,799;三江口至诸广山,石壁,900m, 851;龙潭瀑布,石壁,600m,1124;三江口,石壁,700m,1068;大水坑至十八垒,田边土壁,800m,1264。分布区类型:6

(68)卷叶泽藓 *Philonotis revoluta* Bosch & Lac.—横河,湿石壁,980m, 1005,996,三江口,石壁,600m, 1125;龙背,石壁,650m,768,769。分布区类型:7

(69)东亚泽藓 *Philonotis turneriama* (Schwacgr.)Mitt.—横河,路边湿石上,750m, 977。分布区类型:7

木灵藓科 Orthotrichaceae

(70)＊狭叶蓑藓 *Macromitrium angustifolium* Dozy & Molk.—横河,树杆,1000m, 955;石陂头,树杆上,1320m, 949, 966;三江口至诸广山,石上,1000m, 821;新地,树干上,400m,1232;大水坑至十八垒,树干上,900m,1279。分布区类型:. 4

(71)南亚火藓 *Schlothemia grevilleana* Mitt—三江口至诸广山,树杆上,900m, 881。分布区类型:3

(72)小火藓 *Schlothemia Pungens* Bartr—横河,石上,980m,1009;三江口至诸广山,树杆上,900m, 878。分布区类型:12

卷柏藓科 Racopilaceae

(73)毛尖卷柏藓 *Racopilum aristatum* Mitt.—三江口至诸广山,林下土生,855;横河,石上,1000m, 1031,1100m,1018。分布区类型:9

隐蒴藓科 Cryphaeaceae

(74)毛枝藓 *Pilotrichopsis dentata* (Mitt.)Besch.—石头碑,石上,1430m,923;树干,1050m,924;三江口至诸广山,树枝上,1000m,887。分布区类型:12

白齿藓科 Leucodontaceae

(75)单齿藓 *Dozya japonica* Lac.—石陂头,石壁,1740m,931A,石上,1510m,961,1120m,903,1500m,938。分布区类型:9

扭叶藓科 Trachypodaceae

(76)扭叶藓 *Trachypus bicolor* Reinw. et Hornsch.—石陂头,石壁,1100m,921,石上,1080m,897。分布区类型:6

(77)拟木毛藓 *Pseudospiridertopsis horrida* (Card.)Fleisch.—石陂头,石壁,1000m,970,971,树杆上,1000m,972,1200m,973。分布区类型:5

蔓藓科 Meteoriaceae

(78)毛扭藓 *Aerobryidium filamentosum* (HooK.)Broth.—大水坑至十八垒,树基,780m,1257。分布区类型:4

(79)南亚毛扭藓 *Aerobryidium levieri* (Ren. & Card.) S. H. Lin.—大水坑至十八垒,树枝上,700m,1271。分布区类型:8

(80)异叶灰气藓 *Aerobryopsis cochlearifolia* Dix.—石陂头,树杆,1120m,944。分布区类型:8

(81)扭叶灰气藓 *Aerobryopsis parisii* (Cardot)Broth.—龙背,石壁,650m,757。分布区类型:9

(82)大灰气藓 *Aerobryopsis subdivergens* (Broth.)Broth.—石陂头,树枝上,980m,974;新地,路边石壁,400m,1225,1223。分布区类型:8

(83)气藓 *Aerobryum speciosum* (Doz. et. Molk.)Doz. et. Molk.—香炉坝石灰岩,路边石壁,350m,1235,1238。分布区类型:4

(84)鞭枝悬藓 *Barbella flagellifera* (Card.)Nog.—三江口,叶附生,700m,1088;横河,树枝,1080m,1040;龙潭瀑布,树干上,650m,791;大水坑至十八垒,树枝上,800m,1269;新地,树枝上,400m,1231;香炉坝石灰岩,树枝上,350m,1239。分布区类型:4

(85)垂藓 *Chrysocladium retrorsum* (Mitt.)Fleisch.—石陂头,树杆,1000m,937。分布区类型:8

(86)反叶粗蔓藓 *Meteoriopsis reclinata* (C. Muell.)Fleisch.—三江口至诸广山,树枝上,1000m,843。分布区类型:6

(87)粗枝蔓藓 *Meteorium subpolytrichum* (Besch.)Broth.—三江口至诸广山,树杆生,900m,841,850;石陂头,1100m,975;横河,树杆上,980m, 1030;香炉坝,路边石壁,400m,1161。分布区类型:9

(88)多疣新蔓藓 *Neodicladiella pendula* (Sull.)Buck—横河,树干,1000m,1016,树枝上,1100m,991,980m,1037,1030,树枝,1000m,1020;三江口至诸广山,树杆,900m,850,树枝,1000m,867。分布区类型:10

(89)短尖假悬藓 *Pseudobarbella attenuata* (Thwait. & Mitt.) Nog.—横河,树枝上,1150m,986,1000m,1041。分布区类型:4

平藓科 Neckeraceae

(90)匙叶木藓 *Thamnobryum subserriatum* (Mitt. ex S. Lac.)B. C. Tan—龙潭瀑布,石壁,450m,774。分布区类型:11

(91)刀叶树平藓 *Homaliodendron scalpellifolium* (Mitt.) Fleisch. —横河,树杆,1150m,1029,1100m,993,石壁,700m,1027;石陂头,石壁,1500m,960,石上,1150m,939;龙潭瀑布,石壁,450m,764;三江口,湿石壁,650m,1070;诸广山,树杆,1000m,1204。分布区类型:7

(92)树平藓 *Homaliodendron flabellatum* (Sw.) Fleisch. —香炉坝,路边石壁,400m,1165。分布区类型:7

油藓科 Hookeriaceae

(93)厚角黄藓宽边变种 *Distichophyllum collenchymatosum* var. pseudosinense—横河,湿石生,880 - 1120m,983,1049;三江口至诸广山,石上薄土,980m,808A;龙背,湿石壁,650m,790。分布区类型:12

(94)匙叶黄藓梵净变种 *Distichophyllum oblongum* var. *fanjingensis* P. J. Lin et B. C. Tan —石陂头,腐木上,1765m,940。分布区类型:12

(95)尖叶油藓 *Hookeria acutifolia* Hook. et Grev. —大水坑至十八垒,沟边石壁,750m,1266;诸广山,路边石壁,1000m,1209。分布区类型:13

孔雀藓科 Hypopterygiaceae

(96)东亚孔雀藓 *Hypopterygium japonicum* Mitt. —横河,石壁,980m,1003;诸广山,腐木上,950m,1213;三江口至诸广山,石壁,1000m,820。分布区类型:9

牛舌藓科 Anomodontaceae

(97)皱叶牛舌藓 *Anomodon rugelii* (C. Mull.) Keissl. —香炉坝石灰岩,石壁,350m,1243。分布区类型:11

(98)*台湾多枝藓 *Haplohymenium formosanum* Nog. —石陂头,树干上,1320m,932,1650m,943。分布区类型:12

(99)羊角藓 *Herpetineuron toccoae* (Sull. & Lesq.) Card. —龙背,石上,650m,797。分布区类型:1

羽藓科 Thuidiaceae

(100)细叶小羽藓 *Haplocladium microphyllum* (Hedw.) Broth. —三江口。石壁,700m,1115。分布区类型:11

(101)绿羽藓 *Thuidium assimile* (Mitt.) Jaeg. —横河,石上,1100m,1034,1080m,1148;三江口,石壁,700m,1067。分布区类型:11

(102)大羽藓 *Thuidium cymbifolium* (Dozy et Molk.) Dozy et Molk. —香炉坝,石壁,400m,1164。分布区类型:1

青藓科 Brachytheciaceae

(103)*圆枝青藓 *Brachythecium garovaglioides* C. Muell. —香炉坝石灰岩,路边石壁,350m,1236。分布区类型:9

(104)匐枝青藓 *Brachytheciaceae procmbens* (Mitt.) Jaeg. —三江口,路边石壁,700m,1058。分布区类型:9

(105)短尖美喙藓 *Eurhynchium angustirete* (Broth.) T. Kop. —龙背,湿石壁,650m,787。分布区类型:11

(106)疏网美喙藓 *Eurhynchium laxirete* Broth. —三江口,荫湿石壁,700m,1127。分布区类型:9

(107)尖叶美喙藓 *Eurhynchium eustegium* (Besch.) Dix. —石陂头,石壁,1690m,896。分布区类型:9

绢藓科 Entodontaceae

(108)长柄绢藓 *Entodon macropodus* (Hedw.) C. Muell. —横河,石壁,980m,1008;香炉坝石灰岩,石壁,350m,1244。分布区类型:11

(109)横生绢藓 *Entodon prorepens* (Mitt.) Jaeg. —三江口至诸广山,石壁,900m,854,886;三江口,石壁,680m,1120,1101;十八垒至保护站,石上,800m,1261。分布区类型:8

(110)绿叶绢藓 *Entodon viridulus* Card. —石陂头,树干,1000m,904。分布区类型:9

棉藓科 Plagiotheciaceae

(111)直叶棉藓原变种 *Plagiothecium euryphyllum* (Card. et Ther.) Iwats. var. euryphyllum—石陂头,石壁,1200m,906。分布区类型:9

(112)直叶棉藓短尖变种 *Plagiothecium euryphyllum* (Card. & Ther.) Iwats. var. *breyphyllum* (Card.) Iwats. —石陂头,石上薄土,1200m,916;香炉坝,路边石壁,400m,1159。分布区类型:9

(113)垂蒴棉藓 *Plagiothecium nemorale* (Mitt.) Jaeg. —三江口,石壁,780m,1121;上堡,路边石壁,450m,1170。分布区类型:11

(114)阔叶棉藓 *Plagiothecium platyphyllum* Moenk. —龙背,石壁,650m,749。分布区类型:11

锦藓科 Sematophyllaceae

(115)东亚小锦藓 *Brotherella fauriei* (Card.) Broth. —龙背,石上,650m,806;石陂头,石壁,1140m,976。分布区类型:9

(116)南方小锦藓 *Brotherella henonii* (Duby) Fleisch. —石陂头,石上,1480m,911。分布区类型:9

(117)垂蒴小锦藓 *Brotherella nictans* (Mitt.) Broth. —石陂头,树杆上,1100m,976。分布区类型:8

(118)* *三列疣胞藓 *Clastobryum glabresscens* (Iwats.) Tan. Iwats. et. Norris. —上堡,树干上,500m,1185。分布区类型:4

(119)* *腐木藓 *Heterophyllium affine* (Hook.) Fleisch. —石陂头,树杆,1680m,954;1420m,933。分布区类型:13

(120)鞭枝藓 *Isocladiella surcularis* (Dix.) Tan et Mohamed—树枝上,700m,1090;三江口至诸广山,树干,1200m,877;横河,树枝上,1000m,1046;大水坑至十八垒,树枝上,950m,1280。分布区类型:5

(121)矮锦藓 *Sematophyllum subhumile* (C. Muell.) Fleisch. —龙背,石壁,650m,792;三江口至诸广山,石壁,900m,846;大水坑至十八垒,石上薄土,800m,1246。分布区类型:7

(122)全缘刺疣藓 *Trichosteleum lutschianum* (Broth. et Par.) Broth. —石陂头,石壁,1160m,935,石上,1620m,912。分布区类型:9

(123)角状刺枝藓 *Wijkia hornschuchii* (Dozy et Molk.) Crum—三江口,湿石上,700m,1075,大水坑至十八垒,林下石上,900m,1282;诸广山,腐木上,1000m,1218。分布区类型:9

(124)*细枝刺枝藓 *Wijkia surcularis* (Mitt.) Crum. —石陂头,石壁,1430m,895。分布区类型:8

(125)毛尖刺枝藓 *Wijkia tanytricha* (Mont.) Crum. —石陂头,石壁,1100m,959;三江口至诸广山,土生,950m,857。分布区类型:7

灰藓科 Hypnaceae

(126)淡叶偏蒴藓 *Ectropothecium dealbatum* (Reinw. et Hornsch.) Jaeg. —横河,湿石壁,1120m,984。分布区类型:4

(127)钙生灰藓 *Hypnum calcicolum* Ando—龙背,湿石壁,

650m,1139。分布区类型:9

(128)灰藓 *Hypnum cupressiforme* L. ex Hedw. —石陂头,石壁,900m,957;大水坑至十八垒,树枝上,900m,1285;大水坑至十八垒,石壁,950m,1274;新地,腐木上,400m,1220;十八垒至保护站,石壁,800m,1273。分布区类型:1

(129)东亚灰藓 *Hypnum fauriei* Card. —三江口,石壁,680m,1076;三江口至诸广山,腐木上,1000m,889;横河,腐木上,1000m,1015。分布区类型:9

(130)南亚灰藓 *Hypnum oldhamii* (Mitt.) Jaeg. —横河,树杆上,1100m,1044。分布区类型:9

(131)大灰藓 *Hypnum plumaeforme* Wils. —三江口,土生,700m,1086;横河,石壁,1100m,989,900m,982;上堡,土生,450m,1169。分布区类型:9

(132)柔叶同叶藓 *Isopterygium tenerum* (Sw.) Mitt. —石陂头,树杆,1400m,942。分布区类型:10

(133)东亚拟鳞叶藓 *Pseudotaxiphyllum pohliaecarpum* (Sull. et lesq.) Iwats. —三江口至诸广山,石壁,900m,869;龙背,石壁,650m,803,750;三江口,土生,700m,1099,湿石壁,680m,1117,石壁,1122。分布区类型:8

(134)密叶拟鳞叶藓 *Pseudotaxiphyllum densum* (Card.) Iwats. —三江口至诸广山,石上薄土,1140m,872,土生,900m,858。分布区类型:9

(135)＊明叶藓 *Vesicularia montagnei* (Bel.) Broth. —三江口,腐木上,680m,1119;大水坑至十八垒,石上薄土,800m,1262。分布区类型:6

(136)长尖明叶藓 *Vesicularia reticulata* (Dozy & Molk.) Broth. —三江口,腐木上,650m,1053。分布区类型:4

短颈藓科 Diphysciaceae

(137)东亚短颈藓 *Diphyscium fulvifolium* Mitt. —横河,石上,1000m,1050;三江口至诸广山,土生,1100m,836;横河,石上,1000m,1050,横河田尾头,石上,980m,1014。分布区类型:9

金发藓科 Polytrichaceae

(138)小胞仙鹤藓 *Atrichum rhystophyllum* (C. Muell.) Par. —龙潭瀑布,石壁,550m,789。分布区类型:9

(139)＊东亚仙鹤藓 *Atrichum yakushimense* (Horik.) Mizut. —石陂头,土壁,900m,945;草地土生,1650m,930。分布区类型:9

(140)刺边小金发藓原亚种 *Pogonatum cirratum* (Sw.) Brid. ssp. Cirratim —三江口至诸广山,林下土生,1000m,832,土生,1100m,838;三江口,土生,680m,1103;诸广山,土生,850m,1192;大水坑至十八垒,土生,1000m,1252;诸广山,土生,1000m,1206。分布区类型:4

(141)刺边小金发藓褐色亚种 *Pogonatum cirratum* (Sw.) Brid. ssp. fuscatum (Mitt.) Hyvoenen—石陂头,石壁,1510m,965;三江口,石壁,680m,1108;上堡,路边土壁,450m,1181。分布区类型:7

(142)硬叶小金发藓 *Pogonatum neesii* (C. muell.) Dozy. —三江口,土生,650m,1102,1106;龙背,土生,650m,765,1094;石陂头,石壁,1500m,922;诸广山,路边土壁,900m,1197;上堡,路边土壁,450m,1188。分布区类型:9

(143)苞叶小金发藓 *Pogonatum spinulosum* Mitt. —石陂头,土生,980m,899。分布区类型:9

(144)东亚小金发藓*Pogonatum inflexum* (Lindb.) Lac. —横河,石上,1040m,977;三江口,土生,650m,1130;大水坑至十八垒,林下土生,800m,1284;新地,路边土壁,400m,1226;上堡,路边土壁,450m,1186。分布区类型:9

(145)拟金发藓 *Polytrichastrum alpinum* (Hedw.) G. Sm. —石陂头,石壁,1740m,907;三江口至诸广山,土生,1100m,876;新地,土生,400m,1219。分布区类型:1

苔纲 HEPATICAE

剪叶苔科 Herbertaceae

(146)剪叶苔 *Herbertus aduncus* (Dicks.) S. Gray. —石陂头,石壁,900－1100m,913,920。分布区类型:11

(147)长角剪叶苔 *Herbertus dicranus* (Tayl.) Miller —石陂头,树干上,1120m,928。分布区类型:9

裸蒴苔科 Haplomitriaceae

(148)＊＊＊裸蒴苔 *Haplomitrium blumii* (Nees) Schust. —上堡,路边石壁,450m,1182。分布区类型:8

绒苔科 Trichocoleaceae

(149)绒苔 *Trichocolea tomentella* (Ehrh.) Dum —三江口至诸广山,湿石上,1000m,812;大水坑至十八垒,石上薄土,900m,1265;诸广山,路边石壁,900－1000m,1193,1199,1202。分布区类型:11

指叶苔科 Lepidoziaceae

(150)三裂鞭苔 *Bazzania tridens* (R. Bl. et Nees) Trev. —三江口,石上,680m,1074,650m,1085;三江口至诸广山,土生,700m,1079。分布区类型:11

(151)＊厚角鞭苔 *Bazzania fauriana* (Steph.) Hatt. —三江口至诸广山,土生,900m,824,石壁,980m,813,1100m,834。分布区类型:9

(152)日本鞭苔 *Bazzania japonica* (S. Lac.) Lindb. —三江口至诸广山,石壁,900m,847;石陂头,石上,1240m,968。分布区类型:4

(153)＊小叶鞭苔 *Bazzania ovistipula* (Steph.) Mizut. —三江口至诸广山,土生,900m,873;石陂头,石上,1430m,950。分布区类型:8

(154)指叶苔 *Lepidozia reptans* (L.) Dum. —三江口,湿石壁,680m,1084。分布区类型:11

(155)＊＊南亚细指苔 *Kurzia gonyotricha* (S. Lac.) Grolle —三江口至诸广山,石壁,900m,884;诸广山,路边石壁,950m,1214。分布区类型:4

(156)＊中华细指苔 *Kurzia sinensis* Chang. —龙背,石壁,650m,802。分布区类型:12

护蒴苔科 Calypogeiaceae

(157)＊护蒴台 *Calypogeia fissa* (L.) Raddi—三江口至诸广山,石壁,900m,848B。分布区类型:11

(158)钝叶护蒴台 *Calypogeia neesiana* (Mass. Et Carest.) K. Muell. Ex Loesk. —横河,土生,980m,1006。分布区类型:11

大萼苔科 Cephaloziaceae

(159)＊南亚大萼苔 *Cephalozia gollanii* Steph. —横河,石上,700m,1022。分布区类型:8

叶苔科 Jungermanniaceae

(160)＊透明叶苔 *Jungermannia hyalina Lyell.* —大水坑至十

八垒,土生,700m,1260。分布区类型:11

(161)光萼叶苔 *Jungermannia leiantha* Grolle —诸广山,石壁或土壁,900 – 1000m,1203,1196。分布区类型:11

(162)＊狭叶叶苔 *Jungermannia subulata* Evans —新地,石壁,400m,1230。分布区类型:9

(163)截叶叶苔 *Jungermannia truncata* Nees —龙背,石壁,650m,751;十八垒至保护站,石上薄土,700m,1255。分布区类型:8

裂叶苔科 Lophoziaceae

(164)全缘广萼苔 *Chandonanthus birmensis* Steph. —横河田尾头,石上薄土,980m,1004;三江口,湿石壁,750m,1082;新地,石壁,400m,1229。分布区类型:4

合叶苔科 Scapaniaceae

(165)刺齿合叶苔 *Scapania ciliata* S. Lac. —大水坑至十八垒,石壁,800m,1250;三江口至诸广山,石壁,900m,848A。分布区类型:9

(166)＊合叶苔 *Scapania nemorea* (L.) Grolle —龙背,湿石壁,650m,760,748。分布区类型:11

(167)＊东亚合叶苔 *Scapania orientalis* Steph. —横河,石壁,700m,1045。分布区类型:9

(168)疣叶合叶苔 *Scapania verrucosa* Heeg. —横河,石壁,980m,1007。分布区类型:11

齿萼苔科 Geocalycaceae

(169)＊尖叶裂萼苔 *Chiloscyphus cuspidatus* (Nees) Engel et Schust. —石陂头,湿石上,1120m,955。分布区类型:11

(170)＊双齿异萼苔 *Heteroscyphus coalitus* (Hook.) Schiffn. —三江口,腐木上,680m,1095,1089,1129,650m,1054,土生,650m,1118;横河,石壁,1120m,1048;龙背,湿石上,650m,754;三江口至诸广山,石壁,1000m,893,900m,852;诸广山,石壁,950m,1212。分布区类型:4

(171)＊叉齿异萼苔 *Heteroscyphus lophocoleoides* Hatt. —三江口至诸广山,水沟边石上或石壁,900m,861,875。分布区类型:9

羽苔科 Plagiochilaceae

(172)＊树形羽苔 *Plagiochila arbuscula* (Brid. ex Lehm.) Lindenb. —诸广山,路边石壁,980m,1210。分布区类型:8

(173)＊裂叶羽苔 *Plagiochila furcifolia* Mitt. —香炉坝石灰岩,石壁,350m,1242。分布区类型:8

(174)＊蠕形羽苔 *Plagiochila griffithiana* Steph. —大水坑至十八垒,湿石壁,850 – 900m,1263,1278。分布区类型:8

耳叶苔科 Frullaniaceae

(175)列胞耳叶苔 *Frullania moniliata* (Reinw. Et al.) Mont. —石陂头,叶附生,1200m,918;大水坑至十八垒,湿石壁,1000m,1277。分布区类型:9

细鳞苔科 Lejeuneaceae

(176)鳞叶疣鳞苔 *Cololejeunea longifolia* (Mitt.) Bened. —三江口,叶附生,680m,1123。分布区类型:8

(177)南亚瓦鳞苔 *Trocholejeunea sandvicensis* (Gott.) Mizut. —横河,腐树干上,1200m,1052。分布区类型:8

溪苔科 Pelliaceae

(178)花叶溪苔 *Pellia endiviiefolia* (Dicks.) Dum. —龙背,湿石壁,650m,753;龙潭瀑布,石壁,550m,780m;横河,石上,1000m,1032;新地,沟边石壁,400m,1224。分布区类型:11

南溪苔科 Makinoaceae

(179)＊＊＊南溪苔 *Makinoa crispata* (Steph.) Miyake —诸广山,路边土壁,980m,1211。分布区类型:9

带叶苔科 Pallaviciniaceae

(180)＊＊＊多形带叶苔 *Pallavicinia ambigua* (Mitt.) Steph. —龙背,石壁,650m,772;三江口至诸广山,石壁,950m,844;石陂头,湿石壁,1350m,951;横河,湿石壁,1100m,990;三江口,湿石壁,680m,1113,1114;上堡,路边石壁,450m,1184;香炉坝,路边土壁或湿石壁,400m,1160,1162。分布区类型:9

绿片苔科 Aneuraceae

(181)绿片苔 *Aneura pinguis* (L.) Dum. —龙背坳,林下石上,630m,793;三江口,湿石上薄土,680m,1077;三江口至诸广山,石壁,900 – 1100m,810,837,849,871;上堡,湿石壁,500m,1178。分布区类型:11

(182)＊中华片叶苔 *Riccardia chinensis* Gao —横河,湿石壁,1000 – 1120m,992,1012,1033,分布区类型:12

(183)＊宽片叶苔 *Riccardia latifrons* (Lindb.) Lindb. —龙背,湿石壁,650m,798,分布区类型:11

(184)＊羽枝片叶苔 *Riccardia multifida* (L.) Gray. —三江口,湿石壁,650m,1057,分布区类型:11

叉苔科 Metzgeriaceae

(185)平叉苔 *Metzgeria conjugata* Lindb. —十八垒至保护站,湿石壁,800m,1267;石陂头,湿石壁,900 – 1100m,953,962;三江口,石壁,650m,1060,1073,1096;三江口至诸广山,石壁,1120m,856。分布区类型:11

魏氏苔科 Wiesnerellaceae

(186)毛地钱 *Dumortiera hirsuta* (Sw.) Reinw. et al. —横河,土生,970m,985;石壁,1000m,1043;竹山背,沟边土壁,900m,988;十八垒至保护站,湿石壁,700m,1256。龙背,湿石壁,650m,761;香炉坝,土壁,400m,1163;新地,土生,400m,1221,1228。分布区类型:11

蛇苔科 Conocephalaceae

(187)蛇苔 *Conocephalum conicum* (L.) Dum. —龙潭瀑布,湿石壁,550m,783;上堡,土生,450m,1174;大水坑至十八垒,土壁,1000m,1275。分布区类型:11

(188)小蛇苔 *Conocephalum japonicum* (Thunb.) Grolle —三江口,路边土壁,700m,1059;上堡,土壁,450m,1167;十八垒至保护站,土壁,900m,1276。分布区类型:9

地钱科 Marchantiaceae

(189)楔瓣地钱原亚种 *Marchantia emarginata* Reinw. et al. ssp. *emarginata* —诸广山,湿石壁,900m,1191。分布区类型:7

(190)楔瓣地钱东亚亚种 *Marchantia emarginata* Reinw. Et al. ssp. *tosata* (Steph.) Bischl. —龙背,土生,650m,759。分布区类型:9

(191)＊粗裂地钱 *Marchantia paleacea* Bertol. —三江口至诸广山,石壁,900m,853。分布区类型:11

角苔科 Anthocerotaceae

(192)＊＊黄角苔 *Phaeoceros laevis* (L.) Prosk. —横河竹山背,湿土上,900m,980;910m,1051。分布区类型:11

3. 蕨类植物名录

(1)标本采集人:严岳鸿,何祖霞,王兰英等

(2)标本采集时间:2007 年 5 月—2007 年 7 月

(3)蕨类植物种类合计:江西崇义齐云山自然保护区共有蕨类植物共 40 科 229 种。

(4)国家保护物种:其中第一批公布的国家重点野生植物 2 种:金毛狗(*Cibotium barometze*)和小黑桫椤(*Alsophila metteniana*);拟第二批公布的国家二级重点保护野生植物 1 种:蛇足石杉(*Huperzia serrata*)。

(5)珍稀濒危物种:福建观音座莲(*Angiopteris fokiensis*),粤紫萁(*Osmunda mildei*),羽裂双盖蕨(*Diplazium tomitaroanum*),毛轴线盖蕨(*Monomelangium pullingeri*),鞭叶蕨(*Cyrtomidictyum lepidocaulon*),崇澍蕨(*Chieniopteris harlandii*),东京鳞毛蕨(*Dryopteris tokyoensis*),毛枝蕨(*Leptorumohra miqueliana*),二回黔蕨(*Phanerophlebiopsis bipinnata*),三相蕨(*Ataxipteris sinii*),雨蕨(*Gymnogrammitis dareiformis*)

(6)江西新记录蕨类植物:棕毛粉背蕨(*Aleuritopteris rufa*)、光脚短肠蕨(*Allantodia doederleinii*)、阔片短肠蕨(*A. matthewii*)、毛柄短肠蕨(*A. dilatata*)、粤紫萁(*Osmunda mildei*)、食蕨(*Pteridium esculentum*)、广东团扇蕨(*Gonocormus matthewii*)、雨蕨(*Gymnogrammitis dareiformis*)、顶果膜蕨(*Hymenophyllum khasyanum*)、线羽凤尾蕨(*Pteris linearis*)、舌蕨(*Elaphoglossum conforme*)等。

(7)模式标本采自崇义的物种:缩羽毛蕨(Cyclosorus abbreviatus),属于金星蕨科;崇义肋毛蕨(Ctenitis chungyiensis),属于三叉蕨科。

石杉科 Huperziaceae

(1)闽浙马尾杉 *Phlegmariurus mingcheensis*(Ching) L. B. Zhang. [3678,4074,4218,3581]

(2)有柄马尾杉 *Phlegmariurus petiolatus* (CB Clarke) H. S Kung et L. B Zhang. [3600]

(3)蛇足石杉 *Huperzia serrata*(Thunb.) Trev. [3663,3596,4075]。(国家二级重点保护野生植物,第二批)

石松科 Lycopodiaceae

(4)藤石松 *Lycopodiastrum casuarinoides*(Spring) Holub. [3692,4157,3977]

(5)石松 *Lycopodium japonicum*Thunb. [3665,3993]

(6)垂穗石松 *Palhinhaea cernua*(L.) Franco & Vasc. [3887,3976]

卷柏科 Selaginellaceae

(7)缘毛卷柏 *Selaginella ciliaris*(Retz.) Spring. [3609]

(8)薄叶卷柏 *Selaginella delicatula*(Desv.) Alston. [3794,4041,4042,3702]

(9)深绿卷柏 *Selaginella doederleinii Hieron.* [3647,3949]

(10)异穗卷柏 *Selaginella heterostachys Baker.* [4117,3948,4077,4071,3630,3733]

(11)兖州卷柏 *Selaginella involvens*(Sw.) Spring. [3579,4063,3738]

(12)细叶卷柏 *Selaginella labordei* Hieron. —王兰英[134]

(13)耳基卷柏 *Selaginella limbata Alston.* [3943,4084]

(14)江南卷柏 *Selaginella moellendorffii Hieron.* [3775,3916,3910,4091,4116]

(15)伏地卷柏 *Selaginella nipponica Franch.* [3633]

(16)疏叶卷柏 *Selaginella remotifolia Spring.* [4024,3900]

(17)卷柏 *Selaginella tamariscina* (Beauv.) Spring. [3660]

(18)翠云草 *Selaginella uncinata* (Desv.) Spring. [3733,3906]

木贼科 Equisetaceae

(19)节节草 *Equisetum ramosissimum Desf.* [3932]

(20)笔管草 *Equisetum ramosissimum Desf. subsp. debile* (Roxb. ex Vauch.) Hauke. [3790,3933]

阴地蕨科 Botrychiaceae

(21)阴地蕨 *Botrychium ternatum* (Thunb.) Sw. [3598]

观音座莲科 Angiopteridaceae

(22)福建观音座莲 *Angiopteris fokiensis Hieron.* [3745,3885,3963]

紫萁科 Osmundaceae

(23)南方紫萁 *Osmunda cinnamomea L. var. fokiense Cop.* [3664,4044,4118]

(24)紫萁 *Osmunda japonica Thunb.* [3538,3635,4181,4141]

(25)粤紫萁 *Osmunda mildei C. Chr.* [3723]

(26)华南紫萁 *Osmunda vachellii Hook.* [3555,3777,3870]

瘤足蕨科 Plagiogyriaceae

(27)瘤足蕨 *Plagiogyria adnata* (Bl.) Bedd. [3515,3648,3994]

(28)华中瘤足蕨 *Plagiogyria euphlebia* (Kunze) Mett. [3521,4212,3992]

(29)镰羽瘤足蕨 *Plagiogyria falcata Copel.* [3640,4078]

(30)华东瘤足蕨 *Plagiogyria japonica Nakai.* [3603,4069,4060]

里白科 Gleichniaceae

(31)芒萁 *Dicranopteris pedata* (Houtt.) Nakaike. [3890]

(32)中华里白 *Diplopterygium chinensis* (Rosenst.) De Vol. [3626]

(33)里白 *Diplopterygium glaucum* (Thunb. ex Houtt.) Nakai. [4200]

(34)光里白 *Diplopterygium laevissimum* (Christ) Nakai. [3514,4199]

海金沙科 Lygodiaceae

(35)海金沙 *Lygodium japonicum* (Thunb.) Sw. [3741,4097,3861]

膜蕨科 Hymenophyllaceae

(36)华东膜蕨 *Hymenophyllum barbatum* (Bosch) Copel. [3691,4072,4039,3566]

(37)顶果膜蕨 *Hymenophyllum khasyanum Bak.* [3560 3653]

(38)广东团扇蕨 *Gonocormus matthewii* (Christ) Ching. [3563]

(39)蕗蕨 *Mecodium badium* (Hook. & Grev.) Copel. [3557,3851,3597]

(40)庐山蕗蕨 *Mecodium lushanense* Ching & P. S. Chiu. [3595]

(41)长柄蕗蕨 *Mecodium osmundoides* (v. d. B.) Ching. [3602,4051]

(42)多果蕗蕨 *Mecodium polyanthos* (Sw.) Copel. [3556,4008,3653,3591]

(43)瓶蕨 *Vandenboschia auriculata* (Blume) Copel. [3559 3778]

(44)管苞瓶蕨 *Vandenboschia birmanica* (Bedd.) Ching. [3656,4196,4061]

蚌壳蕨科 Dicksoniaceae

(45)金毛狗蕨 *Cibotium barometz* (L.) J. Sm. [3722,3918,3964](国家二级重点保护野生植物,第一批)

桫椤科 Cyatheaceae

(46)小黑桫椤 *Alsophila metteniana Hance.* [3739,3699,3858,

4009,3978]（国家二级重点保护野生植物,第一批）

碗蕨科 Dennstaedtiaceae

(47)光叶碗蕨 *Dennstaedtia scabra* (Wall. ex Hook.) T. Moore var. glabrescens (Ching) C. Chr. [4021,4069,4132,4150,3520]

(48)光叶鳞盖蕨 *Microlepia calvescens* (Wall.) Presl. [3912,3909]

(49)华南鳞盖蕨 *Microlepia hancei Prantl.* [3973]

(50)虎克鳞盖蕨 *Microlepia hookeriana* (Wall. ex Hook.) C. Presl. [3917]

(51)边缘鳞盖蕨 *Microlepia marginata* (Panz.) C. Chr. [3528]

(52)边缘鳞盖蕨二回羽状变种 *Microlepia marginata* (Houtt.) C. Chr. *var. bipinnata Makino.* [3637]

(53)中华鳞盖蕨 *Microlepia sino-strigosa Ching.* [3708,3765]

鳞始蕨科 Lindsaeaceae

(54)乌蕨 *Sphenomeris chinensis* (L.) Maxon. [3533,3915,4134]

(55)爪哇鳞始蕨 *Lindsaea javaensis Bl.* [3769]

(56)鳞始蕨 *Lindsaea odorata Roxb.* [3689,4046,4167,3866,3531,3431]

(57)团叶鳞始蕨 *Lindsaea orbiculata* (Lam.) Mett. [4198,4076]

姬蕨科 Hypolepidaceae

(58)姬蕨 *Hypolepis punctata* (Thunb.) Mett. ex Kuhn. [3536,3961]

蕨科 Pteridiaceae

(59)蕨 *Pteridium aquilinum Kuhn. var. latiusculum* (Desv.) Underw. [3960]

(60)毛轴蕨 *Pteridium revolutum* (Blume) Nakai. [3675,4045,4156]

(61)食蕨 *Pteridium esculentum* (Forst.) Cokayne. [4085]

凤尾蕨科 Pteridaceae

(62)华南凤尾蕨 *Pteris austro-sinica* (Ching) Ching. [3720,3937]

(63)凤尾蕨 *Pteris cretica var. nervosa* (Thunb.) Ching et S. H. Wu [4182]

(64)刺齿半边旗 *Pteris dispar Kunze.* [3522,3930]

(65)傅氏凤尾蕨 *Pteris fauriei Hieron.* [3679,3753,3878,4095,3759]

(66)疏羽半边旗 *Pteris dissitifolia Bak.* [3695]

(67)剑叶凤尾蕨 *Pteris ensiformis Burm.* [3904,4113,4102]

(68)溪边凤尾蕨 *Pteris excelsa Gaud.* [3719,3884]

(69)全缘凤尾蕨 *Pteris insignis Mett. ex* Kuhn. [3759,3883,4125]

(70)华中凤尾蕨 *Pteris kiuschiuensis Hieron. var. centro-chinensis* Ching & S. H. Wu. [3632,4175,4031]

(71)线羽凤尾蕨 *Pteris linearis Poir.* [3935,3970]

(72)井栏凤尾蕨 *Pteris multifida Poir.* [3726]

(73)斜羽凤尾蕨 *Pteris oshimensis Hieron.* [3713,3936,4030,3782]

(74)栗柄凤尾蕨 *Pteris plumbea Christ.* [4088]

(75)半边旗 *Pteris semipinnata L.* [3740,3926]

(76)齿翅井栏边草 *Pteris serralata* (Miau) Y. H. Yan. [3911,4094,4090]

(77)蜈蚣草 *Pteris vittata L.* [3788,3946,4098]

中国蕨科 Sinopteridaceae

(78)多鳞粉背蕨 *Aleuritopteris anceps* (Blanford) Panigrahi. [3785,3944,4082]

(79)棕毛粉背蕨 *Aleuritopteris rufa* (Don) Ching. [3589,4016,4177]

(80)野雉尾金粉蕨 *Onychium japonicum* (Thunb.) Kunze. [3929]

(81)栗柄金粉蕨 *Onychium japonicum* (Thunb.) Kunze *var. lucidum* (D. Don) Christ. [3724,4065]

(82)毛轴碎m蕨 *Cheilosoria chusana* (Hook.) Ching & K. H. Shing. [3907,4100]

(83)粉背蕨 *Aleuritopteris pseudofarinosa* Ching et S. K. Wu. [3721,3785]

铁线蕨科 Adiantaceae

(84)扇叶铁线蕨 *Adiantum flabellulatum L.* [3730,3889,4083]

裸子蕨科 Hemionitidaceae

(85)南岳凤丫蕨 *Coniogramme centro-chinensis Ching.* [3707,3732,3898]

(86)普通凤丫蕨 *Coniogramme intermedia Hieron.* [3651,4002]

(87)凤丫蕨 *Coniogramme japonica* (Thunb.) Diels [3676,3776,4179]

(88)井冈山凤丫蕨 *Coniogramme jinggangshanensis* Ching & K. H. Shing. [4215,4149,4033]

(89)黑轴凤丫蕨 *Coniogramme robusta Christ.* [4025]

(90)疏网凤丫蕨 *Coniogramme wilsonii Hieron.* [4216]

书带蕨科 Vitttariaceae

(91)书带蕨 *Haplopteris flexuosa* (Fée) E. H. Crane. [3561,3850,4211,3601]

蹄盖蕨科 Athyriaceae

(92)亮毛蕨 *Acystopteris japonica* (Luerss.) Nakai. [3658,3639]

(93)边生短肠蕨 *Allantodia contermina* (Christ) Ching. [3617]

(94)毛柄短肠蕨 *Allantodia dilatata* (Bl.) Ching. [3934,4080]

(95)光脚短肠蕨 *Allantodia doederleinii* (Luerss.) Ching [3709,3966]

(96)江南短肠蕨 *Allantodia metteniana* (Miq.) Ching. [3596,3744,4029,3860]

(97)小叶短肠蕨 *Allantodia metteniana* (Miq.) Ching var. fauriei (Christ) Ching. [3540]

(98)镰羽短肠蕨 *Allantodia griffithii* (Moore) Ching. [4185]

(99)淡绿短肠蕨 *Allantodia virescens* (Kunze) Ching. [3743,4158,3855,3610]

(100)耳羽短肠蕨 -王兰英 *Allantodia wichurae* (Mett.) Ching. [W095]

(101)钝羽假蹄盖蕨 *Athyriopsis conilii* (Franch. & Sav.) Ching

(102)假蹄盖蕨 *Athyriopsis japonica* (Thunb.) Ching. [3599,3616,4137]

(103)毛轴假蹄盖蕨 *Athyriopsis petersenii* (Kunze) Ching. [4034,4213]

(104)坡生蹄盖蕨 *Athyrium clivicola Tagawa.* [3605]

(105)湿生蹄盖蕨-王兰英 *Athyrium devolii Ching.* [102]

(106)长江蹄盖蕨 *Athyrium iseanum Rosenst.* [3668,3717,4017,4111,4136,3634]

(107)华中蹄盖蕨 *Athyrium wardii* (Hook.) Makino. [3682,3981,4122,3623,3519]

(108)紫轴蹄盖蕨 *Athyrium kenzo-satakei* Kurata. [4135,4128,4123,4019,3990]

(109)菜蕨 *Callipteris esculenta* (Retz.) J. Sm. ex T. Moore & Houlst. [4103,3941]

(110)黑叶角蕨 *Cornopteris opaca* (Don)Tagawa. [3687,3716,3942,3787,3786]
(111)厚叶双盖蕨 *Diplazium crassiusculum Ching.* [3527,3763,4162,3854]
(112)薄叶双盖蕨 *Diplazium pinfaense Ching*[3697,3853]
(113)单叶双盖蕨 *Diplazium subsinuatum* (Wall. ex Hook. & Grev.) *Tagawa.* [3686,3894,3951,3544]
(114)羽裂双盖蕨 - 王兰英 *Diplazium tomitaroanum* Masamune. [*w*078,*w*150]
(115)华中介蕨 *Dryoathyrium okuboanum* (Makino)Ching. [3718]
(116)毛轴线盖蕨 *Monomelangium pullingeri* (Baker) Tagawa. [3611]

肿足蕨科 Hypodematiaceae

(117)肿足蕨 *Hypodematium crenatum* (Forsk.)Kuhn. [4092]

金星蕨科 Thelypteridaceae

(118)缩羽毛蕨 *Cyclosorus abbreviatus* Ching & K. H. Shing ex K. H. Shing & J. F. Cheng. [3710,4144,4168]
(119)渐尖毛蕨 *Cyclosorus acuminatus* (Houtt.)Nakai. [3798,3928,4099,4035]
(120)干旱毛蕨 *Cyclosorus aridus* (D. Don)Tagawa Thelypteridaceae. [3796,3882,3962]
(121)齿牙毛蕨 *Cyclosorus dentatus* (Forssk.)Ching. [3731,4166,3903]
(122)华南毛蕨 *Cyclosorus parasiticus* (L.)Farwell. [3772]
(123)宽顶毛蕨 *Cyclosorus paracuminatus* Ching ex K. H. Shing & J. F. Cheng. [3791,3891,*s. n*]
(124)羽裂圣蕨 *Dictyocline griffithii T. Moore var. wilfordii* (Hook.) T. Moore. [3650,3770,4106,3983,3857]
(125)戟叶圣蕨 *Dictyocline sagittifolia Ching.* [3553,4047,3654]
(126)峨眉茯蕨 *Leptogramma scallanii* (Christ)Ching. [3518,4164,4163]
(127)小叶茯蕨 *Leptogramma tottoides* H. Ito. [4140,3979,3622]
(128)细裂针毛蕨 *Macrothelypteris contingens* Ching. [4101,4205,4191,3913,3852,3712]
(129)针毛蕨 *Macrothelypteris oligophlebia* (Baker)Ching. [4138]
(130)普通针毛蕨 *Macrothelypteris torresiana* (Gaud.) Ching. [3712]
(131)微毛凸轴蕨 *Metathelypteris adscendens* (Ching) Ching. [3619]
(132)林下凸轴蕨 *Metathelypteris hattorii* (H. Ito) Ching. [3620,3613,4112,3715]
(133)疏羽凸轴蕨 *Metathelypteris laxa* (Franch. & Sav.)Ching. [3694,3565,3982,4027,3631,3529]
(134)钝角金星蕨 *Parathelypteris angulariloba* (Ching) Ching. [3570,4054,4193,4171]
(135)中华金星蕨 *Parathelypteris chinensis* (Ching)Ching. [3899]
(136)金星蕨 *Parathelypteris glanduligera* (Kunze)Ching. [3546,3631,4109,3729]
(137)光脚金星蕨 *Parathelypteris japonica* (Baker) Ching. [3690,3621,4114,4151,4192,4187,4178,3974,3612,3645,3645*B*,3550,3534,3521]
(138)延羽卵果蕨 *Phegopteris decursive - pinnata* (van Hall) Fée. [3797,3927]
(139)红色新月蕨 *Pronephrium lakhimpurense* (Rosenst.)Holttum. [3714,3862]
(140)披针新月蕨 *Pronephrium penangianum* (Hook.) Holttum. [3760,4003]
(141)耳状紫柄蕨 *Pseudophegopteris aurita* (Hook.)Ching. [3685,4189,4043*B*,3614*A*,3703,3624]
(142)紫柄蕨 *Pseudophegopteris pyrrhorachis* (Kunze)Ching. [3614,3986]
(143)普通假毛蕨 *Pseudocyclosorus subochthodes* (Ching)Ching. [3672,3716,3766,3792,3874,3879,3975,4129,4081,4214,3530,3711]

铁角蕨科 Aspleniaceae

(144)胎生铁角蕨 *Asplenium indicum Sledge.* [3578,3593,4020,4161,4058]
(145)长叶铁角蕨 *Asplenium prolongatum Hook.* [3594,3952]
(146)阴湿铁角蕨 *Asplenium unilaterale* Lam. var. udum Atkinson ex Clarke. [3655]
(147)东南铁角蕨 *Asplenium oldhami Hance.* [3662,3567]
(148)华东铁角蕨 *Asplenium serratissimum* Ching ex S. H. Wu. [3696,3896,3757]
(149)剑叶铁角蕨 *Asplenium ensiforme* Wall. ex Hook. & Grev. [3706]
(150)狭翅铁角蕨 *Asplenium wrightii Eaton ex* Hook. [3757]
(151)虎尾铁角蕨 *Asplenium incisum Thunb.* [3800,3996]
(152)倒挂铁角蕨 *Asplenium normale* D. Don. [3558,3737,4014,3950,3704]
(153)华南铁角蕨 *Asplenium austrochinense* (Ching). [3578]

球子蕨科 Onocleaceae

(154)东方荚果蕨 *Matteuccia orientalis* (Hook.) Trev. [3668,3991,4133,4180,3666]

乌毛蕨科 Blechnaceae

(155)狗脊蕨 *Woodwardia japonica* (L. f.)Sm. [4147]
(156)胎生狗脊蕨 *Woodwardia prolifera* Hook. et Arn. [3526,3925]
(157)崇澍蕨 *Chieniopteris harlandii* (Hook.) Ching. [3742,4067]
(158)乌毛蕨 *Blechnum orientale* L. [4201]

鳞毛蕨科 Dryopteridaceae

(159)多羽复叶耳蕨 *Arachniodes amoena* (Ching)Ching. [3661,3921,4026,4160,3628]
(160)大片复叶耳蕨 *Arachniodes cavalerii* (Christ)Ohwi. [3734]
(161)中华复叶耳蕨 *Arachniodes chinensis* (Rosenst.) Ching. [3681,3931,4110,3754,3683]
(162)尾叶复叶耳蕨 *Arachniodes caudata Ching.* [3618]
(163)刺头复叶耳蕨 *Arachniodes exilis* (Hance)Ching. [3781,3856,3921,4142,3751,3748,3677]
(164)斜方复叶耳蕨 *Arachniodes rhomboidea* (Wall. ex Mett.) Ching. [3670,3793,3888,3532]
(165)异羽复叶耳蕨 *Arachniodes simplicior* (Makino)Ohwi. [3584,3571]
(166)鞭叶蕨 *Cyrtomidictyum lepidocaulon* (Hook.)Ching. [3947],王兰英[*w*066]
(167)镰羽贯众 *Cyrtomium balansae* (Christ)C. Chr. [3552,3652,4048,3784]
(168)贯众 *Cyrtomium fortunei* J. Sm. [4066,4093]
(169)大叶贯众 *Cyrtomium macrophyllum* (Makino)Tagawa. [3899]
(170)阿萨姆鳞毛蕨 *Dryopteris assamensis* (Hope)C. Chr. et Ching. [4130,4146,4152]

(171)阔鳞鳞毛蕨 *Dryopteris championii* (Benth.) C. Chr. [3535, 3604, 3919, 3923, 4010, 4004, 3735]
(172)桫椤鳞毛蕨 *Dryopteris cycadina* (Franch. & Sav.) C. Chr. [3674, 4155, 4154, 4012, 3725, 3636]
(173)迷人鳞毛蕨 *Dryopteris decipiens* (Hook.) Kuntze. [3516, 3863, 3871, 4148]
(174)深裂迷人鳞毛蕨 *Dryopteris decipiens* (Hook.) Kuntze var. diplazioides (Christ) Ching. [3644 3747]
(175)黑足鳞毛蕨 *Dryopteris fuscipes* C. Chr. [3673, 3735, 4119, 3988, 4190, 3922]
(176)裸果鳞毛蕨 *Dryopteris gymnosora* (Makino) C. Chr. [3629, 3965, 4184, 4059]
(177)平行鳞毛蕨 *Dryopteris indusiata* (Makino) Yamamoto. [3517, 4159, 4169, 4174, 4126, 3646, 3585]
(178)羽裂鳞毛蕨 *Dryopteris integriloba* C. Chr. [3599]
(179)京鹤鳞毛蕨 *Dryopteris kinkiensis Koidz.* [4108]
(180)太平鳞毛蕨 *Dryopteris pcific* (Nakai) Tagawa. [3684, 3627, 4005, 4121, 4143, 3643, 3671]
(181)宽羽鳞毛蕨 *Dryopterisc ryoitoana* Kurata. [4210]
(182)奇羽鳞毛蕨 *Dryopteris sieboldii* (van Houtte ex Mett.) Kuntze. [3767 3750, 3767*A*, 3767*B*, 3727]
(183)无盖鳞毛蕨 *Dryopteris scottii* (Bedd.) Ching ex C. Chr. [3615, 3762, 3880, 3859]
(184)稀羽鳞毛蕨 *Dryopteris sparsa* (Buch. – Ham. ex D. Don) Kuntze. [3539, 3693, 3771, 4127, 4120, 3987]
(185)东京鳞毛蕨 *Dryopteris tokyoensis* (Makino) C. Chr. [4176]
(186)观光鳞毛蕨 *Dryopteris tsoongii Ching.* [3736, 3924, 3938, 4011, 3869, 3604]
(187)变异鳞毛蕨 *Dryopteris varia* (L.) Kuntze. [3914]
(188)毛枝蕨 *Leptorumohra miqueliana* (Maxim. ex Franch. & Sav.) H. Itô. [3998]
(189)二回黔蕨 *Phanerophlebiopsis bipinnata* S. F. Wu. [3638]
(190)灰绿耳蕨 *Polystichum eximium* (Mett. ex Kuhn) C. Chr. [3756, 3876]
(191)小戟叶耳蕨 *Polystichum hancockii* (Hance) Diels. [3642 3700]
(192)同形鳞毛蕨 *Dryopteris uniformis* (Makino) Makino. [3568]

三叉蕨科 Tectariaceae

(193)三相蕨 *Ataxipteris sinii* (Ching) Holttum. [3764, 3740]
(194)二型肋毛蕨 *Ctenitis dingnanensis* Ching. [3701, 3972 3768]
(195)直鳞肋毛蕨 *Ctenitis eatonii* (Baker) Ching. [4096, 3972]
(196)虹鳞肋毛蕨 *Ctenitis rhodolepis* (Clarke) Ching. [3945]

实蕨科 Bolbitidaceae

(197)华南实蕨 *Bolbitis subcordata* (Copel.) Ching. [3755, 3864, 3872, 3881 , 3655]

舌蕨科 Elapoglossaceae

(198)华南舌蕨 *Elaphoglossum yoshinagae* (Yatabe) Makino. [3554, 4013, 4186, 4070, 3789]
(199)舌蕨 *Elaphoglossum conforme* (Sw.) Schott. [4183, 4172, 4053]

骨碎补科 Davalliaceae

(200)阴石蕨 *Humata repens* (L. f.) J. Small ex Diels. [3865]
(201)圆盖阴石蕨(白毛蛇) *Humata tyermannii* T. Moore. [3940]

雨蕨科 Gymnogrammitidaceae

(202)雨蕨 *Gymnogrammitis dareiformis* (Hook.) Ching ex Tard. – Blot et C. Chr. [3606]

水龙骨科 Polypodiaceae

(203)龙头节肢蕨 *Arthromeris lungtauensis Ching.* [3592]
(204)线蕨 *Colysis elliptica* (Thunb.) Ching. [3705, 3758, 3873]
(205)宽羽线蕨 *Colysis elliptica* (Thunb.) Ching var. pothifolia Ching. [3997]
(206)胄叶线蕨 *Colysis hemitoma* (Hance) Ching. [3779, 3895]
(207)莱氏线蕨 *Colysis wrightii* (Hook.) Ching. 王兰英[*u*047, 091]
(208)粤瓦韦 *Lepisorus obscurevenulosus* (Hayata) Ching. [3587 3783]
(209)抱石莲 *Lepidogrammitis drymoglossoides* (Baker) Ching. [3773]
(210)披针骨牌蕨 *Lepidogrammitis diversa* (Rosenst.) Ching. [3580, 3989]
(211)阔叶瓦韦 *Lepisorus tosaensis* (Makino) H. Ito. [3774]
(212)攀缘星蕨 *Microsorium brachylepis* (Bak.) Nakaike. [3953, 4022]
(213)江南星蕨 *Microsorium fortunei* (T. Moore) Ching. [3562, 3749, 3868, 4087, 4105]
(214)表面星蕨 *Microsorium superficiale* (Blume) Ching. [3680, 4115, 4001, 3566, 3649]
(215)盾蕨 *Neolepisorus ovatus* (Bedd.) Ching. [3641, 3698, 4145]
(216)大果假瘤蕨 *Phymatopteris griffithiana* (Hook.) Pic. Serm. [4017, 4043*A*]
(217)金鸡脚假瘤蕨 *Phymatopteris hastata* (Thunb.) Pichi Serm. [4153, 3967]
(218)喙叶假瘤蕨 *Phymatopteris rhynchophylla* (Hook.) Pichi Serm. [3688, 4194, 4064]
(219)屋久假瘤蕨 *Phymatopteris yakushimensis* (Makino) Pichi Serm. [3564]
(220)友水龙骨 *Polypodiodes amoena* (Wall. ex Mett.) Ching. [3541, 3761, 4037]
(221)日本水龙骨 *Polypodiodes niponica* (Mett.) Ching. [3608]
(222)石韦 *Pyrrosia lingua* (Thunb.) Farwell. [3537, 4015, 4062]
(223)骨牌蕨 *Lepidogrammitis rostrata* (Bedd.) Ching. [3659]

槲蕨科 Drynariaceae

(224)槲蕨 *Drynaria roosii Nakaike.* [3877, 4086]

禾叶蕨科 Grammitidaceae

(225)短柄禾叶蕨 *Grammitis dorsipila* (Christ) C. Chr. & Tardieu. [3667, 4073, 4217]
(226)锯蕨 *Micropolypodium okuboi* (Yatabe) Hayata.

蘋科 Marsileaceae

(227)蘋 *Marsilea quadrifolia L.* [3746, 4038]

槐叶苹科 Salviniaceae

(228)槐叶苹 *Salvinia natans* (L.) All. 王兰英[*w*104]

满江红科 Azollaceae

(229)满江红 *Azolla pinnata R. Brown subsp. asiatica* R. M. K. Saunders & K. Fowler. [4040]

4. 种子植物名录*

裸子植物 GYMNOSPERMAE

(一)苏铁科 Cycadaceae

(1)苏铁＊ *Cycas revoluta* Thunb.

(二)银杏科 Ginkgoaceae

(2)银杏＊ *Ginkgo biloba* L.

(三)松科 Pinaceae

(3)雪松＊ *Cedrus deodara* (Roxb.)G. Don

(4)马尾松 *Pinus massoniana* Lamb.

(5)黄山松 *P. taiwanensis* Hayata [Q070128]

(6)南方铁杉 *Tsuga chinensis* (Franch.)Pritz. var. *tchekiangensis* (Flous)Cheng et L. K. Fu [075163]

(7)长苞铁杉 *T. longibracteata* Cheng [06313,Z067]

(四)杉科 Taxodiaceae

(8)日本柳杉＊ *Cryptomeria japonica* (L. f.)D. Don

(9)杉木 *Cunninghamia lanceolata* (Lamb.)Hook.

(10)水松＊ *Glyptostrobus pensilis* (Staunt.)Koch

(11)水杉＊ *Metasequoia glyptostroboides* Hu et Cheng

(12)落羽杉＊ *Taxodium distichum* (L.)Rich.

(五)柏科 Cupressaceae

(13)柏木＊ *Cupressus funebris* Endl.

(14)福建柏 *Fokienia hodginsii* (Dunn)Henry et Thomas [075350]

(15)侧柏＊ *Platycladus orientalis* (L.)Franco

(六)罗汉松科 Podocarpaceae

(16)罗汉松＊ *Podocarpus macrophyllus* (Thunb.)D. Don

(七)三尖杉科 Cephalotaxaceae

(17)三尖杉 *Cephalotaxus fortunei* Hook. f. [0126,0229]

(18)粗榧 *C. sinensis* (Rehd. et Wils.)Li [075169]

(八)红豆杉科 Taxaceae

(19)南方红豆杉 *Taxus mairei* (lemee et Lévl.)S. Y. Hu [06139]

(九)买麻藤科 Gnetaceae

(20)小叶买麻藤 *Gnetum parvifolium* (Warb.)C. Y. Cheng ex Chun [0081]

被子植物 ANGIOSPERMAE

一、双子叶植物 DICOTYLEDONEAE

(十)木兰科 Magnoliaceae

(21)鹅掌楸＊ *Liriodendron chinense* (Hemsl.)Sarg.

(22)玉兰 *Magnolia denudata* Desr. [075401]

(23)荷花玉兰＊ *M. grandiflora* L.

(24)凹叶厚朴＊ *M. officinalis* Rehd. et Wils ssp. *biloba* (Rehd. et Wils)Law

(25)桂南木莲 *Manglietia chingii* Dandy [06334]

(26)木莲 *M. fordiana* Oliv. [1017,06073]

(27)毛桃木莲＊ *M. moto* Dandy

(28)乳源木莲 *M. yuyuanensis* Law [4123,06046]

(29)紫花含笑 *Michelia crassipes* Law [4151,0314,06201,06285,Q070162]

(30)含笑 *M. figo* (Lour.)Spreng. [L0705113]

(31)金叶含笑 *M. foveolata* Merr. ex Dandy [1068,4125,06031,Q070110]

(32)亮叶含笑 *M. fulgens* Dandy [0250]

(33)深山含笑 *M. maudiae* Dunn [4155,Z044]

(34)野含笑 *M. skinneriana* Dunn [3060,4183,0234,Q070005,Q070021]

(35)乐东拟单性木兰 *Parakmeria lotungensis* (Chun et C. Tsoong) Law [L0705039,Q070058,Z017]

(36)观光木 *Tsoongiodendron odorum* Chun [4059]

(十一)八角科 Illiciaceae

(37)短柱八角 *Illicium henryi* Diels [1087]

(38)假地枫皮 *I. jiadifengpi* B. N. Chang [075116]

(39)莽草 *I. lanceolatum* A. C. Smith [075071]

(十二)五味子科 Schisandraceae

(40)黑老虎 *Kadsura coccinea* (Lem.)A. C. Smith. [Q070081,Z101,0045]

(41)广西南五味子 *K. guangxiensis* S. F. Lan. [4366]

(42)异形南五味子 *K. heteroclita* (Roxb.)Craib [075758]

(43)南五味子 *K. longipedunculata* Finet et Gagnep. [4444]

(44)二色五味子 *Schisandra bicolor* Cheng [Z102]

(45)翼梗五味子 *S. henryi* Clarke [2140,4316,0256,L0705011,Z029]

(46)绿叶五味子 *S. viridis* A. C. Smith [1132]

(十三)番荔枝科 Annonaceae

(47)香港鹰爪花 *Artabotrys hongkongensis* Hance [075191]

(48)瓜馥木 *Fissistigma oldhamii* (Hemsl.)Merr. [B0118]

(49)香港瓜馥木 *F. uonicum* (Dunn)Merr. [075190]

(十四)樟科 Lauraceae

(50)红果黄肉楠 *Actinodaphne cupularis* (Hemsl.)Gamble [075240]

(51)扬子黄肉楠 *A. lancifolia* Meisn. var. sinensis Allen. [3031]

(52)毛黄肉楠 *A. pilosa* (Lour.)Merr. [06110]

(53)广东琼楠 *Beilschmiedia fordii* Dunn [075132]

(54)厚叶琼楠 *B. percoriacea* Allen [06319,06448,L0705021,Q070116]

(55)毛桂 *Cinnamomum appelianum* Schewe [06100,06235,B0130]

(56)华南桂 *C. austrosinense* Chang [1063,06067]

(57)猴樟 *C. bodinieri* Lévl. [B0123]

(58)阴香 *C. burmannii* (C. G. et Th. Nees)Blume. [Q070097]

(59)野黄桂 *C. jensenianum* Hand. - Mazz. [075328]

(60)沉水樟 *C. micranthum* (Hay.)Hay. [075653]

(61)少花桂 *C. pauciflorum* Nees [2086]

(62)黄樟 *C. porrectum* (Roxb.)Kosterm. [1040,06306,06445,06452,06458]

(63)硬叶桂 *C. rigidissimum* H. T. Chang [06001]

(64)香桂 *C. subavenium* Miq. [06321,Q070055,Z041]

(65)辣汁树 *C. tsangii* Merr. [2078,06278,Q070109,Q070126]

(66)川桂 *C. wilsonii* Gamble [0071,06024]

(67)厚壳桂 *Cryptocarya chinensis* (Hance)Hemsl. [075394]

(68)硬壳桂 *C. chingii* Cheng [075396]

(69)黄果厚壳桂 *C. concinna* Hance [075233]

(70)乌药 *Lindera aggregata* (Sims)Kosterm. [075783]

(71)香叶树 *L. communis* Hemsl. [0174,Q070061]

(72)红果山胡椒 *L. erythrocarpa* Makino [075239]

＊ 种子植物名录由裘利洪、刘仁林、季春峰、揭正平撰写。

(73)香叶子 *L. fragrans* Oliv. [075788]
(74)山胡椒 *L. glauca* (Sieb. et Zucc.) Blume [Q070153]
(75)广东山胡椒 *L. kwangtungensis* (Liou) Allen [075131]
(76)黑壳楠 *L. megaphylla* Hemsl [075393]
(77)毛黑壳楠 *L. megaphylla* Hemsl. f. trichoclada (Rehd.) Cheng [075253]
(78)华南山胡椒 *L. nacusua* (D. Don.) Merr. [4390]
(79)香粉叶 *L. pulcherrima* (Wall.) Benth. var. attenuata Allen [2110]
(80)川钓樟 *L. pulcherrima* (Wall.) Benth. var. hemsleyana (Diels) H. P. Tsui [0067A]
(81)山橿 *L. reflexa* Hemsl. [0333]
(82)红脉钓樟 *L. rubronervia* Gamble [075467]
(83)毛豹皮樟 *Litsea coreana Lévl.* var. lanuginosa (Migo) Yang et P. H. Huang [补07002]
(84)豹皮樟 *L. coreana Lévl. var. sinensis* (Allen) Yang et P. H. Huang [4102(3)]
(85)山苍子 *L. cubeba* (Lour.) Pers. [3020,Q070085]
(86)毛山鸡椒 *L. cubeba* (Lour.) Pers. var. *formosana* (Nakai) Yang et P. H. Huang [0101]
(87)黄丹木姜子 *L. elongata* (Wall. ex Nees) Benth. et Hook. f. [0175,06150,06254]
(88)石木姜子 *L. elongata* (Wall. ex Nees) Benth. et Hook. f. var. faberi (Hemsl.) Yang et P. H. Huang [0068,06023,06212]
(89)蜂窝木姜子 *L. foveolata* Yang at P. H. Huang [1130]
(90)华南木姜子 *L. greenmaniana* Allen [075544]
(91)湖南木姜子 *L. hunanensis* Yang et P. H. Huang [0069]
(92)毛叶木姜子 *L. mollis* Hemsl. [075794]
(93)红皮木姜子 *L. pedunculata* (Diels) Yang et P. H. Huang. [3016]
(94)木姜子 *L. pungens* Hemsl. [4325]
(95)豺皮樟 *L. rotundifolia Hemsl. var. oblongifolia* (Nees) Allen [075577]
(96)桂北木姜子 *L. subcoriacea* Yang et P. H. Huang [06266]
(97)轮叶木姜子 *L. verticillata* Hance [075875]
(98)短序润楠 *Machilus breviflora* (Benth.) Hemsl. [075766]
(99)华润楠 *M. chinensis* (Champ. ex Benth.) Hemsl. [0106]
(100)黄绒润楠 *M. grijsii* Hance [075605]
(101)宜昌润楠 *M. ichangensis* Rehd. et Wils. [075076]
(102)薄叶润楠 *M. leptophylla* Hand. - Mazz. [4022]
(103)木姜润楠 *M. litseifolia* S. Lee [06099,06141,06182,06236,06290,Z009]
(104)闽桂润楠 *M. minkweiensis* S. Lee [B0084]
(105)纳槁润楠 *M. nakao* S. Lee [0091]
(106)建润楠 *M. oreophila* Hance [075616]
(107)刨花楠 *M. pauhoi* Kanehira [06268,Q070201]
(108)凤凰润楠 *M. phoenicis* Dunn [0293,06033,06466]
(109)润楠 *M. pingii* Cheng ex Yang [1028]
(110)红楠 *M. thunbergii* Sieb. et Zucc. [075567]
(111)绒毛润楠 *M. velutina* Champ. ex Benth. [0184,06303]
(112)新木姜子 *Neolitsea aurata* (Hay.) Koidz. [4108,0138,06322,Z060]
(113)浙江新木姜子 *N. aurata* (Hay.) Koidz. var. *chekiangensis* (Nakai) Yang et P. H. Huang [06272]
(114)粉叶新木姜子 *N. aurata* (Hay.) Koidz. var. *glauca* Yang [075901]
(115)云和新木姜子 *N. aurata* (Hay.) Koidz. var. *paraciculata* Yang et P. H. Huang [075250]
(116)浙闽新木姜子 *N. aurata* (Hay.) Koidz. var. *undulatula* Yang et P. H. Huang [B0103]
(117)锈叶新木姜子 *N. cambodiana* Lec. [075840]
(118)鸭公树 *N. chui* Merr. [1036]
(119)香果新木姜子 *N. ellipsoidea* Allen [075241]
(120)广西新木姜子 *N. kwangsiensis* Liou [0067,Z119]
(121)大叶新木姜子 *N. levinei* Merr. [06104]
(122)卵叶新木姜子 *N. ovatifolia* Yang et P. H. Huang[075860]
(123)显脉新木姜子 *N. phanerophlebia* Merr. [4097,0139,06269,补07003]
(124)美丽新木姜子 *N. pulchella* (Meissn.) Merr. [0082A,06002]
(125)新宁新木姜子 *N. shingningensis* Yang et P. H. Huang[L0705007]
(126)小新木姜子 N. *umbrosa* (Meissn.) Merr. [075757]
(127)南亚新木姜子 *N. zeylanica* (Nees) Merr. [B0131]
(128A)闽楠 *Phoebe boumei*。
(128)湘楠 *Phoebe hunanensis* Hand. - Mazz. [075568]
(129)白楠 *Ph. neurantha* (Hemsl.) Gamble [075566]
(130)紫楠 *Ph. sheareri* (Hemsl.) Gamble [0363,06101,06131]
(131)檫木 *Sassafras tzumu* Hemsl. [4393]

(十五)毛茛科 Ranunculaceae

(132)乌头 *Aconitum carmichaeli* Debx [075710]
(133)卵叶银莲花 *Anemone begoniifolia* Lévl. et Vant. [B0117]
(134)林荫银莲花 *A. flaccida* Fr. Schmidt [075915]
(135)打破碗花花 *A. hupehensis* Lem. [075585]
(136)女萎 *Clematis apiifolia* DC. [2042,4349]
(137)小木通 *C. armandii* Franch. [075531]
(138)威灵仙 *C. chinensis* Osbeck [06183]
(139)两广铁线莲 *C. chingii* W. T. Wang [075220]
(140)厚叶铁线莲 *C. crassifolia* Benth. [0239,Q070009]
(141)山木通 *C. finetiana* Lévl. et Vant. [0048,0169,0259,06083,Q070046,Z048]
(142)单叶铁线莲 *C. henryi* Oliv. [075821]
(143)毛蕊铁线莲 *C. lasiandra* Maxim. [075611]
(144)锈毛铁线莲 *C. leschenaultiana* DC. [075498]
(145)毛柱铁线莲 *C. meyeniana* Walp. [4411]
(146)钝齿铁线莲 *C. obtusidentata* (Rehd. et Wils.) Hj. Eichler [0060,0324]
(147)裂叶铁线莲 *C. parviloba* Gard. et Champ. [075847]
(148)五叶铁线莲 *C. quinquefoliolata* Hutch. [075854]
(149)柱果铁线莲 *C. uncinata* Champ. [4395]
(150)短萼黄连 *Coptis chinensis* Franch. var. brevisepala W. T. Wang et Hsiao [L0705005,4312]
(151)蕨叶人字果 *Dichocarpum dalzielii* (Drumm. et Hutch.) W. T. Wang et Hsiao [075808]
(152)禺毛茛 *Ranunculus cantoniensis* DC. [075511]
(153)茴茴蒜 *R. chinensis* Bunge [016]
(154)毛茛 *R. japonicus* Thunb. [075198]
(155)石龙芮 *R. sceleratus* L. [075438]
(156)扬子毛茛 *R. sieboldii* Miq. [4303,0226]
(157)猫爪草 *R. ternatus* Thunb. [075940]
(158)天葵 *Semiaquilegia adoxoides* (DC.) Makino
(159)尖叶唐松草 *Thalictrum acutifolium* (Hand. - Mazz.) Boi[075896]

(160)棒状唐松草 *Th. clavatum* DC. [024,B0056]
(161)大叶唐松草 *Th. faberi* Ulbr. [B0116]
(162)华东唐松草 *Th. fortunei* S. Moore [075128]
(163)爪哇唐松草 *Th. javanicum* Bl. [075715]
(164)深山唐松草 *Th. tuberiferum* Maxim. [075630]
(165)阴地唐松草 *Th. umbricola* Ulbr. [075119]

(十六)金鱼藻科 Ceratophyllaceae

(166)金鱼藻 *Ceratophyllum demersum* L.

(十七)睡莲科 Nymphaeaceae

(167)莲* *Nelumbo nucifera* Gaertn.
(168)睡莲* *Nymphaea tetragona* Georgi

(十八)小檗科 Berberidaceae

(169)华东小檗 *Berberis chingii* Cheng [06292,Q070139]
(170)豪猪刺 *B. julianae* Schneid. [075962]
(171)庐山小檗 *B. virgetorum* Schneid. [B0012]
(172)六角莲 *Dysosma pleiantha* (Hance) Woodson [075367]
(173)八角莲 *D. versipellis* (Hance) M. Cheng ex Ying [0276, Z033,Z076]
(174)箭叶淫羊藿 *Epimedium sagittatum* (Sieb. et Zucc.) Maxim. [4100,06460,Z051]
(175)阔叶十大功劳 *Mahonia bealei* (Fort.) Carr. [L0705049]
(176)小果十大功劳 *M. bodinieri* Gagnep. [0170]
(177)南岭十大功劳 *M. fordii* Schneid. [075432]
(178)十大功劳 *M. fortunei* (Lindl.) Fedde [075102]
(179)华南十大功劳 *M. japonica* (Thunb.) DC. [075542]
(180)南天竹 *Nandina domestica* Thunb. [075691]

(十九)木通科 Lardizabalaceae

(181)木通 *Akebia quinata* (Thunb.) Decne [075701]
(182)三叶木通 *A. trifoliata* (Thunb.) Koidz. [Q070233]
(183)白木通 *A. trifoliata* (Thunb.) Koidz. ssp. *australis* (Diels) T. Shimizu [4309]
(184)鹰爪枫 *Holboellia coriacea* Diels [075941]
(185)五叶瓜藤 *H. fargesii* Reaub. [0137,06459]
(186)牛姆瓜 *H. grandiflora* Reaub. [0051,0094]
(187)野木瓜 *Stauntonia chinensis* DC. [075535]
(188)尾叶挪藤 *Stautonia obovatifolia* Hayata ssp. *urophylla* (Hand. - Mazz.) H. N. Qin [1006,0206]

(二十)大血藤科 Sargentodoxaceae

(189)大血藤 *Sargentodoxa cuneata* (Oliv.) Rehd. et Wils. [4295]

(二十一)防己科 Menispermaceae

(190)樟叶木防己 *Cocculus laurifolius* (Roxb.) DC. [075812]
(191)木防己 *C. orbiculatus* (L.) DC. [075164]
(192)毛叶轮环藤 *Cyclea barbata* (Wall.) Miers [075793]
(193)纤细轮环藤 *C. gracillima* Diels [075737]
(194)粉叶轮环藤 *C. hypoglauca* (Schauer) Diels [075900]
(195)轮环藤 *C. racemosa* Oliv. [1012,1014,1051,2008,2022, 3073,0113]
(196)四川轮环藤 *C. sutchuenensis* Gagnep. [075089]
(197)秤钩风 *Diploclisia affinis* (Oliv.) Diels [1023,2006]
(198)苍白秤钩风 *D. glaucescens* (Bl.) Diels [075008]
(199)细圆藤 *Pericampylus glaucus* (Lam.) Merr. [075926]
(200)金线吊乌龟 *Stephania cepharantha* Hayata ex Yamamoto [3025,4388,0331]
(201)千金藤 *S. japonica* (Thunb.) Miers.
(202)粪箕笃 *S. longa* Lour. [075332]
(203)粉防己 *S. tetrandra* S. Moore [075166]
(204)青牛胆 *Tinospora sagittata* (Oliv.) Gagnep. [075573]

(二十二)马兜铃科 Aristolochiaceae

(205)马兜铃 *Aristolochia debilis* Sieb. et Zucc. [4231]
(206)管花马兜铃 *A. tubiflora* Dunn [075286]
(207)尾花细辛 *Asarum caudigerum* Hance [075294]
(208)花叶尾花细辛 *A. caudigerum* Hance var. *cardiophyllum* (Franch.) C. Y. Cheng et C. S. Yang [075786]
(209)杜衡 *A. forbesii* Maxim. [06014]
(210)福建细辛 *A. fukienense* C. Y. Cheng et C. S. Yang[075354]
(211)小叶马蹄香 *A. ichangense* C. Y. Cheng et C. S. Yang[075819]
(212)金耳环 *A. insigne* Diels [075155]
(213)祁阳细辛 *A. magnificum* Tsiang ex C. S. Yang [L0705037]
(214)长毛细辛 *A. pulchellum* Hemsl. [0166]
(215)五岭细辛 *A. wulingense* C. F. Liang [0289,06211]

(二十三)胡椒科 Piperaceae

(216)海南蒟 *Piper hainanense* Hemsl. [075559]
(217)山蒟 *P. hancei* Maxim. [075386]
(218)风藤 *P. kadsura* (Choisy) Ohwi [075685]
(219)毛蒟 *P. puberulum* (Benth.) Maxim. [0348A, B0057, L0705048,Z090]

(二十四)三白草科 Saururaceae

(220)鱼腥草 *Houttuynia cordata* Thunb. [Q070036]
(221)三白草 *Saururus chinensis* (Lour.) Baill. [Q070049]

(二十五)金粟兰科 Chloranthaceae

(222)宽叶金粟兰 *Chloranthus henryi* Hemsl. [4255,0240]
(223)银线草 *Ch. japonicus* Sieb. [075745]
(224)多穗金粟兰 *Ch. multistachys* Pei [075676]
(225)及已 *Ch. serratus* (Thunb.) Roem. et Schult. [075913]
(226)草珊瑚 *Sarcandra glabra* (Thunb.) Nakai [0047,06069]

(二十六)罂粟科 Papaveraceae

(227)血水草 *Eomecon chionantha* Hance [06120]
(228)博落迴 *Macleaya cordata* (Willd.) R. Br. [补07006]

(二十七)紫堇科 Fumariaceae

(229)北越紫堇 *Corydalis balansae* Prain [075932]
(230)夏天无 *C. decumbens* (Thunb.) Pers. [075692]
(231)紫堇 *C. edulis* Maxim. [075379]
(232)黄堇 *C. pallida* (Thunb.) Pers. [075378]
(233)小花黄堇 *C. racemosa* (Thunb.) Pers. [075274]
(234)珠芽地锦苗 *C. sheareri* S. Moore f. *bulbillifera* Hand. - Mazz. [075771]

(二十八)白花菜科 Cleomaceae

(235)黄花草 *Cleome viscosa* [075291]

(二十九)十字花科 Cruciferae

(236)芥蓝* *Brassica alboglabra* L. H. Bailey
(237)油菜* *B. campestris* L.
(238)青菜* *B. chinensis* L.
(239)芥菜* *B. juncea* (L.) Czern. et Coss.
(240)雪里蕻* *B. juncea* (L.) Czern. et Coss. var. *multiceps* Tsen et Lee
(241)大头菜* *B. juncea* (L.) Czern. var. *megarrhiza* Tsen et Lee
(242)花椰菜* *B. oleracea* L. var. botrytis L.
(243)卷心菜* *B. oleracea* L. var. capitata L.
(244)菜苔* *B. parachinensis* L. H. Bailey
(245)白菜* *B. pekinensis* Rup.
(246)荠 *Capsella bursa - pastoris* (L.) Medic.

(247)弯曲碎米荠 *Cardamine flexuosa* With. [075601]
(248)碎米荠 *C. hirsuta* L. [4405]
(249)白花碎米荠 *C. leucantha* (Tausch) O. E. Schulz [075299]
(250)水田碎米荠 *C. lyrata* Bunge. [075697]
(251)北美独行菜 *Lepidium virginicum* L.
(252)萝卜* *Raphanus sativus* L.
(253)蔊菜 *Rorippa indica* (L.) Hiern. [4218]
(三十)堇菜科 *Violaceae*
(254)戟叶堇菜 *Viola betonicifolia* Smith. [075861]
(255)南山堇菜 *V. chaerophylloides* (Regel) W. Beck. [075627]
(256)心叶堇菜 *V. concordifolia* C. J. Wang [075830]
(257)深圆齿堇菜 *V. davidii* Franch. [075925]
(258)蔓茎堇菜 *V. diffusa* Ging. [0199,0218,06004,Q070032]
(259)紫花堇菜 *V. grypoceras* A. Gray [L0705045]
(260)如意草 *V. hamiltoniana* D. Don [075914]
(261)光叶堇菜 *V. hossei* W. Beck. [075841]
(262)长萼堇菜 *V. inconspicua* Bl. [B0054]
(263)江西堇菜 *V. kiangsiensis* W. Beck. [075734]
(264)亮毛堇菜 *V. lucens* W. Beck. [075494]
(265)紫花地丁 *V. philippica* Cav.
(266)柔毛堇菜 *V. principis* Boiss. [075479]
(267)浅圆齿堇菜 *V. schneideri* W. Beck. [4013,4305]
(268)深山堇菜 *V. selkirkii* Pursh ex Gold [075629]
(269)庐山堇菜 *V. stewardiana* W. Beck. [0261,L0705123]
(270)三角叶堇菜 *V. triangulifolia* W. Beck. [075365]
(271)斑叶堇菜 *V. variegata* Fisch. ex Link [075877]
(272)堇菜 *V. verecunda* A. Gray [4283,Q070008]
(273)阴地堇菜 *V. yezoensis* Maxim. [075118]
(三十一)远志科 Polygalaceae
(274)荷包山桂花 *Polygala arillata* Buch – Ham. [075014]
(275)小花远志 *P. arvensis* Willd. [075279]
(276)黄花远志 *P. fallax* Hemsel. [4047]
(277)华南远志 *P. glomerata* Lour. [075551]
(278)瓜子金 *P. japonica* Houtt. [Q070168]
(279)曲江远志 *P. koi* Merr. [075355]
(280)大叶金牛 *P. latouchei* Franch. [075795]
(281)西伯利亚远志 *P. sibirica* L. [Z087]
(282)狭叶远志 *P. stenophylla* Hayata [2062]
(283)小扁豆 *P. tatarinowii* Regel [Q070093,Q070136]
(284)密花远志 *P. tricornis gagnep.* [Z063]
(285)长毛籽远志 *P. wattersii* Hance [075491]
(286)齿果草 *Salomonia cantoniensis* Lour. [4229]
(三十二)景天科 Crassulaceae
(287)东南景天 *Sedum alfredii* Hance [075553]
(288)珠芽景天 *S. bulbiferum* Makino [075772]
(289)凹叶景天 *S. emarginatum* Migo. [075911]
(290)小山飘风 *S. filipes* Hemsl. [Z065A]
(291)日本景天 *S. japonicum* Siev. ex Miq. [075033]
(292)佛甲草 *S. lineare* Thunb.
(293)火焰草 *S. stellariifolium* Franch. [4306]
(三十三)虎耳草科 Saxifragaceae
(294)大落新妇 *Astilbe grandis* Stapf ex Wils. [075450]
(295)大叶金腰 *Chrysosplenium macrophyllum* Oliv. [075796]
(296)鸡眼梅花草 *Parnassia wightiana* Wall. ex Wight et Arn. [075776]
(297)扯根菜 *Penthorum chinense* Pursh [075196]
(298)虎耳草 *Saxifraga stolonifera* Meerb. [075151]
(三十四)茅膏菜科 Droseraceae
(299)锦地罗 *Drosera burmannii* Vahl [075113]
(300)光萼茅膏菜 *D. peltata Smith var. glabrata* Y. Z. Ruan [075142]
(301)叉梗茅膏菜 *D. rotundifolia L. var. furcata* Y. Z. Ruan [075201]
(三十五)石竹科 Caryophyllaceae
(302)无心菜 *Arenaria serpyllifolia* L. [075756]
(303)球序卷耳 *Cerastium glomeratum* Thuill. [075764]
(304)牛繁缕 *Malachium aquaticum* (L.) Fies. [075157]
(305)细叶孩儿参 *Pseudostellaria sylvatica* (Maxim.) Pax ex Pax et Hoffm. [075859]
(306)漆姑草 *Sagina japonica* (Sw.) Ohwi [075212]
(307)雀舌草 *Stellaria alsine* Grimm. [4239]
(308)繁缕 *S. media* (L.) Cyr.
(309)石生繁缕 *S. saxatilis* Buch. – Ham. [030]
(三十六)粟米草科 Molluginaceae
(310)粟米草 *Mollugo pentaphylla* L. [4209,4406]
(三十七)马齿苋科 Portulacaceae
(311)马齿苋 *Portulaca oleracea* L.
(312)土人参* *Talinum paniculatum* (Jacq.) Gaertn.
(三十八)蓼科 Polygonaceae
(313)金线草 *Antenoron filiforme* (Thunb.) Roberty. et Vautier [075744]
(314)短毛金线草 *A. neofiliforme* (Nakai) Hara [4334]
(315)金荞麦 *Fagopyrum dibotrys* (D. Don) Hara [4346]
(316)何首乌 *Fallopia multiflora* (Thunb.) Harald.
(317)萹蓄 *Polygonum aviculare* L.
(318)毛蓼 *P. barbatum* L. [075418]
(319)拳蓼 *P. bistorta* L. [4003]
(320)火炭母 *P. chinense* L. [075683]
(321)卷茎蓼 *P. convolvulus* L. [4061]
(322)蓼子草 *P. criopolitanum* Hance
(323)虎杖 *P. cuspidatum* Sieb. et Zucc. [4240]
(324)稀花蓼 *P. dissitiflorum* Hemsl. [075296]
(325)披针叶蓼 *P. hastato – sagittatum* Makino [4062]
(326)水蓼 *P. hydropiper* L. [4304]
(327)愉悦蓼 *P. jucundum* Meisn. [075931]
(328)酸模叶蓼 *P. lapathifolium* L. [2028]
(329)长鬃蓼 *P. longisetum* Bruijn [075992]
(330)小花蓼 *P. muricatum* Meisn. [4200,4439]
(331)尼泊尔蓼 *P. nepalense* Meisn. [4257,0362,B0150A]
(332)红蓼 *P. orientale* L.
(333)杠板归 *P. perfoliatum* L.
(334)习见蓼 *P. plebeium* R. Br. [075349]
(335)丛枝蓼 *P. posumbu* Buch. – Ham. ex D. Don [075949]
(336)疏蓼 *P. praetermissum* Hook. f. [075420]
(337)伏毛蓼 *P. pubescens* Bl. [075476]
(338)赤胫散 *P. runcinatum* Buch. – Ham. ex D. Don var. sinense Hemsl. [4256]
(339)刺蓼 *P. senticosum* (Meisn) Franch. et Sav. [075419]
(340)箭叶蓼 *P. sieboldii* Meisn. [075898]
(341)支柱蓼 *P. suffultum* Maxim. [075977]
(342)细叶蓼 *P. taquetii* Lévl. [4206]
(343)柔茎蓼 *P. tenellum* Bl. var. micranthum (Meisn.) C. Y. Wu [075381]

(344)戟叶蓼 *P. thunbergii* Sieb. et Zucc. [075870]
(345)酸模 *Rumex acetosa* L.
(346)齿果酸模 *R. dentatus* L. [075231]
(347)羊蹄 *R. japonicus* Houtt. [4236]
(348)钝叶酸模 *R. obtusifolius* L. [075868]
(349)长刺酸模 *R. trisetifer* Stokes [075097]
(三十九)商陆科 *Phytolaccaceae*
(350)商陆 *Phytolacca acinosa* Roxb.
(351)垂序商陆 *Ph. americana* L.
(四十)藜科 *Chenopodiaceae*
(352)藜 *Chenopodium album* L.
(353)土荆芥 *Ch. ambrosioides* L.
(354)地肤 *Kochia scoparia* (L.) Schrad. [075176]
(355)菠菜 * *Spinacia oleracea* L.
(四十一)苋科 Amaranthaceae
(356)土牛膝 *Achyranthes aspera* L. [4233]
(357)牛膝 *A. bidentata* Bl. [4035,4379,4417]
(358)柳叶牛膝 *A. longifolia* (Makino) Makino [2043,4359]
(359)空心莲子草 *Alternanthera philoxeroides* (Mart.) Griseb.
(360)凹头苋 *Amaranthus lividus* L. [4219]
(361)刺苋 *A. spinosus* L.
(362)苋 *A. tricolor* L.
(363)皱果苋 *A. viridis* L. [075236]
(364)青葙 *Celosia argentea* L. [075755]
(365)鸡冠花 * *C. cristata* L.
(四十二)落葵科 Basellaceae
(366)落葵 * *Basella alba* L.
(四十三)牻牛儿苗科 Geraniaceae
(367)野老鹳草 *Geranium carolinianum* L.
(368)尼泊尔老鹳草 *G. nepalense* Sweet [075053]
(369)南五叶老鹳草 *G. nepalense* Sweet var. *thunbergii* (Sieb. et Zucc.) Kudo [4437]
(四十四)酢浆草科 Oxalidaceae
(370)山酢浆草 *Oxalis acetosella* L. var. *griffithii* (Edgew. et Hook. f.) Hara [075994]
(371)酢酱草 *O. corniculata* L. [4238]
(372)红花酢浆草 *O. corymbosa* DC. [075305]
(四十五)凤仙花科 Balsaminaceae
(373)睫毛萼凤仙花 *Impatiens blepharosepala* Pritz. ex Diels[075512]
(374)华凤仙 *I. chinensis* L. [4070,3008(2)]
(375)绿萼凤仙花 *I. chlorosepala* Hand. -Mazz. [075146]
(376)鸭跖草状凤仙花 *I. commellinoides* Hand. -Mazz. [4254]
(377)牯岭凤仙花 *I. davidii* Franch. [4329]
(378)湖南凤仙花 *I. hunanensis* Y. L. Chen [075565]
(379)毛凤仙花 *I. lasiophyton* Hook. f. [075175]
(380)水金凤 *I. noli-tangere* L. [0230,Q070160]
(381)丰满凤仙花 *I. obesa* Hook. f. [075470]
(382)黄金凤 *I. siculifer* Hook. f. [075376]
(四十六)千屈菜科 Lythraceae
(383)水苋 *Ammannia baccifera* L. [4198]
(384)多花水苋 *A. multiflora* Roxb. [075307]
(385)紫薇 *Lagerstroemia indica* L. [1004]
(386)南紫薇 *L. subcostata* Koehne [075990]
(387)千屈菜 *Lythrum salicaria* L. [075600]
(388)节节菜 *Rotala indica* (Willd.) Koehne. [075373]
(389)圆叶节节菜 *R. rotundifolia* (Buch. -Ham.) Koehne [L0705100]
(四十七)石榴科 Punicaceae
(390)石榴 * *Punica granatum* L.
(四十八)柳叶菜科 Onagraceae
(391)牛泷草 *Circaea cordata* Royle. [075441]
(392)南方露珠草 *C. mollis* Sieb. et Zucc. [3009]
(393)长籽柳叶菜 *Epilobium pyrricholophum* Franch. et Savat. [4440]
(394)水龙 *Ludwigia adscendens* (L.) Hara [075440]
(395)毛草龙 *L. octovalvis* (Jacq.) Raven [075070]
(396)丁香蓼 *L. prostrata* Roxb. [3023,4202]
(四十九)小二仙草科 Haloragidaceae
(397)小二仙草 *Haloragis micrantha* (Thunb.) R. Br. ex Sieb. et Zucc. [4223]
(五十)瑞香科 Thymelaeaceae
(398)长柱瑞香 *Daphne championii* Benth. [075975]
(399)芫花 *D. genkwa* Sieb. et Zucc. [075271]
(400)紫枝瑞香 *D. odora* Thunb. var. *atrocaulis* Rehd. [0049, 0266,0350A,06008,06147,06225,B0038]
(401)荛花 *Wikstroemia canescens* Meissin. [075277]
(402)纤细荛花 *W. gracilis* Hemsl. [075738]
(403)了哥王 *W. indica* (L.) C. A. Mey. [075193]
(404)大叶荛花 *W. liangii* Merr. et Chun [Z012]
(405)北江荛花 *W. monnula* Hance [0196]
(406)细轴荛花 *W. nutans* Champ. [075960]
(五十一)紫茉莉科 Nyctaginaceae
(407)紫茉莉 * *Mirabilis jalapa* L.
(五十二)山龙眼科 Proteaceae
(408)红叶树 *Helicia cochinchinensis* Lour. [0097,06210]
(409)大叶山龙眼 *H. kwangtungensis* W. T. Wang [B0089]
(410)网脉山龙眼 *H. reticulata* W. T. Wang [3005]
(五十三)海桐花科 Pittosporaceae
(411)短萼海桐 *Pittosporum brevicalyx* (Oliv.) Gagnep. [075143]
(412)狭叶海桐 *P. glabratum* Lindl. var. *neriifolium* Rehd. et Wils. [075874]
(413)崖花海桐 *P. illicioides* Makino [3045,0242,06205,B0066]
(414)少花海桐 *P. pauciflorum* Hook. et Arn. [Q070047]
(415)海桐 * *P. tobira* (Thunb.) Aiton
(五十四)大风子科 Flacourtiaceae
(416)短柄山桂花 *Bennettiodendron brevipes* Merr. [075046]
(417)山桐子 *Idesia polycarpa* Maxim. [B0053,Q070219]
(418)山拐枣 *Poliothyrsis sinensis* Oliv. [075217]
(419)南岭柞木 *Xylosma controversum* Clos [075435]
(420)长叶柞木 *X. longifolium* Clos [075850]
(421)柞木 *X. racemosum* (Sieb. et Zucc.) Miq. [075532]
(五十五)天料木科 Samydaceae
(422)天料木 *Homalium cochinchinense* (Lour.) Druce [075421]
(五十六)葫芦科 Cucurbitaceae
(423)盒子草 *Actinostemma tenerum* Griff. [4308]
(424)冬瓜 * *Benincasa hispida* (Thunb.) Cogn.
(425)甜瓜 * *Cucumis melo* L.
(426)黄瓜 * *C. sativus* L.
(427)笋瓜 * *Cucurbita maxima* Duch. ex Lam.
(428)南瓜 * *C. moschata* (Duch. ex Lam.) Duch ex Poiret
(429)光叶绞股蓝 *Gynostemma laxum* (Wall.) Cogn. [2085, L0705050]

(430)绞股蓝 *G. pentaphyllum* (Thunb.) Makino [Q070210]
(431)瓠子＊ *Lagenaria siceraria* (Molina) Standl. var. *hispida* (Thunb.) Hara
(432)瓠瓜＊ *L. siceraria* (Molina) Standl. var. *depressa* (Ser.) Hara
(433)广东丝瓜＊ *Luffa acutangula* (L.) Roxb.
(434)丝瓜＊ *L. cylindrica* (L.) Roem.
(435)苦瓜＊ *Momordica charantia* L.
(436)木鳖子 *M. cochinchinensis* (Lour.) Spreng. [075042]
(437)佛手瓜＊ *Sechium edule* (Jacq.) Swartz
(438)罗汉果 *Siraitia grosvenorii* (Swingle) C. Jeffrey ex A. M. Lu et Z. Y. Zhang [075244]
(439)大苞赤瓟 *Thladiantha cordifolia* (Bl.) Cogn. [075016]
(440)川赤瓟 *Th. davidii* Franch. [075085]
(441)南赤瓟 *Th. nudiflora* Hemsl. [075086]
(442)王瓜 *Trichosanthes cucumeroides* (Ser.) Maxim [075216]
(443)栝楼 *T. kirilowii* Maxim. [2041,2057]
(444)华中栝楼 *T. rosthornii* Harms [075952]
(445)马交儿 *Zehneria indica* (Lour.) Keraudren - Aymonin [075362]
(446)钮子瓜 *Z. maysorensis* (Wight et Arn.) Arn. [075987]

(五十七)秋海棠科 Begoniaceae

(447)槭叶秋海棠 *Begonia digyna* Irmsch. [0351A]
(448)秋海棠 *B. evansiana* Andr. [4036]
(449)紫背天葵 *B. fimbristipulata* Hance [Q070231]
(450)裂叶秋海棠 *B. palmata* D. Don [075838]
(451)掌裂叶秋海棠 *B. pedatifida* Lévl. [075424]
(452)中华秋海棠 *B. sinensis* A. DC. [补07009]

(五十八)仙人掌科 Cactaceae

(453)仙人掌＊ *Opuntia dillenii* (Ker - Gawl.) Haw.

(五十九)山茶科 Theaceae

(454)川杨桐 *Adinandra bockiana* Pritz. [L0705104,Z069]
(455)尖叶川杨桐 *A. bockiana* Pritz. ex Diels var. *acutifolia* (Hand. - Mazz.) Kobuski [075883]
(456)两广杨桐 *A. glischroloma* Hand. - Mazz. [0273,Q070117, Q070129,Q070180]
(457)大萼杨桐 *A. glischroloma* Hand. - Mazz. var. *macrosepala* (Metcalf) Kobuski [2121]
(458)杨桐 *A. millettii* (Hook. et Arn.) Benth. et Hook. f. ex Hance [06320]
(459)亮叶杨桐 *A. nitida* Merr. ex Li [06271]
(460)茶梨 *Anneslea fragrans* Wall. [06074,L0705032]
(461)长尖连蕊茶 *Camellia acutissima* H. T. Chang [075343]
(462)短柱茶 *C. brevistyla* (Hayata) Cohen - Stuart [075979]
(463)长尾毛蕊茶 *C. caudata* Wall. [075718]
(464)贵州连蕊茶 *C. costei* Lévl. [075956]
(465)尖连蕊茶 *C. cuspidata* (Kochs) Wright ex Gard. [06234, 06237]
(466)柃叶连蕊茶 *C. euryoides* Lindl. [075853]
(467)毛柄连蕊茶 *C. fraterna* Hance [2115,4127,4264,4376, 06218,L0705109,Q070105]
(468)岳麓连蕊茶 *C. handelii* Sealy [06118,06301]
(469)山茶＊ *C. japonica* L.
(470)落瓣短柱茶 *C. kissi* Wall. [2129]
(471)大萼连蕊茶 *C. macrosepala* Chang [4012]
(472)细叶短柱茶 *C. microphylla* (Merr.) Chien [011116]
(473)多苞糙果茶 *C. multibracteata* Chang et Mo ex Mo [06114]
(474)油茶＊ *C. oleifera* Abel [06146]
(475)细尖连蕊茶 *C. parvicuspidata* H. T. Chang [075345]
(476)汝城毛叶茶 *C. pubescens* Chang et Ye [1070]
(477)茶＊ *C. sinensis* O. Ktze.
(478)红淡比 *Cleyera japonica* Thunb. [0007,0383,B0068, L0705019A]
(479)厚叶红淡比 *C. pachyphylla* Chun ex Chang [2083,0313, 06015,06333,L0705002,L0705033]
(480)尖叶毛柃 *Eurya acuminatissima* Merr. et Chun [075878]
(481)尖萼毛柃 *E. acutisepala* Hu et L. Y. Ling [4135,Q070183]
(482)翅柃 *E. alata* Kobuski [2149,0136,06029,06063,06111, 06295,L0705025,Q070124]
(483)短柱柃 *E. brevistyla* Kobuski [06026]
(484)米碎花 *E. chinensis* R. Br. [075667]
(485)二列叶柃 *E. distichophylla* Hemsl. [075422]
(486)岗柃 *E. gooffii* Merr. [Q070099]
(487)微毛柃 *E. hebeclados* Ling [06089,B0108A,Q070066,Z114]
(488)细枝柃 *E. loquaiana* Dunn [2065,0016,0035,0148, 06054,06097]
(489)黑柃 *E. macartneyi* Champ. [0025]
(490)丛化柃 *E. metcalfiana* Kobuski [075323]
(491)格药柃 *E. muricata* Dunn [2109,0026,06157,06284, 06330]
(492)细齿叶柃 *E. nitida* Korthals [2152,4138,06145,06293, L0705086]
(493)窄基红褐柃 *E. rubiginosa* Chang var. *attenuata* Chang [4116]
(494)岩柃 *E. saxicola* H. T. Chan [075427]
(495)四角柃 *E. tetragonoclada* Merrill et Chun [1037]
(496)毛果柃 *E. trichocarpa* Korthals [06335,Z070]
(497)单耳柃 *E. weissiae* Chun [0031,06058,06080]
(498)圆萼折柄茶 *Hartia crassifolia* Yan [1104,06088,06142]
(499)折柄茶 *H. sinensis* Dunn [0257,0392,Z108]
(500)银木荷 *Schima argentea* Pritz. [06451]
(501)疏齿木荷 *S. remotiserrata* H. T. Chang [075083]
(502)木荷 *S. superba* Gardn. et Champ.
(503)天目紫茎 *Stewartia gemmata* Chien et Cheng
(504)厚皮香 *Ternstroemia gymnanthera* (Wight et Arn.) Beddome [1136,0298,06329,Q070030,Z013]
(505)厚叶厚皮香 *T. kwangtungensis* Merr. [075904]
(506)尖萼厚皮香 *T. luteoflora* L. K. Ling [1031]
(507)亮叶厚皮香 *T. nitida* Merr. [06079,06158,06275]
(508)石笔木 *Tutcheria championi* Nakai [075036]
(509)长柄石笔木 *T. greeniae* Chun [075043]
(510)粗毛石笔木 *T. hirta* (Hand. - Mazz.) H. L. Li [075506]
(511)小果石笔木 *T. microcarpa* Dunn [075224]

(六十)猕猴桃科 Actinidiaceae

(512)软枣猕猴桃 *Actinidia arguta* (S. et Z.) Planch [075934]
(513)硬齿猕猴桃 *A. callosa* Lindl. [2009,2038,3076,4168]
(514)异色猕猴桃 *A. callosa* Lindl. var. *discolor* C. F. Liang [3075, 0302]
(515)京梨猕猴桃 *A. callosa* Lindl. var. *henryi* Maxim. [075411]
(516)中华猕猴桃 *A. chinensis* Planch. [075318]
(517)金花猕猴桃 *A. chrysantha* C. F. Liang [0301,0306]

(518)毛花猕猴桃 *A. eriantha* Benth. [2123,0308,Q070175,Z004]
(519)条叶猕猴桃 *A. fortunatii* Finet. [075813]
(520)黄毛猕猴桃 *A. fulvicoma* Hance [1044,4178,0208,06267]
(521)绵毛猕猴桃 *A. fulvicoma* Hance var. *lanata* (Hemsl.) C. F. Liang [075487]
(522)华南猕猴桃 *A. glaucophylla* F. Chun [075543]
(523)耳叶猕猴桃 *A. glaucophylla* F. Chun var. *asymmetrica* (F. Chun) C. F. Liang [075892]
(524)长叶猕猴桃 *A. hemsleyana* Dunn [075839]
(525)小叶猕猴桃 *A. lanceolata* Dunn [Z018]
(526)阔叶猕猴桃 *A. latifolia* (Gardn. et Champ.) Merr. [0102]
(527)美丽猕猴桃 *A. melliana* Hand. -Mazz. [3015,4119]
(528)革叶猕猴桃 *A. rubricaulis* Dunn var. *coriacea* (Fin. et Gagn.) C. F. Liang [4268]
(529)清风藤猕猴桃 *A. sabiaefolia* Dunn [2145]
(530)星毛猕猴桃 *A. stellato-pilosa* C. Y. Chang [4301]
(531)对萼猕猴桃 *A. valvata* Dunn [4107,0330] e

(六十一)五列木科 Pentaphylacaceae

(532)五列木 *Pentaphylax euryoides* Gardn. et Champ. [0042,06092,06332A,B0101,B0102,Z042]

(六十二)桃金娘科 Myrtaceae

(533)岗松 *Baeckea frutescens* L.
(534)桃金娘 *Rhodomyrtus tomentosa* (Ait.) Hassk. [075375]
(535)华南蒲桃 *Syzygium austrosinense* (Merr. et Perry) Chang et Miau [075547]
(536)赤楠 *S. buxifolium* Hook. et Arn. [0072]
(537)轮叶蒲桃 *S. grijsii* (Hance) Merr. [075879]

(六十三)野牡丹科 Melastomataceae

(538)棱果花 *Barthea barthei* (Hance) Krass. [075232]
(539)线萼金花树 *Blastus apricus* (Hand. -Mazz.) H. L. Li [06135]
(540)柏拉木 *B. cochinchinensis* Lour. [Q070076]
(541)南亚柏拉木 *B. cogniauxii* Stapf [075774]
(542)金花树 *B. dunnianus* Lévl. [4078]
(543)留行草 *B. ernae* Hand. -Mazz. [1019]
(544)少花柏拉木 *B. pauciflorus* (Benth.) Guillaum. [075297]
(545)秀丽野海棠 *Bredia amoena* Diels [0029,06302,L0705019,Q070113]
(546)小叶野海棠 *B. microphylla* H. L. Li [B0152A]
(547)过路惊 *B. quadrangularis* Cogn. [06006,070060,B0033]
(548)中华野海棠 *B. sinensis* (Diels) H. L. Li [2093,4067,4092]
(549)肥肉草 *Fordiophyton fordii* (Oliv.) Krass. [075606]
(550)野牡丹 *Melastoma candidum* D. Don [0153]
(551)地菍 *M. dodecandrum* Lour. [06476]
(552)金锦香 *Osbeckia chinensis* L. [3072]
(553)朝天罐 *O. opipara* C. Y. Wu et C. Chen [4245]
(554)锦香草 *Phyllagathis cavaleriei* (Lévl. et Van.) Guillaum. [075748]
(555)短毛熊巴掌 *Ph. cavaleriei* (Lévl. et Van.) Guillaum. var. *tankahkeei* (Merr.) C. Y. Wu ex C. Chen [4117,0028,06091,Q070212]
(556)东方肉穗草 *Sarcopyramis bodinieri* Lévl. et Van. var. *delicata* (C. B. Robins) C. Chen [075161]
(557)楮头红 *S. nepalensis* Wall. [075706]
(558)肉穗草 *Sareopyramis bodinieri* Lévl. [2108]
(559)三蕊草 *Sonerila tenera* Royle [075613]
(560)短葶无距花 *Stapfiophyton breviscapum* C. Chen [075700]

(六十四)使君子科 Combretaceae

(561)风车子 *Combretum alfredii* Hance [075078]

(六十五)金丝桃科 Hypericaceae

(562)黄海棠 *Hypericum ascyron* L. [075243]
(563)赶山鞭 *H. attenuatum* Choisy [4228]
(564)小连翘 *H. erectum* Thunb. ex Murr. [4079,4142]
(565)地耳草 *H. japonicum* Thunb. ex Murr. [4087,4196,4310,4355]
(566)长柱金丝桃 *H. longistylum* Oliv. [075976]
(567)金丝桃 * *H. monogynum* L.
(568)短柄小连翘 *H. petiolulatum* Hook. f. et Thoms. ex Dyer[075049]
(569)元宝草 *H. sampsonii* Hance
(570)密腺小连翘 *H. seniawinii* Maxim. [1125,4338]

(六十六)藤黄科 Guttiferae

(571)多花山竹子 *Garcinia multiflora* Champ. [06203,B0061]
(572)岭南山竹子 *G. oblongifolia* Champ. ex Benth. [075562]

(六十七)椴树科 Tiliaceae

(573)田麻 *Corchoropsis tomentosa* (Thunb.) Makino
(574)甜麻 *Corchorus aestuans* L. [075453]
(575)扁担杆 *Grewia biloba* D. Don [075106]
(576)小花扁担杆 *G. biloba* D. Don var. *parviflora* (Bunge) Hand. -Mazz. [075265]
(577)短毛椴 *Tilia breviradiata* (Rehd.) Hu et Cheng [0236]
(578)湘椴 *T. endochrysea* Hand. -Mazz. [4105,B0151]
(579)光叶糯米椴 *T. henryana* Szyszyl. var. *subglabra* V. Engler [4152]
(580)湖北毛椴 *T. hupehensis* Cheng ex Chang [06252,B0052]
(581)长圆叶椴 *T. oblongifolia* Rehd. [0297,B0051A,L0705121]
(582)云山椴 *T. obscura* Hand. -Mazz. [0274,L0705102,Z099]
(583)粉椴 *T. oliveri* Szyszyl. [Q070098]
(584)单毛刺蒴麻 *Triumfetta annua* L. [075482]
(585)刺蒴麻 *T. rhomboidea* Jacq. [075654]

(六十八)杜英科 Elaeocarpaceae

(586)华杜英 *Elaeocarpus chinensis* (Gardn. et Champ.) Hook. f. [4265,0080]
(587)杜英 *E. decipiens* Hemsl. [06447]
(588)冬桃 *E. duclouxii* Gagnep. [0319,06078]
(589)秃瓣杜英 *E. glabripetalus* Merr. [Q070179]
(590)薯豆 *E. japonicus* Sieb. et Zucc. [0259A,06251,L0705012]
(591)山杜英 *E. sylvestris* (Lour.) Poir. [1009]
(592)猴欢喜 *Sloanea sinensis* (Hance) Hemsl. [0303,06077]

(六十九)梧桐科 Sterculiaceae

(593)山芝麻 *Helicteres angustifolia* L. [075944]
(594)马松子 *Melochia corchorifolia* L. [4424]
(595)密花梭罗 *Reevesia pycnantha* Ling [075285]
(596)两广梭罗 *R. thyrsoidea* Lind. [075219]

(七十)锦葵科 Malvaceae

(597)黄蜀葵 * *Abelmoschus manihot* (L.) Medic.
(598)刚毛黄蜀葵 *A. manihot* (L.) Medik. var. *pungens* (Roxb.) Hochr. [075485]
(599)黄葵 * *A. moschatus* Medicus
(600)木芙蓉 * *Hibiscus mutabilis* L.

(601)木槿＊ *H. syriacus* L.
(602)锦葵＊ *Malva sinensis* Cavan.
(603)白背黄花稔 *Sida rhombifolia* L. [075031]
(604)肖梵天花 *Urena lobata* L. [0341]
(605)梵天花 *U. procumbens* L. [4441]

(七十一)古柯科 Erythroxylaceae

(606)东方古柯 *Erythroxylum sinensis* C. Y. Wu [B0015,B0105,Z016]

(七十二)大戟科 Euphorbiaceae

(607)铁苋菜 *Acalypha australis* L. [4217]
(608)裂苞铁苋菜 *A. brachystachya* Horn. [075017]
(609)山麻杆 *Alchornea davidii* Franch. [4353]
(610)红背山麻杆 *A. trewioides* (Benth.) Muell. - Arg. [0182,Q070004]
(611)五月茶 *Antidesma bunius* Spring. [075930]
(612)日本五月茶 *A. japonicum* Sieb. et Zucc. [3004,4025]
(613)柳叶五月茶 *A. pseudomicrophyllum* Croiz. [075856]
(614)小叶五月茶 *A. venosum* E. Mey. ex Tul. [075823]
(615)重阳木 *Bischofia polycarpa* (Lévl.) Airy Shaw
(616)毛果巴豆 *Croton lachnocarpus* Benth. [075222]
(617)乳浆大戟 *Euphorbia esula* L. [075361]
(618)飞扬草 *E. hirta* L. [4431]
(619)地锦 *E. humifusa* Willd.
(620)通奶草 *E. hypericifolia* L. [075537]
(621)斑地锦 *E. maculata* L.
(622)大戟 *E. pekinensis* Rupr.
(623)一叶萩 *Flueggea suffruticosa* (Pall.) Baill.
(624)毛果算盘子 *Glochidion eriocarpum* Champ. ex Benth. [B0047]
(625)算盘子 *G. puberum* (L.) Hutch. [4167,4324]
(626)湖北算盘子 *G. wilsonii* Hutch. [075025]
(627)中平树 *Macaranga denticulata* (Bl.) Muell. - Arg. [1020,Q070213]
(628)白背叶 *Mallotus apelta* (Lour.) Muell. - Arg. [0284]
(629)毛桐 *M. barbatus* (Wall.) Muell. - Arg. [075703]
(630)南平野桐 *M. dunnii* Metc. [B0048]
(631)野梧桐 *M. japonicus* (Thunb.) Muell. Arg. [075729]
(632)野桐 *M. japonicus* (Thunb.) Muell. - Arg. var. *floccosus* (Muell. - Arg.) S. M. Hwang [075705]
(633)小果野桐 *M. microcarpus* Pax et Hoffm. [2045]
(634)粗糠柴 *M. philippensis* (Lam.) Muell. - Arg. [075390]
(635)石岩枫 *M. repandus* (Willd.) Muell. - Arg. [2032]
(636)杠香藤 *M. repandus* (Willd.) Muell. - Arg. var. *chrysocarpus* (Pamp.) S. M. Hwang [L0705020]
(637)落萼叶下珠 *Phyllanthus flexuosus* (Sieb. et Zucc.) Muell. - Arg. [075145]
(638)青灰叶下珠 *Ph. glaucus* Wall. ex Muell. - Arg. [0342,Q070211]
(639)叶下珠 *Ph. urinaria* L. [4407,4410]
(640)蓖麻＊ *Ricinus communis* L.
(641)斑子乌桕 *Sapium atrobadiomaculatum* [022,Z019]
(642)山乌桕 *S. discolor* (Champ. ex Benth.) Muell. - Arg. [2137]
(643)白木乌桕 *S. japonicum* (Sieb. et Zucc.) Pax et Hoffm [1086,3039]
(644)乌桕 *S. sebiferum* (L.) Roxb.
(645)叶底珠 *Securinega suffruticosa* (Pall.) Rehd.
(646)地构叶 *Speranskia tuberculata* (Bunge) Baill. [075211]
(647)油桐 *Vernicia fordii* (Hemsl.) Airy. - Shaw
(648)木油桐 *V. montana* Lour.

(七十三)虎皮楠科 Daphniphyllaceae

(649)牛耳枫 *Daphniphyllum calycinum* Benth. [0356]
(650)交让木 *D. macropodum* Miq. [06324]
(651)虎皮楠 *D. oldhamii* (Hemsl.) Rosenth. [007,06094,06217]

(七十四)鼠刺科 Escalloniaceae

(652)矩叶鼠刺 *Itea oblonga* Hand. - Mazz. [0291,B0041,B0042,B0103A,Z052]

(七十五)绣球花科 Hydrangeaceae

(653)常山 *Dichroa febrifuga* Lour. [06113]
(654)冠盖绣球 *Hydrangea anomala* D. Don. [2092,010]
(655)中国绣球 *H. chinensis* Maxim. [075221]
(656)广西绣球 *H. kwangsiensis* Hu [0162,06050,06090,06215]
(657)广东绣球 *H. kwangtungensis* Hu [4179]
(658)莼兰绣球 *H. longipes* Franch. [4106]
(659)圆锥绣球 *H. paniculata* Sieb. [075982]
(660)柳叶绣球 *H. stenophylla* Merr. et Chun [06026A]
(661)蜡莲绣球 *H. strigosa* Rehd. [4041]
(662)伞形绣球 *H. umbellata* Rehd. [4019]
(663)星毛冠盖藤 *Pileostegia tomentella* Hand. - Mazz. [0220]
(664)冠盖藤 *P. viburnoides* Hook. f. et Thoms. [06020]
(665)白背钻地风 *Schizophragma hypoglaucum* Rehd. [3047]
(666)钻地风 *S. integrifolium* Oliv. [075121]

(七十六)蔷薇科 Rosaceae

(667)小花龙芽草 *Agrimonia nipponica* Koidz. var. *occidentalis* Skalicky [075278]
(668)龙芽草 *A. pilosa* L. [4253]
(669)假升麻 *Aruncus sylvester* Kostel. [075641]
(670)野山楂 *Crataegus cuneata* Sieb. et Zucc. [4226]
(671)榅桲 *Cydonia oblonga* Mill. [L0705003,Q070053]
(672)蛇莓 *Duchesnea indica* (Andr.) Focke
(673)台湾枇杷 *Eriobotrya deflexa* (Hemsl.) Nakai [0087]
(674)香花枇杷 *E. fragrans* Champ. ex Benth. [3006]
(675)枇杷＊ *E. japonica* Lindl.
(676)台湾林檎 *Malus doumeri* (Bois) Chev. [4115,4187]
(677)裂叶海棠 *M. sieboldii* (Reg.) Rehd. [Q070174,Z015,Z065]
(678)中华石楠 *Photinia beauverdiana* Schneid. [4114,0389,06129,B0132,Q070125]
(679)闽粤石楠 *Ph. benthamiana* Hance [Q070188,Q070190]
(680)光叶石楠 *Ph. glabra* (Thunb.) Maxim. [0019,0263,06265,B0036,B0067]
(681)褐毛石楠 *Ph. hirsuta* Hand. - Mazz. [06257,Q070145]
(682)小叶石楠 *Ph. parvifolia* (Pritz.) Schneid. [3033,0188,0370,B0050]
(683)桃叶石楠 *Ph. prunifolia* (Hook. et Arn.) Lindl. [0063]
(684)毛叶石楠 *Ph. villosa* (Thunb.) DC. [Q070191]
(685)匍匐委陵菜 *Potentilla reptans* L. [4386]
(686)华中樱 *Prunus conradinae* Koehne [B0069]
(687)尾叶樱 *P. dielsiana* Schneid. [4096,0197,0245A,0371,B0136,L0705023,L0705058,L0705096,Q070033,Q070157,Q070195,Z037,Z086]
(688)华南桂樱 *P. fordiana* Dunn [06442]

(689)梅 *P. mume* Sieb. et Zucc. [0329,Z006]
(690)粗梗稠李 *P. napaulensis* (Ser.)Steud. [0285,B0142]
(691)桃 * *P. persica* (L.)Batsch.
(692)腺叶桂樱 *P. phaeosticta* (Hance)Maxim. [2135,06044,B0065,L0705114,Q070022,Q070134,Z086A,Z089]
(693)李 * *P. salicina* Lindl.
(694)刺叶桂樱 *P. spinulosa* Sieb. et Zucc. [0307A,Q070072,Z064]
(695)柔毛大叶桂樱 *P. zippeliana*var. *puberifolia* (Koehne)Yu et Li [补07011]
(696)火棘 *Pyracantha fortuneana* (Maxim.)Li
(697)豆梨 *Pyrus calleryana* Decne. [0221,0355,B0133,Q070064]
(698)楔叶豆梨 *P. calleryana* Decne. var. *koehnei* (Schneid.) Yu [075828]
(699)褐梨 * *P. phaeocarpa* Rehd. [4094]
(700)沙梨 * *P. pyrifolia* (Brum. f.)Nakai
(701)麻梨 * *P. serrulata* Rehd.
(702)细叶石斑木 *Raphiolepis lanceolata* Hu [075858]
(703)石斑木 *Rhaphiolepis indica* (L.)Lindl. [4112,06132,B0040,B0087,Q070090]
(704)柳叶石斑木 *Rh. salicifolia* Lindl. [4109,0249,Q070133]
(705)月季花 * *Rosa chinensis* Jacq.
(706)小果蔷薇 *R. cymosa* Tratt. [075226]
(707)软条七蔷薇 *R. henryi* Boulenger [4261,0292,B0027]
(708)金樱子 *R. laevigata* Michx. [4154,4435]
(709)光果金樱子 *R. laevigata* Michx. var. *leiocarpa* Y. Q. Wang et B. Y. Chen [4434]
(710)野蔷薇 *R. multiflora* Thunb. [075595]
(711)粉团蔷薇 *R. multiflora* Thunb. var. *cathayensis* Rehd. et Wils. [075712]
(712)悬钩子蔷薇 *R. rubus* Lévl. et Vant [075210]
(713)腺毛莓 *Rubus adenophorus* Rolfe [2113,Z025]
(714)粗叶悬钩子 *R. alceaefolius* Poir. [4065,4080,Q070158]
(715)周毛悬钩子 *R. amphidasys* Focke [06283]
(716)寒莓 *R. buergeri* Miq. [2082,4050,Q070067,Q070220]
(717)长序莓 *R. chiliadenus* Focke [2020]
(718)掌叶覆盆子 *R. chingii* Hu [0024]
(719)毛萼莓 *R. chroosepalus* Focke [Q070152]
(720)小柱悬钩子 *R. columellaris* Tutch. [Q070002]
(721)山莓 *R. corchorifolius* L. f. [Q070026,Q070052]
(722)插田泡 *R. coreanus* Miq. [075693]
(723)厚叶悬钩子 *R. crassifolius* Yu et Lu [2106]
(724)大红泡 *R. eustephanus* Focke [Q070051,Q070082]
(725)中南悬钩子 *R. grayanus* Maxim. [075563]
(726)江西悬钩子 *R. gressittii* Metc. [075735]
(727)华南悬钩子 *R. hanceanus* Kuntze [075550]
(728)蓬藟 *R. hirsutus* Thunb. [075407]
(729)陷脉悬钩子 *R. impressinervius* Metc. [075468]
(730)白叶莓 *R. innominatus* S. Moore [075848]
(731)灰毛泡 *R. irenaeus* Focke [0036,B0043]
(732)蒲桃叶悬钩子 *R. jambosoides* Hance [2066,4101]
(733)高粱泡 *R. lambertianus* Ser. [2036]
(734)白花悬钩子 *R. leucanthus* Hance [0117,B0140]
(735)光亮悬钩子 *R. lucens* Focke [2007]
(736)羊尿泡 *R. malifolius* Focke [1084,4124,Q070065,Z113]
(737)刺毛悬钩子 *R. multisetosus* Yu et Lu [3028]
(738)太平莓 *R. pacificus* Hance [0168,0189]
(739)棠叶莓 *R. palmatus* Thunb. [B0138]
(740)茅莓 *R. parvifolius* L. [0326]
(741)黄泡 *R. pectinellus* Maxim. [4374]
(742)多腺悬钩子 *R. phoenicolasius* Maxim. [Q070056]
(743)梨叶悬钩子 *R. pirifolius* Smith [075829]
(744)毛叶悬钩子 *R. poliophyllus* Ktze. [4038]
(745)饶平悬钩子 *R. raopingensis* Yu et Li [2097]
(746)锈毛莓 *R. reflexus* Ker. [2035,0114,Q070077,Q070221]
(747)曲萼悬钩子 *R. refractus* Lévl. [2130]
(748)空心泡 *R. rosaefolius* Smith. [2016]
(749)棕红悬钩子 *R. rufus* Focke [075256]
(750)常绿悬钩子 *R. sempervirens* Yu et Lu [0318]
(751)红腺悬钩子 *R. sumatranus* Miq. [2004,4029]
(752)木莓 *R. swinhoei* Hance [3067,4140,0165,Q070011]
(753)灰白毛莓 *R. tephrodes* Hance [075007]
(754)三花悬钩子 *R. trianthus* Focke [4159]
(755)长叶地榆 *Sanguisorba officinalis* L. var. *longifolia* (Bertol.) Yu et Li [075836]
(756)水榆花楸 *Sorbus alnifolia* (Sieb. et Zucc.)K. Koch [0009A,B0139]
(757)美脉花楸 *S. caloneura* (Stapf)Rehd. [2114,L0705057,L0705094,Z057]
(758)石灰花楸 *S. folgneri* (Schneid.)Rehd. [Q070108]
(759)江南花楸 *S. hemsleyi* (Schneid.)Rehd. [0372,0388]
(760)大果花楸 *S. megalocarpa* Rehd. [B0135]
(761)绣球绣线菊 *Spiraea blumei* G. Don [0193,B0051]
(762)麻叶绣线菊 *S. cantoniensis* Lour. [4153,Q070138,Q070170,Z050]
(763)中华绣线菊 *S. chinensis* Maxim. [075321]
(764)疏毛绣线菊 *S. hirsuta* (Hemsl.)Schneid. [Q070154]
(765)狭叶绣线菊 *S. japonica* L. f. var. *acuminata Franch.* [4093]
(766)光叶粉花绣线菊 *S. japonica* L. f. var. *fortunei* (Planch.) Rehd. [075846]
(767)波叶红果树 *Stranvaesia davidiana* var. *undulata* (Dcne.) Rehd. et Wils. [075851]

(七十七)蜡梅科 Calycanthaceae

(768)蜡梅 * *Chimonanthus praecox* Link

(七十八)含羞草科 Mimosaceae

(769)藤金合欢 *Acacia concinna* DC. [075374]
(770)合欢 *Albizia julibrissin* Durazz.
(771)山合欢 *A. kalkora* (Roxb.)Prain [Q070225]
(772)银合欢 * *Leucaena leucocephala* (Lam.)de Wit
(773)猴耳环 *Pithecellobium clypearia* (Jack)Benth. [075154]
(774)亮叶猴耳环 *P. lucidum* Benth. [2012]

(七十九)苏木科 Caesalpiniaceae

(775)阔裂叶羊蹄甲 *Bauhinia apertilobata* Merr. et Metc. [075423]
(776)龙须藤 *B. championii* (Benth.)Benth. [075763]
(777)粉叶羊蹄甲 *B. glauca* (Watt. ex Benth.)Benth. [075785]
(778)湖北羊蹄甲 *B. hupehana* Craib [Q070204]
(779)云实 *Caesalpinia decapetala* (Roth)Alston [2026]
(780)小叶云实 *C. millettii* Hook. et Arn. [075824]
(781)短叶决明 *Cassia leschenaultiana* DC. [075862]
(782)含羞草决明 *C. mimosoides* L. [075760]

(783)决明 *C. tora* L. [075525]
(784)广西紫荆 *Cercis chuniana* Metc. [075731]
(785)华南皂荚 *Gleditsia fera* (Lour.) Merr. [075552]
(786)皂荚 *G. sinensis* Lam. [075340]
(787)肥皂荚 *Gymnocladus chinensis* Baill. [075935]
(788)老虎刺 *Pterolobium punctatum* Hemsl. [2025]

(八十)蝶形花科 Papilionaceae

(789)合萌 *Aeschynomene indica* L. [4402]
(790)落花生 * *Arachis hypogaea* L.
(791)紫云英 *Astragalus sinicus* L.
(792)虫豆 *Cajanus crassus* (Prain ex King) Van der Maesen [075137]
(793)锦鸡儿 *Caragana sinica* (Buchoz) Rehd. [06038,06112]
(794)翅荚香槐 *Cladrastis platycarpa* (Maxim.) Makino [075342]
(795)响铃豆 *Crotalaria albida* Heyne [075428]
(796)假地蓝 *C. ferruginea* Grah. [075115]
(797)线叶猪屎豆 *C. linifolia* L. f. [075907]
(798)野百合 *C. sessiliflora* L. [1085,4145,Z028]
(799)南岭黄檀 *Dalbergia balansae* Prain [075430]
(800)两粤黄檀 *D. benthami* Prain [Q070007,Q070222]
(801)藤黄檀 *D. hancei* Benth. [0150]
(802)黄檀 *D. hupeana* Hance [06471]
(803)含羞草叶黄檀 *D. mimosoides* Franch. [0352A]
(804)锈毛鱼藤 *Derris ferruginea* (Roxb.) Benth. [0112]
(805)中南鱼藤 *D. fordii* Oliv. [Q070240]
(806)小槐花 *Desmodium caudatum* (Thunb.) DC. [0340, B0079,B0097,B0154]
(807)假地豆 *D. heterocarpon* (L.) DC. [4397,B0153]
(808)异叶山蚂蝗 *D. heterophyllum* (Willd.) DC. [075894]
(809)小叶三点金 *D. microphyllum* (Thunb.) DC. [075811]
(810)饿蚂蝗 *D. multiflorum* DC. [075460]
(811)野扁豆 *Dunbaria villosa* (Thunb.) Makino [4266,4337]
(812)大豆 * *Glycine max* (L.) Merr.
(813)野大豆 *G. soja* Sieb. et Zucc. [1002]
(814)长柄山蚂蝗 *Hylodesmum podocarpum* (DC.) Yang et Huang [B0154A]
(815)宽卵叶长柄山蚂蝗 *H. podocarpum* (DC.) Yang et Huang var. *fallax* (Schindl.) Yang et Huang [1073,1075,4051, 4415]
(816)庭藤 *Indigofera decora* Lindl. [075686]
(817)宜昌木蓝 *I. decora* Lindl. var. *ichangensis* (Craib) Y. Y. Fang et C. Z. Zheng [4276,L0705103,Q070234,Z082]
(818)三叶木蓝 *I. trifoliata* L. [075833]
(819)尖叶木蓝 *I. zollingeriana* Miq. [075895]
(820)长萼鸡眼草 *Kummerowia stipulacea* (Maxim.) Makino
(821)鸡眼草 *K. striata* (Thunb.) Schindl. [4373]
(822)扁豆 * *Lablab purpureus* (L.) Sweet
(823)胡枝子 *Lespedeza bicolor* Turcz. [4143]
(824)绿叶胡枝子 *L. buergeri* Miq. [075899]
(825)中华胡枝子 *L. chinensis* G. Don [075317]
(826)截叶铁扫帚 *L. cuneata* (Dum. - Cours.) G. Don [4340]
(827)短梗胡枝子 *L. cyrtobotrya* Miq. [075207]
(828)大叶胡枝子 *L. davidii* Franch. [2138,4270,4392]
(829)多花胡枝子 *L. floribunda* Bunge [4409]
(830)美丽胡枝子 *L. formosa* (Vog.) Koehne [075415]
(831)铁马鞭 *L. pilosa* (Thunb.) Sieb. et Zucc. [075456]
(832)绒毛胡枝子 *L. tomentosa* (Thunb.) Sieb. ex Maxim. [075483]
(833)路生胡枝子 *L. viatorum* Champ. ex Benth. [1138,4318]
(834)细梗胡枝子 *L. virgata* (Thunb.) DC. [4372]
(835)绿花崖豆藤 *Millettia championii* Benth. [075309]
(836)密花崖豆藤 *M. congestiflora* T. Chen [0121,06246]
(837)香花崖豆藤 *M. dielsiana* Harms ex Diels [06453]
(838)亮叶崖豆藤 *M. nitida* Benth. [1097,1117,4174]
(839)毛亮叶崖豆藤 *M. nitida* Benth. var. *mollifolia* Q. W. Yao [0118]
(840)疏叶崖豆藤 *M. pulchra* (Benth.) Kurz var. *laxior* (Dunn) Z. Wei [075890]
(841)网络崖豆藤 *M. reticulata* Benth. [2101]
(842)锈毛崖豆藤 *M. sericosema* Hance [1034,1049,4053,4394, 0014,06085,06240,Q070114]
(843)光叶红豆 *Ormosia glaberrima* Wu [4352]
(844)软荚红豆 *O. semicastrata* Hanc [075341]
(845)木荚红豆 *O. xylocarpa* Chun ex L. Chen [0348,06216]
(846)豆薯 * *Pachyrhizus erosus* (L.) Urb.
(847)菜豆 * *Phaseolus vulgaris* L.
(848)葛 *Pueraria lobata* (Willd.) Ohwi [2139]
(849)葛麻姆 *P. lobata* (Willd.) Ohwi var. *montana* (Lour.) Van Der Maesen [1122,4052,4066,4421,4442]
(850)渐尖叶鹿藿 *Rhynchosia acuminatifolia* Makino [0160]
(851)鹿藿 *Rh. volubilis* Lour. [075331]
(852)毛宿苞豆 *Shuteria involucrata* (Wall.) Wight et Arn. var. *villosa* (Pamp.) Ohashi [075761]
(853)坡油甘 *Smithia sensitiva* Ait. [075921]
(854)苦参 *Sophora flavescens* Ait. [075058]
(855)槐 *S. japonica* L. [1052,0211]
(856)葫芦茶 *Tadehagi triquetrum* (L.) Ohashi [B0075]
(857)窄叶野豌豆 *Vicia angustifolia* L. ex Reichard [075804]
(858)广布野豌豆 *V. cracca* L. [075055]
(859)蚕豆 * *V. faba* L.
(860)赤豆 * *Vigna angularis* (Willd.) Ohwi et H. Ohashi
(861)眉豆 * *V. cylindrica* (L.) Skeels
(862)山绿豆 *V. minimus* (Roxb.) Ohwi et Ohashi [Z005]
(863)绿豆 * *V. radiata* (L.) R. Wilczak
(864)豇豆 * *V. unguiculata* (L.) Walp.
(865)长豇豆 * *V. unguiculata* (L.) Walp. ssp. *sesquipedalis* (L.) Verdc.
(866)野豇豆 *V. vexillata* (L.) Benth. [075359]
(867)紫藤 *Wisteria sinensis* (Sims) Sweet [075688]
(868)丁癸草 *Zornia cantoniensis* Mohlenb.

(八十一)旌节花科 Stachyuraceae

(869)旌节花 *Stachyurus chinensis* Franch. [0172]
(870)西域旌节花 *S. himalaicus* Hook. f. et Thoms. ex Benth. [L0705092,2088,0309,L0705008,Q070028,Q070034]

(八十二)金缕梅科 Hamamelidaceae

(871)蕈树 *Altingia chinensis* (Champ.) Oliv. ex Hance [4292]
(872)瑞木 *Corylopsis multiflora* Hance [B0011]
(873)蜡瓣花 *C. sinensis* Hemsl. [020,0307,Z055,Z105]
(874)秃蜡瓣花 *C. sinensis* Hemsl. var. *calvescens Rehd. et Wils.* [075399]
(875)小蜡瓣花 *C. sinensis* Hemsl. var. *parvifolia Chang* [0280, Q070187]

(876)小叶蚊母树 *Distylium buxifolium* (Hance) Merr. [075816]
(877)闽粤蚊母树 *D. chungii* (Metc.) Cheng [L0705027]
(878)大叶蚊母树 *D. macrophyllum* Chang [Q070103]
(879)杨梅叶蚊母树 *D. myricoides* Hemsl. [06280]
(880)蚊母树 *D. racemosum* Sieb. et Zucc. [4129]
(881)秀柱花 *Eustigma oblongifolium* Gardn. et Champ. [06155, L0705069]
(882)大果马蹄荷 *Exbucklandia tonkinensis* (Lec.) Steenis [4144, 06138]
(883)金缕梅 *Hamamelis molis* Oliver. [B0152]
(884)缺萼枫香树 *Liquidambar acalycina* Chang [075140]
(885)枫香 *L. formosana* Hance [Z039, Z072]
(886)檵木 *Loropetalum chinense* (R. Br.) Oliv.
(887)半枫荷 *Semiliquidambar cathayensis* H. T. Chang [06213]
(888)尖叶水丝梨 *Sycopsis dunnii* Hemsl. [06149]
(889)水丝梨 *S. sinensis* Oliv. [2081, 06311]
(890)钝叶水丝梨 *S. tutcheri* Hemsl. [06259]

(八十三)杜仲科 Eucommiaceae

(891)杜仲 * *Eucommia ulmoides* Oliver.

(八十四)黄杨科 Buxaceae

(892)尖叶黄杨 *Buxus aemulans* (Rehd. et Wils.) S. C. Li et S. H. Wu [2068, 2111, Q070242]
(893)雀舌黄杨 * *B. bodinieri* Lévl.
(894)长叶黄杨 *B. megistophylla* Lévl. [0247, L0705059]
(895)黄杨 *B. sinica* (Rehd. et Wils.) M. Cheng [075780]
(896)多毛板凳果 *Pachysandra axillaris* Franch. var. *stylosa* (Dunn) M. Cheng [075501]
(897)东方野扇花 *Sarcococca orientalis* C. Y. Wu [075160]
(898)野扇花 *S. ruscifolia* Stapf [075632]

(八十五)悬铃木科 Platanaceae

(899)二球悬铃木 * *Platanus* × *acerifolia* (Ait.) Willd.

(八十六)杨柳科 Salicaceae

(900)加杨 * *Populus* × *canadensis* Moench.
(901)响叶杨 * *P. adenopoda* Maxim.
(902)垂柳 * *Salix babylonica* L.
(903)银叶柳 *S. chienii* Cheng [075910]
(904)长柄柳 *S. dunnii* Schneid. [2054, 4389]
(905)旱柳 * *S. matsudana* Koidz.
(906)粤柳 *S. mesnyi* Hance [075436]

(八十七)杨梅科 Myricaceae

(907)杨梅 *Myrica rubra* Sieb. et Zucc.

(八十八)桦木科 Betulaceae

(908)江南桤木 *Alnus trabeculosa* Hand. -Mazz. [0312, Q070238]
(909)光皮桦 *Betula luminifera* H. Winkl. [0373]

(八十九)榛科 Corylaceae

(910)粤北鹅耳枥 *Carpinus chuniana* Hu [075023]
(911)大穗鹅耳枥 *C. fargesii* Franch. [075668]
(912)雷公鹅耳枥 *C. viminea* Wall. [2155, 4099, L0705016, Q070107]

(九十)壳斗科 Fagaceae

(913)板栗 * *Castanea mollissima* Bl.
(914)茅栗 *C. seguinii* Dode
(915)米槠 *Castanopsis carlesii* (Hemsl.) Hayata [075965]
(916)短刺米槠 *C. carlesii* (Hemsl.) Hayata var. *spinulosa* Cheng et C. S. Chao [075098]
(917)厚皮栲 *C. chunii* Cheng [补 07001]
(918)华南栲 *C. concinna* (Champ. ex Benth.) A. DC. [075546]
(919)甜槠 *C. eyrei* (Champ.) Tutch. [2154, 0017, B0014]
(920)罗浮栲 *C. fabri* Hance [0012, 0034, 06232, 06318, B0106]
(921)栲 *C. fargesii* Franch. [0065, 0084, 0380]
(922)红锥 *C. hystrix* Miq. [075983]
(923)东南栲 *C. jucunda* Hance [075554]
(924)青钩栲 *C. kawakamii* Hayozta [06255, B0107]
(925)鹿角栲 *C. lamontii* Hance [06461]
(926)黑叶栲 *C. nigrescens* Chun et C. C. Huang [06153, 06337, 06462]
(927)苦槠 *C. sclerophylla* (Lindl.) Schott. [075964]
(928)钩栲 *C. tibetana* Hance [06200, Q070202]
(929)南岭青冈 *Cyclobalanopsis chunii* (Metc.) Hsu et. H. W. Jea [1024]
(930)上思青冈 *C. delicatula* (Chun et Tsiang) Y. C. Hsu et H. W. Jen [06171]
(931)鼎湖青冈 *C. dinghuensis* (Huang) Y. C. Hsu et H. W. Jen [06470]
(932)碟斗青冈 *C. disciformis* Y. C. Hsu et H. W. Jen [06156, 06163, 06169]
(933)华南青冈 *C. edithae* (Skan) Schott. [06144, 06324A]
(934)饭甑青冈 *C. fleuryi* (Hick. et A. Camus) Chum [075937]
(935)赤皮青冈 *C. gilva* (Blume) Oerst. [B0004]
(936)青冈 *C. glauca* (Thunb.) Oerst. [075189]
(937)细叶青冈 *C. gracilis* (Rehd. et Wilis.) Cheng et T. Hong [06239, 06258, 06472, B0091, Q070131]
(938)大叶青冈 *C. jenseniana* (Hand. -Mazz.) Cheng et. T. Hong [3022]
(939)木姜叶青冈 *C. litseoides* (Dunn) Schott. [075357]
(940)多脉青冈 *C. multinervis* Cheng et T. Hong [06178, 06247, L0705071]
(941)小叶青冈 *C. myrsinaefolia* Oerst [06249, 06291]
(942)云山青冈 *C. nubium* Chun [2136, 0022, 06041, 06231, 06304, 06326, B0001, B0092]
(943)倒卵叶青冈 *C. obovatifolia* (Huang) Y. C. Hsu et H. W. Ten [06164, 06165]
(944)曼青冈 *C. oxyodon* (Miq.) Oerst. [06119]
(945)褐叶青冈 *C. stewardiana* (A. Camccs) Y. C. Hus et. H. W. Jea [2146]
(946)米心水青冈 *Fagus engleriana* Seem. [4113]
(947)长柄水青冈 *F. longipetiolata* Seem. [4172, Z100]
(948)亮叶水青冈 *F. lucida* Rehd. et Wils. [0015]
(949)短尾柯 *Lithocarpus brevicaudatus* (Skan) Hayata [075720]
(950)美叶石栎 *L. calophyllus* Chun [06317, 06323, 06327, 06331, 06338, 06440, Z047]
(951)粤北柯 *L. chifui* Chun et Tsiang [075022]
(952)金毛柯 *L. chrysocomus* Chun et Tsiang [075510]
(953)烟斗石栎 *L. corneus* (Lour.) Rehd. [06059, 06270]
(954)贵州石栎 *L. elizabethae* (Tutch.) Rehd. [06253]
(955)华南石栎 *L. fenestratus* (Roxb.) Rehd. [0207]
(956)石栎 *L. glaber* Nakai [0119]
(957)硬斗石栎 *L. hancei* (Beneh.) Rehd. [1095, L0705131, Z008, Z022]
(958)东南石栎 *L. harlandii* (Hance) Rehd. [06174, 06188, B0108]

(959)木姜叶柯 *L. litseifolius* (Hance) Chun [075358]
(960)多穗石栎 *L. polystachyus* (DC.) Rehd. [06179, 06204, 06298, L0705110, Z024]
(961)滑皮柯 *L. skanianus* (Dunn) Rehd. [075575]
(962)麻栎 *Quercus acutissima* Carr. [075416]
(963)白栎 *Q. fabri* Hance
(964)乌冈栎 *Q. phillyraeoides* A. Gray [1096, 2153, 0288, 06332, 06443, Q070095, Q070178]
(965)短柄枹栎 *Q. serrata* Thunb. var. *brevipetiolata* (A. DC.) Nakai [075045]

(九十一)榆科 Ulmaceae

(966)糙叶树 *Aphananthe aspera* (Thunb.) Planch. [075787]
(967)黑弹树 *Celtis bungeana* Bl. [075108]
(968)珊瑚朴 *C. julianae* Schneid. [075263]
(969)黄果朴 *C. labilis* Schneid. [2030]
(970)朴树 *C. sinensis* Pers. [0337]
(971)西川朴 *C. vandervoetiana* Schneid. [1003, 2024]
(972)青檀 *Pteroceltis tatarinowii* Maxim. [075682]
(973)山油麻 *Trema dielsiana* Hand. -Mazz. [4273, 0258]
(974)多脉榆 *Ulmus castaneifolia* Hemsl. [075466]
(975)杭州榆 U. changii Cheng [2027, 2034]
(976)榔榆 *U. parvifolia* Jacq. [B0059]
(977)光叶榉 *Zelkova serrata* (Thunb.) Makino [075849]

(九十二)桑科 Moraceae

(978)白桂木 *Artocarpus hypargyreus* Hance [0361, 06095, 2052B]
(979)藤构 *Broussonetia kaempferi* Sieb. var. *australis* Suzuki [Q070031]
(980)小构树 *B. kazinoki* Sieb. et Zucc. [0283]
(981)构树 *B. papyrifera* (L.) L'Hert. ex Vent.
(982)构棘 *Cudrania cochinchinensis* (Lour.) Kudo et Masam. [0151]
(983)毛柘藤 *C. pubescens* Trec. [4098, 4418]
(984)柘 *C. tricuspidata* (Carr.) Bur. [075001]
(985)水蛇麻 *Fatoua villosa* (Thunb.) Nakai [075640]
(986)天仙果 *Ficus beecheyana* Hook. et Arn. [1050, 2059, 4016, 0350, L0705014, Q070001]
(987)白肉榕 *F. championii* Benth. [06022]
(988)纸叶榕 *F. chartacea* Wall. ex King [075855]
(989)无柄纸叶榕 *F. chartacea* Wall. ex King var. *torulosa* King [B0072]
(990)台湾榕 *F. formosana* Maxim. [06214]
(991)细叶台湾榕 *F. formosana* Maxim. f. shimadai Hayata [2014]
(992)黄毛榕 *F. fulva* Reinw. ex Bl. [075495]
(993)异叶榕 *F. heteromorpha* Hemsl. [2131]
(994)粗叶榕 *F. hirta* Vahl [2011, 2017, Q070223]
(995)榕树 *F. microcarpa* L. f. [0073]
(996)琴叶榕 *F. pandurata* Hance [4269]
(997)条叶榕 *F. pandurata* Hance var. *angustifolia* Cheng [2055]
(998)狭全缘榕 *F. pandurata* Hance var. *linearis* Migo [Q070159]
(999)薜荔 *F. pumila* L.
(1000)珍珠莲 *F. sarmentosa* Buch. -Ham. ex J. E. Sm. var. *henryi* (King et Oliv.) Corner [Q070080, Z111]
(1001)白背爬藤榕 *F. sarmentosa* Buch. -Ham. ex J. E. Sm. var. *nipponica* (Fr. et Sav.) Corner [06160]
(1002)爬藤榕 *F. sarmentosa* Buch. -Ham. ex J. E. Sm. var. *impressa* (Champ. ex Benth.) Corner [4175, 0105, 0116, 0267]
(1003)长柄葡茎榕 *F. sarmentosa* Buch. -Ham. ex J. E. Sm. var. *luducca* (Roxb.) Corner [4149]
(1004)竹叶榕 *F. stenophylla* Hemsl. [4216, Q070215]
(1005)假斜叶榕 *F. subulata* Bl. [0011]
(1006)变叶榕 *F. variolosa* Lindl. ex Benth. [4297, 4363, 0344, 06245, Q070208]
(1007)桑 * *Morus alba* L.
(1008)鸡爪叶桑 *M. australis* Poir. var. *linearipartita* Cao [4348]

(九十三)荨麻科 Urticaceae

(1009)序叶苎麻 *Boehmeria clidemioides* Miq. var. *diffusa* (Wedd.) Hand. -Mazz. [Q070167]
(1010)细野麻 *B. gracilis* C. H. Wright [4205]
(1011)大叶苎麻 *B. longispica* Steud. [1041, Q070038]
(1012)青叶苎麻 *B. nivea* (L.) Gaud. var. *tenacissima* (Gaudich.) Miq. [0345A]
(1013)苎麻 *B. nivea* (L.) Gaudich. [4311]
(1014)悬铃木叶苎麻 *B. platanifolia* Franch. et Sav. [4369]
(1015)小赤麻 *B. spicata* (Thunb.) Thunb. [075084]
(1016)楼梯草 *Elatostema involucratum* Franch. et Sav. [1072]
(1017)狭叶楼梯草 *E. lineolatum* Wight var. *majus* Wedd. [075882]
(1018)糯米团 *Gonostegia hirta* (Bl.) Miq.
(1019)珠芽艾麻 *Laportea bulbifera* (Sieb. et Zucc.) Wedd. [075770]
(1020)花点草 *Nanocnide japonica* Bl. [075122]
(1021)紫麻 *Oreocnide frutescens* (Thunb.) Miq. [0100]
(1022)山椒草 *Pellionia minima* Makino [2072]
(1023)赤车 *P. radicans* (Sieb. et Zucc.) Wedd. [4150]
(1024)蔓赤车 *P. scabra* Benth. [075087]
(1025)湿生冷水花 *Pilea aquarum* Dunn [Z083]
(1026)波缘冷水花 *P. cavaleriei* Lévl. [075928]
(1027)山冷水花 *P. japonica* (Maxim.) Hand. -Mazz. [4328]
(1028)冷水花 *P. notata* C. H. Wright
(1029)矮冷水花 *P. peploides* (Gaud.) Hook.
(1030)透茎冷水花 *P. pumila* (L.) A. Gray
(1031)三角形冷水花 *P. swinglei* Merr. [075364]
(1032)荨麻 *Urtica fissa* E. Pritz. [075454]

(九十四)大麻科 Cannabaceae

(1033)葎草 *Humulus scandens* (Lour.) Merr.

(九十五)冬青科 Aquifoliaceae

(1034)满树星 *Ilex aculeolata* Nakai [3024, 0255, L0705099]
(1035)秤星树 *I. asprella* (Hook. et Arn.) Champ. ex Benth. [3053, 0262, 0287, Q070141]
(1036)黄杨冬青 *I. buxoides* S. Y. Hu [06250]
(1037)凹叶冬青 *I. championii* Loes. [Q070130]
(1038)铁仔冬青 *I. chuniana* S. Y. Hu [0391, 06172, 06238, Q070102]
(1039)密花冬青 *I. confertiflora* Merr. [075280]
(1040)枸骨 *I. cornuta* Lindl.
(1041)波缘冬青 *I. crenata* Thunb. [4169, 0377]
(1042)黄毛冬青 *I. dasyphylla* Maxim. [1060, 3013, 3018]
(1043)显脉冬青 *I. editicostata* Hu et Tang [06109]
(1044)厚叶冬青 *I. elmerrilliana* S. Y. Hu [1109, 4122, 06189, 06286, 06307, 06309, 06328, 06441, L0705085]
(1045)硬叶冬青 *I. ficifolia* C. J. Tseng [1094, 4375, 0158, 0386,

06015A,L0705115,Z040,Z043]
(1046)台湾冬青 *I. formosana* Maxim. [3035,06028,06456]
(1047)福建冬青 *I. fukienensis* S. Y. Hu [B0120]
(1048)青茶冬青 *I. hanceana* Maxim. [1106]
(1049)盘柱冬青 *I. kengii* S. Y. Hu [06316,06465]
(1050)广东冬青 *I. kwangtungensis* Merr. [Z046]
(1051)大叶冬青 *I. latifolia* Thunb. [06305,Z054]
(1052)木姜叶冬青 *I. litseaefolia* Hu et Tang [2098]
(1053)矮冬青 *I. lohfauensis* Merr. [0050,0144,06300,L0705028]
(1054)大果冬青 *I. macrocarpa* Oliv. [075225]
(1055)长梗冬青 *I. macrocarpa* Oliv. var. *longipedunculata* S. Y. Hu [075200]
(1056)小果冬青 *I. micrococca* Maxim. [0078]
(1057)少齿冬青 *I. oligodonta* Merr. et Chun [0390, B0119, L0705084]
(1058)具柄冬青 *I. pedunculosa* Miq. [2133,0385]
(1059)毛冬青 *I. pubescens* Hook. et Arn. [06263,4380(2),Q070024]
(1060)冬青 *I. purpurea* Hassk. [075598]
(1061)微凹冬青 *I. retusifolia* Hu [075003]
(1062)铁冬青 *I. rotunda* Thunb. [06241]
(1063)香冬青 *I. suaveolens* (Lévl.)Loes. [2122,06093,06103, 06117,06450,06455,Z078]
(1064)拟榕叶冬青 *I. subficoides* S. Y. Hu [1108,06140,06167]
(1065)四川冬青 *I. szechwanensis* Loes. [1035]
(1066)三花冬青 *I. triflora* Bl. [4322,0111,0219]
(1067)紫果冬青 *I. tsoii* Merr. et Chun [B0017]
(1068)南岭冬青 *I. tutcheri* Merr. [0376,L0705093]
(1069)绿冬青 *I. viridis* Champ. ex Benth. [0110,0311,06057, 06084,B0007,B0020,B0022]
(1070)尾叶冬青 *I. wilsonii* Loes. [B0021,Q070224]

(九十六)卫矛科 Celastraceae

(1071)过山枫 *Celastrus aculeatus* Merr. [0104]
(1072)苦皮藤 *C. angulatus* Maxim. [075576]
(1073)大芽南蛇藤 *C. gemmatus* Loes. [B0129]
(1074)青江藤 *C. hindsii* Benth. [1047]
(1075)粉背南蛇藤 *C. hypoleucus* (Oliv.)Warb. ex Loes. [075029]
(1076)窄叶南蛇藤 *C. oblanceifolius* Wang et Tsoong [4396]
(1077)南蛇藤 *C. orbiculatus* Thunb. [B0005,B0127A]
(1078)灯油藤 *C. paniculatus* Willd. [075920]
(1079)短梗南蛇藤 *C. rosthornianus* Loes. [075206]
(1080)显柱南蛇藤 *C. stylosus* Wall. [075981]
(1081)卫矛 *Euonymus alatus* (Thunb.)Sieb. [075513]
(1082)紫刺卫矛 *E. angustatus* Sprague [075099]
(1083)百齿卫矛 *E. centidens* Lévl. [B0134]
(1084)陈谋卫矛 *E. chenmoui* Cheng [Q070029]
(1085)裂果卫矛 *E. dielsianus* Loes. [1027]
(1086)鸦椿卫矛 *E. euscaphis* Hand. -Mazz. [Z014,Z027]
(1087)扶芳藤 *E. fortunei* (Turcz.) Hand. -Mazz. [06151, Q070084]
(1088)大花卫矛 *E. grandiflorus* Wall. [075269]
(1089)常春卫矛 *E. hederaceus* Champ. ex Benth. [06060]
(1090)冬青卫矛 * *E. japonicus* Thunb.
(1091)柳叶卫矛 *E. lawsonii* Clarke var. *salicifolius* (Loes.)Blakel. [2071,0268,06115,06152,L0705026,L0705070]
(1092)疏花卫矛 *E. laxiflorus* Champ. ex Benth. [075311]
(1093)大果卫矛 *E. myrianthus* Hemsl. [1088,3038,4126,06478]
(1094)矩叶卫矛 *E. oblongifolius* Loes. et Rehd. [3062,0044, 06130, 06264, L0705031, L0705065, Q070062, Q070101,Z085]
(1095)窄翅卫矛 *E. streptopterus* Merr. et Chun [075088]
(1096)荚迷卫矛 *E. viburnoides* Prain [075520]
(1097)福建假卫矛 *Microtropis fokienensis* Dunn [075353]
(1098)昆明山海棠 *Tripterygium hypoglaucum* (Lévl.) Hutch. [2037,2090]
(1099)雷公藤 *T. wilfordii* Hook. f. [3026,3037]

(九十七)茶茱萸科 Icacinaceae

(1100)粗丝木 *Gomphandra tetrandra* (Wall.)Sleum. [075657]

(九十八)铁青树科 Olacaceae

(1101)铁青树 *Olax wightiana* Wall. ex Wight et Arn. [0089]
(1102)华南青皮木 *Schoepfia chinensis* Gardn. et Champ. [4170]
(1103)青皮木 *S. jasminodora* Sieb. et Zucc. [003,补07010]

(九十九)桑寄生科 Loranthaceae

(1104)华桑寄生 *Loranthus chinensis* DC. [075620]
(1105)椆树桑寄生 *L. delavayi* Tieghem [075649]
(1106)鞘花 *Macrosolen cochinchinensis* (Lour.)Van Tiegh. [075314]
(1107)毛叶寄生 *Taxillus nigrans* (Hance)Danser [0149]
(1108)桑寄生 *T. sutchuenensis* (Lecomte)Danser [075336]
(1109)大苞寄生 *Tolypanthus maclurei* (Merr.)Danser [075018]
(1110)柿寄生 *Viscum diospyrosicolum* Hayata [075337]
(1111)枫寄生 *V. liquidambaricolum* Hayata [075335]

(一百)檀香科 Santalaceae

(1112)檀梨 *Pyrularia edulis* (Wall.)A. DC. [L0705036]
(1113)百蕊草 *Thesium chinense* Turcz. [075614]

(一百零一)鼠李科 Rhamnaceae

(1114)多花勾儿茶 *Berchemia floribunda* (Wall.)Brongh. [0198, L0705024,Z003]
(1115)大叶勾儿茶 *B. huana* Rehd. [4286,4413]
(1116)枳椇 *Hovenia acerba* Lindl. [1022,2023]
(1117)毛果枳椇 *H. trichocarpa* Chun et Tsiang [075228]
(1118)黄毛枳椇 *H. trichocarpa* Chun et Tsiang var. *fulvotomentosa* (Hu et Chen)Y. L. Chen et P. K. Chou [4319]
(1119)马甲子 *Paliurus ramosissimus* (Lour.)Poir.
(1120)山绿柴 *Rhamnus brachypoda* C. Y. Wu ex Y. L. Chen [4414]
(1121)长叶冻绿 *Rh. crenata* Sieb. et Zucc. [1121,2141,3046]
(1122)圆叶鼠李 *Rh. globosa* Bunge [06180]
(1123)薄叶鼠李 *Rh. leptophylla* Schneid. [075843]
(1124)尼泊尔鼠李 *Rh. napalensis* (Wall.)Laws. [075054]
(1125)皱叶鼠李 *Rh. rugulosa* Hemsl. [075866]
(1126)冻绿 *Rh. utilis* Decine. [075451]
(1127)山鼠李 *Rh. wilsonii* Schneid. [075648]
(1128)钩刺雀梅藤 *Sageretia hamosa* (Wall.)Brongn. [075096]
(1129)梗花雀梅藤 *S. henryi* Dramm. et Sprague [0074]
(1130)刺藤子 *S. melliana* Hand. -Mazz. [0353A]
(1131)皱叶雀梅藤 *S. rugosa* Hance [075864]
(1132)枣 * *Ziziphus jujuba* Mill. var. *inermis* (Bunge)Rehd.

(一百零二)胡颓子科 Elaeagnaceae

(1133)长叶胡颓子 *Elaeagnus bockii* Diels [0178,L0705116]
(1134)巴东胡颓子 *E. difficilis* Serv. [075134]
(1135)蔓胡颓子 *E. glabra* Thunb. [0176,06444,L0705095]

(1136)角花胡颓子 *E. gonyanthes* Benth. [075315]
(1137)宜昌胡颓子 *E. henryi* Warb. [075077]
(1138)披针叶胡颓子 *E. lanceolata* Warb. [2075,4420,4425,B0037]
(1139)胡颓子 *E. pungens* Thunb. [06070]
(1140)牛奶子 *E. umbellata* Thunb. [075539]

(一百零三)葡萄科 Vitaceae

(1141)广东蛇葡萄 *Ampelopsis cantoniensis* (Hook. et Arn.) Planch. [3059,4043,补07012]
(1142)羽叶蛇葡萄 *A. chaffanjoni* (Lévl. et Vant.) Rehd. [3074,4166,Q070023]
(1143)显齿蛇葡萄 *A. grossedentata* (Hand. – Mazz.) W. T. Wang [1033,2134]
(1144)异叶蛇葡萄 *A. heterophylla* (Thunb.) Sieb. et Zucc. [4157]
(1145)光叶蛇葡萄 *A. heterophylla* (Thunb.) Sieb. et Zucc. var. *hancei* Planch. [1043,2048]
(1146)牯岭蛇葡萄 *A. heterophylla* (Thunb.) Sieb. et Zucc. var. *kulingensis* (Rehd.) C. L. Li [075429]
(1147)锈毛蛇葡萄 *A. heterophylla* (Thunb.) Sieb. et Zucc. var. *vestita* Rehd. [1079]
(1148)葎叶蛇葡萄 *A. humulifolia* Bge. [4180]
(1149)白蔹 *A. japonica* (Thunb.) Makino
(1150)大叶蛇葡萄 *A. megalophylla* Diels & Gilg [075800]
(1151)柔毛大叶蛇葡萄 *A. megalophylla* Diels et Gilg var. *jiangxiensis* (W. T. Wang) C. L. Li [1001]
(1152)毛枝蛇葡萄 *A. rubifolia* (Wall.) Planch. [1124,1127,2126,4185,补07013]
(1153)白毛乌蔹莓 *Cayratia albifolia* C. L. Li [2040,3044,3058]
(1154)角花乌蔹莓 *C. corniculata* (Benth.) Gognep [Q070035]
(1155)乌蔹莓 *C. japonica* (Thunb.) Gognep. [4177]
(1156)华中乌蔹莓 *C. oligocarpa* (Lévl. & Vant.) Gagnep. [075953]
(1157)苦郎藤 *Cissus assamica* (Laws.) Craib [4001]
(1158)白粉藤 *C. repens* Lamk. [2010]
(1159)东南爬山虎 *Parthenocissus austro – orientalis* Metcalf [075555]
(1160)异叶爬山虎 *P. heterophylla* (Bl.) Merr. [Z035]
(1161)绿叶地锦 *P. laetevirens* Rehd. [075889]
(1162)粉叶爬山虎 *P. thomsonii* (Lows.) Planch [075905]
(1163)爬山虎 *P. tricuspidata* (Sieb. et Zucc.) Planch.
(1164)尾叶崖爬藤 *Tetrastigma caudatum* Merr. et Chun [Q070003]
(1165)金秀崖爬藤 *T. jinxiuense* C. L. Li [1074,4055]
(1166)崖爬藤 *T. obtectum* (Wall.) Planch. [0124]
(1167)毛叶崖爬藤 *T. obtectum* (Wall.) Planch. var. *pilosum* Gagnep. [075799]
(1168)华南美丽葡萄 *Vitis bellula* (Rehd.) W. T. Wang var. *pubigera* C. L. Li [4026]
(1169)蘡薁 *V. bryoniaefolia* Bge. [4048]
(1170)东南葡萄 *V. chunganensis* Hu [1112]
(1171)闽赣葡萄 *V. chungii* Metcalf [075188]
(1172)锈毛刺葡萄 *V. davidii* (Roman. du Caill.) Foex var. *ferruginea* Merr. et Chun [075489]
(1173)刺葡萄 *V. davidii* (Roman. du Caill.) Föex. [075587]
(1174)葛藟葡萄 *V. flexuosa* Thunb. [075406]
(1175)毛葡萄 *V. heyneana* Roem. et Schult. [075586]
(1176)华东葡萄 *V. pseudoreticulata* W. T. Wang [Q070073]
(1177)小叶葡萄 *V. sinocinerea* W. T. Wang [075817]
(1178)狭叶葡萄 *V. tsoii* Merr. [L0705119]
(1179)葡萄 * *V. vinifera* L.
(1180)网脉葡萄 *V. wilsonae* Veitch [Q070227]

(一百零四)芸香科 Rutaceae

(1181)臭节草 *Boenninghausenia albiflora* (Hook.) Reichb. ex Meisn. [4186,0296,06224]
(1182)柚 * *Citrus grandis* (L.) Osbeck.
(1183)柠檬 * *C. limon* (L.) Burm. f.
(1184)柑橘 * *C. reticulata* Blanco [0195]
(1185)甜橙 * *C. sinensis* (L.) Osbeck
(1186)假黄皮 *Clausena excavata* Burm. F [075329]
(1187)华南吴萸 *Evodia austrosinensis* Hand. – Mazz. [075549]
(1188)臭辣吴茱萸 *E. fargesii* Dode [0304]
(1189)楝叶吴茱萸 *E. meliifolia* (Hance) Benth. [2052]
(1190)吴茱萸 *E. rutaecarpa* (Juss.) Benth. [1135]
(1191)山橘 *Fortunella hindsii* (Champ. ex Benth.) Swingle [B0010]
(1192)金橘 * *F. margarita* (Lour.) Swingle
(1193)秃叶黄檗 *Phellodendron chinense* Schneid. var. *glabriusculum* Schneid. [4382]
(1194)茵芋 *Skimmia reevesiana* Fort. [4136,06185]
(1195)飞龙掌血 *Toddalia asiatica* (L.) Lam. [B0009,Q070013]
(1196)椿叶花椒 *Zanthoxylum ailanthoides* Sied. et Zucc. [Q070230]
(1197)竹叶椒 *Z. armatum* DC. [4320,Q070037]
(1198)岭南花椒 *Z. austrosinense* [075556]
(1199)簕欓花椒 *Z. avicennae* (Lam.) DC. [075110]
(1200)花椒 *Z. bungeanum* Maxim. [075363]
(1201)砚壳花椒 *Z. dissitum* Hemsl. [075392]
(1202)广西花椒 *Z. kwangsiense* (Hand. – Mazz.) Chun ex Huang [0171]
(1203)两面针 *Z. nitidum* (Roxb.) DC. [075523]
(1204)柄果花椒 *Z. podocarpum* Hems. [1090]
(1205)花椒簕 *Z. scandens* Bl. [0155,0305,06242A,06474,Z081]
(1206)青花椒 *Z. schinifolium* Sieb. ex Zucc. [B0062]
(1207)野花椒 *Z. simulans* Hance [075300]

(一百零五)苦木科 Simaroubaceae

(1208)臭椿 *Ailanthus altissima* (Mill.) Swingle [Q070171]
(1209)苦木 *Picrasma quassioides* (D. Don) Benn. [075530]

(一百零六)楝科 Meliaceae

(1210)楝 * *Melia azedarach* L.
(1211)香椿 *Toona sinensis* (A. Juss.) Roem. [Q070169]
(1212)毛红春 *Toona sureni var. pubescens* (Franch) Chun

(一百零七)无患子科 Sapindaceae

(1213)伞花木 *Eurycorymbus cavaleriei* (Lévl.) Rehd. et Hand. – Mazz. [2046,0353]
(1214)无患子 *Sapindus mukorossi* Gaertn. [1048,B0035]

(一百零八)伯乐树科 Bretschneideraceae

(1215)伯乐树 *Bretschneidera sinensis* Hemsl. [Q070177]

(一百零九)槭树科 Aceraceae

(1216)紫果槭 *Acer cordatum* Pax [3064,L0705130,Q070147]
(1217)小紫果槭 *A. cordatum* Pax var. microcaordatum Metc. [L0705111]
(1218)青榨槭 *A. davidii* Franch. [0231]
(1219)罗浮槭 *A. fabri* Hance [06469]

(1220)红果罗浮槭 *A. fabri* Hance var. *rubrocarpum* Metc. [06260]
(1221)扇叶槭 *A. flabellatum* Rehd. [Q070135]
(1222)五裂槭 *A. oliverianum* Pax [0327, Q070078, Q070214]
(1223)中华槭 *A. sinense* Pax [1129, Q070057, Q070176]
(1224)岭南槭 *A. tutcheri* Duthie [0194, 06064, L0705118, L0705134, Q070010, Z002]
(1225)三峡槭 *A. wilsonii* Rehd. [B0115]
(1226)长尾三峡槭 *A. wilsonii* Rehd. var. *longicaudatum* (Fang) Fang [0328, B0002, Z098]

(一百一十)清风藤科 Sabiaceae

(1227)垂枝泡花树 *Meliosma flexuosa* Pamp. [Q070146]
(1228)腺毛泡花树 *M. glandulosa* Cufod. [075509]
(1229)多花泡花树 *M. myriantha* Sieb. et Zucc. [075304]
(1230)异色泡花树 *M. myriantha* Sieb. et Zucc. var. *discolor* Dunn [075621]
(1231)红柴枝 *M. oldhamii* Maxim. [3054, Q070050, Z074]
(1232)腋毛泡花树 *M. rhoifolia* Maxim. var. *barbulata* (Cufod.) Law [075503]
(1233)笔罗子 *M. rigida* Sieb. et Zucc. [075448]
(1234)毡毛泡花树 *M. rigida* Sieb. et Zucc. var. *pannosa* (Hand. -Mazz.) Law [075478]
(1235)绿樟 *M. squamulata* Hance [0384, 06219]
(1236)山檨叶泡花树 *M. thorelii* Lecomte [075633]
(1237)革叶清风藤 *Sabia coriacea* Rehd. et Wils. [06220, Q070006]
(1238)灰背清风藤 *S. discolor* Dunn [1053, 0228, 0281, B0016, Q070241]
(1239)清风藤 *S. japonica* Maxim. [1126, 2056, 0339]
(1240)鄂西清风藤 *S. ritchieae* Rehd. et Wils. [3048]
(1241)尖叶清风藤 *S. swinhoei* Hemsl. ex Forb. et Hemsl. [075891]

(一百一十一)省沽油科 Staphyleaceae

(1242)野鸭椿 *Euscaphis japonica* (Thunb.) Dippel [L0705129]
(1243)银鹊树 *Tapiscia sinensis* Oliv. [075602]
(1244)锐尖山香圆 *Turpinia arguta* (Lindl.) Seem. [1133, 0248, 0278, B0058, L0705060]
(1245)山香圆 *T. montana* (Bl.) Kurz. [075752]

(一百一十二)漆树科 Anacardiaceae

(1246)南酸枣 *Choerospondias axillaris* (Roxb.) Burtt. et Hill [075663]
(1247)黄连木 *Pistacia chinensis* Bunge [Q070172]
(1248)盐肤木 *Rhus chinensis* Mill. [075177]
(1249)白背麸杨 *Rh. hypoleuca* Champ. ex Benth. [4161]
(1250)青麸杨 *Rh. potaninii* Maxim. [075178]
(1251)野漆树 *Toxicodendron succedaneum* (L.) O. Kuntze [B0013]
(1252)木蜡树 *T. sylvestre* (Sieb. et Zucc.) O. Kuntze [0209]

(一百一十三)胡桃科 Juglandaceae

(1253)青钱柳 *Cyclocarya paliurus* (Batal.) Iljinsk. [075594]
(1254)少叶黄杞 *Engelhardia fenzelii* Merr. [0040, Z112]
(1255)黄杞 *Engelhardtia roxburghiana* Wall. [075591]
(1256)野核桃 *Juglans cathayensis* Dode [075252]
(1257)化香树 *Platycarya strobilacea* Sieb. et Zucc. [075750]
(1258)枫杨 *Pterocarya stenoptera* C. DC. [075779]

(一百一十四)山茱萸科 Cornaceae

(1259)桃叶珊瑚 *Aucuba chinensis* Benth. [075802]
(1260)灯台树 *Bothrocaryum controversum* (Hemsl.) Pojark. [075681]
(1261)狭叶四照花 *Dendrobenthamia angustata* (Chun) Fang [4173, B0122A]
(1262)头状四照花 *D. capitata* (Wall.) Hutch. [0345]
(1263)香港四照花 *D. hongkongensis* (Hemsl.) Hutchins. [0053]
(1264)毛梾 *Swida walteri* (Wanger.) Sojak [B0077]
(1265)光皮树 *S. wilsoniana* (Wanger.) Sojak [06116]

(一百一十五)八角枫科 Alangiaceae

(1266)八角枫 *Alangium chinense* (Lour.) Harms [075368]
(1267)毛八角枫 *A. kurzii* Craib [1011, B0088]
(1268)云山八角枫 *A. kurzii* Craib. var. *handelii* (Schnarf) Fang [075623]
(1269)瓜木 *A. platanifolium* (Sieb. et Zucc.) Harms [075534]

(一百一十六)蓝果树科 Nyssaceae

(1270)喜树 *Camptotheca acuminata* Decne.
(1271)蓝果树 *Nyssa sinensis* Oliv. [075230]

(一百一十七)五加科 Araliaceae

(1272)吴茱萸五加 *Acanthopanax evodiaefolius* Franch. [4118, Q070096, Q070112]
(1273)白簕 *A. trifoliatus* (L.) Merr.
(1274)刚毛白簕 *A. trifoliatus* (L.) Merr. var. *setosus* Li [075484]
(1275)虎刺楤木 *Aralia armata* (Wall.) Seem. [075100]
(1276)楤木 *A. chinensis* L. [075533]
(1277)毛叶楤木 *A. chinensis* L. var. *dasyphylloides* Hand. -Mazz. [075791]
(1278)头序楤木 *A. dasyphylla* Miq. [075765]
(1279)黄毛楤木 *A. decaisneana* Hance [075493]
(1280)棘茎楤木 *A. echinocaulis* Hand. -Mazz. [075382]
(1281)长刺楤木 *A. spinifolia* Merr. [075095]
(1282)波缘楤木 *A. undulata* Hand. -Mazz. [075927]
(1283)挤果树参 *Dendropanax confertus* Li [075237]
(1284)树参 *D. dentiger* (Harms) Merr. [0334]
(1285)变叶树参 *D. proteus* (Champ.) Benth. [06052]
(1286)常春藤 *Hedera nepalensis* K. Koch var. *sinensis* (Tobl.) Rehd.
(1287)短梗幌伞枫 *Heteropanax brevipedicellatus* H. L. Li [075205]
(1288)刺楸 *Kalopanax septemlobus* (Thunb.) Koidz. [075599]
(1289)短梗大参 *Macropanax rosthornii* (Harms) C. Y. Wu ex Hoo [075203]
(1290)穗序鹅掌柴 *Schefflera delavayi* (Franch.) Harms ex Diels [06274, B0019]
(1291)多叶鹅掌柴 *S. metcalfiana* Merr. ex Li [06321A]
(1292)星毛鸭脚木 *S. minutistellata* Merr. ex Li [0041, 06043, 06121]
(1293)鹅掌柴 *S. octophylla* (Lour.) Harms [06312]
(1294)通脱木 *Tetrapanax papyrifer* (Hook.) K. Koch
(1295)刺通草 *Trevesia palmata* (Roxb.) Vis. [B0023]

(一百一十八)伞形科 Umbelliferae

(1296)大齿当归 *Angelica grosseserrata* Maxim. [075082]
(1297)毛当归 *A. pubescens* Maxim. [075109]
(1298)芹菜 * *Apium graveolens L.*
(1299)竹叶柴胡 *Bupleurum marginatum* Wall. ex DC. [075873]
(1300)积雪草 *Centella asiatica* (L.) Urban.
(1301)蛇床 *Cnidium monnieri* (L.) Cusson [0277]
(1302)芫荽 *Coriandrum sativum* L.
(1303)鸭儿芹 *Cryptotaenia japonica* Hassk. [4033]

(1304)深裂鸭儿芹 *C. japonica* Hassk. f. *dissecta* (Yabe) Hara [075425]
(1305)野胡萝卜 *Daucus carota* L. [075259]
(1306)胡萝卜 * *D. carota* L. var. *sativa* DC.
(1307)短毛独活 *Heracleum moellendorffii* Hance [075500]
(1308)天胡荽 *Hydrocotyle sibthorpioides* Lam.
(1309)破铜钱 *H. sibthorpioides* Lam. var. *batrachium* (Hance) Hand. - Mazz.
(1310)肾叶天胡荽 *H. wilfordi* Maxim. [4021]
(1311)白苞芹 *Nothosmyrnium japonicum* Miq. [2050]
(1312)西南水芹 *Oenanthe dielsii de* Boiss. [075561]
(1313)水芹 *O. javanica* (Bl.) DC. [075597]
(1314)卵叶水芹 *O. rosthornii* Diels [075867]
(1315)隔山香 *Ostericum citriodorum* (Hance) Yuan et Shan [075624]
(1316)紫花前胡 *Peucedanum decursivum* (Miq.) Maxim. [B0124]
(1317)前胡 *P. praeruptorum* Dunn [075260]
(1318)异叶茴芹 *Pimpinella diversifolia* DC. [075893]
(1319)江西囊瓣芹 *Pternopetalum kiangsiense* (Wolff) Hand. - Mazz. [075732]
(1320)变豆菜 *Sanicula chinensis* Bunge. [075136]
(1321)薄片变豆菜 *S. lamelligera* Hance [075579]
(1322)直刺变豆菜 *S. orthacantha* S. Moore [06134, B0127, Z110]
(1323)小窃衣 *Torilis japonica* (Houtt) DC.
(1324)窃衣 *T. scabra* (Thunb.) DC.

(一百一十九)山柳科 Clethraceae

(1325)江南山柳 *Clethra cavaleriei* Lévl. [2128, 2147, Z021]
(1326)华南山柳 *C. faberi* Hance [075548]
(1327)多肋山柳 *C. kaipoensis* Lévl. var. *polyneura* (Li) Fang et L. C. Hu [075408]

(一百二十)杜鹃花科 Ericaceae

(1328)灯笼树 *Enkianthus chinensis* Franch. [075442]
(1329)吊钟花 *E. quinqueflorus* Lour. [075954]
(1330)齿缘吊钟花 *E. serrulatus* (Wils.) Schneid. [B0112, Q070092, Z023]
(1331)白珠树 *Gaultheria cumingiana* Vidal [Q070184]
(1332)滇白珠 *G. yunnanensis* (Franch.) Rehd. [06297, Z036]
(1333)南烛 *Lyonia ovalifolia* (Wall.) Drude [075972]
(1334)小果南烛 *L. ovalifolia* (Wall.) Drude var. *elliptica* (Sieb. et Zucc.) Hand. - Mazz. [4262, Q070181]
(1335)狭叶珍珠花 *L. ovalifolia* (Wall.) Drude var. *lanceolata* (Wall.) Hand. - Mazz. [075887]
(1336)美丽马醉木 *Pieris formosa* (Wall.) D. Don [B0114]
(1337)马醉木 *P. japonica* (Thunb.) D. Don [075993]
(1338)多花杜鹃 *Rhododendron cavaleriei* Lévl. [06102]
(1339)刺毛杜鹃 *Rh. championae* Hook. [0030, B0044, Q070015, Z045]
(1340)华丽杜鹃 *Rh. eudoxum* Balf. f. et Forrest [L0705082]
(1341)龙岩杜鹃 *Rh. falcinellum* Tam [0077]
(1342)丁香杜鹃 *Rh. farrerae* Tate [Q070104]
(1343)云锦杜鹃 *Rh. fortunei* Lindl. [2116, 06154]
(1344)光枝杜鹃 *Rh. haofui Chun et* Fang [075948]
(1345)弯蒴杜鹃 *Rh. henryi* Hance [06108]
(1346)白花马银花 *Rh. hongkongense* Huech. [1092]
(1347)湖南杜鹃 *Rh. hunanense* Chun ex Tam [1007, B0111]
(1348)鹿角杜鹃 *Rh. latoucheae* Franch. [0005, Q070127, Z007]
(1349)岭南杜鹃 *Rh. mariae* Hance [06282]
(1350)广西杜鹃 *Rh. mariae* Hance var. *kwangsiense* D. F. Chamblain [Q070113A]
(1351)满山红 *Rh. mariesii* Hemsl. et Wils.
(1352)毛棉杜鹃花 *Rh. moulmainense* Hook. f. [075522]
(1353)南昆杜鹃 *Rh. naamkwanense* Merr. [0224, Q070243]
(1354)马银花 *Rh. ovatum* (Lindl.) Planch. ex Maxim. [L0705097, Q070121, Q070122, Q070140, Z034]
(1355)乳源杜鹃 *Rh. rhuyuenense* Chum ex Tam [B0071, Q070079, Z107]
(1356)上犹杜鹃 *Rh. seniavinii* Maxim. var. *shangyoumicum* L. R. Liu et T. Z. Du [B0113]
(1357)猴头杜鹃 *Rh. simiarum* Hance [0347, Q070132, Z058]
(1358)映山红 *Rh. simsii* Planch. [1103, Q070111]
(1359)长蕊杜鹃 *Rh. stamineum* Franch. [0351, 06096, Z088]
(1360)涧上杜鹃 *Rh. subflumineum* Tam [06281]
(1361)丝线吊芙蓉 *Rh. westlandii* Hemsl. [075743]
(1362)阳明山杜鹃 *Rh. yangmingshanense* Tam [0260, Z071]

(一百二十一)鹿蹄草科 Pyrolaceae

(1363)普通鹿蹄草 *Pyrola decorata* H. Andr. [0244]
(1364)白花鹿蹄草 *P. decorata* H. Andr. var. *alba* (H. Andr.) Y. L. Chou et R. C. Zhou [075288]
(1365)长叶鹿蹄草 *P. elegantula* H. Andres [075845]

(一百二十二)越橘科 Vacciniaceae

(1366)乌饭树 *Vaccinium bracteatum* Thunb. [0010]
(1367)短尾越橘 *V. carlesii* Dunn [06299, Z061, Z068]
(1368)有梗越橘 *V. chingii* Sleumer [0009]
(1369)鼠刺乌饭 *V. iteophyllum* Hance [2144]
(1370)扁枝越橘 *V. japonicum* Miq. var. *sinicum* (Nakai) Rehd. [Q070123]
(1371)长尾越橘 *V. longicaudatum* Chun ex Fang et Z. H. Pan [1119]
(1372)江南越橘 *V. mandarinorum* Diels [1137, 0332]
(1373)峦大越橘 *V. randaiense* Hayata [L0705077, Z073]
(1374)米饭花 *V. sprengelii* (G. Don) Sleumer [075158]
(1375)刺毛越桔 *V. trichocladum* Merr. et Metc. [075504]

(一百二十三)柿树科 Ebenaceae

(1376)粉叶柿 *Diospyros glaucifolia* Metc. [075908]
(1377)柿 * *D. kaki* L. f.
(1378)野柿 *D. kaki* Thunb. var. *silvestris* Makino [075646]
(1379)君迁子 *D. lotus* L. [2033, 4073]
(1380)罗浮柿 *D. morrisiana* Hance [3055, 06242]
(1381)油柿 *D. oleifera* Cheng [4042, Q070045]
(1382)延平柿 *D. tsangii* Merr. [06449, L0705029]

(一百二十四)紫金牛科 Myrsinaceae

(1383)细罗伞 *Ardisia affinis* Hemsl. [075447]
(1384)少年红 *A. alyxiaefolia* Tsiang ex C. Chen [06075]
(1385)红凉伞 *A. bicolor* Walker [06082]
(1386)血党 *A. brevicaulis* Diels [06223, Q070164]
(1387)小紫金牛 *A. chinensis* Benth. [075989]
(1388)硃砂根 *A. crenata* Sims [2077, 0156]
(1389)百两金 *A. crispa* (Thunb.) A. DC. [1118, 06062]
(1390)走马胎 *A. gigantifolia* Stapf [075459]
(1391)大罗伞树 *A. hanceana* Mez [06056]

(1392)紫金牛 *A. japonica* (Hornsted) Bl.
(1393)虎舌红 *A. mamillata* Hance [075635]
(1394)莲座紫金牛 *A. primulaefolia* Gardn. et Champ. [06473]
(1395)山血丹 *A. punctata* Lindl. [4011,Q070236]
(1396)九节龙 *A. pusilla* A. DC. [075371]
(1397)罗伞树 *A. quinquegona* Bl. [075619]
(1398)纽子果 *A. virens* Kurz [L0705073]
(1399)长叶酸藤子 *Embelia longifolia* (Benth.) Hemsl. [075844]
(1400)当归藤 *E. parviflora* Wall. [Q070173]
(1401)白花酸藤果 *E. ribes* Burm. f. [075293]
(1402)网脉酸藤子 *E. rudis* Hand. -Mazz. [1055,0142,06222,06273]
(1403)杜茎山 *Maesa japonica* (Thunb.) Moritzi. ex Zoll. [06003B,06068,L0705022,L0705127]
(1404)金珠柳 *M. montana* A. DC. [L0705056]
(1405)鲫鱼胆 *M. perlarius* (Lour.) Merr [075923]
(1406)软弱杜茎山 *M. tenera* Mez [06003]
(1407)针齿铁仔 *Myrsine semiserrata* Wall. [0147,0185,06005]
(1408)光叶铁仔 *M. stolonifera* (Koidz.) Walker [06036,06227,L0705013]
(1409)尖叶密花树 *Rapanea faberi* Mez [B0155]
(1410)密花树 *R. neriifolia* (Sieb. et Zucc.) Mez [1029,0082,0109]

(一百二十五)安息香科 Styracaceae

(1411)拟赤杨 *Alniphyllum fortunei* (Hemsl.) Makino [4430,004,0279]
(1412)银钟花 *Halesia macgregorii* Chun [4298]
(1413)小花山茉莉 *Huodendron biaristatum* (W. W. Smith) var. *parviflorum* (Merr.) Rehd. [0092,Q070216A]
(1414)山茉莉 *H. tibeticum* (Anthony) Rehd. [Q070020]
(1415)陀螺果 *Melliodendron xylocarpum* Hand. -Mazz. [4023]
(1416)小叶白辛树 *Pterostyrax corymbosus* Sieb. et Zucc. [075805]
(1417)广东木瓜红 *Rehderodendron kwangtungense* Chun [075130]
(1418)赛山梅 *Styrax confusus* Hemsl. [075626]
(1419)白花龙 *S. faberi* Perk. [075281]
(1420)台湾安息香 *S. formosanus* Matsum. [075716]
(1421)大花安息香 *S. grandiflorus* Griff. [Z031]
(1422)野茉莉 *S. japonicus* Sieb. et Zucc. [B0076]
(1423)大果安息香 *S. macrocarpus* Cheng [075242]
(1424)玉铃花 *S. obassius* Sieb. et Zncc. [005]
(1425)芬芳安息香 *S. odoratissimus* Champ. ex Benth. [0325,L0705010]
(1426)红皮树 *S. suberifolius* Hook. et Arn. [4351,06202,Q070200]
(1427)东京野茉莉 *S. tonkinensis* (Pierre) Craib ex Hartwichk [1038]

(一百二十六)山矾科 Symplocaceae

(1428)腺叶山矾 *Symplocos adenophylla* Wall. [075906]
(1429)腺柄山矾 *S. adenopus* Hance [06098,Z053]
(1430)薄叶山矾 *S. anomala* Brand [2151,4132,Q070118,Z115]
(1431)南国山矾 *S. austrosinensis* (Migo.) Y. F. Wu [2143,4020,4158]
(1432)总状山矾 *S. botryantha* Fanch. [0187,06310]
(1433)华山矾 *S. chinensis* (Lour.) Druce [4419]
(1434)越南山矾 *S. cochinchinensis* (Lour.) S. Moore [075540]
(1435)南岭山矾 *S. confusa* Brand [1101,3034,06339,Z011]
(1436)密花山矾 *S. congesta* Benth. [0079,Q070017,Q070217]
(1437)厚皮山矾 *S. crassifolia* Benth. [06181,Z059]
(1438)美山矾 *S. decora* Hance [3053(2)]
(1439)长毛山矾 *S. dolichotricha* Merr. [2079]
(1440)火灰山矾 *S. dung* Eberh. et Dub. [Q070012]
(1441)茶条果 *S. ernestii* Dunn [2118,Q070115]
(1442)羊舌树 *S. glauca* (Thunb.) Koidz. [075638]
(1443)团花山矾 *S. glomerata* King [06262]
(1444)毛山矾 *S. groffii* Merr. [06013,06137]
(1445)海桐山矾 *S. heishanensis* Hayata [06454]
(1446)光叶山矾 *S. lancifolia* Sieb. et Zucc. [075842]
(1447)黄牛奶树 *S. laurina* (Retz.) Wall. [1116,1131,0033,0320,06017,06076,06288,B0049,Z080]
(1448)枝穗山矾 *S. multipes* Brand [L0705018]
(1449)白檀 *S. paniculata* (Thunb.) Miq. [B0055]
(1450)叶萼山矾 *S. phyllocalyx* Clarke [Q070192]
(1451)丛花山矾 *S. poilanei* Guill. [2117,06162,06277]
(1452)铁山矾 *S. pseudobarberina* Gontsch. [4139,06039,B0090,L0705045A]
(1453)多花山矾 *S. ramosissima* Wall. ex G. Don [075306]
(1454)四川山矾 *S. setchuensis* Brand [06289]
(1455)波缘山矾 *S. sinuata* Brand [06166]
(1456)老鼠矢 *S. stellaris* Brand [Z062]
(1457)银叶山矾 *S. subconnata* Hand. -Mazz. [06065]
(1458)山矾 *S. sumuntia* Buch. [075156]
(1459)坛果山矾 *S. urceolaris* Hance [075229]
(1460)微毛山矾 *S. wikstroemiifolia* Hayata [4296,Z084]

(一百二十七)马钱科 Loganiaceae

(1461)驳骨丹醉鱼草 *Buddleja asiatica* Lour. [2003]
(1462)穆坪醉鱼草 *B. davidii* Franch. var. *superba* (Veitch) Rehd. et Wilson [075581]
(1463)醉鱼草 *B. lindleyana* Fort. [075924]
(1464)喉药醉鱼草 *B. paniculata* Wallich [0059]
(1465)蓬莱葛 *Gardneria multiflora* Makino [075400]
(1466)钩吻 *Gelsemium elegans* (Gardn. et Champ.) Benth. [075724]

(一百二十八)木犀科 Oleaceae

(1467)金钟花 *Forsythia viridissima* Lindl. [4422,0338]
(1468)白蜡树 *Fraxinus chinensis* Roxb. [B0147,Z079]
(1469)苦枥木 *F. insularis* Hemsl. [2069,B0029,B0030,B0031]
(1470)庐山梣 *F. mariesii* Hook. f. [B0122]
(1471)清香藤 *Jasminum lanceolarium* Roxb. [0146,06136]
(1472)华素馨 *J. sinense* Hemsl. [075662]
(1473)日本女贞 *Ligustrum japonicum* Thunb. [075034]
(1474)华女贞 *L. lianum* Hsu [4060,4260,0374,B0028,Q070018,Q070059]
(1475)蜡子树 *L. molliculum* Hance [0179,Q070182]
(1476)小叶女贞 *L. quihoui* Carr. [0173]
(1477)粗壮女贞 *L. robustum* (Roxb.) Blume [06446]
(1478)小蜡 *L. sinense* Lour. [3069,Q070137]
(1479)光萼小蜡 *L. sinense* Lour. var. *myrianthum* (Diels) Hoefk. [4082,0070,0154]
(1480)狭叶木犀 *Osmanthus attenuatus* P. S. Green [0253,06173,06276]
(1481)宁波木犀 *O. cooperi* Hemsl. [0252]

(1482)桂花 *O. fragrans* (Thunb.) Lour. [0323]
(1483)蒙自桂花 *O. henryi* P. S. Green [06159]
(1484)厚边木犀 *O. marginatus* Hemsl. [075039]
(1485)牛矢果 *O. matsumuranus* Hayata [075644]
(1486)网脉木犀 *O. reticulatus* P. S. Green [075465]

(一百二十九)夹竹桃科 Apocynaceae

(1487)尖叶链珠藤 *Alyxia acutifolia* Tsiang [075886]
(1488)链珠藤 *A. sinensis* Champ. ex Benth. [1077,4272,0167,B0121,L0705126]
(1489)串珠子 *A. vulgaris* Tsiang [2018,4010,4321]
(1490)鳝藤 *Anodendron affine* (Hook. et Arn.) Druce [075687]
(1491)夹竹桃 * *Nerium indicum* Mill
(1492)大花帘子藤 *Pottsia grandiflora* Markgr. [075272]
(1493)帘子藤 *P. laxiflora* (Bl.) Kuntze [1018,2031]
(1494)紫花络石 *Trachelospermum axillare* Hook. f. [0213,06025]
(1495)短柱络石 *T. brevistylum* Hand. - Mazz. [075978]
(1496)乳儿绳 *T. cathayanum* Schneid. [0046]
(1497)细梗络石 *T. gracilipes* Hook. f. [0387,Q070086A,Q070216]
(1498)络石 *T. jasminoides* (Lindl.) Lem. [1054,0143,0354,Z038]
(1499)石血 *T. jasminoides* (Lindl.) Lem. var. *heterophyllum* Tsiang [075769]

(一百三十)萝藦科 Asclepiadaceae

(1500)合掌消 *Cynanchum amplexicaule* (Sieb. Et Zucc.) Hemsl.
(1501)白薇 *C. atratum* Bunge [075717]
(1502)牛皮消 *C. auriculatum* Royle ex Wight [075578]
(1503)朱砂藤 *C. officinale* (Hemsl.) Tsiang et Zhang [4317]
(1504)徐长卿 *C. paniculatum* (Bunge) Kitagawa [075939]
(1505)柳叶白前 *C. stauntonii* (Decne.) Schltr. ex Lévl. [3049,4423]
(1506)催乳藤 *Heterostemma oblongifolium* Cost. [075609]
(1507)牛奶菜 *Marsdenia sinensis* Hemsl. [075538]
(1508)萝藦 *Metaplexis japonica* (Thunb.) Makino [075527]
(1509)黑鳗藤 *Stephanotis mucronata* (Blanco) Merr. [075469]
(1510)七层楼 *Tylophora floribunda* Miq. [075072]
(1511)紫花娃儿藤 *T. henryi* Warb. [4350]
(1512)通天连 *T. koi* Merr. [075690]
(1513)娃儿藤 *T. ovata* (Lindl.) Hook. ex Steud. [075150]

(一百三十一)茜草科 Rubiaceae

(1514)水团花 *Adina pilulifera* (Lam.) Franch. ex Drake [1045,2001,4081]
(1515)细叶水团花 *A. rubella* Hance [075869]
(1516)香楠 *Aidia canthioides* (Champ. et Benth.) Masam. [0352,L0705055,Q070014]
(1517)茜树 *A. cochinchinensis* Lour. [06042,06206,06256,06336,Q070151]
(1518)多毛茜草树 *A. pycnantha* (Drake) Tirveng. [3002]
(1519)风箱树 *Cephalanthus tetrandrus* (Roxb.) Ridsdale et Bakh. f. [1025,1026,0115,06087]
(1520)流苏子 *Coptosapelta diffusa* (Champ. ex Bench.) Van Steenis [2013,4146]
(1521)虎刺 *Damnacanthus indicus* (L.) Gaertn. f. [075101]
(1522)狗骨柴 *Diplospora dubia* (Lindl.) Masam. [4120,06209]
(1523)毛狗骨柴 *D. fruticosa* Hemsl. [4130,Q070209]
(1524)拉拉藤 *Galium aparine* L. var. *echinospermum* (Wallr.) Cuf.
(1525)猪殃殃 *G. aparine* L. var. *tenerum* (Gren.) et Godr.) Rebb.
(1526)六叶葎 *G. asperuloides* Edgew. ssp. hoffmeisteri (Klotzsch) Hara
(1527)四叶葎 *G. bungei* Steud.
(1528)小叶猪殃殃 *G. trifidum* L.
(1529)栀子 *Gardenia jasminoides* Ellis [06207]
(1530)耳草 *Hedyotis auriclaria* L. [06047]
(1531)剑叶耳草 *H. caudatifolia* Merr. et Metcalf [0286,0366]
(1532)金毛耳草 *H. chrysotricha* (Palib.) Merr. [075508]
(1533)伞房花耳草 *H. corymbosa* L. [075167]
(1534)白花蛇舌草 *H. diffusa* Willd. [4220]
(1535)粗毛耳草 *H. mellii* Tutch. [2063,4004,4005,4165,4282,0227]
(1536)纤花耳草 *H. tenelliflоa* Bl. [075303]
(1537)长节耳草 *H. uncinella* Hook. et Arn. [075372]
(1538)粗叶耳草 *H. verticillata* (L.) Lam. [0180]
(1539)粗叶木 *Lasianthus chinensis* (Champ.) Benth. [0163,06034,L0705046]
(1540)污毛粗叶木 *L. hartii* Thunb. [0246]
(1541)日本粗叶木 *L. japonicus* Miq. [Q070041]
(1542)美脉粗叶木 *L. lancifolius* Hook. f. [4058,0186]
(1543)榄绿粗叶木 *L. lancilimbus* Merr. [0245,L0705015,L0705075]
(1544)短柄鸡眼藤 *Morinda brevipes* S. Y. Ruan [075047]
(1545)鸡眼藤 *M. parvifolia* Bartl. ex DC. [1030,4184]
(1546)羊角藤 *M. umbellata* L. ssp. obovata Y. Z. Ruan [0096,06208]
(1547)大叶白纸扇 *Mussaenda esquirolii* Lévl. [4037]
(1548)玉叶金花 *M. pubescens* Ait. f. [2005,4084,06106]
(1549)华腺萼木 *Mycetia sinensis* (Hemsl.) Crai [075746]
(1550)卷毛假耳草 *Neanotis boerhaavioides* (Hance) W. H. Lewis [4378]
(1551)广州蛇根草 *Ophiorrhiza cantoniensis* Hance [B0125]
(1552)日本蛇根草 *O. japonica* Bl. [06016,L0705128,Q070025,Q070069]
(1553)短小蛇根草 *O. pumila* Champ. ex Benth. [B0110]
(1554)鸡矢藤 *Paederia scandens* (Lour.) Merr. [2127,4056,4089]
(1555)毛鸡矢藤 *P. scandens* (Lour.) Merr. var. *tomentosa* (Bl.) Hand. - Mazz. [2029]
(1556)狭序鸡矢藤 *P. stenobotrya* Merr. [2021]
(1557)茜草 *Rubia cordifolia* L.
(1558)大叶茜草 *R. leiocaulis* Diels [075801]
(1559)六月雪 *Serissa japonica* (Thunb.) Thunb. [075929]
(1560)白马骨 *S. serissoides* (DC.) Druce
(1561)尖萼乌口树 *Tarenna acutisepala* How ex W. C. Chen [06261,Q070087,Z077]
(1562)白花苦灯笼 *T. mollissima* (Hook. et Arn.) Rob. [0085,06477]
(1563)钩藤 *Uncaria rhynchophylla* (Miq.) Miq. ex Havil. [0349,0369,06221]

(一百三十二)忍冬科 Caprifoliaceae

(1564)糯米条 *Abelia chinensis* R. Br. [075521]
(1565)南方六道木 *A. dielsii* (Graebn.) Rehd. [075162]
(1566)细叶银花 *Lonicera affinis* Hook. et Arn. [075871]

(1567)华南忍冬 *L. confusa* (Sweet) DC. [Q070142]
(1568)锈毛忍冬 *L. ferruginea* Rehd. [075497]
(1569)菰腺忍冬 *L. hypoglauca* Miq. [4416,0335]
(1570)忍冬 *L. japonica* Thunb. [075135]
(1571)大花忍冬 *L. macrantha* Spreng [075268]
(1572)灰毡毛忍冬 *L. macranthoides* Hand. -Mazz. [4160,0190]
(1573)皱叶忍冬 *L. rhytidophylla* Hand. -Mazz. [075865]
(1574)细毡毛忍冬 *L. simivis* Hemsl. [0177,06086]
(1575)毛萼忍冬 *L. trichosepala* (Rehd.) Hsu [0027]
(1576)接骨草 *Sambucus chinensis* Lindl. [4024]
(1577)金腺荚蒾 *Viburnum chunii* Hsu [B0148]
(1578)樟叶荚蒾 *V. cinnamomifolium* Rehd. [075814]
(1579)伞房荚蒾 *V. corymbiflorum* Hsu et S. C. Hsu [075168]
(1580)水红木 *V. cylindricum* Buch. -Ham ex D. Don. [075255]
(1581)粤赣荚蒾 *V. dalzielii* W. W. Smith [B0144,Z104]
(1582)荚蒾 *V. dilatatum* Thunb. [0210,0315,0336,B0145]
(1583)烛齿荚蒾 *V. erosum* Thunb. [Q070106]
(1584)直角荚蒾 *V. foetidum* Wall. var. *rectangulatum* (Graebn.) Rehd. [B0149]
(1585)南方荚蒾 *V. fordiae* Hance [1005,3068,B0150]
(1586)聚花荚蒾 *V. glomeratum* Maxim. [B0146]
(1587)披针叶荚蒾 *V. lancifolium* Hsu [3043,Q070071]
(1588)吕宋荚蒾 *V. luzonicum* Rolfe [075659]
(1589)少花荚蒾 *V. oliganthum* Batal. [L0705133]
(1590)蝴蝶戏珠花 *V. plicatum* Thunb. var. *tomentosum* (Thunb.) Miq. [075124]
(1591)球核荚蒾 *V. propinquum* Hemsl. [0164,06123,06233,06294]
(1592)常绿荚蒾 *V. sempervirens* K. Koch [2148,3065,4121,0368,0379]
(1593)茶荚蒾 *V. setigerum* Hance [2150,4263,027,L0705090,Q070186,Z020]
(1594)水马桑 *Weigela japonica* Thunb. var. *sinica* (Rehd.) Bailey [0235,B0156]

(一百三十三)败酱科 Valerianaceae

(1595)墓头回 *Patrinia heterophylla* Bunge [补07005]
(1596)少蕊败酱 *P. monandra* C. B. Clarke [3041]
(1597)斑花败酱 *P. punctiflora* Hsu et H. J. Wang [4364]
(1598)败酱 *P. scabiosaefolia* Fisch. ex Trev. [0378,Q070185]
(1599)白花败酱 *P. villosa* (Thunb.) Juss. [4199,4360]

(一百三十四)菊科 Compositae

(1600)下田菊 *Adenostemma lavenia* (L.) O. Ktze. [075695]
(1601)藿香蓟 *Ageratum conyzoides* L. [075751]
(1602)杏香兔儿风 *Ainsliaea fragrans* Champ. [3061,0204,023,06475,Q070086]
(1603)长穗兔儿风 *A. henryi* Diels [075673]
(1604)铁灯兔儿风 *A. macroclinidioides* Hay. [4137,06061,06143]
(1605)车前兔儿风 *A. plantaginifolia* Mattf. [075592]
(1606)狭叶兔儿风 *A. walkeri* Hook. f. [1105,3021,4188,4345]
(1607)云南兔儿风 *A. yunnanensis* Franch. [075541]
(1608)珠光香青 *Anaphalis margaritacea* (L.) Benth. [075218]
(1609)香青 *A. sinica* Hance [B0073]
(1610)山黄菊 *Anisopappus chinensis* (L.) Hook. et Arn. [075327]
(1611)奇蒿 *Artemisia anomala* S. Moore [4243]
(1612)密毛奇蒿 *A. anomala* S. Moore var. *tomentella* Hand. -Mazz [075490]
(1613)艾 *A. argyi* Lévl. et Vant.
(1614)茵陈蒿 *A. capillaris* Thunb.
(1615)青蒿 *A. carvifolia* Buch. -Ham. ex Roxb. [075249]
(1616)牡蒿 *A. japonica* Thunb. [075248]
(1617)白苞蒿 *A. lactiflora* Wall. ex DC. [075021]
(1618)野艾蒿 *A. lavandulaefolia* DC.
(1619)魁蒿 *A. princeps* Pamp. [075247]
(1620)三脉紫菀 *Aster ageratoides* Turcz. [2096]
(1621)宽伞三脉紫菀 *A. ageratoides* Turcz. var. *laticorymbus* (Vant.) hand. -Mazz. [075618]
(1622)山紫菀 *A. ageratoides* Turcz. var. *ovatus* Hand. -Mazz. [075991]
(1623)白舌紫菀 *A. baccharoides* (Benth.) Steetz. [4391]
(1624)毛茎紫菀 *A. lasiocladus* Hayata [075380]
(1625)密毛紫菀 *A. vestitus* Franch. [075492]
(1626)婆婆针 *Bidens bipinnata* L. [2044,4344]
(1627)大狼把草 *B. frondosa* L. [4343]
(1628)鬼针草 *B. pilosa* L. [075942]
(1629)狼杷草 *B. tripartita* L.
(1630)艾纳香 *Blumea aromatica* (Wall.) DC. [075536]
(1631)毛毡草 *B. hieracifolia* (D. Don) DC. [075938]
(1632)东风草 *B. megacephala* (Randeria) Chang [075172]
(1633)柔毛艾纳香 *B. mollis* (D. Don) Merr. [075481]
(1634)矢镞叶蟹甲草 *Cacalia rubescens* (S. Moore) Matsuda [4314,Q070075]
(1635)天名精 *Carpesium abrotanoides* L. [075524]
(1636)烟管头草 *C. cernuum* L. [4227]
(1637)金挖耳 *C. divaricatum* Sieb. et Zucc. [1128]
(1638)石胡荽 *Centipeda minima* (L.) A. Br. et Aschers [4208]
(1639)刺蓟菜 *Cephalanoplos segetum* (Bunge) Kitam. [075339]
(1640)茼蒿 * *Chrysanthemum coronarium* L.
(1641)大蓟 *Cirsium japonicum* DC. [075338]
(1642)线叶蓟 *C. lineare* (Thunb.) Sch. -Bip [075909]
(1643)野塘蒿 *Conyza bonariensis* (L.) Cronq. [4045]
(1644)小飞蓬 *C. canadensis* (L.) Cronq. [4377]
(1645)白酒草 *C. japonica* (Thunb.) Less. [075384]
(1646)野菊 *Dendranthema indicum* (L.) Des Moul.
(1647)菊花 * *D. morifolium* (Ramat.) Tzvel.
(1648)鱼眼草 *Dichrocephala auriculata* (Thunb.) Druce [4211]
(1649)小鱼眼草 *D. benthamii* C. B. Clarke [075922]
(1650)山胡椒菊 *D. bicolor* Schlecht. [075257]
(1651)东风菜 *Doellingeria scaber* (Thunb.) Nees [075171]
(1652)鳢肠 *Eclipta prostrata* L.
(1653)地胆草 *Elephantopus scaber* L. [075107]
(1654)小一点红 *Emilia prenanthoidea* DC. [075912]
(1655)一点红 *E. sonchifolia* (L.) DC. [075123]
(1656)球菊 *Epaltes australis* Less. [075385]
(1657)一年蓬 *Erigeron annuus* (L.) Pers. [075571]
(1658)华泽兰 *Eupatorium chinense* L. [075936]
(1659)佩兰 *E. fortunei* Trucz. [075404]
(1660)泽兰 *E. japonicum* Thunb. [4356]
(1661)林泽兰 *E. lindleyanum* DC. [4221,0269]
(1662)牛膝菊 *Galinsoga parviflora* Cav. [075736]
(1663)大丁草 *Gerbera anandria* (L.) Sch. -Bip. [075126]
(1664)非洲菊 * *G. jamesonii* Bolus

(1665)毛大丁草 *G. piloselloides* (L.) Cass [075103]
(1666)宽叶鼠麹草 *Gnaphalium adnatum* Wall. [075818]
(1667)鼠麹草 *G. affine* D. Don [4387,06296]
(1668)秋鼠麹草 *G. hypoleucum* DC.
(1669)白背鼠麹草 *G. japonicum* Thunb. [0282]
(1670)匙叶鼠麹草 *G. pensylvanicum* Willd. [075880]
(1671)多茎鼠麹草 *G. polycaulon* Pers. [075383]
(1672)向日葵 * *Helianthus annuus* L.
(1673)菊芋 * *H. tuberosus* L.
(1674)泥胡菜 *Hemistepta lyrata* (Bunge) Bunge [075258]
(1675)欧亚旋覆花 *Inula britanica* L. [075775]
(1676)羊耳菊 *I. cappa* (Buch. – Ham.) DC. [4271,06229]
(1677)旋覆花 *I. japonica* Thunb. [075181]
(1678)中华小苦荬 *Ixeridium chinense* (Thunb.) Tzvel. [075319]
(1679)细叶小苦荬 *I. gracile* (DC.) Shih [075863]
(1680)苦荬菜 *Ixeris denticulata* (Houtt.) Stebb. [4357]
(1681)细叶苦荬 *I. gracilis* Stebb. [4285]
(1682)多头苦荬菜 *I. polycephala* Cass. [4358]
(1683)马兰 *Kalimeris indica* (L.) Sch. – Bip. [4237]
(1684)狭叶马兰 *K. indica* (L.) Sch. – Bip. var. *stenophylla* Kitam.
(1685)毡毛马兰 *K. shimadai* (Kitam.) Kitam. [075480]
(1686)高莴苣 *Lactuca elata* Hemsl. [075726]
(1687)山莴苣 *L. indica* L. [075727]
(1688)野莴苣 *L. sativa* L. [075728]
(1689)莴苣笋 * *L. sativa* L. var. *asparagina* Bailey
(1690)生菜 * *L. sativa* L. var. *romana* Hort.
(1691)堆莴苣 *L. sororia* Miq. [4057]
(1692)六棱菊 *Laggera alata* (D. Don) Sch. – Bip. ex Oliv. [075410]
(1693)稻槎菜 *Lapsana apogonoides* Maxim. [075074]
(1694)薄雪火绒草 *Leontopodium japonicum* Miq. [4354]
(1695)狭苞橐吾 *Ligularia intermedia* Nakai [2112]
(1696)假福王草 *Paraprenanthes sororia* (Miq.) Shih [4288]
(1697)秋分草 *Rhynchospermum verticillatum* Reinw. [075170]
(1698)心叶风毛菊 *Saussurea cordifolia* Hemsl. [075832]
(1699)三角叶风毛菊 *S. deltoidea* (DC.) C. B. Clarke [075366]
(1700)风毛菊 *S. japonica* (Thunb.) DC. [075475]
(1701)白背千里光 *Senecio latouchei* J. F. Jeffr. [2099,014,06177]
(1702)千里光 *S. scandens* Buch. – Ham. ex D. Don [06168,06248]
(1703)闽粤千里光 *S. stauntonii* DC. [075933]
(1704)华麻花头 *Serratula chinensis* S. Moore [075452]
(1705)毛梗豨莶 *Siegesbeckia glabrescens* Makino [4235]
(1706)豨莶 *S. orientalis* L.
(1707)腺梗豨莶 *S. pubescens* Makino [075209]
(1708)蒲儿根 *Sinosenecio oldhamianus* (Maxim.) B. Nord. [Q070044]
(1709)一枝黄花 *Solidago decurrens* Lour. [075950]
(1710)裸柱菊 *Soliva anthemifolia* (Juss.) R. Br. ex Less. [075980]
(1711)苣荬菜 *Sonchus arvensis* L. [075461]
(1712)苦苣菜 *S. oleraceus* L. [075387]
(1713)金腰箭 *Synedrella nodiflora* (L.) Gaertn. [075781]
(1714)兔儿伞 *Syneilesis aconitifolia* (Bunge) Maxim. [075149]
(1715)万寿菊 * *Tagetes erecta* L.
(1716)蒲公英 *Taraxacum mongolicum* Hand. – Mazz.
(1717)狗舌草 *Tephroseris kirilowii* (Turcz. ex DC.) Holub [075637]
(1718)糙叶斑鸠菊 *Vernonia aspera* (Roxb.) Buch. – Ham. [075902]
(1719)夜香牛 *V. cinerea* (L.) Less. [075754]
(1720)柳叶斑鸠菊 *V. saligna* (Wall.) DC. [075852]
(1721)茄叶斑鸠菊 *V. solanifolia* Benth. [075903]
(1722)孪花蟛蜞菊 *Wedelia biflora* (L.) DC. [075302]
(1723)蟛蜞菊 *W. chinensis* (Osbeck.) Merr. [075589]
(1724)苍耳 *Xanthium sibiricum Pat et* Widder
(1725)红果黄鹌菜 *Youngia erythrocarpa* (Vant.) Babc. et Stebb. [4313]
(1726)黄鹌菜 *Y. japonica* (L.) DC. [075002]
(1727)百日菊 * *Zinnia elegans* Jacq.

(一百三十五)龙胆科 Gentianaceae

(1728)福建蔓龙胆 *Crawfurdia pricei* (Marq.) H. Smith [075351]
(1729)五岭龙胆 *Gentiana davidii* Franch. [075433]
(1730)华南龙胆 *G. loureirii* (G. Don) Griseb. [028]
(1731)条叶龙胆 *G. manshurica* Kitag. [075815]
(1732)三花龙胆 *G. triflora* Pall. [075283]
(1733)美丽獐牙菜 *Swertia angustifolia* Buch. – Ham. var. *pulchella* (Buch. – Ham.) H. Smith [075414]
(1734)獐牙菜 *S. bimaculata* Hook. f. et Thoms. [0038,0317,Q070094]
(1735)双蝴蝶 *Tripterospermum chinense* (Migo) H. Smith [0130,06230]
(1736)细茎双蝴蝶 *T. filicaule* (Hemsl.) H. Smith [0290,06072]

(一百三十六)报春花科 Primulaceae

(1737)广西过路黄 *Lysimachia alfredii* Hance [2087,4054,4335,L0705135]
(1738)细梗香草 *L. capillipes* Hemsl. [075208]
(1739)过路黄 *L. christinae* Hance [4299]
(1740)露珠珍珠菜 *L. circaeoides* Hemsl. [4222,4277,4294]
(1741)珍珠菜 *L. clethroides* Duby
(1742)聚花过路黄 *L. congestiflora* hemsl.
(1743)延叶珍珠菜 *L. decurrens* Forst. f. [075857]
(1744)五岭管茎过路黄 *L. fistulosa* Hand. – Mazz. var. *wulingensis* Chen et C. M. Hu [075434]
(1745)大叶过路黄 *L. fordiana* Oliv. [075798]
(1746)星宿菜 *L. fortunei* Maxim. [075762]
(1747)福建过路黄 *L. fukienensis* Hand. – Mazz. [075352]
(1748)黑腺珍珠菜 *L. heterogenea* Klatt [075747]
(1749)多枝香草 *L. laxa* Baudo [Q070226,Z097]
(1750)小叶珍珠菜 *L. parvifolia* Franch. ex Hemsl. [075825]
(1751)巴东过路黄 *L. patungensis* Hand. – Mazz. [075133]
(1752)光巴东过路黄 *L. patungensis* Hand. – Mazz. f. glabrifolia Chen et C. M. Hu [075004]
(1753)疏头过路黄 *L. pseudo – henryi* Pamp. [4336]
(1754)假排草 *L. sikokiana* Miq. [075574]
(1755)四季报春 *Primula obconica* Hance [075334]
(1756)假婆婆纳 *Stimpsonia chamaedryoides* Wright [075584]

(一百三十七)车前科 Plantaginaceae

(1757)车前 *Plantago asiatica* L.
(1758)平车前 *P. depressa* Willd.
(1759)大车前 *P. major* L.

(一百三十八)桔梗科 Campanulaceae

(1760)杏叶沙参 *Adenophora hunanensis* Nannf. [075834]
(1761)中华沙参 *A. sinensis* A. DC. [075320]
(1762)轮叶沙参 *A. tetraphylla* (Thunb.) Fisch. [075881]

(1763)大花金钱豹 *Campanumoea javanica* Bl. [4274]
(1764)长叶轮钟草 *C. lancifolia* (Roxb.) Merr. [4075]
(1765)羊乳 *Codonopsis lanceolata* (Sieb. et Zucc.) Trautv. [075610]
(1766)桔梗 *Platycodon grandiflorus* (Jacq.) A. DC. [075199]
(1767)蓝花参 *Wahlenbergia marginata* (Thunb.) A. DC. [075282]

(一百三十九)半边莲科 Lobeliaceae

(1768)半边莲 *Lobelia chinensis* Lour.
(1769)江南山梗菜 *L. davidii* Franch. [4367,4370,4412]
(1770)广西山梗菜 *L. davidii* Franch. var. *kwangsiensis* (E. Wimm.) Lian [075730]
(1771)线萼山梗菜 *L. melliana* E. Wimm. [4076]
(1772)铜锤玉带草 *Pratia nummularia* (Lam.) A. Br. et Aschers [4182]

(一百四十)花柱草科 Stylidiaceae

(1773)花柱草 *Stylidium uliginosum* Sw. [075973]

(一百四十一)紫草科 Boraginaceae

(1774)多苞斑种草 *Bothriospermum secundum* Maxim. [075020]
(1775)柔弱斑种草 *B. tenellum* (Hornem.) Fisch. et Mey. [075617]
(1776)破布木 *Cordia dichotoma* Forst. f. [075056]
(1777)倒提壶 *Cynoglossum amabile* Stapf et Drumm. [075689]
(1778)小花琉璃草 *C. lanceolatum* Forsk. [075276]
(1779)琉璃草 *C. zeylanicum* [075412]
(1780)长花厚壳树 *Ehretia longiflora* Champ. ex Benth. [1039, 0089A, Q070237]
(1781)粗糠树 *E. macrophylla* Wall. ex Roxb. [075391]
(1782)厚壳树 *E. thyrsiflora* (Sieb. et Zucc.) Nakai [075395]
(1783)紫草 *Lithospermum erythrorhizon* Sieb. et Zucc. [075069]
(1784)盾果草 *Thyrocarpus sampsonii* Hance [075235]
(1785)钝萼附地菜 *Trigonotis amblyosepala* Nakai. [075144]
(1786)附地菜 *T. peduncularis* (Trev.) Benth. et Baker et S. Moore [075114]

(一百四十二)茄科 Solanaceae

(1787)辣椒 * *Capsicum annuum* L.
(1788)朝天椒 * *C. annuum* L. var. *conoides* (Mill.) Irish
(1789)簇生椒 * *C. annuum* L. var. *fasciculatum* (Sturt.) Irish
(1790)菜椒 * *C. annuum* L. var. *grossum* (L.) Sendt.
(1791)夜香树 * *Cestrum nocturnum* L.
(1792)红丝线 *Lycianthes biflora* (Lour.) Bitter [075658]
(1793)枸杞 *Lycium chinense* Mill. [075590]
(1794)蕃茄 * *Lycopersicon esculentum* Mill.
(1795)假酸浆 *Nicandra physaloides* (L.) Gaertn. [075664]
(1796)酸浆 *Physalis alkekengi* L. [075360]
(1797)挂金灯 *Ph. alkekengi* L. var. *franchetii* (*Mast.*) *Makino* [1080]
(1798)苦蘵 *Ph. angulata* L.
(1799)千年不烂心 *Solanum cathayanum* C. Y. Wu et S. C. Huang [075572]
(1800)白英 *S. lyratum* Thunb.
(1801)茄 * *S. melongena* L.
(1802)龙葵 *S. nigrum* L.
(1803)少花龙葵 *S. photeinocarpum* Nakam. et Odash. [075298]
(1804)海桐叶白英 *S. pittosporifolium* Hemsl. [075704]
(1805)牛茄子 *S. surattense* Burm. f. [4429]
(1806)龙珠 *Tubocapsicum anomalum* (Franch. et Sav.) Makino [075961]

(一百四十三)旋花科 Convolvulaceae

(1807)打碗花 *Calystegia hederacea* Wall.
(1808)旋花 *C. sepium* (L.) R. Br. [075295]
(1809)田旋花 *Convolvulus arvensis* L.
(1810)马蹄金 *Dichondra repens* Forst.
(1811)飞蛾藤 *Dinetus racemosus* (Wall.) Sweet [075139]
(1812)土丁桂 *Evolvulus alsinoides* (L.) L. [075125]
(1813)蕹菜 * *Ipomoea aquatica* Forsk.
(1814)番薯 * *I. batatas* (L.) Lam.
(1815)牵牛 * *I. nil* (L.) Roth.
(1816)圆叶牵牛 *I. purpurea* (L.) Roth

(一百四十四)菟丝子科 Cuscutaceae

(1817)菟丝子 *Cuscuta chinensis* Lam.
(1818)日本菟丝子 *C. japonica* Choisy

(一百四十五)玄参科 Scrophulariaceae

(1819)岭南来江藤 *Brandisia swinglei* Merr. [075557]
(1820)黑草 *Buchnera cruciata* Buch. -Ham. ex D. Don [075066]
(1821)紫苏草 *Limnophila aromatica* (Lam.) Merr. [075660]
(1822)石龙尾 *L. sessiliflora* (Vahl.) Bl. [075439]
(1823)长蒴母草 *Lindernia anagallis* (Burm. f.) Pennell [075655]
(1824)狭叶母草 *L. angustifolia* (Benth.) Wettst. [4385]
(1825)泥花草 *L. antipoda* (L.) Alston [4193]
(1826)母草 *L. crustacea* (L.) F. -Muell. [4195]
(1827)红骨草 *L. montana* (Bl.) Koord. [075215]
(1828)陌上菜 *L. procumbens* (Krock.) Von Borhas
(1829)旱田草 *L. ruellioides* (Colsm.) Pennell [075694]
(1830)刺毛母草 *L. setulosa* (Maxim.) Tuyama ex Hara [1058, 4008, 4141, 4289, 4341]
(1831)通泉草 *Mazus pumilus* (Burm. f.) Van Steenis
(1832)山萝花 *Melampyrum roseum* Maxim. [075449]
(1833)鹿茸草 *Monochasma sheareri* Maxim. ex Franch. et Savat. [075604]
(1834)白花泡桐 *Paulownia fortunei* (Seem.) Hemsl.
(1835)台湾泡桐 *P. kawakamii* Ito [B0060]
(1836)亨氏马先蒿 *Pedicularis henryi* Maxim. [075645]
(1837)松蒿 *Phtheirospermum japonicum* (Thunb.) Kanitz [075246]
(1838)野甘草 *Scoparia dulcis* L. [075183]
(1839)玄参 *Scrophularia ningpoensis* Hemsl. [075059]
(1840)阴行草 *Siphonostegia chinensis* Benth [075245]
(1841)腺毛阴行草 *S. laeta* S. Moore [4252]
(1842)独脚金 *Striga asiatica* (L.) O. Ktze. [075369]
(1843)光叶蝴蝶草 *Torenia glabra* Osbeck. [4230, 4331]
(1844)紫萼蝴蝶草 *T. violacea* (Azaola) Pennell [075148]
(1845)婆婆纳 *Veronica polita* Fries
(1846)水苦荬 *V. undulata* Wall. [075398]
(1847)爬岩红 *Veronicastrum axillare* (Sieb. et Zucc.) Yamazaki [06045]
(1848)四方麻 *V. caulopterum* (Hance) Yamazaki [075159]
(1849)细穗腹水草 *V. stenostachyum* (Hemsl.) Yamazaki [4267]
(1850)腹水草 *V. stenostachyum* (Hemsl.) Yamazaki ssp. plukenetii (Yamazaki) Hong [075650]
(1851)毛叶腹水草 *V. villosulum* (Miq.) Yamazaki [075803]

(一百四十六)狸藻科 Lentibulariaceae

(1852)黄花狸藻 *Utricularia aurea* Lour. [075292]
(1853)挖耳草 *U. bifida* L. [075153]

(1854)短梗挖耳草 *U. caerulea* L. [075204]

(一百四十七)苦苣苔科 Gesneriaceae

(1855)宽萼粗筒苣苔 *Briggsia latisepala* Chun ex K. Y. Pan [4427]

(1856)蚂蝗七 *Chirita fimbrisepala* Hand. - Mazz. [075330]

(1857)羽裂唇柱苣苔 *Ch. pinnatifida* (Hand. - Mazz.) Burtt [4176]

(1858)东南长蒴苣苔 *Didymocarpus hancei* Hemsl. [0223,06161]

(1859)闽赣长蒴苣苔 *D. heucherifolius* Hand. - Mazz. [075187]

(1860)华南半蒴苣苔 *Hemiboea follicularis* Clarke [075545]

(1861)半蒴苣苔 *H. henryi* C. B. Clarke [075656]

(1862)吊石苣苔 *Lysionotus pauciflorus* Maxim. [Q070235]

(1863)长瓣马铃苣苔 *Oreocharis auricula* (S. Moore) Clarke [4330]

(1864)绢毛马铃苣苔 *O. sericea* (Lévl.) Lévl. [2104,0358, L0705053]

(1865)湘桂马铃苣苔 *O. xiangguiensis* W. T. Wang et K. Y. Pan [3036]

(一百四十八)紫葳科 Bignoniaceae

(1866)凌霄 *Campsis grandiflora* (Thunb.) Loisel. et K. Schumann

(一百四十九)胡麻科 Pedaliaceae

(1867)芝麻 * *Sesamum indicum* L.

(一百五十)爵床科 Acanthaceae

(1868)白接骨 *Asystasiella neesiana* (Wall.) Lind. [075370]

(1869)杜根藤 *Calophanoides chinensis* (Champ.) C. Y. Wu et H. S. Lo [3010,4034]

(1870)海南黄猄草 *Championella maclurei* (Merr.) C. Y. Wu et H. S. Lo [075558]

(1871)山一笼鸡 *Cutzlaffia aprica* Hance [4015]

(1872)狗肝菜 *Dicliptera chinensis* (L.) Nees [075184]

(1873)水蓑衣 *Hygrophila salicifolia* (Vahl) Nees [075680]

(1874)拟地皮消 *Leptosiphonium venustum* (Hance) E. Hossain [4027]

(1875)南岭野靛棵 *Mananthes leptostachya* (Hemsl.) H. S. Lo [075431]

(1876)海南山蓝 *Peristrophe floribunda* (Hemsl.) C. Y. Wu et H. S. Lo [075560]

(1877)爵床 *Rostellularia procumbens* (L.) Nees [075090]

(1878)中华孩儿草 *Rungia chinensis* Benth. [075316]

(1879)马蓝 *Strobilanthes cusia* Nees O. Kuntze [075405]

(1880)少花马蓝 *S. oliganthus* Miq. [4015(B)]

(1881)球花马蓝 *S. pentstemonoides* (Nees) T. Anders. [075267]

(1882)四子马蓝 *S. tetraspermus* (Champ. ex Benth.) Druce [075984]

(一百五十一)马鞭草科 Verbenaceae

(1883)异叶紫珠 *Callicarpa anisophylla* C. Y. Wu ex W. Z. Fang [2049]

(1884)紫珠 *C. bodinieri* Lévl.

(1885)短柄紫珠 *C. brevipes* (Benth.) Hance [075050]

(1886)华紫珠 *C. cathayana* Chang [4284]

(1887)丘陵紫珠 *C. collina* Diels [4162]

(1888)白棠子树 *C. dichotoma* (Lour.) K. Koch [075684]

(1889)杜虹花 *C. formosana* Rolfe [1091,2125]

(1890)湖北紫珠 *C. gracilipes* Rehd. [2100]

(1891)日本紫珠 *C. japonica* Thunb. [075035]

(1892)窄叶紫珠 *C. japonica* Thunb. var. *angustata* Rehd. [075807]

(1893)枇杷叶紫珠 *C. kochiana* Makino [4014]

(1894)广东紫珠 *C. kwangtungensis* Chun [0152]

(1895)光叶紫珠 *C. lingii* Merr. [4088]

(1896)尖萼紫珠 *C. lobo - apiculata* Metc. [075147]

(1897)长柄紫珠 *C. longipes* Dunn [4333]

(1898)尖尾枫 *C. longissima* (Hemsl.) Merr. [075721]

(1899)秃尖尾枫 *C. longissima* (Hemsl.) Merr. f. subglabra P'ei [075344]

(1900)大叶紫珠 *C. macrophylla* Vahl [075806]

(1901)少花紫珠 *C. pauciflora Chun ex* Chang [0034A]

(1902)钩毛紫珠 *C. peichieniana* Chun ex S. L. Chen [075486]

(1903)藤紫珠 *C. peii* Chang [1046,0123,B0143]

(1904)红紫珠 *C. rubella* Lindl. [1078,1093]

(1905)秃红紫珠 *C. rubella* Lindl. var. *subglabra* (Pei) H. T. Chang [075254]

(1906)兰香草 *Caryopteris incana* (Thunb.) Miq. [4232]

(1907)臭牡丹 *Clerodendrum bungei* Steud. [075529]

(1908)灰毛大青 *C. canescens* Wall. ex Walp. [4002]

(1909)大青 *C. cyrtophyllum* Turcz. [1042,1098,4225,Q070150]

(1910)白花灯笼 *C. fortunatum* L. [075266]

(1911)臭茉莉 *C. fragrans* Vent. [075526]

(1912)赪桐 *C. japonicum* (Thunb.) Sweet [075702]

(1913)浙江大青 *C. kaichianum* Hsu [075356]

(1914)江西大青 *C. kiangsiense* Merr. ex H. L. Li [075733]

(1915)广东大青 *C. kwangtungense* Hand. - Mazz. [1102,2061, 4044]

(1916)长叶大青 *C. longilimbum* P'ei [075827]

(1917)海通 *C. mandarinorum* Diels [2132]

(1918)毛赪桐 *C. petasites* (Lour.) Moore [075079]

(1919)黄药 *Premna cavaleriei* Lévl. [075784]

(1920)豆腐柴 *P. microphylla* Turcz. [4072,4368,0321]

(1921)马鞭草 *Verbena officinalis* L. [075041]

(1922)灰毛牡荆 *Vitex canescens* Kurz [075499]

(1923)黄荆 *V. negundo* L.

(1924)牡荆 *V. negundo* L. var. *cannabifolia* (Sieb. et Zucc.) Hand. - Mazz.

(1925)山牡荆 *V. quinata* (Lour.) Will [075528]

(一百五十二)唇形科 Labiatae

(1926)藿香 *Agastache rugosa* (Fisch. et Mey.) O. Kuntze [4258]

(1927)金疮小草 *Ajuga decumbens* Thunb. [4428]

(1928)紫背金盘 *A. nipponensis* Makino [075028]

(1929)广防风 *Anisomeles indica* (L.) O. Ktze. [075165]

(1930)毛药花 *Bostrychanthera deflexa* Benth [075782]

(1931)风轮菜 *Clinopodium chinense* (Benth.) O. Ktze. [075446]

(1932)细风轮菜 *C. gracile* (Benth.) Matsum. [075173]

(1933)天人草 *Comanthosphace japonica* (Miq.) S. Moore [075603]

(1934)绵穗苏 *C. ningpoensis* (Hemsl.) Hand. - Mazz. [4384]

(1935)齿叶水蜡烛 *Dysophylla sampsonii* Hance [075831]

(1936)水虎尾 *D. stellata* (Lour.) Benth. [075264]

(1937)紫花香薷 *Elsholtzia argyi* Lévl. [075312]

(1938)香薷 *E. ciliata* (Thunb.) Hyland. [075608]

(1939)海洲香薷 *E. splendens* Nakai ex F. Maekawa [075958]

(1940)小野芝麻 *Galeobdolon chinense* (Benth.) C. Y. Wu [4046]

(1941)块根小野芝麻 *G. tuberiferum* (Makino) C. Y. Wu [075194]

(1942)活血丹 *Glechoma longituba* (Nakai) Kupr. [075768]

(1943)中华锥花 *Gomphostemma chinense* Oliv. [075322]
(1944)出蕊四轮香 *Hanceola exserta* Sun [075615]
(1945)香薷状香简草 *Keiskea elsholtzioides* Merr. [075607]
(1946)宝盖草 *Lamium amplexicaule* L. [075182]
(1947)野芝麻 *L. barbatum* Sieb. et Zucc. [075945]
(1948)白花益母草 *Leonurus japonicus* Houtt. var. *albiflorus*(Migo) S. Y. Hu [075301]
(1949)益母草 *L. japonicus* Thunb.
(1950)小叶地笋 *Lycopus lamosissimus* (Makino) Makino [4083]
(1951)硬毛地瓜儿苗 *L. lucidus* Turcz var. *hirtus* Regel [075507]
(1952)华西龙头草 *Meehania fargesii* (Lévl.) C. Y. Wu [4259]
(1953)薄荷 *Mentha canadensis* L. [075251]
(1954)留兰香 * *M. spicata* L.
(1955)凉粉草 *Mesona chinensis* Benth. [4381, 补07007]
(1956)石香薷 *Mosla chinensis* (Maxim.) Kudo [075753]
(1957)小鱼仙草 *M. dianthera* (Buch. - Ham.) Maxim. [4214, 4436]
(1958)石荠苎 *M. scabra* (Thunb.) C. Y. Wu et H. W. Li [075588]
(1959)荆芥 *Nepeta cataria* L. [4194]
(1960)钩萼草 *Notochaete hamosa* Benth. [075141]
(1961)牛至 *Origanum vulgare* L. [075951]
(1962)短齿白毛假糙苏 *Paraphlomis albida* Hand. - Mazz. var. brevidens Hand. - Mazz. [075080]
(1963)白花假糙苏 *P. albiflora* (Hemsl.) Hand. - Mazz. [075273]
(1964)假糙苏 *P. javanica* (Bl.) Prain [075061]
(1965)狭叶假糙苏 *P. javanica* (Bl.) Prain var. *angustifolia* (C. Y. Wu) C. Y. Wu et H. W. Li [075872]
(1966)小叶假糙苏 *P. javanica* (Bl.) Prain var. *coronata* (Vaniot) C. Y. Wu et H. W. Li [075809]
(1967)紫苏 *Perilla frutescens* (L.) Britt.
(1968)回回苏 * *P. frutescens* (L.) Britt. var. *crispa* (Thunb.) Hand. - Mazz. [4213]
(1969)水珍珠菜 *Pogostemon auricularius* (L.) Hassk. [075943]
(1970)广藿香 * *P. cablin* (Blanco) Benth.
(1971)夏枯草 *Prunella vulgaris* L. [0212]
(1972)香茶菜 *Rabdosia amethystoides* (Benth.) Hara [075073]
(1973)线纹香茶菜 *R. lophanthoides* (Buch. - Ham. ex D. Don) H. Hara [1015]
(1974)纤花香茶菜 *R. lophanthoides* (Buch. - Ham. ex D. Don) H. Hara var. *graciliflora* (Benth.) Hara [075308]
(1975)南丹参 *Salvia bowleyana* Dunn [075105]
(1976)二回羽裂南丹参 *S. bowleyana* Dunn var. *subbipinnata* C. Y. Wu [1083]
(1977)贵州鼠尾草 *S. cavaleriei* Lévl. [075957]
(1978)华鼠尾草 *S. chinensis* Benth. [B0025]
(1979)鼠尾草 *S. japonica* Thunb. [1082, 1113, 1123, 4095]
(1980)丹参 *S. miltiorrhiza* Bunge [075057]
(1981)荔枝草 *S. plebeia* R. Br. [075947]
(1982)长冠鼠尾 *S. plectranthoides* Griff. [4069]
(1983)红根草 *S. prionitis* Hance [4278]
(1984)地梗鼠尾草 *S. scapiformis* Hance [075202]
(1985)四棱草 *Schnabelia oligophylla* Hand. - Mazz. [075409]
(1986)半枝莲 *Scutellaria barbata* D. Don [4210]
(1987)浙江黄芩 *S. chekiangensis* C. Y. Wu [0214, B0024, L0705105]
(1988)耳挖草 *S. indica* L. [075713]
(1989)爪哇黄芩 *S. javanica* Jungh. [075714]
(1990)柔弱黄芩 *S. tenera* C. Y. Wu et H. W. Li [4007, Z010]
(1991)蜗儿菜 *Stachys arrecta* L. H. Bailey [4030]
(1992)华水苏 *S. chinensis* Bunge ex Benth. [075652]
(1993)地蚕 *S. geobombycis* C. Y. Wu [075060]
(1994)水苏 *S. japonica* Miq. [075661]
(1995)甘露子 *S. sieboldi* Miq. [075445]
(1996)二齿香科 *Teucrium bidentatum* Hemsl. [4049]
(1997)穗花香科科 *T. japonicum* Willd. [075275]
(1998)庐山香科科 *T. pernyi* Franch. [4197]
(1999)铁轴草 *T. quadrifarium* Buch. - Ham. ex D. Don [2142]
(2000)血见愁 *T. viscidum* Bl. [075348]

二、单子叶植物 MONOCOTYLEDONEAE

(一百五十三)水鳖科 Hydrocharitaceae

(2001)无尾水筛 *Blyxa aubertii* Rich. [075719]
(2002)龙舌草 *Ottelia alismoides* (L.) Pers. [075639]

(一百五十四)泽泻科 Alismataceae

(2003)泽泻 *Alisma plantago - aquatica* L.
(2004)小慈菇 *Sagittaria potamogetifolia* Merr. [4275]
(2005)矮慈姑 *S. pygmaea* Miq.
(2006)剪刀草 *S. trifolia* L. f. *langiloba* (Turcz.) Makino [075111]
(2007)慈姑 *S. trifolia* L. var. *sinensis* (Sims) Makino

(一百五十五)水蕹科 Aponogetonaceae

(2008)水蕹 *Aponogeton lakhonensis* A. Camus [075725]

(一百五十六)眼子菜科 Potamogetonaceae

(2009)眼子菜 *Potamogeton distinctus* A. Benn.
(2010)竹叶眼子菜 *P. malaianus* Miq. [075888]

(一百五十七)茨藻科 Najadaceae

(2011)草茨藻 *Najas graminea* Del. [075093]
(2012)小茨藻 *N. minor Allioni*

(一百五十八)鸭跖草科 Commelinaceae

(2013)饭包草 *Commelina bengalensis* L. [4408]
(2014)鸭跖草 *C. communis* L. [4207, 4280]
(2015)大苞鸭跖草 *C. paludosa* Bl. [075019]
(2016)根茎水竹叶 *Murdannia hookeri* (C. B. Clarke) Brückn. [3017, 4009]
(2017)狭叶水竹叶 *M. kainantensis* (Masam.) Hong [4380]
(2018)裸花水竹叶 *M. nudiflora* (L.) Brenan [4203, 4248]
(2019)矮水竹叶 *M. spirata* (L.) Brückn [4383]
(2020)水竹叶 *M. triquetra* (Wall.) Bruckn [Q070205]
(2021)杜若 *Pollia japonica* Thunb. [3001]

(一百五十九)谷精草科 Eriocaulaceae

(2022)谷精草 *Eriocaulon buergerianum* Koern [4246]
(2023)长苞谷精草 *E. decemflorum* Maxim. [4290]
(2024)江南谷精草 *E. faberi* Ruhl. [Z. Z. X 08004]
(2025)白药谷精草 *E. siebodianum* Sieb. et Zucc. [4247]
(2026)尼泊尔谷精草 *E. nepalense* Prescoti ex Bongard [Z. Z. X 08007]

(一百六十)芭蕉科 Musaceae

(2027)野蕉 *Musa balbisiana* Colla

(一百六十一)姜科 Zingiberaceae

(2028)山姜 *Alpinia japonica* (Thunb.) Miq. [1066, 2019, 0200, 06071]
(2029)华山姜 *A. oblongifolia* Hayata [075625]
(2030)高良姜 *A. officinarum* Hance [075417]

(2031)艳山姜 *A. zerumbet* (Pers.) Burtt. et Smith [075628]
(2032)黄花大苞姜 *Caulokaempferia coenobialis* (Hance) K. Larsen [075289]
(2033)舞花姜 *Globba bulbosa* Gagnep. [4032]
(2034)蘘荷 *Zingiber mioga* (Thunb.) Rosc. [4074]
(2035)姜 * *Z. officinale* Rosc.

(一百六十二)美人蕉科 Cannaceae

(2036)蕉芋 * *Canna edulis* Ker

(一百六十三)百合科 Liliaceae

(2037)短柄粉条儿菜 *Aletris scopulorum* Dunn [075044]
(2038)粉条儿菜 *A. spicata* (Thunb.) Franch. [012]
(2039)藠头 * *Allium chinense* G. Don
(2040)葱 * *A. fistulosum* L.
(2041)蒜 * *A. sativum* L.
(2042)韭菜 * *A. tuberosum* Rottl. ex Spreng.
(2043)天门冬 *Asparagus cochinchinensis* (Lour.) Merr. [075519]
(2044)蜘蛛抱蛋 *Aspidistra elatior* Blume [075963]
(2045)九龙盘 *A. lurida* Ker. – Gawl. [075437]
(2046)中国白丝草 *Chionographis chinensis* Krause [0241,06191, 06479]
(2047)山菅 *Dianella ensifolia* (L.) DC. [075347]
(2048)竹根七 *Disporopsis fuscopicta* Hance [075197]
(2049)长蕊万寿竹 *Disporum bodinieri* (Lévl. et Vnt.) Wang et Tang [06125]
(2050)万寿竹 *D. cantoniense* (Lour.) Merr. [L0705117]
(2051)宝铎草 *D. sessile* D. Don. [L0705074]
(2052)黄花菜 *Hemerocallis citrina* Baroni [4234]
(2053)萱草 *H. fulva* (L.) L. [2002]
(2054)小黄花菜 * *H. minor* Mill.
(2055)玉簪 *Hosta plantaginea* (Lam.) Aschers. [029]
(2056)紫萼 *H. ventricosa* (Salisb.) Stearn [3030,Q070091]
(2057)野百合 *Lilium brownii* F. E. Brown ex Miellez
(2058)卷丹 *L. tigrinum* Ker Gawler [075104]
(2059)禾叶山麦冬 *Liriope graminifolia* (L.) Baker [3029]
(2060)阔叶山麦冬 *L. platyphylla* Wang et Tang [3007]
(2061)山麦冬 *L. spicata* (Thunb.) Lour. [1059,4251,B0086]
(2062)沿阶草 *Ophiopogon bodinieri* Lévl.
(2063)狭叶沿阶草 *O. stenophyllus* (Merr.) Rodrig. [075876]
(2064)多花黄精 *Polygonatum cyrtonema* Hua [1057,4241, 008,Q070042]
(2065)玉竹 *P. odoratum* (Mill.) Durce [075966]
(2066)吉祥草 *Reineckia carnea* (Andr.) Kunth
(2067)万年青 *Rohdea japonica* (Thunb.) Roth [075570]
(2068)油点草 *Tricyrtis macropoda* Miq. [2091,Q070165,Z093]
(2069)毛油点草 *T. pilosa* Wall. [075919]
(2070)开口箭 *Tupistra chinensis* Baker [B0126]
(2071)毛叶藜芦 *Veratrum grandiflorum* (Maxim.) Loes. f. [075797]
(2072)黑紫藜芦 *V. japonicum* (Baker) Loes. f. [2094]
(2073)藜芦 *V. nigrum* L. [075444]
(2074)牯岭藜芦 *V. schindleri* Loes. f. [4104]
(2075)丫蕊花 *Ypsilandra thibetica* Franch. [3066,4189,4302, 0237,Z103]

(一百六十四)延龄草科 Trilliaceae

(2076)七叶一枝花 *Paris polyphylla* Sm. [B0078]
(2077)短梗重楼 *P. polyphylla* Sm. var. *appendiculata* Hara [015]
(2078)华重楼 *P. polyphylla* Sm. var. *chinensis* (Franch.) Hara [075955]

(一百六十五)雨久花科 Pontederiaceae

(2079)鸭舌草 *Monochoria vaginalis* (N. L. Burman) C. Presl ex Kunth [4438]

(一百六十六)菝葜科 Smilacaceae

(2080)肖菝葜 *Heterosmilax japonica* Kunth [075005]
(2081)尖叶菝葜 *Smilax arisanensis* Hay. [2076,4133,B0128, Q070054]
(2082)菝葜 *S. china* L. [4148,B0085]
(2083)银叶菝葜 *S. cocculoides* Warb. [1071]
(2084)小果菝葜 *S. davidiana* A. DC. [1099,0032]
(2085)长托菝葜 *S. ferox* Wall. ex Kunth [0375]
(2086)土茯苓 *S. glabra* Roxb. [06228]
(2087)黑果菝葜 *S. glaucochina* Warb. [075238]
(2088)粉背菝葜 *S. hypoglauca* Benth. [4164]
(2089)马甲菝葜 *S. lanceifolia* Roxb. [1120,2067,0316,Z026]
(2090)暗色菝葜 *S. lanceifolia* Roxb. var. *opaca A. DC.* [075622]
(2091)大果菝葜 *S. macrocarpa* Bl. [075223]
(2092)小叶菝葜 *S. microphylla* C. H. Wright [075790]
(2093)黑叶菝葜 *S. nigrescens* Wang et Tang ex P. Y. Li [Q070148]
(2094)白背牛尾菜 *S. nipponica* Miq. [075032]
(2095)穿鞘菝葜 *S. perfoliata* Lour. [075596]
(2096)扁柄菝葜 *S. planipes* F. T. Wang et Tang [075051]
(2097)牛尾菜 *S. riparia* A. Dc.
(2098)卵瓣牛尾菜 *S. riparia* A. DC. var. *ovatilimba* Sieb. et Zucc. [075012]
(2099)华东菝葜 *S. sieboldii* Miq. [2089]
(2100)鞘柄菝葜 *S. stans* Maxim. [075052]

(一百六十七)天南星科 Araceae

(2101)金钱蒲 *Acorus gramineus* Soland. [075593]
(2102)石菖蒲 *A. tatarinowii* schote
(2103)磨芋 *Amorphophallus rivieri* Durieu
(2104)一把伞南星 *Arisaema erubescens* (Wall.) Schott. [075006]
(2105)蛇头草 *A. japonicum* Blume [075711]
(2106)细齿南星 *A. serratum* (Thunb.) Schott [075081]
(2107)灯台莲 *A. sikokianum* Franch. et Sav. var. *serratum* (Makino) Hand. – Mazz. [2084,0300,B0141]
(2108)野芋 *Colocasia antiquorum* Schott [2047]
(2109)芋 * *C. esculenta* (L.) Schott.
(2110)滴水珠 *Pinellia cordata* N. E. Brown [075651]
(2111)掌叶半夏 *P. pedatisecta* Schott [075826]
(2112)半夏 *P. ternata* (Thunb.) Breit. [075740]
(2113)犁头尖 *Typhonium divaricatum* (L.) Decne [075709]

(一百六十八)浮萍科 Lemnaceae

(2114)浮萍 *Lemna minor* L. [075582]
(2115)紫萍 *Spirodela polyrrhiza* (L.) Schleid. [075583]

(一百六十九)石蒜科 Amaryllidaceae

(2116)文殊兰 * *Crinum asiaticum* L. var. *sinicum* (Roxb. ex Herb.) Baker
(2117)忽地笑 *Lycoris aurea* (L'Her.) Herb. [075120]
(2118)石蒜 *L. radiata* (l'Her.) Herb. [075666]

(一百七十)鸢尾科 Iridaceae

(2119)射干 *Belamcanda chinensis* (L.) DC. [075186]
(2120)蝴蝶花 *Iris japonica* Thunb. [0157,Q070027]

(2121)小花鸢尾 *I. speculatrix* Hance [Q070149]

(一百七十一)薯蓣科 Dioscoreaceae

(2122)黄独 *Dioscorea bulbifera* L. [075138]

(2123)薯茛 *D. cirrhosa* Lour. [2053,0382]

(2124)粉背薯蓣 *D. collettii* Hook. f. var. *hypoglauca* (Palibin) Pei et C. T. Ting [075030]

(2125)纤细薯蓣 *D. gracillima* Miq. [075739]

(2126)日本薯蓣 *D. japonica* Thunb. [1134,4323,0159]

(2127)褐苞薯蓣 *D. persimilis* Prain et Burkill [4031]

(2128)薯蓣 *D. polystachya* Turcz.

(2129)山萆薢 *D. tokoro* Makino [075037]

(一百七十二)棕榈科 Palmae

(2130)棕榈 *Trachycarpus fortunei* Wendl.

(一百七十三)仙茅科 Hypoxidaceae

(2131)仙茅 *Curculigo orchioides* Gaertn. [075515]

(一百七十四)蒟蒻薯科 Taccaceae

(2132)裂果薯 *Schizocapsa plantaginea* Hance [075234]

(2133)金线兰 *Anoectochilus roxburghii* (Wall.) Lindl. [075742]

(一百七十五)兰科 Orchidaceae

(2134)细葶无柱兰 *Amitostigma* gracile

(2135)竹叶兰 *Arundina graminifolia* (D. Don) Hochr. [075884]

(2136)金线兰 *Anoectochilus* roxburghii

(2137)白及 *Bletilla striata* (Thunb.) Rchb. f. [075333]

(2138)麦斛 *Bulbophyllum inconspicuum* Maxim. [075262]

(2139)广东石豆兰 *B. kwangtungense* Schltr. [075129]

(2140)斑唇卷瓣兰 *B.* pectenveneris

(2141)吻兰 *Collabium chinensis*

(2142)密花虾脊兰 *Calanthe densiflora* Lindl. [075287]

(2143)泽泻叶虾脊兰 *C. alismaefolia*

(2144)虾脊兰 *C. discolor* Lindl. [06009]

(2145)钩距虾脊兰 *C. graciliflora* Hayata [075388]

(2146)长茎虾脊兰 *C. gracilis* Lindl. [Q070019]

(2147)长距虾脊兰 *C. masuca* (D. Don) Lindl. [06027,06148,Z001]

(2148)大序隔距兰 *Cleisostoma paniculatum*

(2149)无距虾脊兰 *C. tsoongiana* Tang et Wang [2073,0272,4102(2),B0081,L0705079,Q070063]

(2150)银兰 *Cephalanthera erecta* (Thunb.) Bl. [L0705098B]

(2151)金兰 *C. falcata* (Thunb.) Lindl. [L0705098]

(2152)独花兰 *Changnienia amoena* Chien [L0705067,L0705107]

(2153)流苏贝母兰 *Coelogyne fimbriata* Lindl. [0359]

(2154)建兰 *Cymbidium ensifolium* (L.) Sw. [2074,3014,3051,3052]

(2155)蕙兰 *C. faberi* Rolfe [075403]

(2156)多花兰 *C. floribundum* Lindl. [1114,1115,0217,06018,06066,B0082,B0083,L0705063,Q070083,Z095,Z117]

(2157)台湾吻兰 *C. formosanum*

(2158)台兰 *C. fioribundum var. pumilum*

(2159)春兰 *C. goeringii* (Rchb. f.) Rchb. f. [075402]

(2160)寒兰 *C. kanran* Makino [3019]

(2161)兔耳兰 *C. lancifolium* Hook. [075152]

(2162)细茎石斛 *Dendrobium moniliforme* (L.) Sw. [1107]

(2163)石斛 *D. nobile* Lindl. [075261]

(2164)罗河石斛 *Dendrobium lohohense*

(2165)广东石斛 *D. wilsonii*

(2166)美冠兰 *Eulophia campestris*

(2167)单叶厚唇兰 *Epigeneium fargesii* (Finet.) Gagnep [075810]

(2168)尖叶火烧兰 *Epipactis thunbergii* A. Gray [4332]

(2169)华美冠兰 *Eulophia sinensis* Miq. [075518]

(2170)山珊瑚 *Galeola faberi* Rolfe [075631]

(2171)大花斑叶兰 *Goodyera biflora* (Lindl.) Hook. f. [075270]

(2172)多叶斑叶兰 *G. foliosa* (Lindl.) Benth. ex Clarke [075897]

(2173)光萼斑叶兰 *G. henryi* Rolfe [06048,06468]

(2174)小斑叶兰 *G. repens* (L.) R. Br. [075010]

(2175)斑叶兰 *G. schlechtendaliana* Rchb. f. [3050,0161,06010,B0080]

(2176)毛葶玉凤花 *Habenaria ciliolaris* (L.) Krianzl. [075699]

(2177)鹅毛玉凤花 *H. dentata* (Sw.) Schltr. [075505]

(2178)线瓣玉凤花 *H. fordii* Rolfe. [075013]

(2179)斑凤花 *H. hystrix* Ames [075174]

(2180)裂瓣玉凤花 *H. petelotii* Gagnep. [075011]

(2181)橙黄玉凤花 *H. rhodocheila* Hance [075326]

(2182)叉唇角盘兰 *Herminium lanceum* (Thunb.) Vuijk [075092]

(2183)镰翅羊耳蒜 *Liparis bootanensis*

(2184)长苞羊耳蒜 *Liparis inaperta* Finet [075015]

(2185)见血清 *L. nervosa* (Thunb.) Lindl. [3012]

(2186)香花羊耳蒜 *L. odorata* (Willd.) Lindl. [075313]

(2187)长唇羊耳蒜 *L. pauliana* Hand. - Mazz. [075091]

(2188)柄叶羊耳蒜 *L. petiolata* (D. Don) Hunt et Summerh. [075837]

(2189)小沼兰 *Malaxis microtatantha*

(2190)葱叶兰 *Microtis unifolia* (Forst.) Rchb. f. [075835]

(2191)象鼻兰 *Nothodoritis zhejiangensis* Tsi [Z116]

(2192)小叶鸢尾兰 *Oberonia japonica* (Maxim.) Makino [075820]

(2193)鸢尾兰 *Oberonia iridifolia*

(2194)阔蕊兰 *Peristylus goodyeroides* (D. Don) Lindl. [075612]

(2195)黄花鹤顶兰 *Phaius flavus* (Bl.) Lindl. [075290]

(2196)台湾独蒜兰 *P. formosana*

(2197)鹤顶兰 *Ph. tankervilleae* (Banks ex LHerit.) Bl. [075127]

(2198)石仙桃 *Pholidota chinensis* Lindl. [075741]

(2199)小舌唇兰 *Platanthera minor* (Miq.) Rchb. f. [075636]

(2200)筒距舌唇兰 *P. tipuloides* (L.) Lindl. [4307]

(2201)独蒜兰 *Pleione bulbocodioides* (Franch.) Rolfe [075665]

(2202)苞舌兰 *Spathoglottis pubescens* Lindl. [075634]

(2203)绶草 *Spiranthes sinensis* (Pers.) Ames [075068]

(2204)带唇兰 *Tainia dunnii* Rolfe [0203,0238,Q070155]

(2205)长轴白点兰 *Thrixspermum saruwatarii*

(2206)小花蜻蜓兰 *Tulotis ussuriensis* (Regel et Maack) Hara [3008,3063]

(2207)二尾兰 *Vrydagzynea nuda* Bl. [075722]

(一百七十六)灯芯草科 *Juncaceae*

(2208)翅茎灯心草 *Juncus alatus* Franch. et Sav.

(2209)星花灯心草 *J. diastrophanthus* Buchen. [4287]

(2210)灯芯草 *J. effusus* L. [06314]

(2211)江南灯心草 *J. leschenaultii* Gay. [075564]

(2212)野灯心草 *J. setchuensis* Buchen [075112]

(一百七十七)莎草科 Cyperaceae

(2213)球柱草 *Bulbostylis barbata* (Rottb.) Clarke [075974]

(2214)丝叶球柱草 *B. densa* (Wall.) Hand. - Mazz. [075789]

(2215)青绿苔草 *Carex breviculmis* R. Br.

(2216)亚澳苔草 *C. brownii* Tuckerm.

(2217)褐果苔草 *C. brunnea* Thunb.

(2218)发秆苔草 *C. capillacea* Boott
(2219)中华苔草 *C. chinensis* Retz.
(2220)灰化苔草 *C. cinerascens* Kukenth.
(2221)十字苔草 *C. cruciata* Wahl. [4028]
(2222)隐穗苔草 *C. cryptostachys* Brongn.
(2223)芒尖苔草 *C. doniana* Spreng. [4163]
(2224)穹隆苔草 *C. gibba* Wahlenb.
(2225)长梗苔草 *C. glossostigma* Hand. – Mazz.
(2226)长囊苔草 *C. harlandii* Boott
(2227)疏果苔草 *C. hebecarpa* C. A. Mey.
(2228)日本苔草 *C. japonica* Thunb.
(2229)大披针苔草 *C. lanceolata* Boott.
(2230)弯喙苔草 *C. laticeps* C. B. Clarke
(2231)舌叶苔草 *C. ligulata* Nees ex Wight
(2232)套鞘苔草 *C. maubertiana* Boott
(2233)条穗苔草 *C. nemostachys* Steud.
(2234)粉被苔草 *C. pruinosa* Boott
(2235)点囊苔草 *C. rubro – brunnea* C. B. Clarke [075569]
(2236)花葶苔草 *C. scaposa* C. B. Clarke [075698]
(2237)球穗莎草 *C. spatiosa* Boott [075669]
(2238)近蕨苔草 *C. subfilicinoides* Kükenth. [075389]
(2239)华克拉莎 *Cladium chinense* Nees [075397]
(2240)扁穗莎草 *Cyperus compressus* L.
(2241)异型莎草 *C. difformis* L.
(2242)畦畔莎草 *C. haspan* L.
(2243)碎米莎草 *C. iria* L. [4191]
(2244)旋鳞莎草 *C. michelianus* (L.) Link [3071]
(2245)具芒碎米莎草 *C. microiria* Steud. [075471]
(2246)毛轴莎草 *C. pilosus* Vehl [075959]
(2247)香附子 *C. rotundus* L.
(2248)紫果蔺 *Eleocharis atropurpurea* (Retz.) Presl
(2249)荸荠 * *E. dulcis* (Burm. f.) Trin. ex Henschel
(2250)野荸荠 *E. plantagineiformis* Tang et Wang
(2251)牛毛毡 *E. yokoscensis* (Franch. et Sav.) Tang et Wang
(2252)夏飘拂草 *Fimbristylis aestivalis* (Retz.) Vahl [075580]
(2253)复序飘拂草 *F. bisumbellata* (Forst.) Bubani [4365]
(2254)扁鞘飘拂草 *F. complanata* (Retz) Link [4281]
(2255)拟二叶飘拂草 *F. diphylloides* Makino
(2256)宜昌飘拂草 *F. henryi* C. B. Clarke [075075]
(2257)水虱草 *F. miliacea* (L.) Vahl [4190]
(2258)双穗飘拂草 *F. subbispicata* Nees et Meyen [075677]
(2259)黑莎草 *Gahnia tristis* Nees [B0039, B0104]
(2260)水蜈蚣 *Kyllinga brevifolia* Rottb. [4192]
(2261)单穗水蜈蚣 *K. monocephala* Rottb. [075672]
(2262)密穗砖子苗 *Mariscus compactus* (Retz.) Druce. [075674]
(2263)砖子苗 *M. umbellatus* Vahl [4432]
(2264)球穗扁莎 *Pycreus globosus* (All.) Reichb. [4215]
(2265)矮扁莎 *P. pumilus* (L.) Domin [4398]
(2266)红鳞扁莎 *P. sanguinolentus* (Vahl) Nees [075426]
(2267)华刺子莞 *Rhynchospora chinensis* Nees et May. ex Nees [075094]
(2268)刺子莞 *Rh. rubra* (Lour.) Makino. [4171]
(2269)萤蔺 *Scirpus juncoides* Roxb. [4250, 4279]
(2270)华东藨草 *S. karuizawensis* Makino [4077]
(2271)庐山藨草 *S. lushanensis* Ohwi [4315]
(2272)类头状花序藨草 *S. subcapitatus* Thw. [075707]
(2273)藨草 *S. triqueter* L. [075063]
(2274)高秆珍珠茅 *Scleria elata* Thw. [1056, 4342]
(2275)黑鳞珍珠茅 *S. hookeriana* Bocklr. [4339]
(2276)毛果珍珠茅 *S. levis* Retz. [3003]

(一百七十八)禾本科 Gramineae

(2277)糙花青篱竹 *Arundinaria scabriflora* (Muclure) C. D. Chu et C. S. Chao [Q070016]
(2278)坭竹 *Bambusa gibba* McClure [075969]
(2279)孝顺竹 *B. multiplex* (Lour.) Raeschel ex J. A. et J. H. Schult cv. Yellowstripe
(2280)凤尾竹 * *B. multiplex* (Lour.) Raeuschel ex J. A. et J. H. Schult. cv. Fernleaf
(2281)撑篙竹 *B. pervariabilis* McClure [075192]
(2282)绿竹 *Dendrocalamopsis oldhami* (Munro) Keng f. [075971]
(2283)麻竹 * *Dendrocalamus latiflorus* Munro
(2284)阔叶箬竹 *Indocalamus latifolius* (Keng) Mcclure
(2285)箬叶竹 *I. longianritus* Hand. – Mazz. [075822]
(2286)箬竹 *I. tessellatus* (Munro) Keng f.
(2287)大节竹 *Indosasa crassiflora* McClure [3042]
(2288)算盘竹 *I. glabrata* C. D. Chu et C. S. Chao [3056, 4068]
(2289)小叶大节竹 *I. parvifolia* C. S. Chao et Q. H. Dai [3057]
(2290)桂竹 *Phyllostachys bambusoides* Sieb. et Zucc [075968]
(2291)毛竹 *Ph. edulis* (Carr.) H. de Lehai
(2292)水竹 *Ph. heteroclada* Oliver
(2293)篌竹 *Ph. nidularia* Munro [075970]
(2294)毛金竹 *Ph. nigra* (Lodd. ex Lindl.) Munro var. henonis (Mitif.) Stapf ex Rendle [Q070193]
(2295)苦竹 *Pleioblastus amarus* (Keng) Keng f.
(2296)茶竿竹 *Pseudosasa amabilis* (Sieb. et Zucc.) Makino [075970b]
(2297)赤竹 *Sasa longiligulata* McClure [3027, Q070089]
(2298)唐竹 *Sinobambusa tootsik* (Sieb.) Makino [075967]
(2299)湖南玉山竹 *Yushania farinosa* Z. P. Wang et G. H. Ye [3032]
(2300)剪股颖 *Agrostis matsumurae* Hack. ex Honda
(2301)匍茎剪股颖 *A. stolonifera* L.
(2302)看麦娘 *Alopecurus aequalis* Sobol. [075462]
(2303)黄草毛 *Aristida cumingiana* Trin. et Rupr. [075064]
(2304)荩草 *Arthraxon hispidus* (Thunb.) Makino
(2305)茅叶荩草 *A. prionodes* (Steudel) Dandy [补 07014]
(2306)野古草 *Arundinella anomala* Steud. [075214]
(2307)交趾野古草 *A. cochinchinensis* Keng [4201]
(2308)毛秆野古草 *A. hirta* (Thunb.) Tanaka [4242]
(2309)刺芒野古草 *A. setosa* Trin. [075474]
(2310)野燕麦 *Avena fatua* L. [075777]
(2311)茵草 *Beckmannia syzigachne* (Steud.) Fern. [075065]
(2312)白羊草 *Bothriochloa ischcemum* (L.) Keng [075778]
(2313)四生臂形草 *Brachiaria subquadripara* (Trin.) Hitchc. [075642]
(2314)毛臂形草 *B. villosa* (Lam.) A. Camus [075038]
(2315)雀麦 *Bromus japonica* Thunb. Ex Murr. [075463]
(2316)疏花雀麦 *B. remotiflorus* (Steud.) Ohwi [075310]
(2317)拂子茅 *Calamagrostis epigeios* (L.) Roth [075986]
(2318)硬秆子草 *Capillipedium assimile* (Steud.) A. Camus [075185]
(2319)细柄草 *C. parviflorum* (R. Br.) Stapf [075048]

(2320)薏苡 *Coix lacryma-jobi* L.
(2321)青香茅 *Cymbopogon caesius* (Nees ex Hook. et Arn.) Stapf [075749]
(2322)橘草 *C. goeringii* Steud. [075062]
(2323)狗牙根 *Cynodon dactylon* (L.) Pers.
(2324)湖北野青茅 *Deyeuxia hupehensis* Rendle [075026]
(2325)毛马唐 *Digitaria chrysoblephara* Fig. [075455]
(2326)升马唐 *D. ciliaris* (Retz.) Koel. [075457]
(2327)止血马唐 *D. ischaemum* (Schreb.) Schreb. ex Muhlens [075767]
(2328)长花马唐 *D. longiflora* (Retz.) Pers. [075284]
(2329)红尾翎 *D. radicosa* (Presl) Miq. [075723]
(2330)马唐 *D. sanguinalis* (L.) Scop.
(2331)紫马唐 *D. violascens* Link [075458]
(2332)长芒稗 *Echinochloa caudata* (Roshev.) Kitag. [075472]
(2333)光头稗 *E. colonum* (L.) Link [075708]
(2334)稗 *E. crusgalli* (L.) Beauv [4204,4404]
(2335)旱稗 *E. hispidula* (Retz.) Honda [075009]
(2336)牛筋草 *Eleusine indica* (L.) Gaertn. [4403]
(2337)珠芽画眉草 *Eragrostis bulbillifera* Steud. [075773]
(2338)大画眉草 *E. cilianensis* (All.) Vignolo-Lutati. [075324]
(2339)知风草 *E. ferruginea* (Thunb.) Beauv.
(2340)乱草 *E. japonica* (Thunb.) Trin. [075067]
(2341)小画眉草 *E. minor* Host [075325]
(2342)黑穗画眉草 *E. nigra* Nees ex Steud. [075675]
(2343)宿根画眉草 *E. perennans* Keng [075195]
(2344)疏穗画眉草 *E. perlaxa* Keng [075678]
(2345)画眉草 *E. pilosa* (L.) Beauv.
(2346)无毛画眉草 *E. pilosa* (L.) Beauv. var. *imberbis* Franch. [075496]
(2347)多毛知风草 *E. pilosissima* Link [075502]
(2348)牛虱草 *E. unioloides* (Retz.) Nees ex Steud. [075643]
(2349)假俭草 *Eremochloa ophiuroides* (Munro) Hack.
(2350)鹧鸪草 *Eriachne pallescens* R. Br. [075213]
(2351)野黍 *Eriochloa villosa* (Thunb.) Kunth [075647]
(2352)棕茅 *Eulalia phaeothrix* (Hack.) Kuntze. [075517]
(2353)四脉金茅 *E. quadrinervis* (Hack.) Kuntze [075464]
(2354)金茅 *E. speciosa* (Debeaux) Kuntze [075516]
(2355)小颖羊茅 *Festuca parvigluma* Steud. [075916]
(2356)无芒葛氏草 *Garnotia mutica* (Munro) Druce [Ⅲ]
(2357)牛鞭草 *Hemarthria altissima* (Poir.) Stapf et C. E. Hubb. [075040]
(2358)扁穗牛鞭草 *H. compressa* (L. f.) R. Br. [075670]
(2359)黄茅 *Heteropogon contortus* (L.) Beauv. ex Roem. et Schult. [075514]
(2360)展穗膜稃草 *Hymenachne patens* L. Liu [075671]
(2361)距花黍 *Ichnanthus pallens* (Swartz) Munro [4085,4293]
(2362)白茅 *Imperata cylindrica* (L.) Beauv. var. *major* (Nees) C. E. Hubb.
(2363)丝茅 *I. koenigii* (Retz.) Beauv.
(2364)荏弱柳叶箬 *Isachne debilis* Rendle [4006(2)]
(2365)二型柳叶箬 *I. dispar* Trin. [075759]
(2366)柳叶箬 *I. globosa* (Thunb.) Kuntze [2103,4401]
(2367)日本柳叶箬 *I. nipponensis* Ohwi [4006]
(2368)匍匐柳叶箬 *I. repens* Keng [075180]
(2369)平颖柳叶箬 *I. truncata* A. Camus [3040,4224,4362]
(2370)芒穗鸭嘴草 *Ischaemum aristatum* L. [4244]
(2371)毛鸭嘴草 *I. barbatum* Retz. [075477]
(2372)田鸭嘴草 *I. hondae* Matsuda [075696]
(2373)毛鸭嘴草 *I. indicum* (Houtt.) Menn. [4399]
(2374)鸭嘴草 *I. rugosum* Salisb. [075346]
(2375) *Leptochloa chinensis* (L.) Nees [075377]
(2376)竹叶 *Lophatherum gracile* Brongn [1067,2064,4086]
(2377)华淡竹叶 *L. sinense* Rendle
(2378)茅 *Microstegium nudum* (Trin.) A. Camus [075885]
(2379)枝莠竹 *M. vimineum* (Trin.) A. Camus [075946]
(2380)节芒 *Miscanthus floridulus* (Labill.) Warb.
(2381) *M. sinensis* Anderss.
(2382)子草 *Muhlenbergia hugelii* Trin.
(2383)八王 *Narenga porphyrocoma* (Hance) Bor
(2384)芦 *Neyraudia reynaudiana* (Kunth) Keng [075443]
(2385)米草 *Oplismenus undulatifolius* (Arduino) Roem. Schuct. [4361]
(2386)稻＊ *Oryza sativa* L.
(2387)短叶黍 *Panicum brevifolium* L. [06308]
(2388)铺地黍 *P. repens* L. [075117]
(2389)圆果雀稗 *Paspalum orbiculare* G. Forst. [075227]
(2390)双穗雀稗 *P. paspaloides* (Michx.) Scribn. [075679]
(2391)雀稗 *P. thunbergii kunth ex* Steud.
(2392)狼尾草 *Pennisetum alopecuroides* (L.) Spreng.
(2393)显子草 *Phaenosperma globosa* Munro [075988]
(2394)早熟禾 *Poa annua* L.
(2395)普通早熟禾 *P. trivialis* L.
(2396)金丝草 *Pogonatherum crinitum* (Thunb.) Kunth. [4443]
(2397)棒头草 *Polypogon fugax* Nees ex Steud.
(2398)长芒棒头草 *P. monspeliensis* (L.) Desf. [075473]
(2399)多裔草 *Polytoca digitata* (L. f.) Druce [补07008]
(2400)刺叶假金发草 *Pseudopogonatherum setifolium* (Sees) A. Camus. [075792]
(2401)纤毛鹅观草 *Roegneria ciliaris* (Trin.) Nevski
(2402)竖立鹅观草 *R. japonensis* (Hoda) Keng ex Y. L. Keng et S. L. Chen [075413]
(2403)鹅观草 *R. kamoji* Ohwi
(2404)斑茅 *Saccharum arundinaceum* Retz.
(2405)甘蔗＊ *S. officinarum* L.
(2406)囊颖草 *Sacciolepis indica* (L.) A. Chase [075917]
(2407)裂稃草 *Schizachyrium brevifolium* (Swartz) Nees [075179]
(2408)皱叶狗尾草 *Setaria excurrens* (Trin.) Miq. [4347]
(2409)大狗尾草 *S. faberii* Herrm.
(2410)莠狗尾草 *S. geniculata* (Lam.) Beauv.
(2411)金毛狗尾草 *S. glauca* (L.) Beanv [4249]
(2412)棕叶狗尾草 *S. palmifolia* (Koen.) Stapf
(2413)狗尾草 *S. viridis* (L.) Beauv.
(2414)大油芒 *Spodiopogon sibiricus* Trin. [075918]
(2415)苞子草 *Themeda candata* (Nees) A. Camus [075985]
(2416)黄背草 *Th. japonica* (Willd.) Tanaka [075027]
(2417)三毛草 *Trisetum bifidum* (Thunb.) Ohwi [075488]
(2418)湖北三毛草 *T. henryi* Rendle [075024]
(2419)玉蜀黍＊ *Zea mays* L.
(2420)茭笋＊ *Zizania latifolia* (Griseb.) Turcz. ex Stapf
(2421)结缕草 *Zoysia japonica* Steud.
(2422)中华结缕草 *Z. sinica* Hance

5. 哺乳类名录

一、食虫目 INSECTIVORA
(一)鼹科 Talpidae
(1)华南缺齿鼹 *Mogera insularis*
(二)鼩鼱科 Soricidae
(2)臭鼩 *Suncus murinus*
(3)灰腹水鼩鼱 *Chimarogale styani*
二、翼手目 CHIROPTERA
(三)蝙蝠科 Vespertilionidae
(4)褐山蝠 *Nyctalus noctula*
(5)普通伏翼 *Pipistrellus pipistrellus*
(6)东方伏翼 *Pipistrellus javanicus*
(四)菊头蝠科 Rhinolophidae
(7)鲁氏菊头蝠 *Rhinolophus rouxii*
(五)蹄蝠科 Hipposideridae
(8)大蹄蝠 *Hipposideros armiger*
三、灵长目 PRIMATES
(六)猴科 Cercopithecidae
(9)藏酋猴 *Macaca thibetana*
四、鳞甲目 PHOLIDOTA
(七)鲮鲤科 *Manidae*
(10)穿山甲 *Manis pentadactyla*
五、兔形目 LAGOMORPHA |
(八)兔科 Leporidae
(11)华南兔 *Lepus sinensis*
六、啮齿目 RODENTIA
(九)松鼠科 Sciuridae
(12)赤腹松鼠 *Callosciurus erythraeus*
(13)隐纹花松鼠 *Tamiops swinhoie*
(十)豪猪科 Hystricidae
(14)豪猪 *Hystrix brachyura*
(十一)鼠科 Muridae
(15)小家鼠 *Mus musculus*
(16)白腹巨鼠 *Leopoldamys edwardsi*
(17)黄毛鼠 *Rattus losea*
(18)褐家鼠 *Rattus norvegicus*
(19)社鼠 *Niviventer confucianus*
(20)青毛鼠 *Rattus bowersi*
(十二)竹鼠科 Rhizomyidae
(21)花白竹鼠 *Rhizomys pruinosus*
(22)中华竹鼠 *Rhizomys sinensis*
七、食肉目 CARNIVORA
(十三)犬科 Canidae
(23)赤狐 *Vulpes vulpes*
(24)豺 *Cuon alpinus*
(25)貉 *Nyctereutes procyonoides*
(十四)鼬科 Mustelidae
(26)青鼬 *Martes flavigula*
(27)黄鼬 *Mustela sibirica*
(28)黄腹鼬 *Mustela kathiah*
(29)鼬獾 *Melogale maschata*
(30)狗獾 *Meles meles*
(31)猪獾 *Arctonyx collaris*
(32)水獭 *Lutra lutra*
(十五)灵猫科 Viverridae
(33)大灵猫 *Viverra zibetha*
(34)小灵猫 *Viverricula indica*
(35)花面狸 *Paguma larvata*
(36)斑林狸 *Prionodon pardicolor*
(十六)獴科 Herpstidae
(37)食蟹獴 *Herpestes urva*
(十七)猫科 Felidae
(38)豹猫 *Felis bengalensis*
(39)云豹 *Neofelis nebulosa*
(40)豹 *Panthera pardus*
八、偶蹄目 ARTIODACTYLA
(十八)猪科 Suidae
(41)野猪 *Sus scrofa*
(十九)鹿科 Cervidae
(42)黄麂 *Muntiacus reevesi*
(43)毛冠鹿 *Elaphodus cephalophus*
(44)水鹿 *Cervus unicolor*
(二十)牛科 Bovida
(45)鬣羚 *Capricornis sumatraensis*

6. 鸟类名录

一、鸊鷉目 PODICIPEDIFORMES
(一)鸊鷉科 Podicipedidae
(1)小鸊鷉 *Tachybaptus ruficllis*
二、鹳形目 CICOFIIFORMES
(二)鹭科 Ardeidae
(2)池鹭 *Ardeola bacchus*
(3)小白鹭 *Egretta garzetta*
(4)栗苇鳽 *Ixobrychus cinnamomeus*
(5)大白鹭 *Egretta alba*
(6)中白鹭 *Egretta intermedia*
(7)牛背鹭 *Bubulcus ibis*
(8)绿鹭 *Butorides striatus*
(9)夜鹭 *Nycticorax nycticorax*
(10)黄斑苇鳽 *Ixobrychus sinensis*
(11)紫背苇鳽 *Ixobrychus eurhythmus*
(12)黑苇鳽 *Ixobrychus flavicollis*
三、雁形目 ANSERIFORMES
(三)鸭科 Anatidae
(13)绿翅鸭 *Anas crecca*
(14)绿头鸭 *Anas platyrhynchos*
(15)斑嘴鸭 *Anas poecilorhyncha*
四、隼形目 FALCONIFORMES
(四)鹰科 Accipitridae
(16)黑鸢 *Milvus migrans*
(17)白尾鹞 *Circus cyaneus*
(18)雀鹰 *Accipiter nisus*

(19)松雀鹰 *Accipter virgatus*
(20)赤腹鹰 *Accipter soloensis*
(21)黑冠鹃隼 *Aviceda leuphotes*
(22)普通鵟 *Buteo buteo*
(23)乌雕 *Aquila clanga*
(24)苍鹰 *Accipiter gentilis*
(25)鹊鹞 *Circus melanoleucos*
(26)蛇雕 *Spilornis cheela*
(27)鹰雕 *Sizaetus nipalensis*
(五)隼科 Falconidae
(28)灰背隼 *Falco coiumbarius*
(29)红隼 *Falco tinnunculus*
(30)燕隼 *Falco subbuteo*
(31)游隼 *Falco peregrinus*
(32)白腿小隼 *Microhierax melanoleaucos*
(33)红脚隼 *Falco amurensis*
五、鸡形目 GALLIFORMES
(六)雉科 Phasianidae
(34)灰胸竹鸡 *Bambusicola thoracica*
(35)黄腹角雉 *Tragopan caboti*
(36)白鹇 *Lophura nycthemera*
(37)雉鸡 *Phasianus colchicus*
(38)鹌鹑 *Coturnix japonica*
(39)勺鸡 *Pucrasia macrolopha*
(40)白颈长尾雉 *Syrmaticus ellioti*
(41)[中华]鹧鸪 *Francolinus pintadeanus*
(42)白额山鹧鸪 *Arborophila gingica*
六、鹤形目 GRUIFORMES
(七)秧鸡科 Rallidae
(43)黑水鸡 *Gallinala chloropus*
(44)蓝胸秧鸡 *Rallus struatys*
(45)普通秧鸡 *Rallus aquaticus*
(46)白胸苦恶鸟 *Amaurornis phoenicurus*
(47)红脚苦恶鸟 *Amaurornis akool*
(48)斑胁田鸡 *Porzana paykullii*
(49)红胸田鸡 *Porzana fusca*
(50)董鸡 *Gallicrex cinerea*
(51)小田鸡 *Porzana pusilla*
(52)骨顶鸡 *Fulica atra*
(53)黄脚三趾鹑 *Turnix tanki*
(54)棕三趾鹑 *Turnix suscitator*
七、鸻形目 CHARADRIIFORMES
(八)水雉科 Jacanidae
(55)水雉 *Hydrophasianus chirurgus*
(九)鸻科 Charadriidae
(56)凤头麦鸡 *Vanellus vanellus*
(57)灰头麦鸡 *Vanellus cinereus*
(58)剑鸻 *Charadrius hiaticula*
(十)鹬科 Scolopacidae
(59)针尾沙锥 *Gallinago stenura*
(60)扇尾沙锥 *Gallinago gallinago*
(61)丘鹬 *Scolopax rusticola*
(62)大沙锥 *Gallinago megala*
(63)白腰草鹬 *Tringa ochropus*
(64)矶鹬 *Actitis hypoleucos*
(65)林鹬 *Tringa glareola*
(十一)燕欧科 Sternidae
(66)普通燕鸥 *Sterna hirundo*
八、鸽形目 COLUMBIFORMES
(十二)鸠鸽科 Columbidae
(67)斑尾鹃鸠 *Macropygia unchall*
(68)山斑鸠 *Streptopelia orientalis*
(69)珠颈斑鸠 *Streptopelia chinensis*
(70)火斑鸠 *Streptopelia tranquebarica*
九、鹃形目 CUCULIFORMES
(十三)杜鹃科 Cuculidae
(71)小鸦鹃 *Centropus bengalensis*
(72)红翅凤头鹃 *Clamator coromandus*
(73)噪鹃 *Eudyuamys eudyuamys*
(74)鹰鹃 *Cuculus sparverioides*
(75)大杜鹃 *Cuculus canorus*
(76)中杜鹃 *Cuculus saturatus*
(77)小杜鹃 *Cuculus poliocephalus*
(78)四声杜鹃 *Cuculus micropterus*
(79)乌鹃 *Surniculus lugubris*
(80)褐翅鸦鹃 *Centropus sinensis*
十、鸮形目 STRIGIFORMES
(十四)草鸮科 Tytonidae
(81)草鸮 *Tyto longimembris*
(十五)鸱鸮科 Strigidae
(82)斑头鸺鹠 *Glaucidium cuculoides*
(83)领角鸮 *Otus bakkamoena*
(84)领鸺鹠 *Glaucidium brodiei*
(85)短耳鸮 *Asio flammeus*
(86)鹰鸮 *Ninox scutulata*
(87)褐林鸮 *Strix leptogrammica*
(88)长耳鸮 *Asio otus*
十一、夜鹰目 CAPRIMULGIFORMES
(十六)夜鹰科 Caprimulgidae
(89)普通夜鹰 *Caprimulgus indicus*
十二、雨燕目 APODIFORMES
(十七)雨燕科 Apodidae
(90)白腰雨燕 *Apus pacificus*
(91)小白腰雨燕 *Apus nipalensis*
(92)白喉针尾雨燕 *Hirundapus caudacutus*
十三、咬鹃目 TROGONIFORMES
(十八)咬鹃科 Trogonidae
(93)红头咬鹃 *Harpactes erythrocephalus*
十四、佛法增目 CORACIIFORMES
(十九)翠鸟科 Alcedinidae
(94)冠鱼狗 *Megaceryle lugubris*
(95)普通翠鸟 *Alcedo atthis*
(96)蓝翡翠 *Halcyon pileata*
(97)白胸翡翠 *Halcyon smyrnensis*
(98)斑鱼狗 *Ceryle rudis*
(二十)蜂虎科 Meropidae
(99)蓝喉蜂虎 *Merops viridis*
(二十一)佛法僧科 Coraciidae
(100)三宝鸟 *Eurystomus orientalis*

十五、戴胜目 UPUPIFORMES
(二十二)戴胜科 Upupidae
(101)戴胜 *Upupa epops*
十六、䴕形目 PICIFORMES
(二十三)须䴕科 Capitonidae
(102)大拟啄木鸟(大拟䴕) *Megalaima virens*
(二十四)啄木鸟科 Picidae
(103)灰头绿啄木鸟 *Picus canus*
(104)大斑啄木鸟 *Picoides major*
(105)星头啄木鸟 *Picoides canicapillus*
(106)黄嘴栗啄木鸟 *Blythipicus pyrrhotis*
(107)斑姬啄木鸟 *Picumnus innominatus*
(108)栗啄木鸟 *Celeus brachyurus*
(109)蚁䴕 *Jynx torquilla*
(110)棕腹啄木鸟 *Picoides hyperythrus*
(111)竹啄木鸟 *Gecinulus grantia*
十七、雀形目 PASSERIFORMES
(二十五)八色鸫科 Pittidae
(112)仙八色鸫 *Pitta nympha*
(二十六)百灵科 Alaudidae
(113)小云雀 *Alauda gulgula*
(114)云雀 *Alauda arvensis*
(二十七)燕科 Hirundinidae
(115)家燕 *Hirundo rustica*
(116)金腰燕 *Hirundo daurica*
(117)烟腹毛脚燕 *Delichon dasypus*
(118)毛脚燕 *Delichon urbica*
(二十八)鹡鸰科 Motacillidae
(119)山鹡鸰 *Dendronanthus indicus*
(120)灰鹡鸰 *Motacilla cinerea*
(121)白鹡鸰 *Motacilla alba*
(122)树鹨 *Anthus hodgsoni*
(123)黄鹡鸰 *Motacilla flava*
(124)田鹨 *Anthus rufulus*
(125)山鹨 *Anthus sylvanus*
(126)红喉鹨 *Anthus cervinus*
(二十九)山椒鸟科 Campephagidae
(127)赤红山椒鸟 *Pericrocotus flammeus*
(128)灰喉山椒鸟 *Pericrocotus solaris*
(129)灰山椒鸟 *Pericrocotus divaricatus*
(130)暗灰鹃鵙 *Coracina melaschistos*
(131)小灰山椒鸟 *Pericrocotus cantonensis*
(三十)鹎科 Pycnotidae
(132)白头鹎 *Pycnonotus sineniss*
(133)栗背短脚鹎 *Hemixos castanonotus*
(134)绿翅短脚鹎 *Hypsipetes mcclellandii*
(135)黑短脚鹎 *Hypsipetes leucocephalus*
(136)领雀嘴鹎 *Spizixos semitorques*
(137)白喉红臀鹎 *Pycnonotus aurigaster*
(三十一)叶鹎科 Chloropseidae
(138)橙腹叶鹎 *Chloropsis hardwickii*
(三十二)伯劳科 Laniidae
(139)棕背伯劳 *Lanius schach*
(140)红尾伯劳 *Lanius cristatus*
(141)虎纹伯劳 *Lanius tigrinus*
(三十三)盔鵙科 Prionopidae
(142)钩嘴林鵙 *Tephrodornis gularis*
(三十四)黄鹂科 Oriolidae
(143)黑枕黄鹂 *Oriolus chinensis*
(三十五)卷尾科 Dicruridae
(144)黑卷尾 *Dicrurus macrocercus*
(145)发冠卷尾 *Dicrurus hottentottus*
(三十六)椋鸟科 Sturnidae
(146)灰椋鸟 *Sturnus cineraceus*
(147)丝光椋鸟 *Sturnus sericeus*
(148)八哥 *Acridotheres cristatellus*
(149)灰背椋鸟 *Sturnia sinensis*
(三十七)鸦科 Corvidae
(150)松鸦 *Carrulus glandarius*
(151)灰树鹊 *Dendrocitta formosae*
(152)红嘴蓝鹊 *Urocissa erythrorhyncha*
(153)喜鹊 *Pica pica*
(154)小嘴乌鸦 *Corvus corone*
(三十八)河乌科 Cinclidae
(155)褐河乌 *Cinclus pallasii*
(三十九)鸫科 Turdidae
(156)红胁蓝尾鸲 *Tarsiger cyanurus*
(157)红尾歌鸲 *Luscinia sibilans*
(158)北红尾鸲 *Phoenicurus auroreus*
(159)红尾水鸲 *Rhyacornis fuliginosus*
(160)蓝歌鸲 *Luscinia cyane*
(161)鹊鸲 *Copsychus saularis*
(162)灰背燕尾 *Enicurus schistaceus*
(163)黑背燕尾 *Enicurus immaculatus*
(164)小燕尾 *Enicurus scouleri*
(165)紫啸鸫 *Myophonus caeruleus*
(166)虎斑地鸫 *Zoothera dauma*
(167)灰背鸫 *Turdus hortulorum*
(168)白眉地鸫 *Zoothera sibirica*
(169)橙头地鸫 *Zoothera citrina*
(170)乌鸫 *Turdus merula*
(171)蓝矶鸫 *Monticola solitarius*
(172)白眉鸫 *Turdus obscurus*
(173)黑喉石䳭 *Saxicola torquata*
(174)白冠燕尾 *Enicurus leschenaulti*
(175)灰林䳭 *Saxicola ferrea*
(176)白腹鸫 *Turdus pallidus*
(177)乌灰鸫 *Turdus cardis*
(四十)鹟科 Muscicapidae
(178)北灰鹟 *Muscicapa dauurica*
(179)鸲[姬]鹟 *Ficedula mugimaki*
(180)白腹姬鹟 *Cyanoptila cyanomelana*
(181)红喉姬鹟 *Ficedula parva*
(182)白眉[姬]鹟 *Ficedula zanthopygia*
(183)褐胸鹟 *Muscicapa muttui*
(184)乌鹟 *Muscicapa sibirica*
(185)白喉林鹟 *Rhinomyias brunneata*
(四十一)王鹟科 Monarchinae
(186)寿带 *Terpsiphone paradisi*

（四十二）画眉科 Timaliidae
（187）棕颈钩嘴鹛 *Pomatorhinus ruficollis*
（188）锈脸钩嘴鹛 *Pomatorhinus erythrogenys*
（189）红头穗鹛 *Stachyris ruficeps*
（190）黑脸噪鹛 *Garrulax perspicillatus*
（191）小黑领噪鹛 *Garrulax monileger*
（192）画眉 *Garrula campris*
（193）红嘴相思鸟 *Leiothrix lutea*
（194）灰眶雀鹛 *Alcippe morrisonia*
（195）褐顶雀鹛 *Alcippe brunnea*
（196）栗耳凤鹛 *Yuhina castaniceps*
（197）黑颏凤鹛 *Yuhina nigrimenta*
（198）白颊噪鹛 *Garrulax sannio*
（199）黑领噪鹛 *Garrulax pectoralis*
（200）白腹凤鹛 *Yuhina zantholeuca*
（四十三）鸦雀科 Pomatostomidae
（201）棕头鸦雀 *Paradoxornis webbianus*
（四十四）扇尾莺科 Cisticolidae
（202）褐头鹪莺 *Prinia inornata*
（203）山鹪莺 *Prinia criniger*
（204）黑喉山鹪莺 *Prinia atrogularis*
（205）黄腹鹪莺 *Prinia flaviventris*
（四十五）莺科 Sylviidae
（206）强脚树莺（山树莺）*Cettia fortipes*
（207）长尾缝叶莺 *Orthotomus sutorius*
（208）褐柳莺 *Phylloscopus fuscatus*
（209）黄眉柳莺 *Phylloscopus inornatus*
（210）黄腰柳莺 *Phylloscopus proregulus*
（211）白斑尾柳莺 *Phylloscopus davisoni*
（212）棕脸鹟莺 *Abroscopus albogularis*
（213）栗头鹟莺 *Seicercus castaniceps*
（214）金眶鹟莺 *Seicercus burkii*
（215）暗绿柳莺 *Phylloscopus trochiloides*
（216）冠纹柳莺 *Phylloscopus reguloides*
（217）黄腹树莺 *Cettia acanthizoides*
（218）极北柳莺 *Phylloscopus borealis*
（219）巨嘴柳莺 *Phylloscopus schwarzi*
（220）双斑绿柳莺 *Phylloscopus plumbeitarsus*
（221）冕柳莺 *Phylloscopus coronatus*
（222）淡脚树莺 *Cettia pallidipes*
（223）黑眉苇莺 *Acrocephalus bistrigiceps*
（224）厚嘴苇莺 *Acrocephalus aedon*
（225）矛斑蝗莺 *Locustella lanceolata*
（226）小蝗莺 *Locustella certhiola*
（227）鳞头树莺 *Urosphena squameiceps*
（228）黄腹柳莺 *Phylloscopus affinis*
（229）黄胸柳莺 *Phylloscopus cantator*
（230）棕腹柳莺 *Phylloscopus subaffinis*
（四十六）绣眼鸟科 Zosteropidae
（231）暗绿绣眼鸟 *Zosterops japonicus*
（232）红胁绣眼鸟 *Zosterops erythropleurus*
（四十七）长尾山雀科 Aegithalidae
（233）红头长尾山雀 *Aegithalos oncinnus*
（四十八）山雀科 Paridae
（234）煤山雀 *Parus ater*
（235）大山雀 *Parus major*
（236）黄颊山雀 *Parus spilonotus*
（237）黄腹山雀 *Parus venustulus*
（四十九）啄花鸟科 Dicaeidae
（238）红胸啄花鸟 *Dicaeum ignipectus*
（五十）花蜜鸟科 Nectariniidae
（239）叉尾太阳鸟 *Aethopyga christinae*
（五十一）雀科 Passeridae
（240）麻雀 *Passer montanus*
（五十二）梅花雀科 Estrildidae
（241）白腰文鸟 *Lonchura striata*
（242）斑文鸟 *Lonchura punctulata*
（五十三）燕雀科 Fringillidae
（243）燕雀 *Fringilla montifringilla*
（244）金翅雀 *Carduelis sinica*
（245）黑头蜡嘴雀 *Eophona personata*
（246）锡嘴雀 *Coccothraustes coccothraustes*
（五十四）鹀科 Emberizidae
（247）白眉鹀 *Emberiza tristrami*
（248）栗耳鹀 *Emberiza fucata*
（249）小鹀 *Emberiza pusilla*
（250）黑头鹀 *Emberiza melanocephala*
（251）黄喉鹀 *Emberiza elegans*
（252）田鹀 *Emberiza rustica*
（253）黄眉鹀 *Emberiza chrysophrys*
（254）灰头鹀 *Emberiza spodocephala*
（255）黄胸鹀 *Emberiza aureola*
（256）栗鹀 *Emberiza rutila*
（257）凤头鹀 *Melophus lathami*

7. 爬行类名录

一、龟鳖目 TESTUDINATA
（一）平胸龟科 Platysternidae
（1）平胸龟 *Platysternon megacephalum*
（二）龟科 Bataguridae
（2）乌龟 *Chinemys reevesii*
（三）鳖科 Trionychidae
（3）鳖 *Pelodiscus sinensis*
二、蜥蜴目 LACERTILIFORMES
（四）壁虎科 Gekkonidae
（4）多疣壁虎 *Gekko japonicus*
（五）石龙子科 Scincidae
（5）石龙子 *Eumeces chinensis* *
（6）蓝尾石龙子 *Eumeces tlegans* *
（7）铜蜓蜥 *Lygosoma maculatum*
（8）海南棱蜥 *Tropidophorus hainanus* *
（六）蜥蜴科 Lacertidae
（9）北草蜥 *Takydromus septentrionali* *
（七）鬣蜥科 Agamidae
（10）丽棘蜥 *Acanthosaura lepidogaster*

三、蛇目 SERPENTIFORMES

(八)闪鳞蛇科 Xenopeltidae

(11)海南闪鳞蛇 *Xenopeltis hainanensis* *

(九)游蛇科 Colubridae

(12)锈链腹链蛇 *Amphiesma craspedogaster* *

(13)棕黑腹链蛇指名亚种 *Amphiesma s. sauteri*

(14)草腹链蛇 *Amphiesma stolatum*

(15)钝尾两头蛇 *Calamaria septentrionalis*

(16)翠青蛇 *Cyclophiops major*

(17)黄链蛇 *Dinodon flavozonatum*

(18)赤链蛇 *Dinodon rufozonatum*

(19)王锦蛇 *Elaphe carinata*

(20)玉斑锦蛇 *Elaphe mandarina*

(21)紫灰锦蛇指名亚种 *Elaphe p. porphyracea*

(22)中国水蛇 *Enhydris chinensis*

(23)铅色水蛇 *Enhydris plunbea*

(24)黑背白环蛇 *Lycidon ruhstrati*

(25)颈棱蛇指名亚种 *Macropisthodon r. rudis* *

(26)中国小头蛇 *Oligodon chinensis*

(27)饰纹小头蛇 *Oligodon ornatus* *

(28)山溪后棱蛇 *Opisthotropis latouchii* *

(29)虎斑颈槽蛇大陆亚种 *Rhabdophis tigrinus lateralis*

(30)黑头剑蛇指名亚种 *Sibynophis c. chinensis*

(31)福建钝头蛇 *Pareas stanleyi* *

(32)崇安斜鳞蛇指名亚种 *Pseudoxenodon k. karlschmidti*

(33)大眼斜鳞蛇福建亚种 *Pseudoxenodon macrops. fukienensis*

(34)灰鼠蛇 *Ptyas korros*

(35)滑鼠蛇 *Ptyas mucosus*

(36)环纹华游蛇 *Sinonatrix aequifasciata* *

(37)赤链华游蛇 *Sinonatrix annularis* *

(38)乌华游蛇指名亚种 *Sinonatrix p. percarinata*

(39)渔游蛇 *Xenochrophis piscator*

(40)乌梢蛇 *Zaocys dhumnades*

(十)眼镜蛇科 Elapidae

(41)银环蛇指名亚种 *Bungarus m. multicinctus*

(42)舟山眼镜蛇 *Naja atra*

(43)福建华珊瑚蛇(福建丽纹蛇)*Sinomicrurus kelloggi* *

(44)中华珊瑚蛇指名亚种(丽纹蛇)*Sinomicrurus. m. macclellandi*

(十一)蝰科 Viperidae

(45)尖吻蝮 *Deinagkistrodon acutus*

(46)短尾蝮 *Gloydius brevicaudus*

(47)原矛头蝮 *Protobothrops mucrosquamatus*

(48)福建竹叶青蛇指名亚种 *Trimeresurus s. stejmegeri*

8. 两栖动物名录

一、有尾目 URODELA

(一)蝾螈科 Salamandridae

(1)黑斑肥螈 *Pachytriton brevipes* *

二、无尾目 ANURA

(二)蟾蜍科 Bufonidae

(2)中华蟾蜍指名亚种 *Bufo g. gargarizans*

(三)雨蛙科 Hylidae

(3)中国雨蛙 *Hyla chinensis*

(四)角蟾科 Megophryidae

(4)福建掌突蟾 *Leptolalax liui* *

(5)短肢角蟾 *Megophrys brachykolos* *

(6)崇安髭蟾瑶山亚种 *Vibrissaphora liui yaoshanensis* *

(五)蛙科 Ranidae

(7)华南湍蛙 *Amolops ricketti* *

(8)泽陆蛙 *Fejervarya multistriata*

(9)虎纹蛙 *Hoplobatrachus rugulosus*

(10)弹琴蛙 *Hylarana adenopleura* *

(11)沼水蛙 *Hylarana guentheri* *

(12)阔褶水蛙 *Hylarana latouchii* *

(13)福建大头蛙 *Limnonectes fujianensis*

(14)大绿臭蛙 *Odorrana livida*

(15)花臭蛙 *Odorrana schmackeri* *

(16)竹叶蛙 *Odorrana versabilis* *

(17)棘胸蛙 *Paa spinosa*

(18)黑斑侧褶蛙 *Pelophylax nigromaculatus* *

(19)寒露林蛙 *Rana hanluica* *

(六)树蛙科 Rhacophoridae

(20)大树蛙 *Rhacophorus dennysii*

(21)斑腿树蛙 *Rhacophorus megacephalus*

(七)姬蛙科 Microhylidae

(22)粗皮姬蛙 *Microhyla butleri*

(23)小弧斑姬蛙 *Microhyla heymonsi*

(24)饰纹姬蛙 *Microhyla ornate*

9. 鱼类名录

一、鲤形目 CYPRINIFORMES

(一)鲤科 Cyprinidae

(1)[鱼丹]亚科 Danioninae

1. 马口鱼 *Opsariichthys bidens*
2. 宽鳍鱲 *Zacco platypus*

(2)鲃亚科 Barbinae

3. 侧条光唇鱼 *Acrossocheilus parallens*
4. 台湾白甲鱼 *Onychostoma barbatula*

(3)鮈亚科 Gobioninae

5. 麦穗鱼 *Pseudorasbora parva*

(4)鳑鲏亚科 *Acheilognathinae*

6. 高体鳑鲏 *Rhodeus ocellatus*

(5)鲤亚科 Cyprininae

7. 鲫 Carassius auratus
8. 鲤 Cyprinus carpio
9. 草鱼 Ctenopharyngodon idellus

(二)鳅科 Cobitidae

(6)条鳅亚科 Nemacheilinac

10. 横纹条鳅 *Noemacheilus fasciolatus*

(7)花鳅亚科 Cobitinae

11. 泥鳅 *Misgurnus anguillicaudatus*

(三)平鳍鳅科 Homalopteridae

(8)腹吸鳅亚科 Gastromyzoninae

12. 原缨口鳅 *Vanmnenia sp.*

13. 平舟原缨口鳅 *Vanmnenia pinchowensis*

14. 长汀品唇鳅 *Protomyzon Changtinggensis changtingensis*

二、鲇形目 SILURIFORMES

(四)鲇科 Siluridae

15. 鲇 *Silurus asotus*

(五)胡子鲇科 Clariidac

16. 胡子鲇 *Clarias batrachus*

(六)鲿科 Bagridae

17. 拟鲿属 *Pseudobagrus sp.*

三、鲈形目 PERCIFORMES

鰕虎鱼亚目 GOBIOIDEI

(七)鰕虎鱼科 Gobiidae

18. 波氏吻鰕虎鱼 *Rhinogobius cliffordpopei*

攀鲈亚目 ANABANTOIDEI

(八)斗鱼科 Belontiidae

19. 圆尾斗鱼 *Macropodus chinensis*

四、合鳃鱼目 SYNBRANCHIFORMES

(九)合鳃鱼科 Synbranchidae

20. 黄鳝 *Monopterus albus*

10. 陆生贝类名录

(一)环口螺科 Cyclophoridae

(1)长柱倍唇螺

Diplommatina paxillus longipalatalis *Schmacker & Boettger*, 1890

(2)倍唇螺未定种

Diplommatina sp.

(3)科氏沟螺

Diorgx kobeltianus (Moellendorff, 1874)

(4) * 大扁褶口螺

Ptychopoma expoliatum (Heude, 1882)

(5)湖南扁脊螺

Platyrhaphe hunana (Gredler, 1881)

(二)烟管螺科 Clausiliidae

(6)江西丽管螺

Formosana Kianghsiensis (Gredler, 1892)

(三)钻头螺科 Subulinidae

(7)柑卷轴螺

Tortaxis mandarinus (Pfeiffer, 1855)

(8)竖卷轴螺

Tortaxis erectus (Benson, 1842)

(9) * 细钻螺

Opeas gracile (Hutton, 1834)

(10) * 棒形钻螺

Opeas clavulinum (Potiez et Michaud, 1838)

(11) * 索形钻螺

Opeas funiculare (Heude, 1882)

(12)钻螺未定种 Opeas sp.

(四)内齿螺科 Endodontidae

(13)盘螺属 *Discus sp.*

(五)拟阿勇蛞蝓科 Ariophantidae

(14)中华巨楯蛞蝓

Macrochlamys sinensis (Heude, 1882)

(15) * 光滑巨楯蛞蝓

Macrochlamys superlita superlita (Morelet, 1882)

(16) * 迟缓巨楯蛞蝓

Macrochlamys segnis (Pilsbry, 1934)

(17) * 巨楯蛞蝓

Macrochlamys nitidissima (Moellendorff, 1883)

(18)巨楯蛞蝓未定种

Macrochlamys sp.

(19)扁恰里螺

Kaliella depressa (Moellendorff, 1883)

(20) * 穴恰里螺

Kaliella spelaea (Heude, 1882)

(21)光囊恰里螺

Kaliella lamprocystis (Moellendorff, 1899)

(22) * 真锥恰里螺

Kaliella euconus (Moellendorff, 1899)

(23) * 小丘恰里螺

Kaliella munipurensis (Godwin – Austen, 1882)

(24) * 多旋恰里螺

Kaliella polygyra (Moellendorff, 1885)

(25)恰里螺未定种 *Kaliella sp.*

(六)坚齿螺科 Pleurodontidae

(26) * 狐狸坚齿螺

Camaena vulpis (Gredler, 1887)

(七)巴蜗牛科 Bradybaenidae

(27)同型巴蜗牛

Bradybaena similaris similaris (Ferussac, 1821)

(28) * 香港同型巴蜗牛

Bradybaena similaris hongkongensis (Deshayes, 1873)

(29)增大大脐蜗牛

Aegista accrescens (Heude, 1882)

(30)巴蜗牛未定种

Bradybaena sp.

(31) * 亚缘环肋螺

(32) * 蛛形环肋螺

Plectotropis araneatela (Heude, 1882)

(33)拟锥螺未定

Pseudobuliminus sp.

(八)扭轴蜗牛科 Streptaxidae

(34) * 华丽弯螺

Sinoennea splendens splendens (Moellendorff, 1882)

(九)嗜粘液蛞蝓科 Phiolomycidae

(35)双线嗜粘液蛞蝓

Phiolomycus bilineatus (Benson, 1842)

(十)蛞蝓科 Limacidae

(36)野蛞蝓

Deroceras (Agriolimax) *agrestis* (Linnaeus, 1758)

(37)光滑野蛞蝓 *Deroceras* (*D*) *leave*

11. 蜘蛛名录

(一)柄板蛛科 Liphistiidae(1 属 1 种)

(1)# 杭七纺蛛 *Heptathela hangzhouensis* Chen,Zhang et Zhu,1981

(二)地蛛科 Atypidae(1 属 1 种)

(2)# 卡氏地蛛 *Atypus karschi* Doenitz,1887

(三)六疣蛛科 Hexathelidae(1 属 1 种)

(3)触形大疣蛛 *Macrothele palpator* Pocock,1901

(四)花皮蛛科 Sicariidae(1 属 1 种)

(4)胸斑花皮蛛 *Scytodes thoracica* (Latreille,1802)

(五)幽灵蛛科 Pholcidae(1 属 1 种)

(5)近亲幽灵蛛 *Pholcus affinis* Schenkel,1953

(六)拟壁钱科 Urocteidae(2 属 2 种)

(6)居室拟壁钱 *Oecobius cellariorum* (Duges,1836)

(7)华南壁钱 *Uroctea compactilis* L. Koch,1878

(七)长纺蛛科 Hersiliidae(1 属 1 种)

(8)# 亚洲长纺蛛 *Hersilia asiatica* Song,1982

(八)妩蛛科 Uloboridae(3 属 3 种)

(9)中华涡蛛 *Octonoba sinensis*(Simon,1880)

(10)变异涡蛛 *Cclonoba varians*(Boes. et Str. ,1906)

(11)# 隆喜妩蛛 *Philoponella prominens* (Boes. et Str. ,1906)

(九)球蛛科 Theridiidae (7 属 20 种)

(12)# 漂亮丽蛛 *Chrysso pulcherrima* (MelloL eitao,1917)

(13)# 三斑丽蛛 *Chrysso trimaculata* Zhu,Zhang et Xu,1991

(14)# 风雅丽蛛 *Chrysso venusta* (Yaginuma,1957)

(15)温室希蛛 *Achaearanea tepidariorum* (C. L. Koch,1841)

(16)喙突希蛛 *Achaearanea rostra* Zhu et Zhang,1992

(17)# 日本希蛛 *Achaearanea japonica* (Boes. et St r. ,1906)

(18)亚洲希蛛 *Achaearanea asiatica* (Bosenberg et Strand,1906)

(19)尖斑希蛛 *Achaearanea oxymaculata* Zhu,1998

(20)八斑鞘腹蛛 *Coleosoma octomaculatum* (Boes. et Str. ,1906)

(21)# 山坡球蛛 *Theridion clivalum* Zhu,1998

(22)# 胸斑球蛛 *Theridion sterninotatum* Boes. et Str. ,1906

(23)# 唇窝球蛛 *Theridion mystaceum* L. Koch,1870

(24)奇异球蛛 *Theridion mirabilis* Zhu et al. ,1991

(25)*Theridion* sp * *

(26)半月肥腹蛛 *Steatoda cingulata* (Thorell,1890)

(27)四突瘤腹蛛 *Chrosiothes sudabides* (Boes. ,et Str. ,1906)

(28)# 尖尾金腹蛛 *Chrysso argyrodiformis* (Yaginuma,1952)

(29) 唇银斑蛛 *Argyrodes labiatus* Zhu et Song,1992

(30) 日银斑蛛 *Argyrgdes bonadea* (Karsch,1881)

(31)*Argyrgdes* sp * *

(十)皿蛛科 Linyphiidae (5 属 13 种)

(32)卡氏盖蛛 *Neriene cavaleriei* (Schenkel,1963)

(33)# 长肢盖蛛 *Neriene longipedella* (Boes. et Str. ,1906)

(34)# 大井盖蛛 *Neriene oidedicata* Helsdingen,1969

(35)# 花腹盖蛛 *Neriene radiata* (Walckenaer,1841)

(36)# 日本盖蛛 *Neriene japonica* (Oi,1960)

(37)波纹盖蛛 *Neriene cathrata* (Sundevall,1829)

(38)醒目盖蛛 *Neriene emphana* (Walckenaer,1841)

(39)*Neriene* sp * *

(40)草间钻头蛛 *Hylyphantes graminicola* (Sundevall,1830)

(41)草间小黑蛛 *Erigonidium graminicolum* (Sundevall,1928)

(42)食虫沟瘤蛛 *Oedothoras insecticeps* (Boes. et Str. ,1906)

(43)齿螯额角蛛 *Gn thonarium dentatum* (Wider,1834)

(44)驼背额角蛛 *Gnathonarium gibberum* Oi,1960

(十一)肖蛸科 Tetragnathidae (5 属 16 种)

(45)柔弱锯螯蛛 *Pachygnatha tenera* Karsch,1879

(46)四斑锯螯蛛 *Pachygnatha quadrimaculatac* Boesenberg et Strand,1906

(47)# 肩斑银鳞蛛 *Leucaug eblanda* (L. Koch,1878)

(48)# 尖尾银鳞蛛 *Leucaug decorata* (Blackwall,1864)

(49)纵条银鳞蛛 *Leucaug magnifica* Yaginuma,1954

(50)大银鳞蛛 *Leucauge magnifica* Yaginuma,1954

(51)园尾肖蛸 *Tetragnatha vermiformia* Emerton,1884

(52)# 长螯肖蛸 *Tetragnatha mandibulata* Walckenaer,1842

(53)锥腹肖蛸 *Tetragnatha maxillosa* Thorell,1895

(54)黑色肖蛸 *Tetragnatha nigrita* Lendle,1886

(55)华丽肖蛸 *Tetragnatha nitens* (Audouin,1826)

(56)前齿肖蛸 *Tetragnatha praedonia* L. Koch,1878

(57)鳞纹肖蛸 *Tetragnatha squamata* Karsch,1879

(58)黑尾肖蛸 *Tetragnatha cliens* (Chamberlin,1924)

(59)棒络新妇 *Nephila clavata* L. Koch,1878

(60)条斑隆头蛛 *Tylorida striata* (Thorell,1877)

(十二)园蛛科 Araneidae (13 属 45 种)

(61)目金蛛 *Argiope ocula* Fox,1938

(62)悦目金蛛 *Argiope am oena* L. Koch,1878

(63)横纹金蛛 *Argiope bruennichii* (Scopoli,1772)

(64)小悦目金蛛 *Argiope minuta* Karsch,1879

(65)# 贝氏金蛛 *Argiope boesenbergi* Levi,1983

(66)丽金蛛 *Argiope pulchella* Tho rell,1881

(67)# 库氏棘腹蛛 *Gasteracan thakuhli* C. L. Koch,1838

(68)# 哈氏棘腹蛛 *Gasteracan thahasselti* C. L. Koch,1838

(69)# 帕氏尖蛛 *Aculepeira packardi* (Thorell,1875)

(70)蝶斑柔蛛 *Agalenatea fuscocolora ta* (Boesenberg et Strand,1906)

(71)黄斑园蛛 *Araneus ejusmodi* Bsenberg et St rand,1906

(72)# 墨脱园蛛 *Araneus motuoensis* Yin et a l. ,1990

(73)尖腹园蛛 *Araneus pseudocentrodes* Boesenberg et Strand,1906

(74)蝰红园蛛 *Araneus viperifer* Schenkel,1963

(75)有角园蛛 *Araneus angulatus* Clerck,1757

(76)五纹园蛛 *Araneus pentagrammicus* (Karsch,1879)

(77)大腹园蛛 *Araneus ventricosus* (L. Koch,1878)

(78)丰满园蛛 *Araneus lugubris* (Walckenaer,1841)

(79)# 笛氏园蛛 *Araneus dehaani* (Doleschall,1859)

(80)飞雁壮头蛛 *Chorizopes goosus* Yin et a l. ,1990

(81)银斑艾蛛 *Cyclosa argentata* Tan ikaw a et O no,1993

(82)# 黑尾艾蛛 *Cyclosa atrata* Boesenberg et St rand,1906

(83)黑腹艾蛛 *Cyclosa nigra* Yin et a l. ,1990

(84)# 美丽艾蛛 *Cyclosa dives* Simon,1877

(85)*Cyclosa* sp * *

(86)八瘤艾蛛 *Cyclosa octotuberculata* Karsch,1879

(87)圆腹艾蛛 *Cyclosa vallata* (Keyserling,1886)
(88)银背艾蛛 *Cyclosa argenteoalba* Boesenberg et Strand,1906
(89)大明艾蛛 *Cyclosa damingensis* Xie,Yin et Kim,1995
(90)六突艾蛛 *Cyclosa oculata* (Walckenaer,1802)
(91)摩鹿加云斑蛛 *Cyrtop oramoluccensis* (Doleschall,1857)
(92)# 类筒云斑蛛 *Cyrtop horacylindroides* (Walckenaer,1841)
(93)*Cyrtop* sp * *
(94)# 鸟曲腹蛛 *Cyrtarachne bufo* (Boes. et Str. ,1906)
(95)四点亮腹蛛 *Hypsosinga pygmaea* (Sundevall,1831)
(96)# 角类肥蛛 *Larinioid escornuta* (Clerk,1757)
(97)半月新园蛛 *Neoscona semilunaris* (Karsch,1879)
(98)灌木新园蛛 *Neoscona adianta* (Walckenaer,1802)
(99)椭圆新园蛛 *Neoscona elliptica* Tikader et Bal,1981
(100)嗜水新园蛛 *Neoscona nautica* (L. Koch,1875)
(101)拟嗜水新园蛛 *Neoscona pseudonautica* Yin et a l. ,1990
(102)# 拟青新园蛛 *Neoscona pseudoscylla* (Schenkel,1953)
(103)白缘新园蛛 *Neoscona subpullata* (Boesenberg et St rand, 1906)
(104)# 绿腹新园蛛 *Neoscona mellotteei* (Simon,1895)
(105)茶色新园蛛 *Neoscona theisi* (Walckenaer,1841)

(十三)漏斗蛛科 Agelenidae (1 属 3 种)

(106)机敏漏斗蛛 *Agelena difficilis* Fox,1936
(107)缘漏斗蛛 *Agelena limbata* Tho rell,1879
(108)迷宫漏斗蛛 *Agelena labyrinthica* (Clarck,1757)

(十四)栅蛛科 Hahniidae (1 属 1 种)

(109)# 浙江栅蛛 *Hahnia zhejiangensis* Song *et* Zheng,1982

(十五)狼蛛科 Lycosidae(5 属 15 种)

(110)# 小齿水狼蛛 *Pirata denticulata* Liu,1987
(111)类水狼蛛 *Pirata piratoides* (Boesenberg et Strand,1906)
(112)拟水狼蛛 *Pirata subpiraticus* (Boesenberg et Strand,1906)
(113)*Lycosa* sp * *
(114)*Lycosa* sp * *
(115)黑腹狼蛛 *Lycosa coelestis* (L. Koch,1878)
(116)# 二监狼蛛 *Lycosa erjianensis* Yin et Zhao,1996
(117)# 肯氏狼蛛 *Lycosa kempi* Gravely,1924
(118)武昌獾蛛 *Trochosa wuchangensis* (Schenkel,1963)
(119)奇异獾蛛 *Trochosa ruricola* (DeGeer,1778)
(120)沟渠豹蛛 *Pardosa laura* Karsch,1879
(121)星豹蛛 *Pardosa astrigera* L. Koch,1878
(122)# 琼华豹蛛 *Pardosa qionghuai* Yin et al. ,1995
(123)拟环纹豹蛛 *Pardosa pseudoannulata* (Boes. et Str. ,1906)
(124)雾豹蛛 *Pardosa nebulosa* (Tho rell,1872)

(十六)盗蛛科 Pisauridae (3 属 3 种)

(125)兴起狡蛛 *Dolomed esinsurgens* Chamberlin,1924
(126)*Dolomed* sp * *
(127)近亲走蛛 *Thalassius affinis* (Song et Zheng,1982)

(十七)猫蛛科 Oxyopidae (1 属 4 种)

(128)线纹猫蛛 *Oxyopes lineatipes* (L. Koch,1848)
(129)# 爪哇猫蛛 *Oxyopes javanus* Tho rell,1877
(130)细纹猫蛛 *Oxyopes macilen tas* L. Koch,1878
(131)斜纹猫蛛 *Oxyop esserta tus* L. Koch,1877

(十八)褛网蛛科 Psechridae (1 属 1 种)

(132)中华褛网蛛 *Psechrus sinensis* Berland,1914

(十九)卷叶蛛科 Dictynidae (1 属 2 种)

(133)猫卷叶蛛 *Dictyna felis* Boes. et. Str. ,1906
(134)# 芦苇卷叶蛛 *Dictyna arundinacea* Linnaeus,1758

(二十)暗蛛科 Amaurobiidae(1 属 2 种)

(135)丰满隙蛛 *Coelotes impletus* Peng et Wang,1997
(136)被毛隙蛛 *Coelotes mastrucatus* Wang et al. ,1990

(二十一)隐石蛛科 Titanoecidae(1 属 1 种)

(137)# 白纹隐蛛 *Nurscia albofasciata* (Strand,1907)

(二十二)平腹蛛科 Gnaphosidae (3 属 4 种)

(138)鲁氏平腹蛛 *Gnaphosa Rudolf* Schenkel,1963
(139)中华平腹蛛 *Gnaphosa sinensis* Simon,1880
(140)锯齿掠蛛 *Drassodes serratidens* Schenkel,1963
(141)# 淡膝狂蛛 *Zelotes pallidipatellis* (Boes. et Str. ,1906)

(二十三)管巢蛛科 Clubionidae (1 属 3 种)

(142)千岛管巢蛛 *Clubiona kurilensis* Boes. et Str. ,1906
(143)棕管巢蛛 *Clubiona japonicola* Boes. et St r. ,1906
(144)斑管巢蛛 *Clubiona reichlini* Schenkel,1944

(二十四)遁蛛科 Heteropodidae (1 属 2 种)

(145)白额巨蟹蛛 *Heteropoda venatoria* (Linnaeus,1758)

(二十五)拟扁蛛科 Selenopidae (1 属 2 种)

(146)# 袋拟扁蛛 *Selenops bursarius* Karsch,1879
(147)豫拟扁蛛 *Selenop shenanensis* Zhu etM ao,1983

(二十六)逍遥蛛科 Philodromidae (1 属 3 种)

(148)草地逍遥蛛 *Philodrom uscespitum* (Walckenaer,1802)
(149)刺跗逍遥蛛 *Philodrom usspinitarsis* Simon,1895
(150)# 红棕逍遥蛛 *Philodrom usrufus* Walckenaer,1825

(二十七)蟹蛛科 Thomisidae (3 属 7 种)

(151)三突花蟹蛛 *Misumenops tricuspidatus* (Fabricius,1775)
(152)# 角红蟹蛛 *Thomisus labefactus* Karsch,1881
(153)# 白色蟹蛛 *Thomisus olbus* (Gmelin,1788)
(154)# 赫氏花蟹蛛 *Xysticus hedini* Schenkel,1936
(155)波纹花蟹蛛 *Xysticus croceus* Fox,1937
(156)鞍形花蟹蛛 *Xysticus ephippiatus* Simon,1880
(157)*Xysticus* sp * *

(二十八)跳蛛科 Salticidae (10 属 14 种)

(158)黑豹跳蛛 *Aelurillus mnigrum* Kulczynski,1891
(159)华南菱头蛛 *Bianor angulosus* (Karsch,1879)
(160)# 锯艳蛛 *Epocilla calcarata* (Karsch,1880)
(161)# 微突斑蛛 *Euophrys rufibarbis* (Simon,1868)
(162)白斑猎蛛 *Evarcha albaria* (C. L. Koch,1878)
(163)纵条蝇狮 *Marpissa magister* (Karsch,1879)
(164)花腹金蝉蛛 *Phintella bifurcilinea* (Boes. et Str. ,1906)
(165)卡氏金蝉蛛 *Phintella cavaleriei* (Schenkel,1963)
(166)# 条纹金蝉蛛 *Phintella vittata* (C. L. Koch,1846)
(167)# 丽绯蛛 *Phlegra festiva* (C. L. Koch,1834)
(168)黑色蝇虎 *Plexippus paykulli* (Savigny et Audouin,1825)
(169)条纹蝇虎 *Plexippus setipes* Karsch,1879
(170)贝氏翠蛛 *Siler bielawskii* Zabka,1985
(171)蓝翠蛛 *Siler cupreus* Simon,1889

[注]:# 代表江西新记录种;* * 代表新种。

12. 昆虫名录

一、弹尾目 COLLEMBOLA

(一)跳虫科 Poduridae

(1)黑跳虫 *Podura aquatica* Linnaeus

二、缨尾目 THYSANURA

(二)衣鱼科 Lepisnatidae

(2)衣鱼 *Leposma saccharina* Linnaeus

三、竹节虫目 PHASMATODEA

(三)竹节虫科 **Phasmaitidae**

(3)垂臀华枝竹节虫 *Sinophasma brevipenne* Gunther

四、等翅目 ISOPTERA

(四)白蚁科 **Termitidae**

(4). 歪白蚁 *Capritermes nitobei* (Shiraki)

(5)黄翅大白蚁 *Macrotermes barneyi* Light

(6)黑翅土白蚁 *Odontotermes formosanus* (Shiraki)

(五)鼻白蚁科 Rhinotermitidae

(7)家白蚁 *Coptotermes formosanus* Shiraki

(8)黑胸散白蚁 *Reticulitermes chinensis* Snyder

(9)黄胸散白蚁 R. speratus (Kolbe)

五、蜚蠊目 BLATTARIA

(六)蜚蠊科 Blattidae

(10)东方蜚蠊 *Blatta orientalis* Linnaeus

(11)凹缘大蠊 *Periplaneta Americana* Linnaeus

(12)黑胸大蠊 *P. fuliginosa* (Servlle)

(七)姬蠊科 Blattellidae

(13)德国姬蠊 *Blattella germanica* (Linnaeus)

六、螳螂目 MANTODEA

(八)螳螂科 Mantidae

(14)丽眼斑螳 *Creobroter gemmat* (Stoll)

(15)八齿广腹螳螂 *Hierodula membranacea* (Burmeister)

(16)两点广腹螳螂 *H. patellifera* (Serville)

(17)大刀螳 *Paratenodera aridilolia* (stoll)

(18)棕污斑螳 *Statilia maculata* Thunberg

七、直翅目 ORTHOPTERA

(九)斑腿蝗科 Catantopidae

(19)线斑腿蝗 *Catantops pinguis*(Stal)

(20)棉蝗 *Chondracris rosea rosea* (De Geer)

(21)长翅黑背蝗 *Euprepocnemis hokutensis* Shiraki

(22)斑角蔗蝗 *Hieroglyphus annulicornis* (Shiraki)

(23)山稻蝗 *Oxya agavisa* Tsai

(24)中华稻蝗 *O. chinensis* (Thunberg)

(25)短翅蜾蝗 *Quilta mitrata* (Stal)

(26)比氏蹦蝗 *Sinopodisma pieli* (Chang)

(27)短翅凸额蝗 *Traulia ornate* Shiraki

(十)锥头蝗科 Pyrgomorphidae

(28)短额负蝗 *Atractomorpha sinensis* Bolivar

(十一)网翅蝗科 Areyptefidae

(29)黄脊竹蝗 *Ceracris kiangsu* Tsai

(30)青脊竹蝗 *C. nigricornis* Walker

(十二)斑翅蝗科 Oedipidodae

(31)云斑车蝗 *Gastrimargus marmoratus* (Thunberg)

(32)长翅草绿蝗 *Mecostethus alliocerus turanicus* Tarb.

(33)红胫小车蝗 *Oedaleus manjius* Chang

(34)疣蝗 *Ttilophidia annulata* (Thunberg)

(十三)剑角蝗科 Acrodidae

(35)短翅佛蝗 *Phlaeoba angustidorsis* I. Bol.

(36)僧帽佛蝗 *P. infumata* Brunner – Wattenwyl

(十四)菱蝗科 Tetrigidae

(37)高目菱蝗 *Ergatettix dorsiferus* Walker

(十五)蚱科 Tetrigidae

(38)＊广东澳汉蚱 *Austrohancockia kuangtungensis* Tinkham

(39)日本羊角蚱 *Criotettis japonicus* (De haan)

(40)突眼蚱 *Ergatettix dorsiferus* (Walker)

(41)＊长翅长背蚱 *Paratettic uvarovi* Semenov

(42)日本蚱 *Tetrix japonica* (Bolivar)

(十六)蝼蛄科 Gryllotalpidae

(43)东方蝼蛄 *Gryllotalpa orientalis* Burmeister

(44)单刺蝼蛄 *G. unispina* Saussure

(十七)螽蟖科 Tettigonidae

(45)褐树螽 *Callimenllus ferrugineus* (Brunner)

(46)绿叶螽 *Holochjora nawae* Mats & Shiraki

(十八)露螽科 Phaneropteridae

(47)日本条螽 *Ducetia japonica* (Thunberg)

(十九)草螽科 Conocephalidae

(48)长翅草螽 *Conocephalus gladiatus* Redtenbacher

(49)斑翅草螽 *C. maculates* (Le Guillon)

(二十)织娘科 Mecopodidae

(50)纺织娘 *Mecopoda elongata* (Linnaeus)

(二十一)蟋蟀科 Gryllidae

(51)蔗黑蟋 *Acheta bimaculatus* De Geer

(52)短翅灶蟋 *Iryllodes sigitlatus* (Walker)

(53)南方油葫芦 *Teleogryllus mitratus* (Burmeisteir)

八、蜻蜓目 ODONATA

(二十二)蜻科 Libellulidae

(54)锥腹蜻 *Acisoma panorpoides* Rambu r

(55)红蜻 *Crocothemis servilia* Drury

(56)广腹蜻 *Lyriothemis flava* Oquma

(57)网脉蜻 *Neurothemis fulvia* Drury

(58)异色灰蜻 *Orthetrum triangulare* Selys

(59)白尾灰蜻 *O. albistylmu* Selys

(60)狭腹蜻 *O. sabina* Drury

(61)六斑曲缘蜻 *Palpopleura sexmaculata* Fabricius

(62)黄衣蜻 *Pantala flavescens* Fabricius

(63)玉带蜻 *Pseudothemis fulvia* Drury

(64)大赤蜻 *Sympetrum baccha* Selys

(65)夏赤蜻 *S. darwinianum* (Selys)

(66)旭光赤蜻 *S. hypomelas* (Selys)

(二十三)大蜓科 Cordulegasteridae

(67)巨圆臀大蜓 *Anotogaster sieboldii* Selys

(二十四)溪蟌科 Epallagidae

(68)巨尾溪蟌 *Bayadera melanopteryx* Ris

(69)方带暗溪蟌 *Pseudophaea decorate* Selys

(二十五)扇蟌科 Platycenmidae

(70)蓝脊长腹扇蟌 *Coeliccia poungyi* Fraser

(二十六)色蟌科 Agriidae

(71)黑色蟌 *Agrion atratum* selys

(72)赤基色蟌 *Echo incarnata* Karach

(73)透顶单脉色蟌 *Mateona bsilaris basilaris* Selys

(74)痣绿色蟌 *M. earnshawi* Williamson

(75)透翅绿色蟌 *M. andersoni* Mclachlan

(76)烟翅绿色蟌 *M. mneme* Ris

(77)拟绿色蟌 *M. maclachlani* Fraser

九、革翅目 DERMAPTERA

(二十七)球螋缺口绿尺蛾科 Forficulidae

(78)异球螋 *Allodablia scabruscula* Serville

(79)中国球螋 *Forficula mandarina* Bormans

十、同翅目 HOMOPTERA

(二十八)蝉科

(80)缺口绿尺蛾 **Cicadidae**

(81)黑蚱 *Cryptotympana atrata* Fabricius

(82)红蝉 *Huechys sanguinea* De Geer

(83)蓝黑草蝉 *Mogannia cyanea* Walker

(84)大长腹山蝉 *Platyomia pieli* Kato

(85)蟪蛄 *Platypleura kaempferi* Fabricius

(86)暗翅蝉 *Ssieroptera splendidula* (Fabricius)

(87)中国红眼蝉 *Talainga chinensis* Distant

(二十九)角蝉科 Membracidae

(88)桑梢角蝉 *Gargara genistae* Fabricius

(89)羚羊矛角蝉 Leptobelus gazella

(90)背峰角蝉 Pantaleon brunneus

(三十)沫蝉科 Cercopidae

(91)稻沫蝉 *Callitettix versicolor* (Fabricius)

(92)桑赤斑沫蝉 *Cosmoscarta bispecularis* White

(93)斑背隆沫蝉 *C. dorsimacula* Walker

(94)红脊隆沫蝉 *C. mandarina* Distant

(95)脊峰角蝉 *Pantaleon brunneus* Funk

(96)红背肿沫蝉 *Phymataostetha dorsurtta* Walker

(三十一)蜡蝉科 Fulgoridae

(97)斑衣蜡蝉 *Lycorma delicatula* (White)

(三十二)广翅蜡蝉科 Ricaniidae

(98)眼斑广翅蜡蝉 *Pochazia discreta* Melichar

(99)粉黛广翅蜡蝉 *Ricania pulverosa* stal

(100)八点广翅蜡蝉 *R. speculum* (Walker)

(101)柿广翅蜡蝉 *R. sublimbata* Jacobi

(102)褐带广翅蜡蝉 *R. taeniata* Stal

(三十三)蛾蜡蝉科 Flatidae

(103)晨星蜡蝉 *Cryptoflata guttularis* Walker

(104)碧蛾蜡蝉 *Geisha distinctissima* Walker

(三十四)叶蝉科 Cicadellidae

(105)棉叶蝉 *Amrosca biguttula* (Ishida)

(106)华凹大叶蝉 *Bothrogonia sinia* Yang et Li

(107)大青叶蝉 *Cicadella viridis* (Linne)

(108)小绿叶蝉 *Empoasca flavescence* (Fabricius)

(109)白边大叶蝉 *Kolla paulula* (Walker)

(110)四点叶蝉 *Macrosteles quardimaculata* (Matsumura)

(111)窗翅叶蝉 *Mileewa margheritae* Distant

(112)横带叶蝉 *Scaphoideus festivus* Matsumura

(113)黑尾大叶蝉 *Tettigoniella ferruginea* (Fabricius)

(114)白翅叶蝉 *Thaia rubiginosa* Kuoch

(115)桃一点斑叶蝉 *Typhlocyba sudra* (Distant)

(三十五)飞虱科 Delphacidae

(116)灰飞虱 *Laodelphax striatellus* (Fallén)

(117)褐飞虱 *Nilaparvata lugens* (stål)

(118)长绿飞虱 *Saccharosydne procerus* (matsumura)

(119)白背飞虱 *Sogatella furcifera* (Horvath)

(三十六)木虱科 Psyllidae

(120)柑桔木虱 *Diaphorina citri* (Kuwayana)

(121)梧桐木虱 *Thysanogyna limbata* Endderlein

(三十七)粉虱科 Aleyrodidae

(122)黑刺粉虱 *Aleurocanthus spiniferus* (Quaintance)

(123)马氏粉虱 *Aleurolobus marlatti* Quaintance

(124)长粉虱 *Bemisia giffardi* (Kotinsky)

(125)橘黄粉虱 *Dialeurodes citri* (Ashmead)

(三十八)蚜科 Aphididae

(126)桔蚜 *Aphis bambusae* Fullaway

(127)绣线菊蚜 *A. citricola* Van der Goot

(128)豆蚜 *A. citricola* Koch

(129)棉蚜 *A. gossypii* Glover

(130)槐蚜 *A. laburni* Kaltenbach

(131)菊小长管蚜 *Macrosiphoniella sanborni* (Gillette)

(132)桃蚜 *Myzus persicae* (Sulzer)

(133)梨二叉蚜 *Schizaphis piricola* Matsumura

(三十九)大蚜科 Lachnidae

(134)松大蚜 *Cimara pinea* Mordvilko

(135)板栗大蚜 *Lachnus tropocalis* (Van der Goot)

(136)栗黑大蚜 *Pterochlorus saligna* Gmelin

(四十)瘿绵蚜科 Pemphididae

(137)竹角蚜 *Orgema bambusicoda* Takahashi

(138)五倍子蚜 *Schlechtemdalia chinensis* (Bell)

(四十一)珠蚧科 Margarodidae

(139)中华松梢蚧 *Matruckccus sinensis* Chen

(140)吹绵蚧 *Icerya purchasi* Maskell

(141)*日本纽绵蚧 *Takahashia iaponica* Cockerel l

(四十二)粉蚧科 Pseudococcidae

(142)桔小粉蚧 *Pseudococcus citrculus* Green

(四十三)蜡蚧科 Coccidae

(143)角蜡蚧 *Ceroplastes ceriferus* (Anderson)

(144)龟蜡蚧 *C. floridensis* Comstock

(145)朝鲜毛球蚧 *Didesmococcus Korreanus* Borchsenius

(146)白蜡蚧 *Eriocerus pela* (Chavannes)

(147)日本卷毛蜡蚧 *Metaceronema japonica* (Maskell)

(四十四)盾蚧科缺口绿尺蛾 Diaspididae

(148)樟白轮盾蚧 *Aulacaspis rosarum* Bouche

(149)黑褐圆盾蚧 *Chrysonphalus aonidum* (Linnaeus)

(150)松针牡蛎蚧 *Lepidosaphes beckii* (Newman)

(151)山茶片盾蚧 *Parlatoria camelliae* Comstock

(152)糠片盾蚧 *P. pergandii* Comstock

(153)考氏白盾蚧 *Pseudaulacaspis cockerelli* (Cooley)

(四十五)链蚧科 Asterolecaniidae

(154)竹链蚧 *Asterolecamium bambusae* Boisduval

十一、半翅目 HEMIPTERA

(四十六)负子蝽科 Belostomatidae

(155)负子蝽 *Sphaerodema rustica* Fabrcius

(四十七)蝎蝽科 Nepidae

(156)大卵圆蝎蝽 *Laccoterphes japonensis* Scott

(157)卵圆蝎蝽 *Nepa chinensis* Hoffman

(158)小螳蝎蝽 *Ranatra unicolor* Scott

(四十八)仰蝽科 Notonectidae

(159)小仰泳蝽 *Anisops fieberi* Kirkaldy

(160)华仰蝽 *Enithares sinica* stal

(四十九)划蝽科 Corixidae

(161)条划蝽 *Sigara vittipennis* Horvath

(五十)黾蝽科 Geridae

(162)黾蝽 *Aquarium paludum* Fabricius

(五十一)龟蝽科 Plataspidae

(163)方头异龟蝽 *Aponsila montana* (Distant)

(164)筛豆龟蝽 *Megacopta cribraria* (Fabricius)

(165)和豆龟蝽 *M. horvathi* (Montandon)

(166)坎肩豆龟蝽 *M. lobata* (Walker)

(五十二)土蝽科 Cydnidae

(167)侏地土蝽 *Geotomus pygmaeus* (Fabrieus)

(168)青革土蝽 *Maeroscytus subaeneus* (Dallas)

(169)纳加朱土蝽 *Parastrachia nagaesis* Distant

(五十三)盾蝽科 Scutelleridae

(170)丽盾蝽 *Chrysocoris grandis* (Thunberg)

(171)桑宽盾蝽 *Poecilocoris druuaei* (Linnaeus)

(172)油茶宽盾蝽 *P. latus* Dallas

(五十四)荔蝽科 Tessaratomidae

(173)硕蝽 *Eurostus validus* Dallas

(174)斑缘巨蝽 *Eusthenes femoralis* (Westwood)

(175)异色巨蝽 *E. cupreus* (Westwood)

(176)巨蝽 *E. robustus* (Lepeletier et Serville)

(177)玛蝽 *Mattiphus splendidus* Distant

(五十五)兜蝽科 Dinidoridae

(178)九香虫 *Coridius shinensis* (Dallas)

(179)大皱蝽 *Cyclopelta obscura* (Lepeletier et Serville)

(180)无刺瓜蝽 *Megymemun inerme* (Herrich - Schaeffer)

(五十六)蝽科 Pentatonidae

(181)云蝽 *Agonoscelis nubilis* (Fabricius)

(182)柑桔格蝽 *Cappaea taprobanensis* (Dallas)

(183)斑须蝽 *Dolycoris baccarum* (Linnaeus)

(184)麻皮蝽 *Erthesina fullo* (Thunberg)

(185)菜蝽 *Eurydema dominulus* (Scopoli)

(186)青蝽 *Glaucias subpunctatus* (Walker)

(187)素蝽 *Halyabbas unicolor* Distant

(188)茶翅蝽 *Halymorpha halys* (Stal)

(189)卵圆蝽 *Hippota dorsalis* (Stal)

(190)弯角蝽 *Lelia decempunctata* Motschulsky

(191)稻赤曼蝽 *Menida histrio* (Fabricius)

(192)稻绿蝽 *Nezara biridula* (Linnaeus)

(193)稻褐蝽 *Niphe elongate* (Dallas)

(194)脊腹真蝽 *Pentatoma carinata* Yang

(195)莽蝽 *Placosternum taurus* (Fabricius)

(196)珀蝽 *Plautia crossota* Dallas

(197)棱蝽 *Rhynchocoris humeralis* (Thunberg)

(198)珠蝽 *Rubiconia intermedia* (Wolff)

(199)稻黑蝽 *Scotinophara lurida* (Burmeister)

(200)二星蝽 *Stollia guttiger* (Thumberg)

(201)锚纹二星蝽 *S. montivagus* (Distant)

(五十七)同蝽科 Acanthosomatidae

(202)大翅同蝽 *Anaxandra giganteum* (Matsumura)

(203)钝肩狄同蝽 *Dichobothrium nubilum* (Dalls)

(五十八)缘蝽科 Coreidae

(204)瘤缘蝽 *Accanthocoris scaber* (Linnaeus)

(205)斑背安缘蝽 *Anoplocnemis binotata* Distant

(206)红背安缘蝽 *A. phasiana* (Fabricius)

(207)稻棘缘蝽 *Cletus punctiger* Dalls

(208)宽肩达缘蝽 *Dalader planiventris* Westwood

(209)月肩奇缘蝽 *Derepteryx lunata* (Distant)

(210)广腹同缘蝽 *Homoeocerus dilataus* Horvath

(211)小点同缘蝽 *H. marginellus* Herrich et Schaeffer

(212)纹须同缘蝽 *H. striicornis* Scott

(213)一点同缘蝽 *H. unipunctatus* Thunberg

(214)瓦筒缘蝽 *H. walkerianus Lethierry et* Severin

(215)暗黑缘蝽 *Hygia opaca* Uhler

(216)大稻缘蝽 *Leptocorisa acuta* Thunberg

(217)华稻缘蝽 *L. chinensis* Dallas

(218)黑胫侎缘蝽 *Mictis fuscipes* Hsiao

(219)曲胫侎缘蝽 *M. tenebrosa* (Fabricius)

(220)黑竹缘蝽 *Notobitus meleagris* Fabricius

(221)点蜂缘蝽 *Riptortus linearis* Fabricius

(五十九)长蝽科 Lygaeidae

(222)大豆突眼长蝽 *Chauliops fallax* Scott

(223)淡缘长蝽 *Dieuches femoralis* Dohrn

(224)竹后刺长蝽 *Pirkimerus japonicus* Hidaka

(六十)短喙蝽科 Phyllocephalinae

(225)平尾梭蝽 *Megarrhamphus truncatus* (Westwood)

(六十一)红蝽科 Pyrrhocoridae

(226)小斑红蝽 *Physopelta cincticollis* Stal

(227)四斑红蝽 *P. guadriguttata* Bergr

(228)真红蝽 *Pyrrhocoris cincticollis* Stal

(六十二)网蝽科 Tingidae

(229)梨网蝽 *Stephanitis nashi* Esaki et Takaga

(230)樟脊冠网蝽 *S. macaona* Drake

(六十三)猎蝽科 Reduviidae

(231)淡红猎蝽 *Cydnocoris russatus* Stal

(232)黑光猎蝽 *Ectomocoris andreae* (Thunberg)

(233)素猎蝽 *Epidaus famulus* (stal)

(234)齿缘刺猎蝽 *Sclomina erinacea* Stal

(235)黄足猎蝽 *Sirthenea flavipes* Stal

(236)环斑猛猎蝽 *Sphedanolestes impressicollis* (Stal)

(237)淡缘猛猎蝽 *S. pubinotum* Reuter

(238)舟猎蝽 *Staccia diluta* Stal

(六十四)盲蝽科 Miridae
(239)黑肩绿盲蝽 *Curtorrhinus lividipennis* Reuter
(240)小黑跳盲蝽 *Halticus minutus* Reuter
(241)赤须盲蝽 *Megaloceraea ruficornis* Geoffroy
十二、缨翅目 THYSANOPTERA
(六十五)蓟马科 Thripidae
(242)稻蓟马 *Chloethrips oryzae* Willams
(243)花蓟马 *Frankliniella intonsa* Tryborn
(244)塔六点蓟马 *Scirtothrips dorsalis* Hood
(245)褐蓟马 *Thrips fusca* Moulton
(六十六)纹蓟马科 Aeolothripidae
(246)横纹蓟马 *Aeolothrips fasciatus* (Linne)
(六十七)管蓟马科 Phlieithripidae
(247)稻管蓟马 *Haplothrips aculeatus* (Eabricius)
十三、广翅目 MEGALOPTERA
(六十八)齿蛉科 Corydalidae
(248)东方巨齿蛉 *Acanthacorydalis orientalis* (Maclachlan)
(249)中华斑鱼蛉 *Neochauliodes sinensis* (Walker)
(250)星齿蛉 *Protohermes antiausa* Wall.
十四、脉翅目 NEUROPTERA
(六十九)草蛉科 Chrysopidae
(251)大草蛉 *Chrysopa septempunctata* Wesmael
(252)中华通草蛉 *Chrysoperla sinica* (Tjeder)
(七十)蝶角蛉科 Ascalaphidae
(253)蝶角蛉 *Helicomitus dicax* (Walker)
十五、鞘翅目 COLEOPTERA
(七十一)虎甲科 Cicindeldae
(254)金斑虎甲 *Cicindela aurulenta* Fabricius
(255)中国虎甲 *C. chinensis* De Geer
(256)多型虎甲 *C. hybrida* Linnaeus
(七十二)步甲科 Carabidae
(257)雅丽步甲 *Callida lepida* Redtenbacher
(258)硕步甲 *Carabus* (*Apotomopterus*) *davidis* Deyrolle et Fairmaire
(259)拉步甲 *Carabus* (*coptolabrus*) *lafossei*
(260)印度长颈步甲 *Casnoidea indica* (Thunberg)
(261)黄斑青步甲 *Chlaenius micans* Fabricius
(262)屁步甲 *Pheropsophsus mirandus* Bates
(263)广屁步甲 *P. occipitalis* (Macleay)
(七十三)豉甲科 Gyrinidae
(264)麦氏豉甲 *Dineutus mellyi* Cegimart
(七十四)龙虱科 Dytiscidae
(265)齿缘龙虱 *Eretes sticticus* (Linnaeus)
(266)黄条龙虱 *Hydaticus bowringi* Clark
(七十五)葬甲科 Silphidae
(267)大黑葬甲 *Necrophorus concolor* Kraatz
(268)尼负葬甲 *N. nepalensis* Hope
(七十六)花萤科 Cantharidae
(269)黄花萤 *Rhagonycha japonica* Kiesen et Wetter
(七十七)叩头甲科 Elateridae
(270)细胸叩头虫 *Agriotis fusicollis* Miwa
(271)丽叩甲 *Campsosternus auratus* (Drury)
(272)朱肩丽叩甲 *C. gemma* Candeze
(273)暗足重脊叩甲 *Chiagosnius obscuripes* (Gyllenhal)
(274)眼纹斑叩甲 *Cryptalaus larvatus* (Candeze)
(七十八)吉丁虫科 Buprestidae
(275)日本松脊吉丁 *Chalcophora japonica* Gory
(276)赤纹吉丁 *Coraebus sidae* Kerramans
(277)梨金缘吉丁 *Lampra limbata* Gebler
(七十九)拟叩头甲科 Languriidae
(278)拟叩头甲 *Anadastus scutellatus collaris* Crotch
(八十)瓢虫科 Coccinellidae
(279)二星瓢虫 *Adalia bipunctata* (Linnaeus)
(280)细纹裸瓢虫 *Bothrocalvia albolineata* (Schonherr)
(281)四斑裸瓢虫 *Calvia muiri* Timberlaka
(282)七星瓢虫 *Coccinella septempunctata* Linnaeus
(283)横斑瓢虫 *C. transversoguttata* Faldermann
(284)红点唇瓢虫 *Chilocorus kuwanae* Silvestri
(285)宽缘唇瓢虫 *Ch. rufitarsus* Motschulsky
(286)中华食植瓢虫 *Epolachna chinensis* (Weise)
(287)异色瓢虫 *Harmonia axyridis* (Pallas)
(288)红肩瓢虫 *H. dimidiata* (Fabricius)
(289)隐斑瓢虫 *H. yedoensis* (Takizawa)
(290)二十八星瓢虫 *Henosepilachna vigintioctopunctata* (Fabricius)
(291)黄斑盘瓢虫 *Lemnia saucia* (Mulsant)
(292)双带盘瓢虫 *L. biplagiata* (Swartz)
(293)十斑盘瓢虫 *L. bisscllata* Mulsant
(294)六斑月瓢虫 *Menochilus sexmaculata* (Fabricius)
(295)稻红瓢虫 *Micraspis discolor* (Fabricius)
(296)艳色广盾瓢虫 *Platynaspis lewisii* Crotch
(297)龟纹瓢虫 *Propylaea japoica* (Thunberg)
(298)大红瓢虫 *Rodolia rufopilosa* Mulsant
(299)黑襟毛瓢虫 *Scymnus hoffmanni* Weise
(300)深点食螨瓢虫 *Stethorus punctillum* Weise
(八十一)芫菁科 Meloidae
(301)豆芫菁 *Epicauta gorhami* Marseul
(302)毛胫豆芫菁 *E. tibialis* Waterhouse
(303)红头豆芫菁 *E. ruficeps* Illiger
(304)大斑芫菁 *Mylabris phalerata* Pallas
(八十二)拟步甲科 Tenebrionidae
(305)黑菌虫 *Alphitobius diaperinus* Panzer
(306)小菌虫 *A. laevigatus* Fabricius
(307)黄粉虫 *Tenebrio molitor* Linnaeus
(308)赤拟谷盗 *Tribolium castaneum* (Herbst)
(八十三)伪叶甲科 Lagriidae
(309)黑背伪叶甲 *Lagria nigricollis* Hope
(八十四)朽木甲科 Cistelidae
(310)黄朽木甲 *Cteniopinus hypocrite* Marseul
(八十五)粉蠹科 Lyctidae
(311)中华竹粉蠹 *Lyctus sinensis* Lesne
(八十六)锹甲科 Lucanidae
(312)沟纹眼锹甲 *Aegus laevicollis* Saunders
(313)狭长前锹甲 *Prosopocoilus gracilis* Saunders
(314)巨锯锹甲 *Serrognathus titanus* Boisdual
(八十七)长蠹科 Bostrichidae
(315)竹长蠹 *Dinoderus minutus* (Fabricius)

(八十八)金龟科 Scarabaeidae

(316)神农洁蜣螂 *Catharsius mlolssus* (Linnaeus)

(317)中华蜣螂 *Copris sinicus* Hope

(318)翘侧裸蜣螂 *Gymnopleurus sinuatus* Oliver

(八十九)丽金龟科 Rutelidae

(319)斑喙丽金龟 *Adoretus tennuimaculatus* Waterhouse

(320)古黑异丽金龟 *Anomala antique* (Gyllenhal)

(321)脊绿异丽金龟 *A. aulax* (Wiedemann)

(322)深铜绿异丽金龟 *A. castaneoventris* Bates

(323)铜绿异丽金龟 *A. corpulenta* Motschulsky

(324)大光绿异丽金龟 *A. expansa* Bates

(325)深绿毛丽金龟 *A. heydeni* Frivaldszky

(326)中华彩丽金龟 *Mimela chinensis* Kirby

(327)亮绿彩丽金龟 *M. splendens* (Gyllenhal)

(328)黄闪彩丽金龟 *M. testaceoviridis* Blanchard

(329)棉花弧丽金龟 *Popillia mutans* Newman

(330)曲带弧丽金龟 *P. pustlata* Fairmaire

(九十)鳃金龟科 Melolonthidae

(331)粉白鳃金龟 *Cyphochilus apicalis* Waterhouse

(332)粉歪唇鳃金龟 *C. farinosuo* Waterh

(333)江南大黑鳃金龟 *Holotrichia gebleri* Falder

(334)闽正鳃金龟 *Malaisius fujianensis* Zhang

(335)台云鳃金龟 *Polyphylla formosana Nijima et* Matsumura

(336)霉云鳃金龟 *P. nubecula* Frey

(九十一)花金龟科 Cetoniidae

(337)黑斑跗花金龟 *Clinterocera davidis* Faim.

(338)黄斑花金龟 *Glycyphana fulvistemma* (Motschulsky)

(339)斑青花金龟 *Oxycetonia bealiae* Gory et Percheron

(340)小青花金龟 *O. jucunda* Faldermann

(341)褐锈花金龟 *Poecilophilides rusticola* Burmeister

(342)白星花金龟 *Potosia* (*Liocola*) *brevitarsis* (Lewis)

(343)日铜罗花金龟 *Rhomborrihina nigra* Saund

(344)黑绒金龟 *Serica orientalis* Motschulsky

(345)莫带花金龟 *Taeniodera malabariensis* (Gory et Perch)

(九十二)犀金龟科 Dynastidae

(346)双叉犀金龟 *Allomyrina dichotoma* (Linnaeus)

(347)蒙瘤犀金龟 *Trichogomphus monglo* Arrow

(九十三)臂金龟科 Euchiridae

(348)彩臂金龟 *Cheirotonus jonsoni* Jordan

(九十四)天牛科 Cerambycidae

(349)灰长角天牛 *Acalolepta degener* (Bates)

(350)楝闪光天牛 *Aeolesthes induta* (Newman)

(351)黑棘翅天牛 *Aethalodes verrucosus* Gahan

(352)宽翅眼天牛 *Anastathes robusta* Gressitt

(353)星天牛 *Anoplophora chinensis* Forster

(354)拟星天牛 *A. imitatrix* (White)

(355)桑天牛 *Apriona germari* Hope

(356)瘤胸簇天牛 *Aristobia hispida* (Saunders)

(357)桃红颈天牛 *Aromia bungii* Faldermann

(358)黄荆眼天牛 *Astathes episcopalis* Chevrolat

(359)条胸天牛 *Aulaconotus pachypezoides* Thomson

(360)云斑天牛 *Batocera horsfieldi* (Hope)

(361)中华蜡天牛 *Ceresium sinicum* White

(362)竹虎天牛 *Chlorophorus annularis* (Fabricius)

(363)弧纹虎天牛 *C. miwai* Cressitt

(364)六斑绿虎天牛 *C. sexmaculatus* (Mots.)

(365)栎红胸天牛 *Dere thoracica* White

(366)脊胸突天牛 *Diboma costata* (Matsushita)

(367)南方花天牛 *Leptura meridiosinica* Gressitt

(368)密齿锯天牛 *Macrotoma fisheri* Waterhouse

(369)栗山天牛 *Massicus raddei* (Blessig)

(370)薄翅锯天牛 *Megopis sinica* White

(371)泥翅天牛 *Mesosella latefaciata* Pic

(372)橘褐天牛 *Nadezhdiella cantori* (Hope)

(373)缘翅脊筒天牛 *Nupserha marginella* (Bates)

(374)台湾筒天牛 *Oberea formosana* Pic

(375)暗翅筒天牛 *O. fuscipennis* (Chevrolat)

(376)苎麻天牛 *Paraglenea fortunei* (Saunders)

(377)菊小筒天牛 *Phytoecia rufiventris* Gautier

(378)黄带多带天牛 *Polyzonus fasciatus* (Fabricius)

(379)锯天牛 *Prionus insularis* Motschulsky

(380)桔根锯天牛 *Priotyrranus closteroides* (Thomson)

(381)竹红天牛 *Purpuricenus temminckii* Guerin

(382)脊胸天牛 *Rhytidodera bowringii* White

(383)短角幽天牛 *Spondylis buprestoides* Linnaeus

(384)三斑瘦花天牛 *Strangalia costaneonigra* Gressitt

(385)二点瘦花天牛 *S. savioi* Pic

(386)蚤瘦花天牛 *S. fortunei* Pascoe

(387)叉脊虎天牛 *Xylotrechus buqueti* (Castelnau et Gary)

(九十五)豆象科 Bruchidae

(388)豌豆象 *Bruchus pisorum* (Linnaeus)

(389)蚕豆象 *B. rufimanus* Boheman

(390)绿豆象 *Callosobruchus shinensis* (Linnaeus)

(九十六)叶甲科 Chrysomelidae

(391)桑皱鞘叶甲 *Abirus fortunei* (Baly)

(392)榆琉璃叶甲 *Ambrostoma fortunei* Baly

(393)黄守瓜 *Aulacophora femoralis* (Mochulskyts)

(394)黑足黑守瓜 *A. nigripennis* Mochulskyts

(395)棕角胸叶甲 *Basilepta sinarum* Weise

(396)泡桐叶甲 *Basiprionota bisginata* Both.

(397)杨叶甲 *Chrysomela populi* Linnaeus

(398)大猿叶甲 *Colaphellus bowingi* Baly

(399)甘薯叶甲 *Colasposoma dauricum auripenne* (Motschulsky)

(400)核桃扁叶甲 *Gastrolina depressa* Baly

(401)蓝翅瓢萤叶甲 *Oides bowringii* (Baly)

(402)十星瓢萤叶甲 *O. decempunctatus* (Billberg)

(403)黑跗瓢萤叶甲 *O. tarsatus* (Baly)

(404)小猿叶甲 *Phaedon brassicae* Baly

(405)黄曲条跳甲 *Phyllotreta striolata* (Fabricius)

(406)漆跳甲 *Podontia lutea* (Oliv.)

(407)赭色古萤叶甲 *Poleosepharia liquiban* Bara

(九十七)铁甲科 Hispidae

(408)北锯龟甲 *Basiprionota bisignata* (Boheman)

(409)黑盘锯龟甲 *B. whitei* (Boheman)

(九十八)卷象科 Attelabidae

(410)乌桕卷叶象 *Apoderus bicallosicollis* Voss

(411)桃虎 *Rhynchites confragossicollis* Voss
(九十九)象甲科 Curculionidae
(412)茶籽象 *Curculio chinensis* Chevrolat
(413)栗实象 *C. davidi* Fairmaire
(414)中国癞象 *Episomus chinensis* Faust
(415)茶丽纹象 *Myllocerinus aurolineatus* Voss
(416)一字竹象 *Otidognathus davidis* Fairicius
(417)笋小象 *O. jansoni* Roel
(418)＊甜菜筒喙象 *Lixus subtilis* Boheman
十六、鳞翅目 LEOPIDOPTERA
(一百)蝙蝠蛾科 Hepialidae
(419)湖南棒蝠蛾 *Napialus hunanensis* Chu et Wang
(420)一点蝙蛾 *Phassus sinifer* Walker
(一百零一)豹蠹蛾科 Zeuzeridae
(421)咖啡豹蠹蛾 *Zeuzera coffeae* Nietner
(422)梨豹蠹蛾 *Z. pyrina* Staudinger et Rebel
(一百零二)透翅蛾科 Sessidae
(423)板栗透翅蛾 *Aegeria molybdoceps* Hampson
(424)葡萄透翅蛾 *Parathrene regale* Butler
(425)檫树透翅蛾 *Synanthedon* sp.
(一百零三)叶潜蛾科 Phyllocnistidae
(426)柑桔叶潜蛾 *Phyllocnistis citrella* Stainton
(一百零四)谷蛾科 Tineidae
(427)菌谷蛾 *Atabyria bucephala* Snellen
(一百零五)细蛾科 Gracilariidae
(428)茶丽细蛾 *Caloptilia theivora* Walsingham
(一百零六)举肢蛾科 Heliodinidae
(429)竹红举肢蛾 *Oedematopoda semirubra* Meyrick
(一百零七)菜蛾科 Plutellidae
(430)小菜蛾 *Plutella xylostella* Linnaeus
(一百零八)巢蛾科 Yponomeutidae
(431)海南小白巢蛾 *Thecobathra albana* Liu
(432)江西小白巢蛾 *T. ovata* Liu
(433)卫茅巢蛾 *Yponomeuta polystigmellus* Felder
(一百零九)尖蛾科 Cosmopterygidae
(434)竹尖蛾 *Cosmopterx victor* Stringer
(435)茶梢尖蛾 *Parametriotes theae* Kuz
(一百一十)木蛾科 Xyloryctidae
(436)茶木蛾 *Lineclosts genatias* Meyrick
(437)铁杉木蛾 *Metathrinca tsugensis* Kearfott
(一百一十一)草蛾科 Ethmiidae
(438)点带草蛾 *Ethmia lineatonotella* (Moore)
(439)江西草蛾 *E. maculifera* Matsumura
(一百一十二)织蛾科 Oecophoridae
(440)长腿织蛾 *Acolarcha xophthalma* Meyrick
(441)油茶织蛾 *Casmara patrona* Meyrick
(442)褐头织蛾 *Promalactis sakaiella* Matsumura
(一百一十三)卷蛾科 Tortricidae
(443)棉褐带卷蛾 *Adoxophyes orana* Fischer von Roslerstamm
(444)草莓镰翅卷蛾 *Ancylis comptana* (Frolich).
(445)拟后黄卷蛾 *Archips compacta* Meyrick
(446)后黄卷蛾 *A. asiaticus* (Walsingham)
(447)美黄卷蛾 *A. sayonae* Kawabe
(448)湘黄卷蛾 *A. strojuy* Raowski
(449)尖翅小卷蛾 *Bactra tancealana* (Hubner)
(450)马马辛木卷蛾 *Daemilus fulva* (Filipiev)
(451)白钩小卷蛾 *Epiblema foenella* Linnaeus
(452)异型圆斑小卷蛾 *Eudemopsis heteroclita* Liu et Bai
(453)长尾圆斑卷蛾 *E. kirishimensis* Kawake
(454)洋桃小卷蛾 *Gatesclakeana idia* Diakonoff
(455)茶长卷蛾 *Homona magnanima* Diakonoff
(456)越桔黑痣小卷蛾 *Rbopobota latipennis* (Walsingham)
(457)青尾小卷蛾 *Sorolopha agana* (Falkovitsh)
(一百一十四)蓑蛾科 Psychidae
(458)白囊蓑蛾 *Chalioides kondonis* Matsumura
(459)茶蓑蛾 *Cryptothelea minuscule* Butler
(460)大蓑蛾 *C. variegate* Snellen
(461)油桐尖囊蓑蛾 *Chalia larminati* Heylearts
(一百一十五)斑蛾科 Zygaenidae
(462)华庆锦斑蛾 *Erasmia pulchella chinensis* Jordan
(463)茶斑蛾 *Eterusia aedea* Linnaeus
(464)重阳木斑蛾 *Histia rhodope* Cramer
(465)李斑蛾 *Illiberis nigra* Leech
(466)透翅硕斑蛾 *Piarosoma hyaline thibetana* Oberthur
(467)环带锦斑蛾 *Pidorus euchromioides* Walker
(468)桧带锦斑蛾 *P. glaucipis atratus* Butler
(469)赤眉锦斑蛾 *Rhodopsona costata* Walker
(一百一十六)螟蛾科 Pyralidae
(470)朱斑螟 *Addyme inductalis* (Walker)
(471)＊圆斑角须野螟 *Agrotera discinotata* Swinhoe
(472)缘斑须野螟 *Analthes insignis* (Butler)
(473)＊黑缘白丛螟 *Anartula melanophia* (Staudinger)
(474)＊印度稻巢螟 *Ancylolomia indica* Felder
(475)稻巢草螟 *A. japonica* Zeller
(476)＊脉纹斑螟 *Apomyelois fasciatella* Inoue
(477)断纹斑水螟 *Aulacodes laminalis* Hampson
(478)＊胭斑翅野螟 *Bocchoris adipalis* (Lederer)
(479)白斑翅野螟 *B. inspersalis* Zeller
(480)齿斑翅野螟 *B. onychinalis* (Guenee)
(481)黄褐包螟 *Bostra buddhalis* Caradja
(482)白杨缀叶野螟 *Botyodes asialis* Guenee
(483)稻暗水螟 *Bradina admixtalis* Walker
(484)白条紫斑螟 *Calguia defiguralis* Walker
(485)胭翅野螟 *Carminibotys carminalis* Caradja
(486)＊目纹栉角斑螟 *Ceroprepes ophthalmicella* (Christoph)
(487)黄腹长肩野螟 *Charema noctescens* (Moore
(488)芦禾草螟 *Chilo luteellus* (Motschulsky)
(489)二化螟 *Ch. suppressalis* Walker
(490)金黄镰翅野螟 *Circobotys aureadis* (Leech)
(491)圆斑黄缘野螟 *Cirrhochrista brizoalis* Walker
(492)稻纵卷叶野螟 *Cnaphalocrocis medinalis* Guenee
(493)＊牧草螟 *Crambus pascuellus* Linnaeus
(494)黄环绢野螟 *Diaphania annulata* (Fabricius)
(495)三斑绢野螟 *D. actorionalis* (Walker
(496)＊ *D. chilka* Moore
(497)齿斑翅野螟 *D. onychinalis* Guenee

(498)瓜绢野螟 *D. indica* Saunders
(499)白蜡绢野螟 *D. nigropunctalis* (Bremer)
(500)黄杨绢野螟 *D. perspectalis* Walker
(501)桑绢野螟 *D. pyloalis* (Walker)
(502)目斑纹翅野螟 *Diasemia distinctalis* Leech
(503)白斑翅野螟 *Diasticitis inspersalis* (Zeller)
(504)缘斑水螟 *Diathrausta brevifascialis* (Wileman)
(505)三条蛀野螟 *Dichocrocis chlorophanta* Butler
(506)甘薯蛀野螟 *D. diminutive* Warren
(507)桃蛀野螟 *D. punctiferalis* Guenee
(508)并脉歧角螟 *Endotricha consocia* (Butler)
(509)＊库氏歧角螟 *E. kuznetzovi* Whalley
(510)玫歧角螟 *E. portialis* Walker
(511)竹黄腹大草螟 *Eschata Miranda* Bleszynski
(512)＊赭纹冠须螟 *Eulophopalpia pauperalis* Inoue
(513)黄翅双叉端环野螟 *Eumorphhobotys eumorphalis* Caradja
(514)赭翅双叉环野螟 *E. obscuralis* Caradja
(515)褐纹丝角野螟 *Filodes mirificalis* Lederer
(516)黄犁角野螟 *Goniorhynchus marginalis* Warren
(517)＊ *Guastica semilutea* Walker
(518)＊灰双纹螟 *Herculia glaucinalis* Linnaeus
(519)赤双纹螟 *H. pelasgalis* Walker
(520)赭翅长距野螟 *Hyalobathra coenostolalis* Snellen
(521)双白带野螟 *Hymenia perspectalis* Hübner
(522)甜菜白带野螟 *H. recurvalis* Fabricius
(523)蜂巢螟 *Hypsoygia mauritalis* Boisduval
(524)褐巢螟 *H. regina* Butler
(525)艳瘦翅野螟 *Ischnurges gratiosalis* Walker
(526)＊黑基须丛螟 *Jocara melanobasis* (Hampson)
(527)暗纹沟须丛螟 *Lamida obscura* (Moore)
(528)波纹柄脉禾螟 *Leechia sinuosalis* South
(529)缀叶丛螟 *Locastra muscosalis* Walker
(530)油桐卷斑螟 *Longiculctia vinaceella anstractella* Roesler
(531)宽缘刷须野螟 *Marasmia latimaeginalis* Hampson
(532)水稻刷须野螟 *M. venilialis* Walker
(533)豆荚野螟 *Maruca testulalis* Geyer
(534)＊黄色带草螟 *Metaeuchromius fulvusalis* Chen et Song
(535)褐翅蚀叶野螟 *Nacoleia indistincta* Warren
(536)黑斑蚀叶野螟 *N. maculalis* South
(537)黄缘云纹野螟 *Nephelobotys nephelistalis* (Hampson)
(538)＊ *Nephopterix mikadella* Ragonot
(539)＊ *Nomis albopedalis* Motschulsky
(540)茶须野螟 *Nosophora semitritalis* (Lederer)
(541)黑萍水螟 *Nymphula enixalis* Swinhoe
(542)棉水螟 *N. interruptalis* Zeller
(543)褐萍水螟 *N. responsalis* Walker
(544)塘水螟 *N. stgnata* (Donovan)
(545)＊四纹目水螟 *N. saigusai* Yoshiyasu
(546)切翅点水螟 *Oligostigma excia* (Swinhoe)
(547)盐肤木瘤丛螟 *Orthaga euadrusalis* Walker
(548)橄绿瘤丛螟 *O. olivacea* (Warren)
(549)艳双点螟 *O. plangonalis* Walker
(550)＊小直纹螟 *Orthopygia nannodes* (Butler)
(551)＊ *O. repetia* Butler
(552)亚洲玉 m 螟 *Ostrinia furnacalis* (Guenee)
(553)＊豆秆野螟 *O. zealis varialis* (Bremer)
(554)金双点螟 *Orybina flaviplaga* Walker
(555)赭双点螟 *O. honei* Caradja
(556)洁波水螟 *Parthenodes prodigalis* (Leech)
(557)接骨木尖须野螟 *Pagyda amphisalis* (Walker)
(558)＊曲纹绢须野螟 *Palpita curvilinea* (Janse)
(559)＊黄环绢野螟 *P. inusitata* (Butler)
(560)白腊绢野螟 *P. nigropunctalis* Bremer
(561)小绢须野螟 *P. parvifraterna* Inoue
(562)柄脉脊翅野螟 *Paranacolea lophophoralis* (Hampson)
(563)＊大黄野螟 *Pionea ingentalis* Caradja
(564)＊ *Pleuroptya scinisalis* (Walker)
(565)三纹扇野螟 *P. harutai* Inoue
(566)＊二斑扇野螟 *P. deficiens* (Moore)
(567)四目卷叶野螟 *P. inferior* (Hampson)
(568)＊甘薯蛀野螟 *P. plagiatalis* (Walker)
(569)大白斑野螟 *Polythlipta liquidalis* Leech
(570)＊双环纹野螟 *Preneopogon catenalis* (Wileman)
(571)黑脉厚须螟 *Propachys nigrivena* Walker
(572)＊宽缘狭翅野螟 *Prophantis adusta* Inoue
(573)水稻切叶野螟 *Psara licarsisalis* (Walker)
(574)＊稻切叶野螟 *P. rudis* (Warren)
(575)缨突角野螟 *Pseudanalthes idyalis* Walker
(576)稻黄缘白草螟 *Pseudocatharylla inclaralis* (Walker)
(577)黄纹银草螟 *Pseudargyria inerruptella* (Walker)
(578)＊黄带螟 *Pyralis intermedialis* Caradja
(579)＊拟紫斑谷螟 *P. lienigialis* (Zeller)
(580)＊小黑野螟 *Pyrausta limbata* (Butler)
(581)＊ *Pycnarmon aeriferalis* (Moore)
(582)乳翅卷野螟 *P. lactiferalis* (Walker)
(583)＊淡黄翅野螟 *P. tylostegalis* (Hampson)
(584)＊ *Quasipuer infamella* Roesler
(585)橙缘盾额禾螟 *Ramila acciusalis* Walker
(586)红云翅斑螟 *Salebria semirubella* Scopoli
(587)细纹拱翅野螟 *Sameodes peritalis* (Walker)
(588)三化螟 *Scirpophaga incertulas* Walker
(589)竹绒野螟 *Sinibotys evenoralis* Walker
(590)小竹绒野螟 *S. habisalis* Walker
(591)＊黄尖锥额野螟 *Sitochroa umbrosalis* (Warren)
(592)白缘缨须螟 *Stemmatophora albifimbrialis* (Hampson)
(593)紫翅缨突螟 *S. joiceya* Caradja
(594)＊黄纹丛螟 *Stericta haraldusalis* (Walker)
(595)锈纹丛螟 *S. rubiginetincta* Caradja
(596)＊枇杷卷叶野螟 *Sylepta balteata* (Fabricius)
(597)棉卷叶野螟 *S. derogata* Fabricius
(598)葡萄卷叶野螟 *S. luctuosalis* Guenee
(599)四目卷叶野螟 *S. inferior* Hampson
(600)四斑卷叶野螟 *S. quadrimaculais* Kollar
(601)火红环角野螟 *S. floridalis* Zeller
(602)麻楝棘丛螟 *Termioptycha margarita* Butler
(603)阿 m 网丛螟 *Teliphasa amica* Butler

(604) * *T. albifusa* Hampson
(605) * *T. sakishimensis* Inoue & Yamanaka
(606) * *T. wlegans* Butler
(607)卡氏果蛀野螟 *Thliptoceras caradjai* Mmnroe et Mutuuta
(608)黄头长须短鄂螟 *Trebania flavifrontalis* Leech
(609) * 鼠灰长须螟 *T. muricolor* Hampson
(610) * 蓝绿长须螟 *T. postalbalis* Caradja
(611) * 红缘须歧角螟 *Trichophysetis rufoterminalis* (Christoph)
(612)黄黑纹野螟 *Tyspanodes hypsalis* Warren
(613)橙黑纹野螟 *T. striata* (Butler)
(614) * 锈黄缨突野螟 *Udea ferrugalis* Hubner
(615) * 双斑伸喙野螟 *Uresiphita dissipatalis* (Lederer)
(616) * 杨芦伸喙野螟 *U. tricolor* (Butler)
(617) * 黄翅黑点野螟 *Vittabotys mediomaculalis* Mmnroe et Mutuuta

(一百一十七)刺蛾科 Limacodidae

(618)灰双线刺蛾 *Cania bilineata* Walker
(619)白痣蛇刺蛾 *Chalcocelis albiguttata* (Snellen)
(620)仿蛇刺蛾 *Chalcoscelides castaneipars* Cmoney
(621)黄刺蛾 *Cnidocampa flavescens* (Walker)
(622)长须刺蛾 *Hyphorma minax* Walker
(623)银点绿刺蛾 *Latoia albipuncta* Hampson
(624)两色绿刺蛾 *L. bicolor* (Walker)
(625)宽边绿刺蛾 *L. canangae* (Hering)
(626)褐边绿刺蛾 *L. consocia* Walker
(627)卵斑绿刺蛾 *L. convexa* (Hering)
(628)双齿绿刺蛾 *L. hilarata* (Staudinger)
(629)丽绿刺蛾 *L. lepida* (Craomer)
(630)迹斑绿刺蛾 *L. pastoralis* Butler
(631)媚绿刺蛾 *L. repanda* Walker
(632)闪银纹刺蛾 *Miresa fulgida* Wileman
(633)迹银纹刺蛾 *M. inornata* Walker
(634)斜纹刺蛾 *Oxyplax ochracea* (Moore)
(635)枣奕刺蛾 *Phlossa conjuncta* (Walker)
(636)茶奕刺蛾 *Ph. thaumasta* Hering
(637)绒刺蛾 *Phocoderma velutina* kollar
(638)细刺蛾 *Pseudidonauton admirable* Hering
(639)角齿刺蛾 *Rhamnosa angulata kwangtungensis* Hering
(640)显脉球须刺蛾 *Scopelodes venosa kcoangtunensis* Hering
(641)桑褐刺蛾 *Setora pastornata* (Hampson)
(642)素刺蛾 *Susica pallida* Walker
(643)锈扁刺蛾 *Thosea rufa* Wileman
(644)扁刺蛾 *T. sinensis* (Walker)

(一百一十八)网蛾科 Thyrididae

(645)金盏网蛾 *Camptochilus sinuosus* Warren
(646)斜线网蛾 *Striglina scitaria* Walker
(647)一点斜线网蛾 *S. vialis* Moore

(一百一十九)凤蛾科 Epicopeidae

(648)福建凤蛾 *Epicopeia caroci fukienensis chu et* Wang
(649)红头凤蛾 *E. caroli* Jane
(650)天目凤蛾 *E. caroci tienmuensis chu et* Wang
(651)浅翅凤蛾 *E. hainesi sinicaria* Leech
(652)榆凤蛾 *E. mencia* Moore

(一百二十)圆钩蛾科 Cyclidiidae

(653)洋麻圆钩蛾 *Cyclidia substigmaria* (Hubner)
(654)赭圆钩蛾 *C. orciferaria* (Walker)

(一百二十一)钩蛾科 Drepanidae

(655)紫线灰钩蛾 *Albara griseotincta* Wileman
(656)赤杨镰钩蛾 *Drepana curvatula* (Borkhauser)
(657)缺缘钩蛾 *Leucoblepsis excise* Hampson
(658)窗翅钩蛾 *Macrauzata fenestraria* Moore
(659)交让木钩蛾 *Oreta insignis* (Bltler)
(660)点带钩蛾 *O. purpurea* Inoue
(661)三线钩蛾 *Pseudalbara parvula* (Leech)
(662)荚蒾钩蛾 *Psilorata pulcnripes* (Butler)
(663)接骨木钩蛾 *P. loochooana* (Swinhoe)
(664)白星黄钩蛾 *Tridrepana crocea* (Leech)
(665)波纹黄钩蛾 *T. flava flava* Moore

(一百二十二)波纹蛾科 Thyatiridae

(666)双条波纹蛾 *Bocana bistrigata* Staudinger
(667)浩波纹蛾 *Habrosyne derasa* Linnaeus
(668)阔洒波蚊蛾 *Saronaga commifera* Warren
(669)苔斑波纹蛾 *Thyatira batis* Linnnaeus

(一百二十三)尺蛾科 Geometridae

(670)萝摩艳青尺蛾 *Agathia carissima* Butler
(671)黄星尺蛾 *Arichanna melanaria flaterna* Butler
(672)大造桥虫 *Ascotis selenaria schiffermuller et* Denis
(673)对白尺蛾 *Asthena undulata* (Wileman)
(674)焦边尺蛾 *Bizia aexaria* Walker
(675)茶担尺蛾 *Boarmia diorthogonia* Wehrli
(676)皱霜尺蛾 *B. displispliscans* Butler
(677)掌尺蛾 *Buzura recursaria* Bremer et Grey
(678)油桐尺蛾 *B. suppressaria* Guenee
(679)玉臂黑尺蛾 *B. recursaria superans* Butler
(680)丝棉木金星尺蛾 *Calospilos suspecta* Warren
(681)中国四眼绿尺蛾 *Chlorodontopera mandarinata* (Leech)
(682)长纹绿尺蛾 *Comibaena argentataria* Leech
(683)栎绿尺蛾 *C. delicatior* Warren
(684)三线灰黄尺蛾 *Corypha incongruaria* Walker
(685)木撩尺蛾 *Culcula pantarinaria* Bremer et Grey
(686)赭点峰尺蛾 *Dindica para* Swinhoe
(687)黄齿纹波尺蛾 *Electrophaes taiwana* Inoue
(688)栉尾尺蛾 *Euctenurapteryx macullicaudaria* Mosulsky
(689) * 缺口褐尺蛾 *Fascellina chromataria* Walker
(690)黑纹绿尺蛾 *F. icteria* Wehrli
(691) * 缺口绿尺蛾 *F. plagiata* Butler
(692)贡尺蛾 *Gonodontis aurata* Prout
(693)柑橘尺蛾 *Hemerophila subplagiata* Walker
(694)四点角缘尺蛾 *Hyposiccia punctigera* (Leech)
(695)橄璃尺蛾 *Lrananda oliveomarginata* Swinhoe
(696)癞绿尺蛾 *Lophomachia semialba* Walker
(697)隐纹枝尺蛾 *Luxiaria contigaria* Walker
(698)桑尺蛾 *Menophra atrilineata* (Butler)
(699)豆纹尺蛾 *Metallolophia arenania* Leech
(700)拟黄纹枝尺蛾 *Nothomixa flavicosta* Prout
(701)黄纹枝尺蛾 *N. Formosa* Butler

(702)枯斑翠尺蛾 *Ochrognesia difficta* Walker
(703)四星尺蛾 *Ophthalmodes irrorataria* Bremer et Grey
(704)中华星尺蛾 *O. senensium* Oberthur
(705)赭尾尺蛾 *Ourapteryx aristidaria* Oberthur
(706)雪尾尺蛾 *O. nivea* Butler
(707)柿星尺蛾 *Percnia giraffata* Guence
(708)三线沙尺蛾 *Sarcinodes aequilinearia* (Walker)
(709)二线沙尺蛾 *S. carnearia* Guenee
(710)斜线沙尺蛾 *S. debitaria* Walker
(711)一线沙尺蛾 *S. restitutaria* Walker
(712)黑点黄纹银尺蛾 *Scopula superciliata* Prout
(713)槐尺蛾 *Semiothisa (Macaria) cinerearia* Brener et Grey
(714)尘尺蛾 *Serraca punctinalis conferenda* Bytler
(715)忍冬尺蛾 *Somatina indicataria* Walker
(716)钩镰翅绿尺蛾 *Tanaormia Cynthia ricina* Donovan
(717)三岔镰翅绿尺蛾 *T. vittata* Moore
(718)江西垂耳尺蛾 *Terpna erionoma kiangsiensis* Chu
(719)江浙垂耳尺蛾 *T. iterans* Prout
(720)双线垂耳尺蛾 *T. varicoloria* Moore
(721)樟翠尺蛾 *Thalassodes quadraria* Guenee
(722)白纹玉臂尺蛾 *Xandrames latiferaria* Walker
(723)中国虎尺蛾 *Xanthabraxas hencionata* Guenee

(一百二十四)舟蛾科 Notodontidae

(724)银刀奇舟蛾 *Allata argyropeza* (Oberthur)
(725)杨二尾舟蛾 *Cerura menciana* Moore
(726)著蕊尾舟蛾 *Dudusa nobilis* Walker
(727)黑蕊尾舟蛾 *D. sphingifomis* Moore
(728)角瓣舟蛾 *Dypna triangularis* Kiriakoff
(729)凹缘舟蛾 *Euhampsonia niverceps* (Walker)
(730)新涟舟蛾 *Fentonia parabolica* (Matsumura)
(731)钩翅舟蛾 *Gangarides charma* Moore
(732)甘舟蛾 *Gangaridopsis citrina* (Wileman)
(733)赣闽舟蛾 *Ganninla hamata* Cai
(734)黄檀丑舟蛾 *Hyperaeschra pallida* Butler
(735)黄二星舟蛾 *Lampronadata cristata* (Butler)
(736)竹缕舟蛾 *Loudonta dispar* (Kinakoff)
(737)间掌舟蛾 *Mesophalera stigmata* (Butler)
(738)黑带新林舟蛾 *Neodrymonia basdis* (Mare)
(739)云舟蛾 *Neopheosia fasciata* (Moore)
(740)新奇舟蛾 *Neophyta sikkima* (Moore)
(741)梭舟蛾 *Netria viridescens* Walker
(742)朴娜舟蛾 *Norracoides basinotata* (Wileman)
(743)著内斑舟蛾 *Peridea aliena* (Staudinger)
(744)刺槐掌舟蛾 *Phalera grotei* (Moore)
(745)刺桐掌舟蛾 *P. raya* Moore
(746)灰掌舟蛾 *P. torpidp* Walker
(747)半齿舟蛾 *Semidonta biloba* (Oberthur)
(748)绿蚁舟蛾 *Stauropus virescens* Moore
(749)台湾银斑舟蛾 *Tarsolepis Taiwan* Wilenan
(750)土舟蛾 *Togepteryx velutina* (Oberthur)

(一百二十五)毒蛾科 Lymantriidae

(751)茶白毒蛾 *Arctornis alba* (Bremer)
(752)肾毒蛾 *Cifuna locuples* Walker
(753)苔肾毒蛾 *C. Eurydice* (Butler)
(754)松茸毒蛾 *Dasychira axutha* Collenette
(755)褐结茸毒蛾 *D. contexta* Chao
(756)雀茸毒蛾 *D. melli* Collenette
(757)漫星黄毒蛾 *Euproctis plana* Walker
(758)污黄毒蛾 *E. hunanensis* Coclenetta
(759)叉带黄毒蛾 *E. angulata* Matsumura
(760)乌桕黄毒蛾 *E. bipunctapex* (Hampson)
(761)双弓黄毒蛾 *E. diploxutha* Collenetta
(762)隐带黄毒蛾 *E. inconspicua* Leech
(763)茶黄毒蛾 *E. pseudoconspersa* Strand
(764)素毒蛾 *Lealia coenosa* (Hubner)
(765)瑕素毒蛾 *L. monoscola* Collenette
(766)脂素毒蛾 *L. giganter* Hampson
(767)点窗毒蛾 *Leucoma diaphora* Collenette
(768)条毒蛾 *Lymantria dissolute* Swinhoe
(769)黄斜带毒蛾 *Numenes disparilis* Staudinger
(770)刚竹毒蛾 *Pantanu visum* (Hubner)
(771)榕透翅毒蛾 *Perina nuda* (Fabricius)
(772)黑褐盗毒蛾 *Porthesia atereta* Collenette
(773)盗毒蛾 *P. similes* (Feussly)
(774)鹅点足毒蛾 *Redona anser* Collenette
(775)茶点足毒蛾 *R. phaeocraspeda* Collenette

(一百二十六)灯蛾科 Arctiidae

(776)纹散灯蛾 *Argina argus* Kollar
(777)大丽灯蛾 *Callimorpha histrio* Walker
(778)黑条灰灯蛾 *Creatonotus gangis* (Linnaeus)
(779)八点灰灯蛾 *C. transiens* (Walker)
(780)粉蝶灯蛾 *Nyctemera plagifera* Walker
(781)乳白斑灯蛾黄色亚种 *Pericalia yalactina ochracen* Meu
(782)闪光玫灯蛾 *Rhodogaslria astreus* (Drury)
(783)净雪灯蛾 *Spilosoma album* (Brener et Gray)
(784)火焰污灯蛾 *Spilarctia flammeola* (Moore)
(785)星白雪灯蛾 *S. menthastri* (Esper)
(786)白雪灯蛾 *S. nivea* (Menetries)
(787)强污灯蛾 *S. robusta* (Leech)
(788)尘污灯蛾 *S. oblique* (Walker)
(789)人纹污灯蛾 *S. subcarnea* (Walker)

(一百二十七)苔蛾科 Lithosiidae

(790)黄黑华苔蛾 *Agylla alboluteola* Rothschild
(791)白黑华苔蛾 *A. ramelana* (Moore)
(792)珠雪苔蛾 *Chionaema ariadne* (Elwes)
(793)优雪苔蛾 *C. hamata* (Walker)
(794)桔红雪苔蛾 *Chionaema interrogationis* (Povjade)
(795)蓝缘苔蛾 *Conilepia nigricosta* Leech
(796)圆斑土苔蛾 *Eilema signata* (Walker)
(797)长斑土苔蛾 *E. tetragona* Walker
(798)灰土苔蛾 *E. griseola* (Hubner)
(799)黄土苔蛾 *E. nigripoda* (Bremer et Grey)
(800)异美苔蛾 *Miltochrista aberrans* Butler
(801)黑缘美苔蛾 *M. delineate* (Walker)
(802)齿美苔蛾 *M. dentifnscia* Hampson
(803)珠美苔蛾 *M. pulchra* Butler

(804)线美苔蛾 *M. linga* Moore
(805)优美苔蛾 *M. striata* Bremer et Gney
(806)之美苔蛾 *M. ziczae* Walker
(807)端黑美苔蛾 *Miltochrista terminifusca* Danel
(808)蓝黑闪苔蛾 *Pataoma fukiensis* Daniel
(809)乌闪苔蛾 *Paraona staudingen* Alpheraley
(810)圆斑苔蛾 *Xandrames dholaria superans* Butler

(一百二十八)鹿蛾科 Amatidae

(811)广鹿蛾 *Amata emma* (Butler)

(一百二十九)天蛾科 Sphingidace

(812)鬼脸天蛾 *Acherontia lachesis* (Fabricius)
(813)灰天蛾 *Acosmerycoides leucocraspis leucocraspis* (Harnpson)
(814)缺角天蛾 *Acosmeryx castanea* Rathschild
(815)葡萄缺角天蛾 *A. naga* (Moore)
(816)赭绒缺角天蛾 *A. sericeus* (walker)
(817)葡萄天蛾 *Ampelophaga rubiginosa rubiginosa* Bremer et Grey
(818)条背天蛾 *Cechenena bineosa* (Walker)
(819)南方豆天蛾 *Clanis bilineata bilineata* (Walker)
(820)洋槐天蛾 *C. deucalion* (Walker)
(821)芒果天蛾 *Compsogene panopus* (Cramer)
(822)大星天蛾 *Dolbina inexacta* (Walker)
(823)绒星天蛾 *D. tancrei* Staudinger
(824)横带天蛾 *Enpinaga tronstriata* Chu et Wang
(825)松黑天蛾 *Hyloicus caligineus sinicus* Rothschild et Jordan
(826)椴六点天蛾 *Marumba dyras* (Walker)
(827)梨六点天蛾 *M. gaschkewitschi complacens* Walker
(828)枇杷六点天蛾 *M. spectabicia* Butler
(829)黑长喙天蛾 *Macraglosum pyrrhosticya* (Butler)
(830)栎鹰翅天蛾 *Oxyambulyx liturata* (Butler)
(831)鹰翅天蛾 *O. ochracea* (Butler)
(832)核桃鹰翅天蛾 *O. schauffelbergeri* (Bremel et Grey)
(833)构月天蛾 *Paeurn colligate* (Walker)
(834)月天蛾 *P. porphyria* (Butler)
(835)红天蛾 *Pergesa wlpenor lellisi* (Butler)
(836)紫光盾天蛾 *Phyllosphingnia dissimilis sinensis* Jordan
(837)霜天蛾 *Psilogramma menephron* (Cramer)
(838)华中白肩天蛾 *Rhagastis mongoliana centrosinaria* Chu et Wang
(839)广东蓝目天蛾 *Smerithus planus kuantungensis* Clark
(840)斜纹天蛾 *Theretra clotho clotho* (Drury)
(841)雀纹天蛾 *T. japonica* (Orza)
(842)青背斜纹天蛾 *T. nessus* (Drury)
(843)芋双线天蛾 *T. oldenlandiae* (Fabricius)

(一百三十)夜蛾科 Noctuidae

(844)榆剑纹夜蛾 *Acronicta Hercules* Felder
(845)桃剑纹夜蛾 *Acronicta incretata* Hampson
(846)桑剑纹夜蛾 *A. major* Bremer
(847)梨剑纹夜蛾 *A. rumicis* Linnaeus
(848)紫剑纹夜蛾 *A. subpurpurea* Matsumura
(849)大红裙扁身夜蛾 *A. monolitha* Guenee
(850)曙夜蛾 *Adisura atkinsoni* Moore
(851)小地老虎 *Agrotis ipsilon* (Hufnagel)
(852)绿鲁夜蛾 *Amathes semiherbida* Walker
(853)小桥夜蛾 *Anomis flava* (Fabricius)
(854)超桥夜蛾 *A. fulvida* Guenee
(855)中桥夜蛾 *A. mesogona* (Walker)
(856)斜额夜蛾 *Antha grata* Butler
(857)青安纽夜蛾 *Anua coronata* Cramer
(858)折纹殿尾夜蛾 *Anuga multoplicans* (Walker)
(859)中带薄夜蛾 *Araeognatha lankesteri* Leech
(860)锈斑丽夜蛾
(861)苎麻夜蛾 *Arcte coerula* (Guenee)
(862)银纹夜科 *Argyrogramma agnate* Staudinger
(863)白条银纹夜蛾 *A. albostriata* Bremer et Grey
(864)斜线关夜蛾 *Artena dotata* (Fabricius)
(865)大棱夜蛾 *Arytyura musculus*
(866)干煞夜蛾 *Azazia rubricans* Boisduval
(867)线拟胸须夜蛾 *Bertula hisbonalis* Walker
(868)柿癣皮夜蛾 *Blenina senex* Butler
(869)张卜馍夜蛾 *Bomolocha rhombalis* (Guenee)
(870)畸夜蛾 *Borsippa quadrilineata* Walker
(871)散纹夜蛾 *Callopistria juventina* (Stoll)
(872)弧角散纹夜蛾 *C. duplicans* Walker
(873)红晕散纹夜蛾 *C. repleta* Walker
(874)沟散纹夜蛾 *C. rivularis* Walker
(875)脉散纹夜蛾 *C. venata* Leech
(876)白纹顶夜蛾 *Callyna contracta* Warren
(877)半点顶夜蛾 *C. semivitta* Moore
(878)疖角壶夜蛾 *Calyptra minuticornis* Guenee
(879)间赭夜蛾 *Carea internifusca* Hampson
(880)飘夜蛾 *Clethrorasa pilcheri* (Hampson)
(881)楚点夜蛾 *Condica dolorsa* (Walker)
(882)柑桔孔夜蛾 *Corgatha dictaria* Walker
(883)醉孔夜蛾 *C. ruficeps* Walker
(884)克立夜蛾 *Crithota horrudipes* Walker
(885)斑蕊夜蛾 *Cymatophoropsis sinuata* Moore
(886)三斑蕊夜蛾 *C. trimaculata* (Bremer)
(887)归裘夜蛾 *Dasygaster reversa* Moore
(888)斜尺夜蛾 *Dierna strigata* (Moore)
(889)鼎点钻夜蛾 *Earias cupreoviridis* (Walker)
(890)粉缘钻夜蛾 *E. pudicana* Staudinger
(891)纹斑钻夜蛾 *E. raseifera* Butler
(892)宏肾白夜蛾 *Edessena gentiusalis* Walker
(893)旋皮夜蛾 *Eligma narcissus* Cramer
(894)朴变色夜蛾 *Enmonodia feniseca* Guenee
(895)变色夜蛾 *E. vespertolio* Fabricius
(896)白线蓖夜蛾 *Episparis liturata* Christoph
(897)涟篦夜蛾 *E. tortuosalis* Moore
(898)目夜蛾 *Erebus srepiscularis* (Linnaeus)
(899)毛目夜蛾 *E. pilosa* (Leech)
(900)顶斑猎夜蛾 *Eublemma tristalis* Leech
(901)漆尾夜蛾 *Eutelia geyeri* Felder
(902)灰尾夜蛾 *E. chalybsa* Hampsom
(903)银斑砌石夜蛾 *Gabala argentata* Butler

(904)癞皮夜蛾 *Gadiriha inexacta* Butler
(905)霜夜蛾 *Gelastocera exusta* Butler
(906)三斑蕊夜蛾 *Gymatophoropsis trima culata* Bremer
(907)哈夜蛾 *Hamodes caranea* Cramer
(908)烟实夜蛾 *Heliothis assulta* (Guenee)
(909)茶色狭翅夜蛾 *Hermonassa* Cecilia Butler
(910)长须夜蛾 *Hypena rostralis* Linnaeus
(911)鹰夜蛾 *Hypocala deflorata* (Fabricius)
(912)柿梢鹰夜蛾 *H. moorei* Butler
(913)苹梢鹰夜蛾 *H. subsatum* Guenee
(914)革梢弯夜蛾 *H. subsatura* Guenee
(915)东方粉翠夜蛾 *Hylophilodes orientalis* Hampson
(916)日雅夜蛾 *Iambia japonica* Sugi
(917)坑翅夜蛾 *Ilattia octo* (Guenee)
(918)甜菜夜蛾 *Laphygma apertura* (Walker)
(919)点线粘夜蛾 *Leucania lineatissima* Warren
(920)双点粘夜蛾 *L. nigrilinea* Leech
(921)俚夜蛾 *Lithacodia* Signifera
(922)银锭夜蛾 *Macdunnoughia crassisigna* Warren
(923)褐贯夜蛾 *Mesogona Indiana* Guenee
(924)奚毛胫夜蛾 *Mocis ancilla* Warren
(925)懈毛胫夜蛾 *M. mnetta* Butler
(926)缤夜蛾 *Moma alpinm* osbeck
(927)雪疽夜蛾 *Nodaria niphone* Butler
(928)中纹禾夜蛾 *Oligia mediofasciata* Draudt
(929)竹笋禾夜蛾 *O. vulgaris* (Butler)
(930)桔安钮夜蛾 *Ophiusa tirhaca* (Cramer)
(931)乌嘴壶夜蛾 *Oraesia excavate* Butler
(932)平嘴壶夜蛾 *O. lata* Butler
(933)粉条巧夜蛾 *Oruza decorata* Sweinhoe
(934)白缘花斑巧夜蛾 *O. glaucotorna* Hampson
(935)弱夜蛾 *Ozar punctigera* Walker
(936)纱眉夜蛾 *Pangrapta textiles* (Leech)
(937)浓眉夜蛾 *P. trimantesalis* (Walker)
(938)玫瑰巾夜蛾 *Parallelia arctotaenia* (Grenee)
(939)污巾夜蛾 *P. curvata* (Leech)
(940)霉巾夜蛾 *P. maturata* (Walkre)
(941)肾巾夜蛾 *P. praetermissa* Warren
(942)石榴巾夜蛾 *P. stuposa* (Fabricius)
(943)波尾夜蛾 *Phalga sinuosa* Moore
(944)中金翅夜蛾 *Plusia intermixta* Warren
(945)冥灰夜蛾 *Polia mortua* Staudinger
(946)霉裙剑夜蛾 *Polyphaenis oberthuri*
(947)斜纹夜蛾 *Prodenia litura* (Fabricius)
(948)淡银纹夜蛾 *Puriplusia purissima* Butler
(949)黄须涓夜蛾 *Rivula auripalpis* Butler
(950)显长角皮蛾 *Selepa celtis* Moore
(951)长翅夜蛾 *Sineugraphe longipennis* Boursin
(952)胡桃豹夜蛾 *Sinna extrema* (Walker)
(953)旋目夜蛾 *Speiredonia retorta* Linnaeus
(954)晦旋目夜蛾 *S. Martha* Butler
(955)环夜蛾 *Spirama retorta* (Clerck)
(956)梳灰翅夜蛾 *Spodoptera pectin* Guenee
(957)白点闪夜蛾 *Sypna astrigera* Butler
(958)云闪夜蛾 *S. Hercules* Butler
(959)白点夜闪夜蛾 *S. nstrigra* Butler
(960)粉点闪夜蛾 *S. punctosa* Walker
(961)掌夜蛾 *Tiracola plagiata* Walker
(962)表夜蛾 *Titulcia confictella* Walker
(963)内黄后夜蛾 *Trisuloides entoxantha* Hampson
(964)明后夜蛾 *T. nitida* Butler
(965)黄后夜蛾 *T. subflava* Wileman
(966)绿角翅夜蛾 *Tyana falcato* Walker
(967)俊夜蛾 *Westermannia superba* Hubner
(968)花夜蛾 *Yepcalphis dilectissima* (Walker)

(一百三十一)虎蛾科 Agaristidae

(969)彩虎蛾 *Episteme arctopsa* Chu et Chen
(970)黄修虎蛾 *Seudyra flavida* Leech
(971)白云修虎蛾 *S. sublba* Leech
(972)葡萄修虎蛾 *S. subflava* Moore
(973)修虎蛾 *S. transiens* Walker

(一百三十二)枯叶蛾科 Lasiocampidae

(974)双线枯叶蛾 *Arguda decartata* Moor
(975)思茅松毛虫 *Dendrolimus kikuchii* Matsum.
(976)马尾松毛虫 *D. punctatus* (Walker)
(977)杨枯叶蛾 *Gastropacha populifolia* (Esper)
(978)李枯叶蛾 *G. Quercifolia* Linnaeus
(979)油茶枯叶蛾 *Lebeda nobilis* Walker
(980)棕色天幕毛虫 *Malacosoma dentate* Mell
(981)黄褐天幕毛虫 *M. neustria testacea* Motschulsky
(982)苹毛虫 *Odonestis pruni* Linnaeus
(983)二顶斑枯叶蛾 *Odontocraspos hasora* Swinhoe
(984)栎毛虫 *Paralebeda plagifera* Walker
(985)双斑枯叶蛾 *Philudoria hani* Lajonquiere
(986)竹黄毛虫 *P. laeta* Walker
(987)栗黄枯叶蛾 *Trabala vishnou* Lefebure

(一百三十三)带蛾科 Eupterotidae

(988)灰纹带蛾 *Gania cyanugrisea* Mell
(989)斜纹带蛾 *G. pandya* Moore
(990)褐带蛾 *Palirisa sinensis* Rothsch

(一百三十四)蚕蛾科 Bombycidae

(991)茶蚕 *Andraca bipunctata* Walker
(992)钩翅赭蚕蛾 *Mustisia sphingformisl* Moore

(一百三十五)大蚕蛾科 Saturniidae

(993)长尾大蚕蛾 *Actias dubernardi* Oberthur
(994)红尾大蚕蛾 *A. rhodopneuma* Rober
(995)绿尾大蚕蛾 *A. selene ningpoana* Fecder
(996)钩翅大蚕蛾 *Antheraea assamensis* Westwood
(997)柞蚕 *A. pernyi* Guerin – Meneville
(998)乌桕大蚕蛾 *Attacus atlas* (Linnaeus)
(999)樟蚕 *Eriogyna pyretorum pyretorum* (Westwood)
(1000)藤豹大蚕蛾 *Loepa anthera* Jordana
(1001)樗蚕 *Philosarmia cynthia* Drury
(1002)蓖麻蚕 *P. cynthia ricina* Donovan
(1003)猫目大蚕蛾 *Salassa thespis* Leech

(一百三十六)凤蝶科 Papilionidae

(1004)麝凤蝶 *Byasa alcinous* (Klug)
(1005)长尾麝凤蝶指明亚种 *B. impediens impediens* Rathschild
(1006)＊灰绒绒麝凤蝶 *B. mencius* (Felder et Felder)
(1007)碎斑青凤蝶 *Graphium chronides* (Honrath)
(1008)木兰青凤蝶广西亚种 *G. doson postianum* Fruhstorfer
(1009)青凤蝶 *G. sarpedon* (Linnaeus)
(1010)红珠凤蝶 *Pachliopta aristolochiae* (Fabricius)
(1011)红珠凤蝶小斑亚种 *P. aristolochiiae adieus* (Rathschild)
(1012)碧凤蝶 *Papilio bianor* Cramer
(1013)碧凤蝶指明亚种 *P. bianor bianor* Cramer
(1014)玉斑凤蝶 *P. helenus* Linnaeus
(1015)金凤蝶 *P. machaon* Linnaeus
(1016)迷囊凤蝶 *P. memmon* Linnaeus
(1017)宽带凤蝶 *P. nephelus* Boisdural
(1018)巴黎翠凤蝶 *P. paris* Linneaus
(1019)玉带凤蝶 *P. polytes* Linneaus
(1020)蓝凤蝶 *P. protenor* Cramer
(1021)蓝凤蝶西南亚种 *P. protenor euprotenor* (Fruhstorfer)
(1022)蓝凤蝶指明亚种 *P. protenor protenor* Cramer
(1023)柑橘凤蝶 *P. xuthus* Linnaeus
(1024)金裳凤蝶 *Troides aeacus* (Felder et Felder)

(一百三十七)粉蝶科 Pieridae

(1025)艳妇斑粉蝶 *Delias belladonna* (Fabricius)
(1026)圆翅钩粉蝶指名亚种 *Gonepteryx amintha amintha* Blanchard
(1027)钩粉蝶 *G. rhamni* (Linnaeus)
(1028)宽边黄粉蝶 *Eurema hecabe* Linnaeus
(1029)尖角小黄粉蝶 *E. laeta* Boisduval
(1030)东方菜粉蝶 *Pieris canidia* (Linnaeus)
(1031)黑脉粉蝶 *P melete* Linnaeus

(一百三十八)环蝶科 Amathusiidae

(1032)箭环蝶 *Stichophthalma howqua* (Westwood)

(一百三十九)眼蝶科 Satyridae

(1033)曲纹黛眼蝶 *Lethe chandica* Moore
(1034)曲纹黛眼蝶中原亚种 *L. chandica coelestis* Leech
(1035)曲纹黛眼蝶台湾亚种 *L. chandica ratnacri* Fruhstorfer
(1036)白带黛眼蝶 *L. confusa* (Aurivillius)
(1037)棕褐黛眼蝶台湾亚种 *L. christophi* Leech
(1038)孪斑黛眼蝶 *L. gemina* Leech
(1039)蛇神黛眼蝶 *L. satyrina* Butler
(1040)蓝斑丽眼蝶 *Mandarinia regalis* (Leech)
(1041)稻暮眼蝶 *Melanitis leala* Linnaeus
(1042)稻眉眼蝶 *Mycalesis gotama* Moore
(1043)蒙链荫眼蝶 *Neope muirheadi* (Felder)
(1044)古眼蝶 *Palaeonympha opalina* Butler
(1045)白斑眼蝶 *Penthema adelma* (Felder)
(1046)卓矍眼蝶 *Ypthima zodia* Butle

(一百四十)珍蝶科 Acraeidae

(1047)苎麻珍蝶 *Acraea issoria* (Hubner)

(一百四十一)蛱蝶科 Nymphalidae

(1048)紫闪蛱蝶 *Apatula iris* Linnaeus
(1049)斐豹蛱蝶 *Argyreus hyperbius* (Linnaeus)
(1050)老豹蛱蝶 *A. hyperbius* Linnaeus
(1051)珠履带蛱蝶华东亚种 *Athyma asura elwesi* Leech
(1052)幸福带蛱蝶 *A. fortuna* Leech
(1053)玉杵带蛱蝶 *A. jina* Moore
(1054)虬眉带蛱蝶 *A. opalina* (Kollar)
(1055)新月带蛱蝶 *A. selenophora* (Kollar)
(1056)红锯蛱蝶 *Cethosia biblis* (Drury)
(1057)渡带翠蛱蝶 *Euthalia duda* Staudinger
(1058)黄翅翠蛱蝶 *E. kosampona* Fruhstorfer
(1059)红斑翠蛱蝶 *E. lubentina* (Cramer)
(1060)黄铜翠蛱蝶太平亚种 *E. nara pacifica* Mell
(1061)美眼蛱蝶 *Junonia almana* (Linnaeus)
(1062)翠蓝眼蛱蝶 *J. orithya* (Linnaeus)
(1063)枯叶蛱蝶中华亚种 *Kallima inachux chinensis*
(1064)琉璃蛱蝶 *Kaniska canace* (Linnaeus)
(1065)线蛱蝶 *Limenitis homeyeri* Lederer
(1066)残锷线蛱蝶 *L. sulpitia* (Cramer)
(1067)中环蛱蝶 *Neptis hylas* (Linnaeus)
(1068)弥环蛱蝶 *N. miath* Moore
(1069)弥环蛱蝶诺拉亚种 *N. miah nolana* Druce
(1070)链环蛱蝶 *N. pryeri* Butler
(1071)小环蛱蝶 *N. sappho* (Pallas)
(1072)台湾环蛱蝶 *N. taimana* Frushtorfer
(1073)橙带眉蛱蝶 *Pantoporia hordonia* Fruhstorfer
(1074)大二尾蛱蝶 *Polyura edeudanippus* (Doubleday)
(1075)二尾蛱蝶 *P. narcaea* (Hewitson)
(1076)美目蛱蝶 *Precis almanac* Linnaeus
(1077)黄纹蛱蝶 *Sephisa dichroa princes* Fixsen
(1078)散纹盛蛱蝶 *Symbrenthia liaea lucina* Cramer
(1079)大红蛱蝶 *Vanessa indica* Linnaeus

(一百四十二)蚬蝶科 Riodinidae

(1080)白点褐蚬蝶 *Abisara burniicde* Nicerille
(1081)波蚬蝶 *Zemeros flegyas* Cramer

(一百四十三)灰蝶科 Lycaenidae

(1082)钮灰蝶 *Acytolepis puspa* (Horsfield)
(1083)百娆灰蝶 *Arhopala bazala* (Hewitson)
(1084)韫玉灰蝶 *Celatoxia marginata* (Niceville)
(1085)尖翅银灰蝶 *Curetis acuta* Moore
(1086)中华花灰蝶 *Flos chinensis* (Felder et Felder)
(1087)橙纹黑灰蝶 *Herda epicles* Godart
(1088)亮灰蝶 *Lampides bocticus* (Linnaeus)
(1089)黑灰蝶 *Niphanda fusca* (Bremer et Grey)
(1090)酢浆灰蝶 *Pseudozizeeria maha* (Kollar)
(1091)山灰蝶 *Shijimia moorei* (Leech)
(1092)生灰蝶 *Sinthusa shandrana* (Moore)
(1093)小灰蝶 *Zizeeria indica* Linnaeus
(1094)毛眼灰蝶 *Zizina atis* (Fabricius)

(一百四十四)弄蝶科 Hesperiidae

(1095)白弄蝶 *Abraximorpha davidii* Mabille
(1096)腌翅弄蝶 *Asticto pterus jama* Felder et Felder
(1097)疏星弄蝶 *Celaenorrhinsus aspersus* Leech
(1098)绿弄蝶 *Choaspes benjaminii* (Guerin - Meneville)
(1099)黑弄蝶 *Daimio tethys* (Menetries)

(1100)旖弄蝶 *Isoteinon lauprospilus* (Felder et Felder)
(1101)双带弄蝶 *Lobocla bifasciata* (Bremer et Grey)
(1102)曲纹袖弄蝶 *Notocrypta curvifascia* (Felder et Felder)
(1103)讴弄蝶 *Onryza maga* (Leech)
(1104)曲纹稻弄蝶 *Parnara ganga* Evans
(1105)直纹稻弄蝶 *P. guttata* (Bremer et Grey)
(1106)中华谷弄蝶 *P. sinensis* (Mabille)
(1107)隐纹谷弄蝶 *P. mathias* (Fabricius)
(1108)透纹孔弄蝶 *Polytremis pellucida* (Murray)
(1109)刺纹孔弄蝶 *P. theea* (Evans)
(1110)黄弄蝶 *Potanthus flavum* Murray
(1111)曲纹黄室弄蝶 *P. flava* (Murray)
(1112)黑边裙弄蝶 *Tagiades menaka* (Moore)
(1113)长标弄蝶 *Telicota colon* (Fabricius)
(1114)华南长标弄蝶 *T. besta* Evans

十七、双翅目 DIPTERA

(一百四十五)大蚊科 Tipulidae

(1115) *新雅大蚊 *Tipula nova* Walker
(1116)细点尖大蚊 *T. stenacantha* Alexander
(1117)稻大蚊 *T. praepotens* Wiedemann

(一百四十六)摇蚊科 Chironomidae

(1118)萍绿摇蚊 *Tendipes riparius* Meigen

(一百四十七)虻科 Tababidae

(1119)中华斑虻 *Chrysopis sinensis* Walker
(1120)鹿角胃虻 *Gastroxides shirakii* Ouchi
(1121)柑色虻 *Tabanus mandarinus* Schiner
(1122)庐山虻 *T. lushanensis* Liu
(1123)天目虻 *T. tienmuensis* Liu
(1124)中角虻 *T. sigmifer* Walker

(一百四十八)食虫虻科 Asllidae

(1125)微芒食虫虻 *Microstylum spectrum* Wiedemann
(1126) *苏拉细腹食虫虻 *Lagynogaster suensoni* Frey
(1127)红毛腹食虫虻 *Laphria pyrrhothrix* Herman
(1128)大食虫虻 *Promachus tibialis* Walker

(一百四十九)麻蝇科 Sarcophagidae

(1129)棕尾别麻蝇 *Boettcherisca peregrine* (Robineau - desvoidy)
(1130)松毛虫缅麻蝇 *Burmanomyia beesoni* (Sebuir - white)
(1131)斜沟猬麻蝇 *Takanoa hakusana* (Hori)

(一百五十)食蚜蝇科 Syrphidae

(1132)黄腹狭口食蚜蝇 *Asarkina porcina* (Coquillet)
(1133)黑带蚜蝇 *Episyrphus balteatus* (De Geer)
(1134) *长尾管蚜蝇 *Eristalis tenax* (Linnaeys)
(1135)大蚜蝇 *Megaspis errans* Fabricius
(1136)黑蜂蚜蝇 *Volucella nigrican* Coqullet

(一百五十一)丽蝇科 Calliphoridae

(1137)红头丽蝇 *Calliphora vicina* Robineall
(1138)大头金蝇 *Chrysomya megacephala* (Fabricius)

(一百五十二)寄蝇科 Tachinidae

(1139)蚕饰腹寄蝇 *Blepharipa zebina* (Walker)

十八、膜翅目 HYMENOPTERA

(一百五十三)三节叶蜂科 Argidae

(1140)月季三节叶蜂 *Arge geei* Rohwer

(一百五十四)叶蜂科 Tenthrelinidae

(1141)樟叶蜂 *Mesoneura rufonota* Rohwer

(一百五十五)姬蜂科 Ichneumonidae

(1142)松毛虫黑点瘤姬蜂 *Xanthopimpla pedator* Fabricius
(1143)广黑点瘤姬蜂 *X. punctata* Fabricius

(一百五十六)茧蜂科 Braconidae

(1144)稻纵卷叶螟绒茧蜂 *Apanteles cypris* Nixon

(一百五十七)小蜂科 Chalcididae

(1145)广大腿小蜂 *Brachymeria lasus* (Walker)
(1146)次生大腿小蜂 *B. secundaria* (Ruschka)

(一百五十八)蜾蠃科 Eumenidae

(1147)华唇蜾蠃 *Eumenes labiatus sinicus* Soika
(1148)黄喙蜾蠃 *Rhynchium quinquecincium* (Fabricius)

(一百五十九)胡蜂科 Vespidae

(1149)长黄胡蜂 *Dolichovespula media* (Retzius)
(1150)印度侧异腹胡蜂 *Parapolybia indica indica* (Saussure)
(1151)黄腰胡蜂 *Vespa affinis* (Linnaeus)
(1152)金环胡蜂 *V. mandarinia* Smith
(1153)黑尾胡蜂 *V. tropica ducalis* Smith
(1154)丽狭腹胡蜂 *Stenogaster seitula* (Bingham)
(1155)长腹胡蜂 *Zethus sp.*

(一百六十)马蜂科 Polistidae

(1156)棕马蜂 *Polistes gigas* (Kirby)
(1157)亚非马蜂 *P. hebraeus* Fabricius
(1158)普通长脚马蜂 *P. okinawansis* Matsumura
(1159)陆马蜂 *P. rothneyi grahami* Van der Vecht
(1160)畦马蜂 *P. sulcatus* Smith

(一百六十一)蜜蜂科 Apidae

(1161)中华蜜蜂 *Apis cerana* Fabricius
(1162)黑足熊蜂 *Bombus atripes* Smith
(1163)赤足蜜蜂 *Xylocopa rufipes* Smith
(1164)中华木蜂 *X. sinensis* Smith

(一百六十二)蚁科 Formicidae

(1165)黄足短猛蚁 *Brachyponera luteipes* (Mayr)
(1166)黑山蚁 *Campontus herculleanus* Japonicus Mayr
(1167)日本弓背蚁 *C. japonicus* Mayr
(1168)双齿多刺蚁 *Polyrhachis dives* Smith

参考文献

[1]丁长青,郑光美. 黄腹角雉的巢址选择. 动物学报,1997,43(1):27-33.
[2]丁平,姜仕仁,石斌山等. 浙江西部山区白鹇生态的初步研究. 动物学杂志. 1992,3:20-23.
[3]于沪宁等,农业气候资源与利用,气象出版社,1985. 33-45.
[4]马世骏. 中国昆虫地理区划. 北京:科学出版社,1959.
[5]广西大瑶山自然资源综合考察队. 广西大瑶山自然资源考察. 林学出版社,1988. 381-386.
[6]中国科科技研究成果登记办公室,华南不同时代花岗岩类及其与成矿关系,中国科学技术委员会出版社,1966.
[7]中国亚热带东部丘陵山区农业气候资源及其合理利用研究课题协作组,中国亚热带东部山区农业气候,气象出版社,1990. 56-69.
[8]中国科学院《中国植物志》编辑委员会. 中国植物志(有关各卷). 北京:科学出版社.
[9]中国科学院植物研究所主编. 中国高等植物图鉴(第一册). 北京:科学出版社,1972.
[10]中国科学院植物研究所主编. 中国高等植物图鉴(第二册). 北京:科学出版社,1972.
[11]中国科学院植物研究所主编. 中国高等植物图鉴(第三册). 北京:科学出版社,1974.
[12]中国科学院植物研究所主编. 中国高等植物图鉴(第四册). 北京:科学出版社,1975.
[13]中国科学院植物研究所主编. 中国高等植物图鉴(第五册). 北京:科学出版社,1976.
[14]中国科学院植物研究所主编. 中国高等植物图鉴(补编第一册). 北京:科学出版社,1982.
[15]中国科学院植物研究所主编. 中国高等植物图鉴(补编第二册). 北京:科学出版社,1983.
[16]中国科学院《自然地理》编辑委员会. 中国自然地理—古地理(下). 北京:科学出版社,1986.
[17]中国科学院昆明植物研究所编著. 云南植物志(第十七卷). 北京:科学出版社,2000. 1-641.
[18]中国科学院昆明植物研究所编著. 云南植物志(第十八卷). 北京:科学出版社,2002. 1-516.
[19]中科院动物所. 中国蛾类图鉴Ⅰ-Ⅳ,北京:科学出版社,1983.
[20]中科院中国动物志编委会. 中国经济昆虫志(第一至三十五分册). 北京:科学出版社,1980,1985.
[21]中科院动物所,浙江农业大学. 天敌昆虫图册,北京:科学出版社,1978.
[22]中国科学院中国自然地理编委会. 中国自然地理(动物地理). 北京:科学出版社,1979.
[23]中国经济昆虫志(相关各册). 科学出版社.
[24]中华人民共和国濒危物种进出口管理办公室,中华人民共和国濒危物种科学委员会. 濒危动植物物种国家贸易公约,附录Ⅰ、附录Ⅱ、附录Ⅲ. 2003.
[25]中华人民共和国野生动物保护法. 1998年11月8日第七届全国人民代表大会常务委员会第四次会议通过(42条),附:国家重点保护野生动物名录.
[26]中国科学院中国动物志编辑委员会,中国动物志硬骨鱼纲、鲤形目(上卷),北京:科学出版社,1995.
[27]中国科学院中国动物志编辑委员会,中国动物志硬骨鱼纲、鲤形目(下卷),北京:科学出版社,2000.
[28]中国生物多样性国情研究报告编写组. 中国生物多样性国情研究报告. 北京:中国环境科学出版社,1998.
[29]王荷生. 植物区系地理. 北京:科学出版社,1992.
[30]王保生等,九连山气候,赣南林业科技与经济,1991年增刊.
[31]王炳忠. 太阳辐射能的测量与标准. 北京:气象出版社,1988.
[32]王洪全. 稻田蜘蛛的保护利用. 长沙:湖南科技出版社,1981.
[33]云南省林业厅 中科院动物所. 云南森林昆虫,昆明,云南科技出版社,1987.

[34]尹长民，王家福，谢莉萍，彭贤锦．中国蜘蛛·园蛛科，漏斗蛛科新种及新记录种100种．长沙：湖南师范大学出版社,1990.
[35]尹长民，彭贤锦，谢莉萍，鲍幼惠，王家福．中国狼蛛．长沙：湖南师范大学出版社,1997.
[36]尹长民，王家福，朱明生．中国动物志·蜘蛛目：园蛛科．北京：科学出版社,1997.
[37]方震东．云南迪庆州蕨类植物区系地理研究．纪念秦仁昌论文集．北京：中国林业出版社，1999，133－178.
[38]北京大学等．植物地理学．北京：高等教育出版社，1980.
[39]许杰、黄枝高、汪啸风，关于中国奥陶纪笔石动物群若干重要问题．许杰笔石论文集，地质出版社，1983.275－324.
[40]许杰，苏立英等．鹤类环志及迁徙研究．野生动物，1995，84(2)：18.
[41]孙湘君，何月明．江西古新世孢子花粉研究．北京：科学出版社．
[42]叶华谷、邹滨．广东乐昌县植物区系的初步研究．广西植物研究，1992，12(4)：372－380
[43]田伟政，罗健馨，何华西．南岳自然保护区苔藓植物资源的考察报告．湖南南岳自然保护区综合科学考察报告集．中国科学院植物研究所，2002，41－49.
[44]冯钟琪．中国蜘蛛原色图鉴．长沙：湖南科技出版社，1990.
[45]江西省地矿局，江西省区域地质志，北京：地质出版社，1984.
[46]江西省地质矿产局，中国南岭及其邻区地质图和说明书，北京：地质出版社，1985.
[47]江西省地质矿产厅，江西省岩石地层，武汉：中国地质大学出版社，1997.
[48]江西省地质矿产局厅，江西省地质矿产志，方志出版社，1998.
[49]江西省区域地层表编写组，华东地区区域地层表，江西分册，地质出版社，1980.164－165.
[50]江西省地方志编纂委员会．江西省动植物志．北京：中共中央党校出版社，1994.
[51]江西植物志编委会编．江西植物志(第1卷)．南昌：江西科技出版社，1993.
[52]江世宏，王韦永．中国经济叩甲图志，北京：中国农业出版社，1999.
[53]李四光，地质力学概论，科学出版社，1979.
[54]李积金、肖承协、陈洪冶，江西崇义早奥陶世宁国期典型太平洋笔石动物群，北京：科学出版社，2000.
[55]李积金，江西崇义早奥陶世的几种笔石，古生物学报，1984，23(5)：578－585.
[56]李植华，廖文波，黄伟结．广东南岭自然保护区的苔[92]藓植物．广东南岭国家自然保护区生物多样性研究．广州：广东科技出版社，2003，163－175.
[57]李忠秋，蒋志刚，李春旺等．陕西老县城自然保护区的鸟类多样性及G－F指数分析．动物学杂志，2006，41(1)：32－42
[58]李竹云，杨道德，王琅等．江西庐山自然保护区兽类资源多样性及评价．江西农业学报，2007，19(6)：105－108.
[59]李晓民，马逸清，马勇．苍鹭迁徙的环志分析．野生动物，1989，(6)：92.
[60]李红敬，广西森林溪流淡水鱼类区系研究，信阳师范学院学报(自然科学版)，2002，2(15).
[61]李红敬等，广西中北部森林溪流淡水鱼类研究，信阳师范学院学报(自然科学版)，2002，4(15).
[62]李红敬，广西中北部森林溪流淡水鱼类资源调查及区系分析，水利渔业，2003，3(24).
[63]李红敬，常红军。华南12个自然保护区鱼类区系及动物地理研究。信阳师范学院学报(自然科学版)，2003，16(2)：191－196.
[64]刘仁林，唐赣成．井冈山种子植物区系的初步研究．武汉植物学研究，1995，13(3)：210－218.
[65]刘胜祥，田春元，吴金清，彭丹，雷耘．神农架地区[97]苔藓植物的种类和分布．湖北省苔藓植物资源的研究．华中师范大学学报(自然科学版)，1999，33(3)：420－434.
[66]刘奇志．我国蜂产品的开发利用现状与前景．昆虫知识，1998，35(5)：301－303.
[67]刘体应，刘仁林，肖活生等．齐云山自然保护区生物多样性调查分析．江西林业科技，2002，(6)：12－15.
[68]刘萍，彭贤文．江西宜黄华南虎及栖息地调查．江西林业科技，2005，(5)：32－33.
[69]刘信中，吴和平．江西官山自然保护区科学考察与研究．北京：中国林业出版社，2002.
[70]刘凌云，郑光美．普通动物学．北京：高等教育出版社，2005.
[71]刘信中，方福生．江西武夷山自然保护区科学考察集．北京：中国林业出版社，2001.210－219.
[72]刘信中，方福生．江西武夷山自然保护区科学考察集．北京：中国林业出版社，2001.207－208.
[73]刘俊昌，陈文汇主编．天然林资源保护与社会经济协调发展研究．北京：中国林业出版社．2007.
[74]刘信中，肖忠优，马建华主编．江西九连山自然保护区科学考察与森林生态系统研究．北京：中国林业出版社．2002.

[75]刘安兴,试论生态公益林的效益补偿.中南林业调查规划.1997,16(4):55－59.
[76]祁承经,喻勋林. 湖南八大公山的植物区系及其在植物地理学上的意义. 云南植物研究, 1994, 16(4): 321－332
[77]应俊生. 秦岭植物区系的性质、起源和特点. 植物分类学报, 1994, 32(5): 389－410.
[78]全国自然保护区名录. 国家环境保护局自然生态保护司. 中国环境科学出版社,2002.1－104.
[79]宇传华主编.SPSS 与统计分析.北京:电子工业出版社,2007.
[80]邢迎春,赵亚辉,王玉凤,张春光.北京颐和园昆明湖的鱼类物种多样性及其保护.
[81]邢迎春,赵亚辉,李高岩,王玉凤,张春光,王宝利,常宝全,张利军,胡亚军.北京市怀沙－怀九河市级水生野生动物保护区鱼类物种多样性及其资源保护.
[82]邢福武.中国的珍稀植物.湖南教育出版社.2005.1－19.
[83]肖庆辉、邱瑞照、邢作云等,花岗岩成因研究前沿的认识,地质论评,Vol53,2007
[84]肖承协、薛春汀、黄学淳,江西崇义早奥陶世笔石地层,地质学报,1975,49(2):112－125.
[85]肖承协、陈洪冶,江西崇义早奥陶世茅坪组的笔石,古生物学报,1993,32(3):355－371.
[86]肖承协、夏天亮、王昭雁,江西南部早奥陶世心笔石科(Cardiograptidae)的新材料及其演化关系,古生物学报,1985,24 (4):429－439.
[87]肖秉瑜等. 中国蛴类昆虫鉴定手册, 第一册, 北京: 科学出版社, 1977.
[88]肖宜安, 何平等. 井冈山自然保护区蕨类植物资源. 植物研究. 2004, 24(1): 35 40.
[89]杨达铨、倪寓南、李积金、陈旭、林尧坤、俞剑华、夏广胜、焦世鼎、方一亭、葛梅钰、穆恩之,笔石纲,华东地区古生物图册(一),早古生代部分,地质出版社,1983.353－508.
[90]杨道德.流溪河国家森林公园野生动物资源调查报告.载《广东广州市流溪河国家森林公园总体规划》.北京:中国林业出版社,1996.136－144.
[91]杨道德,吴弘道,朱德冲.广东省象头山自然保护区野生动物资源调查和保护对策.中南林学院院报,2001,21(1):63－67.
[92]杨道德,蒋志刚,马建章等.洞庭湖流域麋鹿等哺乳动物濒危灭绝原因的分析及其对麋鹿重引入的启示.生物多样性,2005,13(5):451－461.
[93]杨道德,李去惑,沈猷慧等.湖南省国家重点保护鸟类资源现状及保护对策.载《中国动物科学研究》.中国动物学会主编.北京:中国林业出版社,1999.507－512.
[94]杨道德, 沈猷慧, 叶贻云等.湖南重点保护兽类种类、分布和保护对策.中南林学院学报, 2000,20(2):66－69.
[95]杨安峰编.脊椎动物学.北京:北京大学出版社,1992.
[96]杨若莉,陆军. 涉禽的研究—1984 在东南亚的时展情况. 野生动物,1986.(1):53－54.
[97]杨道德,黄文娟,陈武华. 江西武功山两栖爬行动物资源调查及评价. 四川动物. 2006,25(2):289－293.
[98]杨道德,马建章,李去惑,等.湖南都庞岭自然保护区两栖动物生态调查和多样性分析.中南林学院学报,2001,(4)65－69.
[99]杨道德,谷颖乐,刘松,等.江西庐山自然保护区两栖动物资源调查与评价.四川动物,2007,26(2):362－364.
[100]杨道德,熊建利,谷颖乐,等.江西桃红岭梅花鹿国家级自然保护区爬行动物资源调查.四川动物,2007,26 (2):365－367.
[101]张文堂,中国的奥陶系.全国地层会议学术报告汇编,科学出版社,1962.
[102]张文堂、李积金、葛梅任、陈均远,中国奥陶系的划分及对比—中国奥陶纪地层对比表及说明书。中国各纪地层对比表及说明书.科学出版社,1982.55－72.
[103]张浅深、俞受鉴、黄建辉、林天瑞、卢华复、钱清,江西南部前泥盆系的初步认识。地质学报,1964,44(4):388－404.
[104]张宏达.植物区系学.广州:中山大学出版社,1980.
[105]张美珍, 赖明洲. 华东五省市植物名录. 上海: 上海科学普及出版社, 1993.
[106]张荣祖. 中国自然地理:动物地理. 北京:科学出版社, 1979.
[107]张荣祖.中国哺乳动物分布.北京:中国林业出版社,1997.
[108]张明海,李言阔.动物生境选择研究中的时空尺度.兽类学报,2005,25(4):395－401.
[109]张涛,滕继荣,王洪建.甘肃白水江自然保护区藏酋猴的生态习性与资源现状.四川动物,2005,24(2):165－167.
[110]张荣祖.中国动物地理.北京:科学出版社,1999.81－125、415－440.

[111]张正旺,尹荣伦,郑光美. 笼养黄腹角雉繁殖期取食活动性的研究. 动物学研究,1989,10(4) :333 - 339.
[112]张孚允,杨若莉.中国鸟类迁徙研究.中国林业出版社,1997.
[113]张鹗等,赣东北地区鱼类区系特征及我国东部地区动物地理区划朱松泉,水生生物学报,1997,3(21).
[114]张鹗,刘焕章等.赣东北地区鱼类区系研究.动物学杂志,1996,31(6):3 - 12.
[115]张宪春.龙栖山蕨类植物区系.龙栖山植物.北京:中国科学技术出版社.1994.270 - 281.
[116]张荣京. 广东石门台自然保护区的蕨类植物区系分析. 植物研究. 2005, 25(3):358 - 365.
[117]张旭东,周金星.长江流域森林资源生态服务功能价值计量评价.
[118]陈双溪等.气象与领导. 北京,气象出版社,1999.
[119]陈双溪等.合理利用气候资源,发展江西特色农业. 北京:气象出版社,1998.
[120]陈邦杰(主编).中国藓类植物属志(上册).北京:科学出版社,1963.1 - 303.
[121]陈邦杰(主编).中国藓类植物属志(下册).北京:科学出版社,1978.1 - 315.
[122]陈孝恩, 高君川. 四川农田彩色图册. 成都: 四川科技出版社,1990.
[123]陈樟福, 张贞华. 浙江动物志蜘蛛志. 杭州: 浙江科技出版社,1991.
[124]陈灵芝.中国的生物多样性.北京:科学出版社,1993.
[125]陈拥军,谢庆红,陈凤彬,等.江西武夷山自然保护区蕨类植物名录.江西武夷山自然保护区科学考察集.北京:中国林业出版社,2001.125 - 132.
[126]陈邦余, 曹铁如等. 广东象头山国家自然保护区植物名录. 见: 吴文章, 陈就和等. 广东象头山国家自然保护区科学考察集. 中国林业出版社, 2003.142 - 144.
[127]沈光隆,王军等."华夏植物群"的沿革和应用范围.1996, 1980,植物研究,175 - 178.
[128]吴征镒.中国自然地理—植物地理. 北京: 科学出版社,1985.
[129]吴征镒.中国种子植物属分布区类型. 云南植物研究(增刊Ⅳ), 1991, 1 - 139.
[130]吴鹏程(主编). 中国苔藓志(第六卷).北京:科学出版社,2002.1 - 290.
[131]吴鹏程和贾渝(主编). 中国苔藓志(第八卷).北京:科学出版社,2004.1 - 482.
[132]吴鹏. 马头山林场志. 资溪.《马头山林场志》编纂组,1991.
[133]吴华,胡锦矗,陈万里等.唐家河自然保护区鬣羚春冬季对生境的选择.动物学研究,2000,21(5):355 - 360.
[134]吴英豪,纪伟涛.江西鄱阳湖国家级自然保护区研究.北京:中国林业出版社,2002.
[135]吴征镒、陈心启.中国植物志(第一卷).科学出版社.2004.80 - 84.
[136]吴兆洪, 秦仁昌.中国蕨类植物科属志. 北京: 科学出版社, 1991.223.
[137]吴志文,生态价值规律与森林生态效益补偿诸问题探讨.世界林业研究.2000.13(1):77 - 80.
[138]宋大祥. 中国农区蜘蛛. 北京: 农业出版社,1987.
[139]宋大祥, 朱明生. 中国动物志・蜘蛛目: 蟹蛛科, 逍遥蛛科. 北京: 科学出版社,1997.
[140]汪松.中国濒危动物红皮书(兽类).北京:科学出版社,2003.
[141]汪松,解焱.中国物种红色名录. 北京:高等教育出版社,2004.
[142]汪松,杨朝飞,郑光美等.中国濒危动物红皮书.北京:学出版社,1998.
[143]庐山植物园编.庐山植物名录.1982.1 - 29.
[144]陆松年.新元古代时期 Rodinia 超大陆研究进展述评.地质论评,1998,44(5)
[145]郑万钧主编. 中国树木志(第一卷). 北京: 中国林业出版社, 1982.
[146]郑万钧主编. 中国树木志(第二卷). 北京: 中国林业出版社, 1985.
[147]郑万钧主编. 中国树木志(第三卷). 北京: 中国林业出版社, 1997.
[148]郑光美.中国鸟类分类与分布名录.北京:科学出版社,2005.
[149]郑光美. 鸟类学. 北京: 北京师范大学出版社,1995.
[150]郑作新等.中国动物地理区划. 北京:科学出版社,1959.
[151]郑作新.中国鸟类系统检索(第三版).北京:科学出版社,2002.
[152]郑作新.中国鸟类种与亚种分类名录大全.北京:科学出版社,2000.
[153]郑作新.中国鸟类分布目录.北京:科学出版社,1976.
[154]郑作新.中国动物志(鸟纲—鸡形目) . 北京:科学出版社,1978.
[155]郑光美,赵欣如,宋杰等. 黄腹角雉的繁殖生态研究. 生态学报,1985,5(4) :379 - 385.
[156]郑光美,赵欣如,宋杰等. 黄腹角雉的食性研究. 生态学报,1986,6(3) :283 - 288.
[157]郑光美,尹荣伦,张正旺等. 黄腹角雉求偶炫耀行为. 动物学报,1989,35(3) :328 - 332.
[158]郑家文,丁平,徐肖江等. 白鹇种群分布与栖息地斑块特征的关系. 应用生态学报.2006,17(5):951 - 953.
[159]郑作新.中国动物志(鸟纲第四卷 - 鸡形目) . 北京:科学出版社, 1978.

[160]郑维列. 雅鲁藏布江大拐弯地区蕨类植物科属区系特征分析. 云南植物研究. 1999, 21(1): 43 – 50.
[161]胡人亮和王幼芳(主编). 中国苔藓志(第七卷). 北京:科学出版社,2005. 1 – 287.
[162]胡人亮,王幼芳. 浙江天目山苔藓植物的调查研究. 华东师大学报(自然科学版),1981(1):85 – 104.
[163]胡萃. 资源昆虫及其利用(全国高等农业院校教材). 北京:中国农业出版社,1996.
[164]胡萃,张传溪. 浅谈昆虫产业开发 · 浙江农业大学学报,1995,21(4):331 – 336.
[165]周尧等. 中国蝶类志, 郑州: 河南科技出版社, 1994.
[166]周冰冰,李忠魁,候元兆. 北京市森林资源价值. 北京:中国林业出版社,2000.
[167]罗泽珣,陈卫,高武. 中国动物志 · 兽纲(第六卷). 北京:科学出版社,2000.
[168]国家林业局. 国家保护的有益的或者有重要经济、科学价值的陆生野生动物名录. 野生动物,2000,21(5): 49 – 82.
[169]林英. 井冈山自然保护区考察研究. 北京:新华出版社,1990.
[170]岳惠群. 宜春地区野生动物. 南昌:江西高校出版社,1995.
[171]武素功. 中国 – 日本蕨类植物区系的地理亲缘. 云南植物研究. 1987: 9(2): 167 – 179.
[172]郭令智,施央申,马瑞士等. 华南大地构造格架和地壳演化. 第 26 届国际地质大会国际交流学术论文集,北京:地质出版社,1980. 109 – 116.
[173]郭水良,刘鹏. 浙江金华北山植物区系地理的研究. 武汉植物学研究,1993,11(4): 307 – 314
[174]洪大卫、王涛、童英,中国花岗岩概述,地质论评,Vol53,2007.
[175]贵州省气象科学研究所,山地气候文摘,1987. 124.
[176]钟昌富. 江西爬行类(爬行纲). 江西医学院学报, 2000,40(增刊):1 – 113.
[177]钟昌富. 江西省两栖动物区系与地理区划. 蛙蛇研究丛书(八),1995:101 – 106.
[178]钟昌富. 江西省爬行动物区系与地理区划. 四川动物,2004,23(3):222 – 229.
[179]费梁. 中国野生动物保护协会主编. 中国两栖动物图鉴. 郑州:河南科学技术出版社,1999,92 – 432.
[180]费梁,叶昌媛,黄永昭,等. 中国两栖类检索及图解. 成都:四川出版集团、四川科技出版社,2005.
[181]赵尔宓. 中国濒危动物红皮书(两栖类和爬行类). 北京:科学出版社,1998.
[182]赵尔宓. 中国蛇类(上、下册). 合肥: 安徽科技出版社,2006.
[183]赵亚辉,张春光. 广西十万大山地区的鱼类资源现状和保护对策
[184]赵同谦. 中国陆地生态系统服务功能及其价值评估研究. 北京:中国科学院研究院,2004.
[185]崔之久,杨建强,初论花岗岩地貌类型与成因,第一届国际花岗岩地质地貌研讨会交流文集,内部出版,2006. 7:10 – 19.
[186]徐克勤、涂光炽主编,花岗岩地质和成矿关系,江苏科学技术出版社,1986.
[187]徐菊生主编. 江西土壤. 江西科学技术出版社,1985.
[188]莫柱孙、叶伯丹等著,南岭花岗岩地质学,北京:地质出版社,1980.
[189]候宽昭. 中国种子植物科属词典. 北京: 科学出版社, 1982.
[190]侯碧清. 湖南酃县桃源洞自然资源综合考察报告. 长沙:国防科技大学出社,1993.
[191]夏正楷. 第四纪环境学. 北京: 科学出版社,1997.
[192]浙江植物志编辑委员会编. 浙江植物志(第七卷). 杭州: 浙江科学技术出版社, 1993.
[193]浙江植物志编辑委员会编. 浙江植物志(第二卷). 杭州: 浙江科学技术出版社, 1992.
[194]浙江植物志编辑委员会编. 浙江植物志(第三卷). 杭州: 浙江科学技术出版社, 1993.
[195]浙江植物志编辑委员会编. 浙江植物志(第五卷). 杭州: 浙江科学技术出版社, 1989.
[196]浙江植物志编辑委员会编. 浙江植物志(第六卷). 杭州: 浙江科学技术出版社, 1993.
[197]浙江植物志编辑委员会编. 浙江植物志(第四卷). 杭州: 浙江科学技术出版社, 1993.
[198]高谦(主编). 中国苔藓志(第一卷). 北京:科学出版社,1994. 1 – 368.
[199]高谦(主编). 中国苔藓志(第二卷). 北京:科学出版社,1996. 1 – 293.
[200]高谦,赖明洲(主编). 中国苔藓植物图鉴. 台北:南天书局. 2000. 1 – 1313.
[201]高育仁. 鼎湖山保护区白鹇的季节活动和结群行为. 动物学报,1996,42 卷增刊,74 – 79.
[202]高玮. 鸟类生态学. 长春:东北师范大学出版社,1991.
[203]高岚,田明华,吴成亮主编. 环境经济学. 北京: 中国林业出版社,2007.
[204]桑明. 资源昆虫的开发与利用. 经济动物学报,2003,7(3): 54 – 58.
[205]钱法文,郑光美. 黄腹角雉的栖息地研究. 北京师范大学学报(自然科学版), 1993,29(2);256 – 264.
[206]秦仁昌. 中国蕨类植物科属系统排列与历史来源. 植物分类学报, 1978, 16(3): 1 – 19; 16(4): 16 – 37.
[207]黄枝高、肖承协、夏天亮,江西崇义 – 永新地区中上奥陶统重要笔石群,地质出版社,1988. 1 – 296.
[208]黄石林,饶纪腾,韩联宪等. 广东车八岭自然保护区鸟类多样性分析. 四川动物,2003, 22(2):101 – 106.

[209]黄族豪，宋玉赞，陈春泉，等. 江西井冈山国家级自然保护区爬行动物多样性研究. 四川动物，2007，26(2)：368－369.
[210]盛莘夫，中国奥陶系划分和对比，地质出版社，1974. 1－144.
[211]盛和林，大泰司纪之，陆厚基. 中国野生哺乳动物. 北京：中国林业出版社，1999.
[212]崇义县农业区划委员会，气候资源调查与气候区划，1983 年 7 月.
[213]常红秀. 江西井冈山苔藓植物的调查. 江西大学学报(自然科学版)，1989，13(1)：62－71.
[214]常红秀. 庐山的苔藓植物. 江西大学学报(自然科学版)，1989，13(4)：80－89.
[215]章士美，赵泳祥. 中国农林昆虫地理分布，北京：中国农业出版社，1996.
[216]章士美. 昆虫地理学概论. 江西：江西科学技术出版社，1996.
[217]隋敬之，孙洪国. 中国习见蜻蜓，北京：农业出版社，1984.
[218]彩万志，庞雄飞，花宝祯等. 普通昆虫学. 北京：中国农业出版社，2001.
[219]程裕淇主编，中国区域地质概论，北京：地质出版社，1994，0－371.
[220]程景福，朱国芳. 江西植物志(第一卷). 江西科技出版社，1993.
[221]傅汉英，笔石纲. 湖南古生物图册. 中华人民共和国地矿局地质专报，二、地层古生物，地质出版社，1982. 1：410－479.
[222]傅抱璞等. 山地气候资源与开发利用. 南京：南京大学出版社，1996.
[223]蒋三俊. 中国药用昆虫集成. 北京：中国林业出版社，1999. 18－20.
[224]蒋志刚. 自然保护野外研究技术. 北京：中国林业出版社，2002.
[225]蒋志刚，纪力强. 乌兽物种多样性测度的 G－F 方法. 生物多样性，1999，7(3)：220－225.
[226]彭贤锦，谢莉萍，肖小芹. 中国跳蛛. 长沙：湖南师范大学出版社，1993.
[227]谢国文，颜亨梅，张文辉等. 生物多样性保护与利用. 长沙：湖南科学技术出版社，2001.
[228]谢锋，江建平，郑中华. 两栖爬行动物野外调查方法. 两栖爬行动物学研究第 9 辑. 2002，218－222.
[229]温战强，郑光美. 黄腹角雉繁殖期行为研究. 北京师范大学学报(自然科学版)，1997，33(2)：263－269.
[230]鲁绍伟. 中国森林生态服务功能动态分析与仿真预测. 北京：北京林业大学，2006.
[231]路安民等. 种子植物科属地理. 北京：科学出版社，1999.
[232]雷朝亮，钟昌珍，宗良炳. 关于昆虫资源的开发利用之设想.
[233]雷富民，卢建利，刘耀等. 中国鸟类特有种及其分布格局. 动物学报，2002，48(5)：599－610.
[234]楚国忠，王紫红，等. 云南隆庆秋季鸟类环志研究. 林业科学，1998，34(3).
[235]缪汝槐，廖文波，黄伟结. 广东南岭国家级自然保护区蕨类植物资源. 广东南岭国家级自然保护区生物多样性研究. 广东科技出版社，2003. 176－190.
[236]靳芳. 中国森林生态系统价值评估研究. 北京：北京林业大学，2005.
[237]廖瑞君、汪邵泉，上堡加里东岩体的相带划分，江西区测，第九期，1983.
[238]廖文波，张宏达. 广东蕨类植物区系的特点. 热带亚热带植物学报，1994，2(3)：5.
[239]黎兴江(主编). 中国苔藓志(第三卷). 北京：科学出版社，2000. 1－157.
[240]黎兴江(主编). 中国苔藓志(第四卷). 北京：科学出版社，2006. 1－263.
[241]臧敏. 三清山蕨类植物名录. 上饶师专学报. 1998，18(3)：62－65.
[242]潘剑君主编. 土壤资源调查与评价. 中国农业出版社，2004.
[243]穆恩之. 关于笔石的演化和分类. 地质论评，1950，15(4－6)：171－183.
[244]穆恩之. 中国笔石的研究. 古生物学报，1980，19(2)：143－151。
[245]穆恩之. 中国奥陶纪生态地层的类型与生物地理区. 中国古生物地理区系，科学出版社，1983. 16－31.
[246]薛建辉. 1992. 森林的功能及其综合效益. 世界林业研究. 2－1－6. 江泽慧等，中国现代林业. 中国林业出版社，2000. 265.
[247]薛达元. 生物多样性的经济价值评估——长白山自然保护区案例研究. 北京：中国环境科学出版社，1997.
[248]魏淑秋. 农业气象统计. 福州：福建科学技术出版社，1985.
[249]魏辅文，冯柞建，王祖望. 野生动物对生境选择的研究概况. 动物学杂志，1998，33(4)：48－52.
[250]约翰. 马敬能，卡伦－菲利普斯，何芬奇. 中国鸟类野外手册. 长沙：湖南教育出版社，2000.
[251]Benedikt R. Schmidt. Count data, detection probabilities, and the demography, dynamics, distribution, and decline of amphibians. C. R. Biologies, 2003：119－124.
[252]Chang, Mangven L. Y. (张孟闻). Snake of Lushan collected by R. C ching. Contr. Biol. Lab. Sci. Soc. China (Z. S), 1936, 11(10)：317－344.

[253] Fraser Jenkins C R. A classification of the genus Dryopteris. Bull Br MusIst Hist, (Bot.), 1986, 14(3): 183.

[254] Gao C and Crosby M R (eds.). Moss Flora of China English Version 1. Sphagnaceae – Leucobryaceae.. Beijing, NewYork: Science Press and St. Louis: Missouri Botanical Garden Press, 1999. 1 – 273.

[255] Gao C and Crosby M R (eds.). Moss Flora of China English 3. Grimmiaceae – Tetraphidaceae.. Beijing, NewYork: Science Press and St. Louis: Missouri Botanical Garden Press, 2003. 1 – 141.

[256] Grolle R. Nomina Generica Hepaticarum: references, types, and synonymies. Acta Bot. Fennica 1983. 121: 1 – 62.

[257] Gentile Francesco Ficetola, Fiorenza De Bernardi. Amphibians in a human – dominated landscape: the community structure is related to habitat features and isolation. Biological Conservation, 2004: 219 – 230.

[258] Li X J and Crosby M R (eds.). Moss Flora of China English Edition 2. Fissidentaceae – Ptychomitriaceae. Beijing, NewYork: Science Press and St. Louis: Missouri Botanical Garden Press, 2001. 1 – 283.

[259] Richard B, Primack. Essentials of Conservation Biology. Sinauer Associates Inc., Sunderland, Massachusetts U. S. A. 1993. 1 – 511.

[260] Song Daxiang, Zhu Mingsheng, Chen Jun. The Spiders of China. SiJiaZuan: HeBei Science and Technology Publishing House, China, 2000.

[261] Sutherland WJ. 1996. Ecological Census Techniques: A Handbook. Cambridge: Cambridge University Press.

[262] Van Balgooy M M J. Plant – geography of the Pacific, as based on a census of phanerogam genera. Blumea Supplement Volume VI, 1971. 1 – 222.

[263] Van Balgooy, M M J. Plant – Geography of the Pacific, Blumea. 1971, Suppl. 5: 1 – 222.

[264] Wijk R Van der, W D Margadant, P A Florschuetz. 1959 – 1969. Index Muscorum, vol. I – V. International Association for Plant Taxonomists, Utrecht.

[265] Wu P C and Crosby M R (eds.). Moss Flora of China English Edition 6. Hookeriaceae – Thuidiaceae.. Beijing, NewYork: Science Press and St. Louis: Missouri Botanical Garden Press, 2002. 1 – 219.

[266] Wu P C and Crosby M R (eds.). Moss Flora of China English Edition 6. Hookeriaceae – Thuidiaceae. Beijing, NewYork: Science Press and St. Louis: Missouri Botanical Garden Press, 2005. 1 – 385.

图书在版编目(CIP)数据

江西齐云山自然保护区综合科学考察集/刘小明,郭英荣,刘仁林主编.
—北京：中国林业出版社，2010.3
ISBN 978-7-5038-5804-8
Ⅰ. ①江… Ⅱ. ①刘… ②郭… ③刘… Ⅲ. ①自然保护区－科学考察－江西省 Ⅳ. ①S759.992.56
中国版本图书馆CIP数据核字(2010)第041249号

出版 中国林业出版社 (100009 北京西城区刘海胡同7号)
责任编辑 刘先银
咨询电话 010-83227226
E-mail liuxianyin@263.net
发行 中国林业出版社
印刷 北京地质印刷厂
版次 2010年3月第1版
印次 2010年3月第1次
开本 880mm×1230mm 1/16
印张 24.5
彩插 12页
字数 691千字
印数 1-1000册
定价 128.00元

安徽大學『雙一流』建設項目
安徽省古籍整理出版辦公室
資助

安徽古籍叢書

黄山書社

桐城文獻叢刊之一

古桐鄉詩選

〔清〕文聚奎　戴鈞衡／編纂
張啓兵　賈東亮
江小角　楊懷志／校點

圖書在版編目(CIP)數據

古桐鄉詩選/(清)文聚奎,(清)戴鈞衡編;張啓兵等校點
—合肥:黄山書社,2024.2
(安徽古籍叢書第二十五輯/安徽古籍叢書編審委員會編纂)
ISBN 978-7-5737-1054-3
Ⅰ.①古…　Ⅱ.①文…　②戴…　③張…　Ⅲ.①古典詩歌—詩集—中國　Ⅳ.①I222

中國國家版本館CIP數據核字(2024)第005254號

本書是國家社會科學基金一般項目《〈桐舊集·續集〉整理與編纂》(批準號:19BZW043)的階段性成果

安徽大學"雙一流"建設項目
安徽省古籍整理出版辦公室 **資助**

古桐鄉詩選　　(清)文聚奎　戴鈞衡編
GUTONGXIANG SHIXUAN

出品人　葛永波
選題策劃　胡中生
責任編輯　李　媛
裝幀設計　李　軍
責任印制　李　磊
出版發行　黄山書社
地　　址　安徽省合肥市蜀山區翡翠路1118號出版傳媒廣場7層　郵編:230071
印　　刷　合肥華苑印刷包裝有限公司
版　　次　2024年2月第1版
印　　次　2024年2月第1次印刷
開　　本　880mm×1230mm　1/32
字　　數　287千字
印　　張　16.25
書　　號　ISBN 978-7-5737-1054-3
定　　價　56.00圓

服務熱綫　0551-63533706
銷售熱綫　0551-63533761
官方直營書店(https://hsss.tmall.com)

聯繫電話　0551-63533711

安徽古籍叢書編印緣起

我國歷史悠久，典籍豐富。我省地處南北之交，學術尤擅其盛。數千年來，哲學、史學、文學、藝術、語言、科技，作者輩出，著述如林，或自名一家，或蔚然成派，多爲中華民族文化之菁華，有裨於社會主義文化之建設。允宜及時整理，以廣流傳。

粵自明清，以至近世，南北郡邑已有涇川叢書、龍眠叢書、貴池先哲遺書、南陵先哲遺書諸刻。一九三一年，復有安徽叢書之編刊，所收皆皖人著作，分期影印。出至第六期，以抗戰軍興而中止。盛業未竟，論者惜之。

今者，中央倡導整理古籍，我省領導對此尤爲關心。省古籍整理出版規劃委員會幾經商討，決定編纂安徽古籍叢書。編纂宗旨是在歷史唯物主義指導下，批判繼承，古爲今用，弘揚民族優秀傳統文化，爲建設中國特色社會主義服務。最其體例，約有數端：

一、所收皆爲歷代皖人著作，時間一般以辛亥革命之前爲限，内容以文、史、哲爲主，分類成輯。尤其注意稿本、稀見本之搜輯與傳布。

二、整理方式包括輯、校、標點和注釋、今譯。校勘，力求採用善本爲底本，校以他書，或加補輯、編次。標點，採用新式標點。注釋，務求精確，但不作煩瑣考證。整理中，儘量吸收國内外研究的新成果。

三、先秦、兩漢著作及語言、文字之類，皆用繁體字，其餘則酌用簡體字。版皆竪排，以期一律。

四、凡熱心於本叢書編印及捐貲助刊者，得於書内題名。

安徽古籍叢書編審委員會

古桐鄉詩選目次

卷二

卷三

卷四

卷五

卷六

卷七

李賞

汪來

汪禹薦

卷八

卷九

卷十

卷十一

卷十二

前言

古桐鄉詩選十二卷，是清代桐城北鄉一地的詩歌選集，由清代文聚奎、戴鈞衡輯録，王祜臣參與編次。全書刊刻於清代道光二十年（一八四〇），收録了自北宋至清代一百七十七位詩人一千一百〇七首詩作。古桐鄉詩選在古代桐城文學發展史上，具有一定的影響，它與清代康熙年間潘江編纂的龍眠風雅（正、續編）、道光年間徐璈編纂的桐舊集、王灼編纂的樅陽詩選以及道、咸年間吴希庸、方林昌編纂的桐山名媛詩抄一起，共同再現了桐城詩歌創作薪火相傳、久盛不衰、人才輩出、群星閃爍的盛況，充分説明桐城詩歌創作有歷史、有淵源、有成就、有影響，是中國地域文化中的一朵奇葩。

清道光年間，桐城派作家王灼選輯了樅陽詩選，文聚奎、戴鈞衡、王祜臣三位桐城北鄉人，因年齡相近，志趣相投，愛好一致，决意模仿樅陽詩選之例，選編古桐鄉詩選，彰顯桐城北鄉詩壇勝景。

文聚奎（一八〇八—一八五九），字斗垣，號鐘甫，初名聚奎，後改名漢光，號焕章，世居桐城北鄉孔城。少貧而多病，讀書不懈，『夜則篝燈讀書，往往至三鼓』（方宗誠柏堂師友言行記卷一）。蕭穆在文斗垣先生事略中説：『少工應試文字，年逾壯，游於方植之先生之門，乃大肆力古學，詩、古文、詞，皆有鄉先輩風範。後來游歷幕府，均能盡其才力，有餘資則購古書籍字畫以自娱。』方宗誠説：『里有方先生林閩而奇之，爲告於吴先生階樹，招爲弟子，不受贄，並濟其困。君遂以文名聞閭巷間，授經爲養。』

（柏堂集續編卷十六文鐘甫權厝志）他三次參加鄉試，均落第而歸，此後便不再參加科舉考試。咸豐元年（一八五一），詔舉孝廉方正。爲人忠厚耿直，『雖貧而豪』，輕財重義，樂善好施，『授經所入皆以濟急扶危，自族姻、師友、鄰里以及不相識之人，告以困，無不應。值窘乏，籌劃廢寢食必致其情，而身常衣垢履穿，雖嘔血疾作，藥餌亦不忍多服。』（柏堂集續編卷十六文鐘甫權厝志）張敏求説：『每歲授徒，館俸所入，輒隨手散去。遇朋友有急難者，不惜傾囊以助之。』（張敏求斗垣詩集序）真是『一窮諸生，而憂樂常在天下』。（柏堂集次編卷一斗垣詩集叙）他善於化解鄉里矛盾，里人發生糾紛都不找官府，『而就君爲解釋者數十百家』，以致鄉間流傳『文君善人，不我欺』之語。太平天國攻下桐城後，城裏的世家大族紛紛逃離出走，自明代以來各家收藏的許多典籍被人搬出賤賣，文聚奎先後出資收購十幾萬卷。不久，孔城大亂，文聚奎奉母逃走深山，所收之書又被鄉鄰分搶，售之遠方。他無論游歷幕府還是鄉居，都有事迹可抒，可惜文獻記載缺失，難以尋覓。方宗誠説他『工詩古文，精算學，所著書多散軼，惟遺詩十餘首』（柏堂集續編卷十六文鐘甫權厝志）。方宗誠擔心其詩失傳，把它收入自己的輔仁録中，『庶使君苦學積行不泯没於世』（柏堂集續編卷二校刊文征君遺詩叙），同時也是表達自己對文聚奎的敬仰之情。

戴鈞衡（一八一四—一八五五），字存莊，號蓉洲。從小聰穎嗜學，稍長，廣讀百家之書，著文吟詩，很受時人關注。曾自述『予年二十，學古文，愛鄉先生耕南劉氏作，揣摩私效』（味經山館文鈔自序）。年二十三，結交許吾田，攻考證學，務爲彙古數典之文。其時，自編蓉洲初稿，刻印傳贈，毛岳生、梅曾亮、姚瑩等人驚爲異才。年二十七，從游邑人方植之先生，『始知所作皆非』（味經山館文鈔自序），於是以鄉先輩姚鼐所編古文辭類纂爲宗，『求之宋五子書，以明其理；求之經，以裕其學；求之史，以廣其識』。道光二十九年（一八四九），赴南京參加鄉試，中舉，之後於道光三十年、咸豐二年兩次入都參加會試，皆不第。其間結識了曾國藩、邵懿辰、魯一同、楊彝珍、吴敏樹等名流，並得到他們的賞識和指教，深得作文要領，成爲桐城派中期代表作家之一。太平軍攻克桐城後，他避居臨淮，抑鬱得疾，嘔血而卒，時年四十有二。曾國藩念其故舊，『送戴存莊之侄銀五十兩，爲存莊葬事之用』（曾國藩全集日記），並親題墓碑曰『大清舉人戴君存莊之墓』。方宗誠對其一生多有評價，曾説：『君少有異才，思以詩文名世，壯歲游方植之先生之門，乃奮志爲通經致用之學。嘗著書傳補商，貫穴漢、宋，多前賢所未發。道光己丑科中江南鄉試第四名人。庚戌、壬子兩上公車，皆勤訪當世人才賢否、民生利病，深思所以整齊之方，制治防微久遠之策。』（柏堂集次編卷十戴存莊權厝志）

戴鈞衡長於學習，曾研讀方苞、劉大櫆、姚鼐等桐城先賢文章，拜方東樹爲師，深得桐城派文學理論之精髓，其詩文多獲好評。曾國藩評價他：『在桐城者，有戴鈞衡存莊事植之久，尤精力過絶人。自以爲守其邑先正之法，禩之後進，義無所讓也。』（曾國藩全集詩文）方宗誠稱贊他：『於時戴君存莊才最茂，用力尤鋭，詩文、經説卓有表見於世，海内賢士大夫多稱道之。』（柏堂集前編卷二味經山館文集叙）近人劉聲木説他『詩文經學，卓然可表見於世，猶自謂其文理不能征諸實，神不能運於空，氣不能渾於内，味不能餘於外，自以生方苞、劉大櫆、姚鼐之鄉，不敢不以古文自任』（桐城文學淵源考撰述考）。清史列傳本傳謂其『所爲文，以才氣勝。其始尚才華，繼好倫理及事之有關實用者。後遭喪亂，益喜爲感時論事，表彰忠義節烈之文』。戴鈞衡英年早逝，生活閱歷和人生感悟有限，詩文創作上的成就和影響都無法與方、劉、姚等先賢相比，但他留下的一些詩文、書信，很有史料價值和文學價值，是研究晚清社會歷史的重要文獻資料。此外，他敢冒天下之大不韙，搜集、整理戴名世潛虛先生文集，爲後世研究戴名世乃至桐城派，保存了珍貴的文獻。他還會同蘇惇元重訂望溪文集，與方宗誠共同選編桐城文録，與文聚奎選編古桐鄉詩選等，爲保存鄉邦文獻做出了積極貢獻。

王祜臣（一八一三—一八四一），字殿襄，一字子甫。好學工詩，留有遺稿百餘篇，戴鈞衡從中挑選了六十首交給其從弟王祜蕃刊行。王祜臣出生富家，但『服食儉約如寒士，獨出金急人之難，則如渴饑之求飲食』。戴鈞衡、文聚奎創辦桐鄉書院，王祜臣的父親積極響應倡捐，捐錢三十萬，王祜臣認爲捐少了，又加捐十萬。道光年間，桐城水患不斷，而王祜臣家的租田都在北鄉，地勢高，得以倖免於難，於是『租入如常，而米價倍於樂歲』，不僅如此，他還要求家人開倉捐糧，救濟受災的鄉親百姓。平日裏，他還常常暗中接濟他人，不讓他人知曉。臨終之前，『强起披衣，焚貧家借券數十』，可見他樂善好施，至死如一，以致戴鈞衡亦感歎其『君誠古人不可及矣』。王祜臣師從文聚奎，所以戴鈞衡與其亦往來甚密。王祜臣得知文、戴二人要編纂古桐鄉詩選，不僅積極參與編次工作，還『慨然出百金成其事』（戴鈞衡味經山館文鈔卷四王殿襄墓志銘），『刊甫成，而祜臣殁』（古桐鄉詩選王善懷印序）。儘管王祜臣天不假年壽，其承諾捐資刊印之事，其父王善懷先生在其身故後，仍『捐貲印之，企以廣先哲之傳，成亡兒之

志』（王善懷印序）

以上三位編者具有强烈的鄉土意識、濃厚的愛鄉情懷和合理的選録標準，使此選本呈現出鮮明的特征。

首先，地域特色鮮明。編者在例言中開宗明義説：『昔者王學博灼居樅陽，有樅陽詩選。聚奎、鈞衡生長北鄉，因仿學博之例，輯成此編。』所收詩人的出身地僅限於桐城四鄉的北鄉，北巡檢司管轄的北鄉範圍即爲詩選收録作家的區域範圍。在例言中，編者還闡述了古桐國、古桐鄉的演變歷史，認爲『古之桐鄉實不出今之北鄉境也』，所以把此詩選定名爲『古桐鄉詩選』。

其次，編纂體例謹嚴。在例言中，輯者明確『三不收』，即北鄉以外人不收，生者不收，游戲之作不收。

編者在例言中明確表示，外鄉詩人不收。這並非是輯者有地域的偏好，而正是從編纂實際出發，認爲選詩最主要的原則是周全。桐城四鄉區域廣大，即便是採訪甚勤，亦難免遺漏和不準確，而『惟居其鄉者，各爲搜輯，庶地以狹而易周』（古桐鄉詩選例言）。作爲編纂者，生長於北鄉的文、戴二人對於北鄉的文人文化了然於胸，選詩範圍的限定和編者的有效把控是詩選整體質量的保證。同時，編者也注意到，由於『人之居處無常』，哪些人該收，哪些人不收，也要分情況對待：『有先居北鄉，而後徙他鄉者，則載其人之詩，其子孫之詩不載。有先居他鄉而後至北鄉者，則載其人之詩，其先世之詩不載』。（古桐鄉詩選例言）

『人必已故而後著述始定，茲集生者不入』（古桐鄉詩選例言），祇有逝者的生平、交游、一生行迹方可蓋棺定論，從這一點來説，文、戴二人選擇標準貌似嚴格，實則務實公允。

編者以桐城派的『雅正』標準作爲擇詩標準。長期以來，桐城派詩文的創作都遵守『清真雅正』的原則，文、戴二人亦不例外，他們提出了『選詩以純正爲主』，咏物、集古、迴文、香奩諸作都被定義爲『游戲之作』，一概不録。所有收録對象，都依據縣志、譜牒等文獻資料撰寫小傳，使『片長之士、一得之儒皆可以不泯於世』（古桐鄉詩選張敏求序）。

第三，題材豐富多樣。詩選所選輯的詩作雖上追宋代李公麟之作，但主要還是集中於明清兩代詩人的作品。歷數百年之久，詩作題材廣泛，涉及社會生活的方方面面：既包含了桐城本土的山川風物、風土人情，也有桐城域外的風俗世情、山河美景；既有對龍眠秀色、孔城晴嵐等桐城勝景的頌吟，也有對朝代更替、世事無常的感喟；既有對閨婦之怨、征戰之苦的悲憫，也有對宦海浮沉、命運多舛的嘆息，展現出歷代桐城詩人的大視野、大情懷和大格局。

第四，古桐鄉詩選具有一定的史料與文獻價值。與龍眠風雅、桐舊集、樅陽詩抄相較，古桐鄉詩選在體例上也有獨到之處。一是彌補桐城已有詩選之缺失。戴鈞衡嘆息本鄉士人先哲的詩文常常消失於『清宵風雨』（與文鐘甫書），不爲世人傳頌，故搜集鄉賢散佚的詩作成爲其任務之一。如詩選收集了龍眠風雅、桐舊集中未收録的七十餘位詩人的作品，填補了現存鄉邦文獻的缺失。二是對相關人物的生平事迹進行了詳細考證，爲詩人生平事迹出現的争議提供了充分依據。如通過考證，解决了李公麟、左光斗等人的籍貫及祖居地問題，給後世一個可信的回答，這些都凸顯了該書的史料與文獻價值。

綜上所述，古桐鄉詩選是一部區域特色鮮明、史料價值豐富的詩歌選集，對研究桐城歷史文化具有一定價值，也爲學界研究桐城詩歌提供了新資料。近年來，桐城派研究已成爲中華優秀傳統文化研究熱點之一，古桐鄉詩選的整理出版，必將會産生積極影響。

本次整理，以清道光三十年刊本爲整理底本，參校了龍眠風雅、桐舊集和部分詩人的别集。該書從選題申報、立項到編輯出版，安徽省古籍整理出版辦公室的領導都給予了大力支持，李媛編輯精心編校，在此一並致謝。由於我們水平有限，在整理過程中難免會出現錯訛之處，敬請廣大讀者、學人批評指正。

二〇二三年七月

序

選詩爲總集，蓋有權輿。正考父輯商頌，其後，孔子本之以删詩書。自漢以來，劉略、班志、阮録遞顯，集遂專部而爲之一名。至於蕭梁，而其體備；至於李唐，而其號繁。或以體分，或以代斷，或以地別，綜終始，廣國聞，尚矣。

桐城爲治，蓋兼得漢樅陽、舒及龍舒地，至唐始有今縣名。學者所識：舒析其北邊仍置縣，龍舒半併於桐爲南鄉，樅陽盡東南至江；選詩者域之以一縣已隘，域之以一鄉滋隘矣。昔在康熙之世，鄉先生潘蜀藻爲龍眠詩選。逮嘉慶時，王悔生爲樅陽詩選。玆文生聚奎、戴生鈞衡又爲古桐鄉詩選。夫樅陽猶統縣名，若桐鄉，縱爲寬鄉，在漢制不過百里，然而二生不憚割而專之也。匪私其鄉，蓋亦猶地別之義焉。

何者？士生一方，睹其地，前世無人物則感；其幸得有之，則欣欣焉以喜。若夫有之益多且盛，雖一偏之隅，或至於數十百人，數百千篇，則愈欲録而傳之。人情樂善之同，固時有若是，豈徒爲足揚山川之靈而誇耳目於四方也？矧是數十百人者，其行誼各有可紀；此數百千篇，其句之雄傑，皆有可誦，則其擅一鄉也，猶其擅一國也。苟擅一國，極而進之，亦可擅天下，推之古今上下百世而無間焉。合之分之，特其迹有異便而非實有差數也。諸子惟不以地自域，故其域之也不可緄。如水之瀾，如日之容光，充一而全，可曰知也。學者囿於所見，卑小鄉縣而以隘相詬病，是謂言天文者不當異辰次，絜地維者不必畫原平也：是昧於細大之倪者也。後有君子尚克辨之。

道光二十年五月，友人方東樹序。

序

桐城山水，奇秀甲江北，磅礴之氣，鬱爲偉人。然攷之史傳，明以前鮮有著者。永樂以還，人才蒸起，蔚然焕然，文章之彦，風雅之英，四百年來，蓋指不勝屈已。且夫學者從事聖賢，其事有甚大，其道有至遠，文辭特餘技耳。然欲以此鳴者，亦必績學之久，用力之深，質之古人而不疑，證之舉世而不謬，而後其精光不可磨滅，足以傳之天下，留之後世。然而，亦有文不足傳，經有力者之表揚，則因以不朽。而精且能於此事者，或不遇其人，則數傳而後，而其著述已灰飛烟滅，杳無復存。是又有幸有不幸，而不盡關乎可傳與否也。

文子鐘甫、戴子存莊同居桐城北鄉，皆年少好學，詩文所造已深有得於古人。近以勤學之暇，搜輯其鄉先生舊詩，既成卷，持以示余。余觀所選之詩，類皆雅正可法，而纖巧庸俗之作概弗之登，蓋其精也。而其一二未能工者，間亦借詩存人，不忍削去，則又其厚也。所載之人，必實詳里居所在，攷之文獻，徵之見聞，非確知爲其鄉之人不敢入，則又其勤且慎也。

夫人才之難，千里一聖，百里一賢。桐城雖江北名都，而北鄉實其一隅。二子所輯，乃至百七十餘家之多，而詩且及千首，皆有可觀。此足見山水之靈，人才之盛，而二子表揚之力也。夫前賢者，後賢師表之所存；後賢者，前賢精神之所寄。士君子生長其鄉，有表潛闡幽之責，非私其地也，耳目所及，遠則多漏，近則易周。二子特就其見聞所能周者采而傳之，且欲使見者皆以其心爲心，生其地，各表其地之賢，則片長之士、一得之儒，皆可以不泯於人世。二子之用心，何其善也。

而或者病其有畛域之見，則必合九州之大、四海之遥而後可。夫一人之耳目安能遍及數千萬里之遥而不遺？而況作者苟非精光必不可磨滅，又加以名位之顯揚，則百里之外即有不得而知者矣。爲是説者，是必使山林寂寞之中慨慷悲歌之士，盡湮没不彰而後快。嗚呼！此何心也哉？

二子是選，既使枯槁之儒不没所學，而聲名在人耳目者，亦因以愈著；則不足以自傳者，賴二子而傳；其足以自傳者，亦以二子而益廣其傳。二子固不自以爲功，而其樂善之盛心，則有不可得而没者矣。余是以樂爲之言。同里張敏求譔。

與文鐘甫書

鐘甫足下：

鈞衡少留心里中文獻，尤嗜詩，遇佳篇必録而弆之。積年篋中所得，無慮三數十家，嘗欲合而梓之，以廣其傳。昨聞足下期同人謀重刊曾學正旭詩集，夫學正詩名在四方，而其集絶少概見，鋟版朽蠹，久無復存。謀而刊之，發潛德，扇遺風，足下之心，亦鈞衡之心也。

且夫儒者屈首受書，從事文辭，非以爲要譽具也。然而没世無稱，君子所鄙。悲夫！巖穴之士，讀書數十年，期有以大用於時，不幸而蓬累以終身，抱負文章末由表著，而徒於斷壑窮崖忼慨悲歌以自寫其性情，攄其哀憤，亦足傷矣。而其文復堙滅不見於世，其見者或一再傳已忽，而其孫子或不肖，任散落而不收，而鄉後起者又弗思獵祕捃遺，存十一於千百，則其人與骨雖已朽，而蔓草蔽野，宰木蔭原，知必有吟魂相與欷泣於清宵風雨之中者矣，豈不痛哉！

鈞衡居常竊念士生其鄉，苟其地前代無人則已，有則必思所以傳之。其傳之也，不必其人皆卓然可以不泯於天下後世，而亦非謂吾傳之足使不泯也。弟以生長是里，目之所及見，耳之所及聞，其間不乏俶儻奇魁之士，而流風餘韻，僅延一二於人間，是何可令其忽忽以澌邪！

鈞衡思採往哲逸詩，都爲一集。自念年弱學譾，怐愗無知，斯任慮非所勝，又慁於科舉之學，未暇廣搜，思求一二同心以相爲左右，則弗可獲。此志鬱鬱，且數年於茲矣。聞足下之謀，不禁拊髀而大喜也。夫稚子聚塸，不成高阜；盲人擿埴，終如長夜。區區之志，未敢自決，惟足下有以教之。儻以爲然，則鄉先生之所遺，其徯𦖞輯而俟振暴者，固不惟學正一人已也。鈞衡頓首。

復戴存莊書

仟來得手書，知足下以聚奎謀重刊曾學正詩集，意欲廣輯同鄉，俾與俱傳。此甚懿舉，聚奎之所樂也。

聚奎少從鄉先生遊，習聞里中往哲多奇特知名士，顧其文章學問，每以用無世而泯滅，心竊悕之。忽忽數年，嚮所從遊鄉先生，半皆凋喪，其文章學問，聚奎所目見而心識者，亦將與草木同塵。其舉不足傳邪？其傳之無其人邪！

曾學正詩，聚奎童子時即喜讀之，竊嘆以彼其學生前未大顯於世，而身後著作堇堇其子孫又無復存。過南山拜先生之墓，見夫頽然孤冢，貍兔叢居，荒草離離，愴然心痛。讀邑志藝文志，載先生所著桐子山農集鈔，誤爲張曾旭著。夫先生之集，祀久年湮，其延於人間者已絶無僅有，而邑志復緄其姓氏，再數十年必無有能言曾先生者。表而出之，非鄉後進之責而誰責歟？得足下書，更有以廣聚奎之意矣！

雖然，足下之意，聚奎亦有欲廣之者。來書弟惓惓於巖穴之士多不傳。夫巖穴之士固多湮没，竊以爲，即身登仕宦，名位著於當時，詩文揚於及世，而數十年後或已散佚無存；其存者，鄉曲之士亦或未能遍觀盡覽。足下既欲輯一鄉之詩，則生長是鄉上下數百年間，苟有可傳，必宜博采兼收，以彰之人世；顧欲有所别擇於其間，則隘而不廣也。

夫古者，天子巡狩至列國，命太史陳詩以觀民風。而列國必采之都鄙、徵之閭巷以獻。都鄙、閭巷者，詩之所自出也。後世之詩，無當民風，故采詩之典不行。而其抒寫胸次，發揮才藻，固足以攷人才之興衰，證世風之隆替也。足下之志，其殆采都鄙、徵閭巷之遺意也。夫聚奎不敏，願與爲先後矣。

丁酉八月，聚奎頓首謹復。

例言

詩有選本，肇始維摩，歷代以來，俱有編輯。或統萃一朝，或專採一地。吾桐詩人淵藪，前之選本，有潘徵君江龍眠風雅，板已銷燬，本少流傳。近則徐明府璈復爲桐舊集之編，表微闡幽。二君子先後同志。然一縣四鄉，其地甚廣，採訪雖勤，不無遺漏。惟居其鄉者，各爲搜輯，庶地以狹而易周。昔者王學博灼居樅陽，有樅陽詩選。聚奎、鈞衡生長北鄉，因仿學博之例，輯成此編。使聞之者，俱以聚奎、鈞衡之心爲心，各采其鄉舊詩，庶無遺佚，非有畛域之見存也。

桐城四鄉，各有巡檢治之。查北鄉巡檢所轄地方，北與舒城接界，南至朱家橋，東與廬江接界，西至石井鋪，廣袤幾及百里，專主一地以命名，未能該括。許文學晼曰：『桐城縣有四鄉，惟北鄉實得舊名，於春秋當桐國，在漢爲桐鄉，其境蓋止此耳。』一統志云：『古桐國在桐城縣北。』春秋傳説彙纂云『今桐城縣北有古桐城，即古桐國也』，杜預注云：『桐，小國，楚附庸也。廬江、舒縣西南有桐鄉。桐既爲楚之附庸，其地小勢不能全有今桐城縣疆域可知。考舒縣，即今舒城。舒城之西南，正當桐城之北，則知北鄉自漢以來，亦舒縣中之一鄉耳。漢書：朱邑，廬江舒人，爲舒桐鄉嗇夫，後官至大司農，及死，其子葬之桐鄉西郭外。按漢制，十里一亭，十亭一鄉，鄉有嗇夫。則嗇夫所轄一鄉，百里而已。準古步較今步立算，古百里當今七十四里强。今由北鄉巡檢所轄推之，自北而南，實得七十餘里，迤東數十里，與廬江縣接壤。廬江縣在漢舒縣東南，桐鄉之東境當亦至此而止。西距縣西二十里石井鋪，有朱大司農墓在焉，其爲桐鄉之西境無疑。核其四至，綜其道里，古之桐鄉實不出今之北鄉境也。其說考據精詳，因取以名是集，曰『古桐鄉詩選』。縣治亦係北鄉地，但向別爲縣、市、鄉。茲集既以地分，故弗之入。

人之居處無常。有先居北鄉，而後徙他鄉者，則載其人之詩，其子孫之詩不載。有先居他鄉而後至北鄉者，則載其人之詩，其先世之詩不載。茲集於作者小傳中，必詳其里居所在。年代未遠者，徵之見聞；其遠者或考之邑志及龍眠風雅、龍眠古文諸小傳，或考之其人之家乘與其人之詩文及他人贈答之篇什，非確有指證者，不敢羼入。

詩文選本，古無圈點。文自王遵巖、茅鹿門始用之；詩之用圈點，自國朝沈尚書德潛始。蓋欲學者一覽而得其要。茲集先擬著圈點，既以所載優劣不同去之。蓋是選將以備一鄉之掌故，去取不能任意。故有詩不甚工，亦必擇登一二，虞山所謂借詩存人也。

人有以稿寄者，聚奎、鈞衡必互加參閲，不敢執己見以爲是非。然去取之間，亦不敢謂盡當於人人之心也。況所見多非全集，又不免有挂漏之虞，觀者鑒之。

選詩以純正爲主。如咏物、集古、迴文、香奩諸作，特詩人之游戲耳，大雅所不取，茲集概不敢入。

前輩詩本，鈔傳不一。或本人自加塗改，前後不同；或後人爲之訂正，彼此各異。茲集就所見本，擇其善者從之。亦有妄參一二字處，期以修成完璧，非敢點竄澄江。其借詩存人者，則依其本來面目，既非至美，無事求全。

人必已故而後著述始定，茲集生者不入。編次畧依時代先後。有科名者，依其科分之遲早。亦有不盡然者，如左忠毅之弟光先爲天啓甲子舉人，科分遲於葉禮部、孫司馬諸公，弟可從兄，故即編於忠毅之後。姚端恪之兄文烈，爲順治辛卯進士，科分遲於端恪，弟不先兄，故仍編於端恪之前。

詩特文人之餘事，其有品學、行迹可傳者，略序生平於名字之下。論世知人，庶有印證。聚奎知者，則聚奎書之；鈞衡知者，則鈞衡書之。然代遠年湮，頗多缺漏，不能無湮没之憾云。

小傳稱謂，於前輩皆稱先生；有爵者，三品以上則稱公；同輩及閨秀、方外皆稱字。

其牽引他人，雖先輩亦書名，以書字書號恐觀者或混也。

順治、康熙以前人，其行畧大都採之邑志、龍眠風雅、龍眠古文，不引原書者以雜采他書，且其中多以己意增省也。

有知爲北鄉人而未能悉其里居所在者，如齊朱草萊名、齊理侯登閎、齊未孩心孝、楊古度靜臣、馬翃生□□、胡伯玉瓚。有知其里居，而未得其詩者，如何省齋唐居洪濤山，左子厚國材居龍眠，孫中衍□□居獨山，左霜鶴□□居龍眠，胡彥三□□居石門冲，孫用先□□居麻山，張弼宸輔賓居南山，朱張沅龍光居孔城，孫位山□□居藻青山，張岱若静居孔城，皆俟他日采補。其或代遠年湮，有實爲北鄉人，讀其詩而不復知爲北鄉人者，是又莫可如何之事也。

是集編録，已經三載，得人一百七十七家，得詩千一百有七首，耳目之所見聞，尚多闕畧，必俟搜羅殆盡，始付梓人，一時難以告成。且遠處者，或不知有此舉，因就所得者先爲刊出，俾見者彼此傳聞，互相搜訪，有寄稿來者，隨即續選增入。

印序

亡兒祐臣，曩從文鐘甫先生遊。時鐘甫偕戴君存莊爲古桐鄉詩選，祐臣粗知詩，二君諉以編次校讎之役。刊甫成，而祜臣歿。祜臣嘗謂是書宜廣流傳，擬逐歲捐金供印資。祜臣卒，此志虛矣。

昔李穆堂先生謂能拾人遺文殘稿代存之者，其事與哺棄兒、葬枯骨同功。二君編是詩，其表潛闡幽之心甚至。竊謂非廣爲流布，其傳猶未盛也。余因捐貲印之，企以廣先哲之傳，成亡兒之志云。

道光二十有四年五月，少之王善懷識。

卷一

李公麟

宋史文苑傳：李公麟，字伯時，舒州人。第進士，歷南康、長垣尉，泗州録事參軍，用陸佃薦，爲中書門下後省删定官、御史檢法。好古博學，長於詩，多識奇字，自夏、商以來鐘鼎尊彝皆能考定世次，辨測款識。聞一妙品，雖捐千金不惜。元符三年病痹，遂致仕。既歸老，肆意於龍眠山巖壑間。雅善畫，自作山莊圖，爲世寶。傳寫人物尤精，識者以爲顧凱之、張僧繇之亞。襟度超軼，名士交譽之。黄庭堅謂其風流不減古人，然因畫爲累，故世但以藝傳云。

鈞衡曰：龍眠山在今縣治北五里。巖壑幽邃，峰巒重疊，盤踞數十里。考伯時山莊圖見之，蘇轍題咏者，凡二十所。代遠年湮，勝迹難盡指證。今惟玉龍峽世傳其名，而媚筆泉傍尚有『垂雲沜』三字，苔蝕糢糊，略可辨識。張太傅英遊龍眠題寫園詩云『圖畫秘全菴，風景將無同』，自注云：『公麟圖中有秘全菴，彷佛似之。』按：太傅有内直看李公麟山莊圖詩，則山莊之圖，公所親見。公爲桐城人，親履其地，又官禁近，得見原圖，其指證固不爽也。則二十咏之中今可確指者，玉龍峽、垂雲沜、秘全菴三地耳。三地雖同在龍眠山中，然相去或里許，或數里許，以知山莊圖統繪全山之勝，非只繪其所居也。然伯時所居，不出龍眠中，其爲桐城人無疑矣。一統志、輿地紀勝、江南通志俱以伯時爲桐城人，而東都事略謂爲舒城人。龍眠北與舒城接壤，舒城有春秋山莊，相傳伯時曾讀書其地，故誤以爲舒城人也。又今桐城邑志考公麟居處辨：一統志以爲懷寧人之誤。懷寧無龍眠，此不待辨而知。而今一統志亦無是語，不知其何所見也。

聚奎曰：宋史載公麟長於詩，而宋志不載。三李諸集、宋詩鈔、兩宋名賢小集俱未之載，惟柯山集載同文館倡和詩十五首，宋詩略選載社日詩一首，今選録焉。龍眠爲江左名山，實居桐城北鄉地，故以冠是選之首。

奉酬慎思學士年友次元韻〔一〕

君家祝融水一方，平生閲書食可忘〔二〕。靈河漱潤搴瑶芳〔三〕，天帝璧府讐書郎。馳騁千載淩子長，神清骨秀顔色蒼。書淫傳癖笑輿倉〔四〕，十年此會同都堂。上樓吟春碾旗槍，詩筒吴歈賡楚羌。一律校文公否臧，日飽大官沆瀣糧。朱鸞入網空南岡，賢書奏牘紛滿牀。朝出粉閣暮帝旁〔五〕，騤騤天路群龍驤。病鴟跕跕迺汙隍，白雲隴望因俶裝。放歌長林聲激揚，佩蘭斯馨雖朋亡〔六〕。雲出鳥還聊自償，羽扇麈尾隨經囊。龍眠乃是無何鄉，朝遊不亂麋鹿行。歸臥展圖紀驌驦，憲貧誦古時歌商〔七〕。徜徉與罷住雲房，焚柏翻經究法王。冉冉暗度歲月光，山頭草青還葉黄。洞明已死聞骨香，此志未就嗟凉凉。親顛向日每稱觴〔八〕，旨甘鞭後難翺翔。劫來竊食天中糧〔九〕，古人千歲空相望。同文鎖密御史霜，得公再集評文章。只説種松輞口莊，使莊夢蝶栩栩忙〔一〇〕。便欲負郭占農祥，開門倘容倚門墻〔一一〕。想挽北斗下挹漿，箜篌更對高秋張。

呈同院諸公 三首選一

共較南宫藝，多年復此回。群賢主堂奥，一榻占廊隈。步屧朝隨逐，詩筒夜往來。故人情不淺，無乃困慳才。

呈同院後至諸公

秋日同文館，凄風動九回。亂雲收暑去，一雨送寒來。猥與英躔接，慙非藻鑒陪。雍畿兹歛俊，元祐看新魁。

秋日同文館詩　三首選一

寄栖客幕燕，覆瓿等醯鷄。欲雨風多北，窮秋日易西。官書便夜讀，家報索親題。早晚驂騑入，重門折印泥。

初入試院

敕使書囊閒墜行〔一二〕，聚星書館燦諸英〔一三〕。雲隨襟袖來蓬島，香散房櫳宿化城。振鷺充庭天有幕，珊瑚入網海無聲。範模一世資先覺〔一四〕，況此題評慰後生。

試院即事呈諸公

盍簪聞善若江河，簾幕疏閒笑語過。月照飛箋穿户綺，風生揮麈動衣羅。已將英彀收三俊，更賦離騷續九歌。凉夜沈沈清不寐，空庭無奈葉聲何！

春社出郊

千尋古櫪笑聲中，此日春風屬社公。開眼已憐花壓帽，放懷聊喜酒治聾。攜刀割肉餘風在，卜瓦傳神俚俗同。聞説已栽桃李樹，隔溪遥認淺深紅。

和忠臣作

憶鎖南宫樂會文，天梯相躡看雲津。白頭笑我成今日，青眼逢君尚昔人。

章綱

字思綱，明永樂時人，太守綸之弟也。安貧自適，築室於烏石岡，號『東郭』。閒居賦詩飲酒以自樂。嘗登小孤山題廟壁，有太史見其詩，急訪之。延舟中，縱談數日，目爲神仙中人。所著有蚓竅集、武昌集，俱無存矣。

題東郭閒居〔一五〕

白雲爲侶竹爲鄰，栖迹衡門不染塵〔一六〕。贏得此身伴泉石〔一七〕，功名留與後來人〔一八〕。

朱　瑾

字有懷，弘治間拔貢生，任浙江秀水縣丞，居官清惠有聲。居古塘。

感　舊

種植初成一徑斜，多情還是舊時花。梨開兩岸風前雪，桃滿千枝雨後霞。堂構正看來乳燕，園林每聽噪寒鴉。故人多少長安遠，可復春來處士家。

石　麟

字永也，正德間諸生，百歲翁英之曾孫也。少倜儻，善屬文。晚歲學道，娛志林泉，尤耽吟咏。所著有古塘山莊詩文集，明季兵燹，散落無存。傳者惟白果樹歌云。

聚奎曰：百歲翁英字内含，卜居桐城北古塘，享壽一百有三歲，生七子二十三孫，與許澹初、魏谿叟爲同庚友。百歲日，翁作詩憶之，有『庚申共守人何在，甲午同生獨咏詩』之句。惜全篇無從采録，附誌於此。

白果樹歌〔一九〕

先人卜築闢榛蕪，手種古塘樹二株。不植七松與三槐，特取白果胡爲乎？愛其離離衹結實，曾無花謝花開日。種成此樹示兒孫，田家事事從樸質。兩株樹各七分枝，分在先人獨傳時。樹上枝分五十載，樹下人家衍七支。聞昔蓂莢葉象十二月，南海一風草一節。芍藥開兆金帶圍，登科信視石榴結。由來草木知先幾，人中之幾知者稀。不料吾家雙白果，早洩人間造化機。所以食腝弗厭庾郎韭，衣汁弗染李固柳。忠厚世將元氣培，鷄犬聲中田舍酒。

趙釴

字鼎卿，號柱野。嘉靖庚子鄉試第一，甲辰登進士，居給諫。時巡京營，力阻仇鸞占役諸弊。遷太僕寺，旋以都御史巡撫貴州。值土舍韓甸叛，督兵平之。有媢其功者，調用南京，遂告歸。所著有古今原始、無聞堂稿、鷃林子等集行世。

鈞衡曰：今城中都憲第，公居宅也。玫龍眠風雅，謂公告歸後，築室龍眠山，學者多歸之。讀公詩，又有卜居五嶺、鷃林山莊諸詩。五嶺在西龍眠之西，鷃林莊今在投子山下。而公又有助山堂記，堂在麒嶺下，石鼓山前。則公之居，蓋不一地，今據風雅及公詩所載登之。

君馬黄

君馬黄，臣馬赤，二馬同逐臣馬劣。朝出關以南，暮出薊以北。蹄穿塞上霜，毛碟隴頭雪。安得君王十二閑，黄金爲絡玉爲鞭。爲君奪取燕然山，如何沙苑上，長嘶風雨間。

行路難

我欲登山，虎豹當關。我欲涉川，鯨鰐在淵。我行負弩，委以危弦。我事躬稼，授以石田。謂水有車，謂陸有船。吁嗟嗟！行路難，如登天。

鄭家驛道中

礙日苦高峰，迴壑人行少。日午半山陰，林薄時聞鳥。深谷虎縱横，絶壁雲縹緲。爲問前驅人，昏黑路逾小。少焉月東升，豁然寬懷抱。磵泉答鼓聲，馬蹄舂虚島。不緣深夜行，安知月明好？

送錢實夫讀書胄監

去歲與君伯氏別，朔風吹落燕山雪。今日都門復別君，長空萬里飛春雲〔二〇〕。君乘春雲渡江水，石城紫氣當關起。鳳凰臺上雨初晴，盧龍山下花如綺。此時遊士盡人豪〔二一〕，圜橋碧水拖方袍。王家禮樂輝星日，闕下人文追謝曹。丈夫得意遇知己，躡屩擔簦相遊遨。下帷深究董生業〔二二〕，垂綸還釣任公鰲〔二三〕。

嵩丘歌送畢郡守

君不見，八荒巨鎮稱嵩丘，靈標突兀當中州。太室少室互掩映，伊水洛水迴奔流。三臺時見白雲起，月光童子蒼崖裏。青炎常開四樹花，丹池倒噴九龍水。花下曾聞子晉笙，緱山嶺上雙鸞鳴。水邊曾駐漢皇旌，少君一見天風生。此地從來可嘯傲，東望三川空浩浩。羨君高乘大夫車，五馬直上函關道。函關老子喜君去，手抱道經爲君馭。再挽淳風天上來，靈波遍灑河橋樹。此時莫惜故人書，應念城東相別處。

後募兵行

欃槍晝吐光，寇來何跳梁。寇來兵亦來，令我負重傷。寇來梳我，我髮猶長。兵來篦我，蟣蝨俱亡。蟣蝨俱亡可奈何，寇來日少兵日多。君不見，去歲東鄰與賊戰，我挺長戈賊揮扇。力屈死者誠已矣，生者至今有顏面。又不見，西鄰今年逢鄉兵，炙牲貰酒歡相迎。奪取金帛不敢問，猶牽子女遠從行。含怨欲訴難具陳，軍門重兵不重民。仰天大呼黑雲斷，空有天地難藏身。

喜方東谷遠訪

輶車何處至，鷗鳥又成群。客路多黃葉，故鄉空白雲。羞稱東道主，笑誦北山文。宦況堪誰語，相知獨有君。

宿長安驛道中

纔離豺虎穴，暫憩水雲莊。山色雨中盡，櫓聲溪外長。月明如故里，人語是他鄉。更喜天微霽，前途近岳陽。

卜居五嶺訪高氏兄弟

何處訪幽栖，君家在翠微。谷深山似幄，堂古樹藏扉。水帶風聲落，雲驅雁陣歸。偶來生隱意，小築喜相依。

五嶺經年望，深春始一行。天從青嶂斷，人與白雲平。解帶逐樵伴〔二四〕，寄巢聽鳥聲。從兹來往熟，草木亦知名。

自鳳陽至臨淮乘舟入泗道中漫賦

天府乘春得遍遊，汀雲岸草伴行舟。林深谷口藏山寺，雨細花邊見驛樓。平野幾村湯沐郡，長淮千里帝王州。喜看龍起鍾離處，正是乾文焕斗牛。

林未軒由刑曹轉兵曹詩以賀之

四方兵甲何紛紛〔二五〕，我亦年來悔學文。籌國今歸小司馬，抗顔誰揖大將軍。新聞韜略傳黄石，舊有才名出白雲。牢落天南望天北，鯨鯢歛海倍思君〔二六〕。時有倭警。

寺臺有感寄友人

高樓春望柳初垂[二七]，野寺閒情祇自知。載酒每尋花發處，懷人常在月明時。一官不歎虞翻遠，五岳空憐向子遲。幽谷香泉題欲遍，天涯何日寄相思？

賣花曲

市女買花枝，村女買白苧。如何天上春，不到貧家去？

助山堂雜咏 録二

小龍峰

小龍盤山中，大龍横江上。雲氣自往還，百里遥相望。

舞踏嶺

高者如鳳翔，下者如虎踞。朝朝几席前，欲去不能去。

宿臨江驛

飄飄何處易銷魂，細雨平蕪帶水村。十里蘆花飛似雪，數家茅屋隱黄昏。

種　花

世人種花須名花，雕欄十二護香葩。我今雜植東風裏，但願花開長在家。

問古泉園中海棠

記得君家二月時，滿庭紅樹競芳姿。今年花發誰同賞，開到東風第幾枝。

鳳山雨雲 鷃林山居八賦之一

習静林中自課耕，朝朝石上看雲生。祇愁雨過山溪漲，流出桃花滿市城。

戴　完

字仲修，號渾菴。嘉靖甲辰二甲一名進士，以部曹負重名。嚴嵩病國，念公名高，冀得私謁，不往。與張翀交疏刻嵩〔二八〕，嵩銜之。詔除江西學憲，嵩以前卻，改補貴州副使，威惠大著，乞病歸。研究理學，以新建爲宗，與張甑山、羅近溪、耿楚侗、王龍溪往復論難性命之旨，多所發明。居家四十年無所干謁。時政不便民，見有司輒言之。所著有經義正宗、四書會解、日記録、渾菴文集、閒吟草諸集。

鈞衡曰：公，衡之七世伯祖也。少居城東五里之戴家冲，致仕後入城居。公之孫者顯亦二甲一名進士，詩、古文爲當代推，以居城，兹不入焉。

撫寧道中乘馬望山海有作

迢遞北平道，揮鞭自控驄。冰堅疑石積，山擁覺途窮。征蓋輝寒日，平沙慘暮風。關城迷望眼，還宿野村中。

宿慈雲寺風雨有懷

宦況真無奈，禪宫舊有盟。琴尊連夜雨，燈火十年情。殘夢和雲散，輕寒入夏生。談經歸院晚，老衲喜逢迎。

運邊餉宿豐潤公署〔二九〕

天涯歲晏未圖歸，盡日驅車傍落暉〔三〇〕。萬里銷魂遼海闊〔三一〕，五雲回首帝城飛。嚴風急柝悲殘夜〔三二〕，新月臨關照客扉〔三三〕。此去足邊應國計，不遑遊子問寒衣。

三月邊城懷故園諸景

殊方物候總堪嗟，誰遣遊人促使車？落日空山餘壁壘〔三四〕，芳春何處覓鶯花〔三五〕？晴峰欲露半埋雪〔三六〕，野草將萌尚覆沙。對此轉令鄉思劇，西風況復起邊笳。

林有望

號未軒，嘉靖癸丑進士。初授邵武令，以清惠聞，擢兵部職方，晉郎中。嚴嵩忌其彊直，以僉事出。備兵四川，蜀人稱爲海罡風復見，連抗嵩三疏，皆留中，遂挂冠。歸去之日，帑有羨金十萬，向例爲官有，先生麾弗問。垂橐而歸，不能名一錢也。築室吕亭之洞賓泉旁，竹石自娱。所著有史綱辨疑數十卷，詩載龍眠風雅者二章，今録一焉。

兔河早發

曉起開船雲欲曙，赤霞殘月兩争輝。櫂聲欸乃穿波影，羌笛咿唔入翠微。夾岸柳條垂近尺，平湖菱葉滿纔肥。遠山四望青如許，一路帆檣鏡裏飛。

朱杲

字梅亭，嘉靖間貢生。任四川華陽縣知縣，丁内艱歸，遂不復仕進。少師事何郎中唐，學以主敬存誠爲要。與同里趙鋭、彭寶、江鯨、張夔稱郎中入室弟子。始居古塘，繼居洪濤山，與郎中爲鄰。每朔望隨師來城，謁聖廟即歸，豪貴之家不少干謁。既卒，方明經學漸謚曰『貞述先生』。

鈞衡曰：吾桐講明理學者，自何郎中唐始，先生及趙鋭輩繼之，方明經學漸又繼之，而性善之旨大明。何唐居洪濤山，後又居獨山，號『獨山居士』，固北鄉人也。方學漸省齋先生傳僅載其『家無恒産讀無書，敢作人間大丈夫』之句，以未成篇，不能采入，誠恨事也。

午夢

午夢適驚覺，起行庭樹間。烹茶資石火，看菊啓柴關。息念自成寐，縱觀還得閑。蕭然園圃内，落葉響秋山。

戴乾

字元泉，嘉靖間邑諸生。喜詼諧，善飲，不事生産。嘗語人曰：『役役浮名，枯槁一生，何如杯中不空耶？』草書學大令，圓捷可觀。居城東之老人倉，無子，同輩悼之。

述古〔三七〕

淮陰一餓士，得志遂王齊。功高非不賞，爵貴身已危。兔死狗旋烹，人情重堪疑。前此溪邊媪，曾救王孫飢。後此吕氏禍，一身遭誅夷。生死婦人手，英雄徒爾爲。進食不望報，斯言可啓迷。何必蒯生計，追悔臨刑時。

武侯與留侯，漢祚賴之安。留侯爲其易，武侯爲其難。吴魏各虎踞，西蜀成彈丸。指揮軍旅間，中原側目看。北伐功未成，奸雄膽已寒。

盛汝謙

字亨甫，嘉靖辛丑進士。由御史至光禄寺，皆有偉績。嚴分宜柄國，心重其才，啗以顯秩，公拒之，遂罷歸。分宜敗，尋起爲南京操江都御史。南京貢院號舍故用蘆葦，士苦濕隘，公捐費修拓，改用磚甃，試士便之。無爲州之土橋河接壤桐境，舊有守禦兵數十，歲需役銀七百兩，公移文清革。重累頓釋，桐人德焉。陞户部右侍郎，請告歸里，桐人鐫萬姓碑以頌其德。桐故無城，公首倡議建之。後流賊困江北，桐邑獨全，公之力也，里人立祠祀焉。

鈞衡曰：公爲辛丑進士，詩宜列趙都憲之前。今列其後者，先未詳公之里居所在。且云：『向不信其地爲公居宅，後遊投子山，見公之尊甫神道碑亦云云，乃信公之曾居此也。』是卷梓既成，而後補入也。公居白兔河左近，今有白馬樓故址。伍文學鈞爲指其處，公詩絶少，龍眠風雅僅載一首，今登之。

贈武湖山年丈頓山別業

何年遂初衣，卜此頓山業。門横一澗流，後繫方塘艓〔三八〕。流急境常静，艓移情更愜〔三九〕。庭趨詩禮兒，架散鍾王帙〔四〇〕。四時有新釀，客至每歡接。啼鳥雜清歌，游魚翻巨鬣。辭榮終復榮〔四一〕，故園懷日涉。

校記

〔一〕宋張耒柯山集題作『謹次原韻奉酬慎思學士年友』，叢書集成初編中華書局一九八五年排印本。

〔二〕閲書　柯山集作『書闈』。

〔三〕靈　柯山集作『雲』。

〔四〕倉　柯山集作『狂』。

〔五〕閣　柯山集作『閨』。

〔六〕斯　柯山集作『思』。

〔七〕誦　柯山集作『頌』。

〔八〕日　柯山集作『白』。

〔九〕劫　柯山集作『竭』。糧　柯山集作『央』。

〔一〇〕莊　柯山集作『我』。

〔一一〕門　柯山集作『孔』。

〔一二〕墜　柯山集作『隊』。

〔一三〕書　柯山集作『深』。

〔一四〕資　柯山集作『尊』。

〔一五〕本篇題名桐舊集無『題東郭』三字，北京師範大學出版集團安徽大學出版社二〇一六年排印本，後皆同，不再標出。

〔一六〕不染塵　桐舊集作『欲絶塵』。

〔一七〕伴泉石　龍眠風雅全編作『閒快活』，黄山書社二〇一三年排印本，後皆同，不再標出；桐舊集作『鷗鷺侣』。

〔一八〕留與後來人　桐舊集作『何處問來人』。

〔一九〕桐舊集題下綴小注：『明詩綜選。』

〔二〇〕飛　桐舊集作『流』。

〔二一〕遊　桐舊集作『列』。

〔二二〕深　桐舊集作『但』。

〔二三〕還　桐舊集作『看』。

〔二四〕逐　桐舊集作『追』。

〔二五〕何　桐舊集作『正』。

〔二六〕歔　龍眠風雅全編、桐舊集皆作『籔』。

〔二七〕春　桐舊集作『初』。

〔二八〕刻　當作『刻』。

〔二九〕桐舊集題作『運邊餉宿豐潤公署有懷用謝道長韻』。

〔三〇〕傍　桐舊集作『悵』。

〔三一〕銷魂　龍眠風雅全編作『憑誰』，桐舊集作『關心』。

〔三二〕悲殘夜　桐舊集作『鳴邊壘』。

〔三三〕此句桐舊集作『殘月疏燈照署扉』。

〔三四〕空　桐舊集作『有』。

〔三五〕何處　桐舊集作『無徑』。

〔三六〕半　桐舊集作『猶』。

〔三七〕桐舊集題下綴小注：『明詩綜選。』

〔三八〕後　桐舊集作『樹』。

〔三九〕更　桐舊集作『益』。

〔四〇〕帙　桐舊集作『帖』。

〔四一〕終復　桐舊集作『未棄』。

卷二

方學漸

字達卿，號本菴，萬曆間貢生。年十三，即志洛閩之學。善屬文，不戚戚於貧賤。同邑趙鋭奇其才，以女妻之。有畬田在邑北三十里，因家焉。以孝友致庭樹覕然連理，遂亭其下，曰『連理亭』。講學桐川、秋浦間，揭性善之宗，力詆二氏。晚築桐川會館，從者數百人。所著有易蠡、性善繹、桐彝、邇訓、桐川語、續庸言諸集，門人稱『明善先生』。

聚奎曰：連理亭在今白沙嶺左近，予聞之方文學林云：『先生少時居是者二十餘年。林高大父亦曾居此，嘗有句云：「幸近君子廬，晨夕樂風月。」晚年入城。』今編北鄉詩，求先生全集不可得，僅於龍眠風雅中擇數首登之。

阻風

朔風吹樹黑雲流，江濤日夕鳴牀頭。荒汀斷岸蒹葭秋，千艘萬船帆墻收〔一〕。雪花零亂不可櫂，對酒自歌還自笑。夜深孤鶴掠舟飛，江門片月寒相照。

浮山

攬勝入丹丘，迂迴石徑幽。樓臺浮蜃氣，風雨出龍湫。野闊天連水，巖深夏欲秋。坐無塵世想〔二〕，疑是泛虛舟。

白雲巖〔三〕

磴道斜飛瀑，巖花半入雲。望中孤鳥没，天外一江分。竹柏山樓色，旃檀石鼎熏。軒然長嘯發，清興好誰聞。

魯山墩〔四〕

春晴頻載酒，地僻更探玄。草密疑無路，花開别有天。荒墩斜照裏，野燒亂雲邊。魯碘空千古〔五〕，臨風一惘然。

合明山

雨霽虹消嵐氣清，乘春攬勝入蓬瀛。兩峰對聳玻璃石〔六〕，萬古雙懸日月明〔七〕。極浦亂雲來野色，寒山落木動秋聲。蒲團老衲風檐下，法雨開華照水晶。

左慈丹臺

元放燒丹萬仞臺，皖灊深處白雲堆。匡廬氣色天邊出，楚澤風烟江上來。松老歲經秦雨露，壇荒人問漢蓬萊。神仙亦共曹瞞死，又見群羊日落迴。

大雄别兒大鎮

五載馳驅千里外，一官迎養二親來。異鄉難得庭幃聚，秋水俄驚别櫂催。直北風沙高皖嶽，江南米價賤燕臺。我行自足桑榆計，不必看雲首重回。

東　征[八]

朝鮮海外作東藩，長護遼城絶寇源[九]。豈謂憑陵愁日本，至勤師旅出中原。千艘鎧甲衝鼉浪[一〇]，萬里旌旗散蟻屯。聞説釜山新築壘，控弦未許息轅門。

盛世承

字以烈，號匊泉，司徒汝謙之七子也。萬曆丁丑進士，初授户部主事，尋改兵部，迴翔部署，尚書倚以爲重，出爲藩臬。所至多政迹，官至南京光禄寺卿。性恬淡，耻奔競，工詩文，尤精書法。居古塘，以山水琴咏自怡，壽八十八卒。

葉山人歸賦别

山關度桑乾，蕭蕭滯寒寓。邊塞多悲風，家山渺雲樹。客從桐鄉來，乍對歡如故。浮生無定迹，去來同沫聚。感君意氣佳，下榻爲徐孺。掀髯酣且歌，時出驚人句。殘局角空庭，鳴琴發清暮。有術窺青囊，烟巒生指顧。高談欣素心，神隱洽真趣。秋深露欲凝，冥雁紛南鶩。翩翩動歸輪，遥向太行度。欲留不可攀，欲隨事仍忤。簪綬爲微牽，清賞聊自誤[一一]。

雙鬢今已絲，微榮何足慕〔一二〕。憑君語山靈，予將返初步。待得桃花開，谷口挹清霧。

瞿率甫鄉丈訪余雲中贈別

砂磧無春塞月高〔一三〕，鄉書長斷夢魂勞。故人冰雪輕千里，俗吏風塵感二毛〔一四〕。東海未聞平島嶼，中朝猶自乏山濤。相逢莫話憂天事，且把閒情付濁醪。

胡子恒表兄遠訪春日言歸賦贈

匹馬和雲度太行，相看渾忘是他鄉〔一五〕。孤城夜月連榆塞，萬壑春烟隔草堂。君到山陰窮遠興，我遲彭澤誤清狂。冠裳世路難終老，姤殺江南薜荔芳。

岳太和過訪山居用韻奉酬

危巒秀入五雲齊，俯瞰塵寰萬象低。一線石中窺碧落，半窗榻底隱虹霓。静來轉覺玄關近，懶去從教白日迷。不厭幽人頻着屐，相將笑語度前谿。

吴應賓

字尚之，一字客卿。少穎異，母夢飛星入口而生。登萬曆丙戌進士，授編修，數年告歸，隱居南灣。閉户著述，深究性命之旨。同里左公光斗、方公大任以理學薦，病不克赴。上疏論時政，上嘉之。崇禎甲戌民亂，遯于郊，悵然曰：『天下自此不太平矣。』歸，至南灣别墅，端坐而逝。所著有宗一聖論、性善二書、學庸釋論。

金人捧劍篇

霸王行春曲江水，雲物尊罍間羅綺。羽觴迭飛群臣醉，歌呼四座雄風起。此時秦王氣正驕，旌麾耀日鳴寶刀。刀頭閃爍白虹吐，渼陂颯颯生波濤。雷轟電掣白日晦，劍光一片西方氣。西方金宿來金人，捧出青蛇色勝銀。幾點寒星初射斗，五山精氣共排雲。雲閅紫映芙蓉赭，希代神兵憶歐冶。何年夜半去東吴，此日令君制西夏。炎精焯燿烈焰紅，風雨不救咸陽宫。千年此物竟何許，無乃化作延津龍。安得佩之倚天外，横行沙漠生長風〔一六〕。

月夜同諸子登金山因浮舟北渡〔一七〕

浮玉何年至，黄金紀勝隅。月當天塹迴，山借海潮扶。四座江聲繞，中流塔影孤。歸檣仍酹酒，風浪起天吴。

明月引歸舟，天空夜色收。山横青野斷，江入白雲流。水國魚龍冷，仙家島嶼浮。孤帆疑塔影，何事上揚州？

喜胡伯玉登第

曾向長安賦壯遊，宫袍新著舊風流。天從閶闔開金馬，人自雲霄控紫騮〔一八〕。雷雨已知龍是劍，文章應似蜃爲樓。何年玉樹重攜手？記得花磚日影秋。

贈勿銘弟北上

共道延陵有士龍，心花開作玉芙蓉。莫將雁字憐秋葉，早趁鵷班聽曉鐘。東漢郎官尊列宿，西京邦計重司農。頻年赤地蝗飛急，民瘼何方達九重？

哭蕭扶提

壯士長歌俠客行，當年白眼自縱橫。已知身合歸塵土，何必書堪記姓名？作客半生裘已敝，懷人雙泪劍孤鳴。殷勤爲作遼東鶴，無奈招魂萬古情。

誰云分手易前期，遠道於今不可思。酒態已隨嵇叔盡，交情獨許范卿知。十年江海論心地，千里風霜入夢時〔一九〕。不用含凄題恨賦，篋中猶有送君詩。

游仙詩

海天東去是瀛洲，羽翰翩翩恣遠遊。衣重五銖雲自暖，舟輕一葉水初秋。丹臺日射黄金鼎，玄圃風清白玉樓。吹徹洞簫銀漢曉，蔚藍花發五城頭。

聚崛洲前海嶠危〔二〇〕，天台峰下石梁欹。閒將玉枕三生夢，幻作柯亭一局棋。寶月金華生碧漢，蕊珠香霧滿瑶池。竭來不淺蓬壺興，惟許山中鶴夢知。

太白書堂

深林咽危響，怪石互呑吐。不知澗下泉，疑是山中雨。

甲辰宫詞

歌塵纔散舞衣閒，冷看春風幾度還。流出上林多少葉，不曾題字到人間。

一片朝華墮御溝，深宫盡日迴添愁。朱顔自是無根蒂，莫道君恩似水流。

宫　詞

敢論顔色欲傾城，曾得君王記姓名。一卧長門憔悴盡，斷腸春夢不分明。

吴用先

字體中，號本如，萬曆壬辰進士。初爲臨川令，守正不阿，除户部主政，改職方，典閩試，稱得人。遷浙臬，晉右布政，擢都御史，巡撫四川。時播爲蜀患，公督大將劉綎討平之。病歸，尋起，總督山西、蘇、遼等處，首建防禦十策。璫禍起，致政歸。所著有周易筏語、寒玉山房集。

鈞衡曰：公居宅在南山，今所傳『墨莊』是也。墨莊去余家數里，嘗與其裔孫遊，得見公之遺像，慨然想見其爲人。公後裔居墨莊者多能詩，今搜録僅得數人。傳不傳，固有幸有不幸歟。

奉命撫蜀川東道中偶拈

自昔空歌蜀道難，而今險阻備征鞍。天鄰尺五車還上，路入千盤嶺更攢。叱馭王尊惟報國，渡瀘諸葛早登壇。此行祇欲邊疆靖，奏凱聲聞即挂冠。

送澹居上人歸餘杭

方外知交絶世情，翛然飛錫到蓉城。來時寒照三巴雪，去日春啼二月鶯。巫峽迢迢層嶺翠，洞庭渺渺片帆輕。送君高卧青山裏〔一一〕，余亦歸尋鷗鷺盟。

春日署中有感

半百浮生嘆轉蓬，客窗無語對東風。春光不管人頭白，楊柳青青花又紅。

劉胤昌

字燕及，號濟水，萬曆甲辰進士。少穎異，稱神童，過目成誦，萬言立就。爲文多奇艷，負才傲世。初爲臨川令，摘伏如神，權貴不少貸。三改令尹，遷廷評，未赴任卒。少居南鄉之龍灣，與諸弟砥行績學，通籍後，卜築城西之西山。所著有澹然齋集、劉氏類山、學庸口義、游草、還草、覲草、西山草諸集。

風雨中揚帆疾趨端州即同季美登七星巖醉歌

海風壓濤濤壓舟，舟高濤伏如安流。壚邊酒沸作龍吼，一呼已到青山頭。山頭有人似招我，手捲螺殼吹塵堁。我也赤脚往尋之，不見其人見蜾蠃。蜾蠃視君我螟蛉，羲畫軒圖抵一丁。生年四十百無成，緑笠青蓑澤邊吟。昨日東腰往報府，蠻胥怒隸猛如虎。聞我一嘯辟易走，恨不操箠笞我股。今朝逃出登高臺，衝雨衝烟欲破腮。七星墮地化灰堆，千年白骨埋蒼苔。有酒不飲孤七尺，有官不作反安逸。廣州蟹螯大於鼓，持螯飲酒面光赤。高歌聲與雨聲敵〔二二〕，雨偕歌聲齊和笛〔二三〕。酒酣歌罷雨亦息，返照入江穿石壁。

大明山得年字

朱旂在楹鼉在縣，黑蜧怒號飛上天。玉女初傾洗頭水，岡原倏忽成洪川。此時小臣方穆然，搥牛釃酒祈豐年，明信格神神喜歡。鞭起赤龍殪黑蜧，羲和馭輪迴重淵。須臾白虹千尺自空起，叫哮而下飲溪泉。堆綿噴雪不一態，如彼璇宫玉女倒挂珍珠簾〔二四〕。纖塵不飛日涓涓，微風動樹稻滿田。於是乃有公子夙戒之清酤，宰夫割擊之肥鮮。饒州磁盞白如雪，百盞酌我無休嫌。諸生且脱頭上冠，挂在長橋古樹邊。解衣盤礴坐危石，禮法於我何有焉？谷中簫鼓正喧闐，谷外遊人挂杖看。看説風流使君顛，流連日暮不知還。若教做得西湖長，便將公事了湖船。

雨止寒甚

野闊亂雲屯，山横勢欲奔。風驕初歇雨，霧失暫開暾。貼岸輕鰷出，争籬衆雀喧〔二五〕。共呼泥滑滑，不是學禽言。

中隱君酬過余西齋

春思不可禁，宴坐看梅開。獨樹一鳩語，空亭二客來。地幽森碧草〔二六〕，話久出深杯。只是尋常意，何爲俗共猜？

過丁文遠新園

出郭無多地，湖山到眼前。竹深全隱日，松老不知年。鳥語窺人喜，僧閒枕石眠〔二七〕。焚香留客坐，近得主人賢。

初至姑孰將訪胡孟修使君

城郭繞江流，重來憶昔遊。山晴遥見塔，潮落曲通舟。生計資黄綬，天涯笑白頭。當年采石月，猶照謫仙樓。

自九華歸宿五溪橋用吴客卿太史舊韻

老眼猶疑戀碧霄，憑輿時自看漁樵〔二八〕。日沈嵐氣生茅屋，風起潮痕上石橋。估客沙邊雙艇集，野僧雲外一燈遥。九峰歷歷杯中見，對月招呼慰寂寥。

登黄鶴樓

江空天際敞高樓，樓上仙人不可求。一自白雲迷鶴駕，獨留蒼樹鎖漁舟。洲前鸚鵡千年賦，笛裏梅花五月秋。極目長江萬餘里，蕭條對酒不勝愁。

左光斗

字共之，號蒼嶼，萬曆庚子舉人，丁未進士，皆第十一人。授中書舍人，擢監察御史，視屯，多所興復。神宗不豫，璫劉朝等矯東宫旨，索世廟戚畹絶莊，公封還不啓，曰：『尺地皆殿下有，御史奉命巡田，而敢以田私進乎？』一時嘆爲『真御史』。光宗登遐，李氏以選侍居乾清，公抗疏力争，與應山楊公漣相爲倚重。時魏忠賢亂國，楊公疏列忠賢二十四罪，公繼之，未上而同逐。尋被逮，與楊公同死杖下。崇禎初，詔褒忠節，贈副都御史，再贈太子少保，謚『忠毅』。其前後疏稿及訟繫本末事，詳國史，不備載。

鈞衡曰：公曾居龍眠山中，其憶龍眠山居詩云：『卜築傍龍眠，雲深一徑穿。源窮纔見屋，山盡忽開田。芋栗新栽得，芻蕘任往焉。笑余緣底事，一別動經年。』其卜築詩云：『卜築龍山下，蕭蕭只數椽。』龍眠，前人多用作龍山。余九世伯祖儀部諱者顯有懷左共之詩云『龍眠山裏月，今夜照孤吟』，馬文學孝思遊龍眠詩云『少保幽栖處，溪邊曲徑開』，則公之居龍眠無疑矣。今城中有『㬉椒堂』，爲公居宅，蓋晚歲入城云。

咏懷詩示繆西谿宮諭

飛塵蔽白日，天地失其明。曾參不殺人，慈母胡不驚？原迴若木光，一察葵藿情。墉鼠牀下語，蝙蝠梁上鳴。黄鵠摩青天，不與世相爭。哀哉險側子，用心何怦怦。

老狐戴髑髏，夜拜北斗神。綏綏曳長尾，頃刻化爲人。我有龍潁劍，欲殺投水濱。丈夫報國家，鴻毛安足論？擊之一不中，徒爲鼠雀嗔。多彼寒蟬輩，教我守沉淪。

哭萬元白

黄霧四塞遮薊北，浮雲滿天蔽白日。道上狐狸走入宫，壯士聞之聲慄慄。西江萬公真人傑，手攬斧柯伐三蘖。上疏直數中官罪，一時群小皆咋舌。胡爲矯旨杖獄中，血肉淋漓聲斷絶〔二九〕。義士捹面各吞聲，不覺唾壺盡擊缺。果然恭顯殺賢傅，中朝之事尚何説。我有白簡繼君何能已，與君同遊杖下矣。丹心留在天壤間，没没之生不如死。

雨宿

小雨疏林静，虚堂老衲閒。夜深官燭短，病後酒杯寬。起和壁間韻，行看窗外山。一聲鐘磬落〔三〇〕，明月滿松間。

九龍池

削壁嵌山幽，池平過雨收。青天萬馬驟，白日九龍游。湛影含金鏡，深源接御溝。萬年芳澤在，不獨共藏舟。

九日同友人閲武場〔三一〕

帝夢急非熊，徵材萬國同。重臣親作鵠，多士儼臨戎。霜氣侵驄馬，風聲怒角弓。勳猷公等在，吾亦厭雕蟲。

送何虚白民部督餉遼東

風雪暗雙旌，籌邊此一行。地官膺特簡，天子壯長城。飛輓終無計，隨田可勸耕。會看方略上，不獨爲呼庚。

遭璫逐道中感懷〔三二〕

幸未遭嚴譴，居然許放還。願難成栗里，禍恐續椒山。空有安危計，誰開笑語顔。龍眠舊卜築，長在汨羅間。

曖曖浮雲障，冥冥妖祲繁。疲驢衝道路，破帽出都門。抗疏功全少，埋輪志尚存。君王如可悔，幸有老臣言。

別雙親赴昭獄

再別不能去，高堂有老親。此行拋骨肉，大節在君臣〔三三〕。涕泣都成血，生全或仗貧。白雲如可望，雷電豁青旻。

畿北道中士民攀檻車持金錢相贈詩以謝之

車指燕山道，徘徊感故人。相逢莫下泪，何事尚攀輪。生死成今古，風雷任鬼神。一錢從未敢，幸不愧焚身。

謁陵

皇圖天保九陵雄，宛轉濚蟠見壽宫。王氣總纏窮塞北，雲封高接大江東。珠襦兩地山河壯，桑土千秋户牖同。鎖鑰只今誰可寄？憂天空自廑孤忠。

晝漏鐘鳴寢殿張，漢儀周禮飭冠裳。詞官帶佩承恩重，列辟徵金薦酎忙。雲護四蛇常出没，月明獨鶴自翱翔。縱然肸蠁通呼吸，未必尊親似上皇。

楊大洪歸里後感示惠元孺給諫二首 選一

孤危少主自堪憐，姑息翻爲婦寺牽。利口果能昏白日，杞人只恐墮皇天。行吟無地終懷楚，擊筑增悲竟去燕。一死一生原是幻，肯同舉國飲狂泉。

送孫愷陽閣部督師關東

一天殺氣成秋色，四面悲歌變漢聲。忍見鯨鯢腥鴨緑，可無籌策返遼城。衮衣急借周公出，簟服還勞方叔行。報國有心常似擊，只將龍樹乞神兵。

酬趙儕鶴冢宰

東山鹿豖經年卧，詔秉銓衡正百官。憂國可鄰雙鬢白〔三四〕，焚香爲告寸心丹。身留一劍霜花滿，話到三朝夜月寒。自分駑駘無足道，何緣得顧便交歡。

寄葉臺山相公

黨禍將興便乞歸，如公當日號知幾。江湖何必分清濁，牛李難明孰是非。生計青門瓜正熟，功名白髮願同違。西行大禍猶能解，莫戀灘頭舊釣磯。

檻車至濠梁時楊大洪書至

荒郊一帶慘風烟，緹騎徽車江楚聯。含泪開書猶罵賊，同心共請止呼天。此生莫作無家別，萬死惟知有劍懸。寄語故人須早發，相期折檻聖君前。

出塞曲

陣雲橫捲將星高，獵獵秋風動羽旄。揚旆平明屯渭北，銜枚薄暮度臨洮。

羌火燒雲塞草枯，翩翩獵騎海西隅。解鞍卧鼓平原上，胡馬千群不敢驅。

左光先

字羅生，號三山，忠毅公光斗之弟也，天啓甲子舉人。筮仕綏安，以異績行取授監察御史。生平不避艱險，不憚威勢，如糾虎關墨吏，殲逆賊許都，參權奸馬貴陽，皆忘身殉國，守道逐邪，有古大臣蹇諤之風。晚年娛情松菊，未嘗隻字入公府，居龍眠山中。

自祭 時乙酉春作

伊余具鬚眉，樸誠素所積。早讀父兄書，筮仕聖明季。循良愧古人，徵車至外吏。逾格入西臺，葑菲幸不棄。一飯尚難忘，曠恩兼大義。隨膺直指命，出爲兩浙使。兩浙財賦重，凛凛勤莅治。殖禾與鋤莠，頗勵澄清志。自維盤錯中，或可別利器。詎意期及瓜，候代久不至。撫軍復無人，潢池突爲祟。謂許都。東陽義烏間，鼙鼓喧動地。巡方不治兵，亦誓殲醜類。半月遂盪平，元功歸將帥。捷音馳京師，咸謂命將寄。年來誤國臣，誤於一撫字。帝曰合機宜，稽勳紀其事。星軺遥望闕，紫薇忽焉墜。群議趨南渡，忍死方共事。半壁僅如線，内賊猶竊轡。君仇既不共，兄仇且安避。抗簡擊首輔，倮逆似知愧〔三五〕。封事竟留中，借題恣行臆。反坐殺已降，惡聲徒爾被。小人媚元兇，賢者張公議。卻賴徐與祁，肝膽竟無異。徐公虞求、祁公世培。此時天壤閒，何處容我輩？魑魅必難消，舌争必不利。不利固當争，生我果何爲。嗟乎烏覆巢，遺卵俱在地。我兄先中禍，復仇志未遂。曾弗鑒前車，姚平笑阿弟。痛哭拜鼎湖，空下孤臣泪。天上既已期，一死遑再計。即死奸人手，豈不存浩氣，吟成聊祭影，酬爾久憔悴。

葉燦

字以冲，號曾城，萬曆癸丑進士。授編修，遷國子司業，以魏璫故，落籍歸里。築室峠峗山下，自號『峠峗山人』，潛心理學。崇禎初，起掌院事，教習庶吉士，以陶淑人才爲務，任至禮部尚書。病歸，屏棄世緣，以著述自娱，卒謚『文莊』。所著有天柱集、南中稿、廡下草、登書堂稿〔三六〕。

野老行

君不見，城西野老皮骨苦，前年薊門昨江滸。南奔北走脚無力，北風吹面面如土。少年意氣取卿相，只今三十成朽腐。計拙難療妻子飢〔三七〕，顛狂反遭俗眼怒。頭上之巾胡爲乎，腰閒寶劍光糢糊。醉來起舞歌聲麤，白日慘淡浮雲孤。嗚乎，男兒讀書萬卷蹭蹬流落有如此，不如歸牧西山豖。

贈玉成

赤城山人貧欲死〔三八〕，破裙單衣混泥滓。書成瀝盡胸中數斗血，世人視之不直一杯水。昨有一奴被人奪，生也無力爭不得〔三九〕。狼吞虎攫氣力麤，使我聞之三嘆息。連朝北風十丈雪，餓豺晝嗥人迹滅。忍饑抱腹口微吟，男啼女哭聲哽咽。百責無辭子羽頭，三寸尚在張儀舌。丈夫失意不足耻，窮愁何必成瘡痏。君不見，鴻漸木，鳳栖枳，一日鰺雲排霧起。羽翮高騫萬里遥，烏鴉尚啄園中矢。

抱病

別業空山裏，孤燈獨夜身。交遊江上泪，風雨病中人。宿鳥翻深竹，溪流響亂榛。居然成小隱，日日白綸巾。

首春送潘鎮樸之京

春氣動平野，紛紛物意滋。可堪尊酒別，及此艷陽時。子有飛騰策，予傷羽翮遲。驪歌欲相送，哽咽不成辭。

春興

杜門甘避俗，伏枕自經旬。忽見桃花發，方知二月春。村村農事蚤，日日鳥歌新。乘興尋芳去，長吟作醉民。

早發棲霞

出門沙草氣，一路撲人香。山僻日遲見，秋初候已凉。籬間數花赤，鳥外亂峰蒼。處處泉聲激，猶疑在上方。

雜　詩

霜雪年光暮，圖書夜色孤。窮來失肝膽，老至厭頭顱。酒熱故人到，尊開新月俱。淹留添燭跋，欹倒任狂夫。

贈朱憲昌卜居廣陵

七閩才子住揚州，天下繁華數此丘。寶瑟金箏妖妓酒〔四〇〕，名珠翠羽賈胡舟。詩篇驟奪濤聲壯，客宿長懸王氣秋。莫向蕪城城上望，吴烟隋柳使人愁。

送玉成之閩

送君遥向嶺南行，粤水吴山萬里情。白日栖臺高蜃氣，清秋風雨亂猿聲。荆州登眺悲王粲，梁苑文章見馬卿。醉舞龍泉多慷慨，江湖飄泊愧儒生。

吴廷簡

字籲三，號樸隱。世居挂車山，爲吴將軍後裔。好擊劍，既棄去，攻書，不慕仕進，傳經至老不衰，所得俸悉舉贍兩弟，宗黨頌之。

宿練潭對月

村店主人舊相識，殷勤扶我下車揖。貰酒纔傾三五杯，茅檐忽訝月光入〔四一〕。月映澄潭素影寒，野風吹徹客衣單。須臾酒盡月亦暗〔四二〕，醉卧焉知行路難。

姚康

原名士晉，字康伯，萬曆末諸生。博通經史，以天下多故，不求仕進。崇禎中，有以賢良方正舉者，謝不就。史相國可法鎮皖時，單騎造訪，延爲記室，飛書草檄，悉出其手，而絕不干以私。生平尚廉介、重行誼，當道争以禮致，不可得也。所著有安危注、借紅亭本草、籌債堂稿、宋史改本、江淮小草、太白劍、掌慧軒集。卒年七十八，鄉人稱『休那先生』。

聚奎曰：先生故居相傳在義津橋左近，然吴司理國琦有入龍眠山道中便訪姚康伯詩云：『去郭適來訪，衡門映水邊。文心堪對竹，詩友易逃禪。孤坐凝朝氣，千山散暮烟。所居青嶂裏，君聽幾回泉。』則先生蓋曾居龍眠云。

石馬謡 或作謝逸詩

尚書墳前雙石馬，照日吹風遭雨打。歲久莓苔生滿身，泉下之人可知也。富貴功名竟若何，生居華屋死山阿。當時歌舞尊前滿，今日牛羊隴上多。

有感

身外關何事，胸中自不平。竟無千日酒，澆我百年情。天地俄今古，親朋隔死生。蕭蕭北邛道，風雨近清明。

祝吴客卿先生六十

十年踪迹寄樵漁，彩筆曾經冠石渠。赤壁舟中蘇學士，香山社裏白尚書。字翻貝葉卿雲繞，漏刻蓮花佛日舒。自是稱觴多勝事，春風絃管譯真如。

漁　翁[四三]

華髮蕭蕭雪滿頭，平生無計覓王侯[四四]。百花潭上三間屋，萬里橋西一釣舟。短笠輕蓑烟雨曉[四五]，白頻紅蓼海天秋[四六]。醉來懶把羊裘著，怕有君王物色求。

遊黄園

黄園二月草芊芊，悵望東風自歲年。漫向標題求館榭，頻將水墨看林泉。松如杜甫耽詩瘦，石似劉伶中酒眠。洞口一龕還供佛，色空成敗問香烟。

自感

鴻雁無家春又歸，堂深燕子傍人飛。頭顱帶得江湖雪，仍是桐山老布衣。

戴時翔

字需之，號鳳皋。家貧好學，數蹶於世，遂隱居教授，執贄者户屨常滿，進士潘士璜、總戎汪熙載出其門。生平重然諾，嚴取予，里黨推爲長者，居城東之倉基墩。

偕吴貞甫伯仲遊龍井

繞澗來龐谷，依巖入畫溪〔四七〕。逢僧多問訊，坐石且留題。一樹野花發〔四八〕，數聲山鳥啼。林泉幽興在，惆悵夕陽西。

登天門山

天門雙峙砥狂瀾，萬里江流壯大觀〔四九〕。水氣東連吴地闊〔五〇〕，湖光南接楚天寬〔五一〕。野雲入户衣裳潤，石磴盤空杖履寒。避暑擬來分半閣，漫將去住問黄冠。

戴震

字東鮮，號盂菴，萬曆中諸生。爲人孝友，田産讓腴者與諸弟，自就磽瘠。隱居龍眠山，茅屋數楹，取唐子西『山静似太古』之意，顔曰『似古山房』。工右軍書法，尤精醫理，能拈草活人。所著有四書五經解三十五卷。

憶弟

二十年前事已非，蕭然歸采故山薇。家凡幾徙徒多累，田即開荒不救饑。兒女債催婚嫁逼，親朋誼薄往來稀。白頭兄尚龍眠隱，枕被同牀願豈違。

感夢

天涯襆被累孤身，夢裏還家樂未真。黄葉萬山風瑟瑟，白雲愁殺倚閭人。

林胤朝

字獻璞，號卞石。少有夙慧，讀書目數行下，嘗與戴君禧背誦，日歷試之不爽。年三十一即致諸生，卜室投子山下，以詩酒自樂。

樅江夜雨〔五二〕

一雨春將盡，餘寒戀布袍。山横雲影亂，風急雁聲高。運甓懷先哲，開門望去舠。謀生甘守拙，鎮日坐江皋。

次韻答石浪上人

廬峰真卓絶，靄霽白雲隈。古木四圍合，飛泉一徑開。觀心天籟寂〔五三〕，説法雨花來。向子猶家累，何時得共陪？

山堂春雨喜友人過飲戲贈

投子山邊春色遥，東風習習雨瀟瀟。雲流石磴蒼松暗，水長川原白鷺高。但有花同金谷酒，誰家人弄玉樓簫。郎君欲去還休去，墻外桃花故放嬌。

丙午秋日過宏濟寺遍尋沿江諸洞晚登燕子磯

高閣憑虚逐水開，清秋躡屐破蒼苔。江聲捲浪潮初到，山氣蒸雲雨欲來。客醉漫隨玄鶴舞，僧閒未許白鷗猜。狂歌莫笑忘歸去，明月還登燕子臺。

林胤瀘

字渡之，號鵑山。萬曆間諸生。僉事有望之子也。性恬静，不事家人生産，博極群書，厭舉業，好詩歌，與豫章王化卿宣、同里方玉成大任、葉以冲燦、方君節大鉉相唱和。少居洞賓泉，既遷龍眠山，卒年四十二。

晚遊偃月巖

無復浮雲色，春山極望遥。鶯啼選深樹，馬影怯危橋。石溜晴飛雨，溪聲晚帶潮。沈冥邀月醉，遮莫盡今宵。

懷化卿

江鄉同作客，旅館忽驚秋。露冷蟲依户，天清月近樓。蓮房擎菂小，桂子落花稠〔五四〕。不見高陽侣，令人起夕愁。

九叔宅逢李含之

牢落長憐李白才，琴尊漫擬共徘徊。秋風江上扁舟别，歲晚山中匹馬來。萬里雲陰横地合，千嵩雪色擁天開。嗣宗頗愛清狂客，不醉無辭小阮杯。

王　柱

字愛岡，居南山，萬曆時布衣。讀書有卓識，潛心古學，爲同時艾孝廉南英所推重。著述散佚無存，裔孫祜臣於舊畫中得七絶一首登之。

題　畫

八月風清江水平，數行征雁落江城。一聲漁槳驚飛起，趁入蘆花深處鳴。

校記

〔一〕帆墻　當作『帆檣』。

〔二〕想　龍眠風雅全編作『念』。

〔三〕桐舊集題下綴小注：『明詩綜選，御選明詩録。』

〔四〕山　龍眠風雅全編作『王』。

〔五〕硔　龍眠風雅全編作『谷』。

〔六〕兩峰對聳　龍眠風雅全編作『何來兩片』。

〔七〕萬古　龍眠風雅全編作『能作』。

〔八〕桐舊集題下綴小注：『明詩綜選。』

〔九〕寇源　桐舊集作『塞垣』。

〔一〇〕鼉　桐舊集作『鯨』。

〔一一〕誤　龍眠風雅全編作『具』。

〔一二〕龍眠風雅全編此句下尚有『所願山水間，何事苦樊籔』二句。

〔一三〕塞　桐舊集作『寒』。

〔一四〕感　桐舊集作『嘆』。

〔一五〕渾　龍眠風雅全編作『忽』。

〔一六〕生長風　龍眠風雅全編作『王庭宮』。

〔一七〕龍眠風雅全編題作『月夜同諸子登金山絶頂因乘夜浮舟北渡四首』，桐舊集題作『月夜登金山絶頂』。

〔一八〕人　龍眠風雅全編作『客』。

〔一九〕風霜　龍眠風雅全編、桐舊集皆作『悲風』。

〔二〇〕崛　龍眠風雅全編作『窟』。

〔二一〕青　龍眠風雅全編作『徑』。

〔二二〕聲與　龍眠風雅全編作『欲將』。

〔二三〕偕　齊　龍眠風雅全編皆作『如』。

〔二四〕玉女　龍眠風雅全編作『玉宇仙人』。

〔二五〕衆　龍眠風雅全編、桐舊集皆作『碎』。

〔二六〕此句龍眠風雅全編作『到稀忘短揖』。

〔二七〕閒　龍眠風雅全編、桐舊集皆作『貪』。

〔二八〕時自　龍眠風雅全編、桐舊集皆作『貪得』。

〔二九〕斷　龍眠風雅全編作『音』。

〔三〇〕落　龍眠風雅全編作『寂』。

〔三一〕龍眠風雅全編題作『九日同友人閲武場二首余以是日覽揆』。

〔三二〕逐　桐舊集作『禍』。

〔三三〕此二句龍眠風雅全編作『殺身成令子，養志學忠臣』。

〔三四〕鄰　龍眠風雅全編、桐舊集皆作『憐』。

〔三五〕倮　龍眠風雅全編作『渠』。

〔三六〕登　龍眠風雅全編、皖人書録（黄山書社一九八九年版）、安徽文獻總目（黄山書社二〇二一年版）皆作『讀』。

〔三七〕難療　龍眠風雅全編作『無求』。

〔三八〕此句上龍眠風雅全編尚有『君不見』三字。

〔三九〕此句龍眠風雅全編作『生也垂頭袖手無力争不得』。

〔四〇〕妓　龍眠風雅全編作『姬』。

〔四一〕訝　桐舊集作『見』。

〔四二〕亦暗　桐舊集作『光盡』。

〔四三〕龍眠風雅全編題作『漁翁釣』，桐舊集題作『漁釣翁』。

〔四四〕王　桐舊集作『封』。

〔四五〕蓑　桐舊集作『衫』。

〔四六〕頻　龍眠風雅全編、桐舊集皆作『蘋』。

〔四七〕巖　龍眠風雅全編作『山』。

〔四八〕一　龍眠風雅全編作『幾』。

〔四九〕萬里　龍眠風雅全編作「上下」。

〔五〇〕氣　龍眠風雅全編作「國」。

〔五一〕光　龍眠風雅全編作「鄉」。

〔五二〕夜　龍眠風雅全編、桐舊集皆作「坐」。

〔五三〕觀　桐舊集作「歡」。

〔五四〕花　桐舊集作「香」。

卷三

趙相如

字又漢，天啓間諸生。讀書盡四庫，爲文震蕩捭闔，奇氣鋒出，時流莫或先也。崇禎四年，詔求直言，上治平十二策，阻於權貴，不果進。晚歲家於五嶺，室廬墊隘，田入不足供饘粥，意廓如也。所著有載園詩稿。

雨夜

微雨來寒夕，空階有秋聲。衆木何森然，齊爲中夜鳴[一]。久客無所夢，凜此肅殺情[二]。觀間任自然，萬物徒營營。始知天地大，至教難爲名。一念但不起，道心繇此生[三]。

招寶山觀海

江山積旅吟，芳思入寒碧。一葉窮東南，歲盡不知客。乘潮胡所之，遠挂蛟門席。朔風揚怒波，海天勢欲割。空遥不可支，更上高高石。回盼諸峰雲，已絶飛鳥迹。太虚夫何心，晝夜此潮汐。成連既已逝，清響將誰格。而我撫孤絃，長嘯弄烟隙。

酬吴震生餉米

有鳥曰倉庚，三春發嘉唱。老農急西疇，時雨祝帝貺。荷鋤觸炎威，逾秋力始償。如何頌讀儔，虚名冀實養。賤貧道所安，飢餓理云當。矧予亂離軀，十年逢屢創。旅爨寡微烟，國家新淪喪。他鄉空謂人，無計媚枯臟。良執敦古心，手進顛連杖。玉粒分朝餐，牀頭士仍壯。簡匣理青萍，誓使狂烽盪。昨聞羽檄馳，欃槍逼淮上。揮涕望中州，死殣道相望。焉得慈懷舒，盡沃君子餉。浩浩大江流，傷哉萬里浪。

薛仲翊見遺近著賦贈

高天寒楫空江裏〔四〕，華雲夜蔭居巢水。溯洄遥問草堂人，一編手握雄風起〔五〕。憶昨黄巾起湖畔，湖流盡赤人烟斷。聞君辛苦脱網羅，乞師慷慨凌宵漢。可笑中原行路難，大纛高牙半賀蘭。衹今三度嘶驕馬，孤城不見登陴者〔六〕。多君考古觀兵地，東顧石頭北鳳泗〔七〕。娓娓千言苦不休，能爲桑土善綢繆〔八〕。梁甫高吟夢未覺，長沙太息泪頻流。憐予病骨殊草草〔九〕，澄清愧不致身早〔一〇〕。看君俠槩當封侯〔一一〕，何事銜杯空潦倒〔一二〕。吁嗟乎，天下大勢已如此〔一三〕，仗劍關弓呼騄駬。君言客意竟何如，明白長安獻天子。

寄蔣一个

蔣子有官不肯就，破衲高冠談宇宙。櫂歌霜夜弔湘靈，披烟手拂瀛洲袖。前歲上書侵公輔，酒酣欲撾平原鼓。意氣難降世所違，漢陰聊息千鈞弩。白門蕭蕭羸一身，登堂垂白難許人。青巒紫巘從知己，桃花何必武陵春。

唐昌即事

一邑群峰裏，清齋晝不紛。樵聲驚卧犬，石徑宿寒雲。引衲搜遺事，看碑想斷文。應憐遊子意，閒醉向斜曛。

大孤曉發

駛涉連朝席，高風曉又翔。宵更收夜柝，石火響鄰航。帆挂霜如草，星移月觸牀。此時塵界想，烟水總茫茫。

美人鼓瑟

綺閣調宮徵，閨情不自由。數峰江上曲，一葉洞庭秋。玉笋流香韻，金風送遠愁。此時天際客，寒雨滿孤舟。

送潘次魯還白門兼訊定園先生

揭來江上柳依依，三月烽高賊騎飛。痛哭軍門淹七晝，偏師間道解重圍。萱堂夜别蛟臺畔，蘭槳春回燕子磯。戎馬猶多西北壘，期君揮泪賦無衣。

哭范子明

西風吹泪白門前，痛哭心知二十年。惠子竟先莊叟夢，鍾生長破伯牙絃。誼同膠漆羞榮舉，歲不龍蛇阨大賢。欲訴高旻腸已絶，那堪烽火隔江天。

銅旅述懷呈鄭明府

春香不發歲寒花，撫調難成古伯牙。一劍風塵誰可試，十年烽火久無家。孤心入夜凋如葉，老樹驚吹慘似笳。彈鋏歸來吾已矣，故園回首隔天涯。

寄張恢生

頻年失意氣難平，聽爾悲歌百感盈。朝議偶然行薦舉，家貧終不脱諸生。春來寒雨喧金斗，江上秋風到石城。典盡鷫鸘還命醉，中原何日罷談兵。

咏　古

琴心誰辨手中絲，買賦千金又一時。若使當年無漢武，高才惟有婦人知。

西湖即事

屐繞平蕪石徑斜，玉簫引醉入梅花。蘭橈尚見前朝勝，腸斷春風蘇小家。

陽羡署中送張詣將還湖口

共君隔歲話悲凉，風雨人情幾斷腸。今日扁舟重下泪，新聞烽火滿潯陽。

孫如蘭

字畹生。兄弟五人，以名檢風教相敦，一門之内，訢訢如也。坐臯比談經，貴遊子弟肅然矜式。築室龍眠山中，題曰『曼衍草堂』，自稱『曼衍老人』。

挽孫武公

回首中原事已非，書生百戰出重圍。壯心自許標銅柱，熱血誰知濺鐵衣？刁斗聲殘悲夜月，旌旗色變捲斜暉。慚予扣馬曾無語，空向深山賦采薇。

山中初度諸弟治酒酌予時有子春之戚

頻年此日俱爲客，相聚今朝倍黯然〔一四〕。皓首一經幽谷裏，敝裘五月夕陽前。强支病骨酬尊酒，屢啓空囊覓藥錢。縱得餘生翻是累〔一五〕，不須更讀養生篇。

倪元善

字玄度，號資生，天啓辛酉副車。善文工書，一時公卿子弟推爲祭酒，與弟嘉善居龍眠媚筆泉旁。著有媚筆山房詩文集。

省大兄金華

花萼樓頭茱酒香，飲冰先喜一開堂。君山舊憩棠陰月，瀫水新凝午夜霜。兄有循聲驅去虎，弟無仙術叱成羊。臨行握别還相念，顧召龔黄入建章。

倪嘉善

字受之，號瓊圃，天啓壬戌進士。初官庶常，崇禎初，起翰林院簡討。上幸太學，命坐講易，深嘉之。侍經筵，進講『益者三友』，上問：『孰爲益？』對曰：『堯舜爲益。』上爲改容，陞左諭德。卒於京。

南陽微雨

舟行多喜霽，偶爾連陰霧。空濛乘烟艇，亦具滄洲趣。波流漸澒洞，風帆復馳騖。天際逗微峰，蒼茫浮遠樹。村落傍水鄉，人咸狎釣具〔一六〕。捕魚驰烏鬼，揚舲驚白鷺。群生各有適，余亦隨所遇〔一七〕。清夜静無喧，聊以托毫素。

雪崖南歸

數載心期爾共余，無端此地欲迴車。白雲夢繞親闈冷，紫陌塵分故舊疏。病骨應須求藥餌，征途好爲寄魚書。從君別後空惆悵，目斷龍眠舊草廬〔一八〕。

孫晉

字明都〔一九〕，號魯山，天啓乙丑進士。初授南樂令，聲溢畿輔，調滑縣，旋擢工垣。首參温相國，疏凡九上。又請復山陵、覈河漕、增防戍、嚴枚卜，議楊忠節謚典，尤稱敢言。因忤執政左遷，俄轉大理，特疏出憲臣劉宗周、金光辰于獄。時桐邑兵荒頻仍，入對得蠲賦什之七。適宣大總督乏人，上曰：『卿福將也，往任之。』受事半載，憂瘵成疾，免歸，卜築龍眠椒園。林壑自放，所著有冬垣奏草及東鷗、南嶽諸集。

聚奎曰：予舅氏家魯硔山，歲時往省。舅氏言：『宅西里許有孫司馬故宅，蓋公少時居也。』代遠不可信。然公以『魯山』自號，則傳言或不謬云。

宿文殊院觀海〔二〇〕

白霧霏霏雨不歇，青山忽銜半邊月。翠壁苔蘚繡虎紋，千巖萬壑鋪溟渤。我欲跨海無長虹，遥看彼岸薄窮髪。日脚垂垂映彩霞，島嶼微茫出還没。夜半重登立雪臺，芙蓉的歷九天開。寒光五色盪精魄，髣髴仙人騎鶴來。須臾萬里吹長風，松濤石上起蟠龍。山中輕雷聲隱隱，檐端細露水溶溶。山前山後海平分〔二一〕，令人應接不辭勤。欲借玉女雙剪刀，掠取長空一片雲。海外青螺數點浮，萬頃琉璃一睫收〔二二〕。淡粧濃抹都難似，此際誰能紀勝遊？一回一叫眠不得，恍惚遊仙看曙色。

見道旁古樹爲雷所擊作雷樹行

越水吴山天下奇，挺生異樹枝離披。呼號有時來風雨，窟穴亦許藏龍螭。廣莫之野任所寄，蔽日參天人不視。無端工師移道傍，自是天年合憔悴。斧斤相尋衆同嗔，誓必得之以爲薪。樾蔭千閒今寂寂，孤幹排雲叫蒼旻。如泣如訴如呻吟，疾雷震電苦不禁。大地潢洿歸衆水，普天鴟鳳同一音。至今根底血凝碧，剥蝕翦伐非朝夕。彼蒼何心仇一木，我獨長歌當痛哭。爲語世人休咄咄，不見地下松苓千載埋香骨。

送萬別駕之閩

落日嘆離群，孤鴻帶雪聞。江沙連越岸，嶺樹入甌雲。二水分官道，三山擁使君。有才如鮑照，豈合老參軍？

陽湖還舟

仁王峰下水，清淺石磷磷。天暝雲歸岫，山寒鳥近人。潮來先得月，花發不須春。何處堪逃世，相逢問子真。

再宿南陽

二月水漫漫，無端春色闌。杯長嫌夜短，客久怯衣單。未見干戈滿，誰知道路難。憂時多少淚，不敢向人彈。

哀江南

不見烽烟净，徒言憶漢京。雲深春草没，雁去斗杓横。鐘鼓沉長樂，旌旗滿石城。何堪風雨夜？陵樹起邊聲。

送戴甥山民之任成都

慈母縫千縷，何須嘆絶裾。但茹西嶺雪，莫寄錦江魚。飲水同清白，焚香對碧虚。扁舟吾已矣，書信莫教疏。

居庸關出獵示諸將

熊旂十萬擁京華，韎韐朱殷碧玉騧。大漠有閒惟校獵，寒邊無夜不吹笳。棘門雕羽休驚雁，畫帳金丸莫彈鴉。印綬纍纍懸肘後，諸君何以報皇家？

懷王鐵山

君恩本是再生身，册府書勳閣畫麟。鐵騎秋高空射月，玉關春老倍懷人。匣餘一劍酬知己，朝列千章任積薪。回首十年滄海事，跂予東望欲沾巾。

閲抵報曲沃視師天子親臨宴餞爲先是所未有滅賊朝天其在此行乎鄙詞以志祝云爾

元臣奉詔出金微，玉帳郊臨亘古稀。司馬已寒西賊膽，汾陽會解鄴城圍。飛黄矯矯分天駟，祁父桓桓盡錦衣。推轂年來何太易，傾都争祝相公歸。

過澶州晤張元白

廿年不見老同門，聚散榮枯未可論。滿眼風塵何日定，當時故舊幾家存。莫言海内無知己，俱有今朝是主恩。此後相逢如夢寐，惟應飄泊任乾坤。

春　懷

春風無計霽天顔，社稷殷憂泪獨潸。西北烽烟猶近塞，東南虎豹已當關。修文不輟三冬講，閲武頻臨萬歲山。草野何知欲獻頌，長沙先召賈生還。

甯遠孤軍憂斷海，西秦巨寇欲馮河。神州僅恃三關險，故府空張十面羅。是處青山埋戰骨，幾人緑水聽漁歌。天涯戎馬三年客，獨解征衫種芰荷。

南塘夜坐感懷

寒夜孤吟見客情，白雲峰下一燈明。潮平内海漁人卧，春到前山杜若生。有酒不知今歲暮，無家自覺此身輕。憑欄忽見東方曙，古樹啼鶯報曉晴。

贈許霞城先生

尺素俄驚青鳥傳，開緘珍重問龍眠。已知梅福非終隱，始信維摩自解禪。垂釣獨邀三泖月，濯纓還泛五湖船。白頭知己惟君在，遥望參辰意黯然。

出居庸關

驅車直上古輪臺，五月風清霽色開。山後黄毛争北徙，關前紫氣自東來。健兒倚馬斜看劍，長笛催人數舉杯。生入玉門應有日，自憐不是棄繻才。

秋日偕友人郊遊

此日登高慰所思，往來江上片帆遲。故園菊放誰爲主，四國兵銷幸有期。月色遥連鴻雁影，秋聲低入海棠枝。明年準擬尋芳草，又向春山聽子規。

潯陽道中

風聲謖謖柳條疏，摇落西江嘆索居。春去初逢彭蠡雁，秋歸仍食武昌魚。雲開石室青山出，露冷蓮房故苑虚。五岳有懷何日遂，卧遊且讀職方書。

社日鄉思

兩社清酤恨未同，遥遥鄉夢隔西東。月連萬頃水鋪地，雁叫一聲秋滿空。何日能從桂樹隱，逢人輒問菊花叢。江天寂寞招提客，黄葉翻飛嘆轉蓬。

宿黄鶴樓看月

江漢滔滔二水回，萬家烟樹擁樓臺。一從鐵笛乘風去，不見仙人跨鶴來。浩淼千年淹日月，虚無半夜絶塵埃〔一二三〕。堤邊秋草依然緑，舊苑空存麋鹿哀。

衡鎮羅副總迎至衡山先回賦贈

行間心事有誰知，意氣如君儗貳師。闊别廿年書偶至，重適一夢見還疑。兵戈塞外同甘苦，雨雪山前共喜悲。最是再生人易老，春光猶記玉門時。

三弟括蒼書至

靈鵲朝來報喜頻，果然書到汝爲人。蘆中乞食烏衣敝，座右狂歌白髮新。風雨鴒原同作客，天涯蓿署倍思親〔二四〕。馮生且勿悲長鋏，辛苦從軍已上陳。

夜雨飲僧寮有懷

輕雷破地動蒸埃，雨過雲峰四面開。澗水流將新月去，山風吹送故人來。金微信斷千家夢，玉笛聲摇五月梅。南北有懷愁不盡〔二五〕，强從僧舍一銜杯。

旅　宿

日暮停車碧水隈，羈思無賴獨登臺。山高雨後紅塵遠，夜半開窗放月來。

南岳後山舜井旁有舜洞

蒼梧一去不知年，古洞烟迷萬仞巔。九點青螺何處是，祇今湘竹向南天。

江中龍

字鱗一，天啓間諸生。爲文幽異峭古，自成一家，居南門坂。

白門午日喜晤戴東鮮

東流匣築傍西州，天闊占星望斗牛。我已倦遊慚立鶴，君來擊汰狎浮鷗。新江花柳薰風老，故國漁樵暑雨稠。連日愁心同屈瓠，相期聊復慰三秋。

戴　薖

字槃叟，自號『三借道人』。隱居龍眠，性疏放豪邁，不可羈紲，三爵之後，議論蜂湧，舉坐傾倒，于一切世事泊如也。好讀書，嚅嚌墳籍，能涵揉檃栝，年六十餘卒。

月下對酒邀竹中泉下諸友共酌

孤居半載餘，賴爾相爲友。月下持尊來，相邀同對酒。借問此中人，魂魄有知否〔二六〕。生前事飲宴〔二七〕，此際群緘口。疏竹冷淒風，流螢定哀柳。遲爾爾不來，泪下欲盈斗。今我與爾殊，終當爲爾偶。不識予何人，龍眠戴槃叟〔二八〕。

早起

鳥聲催枕上，起眺意欣欣。松老偏宜雪，山高不礙雲。遠泉穿石落，野火隔宵焚。對此清凡慮，無勞謝世氛。

贈迎龍菴老僧

老僧本是閒中客，更向閒中得最閒。放鶴不知成皓首〔二九〕，聽泉時自卧青山〔三〇〕。心光朗朗花千樹，性地如如月一彎。堪笑嶺雲閒不得，幾番飛去又飛還。

予久客歸桐韓五弟贈以長言走筆步韻

久棄繁華若棄塵，客雲旅月伴閒身。艱難世路休言貴，羞澀囊頭自愧貧。偶憶昔年如隔世，乍逢知舊若新人。浣花卜築期終隱，須仗裴郎數十緡。

和萬紫函感時之作

兵戈蹂躪幾經秋，遯迹深山絶世求。謾擬雪中披鶴氅，惟思灘上着羊裘。聽笳莫向賓彝館，望月休登鎮海樓。南北紛紛俱莫問，酒酣歌罷自搔頭。

閨　情

十載深閨止自憐，蛾眉畫就負嬋娟。梅花落盡尋常事，不爲春歸恨杜鵑。

中秋對月

雲静天空雁陣寒，置身如在水晶盤。可憐孤館□鄉客〔三一〕，霜鬢年年止獨看。

王敬修

字心谷，太學生。與弟敬德以經明行修爲鄉里所重，居城西古塘。

金陵秋夜遠懷

獨立深秋裏，懷人夜寂寥〔三二〕。蛩吟知露冷，雁過覺天遥。邀笛空留步，沉書豈趁潮？我心憐皓月，何處照龍標？

書倪武林畫

萬里秋江拂暮清〔三三〕，無邊烟裏一舟横〔三四〕。白雲遠向天涯去〔三五〕，緑水長隨峽岸平〔三六〕。柳葉藏魚惟看影〔三七〕，蘆花過雁不聞聲〔三八〕。釣翁那識中流急〔三九〕，帆向西風儘自行。

王敬德

字明甫，家故裕。所居古塘，擅山水園林之勝。好賓客，有孔文舉風。兄病瘵，常以口承其痰唾。兄死，訓諸孤，皆入黌庠。著作多散佚，龍眠風雅中僅載一詩焉。

十六夜月王孟常潘緋郎維南倪右臣吴集末李士雅同集草堂得江字

中秋難見月，此夕廢銀缸。樹樹蟾光爛，山山黑氣降。同人剛七子，拈韻得三江。不覺歡窮夜，鴉飛過曉窗。

謝逸

字中隱，一字無逸。少貧，從黄冠遊，後見其師登壇步罡，作扣齒戒鬼狀，遂大笑棄去。折節讀書，里中先達如何相國、吴宫諭、方中丞、葉宗伯皆樂與之交，詩筒往復，殆無虚日。性放達不羈，結廬屏風嶺，死後囑家人葬其地。

遊拔雪洞

絶巘攀蘿上，飛泉倚石看。穿林虹氣落，振谷雨聲寒。洞曲雲迴合，巖懸樹倒盤。緬思濠上意，千古此同觀。

過胡賓甫山房

長林延野色，一室枕其間。雅性原遺俗，深居且就閒。静分鄰寺磬，清挹到窗山。祇恐槐花發，秋風送出關。

登投子

門外初晴見落花，一年遊賞負春華。共來絶頂看雲坐，莫負深杯醉日斜。江上亂峰青宿雨，城隅一水白平沙。子規爲惜春歸早，故向樽前唤轉賒。

周康祀

字重禋，崇禎間貢生。少失怙，事寡母以孝聞，好結納賢豪長者。桐罹寇患，先生于防禦事宜，輒抗言請諸當事。撫軍張公亮雅重之，辟參軍事。六皖安堵，先生之力也。居古塘北山深處。所著有爽塏堂詩及旅言諸集。

秋吟

入秋剛十日，四望盡秋容[四〇]。樹老山無色，天清霧不封。平疇香稻滿，隔岸野花濃。最是尋詩處，微風送晚舂。

石鐘山晚泊

落日維舟處，懸巖一寺門[四一]。樹深分晚翠，石怪上潮痕。湖口江聲合，樓頭夜色昏。好山看不盡，鐘磬出雲根。

偕元士閒步卧冰池

方公堤上柳同攀，攜手行吟半日閒。客久黄塵侵白髮，冬來紅葉滿青山。孤亭碣石堪憑弔，官道漁樵自往還。聞説冰池留勝迹，凝寒猶聽水潺潺。

將之京師留别石二孺明府

五月披裘事遠征，牽衣珍重别離情。崎嶇驛路江南客，辛苦鄉關薊北程。賣賦秖爲將毋計，感恩惟説使君名。揮絃退食如相憶，試問何人薦長卿？

山陰晤潘若玒〔四二〕

當時文酒共風流，别夢經今十五秋〔四三〕。乍見忽驚潘鬢改，深談還爲陸裝愁〔四四〕。狂來意氣壺仍碎〔四五〕，老去江湖筆未投。剩得子猷佳興在，爲君遠泛剡溪舟〔四六〕。

校記

〔一〕齊　桐舊集作「鬱」。

〔二〕肅殺　桐舊集作「淒肅」。

〔三〕繇　桐舊集作「庶」。

〔四〕寒楫　桐舊集作「月倒」。

〔五〕握　桐舊集作「拂」。

〔六〕此句桐舊集作「不見孤城心膽寒」。

〔七〕鳳　桐舊集作「淮」。

〔八〕此句桐舊集作「預爲桑土綢繆計」。

〔九〕殊草草　桐舊集作「苦秋風」。

〔一〇〕此句桐舊集作「愧不跳身事五公」。

〔一一〕此句桐舊集作「君今俠槩多材武」。

〔一二〕空潦倒　桐舊集作「醒醉中」。

〔一三〕此句桐舊集作「中原沸沸洪波似」。

〔一四〕倍　桐舊集作「獨」。

〔一五〕生　桐舊集作「年」。

〔一六〕人咸　龍眠風雅全編作「每每」。

〔一七〕遇　龍眠風雅全編作「寓」。

〔一八〕此句龍眠風雅全編作「夜月寒光落照餘」。

〔一九〕明都　桐城耆舊傳（清宣統三年刻本）、桐舊集皆作「明卿」。

〔二〇〕桐舊集下綴小注：「黄山志。」

〔二一〕海　桐舊集作「水」。

〔二二〕此句桐舊集作「琉璃萬頃望中收」。

〔二三〕虚無　桐舊集作「清虚」。

〔二四〕蓿　疑作「宿」。

〔二五〕愁　龍眠風雅全編作「懷」。

〔二六〕「月下」四句龍眠風雅全編作「月下空徘徊，時愧獨傾酒。頃邀與同歡，魂魄有知不」。

〔二七〕事　龍眠風雅全編作「肆」。

〔二八〕此句龍眠風雅全編作「姓戴字槃叟」。

〔二九〕放鶴　龍眠風雅全編作「歲老」。

〔三〇〕聽泉時自臥　龍眠風雅全編作「坐來獨自對」。

〔三一〕□　底本漫漶，龍眠風雅全編作「他」。

〔三二〕夜寂寥　龍眠風雅全編作「此夜迢」。

〔三三〕拂暮　桐舊集作「似鏡」。

〔三四〕裏　桐舊集作「景」。

〔三五〕白　龍眠風雅全編作「彤」，桐舊集作「微」。去　龍眠風雅全編作「出」，桐舊集作「盡」。

〔三六〕緑　桐舊集作「積」。

〔三七〕藏　桐舊集作「冪」。

〔三八〕不　桐舊集作「欲」。

〔三九〕釣　桐舊集作「漁」。

〔四〇〕四望盡　龍眠風雅全編作「日一易」。

〔四一〕巖　龍眠風雅全編作「崖」。

〔四二〕舡　桐舊集作「船」。

〔四三〕夢　桐舊集作「後」。

〔四四〕深　桐舊集作『聚』。

〔四五〕氣　桐舊集作『態』。

〔四六〕遠　桐舊集作『東』。

卷四

周岐

字農父，號需菴。崇禎間，以明經貢入京師，屢上書宰相言時政得失。大司馬馮公疏薦之，參孫少司馬軍事，以功授河南開封府推官。國變歸里，以所居舍旁餘址築土室，嘯咏其中，足不履城市。所著有執宜集、燼餘稿、孝經外傳行世。

鈞衡曰：予讀先生詩，愛其聲調激昂，風格凝重。初不知爲北鄉人也。及讀龍眠古文，見先生寄楊維斗書有『移家龍眠山，偃息一椽』之語，乃知先生里居。編是集，亟登之，惜所見猶非全本也。

擬李陵别蘇武詩〔一〕

邊聲中夜起，四顧黯無色〔二〕。遊子戒行期，須臾遠離别。攜手重行行，悲風多慘冽〔三〕。與子結三載〔四〕，中懷時耿切。今日雙黄鵠，一飛一摧絶。欲言寄無因，傷心不可説。生爲隔世人，死葬蠻夷穴。努力謝故人，九原以爲訣。

在昔先將軍，義勇天下服。徒失貴漢誠不背德，韓彭何以族。蕭樊見囚縶，賈汲終斥逐。陵也負漢恩，志豈不自淑？妻子爲鯨鯢，老臣意，刎身于絶域。疏者日以卑，暱者蒙厚禄。母被刑戮。常當生死辭，痛極不能哭。

男兒不成名，死固在他鄉。誰能復稽顙？怵惕墨吏傍。憶昔五千兵，獨裹萬里糧。追奔大漠外，疲弊當其强。單于親合戰，振臂呼死傷。如何漢廷論，功過不相當。前罪固莫贖，後效或可將。已矣勿復言，飲泣裂中腸。

咏　懷

夜深寒露降，蟋蟀鳴空堂。西風吹敗葉，蕭瑟號枯桑。褰帷起回步，薄寒中衣裳。斗間無劍氣，昴畢生光芒。廓落懷友生，中懷難自將〔五〕。秋蘭紉爲佩，無以異衆芳。仰天長太息，憂思何多方。

憶昔少年時，尚志托詩書〔六〕。十三工詞賦，浩氣凌太虚。十五治六經，耕穫忘菑畬。管葛未足願，豈曰計其餘〔七〕？奄忽二十年，披褐守田廬。開軒望四野，徙倚步徐徐。傷哉富春老，白髮釣溪魚。

鳳凰鳴高岡，豈爲稻粱謀？丈夫志四海，豈爲名利求？笑彼田園子，白首戀故丘。營營井里間，富貴稱殊尤。烏知達士心，一息翔九州。

古別離

明旦戍窮邊，親戚盈我堂。中廚辦羹飯，張燈羅酒漿。阿母向子言，汝去當自强。風波不可定，會面安能量？一言未及竟，泪下沾衣裳。枯桑鳴悲風，白露變爲霜。起視夜何其，東方白日光。長跪辭阿親，遊子東行裝。收泪出門去，妻孥號我旁。平時非無别，此别實難忘。常當生死訣，思亂忽成狂。生既不得歸，安知魂來翔？

行行適交河，前路何逶迤。四望無人烟，但見丘與陂。城郭既已崩，隅濠又已頹。白楊聲蕭蕭，衰草滿前堤。欲行不可去，欲坐常自疑。荒石提爲墻，辛蓼持作糜。忽逢故鄉人，腸中喜復悲。長跪問故鄉，家中依阿誰？老者日以亡，少者垂冠緌。塞耳不忍聽，出涕如綆縻。

嫠女吟答陳百史

蟾魄既西蝕，烏羽亦東藏。烈烈驚風吹，壁冷燈無光。中有獨居女，唧唧聞悲傷。問女何所悲，不字稱未亡。豈悲衾與裯，竊恐人無良。有客何方來，將書委筐箱。偏諸緣繡裾，胡珠綴琳琅。開緘讀書意〔八〕，姊妹舊稱行〔九〕。上慰顔色好，下言夫壻當。疊書置筐中，却拜歸空房。孤鸞戀枯澤，彼鳳自有凰。感君纏綿意，還君明月璫。寄謝諸姊妹，勉事新姑嫜。

風雪夜山中偶賦〔一〇〕

一夜北風三尺雪，四壁欲穿肌欲冽〔一一〕。孤燈黯黯爐無烟，兩手握拳冷如鐵。溪頭活水聲忽死，巖下勁松枝盡折。喁喁擁足不成眠〔一二〕，坐聽寒鴉叫荒穴。

孫武公事騎射余常壯之頃同中丞方仁植先生入楚賦寄

孫武公，談兵説劍何其雄。談兵説劍不足羨，羨子偏衣短後挽强弓。步行追馬躍馬上，仰天射殺雙飛鴻。鴻飛落落散空霧，索筆即草驚鴻賦。賦成字字如琳瑯，長楊羽獵不足慕。

如今天子重専征，中丞特簡方先生。吾子借箸贊帷幄，占星不復見欃槍。欃槍久應滅，掃穴犁庭無遺孽。數莖鼠鬚何足論，坐看吾子成豪傑。

官兵行

賊近苦賊來，賊至恐賊去。賊來避有時，賊去官兵住。官兵畏賊如畏狼，但行賊後勢莫當。嗚鉦擊鼓入村里，馬索芻豆人索糧。不擇鷄與豚，更驅牛與羊。傾倉倒甕恣搜括，排墻墮壁掘餘藏。官兵得物喜，民家失物悲。語君且勿悲，官兵醉後難支持〔一三〕。東家少婦已被污〔一四〕，西家兒女終夜啼。但得□掠速飈去〔一五〕，猶能老幼共餔糜。一旦賊兵去已遠，官兵夜起催朝飯〔一六〕。大車橐重小車盈〔一七〕，路捕行人遞輸輓。行至前村計復生〔一八〕，竟指鄉屯爲賊營。丁男殺盡丁女擄，揚旌奏凱唱功成。君不見，賊去人歸猶爨食，官兵所過生荆棘。痛哉良民至死不爲非，無如官兵勢逼民爲賊。

義僕行爲新安金生賦金生始鬻身以養老母繼刲股以愈主人可以風矣

君不見，李善存孤乳生汁。又不見，杜亮受笞無涕泣。一者重義一愛才，此輩何人名獨立。新安市上有金生，鬻身養親辭孝名。風濤不避從其主，手權重資恒得贏。主人一旦沾風露，諸醫茫茫不知措。金生持刀祝向天，刲股進食食即愈〔一九〕。嗚乎，忠孝如今爲最難，每一念之心常寒。金生至性能若此，可以愧夫巍然當世之衣冠。

哀王孫

弔韓侯，酹淮水，淮水不清顏色紫。至今佇想萬人英，當年却出三家市。市中惡少争相侮，知己獨逢浣紗媪。王孫可辱亦可哀，丈夫爲鼠復爲虎。手提佩劍造漢圖，擒王縛將如割雞。嗟彼拔山蓋世之雄傑，竟甃俛首胯下之怯夫。假王不足爲，真主亦何負。一飯不忘恩，寧肯竊漢紐？奇哉鐘室寃，千古不得剖。功高宜觸兒女忌，丞相故人亦爲反覆手。弔韓侯，空延佇。持將一瓢酒，灑向淮河渚。漂母尚有祠，侯祀竟無處。漢廷之雌毒勝雄，淮陰之男不如女。

懷錢幼光〔二〇〕

佳會在何日，中庭桐始華〔二一〕。幾時沾白露〔二二〕，八月見黄花。故徑多荒草，秋山照晚霞。高樓時悵望，風急雁飛斜。

聞賊復圍桐老母陷城中外絕救援孤身千里進退無策

孤城千里絕，況復百重圍。白髮難持户，荒園應苦饑。尺書望不至，長夜夢空歸。時有臨風泪，盈盈灑敝衣。

辛卯長安得家報〔二三〕

離家五甲子，松菊近如何。喜見平安字，愁聞水旱多。石田年不種，租吏日相訶。避亂方安堵，那堪又荷戈。

古意

擣衣砧上別離聲，少婦高樓子夜情。翡翠屏開寒露入〔二四〕，珊瑚簾捲朔風驚。懷人千里枯楊戍，擊柝三更細柳營。願作流黄機上月，年年猶得照邊城。

塞下曲

九月繁霜木葉稀，驚風千里亂沙飛。將軍赤兔金爲勒，戍卒黄龍鐵作衣。横角夜吹聞四野，長戈朝試解重圍。關山多少征人泪，不及孤鴻天外歸。

中秋夜別汪大年

落日西山照北城，高樓置酒坐前楹。銜杯萬里來秋色，倚檻千門見月明。長笛暗吹垂柳曲，前村忽度擣衣聲。明朝鞭馬關山遠，愁聽鳴鷄報五更。

紀　事

直指旄頭氣不平，燭天烽火照人行。秋高自撤長城險，春盡猶聞戰馬鳴。莫笑于思多棄甲，徒知枵腹即呼庚。中原萬骨枯將滿〔二五〕，願祝功成一將名。

將隨蠟表達京畿，臨濟淄青並報圍。血染野蒿三月死，燕依疲客五更飛。荒城極望炊烟絕，燐火平欺日色微。結伴頹垣驚晝伏，分糧餉馬不知饑。

鷄犬無聲北斗斜，但聞中夜亂啼鴉。丁男高下埋新冢，子女流離説故家。白晝逢人疑鬼魅，陰風吹木盡邊笳。初歸何必千年鶴〔二六〕，城郭皆非捲暮沙。

松關静證

丹竈依稀未可尋，黄芽還自印吾心。疏籬雨過門銜虎，落葉更深鬼嘯林。夢魘巴童沈不醒，風吹破壁細如吟。明朝訂有山僧約，收拾笻枝踏碧岑。

冬日訪齊方壺龍眠山房

北風動地滿荒丘，曲徑山深晚更幽。薄照不消殘雪積，清溪時帶斷冰流。到門松檜皆成拱，入座琴書自可留。猶有落花如昔日，飛飛常集故人裘。

大龍山

嶺上秋風起，深林白日昏。亂雲迷澗壑，何處石塘村？

袁廷憲

字爾章，號笈堂，崇禎間貢生。爲人沈静慎飭，砥礪廉隅，立言以敦尚名節爲要。家貧，教授生徒，文章外無他好也。尤精陰陽之學，隱居龍眠山，年九十餘終。

友人久别月下聚飲

音書遥隔忽經年，此夕清尊夜漏前。空讀陰符慚我老，遠耕先隴羨君賢。月沈樹影庭初寂，風起爐香篆欲圓。時事驚心都勿問，草堂聊醉菊花天。

八十初度

莫嫌山僻太孤清，淡泊居身志可明。兩世桑田供冷眼，百年花鳥寄深情。雙扉晏啓無車迹，半榻高懸少友生。却笑磻溪當此日，猶貪雲水一竿輕。

齊岳

字方壺。弱冠遊鄉校有聲，家貧，囊書走舒、蓼間，士大夫掃室延之。以舌耕博數畝，卜居龍眠山中，嘯歌自得。以兄台州失守，牽連繫獄，徙尚陽堡。鐵嶺秋懷詩所由作也，聞者哀之。

金蟬行 金蟬墩，桐水口也。

臘月至四月，賊兵據桐野。殺人如山丘，盡堆孤城下。日暮天風吹血腥，枯骨慘白燐火青〔二七〕。相逢但云渡江去，盼斷天邊南斗星。四月賊解圍，沙頭急擣衣。病妻及子女，相率出閨幃。深閨之人怯無力，乍使據鞍據不得。負子且復扶病妻，奔馳又報前村賊。

早秋示稷下姪

秋色到隆中，梧桐一葉風。樹喧蟬始至，梁静燕初空。曳杖青門客〔二八〕，長吟白髮翁〔二九〕。村醪須早蓄，計日看丹楓。

鐵嶺秋懷 十首選六

衰草柴門一徑斜，此中羈我坐年華〔三〇〕。魂歸故國車千里〔三一〕，月上茅檐雪萬家。未有尺書來鳳闕，漫淹高士卧龍沙。白頭貧困兼消渴，但剩空囊貯紫霞。

山河百戰嫖姚績，風雨聲中血尚腥。塞馬萬群嘶夜月〔三二〕，雲旗千片捲寒星。名鐫漢代當年竹，勳載燕然此地銘。時過東園歌舞地，欲披荒草弔英靈。

小城城北荆榛處〔三三〕，故老傳言五國城。衰草晝陰聽鬼哭〔三四〕，長河月照吼龍精〔三五〕。百年幾見山川異，千載虚聞漢水清。幸有廢興遺迹在〔三六〕，不然空老舊劉生〔三七〕。

我來此地但行吟，鷄骨支離遂至今。竟可鳩人誅叔子，急須投杼避曾參。風吹細雨晚逾疾，山不厭雲常作陰。買醉百壺衣不惜，病榆衰柳對蕭森。

幾載家園破敗餘，隻身膠目遠驅車。夜從鄰寺分蘆火，飢向荒原摘野蔬。憔悴自憐同病鶴，羈孤人但泣枯魚。無情白雁頻來往，懶繫江南一紙書。

數畝之中一草堂，山妻稚子總凄凉。孤吟夢繞故鄉月〔三八〕，兩鬢寒凋絶塞霜〔三九〕。結伴有誰來北海，荷鋤只當墾南陽。關河路隔三千里〔四〇〕，涕灑郊原空斷腸。

陳　垣

字子垣，崇禎初諸生。性孝友淳雅，家貧，喜蓄書，與同里方畿、潘江、李雅結文社，同輩推爲祭酒。既以家殖中圮，從方畿遊雲中、上谷間。所著有槐龍堂稿、秦中吟，居冷水澗。方畿詩『不見冷水郊，遺墨飄殘燐』，潘江詩『冷泉讐校處，手澤尚如新』，皆悼先生作也。

哭左子忠司理

屈指君方壯，傳聞恐未真。兒孤扶櫬遠，母老泣家貧。舊咏存私篋，新詩寄故人。開椷明月下，一字一傷神〔四一〕。

漢川

漢川環古渡，斜日照孤城。漲落水痕在，草枯烟影横〔四二〕。村酤懷故國，野老話前程。頭上雲陰黑，來朝恐未晴。

鄖陽清明

秦山自北盡，楚水向南流。芳草青荒岸，疏楊緑古丘。村人競祭墓，客子阻行舟。兩度清明節，家園未一遊。

鄧森廣

字柬之，號顛崖，崇禎間貢生。居北山，講千秋之業。與方巘、李銓、徐翿、李雅以觴咏爲樂，性慷慨好施與，有國士風，屢膺徵辟，不就。間一遊制府，爲之起草，非所樂也。所著有果園集三十卷〔四三〕。

古别離

君往泗水南〔四四〕，妾住淮水北。相去曾幾何，黯然難爲别。青青楊柳枝，不畏西風折。西風吹客衣，爲君歌一闋。君心如行舟，去住尚悠悠。妾心如秋水，西風咽不流。流水何湯湯，行舟何猶猶〔四五〕。君有紫金玦，妾有玉搔頭。别後如相憶，佩之可忘憂。

戰將行

八月塞馬肥，寇自雲中入。勇氣特無雙，將軍救邊急。下馬衆人扶，上馬弓不習。格鬥已難堪，況復乘夜襲。黄沙萬骨横，將軍苦被執。嗚邑跪求生，欲言聲氣歙。老上爲解縛，將軍抱頭歸。臨陣馬行遲，逃歸步行飛。天子怒議罰，逃者坐失機。賄行十萬貫，反詭透重圍。罰罷復加賞，將軍肆虎威。我笑陣亡者，魂魄何無依。不如逃歸好，壁壘多光輝。

宿州阻雪

驅車渡濉水，日落前山赤。遥望挂劍臺，黄金高萬尺。倏忽三四里，狂風吹冷客。從者覓旗亭，兩足何蹴躄。油幕張寒燈，摟衣坐茅積。墐户霜衾封，誡以晨于役。夜半鷄聲聞，已熟釜中麥。開門牽飽馬，户外一片白。累累蔽村墟，不辨郊與驛。寸步那可行，攬轡亦何益。曲柄撑長空，安得屐穿石？

薤露歌

幸哉遺民免豺虎，開府史公莅兹土。哀哉天不佑斯民，開府史公喪嚴親。公昔來時歲乙亥，寇盜糾雜黄梅界。銅符十道一夜行，短衣鐵馬聲軒軒。寇賊聞之心膽落，枵腹穿山竄英蓼。豈無制府監弓矢，豈無將軍號虎子。高牙大纛灞上營，聽説剿賊但畏死。披纓獨有史公雄，三尺芙蓉重磨礲。誓與士卒同甘苦，野行不敢亂行伍。榆林壯士新受降，戲斫賊頭血如雨。昨聞賊復寇襄陽，穀城縣官死道旁。誰椎牛酒與賊燕，至令養虎恣跳梁。又聞軍中不肯戰，短兵對壁難相見。少壯誰不樂妻孥，肯作沙場血髑髏。何如史公丹心好，腰橫吳鈎申天討。豈知六月天雨霜，擐甲未除白髮亡！白髮亡，重哀毀，摐金伐鼓誰爲理？駟牡悲鳴行娑娑，史公行矣奈若何。乾坤擾攘黃巾多，令我空歌薤露歌。

古意

冉冉川上萍〔四六〕，馥馥澗邊蘭。皎皎樓上女，戚戚撫清彈。清彈曲罷當窗織，深夜停機三嘆息。三嘆息，亦胡爲？良人遠向心傷悲。不願雙雙守空室，但願妾身生兩翼。西抵祁連北榆關，處處高飛侍君側。

述懷

天子真明聖，諸公亦相才。邊烽從此靖，黨釁不須開。禿鬢宜髡剃，輕裾易剪裁。悠然循作息，同軌倘無猜。

羨爾南來雁，因風展素翎。寧過蕭僾墅，不到子雲亭。瞀氣舒清晝〔四七〕，孤吟寄紫冥。江天何所託，閒殺少微星〔四八〕。

送子直子忠再泛白門

作客江南已倦遊，漁人又買武陵舟。祇今海内誰青眼，莫令天涯嘆白頭。避世亦須求故劍，投身不願作清流。别君無限傷心泪，明日灘頭一釣鈎。

元　旦

迢迢烟路望春斜，壯士飄零九棄家。城上烏栖經歲雪，河邊樹老隔年花。幾人待漏含鷄舌，何處凄風突豕牙？聖主朝元如賜問，江南江北盡炊沙。

贈左崑山

將軍十六擁金貂，仗節專征已四朝。鵲印夜頒千島月，龍泉朝淬五溪潮〔四九〕。繡襠侍婢争騎馬，綺帳歌兒戲射雕。散髮花裀終自得，莫從旂上畫招摇。

送杜開之少保入典府兵

羽林千隊紫茸韁，賜得飛書自未央。河北健兒争飲馬，江南老將號當陽。雁門山畔三枝箭，龍驛灘前半段槍。君向秋風開曉幕，莫忘謝萬在胡牀。

喜孫隨印歸里兼得司馬公書

苕霅春風斷曉茵，君從何處泣迷津。三年不到懷中字，九死初歸海上人。白社倘能書甲子，滄江慎勿嘆庚寅。傳來一札真辛苦，未及開緘泪已頻。

詠　懷

銅柱高牙艷舊銘，方知畫虎亦難成。蹉跎白髮餘紅友，斷送朱顔是墨卿。老伴漸看爲異物〔五〇〕，亡兄端不愧平生。傷從五兄翔之也。北邙縱有殘魂在，枉費驢鳴一片聲。

送方還山如維揚赴季父坦菴公喪

衰年筋骨渾頹唐，七十將經反倔强〔五一〕。霜雪兩人殘歲櫂，乙巳冬，予與還山同南下。烟花三月早春裝。夢驚梁木啼鷓鴣，枝老梧桐弔鳳凰。莫向東風重惆悵，揚州原不是他鄉。

讀蛟峰遺札

竹榻蕉窗四十年，西風彈指泣新阡。傳來一紙痕成血，别去三秋泪是泉。數馬自知清吏苦，臨棺纔頌老妻賢。大夫第宅生青草，剪徑還須范仲漣。

征南曲

昨夜團營又點兵，漢家新拜一儒生。銅符十道催軍出，大嘯胡牀看月明。

昭君怨

蕭蕭毳幕起胡塵，望斷南雲不見人。惟有青青原上草，當年曾識漢宮春。

春詞

估家揚舲下建康，江風千里自襄陽。勸君莫愛舟行順，逆水西流是故鄉。

姚孫棐

字純甫，號戊生，崇禎庚辰進士。初知蘭谿縣，旋調東陽。邑人許都揭竿爲亂，先生齧指草血疏，投身池水，群鵝驚鳴，家人救之得甦。遂入山招募義勇，躬冒矢石，斬馘無算。尋以亂歸故里，自號『樗道人』。卜築東龍眠頌嘉嶺，植松竹，日率子姪吟咏自娱。

秋日同夏元夫飲石龍峰

怪石何嵯峨，積苔石色蒼。商風悠然至，松下命壺觴。鳥倦歸密樹，洞寒背夕陽。隱隱數峰西，湖水如帶長。酒酣頻起舞，幽懷殊未央。仰卧視雲端，皎皎夜月光。

頌嘉山興二首

足不踐此山，茫茫二十載。自笑牛馬勞，兼值滄桑改。痛定憶艱虞，静裏溯尤悔。客秋策杖來，水石如相待。披榛構茅茨，薙草尋香茝。兀然斗室中，今日知我在。及兹事幽探，春山多芳靄。笻杖與松醪，用以襄不逮。

窮老憚經營，鄙尚隨所寄。即兹數椽茅，已減饔飱費。敢曰侈園林，聊以寧興寐。山色媚幽深，鳥聲當鼓吹。鷦鷯得枝栖，自喻爲適志。即景朝復夕，栽植從簡易。種竹不須長，種樹不須芳。但願發新條，青青映短墻。辟如果虚腹，寧俟厭膏粱。

晚過獻花巖登拱北峰

樹影移午遊情壯，烟蘿杖屨兩相向。石磴危曲引人行，古緑層層松竹釀。尋巖但覺雲氣深，更陟高峰寄遥況。一幅横披牛首山，林巒塔閣無遁相。老僧指點愈分明，雙闕入懷如揖讓。據石高談暮寒生，落照寫山千萬狀。

小桃源瀑布

草際喧喧導泉鳴，攜策溯流渾忘倦。呼童誅茅躡徑危，濆沫乘風已迎面。曲澗碎吐數斛珠，峭壁高懸一幅練。莽壅决除水氣歡，多歲沉淪今始見。據石寂聽聲益喧，碾玉披雪莫之先。塵俗能得幾漁郎，未許春流送花片。

過常山縣

雨過晨光溼，頹檐溜尚新。地荒山作郭，縣小吏驕人。草樹迷行望，郵亭絶比鄰。孤懷當此際，慚愧後車塵。

宿州道中〔五二〕

停車相向揖，南北往來身。不盡經年別，難從一語申。憐予方作客，羡爾漸歸人。慎勿嗟岑寂，還家慰老親。

草堂雜咏 六選一

空潭澄峭壁，苔蘚老青青。徑仄緣蘿上，泉喧倚樹聽。坐沙呼石丈，汲水考茶經。枕漱高人語，于兹愜性靈。

竹笑軒納凉

徑曲生凉氣自通，一軒恰坐衆陰中。苔泉依石疊新翠〔五三〕，蛛網惜花留落紅。棋局敲殘窗外月，茶鐺移就竹邊風。試開月席觴無算，乘興登臺眺遠空。

門人盛念平雨中邀飲南湖

過橋緩緩暫停舟，入望湖光雨際秋。漁艇半依菱葉渚，人家多在豆花洲。

王夷吾

字爾須，崇禎間諸生，家城西五里之官莊橋。好古篤學，詩文皆有名於時。明季罵賊不屈死。

賊退後潘九莖過訪賦贈

主賓離亂孟春餘〔五四〕，偶爾伻來卻夏初。我已山中辭客舍〔五五〕，君仍湖上借人居〔五六〕。清晨楊柳鳴乾鵲〔五七〕，向午門庭繫蹇驢〔五八〕。沽酒淹留須盡醉，黄壚且喜未丘墟〔五九〕。

倪　傳

字人專，居魯碁山，因自號『碁山』，崇禎時諸生。少穎異，博極群書。十齡失怙，事母江氏極孝。母落一齒，藏於笥，即世後，撿得之，朝夕捧跪而泣。所著有燕遊草、南遊集。

都門次孫克咸見贈原韻

兩看春色到皇州，還念龍眠鹿豕遊〔六〇〕。憐我窺斑徒半豹，知君解節有全牛。詩飄南北一尊酒〔六一〕，文組山川百結裘。屈指黄花秋漸老，相攜問業在岑樓。

吴道親

字民在。風儀秀聳，以高才爲黌庠所推。與鄧徵君森廣、左明經國斌友善，居魯硔山，晚歲入城。左國斌有吴民在自魯硔移家入城詩。

懷顒若兄客金陵〔六二〕

木落秋江迴，天涯久索居。池塘千里夢，風雨一牀書。梅嶺栖無鶴，邗溝食少魚。瓊花如可採，北道早巾車。

李在公

字未盡，號我知。居鬘嶺，别號『鬘嶺山人』，崇禎時諸生。少工古文、詞賦，性慷慨，好施與，屢出人于厄。崇禎末荒亂，城内外饑殍載道，捐貲瘞掩幾數萬。所著寇紀及繩衡五要，條陳時務甚悉，撫軍張公亮薦舉以明經用。晚年邃心乘理，獨處窮山，吟咏自如。所著有我言、史言、瑣言、鬘嶺山房詩集。

鬘嶺山居詩

幽心常與白雲期，洞壑空靈到始知。避世渾如隔世事，入山猶悔買山遲。布袍每爲攀藤綻，笻竹多因度嶺疲。近日鄰翁皆識性，相期尊酒水中坻。

静掩柴關百事休，山翁寧抱杞人憂。白雲出谷自舒卷〔六三〕，好友談心隨去留〔六四〕。婚嫁隨緣他日事，烟霞有夢此時酬。朝來策杖巖頭坐，直到松梢月一鈎。

戴　璪

字綺玉，號璞菴。氣度恬雅，與仲弟珍、季弟匡俱以文名，當時居倉基墩。所著有隨安堂稿。

曉入龍眠

侵曉尋幽處，行行宿霧中。瀑飛千尺練，虎嘯萬山風。草露沾衣溼，花源有路通。薄田荒落久，耕稼愧鄰翁。

過周重禋山居留飲

疲驢涉大河，深入北山阿。有客枕書卧，開扉待我過。不談天下事，且作醉中歌。門外無龐雜，鶯聲度薜蘿。

雨

經春頻對雨，入夏復思晴。野樹連雲直，江潮接岸平。不堪扶杖往，擬作泛舟行。無限瀟瀟色，孤城日暮生。

春望有感

十里山城見雪飛，空明寒色映漁磯〔六五〕。閉門人學袁安卧，訪舊誰貽范叔衣。冀北烽烟連塞外，江南風雨暗柴扉〔六六〕。自知老大干時拙，且向林泉暫息機。

贈殷汝兼孫石文之金陵

天子中興重布衣，故人裘馬自輕肥。劍光直奪豐城氣，帆影遥連燕子磯。鄧禹封侯年尚少，賈生憂國事多違。諸君素有匡時略，肯向空山但掩扉。

戴珍

字爲章，號越采，崇禎時諸生。賦性端方，有凜然不可犯之色。家貧，教授生徒，名紳俊彦多出其門下，隱魯硔山。卒年八十有一。

遊龍眠山

龍眠山水清且奇，公麟築室曾於兹。我來訪古尋遺迹，高松翠柏排千尺。嵐氣作雲滿山飛，荒苔帶雨青沾衣。不見子由題詩處，夕陽落山影在樹。提壺一醉卧空巖，明月無心自來去。

山中

東風吹澗草，蒼翠上柴關。鶴舞雲生樹，龍歸雨在山。高人時挂杖，採藥向松間。日暮不知返，坐看新月閒。

即事

野鳥度寒林，一聲雲外響。開户不可尋，閒雲自孤往。

戴匡

字曙野，號夢粱。幼讀書，博覽旁搜，目無行輩。以筆耕走四方，門下多知名士，得其教，登雲路，膺仕版者不一。性恬静，嗜山水，隱居龍眠，吟咏自娱。所交多顯宦，人勸之往謁，先生曰：『山林野老，不願厠身卿相之門也。』其氣節如此。

江村晚眺

荒城秋色早，孤戍暮烟平。江湧數峰出，舟浮一葉輕。月光生遠浦，漁火亂疏星。獨立悲摇落，猶聞畫角聲。

金陵懷古

六朝形勝枕江雄，雙闕層城想像中。鍾阜松楸空夕照，秦淮簫管怨春風。雨花杳杳留陳迹，芳草離離没故宫。杜宇不知興廢事，啼來啼去孝陵東。

蕪陰送馮五漁之漳州

漠漠塵沙兩鬢侵，客中送客轉情深。江天潮落春帆遠〔六七〕，榕樹秋高歸路陰。旅館酌花聯卧榻，藥欄遲月聽鳴琴。憶君撥盡高山調，相贈慚無白雪吟。

明妃出塞圖

長門多怨綺羅香，誰識天驕選漢妝。笑説鬟眉終牖下，翻令粉黛定遐方。邊笳悲動黄雲暗，塞馬寒嘶白草荒。若使此圖當日見，争教青冢對斜陽。

厲貞

字羽元。隱居北峽山，不與人事，以詩酒自樂，時人重之。

簡友人

深谷松千樹，寒塘水一灣。翠微依石屋，蘿薜繞柴關。丘壑餘生計，風塵壯士顔。含愁不成寐〔六八〕，鶴唳滿空山〔六九〕。

春日以詩代柬招徐公悦

忽憶論文友，山中正索居。欲將春社酒，共讀古人書。明日掃花徑，相期過草廬。貧家何所有，君莫笑無魚。

汪鶴齡

字羽年，號會山，崇禎間諸生。少有聲鄉校間，國變，棄舉子業。工詩，爲一時名士所推許。著有會山詩集數十卷，居魯硔卧龍寺左近，與倪天弼、倪士棠晨夕吟咏爲樂。

山中對雪有懷蜀藻石經齋

衆鳩集枯桑，夜雪覆山宅。天没曉雲黄，溪績長巒白。高城迴欲封，騷壇遥以隔。我誦北風詩，偶憶南園客。

山亭懷鄧毓之

亭前一泓水，山上百尺松。睹此青蒼意，思君冰雪容。築室依北郭，扶杖望東峰。常懷苦吟侣，高卧幽潭龍。

夜渡潁上

舟子貪歸路〔七〇〕，連宵渡潁城。水流梁地盡，月近故鄉明〔七一〕。半夜忽風急，一帆如鳥輕〔七二〕。曉驚楓色改，紅葉照船行。

江上

夜雪每朝霽〔七三〕，陽回客路多。沙晴落鴻雁，江暖曝黿鼉。臘自山堂盡〔七四〕，人從汀岸過。歸帆及春早，生事在烟蘿。

汪啓齡

字大年，號西厓，鶴齡之弟也。天、崇間與周岐、方文相唱和，官海康、開建兩縣，皆有聲迹。順治辛卯，挂冠歸里。石倉曹能始選十二代詩，嘗采其詩入集中。所著有田園三集。

抵家

鄰叟驚相見，離家已十霜。薦瓜當穩歲〔七五〕，懷橘奉高堂。兒女看來大〔七六〕，田園別後荒。生還有今日，親故半凋亡。

夜坐

擁坐貪爐火，挑燈夜不眠。一身供老病，萬事付流年。哀角鳴重堞，悲鴻唳遠天。有孫知笑語，猶得動人憐。

過胥江懷韓年丈

胥江烟樹冷淒淒，愁鬢何堪聽鼓鼙。九月霜深蘆橘熟〔七七〕，千山日落鷓鴣啼。櫓聲摇月過高峽〔七八〕，雁影連天下遠溪〔七九〕。回憶故人攜手地，詩成浮白醉如泥。

留别方爾唯

羊城五月荔枝秋，我賦歸與君尚留。萬里蓴鱸心正切，一場蕉鹿夢何求。漫嗟書劍殊方苦，且喜烟霞夙願酬。此去故園香稻熟，黄鷄白酒思悠悠。

峽山寺

梵天高閣倚雲開，四面峰巒擁法臺〔八〇〕。江月不隨流水去，天風直送海濤來。山僧入定玄猿嘯，佛殿敲鐘白鶴回。自覺塵心方外息，蒲菴老衲共追陪。

汪遐齡

字延年，一字壽人，鶴齡之從弟也。居魯硔山之蜘蛛墩，自號『蜘墩居士』。所著有森磊居集。

村　家

偶然村路失，疑入武陵涯〔八一〕。門綠千年樹〔八二〕，園紅十畝花〔八三〕。居民事樵牧〔八四〕，人語只桑麻。便合從田叟，耕鋤老歲華。

倪自清

字景北，崇禎間貢生，世居魯硔山。少負才名，屢試諸生高等。以年資貢禮部，由寧國訓導遷巢縣教諭，所至問業者户屨恒滿。比歸，垂橐而旋，不能搆一椽也。晚年手不釋書，猶教授鄉里，以著作自娱。有遯叟遺稿。

聞鐘

疏鐘何處發，竟使客悲秋〔八五〕。響入庭梧亂，聲傳巷杵幽。漏遲風在枕，天净月當樓。驚起南來雁，高飛傍斗牛〔八六〕。

亂後吕亭感懷

官道夾蒿萊，長途白骨堆〔八七〕。山經兵火禿，花爲野人哀〔八八〕。使客還來否，神仙安在哉？劍泉遺址在，一水自瀠洄〔八九〕。吕亭南有洞賓泉。

秋日昭關懷古

迢遞山迴嶺路分，昔年曾此度亡臣。丹楓故染臨江色，古廟猶祠覆楚身〔九〇〕。兩地興衰争去住，一腔忠孝判君親。祇今剩得孤蹲石，七字碑題萬古新。

重禋詩來見招入城和答

幽栖聊寄此山居，徑僻人稀一草廬。倚樹陰森聽語鳥，臨河清淺看游魚。亂來生事逢時懶，老去孤踪入市疏。猶有野鄰勞問訊，話終指點種園蔬。

左國棅

字子直，號眠樵，忠毅公光斗仲子也。年十四補博士弟子。磊落有大志，不事生產，以寇亂家於金陵，士大夫爭推重之。國變，遁迹不出，放遊燕趙、秦梁、吴楚間，以詩歌自娱。暮年歸隱龍眠之三都館，顔其堂曰『抱蜀』，不與外事。卒年七十，里人私謚『和節先生』。

山居雜咏

龍眠山水佳，吾家居其最。長堤抱迴流，環合如束帶。雪瀑挂水簾，林風奏天籟。搆屋傍巖阿，萬壑自向背。牧犢芳樹陰，聽鶯修竹外。日落漁樵歸，溪上遥相待。履約名乃豐，身蹇道彌泰。晨夕兹秋蘭，偃仰遵時晦。

天地既已閉，功名亦何有。咄嗟鄉里兒，折腰良可醜。家世本忠貞，能不歸田畝。粲彼桃源花，翳此柴桑柳。感時及季春，三月當十九。洒血哭先皇，登高酹天壽。望帝啼花閒，老烏號宅後。側聽斷人腸，千金棄如帚。

贈孫豹人

去年睢陽十月時，旅舍相逢姚山期，爲我輒言關西孫子奇。今年孫子來桐山，握手蓬門慰所思。白石行歌悲荒草，壯年顔色空枯槁。大雅不作王風沉，蛾眉交加迹如掃。西京復有詩人興，修篇短什風格老。落魄一身寄邗溝，幅巾野服何所求。讀書耻不破萬卷，俠氣向天天爲愁。愛我同心與論詩，欻然相視心悠悠。傾蓋問答各未已，感新憶舊情難止。風塵漂泊十餘年，王業不興人老矣。念君此意泪如雨，天寒氣結不能語。忽爾天地且崩翻，茫茫功名俱塵土〔九一〕。高歌一曲爲君舞，眼中之人誰足數。

臨江寺

寶塔寒雲積，海門晴照開〔九二〕。春光何日去，山色隔江來。官路當城直，商帆抱岸迴。興亡總陳迹，到此不禁哀。

哭方直之

纔返山城駕，忽將箕尾騎。國家多難日，骨肉永離時。稚子那知泣，老親空自悲。西州此後路，惟與九原期。

喜飲光歸里

南渡君臣羅黨錮，逃亡別後到於今。只知灞上真兒戲，豈料神州竟陸沉！賴爾數年家國意，繫予萬里歲寒心。可憐生死傳疑信，陡聽還山泪滿襟。

每恨不如南去鳥，驚聞猶有北歸人。風波致使捐妻子，瓢笠蕭然歷水濱。定擬詩篇尋老伴，還將婚嫁了閒身。滄桑未敢高聲哭，悵望江村獨愴神。

奉訊無可師自廬山歸省

十年塵土化緇衣，回首干戈甘息機。天上謫仙皆欲殺〔九三〕，海濱遺老竟何歸〔九四〕。去時骨肉猶存否，此日家山果是非。空盡難空真種子，蒲團坐下不能違。

朱延祚

字能及，崇禎間諸生。少蜚文譽，性豁達，嗜酒工詩，善譚論，風發泉湧，尤精草書，佳者入羲、獻之室。卜居西山，種果自娛，學者稱『果園先生』。所著有果園詩十餘卷〔九五〕。

鈞衡曰：先生年最高，蓋卒於康熙之中年，余高大父柳溪公猶及師之。向讀邑志，以先生爲西鄉人。今其裔孫爾昌以書來云『居城北之西山』，屬入選。及讀先生詩，有『直上西山石徑斜，結茅栽竹是余家』之句，乃知邑志所云隱居西鄉，蓋先生晚年所居云。

夜宿鍾山

禪房閒且寂，正合卧狂夫。夜月千山白，疏鍾一院孤。逢僧須盡話，問酒即須沽。客睡從難著，今宵得穩無。

信宿山家

莫道君家不姓龐，柴門蕭寂信無雙〔九六〕。青來四面山連屋，緑滿千林竹覆窗。洞口留人秋欲雪〔九七〕，池心得月夜如江〔九八〕。躊躇未忍輕回首，釀酒新知滿玉缸。

歸　山

萬里歸舟一病夫，到門兒女喜相扶〔九九〕。徒驚老骨非常瘦，或恐詩腸亦太枯。驛路幾憑青白眼，姓名全任馬牛呼。傳杯欲問羈栖事，洗耳來聽唱鷓鴣。

盛纘裕

字孝寬，號螺舟。生長世家，無裙屐衣冠之習。崇禎間，入邑庠，屢困場屋。投筆作閩、粤遊，有大帥受其先世德，言於當路，辟不就。少居古塘，經亂入城，亂定復故居。

得方子山入蜀消息

年年途哭步兵窮，踪迹萍浮水上同。憶爾常看梁月白，懷予不寄嶺梅紅。漁歌西去當春伴，鴻信南來正夏中。蜀道艱難依老友，蓴艫曾否憶秋風〔一〇〇〕？

校記

〔一〕桐舊集題下綴小注：「明詩綜選。」

〔二〕無色　桐舊集作「騷屑」。

〔三〕多　桐舊集作「何」。

〔四〕三載　桐舊集作「久要」。

〔五〕懷　桐舊集作「情」。

〔六〕托　桐舊集作「記」。

〔七〕豈曰　桐舊集作「寧復」。

〔八〕書意　桐舊集作「素書」。

〔九〕稱　桐舊集作「成」。

〔一〇〕桐舊集題下綴小注：「明詩綜選，御選明詩録。」

〔一一〕冽　桐舊集作「裂」。

〔一二〕喁喁擁足　桐舊集作「中宵擁被」。

〔一三〕難支持　桐舊集作「勢難支」。

〔一四〕被污　桐舊集作「溝瀆」。

〔一五〕□　底本漫漶，龍眠風雅全編作「飽」。

〔一六〕夜　桐舊集作『曉』。

〔一七〕槖重　桐舊集作『捆載』。

〔一八〕此句桐舊集作『行途餘勇縱復横』。

〔一九〕食即愈　龍眠風雅全編作『衰顔駐』。

〔二〇〕幼　桐舊集作『飲』。

〔二一〕始　桐舊集作『欲』。

〔二二〕沾　桐舊集作『零』。

〔二三〕龍眠風雅全編題作『辛卯長發得家報喜舉一孫兼聞歲荒盗發又不覺憂從中來也二首』。

〔二四〕入　桐舊集作『滴』。

〔二五〕此句桐舊集作『中原枯骨寧論萬』。

〔二六〕初　桐舊集作『來』。

〔二七〕此句龍眠風雅全編作『撑者白骨燐者螢』。

〔二八〕客　桐舊集作『長』。

〔二九〕長吟　桐舊集作『吟詩』。

〔三〇〕坐　桐舊集作『逝』。

〔三一〕故國　桐舊集作『楚社』。

〔三二〕塞馬　龍眠風雅全編作『物馬』。

〔三三〕城北　桐舊集作『迤北』。
〔三四〕晝　桐舊集作『盡』。
〔三五〕精　桐舊集作『鳴』。
〔三六〕幸有　桐舊集作『歎息』。
〔三七〕不然　桐舊集作『可堪』。
〔三八〕夢繞　龍眠風雅全編作『恰到』。
〔三九〕寒凋　龍眠風雅全編作『全沾』。
〔四〇〕此句龍眠風雅全編作『關河有路數千里』。
〔四一〕此二句龍眠風雅全編作『遺文應可得，仲季本敦倫』。
〔四二〕此句龍眠風雅全編作『蔬稀草色横』。
〔四三〕果　龍眠風雅全編、皖人書録、安徽文獻總目皆作『杲』。
〔四四〕往　龍眠風雅全編、桐舊集皆作『住』，當是。
〔四五〕猶猶　桐舊集作『悠悠』。
〔四六〕萍　桐舊集作『藻』。
〔四七〕督　桐舊集作『登』。
〔四八〕閒殺　桐舊集作『寂寞』。
〔四九〕龍泉朝淬　龍眠風雅全編、桐舊集皆作『牙籌朝典』。

〔五〇〕龍眠風雅全編下有小注：『時盛子又坦訃音至。』
〔五一〕反倔　龍眠風雅全編作『强更』。
〔五二〕龍眠風雅全編題作『宿州道中逢吴湯日南歸』。
〔五三〕泉　龍眠風雅全編作『錢』。
〔五四〕孟　桐舊集作『一』。
〔五五〕我已　桐舊集作『且喜』。
〔五六〕君仍　桐舊集作『不妨』。
〔五七〕楊柳　桐舊集作『檐際』。
〔五八〕繫　桐舊集作『策』。
〔五九〕且喜　桐舊集作『猶自』。
〔六〇〕鹿豕　桐舊集作『共舊』。
〔六一〕飄　桐舊集作『瓢』。
〔六二〕顒若　桐舊集作『容若』。　金陵　龍眠風雅全編、桐舊集皆作『廣陵』。
〔六三〕自舒卷　龍眠風雅全編作『舒還卷』。
〔六四〕隨去留　龍眠風雅全編作『去復留』。
〔六五〕漁磯　龍眠風雅全編作『前溪』。
〔六六〕此句龍眠風雅全編作『江南物色到漁磯』。

〔六七〕春　龍眠風雅全編作「征」。

〔六八〕不　龍眠風雅全編作「忽」。

〔六九〕滿　桐舊集作「更」。

〔七〇〕歸　龍眠風雅全編、桐舊集皆作「家」。

〔七一〕故　桐舊集作「楚」。

〔七二〕此二句龍眠風雅全編作「歸夜殊來日，一帆兼數程」。桐舊集「殊」爲「珠」，其它文字相同。

〔七三〕每　桐舊集作「喜」。

〔七四〕自　龍眠風雅全編作「是」，桐舊集作「已」。

〔七五〕穩　龍眠風雅全編作「稔」。

〔七六〕大　龍眠風雅全編作「長」。

〔七七〕蘆　桐舊集作「橙」。

〔七八〕高　桐舊集作「湞」。

〔七九〕遠　桐舊集作「粵」。

〔八〇〕擁　桐舊集作「倚」。

〔八一〕入　龍眠風雅全編作「溯」。

〔八二〕千年　龍眠風雅全編作「何朝」。

〔八三〕十畝　龍眠風雅全編作「百日」。

〔八四〕事樵牧　龍眠風雅全編作『猶土著』。
〔八五〕此句龍眠風雅全編作『如共客驚秋』。
〔八六〕此二句龍眠風雅全編作『直躍雙龍吼，遥遥貫斗牛』。
〔八七〕此句龍眠風雅全編作『猿聲到耳哀』。
〔八八〕此二句龍眠風雅全編作『竹因無主俗，花向路人開』。
〔八九〕此二句龍眠風雅全編作『劍泉遺可問，定有泛槎才』。
〔九〇〕古廟　龍眠風雅全編作『敗堞』。
〔九一〕茫茫　龍眠風雅全編作『任他』。
〔九二〕晴　龍眠風雅全編作『晚』。
〔九三〕欲殺　桐舊集作『證果』。
〔九四〕竟　桐舊集作『更』。
〔九五〕果園詩　龍眠風雅全編作『臯園詩稾』，桐舊集作『景園詩集』。
〔九六〕信　龍眠風雅全編作『的』，桐舊集作『静』。
〔九七〕留人　桐舊集作『人家』。
〔九八〕夜　桐舊集作『葉』。
〔九九〕喜　龍眠風雅全編作『恰』。
〔一〇〇〕憶　龍眠風雅全編作『繫』。

卷五

戴宏烈

字山民，號燈巖，順治辛卯舉人。少孤，事節母以孝聞，屢舉南宫不第，考授司理，後改補四川成都知縣。成都當省會，又以華陽併入，凡賦調、徭役、軍需、儲偫及往來郵傳置頓，皆取給焉，先生應時立辦，民無苛擾，尤加意撫綏，歲增户口千餘，墾田數萬頃。暇則搜舉廢墜，如武侯祠、浣花、琴臺諸勝迹，以次修復，卒於官。貧無以歛，同官醵金賻之乃歸。所著有朗瑄齋集、西嶽遊草。

鈞衡曰：先生，余十世祖行也，居城東四里戴家冲副憲公完故宅，與弟研名擅一時。嘗僑寓金陵，大江南北諸名士推爲『龍眠大小戴』。生平著作多散佚，龍眠風雅載其詩五十五首，類皆哀感沉雄，兹登二十餘章，未足以盡先生也。

過釣臺謁嚴先生祠

羈客苦淹留，嚴霜理孤櫂。暝投七里灘，薄暮展遐眺。溪壑自縈迴，圻岸復奔峭。平皋翠靄重，絕嶺丹霞曜。樹遠鬱層陰，嵓空澹餘照。別鶴雲中鳴，鵾鷄天外叫。緬懷肥遯賢[一]，披裘事耕釣[二]。秉尚愜幽遐，栖真得要妙。追古發清歡，振衣激長嘯。遠蹈景高踪[三]，毋貽達人誚。

寄懷宋子建

凄凄暮秋日，百卉繁以衰。玉露凝蘭皋，金飈動庭帷。愁人夜何適，起步臨階墀。念我雲閒友，中心傷別離。美人久寥廓，迢遞越水湄。憶昔奉几杖，朝夕荷恩私。何幸大厦陰，許借鷦鷯枝。綢繆敦古歡，婉戀及良時。濡毫騁文囿，翰墨同淋漓。散屧步西園，壺觴共遊嬉。本謂同心人，金石常相期。豈意膠漆固，一旦竟暌違。仰視參辰星，河漢正參差。恨無雙飛翼，臨風向天涯。去年孫子來，訊問知容輝。蒼蒼松柏操，歲寒常不移。晞髮南山陽，垂釣東海陲。大兒最聰俊，下筆摛雄詞。小兒復英特，顧盼青雲姿。頡頏在霄漢，騰驤入天池。顧予車轍旁[四]，徘徊此路歧。何時理舟楫，得覩君光儀？願寄雙鯉魚，慰我長相思。

邵子峻孫古喤齋頭賦别王子箕南歸

遊子客京華，索居寡儔侣。緬懷僑札交，投贈托縞紵。悠悠湖海心，意氣未輕許。道逢王子喬，仙姿若霞舉。豁達披襟期，綢繆寓毫楮。對之如飲醇，頓使忘羈旅。更有素心人，邵平與孫楚。放懷睨古今，高談呼爾汝。瓜果羅芳筵，醁醽佐清醑。明月發浩歌，秋蟲亂悲語。仰視河漢微，鄰鍾動疏杵。

長歌行壽朱右立

朱生慷慨天下才，少年結客黄金臺。雙眸炯炯虬髯碧，談兵説劍如風雷。我與朱家是同里，季心劇孟聊堪比。把臂應逢魯仲連，拍肩願結魏公子。烟嶼霜浦亂素秋〔五〕，牙檣錦纜上荆州。扁舟獨弔鄂君渚，沽酒還登庾亮樓。陰風摧裂鳴刁斗〔六〕，東達武昌西夏口。知君抗節立賊庭，一聲叱咤黄巾走。徒步蕭然來帝畿，寒江霜雪掩荆扉。謝公墩畔黄花滿，孫楚樓前白雁飛。聞道漢庭多黨錮，詔獄株連及廚顧。李膺范滂同日收，張儉申屠縣官捕。爾時匿影吴越閒，飯牛屠狗俱無顔。擊筑吹篪人不識，春花秋草客江關。維揚京口烽烟始，塵沙黯澹欃槍紫。玄武湖邊烏亂啼，石頭城外笳聲起。驃騎都尉各前驅，朱君手持金僕姑。錦鞲氄弧雕羽箭〔七〕，黄騮紫燕轡珊瑚〔八〕。東海逢君一長揖，誰是乘車誰戴笠？殷勤頻問故鄉人，把酒挑燈歌且泣。柳嫩桃嬌二月春，翩翩車騎集芳辰。畫堂絲竹華燈爛，錦檻歌鐘翠幕新。勞君拂拭大羽扇，指揮天地風雲變。短衣匹馬歸田園，日召賓朋恣遊宴。

酬彭燕又

蘆花楓葉晚江秋，十月扁舟湖海游。道逢彭子把我袖，招手同登百尺樓。贈縞班荆古來有，北山草堂坐良久。倒屣初開北海尊，解裘更貰黄公酒。浦近春申秋水寒〔九〕，階前玉樹青琅玕。緑沈花拂珊瑚架，翠濤光滿琉璃盤。嗟君卓犖天廟器，久困鹽車不得意。西蜀揚雄徒箸書，雒陽賈誼空論事〔一〇〕。邇來筆札上林開，看花匹馬春明回。拂衣羞擊荆卿筑，閉户愁登郭隗臺。龍驤虎變君須見，茂陵豈竟長貧賤。攬轡應期江漢清，揮戈直使欃槍變。況有兒郎復不群，王氏青箱江左聞。日誦萬言何足道，飄飄詞賦氣凌雲。憐予奮袖歸鄉里，慷慨高歌揖遊子。攜手河梁贈短箋，檣帆遠涉江湖水〔一一〕。君不見，吴宫楚榭俱荒烟，躬耕誰是南陽田。滄海桑田何必問，卧龍躍馬非徒然。

挽船行

孫恩戰艦出海島，軍興旁午供芻藁。天子赫然整六師，詔下江南事征討。牙檣錦檻秋風高，徵催牽夫羽檄勞。治河州縣下急牒，排門僉點誰敢逃。倉皇泣與妻孥別〔一二〕，停立不行氣哽咽。科頭赤脚水中牽，長繩短纜沙堤掣。滿船盡是八旗兵，幾日並爲一日程。千夫萬卒誰更换，朝朝暮暮挽船行。高灘急浪艅艎過，身上無衣腹飢餓。紫髯碧眼督前行，鞭裂皮膚指雙墮。鵂鶹夜叫生悲風，血濺胭脂鬼火紅。錦衣肉食者誰子，坐使老弱同飄蓬。王師已抵秦淮上，誰念窮黎半死喪？可憐肌肉飽烏鳶，寡妻猶倚門前望。

酬别孫古喤歸武水

京雒塵沙高百尺，疋馬短衣傷跼蹐。白眼悠悠行路人，道逢孫子數晨夕。孫子家世擅江東，虬髯玉面淩清風。騷壇直踞建安席，體勢不與齊梁同〔一三〕。憶昔射策明光殿，草奏凌雲天子羡〔一四〕。燕昭市駿劇辛來，漢武臨軒主父見。共道蓬瀛第一仙，鳳凰池上客翩翩。秘書石渠天禄較同異〔一五〕，董晁公孫競後先〔一六〕。詎知造物有深意？盤錯由來試利器。未許屬詞人〔一七〕，案牘還來親長吏。昨年襆被入長安，五陵裘馬争交歡。意氣偏與剡溪合，文章山水恣盤桓。一時湖海多同調，屈指趙吴與王邵。燕市日和荆卿歌，薊門夜聽孫登嘯。始知我輩交有神，眼中之儔誰等倫。偶然相視忽大笑，傍人豈識襟期真。君時呼我飲醇酒，我飲一升君一斗。醉後睥睨雙眼寬[一八]，茫茫天地終何有。座中更有張麗華[一九]，清歌妙舞解琵琶[二〇]。飄零自訴當年事，泪溼青衫愁轉賒。愁來擬效窮途哭，鹽車空老霜蹄促。十載蹉跎五上書，至今未得沾微禄[二一]。勸君卮酒君勿悲，男兒遇合會有時。天生七尺何爲者，四十專城亦未遲。君今拂衣不肯住，驪駒曉發桑乾路。梁鴻惟和出關歌，張衡且著歸田賦。吁嗟乎，人生聚散俄頃殊，河梁執手空躊躇。春鴻秋雁常相憶，短札殷勤寄我無。

四明道中

久作淹留客，因成汗漫遊。雲霞滄海曙[二二]，風雨鏡湖秋。歧路疲羸馬，清霜點敝裘。神州空極目，摇落賦登樓。

濟寧

落日艤征櫂，蕭條太白樓。漕艘喧鬧口，軍堞颭旄頭。鼓急城鴉亂，烽高塞雁愁。偶逢江上使，驚喜問揚州。

塞下曲

鐃吹下秋聲，長榆暮草平。烟迷充國帳，柳暗亞夫營。朔雪千山曉，邊烽萬井明。漢廷飛將在，一戰取龍城。

柬吴山公

吴質南皮彦，風流世所欽。郢中高白雪，燕市少黄金。天地浮雲暗，關河落日陰。鍾期猶未遇，山水乏知音〔一三〕。

出都門作

大火正西流，役車行未休。黄沙埋馬足，白日澹城頭。路灑楊朱泪，秋深宋玉愁。三年彈指過，底事客幽州？

真定别蒲佩珩〔一四〕

京洛追隨久，聯鑣又幾朝。銜杯停野店，折柳上河橋。秋月隨邊雁，晴雲壓塞雕〔一五〕。故人揮手去，寥落是今宵。

同黄子正出居庸作

偶謝承明去，聊爲塞上行。千山横朔氣，萬馬動邊聲。上谷風沙暗，漁陽鼓角鳴。江南庾信在，蕭颯盡平生。

登小孤山

馬當西去小孤峰，巇嶍閒尋物外踪。碧浪斜開金菡萏，丹梯横劈玉芙蓉。風迴廬嶽濤聲壯，日落天門海氣重。我欲登高吹鐵笛，秋江寂寞有魚龍。

九　江

戎馬瘡痍已十年，潯陽灰劫倍堪憐。水分九派濤聲闊，山抱孤城塔影懸。野燒荒原銜落日，秋風廢壘起殘烟。蕭騷此際江州客，一曲琵琶意惘然。

章江感懷

滿林落葉送秋聲，殘角霜天一雁鳴。細雨孤帆彭蠡澤，斜陽衰草豫章城。故園楊柳牽鄉夢，岐路關山繫客情。見説湖南烽正惡，中原底事未銷兵？

懷孫大振公雲問

臥病荒村嘆索居，故人懷抱近何如。一時湖海交遊盡，千里河山戰伐餘。夜雨空庭常對鶴，秋風古渡正烹魚。遥憐有客飄零久，不寄征鴻尺素書。

過鳩兹訪羅璆柯先生

扁舟江上雪霜天，絳帳依然舊講筵。采石磯頭楓葉下，峨眉亭畔月輪圓。中原詞賦悲王粲，草閣詩書老服虔。手訂一編書甲子，逢人猶話義熙年。

春日郊行即事〔二六〕

名園亂後已全非，結伴攜壺入翠微。楊柳一灣黄犢卧，稻田十畝白鷗飛〔二七〕。板橋流水逢僧話，官路斜陽送客歸。遥指北邙山下路，野棠細細點春衣。

長安早秋

殿角金飈送早凉，葡桃滿架綴秋香。鴻飛督亢陂烟白，日落居庸塞草黄。客爲悲歌增老大，地當西北易風霜。自憐憔悴無家者，楚水吴山正渺茫。

關山嶺

鷄鳴策馬陟山椒，望裏烟嵐倚碧霄。蜀棧八千雲縹緲，秦關百二路岧嶤。禽栖高隴寒能語，山多鸚鵡。雪積長條凍未消。日午停鞭思暫憩，翠微隱隱露團瓢。

戴研

字導及，號蜕齋，貢生，成都令宏烈之弟也。博文强識，才思過人，爲文如蘭苕翡翠，觸目皆新。嘗與方若斑、吴德音、方授、臧天格、潘江爲聞鷄堂文會。雋思幽致，秀絶人寰，行輩皆人人自失。爲詩力追古人，不屑屑流俗之態。潘江謂其古文亦淹雅可誦，惜今不可見也。

嚴子陵

白水有真人，奮迹舂陵里。列宿一時曜，戮力平天紀。先生本客星，淪落滄江水。冠蓋盛如雲，視之同敝屣。築室大澤邊，垂釣陰巖裏。東都車騎來，傳呼爲不起。入宫詢故人，安知朝天子。共卧亦尋常，何爲驚太史。吁嗟洛陽城，雲臺半傾圮。如何桐廬山，至今猶崀嵑。

嚴君平

入山何必深，涉水何必廣。大隱在人閒，悠然脱塵網。抱道悟龍蠖，詮易超象罔。端策理既精，著書識何朗。與物幸無競，繕性得所養。日暮垂簾時，悠然發玄想。

春閨思

玉階日影當花壓，龍麝薰烟浮寶鴨。弓鞋款步畫樓西，碧玉搔頭斜鬢插。流黄纖月冷空閨，蝦鬚簾捲弄金徽。芳草艷妝沾粉蝶，菱花明鏡换羅衣。寶屏繡幕銀鈎控，燕啄風箏驚午夢。葳蕤静院鎖春光，胭脂泪溼蟬紗重。憶昔相逢翡翠樓，春風步幛紫綈裘。刺繡雙花銀屈膝，盤龍百尺錦纏頭。茱萸黼帳鷄聲曉，睡起蛾眉常淡掃。綺羅燈下影徘徊，簫管風前聲縹緲。自君白馬去章臺，金鐙嘶風去不回。錦字袖中明復滅，衡陽書斷雁空來。雁來時節郎歸否，願逐香塵郎馬首。綺縠花錢翠帶垂，憔悴纖腰細如柳。羡殺東鄰輕薄郎，年年相對守空房。

聞　雁

嘹嚦霜天雁，分飛到隴頭。銜書來漢苑，排陣下滄洲。影落三江月，聲傳萬里秋。關山征戍客，一夜動邊愁。

少年行

結客邯鄲道，翩翩事遠遊。打毬來紫陌，挾彈過青樓。翠袖調銀管，雕鞍控玉騮。酒闌多使氣，不拜大長秋。

烏江懷古

古廟荒原裏，登臨悵落暉。風雲迴石壁，陰雨護龍旂。百戰雄圖盡，千秋伯業微。江聲如叱咤，想像翠華歸。

長干寺晤鄧叔奇兼感舊遊因憶余澹心卜居金閶並寄

同君執手秣陵秋，十里長干憶昔遊。萬事滄桑新鬢髮，五陵裘馬舊風流。名高白社知才子，貧臥青門識故侯。却憶故人天際去〔二八〕，相思家在白蘋洲。

登維陽舊城懷古

孤城一望海天開，千里濤聲擁座迴。雲樹關心常對酒，川原縱目獨登臺。錦帆寂寞魚龍冷，玉殿荒蕪鳥雀來。何事興亡偏此地，斜陽衰草共徘徊。

舟次邗江感懷

寒雲蕭瑟片帆收，江草江花動客愁。瓜步濤聲常帶雨，廣陵山色易爲秋。已拚湖海供多病，漫逐風塵故倦遊。寂寞仲宣懷故里〔二九〕，不勝摇落賦登樓。

送大兄公車北上

帝城高處五雲多，曉發征軺思若何。萬里關山驚白髮，一天霜雪渡黄河。吾兄意氣非裘馬，阿弟風塵老薜蘿。聞説燕臺頻市駿，莫將伏櫪怨蹉跎。

贈錢西頑先生

平生四海忘年友〔三〇〕，亂後傷心見面稀〔三一〕。一别可憐家國破，重逢卻訝姓名非。囊餘湖海新詩句，篋有雲山舊衲衣。見説吴中多勝事，徜徉蝦菜漫忘歸。

雜感

牙檣錦纜鼓逢逢，滄海旌旗曉蔽空。茂苑荆榛殘夜雨〔三二〕，長陵松柏哭秋風。橐駝銜尾來燕市，苜蓿垂花滿故宫。丹帳珠簾今寂寞〔三三〕，斷烟衰草咽寒蟲。

九日

蒼蒼雲樹靄斜暉，獨上荒臺問蕨薇。風雨二陵人北望，關山千里雁南飛。孤城落日吹寒角，九月清霜點客衣。最是蕭疏蓬鬢改，菊花何用滿頭歸。

哭孫易公

消息傳來是也非，舉家相顧泪沾衣。嬌兒不解扶牀哭，只説燕臺去未歸。

十載京華行路難，頻將尺素報平安。只今風雨孤燈夜，磨滅牀頭不忍看。

方 畿

字奕千〔三四〕，號還青。少有淹雅名，順治初，以恩貢授河間府推官，活纍囚數十人，陞漢中府同知。謝事歸，居龍眠山寫園。日事吟咏，生平詩近萬首。所著有四松齋集。書以鍾、王爲法，得者寶之。

雪後居庸道上同沈子

雄關鬱岧嶤，幽磴宿老雪。餘冰歷差池，飛翼望明滅。我輩肅宵征，旦發路層折。寒深怯朝崿，雲冷陟霜嶼。微陽晞前渡，快馬追去轍。杳曲秦人源，蒼茫夏禹穴。放眼山色古，馳鞭水波咽。三十六巖壑，秀色遠可擷。迢遞出關初，烟雨千峰列。

遣 興

浮雲日夜馳，秋霜滿河梁。側身西北望，鴻雁翩翱翔。關河渺千里，遊子天一方。鳴條亦已歇〔三五〕，寒風吹衣裳。莫采黄金花，東籬非故鄉。

馬嵬

一堆荒草埋枯髗，冬風獵草狐兔呼。冢中不聞妃子笑，黄雲滿路青風孤。華清宫殿淪敗礫，天子不守咸陽都。紅塵飛騎渺何在，只今泠月空啼烏。此地曾經六龍駐，蒼黄入蜀奔無路。御馬眠街壯士譁，紅顔血濺黄花樹。將軍一呼六軍起，玉魚不寒海棠死。不待秋風夜雨鈴，君恩咫尺輕如紙。驛門何處墓門高，半壁華阡半隴蒿。夜深環珮雜仙曲，疑是沈香睡未足。

岣嶁碑

岣嶁山前神禹碑，風雨滅没雲雷披。千年神物鬼所護，斑剥窈黑苔蘚奇。蝌蚪贔屭絶恒覯，秦漢鐘鼎備指麾。我所思兮逼夢寐，龍安友人遥寄遺。空齋夜半吐光怪，蛇虺撞突不可支。滿地蛟龍走尺幅，狰獰鱗爪紙陸離。隔墻好古争取視，艷姿古色如卣彝。便郵蜀山急索此，弗忍奪好惟神馳。摩挲月下及雪天，梅花歷亂風參差。退食何物堪對語，一日未見不解頤。波濤沸天宏喪亂，惟我與爾同傾欹。倒筲搜篋竟逸去〔三六〕，偷兒豈解螭虎姿？上古筆畫自虞夏，石鼓與較已後時。秋行出峽走碑洞，安得擕此相追隨？龍安郵傳欲致書，山僻道阻官或移。更恐蛟龍蛇虺自飛遁，嶄嶄鳥道千里萬里如見之。神物惝恍何日歸，風塵莽蕩雲烟遲。

秋夜

野燒衝烟白〔三七〕，寒烟帶月黄。暮雲千樹暗〔三八〕，晚菊一籬香〔三九〕。宿鳥鳴殘夜，荒鷄報急霜。蓮花清漏杳，秋夢繞胡牀。

顛崖歸

六代春風地，繁華亦可憐〔四〇〕。江聲隨去雁，雨氣集歸船〔四一〕。白下黄金少，青閨碧樹妍。哀蟬如有曲，莫付李龜年。

淮南

漕舟帆底客登樓〔四二〕，漂母祠前樹報秋。地枕江湖連岱嶽，天開淮海是揚州。戰場舊握群雄策，河勢初分二水流。自是世兒無具眼，坐輸荆布識王侯。

維揚

朱樓十里舊繁華，夕照長堤起亂鴉。丞相夜潮乘白馬，國殤寒雨暗青蛇。簫聲咽斷蕪城月，雲色飛開甓社花。不是雷塘行樂處，路人誰指玉鈎斜。

昭君曲

漢宮空老孰知名，嗚咽琵琶異國聲。身着黑貂沈大漠，天留青草伴傾城。還餘夜月深閨夢，難賦秋風出塞行。自是明光艱物色，蕭蕭班馬送長征。

宮詞

乳燕鳴鳩夏日長，白頭宮女説先皇。深宮漏永苔花緑，數杵殘鐘過夕陽〔四三〕。

姚文烈

字覲侯，號屺懷，樞部孫棐之伯子也。順治辛卯舉人，選漢陽司理，明允詳慎，轉辰州同知，陞雲南楚雄府知府，撫民以恩信。丁外艱歸，士民擁道哭送者萬餘人。居城外河東之北園。

鈞衡曰：先生兄弟八人，尊甫樞部卜居頌嘉嶺，諒皆從居龍眠，兹不盡登者，徵信也。

看僧花間理豆架

老僧荷鍤往，撥霧到園林。石漱泉聲急，花含雨氣深。藤牽初引竹〔四四〕，葉覆欲生陰。種豆今將實，淹留傷客心。

南康舟中望康山〔四五〕

高風留勝迹，突兀水雲邊。石古千峰聚，天空一瀑懸。城橋隨曲岸，野燒散晴烟。迢遞西江路，疏鐘送晚船。

別友人

三春朝夕感殷勤，又看榴花隔院分。惜別江淹纔有賦，送窮韓愈久無文〔四六〕。輕風紫燕高低出，永日黄鸝遠近聞。尊酒不堪長嘯傲〔四七〕，湖山烟水惜離群〔四八〕。

曉　起

曉起晴光到眼明，舍南弱柳倍輕盈。山來鏡裏添眉黛，水近窗前聽櫓聲。竹葉凉生書幌静，松花香映酒瓢清。芒鞋不用窮巖壑，滿目烟雲在郡城。

姚文勳

字集侯，號丹楓，樞部之仲子也。少與兄文烈，弟文然有『三姚』之目。兄弟多仕宦，先生以明經家居，築室龍眠山中，名曰『蒲居』。徜徉詩酒以自娱樂，遇鄉里有大興革，持論侃侃，務有利於地方。然賦性醇謹，不以賢智先人，里中咸稱爲君子。所著有丹楓詩集。

山居懷王明我

與君數載遊，同作天涯客。山色異鄉青，歸情江水白〔四九〕。今予獨處時，念子寒風夕。秋盡猶未還，愁見庭楓赤。

秋日飲王潤甫夫子山莊

聚坐松林下，遥聽遠浦歌。夕陽明古樹，微露引疏荷。鳥噪暮山静，風生秋水波。揚亭容問字，呼酒興偏多。

寄懷大兄時將自辰州赴楚雄太守任

竹馬幾何日〔五〇〕，相看白髮生〔五一〕。五年成遠别，萬里又孤征。性静能居劇，官貧莫厭清〔五二〕。此行歌慷慨，遍歷武侯營。

雨窗懷諸昆弟

晝掩松扉獨自眠，藤陰低與竹牀連。輕雷驟送千峰雨，落日平收萬樹烟。故里團欒成客夢，貧家俯仰望豐年。歸期不遠先藏酒，天柱秋高對月圓〔五三〕。

姚文然

字若侯，號龍懷，樞部之三子也。崇禎癸未進士，選庶常，南歸。國朝順治三年，以安撫李猶龍薦，授國史院庶吉士，改禮科給事中；四年，主山東鄉試；六年，轉工科給事中；十年，轉兵科給事中，尋乞終養歸。康熙五年，起補吏科給事中，九年擢副都御史，遷刑部侍郎轉兵部侍郎，旋遷左都御史，擢刑部尚書。十七年六月卒，年五十九。賜祭葬，謚『端恪』。雍正八年，入祀鄉賢祠，又敕建專祠於本邑。公曾居龍眠，卜築桃花洞傍，與父樞部公頌嘉草堂僅隔一嶺，題曰『竹里』，有斗室，時迎樞部公宿其中。以樞部公所居曰『瑞隱窩』，因名其室曰『小隱』。公偉績豐功，難以勝述，故僅叙其出處里居如此云。所著有疏稿八卷、文集十卷、詩集十二卷、白雲語録六卷、雜著十二卷行世。

獨漉篇

獨漉獨漉，河大冰堅。冰堅馬滑，河大無船。飢鷹在天，群雀相訣。仰天欲射，矢斷絃絶。
落葉遊雲，隨風紛紜。客子無托，向人殷勤。空牀垂帷，若有麗人。解衣質酒，若有黄金。
短劍龍鳴，切玉無聲。庖人歡喜，斷尊煮羹。荷斧上山，求薪得虎。視虎如薪，游戲爾汝。

田園雜咏

酒闌起送客，策杖盼遥嶺。晚村上孤烟，夕嵐相與永。風落樹聲喧，雨定月華冷。微雲黯然深，坐失松杉影。犬吠槿籬幽，蛙噪林塘静。吾亦返柴荆，坐嘯塵囂屏。

憶邵村

生别已腸裂，生聚更嗚咽。兄弟四五人，盡倚寒邊月。雙親亦從行〔五四〕，眼暗髮垂雪。甘旨弗能供〔五五〕，菽水艱一啜〔五六〕。老兄素滑稽，詼諧能中節。舞衣百結餘，戲作老萊跌。破彼萬古愁，賺此片晷悦。窮邊大孝心，事與前賢别。苦地無閒身，預恐炊薪缺。荷斧笑辭親，上山泪流血。

死苦一朝畢，生苦浩茫茫。懷鄉與惜别，身外總不遑。晝飢望晝短，夜寒苦夜長。邊地一晨昏〔五七〕，海水三爲桑。回首造物恩，豢爾四十霜。生平悲歌心，百思無一當。七尺未遽朽，萬苦聽所將。其中有真人，冲然廣莫鄉。弦望自有時，北斗低復昂。萬一金鷄鳴，甘霖灑大荒。

武昌赤壁歌

赤壁之山鬱崔巍，驚波濁浪相喧豗。曹公樓船蔽千里，旌旗如雲天上來。鳴鉦發鼓三軍應〔五八〕，江水壁立山崩摧。有時散馬飲江隈，紛紛虎脊與龍媒。健兒輕身垂紫鞚，風沙漠漠去復迴。横槊賦詩何壯哉，左立嚴馬右鄒枚。三吴局促不盈掌，孫郎憔悴奉金罍〔五九〕。二喬如花鎖春殿，珍珠簾箔掩銅臺。豈知天道有倚伏，樓船十萬一時灾。蒲葦蔽天飛，東風揚其灰。棄甲浮水上，焉知游與洄？朱光灼灼江水沸，馮夷卻走蛟龍哀。壯士死盡紫烟散，然後晴江萬頃琉璃開。散花洲上酒千杯〔六〇〕，孫劉談笑無嫌猜，回思拔劍斫几何壯哉！周郎密計奪神秘，曹公逸氣凌九垓。中原未一兩吴危〔六一〕，坐屈孫吴之奇材〔六二〕。不然水陸之師八十萬，奚啻龍驤乘流破竹如奔雷！寂寂斯人不可作，烟雨漁蓑披緑苔。

金山寺

晴閣層層敞，風濤面面號。石穿蛟殿圻，雲抱蜃樓高。吴楚迴孤柱，孫張復我曹。昔人評金山詩，以張祜、孫魴爲第一。放歌凌絶頂，秋氣徹林皋。

入山

積雨喜微霽，篼輿便出城。綠深山徑合，白漲野橋平。近竹烟初上，穿林犬故迎。半年成契闊，深負買山情。

白洋河

當年相國此防河，河上樓船湧白波。柴市一從摧漢節，臺城到處起邊歌。雲沙古驛更籌斷，烟火人家隔岸多。稍喜漁舟殘雪夜，烹鮮汲水艤寒莎。

送吳鹿友相國視師楚中

中台常傍紫微低，忽聽元戎甲仗齊。只擬謝安遊別墅，重勞裴度閱關西〔六三〕。玉龍出匣芙蓉亂〔六四〕，鐵驌穿營楊柳迷。此日服成正六月〔六五〕，先聲應震白銅鞮。

喜晤朱雲門督府

越水香烟百里昏，傾城遮道盡攀轅。人傳召伯來南土，帝簡萊公鎮北門。攬轡群寮多自劾，校旗千騎不聞喧。卻思督府初開日，小草曾蒙特旨温。予昔條議設三省總督，奉有『依議行之』旨。

憶方邵村

同時雷電下高閽，白旐連翩出國門。盡室登車休返顧，餘生邊外是君恩。

廣陵吟

朱家秋院酒三巡，翠袖當筵泪滿巾。問舞徵歌俱不解，低頭説是廣陵人。

姚文鰲

字駕侯，一字蟄存，樞部之四子也。少即倜儻不群，年十四隨父任東陽，會有許都之亂，能以智脱父於難，卒平定之。十六遊鄉校有聲，屢就舉不售，甫三十即棄去帖括，侍樞部公於頌嘉嶺草堂，承歡養志。西山亦園爲樞部盛時讀書地，遭亂圮廢，即池上搆茅亭，編籬種竹，吟咏其中。雖昆弟鳴騶相望，不以門第驕人。康熙辛亥，邑大饑，首倡募賑，爲粥於西郊，存活甚衆。壬子復踵行之，尤加詳覈。庚申詔舉山林隱逸，以病辭不就。所著有寶閒齋詩集十五卷。

吴藹雪先生以詩見贈詢及若侯近況依韻奉答

策蹇衝泥出，饑驅别弟兄。天涯同杖笠，風雪此柴荆。郢曲人難和，空山晚更晴〔六六〕。胆瓶梅影瘦，相耐歲寒情。

山中即事

静坐一窗下，起行雙樹間。僧來驚犬吠，花妥識蜂閒。試酌牀頭酒，同看雪後山。兒童安水碓，終日戲潺湲。

懷大人客廣陵

八月攜笻住石頭，書來九月下揚州。居因久客無常迹，貧迫高年事遠遊。雁足每傳燕邸信，蟬聲又報里門秋。應知九日登高處〔六七〕，獨插茱萸無限愁。

送九兄羹湖之蓼

干戈滿目未休兵，負笈勞勞獨遠行。驛路草深官柳細，板橋露白客裝輕。已憐鴻雁三秋別，莫動鱸魚千里情。君到蓼城應念我，屋梁有夢月華明。

姚文奐

字夏侯，樞部之八子也。順治中諸生，與諸昆切劘問學，才藻爛發。年二十餘卒。所著有瑞隱草。瑞隱者，以樞部所居頌嘉嶺堂名『瑞隱窩』也。

夕　眺

望中野色變衰顔，雨後風光天水間。一片青苔封古石，幾行疏樹點空山。僧歸柳徑初傳磬，秋入綿衣欲掩關。暫借草亭因待月，肯教夕照負人還。

胡如牲

字子兑，以所居峼峴山下，號『峼峰』。少敏悟，爲文驚才絶艷，不屑寄人籬下。中順治辛卯副車，官浙江臨海縣令，鋤豪强，字弱小，善政流聞，以疾卒於官。

賦得御堤柳送周松厓侍御謫通海

御堤楊柳拂行旌，折向天南贈遠征。哀怨度聲羌笛管，春風吹絮漢家營。烟眠上苑鶯啼早〔六八〕，色暗高臺馬去輕。君到南中自留滯，五株高卧絶逢迎。

巴東道中

香魂吹轉杜鵑風，嘆息離居憶斷蓬。長峽獨逢梁苑在，遠峰思與故人同。荒臺立馬愁神女，亂溆流花下楚宫。夢裏一聲猿嘯落，暗隨雲雨過巴東。

方怡

字子儼，一字思儼，號醒齋。生六歲而孤，少遭寇亂，奔走四方。後歸隱官山之蕭莊，與田父野老瓦盆泥飲以爲樂。卒年五十四。

追逝

漫道長安遠，黄泉路更賒。縱然逢驛使，何處寄梅花？海闊猶能渡，天高亦有涯。相思心一片，泪漬滿恒沙。

納凉

鎮日孤吟坐小園，滿懷心事與誰論。風吹菡萏香連幌，月送芭蕉影到門。遣興樓頭横玉笛，寄情花畔倒金尊。病貧漸覺交遊少，白石蒼苔冷屐痕。

悼亡

案上燈殘鷄乍鳴，愁人一夜夢難成。簾前半枕瀟瀟雨，和我啼痕滴到明。

年年燕子赴花期，底事今年竟不歸？應念主人簾閣冷，畫堂不忍更雙飛。

戴碩

字孔曼，號霜崖。弱冠補博士弟子，食餼於庠。爲人長厚高潔，好讀書搜奇，尤精研易理，從太極參悟星學，得數成詩，卜事多奇中。時文體卑靡，先生力追秦漢、唐宋之文，課子授徒，一歸大雅。所著小園詩二十七卷。子潛虛以文名當代。

偶興

歲月流如此，他鄉滯一身。繁華供感慨，書劍任風塵。柳映青袍舊〔六九〕，霜生白鬢新。好花飛欲盡，相賞暫相親。

燈下書懷

照影一燈紅，高吟四壁空。風清寒雨後，蟲響樹聲中。得病詩應懶，牽懷酒亦慵。懸知孤枕上，夢繞白雲峰。

渭公弟移居卧龍山房

回首城烟與世囂，居然漢代隔秦朝。非關水竹堪爲主，却被林泉早見招。雲罩落紅添晚景，雪留殘白助春潮。山居最喜無街鼓，一任沈酣坐永宵。

周孚先

字信臣，明經康祀之子。少有大志，守先人敝廬，閉户讀書，不入城市。既長，入邑庠，屢躓棘闈，會朝議用兵討逆，仿漢武功爵故事，授鳳陽五河縣教諭，莅任甄拔孝秀，士風一變，爲十八州邑之冠。以病殁於官。所著有祓心齋詩十卷。

賦得綿綿思遠道

明月照空房，清光何皓皓。褰裳起視之，所思在遠道。遠道行不得，日夕傷懷抱。東風摇春華，蟋蟀鳴秋草。忽忽歲序遷，我心匪枯槁。歡會曾幾時，離别亦云早。願得凌風飛，隨君以終老。

己亥五月送江在湄北上

去歲花時節，聞君出帝城。今年花落後，卻望薊門行。騏驥蹄應展，鵾鵬翮已成。莫言相憶切[七〇]，辛苦是才名。

新　秋

小閣憑虛坐，鈎簾得遠山。斷橋經雨折，老樹宿雲頑。鷺自晴沙起，鴉翻落照還。倚闌招翠色，暫借酒開顏。

題書堂壁

孤坐清宵夢不成，壯懷幽興各縱横。蒼松作雨虬龍勢[七一]，夜壑生風虎豹聲[七二]。學劍年將過鄧禹[七三]，著書天亦愛虞卿[七四]。空階覓句行吟苦[七五]，露洗平蕪月正明。

夢敦信宿山齋歸贈以詩[七六]

秋陰覆屋囀黄鸝[七七]，可信閒身入畫題。隔岸烟浮山近遠，平溪草合水東西。浪摇野麥田田秀，風定疏篁葉葉低。獨有夜深酬唱後，月沈雲黑雁淒淒。

雨花臺晚步

城南風物總堪憐，獨上高臺亦黯然〔七八〕。望裏人家秋色外，雲中帆影夕陽邊。沿村不見千年樹，遠坂猶耕六代田。剩有遺黎挈壺榼，平燒野草弔荒烟。

汪崑

字河發，原名嵩，字洛公，一字少室，文學鶴齡之仲子也，居魯硔。年數歲能辨四聲，未弱冠，落筆輒驚人，嘗從父遊四方。蓼州徐太史及里人方文賞之，曰：『羽年可謂有子矣。』小試頗爲諸當事所録，卒不獲弟子員。年三十五卒。所著有咸受齋詩。

咏史

羽不弒義帝，義帝必無成。漢高取天下，不顧太公烹。三軍服縞素，豈出於忠貞？吾知滅楚後，帝亦不得生。重瞳不熟計，授之以其名。自用新城説，漢始爲義兵。

苻堅將百萬，直壓江南境。晉師八萬人，難與交鋒刃。謝安宰相才，固是應静鎮。如何賭墅遊，尚有圍棋興？元石諸少年，豈能期必勝？向非朱序謀，秦兵安得遁？草木風鶴驚，天未欲亡晉。既已得驛書，置牀亦矯甚。折屐向内庭，真情不能禁。憂樂關天下，乃是大臣分。安排用意多，反爲賢者病。若論處艱危，諸葛方爲正。

晉室至安恭，勢無再興理。宋即不受禪，亦爲他人取。安帝幼戇昏，寢食非由己。乳臭録尚書，舉朝悉比匪。致啓桓玄謀，廟社遂遷徙。當時無寄奴，晉祚已終矣。討賊復乘輿，既亡旋復起。西滅盧譙奸，北刷燕齊耻〔七九〕。重延二十年，孰非劉下邳？德文即有爲，安能辭赤紙？

惠山松石歌

九龍峰畔惠泉側，怪石嶔嵚古松直。卧虎虬龍勢不凡，莓苔剥落争爲色。此松傳聞自六朝，蒼翠偃蓋摩青霄。此石屹然立相向，風聲雨聲疑動摇。勝地林丘非不有，經營都藉良工手。耳邊歌管徒紛紛，此石此松淪落久。世人亦愛石與松，園亭搆致誇清供。如拳如薤費心力，翻令古質雲霞封。我來特爲松石幸，得葆天年賴幽静。四時不受塵囂侵，奇姿傲骨千秋冷。君不見，西湖之上山外山，烟巒夏木非等閒。斧斤斫伐荒岡裏，牛馬馳驅曲磴間。世途反覆如環轉，陵谷滄桑經歲變〔八〇〕。君居寂寞人不知，霜雪猶存舊顔面。何當倦客成留連，婆娑相對兩茫然。子房從遊未得遂，米顛拜手亦空傳。栖遲此日苦無與，一片玲瓏堪共語。明朝載酒重相過，抱膝松間聽風雨。

燕子磯

孤島中流峙，憑虚傑閣牢。水連瓜步闊，山接秣陵高。觸石奔濤怒，當風老樹號。回思登眺處，清磬出江皋。

重陽

令節羈栖慣，都忘在異鄉。忽當尊酒緑，驚對菊花黄。登眺非吾土，飄零念北堂。故園有兄弟，不似雁成行。

暮抵古塘同方有懷過白鹿莊

疲驢驅策倦，小艇蕩斜曛。山外天疑盡，烟中樹不分。流螢明作隊，宿鳥暗呼群。遥指南溪路〔八一〕，幽居隔亂雲。

即　事

一溪穿嶂白，萬木點山青。候鳥發幽響，巖花生異馨。松根眠正熟，石上醉初醒。便把漁竿去，長歌入翠屏。

即　事

漫漫長夜氣冥冥，天帝無端醉不醒。關塞三年烽燧急，乾坤萬里血風腥。雲埋夢澤魚書斷，月暗瞿塘鬼火青。浩劫難消豺虎盛，吾身何地可飄零。

悵望章江絶句憐，鳴笳吹角慘風烟。千村涕泗斜陽裏，盡室流離宿草邊。城郭荒凉嘶戰馬，髑髏狼藉飽飛鳶。三軍不用將旗鼓，奪盡紅裙奏凱旋。

重九日姚石埭夫子招同周長人韋用六二廣文李男蛾陳友昆遊仙壇分賦

壇在陵陽竇子明修煉處。

路入層峰着屐行，黄花翠竹暢幽情。流泉咽石分琴韻，巖樹吟秋作雨聲。千古登臺同此日，一時落帽笑狂生。遺踪莫訝尋難見，仙令今逢竇子明。

長橋夜坐

長林勝迹板橋通，深坐閒吟待晚風。山郭千家烟靄外，溪流一帶月明中。林邊鐘磬沈遥浦，水面樓臺倒碧空。露下忽驚秋氣早，獨將尊酒慰飄蓬。

悼亡

還家翻自嘆無家，底事江干滯歲華。悔殺秋風催别櫂，輕帆容易去天涯。

校記

〔一〕賢　桐舊集作『踪』。

〔二〕耕　桐舊集作「漁」。

〔三〕踪　桐舊集作「風」。

〔四〕旁　龍眠風雅全編作「窮」。

〔五〕浦亂　桐舊集作「潭激」。

〔六〕裂　桐舊集作「烈」。

〔七〕氂弧雕羽　桐舊集作「蝥弧雕翼」。

〔八〕此句桐舊集作「黄驪紫驌驕珊瑚」。

〔九〕浦近春申　桐舊集作「迫近秋中」。

〔一〇〕空論　桐舊集作「思言」。

〔一一〕檣　桐舊集作「一」。

〔一二〕拏　龍眠風雅全編作「拏」，當是。

〔一三〕體勢　桐舊集作「氣體」。

〔一四〕此句桐舊集作「賦進凌雲英少羡」。

〔一五〕較　桐舊集作「經」。

〔一六〕競　桐舊集作「策」。

〔一七〕秘　桐舊集作「詩」。

〔一八〕雙眼寬　桐舊集作「問大千」。

〔一九〕更有　桐舊集作『侑酒』。
〔二〇〕解　桐舊集作『揮』。
〔二一〕禄　桐舊集作『録』。
〔二二〕滄　桐舊集作『台』。
〔二三〕乏　桐舊集作『孰』。
〔二四〕龍眠風雅全編題下綴小注：『予客都門，與蒲同寓。』
〔二五〕塞　龍眠風雅全編作『寒』。
〔二六〕桐舊集題下綴小注：『明詩綜選。』
〔二七〕畝　桐舊集作『頃』。
〔二八〕去　龍眠風雅全編作『外』。
〔二九〕故里　龍眠風雅全編、桐舊集皆作『土意』。
〔三〇〕四海　龍眠風雅全編、桐舊集皆作『屈指』。
〔三一〕傷心　龍眠風雅全編、桐舊集皆作『俄驚』。
〔三二〕殘　桐舊集作『愁』。
〔三三〕丹　桐舊集作『甲』。
〔三四〕奕千　龍眠風雅全編、桐舊集皆作『奕于』。
〔三五〕條　龍眠風雅全編、桐舊集皆作『蜩』。

〔三六〕篋　龍眠風雅全編作『匣』。
〔三七〕烟　龍眠風雅全編作『星』。
〔三八〕千樹暗　龍眠風雅全編作『千木吹』。
〔三九〕菊　龍眠風雅全編作『畒』。
〔四〇〕此句龍眠風雅全編、桐舊集皆作『君來悄自憐』。
〔四一〕船　桐舊集作『田』。
〔四二〕帆底　龍眠風雅全編作『飛過』。
〔四三〕夕陽　龍眠風雅全編作『景陽』。
〔四四〕藤　龍眠風雅全編作『絲』。
〔四五〕康山　龍眠風雅全編作『匡山』。
〔四六〕久　桐舊集作『更』。
〔四七〕不堪長　桐舊集作『園林共』。
〔四八〕此句桐舊集作『五湖烟水悵離群』。
〔四九〕江水白　龍眠風雅全編作『共水迫』。
〔五〇〕幾　龍眠風雅全編作『曾』。
〔五一〕白髮生　龍眠風雅全編作『老弟兄』。
〔五二〕莫厭清　龍眠風雅全編作『轉足榮』。

〔五三〕對月圓　桐舊集作『月正圓』。

〔五四〕從行　清刻本姚端恪公詩集、龍眠風雅全編皆作『在斯』。

〔五五〕弗能供　清刻本姚端恪公詩集、龍眠風雅全編皆作『奉夢中』。

〔五六〕姚端恪公詩集此句下尚有『赤手望承歡，分定無巧拙』二句。

〔五七〕地　姚端恪公詩集作『庭』。

〔五八〕發　龍眠風雅全編作『伐』。

〔五九〕奉　姚端恪公詩集作『捧』。

〔六〇〕龍眠風雅全編下有小注：『洲在山北岸周瑜犒軍處。』

〔六一〕吴　姚端恪公詩集、龍眠風雅全編皆作『賢』。

〔六二〕屈　姚端恪公詩集、龍眠風雅全編下尚有『仿佛』二字。

〔六三〕閲關西　姚端恪公詩集、龍眠風雅全編皆作『閲淮西』，桐舊集作『慰淮西』。

〔六四〕亂　桐舊集作『耀』。

〔六五〕正　桐舊集作『剛』。

〔六六〕此二句龍眠風雅全編作『律老歌難和，窗明晚更晴』。

〔六七〕此句龍眠風雅全編作『應知也酌茱萸酒』。

〔六八〕早　龍眠風雅全編作『合』。

〔六九〕袍　桐舊集作『祀』。

〔七〇〕相　龍眠風雅全編作「鄉」。

〔七一〕虬龍　桐舊集作「成虬」。

〔七二〕虎豹　桐舊集作「聽虎」。

〔七三〕學劍　桐舊集作「杖策」。

〔七四〕亦　桐舊集作「豈」。

〔七五〕苦　桐舊集作「寂」。

〔七六〕龍眠風雅全編題作「夢敦信宿山齋歸贈以詩次答」。

〔七七〕秋　龍眠風雅全編作「新」。

〔七八〕亦　龍眠風雅全編作「益」。

〔七九〕齊　龍眠風雅全編作「秦」。

〔八〇〕歲　龍眠風雅全編作「幾」。

〔八一〕溪　龍眠風雅全編作「浮」。

卷　六

姚文爕

字經三，號羹湖，順治甲午舉人，己亥進士，授福建建寧府推官。不畏强禦，多所平反，改直隸雄縣，旋擢雲南開化府同知，尋攝曲靖府阿迷州。吴三桂叛，陷賊中，賊繫之獄，乘隙遁還安親王軍前。滇寇平，乞養歸。居龍眠山黄柏嶺下，顔其堂曰『樂耕』，奉板輿，老其中。所著有羹湖詩選、泳園詩集、黄柏山房古文、李昌谷詩註、龍眠詩傳、史論、四六偶存、芝山春草録、薙簏吟、山草〔一〕、滇行草、武夷遊草諸集，尤工畫，仿大癡、雲林及黄鶴山人、梅花道人皆逼肖，片縑尺幅，人争寶之。

東潘蜀藻

余有龍眠詩傳之選，蒐集先賢遺編，蒙蜀藻多授藏本，賦謝。

明珠出深淵，寶劍出大冶。神光永不磨，寒星照中野。碧血埋幽心，悲風蘭露灑。嵇生秘琴聲，廣陵識者寡。朱穆有遺書，中郎手自寫。名山重傳人，不忍没風雅。淫哇遍都市，元音久浸假。哲人千載憂，素心存楊馬。袖中青琅玕，授我不盈把。白日寧久晦，峽源忽傾瀉。正始本太和，山川豈終舍？匪私父母邦，吾道在天下。鬼嘯山月明，城頭烏啞啞。

晚香篇 爲馮太夫人賦，兼柬再來太守。

高堂鳴華鐘，後房彈朱絲。玉斗進美酒，珈瑜垂文綏。漢廷二千石，膝下稱佳兒。雙手捧鸞紙，百拜前致詞。皇帝隆孝治，珠窠頒榮貤。三命無隕越，當博顔色怡。好爲白鶴舞，勿歌黄鵠辭。黄鵠本負禽〔二〕，觸母中心悲。回憶四十年，舊袖血泪垂。束髮事君子，二十初結褵。入門拜姑嫜，皎皎冰霜姿。帶繡雙鴛鴦，視問不敢施。夫子哀孺慕，莫釋陟岵思。三年驚天風，又摧連理枝。懷中啼孤雛，僅識之無時。非惟不見祖，問父亦不知。特此不死身，强慰風露危。腸斷泣吞聲，脈脈溼素帷。兩代恨終天，我姑即我師。字句教孤兒，繡佛齋中詩。人子及人父，俯仰惟所資。壘壘冢上土，冷冷爨下炊。區區松柏心，竟作一木支。凡母身所經，男子亦難爲。争言鳳凰毛，堪備盛世儀。只此存衰門，已荷天地私。一朝奮羽翼，高岡誇葳蕤。藉以答在天，累世齎志期。企得栖上林，禁樹無高卑。兒才擅雕龍，兒筆磨坳螭。應分史館席，職足鳴雍熙。就養金馬門，遑怨東方饑。詎意授一官，乃在天南陲。强顔向母笑，母在敢遠離。微材雖已售，仍復嗟數奇。鷄黍足云養，躬耕還茅茨。

寧忍違孀親，輕身試蠻夷。母曰丈夫志，豈受兒女嗤？生初縣弧矢，大業銘鼎彝〔三〕。風人咏將母，王程急驅馳。叱馭萬里遥，捧檄焉敢遲？我當同兒行，潘輿長途隨。時際世祖朝，順治十六期。誓師開邊疆，類禡選熊羆。雄藩受賑命，河鼓張星旗。雍梁奮兩鏃〔四〕，井鬼蔽雲輜。龍川喋寇血，蠶叢僵酋屍。一鼓靖百濮，三驅收兩迤。哀牢古絶域，君長原羈縻。墩高丞相營，臺冷右軍碑。豕蛇雖盡殲，鷄犬靡孑遺。罪人斯已得，寧尚嗟雉罹。所用慎刑名，矜全兼保釐。司理外廷尉，無冤推釋之。時問平反多，承歡羡不疑。以此加餐飯，何必陳肥脂？炯炯青銅鏡，晶瑩辨妍媸。珊瑚鐵網收，良材歸主司。至今冀北群，樂顧榮金羈。十年典五郡，所在瘳瘡痍。金蓮菲俞元，玉案浄昆彌。箸借前席籌，影濯昆明池。迄今威楚牧，姓名輝龍墀。士也争横經，曰公擁皋比。農也勤秉耒，曰公予京坻。女紅繰春絲，香艷蠶娘祠。生兒字公姓，竹馬沙路嬉。昔時罹疾病，曰公爲國醫。山中絶椎埋，案下無鞭笞。材官良家子，惟公從指麾。甲卧刁斗間，不復矜虎貔。雨餘犢盈陌，日夕鷄栖塒。比鄰喧鵝鴨，賽社虔牲犧。高歌腹堪鼓，無事足生氂。桄榔瘴癘鄉，逐處春風披。印牀閒鳥雀，朝爽笏自搘。花期集名士，滿引金曲巵。廣庭會詞賦，珠光探龍驪。要荒興禮樂，雅治崇夷夔。群歌太守仁，知體大母慈。母聞發大笑，名譽曷若兹。一生苦茹荼，今果甘如薺。芳訊故鄉來，棹楔耀通逵。玉音刻當中，蛟龍蟠棟榱。豈數秦懷清，邀寵徒高貲？中丞採輿論，天子礪綱維。旌門題雙節，並爲彤管規。乃知務德報，前後理不虧。嘉慶數月中，踵至慰含飴。崇臺亘閭里，恩綸播滇湄。梁苑枚馬流，吐鳳鶩長麗。青緗映彩虹，巾幗凌鬚眉。白壁鑒清流，千年靡磷緇。盡繙子政傳，列女不足奇。盈盈晚香集，寒雪明峨嵋。詔書修燮來佐邊郡，冠纓陪駿驤。知己一相見，盟我于壇壝。馮君文章伯，我安當偏裨。通志，非君其爲誰？猥余側席末，朝昏奉盤匜。佛火共丙夜，恍若燃青藜。利劍操干將，智珠握摩尼。跼蹐駑駘步，電影烏能追。高齋十子歌，元音激臨猗。漫言伯與仲，和鳴叶塤篪。若母即吾母，節孝匪參差。吾母七十二，子舍違天涯。兄弟雖三人，公車猶路岐。遣余來雲中，齒髮誇未衰。出門戒叮嚀，九折慎嶮巇。夢寐依庭萱，霜華侵微髭。茅饌羨手進，穎羹遠莫貽。讀君一卷書，我泪先淋漓。焚香寫長箋，倒峽忘神疲。君當入紫闕，南極鸞車移。公卿迴班迎，赤城長朝曦。浮山亦洞天，我將采肉芝。東皇鑒聖善，兩母皆期頤。我詞出至性，或與金石宜。天頭截嶰竹，歲歲常相吹。

題林玉樹花鳥册子歌

石上海棠栖翡翠，雙雙挾雲枕花睡。幽夢不作蝴蝶飛，紅潮含露胭脂醉。孀娥悄呈白玉盤，碧粉掃天天欲墜。誰家荳蔻閉孤香，見此躊躇空斷腸。朱樓羞對玳瑁梁，買絲不必繡鴛鴦。珍重東風慢摇動，恐驚枝上雙栖夢。五更莫遣杜鵑哀，杜鵑叫徹翡翠猜，翡翠一去未必來。

浮山篇

浮山山倚空濛天，元父炫巧鏤雲烟。神斤鬼斧琢蒼玉，雕鑿造化成自然。媧皇功竟煉已罷，玄黄丹碧猶鑽研。天吴奮浪肆激搏，琉璃浸透玄鐵堅。鼉叢魚皃徒險絶，方壺員嶠競流傳。曾遊吴越及京洛，鐵鞵尋討蹋欲穿。詎知百里隱仙窟，羈我夢想二十年。遥望芙蓉列繡幔，飄摇疑上蓬萊船。神光驚采射日月，心摇目眩足不前。攀躋獨憑緑玉杖，十步九折三遷延。砯厓轉壑壁絶立，天梯石磴相勾連。霞樓綵殿接複閣，曲房盤谷迴廓聯。瑶臺玉砌倚空翠，罘罳琅玕簾羃偏。檐甍崔嵬不土木，雕繢嬛麗匪丹鉛。雲窠雪竇自堂奥，經營拮据歸蒼玄。列缺霹靂恣霞怒，熊咆蛟吼䃗争喧。湘妃啼烟鬼嘯雨，天驚石裂銀河懸。羲和飛金遺赤馭，霜娥弄玉愧寒蟬。霏霏雨絲濺碧落，洛娘泪灑珍珠圓。丹烟竈火忽明滅，寶幢繡帶疑飛牽。鵾鷄一聲天欲碎，照天水鏡菱花鮮。紫皇步虚錦襪艷，玉峰香印留金蓮。雨花錯落紛講席，栴檀深護彈棋禪。琪葩瓊樹蔽巘崿，仙人驅龍耕芝田。窮巖幽湛閉陰獸，猱狖仰磴愁迍邅。長湫垂涎噴毒霧，四時隱窅聞腥羶。嵯峨屹屼石勢異，墨瀋數斛難盡宣。山經地志不及肖，摹寫徒愧筆似椽。奔騰躓蹶狀怒馬，摩空冲舉凌飛鳶。渴鯢饑鼯時突兀，玄猿緑羆相周旋。鶴氅吹笙駕白鹿，珠絲金勒披錦韉。鸞鳳回馭虎鼓瑟，雲君環珮聲蹁躚。旟旒冕笏朝萬國，圭璧瑨珽肅後先。吴阿錢弩互擊射，楚腰衛鬌矜娟妍。或如鵜鳩之群啄，復似雕鶚之孤騫。烏兔出没相繼照，斗杓的皪列次躔。燕支直削金鞞鞁，銅鞮焜燿鐵連錢。帝女絲機挂抒軸，將軍甲帳明兜鋋。百寶銀鵝玉妃帳，五花金馬學士瓶。赤鯉乘霾走大壑，長鯨吞日起深淵。雕疏香膩遺釵鈿，晶瑩刻漏邁璣璿。秦樓思婦倚蕙櫋，蜀國帝子撫湘絃。紅雨滴血聞啼鵑，花袍割鮮歌獻豣。鸖雀飛呼銜素鱣，驊騮蹀躞名玉驒。群聚犬錯若市廛，嵯峨宫闕跨澗瀍。幽人静默忘蹄筌，多士駿奔陳豆籩。涓流細浄成漪漣，朱輪輻輳疑喧闐。香茸芬馥蘭與荃，危柯聳峭楠及楩。蜂鬢蜨粉承鳶肩，鮫綃鸞裾飄龍涎。五丁刀斧險未斸，精衛木石淵難填。岡激回環通輞川，巒谷嵚崎拜米顛。巨靈夸娥力已捐，終南太行美未專。陰晴不定天無權，嶮巇難盡人自憐。長嘯可致蘇門仙，欲往從之去不還。紅塵紫陌路百千，摧眉折腰徒熬煎。夔龍蹴蹸巢由全，何如置身萬仞巔？放眼不驚陵谷遷，胡麻可勝玳瑁筵。藤枝豈讓珊瑚鞭，揮毫急掃百尺箋。舉杯高唱浮山篇，浮山浮山吾往焉，不復署號姚龍眠。

阿迷州 州守王孟僊館余署内〔五〕，自移别室，時方修醮事，因語令宿松時，有余畫，甚珍之。

磴曲盤難盡，邊州著阿迷。一丸天罅小，連筰瀑痕低。客榻依琴室，齋鐘徹鶴栖。松滋舊圖畫，感觸故山蹊。

彌勒州

經旬纔下嶺，馬喜驟平岡。即此已中國，何殊返故鄉？稻遲沙氣冷，澗闊石虹長。繞郭村烟密，帘風送酒香。

拜别慈大人

玉堂妹久客長安，張夢敦太史。屬望公車振羽翰。伯兄彦昭。宦海爲家奔走苦，小人有母别離難。桄榔麵熟沉香瀝，蒟醬藤懸槵子寒。待取歸來説仙佛，釋家衣鉢舊旃檀。

四代環階數十人，一時别泪盡沾巾。好承大母推嬌子，早祝君恩召遠臣。行部百蠻裝鞋靴，歸途雙鹿畫車輪。五雲深處雲偏白，回首江南北望頻。

界　塘　舟人云此爲經略洪相國破賊處。

灰殘浩劫歎刁零，峰似兜鍪百戰經。舊壘夕陽吹鬼火，毒潭雨氣帶龍腥。久勞上相横戈甲，旋見降王赴闕廷。堪笑隔汀懸網處，水營曾辨五侯鯖。

曲靖府

暫假黄堂綰玉麟，木容山色愧勞薪。月明古廟歌梁父，雨剥殘碑拜黨人。白水魚稀空置驛，瀟湘雁杳豈通津〔六〕？西來紫馬鞍全濕〔七〕，纔近秋光瘴癘身〔八〕。

讀堵仲緘先生傳感賦

鼎湖恨未得攀龍，獨使丸泥百越封。瘴癘半生戈自枕，河山雙手甲親縫。先生于軍中自製，有縫甲泣樂府。孤忠獨足驅群盗，熱血全傾報列宗。已識天心炎火燼，大星先隕武號峰。

左國治

字子周，號橘亭，侍御光先之子也。年十九，補諸生，十試棘闈不售，乃棄去。遊太學，授州司馬職以歸。少從同鄉高曙東遊，爲文千言立就，稍長遊吴下，見重於陳子龍、夏允彝二公。天性孝友，視仲兄子永如己子。生平敦宗族，恤孤寡，急患難，息争競，懿行不勝述。居龍眠山九峰山房。

同兄子直子兼入社壇

山深人迹少，猿鶴欲爲群。石壁封蒼蘚，長林挂白雲。人烟寒不起，樹影望難分〔九〕。跋涉雖艱苦，悠然遠世氛。

懷楊維遜寓伯兄夏子館中

之子天涯盡比鄰，況爲知己作嘉賓。六朝遺迹看芳草，五月披裘動故人〔一〇〕。出世莫教愁轉劇，論交應以淡彌親。好將白眼窺懷抱〔一一〕，洗鉢焚香未是貧。

李　雅

字士雅，號芥須。天才超異，於書無所不讀。好遊覽，名山大川涉歷殆遍。甲申、乙酉間，里人方象乾出守粤之高州，强與偕，以寓客應童子試，學使林拔補粤中生員，以拔貢授江西崇義縣教諭，一時名公巨卿争相折節。居城東之東皋，自號『東皋居士』。

鈞衡曰：邑志稱先生著作甚富，貧不能梓刊，有白描齋集。孜龍眠風雅續選第十五卷，專載先生詩蓋數百首。歲久殘缺，遍索之藏書家不可得，僅從徐明府璈桐舊集内録四首登之。

繞梁歌呈徐太史〔一二〕

公歌劉繞梁，我飲滄洲酒。園中秋已深，園外風吹柳。柳老不栖鴉，我醉留公家〔一三〕。醉聽繞梁歌一曲〔一四〕，清聲宛轉徹雲霞〔一五〕。

初秋同潘木崖方還山姚彦昭周信臣送張夢敦入都

遠峰亭前芳草緑，萬竹檀欒戛蒼玉。紫薇花傍竹邊開，開到秋來猶未足。張君舊是紫薇郎〔一六〕，前年花發歸故鄉。今年花殘送君别，高林遠近啼寒螿。畫船簫鼓江風駛，圖書尚染吴山翠。夢敦時自武林歸。行過黄河望帝京，雲裏嵯峨宫闕異。計程八月到漁陽〔一七〕，好逢丹桂飄天香〔一八〕。玉堂學士瀛洲客〔一九〕，翩翩觴咏聲琳瑯〔二〇〕。此時瀛海仙人輩，誰是房喬杜如晦〔二一〕?張緒風流冠六朝,再來名重詞場内〔二二〕。詞場旗鼓孰相當,羨君本自天人行。若言吐鳳文何貴,便是生花夢亦常〔二三〕。此去朝廷多制作,高文典册憑揮霍。莫將手筆推許公,燕公歸然領臺閣〔二四〕。送君便欲隨君車,却戀東皋舊草廬〔二五〕。班荆夙好猶相憶〔二六〕,願寄長安雙鯉魚。

南郊看杏花懷田公北園

客歲江天好,扁舟到白門。相逢桃葉渡,攜手杏花村〔二七〕。此日遊南郭,懷君獨北園〔二八〕。如何霞綺席〔二九〕,不及共銜尊。

懷環青〔三〇〕

居庸關外草萋萋,倦馬悲鳴日欲低。老愧終軍猶浪迹,貧如季次更何栖〔三一〕。桃花四月聞邊雁,麥秀連塍見野鷄〔三二〕。别後獨吟風艷句,牡丹亭在畫樓西。

孫中麟

字振公,號甲符,司馬晉長子也。少穎異,屬文下筆如宿搆。十三爲諸生,旋食餼於庠，所交皆天下士。嘗流寓雲間，與春澤堂諸子切劘詩文，諸名流咸與結僑札之分。順治甲午偕弟中象同舉於鄉，乙未捷南宮，主者方以遠大期之，臚傳甫五日而卒，年三十有三。居龍眠椒園。所著有筆花集、過江草。

雉子班

雉子班，雄飛從雌集田間。田間多稻禾，步啄其際毛斑斕。毋能高鶱，子尚學飛。艾而張羅，雉子被縶毋奈何。哀鳴只咎田間穀，爲喜爲憂機相伏。鵬在南，鶤在北，萬里洛遨遊〔三三〕，誰能施矰弋？

企喻歌辭二首

男兒筋力强，出門不思鄉。兒女手中死，何似死戰場？

千鈞力可舉〔三四〕，五石弓易彎。霜華未滿頭〔三五〕，不願入玉關。

隴西行

隴阪天咫尺，隴樹何微茫。隴上明星密，隴頭流水長。古木熊羆倚，巉巖虎豹藏。行人步躊躇，井邑遥相望。自言昔少年，喜誇筋力强。結交四五人，意氣日飛揚。腰懸大羽箭，身披鐵裲襠。乘興試一出，所獲盈路旁。歸來呼主婦，置酒開中堂。命婦遍拜客，顔色各非常。高歌日沉醉，行樂殊未央。一旦逢警急，徵兵戍朔方。姓名入軍書，五五自成行。上馬不迴顧，戮力向沙場。猿攀度層嶺，魚麗涉飛梁。略陣先摧勁，追寇必擒王。生當封公侯，死當爲國殤。

子建作四時行樂詞屬予爲長歌序之

君不見，黍離以後風變雅，踢天蹐地悲行野。又不見，美人遲暮憶西方，猗蘭還操王者香。君不見，三閭靈修傷數化，呵壁問天晝如夜。又不見，君家大夫賦悲秋，羈旅失職心煩憂。東田有客長太息，極目滄桑泪沾臆。宫商獨譜行樂詞，詞中深意人誰識？行樂芳辰歷四時，采蘭競渡日紛馳。登臨獨著龍山宴，朝會還傳亞歲儀。曜靈匿景浮雲障，人間令節增惆悵。風流懷古自情深，慨慷當歌空餘愴。音調只今軼宋元，白雪陽春推絕唱。吁嗟乎，清平醉草真仙才，秦宫漢畤生蒿萊。揮毫誰進上之回，網羅矰弋競相待，刻羽引商庶無罪。江潭澤畔獨行吟，騷魂千古應常在。與君淪落感慨多，相期招飲北山阿。飲君酒，聽君歌，卧龍躍馬無消息，好景難留奈樂何？

野　月

芳郊凝曙色，古木玉繩横。永夜自來往，無人更送迎。江山公一照，烏鵲夕多驚。萬里荆榛日，殘燐傍月明。

喜吴備三喬梓歸里用姚彦昭駕侯韻

明月高秋動遠思，忽逢匹馬駐青絲。丹楓錦樹人來後，白草黄雲雁度時。杯酒尚堪消旅恨，河梁且莫計歸期。望衡對宇時相訪，聽爾趨庭夜論詩。

秋　月

泬寥氣迴晚烟收，瑶鏡霄懸上玉鈎。青瀚夢歸滄海曙，黄陵木落洞庭秋。藁砧響發深閨怨〔三六〕，團扇恩衰秘禁愁〔三七〕。羌笛塞笳悲永夜，幾人清嘯一登樓。

春宫詞

名屬昭陽第一人，笑啼唯與至尊親。爲貪春睡嬌無力，轉厭官家召幸頻。

久客寄内 二首選一

馳驅若不厭風塵，匹馬孤舟寄一身。自笑入門翻似客，年年書劍作征人。

孫中鳳

字喈公，號冰崖，司馬晉仲子也，與兄中麟、弟中象、中夔鍵户龍眠，敦行績學，里中先輩咸重之。明季亂作，隨司馬避地金陵，延攬四方名士，文壇詩社争樹赤幟，一時有『荀龍謝樹』之目。早年補諸生，晚歲以明經貢於鄉。生平訓子弟以禮，御僮僕以法，居家不事生産，娱志林泉，耽情吟咏。所著有雲溪、半舫、越遊、閩遊諸集。

題金子藏曲水園

三月氣晴明，凉飈釋煩燠。策杖尋名園，群峰烟水矗。莎徑遵城隅，篁扉凝幽谷。緩步陟層巒，川原聊屬目。芳草生萬里，淺深疊遥緑。選蔭依豐碑，穿林折迴麓。孤亭水石間，徙倚闌干曲。高會適閒情，楸枰屢移局。呼童爇松枝〔三八〕，開尊注醽醁。銜杯對夕陽，嘯咏何淡足。歸興轉翛然，暮雀喧林竹。

過南華館

條風動蘭皋，旭日泛平陸〔三九〕。步屧緑疇間，遠近恣遊目。庶草吐新芽，新鶯出幽谷。桃李下成蹊，阡陌時驅犢。桑柘起微烟，巖壑争飛瀑。萬物會乘時，吾生獨局促。漸漸麥秀歌〔四〇〕，聽之傷心曲〔四一〕。烏頭無白時，空擊燕市筑〔四二〕。

寄阮生召樹梅嶺

阮生卓犖天廟器，欲翦秋衫采菱芰。飼客頻傾北海尊，捲簾坐擁南山翠。龍山秋色正沈沈，楓葉蘆花夾岸深。振衣欲著閒田賦，抱膝能爲梁父吟。草堂卜築鹿湖口，花徑藥闌隨意取。開園自種五陵松，依門更插三眠柳。有時縹緲臨丹崖，斗酒百篇真仙才。騷賦淋漓驚屈宋，文章麗藻駕鄒枚。當時二阮不足羨，文采風流君獨擅。玉案香生翡翠牀，綺窗花發琉璃硯。今年年甫二十餘，感時早著洛陽書。嶽嶽丰標推玉立，英英汗血真名駒。慕君意氣與君友，指水旌心應白首。敲銅夜鬬子安詩，燃藜對剪周顒韭。握手徘徊憶去年，扁舟同下秣陵天。孤飛不獲青雲薦，依舊重歸白下船。如君豈有長貧賤？明光起草應須見。他時應看曲江花，杏林掩映宫衣茜。經年別恨各躊躇，目斷晴江雙鯉魚。憐我空彈幸舍鋏，如君猶避草玄廬。丈夫然諾自不苟，況吾與子交最久。秋風八月蟹螯肥，殷勤寄我共杯酒。盈盈一水隔蛟臺，江上陰雲霧不開。幾時重訪山陰戴，櫂船直向剡溪來。

浮　渡

積翠空林色，歸樵帶落霞。春泥沾屐齒，疏樹露人家。藉草留狂客，飛觴醉野花。夜堂聲寂寂，鼓吹滿池蛙。

舟次荻江

扁舟思破浪，卻恨未乘風。潮襯長天碧，霞蒸晚岫紅。病多憐骨瘦，吟苦覺詩窮。隔岸青帘近，行沽路未通。

秋日江洲有感

獨眺層臺上，天空起雁群。孤城淡黃葉，落日傍秋雲〔四三〕。砧杵千家合，風烟萬里分。還山悲短髮，笳笛夜深聞。

熒惑連宵燦，光芒射斗明。關河鬱鄉思，鼓角亂秋聲。客夢三更斷，羈愁千里生。一尊對江月，無限古今情。

送方世五之長安

幾宵杯酒聚天涯，無奈離情慘暮霞。作客那堪仍送別？知君此去等還家。春風蝶夢迷芳草，夜雨鵑啼憶落花。别後相思頻寄語，好將雲樹盼歸鴉。

贈姚翼侯

白舫青簾勝事賒，頻年詩思滿烟霞。攜來吴郡新遊草，醉遍杭州舊酒家。挾瑟有人扶翠袖，徵歌到處引紅牙。扁舟又發五湖興，莫爲殷勤訪若耶。

晚過莫愁湖

城南勝地日蕭條，況是西風萬木凋。遠樹半銜初落日，亂帆争趁晚來潮。國亭寂寂名空在，烟水茫茫恨未消。惟有寒汀沙上木〔四四〕，年來年去認前朝。

寄別錢亦友湖上

別時籬菊黄無賴，又見江梅雪滿林。雲裏雁鴻驚失序，天涯風雨隔同心。飄蓬生計誰青眼，蕭瑟秋聲入苦吟。惆悵歸舟誰共發？相思不語更情深。

發石鏡亭

絶巘憑臨敞翠亭，千秋片石尚含靈。半江月影浮雕檻，萬井烟花冷畫屏。鸚鵡不言芳草緑，鳳凰何處暮山青？仙翁片晌黄粱夢，破卻人間幾醉醒。

孫中象

字易公，號蓮溪，司馬晉三子也。讀書過目不忘，工詩賦，所至以雅宗相推。幼入邑庠，順治甲午與兄中麟同舉於鄉，五上公車不第。丁未被放，出居庸關，多感慨不平之作，以疾卒旅邸。所著有栖月堂詩集。

渡淮望王家營

日落長淮西，登車寄遐想。憑高瞰平陸，千里皆榛莽。徐州四達衢，自古稱沃壤。南北起戰争，玆焉實保障。英雄既云亡，人民亦凋喪。遊覽極凄凉，懷古生悲愴。立馬首重搔，乾坤正蒼漭。

補山堂歌爲些庵尊者題

舟居不必水，招隱不必山。滄漭之涯結茅以容錫，我欲置身千巖萬壑間。先生矯矯雲中鶴，挂席江干采杜若。不信輕波薄霧中，旃檀寶幢成樓閣。石華紫桂雲嶠孤，千里直望巴陵湖。四圍峰翠一何有，半壁名山宗炳圖。十年荆楚烽烟赤，短衣蓬鬢安所極？愁説茫茫大澤邊，含毫空灑騷人泣。吁嗟乎，南山猛虎食人多，北海鯨鯢盛風波。山川何處可避地？菰蘆是否辭罝羅？我欲從君隔江水，邂逅石公言未已。三秋楓接洞庭丹，五岳氣連雲夢紫。君不見，空同曾作東山歌，補山晚節尤嵯峨。

龍潭曲偕子建燕又楊姬舟中作

粼粼西潭吹素波，明雲織夜紅紋多。涼雨牽絲向空緑，湖光頽澹寒青蛾。暝香溼渡樓船暮，擬入圓蟾泛烟霧。銀燈照水龍蛇吟，傾杯不灑人間路。美人嬌對參差風，斜抱秋心江影中。一曲清歌晚雲散，赤鯉撥剌芙蓉東。摘取霞文裁鳳紙，春蠶小字投秋水。瑶瑟湘娥鏡裏聲，同心夜夜巢蓮子。

寄懷許松牖刺史冀州〔四五〕

機雲磊落誠人傑，系出將門更奇絶。君亦頗牧之子孫，居然海内文章伯。憶昔待詔明光宫，相如詞賦長沙策。騰驤燕市驊騮空〔四六〕，寶馬連錢真蹀躞。出宰淮南有異聞，楚人往往稱神君。予也拏舟適相訪〔四七〕，射陽湖畔花如雲。入君之堂飲君酒，肝膽照人成白首。一朝頓挂神武冠，布襪青鞋歸卧久。單車又指蒼梧城，桄榔樹下鷓鴣鳴。人生宦遊那可料？蠻烟瘴雨空縱横。即今領郡漳河北，父老歡迎動顔色。如君豈第牧守才？函牛之鼎烹鸂鶒。清操惠績何嶙峋，行看曳履上星辰。憐吾坎壈不得意，疲驢旅食京華春。近入龍眠領烟霧，思君不見徒逡巡。裁書爲附謝靈運〔四八〕，暫向天邊問許詢〔四九〕。時以書屬謝真定郵寄。

懷張處中

烟雨吴江冷，風霜故國寒。飄零忘歲月，湖海變衣冠。蓴菜秋來美，梅花客裏看。何時聞鶴唳，共醉聽更殘。

曉發練潭

一夜霜如雪，思歸不畏寒。日從波底出，山向馬頭看。野店烟初直，溪河水未乾。倦還何所事，吾欲老漁竿。

南歸舟行紀事

南去河流逆，扁舟興已微。潮隨青野闊，帆逐白雲飛。細雨魚吹浪，危檣婦曝衣。年年春草緑，催得幾人歸。

晚　泊

去國經千里，歸途已一春。荒原常斷酒，落照少行人。柳暗虚晴色，天低起暮塵。茫茫漁火亂，早見月華新。

哭范小康

冰雪滄洲道，驚傳小范回。三年江上别，八口故鄉來。情緒經愁減，鬚眉入夢猜。訃音初不信，天意或憐才。

哭君君竟死，孤劍嘆浮生〔五〇〕。百戰身還在，重泉志不平。風雷名士骨，山水故人情。遺草兒能讀，孤鴻夜夜鳴。

寄懷徐月鹿〔五一〕

孺子南州士，孫登興更狂。尊前孤月白，簾外大河黄。詩卷推工部，旌旗近故鄉。方干何處至，對話五更霜。

表忠觀

識時誠俊傑，忠觀至今留。錦繡迷荒嶺，公有衣錦山。魚龍識故侯。努沈天目雨〔五二〕，碑老五陵秋。尚覺雄圖在，江濤不敢流。

武城懷古

小邑民風古，殘碑卧淺莎。城荒人徑少，野闊鳥聲多。賢宰千年在，輕舟半夜過。潺潺流水響，彷彿是絃歌。

舟次燕磯

潮平野岸盪輕舟，遠水斜開杜若洲。波底空聞沉鐵鎖，石頭依舊峙丹樓。潮聲夜帶三江雨，山色晴飛萬樹秋。回首蔣陵松柏路，按鷹調馬不勝愁。

石城雜咏

翠旗繡帳壓城頭，堠火依稀點戍樓。古殿雲迷芳草路，故宫風散黍離秋。銅駝没盡王孫怨，玉樹歌殘帝子愁。淮水昔稱歌舞地，只今蕭瑟滿沙鷗。

秋日送戴山民遊豫章

北山高枕卧烟蘿，送爾長征感慨多。猿狖夜啼孤嶺月，魚龍秋静五湖波。尊前怨别攜吴劍，客裏驚心聽楚歌。若上滕王高閣望，西山南浦近如何？

喜晤周農父先生兼送之西征應蔡中丞之聘

經年悵别重踟躕，兩地冰心指玉壺。草檄早知周僕射，參軍還傍蔡司徒。薊門行見銅駝泣，楚澤驚聞鐵馬驅。短櫂直過烟水畔，江洲有烟水亭。好將詩句遍江湖。

暮秋雨阻松湖小飲

九十秋光去不回，陰霾幾日未曾開。湖邊難定風雲色，嶺畔驚傳虎豹來。四海兵戈愁入夢，百年詩酒共登臺。却憐黄菊東籬下，又被霜華一夜催。

喜大人及仲兄歸自江州

江州彈鋏早言歸，乞米何嘗可療饑。歷盡風塵知客苦，遊窮湖海覺人非。關山到處驚吹角，楚蜀頻年未解圍。猶幸潯陽波浪静，秋帆無恙抵漁磯。

送姚先期偕丘季貞入楚

蘆花楓葉惜孤征，何處天門是楚城？老衲幾時能斷酒〔五三〕，餘生此去莫談兵〔五四〕。十年漢沔争龍戰〔五五〕，千里江湖一雁聲〔五六〕。回首釣臺秋水白，斜風殘月故人情。

孫中夔

字卧公，號章一，司馬晉四子也，詩文與諸兄齊名。少居椒園，後買郭西地爲草堂，題曰『片野』。性愛蕭閒，每春月，折枝驅驢往來龍眠椒園間，蒔花種竹，一時推高士云。

山遊候導及駕侯諸子不至

之子來何時，夕陽半明滅。東風昨夜吹，好花落如雪。采采拾瑶華，行行踏玉屑。石磴俯清泉，壺觴隨意設。良朋會有期，佳辰難再得。煮茗坐烟蘿，遲君溪上月。

實行上人短歌

遠公挂席廬陵路〔五七〕，浮杯忽問珠江渡。布地先營選佛場，拈花倒插菩提樹。菩提柯葉碧森森，東西遞搆旃檀林。潭影山光增慧業，白雲春草静禪心。憶昔熊羆初下粤，烽火千林人迹絶。隔浦陰沈海上燐，秋原野哭寒沙月。上人入望心慘然，手弄摩尼珠五色。一聲鐘撞天門開，法雨慈雲垂手接。我公氣骨本嶙峋〔五八〕，來往人間六十春。丰神清瘦誰堪似〔五九〕，自寫梅花持向人〔六〇〕。淋漓墨妙争稱善，那知公自呈生面〔六一〕。乞得疏枝壁上觀，吴山越水常相見。

片野書示兒琦

祖武繩非易，孤懷鬱未平。亂烟團野色，急雨壓書聲。月旦聽斯世，春秋自一經。摩天雙翮健，怒隼御風行。

湖心亭

極目斜陽暮，蘭橈且暫停。金牛沈斷岸，宋時有金牛出湖中。錦樹没寒汀。雲起中流白，峰遥入望青。只今歌舞地，勝事在湖亭。

金山即事

六朝形勝控南天，漫道江東帝業偏。濤舞魚龍吟夜月，山迴烏鵲破春烟。壁門鼓角將軍幕，射圃艨艟戍卒船。擊楫中流懷往事，英雄誰不愧先鞭。

岳王墓

高宗陵廟委烟蘿，讀史人猶恨議和。泥馬但圖新甲帳，金牌不顧舊山河。風沙古墓英靈在，戍卒有踐公陵者，其日風霾晝晦。鼓角秋原血泪多。漫道全家同俎豆，兩京未返痛如何？

痛飲黄龍會有期，臨安何事詔班師？金人縱卻書生諫，新主原無帝后思。湖水日吞亡國恨，荒陵深鎖向南枝。懸知成敗關天意，腸斷延祥墮泪碑。延祥，閣名，有宋碑歷紀公迹。

鸚鵡洲

鐵鼓横撾天地哀，追思往事重徘徊。先生擇主應歸漢，魏武何人解愛才。碧血不隨秋草變，靈旗時擁暮雲來。江流如識當年恨，夜夜驚濤吼若雷。

甲辰重過西湖

菰蒲深處重維舟，記得當年汗漫遊。垂柳折殘傾國恨，寒花瘦盡六橋秋。斜陽驅馬荒村静，夜月啼烏古殿幽。縱有笙歌喧盡日，凄凉風景客心愁。

聽斯命卣談雙江遺事

戍笳凄切咽殘曛，往事猶追萬石君。大宛争馳沙苑馬，昆明空習水犀軍。白虹劍氣衝霄漢，碧血燐光冷暮雲。回首孤城曾百戰，至今野哭不堪聞。

豐湖懷古

渚清沙碧古循州，爲侍籃輿竟日遊。海氣接天常作雨，蠻風入夜便無秋。灣空明月紅蕖滿，嶂冷披雲翠蔓幽。勝事即今寥落盡，春花不信有扁舟〔六二〕。

循江舟次喜晤雲間張子退子炎昆仲

年來歸卧碧山阿，同客天南意若何？瘴嶺梅花鴻雁少，晴江榕樹鷓鴣多。旌旗永日聽吹角，羽檄無時息荷戈。聞説鳳城春色好，且登絶頂待蠻歌。

喜晤大錯和尚

萍梗他鄉生事微，相逢瓢笠是耶非。山川回首新蓬鬢，關塞傷心舊鐵衣。雪滿巫峰猿嘯慘，雲連湘水雁來稀。老親夙有尋幽興，春草禪房待叩扉。

送三姪御劉之蕭山

西陵遠涉重躊躇，送爾霜風十月初。作客寒江憐病後，依人旅夜惜冬餘。湖湘蓴味香無似，越水花陰錦不如。最是慈帷離思切，平安早寄故園書。

倪天弼

字右臣〔六三〕，居卧龍寺左近。順治間，以歲貢司教旌德，褎衣升堂，多士競奮。年七十餘卒于學宫。詩文皆有全集，惜不見。

贈韓爾俟

十畝閒閒水竹居，高情真與市城疏。幾年絳帳曾傳業，此日青藜獨著書。澤羽久知山隱豹，垂綸莫嘆食無魚。上林簪筆應相待，落拓何妨賦子虚？

倪士棠

字南蔭，一字韡生，順治初諸生。生平尚氣誼，不輕然諾，自命經濟才，人戲以管、葛呼之，受而弗讓，居魯碶山。所著有鹿蹊小言行世。

孝烈歌爲韓在商母劉孺人賦

皖城不少舊名閥，溯高先生挺名節。先生爲在商大王父，家訓以節義爲先。傳家一再邁陽九，婦能貞孝女能烈。憶昔乙酉改元初，上游逆帥逞餘孽。四月八日克皖城，韓生被執陷虎穴。回頭語母善自存，母指雙柩情凄切。賊騎如雲抱火來，繞柩號啼嗚復咽。賊亦投炬憐其誠，復有黠賊疑其譎。舉斧破柩手格之，十指斷裂濺碧血。弱女十三呼來前，願保雙柩無杌隉。含悲尾女出門庭，數目清池示永訣。卓哉此女亦性成，奮臂投淵清且洌。但教枯骨獲安全，忍拚蘭玉遭摧折。痛哭池邊送女魂，聲聲詈賊常山舌。先靈無恙女無污，母始從容自引決。嗟我六皖羅兵氛，節烈何限名湮滅。未有宛轉名義間，一時孝烈稱雙絶。韓生韓生豈長貧，早將貞珉樹碑碣。孝婦傳成附烈女，天柱比高江比潔。

寄周汝爲京邸

滿眼風塵不乏人，那堪君亦老風塵。萬言慷慨尊前泪，千里馳驅病後身〔六四〕。聞道天門曾抗疏，可能澤畔免垂綸。故人裹首如相問，爲説倪生仍苦貧。

寄可印禪友宛陵

廿載榛蕪滿故園，亂餘耆舊幾人存。錫辭故國林泉冷〔六五〕，鶴返空山草樹昏〔六六〕。茗粥可思鄉土樂，風塵常憶别時言。敬亭秋色無今古，衆鳥孤雲細討論。

陳鼐

字子和，世居南郊之寺莊坂。少孤，窶力學，惟嗜酒。每酒後，談笑詼劇，旁若無人。晚年精刀圭術，濟人無數。

維揚即事

艤櫂乘朝爽，空囊亦壯遊。幾更新戰伐，不改舊風流。掩扇迎新婦，垂鞭過列侯。故人能好我，啜茗下簾鈎。

校記

〔一〕山草　龍眠風雅全编、桐舊集、皖人書録、安徽文獻總目皆作『雄山草』。

〔二〕負　龍眠風雅全編作『貞』，當是。

〔三〕銘　龍眠風雅全編作『名』。

〔四〕兩　龍眠風雅全編作『雨』。

〔五〕王孟僊　疑當作『王孟遷』，清王民皞的字。

〔六〕瀟　桐舊集作『清』。

〔七〕此句桐舊集作『西來鞍馬全沾濕』。

〔八〕近　桐舊集作『覺』。癱　桐舊集作『近』。

〔九〕樹影望　龍眠風雅全編作『日色午』。

〔一〇〕動　龍眠風雅全編作『對』。

〔一一〕窺　龍眠風雅全編作『寬』。

〔一二〕龍眠風雅全編題作『劉繞梁仿吾家太白楊叛兒樂府體即用原韻呈徐太史　時太史作繞梁歌』。

〔一三〕此句龍眠風雅全編作『我尚滯公家』。

〔一四〕醉聽　龍眠風雅全編作『爲耽』。

〔一五〕此句龍眠風雅全編作『一聲真正徹□雲霞』。

〔一六〕張君舊　龍眠風雅全編作『六郎本』。

〔一七〕八月　龍眠風雅全編作『八日』。

〔一八〕此句龍眠風雅全編作『滿城叢桂吹天香』。

〔一九〕瀛洲客　龍眠風雅全編作『桂邊坐』。

〔二〇〕翩翩觴咏　龍眠風雅全編作『把杯咏桂』。

〔二一〕房喬　龍眠風雅全編作『房公』。

〔二二〕名重　龍眠風雅全編作『身入』。

〔二三〕龍眠風雅全編下尚有八句：『我把君詩不去手，我讀君詩不去口。至今浣手用薔薇，至今極口推韓柳。君書古人何所如，蘇黃米蔡皆籧篨。我家北海亦胥吏，元常逸少供軒渠。』

〔二四〕龍眠風雅全編下尚有十句：『側聞當年崔定州，三十作相傳千秋。以君異時居政地，休羨中書此黑頭。老夫白頭衲子相，方干潘岳同疏放。更招姚鵠與周郎，君家難兄共酬唱。我欲送君上花舫，看君乘風破秋浪。』

〔二五〕此二句龍眠風雅全編作『此意屢舉復趑趄，歸卧東皋舊草廬』。

〔二六〕猶相憶　龍眠風雅全編作『不相棄』。

〔二七〕攜手　龍眠風雅全編作『即問』。

〔二八〕獨　龍眠風雅全編作『在』。

〔二九〕綺席　龍眠風雅全編作『片片』。

〔三〇〕龍眠風雅全編題作『牡丹亭在畫樓西還青舊句也懷還青輒誦此』。

〔三一〕季次更　龍眠風雅全編作『原憲定』。

〔三二〕秀　龍眠風雅全編作『葉』。

〔三三〕咨　當作『恣』。

〔三四〕千鈞力　桐舊集作『千斤犍』。
〔三五〕霜華　桐舊集作『白髮』。
〔三六〕響發　桐舊集作『結響』。
〔三七〕恩衰　桐舊集作『懷恩』。
〔三八〕爇　龍眠風雅全編作『藝』。
〔三九〕泛　桐舊集作『生』。
〔四〇〕麥秀歌　桐舊集作『麥苗秀』。
〔四一〕聽之　桐舊集作『凝睇』。
〔四二〕此二句桐舊集作『行歌彼何人，阡陌自驅犢』。
〔四三〕傍　龍眠風雅全編作『麗』。
〔四四〕木　桐舊集作『水』。
〔四五〕冀　桐舊集作『薊』。
〔四六〕驊騮空　桐舊集作『盡驊騮』。
〔四七〕訪　桐舊集作『遇』。
〔四八〕謝靈運　桐舊集作『臨川使』。
〔四九〕暫　桐舊集作『試』。
〔五〇〕孤　龍眠風雅全編作『挂』。

〔五一〕龍眠風雅全編題作『寄懷徐鹿樵關二首』。

〔五二〕努　龍眠風雅全編作『弩』。

〔五三〕幾時　桐舊集作『齋心』。

〔五四〕此去　桐舊集作『緘口』。

〔五五〕争　桐舊集作『歸』。

〔五六〕一　桐舊集作『聽』。

〔五七〕挂席　龍眠風雅全編、桐舊集皆作『挂錫』。

〔五八〕我公　桐舊集作『上人』。

〔五九〕瘦　桐舊集作『絶』。

〔六〇〕持　桐舊集作『愁』。

〔六一〕那知公自　桐舊集作『摩尼珠映』。

〔六二〕龍眠風雅全編下有小注：『豐湖一名「西湖」，爲坡公舊築。』

〔六三〕右臣　桐舊集作『石崖』。

〔六四〕病　龍眠風雅全編、桐舊集皆作『放』。

〔六五〕龍眠風雅全編作『錫飛勝地聲容杳』。

〔六六〕空　龍眠風雅全編作『家』。

卷七

潘江

字蜀藻，號木厓。性敏慧，博極群書，以詩、古文詞冠江左。康熙己未，里中先達以博學鴻詞薦，再徵不就。著述甚富，如六經蠡測、字學析疑、記事珠、古年譜、詩韻尤雅、木厓詩文集共四十餘種。先生生當明季，少居城中。兵火起，避亂金陵。亂靖，歸居浮山之麓，旋復入城，年六十。後卜室城北四里古塘毛河之墅，以著作自娱。優遊吟咏者二十餘年，卒年八十四。張相國文端題曰『大詩伯潘木厓先生之墓』。

聚奎曰：先生詩極富，全集未之見，龍眠風雅所載亦數百首，類皆典雅清新，品格與香山爲近，難盡登也。兹於古體擇其哀婉者，近體擇其沈鬱者，各數首登之，固全豹之一斑云。

梁　縣

我行已不先，我僕常苦後。中途雇蹇驢，並轡相左右。聽彼御者言，惻焉使心疚。自云先朝時，世隸鳳陽久。有田不起科，歲釀烝嘗酒。不知始何年，更名曰地畝。社長三十六，搜括到鷄狗。累世免租税，此苦那得受。畏彼官長威，情急舉家走。買驢獲雇直，聊以謀升斗。永痛父祖塋，北望空迴首。語罷輒欷歔，予急掩其口。陵寢且丘墟，墳墓復何有。生得逃征徭，死當見父母。

十里橋

遊子終夜行，日出氣已燠。小憩道傍陰，紛紛停車轂。車上何所有，名花靄芬馥。素馨與秋蘭，舁向廬州鬻。麻縛復泥封，萬里色猶緑。此花在嶺東，斬刈等薪木。物以少爲貴，移來遂如玉。吾聞廬鳳間，禾死麥未熟。嶺東花一車，江南粟千斛。誰將買花錢，窮檐起溝瀆。

沙澗鋪

病目苦矇瞀，天宇復氛靄。行行十數里，適與長官會。巍巍憑肩輿，騁望絳紗外。青絲爲輿帷，緑羅爲輿蓋。怒馬復鮮衣，後先擁旌旆。行旅聞鼓聲，望塵已狼狽。余亦遭譴訶，下馬整衣帶。僕夫驚相語，邑長亦何大。鳳陽十三縣，玆縣應稱最。嘆息謂僕夫，此義爾所昧。苟能撫煢嫠，驕侈夫何害。

二烈詩〔一〕

項烈婦潘氏 進士項紹芳之妻，從兄迴瀾之女也。

吾家毓閨秀，紉佩紛芷若。阿翁性嶔崎，與我少同學。猶記生女時，不減生男樂。汝髮纔覆眉，汝翁趨戎幕。殷勤臨別言，勖我生死托。望斷嶺南梅，不返遼東鶴。母女顧相泣〔二〕，凶歲守窮約。秉性既幽貞，負質復柔弱〔三〕。緶洸聊自供〔四〕，饔飧采藜藿。及笄始議婚，東鄰饒媒妁。蒼黄卜筮中，擇壻得項槖。醮詞代阿翁，西向酒三酌。往哉事夫子，禮法禀鍾郝。梁鴻甫出關，陸機旋入洛。再登計偕車，文譽騰秘閣。私心欣有歸，九原亦可作。翟茀雖十年，服玩仍澹泊。謁選入承明，反被微名縛。鸞翮方排霄，千里投矰繳。凶問自北來，鄰里咸驚愕。憔悴深閨夜，泣斷寒城柝。絶食已三旬，母在姑佯諾。既念結髮恩，此意安可薄？雙鬟不及知，慈母亦弗度。衰絰拜靈前，從容歸冥寞。病骨厘支牀，就義胡踴躍。持此報所天，中心庶無怍。曄曄寶婺星，白日嗟隕落。平生篋笥藏，一任豺虎攫。猶能感侍婢，奮激委溝壑。悠悠舂杵人，哭聲震西郭。

江烈婦夏氏 諸生江迴之妻〔五〕，夏少府統春之女也。

龍眠有夏氏，往往多偉人。子效爲孝子，元夫爲忠臣。孺人忠臣女，賦性本清淳。幼秉保姆訓，壼範知所遵。視聽罔陝輸，修潔及棋榛。十七始于婦，舉案叶良辰。操作井臼間，黽勉忘其貧。淑問播姻黨，仁風被四鄰。吾弟與江子，連袂托情親。熟諳少君賢，福履必駢臻。秋飈起雕鶚，江子充國賓。花筆未及揮，零落秦淮濱。孺人聞凶耗，憤激不顧身。口呼江子字，頭觸楹間棖〔六〕。四肢爲之蟬，兩目爲之瞋。握透平原爪，嚼穿睢陽齦。泪盡繼以血，膚裂無完唇。展轉牀蓐間，絶粒遂經旬。一朝靈輀至，驚起如有神。再拜謝夫子，浩氣橫秋旻。剔目與斷臂，區區安足論。吾弟既不禄，厥婦亦貞純。守死二十載，植節如松筠。皭然稱雙璧，難分玉與珉。江子吾夙好，膠漆比雷陳。中路惑讒言，懷疑生怨嗔。因婦敬其夫，刑于良有因。大節炳千古，疇能没其真。

白玉澗歌爲孝烈張公賦 公諱清雅，字玉楚。

我聞灊山張公家住白玉澗，崇禎十年羅寇患。老翁八十病在牀，瀕危不肯烏鼠竄。公曰父在敢出鄉，父存與存亡與亡；病則視藥歿視殮，誰知賊騎登吾堂。公然斫棺齊舉火，忽驚人從梁上墮。雙手伏棺泣父屍，子屍已仆父屍左。此時天日慘欲昏，一子一僕皆斷魂。一子十六從父死，一僕七十報主恩。嗚乎寇難以來逢百罹，未有全家死如飴。張氏一門六十口，如公父子主僕尤稱奇。南昌王子 于一 作佳傳，描畫鬚眉開生面。修史誰當失斯人，從容慷慨都當羨。公有長君早辭榮〔七〕，乞言海内非爲名。分明永抱蓼莪痛，老去彌深烏鳥情。至今白玉澗水常嗚咽，賴公一門名不滅。子死孝兮僕死忠，與玉争光水争潔。

自桐城至黄州道中雜詩 選二

不是饑驅迫，中途亦可歸。傳來三楚信，纔解萬山圍。野曠栖烏急，峰高過雁稀。北風吾畏汝，吹作雪花飛。

到此翻成怯，于人實可羞。萬山屯黑霧，匹馬指黄州。江岸沙灘圻，田家菜麥稠。冬來渾不冷，閒殺老羊裘。

梁園過二忠祠〔八〕張巡、許遠

寂寞西偏地，高祠晝掩扉。乾坤猶戰伐，魂魄此憑依。落日荒荒薄，歸鴉漠漠微。無由覩遺像，遥拜一歔欷。

出京途中即事

老大不歸去，浮生能幾何。可憐新白髮，猶過古黄河。官路明烟堠，人家卧碧莎。寶刀仍繡澀〔九〕，長挂舊山阿。

哭倪南蔭同黄陶村齊古愚周信臣入山作

乍聽凶聞痛轉猜，疾驅山徑問蒿萊。束芻滿路情何限，輿櫬當門實可哀。老屋數椽差足隱，荒田十畝況全開。年年期我剡溪櫂，竟作西州一痛回〔一〇〕。昔日南蔭曾期予相訪，輒不果。

出紫荊關

天險何年鎮朔方，出關風物便淒涼。河流挾石聲悲壯，墻堡沿山勢渺茫。磧草纔青來紫燕，邊沙欲白起黄羊。我來五月猶如此，愁殺軍城賦早霜。

哭鄧顛厓先生 選二

東南吾道失津梁，便覺風霜颯颯凉。海底月沈珠有蜕，斗間氣盡劍無鋩。龍歸並不留鱗爪，鶴去何心戀稻粱。太息悼亡悲未已，時有斷絃之痛。又將涕泪灑山陽。

畲山野死訃纔通，又哭先生秋雨中。處士星驚同日隕，延津劍訝一時空。陶潛可惜無通子，畲山先生無子。明允猶欣有長公。謂田公。記取他年傳隱逸，有兒書奏建章宫。

李 崧

字長康。以所居古塘號『古塘』，明經在公之子也。爲人傲岸不羈，甫壯，屏去經生利禄之學，專意書畫。書宗『二王』，出入於唐、宋、元、明，變化自成一家。畫品高遠平淡，世争寶之。

聚奎曰：邑志謂先生詩攻唐人，入東野、閬仙之室。編是集，求其遺稿不可得，徐明府桐舊集僅載感述七律詩一首。門人鮑朝桂於市頭購得先生指鴻軒詩二卷，所載僅五七律、絶句、古體無有存者，而感述詩又未見收入，知先生著作散佚者多矣。因選録二十餘篇存之，然終以未得一見全集爲憾也。

同蔣仲一汪河發郊行見杏數大株花適初放期再賞之

圃外見紅杏，高林氣若霞。朝來一片雨，開到幾枝花。惜此好春色，多於野老家。偶然看不足，記取路痕斜。

魯都督肅 咏前四賢之一

三分悲漢室，據險大江東。不減隆中計，兼成赤壁功。陣雲流水散，書室小山空。今山與河俱以魯稱，昔之屯營書室所在也。名士周公瑾，當時雅量同。

賨成 咏後五賢之一

紿賊鋒銛下，成仁頃刻間。孤城危若卵，一死重於山。將帥原無算，奸邪豈有顔？舌光如電火，夜夜照塵闤。

天門山

雙峰如鑿斷，絶壁對崔嵬。楚蜀千重遠，東南一氣開。潮聲歸海去，帆影出天來。渺渺烟波際，徒深庾信哀。

同蔣素書下榻佟儼若寓齋

好友欣重聚，奇懷得唱酬。詩成孤月上，酒醒大江流。世事不勝嘆，生涯只有愁。騷人容易老，早白蔣生頭。

嚴州張司馬遜牧署中

地據灘聲上，灘高進小船。兩重江水合，萬疊越山連。城市即空谷，林巒多暮烟。釣臺千古在，名藉子陵傳。

莽莽山圍郭，蒼蒼樹拂城。斷雲時見瀑，過雨只聞鶯。署以栽花靜，人將飲水清。羲皇真足傲，一枕北窗横。

且喜朝兼暮，炎蒸寂寞中。消兹清晝永，賴有故人同。謂胡天篆、胡卜草。坐待松間月，行追柳外風。洞簫吹一曲，清響入高空。

寒食過燕都西郊

令節逢寒食，愁心驚遠天。空垂兩行泪，不滴九重泉。此地踏芳草，何山聽杜鵑。北人紛上冢，車馬滿平田。

六月八日同齊子猷往松山途中遇雨過彭氏莊昭士兄弟留宿

曉赴南湖約，行行烟樹昏。逢人問村路，避雨到柴門。鷄黍殷勤具，桑麻款曲論。始知陶令語，至樂在田園。

次日晚霽出步

向夕收殘雨，明霞映遠天。看松過舍北，聽水立堤邊。瓜蔓緑延圃，稻花香滿田。經時憂旱虐，端可望豐年。

夜坐和天瑞見懷韻

不眠因好月，坐看轉樓陰。知有清吟者，共兹良夜心。偶來持鉢懶，歸去掩扉深。紅葉香山路，扶來一杖尋。

哭姊夫吴栗阜

昨歲疑余死，關情何太哀。今朝爲君哭，消息不須猜。夢隔江雲斷，僮扶旅櫬回。送行溪上路，豈料是泉臺？卒於蕪湖，厝於墐舍。

戴田有新居南山岡相期過訪

安道聲名久，别來消息疏。暫同玄豹隱，歸卜南山居。十畝得收秫，千秋期著書。正思乘興訪，寒雪映庭除。

感　述

花發常教負好春，黑頭今見雪霜新。江湖有興遊無具，藥餌難求病在身。睡穩卻嫌呼米婢，詩成猶有索書人。年來事事多屯蹇，贏得痴狂惹俗嗔。

三祖寺

飛來錫杖卓山陽，千載宏開選佛場。拔地奇峰連霍岳，當門秋水繞吴塘。仙家靈鵲杳無迹，舍利浮圖尚有光。昨向臺城城畔過，路人空自嘆蕭梁。

洪樸菴話其遭亂之慘聞之感作

多難洪生絕可憐，聽談往事夜窗前。身隨鐵騎黄雲没，眼見銅駝白草連。冷落松楸歸故國，蕭條鹿豕養餘年。一編先世遺文在，血泪模糊未肯傳。

龍山訪汪僕丞坤生先生

門高閥閲皖江濱，回首滄桑迹已陳。百萬黄金歌舞日，數莖白髮亂離身。相逢不屑追遺事，感舊時常憶故人。每晤必詢及先人。消受豪華甘寂寞，老從丘壑見天真。

贈勞在兹

六詔風烟客幾年，多才淪落戰場邊。纔尋萬里南還路，又上三江北渡船。竹葉閒亭消暑晝，薜蘿深院咏凉天。下榻姚氏竹葉亭，常過西山道院。莫言能事嫌相迫，願結山林翰墨緣。余與在兹約遊浮渡、龍眠諸處，並期繪圖以傳。

送大宗伯張敦復還朝

北闕頻將丹詔催，東山豈許暫徘徊？回看嶺上白雲繞，遥指天邊紫禁開。講席依然虚左待，都人争識侍臣來。故園泉石休懷戀，爲展明光起草才。

酬潘仲聲

睹君玄鬢已成絲，無復安仁少小時。萬里羅浮消舊夢，十年京雒賸新詩。心知世路因緣淺，手捧家書涕泪悲。時家書至，有西河之痛。不待秋風歸計早，溪鷗林鶴久相期。

同宣城王畊書集任戴仁寓齋相訂南旋余登舟先别

入洛機雲計已非，閒身未脱芰荷衣。只憐白髮猶萍梗，莫負青山有蕨薇。落日倚樓天漠漠，中宵連榻雨霏霏。扁舟先向江南去，兩水雙橋問釣磯。

汪　來

字越漣，號漪父，居社冲。著有松譚齋詩鈔。

舟　曉

朝霞破暝色，水木澹含空。月魄荒烟外，江聲宿霧中。寒鴉啼匝樹，野鶴舞因風。孤櫂經年客，滄洲興已窮。

望觀音山

山色連雲翠，江濤帶雨流。鳴泉出古洞，飛霧入岑樓。近海風帆急，思鄉客夢愁。靈巒堪適性，策杖擬閒遊。

懷幼箕夏功兩姪

在家猶晤、況我未曾歸。不識天涯遠，寧知人事違。龍文振藜閣，玉樹舞斑衣。屈指秋風近，相期勝棘闈。

舟次江滸

遠浪浮空無盡頭，寒風嗚咽水東流。蒹葭月裏村村杵，蟋蟀霜中處處秋。鄉思空餘千里夢，鐘聲不散五更愁。孤踪何地堪相托，漠漠荒烟一釣舟。

餞　友

長亭餞別值春歸，風逐楊花滿路飛。我已離家栖海曲，那堪送客上魚磯。

廣冬除夕

此夜同傾送臘杯，且將顔笑對君開。夢魂不畏江湖險，頻到家鄉去復迴。

汪禹薦

字箕臣，居北峽。著有雲伴齋詩鈔。

折　柳

折柳欲爲別，臨風泪兩行。柳絲渾未斷，先已斷人腸。

期年思三兒

死別今朝又一年，感懷爲汝夜忘眠。泉臺若有歸來路，莫爲崎嶇懶著鞭。

汪禹甸

字夏功，號花溪。諸生，居北峽。著有松對堂詩鈔。

生别愁衷懷，如車脱其輻。死别摧心肝，如籜辭於竹。輻脱猶可安，籜辭安可復？嗟哉吾母氏，棄世一何速。我生命不辰，齠齡悲怙失。母氏倍劬勞，諸雛艱拊育。稍長能更事，從容就家塾。虎皮奉名師，熊丸切私淑。寇起忽滄桑，世道遂反覆。天地滿兵戈，烽烟蔽林麓。數椽灰燼中，欹傾無版築。攜家大江南，秋水隨孤鶩。食指漸丁零，家計亦日縮。殲我伯季兄，兩姊偕不禄。滿目風凄其，荒萊白骨暴。母氏愈辛勤，一木支傾屋。石田急征輸，無家問穜稑。薪桂米如珠，泛梗依親睦。北道兩兄遊，馳驅攜敝簏。一母一子居，羈愁千萬斛。未知菽水歡，甯止食無肉。烽火亂稍平，歸來謀旨蓄。爲我願有家，羹湯禱百福。八年甫見孫，含飴勝舐犢。嗟我事筆耕，膝下違寒燠。孤劍三尺長，風塵驅鹿鹿。庚子母七旬，仲夏趨庭祝。方幸化日長，追歡蘭與菊。悲風忽有聲，振落北堂木。兒兮願未伸，母兮年頓促。奄忽四旬餘，白駒迅相逐。音容杳莫追，苫塊徒久宿。爲憶罔極恩，泪迸雙盈匊。從此客天涯，望雲空痛哭。安得返魂丹，母兮歸牀蓐？

壽方二化六十

數椽茅屋寄閒身，有德如君稱作鄰。四皓衣冠驚漢代，五陵鷄犬識秦人。桑麻隨意堪忘世，芋栗全收豈盡貧？少壯兵戈悲九死，餘年幸作太平民。

哭姚介侯

十年同學少年時，金石交情世孰知。見且恨遲何遽夭，别來聞訃尚生疑。藥籠自此無葠术，琴調從今歇水湄。涕泪一揮三峽暮，死生遥隔在天涯。

方日新

字洗齋，號閑阿。

鈞衡曰：按邑志文苑傳云：方閑阿，失其名，所居南山，地名『閑阿』。爲學宗宋五子，詩宗唐杜甫。門人方澤嘗序其詩云爾。一時從遊者，同里如胡莫齋，亦失其名。莫齋子名田，字雍則。田之師曰華蓑子，姓孫氏，師事閑阿。莫齋搆『尊聞書舍』，館華蓑子其家，閑阿時過從。率里人行吕氏鄉約，以講明聖賢之學爲己任。其後華蓑子與方澤、胡田、吴易光、易正等作同人堂，配祀閑阿於朱子。閑阿在今南山趙家店之東，茅屋數椽，非方氏子孫居矣。數年來，思求閑阿先生著作不可得。己亥夏，過王氏莊，見案上殘書有手録詩本，所載皆唐宋人咏物之作，最後一葉繕有閑阿雜感、喜諸子集閑阿四詩，不載作者姓名。取讀之，見沈鬱哀感，有合邑志所謂宗杜甫者，又有『雲栖九蓮社』之句，閑阿去九蓮社里許，以此斷爲閑阿之詩。庚子春，方植之師自粤東歸，余往謁，偶言及閑阿事，師曰：『是吾曾大父之師也。吾知之。近方氏詩鈔中有諱日新，字洗齋者，即先生也。』因復撿得詩六首，擇登之。獨念先生篤行績學，邑志失其名字。而方氏詩輯於先生之學，無一語叙及，且不載有閑阿之號，見者幾疑爲兩人矣。編是集因急爲表之。

遊魯碘信宿家苧川牧青堂三首

山峰何嵯峨，山石何磊落。中有一峰高，卓立如刀削。東風昨夜吹，春意動林薄。賓主迭酬唱，高吟鬥奇博。酒至不辭斟，爛醉還更酌。仰觀天宇清，心境兩杳漠。

寢齋更高曠，置身千樹杪。境回夢亦閒，鷄犬不來擾。乍驚積雨收，窺窗月皎皎。罅隙烟流光，纖毫皆了了。人境化冰壺，渾是蓬萊島。幽夢杳難尋，山空鶴報曉。天意快游人，天青吐朝旭。前有谷迢迢，手撥雲開翕。盤空一徑微，蘿結苔花澀。崩崖側足過，嵌竇縮身入。探奇窮絶境，瑶草端可拾。那得謝塵鞅，長抱白雲宿。

閑阿書感

骨肉抛黄土，乾坤剩此身。窮途餘涕泪，吾道豈風塵？古有陶彭澤，曾披烏角巾。我思同一醉，莫謾嘆沈淪。

戎馬中原靖，餘生見太平。雲栖九蓮社，山傍六兒城。地僻稀車馬，詩成隱姓名。興亡無限感，閒坐聽流鶯。

喜諸子集閑阿

吾里二三子，披雲時叩關。漁樵娱白髮，天地老青山。柳下一牛卧，松顛雙鶴還。相逢須遣興，莫惜帶酡顔。

烟霞飛滿室，花柳近當闗。芳草一溪水，夕陽三兩山。坐看圓月上，時有片雲還。諸子莫歸去，高吟破笑顔。

龍眠山

翠微何處深，曲徑蒼松障。洞口雲忽飛，飛墮人衣上。

村居

坐看浮雲卷碧空，生涯還檢舊詩筒。書生餓死尋常事，却笑昌黎要送窮。

姚士塈

字嵩肇，楚雄守文烈之子也。幼耽書籍，十餘歲從父官漢南，岳陽、洞庭間多有題咏。父致官歸，買郭北河外地爲園，嘯歌其中。病亟，猶吟聲不輟。殁後，里人江太史皋爲梓其遺稿，曰如舫齋詩存。

落花

百舌叫春去，東風吹樹斜。可憐一夜雨，零落幾枝花。點點凝芳草〔一一〕，飛飛過酒家〔一二〕。餘香猶滿苑，新葉蔭窗紗。

到北園

爲問吾廬渡水來，柴門依舊白雲隈。半墻風積一秋葉，連日雨荒三徑苔。溼氣雲籠亭子小〔一三〕，新香石壓水仙開。從今不發江湖興，多覓梅花繞澗栽。

姚士堂

字佩若〔一四〕，號敬齋，一號梅谷，端恪公文然之仲子也。少讀兩京、三都賦，三日輒能背誦。年十八遊邑庠，康熙己酉登賢書，丁巳補内閣撰文中書舍人，一切章奏字疏句晰，同事服其敏練。生平孝友，少事王父母，能得其歡心，於同氣尤加友愛。曾居龍眠桃花洞，即端恪公之别業也。所著有雲怡閣集。

山居咏懷〔一五〕

邴原斷杯酌，廢業兼荒思。少小亦書紳，積久或忘之。城中紛酬酢，泥飲精形疲。拂衣歸空山〔一六〕，清静神庭怡。習定竹聲裏，瀹茗春風時。山水興會發，故態不自持。窗前一枝梅，雪綻盛華滋。幽芳隨風颺，歡言酌數巵。數巵亦已醺，蒼茫獨賦詩。

慈仁寺古松歌

往昔京華三載住，古松樹下一騁步。今年旅寓慈仁宫，朝朝暮暮松風中。殿前兩株特蒼碧，疊蓋撑枝色相射。蘚苔駁裂幾十圍，虬龍反走數百尺。暑雨炎曦頂上停，微風洪濤殷地圻。其餘衆株亦殊絶，輪囷堛堁霜鱗結。果林旁有羌桃樹近十株〔一七〕夾道蔭沈沈，長夏婆娑皆可悦。朔日望日廟市開，京師遇朔望日，列肆寺中，百貨皆集，謂之開廟市。奇珍百賄如山來。倚松架室列純麗，亦復樹底掃莓苔〔一八〕。長安貴人競淫巧，日中畢會車徘徊。綠陰交蔭紫騮馬，白日不到無纖埃。此松奇古真稀有，我一對之一回首。何當飛罝龍眠東，北窗卧領濤聲吼。讀書秋樹根，月明傾一斗。吁嗟乎，時無五丁壯士拔爾柯，松乎松乎奈爾何？

河上歌

役夫苦，役夫苦。一邑籍千人，萬丁集河滸。黄家决口勢莫當，雷掃飇馳走大荒。運艘中斷河爲陸，都水使者心徬徨。拜表馳郵檄諸路，鳩工庀材咄嗟具。七月既望大工興，如今冰雪莽凝冱。役人吞聲秋復冬，敗絮不完藿不充。長者驅役如驅羊，奮梃摐金曉夜同。千人下一楗〔一九〕，百夫舁一舟〔二〇〕。負藁如雲，伐柳成丘。昨聞飛檄開支河，泥沙苦鬬將奈何？妻孥隔眼任號泣，哀哉此身亦何多。聞言意噢咻，役夫爾無苦。大官茅屋駐沙岸，小吏鳴鑼雜儕伍。矧爾蚩蚩懦且微，努力急公咏靡盬。方今天子躬聖神，百川河嶽皆效靈。屈指宣防不日成，蓬頭赤脚爾歸耕。

哭馬江公 選一

屈指三年内，高門事可哀。元方奄化去，謂令兄一公。陶令不歸來。謂尊甫正誼先生。時令定陶，卒于官。縱爾今猶在，支牀痛莫裁〔二一〕。也知徇孝友，含笑侍泉臺。

同二兄注若遊攝山

石勢虬龍舞，峯峯此獨尊。雲巖重閣小，烟雨一江昏。野服沾松翠，金容上蘚痕〔二二〕。坐深偏不静，鳥語共溪喧〔二三〕。

天意如留客，翻盆不肯停。檐前巖溜白，竹裏曉烟青。梵志堪將日〔二四〕，瓶花亦送馨。松風與瀑布，總入雨聲聽。

哭曹賓及

十日九相見，哀音一霎聞。可憐信宿隔，便自死生分。薄宦薪同積，悲歌硯欲焚。瘦菴詩尚在，著有瘦菴集。何事苦修文？

喜二兄瀋陽書至並寄見懷之什和原韻

起坐蕭齋念遠征，書來竟可數歸程。深春遼海重裘薄，落日松山匹馬行。喜有簪裾迎客位，更無風雨送寒聲。皆書中云。新詩惠我情何限，吟向花欄月細生。

送杜相國年伯予告歸里

青門祖道擁旌麾，此日東山卧未遲。十載憂勞天下計，一心精白聖人知。昇平樂作馳宫醴，公以引疾未與昇平宴，上念之，特頒玉饌，馳賜其第。丘壑情深寵贈詩。御製五言詩有『方倚鹽梅略，難違丘壑情』句。歡喜天南烽盡息，老成真與鶴猿期。

張敦復姑父以宗伯學士請假歸里送別舟中悵然有作〔二五〕選二

絲絲楊柳禁城烟，内相輕騶舉玉鞭。豈爲東山貪燕息，欲從南國問牛眠〔二六〕。時假歸還葬。臣心繾綣常隨輦，天語平安早放船〔二七〕。車駕東巡，公送之永定門外，面陳即日南歸，上駐馬慰諭之。不是園陵躬展祀，直廬那得暫言旋。

静者如公意有餘，河流三月錦帆舒。緑楊陰裏攤宸翰，黄鳥聲中讀賜書。山水更能添藻繢，姓名只許到樵漁。松楸況復懷君惠，誰説疏公槖盡虚？璽書獎諭末云：『特賜白金五百兩，表裏十端。既以旌爾之勞，且以資爾墓田之用。』

程禹門招飲霄漢樓

樓高況復據崔嵬，永日羈懷好共開。帆帶夕陽過堞去，山横秋色渡江來。籬餘寒菊多依石，盤剥霜螯肯放杯。念爾客中能好客，燭殘更轉未知回。

服除日哭先端恪公

海天痛哭望龍山，千里招魂血泪殷。回憶三年真瞬息〔二八〕，謾留一息在人間。手中詩禮何時學，夢裏松楸隔歲攀。不分天公無老眼，元臣花甲數猶慳。

至行寧惟家乘揚，先公勳業在旂常。兩朝清要心如水〔二九〕，廿載忠勤鬢早霜。馬鬣新封懷寵錫，蒙恩諭葬。鴒原遺恨付蒼茫。先公以哭五先叔過哀病劇。門衰强自加餐飯，泣捧遺書不敢忘。

舟中聞雁

孤帆細雨五更寒，忽送鴻聲攪夢殘。同是南歸應較早，殷勤憑汝報平安。

中秋日司訓王大席招同侍御笪在辛先生雪石上人泛舟遊虎丘

曾否溪山似晉時，王珣曠達亦堪師。捨宅爲寺。平泉花石今何在，千古人傳短簿祠。

曾　宣

一名膺豫，字介二，號石菴，孔城布衣。家貧力學，事父母極孝。性好施與，嘗分館俸爲婦翁買妾，隨舉數子。鄉人義之。

寄褐夫白下

少年同學輩，小戴最風流。詩禮承家訓，江湖作壯遊。才華傾一世，意氣重千秋。擬放金陵櫂，高歌共選樓。

寄懷愛九姪

計從攜手上河梁，馬背船唇已十霜。老我空山閒射虎，知君冷署議分羊。一官留滯巴江遠，萬里相思蜀道長。莫聽啼猿重惆悵，三年前已髮蒼蒼。

戴潛虚

居南山〔三〇〕。古文制義俱卓然爲一代大家。詩不多作，文集載有齊謳集自序云：『詩凡一百餘篇。』今不可見。曩聞友人誦其詩一二，今見他人集中，有竊而刊之者。以未得全本，不能執與之辨。僅從文集中搜得爛柯山記後二絶登之，先生固不以詩傳也。

遊爛柯山

採樵偶向洞天行，一局中間世已更。不看仙人貪看奕，模糊仍復覓前生。

謫向塵寰病未痊，同班仙侣近如何。語君奕罷朝天去，爲謝狂生罰已多。

戴　霆

字玉虎，號澹遠。少孤，能自立。屢試不售，遂絶意仕路，殫力經史百家之書，居孔城。所著有古今事迹纂要，詩文諸稿皆散佚。今於其家傳内得一律登之。

六十自壽

楓樹蕭蕭霜氣森，雁遺孤影落秋林。人間山水容佳士，天下文章集素心。老以朋情酬醉夢，閒於花事問晴陰。高吟未必如梁父，或剩鬚眉共古今。

戴砇

字文石，號半畝。好古博學，工文詞，駿逸清空，有陶、鄧之遺響。屢試不售，遂隱居南山，種花竹以爲業。遇人有急難，多方濟之。

過蓮花菴

蓮花菴内老僧閒，十載山門總未關。好與白雲來往便，因風吹入又吹還。

張仲華

字玉叔，一字碧峰，幼岐嶷不凡，比長，補博士弟子。屢蹶棘闈，乃下帷攻苦。性愛幽静，棄城市，築室於披雪洞邊，顔其堂曰『秋樹』，取少陵詩中養親爲園之義，時奉版輿遨遊其間。承歡之餘，雒誦不輟。康熙丁卯秋，赴省闈，揣摩已成，竟不獲售。悲憤填胸，歸家數月而卒。

山居

晨起惟披短後衣，窮幽搜僻入山微。行穿柳葉吟還徤，笑逐桃花醉始歸。月影漸移松下石，谷雲長傍竹間扉〔三一〕。鄰翁策杖來相約，明日春遊興莫違。

聽子規

落盡殘紅春意闌，催春鳥語白雲閒。小窗燈冷三更夢，蜀道魂飛萬里山。望帝尚銜當日恨，野花空帶舊愁顔。傷心歲歲皆如許，叫斷深林血欲殷。

丁卯金陵渡江感懷 選一

自從髫齔學吟呻，擬向金閨步後塵。五度凄凉秋草路，十年悲憤秣陵濱。劉蕡下第顔終厚，蘇季歸來家本貧。縱使逢年猶有待，可憐少已不如人。

雪泉下小溪名桃花溪

當門曲水絶塵埃，每傍春風繞釣臺。可是峨眉山雪化，桃花初暖漲初來。

余秀

字季超，號笠崖，庠生，居夏家衕。

步戴韓席明府卜居龍關韻

好静即爲隱，山亭遠世譁。桃源無俗客，溪上見漁家。琴響千巖月，鶯呼一畝花。不知黄綺輩，何事出烟霞？

客夜寄大閭

可憐今夜月，不似在家時。爲客黄金盡，逢秋白髮衰。壯懷嗟潦倒，多病況支離。遥想山窗下，應同宋玉悲。

留别厲羽元

先生真聖隱，家在萬山陰。不作繁華想，獨存太古心。閒栽三徑竹，醉撫七絃琴。他日重來訪，知君鶴髮深。

余大誾

字觀尚，號曙亭，增生，居夏家衕。

寄笪碩方

無端秋色老梧桐，爲寫離思遞竹筒。蓮渚欲殘來塞雁，瓜藤初冷聚寒蟲。身隨孤劍風塵外，家寄千山旅夢中。自愧與君俱少壯，棄繻徒羡古終童。

校記

〔一〕龍眠風雅全編題作『龍眠二烈詩』。

〔二〕泣　龍眠風雅全編作『依』。

〔三〕負　龍眠風雅全編作『賦』。

〔四〕供　龍眠風雅全編作『存』。

〔五〕諸生　龍眠風雅全編上尚有『諱誥』二字。

〔六〕棖　龍眠風雅全編作『棖』。

〔七〕長君　龍眠風雅全編下有小注：『超載官慈利令。』

〔八〕木厓集題作『謁二忠祠』，清康熙刻本。

〔九〕繡　疑當作『鏽』。

〔一〇〕痛　龍眠風雅全編作『慟』。

〔一一〕草　龍眠風雅全編作『徑』。

〔一二〕酒　龍眠風雅全編作『别』。

〔一三〕氣　龍眠風雅全編作『翠』。

〔一四〕佩若　桐舊集作『仲若』。

〔一五〕龍眠風雅全編題作『山居咏懷即事雜詩』。

〔一六〕歸　龍眠風雅全編作『來』。

〔一七〕株下　龍眠風雅全編下尚有『皆合抱』三字。

〔一八〕亦復　龍眠風雅全編下尚有『星羅』二字。

〔一九〕龍眠風雅全編下有小注：『謂捲掃下河也。』

〔二〇〕龍眠風雅全編下有小注：『糧舟膠，則入水舁之。』

〔二一〕莫　龍眠風雅全編作『争』。

〔二二〕龍眠風雅全編下有小注：『高低佛像因石鑿成。』

〔二三〕龍眠風雅全編下有小注：『中峰。』

〔二四〕龍眠風雅全編下有小注：『偶閲金陵梵刹志。』

〔二五〕桐舊集題作『送張敦復姑丈假歸』。

〔二六〕問　桐舊集作『卜』。

〔二七〕早　龍眠風雅全編、桐舊集皆作『穩』。

〔二八〕息　龍眠風雅全編作『際』。

〔二九〕兩朝清要　龍眠風雅全編下有小注：『在先帝朝，由庶常改授桓中。今上即位，累遷副憲、少司馬、少司寇、總憲、尚書。』

〔三〇〕戴名世年譜載：『原名名世，字田有，號藥身。』中華書局二〇〇四年版。

〔三一〕長　龍眠風雅全編作『多』。

卷八

曾旭

字愛九，號長汀。康熙戊子舉人，授巴州學正，雍正癸卯雲南同考官，甲辰陝西同考官。其先世閩人，流寓於桐，居南山九蓮社傍。今其地名曾莊，先生之墓在焉，年久漸磨滅，里人史熾等爲建碑。著有桐子山農集鈔，古近體詩四百餘首，沈鬱哀感，神似少陵。日久版片無存，藏本亦絶少，而邑志藝文志且誤爲張曾旭著，是里中人士幾不知有曾先生矣。桐鄉舊詩之選，所以不容緩與。

古詩

礧礧孤生松，結根高石岡。寄託匪不尊，易與纏冰霜。何如李與桃，冉冉生道傍。

伊傅不復見，管樂豈同流？所志在淡泊，聞達焉足求。遇主不遇時，千載成悠悠。望古一長慨，惜哉吾武侯。

文帝不好文，武帝不好武。文帝真好文，賈生登臺輔。武帝真好武，山中誰射虎？望古一吞聲，沈寃訴誰與！

自古多英雄，往往異成敗。成則爲楨幹，敗則爲草芥。即如漢姜維，寧不如鄧艾？成敗一朝殊，功名昭法戒。每讀季漢書，亦爲發深喟。

謁武侯廟

下馬錦城南，摳衣拜名世。莽莽莘桑荒，寂寂渭川逝。千年架漏場，補苴規一切。先生卧南陽，慨然矢匡濟。管樂豈其倫，自比有深意。春秋大復仇，尊王申正義。翳彼雜霸流，名猶光傳記。以此吟梁父，默默寄斯志。感遇許馳驅，風雲動天地。蜀井一憑闌，飛光耀赤幟。豈知煉石勞，又當天帝醉。揮劍指長空，秋風將星墜。惜哉伊吕儔，成功輸仲毅。生才自古難，況兹王佐器。空勞六丁甲，長守陣圖秘。我欲叫閶闔，吁嗟雲路蔽。

鷄鳴高樹顛

鷄鳴高樹顛，月落星在天。遊子披衣起，呼鐙趨早前。拂去鞍上霜，拾起地上鞭。疲馬戀殘草，出門頭迴旋。遊子寄前程，敢復懷晏眠。

咏懷雜詩

步出齊東門，泰山何高哉。長空無片雲，千里青嵬嵬。我欲陟其巔，一嘯開心懷。自顧無羽翼，汨落漬塵埃。

驅車大梁道，習習悲風生。嗟彼兔園客，遭時遇王明。憑軒一賦雪，遂擅千秋名。士不附青雲，頭角空峥嶸。何怪彼時髦，聯袂日營營。

天上何所有，箕斗燦成行。美名不適用，歷歷空爾明。千金享敝帚，貴在取其長。黔驢放山阿，其形非不龐。不乘而禦虎，技盡於一鳴。灞橋風雪中，蹴踏殊昂昂。

汲水行

兒抱甕，母操綆，夜深人静出汲井。道遠力薄瓮初盈，霜天月落鷄亂鳴，飛水濺衣冰有聲。吁嗟斗水亦何直，我生命苦慳涓滴，母子相持一路泣。

晝夜嘆

夜嘆不嘆居無廬，晝嘆不嘆出無車。父棺六載委荒草，枉讀參軍相墓書。晝嘆不嘆饑無食，夜嘆不嘆寒無衣。有姊遠嫁荒江畔，家貧道遠不異歸。以此終年淚盈把，一痛先君一思姐。安得死者入土生者來，頭白孀親笑口開。

鸚鵡洲

鸚鵡洲，草斑斑。禰衡墓，在其間。黄祖性急曹操奸，造物生才豈不難。生才豈不難，居才須有道，天下愛才人不少。狂生自取殺身殃，君不見鸚鵡之戕坐舌巧。吁嗟乎，楊德祖，孔文舉，當時才士多如許。

石缸行

明崇禎十七年，賊張獻忠犯蜀。夔守將趙榮貴棄城西走茂州，知州羅銘鼎以其潰將不納，榮貴遂圍城。銘鼎妻歿氏畜水石缸中，城陷，棄三子，倒浸水中死之。今缸存州廨，青石堅好，鐫志完如。銘鼎，雲南舉人，後爲獻忠僞副使。

蠢爾潰將，僨軍西來，孤城環甲胡爲哉？吁嗟乎，飛矢成堆，戰鼓如雷，我心孔哀。一解。夫州守，妾命婦。夫民父，妾民母。妾之生，夫之醜。二解。泣呱呱，懷中兒。繞膝兒，争棗梨。呢喃雛燕處堂帷，迴腸寸刲。三解。重城陷矣，賊入城矣。碧海青天，予將逝矣。千載一時兮，勖哉夫子。四解。水淙淙，鳴清江。引清流，注石缸。心匪石，不可降。歎缸兮，不成雙。謝夫君，獨倒撞。五解。

恭送大人之蓼州

白盡頻年髮，風霜又遠遊。半生家國恨，千里稻粱謀。去住心同切，田園志莫酬。西山薇蕨少，何計守瓜丘？

再拜長鬚僕，晨昏代我行。服勤須有禮，就養在長情。不盡牽衣泣，慚聞反哺聲。客中寒入易，歸計蚤經營。

示　妹

可憐天地内，骨肉只三人。繞膝還憑若，長衣垂老親。傭鍼資活理，借米恃比憐。也解淵源意，含辛問八閩。

雅州雜詩

萬里古橋東，輕舟指蔡蒙。旂翻金馬雨，江轉石犀風。過眼悲陳迹，回頭失故宫。無情衣帶水，送客只匆匆。

舟人喧隔夜，朝渡虎灘高。夾岸森星石，中流轉雪濤。剥椶牢續纜，選竹健爲篙。行路難如此，爲生亦太勞。

路轉忽深洞，沮洳飛細泉。陰風吹太古，積雪自何年。蒼壁蛇縣蜕，空潭蜴吐涎。定應魑魅藪，毛骨自森然。

山風忽吹帽，野菊欲成花。又是重陽近，頻催客鬢華。雲霄迷鸛鶴，天地老蒹葭。作底消清晝，空庭數過雅。

送錢田間先生赴宛平相國之招

黄閣開筵迎父執，白頭騎馬客京華。卻憐少日八叉手，孤負春明萬樹花。老去才名更誰道，往時心事豈深嗟？此行知爲傳書出，屈指秋江看晚霞。所著易學、詩學、莊屈合詁及詩文全集數百卷，王門諸公謀爲刊布，故有此行。

過李芥須先生墓

一抔荒土亂山巔，野樹青青咽杜鵑。海内有詩傳白傅，隴西無子繼青蓮。輸將半世浮雲累，結得三生孤鶴緣。寒食何人來上冢，不通名姓自焚錢。

過徐昭法先生澗上草堂

虎丘昨拜誠臣廟，謂尊公九一詹尹。澗上今過節士居。白屋巋然存劫後，青山無恙是秦餘。君親命寄雙蓬鬢，日月光懸一草廬。莫只雲中認鷄犬，須知苦節異逃虚。

登成都城樓

蜀道西盤路十千，岷峨遥峙錦城邊。天垂瀛海一泓水，秋散梁州數點烟。青鳥不通雲外信，紫霞空憶望中緣。此身多故長爲客，腸斷蘇君二頃田。

漫　興

孤帆憶昨下峨岷，水繞三千盡要津。到處亭臺惟見鹿，幾經城郭不逢人。瘡痍滿眼須加拯，旃毳連山足損神。且喜中丞能静鎮，起衰應更任才臣。

關隴茫茫華嶽西，西秦王氣久凄迷。春風渭水漁何有〔一〕，秋草昭陵馬不嘶。海内甲兵三輔勁，斗南星象隔年低。遥知大獵陳倉日，定向祠堂見碧鷄。

險扼洪河砥柱尊，安流百代禹功存。曾聞周鼎營□闕〔二〕，尚見唐銘勒鬼門。洛口倉中資盜餉，中州貢舊達咸原。聖明開濟須當急，痛哭何人肯盡言。

臨淄十萬户縱横，縣耜家家春鳥鳴。爲雨空瞻東嶽石，靈風不下女郎旌。燕歸民舍悲無主，鼠耗官倉輒有名。滄海遼城通一望，島間或恐遂深耕。

病中雜詩

中秋無月已堪悲，况復淒淒抱病時。十日未能親酒盞，一魂不斷有鄉思。餘情盡付他生夢，伏枕頻成絶筆詩。可笑半生穿望眼，京華滋味僅如斯。

稜稜瘦骨日頽摧，僮僕欺人喚不來。病葉戀枝吟霧雨，孤鐙如豆耿寒灰。若教死去憑誰證，縱得生還亦可哀。不是半生重朋友，殘軀久合委塵埃。

十年客路歷崢嶸，不死天隅死帝城。後事可憐勤執友，聞胡書百、左洛三經紀櫝木、絞衾備至。未完只合怨多生。如蒙好義歸吾骨，便乞雙親共一塋。想到百年無主祀，林猿先有斷腸聲。

一病郎當入暮秋，前情重憶曷勝愁。臨池自笑牂羊首，顧影還深塞馬憂。細雨空廊吟蟋蟀，孱魂昨夜夢松楸。朝來倘遂歸休望，願乞官田佃一丘。

家書至知内人於去秋舉子志喜兼報弢采

五十九翁方有後，乍聞翻使淚盈襟。昨宵顧影悲猶切，此際思歸意轉深。青史果然延墜緒，藍田幸未易初心。昨赴蜀，弢采送予詩，有云：『青史家何寄，藍田玉未遲。天留書種在，君豈得無兒？』頃因家問久乖，力勸予買婢。方徘徊間，而郵書適至。梁間紫燕呢喃語，亦爲居停送好音。

京江懷古

金鼇山激怒潮鳴，尚似韓王戰鼓聲。南渡以來惟此捷，北人歸去竟何情。江風不斷黄天蕩，暮雨長酣鐵瓮城。一自虜廷成獨返，將軍半壁枉勤兵。

山　市

樵路細通村，臨流山市冷。時有沽酒人，穿雲上寒嶺。

欲　别

相逢何草草，欲别已蕭蕭。終古傷心地，成都萬里橋。

鄉心

漳水東流去，北風吹面寒。鄉心如落葉，一夜滿長安。

漕河舟中絶句

水涸晨待放，小駐清淵滸。坐看北旺雲，去作南旺雨。

竹塢訪文山人

竹塢春風萬壑哀，山人長守讀書臺。階前一樹𧑅蜂桂，曾見歸耕宰相來。迺祖文肅公初忤璫削籍，朝士繪忠孝歸耕圖送之。

哭徐壻

老泪寧知及汝身，枯腸寸斷若爲陳。百年華屋山丘日，誰向西州哭故人？

涇州道上

山川繚繞古回中，玉石俱焚甲帳空。獨有茂陵原上草，年年憔悴泣秋風。

張桓侯墓

漢室河山在閬州，千年生氣凛松楸。韓彭無地埋寃骨，輸爾巴鄉土一丘。

高　瑝

字庭珂。居桐子山南，曾旭之妻弟也。少隨旭入成都，年雙峰制府愛其才，延之署，欲爲之地，未幾卒。旭哀其死，檢其蜀遊詩草七十餘首刊之，蜀南董新策爲之序。

夢　歸

江南三尺雪，西蜀不知寒。日月雙丸小，乾坤萬里寬。如何三峽路，忽見舊林巒。驚起還家夢，輕舟上急灘。

雨夜

細雨孤舟夜，篝鐙溼不明。一瓢殘歲酒，萬里故園情。山色昏餘景，灘聲急轉清。荒江更漏絕，唯聽水禽鳴。

感懷

醇醪拚痛醉，難解客中愁。一女纔黄口，雙親已白頭。不因山水興，肯逐宦人遊。蜀道青天遠，何時到益州？

登晴川閣

大别山横楚塞東，晴川虚閣聳層空。武昌山色寒烟外，漢口人家返照中。雲樹千重明斷續，江天一片碧玲瓏。登臨莫話興亡事，閒倚蘭干咏晚風。

偕陶進士善長觀八陣圖

同來白帝荒山下，但見纍纍石子鋪。地起愁雲餘敗草，沙沈殺氣有啼烏。争言五月蠻夷漲，不改千秋八陣圖。只是老臣心一片，臨淵懷古獨躊躇。

吴元謙

字易光，號江村。國學生，居南山墨莊。

聚奎曰：先生遺事不可悉，惟邑志載其與弟易正及孫華農子、方澤、胡田等師事方閑阿先生。閑阿學宗宋五子，詩宗杜甫，師承有自。今觀其詩秋日感懷云：『一生酷信聖賢語，何日不招讒謗來。』閉關云：『伯鸞豈屑因人熱，無己何妨徹骨寒。』可以知先生之爲人矣。與弟易正俱工詩，今求諸其裔孫，僅得數篇云。

雜興

我羨山村中，人無輕薄態。兄弟事耕耘，亦復相友愛。女子紡績勤，不學施粉黛。卒歲有稻粱，款客足鮭菜。風俗盡如斯，敢曰非三代。

送别方林玉

破帽殘衫杖短藜，年年爲客鬢成絲。書生例合囊如洗，吾道原非俗所知。秋水鏡平堪返棹，飢腸雷動尚搜詩。歸歟坐卧匡廬下，應笑孤雲入岫遲。

冬夜同高桂邨話别

十年踪迹等飛蓬，車笠情深臭味同。是事可爲知己道，此心要與古人同。氣吞餘子何曾老，囊有新詩不算窮。且向夜窗傾斗酒，來朝分手各西東。

杜　鵑

劍閣還如舊，錦城花又飛。年年居異國，只是勸人歸。

春日閒居竹枝詞

打破蛛絲放蝶飛，剪除荒草讓花肥。清閒莫歎炊烟絶，雨過春山長蕨薇。

薄暮輕烟鎖曲欄，輟耕牛自入柴扃。牧童倦卧長松下，野鳥枝頭唤不醒。

吴元豐

字易正，元謙之弟也。著有碧山樵者詩鈔。

一片石

懸崖一片石，苔蘚韞奇質。斵削置廟廊，適用等圭璧。苦遭棄置石無言，年年風雨山頭立。

都門感懷

故鄉歸未得，愁思滿長安。眯眼塵沙重，漫天風雨寒。客懷無處達，古調向誰彈。惟有籬邊菊，霜枝耐獨看。

懷左稚卿

幕府搜才到薜蘿，往來三載歷風波。明珠盤裹分魚目，美錦機邊製芰荷。刀尺壓牀閒不得，尊蘆上市思如何？舊山剩有泉清冷，未許相陪策杖過。

雜詩 選一

倦鳥飛偏遠舊林，松杉孤負歲寒心。遥知秋樹根邊路，舊雨不來苔蘚深。

咏柳絮呈蘭墀

官閣詩人杜紫薇，唱酬能使客忘歸。閒愁擲向燕臺柳，化作漫天絮亂飛。

方澤

字苧川，號待廬。生有異稟，以文學名於時。蚤與同里姚範、葉酉、王洛、胡一孚等號『龍眠十子』，又與周振采、沈德潛等稱『江左七子』。嘗與秦大士、王鳴盛等爲秦淮文匯，合兩江名士五百餘人。年五十，始舉優貢，入都爲八旗教習。歲滿，詔以知縣用，不就，居魯硔山。

龍門紀遊 選一

白傅孤墳在，樵蘇任庶黎。有詩憑鬼唱〔三〕，無樹著鶯啼。夜月亭空敞，春風草又萋。我來千載後，釃酒重含凄。

七夕次李春坊韻

暑退煩襟漸欲删，風林永夕共乘閒〔四〕。星横碧落銀河畔，秋在空庭緑樹間。昌谷詩情增悵望，蘭成賦思動鄉關。澆愁酒滿君休勸，料解金龜换不慳。

岳陽樓

高臨城上枕湖邊，樓外湖光湖外天。渺渺愁予千古後，蕭蕭落葉九秋前。鄉關牢落闌孤倚，朋輩招攜景暫延。一曲皇㛈休掩口，洞庭張樂本虚傳。是日觀劇。

旅　夜

索米長安倦薄遊，南轅復此悵依劉。風鐙老屋青油幕，雨柝荒江黄篋樓。歸夢有時乘款段，落花何處叫鈎輈。漢津皖口纔千里，籬菊猶能訂九秋。

送張廣文署滿還鄉次家息翁韻

晴江浩蕩接平湖，緑縐微波濺碎珠。三尺黄旗秋晚挂，西風瑟瑟滿菰蒲。

曉　發

三宿潯陽晚放關，起來身在浪花間。回看已失匡廬面，青入船窗是楚山。

進襄河

微皺水面午風和，數點隨風拂水過。三月晴空忽飛雪，沿堤人種緑楊多。

抵　皖

祇距家山十舍中，水程猶半曉推蓬。西風一陣吹殘雨，日影江樓見皖公。

方　源

字紹川，亦字振川。少從兄澤學，爲詩、古文辭，不屑攻舉業。性孝友，兄客都門卧病，先生在金陵聞之，奔赴湯藥，不遠千里。居魯碪山，所著有非非吟一卷。

宿屯溪

蹈遍崎嶇路〔五〕，屯溪別有天。高峰侵夜月，緑水濺晴川〔六〕。中有蒼髯叟，相逢黄石邊。挑鐙論往事，漏盡不成眠〔七〕。

懷大兄都門

木落山容老，風高雁影寒。數行音問闊，萬里夢魂難。骨肉情無限，星霜鬢欲殘。黄金臺下客，大被十年單。

徐鴻喆

字夔音，號半山，縣學生。力學，能文章，事親以孝聞。始居城西之范莊，既遷龍眠，晚隱魯碪。著有十笏山房詩集四卷。

雨後偕周魯柏潘穆仲東郊晚步

未妨新霽雨，整履步郊東。潭黑魚翻白，山青日射紅。一橋危跨石，雙鷺弱低風。判醉黃公酒，當前景莫空。

秋庭悼懷六兄

獨坐思何極，經秋恨不同。雲低愁斷雁，雨暗泣鳴蟲。荆樹庭猶在，池塘夢已空。虛堂慘無色，繐帳起悲風。

過龍井崖

我愛此崖好，蟠溪有卧龍。瀑飛千歲雪，潭響萬山鐘。野樹參雲緑，幽花綴露濃。膏肓沈痼客，選石倚長松。

大觀亭次葉大中丞原韻

天地曠無際，江亭百尺高。吴山入屏障，楚水壯城濠。半壁封疆固〔八〕，千軍守護牢。輶軒駐元老，登眺不辭勞。

懷　舊

徘徊三徑繞東籬，绿竹黄花對倚誰。中散故人餘向秀，伯牙知己失鍾期。春風獨把聽鸝酒，曉雪孤吟放鶴詩。束髮素交零落盡，草堂暮雨意凄其。

待遇兒長沙不歸之作

衡峰南望碧嵯峨，登覽茫茫興若何。五日浮舟悲屈子，千年斑竹弔湘娥。情深故里詩囊富，迹滯他鄉酒券多。浪訂歸期書滿紙，猿驚鶴怨北山阿。

白門晤秋浦吴勝鎰

江北江南隔郡封，石城風雨聚萍踪。我家桐邑三坡嶺，君隱池陽九子峰。諾重千金追季布，氣高百尺駕元龍。連牀幾許論心夜，旅館孤鐙古寺鐘。

雨窗書懷呈魯柏

下堂聊掩讀書關，屐齒疲緣飽看山。落葉打窗秋不斷，滿庭涼意雨聲閒。

劉中芙

字馭寬，號紫峰。諸生，世居孔城。少孤，事母至孝，屢薦不售，遂無仕進意。殫心古學，與胡宗緒、周大璋、姚範等討論經史。嘗舉優，以母老辭不就。所著有學古集四卷、學吟集十六卷，年久稿散佚。里人程恩綬出家藏學吟集二卷，僅五七言律詩，擇登二首，以存其人。

望梅樓

突兀白雲齊，窗開望不迷。地卑山拔起，天峻浪翻低。巨艦浮蓮葉，鳴潮奪鼓鼙。欲窮千里恨，何待別升躋。

自　適

無才那合着宫袍，白髮青山興頗高。吟傍梅花香入句，書臨蕉葉緑沾毫。繩牀無夢遊三島，野鶴何心唳九皋。欲覓苔磯垂釣去，鄰翁許伴泛輕舠。

馬庸德

字汝行，世居龍眠石門冲。幼入京師，才思敏悟，寄順天籍，遊太學，有聲久之。授官雲南晉寧州，後以疾卒於京邸，無子。所著有石門山房集四卷。

古　意

所親在四方，飄萍無定處。非不數寄書，遊子渺難遇。歲晚多疾風，黄葉落枯樹。望遠無人歸，烏鵲故相誤。

宿栖雲閣

夙聞蒼山好，今卧蒼山雲。蒼山十九峰，峰峰鬱氤氲。客子見山色，山意如相親。況向山中宿，溼翠披紛紛。薄暮日將落，霞起珊瑚殷。二更挂海月，清光望無垠。夜深方假寐，石壁天鷄聞。扶桑倐倒影，小閣浮金輪。偶作名山遊，忽與下界分。願得十日住，洗此千斛塵。結念在溪壑〔九〕，企慕匪仙真。會當謝人事，相從猿鶴群。

喜晤族兄馥賢

二十年前記把杯，龍泉寺裏對寒梅。萬山乍見秋將晚，雙鬢驚看雪滿堆。湖海放歌豪氣在，蠻荒作吏壯心灰。從今兄事兼師事，特向天南共被來。

偶成

春曙鳴鳩拂檻前，飛花似雨惜流年。薦先豆減悲家薄，感事詩成畏客傳。上相名園餘破壁，功臣生面黯凌烟。繁華一往皆零落，歌哭何時返故廛。

戴澤

字説揚。邑諸生，居戴家冲。工制藝，有聲庠序，間赴南闈，嘗以第一人薦，主試擬置第三，同考官争之，竟被黜。遂隱居不復求仕進，一時知名士多從之遊云。

送人之浙

征帆千里挂迢迢，此去音書兩地遥。惟有寸心隨逝水，送君直到浙江潮。

太白樓

青蓮騎鶴去千秋，誰復扁舟采石遊？我欲登樓招鶴返，白雲横截大江流。

潯陽秋夜〔一〇〕

碧天如水暮雲開，孤客思鄉首重回。千里龍眠山下月，爲誰今夜渡江來。

吴中伋

字伲思，號石玖。諸生，居孔城。性端方，舉動必以禮，雖溽署〔一一〕，非衣冠不與人接，同輩皆嚴事之。

卞忠貞公墓

浩氣崚崚蔭石頭，一腔熱血付寒流。墓門倘有忠魂在，應使沙場鬼魅愁。

許元英

字子俊。居官山，康熙時布衣。

贈余昌符先生〔一二〕

茅屋居偏好〔一三〕，閒閒處士家〔一四〕。庭栽陶令菊，圃種邵平瓜。翡翠穿芳樹，倉庚啄落花。況逢家釀熟〔一五〕，不用向人賒〔一六〕。

小窗初起即事

日上三竿鳥語喧，披襟閒咏小窗前。消愁蘇子三蕉酒，足食王通十畝田。慵與俗人談世事，喜同知己醉芳筵。吾鄉多少鳴珂客，近似班生附列仙。

咏淮陰侯

漢業承天楚業墟，將軍鮮血染宮衢。早知漢室多猜忌，不若終身只釣魚。

崔喦

字篠室，號可髡〔一七〕。國學生，居南山。襟懷灑落，無世俗齷齪之態。家貧，以教授生徒自結。爲詩不計工拙，以自適性情爲主。興酣落筆，旁若無人，或譏其狂，弗計也。所著有牛鐸長長集。

過龍門洞

秦山何嵯峨，秦路何偃蹇。曾聞蜀道難，未若此地險。兩山立峭壁〔一八〕，飛泉自迴轉。天恐絶人行，別開路一綫。古木蔽遠天，浮雲生人面〔一九〕。哀猿斷續聞，猛虎遠近見。泉聲響若雷〔二〇〕，冷氣侵如箭。九死一生處，胡爲來此縣〔二一〕？

閶門別六兄

欲別不忍別，登舟復下舟。可憐難盡意，都是後來愁。我爲先塋去，君因薄宦留。金閶門外水，一半泪痕流。

悲　秋

霜重秋山冷，烟昏曉日陰〔二二〕。疏籬僵粉蝶，寒水立幽禽。野渡人踪少，空林寺影深。茫茫天地闊〔二三〕，何處寄愁心？

天冷暮雲低，寒蟲白晝啼。風聲多自北，日影易移西。野鳥翻黄葉，山狸飲碧溪。瓜藤甦雨力，未肯便鋤犁。

送二姪之漢陽

一貧何至此，故里苦難留。十載方歸客，孤身又遠遊。疲驢風雪路，枯柳短長愁。送爾難爲別，相看但泪流。

朱耀

字暮亭，號晚山。諸生，居演武亭。

秋雨張位參以詩見懷依韻寄答

已聞鴻雁來，又見黄花落。獨坐正蕭條，凉風入高閣。老樹卧蒼龍，空巖唳孤鶴。幽懷時耿耿，大雅其誰作。嗟哉故人情，亦復悲離索。寄我瓊瑶篇，長歌答丘壑。

登炮臺

烽火當年地，衣冠此日遊。人烟生晚市，楓葉帶殘秋。城郭金湯固，干戈血戰收。登臨無限感，斜日射西樓。

同友人郊外閒步

與爾俱無事，相攜郭外過。林紅霜氣重，嶺斷白雲多。古井留仙迹，荒園半女蘿。臨流一長嘯，落日雁横波。

遊古塘安氏園林

林間朝日出，郭外雨初晴。秋老山容瘦，烟寒水氣清。松杉樵客徑，鷄黍故人情。莫惜今朝醉，秋霜鬢易生。

攬翠樓宴集

風雨重陽後，登樓興不窮。人家秋樹外，山色夕陽中。寒笛吹荒戍，遥天飛塞鴻。狂歌共諸子，閒醉菊花叢。

同方衡山張野人過王魯峰夜話感賦

鄰居來往易，相聚愛清閒。但覺詩懷曠，焉知世路艱？寒風生夜雨，秋樹老空山。可嘆林間鶴，飛鳴不肯還。

次方廷舉中秋過訪之作

令節不歸去，秋風花徑深。援琴彈一曲，餘響在前林。仰首碧天際，陰雲愁我心。情隨江上月，飛照白雲岑。

過廢園

荒城古冢斷墻東，落葉蕭蕭一院風。竹徑鳥啼花事少，歌樓人散夕陽空。畫堂剥落巢鼯鼠，芳草淒凉卧牧童。獨有亭前楓樹好，經霜猶似昔年紅。

贈友

七十年來事遠遊，風霜飽歷白盈頭。淮陰城外嘶征馬，西子湖邊繫客舟。誰念舊情酬一劍，忍看春色冷于秋。送君今入黄山去，目斷愁雲江水流。

鄧春

字大啓，號問梅。家貧力學，至老不倦。年六十九，補博士弟子，中乾隆戊辰科副榜，癸酉恩賜舉人，居孔城。著有問梅詩草。

秋夜同楊暄谷賦

當年意氣爲誰雄，垂老惟餘半畝宫。夢裏飛身探月窟，樽前試劍斫秋風。雲翻雨覆悲時事，鷁退鵬飛任化工。且向夜窗拚一醉，相逢莫放酒杯空。

泊牛渚

雲静天空澹所思，清秋人在遠江湄。蕭條牛渚磯邊月，深夜如聞咏史詩。

吴　躍

字觀瀾，號蔭泩。歲貢生，工制藝。家貧，教授生徒，歲凡數十人，承其指畫者多一時名諸生。性閒散，絃誦之暇，輒與野老牧童課陰晴話桑麻以爲樂。生平不嗜吟咏，故存者絶少焉。

六十初度示門人二首

雙丸跳擲去來頻，摧得流光逐歲新。幾處岡陵聞善禱，誰家松柏有長春。十年生計家多累，萬里名途遇又屯。玉軸金書增笑柄，翻令老大自傷神。

義方此日隔風烟，回首趨庭意黯然。馬鬣土封褒未得，龍鍾人老念徒懸。採芝漫逐商山叟，對策深慚漢代賢。多謝諸生能好我，介眉佇俟古稀年。

魏　書

字載先，自號癡子。耽吟咏。所居小樓顔曰「可雪」，旦夕讀書其中，非其人弗得見。居孔城。著有可雪樓詩一卷。

春日閒居

東風吹雨入窗寒，楊柳千條拂畫欄。身懶每貽兄弟笑，性狂偏博友朋歡。醉眠花月三杯酒，閒坐溪橋一釣竿。疏食布衣能到老，園林瀟灑勝朝端。

校　記

〔一〕漁　桐舊集作「魚」。

〔二〕□　底本漫漶，桐舊集作「伊」。

〔三〕桐舊集下有小注：「李長吉集：秋墳鬼唱鮑家詩。」

〔四〕乘　桐舊集作「蕭」。

〔五〕此句桐舊集作「踏破谽谺路」。

〔六〕此二句桐舊集作「兩峰青障日，一水緑連川」。

〔七〕此句桐舊集作「投契覺忘年」。

〔八〕封　桐舊集作「巖」。

〔九〕溪　桐舊集作「丘」。

〔一〇〕秋　桐舊集作「客」。

〔一一〕署　當作「暑」。

〔一二〕桐舊集題作「過友人留飲」。

〔一三〕居偏好　桐舊集作「依山徑」。

〔一四〕閒閒　桐舊集作「幽閒」。

〔一五〕況逢　桐舊集作「自封」。

〔一六〕向人　桐舊集作「隔村」。

〔一七〕可髠　桐舊集作「勿庵」。

〔一八〕立峭壁　桐舊集作「如壁立」。

〔一九〕人　桐舊集作「覿」。

〔二〇〕泉　桐舊集作『瀑』。

〔二一〕此二句桐舊集作『一步一心驚，胡爲來此縣？九死一生處，奔馳何所羡』四句。

〔二二〕此二句桐舊集作『霜冷秋山净，天寒曉日陰』。

〔二三〕此句桐舊集作『望隨天不盡』。

卷九

吴藎

字耔雨，號太癡。邑諸生，世居南山墨莊。少穎異，工詩、古文及制舉業。屢薦南闈不售，遂退居教授鄉里，講明宋五子之學，以正誼明道爲己任，學者多歸之。所著有太癡生詩文集、悼亡篇一卷、樂府二卷。

聚奎曰：先生，余大父小衡府君之師也，所著以家貧未獲付剞劂氏，歲久，全集散軼無存。兹選所收皆先大父所手録者，固不足以盡先生，然嘗鼎一臠，亦可以知味矣。

古别曲

喔喔寒鷄鳴，盈盈别酒傾。嘈嘈膝上絃，凄凄腸斷聲。男兒志遠略，妾敢言離情？拚妾好顔色，任君成功名。

出塞曲

仗劍争奇勳，萬命一朝絶。窮塞草頭冰，將軍身上血。漢皇赫然怒，誓掃腥羶穴。驅士臨朔風，寒刺肌膚裂。涉險難生還，故鄉永訣别。舊鬼邀新魂，同哭天山雪。

古别離

輕風弄柔卉，細雨濯垂楊。融融春意遠，綿綿古道長。今日秦與越，前日鸞與凰。驊騮君得意，芳華妾斷腸。腸斷關山月，夢魂無休歇。朝泪染華裾，暮泪侵羅襪。持妾匣中鏡，照君客路顔。君顔如未改，君行且勿還。

將進酒

君不見，驪山之側北邙之隈，秋風吹草枯根荄。仙車不可駕，高冢鬱蒿萊。又不見，怪梟夜哭燕昭臺，英豪白骨化寒灰。人生望古興長嘆，不如及時一瀉鸚鵡杯。芳筵纔布發長嘯，明月爲我東方來。彩霞瑞霧相追陪，珍珠百甕羅庭階。香氣氤氳生麝煤，勸君且醉莫含哀。鄧禹功名亦儌倖，霍光勳業俱塵埃。醉鄉差足容吾輩，樽前豈惜玉山頽。男兒生當姹女罏邊睡，死可劉伶冢畔埋。

空城雀

空城雀，身寄空城荒草叢。自謂野田有黍伏機械，不如潛飽空城蒿與蓬。健兒射獵彎强弓，飛揚不讓羽林雄。蒼鷹黄犬紛雲從，快馬電疾西復東，鮮毛濺血灑寒空。翡翠已盡鴻鵠窮，行將覓爾空城中。

病婦行

病婦不可復起，欲與夫子一言，夫子病復纏綿。一壁閒之，我不能就，夫子不能前，倩人與語泪潸然。自我爲君婦，空囊無一錢。上堂愧甘旨，所餐粥與饘。同病復經歲，我更就黄泉。朝索飯，暮索襦，誰與周旋？君勿思我，使腸如絃。君善自愛，妾命當然。答曰生何爲兮，死亦可悲。典盡嫁時服，覆爾無寸絲。三年勞汝理家室，不能送爾山之陲。賢哉兄與嫂，念爾生苦飢。恐爾死去鬼餧而，嗣汝三歲兒。人生既至此，爾去勿復悲。我病倘復得生理，千秋萬歲長相思。

行路難

黄河非巨浸，蜀道無崇山。黄河蜀道歷今古，遊騎行舟幾日閒。行路難，行路難，崎嶇世路可長歎。對階尺寸千尋峻，覿面風波萬里寒。通都虞網懸難避，暗室金丸巧欲彈。我將上登大羅之天叩天帝，乞瀉銀河不渴之波瀾。洗此人心險與奸，盡捐蕭艾佩椒蘭，秦越相逢亦結歡。揮手出門天地寬，舟車到處報平安。

長相思

長相思，寸心輾轉無已時。牛女亦自悲離别，銀河迢迢渡有期。獨此香閨鸞鳳侣，化爲北邙松柏枝。北邙長卧呼不起，土花凝碧春風死。愁城直壓太山巔，泪波欲漲黄河水。

東家嘆

西家有嫫母，弄粉塗脂不言醜。東家貯阿嬌，自然蛾眉夫壻嘲。從古妍媸隨俗目，西家歡笑東家哭。

廬江道中

釀雪天將晚，凄凉白草原。雲低山欲合，風急樹如奔。野色寒侵面，人家閒閉門。鞭梢遥指處，梅影動前村。

哭張弼宸

老友凋零盡，衰年更哭君。怕聽樓外雁，愁對嶺頭雲。死去琴書在，生前鸞鶴群。從今風雨夜，無復共論文。

送左石僑作尉赤城

雁作江南客，人方塞北行。一官依日月，萬里累功名。莫惜腰頻折，聊將禄代耕。仇香今不作，珍重鳳鸞鳴。

楊升菴

仗義寧辭首逆鱗，逢迎當日笑諸臣。投荒幸異覆巢卵，顧影應悲衰世麟。滇海有書消壯志，巴江無恙泣殘春。可憐七十猶行戍，萬里風烟老此身。

雨夜書懷

雨打西窗欲睡時，幽懷惟許短檠知。荒田水漲鳴姑惡，野樹春深叫子規。破泣有權終賴酒，醫愁無藥但吟詩。何當自荷長鑱去，獨向雲中斸紫芝。

哭寓軒二兄

天不憐才命已休，雄心長此付東流。竟難塵世逢青眼，更促浮生未白頭。後福只成家室累，兄有『侈談後福給妻子』句。病軀猶爲稻粱謀。遺編收拾餘殘血，百首詩緘萬斛愁。

志　感

對酒悲歌但撫膺，十年身事竟何憑。名場已等蕉中鹿，壯志今同水上罾。吟苦鬢分朝樹雪，夢孤愁結夜窗燈。長號伏櫪哀騏驥，暫遇孫陽我未曾。

偶成

典盡琴書不礙狂，小窗時嗅筆花香。愁城任似千層石，英氣還如百鍊剛。尚信古人憐馬骨，敢疑世路盡羊腸。放懷且倒杯中物，醉把吴鈎淬雪霜。

古别曲

漫笑離情不自持，驪駒行處即天涯。郵亭卧聽瀟瀟雨，是妾啼痕化血時。

昭君

紫臺人别漢家春，天子休嫌畫未真。留得蛾眉靖邊塞，可知延壽是功臣。

送友人之粤

儋耳珠厓昔瘴鄉，今爲樂土可徜徉。江南一路多飢殍，馬上回頭泪幾行。

金陵懷古

王氣全消秋氣悲，鍾山猶自碧參差。荒陵烟鎖無人到，一片殘碑卧牧兒。

水平如鏡月如霜，長板橋頭夜未央。一代風流消歇盡，寒花猶作美人香。

方績

字展青，一字青展，號牧青。邑諸生，大令澤之孫也。十歲讀項羽本紀，頃刻成誦。長爲文，師事劉學博大櫆、姚比部鼐，超古邁時，居恒校定諸子史傳百家藝術，整齊脱誤，是正文字，手所抄録凡數百卷，皆端正無潦草。少居魯硔山，中年入城。所著有經史劄記、鶴鳴集、牧青古文、屈子正音諸書。

感遊子

寒山倚斜暉，翔鳥投林飛。客子將遠行，身着母縫衣。辭別語過痛，我見爲涕揮。負米固爲養，寧償倚閭欷。去路無一步，言告但言歸。

四十九年非次前人韻示兒樹

昔太白有詩云：『四十九年非，一往不可復。』東坡及此年和之。余今亦四十九年矣，復次二公韻。

老枯何足悲，少已如冬竹。百年水中影，見之不可掬。太息前賢非，寧止兩公獨？出身遊公卿，如投逆旅宿。客子惱主人，凄惶奚待卜。我幸未嘗往，迷途遠無復。亦復飽悔尤，敗轍屢尋覆。告汝其識之，爲仁信在熟。

月夜不寐

雨來瓦葉響，風定檐鈴止。空堂静復喧，蛩聲厭不已。抱衾不能寐，披衣坐還起。窗外何凄清，寒階如潑水。門低晏受月，斜光射衣履。内外悄無聲，惟聞婦嘆耳。於時過四更，浮冰冷侵齒。浮冰，月光也，用孟郊。衰羸便早眠，今宵偶如此。尊中有酒否，未問晨炊米。

賦齊山石呈池州席太守貴池韓明府

齊山之石吁可怪，簇簇玲瓏兼破壞。竅孔獅象箭貫肚，瘢凸羊猪病生疥。錐鑿驚看鬼斧工，位置妥識神才邁。連巖接厂蛟蛇居，幽洞玄磴魑魅界。呼吸夜霧起天雲，呑吐江風生地噫。天公生此非有意，戲與頑形爲狡獪。人情好異貴稀有，譬如觀魚奇比鲋。邑侯想學東坡供，太守擬作南宫拜。鞭驅倘可到南軒，萬金争買誠嘉話。登高欲躡前賢踪，看山還負詩人債。兩公亦是好奇人，誰爲此詩鐫倒薤。

四更起看月

夢驚雀噪烏催曉，起看樹色松横窗。東嶺二分吐殘魄，北斗七點横秋江〔一〕。花底露明螢火卧，墻根織對機女雙。常年風月夜皆好，暫時寂静心能降。坐聽鷄鳴鐘欲動，更檢書史吹餘釭〔二〕。

生日家人對酒

吾年未四十，憔悴類衰翁。不惜身先老，其如志未終。百年聊慰藉，同輩幾雌雄。薄酒宜成醉，盤蔬幸歲豐。

送人蜀遊

故園誰忍背，生事在他鄉。無計堪回首，臨歧一斷腸。嶺雲將雨重，津樹隔烟黄。何日經巫峽，愁心寄雁行。

夢在焦山結廬醒爲此詩

十年不到焦山寺，夢逐江聲下海門。到眼龍宫烟霧擁，誅茅鷲嶺鳥烏翻。亦知異境非人世，信托高居近帝閽。却怪郗超尚高隱，辨資轉共買山論。

雨後月出舟中望閣復成此咏

西山暮雨昏初霽，南浦飛雲晚盡收。地迴但看天在水，宵分正見月當樓。津邊燈火迷舟艦，檐際星光下斗牛。夜久無人獨高咏，露華霜氣不勝秋。

彭澤山水雜咏

諸峰迴合擁三關，一面門開江又環。彭澤三門負山，惟一門臨江。今古人文悲逝水，風塵事業飽看山。豈惟魚鳥親成伴？竟放春秋去等閒。還與西風約他日，更從西頂一躋攀。西山頂尤爲至高。

寓　嘆

艱難險阻味全知，遍歷酸鹹未療飢。四壁蕭然歸亦好，百年如此老何爲。秋風倘雪劉蕡涕，鄰笛都關向秀悲。那向桓家羨稽古，河汾也作衆人師。

讀史記雜書秦事

咸陽宫内草如茵，司馬門前鵲啅人。翁仲至今猶姓阮，祖龍何事竟移秦。東坡詩：『秦如馬後牛，吕氏非復嬴。』千年藝苑遺碑重，三户燒埸劫火陳。却笑東門兩黄犬，那知倉鼠會謀身。

春　興

一年復一年，一宿復一宿。庭前春草生，盡向愁邊緑。

閨恨二首

征鴻辭我去，云過洛陽道。何用寄郎君，應是當歸草。

妾寄當歸草，郎貽紅豆花。相思不相見，況是不思家。

送　别

緑綺紅燈宛轉低，夜深無計止鳴鷄。多情欲作長途草，千里隨君薦馬蹄。

書楚辭

楚人門巷芷蘭香，蚡昌開疆事已亡。只爲詞人死江水，千秋餘恨滿三湘。

江南春送人之江右

二月江南草欲齊，雜花生樹乳鶯啼。君行無定如垂柳，纔逐東風便向西。

江　邊

離家白髮已增新，灼灼江頭二月春。楊葉洲邊望楊柳，雨絲風絮最愁人。

許　節

字寶符，號信菴。歲貢生，英山縣訓導，居孔城。敦行博學，詩、古文辭、駢儷語俱有家法，下及制藝帖體詩賦靡不工。生平樸誠自矢，和易與人，交遊間終身無忤色。以乾隆丁亥補博士弟子，其任英山也，歷道光丁亥，年已八十六矣。重赴泮宮，一時推爲盛事。任英山四年告歸。年九十一乃卒〔三〕。著有鷄肋集十卷、咫聞録八卷、後録二卷。

客中感懷

我來當春初，繞屋看寒梅。我行猶未歸，梅花忽已開。流光若奔電，曾不少徘徊。良無金石固，能保霜雪摧。撫時一回首，百憂從中來。落魄事傭書，坐令朱顔頽。擲筆起長嘆，毛錐安用哉？

孤鴻北方來，營營何所求。徘徊集中澤，毋乃稻粱謀。澤中雖云樂，能無矰繳憂？弋人膠其絲，羅人張其罦。見色斯可舉，胡爲久淹留？寄言謝群鷗，將爲冥冥遊。

秋夜不寐〔四〕

欹枕聽蟲聲〔五〕，空堂已二更〔六〕。酒醒愁又至，燈燼夢難成。往事那堪憶，流年殊自驚。披衣還起立，窗外月華明。

送内兄袁雪舫入都

幾回思踏軟紅塵，凍合關河獨問津。三十年來初作客，二千里外遠依人。黄金臺畔風雲古，青鎖門前雨露新。此去搏飛須努力，高堂尚有白頭親。

清明閒步

蕭蕭兀坐動經旬，曳杖來過古渡濱。殘雪漸消泥尚滑，輕烟乍起柳初匀。道傍列冢多新鬼，客裏看花少故人。獨對東風頻徙倚，等閒又負一年春。

過揚州

複閣重關控海隅〔七〕，江淮形勢鬱盤紆。岡巒地脉潛通蜀，牛斗星躔半入吴。東閣風流何水部，西京人物董江都〔八〕。我來攬勝更懷古，莫謾重尋舊酒壚。

浮山雜詠 選二

仙人牀

峨峨仙人牀，上有仙人枕。我欲借之眠，難禁風露冷。

無字碑

盤古立此碑，欲紀開闢事。蒼頡猶未生，那得有文字？

真州懷柳屯田

香詞誰唱柳屯田？仙掌荒墳鎖墓烟。最是依依楊柳岸，曉風殘月似當年。

楊州戲贈李天穜

清歌猶憶杜韋娘，一曲春風枉斷腸。二十年來俱老大，可堪重問鬭鷄場。

袁瑚

字觀海，號海岳，一號雪舫，國學生。性灑落，工文善畫，七赴北闈，五薦卒不售。遂幕遊豫省，所至士夫皆敬禮之，後歸隱於醫。始居雙河坂，既居孔城。所著有雪舫詩鈔。

章次山索寫山水圖

江南山水秀且妍，不假刻鑿誇天然。千巖萬壑藴靈秀，蒼蒼四顧皆雲烟。余生本是忘情者，坐對青山筆常把。幾年飄泊古申州，那復溪山來腕下。次山章子忘年交，宦遊寄迹廿四橋。昨歲之官來汴上，瀕行索畫裁冰綃。殷勤屬我春初寄，莫惜征鴻偕驛使。天涯芳草正愁懷，無復閒情付繪事。空山四月日初長，竹窗過雨生微凉。酒酣忽起停雲思，解衣磅礴揮毫忙。丹崖青嶂盡羅列，瀑布一條飛白雪。就中有客坐茆廬，長嘯一聲山欲裂。眼中此景非邗溝，爲君寫出家山秋。衙齋吟罷静無事，好向窗前作卧遊。

偕王别駕登五華城樓

五華城郭倚高秋，攬勝同登北拱樓。豫省山光雲外見，竹湖人影鏡中浮。芰荷十里西風老，楊柳千家宿雨收。回首梁園征戰處，蕭蕭荻葦滿汀洲。

光州有懷

征車得得馬蹄輕，路繞濠東樹影平。四鎮人烟秋水隔，雙城樓閣夕陽明。官衙舊雨三年别，與吴刺史别三年矣。楊柳西風萬里情。異地詩懷何處托，高吟唯上阮公營。

喜晤方岳明府匆匆又别賦二律餞之

青鎖門前二月天，尋芳同醉帝城邊。風流雲散三千里，雁斷魚沉十二年。舊雨何緣逢草閣，新詩定許入蠻箋。杏花春酒香樽滿，傾倒離懷興欲顛。

雲雷到處展經綸，化洽苗疆吏治均。萬里歸田緣白髮，十年爲宦守清貧。仙鳬又欲翔霄路，老驥何能逐後塵。此去關河通百粤，好憑雙鯉慰愁人。

夜泊揚州

一帆又送木蘭舟，彩鷁南飛錦浪浮。此夜故園望明月，可知遊子在揚州。

過廿四橋

巷口誰吹月下簫，夕陽斜處暗魂銷。衹今芳草萋萋緑，猶説當年廿四橋。

袁我文

字繼山，號廉菴，居雙河坂。好讀書，不置家人生産。性愛菊，嘗種數百本，招賓客飲酒賦詩於其中以自樂。著有失津詩草。

客中漫興

嫋嫋東風拂講帷，撫時難遣客中思。清宵夢繞家千里，白晝寒消酒一巵。十載已隨萍梗泛，半生空被利名羈。登樓灑泪同王粲，細雨疏窗獨賦詩。

秋日道中

四圍山色鎖寒烟，匹馬孤征夕照天。流水小橋千个竹，西風楊柳一聲蟬。

秋夜聽雨

西風吹雨過山城，漸覺凉從竹簟生。酒意半醒欹枕聽，滿階梧葉助秋聲。

史培

字蘭生，號南坡。工畫，善左筆書。初任鹽運司經歷，以事去官，居京師。嘉慶己巳年，恭逢萬壽，集聖教序迴文詩二章，右筆楷書，左筆臨聖教序帖進呈。蒙恩賞，給絲緞袍料荷包諸物。辛未春，恭逢西巡五臺，復畫竹册子集蘭亭記題詩以獻，奉旨以縣丞用。居官清惠，有聲一時，名公卿重之，居孔城。所著有餘事詩集。

題畫

沙肥霜重江水枯，空山落日雲模糊。草堂遠近露山曲，蕭蕭風警行人孤。蹇驢渡橋歸興急，落葉相呼鷄犬寂。村南村北秋天垂，山後山前烟樹立。江風水面吹淺莎，打魚小艇如飛梭。何人蕩槳立船尾，船頭釣者腰半駝。鍾陵巨然不可作，粉墨流傳愁剥落。石門豪者尤好奇，拄杖敲門索新詩。京口緑髮參君即，見君此畫心已降。攜家便欲上船去，釣魚煮酒江茫茫。

榮成縣

東省極邊地，榮成事事艱。一城三面海，百里萬重山。政簡民無訟，官清事不閒。蓬萊如在目，蜃市近天顔。

鍾吾楊太史村居招飲

步出東林外，前村水一灣。柴門雙樹古，野寺一僧閒。空翠釀晴雨，斜暉淡遠山。浮雲千里客，何處問津關？

八月望日偕張觀察小集延生精舍

同看中天月，惟予泪滿衫。一年當此夕，千里照孤帆。淡影留僧舍，清暉射佛巖。遥知故園客，應寄遠人函。

壬戌春客都門寄懷祝東臯州牧致仕歸田

勞碌風塵悔昨非，羡君今上釣魚磯。數年烽火愁中別，萬里蠻烟病後歸。閉户著書三十乘，買山種竹五千圍。季鷹已返吴中櫂，此日蓴鱸味正肥。

重　陽

記得蓬萊閣上吟，重陽風雨伴孤燈。今朝又到黄花節，何處重尋白髮僧？入夢蠻荒思舊政，趁心山水作良朋。年來欲學陶彭澤，歸去籬邊尚未能。

齊東省中喜楊洗濤見訪

憶别參商悵遠邊，相逢離緒話燈前。三從烽火八千里，九任蠻荒十七年。獨我餘生猶黑髮，同人殺賊半黄泉。夜闌側耳啼猿苦，翻訝黔南夢裏天。

十五春秋一瞬過，宦遊蹭蹬可如何。瘴烟險處書難到，風雨乖時夢更多。程邈因才曾下獄，劉楨安命且高歌。相期老大休傷感，頭白功名馬伏波。

寄内

身似無聊水上鷗，自慚賤骨不封侯。江南二月春先老，楊柳風多莫上樓。

江枚

字雲表，號鏡泉。邑諸生，居土銅山。

和黄損菴秋懷韻

一載臯比坐已殘，客窗霜逼劍光寒。魚龍水落清江淺，鴻雁風高碧落寬。菊澹籬邊人影瘦，燈昏簾外雨聲酸。何當桐梓山前月，樽酒同君把臂看。

黄昌盈

字□□，號損菴，邑諸生。

秋 懷

黃葉千山落照殘，秋衣典盡怯新寒。每逢佳節詩懷澀，偏遇無錢酒量寬。良友疏時知歲歉，閒愁聚處覺心酸。惟餘數品陶潛菊，常倚疏籬獨自看。

桂澤揚

字岱雲，號雨崖。諸生，居南灣。力學工文，才思敏捷。嘗與許學博節、江文學枚接文會，諸君未脱稿，先生已成數藝。沉實高華，同輩推爲祭酒。嗜吟咏，稿多散佚。茲就所及見者，擇數首登之。

過胡刺史墓

石徑斜從谷口分，百年世事有遺聞。一灣流水黃公澗，百尺喬松刺史墳。西蜀曾經傳治迹，東房誰復念前勳。夕陽影裏殘碑在，自刷蒼苔認舊文。

沙河道中追悼亡友汪式行

潭水桃花想舊時，汪倫一訣杳無期。驚心三尺孤墳在，回首平生兩泪垂。泉下空嗟形似蜕，人間徒感鬢如絲。斜風細雨沙河道，草長荒原没斷碑。

輓徐六階

悠悠塵世總成虚，昨日花開今日枯。卅五年中彈指盡，二千里外病身孤。白頭有恨遺雙老，黄口無依棄半途。惆悵丹山仙路隔，空餘寒月照高梧。

過魯王河

野店青帘動碧霄，亂山秋雨晚蕭蕭。堤邊幾樹垂楊柳，送盡行人過板橋。

贈釣叟

荒陋無如苜蓿盤，鮮鱗常羡子陵灘。任教三寸生花管，不及溪邊一釣竿。

戴　恩

原名鍾岳，字西華，號青亭，太史潛虛之曾孫也，居南山。性沈静，言動不苟。家貧授徒，以束脩供菽水資。每外歸，必叩首問母氏安否，母稍不懌，率子婦環跪其前請罪，得歡顔乃起。善行草書，頃刻數十紙。著作零落不可求，其門人金石嘗誦其南山即事二詩，今登之。

南山即事〔九〕

夕陽西下四山紅，牧笛聲聲趁晚風。倚杖柴門無一事〔一〇〕，落霞影裏數歸鴻。
數椽茅屋倚南山，鎮日柴扉只自關。一雨忽驚庭草緑，始知春色到人間。

朱　鴻

字綺南，號晴圃。諸生，居演武亭。事父母極孝，居喪盡禮。春秋祭祀，哭泣必盡哀，至老猶孺子慕也。家貧橐筆，四方所至，人敬禮之。性仁慈，遇困阨者多方以濟。

里中先輩曾旭墓年久湮没，人無知者。先生館南山，同其門人王祜臣尋得之，以告同人史熾，熾等爲重修立碑，捐資付墓傍九蓮社僧，命春秋祭焉。其生平表微闡幽類如此。

輓植本上人

我昨來山中，君病秋風裏。强起振錫迎，談笑憑石几。十月遇城南，謂君有生理。胡爲我再來，上人已逝矣。颯颯動悲風，千谷寒聲起。海鶴弔松梢，陰巖泣神鬼。嗟君抱偉才，鬱鬱不得市。高隱過空門，逃禪非得已。方悟長生訣，胡竟促年齒？落月照梅花，何處窺形似？

冶城卞公墓 公名壸，晉人。父子死節。

冶城西畔木森森，祠宇英靈直到今。幽草一丘忠孝骨，碧燐千載子臣心。秦淮斜日秋波冷，建業西風落葉深。莫怪豐碑今剥蝕，齊梁遺迹且消沈。

題畫

此翁合是賣魚歸，淺水蘆花夢釣磯。只管醉眠無箇事，滿船風雨一蓑衣。

程宗洛

字企南，號望川〔一一〕，居孔城。童子時，即工制藝，邑侯靳拔以冠軍，入邑庠，旋由明經援例授揚州府清軍府，斥奸懲害，民賴以安。歷署儀徵、碭山、句容縣事。所至有循聲，尤好獎人才，阮相國元出其門下。生平性豪俠，於義舉知無不爲。好吟詩，袁太史枚、王太史文治極賞之。著有萍香詩草。

和曾賓谷先生人日偕同人登焦山原韻

孤櫂撥殘霧，輕帆挂野烟。山光能到海，江勢欲吞天。雨過高林潤，雲開落日圓。登臨快遠目，長嘯斗牛邊。

渡楊子江

夕陽紅過嶺，江面晚開晴。風急水迎立，船輕帆卧行。静中聞柁響，險處絶人聲。一瞬登前岸，回頭魄尚驚。

平凉道上阻雨

避雨入茅舍，孤村四望遥。山飛千尺雪，地湧一江潮。亂石填高壑，流沙補斷橋。少焉明月上，歸夢正迢迢。

曉窗

春去無聊曉夢沈，東風陡起透窗陰。空庭竟日無人到，階下榆錢一寸深。

皖江櫂歌 選一

遠岫孤巒鎖翠烟，蒲帆十幅逐波顛〔一二〕。大江風浪如天闊〔一三〕，得傍漁磯且泊船。

程翰

字鼎南，號潁川，一號西園，宗洛弟也。乾隆丁酉舉人，選宿州學政。少工制藝，嫻書法，生平好義樂善。著有西園文集、雪舫賦鈔藏於家。

偶成

雪盡梅魂瘦，更長月魄遲。寒多宜縱酒，愁重怯吟詩。名利雙芒屩，乾坤一局棋。升沉原有定，奔逐欲奚爲？

秋夜述懷

讀罷黄庭坐草堂，風高漏盡思茫茫。寒砧萬户一聲雁，凉月滿天千樹霜。人踏花陰秋在地，鶴將雲影夜歸廊。年來不向風塵走，酒榼詩瓢樂倍長。

秋望

樹色山光擁翠螺，萬家烟火接巖阿。時清郊外流亡少，禾熟秋來嫁娶多。遠岸駕鵝争野食，寒塘魚鴨戲微波。閉關久覺詩懷澀，又引閒情入浩歌。

歲暮口占

一年又報歲將徂，眼底光陰隙過駒。世態不堪呼犬馬，人生大半老江湖。烟生爐火寒猶活，月浸梅魂淡欲無。且把紅夷消夜永，愁懷難遣玉川奴。

蛟臺即事

獨上蛟臺望大荒，人家多在水雲鄉。潮生潮落烟波闊，帆去帆來客路忙。遠嶺霧埋千樹黑，秋林霜戰萬山黄。漢皇雄武今何在，空有蟬聲噪夕陽。

施霽

字雨亭，號晴峰。少聰穎，博極群書。工舉子業及帖體詩賦，有神童之目。年十四補博士弟子，試輒高等，屢困棘闈，竟以諸生老。著作散佚無存，里人黄芝誦其讀史詩十餘章，擇數首登之。

讀史雜咏

分羹亭長竟稱尊，大澤誰招西帝魂。一擲乾坤隨玉斗，君王失計在鴻門。

白帝秋風事可傷，卧龍徒自起南陽。此間安樂寧思蜀，杜宇空啼北地王。

公瑾襟期數飲醇，孫郎英武亦過人。二喬並得英雄壻，却笑東阿賦洛神。

地下何堪對泰陵，離宫日月照柧棱。國中尚有無衣者，林木何須被綵繒。

天心苦未厭干戈，五姓匆匆幾載過。輸與癡頑長樂老，於中博取好官多。

汪宗漢

字愍孫，號少海。國學生，居魯硔山。

别挹香

半年空自負歸期，小聚無多又别離。短褐輕車人獨去，荒鷄殘月夢相隨。征衣屢試吴綿薄，秋氣餘寒病骨知。紅葉蕭蕭前路遠，重逢把酒又何時。

伍鑾

字冠群，號畹溪。歲貢生，候選訓導，居白兔河。未弱冠補諸生，十赴秋闈，屢薦不售。生平尊師重道，嘘植寒士。遇荒歲爲粥以食餓者，捐賑貸粟，全活甚衆。以子申祺任晉江令，封文林郎。所著有紫竹山房詩文集。

送張少伯調任柘皋

楚國詞人入漢京，烟雲迢遞舊知名。丁年獻賦黄金盡，午夜攤書白髮生。三絶鄭公才獨負，一官陶令品同清。龍眠山下來相訊，老我荒村帶月耕。

流水鳴琴正拂絃，驪歌忽唱赴遥天。重來縱有他時望，去後難忘使者賢。舊雨情深桐子國，春風澤被杏花泉。柘皋地名。宦囊那及詩囊富，五色雲箋載滿船。

索何南陔太史所和梅花詩

君爲寒梅嚼雪吟，清思應擬玉壺冰。不逢華嶽黄河咏，争識人間有薛能。

史熾

字彬彦，號慕魚。國學生，居孔城。早歲幕遊湖北，所至人争重之。年四十餘歸，建祠室於南山，嘯咏其中。性慷慨，每樂爲義舉，鄉先生戴潛虚、曾旭墓日久漸就磨滅，先生爲建碑，且醵金以爲春秋祭祀費。卒年九十有二。所著有指園詩草。

書感

掩卷頻揮泪幾行，依然故我一無長。閉門種菜年空老，莫道雄心未可量。

偶撿吴太癡夫子悼亡篇鈔録成帙即寄文鐘甫

西風颯颯吹藤蘿，寂寞空山少客過。一卷殘詩親手録，行間字裏泪痕多。

戴温川

字朝珍，號芸軒。少工制藝，屢屈童子試，乃棄去。學岐黄術，能起人於膏肓。爲人樸實醇謹，雖鄉里小兒不敢慢。晚歲隱居十五里坊之東，鬚髮皓然，猶能日行數十里。年八十三，抱微疴而逝。

秋日遊白雲巖

峰巒重疊入雲隈，石磴崎嶇一徑開。泉落斷崖晴似雨，風生絶壑夜如雷。吟哦適意天機暢，笑語迎人老衲來。坐久塵心俱滌盡，却疑人世有蓬萊。

楊　芸

字士元，號淡庵，居孔城。工書善畫，以布衣終老。詩稿多散佚，其族人明經曾梅嘗誦其題漁翁圖云：『扁舟一葉輕如許，常在先生醉夢中。』秀雅可誦，以非全篇，不能採入，深用爲恨。

途中阻雨

故園久别客思歸，細雨連綿暗翠微。流水一灣春漲活，桃花紅溼釣魚磯。

曾梅

字良存，號春巖，居孔城。

秋日懷人

水國人初冷，山城葉正飛。雁聲來絶塞，鴉背閃斜暉。秋色忽將老，故人猶未歸。徘徊望天末，明月下柴扉。

過太癡夫子宅

記得皋比坐擁書，問經曾傍子雲居。今朝策馬南山路，泪灑秋風過敝廬。

尹灼

字□□，號南軒，居雙河坂。

和劉平莊見贈原韻

雨後山莊落彩霞，小軒寂坐日西斜。鏡中漸看霜侵鬢，夢裏何曾筆吐花。伏櫪我甘同老驥，揮毫君竟握靈蛇。課餘乘興能相訪，十斛前村酒易賒。

張幹

字竹塢。著有釋鋤詩草。

重遊古楓菴

平生愛讀法華經，擬向蓮花座下聽。一縷香烟禪院寂，舊曾遊處草重青。

胡樂禮

字震采，號霞齋。著有霞齋詩草。

登樓

荒郊斷岸野猿愁，落日蒼茫水國秋。十載飄零常作客，一天風雨獨登樓。親朋遠隔音書少，老病交催歲月流。萬里家山望不極，蕭蕭黄葉打城頭。

校記

〔一〕横　桐舊集作『斜』。
〔二〕桐舊集下有小注：『吹，然也，見淮南子。』
〔三〕此句桐舊集作『卒年九十二』。
〔四〕桐舊集題作『秋夜』。
〔五〕蟲　桐舊集作『蛩』。
〔六〕堂　桐舊集作『齋』。
〔七〕閣　桐舊集作『闕』。

〔八〕人物　桐舊集作『儒術』。

〔九〕桐舊集題作『南山即景』。

〔一〇〕一　桐舊集作『箇』。

〔一一〕桐舊集云：『字望川，自號桐子山樵。』

〔一二〕逐波顛　桐舊集作『挂遥天』。

〔一三〕此句桐舊集作『可知前路風波惡』。

卷十

疏枝春

字玉照，號晴墅。貢生，居黄家樓。少從劉學博大槐學爲詩、古文，學博亟稱之。後復師事姚比部鼐，著有三十六峰草堂詩文鈔行世，孱提閣粹語藏於家。

聚奎曰：先生詩力宗盛唐，得劉學博之正派。所刊古近體詩皆戛戛獨造之作，限於篇幅，不能盡登，兹擇其尤者二十四首録之，先生全集自可傳，不僅恃區區之表揚也。

石冠山隱者

歲晚尚孤征，夜氣凄以耿。浮雲忽破碎，斜月已在嶺。人語山外烟，僧歸秋樹影。不用叩柴關，悵然悟玄静。

塞洪橋

卸帆長橋東，遥望塞洪里。石壁懸孤篷，人語出波底。萬靈集蜃氣，殷雷眉上起。送盡六朝人，茫茫此江水。

過姚烈女墓因感曾祖姑事

寶刀出匣聲悲壯，拂拂虹氣生指上。一線寒鋩破袖飛，鳳鸞摧折瓊花喪。鳳折花殘可奈何，有弟渴葬寒山阿。弟國藻。姚女待字矢同穴，麻衣不剪期再過。春風春雨三月暮，小樓自檢名香炷。上堂拜老親，嗚咽不忍訴。下堂别姑姊，衣舄環瑱分贈去。化作鴛鴦冢上魂，傷心死後猶荆布。寡女絲留斷柱絃，慈烏哭過南陽路。昔我曾祖姑，待年殉其夫。春房血瀝石，赤縷陰糢糊。此事談者哀未已，重見吴興奇女子。奇女旌邀表墓恩，貞姑事録編年史。兩家上冢各西東，衹隔浮山半溪水。君不見，松楸終古鬱相望，留與詩人弔夕陽。世間不少癡兒女，誰問墳頭春草長？

甲辰二月晦日同姚袖江暨門人章翥由城東至逸園作

憶昨南渡登小孤，鯨魚跋浪驕天吴。更上大龍望吴越，糾紛萬象來八區。一月探奇興不盡，章郎載酒城東隅。長松閣前問鄰架，翼亭溪上訪鮑姑。酒氣淋漓濕滿屋，檐花醉落紅珊瑚。姚君近在西關道，草平沙淺控兩騶。昂藏頗有封侯骨，據鞍盤稍膽氣麤。耳後風生玉踠駿，霹靂弓號生貜貙。短後之衣掣兩肘，席地大笑歌烏烏。招我聯騎過片野，撫凝張公別業。宿醒還借髯奴扶。旁循隘巷疑無路，樓臺陡接岡巒紆。指點逸園弔仲蔚，齋鐘隱隱浮寒嵎。欲落不落夕陽澹，闌珊春恨生蘼蕪。是時天晚忽風雨，山鬼叫嘯猿驚呼。懸崖巨瀑一千丈，銀河倒落崩雷輷。鳳凰山左黑如墨，山靈出没蛟龍趨。雲頭雨脚繞深郭，蒼茫一氣涵虚無。瑶房冷透留不得，抱琴不歸胡爲乎？當年我作龍眠客，高論欲探驪龍珠。此間佳士好文墨，剪裁屈宋經錘鑪。竺公竺風上人擊鉢蕭公諱潤和，論詩號我千里駒。逃禪竊聽何戢曲，縱酒典盡書畫廚。勝遊彈指二十載，重來山市憐春徂。黄土半侵故人骨，青山不療名士癯。兒童牽衣禮父執，自笑故態猶狂奴。即看此日折遊屐，竹林嵇阮真吾徒。詩天酒地有鄉輩，顛倒不礙山人迂。山人角巾墊深雨，濛濛愁聽山鷓鴣。郵亭畫壁了無分，漂零湖海慚吟鬚。那堪少日留題處，還認黄公舊酒壚。

吴白巖過訪

湖村微雨過，沙岸晚凉生。水底墮明月，烟中聞櫓聲。故人載琴鶴，深夜訪柴荆。把酒茆亭下，寥寥蟋蟀鳴。

謁袁簡齋太史不值

我行倉山曲，言叩謫仙家。仙人一長嘯，半嶺飛青霞。瑶草自春色，松風開古花。悠悠赤松子，何處飯胡麻？

送陳履元入閩

客中重送客，况乃舊交親。不敢嗟家遠，君方去七閩。離鄉身命賤，多難弟兄貧。去住憑誰决，行踪愧雁臣。

泊舊縣呈世父澹齋燮齋沂亭瑶圃諸公

春盡雨風裏，潮頭半入城。烟深疑有岸，鼓澀不知更。白髮半生事，青燈萬里情。南陽歸未晚，隨地足躬耕。

酬何湛樓

去年蛟渚題襟日，酒盡斜陽竹外陰。千里春江花月夜，一燈寒影弟兄心。外家恩重聯甥館，中表才華動翰林。今日對牀重話舊，風霜淮海伴孤衾。

登嘯臺懷海峰夫子

我行白首仍千里，襟豁雄風上嘯臺。大鳥一鳴衝霧出，片雲扶月渡江來。洛中名士懷前輩，魯國諸生愧雋才。惆悵不逢彭澤宰，黄花作意向誰開。

寄鄂堂弟都門

昨宵有夢到春明，望斷孤雲別恨生。官閣詩人無故舊，朔方天氣半陰晴。經秋病卧龍廬塞，隔歲書來右北平。何似家園師友樂，折除清福是虚名。

同馬魯臣姚根種登孫楚樓〔一〕

誰知梗斷蓬飄日，兄弟同登孫楚樓。貧子辭家無善狀，殘年行路畏逢秋。人如河朔風前會，舟似山陰雪後遊。乞取青蓮觴咏地，寶刀截水足消愁。

哭舍弟鄂堂

廿載聯牀迹已陳，公車三度感勞薪。難追大被同温日，翻作寒山掃墓人。九死一生憐二老，孤兒三尺是窮民。京華此際傳消息，腸斷蘭臺薦士臣。謂江公岷雨、左公問莊、張公魯堂、方公南藕諸先生。

經學源流自昔聞，傷心遺草逐塵氛。憐才每下宗丞泪，弟受業竇東皋先生。題碣空傳開府文。朱石君夫子。汝壯尚難延福命，吾衰何意望風雲。生平兄弟兼師友，忍過棠梨花下墳。

宜都遇曹虎臣

南去江聲萬馬奔，亂帆合沓下荆門。三年多病人傳死，千里驚逢汝尚存。漢水殘陽黄葉寺，巴陵夜雨白蘋村。幾時泛宅雙溪渚，浣盡征衫舊酒痕。

寄仲丈卜延

昨逢漢上鴟尼子，問訊淮南大布衣。九曲源探星宿海，三關身破虎狼圍。老來自擷茳蘺佩，物外閒參鷗鷺機。二十五弦彈暮雨，大江驚起怒蛟飛。

擬古

困魚不擇水，困獸不擇山。疾行無善步，幽憂無强顔。
舊竹編爲筏，新竹斷爲楫。濟川豈無功，可堪本根折。
逐鼠必去穴，逐梟必去巢。止沸必去薪，止射必去銷。
傷禽自驚絃，脱兔自驚罟。駑馬不思棧，萎蔬不入圃。

邊　詞

衰草黄沙百丈波，風生萬馬渡盤渦。彎弓莫射南歸雁，曾向征人故里過。

浮山遲黄蘭臯篠岑不至

晚寺松篁路不分，山空憶遠送斜曛。鐘聲度嶺月未出，三十六峰生白雲。

別徐六階〔一〕

君上公車我釣舟，車輪鴉軋槳夷猶。南湖半是相思樹，莫怨垂楊綰別愁。

送許信莽之維揚

歸情已在雁來先，一就江程幾日旋。翻恨桃花三尺水，送人直上廣陵船。

疏　霽

字□□，號寅堂〔二〕，居黄家樓。著有寅堂拾遺草。

客中

滿地東風碧草肥，忽驚花落惱鶯飛。消魂幾日閒風雨，送盡春歸客未歸。

抵建康

驟雨沿江暑乍消，長風吹浪捲寒綃。片帆才挂鳩兹水，忽到金陵看晚潮。

董梅皋

字立齋，居官山。

興龍菴訪桂岱雲不遇

長夏相思滯碧灣，紅塵十里叩禪關。緑陰滿院蒼苔静，獨聽松風半日閒。

程宗潞

字道南，號文川。恩貢生，授直隸州州判，居孔城。早歲工文章，試輒冠軍。善畫，精隸、篆書，所鐫印章得完白山人之秘。喜吟咏，不自存稿，或偶録於雜書中。其子恩綬搜檢得十數篇以寄，兹擇登焉。

謁史公祠

嗚乎史公，捐軀殉國。一百六十有三年，浩然之氣如生前。憶公起家本儒術，投筆上馬能披堅。淮南軍聲若雷電，赤眉銅馬徒紛然。一朝京闕黄塵起，南國昏童任宰嚭。擠公外任奪兵柄，逆案傾翻自阮大鋮始。紅牙小拍酒杯寬，白馬清流寃鬼死。大帥提兵下九江，謂左良玉。誓清君側氣如霜。可憐犀兕明光甲，不備淮陽備漢陽。淮陽千里虚無衛，我公痛哭陳形勢。梅精花蕊正承恩，聖祖神宗空隕涕。揚州四月血風腥，八十萬人同日斃。明年嶺上葬衣冠，骸骨千秋付汗漫。據公家譜。遥望孝陵烟雨處，潮生潮落泪難乾。龍眠山下村醪碧，父老年年頌遺澤。魂來若過左公祠，應與知心話疇昔。公爲左忠毅公所拔士。

暮　歸

倦鳥争投樹，長空淡夕曛。秋風撼林表，吹落葉紛紛。斜日戀高嶺，蒼山插亂雲。鐘聲何處寺，隱隱隔溪聞。

舟中即目

櫂破烟雲窟，空舲下急湍。水隨山勢曲，秋入雁聲寒。帆影高懸日，潮痕欲上灘。何人歌水調，千里一儒冠。

睡起

一榻雲窩穩睡鄉，但安高卧即羲皇。閉門慣學嵇康懶，入世難容阮籍狂。搔首壯懷思射虎，回頭岐路屬亡羊。風塵青眼從來少，千古何人識謝莊？

與吴粒人夜話

三十年前野店秋，壯懷同唱古凉州。書生那有封侯骨，飄泊風塵愧白頭。

方林

字枝一，號桂堂。諸生，居孔城。性耿介，人有不善，輒面責不諱。工書法，骨力蒼勁，世争寶之。非其人，雖權貴不能得其隻字。嗜酒耽詩，著有也是先生集。

聚奎曰：先生與余大父小衡府君同師事吴太癡先生，故其詩具有家法。歲癸巳，先生以手録古近體詩二卷，屬爲點定，付剞劂氏。將報命，而先生適捐館舍。其他著作以無子散佚不可得，兹即所存者擇數首登之。吉光片羽，固自可珍也。

讀陶詩

息交謝世事，心遠神悠然。睡起晨炊熟，松清爐吐烟。家人進苦茗，喉舌液涓涓。園蔬淡可飽，敢求肥與鮮。倦鶴欣有巢，豈必珍木顛？怡情友花鳥，門内即林泉。拙婦恒和睦，癡兒不費錢。健飲復健飯，恃此以延年。詩書事難了，時還手一編。夏熱當窗榻，冬寒擁被眠。光陰有代謝，人事有推遷。青青嶺上松，晚節彌貞堅。人生大塊中，怡情惟有酒。吾愛彭澤翁，時復飲一斗。予亦謝塵網，終朝杯在手。有時啓柴扉，比鄰呼老友。鬚髮各皓然，相顧稱髯叟。醉談少年事，曳杖喜狂走。樂此夫已足，乾坤復何有？

登大觀亭感賦

北距龍山峻，東流楚水長。于今歌舞地，是昔戰攻場。報國全家死，豐碑落日黄。我來亭上望，江樹遠蒼蒼。

黄花亭晚眺

黄花亭上望，城郭倚雲間。楓葉紅千嶺，江流白一灣。歸帆下雲樹，征雁没秋山。月出遊人少，行歌獨往還。

感　懷

攬鏡悲歌惜鬢蒼，泪痕揮去復成行。癡兒拙婦中途折，酒伴歌朋墓草長。今古事機悲失馬，乾坤歧路泣亡羊。少年我亦摩天鵠，到此回頭總斷腸。

觀袁雪舫手録遺詩感賦

先生著作青山在，展讀頻添泪幾行。金石交情盈海宇，窮愁能事只文章。可憐萬里空歸老，無復遺孤續斷腸。留得數行殘墨瀋，篋中珍重爲收藏。

聞徐翮成渡海之咏之臺灣大守署卻寄

天光水色兩茫茫，破浪乘風涉大荒。安穩一身同泰岱，放開雙眼小湖湘。三山遠見神仙島，五馬遥登太守堂。此去弟兄能聚首，不須垂泪望家鄉。

題周公瑾墓

漢家賢胄推昭烈，王佐當時有武侯。可惜少年才誤用，將軍祇識爲吴謀。

姚愷

字愷臣，號洛川。國學生，居掛車山。富學殖，敦道誼，族兄比部鼐雅重之。道光辛巳召舉孝廉方正，邑紳士以先生薦，未就。所著有石笏山房詩文集。

訪崔筠谷不遇

疏柳清溪岸，華林外史家。閒階馴鹿鶴，古壁認龍蛇。採藥雲迷路，逃禪雨作花。夕陽深巷晚，留語舊烟霞。

登燕子磯和漁洋原韻

暮天空闊彩霞收，放眼危磯水上頭。萬里鼉鼉奔七澤，六朝龍虎峙千秋。高吟句險驚心落〔四〕，長嘯風生掣海流。天塹不須横鐵鎖，三山壯氣接瀛洲。

奉和百菊溪制府平海八律原韻 選二

風雨鴻鈞普露雷，九天威德域中開。胸羅火鳳裁雲錦，氣吐虹霓射斗魁。法較霜臺垂令肅，恩如黍谷送春回。文經武緯推韓范，五色祥光海上來。

渡海樓船細浪生，倚天長劍斗牛横。牌驅犀象原無術，梁駕鼉鼉却有成。榕樹梢頭維戰艦，粵王臺上宴神兵。南荒崩角酬甘雨，鶴唳風聲永不驚。

崔進

字鋭齋，號杏村，居南山。由縣丞署南潯分府有功，陞秀水縣知縣。未赴任卒。

送湯觀瀾歸湖州

鴻雁滿寒塘，故人歸故鄉。帆飛湘水闊，路繞武林長。相送情千里，頻流泪兩行。何時重把袂，共慰别離腸。

朱壽籛

字作舟，一字麗生〔五〕，號鍊菴，邑諸生。嗜古力學，名噪庠序。十赴秋闈不售，遂絶意仕進，務實學，窮究經史。隱居邑北之平坦，種花蓄樹，以詩酒自娱。嘗路拾遺金，坐其地終日，俟失金者至，歸之。人争重其廉節。著有麗生詩集〔六〕。

長安嶺

舍舟長安湖，步上長安嶺。山色鬬湖光，幻出幽奇境。烟巒翠黛横，溪泉清晝永。山鳥飛且鳴，巖石欹還整。仰見海門高，岧嶤落孤影。俯瞰箬洲浮，波濤迴萬頃。秀河柳千絲，仙田禾合穎。偶來此登臨，頗覺饒風景。雲歸萬壑陰，日落千峰静。微雨西南來，颯然松風冷。野寺暮鐘沈，山家晚窗迥。探討意未窮，舟人催解艇。

晚眺

薄暮東臯外，行來北墅前。溪流斜抱郭，山色遠連天。閒鷺栖芳樹，歸樵入野烟。相看渾忘反，明月向人圓。

送薑田弟之越

北走幽燕磧，南乘閩越潮。十年萍梗泛，萬里夢魂遥。日射山鰲背，波扶海狗腰。莫因蓬島近，天海任飄颻。

遊白楊菴

爲愛霜楓染暮山，醉乘石磴未知還。數聲清磬出林表，一縷晴烟生竹間。僧老負暄縫舊衲，人稀鎮日閉禪關。風塵亦有丹丘在，閬苑蓬壺底事攀？

登惜陰亭

蘆花楓葉暗前汀，千載陶公尚有亭。帆影倒懸秋水白，鐘聲遥度晚烟青。殘碑自昔垂遺愛，循吏今誰奉典型？洗墨池邊重弔古，夕陽芳草映疏欞。

射蛟浦

飛濤寒擁舳艫來，武帝臨風氣壯哉。楚澤雲連華蓋動，潯陽月映寶弓開。盛唐登後沿流下，天柱封餘挂席回。一矢千年江水静，祇今人自弔荒臺。

聞雁

匹馬西風客正愁，忽聞寒雁度汀洲。波翻白雪江村暮，山隱丹楓驛路秋。諸弟多情應掃徑，老親何處獨登樓。天涯襆被孤身客，一夜鄉心上白頭。

桃葉渡

團扇何人揮渡頭，不堪重問晉風流。銷魂一曲秦淮水，依舊清泠送客舟。

送趙閏生之玉山

南浦依依意欲迷，臨歧送遠覺情凄。離懷深似春江水，直送孤帆到玉溪。

朱德衣

字作霖，號薑田，諸生。敦孝友，重廉介。工舉子業，屢薦不售。以家貧授徒四方，足迹半天下。姚大中丞祖同、史大宗伯致儼先後延課其子，雅推重之。晚卒於蜀。著作多散佚，僅存蜀遊草若干卷。

題劉鶴村觀海圖

男兒破浪行萬里，舄下蛟龍飛不起。挂帆直到蓬萊山，安期玉門迎倒屣。曈曈曉日開扶桑，銀臺玉闕遥相望。雷使將車電作轡，倏遊八極來中央。我昔揚帆到南粤，咫尺崖山不得達。鯨魚人立氣羶腥，瀺灂灑落漫天雪。至今心悸夢中呼，十年不到海南隅。無端此景眼中見，日月蒼茫天地變。海水怒立捲洪濤，誰與坐者氣雄豪。侍女側捧龍文劍，欲斬支祁屠巨鰲。天生怪物終難滅，脱帽直視聲咄咄。伏波功大古所無，定遠名高今亦歇。不如招鶴使歸來，醉後狂歌卧明月。

草堂寺

一代詞壇卓古今，浣花溪畔獨追尋。巴江百折思鄉泪，蜀道千盤戀闕心。豈以飄零傷異地？轉因烽火發長吟。振衣拜罷重回首，落日荒凉暮靄沉。

白帝城懷古

日落悲風咽暮笳，孤城遠戍集寒鴉。關河高下流三峽，形勢西南控兩巴。涪水功成初得國，猇亭戰後不歸家。永安宫闕多秋草，八陣圖沉擁白沙。

金淵秋夜懷左筐菽孝廉

芸窗詩酒卅年親，馳馬關山各爲貧。射策劉蕡還下第，從軍王粲總依人。金淵夜月思鄉夢，鄱水秋風落帽辰。同是少年今已老，星星白髮尚沈淪。

題　畫

扶筇緩步墅橋東，楊柳樓臺面面風。回首林巒青不斷，幾家人在翠微中。

程瀛

字芳林，號芝圃。居孔城，國學生。少工舉子業，所接交多知名士。兩弟年老俱無子，白首相依，體恤倍至，其友愛如此。所著有分嵐小閣詩鈔四卷。

雜詩 十首選二

珊瑚出東海，秋月揚其輝。蓬萊縹緲間，仙人白羽衣。我欲踏鰲背，長竿釣危磯。張騫昔浮槎，曾犯牛斗歸。惜哉天漢遠，臨風空歔欷。

滔滔江漢水，日夜東向流。遊子如汎梗，浪迹五十州。晨起臨青鏡，始知非黑頭。抽刀斷此水，不令送行舟。老作鄉里人，把酒對朋儔。君看漢劉伶，逃名稱醉侯。

秋夜獨酌有懷方六夢松

霜林無風復無雨，一夜秋聲入庭户。蕭蕭黄葉酒滿杯，醉裏寧知離別苦。鴻雁不來江月殘，楚天落木思無端。芙蓉渺渺汀洲晚，美人何處秋水寒。

渡江

我騎長鯨跋浪來，江水葡萄初醱醅。鴨頭春波緑如酒，洞庭瀉入鸚鵡杯。東風醉殺瀟湘客，一卧巴陵頭盡白。身如去國賈長沙，飄零西楚悲孤魄。沅水無聲日東流，大地茫茫我心憂。摳衣步上岳陽樓，仰古俯今無限愁。坐對滄浪發長嘯，將從漁父弄扁舟。

江上

江上見春色，不知春已賒。此身猶汎梗，垂柳又飛花。漢口還湘口，山涯復水涯。殷勤語舟子，客久似無家。

送鄧問梅入蜀

險絶蠶叢路，千盤欲到天。殘陽猿臂落，亂石馬蹄穿。梯倚雲連棧，山鳴峽湧泉。崎嶇行不得，白髮望歸鞭。

喜二兄自廣陵解組歸里

黄菊西風晚，浩然歸故關。一官陶令懶，雙屐謝公閒。花月揚州夢，烟霞皖水灣。白頭兄與弟，今日慰離顔。

渡　江

鯉魚風正急，日暮且乘舟。野火連京口，寒潮撼石頭。江流千古恨，山色六朝秋。亦有登樓興，其如離别愁。

山　行

林壑忽已暝，夕陽鴉背收。僧歸紅樹晚，樵唱白雲秋。水鳥和烟宿，山泉帶月流。獨行無近遠，霜落木棉裘。

贈劉大孟塗時自都門歸里

辭家匹馬入燕臺，早歲文名動上臺。白雪高歌終寡和，青雲倦眼總難開。縱横大筆詩千首，飄泊生涯酒一杯。自愛板橋風日好，都門半載却歸來。

自武昌至皖登城樓望江兼寄問泉弟

手持黄鶴西樓笛，來向皖公城上吹。萬里烟波孤櫂遠，五湖心事落梅知。河山登眺殘樽在，江漢奔流到海遲。有弟荆門尚羈泊，憑欄悵望撚吟髭。

皖城與張岱若方桂堂話别

昔年判袂此江城，今日重逢感慨生。張儉飄零仍作客，方干寂寞未成名。關河不盡思鄉泪，風雨難忘握手情。鄭重挑燈深夜話，蕭蕭黄葉送秋聲。

江　樓

别浦蘼蕪緑，春風又滿樓。傷心襄漢水，不爲送行舟。

客中與周荻書話别

慷慨逢君舊酒樓，一樽重與話揚州。萍踪聚散渾無定，燈下相看盡白頭。

登天柱山

灊嶽高盤接大荒，六皖烟樹鬱蒼蒼。霜華兩鬢龍眠客，天柱峰頭望故鄉。

清明

傷春不敢更登樓，滿目烟花攪客愁。兄弟故園應憶我，清明時節在揚州。

張綸翰

字墨村，號西園，又號悔齋。歲貢生，居南門坂。潛心典籍，諸經皆有劄記，未卒業，成者惟周易匯解、詩經小序、集傳合參，藏於家，所著有悔齋文稿、西園詩鈔。

感懷

大江有怪物，流落幽澗濱。仰首長鳴號，窮涸不能伸。天心憫其困，人意傷其屯。倏忽降雷雨，翩然入蒼冥。

松柏栖巖阿，楊柳依城郭。城郭雨露多，巖阿霜雪惡。造化雖無私，位置常舛錯。

登勝棋樓

勝地美人占，英雄剩此樓。蒼茫天地意，斷續古今愁。一櫂湖光白，四圍山色秋。何當載樽酒，更飲石城頭。

秋日遊龍眠

夙負烟霞癖，登山不厭重。人行黄葉路，鶴立白雲峰。怪石蹲如虎，虬松卧似龍。禪關應不遠，風送隔溪鐘。

登峿屺山

峭壁凌霄擁翠屏，攀藤援石度巖扃。雲迷洞口猿高卧，泉響山腰鶴静聽。六皖江吞湖水白，九華峰接海門青。登臨不覺天將晚，隱隱疏林挂暮星。

烏衣巷

十里秦淮渡畫橈，烏衣巷口接紅橋。一時人物推江左，千載風流話六朝。春暖空堂巢燕子，雨過深院泣芭蕉。牽愁最是斜陽外，野草幽花尚自嬌。

烏江懷古

萬頃波濤楚水東，一帆烟雨弔重瞳。只緣好殺人心散，致使垂成霸業空。故壘蕭蕭餘落照，荒祠鬱鬱起悲風。從來逐鹿非關力，扛鼎徒誇蓋世雄。

鴨子湖

雨後山光映碧天，荒田萬頃水雲連。湖村一帶垂楊柳，多少漁人繫釣船。

程宗湘

字楚蘭，號畹生。國學生，居孔城。性慷慨，好爲義舉。族戚有貧乏者，時出所有以佽助之。濟困扶危，鄉里稱爲長者。

重陽客感

碧天凉冷氣蕭森，又見黃花滿院金。風景不殊人易老，江山無故思難禁。題詩杜牧原多恨，愛酒陶潛獨自斟。一度良辰一搔首，十年空寄短長吟。

次吴晴江留別韻

光陰迅速等川流，執手何堪感去留。千里暮雲荒驛路，滿天落葉大河秋。樽開北海不成醉，曲唱陽關相對愁。從此思君隔雲樹，練湖烟月怕登樓。

秋日送別友人

一曲驪歌悵夕曛，茫茫人事本如雲。不堪黃葉空山裏，摇落秋風獨送君。

朱衣點

字棨廷，號魯山，邑庠生。先世懷寧人，寄居桐城之魯硔山，遂家焉。所著有魯山詩草。

遊浮山

海上小蓬萊，浮山發秀嶺。三十六洞天，冷日依松頂。我來訪高僧，烟霞立釣艇。欲借始皇鞭，石龍睡不醒。

寄懷山中諸子

雁自山中來，雲向山中去。不寄一行書，月照相思樹。

土橋送別

白草茫茫路一條，長亭送別欲魂銷。輕衫破帽西風裏，黄葉隨人過土橋。

偶　興

霜楓橋畔晚停車，遥指龍眠是我家。歸去山莊無一事，月明臨水種胡麻。

自潛山歸

東風吹送雨瀟瀟，十里長亭挂酒瓢。到眼春光如舊好，桃花紅上女兒橋。

江世蕙

字芝宇，號蘭村。援例授州同，居走馬鎮。正直精明，能任大事。居家約束子弟，皆循循有禮。所著有蘭村詩稿。

次半窗上人畫梅韻

上人飛錫走天涯，遊遍東西盡是家。囊裏空空無宿物，祇留秃筆寫梅花。

金　鏞

字汝礪，號東聲，一號醒儂，諸生，工制藝。才思敏捷，千言可立就，然不自收拾，隨手輒散去。人或勸先生存稿，不應也。數薦秋闈不售，遂隱於醫，治疾多奇驗。始居義津橋，既贅於孔城朱氏，遂家焉。所著有傷寒要論、蘭谿書室遺稿。

聚奎曰：先生與先子駕六府君同遊錢白渠先生之門，最相得。先生居孔城，先子命奎受業，前後凡五年。口講指畫，倍極勤懇。生平性慷慨，重然諾，遇交遊間有急難，雖力有不逮，必多方濟之。歲癸巳，先子見背，爲經紀喪事，俾不肖孤得無拮据於苫塊中者，先生之力也。先子棄養，距今已八年矣。先生亦捐館舍七載。編讀遺詩，泪盈盈下也。

送何星廚之粵東

桃梗三千里，萱花七十齡。承歡才故國，別恨又長亭。髮向門前白，山從嶺外青。羊城歌舞地，夜夜夢魂經。

宿山家書懷

路過南山雨，車穿北峽雲。長途人易倦，曠野日將曛。落葉庭前碎，孤鴻天際聞。挑燈頻起立，竟夕悵離群。

初冬清蔭軒晚步

細雨廉纖冷碧軒，閒階小步悄無言。朔風幾陣園林晚，南雁一聲天地昏。寄廡梁鴻仍落魄，振襟原憲豈銷魂？寒威莫謾欺衣薄，掛壁猶餘犢鼻褌。

不信人閒避債臺，幾經問道總徘徊。硯田少種呼鷄粟，筆陣休誇吐鳳才。生計年年豐亦歉，閒愁日日去還來。縱教燒盡田文券，肯受馮讙市義財。

白石階除碧玉欄，鷦鷯暫借一枝安。天涯雁叫隨風遠，月下烏飛止屋難。底事班超輕擲筆，那知貢禹亦彈冠。明年獨步應何處，記得黄楊蔭紫蘭。

送别青陽友人

九子芙蓉捧日開，青蓮舊有讀書臺。風塵何處容狂客，雪案須君破俗埃。人到侏儒空飽粟，天非昏瞶自憐才。莫教惆悵橋頭别，行看高乘駟馬來。

別山館題壁

山館羈栖兩載餘，晨風夜月伴人居。從今野水含清處，別有騷人坐釣魚。

朔風烈烈速歸裝，琴劍親攜客路長。唯有松杉似相送，隨人過處鬱蒼蒼。

徐立

字翮成，號濤山，又號六一。由諸生捐授縣丞，居孔城。性豪爽，不治家人生産，遇交遊有困乏者，嘗傾囊以濟。客遊四方。其族兄方伯鏞雅重之，年四十餘卒。

鈞衡曰：先生卒客地，詩多散佚。余昔年于拾遺字者擔頭得其粤遊草數十首〔七〕。及編是集，其弟復以遊草寄示，與予所得本較異，詩多不及。今之所選，皆自遺字擔頭來也，豈吟魂有意相托耶！

將之浙東留別諸弟

親老子復稚，何當事遠遊？尚憐群季俊，聊慰一身愁。白髮憑君侍，青氈爲我留。好教南北雁，書屢寄杭州。

送晴棠弟歸省

同是遠遊客，君歸我未歸。檐前烏鵲喜，天外鶺鴒稀。月自山城步，雲從海國飛。萱堂應有泪，幸爲款柴扉。

秋中晴棠弟偕方石儂汪鐵巖張又孚張翼甫遊招寶山回話其勝余聞之賦此

寒光萬國海天秋，一髮窮邊萬里收。雲外有山皆北向，域中無水不東流。寺亭斷碣空今古，聞寺中有桐城方廷尉公碑記。島嶼浮烟自去留。我亦明年凌絶頂，風烟聚處挹神洲。

送姚星予之粵東

朔風吹雁入雲高，唱罷驪駒首重搔。誨我每看揮玉麈，贈君無那乏金刀。詩筒酒盞花三徑，瘴雨蠻烟水一篙。聞道嶺南春更早，寄言梅使莫辭勞。

錢清橋

錢清橋下水東流，錢清橋上思悠悠。一錢留得清名在，千古何人更姓劉。

王　埈

字春陽，號海三。諸生，居孔城。精岐黄術，治病屢見奇效。賦性醇謹，舉動必以禮，鄉人重之。

秦淮感賦

舊板橋頭暮雨過，青簾白舫歇笙歌。惟餘一帶垂楊柳，猶自依依映緑波。

王　坤

字曙陽，號耦六。邑諸生，居孔城。善書，得趙松雪筆意，寸縑尺幅，人争寶之。

渡　江

一櫂烟波裏，江空水自流。白雲千嶂晚，紅樹六朝秋。帆影迷京口，濤聲撼石頭。我來舒醉眼，把酒倚高樓。

胡學愚

字□□，號瀨泉。居吕亭。著有仿白詩草。

爨無薪

蕭齋風雨倍凄然，忍餓攤書短榻前。居豈蓬萊禁爨火，節非寒食斷炊烟。梁鴻志不因人熱，陽子貧甯乞世憐。從古名儒多困乏，送窮何必效前賢。

晤周獻夫司馬旋即送別

二十年來悵別離，直從此日慰相思。如何一夕西窗話，又是江天折柳時。

都鴻

字漸逵，號梯青。國學生，居南灣。

由龍池至甘泉寺

雲暗烟昏欲暮天，龍池眺罷又甘泉。遊人踏月歸來晚，一路春山叫杜鵑。

侯晉

字接三，號心齋。諸生，居南灣。

遊谷林寺過魯子亭

一寺深山裏，鐘聲響不停。飛泉雲際白，芳草雨中青。魯子今何處，讀書猶有亭。尋幽兼弔古，歸去路冥冥。

錢　觥

字芥坪。著有梅花詩六十首，類清雅可誦。兹集咏物詩不入，以無他作，擇登一律。氣超韻逸，遺貌取神。雖小題，不失方家，跬步亦可貴也。

梅　花

似有平生約，遇之山水間。夢和雲共冷，人與鶴俱閒。明月傍孤幹，春風開笑顔。有人持緑酒，終日坐柴關。

崔光鉞

字樹棨，號聽濤，居南山。著有聽濤山房詩鈔。

田　家

閒中無所適，動即過田家。野水浮烏犉，平林噪乳鴉。池陰青草合，松徑白雲遮。縱飲陳鷄黍，清談到日斜。

屢過山寺題壁

最喜精廬遠市塵，探幽不惜馬蹄頻。到門自笑非生客，看竹僧知是故人。風度疏鐘常入耳，香飄曲徑慣尋春。幾翻坐愛山光好，掃石留題筆有神。

崔瑩

字典禮，號潔菴，居南山。

幽居

浮雲歸岫鳥知還，隨意編茅三兩間。園效子由栽綠竹，宅同謝朓近青山。推窗待月宵移榻，掃室焚香晝掩關。讀罷離騷無一事，時來臨水聽潺湲。

校記

〔一〕桐舊集題作『同馬魯陳宗璉姚根重持衡登孫楚樓』。

〔二〕桐舊集題下綴小注：『眉』。

〔三〕皖人書録、安徽文獻總目皆作「字寅堂」。

〔四〕心　桐舊集作「星」。

〔五〕字麗生　桐舊集作「號麗生」。

〔六〕詩集　桐舊集作「詩選」。

〔七〕粤遊草　桐舊集作「東遊草」。

卷十一

劉開

字明東，亦字方來，號孟塗。邑諸生，世居孔城。幼即神雋，年十四，上書鄉先輩姚比部鼐，比部賞之，謂人曰：『此天下奇才，他日當以古文名家。望溪、海峰之墜緒，賴以復振，吾鄉之幸也。』遂引之門下，先後從遊十數年，盡得其所學，名大著。一時公卿大人争以得交爲幸，卒年四十一。所著有周易緒言、詩經補傳、大學正旨、中庸本義、論語析微、孟子拾遺、列女傳，詩文駢體全集凡千五百餘首□□□□□□登也，聚奎、鈞衡沉吟凡□□□□□□五七古取其沉鬱哀感者，而豪邁雄奇之作概從割愛，以蘭苕翡翠美不勝收也。五律取其超逸奇闢者，先生七律最多，惟咏史懷古諸作，沈鬱頓挫而又渾灝流轉，尤爲獨步一時，兹選多取之。絶句取其情深韻遠者。讀者欲觀先生之全，宜求其全集。此固豹之一斑，鳳之一羽，孰是以窺先生，固不足以見先生也。

遊子吟

颯颯悲風聲，遊子門前路。阿母送至門，呼兒行且住。江淮波浪高，此行莫輕渡。世事亦何常，得失隨所遇。人情有淺深，物態無新故。寶此風塵軀，履彼霜與露。千里雖可懷，且當慎跬步。再拜領親言，中心爲悚懼。親訓豈敢違，兒情難具訴。少小事遠遊，爲求薪水具。膝下不承歡，何以申孺慕？慈烏號不祥，尚能知反哺。兒今舍親遊，晨昏誰倚護？不怨去路長，但恐歸遲暮。忍泪登征車，行行至荒戍。阿母尚倚門，悵望兒行處。良馬不肯前，中途爲我駐。徘徊落日中，移時始西去。恐傷慈母懷，不敢更回顧。

俠士行

俠士出東國，結居空山隈。意氣橫寥廓，呼吸生風雷。少小讀兵符，常抱濟時才。手無尺寸具，思欲掃陰霾。困躓復何道，勉力事毛錐。天馬處轅下，無以異駑駘。凉天霜雪厲，慷慨登高臺。驚風吹古木，四顧悲聲來。荒冢何寥落，山石勢崔嵬。賢豪既不作，英氣沈蒿萊。懷才千載下，矜尚胡爲哉？寶劍久在篋，寧不生塵灰？

贈張二小阮

驚風來曠野，群木齊悲鳴。別子西山郭，相顧各吞聲。吞聲復誰道，人世競紛榮。軒裳矜上國，騎蓋炫都城。邂逅樂新知，故舊日以輕。念與子接交，所寶唯令名。抗言篤終始，遠想懷孤清。天日且不欺，何論金石盟。但恨別太促，欲言不盡情。後會自有期，努力慎所營。吾道不終晦，寸衷誰與明？願共守此志，勿復悲長征。

野烏行

野烏啄木風悲辛，江南滿眼多飢民。前走後呼轉相屬，平原蒼莽知誰親。自言家本淮陽境，高浪決堤水馳騁。蛟龍平地奪人居，千里村墟一夕静。初離水厄猶自喜，忍飢求活聊至此。展轉荆榛不自存，翻悔從前脱一死。回看少婦當路旁，抱子欲去泣且行。已經終日腹無粒，嬌兒猶呼索米漿。我行見此爲吞聲，惜此波浪存餘生。弱月已飽巨魚食，苦口誰憐哀雁鳴。昨聞官府招問故，各給金錢度朝暮。少壯得延須臾生，老弱終傷委行路。回憶田廬蕩空際，澤區何日見寧歲？欲歸歸去各無家，反資流徙爲生計。嗚呼王景不可得，河伯敢與地争力，人命雖重安敢惜？不怨天上春漲多，但恨汝生近長河。

食蕨歎

七尺壯夫竟不起，牀頭僵卧三日矣。百畝之家無宿米，旱魃欺人一至此。昔聞力田能免飢，今見老農愁不死。出門四望面如灰，十户七閉三半開。親里相見各無語，但問何處多野菜。平時口衆鮮生理，百物騰踴苦難市。豐年已覺不自支，矧乃展轉饑荒裏。衣裳脱盡身欲禿，體乾寧問肌與肉？傷心忍得一家寒，且飽今朝暫時腹。腹空今日將奈何，氣短身弱難哀歌。含羞不肯向人乞，相攜覓蕨行山阿。蕨深入地費窮日，力盡空山始鋤出。少婦十指皆血痕，揮土不顧拾蕨根。死且難保傷何論，拾得盈筐竊自喜。持歸舂粉供甘旨，舉室得之美無比。稻粱縱有非所欲，此時食蕨尚爲福。君不見，老翁杖頭三百錢，鄉村無粟赴市廛。糴米未得飢可憐，困不能行委路邊。又不見，素封擁穀爲奇貨，粟朽不欲救窮餓。西鄰請貸轉見嗤，歸煮白水烹榆皮。我獨餐蕨甘如飴，安能一飽不傷悲？

催科吏

婦女驚藏老稚走，望見旌旗逃恐後。借問逃者意云何，官領百人親催科。追迫株連及比户，小民有口難言苦。非敢避官如避寇，自來畏役勝畏虎。官嚴役怒勢莫當，生斷人命如如此用心尚何極，火煎日夜憐不得。但嗟舊歲牛羊。忍將血肉換上考，鞭撻何礙稱循良。如此用心尚何極，火煎日夜憐不得。但嗟舊歲禾爲塵，人家所餘唯一身。今春絶炊已累日，縱有枯髓鍛不出。不出豈能使終止？官令如山違必死，明日街頭鬻妻子。

歲暮别

男生莫作貧家兒，女生莫作遊子妻。歲十一月天清凄，門前登車門内啼。送君遠出時已暮，北風烈烈雲離迷。行人方歸君獨去，此際遑問心慘凄。牽衣欲語不能語，四顧但覺天爲低。憶我適君今三載，良會不待聞晨鷄。歸何匆匆去何促，坐見夫容成蒺藜。歡娱一日難自必，百年徒望與君期。且脱玉佩收靈犀，待君歸後重提攜。已知此别難計日，臨行尚説卉木萋。願君風塵慎玉體，須妨道路多山谿。妾今獨處幸勿慮，傷君千里無定栖。君有高堂待朝哺，曰歸安得稍延稽？賤軀委置不足惜，可憐嫁時舊羅袿。阿母親縫心力碎，至今在篋生塵泥。天道多歧人事暌，浮雲自東白日西。直視黄沙起路堤，征馬畏寒慘不嘶。倚門望君君已遠，歸來拊心痛如刲。上堂强笑慰姑嫜，忍泪未敢還深閨。

少年游

斷送古今一江水，嗟我與君同至此。忍能對面獨千里，骨肉生摧顔色死。憶昔初嫁學濃妝，嬌怯猶不勝羅裳。是時君亦擅風采，欲言不言皆斷腸。年華枉自鬬花月，一日天涯兩心折。竟把關山奪恩愛，倒棄春光换離别。江南結習好遠遊，傷春不顧空悲秋。少年不解惜青鬢，老大無端搔白頭。白頭縱歸亦已矣，前者方歸繼者起。可憐除却應門童，紅顔滿室無男子。吁嗟乎，男兒争説四方志，古來風雲起平地。今日鬚眉遍四方，何人久客如初意？良會蹉跎兒女身，飛塵埋没英雄氣。勸君拂衣早歸來，繡幃手製待君開。亦知君去非得已，飢驅那敢戀桑梓？丈夫昂昂才足恃，不遊豈竟無生理？終歲因人作悲喜，消磨日月誤青史，妾雖巾幗爲君耻。

張烈女詞　代

朔風凝空露華結，碧海青天同一色。玉京仙子抱芙蓉，歸卧瑶臺泣孤月。月死珠傷彩雲缺，悲風下共寒泉咽。可憐阿弟數緘辭，寫盡千年杜鵑血。空山花木凝啼紅，朝朝畫閣悲春風。當時咏絮馳華藻，七德含章巾幗少。薄命天教失鳳簫，紅顔一哭成秋草。傷心簫史未東來，玉樹摧殘暮雨哀。終天恨血歸荒土，一夕芳心作死灰。生離死别泪如積，地下人間期太促。貞魂若化連枝松，應傍山頭望夫石。

偶成

日落暮雲横，遥村鐵笛鳴。我尋蘭櫂客，夜聽海潮聲。更值秋風起，吹來江月明。愁隨一片影，飛度六兒城。

偶興

登舟一回首，曉色在高林。坐覺故鄉遠，不知江水深。浮雲無定意，倦鳥有歸心。欲辨來時路，蒼茫隔翠潯。

客有話天台之勝者詩以贈之

東風江上路，飛絮復飛花。問子來何處，尋春遍水涯。東窮滄海月，南望赤城霞。傳説天台客，重遊尚憶家。

秋夕懷人

今夜西風裏，秋心落滿湖。水聲流不去，月色照還孤。天末人何遠，雲端路各殊。有懷愁不達，獨坐失歡娛。

京江望遠懷朱歌堂孝廉

一氣連吴越，微茫盡在前。山横秋雁外，天盡海雲邊。遠客歸何日，離愁共舊年。高亭時極望，空見北來船。

城樓曉望

曉霧散初晴，群山遠更明。日高猶海氣，風斷自江聲。故國空花鳥，元戎已旆旌。傳聞關報近，早晚欲巡兵。

寄從弟

汝去原非計，吾歸更幾時。那能同作客，況是各相思。嶺樹遮偏早，江魚到故遲。晴嵐橋下水，空説近雷池。

題小孤山

中流懸斷壁，直壓楚雲端。海水不能到，江潮到小孤即止。天風吹更寒。層巒凌漢表，飛翠滿江干。落日潯陽岸，何人帶晚看？

送周伯恬歸里

曉色一樓開，天風送酒來。别君滄海曲，坐我白雲隈。痛飲極歡思，飄游憐異才。得歸卧明月，應憶嶺頭梅。

抵順德

日慘雲無色，風驚葉有聲。四圍川野合，千里地天平。趙國空遺迹，幽州盡此城。生平虚壯志，歲晚尚長征。

即事有懷姚幼楷

水落潮痕白，林空石氣青。亂沙推岸出，溼霧壓山平。丘壑誰同志？烟霞笑此生。窮愁還自惜，珍重故人情。

楚中雜感 八首選二

門户當年此壯哉，波心鎖鑰爲誰開？長江杯水資雄業，明月詩篇識霸才。南國三分天不競，東風一炬我猶哀。紛飛戰骨歸何處？斷岸青青又草萊。

九真仙去覓無踪，烟柳人家隔萬重。水下荆襄餘怒氣，山當江漢少奇峰。已無高士能騎鶴，尚有遺民説卧龍。終是千秋雄傑地，西來形勝壯堯封。

粤中雜咏 八首選一

漢臺鐵柱已沈淪，回首璇亭甲帳新。石峽分將天半月，宫花奪得海南春。歡娱社稷辭良夜，歌舞江山換主人。四十七州輕一擲，可堪珠翠亦蒙塵。

齊都懷古 五首選三

平沙莽莽接登萊，十二河山勢壯哉。海嶠勳名循吏占，魚鹽生計此邦開。仲連性逸原奇士，吕望謀高總霸才。憑弔漫嫌饒壯氣，登臨曾到岱宗來。

連天飛閣隱雲東，寂寞於陵迹已空。一李竟能回槁餓，二桃何事殺英雄？青燐遺恨春風裏，白日驚心客路中。指點前途識關吏，棄繻我已愧終童。

海邦形勢擁寰瀛，鷄犬徒聞四境聲。仲父成功由鮑叔，昌黎失意感田横。論才久薄三千客，懷古頻看七十城。莫笑牛山揮涕泪，古來人主慣多情。

中州懷古 七首選一

梁園舊日擅文詞，十月經過有所思。池館空傳人去後，古今同是雪飛時。馬卿辭别纔遊倦，李白高吟已恨遲。荒徑迷離草蕭瑟，疲驢虚載一囊詩。

楚南懷古 十一首選一

瀟湘風景富波濤，石色青紅壓半篙。地有文詞開戰國，天生芳草爲離騷。江聲北去群流集，山勢南盤萬疊高。欲乞靈均佩難得，更誰步馬憶蘭皋。

潁州懷古 八首選一

匹馬關河極望頻，汝陰風日又昏晨。西來雲氣連嵩嶽，東去淮流走壽春。民俗到今宜武事，郡城自古聚文人。請看高會歐蘇宴，千里逢迎自水濱。

潁州感懷〔一〕八首選一

三十六峰秋到門，獨騎瘦馬走遥村。投林倦鳥驚風雨，出岫浮雲變曉昏。碧水東移非舊壑，黄塵北望是中原。壯遊自古男兒事，況有文章謁謝鯤〔二〕。

偶興

浩蕩南天一酒星，題詩更望古滄溟。沙頭風急霞光斷，夜半潮來水氣腥。獨惜金龍投宋嶺，終教玉馬出吴舲。城西一片荒山石，閲盡興亡不改青。

贈張竹軒

湖海風多君獨遊，東南飄泊此孤舟。山當斷岸迎兼送，水捲寒雲咽更流。永夜飛星疑近客，高天落木正悲秋。亦知前路饒知己，别意難勝況酒樓。

别龔丈葯林

野色昏昏望未開，此行何處更銜杯？大江不語人離别，明月無聲雁去來。作賦十年仍異地，相知滿眼獨登臺。逢君莫説平生事，自古乾坤肯負才。

年來秦小峴司寇吴山尊學士劉芙初編修相繼徂謝愴然賦此

天風吹斷伯牙琴，雲水蒼凉惜此音。海内文章知己泪，酒邊燈火舊時心。千秋事業空塵土，一别交情隔古今。但得名留霄壤内，墓門何恨草痕深。

喜馬元伯水部回里即題其塞上草

一曲秋笳恨百端，詩吟大漠氣高寒。風從黑水平時静，天到黄沙盡處寬。萬里去來資幕府，謂松静菴將軍。孤雲東北望長安。請看墨灑窮荒地，滿紙龍蛇勢鬱盤。

淮城有感

春流直下海雲間，時海口舒通。使者巡河自北還。風浪有靈三月静，魚龍不動萬人閒。安瀾久爲蒼生慶，上策先聞紫殿頌〔三〕。時方修治河方略。從此淮徐皆樂國，我皇南顧霽天顔。

燕臺有懷

冠蓋如雲滿帝州，高陽乘醉亦長遊。沙塵欲變三春色，冰炭同經六月秋。客過燕山都負氣，我來易水不知愁。如何鸞鶴飛翔地，浩蕩偏容一野鷗？

寒雲直下壓滹沱，南望平沙一鶚過。河北名城天下重，范陽戰氣古來多。艱難光武偏師苦，寥落軒轅故迹磨。今日時平風物勝，薊門烟樹鬱婆娑。

波光瓊島近難尋，客路寒教歲月深。易水黄金憐死骨，幽州白日淡秋心。伯桃交誼隆霜雪，賈島才名亦古今。何以漁陽張太守，歌詞遺愛重桑林？

西山崛起帝城隈，中有凌虚百尺臺。流水千盤從下注，太行一氣向東來。峰頭霽雪瓊瑶積，澗口横空紫翠開。坐對畫圖遊未得，秋風惆悵故人杯。

涿州咏蜀先主

能教王佐出隆中，百戰纔收取蜀功。半世依人同旅客，一生知己是奸雄。兵戎婚媾丹陽宴，骨月君臣白帝宫。今日故居遺迹盡，不須恩怨説江東。

登金山寺

烟水東南四望迷，孤峰突出共雲齊。江流一線横空斷，天壓三吴到海低。溼霧開時微辨樹，陰巖裂處更無梯。題詩莫近馮夷宅，恐有鮫人半夜啼。

哭荔扉先生 四首選一

頃刻遼東化鶴身，可憐遭際總酸辛。故鄉天遠猶無信，夜帳風寒慘不春。一死尚多難了事，百年終是未歸人。點蒼山色應如故，只恐衰魂望不真。

望潛岳

山形東走勢崔嵬，散作龍眠去不回。日暖翠隨千嶂出，雲開天放一峰來。瓊枝自昔歸丹竈，鐵鑊如今閉緑苔。亦有司玄仙洞在，幾時攜杖踏風雷。

咏二喬

辭却深閨傍將臺，天生佳偶自無媒。千秋姊妹傾城福，一代君臣快壻才。遺迹人空尋建業，故居地合近蓬萊。芳名原數東吴盛，金粉南朝事總哀。

咏史 八首選四

秦皇按轡氣飛騰，劍出雄關血色凝。海外雲山驚虎視，殺中風雨護龍興。黄河入塞成天險，白帝何靈有夢徵。獨惜咸陽城畔月，千秋長照漢諸陵。

四馬横行古戰場，重瞳勇略定危疆。興亡事豈由豪傑？優劣人徒品帝王。未必三軍心去楚，無端一夕泪沾裳。背關當日皆天意，遊子何曾戀故鄉？

沛公王業起艱難，馬上功成血未乾。草野君臣原創獲，安危骨肉各摧殘。大風歌起關城暮，故里雲空泗水寒。不是婁生陳善策，東歸誰復記長安？

連天烽火自東來，四扇潼關晝不開。銅馬何能争漢鼎？玉衣無那暴秦灰？雲盤河洛占王氣，米畫山川識霸才。二十八人齊畫閣，寒江獨抱子陵臺。

閨怨

浮雲隨北風，飄飄何日返？不惜妾身孤，悲君千里遠。

出郭

步出北邙山，白楊風滿地。古之傷心人，曾於此墮泪。

山行

終日在空山，不知山下路。前林有犬聲，應是人行處。

相逢

未識相逢樂，徒增送遠悲。早知終是別，不敢望即歸。

舟中望九華

鄉心曾寄九華峰，知落雲中第幾重。今日孤舟江上望，天風吹出碧芙蓉。

艷歌曲

鴛鴦三十六成行，飛去飛來繞畫堂。但願年年歌舞處，秋風吹不到君傍。

華陽鎮阻風

楊柳依依春草芳，征帆日夕滯雷陽。大江隔斷青山色，天末雲垂是故鄉。

偶成

朝尋瑶草過前山，夕採寒芳下石關。踏遍白雲三萬疊，不知秋在馬蹄間。

旅館寒夜詞

數點殘雲欲渡河，蕭蕭斷雁客中過。天涯一樣關城雪，寒到愁人枕上多。

吴階樹

字寶臣，號茂卿。優增生，居青竹澗。少穎異，有神童之目。經史百家，靡不淹貫。制藝規矩大家，兼天、崇、國初之勝，精楷書。未弱冠，以府試第一補諸生，試輒高等。赴秋闈，屢試屢薦。嘗與太湖李太史國杞、同里葉太史琚爲文字友，凡所著述，二君皆自謂不及。而卒齎志以殁，士林惜之。

聚奎曰：先生講學孔城之聚雲齋，時奎讀書蘭谿書室。先生見奎文，深加許可。既知奎之貧，爲太息久之。奎感先生意，拜從門下。先生解衣推食，且爲籌及家計。三年，以病歸，旋返道山。時奎客皖江，聞訃奔歸已不及親視含殮。悲夫！聞先生易簀前二日，作手書數紙，告家人曰：『此書致文生，無遺失。』後竟浮沈不可得，心甚恨之。臨歿，猶諄諄念奎不置。嗚乎！予孤窮於世，艱難困乏，有非人情所能堪者。自得侍先生，始克一志斯文。先生歿，即橐筆依人。日月不居，忽忽已八九年，學問事功一無成就。回憶師門高誼，未能稍酬萬一。清夜自思，如芒在背。編覽遺篇，益深梁木之感。

雨後山行

衆鳥噪寒林，平原散晴旭。振策步山蹊，中林恣遐矚。輕風生驟寒，細泉摇新緑。崖高日易曛，嶺斷雲相屬。濛濛翠微中，隱約露茅屋。野竹干青霄，天風戛寒玉。何處覓荊關？揮毫圖尺幅。

遊　山

閉户恣冥搜，心迹苦寂寞。天風吹遊襟，散髮登崖崿。怪石狀猙獰，蜿蜒避挐攫。朝日明陽巖，春冰沍陰壑。佳果飼玄猿，琪花媚白鶴。太古鬱霞氣，化爲長生藥。我欲結蓬廬，兹山幸可托。役役塵網中，難踐烟霞約。日入歸去來，幽嵒松子落。

雜詩

翩翩雲中鴻，迢迢河中鯉。飛潛不相謀，即此悟妙理。大道盈兩間，俯仰任自取。六籍遭秦焚，聚訟未有已。穿鑿故紙堆，得一遂自喜。涇渭未能別，妄與古人比。著書仇真儒，信筆肆讒毀。何異巖栖人，測海但以指。甚解不須求，吾慕陶栗里。

弱草附高崖，上與松栢齊。托根雖得地，焉能長萋萋？嚴冬霜雪降，根荄已早衰。顧視松與栢，鬱鬱青蔭垂。君子抱貞尚，不爲時勢移。茹荼自覺甘，履險恒如夷。守此區區心，黽勉歲寒時。

胡鴻壽

字省三，號仁齋，諸生。少聰慧，與兄遐福工制藝及帖體詩賦。未弱冠，同補諸生。長益勤學，肆力群經，博覽載籍。著有周禮論要十二卷、周易輯要八卷、詞林聯珠三十三卷。爲詩自寫性情，不計工拙，佳者往往得唐人三昧。始居石牛山，既遷胡家鋪之東鳳凰臺左近。卒年三十有二。

鈞衡曰：余從先生遊四年，講學之餘，必教以修身立己之道。喜談陰隲，每晨起盥漱，具衣冠，莊誦感應篇、陰隲文諸善言，然後披閱群書。人笑其迂，不顧也。行事以仁慈篤實爲本，饔飧不給，猶急人之難。詩文深自晦匿，不以示人。卒後，先生之兄莪齋師命鈞衡定先生詩，謹選五十餘章，序以歸之。泪涔涔然，不知何自下也。

雜詩

浮雲出東海，因風歸西山。白日照中天，明月與循環。壯士當少年，努力勳名間。一旦老將至，流光無再還。人生鮮百歲，五十多衰顔。況此百歲内，少樂多憂患。所以古豪傑，及時圖其艱。吾聞漢班超，投筆走百蠻。

深山有猛虎，巖谷無人行。正士在朝端，凛凛群邪驚。劉章誅外戚，行酒如治兵。朱雲折殿檻，千載留威名。當其正色時，肝膽氣縱横。一死不足言，毋令綱常傾。男兒不出山，有田可躬耕。置身廊廟間，當爲國長城。

飢烏行

悲哉飢烏何方來，嗷嗷四野鳴聲哀。天寒霜重稻粱盡，怒飛啄木皮爲開。嗚乎安得太倉粟，灑向郊原十萬斛。充爾飢烏之枵腹，刷羽高翔歡相逐。

晚歸

萬樹帶斜陽，歸途盡緑楊。亂峰烟外紫，新月馬頭黄。草淺雙牛卧，花深滿路香。到門無一事，呼酒坐迴廊。

月夜有懷

一聲鴻雁過，萬里碧天長。時有微風至，飄來桂子香。夫君隔秋水，竟夕斷人腸。徙倚疏欞外，盈盈河漢光。

夜雨

蟋蟀階前語，芭蕉屋外聲。離情兼落葉，一夜滿山城。短笛誰家弄，孤鴻何處征。年年依客舍，心緒等懸旌。

感　事

學書學劍兩無成，漫學終軍自請纓。得志羊頭誇騎尉，失時鷄子誤功名。可能謝尚知袁虎，難得吴公薦賈生。雲水升沈原有數，成都何處訪君平？

遊子吟

遊子如浮雲，倏來亦倏去。浮雲常在天，遊子不知處。

秋閨怨

又是秋風起，征人尚未歸。妾心如落葉，到處逐郎飛。

元夕觀燈

十二都城白晝同，三千世界彩雲空。春歸碧海鰲山外，人在壺天閬苑中。

懷李南叔太史

離緒春來倍黯然，江南冀北各雲天。回頭皖水論交日，風雨相思十五年。

伍申祺

原名鐄，字曉六，號少伯。由廪貢生任福建晉江縣知縣，署泉州府馬港通判。歷署甌寧、漳浦、安溪、南安各縣事。修舉廢墜，所至皆有循聲。丁父憂，羈閩以疾卒。居白兔河。所著有梅石書院詩文選、閩省禁息械鬥論、建寧山川形勢改設驛站論。

同王縵雲明府劉曙園正郎登大觀亭

高亭極目畫圖開，無限詩情托酒杯。千里雲光隨鳥没，六朝山色過江來。濤翻大澤龍魚躍，木落晴空鸛鶴哀。日薄憑欄一長望，天風颯颯動蒿萊。

伍澤春〔四〕

字琴六，號瀛洲。諸生，晉江令申祺之弟也。居家以孝友聞，舉動語言以禮，十赴南北闈。丙子鄉試，主司已擬中，因三場訛舛被黜。所著有愛吾廬詩文集。

旅思

屈指離親舍，于今四月餘。風霜無限苦，不敢寄家書。

登滕王閣

憑臨高閣弔清風，秋水長天一色同。不是子安曾作賦，至今誰識有閻公？

伍福臻

字謙六，號撝菴，申祺弟也。工書善畫，尤耽吟咏，爲同里劉文學開所稱賞，年十八卒。

秋陰

梧桐風颯颯，溽暑已全收。花影和人瘦，蟲聲帶雨秋。開樽消壘塊，對史解窮愁。爲問南來雁，長安有信不？

秋日同方竹吾劉孟塗家瀛洲二兄遊浮山

森森翠竹拂秋山，對此塵心覺盡删。半嶺白雲孤鶴立，滿林黄葉一僧閒。巖前把酒迎風醉，石上題詩帶月還。歸路不迷行彳亍，遠峰相對聳烟鬟。

皖江櫂歌

秋浦前宵聽雁過，又攜雙槳渡新河。吴娘暮雨瀟瀟曲，唱到宜城漸楚歌。

皖水清冷在眼前，匡廬西望隔雲烟。千帆歷落松滋口，蘭蕙作花香滿船。

扁舟一葉卧中流，楚尾吴頭得自由。也是烟花三月景，逢人便説古揚州。

錢寓生

字舫鄰，號石幢，邑諸生。狀貌魁偉，嗜酒躭詩，性愛静，結屋魯硔山之月輪峰下，距魯子亭、谷林寺數舍。嘗攜酒坐亭上高歌，倦則就寺僧同宿。少師胡太守方朔，既從朱學博雅、吴孝廉逢盛學爲詩，二先生亟稱賞之。年四十餘卒。所著有蘭柵詩草。

鈞衡曰：舫鄰長余十餘歲，折行輩與交。甲午秋出示詩草，余爲參正一二，未盡當也。庚子春，余從其子索舫鄰遺稿，見余向所言者，舫鄰一一識於詩之上下方，蓋其好善如此。夜雨瀟瀟，孤燈黯黯，三復舫鄰詩，如聽山陽之笛也。

汪氏草堂秋後一日率題東壁

群木一蟬嘯，庭宇闃疏陰。秋意不可度，肅肅清人心。偶來泉石卧，流響咽孤琴。外物適無累，夢與白雲深。久之若有悟，杯酒聊自斟。欲寫凉生處，浩然無所尋。

由分水嶺至黄蘗嶺作

秋色度寒嶺，孤峰摩遠天。谿水東西流，分灌桐廬田。二縣相迴錯，東盡復龍眠。石路何盤折，果實大如拳。微雨吹已散，夕陽鳴孤蟬。數家隱深碧，松栝相連綿。叢桂思今日，霜楓憶去年。我來尋舊遊，依依桑梓前。入門未及問，高歌聊自然。

雪夜懷二兄即示從姪世輔

長空灑飛雪，萬里寒蕭條。土室夜讀書，燈殘更寥寥。吾兄遠行邁，獨聽越江潮。雁鴻滯遠音，哀鳴達中宵。家人久乏食，飢寒骨正銷。門户竟衰落，生計愧漁樵。我年未四十，兩鬢欲蕭蕭。守拙託躬耕，撫念百慮焦。惟爾正及壯，有弟甫垂髫。勉矣惜歲月，努力期雲霄。

將之嶺南時復小酌酌罷輒題數句

七月冒殘暑，天高河漢明。秋風吹百卉，曉露綴繁英。山中雲木秀，山下石泉清。泉聲兼別意，淙淙日夜鳴。欲取瑶琴弄，對此不成聲。恨無知音賞，彈之傷我情。

雨至松竹鳴，亂蟬嘶未止。溪雲宿我窗，檐溼卧不起。遊子理故觴，家人勸行李。有母方在堂，無物備甘旨。兒去走風塵，饑驅非得已。須臾天氣清，雨過山光紫。驅車欲出山，戀戀猶故里。

峽山飛來寺

早行清遠峽，瞥見峽山寺。峭壁插中江，千峰攢積翠。老僧拄杖迎，拾級得平地。殿古鐘磬閒，徑僻藤蘿蔽。雲臺陟數盤，螺旋出右臂。下界俯空濛，倏爾通幽邃。飛泉泛碧淙，瀑布懸青翳。巑岏列座隅，風雨散晴霽。陽房蓄精英，陰巖探道閟。歷久筋漸疲，坐静心轉悸。閲勝興無窮，捫蘚路難記。不見二禺來，空傳幽隱意。回舟矚所游，遥識天如寄。萬木夾江飛，身在白雲際。

至廣州後值郡廨西園梅花初放

城中看山如看馬，萬騎奔騰自空下。我乘天馬從西來，秋風吹上越王臺。手把芙蓉望鄉國，長空落日多飛埃。連日清陰羃城曲，數朵梅花絶塵出。孤亭四角環空翠，一徑尋芳入修竹。花如蕉萃可憐人，人到花時倍愴神。去年嶺上逢花發，此日花開猶在粤。花開花落笑春風，年去年來空華髮。江南前月有書至，苦道山田耕不易。難將心事寄飛鴻，遥灑花間數行泪。

夜　雨

夜雨蕭騷吟蟋蟀，鼓角聲聲更漏急。夢中呼母母不應，醒來惟見衫痕溼。秋江八月蘆葦花，望斷征鴻不見家。不如歸去同饑渴，猶見空林噪晚鴉。

春夜讀東坡集戲題

東風吹夢酒旗香，眼光的爍糟注牀。鯨鯢夜涸吸西江，高吟拍案劍森鋩。坡公作詩鴉啄蝗，如驅猛虎入群羊，左衝右突誰可當？又如百川赴巨海，奔騰澎湃鳴急瀧。忽然澒洞辭絶島，天風海水相擊撞。九天閶闔衆仙會，群音縹緲高霓裳。中間沙礫時亦有，拉雜蕪穢刪何妨？雄才一視空百代，李豪杜闊韓倔强。天機灑落風飄揚，綺思疊疊雲錦張。作詩莫作秋蟲語，望之不及走循墻。天生嗜好有决擇，掀髯一任來雪霜。把公之卷三嘆息，少室太室誰較量。海上文字尤精絶，老幹無花餘蒼茫。平生播遷豈有定，造物於公尤靡常。師公樂趣皆可適，空谷冉冉秋蘭芳。

髑髏吟

髑髏濺血胭脂死，骨月摧殘人面紫。村童三尺飽貪饕，毒霧沈沈哭新鬼。非熊非虎不知名，貔貅摯猛豺狼横。白日慘澹不可行，豐林出没時猙獰。嗚乎君門遠隔人命賤，九重萬里豈聞嚶喁哀慘之啼聲？憶昨大令民父母，符檄飛催獵郊藪。青錢廿貫銀廿金，鉅令煌煌賞賜厚。里正慌忙點户口，丁男雲集遺老醜。荷鋤負鍤競攻圍，霹靂鳴聲弓應手。健兒趫捷何倔强，欻起一蹶扼其吭。人立而啼勢披猖，巖石亂落雨硠硠。譬如鴻門大合戰，殺氣爲之天蒼茫。諸侯壁上觀不得，草間股慄如群羊。編氓何知自矜炫，鞭作官刑遭罪譴。自從觸怒銜冤苦，耕作日日雜貔虎，食兒不敢鳴官府。我聞怪石言於晉，蛇鬭鄭門皆妖釁。春山猛虎亦何傷，上天遣之爲警震。又聞國朝初年鷄生孽，龍鬭中門地震裂。天狗墮地錚錚鳴，盛世不諱灾祲迭。前年水溢民破屋，道殣相望無人哭。流疫未靖獸食人，坐見春來鮮樵牧。吁嗟乎，安得平土盡可居，虎豹變化成騶虞？長林深谷風日靖，黄童白叟歌相呼。君不聞，前明邑宰張利民，三日虔禱虎遠行。

暮歸

清風鳴竹樹，響入北堂間。落日灑飛雨，蕭條歸故山。夕蟬噪已静，栖鳥去欲還。遥謝塵中客，嵇阮相追攀。

秋夕

落日帶平楚，空山暑氣微。晚風生竹露，秋色上寒衣。落魄頻中酒，孤懷憶采薇。愁予正蕭瑟，惟見白雲飛。

海口

紅日出波間，離離海上山。天風來島嶼，春色動江關。舟逐浮丘去，歌隨蜑女還。五羊城郭在，何事遍荆蠻。

夢式彤

寒月没西嶺，悄然芳露滋。故人渺不見，今夕宛相思。卧聽空潭曲，山禽啼血時。風塵復憔悴，知爾數偏奇。

和小東夫子書懷元韻 選一

大庾乘舟下，章江我夙經。風喧湖口白，浪擁小孤青。烟景連三月，波濤走百靈。到家悲喜後，竟屢易霜星。

中秋對月懷輪扶諸友

銀漢無聲斂碧波，微雲渺渺澹星河。海邦萬里懷知己，桐國何年理釣蓑？客路秋風吹鬢短，故鄉明月照人多。何當直跨茅龍頂，共聽霓裳一曲歌？

重陽同杜厚田登觀山

海天秋色壓樓臺，雲樹蒼茫一望開。山鎮蠻荒連島嶼，浪低城角見蓬萊。千年丹竈懷仙迹，九日黄花勸客杯。江影鑒人人自鑒，等閒猿鳥莫相猜。

西風瑟瑟透疏林，雙塔崚嶒上野陰。客久自憐霜鬢滿，秋高欲試海龍吟。石船路遠帆難進，玉井天寒影易沈。遥望江南哀未已，不知庾信亦何心。

城中兀兀人將老，與子今朝上翠微。不作神仙終是悮，但能酩酊亦忘歸。雲霞變幻知何極，今古登臨共落暉。來歲東籬更相憶，茱萸莫遣此心違。

寄文炳師時在迎江寺

皎日中流接大荒，長江風浪滚茫茫。雲開吴楚分天地，樓壓鼋鼍濺雪霜。塔影到今懸皖口，濤聲終古下樅陽。憑軒朝夕應相待，洗我胸中宿酒狂。

述夢

石磴依稀認九盤，相逢抗手出江干。烟中聽雨孤篷晚，春後懷人客夢寒。竹色壓波天浩淼，猿吟入夜路瀰漫。此生直記空舲峽，清韻疏香罨激湍。

聞泉

宿雨霽空林，遠咽谿邊石。風摇素影寒，惟見江月白。

樅陽口號

征鴻嘹唳暮天長，數點高飛映夕陽。爾自南來江自北，一般辛苦過瀟湘。

寄徐汝卿

春城行色曉蒼蒼，細雨輕塵別恨長。最是無情官道柳，年年依舊斷人腸。

高州竹枝詞

鑒江江畔楊花飛，鑒江江上春草肥。楊花飛盡草長滿，借問行人歸不歸？

城上芭蕉緑滿天，城下佛桑紅欲然。蕉心似妾紓難盡，花意如儂春可憐。

東風何日到天涯，海水無情浪作花。秋潮未落出門去，春潮已長未還家。

昨日江頭打槳回，漁家門户竹籬隈。不網珊瑚網金鯉，鯉魚爲妾寄書來。

程 瑜

字瑞夫，號握菴，居孔城。少年力學，十歲即工舉子業，小試輒冠軍。稍長，留心詩、古文，年十四，以書上舅氏，情辭懇摯，幾二千言，吴孝廉逢盛謂其氣息與賈生相近，鄉前輩俱以大器期之。年未二十而卒。所著有琢玉軒吟草。

登皖城樓望江

風急暮雲沈，危樓生夕陰。遠帆懸落日，歸鳥下寒林。山勢連吴楚，江流自古今。客心甚寥落，俯仰發長吟。

登黄花亭

孤亭高不極，近倚夕陽邊。遠水疑無浪，遥山欲化烟。草連天際碧，雲共落花眠。俯視樓臺小，臨風意惘然。

偶　書

木落風高野鶴哀，寒霜孤月下荒臺。客中夢好愁天曉，枕畔蟲凄更雁來。破浪尚遲宗慤志，登樓空負仲宣才。昭王不作涓人死，誰爲黄金市骨回？

大觀亭遠眺

危亭高聳大江隈，亭上憑臨倦眼開。九子芙蓉排霧出，二龍風雨挾山來。天邊雲樹孤鴻度，雨後江濤萬馬回。城郭萬家圖畫裏，不虛人說小蓬萊。

過竇公殉節處

已分孤城累卵形，竟憑數語保生靈。衹今秋雨秋風裏，野老猶聞血氣腥。

邊　詞

萬里長城絶雁飛，一天風雪滿弓衣。昨宵有夢還家去，兒女饑寒故舊稀。

張元衡

字子平，居孔城。生而敏慧，七八歲即善作蠅頭書，文亦清雋可誦。賦性亢爽，課讀之暇，輒事吟咏。遇知名士，必虛心請益，有飛鳥依人之態。年二十卒。

聚奎曰：子平於同里中與予最相愛，每一篇出，必示予爲點定，或更易一二字，遂大悦。虛衷樂善，蓋其天性然也。子平卒時，其婦鄧氏欲從死，以家人環視未得間，遂痛絶飲食。翁姑再四勸慰，强進水漿，輒嘔吐不止，輾轉牀褥間，卒以身殉。嗚乎烈哉！

尊甫見田請余爲傳，余以編是集，未暇應也。遲日當有以報命，先誌其略如此。

守恬上人由樅陽遷住孔城福興寺賦贈

曾放樅陽櫂，名山謁繼宗。何期尋暮雪，又得揖天龍。夜雨紫霞閣，閒雲白鶴峰。願同參半偈，到處樂追從。

步史輝庭書室落成原韻

盈階草長未全删，一任檐前鳥去還。雨過柳堤烟欲溼，風生竹徑韻偏閒。人來畫檻簾初捲，門對青山晝不關。滿架牙籤森萬軸，個中福地即瑯環。

題寒江獨釣圖

朔風冽冽雪花團，孤艇横江隻影寒。青笠綠蓑烟水闊，一天飛絮打漁竿。

王右弼

字殿英，號夢巖，居南山。醇謹好學，讀書日數千言，俱能通其大意。工詩能文，年十八卒。其兄祜臣檢其遺詩付梓，張大令敏求序其詩，曰『清而不佻，麗而有則，疏瀹性靈，獨標新穎』，非虛美也。胸襟伉爽，每好爲義舉。劉學博大櫆所選歷朝古今體詩，搜輯宏富，品擇精當，擬出五百金梓以行世，因早卒未遂其志。所著有夢巖百首詩存。

雜詩 選二

初日出海表，鳳凰栖高岡。五采耀繽紛，翽羽成文章。翛然出塵俗，喈喈鳴朝陽。一鳴清以越，再鳴舒以長。鳴罷忽起舞，白雲與低昂。凡鳥亦有聲，到此難爲鳴。凡鳥亦有羽，到此難爲舞。

良馬忽受羈，難奮絶塵足。君子辱泥塗，時艱空蒿目。青紫不易致，白日去何速。古人急仕心，豈必戀榮禄？所以賈長沙，上書時痛哭。

舟行

清風吹江波，浩淼情無極。移舟雲暗度，停橈日將夕。遠岫聳遥青，晚烟浮水白。孤懷悵莫伸，訪我同心客。

晚　步

薄暮出前林，當風恣遥矚。細草粘寒潭，孤花媚幽麓。野竹接層霄，天風摇新緑。

偶　成

眷兹林壑佳，行行訪園宅。微陽貼水紅，遥峰摩天碧。沙鳥戲灘頭，秋陰納籬隙。清風颯颯來，頓覺煩襟釋。

將至九華舟中遇雨

白浪如山撐青空，滔滔汩汩千萬重。前波未平後波起，扁舟一葉隨長風。須臾黑雲生遠渚，如拳大雨打枯篷。風聲挾浪浪更急，舟子喧呼奔濤中。平生涉險仗忠信，到此亦覺心忡忡。嗟乎安得長戈挽燭龍，噴氣直吐珠光紅。雲消雨霽波浪息，青天削出九芙蓉。

五日作應斗垣師命

五月五日榴花紅，輕雲隱隱浮長空。故人遺我雙角黍，坐攜蒲酒臨薰風。我聞三閭大夫以此日，葬於江魚之腹中。是時青蠅營營起，瓦缶雷鳴棄黃鐘。靈均懷抱天人策，叩閽欲訴無由通。國無人兮莫與爲美政，歔欷鬱悒呼蒼穹。萬一哲王聽吾語，不惜鼎鑊投吾躬。同姓之義共生死，敢云何國不吾容？柔腸百轉心千折，朝廷終如聵且聾。懷沙賦成天慘慄，傷心遂入彭咸宮。吁嗟乎，楚王不悟三閭死，家國流亡竟如此。湘江嗚咽古今愁，孤舟寂寞無蘭芷。蘭芷飄零可奈何？江天遥望發悲歌。君不見，長沙之賦龍門傳，從古詞人多坎軻。

入龍眠山訪李伯時舊宅呈江湘槎師

噫歔欷，此間蒼翠何佳哉，萬峰蜿蜒如龍迴。一峰突兀勢欲起，一峰動盪天爲開。初疑無路不可入，兩峰對峙忽開闢。雜花滿徑香撲裾，細草流泉黏步溼。松風墮緑摇鶴聲，一天雨過芙蓉青。翠虬蒼螭森欲攫，白日陰巖寒結冰。李公之宅在何處？行行復向前山去。清流亂石相瀠洄，幾村花柳成烟霧。峰迴路轉何處尋，但見白雲深復深。忽值樵叟來相問，招我同歸佳樹林。徐行山口初隈隩，漸見茅檐深幾曲。門前鷄犬驚人喧，左右平原散花竹。呼童掃地開庭除，座懸十八尊者圖。或撚眉而大笑，或拈花而自娱；或憨如童稚，或短若侏儒。其間坐者卧者不一態，筆墨淋漓神與會。云是當年李公遺，劫火不燒今尚在。吁嗟李公之畫今尚存，李公之宅無人言。他日龍眠再相訪，探幽重結山水緣。

我來

我來江上村，江水緑無痕。凉月忽墮地，松陰時到門。老翁喜客至，宿鳥驚人喧。攜手及花下，頻傾酒一樽。

題美人彈琴圖

柳外挂珠箔，微風生緑陰。美人擲紅豆，竟日彈瑶琴。脉脉幽思起，泠泠湘水深。落英忽零亂，飛滿碧雲簪。

燕居

世與羲皇接，閒居歲月拋。松風時入户，野鶴不歸巢。市遠無塵俗，山深絶故交。晚來步幽静，新月出林梢。

雨後過飲緑山房和緝甫兄韻兼呈斗垣先生

雨過樹交緑，斜陽半在山。我來村外路，遥聽水潺潺。遠渚看鷗戲，閒雲帶鶴還。與君一樽酒，相對醉微間。

題　畫

烟渚空濛際，瓊樓玉宇寒。春雲連翠箔，紅袖出雕欄。人面千花簇，鑪薰午夢殘。回頭盡楊柳，雙燕語闌珊。

山　行

山行不覺遠，幽静脱塵囂。溪水明殘照，梅花續斷橋。故人不我棄，薄暮時相招。有酒且爲樂，高歌澈碧霄。

齋中即景呈胡莪齋師

依依楊柳映窗櫺，時倚東風倒酒瓶。芳草黏雲鋪地白，遠山和雨入簾青。雁來澤國春風暖，魚躍横塘水氣腥。自喜蕭齋無俗累，終朝掃席聽談經。

塞上曲

萬古烽烟古戰場，冰花照耀鐵衣凉。窮荒馬踏邊雲紫，大漠雕盤塞草黄。遼海山深屯虎豹，金沙野闊散牛羊。受降城上頻回首，故國風沙隔混茫。

白鶴峰

高峰千尺倚雲開，白鶴何年去不回。秋氣渡江凉似水，朔風吹浪吼如雷。洲邊一雁銜蘆去，天際孤帆傍日來。落葉蕭蕭悲往事，荒烟低鎖漢皇臺。

書　懷

四山濃緑護高臺，臺下蒼凉半草萊。滌我枯腸惟白酒，殢人天氣是黄梅。一簾花影愁相對，萬頃雲陰鬱不開。閒恨欲芟芟未得，荒園到處長莓苔。

送行

臨行執君手，楓葉落無數。一櫂入江烟，孤篷没何處。

樵子

空山寂無人，濛濛白雲冷。薄暮荷樵歸，月照孤峰頂。

子夜歌

妾夢到遼西，郎夢到遼東。如何夢中路，不與郎相逢？

銀燭輝金屋，輕烟裊篆羅。通宵泪不止，只是爲心多。

春風

春風載酒木蘭舟，十里平湖憶舊遊。江草江波今又緑，天涯多少别離愁。

春暮

細膩風光三月天，尋春踏過酒樓前。桃花落盡楊花舞，狼藉東風亦可憐。

四遠曲和戴蓉洲先生 選二

望遠曲

猶憶當年跨紫騑，送郎堤上柳花飛。今年重過送郎處，落盡楊花郎未歸。

憶遠曲

紅羅複帳繫鳴璫，寂寂深閨謝晚粧。一夜秋風寒瑟瑟，夢和明月到沙場。

柳絮

楊柳絲絲大道傍，行人白馬紫游繮。願君但作風中絮，飛去飛來尚故鄉。

懷吴尚賓

憶曾花月款柴關，把酒論心醉未還。此夜殘缸對孤枕，蕭蕭黄葉響空山。

初　夏

亂山蒼翠繞檐低，緑樹陰濃杜宇啼。門外白雲三萬疊，隨風吹度野橋西。

校　記

〔一〕懷　桐舊集作『賦』。

〔二〕桐舊集下有小注：『起勢嫖忽，何處得來？』

〔三〕頌　劉孟塗集作『頒』，續修四庫全書，上海古籍出版社二〇〇二年影印本。

〔四〕伍澤春　皖人書録、安徽文獻總目皆作『伍春澤』。

卷十二

閨秀

姚氏鳳儀

樞部孫棐之長女，諸生方于宣之配也。所著有蕙紉閣詩集。其伯母清芬閣節婦序之曰：『吾姪女幼而敏慧，隨宦漵水，輒效謝庭韻事。適吾宗遂高，益殫心風雅。生一子二女。不幸遂高早世，女年甫二十一，其境愈苦，其節愈堅，其詩亦愈工。不意癸卯冬，又棄我而逝。傳其詩，正所以傳其節耳。』

鈞衡曰：樞部居龍眠頌嘉嶺，于宣爲方司馬畿之子。司馬亦居龍眠，二先生詩皆入是選，故蕙紉閣之詩采入焉。

題定遠徐貞女卷

青青松與柏，結幹傲秋霜。孤雁不成偶，哀鳴何可當。我聞徐氏女，未嫁守孤孀。十七方妙年，寂寞居空房。嗟哉黄鵠歌，誰爲雙鴛鴦。夜夜聞烏啼，泪溼羅衣裳。隨母盡子道，奉事如姑嫜。荏苒五十年，中道失高堂。四顧無依倚，哀哀空斷腸。詩書教兩弟，努力攻縹緗。阿弟稱雙珠，聲名騰四方。行將膺寵錫，姓名達君王。女子有此節，家門豈尋常？皎皎徐貞女，千秋彤管光。

哭　母

泪灑蒲觴後，俄驚一載餘。長眠人不覺，薄命女如初。繐帳秋風冷，朱樓夜月虚。歸寧當此日，禮拜倍欷歔。

孤鴻曲

夜静蟲吟寂，開簾見爾飛。數聲和漏永，隻影共星稀。塞外霜風勁，天邊列宿微。可憐同此恨，輾轉泪沾衣。

夢中與亡四嫂夜話有感

深山風慘慄，念爾淚雙垂。渺渺魂何適，悠悠花自悲。苔階無屐迹〔一〕，繡閣網蛛絲。空作相逢夢，殷勤似往時。

春　雨

柴門深閉少逢迎，濁酒相留弟與兄。巢結空梁多乳燕，枝摇野樹有流鶯。風來天闊山猶暗，春老雲昏月未明。掃石攤書堪坐久，凄凄夜雨作溪聲。

懷大人

疲馬饑驅何所之，經年未有曰歸期。孤燈獨咏長相憶，兩地同歌遠別離。旅客正愁聞信少，飛鴻猶恨寄書遲。江南江北多來往，消息如今總不知。

九日憶夫子

去年今節登高處〔二〕，今日重來我斷腸〔三〕。野色和烟添慘澹〔四〕，秋山如畫總凄凉。征鴻塞外全無信，叢菊籬邊初有香。和泪題詩君不見，千峰忽忽又斜陽。

春日遣懷

空階小樹漸垂陰，旭日初融嵐氣侵。半捲珠簾人寂寂，斜薰寶鼎晝沈沈〔五〕。三眠楊柳舒新翠，百囀流鶯報好音〔六〕。春到更添愁與病，憑闌不覺泪盈襟。

姚氏鳳翽

字季羽，樞部孫棐之季女，方□□之配也〔七〕。幼從伯母方夫人受業，内則無不嫻，兼通詩賦書畫之學。然深自韜晦，不欲以女子炫才華。于歸後，夫以饑驅遊四方，剪花鬻錢以養姑，夫無内顧憂。善病，左圖右史以代藥，卒年四十九。所著有梧閣賡噫集。

不寐

不寐漏偏永，敲詩降寸心。苦寒和露重，多病爲情深。落木驚風墜，殘星帶月沈。鄰鷄聲喔喔，好夢亦難尋。

題石門山房次耕壺九兄原韻

聞道名園勝，悠然天地殊。虬盤雙檜古，雲吼一亭孤。眼豁青山爽，情怡野鳥呼。擬將宗炳筆，寫作卧遊圖。

懸巖飛瀑勢，風磴忽陰晴。花徑通雲徑，溪聲疑浪聲。天開群壑秀，月照萬山清。來往乘幽興，琴書無俗情。

不寐

倦極翻無寐，愁多劇五更。寒風酸病骨，春雨作秋聲。屈指光陰迅，傷心離別輕。披衣占曙色，嬌鳥報新晴。

初度感懷

四十韶光擲〔八〕，蹉跎誤此生。一身空有病，百事總無成。惹恨花徒放，驚心鳥自鳴。稱觴憐稚女，嬌慧解怡情。

病中偶成

弱骨經秋病轉綿，無端憔悴若爲憐。慚看蓬鬢虚青歲，懶對菱花整翠鈿。催寄遠書雙去雁，驚回好夢一聲蟬。闌干倚遍懷難遣，數盡歸期人未旋。

偶感

百舌啼回曉夢餘，鏡臺雖展鬢慵梳。無錢可買歸時卜，有恨難傳别後書。花惜艷陽争並放，人偏憔悴爲離居。羨他燕子多情甚，雙宿雙飛迴自如。

讀懷玉集次十五姪銘右韻

聞道秦淮泛小舠，莫愁湖畔百花嬌。鴛鴦帳冷人初去〔九〕，翡翠樓空香未消。豈是豪家羅粉黛，可憐薄命侣漁樵。韓翃休問章臺柳，那得青青似舊條？

春寒

寂寂春陰鎖緑苔，滿天風雪逼人來。柳顰翠黛愁難放，花抱芳心凍不開。題柱馬卿何日遂，敝裘蘇子幾時回。寒侵病劇唯高卧，寥落空嗟歲月催。

送　別

無端又東遠遊裝，離別年年翻覺常。不敢君前頻灑泪，恐教客路動愁腸。

弔磲磯夫人〔一〇〕

謾誇英武勝鬚眉，吴蜀兵戈有是非。拚得磲江身一死，可知失計在東歸。

病中述懷

百結迴腸脉脉情，盈盈皎月對凄清。驚風敗葉啼霜雁，和我長吟到五更。

章氏有湘

字玉筐，又字儀，號橘隱。華亭行取縣令章某之次女，進士孫中麟之繼妻也。女兄弟五人，皆通書史。隨父宦遊閩中，絮鹽唱和，流傳八閩。乙酉，父抗節殉城，始歸中麟。早夜佐讀，中麟舉南宫，五日而殁。玉筐搶地呼天，絶而復甦。以子幼，勉爲撫之。扃居一室，長齋事佛，姻戚罕見其面。所著有澄心堂詩、望雲草、再生集、訴天雜紀。

晚眺

嶺峻隱青猿，松高飛白鶴。山雲挂樹梢，風捲殘英落。新蒲已抽牙，細草媚崑壑。景物最傷心，桃李還如昨。誰家少女郎，背立鞦韆索。貌態衣不勝，歡笑風前樂。春來無所爲，鬬草争花萼。何事深閨人，終朝常寂寞。

上清芬姚夫人

前歲春王正月時，相逢邂逅稱相知。促坐合樽浮緑蟻，賦詩往往同襟期。清芬一卷香拂紙〔一一〕，君家才藻世無比。謝韞休題柳絮詩，班昭漫續東觀史。書法絶勝衛夫人，畫像並傳吴道子〔一二〕。堪歎孤燈五十年，湘靈哀怨托冰絃。此志争光惟日月，柏舟不數共姜堅。一生只在閨中老，鉛華罕御曳素稿〔一三〕。可憐鶴髮白如絲，膝邊更少宜男草〔一四〕。我爲君悲作短吟〔一五〕，愧無佳句比南金。相思未得常相見，悵望楓林白露深。

病中

天涯只一身，百病日爲鄰。庭雪思諸妹，山雲憶老親。葛裘頻換歲，藥餌不知貧。薄命應惆悵，愁來泪滿巾。

曉思〔一六〕

窗外鷄初唱，花間露未乾。欲臨明鏡照，猶怯翠眉寒。宿鳥翻林樹，歸鴻振羽翰。不知鄉國信，何日報平安？

秋懷

露華寒夜滴柴扉，留滯天涯未擬歸。吴下雲深鴻雁杳，楚江秋老鷓鴣飛。穿針結縷人誰共，咏絮吟風事已違。聞道故園蓴菜熟，他鄉回首泪沾衣。

哭夫子 十選四

一自公車去不還，從今信有望夫山。赤繩應繫三生約，紅泪惟餘兩袖斑。訣别未親真恨事，夢魂時傍見歡顏。也知修短原無定，豈料榮枯頃刻間！

日日傷心静掩門，每因春草憶王孫。空閨形影那堪問，滿架圖書今尚存。十六年前靈谷夢，夫子讀書靈谷寺，夢謁帝，有『五日進士』之語。三千里外杜鵑魂。孤燈厭聽梧桐雨，偏送愁聲漬淚痕。

幾度悲秋秋已闌，迴紋裁就向誰看？錦衾人去鴛鴦冷，銀蒜簾空翡翠寒。無復音容還故國，空餘旅櫬返長安。昨宵夢裏分明見，依舊看花倚畫欄。

蜀魄啼鵑道路長，鶺鴒無復雨連牀。中郎事業書千卷，子敬人琴泪幾行。不死丹心終化石，餘生青鬢總成霜。與君不共齊眉案，紙帳蘆簾瘞孟光。

哭四妹盛夫人兼得遺詩感賦

翠袂難分意惘然〔一七〕，春心何處寄啼鵑。招魂白髮垂雙泪，薄命紅顏葬九泉。潘岳悼亡詩正苦，左芬啄木語堪憐。別來猶憶深閨内，枕被曾同十二年。

昭君怨

紫塞一身去，琵琶帶泪彈。可憐埋骨處，青冢古今看。

婕妤怨

憶昔曾辭輦，承恩此日疏。長門雖有賦，不用買相如。

秋夜新晴見月

蟾光照溼樹，鴻雁叫清秋。無限淒其意，傷心獨倚樓。

初　春

折取池塘嫩柳枝，一年風景换新時。深閨思婦征途苦，多少春情夜月知。

仲秋哭子悲感遺物　選二

鞋靴

錦靴朱履趁新裁，戲彩萊庭日幾迴。出入未嘗離乳母，孤行争得到泉臺。

珠帽

珠翠玲瓏八寶裝，見時猶得想容光。梨花粉面人何處，博盡慈親泪幾行〔一八〕。

程氏令媛

字儀卿，布政司理問宗涑之女，上舍吴忠蔚之配也。七歲隨諸兄從師學句讀，目數行下，長棄學。習女工針黹之暇，不廢吟咏。歸延陵氏，中饋有賢聲，未三載而卒。所著有桐篠詩鈔。

聚奎曰：儀卿長兄瑾字理夫、次兄瑜字瑞夫，與余爲總角交。瑞夫勤學，亦早卒。理夫嘗與同人言及弟妹事，輒嗚咽流涕。己亥秋，理夫以弟妹詩示，屬入選。余既嘆瑞夫之有才無年，而又嘆女子多才如儀卿，尤爲罕見，而亦早逝，不能不爲理夫悼也。

雨後野望

春來如夢中，一雨猛然省。芳草惜菲菲，已緑郊原境。地潤土膏融，遍布陽和景。生機日已多，佳趣誰能領。幽鳥時一鳴，夕陽在山嶺。

月夜聽長嫂彈琴

日暮坐高閣，余情方寂寥。捲簾一憑望，明月如可招。阿嫂抱琴出庭際，仰見碧月星河高。一曲初彈情未已，更絃轉軸興彌豪。刀槍劍戟忽奔赴，雷電風雨驟飀蕭。錢塘萬丈怒潮起，巫山三峽哀猿號。清如野鶴警秋露，遠如孤鴻唳江皋。或如陣馬聲雜沓，或如寒蟲語喧嘈。不然一絃輕撚抹，宛如爬沙郭索之蟹行雙螯。有時幺絃更與大絃並，恍如少婦之泣別，又如壯士時相遭。曲終人静清我心，錦囊斜抱過花陰。花陰露已涓涓滴，帶月歸時溼素襟。

楊　柳

垂柳復垂楊，千行與萬行。沿堤開畫本，隔水露紅墻。無力含朝雨，多情贈夕陽。年年送離别，不管馬蹄忙〔一九〕。

江樓晚眺

緩步上江樓，樓高一望收。孤城三面水，斜日四山秋。黄葉下無盡，寒雲淡欲流。長堤好楊柳，憔悴不勝愁。

初夏新晴

雨餘天氣受風微，拂袖纔知暖入衣。半郭紅酣斜照染，一峰青斷野雲歸。墻頭爛漫梅争熟，梁上呢喃燕學飛。最愛水田千頃闊，清流活活繞柴扉。

秋　月

唱到彎彎月子歌，飛來海上又銀河。一年最好無如此，千里相思可奈何。古木淡烟籠不盡，空山老屋受偏多。階前滿地凉如水，徹底空明静不波。

夜坐

萬籟寂無聲，風送寒砧急。坐久怯衣單，露滴花間溼。

納涼

赤曦初下晚涼生，裊裊風來暑氣清。螢火數星看不定，藉花池上豆花棚。

遣興

水晶簾外正昏黄，捲起中間十二行。要遣清光能照我，一天明月正如霜。

方外

釋佛光

字慈照，新安人。萬曆甲寅夏，掃朗公塔於浮渡妙高峰，吴太史應賓、司馬用光請主五印寺。寺在城南里許，邑中縉紳咸重之。晚年入浮山華嚴寺，未幾遷化，其徒覺成塔於寺莊之後。所著有石林水竹詩一卷。

亂後歸浮山草堂

且喜干戈息，雲門返客舟。青山仍在眼，白髮未盈頭。風月供新偈，烟霞守故丘。籬邊松與菊，猶爲草堂留。

垂虹井

千尋裂石罅，迸出流泉冷。庵廢緑蘿稠〔二〇〕，渴虹垂下飲。

釋如清

字石浪，陝西顧氏子。七歲祝髮紫栢山，九歲研摩内典，十九入都，遍參講席，二十五受具於古心律師。嘗結茅於匡廬金輪峰下，禮憨山清公，又訪博山謁壽昌，遊峨眉，登瓦屋，足迹幾半天下。晚應吾里張方伯之請，憩城西西山之慈雲庵。崇禎庚午仲春月示寂，年五十三，僧臘四十六。所著有枯木吟、幻關草諸集。

信州江行

好山連不斷，江路轉迢遥。曉霧半帆雨，秋雲一澗潮。高樟藏野寺，古柏隱危橋。慣得遨遊趣，孤身未寂寥。

匡廬雜咏

徑隨流水入，門向衆峰開。亂竹排雲上，一聲幽鳥來。緡經花影動，鳴磬鶴飛迴。招隱泉非遠，攜鐺就緑苔。

不寐

夜長清不寐，擁衲坐焚香。霜氣肅群動，燈光冷一房。秋蟲鳴古砌，疏月下寒塘。遥憶山中侣，藤蘿覆石牀。

謝中隱居士雨後見過

山寺雨初霽，詞宗著屐過。雙塘春草合，一徑暮烟多。芳樹遍巖谷，寒泉挂薜蘿。竹房懸半榻，留待老維摩〔二一〕。

新秋酬汪克下居士

好雨灑新秋，乾坤暑氣收。雲依山谷動，溪抱石塘流。作賦看司馬，談經憶惠休。匡廬蓮社近，吾意一瓢遊。

早春送印弟過九華訪青蓮社友

春澗冰初泮〔二二〕，芒鞋别玉屏。渡江一水白，到岸九華青。秋浦雨中過，寒潮月下聽。芙蓉多舊識，杖笠莫辭經。

别岷嶽弟

纔辭巫峽險，又進劍門程。只是添愁思，那能增道情。荒烟迷野戍，大雪擁山城。行盡褒斜谷，應知白髮生。

自博山回柬諸知己

博山參罷趁寒歸，幾度懷人在翠微。江雨半帆懸客夢，溪光數畝染僧衣。山童掃石和雲動〔二三〕，倦鳥投林帶雪飛。自是名心都歇盡，錦峰深處掩柴扉。

送剡水公齎錫類法檀上博山

兩岸霜林映水紅，法檀穩載碧流中。秋山似識曾遊客，齊立江頭送剡公。

思鄉

一度春風一倍愁，思鄉無日不登樓。愁心欲寄襄江水，不肯回頭西北流。

釋海斑

字與疏，舒城羅氏子。年二十，剃染於大羅庵。庵舊在城北里許，邑人潘爲山建，明季廢於兵火。亂定，與疏偕其師弟屆遠募金，徙建於鷹阿。鷹阿者，即今所稱放鷹尖也，在龍眠深處。與疏行業專精，風規温雅。康熙癸丑除日，微疾，沐浴而逝。所著有鷹峰散話。

夜坐

坐看秋夜月，風動衲衣寒。雲隱山光净，臺空鳥迹殘。心閒名利薄，事少夢魂安。遥想彌陀院，情深法喜餐。

過三慧庵訪古達師拈翠旭韻

緑樹參新竹，茅庵舊隱家。有池堪映月，無地不栽花。列室先爲座，開山已種茶。劇談時易久，窗影日西斜。

重過海會庵訪憨石禪師

芒鞋不怯路行難，重破雲關躡碧巒。登嶺衣沾朝露溼，渡溪足踏夜泉寒。凌空松竹增新翠，彈指樓臺勝舊觀。話久頓忘更漏永，頻添薪火足盤桓。

釋音時

字竺怡，邑人王氏子。年二十三，謁顓愚和尚祝髮，顓愚器之。既遍遊講席，至飛來峰下，忽嘆曰：『一動不如一静，飛來幾誤矣。』遂歸桐。左侍御聞其名，請駐錫媚筆泉，竺怡辭曰：『枯禪安用名山乎？』募邑西龍井深處，誅茅數椽，顔曰『西竺庵』，獨居二十餘載。生平能詩善畫，尤善琴，書法亦工。性韜晦，不輕示人。得其寸縑尺幅者，皆珍藏之。

春暮懷陶二

閒聽流鶯囀，春光不我留。故鄉千里夢，客舍一天愁。有友羈燕地，斜陽想去舟。皖江清夜月，何日共君遊？

中秋雨霽

飛錫鄉關外，秋光此夜清。一輪微月上，四嶺晚雲輕。榻擁殘書夢，鐘歸落葉聲。禪扉雖静掩，不減庾樓情。

次二彧晚坐清凉亭韻

浪迹天涯此暫居，遊人接武舊知疏。遥看牛渚千帆影，近睹龍亭六代書。幾點晚烟籠遠樹，一痕新月映前墟。坐來話到無言處，忘却霜華點素裾。

挂錫吴門寄示長干璣子時將越遊

錫杖蒲團曾到處，賤軀今復爲饑驅。支硎景物殊寥落，蓮社交遊半有無。賴與杜公成二老，相從芒屩遍三吴。時與陳默公居士同行。明朝又放山陰櫂，勾踐宫中聽鷓鴣。

即事

諸方踏遍懶談玄，小搆茅廬樂自然。插槿編籬因護筍，引泉入沼爲栽蓮。琴調石榻消清晝，鉢洗溪流動碧天。不記春秋忘世代，野雲深處抱枯禪。

校記

〔一〕屐 龍眠風雅全編作『屨』。

〔二〕去　桐舊集作『舊』。登高處　龍眠風雅全編、桐舊集皆作『君同去』。
〔三〕重來　龍眠風雅全編、桐舊集皆作『登臨』。
〔四〕此句龍眠風雅全編、桐舊集皆作『野色宜人添悵望』。
〔五〕鼎　龍眠風雅全編、桐舊集皆作『篆』。
〔六〕流鶯　桐舊集作『黄鸝』。
〔七〕□□　底本漫漶，桐舊集作『雲旅』。
〔八〕光　龍眠風雅全編作『華』。
〔九〕悵　龍眠風雅全編作『帳』。
〔一〇〕磲　當作『螵』。
〔一一〕拂　桐舊集作『盈』。
〔一二〕畫像　桐舊集作『圖畫』。
〔一三〕稿　龍眠風雅全編、桐舊集皆作『縞』，當是。
〔一四〕邊　桐舊集作『前』。
〔一五〕吟　清吴希庸、方林昌編桐山名媛詩鈔作『音』。
〔一六〕桐舊集題下注：『別裁集選。』
〔一七〕難　龍眠風雅全編作『遥』。
〔一八〕幾　龍眠風雅全編作『萬』。

〔一九〕管　桐舊集作『綰』。

〔二〇〕龍眠風雅全編下有小注：『井前有緑蘿庵。』

〔二一〕老　桐舊集作『問』。

〔二二〕泮　桐舊集作『解』。

〔二三〕山童　龍眠風雅全編作『雛僧』。

全書篇目筆畫索引

一　畫

二　畫

三　畫

四　畫

五　畫

六　畫

七　畫

九　畫

十　畫

十一畫

十三畫

十四畫

十五畫

十六畫

十七畫

十八畫

十九畫

二十畫

二十一畫

二十二畫

二十四畫

二十八畫

三十畫

附　安徽古籍叢書已版書目

舊聞隨筆
定本莊子故
張籍集注
文學研究法
桐城文學淵源考・撰述考
包拯集編年校補
康輶紀行・東槎紀略
北山樓集
桐城耆舊傳
疑庵詩
三餘札記
方望溪遺集
爾雅翼
識小録・寸陰叢録

東萊詩詞集
明太祖集
王侍郎奏議
程氏家塾讀書分年日程
朱楓林集
敬孚類稿
施愚山集（四册）
吴敬梓吴烺詩文合集
張孝祥詞箋校
竇山公家議校注
翠微南征録・北征録合集
阮大鋮戲曲四種
老子注三種
杜詩説

朱書集
論語解注合編
郭祥正集
皖人詩話八種
唐詩評三種
左傳微
績學堂詩文鈔
鈍齋詩選
老子注譯
莊子詮詁
説文假借義證
劉銘傳文集
包世臣全集（三册）
戴震全書（七册）

田間易學
莊屈合詁
田間詩集
田間文集
古事比（二冊）
安徽出土金文訂補
秋崖詩詞校注
道聽途説
蘭茗館外史
青泥蓮花記
舌華録
明語林
夜雨秋燈録・續録（二冊）
包拯集校注
毛詩後箋（二冊）

劉文典全集（四冊，列入特輯）
壹齋集（二冊）
孟子講義
楊仁山全集
弢翁藏書年譜（列入附輯）
不得已附二種
歙事閑譚（二冊）
惜抱軒詩集訓纂
張孝祥詩文集
吴汝綸全集（四冊）
朱子全書（二十七冊）
明實録安徽經濟史料類編（列入附輯）
姚瑩年譜（列入附輯）
青溪集
藏山閣集

田間詩學
俞正燮全集（三冊）
皖人戲曲選刊・鄭之珍卷
詠懷堂詩集
所知録附四種
文選箋證（二冊）
歙紀
方孝標文集
七頌堂集
劉文典全集補編（列入特輯）
程瑶田全集（四冊）
皖人戲曲選刊・方成培卷
皖人戲曲選刊・龍燮卷
凌廷堪全集（四冊）
黄生全集（四冊）

東輶紀程
蕭雲從詩文輯注
程文炳文集
程恩培集
方鑫山詩集（二册）
趙紹祖金石學三種
小爾雅義證
勉行堂詩文集
貴池唐人集
龍眠風雅全編（十册）
無爲集校箋
杜詩提要
分篇水經注（二册）
松泉集（二册）
梅鼎祚戲曲集

通鑒注商・新舊唐書互證
杜徵三友朋手札
吴應箕文集
舒鴻貽著述二種
皖雅初集（三册）
桓譚新論校注
宛雅全編（二册）
李宗棠文集・東游紀念
李宗棠文集・考察日本學校記（二册）
李宗棠文集・光緒徵要録
李宗棠文集・奏議輯覽初編
李宗棠文集・學詩堂經解
李宗棠文集・千倉詩史初編
吴芝瑛集
施愚山集（增訂版　四册）

桐城方氏七代遺書
方以智全書（十册）
金聲集
徽州杜詩學二種
白鹿山房詩集
金粟齋遺集
文字蒙求廣義
施愚山集外編二種
安徽文獻總目（六册，列入特輯）
國朝詩品（二册）
吕美蓀詩文集
姚鼐詩文集（三册）
張潮全集（五册）
朱書全集（二册）

喻林（六册）
張樹聲文集
廬江詩雋・廬州詩苑
馬其昶文集
徐子苓集
説文段注撰要
王尚辰集
詩學女爲
古桐鄉詩選